水厂设计

净水厂设计

（第二版）

上海市政工程设计研究总院(集团)有限公司　组织编写

钟淳昌　戚盛豪　主编

钟淳昌　主审

中国建筑工业出版社

图书在版编目（CIP）数据

净水厂设计/钟淳昌，戚盛豪主编. —2版. —北京：
中国建筑工业出版社，2019.4（2024.6重印）
（水厂设计）
ISBN 978-7-112-23278-9

Ⅰ.①净… Ⅱ.①钟… ②戚… Ⅲ.①净水-水厂-设计 Ⅳ.①TU991.2

中国版本图书馆CIP数据核字（2019）第025460号

《水厂设计》1套2册，分别为《净水厂设计》和《污水厂设计》，是以工程设计实践为主题的专著。《净水厂设计》自1986年8月第一版出版以来，已历经30余年，其间给水技术的发展迅速，此次修编保留了原书中的适用内容，补充了技术发展，更新了设计实例。全书共分17章，包括：水源水质和水质标准，净水工艺选择，混凝，沉淀，澄清，过滤，消毒，化学氧化法，生物接触氧化，活性炭吸附，膜处理，除铁除锰，排泥水处理，二级泵房，供配电及自控设计，净水厂总体布置，净水厂的经济和节能设计。

本书可供给水排水、环境工程和市政工程专业的工程决策人员、设计人员、运行管理人员和大专院校师生参考。

*　　*　　*

责任编辑：俞辉群　刘爱灵
责任校对：赵　颖

水厂设计
净水厂设计
（第二版）
上海市政工程设计研究总院（集团）有限公司　组织编写
钟淳昌　戚盛豪　主编
钟淳昌　主审
*
中国建筑工业出版社出版、发行（北京海淀三里河路9号）
各地新华书店、建筑书店经销
北京红光制版公司制版
北京中科印刷有限公司印刷
*
开本：880×1230毫米　1/16　印张：39½　字数：1138千字
2019年8月第二版　2024年6月第三次印刷
定价：**120.00**元
ISBN 978-7-112-23278-9
（33287）

《净水厂设计》（第二版）编写人员分工

编制单位：上海市政工程设计研究总院
主　　编：钟淳昌　戚盛豪
副 主 编：沈裘昌　王如华　郑国兴
主　　审：钟淳昌

绪　言	钟淳昌　戚盛豪
第 1 章　水源水质和水质标准	戚盛豪
第 2 章　净水工艺选择	戚盛豪
第 3 章　混凝	郑国兴　戚盛豪
第 4 章　沉淀	王如华　钟淳昌　戚盛豪　许嘉炯
第 5 章　澄清	徐彬士　沈裘昌
第 6 章　过滤	郑国兴　陈宝书
第 7 章　消毒	沈裘昌　邬亦俊
第 8 章　化学氧化法	王如华　邹伟国
第 9 章　生物接触氧化	邹伟国
第 10 章　活性炭吸附	王如华　邹伟国
第 11 章　膜处理	沈裘昌　徐晓宇
第 12 章　除铁除锰	戚盛豪
第 13 章　排泥水处理	许嘉炯
第 14 章　二级泵房	邬亦俊　沈裘昌
第 15 章　供配电及自控设计	陆继城　张晔明　张震超
第 16 章　净水厂总体布置	钟淳昌　王大令　吴筱川
第 17 章　净水厂的经济和节能设计	王　梅　钟淳昌

第一版　序

本书作者通过30年来的工作实践，深切感到净水厂设计是一项综合性很强的技术。提高净水厂设计水平，一方面是从理论着手，由发展理论变革工艺；另一方面是从生产实践来提高改进现有的设计技术。为此，必须不断地总结经验，推陈出新。但我国至今尚无以设计实践为主题的专著。国外虽有以水厂设计为题的著作，如1969年ASCE的《水处理设计》，1977年Shamim Ahmad的《给水工程设计》以及1979年Sanks的《水处理厂设计》等。但这些书，由于国外设计体制的不同，内容偏于理论和一般叙述，缺少设计实践经验介绍；Sanks主编的《水处理厂设计》一书，篇幅很大堪称巨著，但内容却各自为政，庞杂重复，实用性较差。

本书作者在国内前辈专家的鼓励下，将30年来参与300余座净水厂的设计工作中各自体会较深、实践较多的方面，按题分工，进行系统整理，爰成本书。文内介绍了一些设计工作者所应了解的基本理论。考虑到各个作者的实践经历不一，因之某些观点可能与当前有关论著有所不一，但均存异，以示争鸣。

本书的编写提纲系根据出版社多方征求的意见，着眼于城市水厂，并以常规处理为主，从实际出发，以设计经验为主，能深则深，可简则简。一般性的具体算例则从略不列，而不求面面俱到。本书列入了净水厂的建筑、绿化设计及经济分析，以供总体布置及方案经济比较的参考。由于作者水平有限，难免有不足之处，尚请读者批评指正。

本书承许保玖教授审阅，在编写过程中并得到了周嘉民总工程师的支持和指导，并以致谢。

主编　钟淳昌

一九八四年十月于上海市政工程设计院

第二版前言

《净水厂设计》第一版自出版以来深受读者欢迎，曾获得建设部优秀图书一等奖。该书从第一版出版至今已有 30 年，其间给水技术有了飞速发展，为本书的修改、补充提供了丰富的内容。

本书撰写的主要特点是力求理论与实践统一，既不是纯理论教材，也不像设计手册那样具体操作步骤的介绍，而是就设计实践中的主要问题，从基本理论出发，介绍历史发展的过程和具体设计经验的体会。本次修编仍遵循这一原则。

本次修编对原书中当前仍适用的内容一般予以保留，并补充近期发展的相关内容，同时更新设计实例。对于近年发展起来的新工艺、新技术则作了重点阐述。原书净水处理内容以常规处理为主，本次修编根据近年来的发展，新增了化学氧化、生物接触氧化、活性炭吸附、膜处理以及排泥水处理等章节。

本次修编的作者大多是当前设计业务中的技术骨干和领军人物，具有丰富的实际工作经验，尽管设计任务繁重，但仍抽空完成了本书的编写。

钟淳昌总工程师对本次修编给予了极大关注，不仅撰写了详细的编写大纲和工作计划，参与了部分章节的编写，还对全部书稿作了详细审阅并提出具体修改意见，为本书编写倾注了大量精力。但在书稿未完成之前，钟总已不幸去世，参与本书编写的作者万分悲痛，愿以本书的完成来寄托对钟总的缅怀之情。

本书编写还得到了上海市政工程设计研究总院（集团）有限公司原董事长和院长汤伟、现党委书记和总工程师张辰的大力支持及指导，并此致谢。

由于作者水平有限，错误和不足之处在所难免，恳请读者批评指正。

编者

2016 年 6 月

目　录

绪　言

人类有关水处理的最早记录虽然可以追溯到公元前2000年，但水处理技术真正发展的历史是很短的。如从1804年在英国佩斯利（Paisley）首先应用沉淀过滤作为集中处理的净水厂算起，则仅200余年；如以使用快滤池作为现代净水厂的标志，那么自1884年美国新泽西州的萨默维尔（Somerville）建成第一座经混凝沉淀的快滤池净水厂到现在，只有30年的历史。1883年我国上海建成了第一座取用地表水源的净水厂，至1949年全国只有72个城市建有净水厂，总供水量为240.6万m^3/d。这些净水厂大都集中在大城市或租界地区，而且很少由我国自行设计。

我国大规模建设净水厂是从20世纪50年代开始的。1954年以后全国各大区相继成立了给水排水设计院，有力地推动了净水厂的建设。截至2018年年底，全国城市净水厂1632座，平均日供水能力达到16669.03m^3/d，其中90%取用地表水。通过60年来的努力实践，我国给水工作者在给水处理理论和净水厂设计技术上都有了较高水平，已逐步形成了我国自己的净水厂建设风格。

纵观100多年来净水厂处理工艺的发展，在混凝、沉淀、过滤、消毒的常规处理基础上，正进一步向提高供水水质和适应不同原水特点的处理工艺发展，从而推动了工艺设计和处理构筑物类型的变化。为了探索今后净水厂设计的发展方向，有必要从设计角度对理论和实践的进展作简略回顾。

早在1637年（明崇祯十年）我国就有用明矾处理浑水的记载，因此开始应用明矾当在这一年代之前。西方用铝盐作混凝剂则开始于1884年，当时美国阿尔菲厄斯·海厄特（Alpheus Hyatt）还曾引为专利。这100多年来，混凝剂还是以铝盐或铁盐为主。20世纪70年代我国研制成功聚合氯化铝以后，无机高分子混凝剂得到了广泛应用。有机高分子聚合物作为絮凝剂出现在20世纪60年代，近年来更得到了广泛关注。

通过生产实践，给水工作者对药剂的混合过程逐步加深了认识，设计中出现了多种快速混合设施。20世纪80年代以来，静态混合器得到了广泛应用，近年来机械混合也迅速发展，改变了早期忽视混合过程的倾向。

混凝是给水处理中的一个关键环节。对于混凝理论各国科学家研究很多，但认识不一。20世纪60年代，国内还曾对混凝的主要作用是“水解”还是“离解”展开过讨论。对于絮凝池设计，虽然有了颗粒碰撞的基本原理，并推导了速度梯度G的计算，但长期以来设计中仍采用流速和时间等外部条件作为控制指标。1943年坎普（Camp）提出了“速度梯度”概念，1955年又在《絮凝和絮凝池》的论文中提出了设计中采用G值和GT值的范围，但由于推荐幅度较宽，且未提出对絮凝过程的控制，因此仍未能合理地解决设计问题。

尽管絮凝理论还在进一步发展和探讨，但通过实践总结，絮凝池的形式有了明显改进和提高。早期传统的往复隔板絮凝、穿孔旋流絮凝、涡流絮凝等已由效率更高、效果更好的折板絮凝、网格（栅条）絮凝所取代，机械絮凝也得到了一定的应用。

1904年黑曾（Allen Hazen）撰写了《论沉淀》（On Sedimentation）一文，奠定了平流沉淀池的设计基础，提出了沉淀效率决定于沉淀池面积而与深度无关的理论。但也有人认为该理论仅适用于分散颗粒。1945年坎普又提出，即使颗粒具有絮凝性，然而权衡得失，水池还是以浅有利。但一段时间内人们对理想沉淀池的理论未引起重视，设计中仍着重于水平流速、停留时间等。20世纪60年代初，国内也出现过究竟是以表面负荷控制而不要求池深，还是需考虑絮凝因素而加大池深之间的争论。实际上 1959 年麦克劳克林（Mc Laughlin）早就提出用多嘴管沉降试验的方法来推断原水的絮凝性质，为沉淀池设计提供一个重要手段。可惜该文未引起工程师们关注。

1955 年菲舍斯特伦（Fischerström）在《矩形沉淀池的沉淀作用》一文中强调了弗劳德数（*Fr*）和雷诺数（*Re*）在沉淀池设计中的作用，并据此提出了多层多格沉淀池的概念。1958 年苏联皮斯库诺夫（ПИСКУНОВ）也对多层沉淀池进行了介绍。同年我国也在湖南、上海等地相继作了多层多格沉淀池的生产性试验。由于多层沉淀池结构复杂、排泥困难，未能推广。

通过长期对单层平流沉淀池生产经验的总结，以及不同池型的对比测定，并结合理论分析，对平流沉淀池设计作了较大改进，如提高水平流速，缩短停留时间，适当减小池深，降低出水堰负荷等，池型则倾向狭、长、浅，从而使我国平流沉淀池设计达到一个新水平，长期以来成为国内沉淀池选用的主要形式。

1959 年日本宇野昌彦和田中和美依据浅层沉淀原理，提出了采用斜板沉淀；1968 年上海市政工程设计院在取水工程中进行了斜管除砂的试验；1972 年我国汉阳首次在生产上应用了斜管沉淀池，之后各地陆续推广应用。多年来，在斜板、斜管应用中，国内多用斜管沉淀，日本则以斜板为主，瑞典倾向于采用同向流，法国基本上采用斜管，各持己见各有看法。我国对各种类型斜板、斜管沉淀均有应用实践。总之，通过不断地总结改进，斜板、斜管的设计技术已日趋成熟。

利用接触凝聚原理以去除水中悬浮颗粒的澄清池，早在 20 世纪 30 年代已在国际上应用，至今仍是净水厂设计中重要的沉淀手段之一。在欧洲以泥渣过滤型为多，如苏联的悬浮澄清池、法国的脉冲澄清池等；在美国则以采用机械搅拌的泥渣循环型为主。我国自 20 世纪 60 年代初开始采用澄清池，以应用机械搅拌澄清池为多，多年来变化不大，主要是对搅拌桨板、进水方式及排泥措施部分有所改进。

水力循环澄清池由于构造简单，曾在小型水厂中多有采用。脉冲澄清池在 20 世纪 70 年代初也曾作为一项新技术而被争相应用，出现了多种形式的脉冲发生器。由于水力循环澄清池和脉冲澄清池对水量、水质变化的适应性差，处理效果不够稳定，除少数水厂运行较好外，一般多不够理想，现已很少采用。

近年来，随着国外技术的引进，一些新型沉淀构筑物在水厂设计中得到应用，例如 DENSADEG 沉淀池、MULTIFLO 沉淀池、ACTIFLO 沉淀池等。这些沉淀池综合应用了多种技术，例如利用了泥渣循环（包括投加细砂），强化了絮凝装置，投加了高分子絮凝剂，应用了斜管分离等，使沉淀构筑物高效，占地面积减小，引起广大给水工作者关注。

在我国净水厂设计中，过滤池的池型也发生了很大变化。20 世纪 60 年代以前滤池基本上都是四阀式大阻力滤池和水塔冲洗，只是在管廊布置上有些变化。其间，苏联介绍的双向滤池（AKX 滤池）一度引起兴趣，曾在天津水厂中一试。之后虹吸滤池、无阀滤池因其不需阀门而获得青睐。1969 年上海市政工程设计院提出了双阀滤池设计，当时在阀门供货紧缺的情况下，国内获得了推广。1972 年南通自来水公司提出移动冲洗罩滤池的设计，结构简单、设备少、投资省，优于国外的 Harding 式滤池。1980 年上海长桥水厂建成了大型虹吸式移动冲洗罩滤池，引起了国内外的广泛关注，被称为“中国式滤池”。近年来，通过国外先进技术的吸收，滤池的形式也发生了很大改变。目前滤池的设计多以采用均匀粒径粗滤料，并辅以气水反冲技术为主，以 V 型滤池为代表，包括翻板滤池、TGV 滤池等。法国得利满公司 V 型滤池首先在国内应用于澳门，1990 年起在南京、重庆等地陆续投产试用，由于其截污能力大、运行周期长，得到了广泛认可，而成为目前滤池选择的主要池型之一。

滤池设计中，滤料的合理选用是关键。长期以来，各国学者对如何充分利用滤床截污能力进行了大量研究，甚至希望通过数学模型获得滤层的合理设计。但由于水质、水温等诸多因素的多变，采用纯理论的方法尚难实现，设计中仍以经验为主。我国对滤料的应用曾进行过煤、砂双层滤料以及煤、砂、重质矿石三层滤料的试验和应用。由于滤料的供应和价格，以及效果评价等原因，国内仅在个别水厂中应用。目前滤池的滤料基本上都采用石英砂。粒径的组成则由细砂级配滤料改为均匀级配粗砂滤料。

关于滤池滤速的采用，曾经历过相当大的变化。20 世纪 60 年代曾有过两种观点：一种认为应保持较高沉淀出水浊度而降低滤速，一种认为应降低沉淀出水浊度而提高滤速。通过实践多倾向后者，使滤池的设计和运行滤速有了较大提高。再者，当时不少城市还存在供水能力不足的问题，也迫使加大滤池滤速。20 世纪 80 年代以后，随着对出水水质要求的提高，普遍采用较低的设计滤速，并认为滤速越低越好。近年来，结合滤料采用的变化，参考了国外运行经验，并通过实践验证，对设计滤速作了较合理的规定。

关于滤池运行方式及冲洗理论，艾夫斯（Ives）、克利斯比（Cleasby）、贝利斯（Baylis）、巽岩、明茨（Минц）、德平淳以及藤田贤二等人发表有大量论文和实验报告，但直接作为设计指导还有一定困难。我国早期滤池多用水塔或水箱进行水的反冲洗。除抚顺等个别城市外，很少采用气水冲洗。随着 V 型滤池等技术的引进，气水反冲洗已成为目前滤池冲洗的主要形式。

自 1902 年比利时首先在净水厂中用氯进行消毒以来，氯消毒一直是净水厂的主要消毒方法。随着人们对氯化消毒副产物的认识，其他消毒剂和消毒方法越来越引起关注。氯胺消毒、二氧化氯消毒在国内已得到了实践应用。为了解决加氯难以杀灭贾第鞭毛虫、隐孢子虫的问题，紫外线消毒在个别工程中得到采用。

20 世纪 70 年代后期，我国给水水源的污染日益严重，于是开展了对微污染水源处理的研究，重点进行了生物处理和臭氧—活性炭处理的试验。经过长时期资料的积累，1996 年宁波梅林水厂生物预处理投入运行，之后生物处理得到了推广应用，并有了很大改进。实践证明，臭氧—活性炭是处理微污染水源的有效方法之一，近年来得到了较广泛的应用。

以上是从 20 世纪 50 年代以来净水厂净水工艺进展的概况。净水厂设计虽然主要是处理工艺选择和处理构筑物设计，但变配电、仪表控制、建筑结构、平面布置等也是重要内容。

通过上述回顾，可以看到 70 年来我国给水技术有了长足的进步，已逐步形成我国净水设计的自己风格。但我们也应看到在水厂设计中还存在某些不足，例如如何依靠理论来解决实践问题，设计参数如何更科学地确定等。

当前净水厂设计中还存在某些课题需要加以研究解决，如：

（1）如何根据不同的原水水质特点，科学、合理地选定工艺流程和设计参数；

（2）需加强对含藻水处理的研究，寻求合适的处理工艺；

（3）探索膜处理在净水处理中的应用及合适的工艺流程；

（4）如何在设计中提高净水厂供水安全的保障，有效应对突发事件；

（5）如何在净水厂设计中贯彻节能减排，实现低碳经济；

（6）如何适应城镇化发展的需要，设计提供适用的中小型给水设施；

（7）如何运用现代工程经济概念，在净水厂设计中建立科学的技术经济比较方法。

除此以外，我们仍应继续发展高效的新工艺、新技术和新设备，以进一步提高我国净水厂设计的技术水平，为我国给水事业作出更大贡献。

第1章　水源水质和水质标准

1.1　天然水中杂质

水在自然界的循环过程中不断与外界接触，从而带进了各种杂质。由于形成水源的条件各不相同，因此不同水源所含的杂质也不尽相同。

给水水源主要包括地下水源和地表水源两大类。地下水源有潜水、孔隙水、裂隙水、岩溶水及泉水等。地表水源则包括江河水、湖泊水、水库水以及海水等。地下水源在地层渗滤过程中，悬浮物和胶体物质已基本或大部分被除去，相对地表水而言不易受外界污染和气温影响，因而水质、水温较稳定。但是地下水源由于与岩层长期接触，因而矿化度与硬度一般较高，有时也会出现铁、锰、氟化物等指标偏高，沿海地区还可能受海水影响造成氯化物较高。地表水源在其径流形成过程中，不仅受到大气、土壤等自然的影响，还与人类的活动有密切关系。地表水源往往由于受到人为污染，掺入了生活污水和各种工业废水而使水的物理、化学性状和微生物指标发生显著变化。农药污染也是影响地表水水源的重要因素。此外，水体中水生生物的活动，包括死亡残体的分解，也是造成水体污染的原因之一。

地下水与地表水的主要水质特征区别见表1-1。

地下水与地表水水质特征区别　　表1-1

特　征	地　表　水	地　下　水
水温	随季节变化	相对固定
浑浊度、悬浮物	可变化，有时较高	低
色度	除了很软的水或酸性水（腐殖酸）以及受有色污染物污染外，主要取决于SS（黏土、藻类等）	主要取决于溶解金属离子（例如：Fe、Mn）
矿物质	随土壤、降雨、径流变化	较高，一般明显高于同一地区地表水
二价Fe和Mn（溶解）	除了在富营养化的水库、湖泊底部外，一般没有	经常存在
侵蚀性CO_2	一般没有	经常大量存在
溶解氧	可接近饱和，但在污染严重的水中则不存在	一般几乎没有
H_2S	一般没有	经常发现
NH_4	仅在受污染水中发现	作为受细菌污染的指标
硝酸盐	一般含量较低	有时较高
硅	一般中等程度	经常较高
矿物和有机微量污染物	存在于水中，但一旦污染源去除，则很快消失	一般没有，但任何偶然污染将持续很长时间
水生有机物	细菌（某些致病）、病毒、浮游生物（动物和植物）	经常发现铁细菌
富营养物质	常有，随气温升高而增加	无

水体中的这些物质并非都对人体有害。相反，某些微量元素对人体生理代谢过程还起着有益作用。水中存在的人体必需的生物微量元素有14种，它们是：Fe、Zn、Cu、I、Mn、Se、F、Mo、Co、Cr、Ni、V、Sn、Si。人体对微量元素的需要有一定的量，某些微量元素（例如Se、Cr、F、Ni等）当超过一定摄入量时则具有毒性。

根据美国马丁·福克斯（Martin Fox）博士的研究，对人体健康的水应是：含有一定的硬度（理想的是170mg/L左右）、一定的溶解性总固体（理想的是300mg/L左右）和pH值偏碱性（7.0以上）。

根据水中杂质的分散程度或基本颗粒大小，可将水中杂质大致分为悬浮状态、胶体状态和溶解状态三大类。

悬浮物质粒度大小的下限值约为0.1～1μm，如部分黏土（0.1～5μm）、泥土（5～50μm）、砂（50μm～2mm）、藻类（大于几个微米）、细菌（0.3～3μm）、花粉（10～100μm）、酵母（1～10μm）等。这类物质在流动水体中常处悬浮状态，在静水中则易于依靠重力下沉或上浮。悬浮物质大部分构成水的浊度，少部分会形成水的色度和臭、味。其中病原菌将导致人体疾病。

胶体物质的颗粒粒度大致在0.001～0.1μm之间，例如：脊髓灰质炎病毒（0.025μm）、蛋白质（0.01～0.03μm）、腐殖质、金属氢氧化物、硅酸等。这些物质在水中的状态取决于颗粒本身质量和表面性能。它们在水中相当稳定，虽经长期静置也不会自然沉降。胶体物质也是产生浊度的主要原因。

溶解物质是指溶于水中的一些低分子量物质和离子。它们与水构成的分散体系均为均匀体系，称为真溶液。光线照射时能全部透过，故外观透明。属于这类物质的有K^+、Na^+、Ca^{2+}、Mg^{2+}、Fe^{2+}等阳离子和HCO_3^-、Cl^-、CO_3^{2-}、OH^-、SO_4^{2-}等阴离子。其粒度大小从单原子的2×10^{-4}～3×10^{-4}μm到10^{-3}μm。气体也可以溶解于水而形成真溶液，主要是O_2、CO_2，有时也有少量N_2、SO_2及H_2S等其他气体。

水中所含的不同物质以及不同的存在形态对于净水工艺的选择极为重要。因此，在进行设计前，必须充分掌握原水的水质特点、水中物质的组成和含量，以及它们随季节变化的规律等有关资料，以进行合理的工艺选择。

1.2 地表水水源水质标准

为了控制地表水的环境质量，国家环境保护总局制定了《地表水环境质量标准》GB 3838—2002，按照地表水环境功能分类和保护目标，规定了水环境质量应控制的项目和限值。

根据水域环境功能和保护目标，按照功能高低依次划分为5类：

Ⅰ类　主要适用于源头水、国家自然保护区；

Ⅱ类　主要适用于集中式生活饮用水地表水源地一级保护区、珍稀水生生物栖息地、鱼虾类产卵场、仔稚幼鱼的索饵场等；

Ⅲ类　主要适用于集中式生活饮用水地表水源地二级保护区、鱼虾类越冬场、洄游通道、水产养殖区等渔业水域及游泳区；

Ⅳ类　主要适用于一般工业用水区及人体非直接接触的娱乐用水区；

Ⅴ类　主要适用于农业用水区及一般景观要求水域。

地表水环境质量标准基本项目限值见表1-2，集中式生活饮用水地表水源地补充项目限值见表1-3，集中式生活饮用水地表水源地特定项目限值见表1-4。

地表水环境质量评价应根据需实现的水域功能类别，选取相应类别标准，进行单因子评价，评价结果应说明水质达标情况，超标的应说明超标项目和超标倍数。丰、平、枯水期特征明显的水域，应分水期进行水质评价。集中式生活饮用水地表水源地水质评价的项目应包括表1-2中的基本项目，表 1-3 中的补充项目以及由县级以上人民政府环境保护行政主管部门从表 1-4 中选择确定的特定项目。

《地表水环境质量标准》同时规定："集中式生活饮用水地表水源地水质超标项目经自来水厂净化处理后，必须达到《生活饮用水卫生标准》的要求。"

地表水环境质量标准基本项目标准限值 GB 3838—2002 单位：mg/L **表 1-2**

序号	项目 \ 标准值 \ 分类		Ⅰ类	Ⅱ类	Ⅲ类	Ⅳ类	Ⅴ类
1	水温（℃）		人为造成的环境水变化应限制在：周平均最大温升≤1 周平均最大温降≤2				
2	pH 值（无量纲）		6～9				
3	溶解氧≥		饱和率 90%（或 7.5）	6	5	3	2
4	高锰酸盐指数	≤	2	4	6	10	15
5	化学需氧量（COD）	≤	15	15	20	30	40
6	5 日生化需氧量（BOD_5）	≤	3	3	4	6	10
7	氨氮（NH_3-N）	≤	0.15	0.5	1.0	1.5	2.0
8	总磷（以 P 计）	≤	0.02（湖、库 0.01）	0.1（湖、库 0.025）	0.2（湖、库 0.05）	0.3（湖、库 0.1）	0.4（湖、库 0.2）
9	总氮（湖、库，以 N 计）	≤	0.2	0.5	1.0	1.5	2.0
10	铜	≤	0.01	1.0	1.0	1.0	1.0
11	锌	≤	0.05	1.0	1.0	2.0	2.0
12	氟化物（以 F^- 计）	≤	1.0	1.0	1.0	1.5	1.5
13	硒	≤	0.01	0.01	0.01	0.02	0.02
14	砷	≤	0.05	0.05	0.05	0.1	0.1
15	汞	≤	0.00005	0.00005	0.0001	0.001	0.001
16	镉	≤	0.001	0.005	0.005	0.005	0.01
17	铬（六价）	≤	0.01	0.05	0.05	0.05	0.1
18	铅	≤	0.01	0.01	0.05	0.05	0.1
19	氰化物	≤	0.005	0.05	0.2	0.2	0.2
20	挥发酚	≤	0.002	0.002	0.005	0.01	0.1
21	石油类	≤	0.05	0.05	0.05	0.5	1.0
22	阴离子表面活性剂	≤	0.2	0.2	0.2	0.3	0.3
23	硫化物	≤	0.05	0.1	0.2	0.5	1.0
24	粪大肠菌群（个/L）	≤	200	2000	10000	20000	40000

集中式生活饮用水地表水源地补充项目标准限值 GB 3838—2002 单位：mg/L **表 1-3**

序 号	项 目	标 准 值
1	硫酸盐（以 SO_4^{2-} 计）	250
2	氯化物（以 Cl^- 计）	250
3	硝酸盐（以 N 计）	10
4	铁	0.3
5	锰	0.1

集中式生活饮用水地表水源地特定项目标准限值 GB 3838—2002　单位：mg/L　**表 1-4**

序号	项　目	标准值	序号	项　目	标准值
1	三氯甲烷	0.06	41	丙烯酰胺	0.0005
2	四氯化碳	0.002	42	丙烯腈	0.1
3	三溴甲烷	0.1	43	邻苯二甲酸二丁酯	0.003
4	二氯甲烷	0.02	44	邻苯二甲酸（2-乙基己基）酯	0.008
5	1，2-二氯乙烷	0.03	45	水合肼	0.01
6	环氧氯丙烷	0.02	46	四乙基铅	0.0001
7	氯乙烯	0.005	47	吡啶	0.2
8	1，1-二氯乙烯	0.03	48	松节油	0.2
9	1，2-二氯乙烯	0.05	49	苦味酸	0.5
10	三氯乙烯	0.07	50	丁基黄原酸	0.005
11	四氯乙烯	0.04	51	活性氯	0.01
12	氯丁乙烯	0.002	52	滴滴涕	0.001
13	六氯丁二烯	0.0006	53	林丹	0.002
14	苯乙烯	0.02	54	环氧七氯	0.0002
15	甲醛	0.9	55	对硫磷	0.003
16	乙醛	0.05	56	甲基对硫磷	0.002
17	丙烯醛	0.1	57	马拉硫磷	0.05
18	三氯乙醛	0.01	58	乐果	0.08
19	苯	0.01	59	敌敌畏	0.05
20	甲苯	0.7	60	敌百虫	0.05
21	乙苯	0.3	61	内吸磷	0.03
22	二甲苯①	0.5	62	百菌清	0.01
23	异丙苯	0.25	63	甲萘威	0.05
24	氯苯	0.3	64	溴氰菊酯	0.02
25	1，2-二氯苯	1.0	65	阿特拉津	0.003
26	1，4-二氯苯	0.3	66	苯并（a）芘	2.8×10^{-6}
27	三氯苯②	0.02	67	甲基苯	1.0×10^{-6}
28	四氯苯③	0.02	68	多氯联苯⑥	2.0×10^{-6}
29	六氯苯	0.05	69	微囊藻毒素-LR	0.001
30	硝基苯	0.017	70	黄磷	0.003
31	二硝基苯④	0.5	71	钼	0.07
32	2，4-二硝基甲苯	0.0003	72	钴	1.0
33	2，4，6-三硝基甲苯	0.5	73	铍	0.002
34	硝基氯苯⑤	0.05	74	硼	0.5
35	2，4-二硝基氯苯	0.5	75	锑	0.005
36	2，4-二氯苯酚	0.093	76	镍	0.02
37	2，4，6-三氯苯酚	0.2	77	钡	0.7
38	五氯酚	0.009	78	钒	0.05
39	苯胺	0.1	79	钛	0.1
40	联苯胺	0.0002	80	铊	0.0001

①二甲苯：指对-二甲苯、间-二甲苯、邻-二甲苯。

② 三氯苯：指 1，2，3-三氯苯、1，2，4-三氯苯、1，3，5-三氯苯。

③ 四氯苯：指 1，2，3，4-四氯苯、1，2，3，5-四氯苯、1，2，4，5-四氯苯。

④ 二硝基苯：指对-二硝基苯、间-二硝基苯、邻-二硝基苯。

⑤ 硝基氯苯：指对-硝基氯苯、间-硝基氯苯、邻-硝基氯苯。

⑥ 多氯联苯：指 PCB-1016、PCB-1221、PCB-1232、PCB-1242、PCB-1248、PCB-1254、PCB-1260。

1993年建设部颁布了《生活饮用水水源水质标准》CJ 3020—93，对生活饮用水水源的水质指标、水质分级、标准限值等内容作了规定。该标准将生活饮用水水源水质分为两级。一级水源水表明水质良好，地下水只需消毒处理，地表水经简易净化（如过滤）、消毒后即可供生活饮用。二级水源水则表明水质受轻度污染，经常规处理可达到《生活饮用水卫生标准》的要求。当水源水质超过二级标准限值时，不宜作为生活饮用水的水源。若限于条件需用作生活饮用水水源时，应采用相应的净化处理工艺，处理后的水质符合《生活饮用水卫生标准》的要求，并取得有关主管部门批准。

两级水源的水质标准限值见表1-5。

生活饮用水水源水质标准 CJ 3020—93 **表1-5**

项目		标准限值	
		一级	二级
色		色度不超过15度，并不得呈现其他异色	不应有明显的其他异色
浑浊度	(度)	3	
嗅和味		不得有异臭、异味	不应有明显的异臭、异味
pH值		6.5～8.5	6.5～8.5
总硬度（以碳酸钙计）	(mg/L)	350	450
溶解铁	(mg/L)	0.3	0.5
锰	(mg/L)	0.1	0.1
铜	(mg/L)	1.0	1.0
锌	(mg/L)	1.0	1.0
挥发酚（以苯酚计）	(mg/L)	0.002	0.004
阴离子合成洗涤剂	(mg/L)	0.3	0.3
硫酸盐	(mg/L)	250	250
氯化物	(mg/L)	250	250
溶解性总固体	(mg/L)	1000	1000
氟化物	(mg/L)	1.0	1.0
氰化物	(mg/L)	0.05	0.05
砷	(mg/L)	0.05	0.05
硒	(mg/L)	0.01	0.01
汞	(mg/L)	0.001	0.001
镉	(mg/L)	0.01	0.01
铬（六价）	(mg/L)	0.05	0.05
铅	(mg/L)	0.05	0.07
银	(mg/L)	0.05	0.05
铍	(mg/L)	0.0002	0.0002
氨氮（以氮计）	(mg/L)	0.5	1.0
硝酸盐（以氮计）	(mg/L)	10	20
耗氧量（$KMnO_4$法）	(mg/L)	3	6
苯并（a）芘	(μg/L)	0.01	0.01
滴滴涕	(μg/L)	1	1
六六六	(μg/L)	5	5
百菌清	(mg/L)	0.01	0.01
总大肠菌群	(个/L)	1000	10000
总α放射性	(Bq/L)	0.1	0.1
总β放射性	(Bq/L)	1	1

1.3 生活饮用水卫生标准

生活饮用水水质与人类健康密切相关，故其标准的制定必须满足人们能获得安全、卫生的饮用水。安全饮用水的概念是指人一生饮用的水对健康没有明显不良影响。其标准以一生寿命 70 岁，每天饮用 2L（包括喝汤、喝水总量）为依据。确定污染物限值还需考虑多种因素。水质标准制定的原则一般为：

（1）确保流行病学安全：即要求水中不含各种病原微生物，以防介水传染病的传播；

（2）所含化学物质对人体无害：即要求水中化学物质对人不产生急性或慢性毒害影响；

（3）感官性状良好：即要求对人体感官无不良刺激。

目前国际上作为权威的生活饮用水水质标准主要有 3 个，即世界卫生组织（WHO）提出的《饮用水水质准则》、美国国家环保局（USEPA）颁布的《美国饮用水水质标准》和欧洲联盟（EU）理事会制定的《饮用水水质指令》。各国标准的制定多以此为依据或参考。

我国第一部有关生活饮用水水质的法规是 1955 年由卫生部发布，首先在京、津、沪等 12 城市试行的《自来水水质暂行标准》。该标准共有监测项目 15 项，即透明度、色度、臭和味、细菌总数、总大肠菌群、剩余氯、总硬度、氟化物、铅、砷、铜、锌、酚、总铁、pH 值。后经国家建委和卫生部共同审查批准，以《饮用水水质标准》于 1956 年 12 月起在全国实施。

1959 年 11 月开始执行建工部和卫生部颁布的《生活饮用水卫生标准》。该标准监测项目由 15 项增加至 17 项。

1976 年国家建委和卫生部批准《生活饮用水卫生标准》TJ 20—76（试行），监测项目增加至 23 项，包括锰、阴离子合成洗涤剂、氰化物、硒、汞、镉和铬（六价）等。该标准一直试行了 9 年。

1985 年卫生部批准并发布了《生活饮用水卫生标准》GBJ 5749—85，监测项目由 23 项增加至 35 项，即增加：硫酸盐、氯化物、溶解性总固体、银、硝酸盐、氯仿、四氯化碳、苯并（a）芘、滴滴涕、六六六、总 α 放射性和总 β 放射性。

1985 年的《生活饮用水标准》作为国家标准一直沿用至 2007 年。其间，随着水源环境质量的变化以及人们对健康质量要求的提高，特别是对水中污染物质认识的加深，有关部门相继颁布了对水质标准的有关规定。

1992 年建设部在制定《城市供水行业 2000 年技术进步发展规划》时，对不同的供水企业提出了供水水质的目标，其中一类水司的监测项目达 88 项。2001 年卫生部颁布了《生活饮用水卫生规范》，监测项目增加至 96 项。2005 年建设部为了适应城市供水水质要求的提高，颁布了《城市供水水质标准》CJ/T 206—2005，共有监测项目 103 项。

随着我国科技水平的提高和人民生活质量的改善，《生活饮用水卫生标准》GB 5749—85 已不适应现实的需要。同时国际上很多国家和地区都在不断修改相关饮用水标准，以提高供水水质。因此，由国家标准化委员会负责，卫生部牵头组织建设部、水利部、环保总局等部门推荐的专家对原标准进行了修订。修订的《生活饮用水卫生标准》GB 5749—2006 已于 2006 年 12 月由国家卫生部和国家标准化管理委员会发布，并于 2007 年 7 月起实施。

《生活饮用水卫生标准》GB 5749—2006 共有监测项目 106 项，其中常规项目 42 项，非常规项目 64 项。同时，标准对小型集中式供水和分散式供水水质中的 14 项指标作了暂时放宽限度的过渡措施。

《生活饮用水卫生标准》GB 5749—2006、《城市供水水质标准》CJ/T 206—2005 及卫生部《生活饮用水卫生规范》（2001）的有关指标和限值见表 1-6～表 1-9。

生活饮用水水质常规检测指标及限值 **表 1-6**

指　　标	GB 5749—2006	卫生部规范（2001）	CJ/T 206—2005
1. 微生物指标			
总大肠菌群(MPN/100mL 或 CFU/100mL)	不得检出	不得检出	不得检出
耐热大肠菌群(MPN/100mL 或 CFU/100mL)	不得检出	不得检出	不得检出
大肠埃希氏菌(MPN/100mL 或 CFU/100mL)	不得检出	—	—
菌落总数(CFU/mL)	100	100	80
2. 毒理指标			
砷(mg/L)	0.01	0.05	0.01
镉(mg/L)	0.005	0.005	0.003
铬(六价)(mg/L)	0.05	0.05	0.05
铅(mg/L)	0.01	0.01	0.01
汞(mg/L)	0.001	0.001	0.001
硒(mg/L)	0.01	0.01	0.01
氰化物(mg/L)	0.05	0.05	0.05
氟化物(mg/L)	1.0	1.0	1.0
硝酸盐(以 N 计)(mg/L)	10(地下水源受限制时 20)	20	10(特殊情况 20)
三氯甲烷(mg/L)	0.06	0.06	0.06
四氯化碳(mg/L)	0.002	0.002	0.002
溴酸盐(使用 O_3时)(mg/L)	0.01	—	0.01
甲醛(使用 O_3时)(mg/L)	0.9	0.9*	0.9
亚氯酸盐(使用 ClO_2时)(mg/L)	0.7	0.2*	0.7
氯酸盐(使用 ClO_2时)(mg/L)	0.7	—	—
3. 感官性状和一般化学指标			
色度(铂钴色度单位)	15	15	15
浑浊度(NTU)	1(水源与净水技术限制时 3)	1(特殊情况 5)	1(特殊情况 3)
臭和味	无异臭、异味	无异臭、异味	无异臭、异味,用户可接受
肉眼可见物	无	无	无
pH 值	6.5～8.5	6.5～8.5	6.5～8.5
铝(mg/L)	0.2	0.2	0.2
铁(mg/L)	0.3	0.3	0.3
锰(mg/L)	0.1	0.1	0.1
铜(mg/L)	1.0	1.0	1.0
锌(mg/L)	1.0	1.0	1.0
氯化物(mg/L)	250	250	250
硫酸盐(mg/L)	250	250	250
溶解性总固体(mg/L)	1000	1000	1000
总硬度(以 $CaCO_3$计)(mg/L)	450	450	450
耗氧量(以 O_2计)(mg/L)	3(原水耗氧量>6 时为 5)	3(特殊情况为 5)	3(水源水质超过Ⅲ类,即耗氧量>6 时为 5)
挥发酚类(以苯酚计)(mg/L)	0.002	0.002	0.002
阴离子合成洗涤剂(mg/L)	0.3	0.3	0.3
4. 放射性指标			
总 α 放射性(Bq/L)	0.5	0.5	0.1
总 β 放射性(Bq/L)	1.0	1.0	1.0

*　卫生部《生活饮用水卫生规范》中该指标列为非常规检测项目。

饮用水中消毒剂常规指标及要求　　表 1-7

消毒剂名称	与水接触时间	要求	GB 5749—2006	卫生部规范（2001）	CJ/T 206—2005
氯气及游离氯制剂（游离氯）(mg/L)	至少 30min	出厂限值	4	—	—
		出厂余量	>0.3	>0.3	>0.3
		管网末梢	>0.05	>0.05	>0.05
一氯胺（总氯）(mg/L)	至少 120min	出厂限值	3	3	—
		出厂余量	>0.5	—	>0.5
		管网末梢	>0.05	—	>0.05
臭氧（O_3）(mg/L)	至少 12min	出厂限值	0.3	—	—
		管网末梢	0.02（如加氯，总氯>0.05）	—	—
二氧化氯（ClO_2）(mg/L)	至少 30min	出厂限值	0.8	—	—
		出厂余量	>0.1	—	游离氯>0.1
		管网末梢	>0.02	—	总氯>0.05 或二氧化氯>0.02

生活饮用水非常规指标及限值　　表 1-8

指　标	GB 5749—2006	卫生部规范	CJ/T 206—2005
1. 微生物指标			
贾第鞭毛虫（个/10L）	<1	—	<1
隐孢子虫（个/10L）	<1	—	<1
粪型链球菌群（CFU/100mL）	—	—	不得检出
2. 毒理指标			
锑（mg/L）	0.005	0.005	0.005
钡（mg/L）	0.7	0.7	0.7
铍（mg/L）	0.002	0.002	0.002
硼（mg/L）	0.5	0.5	0.5
钼（mg/L）	0.07	0.07	0.07
镍（mg/L）	0.02	0.02	0.02
银（mg/L）	0.05	0.05	0.05
铊（mg/L）	0.0001	0.0001	0.0001
氯化氰（以 CN 计）（mg/L）	0.07	0.07	—
一氯二溴甲烷（mg/L）	0.1	0.1	—
二氯一溴甲烷（mg/L）	0.06	0.06	—
二氯乙酸（mg/L）	0.05	0.05	—
1，2-二氯乙烷（mg/L）	0.03	0.03	0.005
二氯甲烷（mg/L）	0.02	0.02	0.005
三卤甲烷（mg/L）	*	*	0.1
1，1，1-三氯乙烷（mg/L）	2	2	0.2
三氯乙酸（mg/L）	0.1	0.1	—
三氯乙醛（mg/L）	0.01	0.01	—
2，4，6—三氯酚（mg/L）	0.2	0.2	0.010

续表

指　标	GB 5749—2006	卫生部规范	CJ/T 206—2005
三溴甲烷（mg/L）	0.1	0.1	—
七氯（mg/L）	0.0004	0.0004	—
马拉硫磷（mg/L）	0.25	0.25	—
五氯酚（mg/L）	0.009	0.009	0.009
六六六（总量）(mg/L)	0.005	0.005	—
六氯苯（mg/L）	0.001	0.001	0.001
乐果（mg/L）	0.08	0.08	0.02
对硫磷（mg/L）	0.003	0.003	0.003
灭草松（mg/L）	0.3	0.3	—
甲基对硫磷（mg/L）	0.02	0.02	0.01
百菌清（mg/L）	0.01	0.01	—
呋喃丹（mg/L）	0.007	—	—
林丹（mg/L）	0.002	0.002	0.002②
毒死蜱（mg/L）	0.03	—	—
草甘膦（mg/L）	0.7	—	—
敌敌畏（mg/L）	0.001	—	0.001**
莠去津（mg/L）	0.002	—	0.002
溴氰菊酯（mg/L）	0.02	0.02	0.02
2，4-滴（mg/L）	0.03	0.03	0.03
滴滴涕（mg/L）	0.001	0.001	0.001**
乙苯（mg/L）	0.3	0.3	0.3
二甲苯（总量）(mg/L)	0.5	0.5	0.5
1，1-二氯乙烯（mg/L）	0.03	0.03	0.007
1，2-二氯乙烯（mg/L）	0.05	0.05	0.05
1，2-二氯苯（mg/L）	1.0	1，0	1.0
1，4-二氯苯（mg/L）	0.3	0.3	0.075
三氯乙烯（mg/L）	0.07	0.07	0.005
三氯苯（总量）(mg/L)	0.02	0.02	0.02
六氯丁二烯（mg/L）	0.0006	0.0006	—
丙烯酰胺（mg/L）	0.0005	0.0005	0.0005**
四氯乙烯（mg/L）	0.04	0.04	0.005
甲苯（mg/L）	0.7	0.7	0.7
邻苯二甲酸二（2-乙基己基）脂（mg/L）	0.008	0.008	0.008
环氧氯丙烷（mg/L）	0.0004	—	0.0004
苯（mg/L）	0.01	0.01	0.01
苯乙烯（mg/L）	0.02	0.02	0.02
苯并（a）芘（mg/L）	0.00001	0.00001	0.00001
氯乙烯（mg/L）	0.005	0.005	0.005
氯苯（mg/L）	0.3	0.3	0.3
微囊藻毒素-LR（mg/L）	0.001	0.001	0.001
甲草胺（mg/L）	—	0.02	—

续表

指　　标	GB 5749—2006	卫生部规范	CJ/T 206—2005
叶枯唑（mg/L）	—	0.5	—
内吸磷（mg/L）	—	0.03	—
七氯环氧物（mg/L）	—	0.0002	—
氯酚（总量）（mg/L）	—	—	0.010
TOC	—	—	无异常变化
1，1，2-三氯乙烷（mg/L）	—	—	0.005
多环芳烃（总量）（mg/L）	—	—	0.002
卤乙酸（总量）（mg/L）	—	—	0.06
3. 感官性状和一般化学指标			
氨氮（以 N 计）（mg/L）	0.5	—	0.5
硫化物（mg/L）	0.02	0.02	0.02
钠（mg/L）	200	200	200

*：三卤甲烷包括氯仿、溴仿、二溴一氯甲烷和一溴二氯甲烷共 4 种化合物。该类化合物中每种化合物的实测浓度与其各自限值的比值之和不得超过 1。

**：该指标在《城市供水水质标准》CJ/T 206—2005 中列为常规检测项目。

小型集中式供水和分散式供水部分水质指标及限值　　表 1-9

项　　目	限　　值
1. 微生物学指标	
菌落总数（CFU/mL）	500
2. 毒理学指标	
砷（mg/L）	0.05
氟化物（mg/L）	1.2
硝酸盐（以 N 计）（mg/L）	20
3. 感官性状和一般化学指标	
色度（铂钴色度单位）	20
浑浊度（NTU）	3（水源与净水技术条件限制时为 5）
pH	不小于 6.5 且不大于 9.5
溶解性总固体（mg/L）	1500
总硬度（以 $CaCO_3$ 计）（mg/L）	550
耗氧量（COD_{Mn}法，以 O_2 计）（mg/L）	5
铁（mg/L）	0.5
锰（mg/L）	0.3
氯化物（mg/L）	300
硫酸盐（mg/L）	300

1.4　主要污染物指标

用以反映饮用水水质的主要污染指标包括微生物学指标、感官性状和一般化学指标、毒理学指标以及放射性指标。

1.4.1 微生物学指标

常用的微生物学指标包括细菌总数、总大肠菌群、耐热大肠菌群、粪型链球菌群以及蓝氏贾第鞭毛虫和隐孢子虫。

1. 细菌总数

主要用于评价水体中一般的细菌含量，在一定程度上反映水体受微生物污染的程度。虽然水中大多数细菌并不致病，但饮用水中细菌总数应越少越好。由于目前还不可能对所有致病细菌加以分别检测，因此检测细菌总数具有更重要意义。

2. 总大肠菌群

是指具有革兰氏染色阴性、需氧及兼性厌氧、无芽孢、在35～37℃发酵乳糖并于24～48h产酸产气的杆状细菌总称。它不是某一个或某一属的细菌，而是具有某些特性的与粪便污染有关的细菌群。大肠菌群的各菌种除少数外并不是致病菌。水体若受粪便污染，则可能也被肠道病原菌污染。由于检测病原菌非常困难，因此选择合适的大量存在于粪便的非病原菌作为指示菌用以判别水体是否受粪便的污染。一般来说，经处理后的生活饮水不应检出大肠菌群。

3. 耐热大肠菌群

是指在44～44.5℃温度下具有与大肠菌群相同发酵及生物化学性能的菌群。它们由埃希氏菌属以及克雷伯菌属、肠杆菌属和柠檬酸杆菌属中的一些菌种组成。其中埃希氏大肠杆菌是最准确和专一的粪便污染指示，但检测复杂，而大多数情况下耐热大肠菌群与埃希氏大肠杆菌很好相关，因此检测耐热大肠菌群可用作判别近期受粪便污染的指标。

4. 粪型链球菌群

一般指存在于人类和动物粪便中的链球菌，在分类学上属于肠球菌属和链球菌属，可作为粪便污染的指示生物。肠球菌相对于大肠杆菌对恶劣环境和冷冻条件更具抵抗力，因此作为环境卫生质量的污染指标更有卫生学意义。

5. 蓝氏贾第鞭毛虫

是贾第鞭毛虫的一种，是寄生于人类和动物肠道的有鞭毛的原生动物。有症状的贾第鞭毛虫感染分为急性、亚急性和慢性。通常的症状为腹泻、胃气胀、臭味大便、腹痛、腹胀、疲劳、食欲不振、恶心、体重减轻、呕吐。贾第鞭毛虫可以通过饮用水传播。据美国自来水协会对美国1976～1994年间水媒性流行病的调查，由原生动物引起的致病率达82.5%。此外，由于通过水厂一般的常规处理和加氯消毒难以杀灭贾第鞭毛虫包囊和隐孢子虫卵囊，因此更引起广泛关注。

6. 隐孢子虫

是寄生于众多动物，包括哺乳动物、鸟类和鱼类胃肠道和呼吸道细胞内的二联等孢子球体。隐孢子虫是人类十大寄生虫之一，其感染率无论在发达国家还是发展中国家都较高。对免疫健全患者虽然感染可能无症状，但通常伴随腹泻（80%～90%病例），胃肠道症状包括呕吐、厌食、胃胀，也可伴随流感样疾病（20%～40%病例）。对免疫功能低下者可发生一种严重的霍乱样疾病，导致难处理的恶心、体重下降和严重脱水。有报道，隐孢子虫卵囊对氯的抵抗力比蓝氏贾第鞭毛虫强14～30倍，一般水厂加氯消毒基本无效。近年来，世界各国多有关于隐孢子虫疾病暴发的报道。

1.4.2 感官性状和一般化学指标

涉及感官性状和一般化学指标的项目较多，主要项目如下：

1. 色度

是水中含有有色物质的反映，分为“真色”和“表色”。真色是因有色物质吸收正常光中特定波长产生。真色与悬浮物质对光的散射两者结合构成表色。饮用水的色度是指“真色”。天然水中含有的腐殖酸、富里酸、泥土、草类、浮游生物和铁、锰等金属离子，以及工业废水中所含染料、生物色素、有色悬浮微粒等均会使水产生色度。此外微生物的活动以及水中含有一些芳香族、多羟基、甲氧基及羧酸类物质时也会使水产生色度。带色的饮用水会给用户带来不快和厌恶感，从而对水质产生怀疑。有色水还常伴有不同的味道。

2. 臭和味

是水质的感官性状指标。饮用水中产生臭和味的有机物和无机物除了天然物质外，主要源于生活污水和工业废水污染及微生物活动。净水过程投加的药剂也可能产生臭和味。当水中氯化物、铁、铜、镁、锌超过一定浓度时会产生不良味觉。硬度中的钙、镁离子使水味变差，而碱度使水味变好。当碱度大于硬度时使水带甜味，如碱度小于硬度则水呈苦味。水中的臭和味常与放线菌、藻类、真菌等微生物联系在一起。一些蓝绿藻、放线菌和少量真菌产生土霉味和臭味。蓝绿藻和放线菌的代谢产生包括土味素和二甲基异莰醇等。消毒剂游离卤素达到一定浓度也会产生异味和异臭。饮用水中臭和味是令用户不满的主要原因之一，水中异常的臭和味还可能与水质重大污染有关。

3. 浑浊度

是水对光的散射和吸收能力的量度，与水中颗粒数、大小、折光率和入射光波长有关。天然水浊度主要来自水中泥砂、黏土、细微的有机物和无机物，以及浮游生物和其他微生物等悬浮物质。引起水中浊度的颗粒大小介于 1nm 到 1mm 之间。浊度与饮用水水质密切相关。浊度也会使营养物质吸附在颗粒表面而促进细菌生长繁殖，浊度还会削弱消毒剂对微生物的杀灭作用。浊度的降低还有助于贾第鞭毛虫和隐孢子虫的去除。美国国家环保局（EPA）进行的研究表明，如滤后水浊度低于 0.3NTU，则隐孢子虫去除率至少在 99%以上。

4. 氯化物

几乎存在于所有饮用水中。天然水中氯化物以钠、钙及镁盐的形式存在。氯化钾在一般水体中很少见，但存在于某些地下水中。氯化物产生的咸味与水的化学组成有关。水中氯化钠、氯化钙的味阈值为 200～300mg/L，但当水中钙、镁离子占支配地位时，1000mg/L 氯化物也不会出现典型的咸味。

5. 铝

是地球上含量最丰富的金属，是土壤、植物和动物的常见组分。水处理中使用铝盐混凝剂有可能导致铝含量增加。铝是一种低毒且为人体非必需的微量元素，是引起多种脑疾病的重要因素。长期摄入铝过多可致老年性痴呆。

6. 铜

在天然水中含量很低，但当流经含铜矿床或使用铜盐抑制藻类生长时铜含量会增加。饮用水中溶解的铜会使水产生颜色和令人不快的涩味。大于 5mg/L 时使水有色和苦味，大于 1mg/L 时使洗过的衣服变色。

7. 总硬度

被定义为钙、镁浓度的总和，是由一系列溶解性多价态金属离子形成，按阴离子可划分为碳酸盐硬度和非碳酸盐硬度。水中硬度主要来源是沉积岩、地下渗流及土壤冲刷中的溶解性多价态金属离子。一般认为适中的硬度对健康有益。尽管大量流行病学研究显示水中硬度与心血管疾病之间存在负相关，但得到的数据尚不能证明这种因果关系。高硬度会使热水系统产生结垢问题，还会增加洗涤时的肥皂消耗。

8. 铁

是人体必需的营养元素，自然界中常以各种氧化态形式存在。水中含铁量低于 0.3mg/L 时不会有异味，超过0.05～0.1mg/L时会在输水管路中产生浊度和色度。大于0.3mg/L时会使洗过的衣服及卫生设备产生污迹。

9. 锰

是许多生物体包括人类的必需元素。水中含锰超过0.1mg/L会使饮料产生不良味道，会在洗涤的衣服和卫生器具上留下不易去除的斑痕。水中二价锰化合物氧化会形成水垢。某些微生物能富集锰，造成管网水的味、臭和浊度问题。

10. pH值

是水中氢离子活度的负对数值。pH值太高或太低均会刺激人体眼睛、皮肤和黏膜。pH值对饮用者没有直接影响，但它是水处理过程中的重要参数之一。pH值是影响金属管道腐蚀的重要因素，并对消毒效率有明显影响。

11. 硫酸盐

大量存在于矿物中，水中的硫酸盐还来自工业生产。摄入大量硫酸盐的主要生理影响是腹泻、脱水和刺激胃肠道。含硫酸镁超过600mg/L的水引起人体腹泻。硫酸盐会使水产生明显的味道，硫酸钠最低味阈值是250mg/L。硫酸盐还对管网系统造成腐蚀。

12. 溶解性总固体

是水经过滤后在一定温度下烘干所得的固体残渣，包括不挥发的可溶性盐类、有机物及能通过过滤器的可溶解微粒和微生物等。饮用水中溶解性总固体含量过高会使水呈苦咸感觉并会刺激胃肠。但当溶解性总固体极低时也会使饮用者感到索然无味而难于接受。另外，溶解性总固体是使水产生颜色的重要因素之一。溶解性总固体对人体健康的影响，有关报道不甚一致。

13. 锌

对人体具有重要生理功能。当锌浓度为3～5mg/L时水呈现乳白色，超过5mg/L时有涩味，产生乳白色浑浊，煮沸则形成一层油状薄膜。

14. 挥发酚

酚类化合物可根据是否随水蒸气挥发分为挥发酚和不挥发酚。天然水中含一定量酚，但含量极微，一般检不出。水源中含酚主要是受工业污染。酚类化合物毒性不大，但多有异臭，特别是苯酚等，会引起饮用者反感。水加氯消毒产生的氯酚类具有令人厌恶的气味（氯酚臭气）。氯酚的感官阈值一般都极低。

15. 阴离子合成洗涤剂

主要成分是阴离子表面活性剂——烷基苯磺酸钠（ABS），主要来自生活污水和工业废水的污染。水中表面活性剂超过0.2～0.5mg/L会影响水的美观和感官性状（泡沫、味、臭）。饮用水中含ABS 1mg/L以上时用户会抱怨水味不好，有油、鱼腥或香料味，并可发生泡沫。

16. 耗氧量

又称高锰酸盐指数、锰法化学需氧量（COD_{Mn}），反映水中悬浮的和溶解的可被高锰酸钾氧化的无机物和有机物的量。耗氧量是反映水质受到污染，特别是有机物污染的替代水质指标之一。它不是反映水质受到哪些具体污染物的指标，而是反映各个污染物可被高锰酸钾氧化的指标。反映水中污染物的替代水质指标还有总有机碳（TOC）、生化需氧量（BOD）、紫外消光值（UV_{254}）、化学需氧量（COD_{Cr}），它们之间呈一定的相关性。耗氧量较高的水，受到有机物污染较多。有机物中有致臭、致味物，造成水的不良臭味。有色的有机物、腐殖质含量高会使水色度增高。受污染的水，特别是经前加氯的水，耗氧量与水的致突变呈正相关。降低水的耗氧量有重大的卫生学意义。

17. 氨氮

以离子态铵（NH_4^+）和非离子态氨（NH_3）两种形式存在于水中，是影响感官的水质指标之一，同时是水质富营养化的重要因素。水中氨氮主要来自生活污水中的含氮有机物，以及某些工业废水和农田排水。饮用水中氯化了的氨超过 0.2mg/L 会引起臭和味的问题。供水系统中氨氮的存在会降低消毒效果。原水中氨含量高可能干扰过滤中锰的去除。饮用水中的氨氮虽没有直接的健康影响，但可作为排泄污染的指示指标。

18. 硫化物

一般指金属与硫形成的化合物（硫化钠、硫化钾、硫化钙），也包括硫化氢、硫化铵、非金属硫化物和有机硫化物。硫化物对感官带来的影响，主要来自硫化氢。硫化氢具有强烈刺激性臭鸡蛋味。此外，某些金属硫化物溶解度较低，重金属硫化物多呈黑色，会使水变浑发黑。

19. 钠

对人体物理机能很重要，并在所有食物和饮用水中普遍存在。根据现有资料，关于饮用水中钠和高血压之间的关系还没有得出确切的结论。不过，饮用水中钠超过 200mg/L 时会影响水的口感。

1.4.3　毒理学指标

1. 砷

不是人体必需元素，但因所处环境中含有砷而成为人体的构成元素。砷元素进入体内除小部分被吸收，大部分会毫不改变地排出体外。砷在体内蓄积部位是肝、肾、肺、皮肤、毛发、指甲、子宫、胎盘、骨骼等处，浓度最高部位是头发和指甲。在饮用含砷水的人群中可观察到长期慢性砷中毒的表现有：皮肤损伤、周围神经病变、皮肤癌和血液循环问题。根据无机砷化合物对人体致癌的充分证据，国际癌症研究协会将其归为第 1 类（对人体有明确的致癌性）。没有有机砷致癌的足够证据。

2. 镉

在自然环境中主要以二价形式存在，在水中可以简单离子或络离子形式存在。镉可对人体多脏器，如肾、肺、肝、睾丸、脑、骨骼及血液系统产生毒性。日本曾发生含镉废水污染事故，造成居民从食物和饮用水中摄入镉而出现了骨痛病和低分子量蛋白尿。有证据表明镉通过呼吸摄入有致癌性，但尚无证据证明镉经口摄入有致癌性。

3. 铬

广泛存在于自然环境中，是人体必需的微量元素。水中六价铬达 1mg/L 时水呈淡黄色并有涩味，三价铬达 1mg/L 时浊度明显增加。铬在水中会抑制水体的自净作用。铬对健康的影响很大程度上由其氧化价态决定，吸入六价铬有致癌性和基因毒性。饮用水被含铬废水污染可致腹部不适及腹泻等中毒症状。

4. 氰化物

是一种公认的剧毒物质。氰化物对环境的污染主要指含氰废水外排造成地表水和地下水的污染。氰化物可使地面水具有异臭，含 0.1～0.64mg/L 时使水具有苦杏仁臭，浓度 1mg/L 以上时呈令人不快的麻醉性臭味。氰化物是非蓄积性毒物，人体对 CN^- 有较强的解毒机能。氰化物会降低维生素 B_{12} 水平，造成 B_{12} 不足而生病。食用含较高氰化物而又未经充分处理的木薯，会造成对甲状腺，尤其是神经系统的慢性影响。

5. 氟化物

是人的必需元素，但没有最低营养需求量的数据。氟的毒理作用主要表现在：破坏钙、磷的正常代谢，抑制脂肪酶、骨磷酸酶、尿素酶，以及各种脂酶，影响内分泌腺的功能，损害神经系统及原生质等。氟化物对骨组织有严重影响，当饮用水中含 3～6mg/L 氟化物，会发生骨氟中毒，当超过 10mg/L 时发展为断裂性氟骨症。长期饮用含氟量高的水会出现氟斑牙，而低浓度氟化物可以保护牙齿，预防龋齿。

6. 铅

有积蓄毒性。肾病与铅中毒有关。对成人的影响包括脑病神经学上的影响和行为影响，听觉神经也是铅中毒的靶器官。铅对婴幼儿及儿童的危害远高于成人，主要影响是神经系统、造血系统及肾脏的损害，此外对消化、免疫及儿童生长发育也有一定毒作用。临床研究表明铅有致畸性和生殖毒性。国际癌症研究协会将铅和无机铅化合物归为可能致癌。

7. 汞

在自然界以金属汞、无机汞和有机汞形式存在。无机汞化合物主要对肾有毒性影响。甲基汞、乙基汞具有神经毒性影响。摄入任何形式急性致命剂量的汞都会导致休克、心血管衰竭、急性肾衰和严重的胃肠损伤。慢性汞中毒临床表现主要是神经系统症状，易兴奋是慢性汞中毒的一种特殊精神状态。此外胃肠道、泌尿系统、皮肤、眼睛均可出现一系列症状。

8. 硝酸盐和亚硝酸盐

是氮循环的一部分。硝酸盐是含氮有机物分解后的最终产物，是氧化体系化合氮稳定形态，虽然化学性质不活泼，但在某些微生物作用下可还原为亚硝酸盐。亚硝酸盐是含氮有机物分解过程中的产物，处于不稳定的氧化状态，可在微生物作用下还原成多种化合物或氧化为硝酸盐。硝酸盐对人体的毒性是因为它被还原为亚硝酸盐引起的。亚硝酸盐对人体的生物影响主要是其将血红蛋白氧化为高铁血红蛋白，致使各组织缺氧。幼小婴儿比儿童和成年人更易形成高铁血红蛋白。硝酸盐和亚硝酸盐对动物没有直接致癌性，但亚硝酸盐在胃内与胺类化合物反应形成N—亚硝基化合物对动物是致癌的，对人体可能增加患癌风险。

9. 硒

是维持人体正常生理的微量元素，在0.02～1mg/L时为微量营养素。硒对视网膜的光感受器的功能也是必需的。除了水中不存在的硫化硒外，硒及其化合物没有致癌性。人体长期摄入硒的毒理影响明显表现在指甲、毛发和肝脏，主要症状包括毛囊受损、新的毛发无色泽、指甲变厚易脆和皮肤损伤等。

10. 四氯化碳

主要用于含氯氟烃制冷剂、泡沫剂、溶剂的生产和油漆、塑料的制造，也是一种金属清洗剂及熏蒸剂。四氯化碳主要通过肠胃、呼吸道、皮肤吸收。有足够证据证明四氯化碳对实验动物有致癌性，对人类可能有致癌性。

11. 敌敌畏

是一种高效、速效、广谱性的有机磷杀虫剂，具有熏蒸、胃毒和触杀作用。敌敌畏对人体的主要影响在于神经系统，摄入大量敌敌畏会导致恶心和呕吐、坐卧不宁、盗汗以及肌肉震颤，更大剂量则会引起休克、呼吸困难和死亡。尽管动物实验表明敌敌畏可能有致癌性，但是否对人致癌尚不清楚。国际癌症研究协会确定敌敌畏可能对人体致癌。

12. 林丹

是六六六（六氯环己烷）的异构体之一，是一种作用于胃和呼吸系统的接触性杀虫剂和杀螨剂。人接触林丹急性中毒的症状包括头痛、头昏以及胃肠、心血管、骨骼系统方面的不适。高剂量林丹会导致小鼠肝肿瘤。国际癌症研究协会将林丹列为对人体可能致癌。

13. 滴滴涕（DDT）

作为一种有机氯杀虫剂，具有胃毒和触杀作用。人摄入DDT急性中毒的症状包括恶心、呕吐、感觉异常、嗜睡、共济失调、神志不清、震颤，严重者出现痉挛。所有人类流行病学研究都表明DDT不具有致癌性。但是，有充分证据表明DDT对实验动物具有致癌性。

14. 丙烯酰胺

主要作为化学中间体和生产聚丙烯酰胺的单体。聚丙烯酰胺主要用于净水处理的絮凝剂，也用作水库的灌浆剂。国际癌症研究协会将丙烯酰胺归为对人体可能致癌。

15. 亚氯酸盐

用于二氧化氯的制备，也用作纸、纺织品和稻草制品的漂白剂。亚氯酸盐可以影响血液中的红细胞，导致猫和猴子体内高铁血红蛋白的生成。国际癌症研究协会将亚氯酸盐归类为不能根据对人体致癌进行分类的物质。

16. 溴酸盐

用于烫发药剂的中和溶液，少量加入面粉中作为熟化剂，也加入啤酒和乳酪中。溴酸盐是水处理过程中投加臭氧后产生的副产物。溴酸盐的毒性影响包括恶心、呕吐、腹部疼痛、腹泻、不同程度的中枢神经受抑制、呼吸抑制、肺水肿，大多数可复原。国际癌症研究协会认为溴酸盐对动物致癌性有充分证据，因而将其归为可能对人类致癌（2B 类）。溴酸盐在体内和体外试验中都是致突变的。

17. 甲醛

在饮用水中的来源主要是工业废水的排放和水中天然有机物（腐殖质）在臭氧化、氯化过程中的氧化产物。甲醛也会从聚缩醛树脂的管道配件中溶淋下来。皮肤接触甲醛气体会导致皮肤受刺激和过敏性皮炎。存在于水过滤系统中的甲醛可能对透析病人引起溶血性贫血症。基于对人和实验动物通过吸入接触甲醛所进行的研究，国际癌症研究协会将甲醛归类为很可能致癌（2A 类）。有证据表明甲醛经口摄入是不致癌的。

18. 锑

在天然水体中有三价锑和五价锑氧化态以及甲基锑化合物。锑及其化合物从呼吸道或消化道进入体内，锑的化合物如三氯化锑也可由皮肤大量吸收。进入体内的锑及其化合物对人体有毒性，其作用是干扰体内蛋白质及糖的代谢，损害肝脏、心脏及神经系统，还对黏膜产生刺激作用。国际癌症研究协会将三氯化锑列入对人体可能致癌（2B 类），将三硫化锑列为对人体致癌证据不足一类（3 类）。

19. 钡

不是人体营养必需元素。高浓度的钡直接刺激动脉肌肉引起血管收缩，猛烈刺激平滑肌引起蠕动，刺激中枢神经系统引起抽搐和麻痹。

20. 铍

是最轻的碱土金属元素，主要用作核反应堆的中子减速剂。铍化合物对人体有毒性。铍以烟雾或粉尘形式经呼吸道侵入人体，亦可经皮肤进入，不易为肠道吸收。急性铍中毒类似化学性肺炎，导致人咳嗽、胸痛，以至呼吸困难。慢性铍中毒表现为肺部病变。据美国 EPA 关于水中铍的报告：终生摄入饮用水中含铍高于 0.004mg/L 对骨骼和肺有损害并致癌。由于饮用水中铍浓度经常很低，不会给饮用者带来威胁。

21. 硼

在自然界中的化学形式包括硼酸和四硼酸盐。海水注入及肥料使用会导致硼浓度升高。摄入硼会引起急性中毒。硼中毒的症状有胃肠道紊乱、红斑皮疹，有刺激中枢神经系统继而萎靡不振的征兆。

22. 苯

为无色液体，有特殊气味。水中苯主要来自大气沉积、汽油溢出和其他汽油、化工厂废水。有证据认为高浓度苯的摄入会造成白血病。动物实验表明，大鼠和小鼠口服或吸入苯后发现有致癌性，在很多部位产生恶性肿瘤。国际癌症研究协会把苯归为对人有致癌性。

23. 甲苯

为无色透明液体，具有与苯一样的甜的、刺激性臭味。水中臭阈值为0.024～0.17mg/L，味阈值为0.04～0.12mg/L。甲苯主要用作油漆、涂料、石油等的溶剂。甲苯主要的接触方式是通过空气接触也可经由肠胃道完全吸收，并快速分布于体内。急性摄入主要会使中枢神经系统受损和黏膜受刺激。最敏感影响是疲劳和贪睡。有证据认为甲苯不是致癌物质。

24. 乙苯

为无色液体，有芳香臭。水中臭阈值为0.002～0.13mg/L，味阈值为0.072～0.2mg/L范围。缺乏乙苯口服对人体影响的数据。没有足够的乙苯致癌的资料。许多实验表明这种化合物是非致突变的。

25. 二甲苯

主要用于生产杀虫剂和医药，是石油蒸馏的主要成分，广泛用于汽油调制。无口服试验对人体影响的数据。基于现有证据，二甲苯不应被认为是致癌的。

26. 苯乙烯

为无色黏稠液体，有甜臭，主要用于塑料和树脂生产。水中臭阈值范围为0.02～2.6mg/L。基于现有数据，国际癌症研究协会将苯乙烯归为对人体可能致癌。

27. 1，2-二氯乙烷

主要用于氯乙烯的生产。据报道，急性口服1，2-二氯乙烷会对人体的中枢神经系统、肝、肠胃、呼吸系统、肾和心血管产生损害。国际癌症研究协会将1，2-二氯乙烷归为对人体可能致癌。

28. 三氯乙烯

主要用作干洗剂、金属部件的去油脂剂。急性摄入高浓度的三氯乙烯会引起中枢神经系统的抑制。口服摄入21～35g后会导致呕吐和腹痛，之后也会出现瞬时意识不清。三氯乙烯被国际癌症研究协会归为对人类致癌证据不足的一组。

29. 四氯乙烯

主要用作干洗工业的溶剂，也被用作金属工业的去油脂剂。病人口服4.2～6g四氯乙烯控制寄生虫传染会作用于中枢神经系统，引起醉酒样、知觉失常、兴奋。从被污染的饮用水中接触四氯乙烯和其他溶剂会产生发育效应：眼、耳、中枢神经系统、染色体和口裂开的异常等。吸入四氯乙烯的干洗女职工会对生殖系统造成损害，包括月经不调和自然流产。国际癌症研究协会对动物的致癌性已有足够证据，将四氯乙烯归为对人体可能致癌。

30. 1，2-二氯乙烯（顺式/反式混合物）

主要用在氯化有机溶剂和化合物合成的中间物。1，2-二氯乙烯的顺式异构体是最常见的水污染物。两种异构体是废水和厌氧地下水中其他不饱和卤代烃的代谢产物，其存在可能指示毒性更大的有机氯化合物如氯乙烯的同时存在。因此，如它被发现，必须加强监测。从空气中吸入高浓度1，2-二氯乙烯会使中枢神经受到抑制。在低水平接触时神经学效应包括恶心、睡意、疲劳和眩晕。只有有限数据证明两种异构体有遗传毒性，无致癌性资料。

31. 1，1-二氯乙烯

主要作为一种单体用来生产聚二氯乙烯的共聚物和作为其他有机化合物合成的中间体。有报道，1，1-二氯乙烯在空气中高浓度时会诱发中枢神经系统抑制。也有提出在较低浓度环境中接触可能会对肝、肾有毒性。国际癌症研究协会将1，1-二氯乙烯归为对人体致癌证据不足一类(3类)。

32. 三卤甲烷

是含卤素取代基的单碳化合物。从饮用水污染考虑，其中4个化合物较为重要，即：三溴甲烷、二溴氯甲烷、二氯溴甲烷和三氯甲烷，其中三氯甲烷最普遍。氯作为消毒剂被广泛采用，故三卤甲烷在水中通常以对饮用水进行氯化后的副产物形式存在。即使未受污染的水，氯仍能与水中天然有机物反应生成卤化副产物。三溴甲烷曾被用作患百日咳小孩的镇静剂。有报道因过量服用而导致死亡。致命原因是中枢神经系统受抑制导致呼吸系统衰竭。三氯甲烷也是中枢神经系统的抑制剂，同样可影响肝和肾的功能。在若干流行病学研究中，曾有氯化后的饮用水（一般都含三卤甲烷）摄入与癌症死亡率增加的相关报道。1979 年国际癌症研究协会将三氯甲烷归为对人体可能致癌类。研究发现饮用水中氯仿浓度与膀胱肿瘤，结肠、直肠肿瘤的超额发生有关。国际癌症研究协会将二氯溴甲烷也归为对人体可能致癌类，将二溴氯甲烷及三溴甲烷归为对人体致癌证据不足一类。

33. 氯酚

在加氯消毒后产生的种类较多，共有 19 种可能的氯酚，但常见的是 2-氯酚、2，4-二氯酚及 2，4，6-三氯酚。由氯酚引起的主要问题是臭味。氯酚是一种具有强烈刺激性气味的化合物。氯酚的感官阈值很低。2-氯酚、2，4-二氯酚、2，4，6-三氯酚的味阈值分别为 0.1μg/L、0.3μg/L 和 2μg/L，嗅阈值为 10μg/L、40μg/L 和 300μg/L。由于 2，4，6-三氯酚在雄性大鼠中可诱导淋巴瘤或白血病，国际癌症研究协会将它归为对人体可能致癌类。

34. 总有机碳（TOC）

包含了水中悬浮的或吸附于悬浮物上的有机物中的碳和溶解于水中的有机物的碳，后者称为溶解性有机碳（DOC)。总有机碳是反映水质受到有机物污染的替代水质指标之一，它不反映具体的有机物特性。1979 年国际供水协会将水源水质按 DOC 值分为 4 类：<1.5mg/L 为实际无污染，2.5～3.5mg/L 为中等污染，4.5～6.0mg/L 为严重污染，>8.0mg/L 为极度污染。

35. 五氯酚

主要用于防止木材生长真菌及海绵状腐烂，也可用作棉花采摘前的脱叶剂。国际癌症研究协会将五氯酚划为可能对人体致癌。

36. 乐果

是内吸性有机磷杀虫、杀螨剂。按照我国农药毒性分级标准，乐果为中等毒性农药。

37. 甲基对硫磷

俗称甲基 1605，是比较广谱的杀虫剂和杀螨剂。甲基对硫磷属高毒农药。甲基对硫磷对人体有高急性毒性，表现症状有盗汗、分泌唾液、腹泻、心搏趋缓、支气管狭窄、肌肉失控和昏迷，严重的会造成死亡。

38. 对硫磷

俗称 1605，是一种广谱杀虫、杀螨剂，目前是我国使用广泛的一种有机磷农药。对硫磷与所有有机磷农药一样，是一种胆碱酯酶抑制剂，任何途径的接触都具有高毒性。

39. 甲胺磷

是一种广谱性有机磷杀虫剂、杀螨剂。我国已将甲胺磷和对硫磷、甲基对硫磷、磷胺、久效磷等列为限制使用的高毒农药。但由于甲胺磷杀虫效果好、价格低，因此仍在大量生产和使用。

40. 溴氰菊酯

是合成除虫菊酯类杀虫剂，是我国目前广泛使用的菊酯类农药之一。合成菊酯还广泛用于杀灭蚊虫。由于溴氰菊酯的亲酯性和疏水性，使得地表水中的残留很容易被水中土壤颗粒吸附，最终沉降在沉积物中，美国国家环境保护总局认为溴氰菊酯不会对饮用水造成污染。

41. 二氯甲烷

被广泛用作有机溶剂及生产塑料、杀昆虫剂、除污剂、清洁剂和其他产品。二氯甲烷具有低的急性毒性，小鼠吸入研究提供了致癌性证据，但饮用水研究提供的是建议性证据。国际癌症研究协会将二氯甲烷归入对人体可能致癌类。有证据显示在大量体内实验中并没有发现遗传毒性的致癌物和遗传毒性代谢物的形成。

42.1，1，1-三氯乙烷

广泛用作电动设备、发动机、电子仪器及室内装潢的清洗剂、黏合剂，涂料、纺织染料的溶剂，金属切割油中的冷冻剂和润滑剂，并作为墨水和排污管清洁剂的成分。国际癌症研究协会将1，1，1-三氯乙烷列为不能归入对人体有致癌作用的物质（第3类）。

43.1，1，2—三氯乙烷

主要用于偏氯乙烯的合成，也可用作脂肪、油脂、蜡、树脂、橡胶的溶剂及农业上的杀虫剂。国际癌症研究协会确认1，1，2-三氯乙烷对人类的致癌性是不成立的。

44. 氯乙烯

主要用于聚氯乙烯的生产。氯乙烯是麻醉剂。长期接触氯乙烯手会产生痛苦的血管痉挛和假性硬皮病。有足够证据证明氯乙烯有致癌性，国际癌症研究协会把氯乙烯归为对人体致癌物（第1类）。

45. 一氯苯

主要作为溶剂用于杀虫剂配方，或用作去油污剂，也用作合成其他卤代物的中间体。一氯苯对人体是有毒的。中毒或职业性接触会引起中枢神经系统紊乱。一氯苯没有遗传毒性。

46. 二氯苯

广泛用于工业和家用产品，如气味掩盖剂、染料和杀虫剂。国际癌症研究协会将1，2-二氯苯归为对人类致癌证据不足类，将1，4-二氯苯归为对人体可能致癌类。1，3-二氯苯则极少在饮用水中存在。

47. 三氯苯

用作化学合成物的中间体、溶剂、冷却剂、润滑剂和热传导介质等。三氯苯有中等的急性毒性，短期口服接触主要对肝有影响。没有作过口服途径长期毒性和致癌性研究。三种同分异构体均没有遗传毒性。

48. 多环芳烃类

包括苯并（a）芘、荧蒽、苯并（b）荧蒽、苯并（k）荧蒽、苯并（g，h，i）芘、苯并（1，2，3-c，d）芘。煤炭及原油中会有相当浓度的多环芳烃，因此也能存在于煤炭及矿物油的产品中。饮用水中的多环芳烃还可能来自水管的涂料（特别是沥青）。在有多环芳烃存在的环境中，吸入、皮肤接触会导致肺癌和皮肤癌，目前还没有人口服途径的数据。苯并（a）芘是最致癌的多环芳烃之一，国际癌症研究协会将它列为对人体很可能致癌（2A类）。

49. 二-（2-乙基己基）邻苯二甲酸酯

主要用作韧性聚氯乙烯产品及聚氯乙烯共聚树脂的增塑剂。国际癌症研究协会得出结论，二-（2-乙基己基）邻苯二甲酸酯可能对人体致癌。在食物中含高剂量会引致啮齿动物的肝肿瘤。

50. 环氧氯丙烷

主要用于制造丙三醇和未改性的环氧树脂。环氧氯丙烷可能通过使用含环氧氯丙烷的絮凝剂或有环氧树脂涂层的管材中渗出而进入水中。环氧氯丙烷的主要毒性是局部疼痛和对中枢神经的损伤。大鼠通过呼吸和口服诱发鼻腔鳞状细胞癌和前胃肿瘤，体内和体外实验有遗传毒性。国际癌症研究协会将它列为很可能对人体致癌（2A类）。

51. 微囊藻毒素

是一种肝毒素，能抑制蛋白质磷酸酯酶，从而帮助解除对细胞增殖的正常制动作用，促进肿瘤的发育。微囊藻毒素虽主要存在于藻细胞中，但藻细胞死亡解体后会不断有藻毒素释放到水体。已证明某些地区肝癌高发率与饮用水源中水华大量发生有关。微囊藻毒素是一类具有生物活性的单环七肽，这类毒素主要由淡水藻类铜绿微囊藻产生，此外其他种类的微囊藻，如绿色微囊藻、惠氏微囊藻以及鱼腥藻、念珠藻、颤藻的一些种或株系也能产生这类毒素。目前所检测到的微囊藻毒素异构体已超过 50 多种。微囊藻毒素有不同的脂多糖和极性，毒性也不同。微囊藻毒素-LR 是最早被阐明化学结构的藻毒素，在藻毒素研究中多以它作研究对象。许多国家发生过有关微囊藻和项圈藻污染娱乐用水而引起疾病的事件，症状包括胃部绞痛、恶心、腹泻等。用硫酸铜灭藻后也有供水系统引起疾病的报道。对于蓝藻毒素（不仅是微囊藻毒素-LR），目前没有足够数据说明它的限值，仅对微囊藻毒素-LR 有一个暂定标准。

52. 卤乙酸

是氯化消毒的副产物。卤乙酸共有 9 种，在饮用水中最常检测到的是二氯乙酸和三氯乙酸。二氯乙酸可作为药物中的成分，也可作为局部收敛剂和杀菌剂；三氯乙酸可作除草剂、土壤杀菌剂和防腐剂。卤乙酸绝大部分由氯与水中天然有机物反应产生，加氯消毒产生的主要是氯乙酸。卤乙酸的“三致”作用较三卤甲烷强，单位致癌风险大大高于三卤甲烷。二氯乙酸和三氯乙酸的致癌风险分别是三氯甲烷的约 50～100 倍。

53. 莠去津

又名阿特拉津，是一种应用广泛的选择性除草剂。尽管有流行病研究提供接触莠去津与患卵巢癌和淋巴瘤有关的证据，但国际癌症研究协会认为证据不充分，而将它列为可能对人体致癌的物质。莠去津还是一种受普遍关注的内分泌干扰物。

54. 六氯苯

是一种选择性的有机氯抗真菌剂。有关六氯苯能影响生殖系统健康的报道逐渐增多，直接的症状是与不孕症有一定的关联。虽尚缺乏六氯苯是否引起乳腺癌的流行病学资料，但有研究表明六氯苯在人类乳腺癌中起重要作用。国际癌症研究协会将六氯苯列为可能对人类致癌物质。《斯德哥尔摩公约》中将六氯苯列为 12 种持久性污染物之一，美国国家环境保护局（EPA）将它列为对人体健康毒性最大的前 10 位化学物质。

1.4.4　放射性指标

放射性主要来自岩石、土壤及空气中的放射性物质。岩石、土壤中的铀、钍、锕 3 个放射系及钾、铷等天然放射性核素形成的水溶物可被流水带到水源中，不溶物也会随泥砂等进入水体。空气中的氚、氡等放射性核素则可被降水带入水中。人类活动也可使水中放射性核素水平增加。水中放射性核素主要来自铀、钍系列及^{3}H、^{40}K 等天然核素和少量^{90}Sr、^{137}Cs 等人工核素，它们随水进入人体产生内辐射，除^{40}K 外进入人体内的其他核素如超过一定限量就会危害人体健康，例如诱发致癌或其他放射性疾病，或对其后代有不良影响。

1.5　国外生活饮用水水质标准

世界各国基本上都制定有各国的水质标准，其中有代表性的有世界卫生组织（WHO）《饮用水水质准则》（2004 年）、欧盟（EU）《饮用水水质指令》（1998 年）、美国国家环境保护局（EPA）《饮用水水质标准》（2004 年）。

1.5.1　美国国家环境保护局标准

表 1-10 为美国环保局饮用水水质标准。标准中 MCL 为最大污染物浓度，为强制性标准；MCLG 为最大污染物目标浓度，为保障人体健康并有充分安全的非强制性标准。

美国饮用水水质标准 表 1-10

项　目	单位	MCLG	MCL	备注
无机物				
锑	mg/L	0.006	0.006	
砷	mg/L	0	0.01	
石棉（纤维>10μm 长）	MFL	7	7	MFL=10^6纤维/L
钡	mg/L	2	2	
铍	mg/L	0.004	0.004	
溴酸盐	mg/L	0	0.01	
镉	mg/L	0.005	0.005	
氯胺	mg/L	4	4	一氯胺，以自由氯计量
氯	mg/L	4	4	
二氧化氯	mg/L	0.8	0.8	
亚氯酸盐	mg/L	0.8	1	
总铬	mg/L	0.1	0.1	
铜（龙头处）	m/L	1.3	TT*	铜行动浓度 1.3mg/L
氰化物	mg/L	0.2	0.2	
氟	mg/L	4	4	
铅（龙头处）	mg/L	0	TT	铅行动浓度 0.015mg/L
汞（无机）	mg/L	0.002	0.002	
硝酸盐（以 N 计）	mg/L	10	10	
亚硝酸盐（以 N 计）	mg/L	1	1	
硝酸盐+亚硝酸盐（以 N 计）	mg/L	10	10	
硒	mg/L	0.05	0.05	
铊	mg/L	0.0005	0.002	
放射性核素				
β粒子和光子活性	mrem/a	0	4	
总α粒子放射活性	pCi/L	0	15	
镭（226、228）	pCi/L	0	5	
氡	pCi/L	0	300	AMCL4000
铀	mg/L	0	0.03	
有机物				
丙烯酰胺	mg/L	0	TT	当应用丙烯酰胺时，其投加量和单体的组合不超过相当于投加 1mg/L 单体含量 0.05%的聚丙烯酰胺
草不绿	mg/L	0	0.002	
涕灭威	mg/L	0.001	0.003	
涕灭砜	mg/L	0.001	0.003	
涕灭亚砜	mg/L	0.001	0.004	
莠去津	mg/L	0.003	0.003	
苯	mg/L	0	0.005	
苯并（a）芘	mg/L	0	0.0002	
一溴二氯甲烷	mg/L	0	0.08	

续表

项　　目	单位	MCLG	MCL	备注
溴仿	mg/L	0	0.08	
呋喃丹	mg/L	0.04	0.04	
四氯化碳	mg/L	0	0.005	
氯丹	mg/L	0	0.002	
氯仿	mg/L	0.07	0.08	
茅草枯	mg/L	0.2	0.2	
二（2-乙基己基）己二酸	mg/L	0.4	0.4	
二（2-乙基己基）邻苯二甲酸酯	mg/L	0	0.006	
二溴一氯甲烷	mg/L	0.06	0.08	
二溴一氯丙烷	mg/L	0	0.0002	
二氯乙酸	mg/L	0	0.06	
o-二氯苯	mg/L	0.6	0.6	
p-二氯苯	mg/L	0.075	0.075	
1，2-二氯乙烷	mg/L	0	0.005	
1，1-二氯乙烯	mg/L	0.007	0.007	
顺 1，2-二氯乙烯	mg/L	0.07	0.07	
反 1，2-二氯乙烯	mg/L	0.1	0.1	
二氯甲烷	mg/L	0	0.005	
1，2-二氯丙烷	mg/L	0	0.005	
地乐酚	mg/L	0.007	0.007	
杀草快	mg/L	0.02	0.02	
草藻灭	mg/L	0.1	0.1	
异狄氏剂	mg/L	0.002	0.002	
3-氯-1，2-环氧丙烷	mg/L	0	TT	当应用时，其投加量和单体的组合不超过相当于投加 20mg/L 单体含量 0.01%的表氯醇聚合物
乙苯	mg/L	0.7	0.7	
二溴乙烯	mg/L	0	0.00005	
草甘膦	mg/L	0.7	0.7	
七氯	mg/L	0	0.0004	
环氧七氯	mg/L	0	0.0002	
六氯苯	mg/L	0	0.001	
六氯代环戊二烯	mg/L	0.05	0.05	
林丹	mg/L	0.0002	0.0002	
甲氧氯	mg/L	0.04	0.04	
一氯乙酸	mg/L	0.03	0.06	
一氯苯	mg/L	0.1	0.1	
草氨酰	mg/L	0.2	0.2	
五氯苯酚	mg/L	0	0.001	
毒莠定	mg/L	0.5	0.5	
多氯联苯	mg/L	0	0.0005	

续表

项　目	单位	MCLG	MCL	备注
西玛津	mg/L	0.004	0.004	
苯乙烯	mg/L	0.1	0.1	
二噁英	mg/L	0	3×10^{-8}	
四氯乙烯	mg/L	0	0.005	
甲苯	mg/L	1	1	
毒杀芬	mg/L	0	0.003	
2，4，5-涕丙酸	mg/L	0.05	0.05	
三氯乙酸	mg/L	0.02	0.06	
1，2，4-三氯苯	mg/L	0.07	0.07	
1，1，1-三氯乙烷	mg/L	0.2	0.2	
1，1，2-三氯乙烷	mg/L	0.003	0.005	
三氯乙烯	mg/L	0	0.005	
氯乙烯	mg/L	0	0.002	
二甲苯	mg/L	10	10	
微生物				
隐孢子虫		—	TT	TT：过滤必须去除99%隐孢子虫
兰柏氏贾第鞭毛虫		—	TT	TT：杀死/灭活99.9%
军团菌		0	TT	TT：EPA认为若贾第鞭毛虫和病毒被灭活，军团菌也可被控制
异氧平板计数（HPC）		不适用	TT	TT：每毫升不超过500细菌菌落
总大肠菌		0	5%	每月总大肠菌阳性的样本不大于5%。每个样本总大肠菌必须分析粪大肠菌，不允许有粪大肠菌
浊度		不适用	TT	TT：任何时间浊度不超过5NTU
病毒		0	TT	TT：杀死/灭活99.99%

注*：TT表示处理技术，为降低饮用水中污染物含量所需过程。

美国EPA还制定有二级饮用水水质项目（表1-11），规定了相应指导值（SDWR）。该标准主要涉及饮用水的外观影响（如牙齿或皮肤变色）及感官影响（如臭、味、色），为非强制性联邦指标。

美国EPA二级饮用水水质标准　　表1-11

项　目	单　位	SDWR
铝	mg/L	0.05～0.2
氯化物	mg/L	250
色度	色度单位	15
铜	mg/L	1.0
腐蚀性		不引起腐蚀
氟化物	mg/L	2.0
发泡剂	mg/L	0.5
铁	mg/L	0.3
锰	mg/L	0.05
臭	臭阈值	3
pH		6.5～8.5
银	mg/L	0.1
硫酸盐	mg/L	250
总溶解固体	mg/L	500
锌	mg/L	5

1.5.2 欧盟饮用水水质指令

1998 年欧盟制定的饮用水水质指令见表 1-12。

欧盟饮用水水质指令　　表 1-12

项目	标准	项目	标准
化学物质		指示物	
丙烯酰胺	0.10μg/L	铝	200μg/L
锑	5.0μg/L	氨	0.50mg/L
砷	10μg/L	氯化物	250mg/L
苯	1.0μg/L	产气荚膜梭菌（包括孢子）	0/100mL
苯并（a）芘	0.010μg/L	色度	用户可接受和无异常变化
硼	1.0mg/L	电导率	2500μS/cm（20℃）
溴酸盐	10μg/L	pH	6.5～9.5
镉	5.0μg/L	铁	200μg/L
铬	50μg/L	锰	50μg/L
铜	20mg/L	臭	用户可接受和无异常变化
氰化物	50μg/L	耗氧量	5.0mgO_2/L
1，2-二氯乙烷	3.0μg/L	硫酸盐	250mg/L
3 氯-1，2-环氧丙烷	0.1μg/L	钠	200mg/L
氟	1.5mg/L	味	用户可接受和无异常变化
铅	10μg/L	菌落数（22℃）	无异常变化
汞	1.0μg/L	大肠杆菌	0/100mL
镍	20μg/L	总有机碳（TOC）	无异常变化
硝酸盐	50mg/L	浊度	用户可接受和无异常变化
亚硝酸盐	0.5mg/L	氚	100Bq/L
农药	0.1μg/L	总指示剂量	0.10mSv/a
总农药	0.5μg/L	微生物	
多环芳烃	0.10μg/L	埃希氏大肠菌	0/250mL
硒	10μg/L	肠球菌	0/250mL
四氯乙烯和三氯乙烷	10μg/L	铜绿假单胞菌	0/250mL
总三卤甲烷	100μg/L	细菌数（22℃）	100/mL
氯乙烯	0.50μg/L	细菌数（37℃）	20/mL

1.5.3 世界卫生组织饮用水水质准则

世界卫生组织（WHO）于 2011 年将《饮用水水质准则》更新到了第四版。其中，饮用水中有关健康意义的化合物准则值，见表 1-13。

饮用水种又健康意义的化合物准则值 表 1-13

化学物质	准则值		备　注
	mg/L	μg/L	
丙烯酰胺	0.0005[a]	0.5[a]	
甲草胺	0.02[a]	20[a]	
涕灭威	0.01	10	适用于涕灭威亚砜与涕灭威砜
艾氏剂和狄氏剂	0.00003	0.03	适用于两者之和
锑	0.02	20	
砷	0.01 (A, T)	10 (A, T)	
莠去津及其氯均三嗪代谢物	0.1	100	
钡	0.7	700	
苯	0.01[a]	10[a]	
苯并 (*a*) 芘	0.0007[a]	0.7[a]	
硼	2.4	2400	
溴酸盐	0.01[a] (A, T)	10[a] (A, T)	
一溴二氯甲烷	0.06[a]	60[a]	
三溴甲烷	0.1	100	
镉	0.003	3	
呋喃丹	0.007	7	
四氯化碳	0.004	4	
氯酸盐	0.7 (D)	700 (D)	
氯丹	0.0002	0.2	
氯	5 (C)	5000 (C)	为保证有效消毒，pH 值<8.0 时，至少 30min 接触后剩余游离氯浓度≥0.5mg/L。整个输水系统中应保持一定余氯。在管网点，游离氯的最低剩余浓度应为 0.2mg/L
亚氯酸盐	0.7 (D)	700 (D)	
三氯甲烷	0.3	300	
绿麦隆	0.03	30	
毒死蜱	0.03	30	
铬	0.05 (P)	50 (P)	适用于总铬
铜	2	2000	衣物和卫生洁具的着色可能发生在低于准则值的浓度
氰草津	0.0006	0.6	
2，4-D[b]	0.03	30	适用于游离酸
2，4-DB[c]	0.09	90	
DDT[d] 和代谢物	0.001	1	
二溴乙腈	0.07	70	
二溴氯甲烷	0.1	100	
1，2-二溴-3-3 氯丙烷	0.001[a]	1[a]	
1，2-二溴乙烷	0.0004[a] (P)	0.4[a] (P)	
二氯乙酸盐	0.05[a] (D)	50[a] (D)	
二氯乙腈	0.02 (P)	20 (P)	

续表

化学物质	准则值		备　注
	mg/L	μg/L	
1，2-二氯苯	1（C）	1000（C）	
1，4-二氯苯	0.3（C）	300（C）	
1，2-二氯乙烷	0.03[a]	30[a]	
1，2-二氯乙烷	0.05	50	
二氯甲烷	0.02	20	
1，2-二氯丙烷	0.04（P）	40（P）	
1，3-二氯丙烯	0.02[a]	20[a]	
2，4-滴丙酸	0.1	100	
邻苯二甲酸二（2-乙基己基）酯	0.008	8	
乐果	0.006	6	
1，4-二氧己环	0.05[a]	50[a]	使用每日可耐受摄入量以及线性多级模型方法进行推导
乙二胺四乙酸	0.6	600	适用于游离酸
异狄氏剂	0.0006	0.6	
环氧氯丙烷	0.0004（P）	0.4（P）	
乙苯	0.3（C）	300（C）	
涕丙酸	0.009	9	
氟化物	1.5	1500	制定国家标准时应考虑饮水量和其他来源的摄入量
六氯丁二烯	0.0006	0.6	
羟基莠去津	0.2	200	莠去津代谢产物
异丙隆	0.009	9	
铅	0.01（A，T）	10（A，T）	
林丹	0.002	2	
MCPA[e]	0.002	2	
氯苯氧丙酸	0.01	10	
汞	0.006	6	适用于无机汞
甲氧滴滴涕	0.02	20	
异丙甲草胺	0.01	10	
微囊藻毒素-LR	0.001（P）	1（P）	适用于总微囊藻毒素-LR（游离的加与细胞结合的）
禾草特	0.006	6	
一氯胺	3	3000	
一氯乙酸盐	0.02	20	
镍	0.07	70	
硝酸盐（以 NO_3^- 计）	50	50000	短期接触
次氮基三乙酸	0.2	200	
亚硝酸盐（以 NO_2^- 计）	3	3000	短期接触
N-二甲基亚硝胺	0.0001	0.1	
二甲戊乐灵	0.02	20	

续表

化学物质	准则值		备　注
	mg/L	μg/L	
五氯酚	0.009[a] (P)	9[a] (P)	
硒	0.04 (P)	40 (P)	
西玛津	0.002	2	
钠	50	50000	以二氯异氰尿酸钠形式
二氯异氰尿酸盐	40	40000	以三聚氰酸形式
苯乙烯	0.02 (C)	20 (C)	
2，4，5-T[f]	0.009	9	
特丁津	0.007	7	
四氯乙烯	0.04	40	
甲苯	0.7 (C)	700 (C)	
三氯乙酸盐	0.2	200	
三氯乙烯	0.02 (P)	20 (P)	
2，4，6-三氯酚	0.2[a] (C)	200[a] (C)	
氟乐灵	0.02	20	
三卤甲烷			每一种物质检出浓度与准则值比率之和不应超过1
铀	0.03 (P)	30 (P)	仅涉及铀的化学方面
氯乙烯	0.0003[a]	0.3[a]	
二甲苯	0.5 (C)	500 (C)	

A. 暂定准则值（因为计算得出的准则值低于可实现的定量水平）；C，该物质在水中的浓度等于或低于基于健康的准则值时，可能影响水的外观、味道或气味；D. 暂定准则值（由于消毒可能导致超出准则值）；P. 暂定准则值（由于健康数据库的不确定性）；T. 暂定准则值（由于计算得出的准则值低于实际处理方法或水源保护等所能达到的水平）。

a. 考虑作为致癌物，其准则值是与10^{-5}上限超额终生癌症风险相关的饮用水中的浓度（每100000人摄取含准则值浓度物质的饮用水70年，增加1例癌症案例）。与10^{-4}或10^{-6}上限预期超额终生癌症风险相关的浓度可通过将准则值分别乘以和除以10计算得出。

b. 2，4-二氯苯氧乙酸

c. 2，4-二氯苯氧丁酸

d. 二氯二苯基三氯乙烷

e. 4-（2-甲基-4-氯苯氧基）乙酸

f. 2，4，5-三氯苯氧乙酸

我国现行的《生活饮用水卫生标准》GB 5749—2006与WHO《饮用水水质准则》第四版相比，限值不同的有21项，其中有部分指标WHO比我国国家标准更严。另外WHO第四版对36项我国国家标准中没有的指标设定了准则值。

第 2 章　净水工艺选择

2.1　净水处理主要工艺

天然水体中由于含有各种杂质，不能满足供水水质的要求，因此需要进行处理。净水处理的目的就是要将不符合供水水质要求的原水经处理后达到要求的水质标准。由于原水水质的差异以及要求达到的水质目标不同，因此对不同原水所采用的净水工艺也不尽相同。

净水工艺选择的原则应是针对当地原水水质特点，以较低的基建投资和合理的经常运行费用，达到要求的出水水质目标。

净水工艺采用的方法包括物理方法、化学方法、生物方法以及它们的组合。常用的处理单元有曝气、混凝、沉淀、过滤、化学沉析、离子交换、膜分离、化学氧化、吸附以及生物处理等。

曝气主要用于去除水中溶解气体，例如二氧化碳、硫化氢、其他引起臭、味的物质以及挥发性有机物（VOC）。曝气能补充水中溶解氧，以氧化铁和锰。曝气还是生物处理中提供溶解氧的重要手段。

混凝是通过向水中投加药剂使胶体颗粒脱稳并聚集成较大的絮粒，以便在后续处理过程中去除。混凝是去除浊度和色度的重要手段。混凝对于大分子天然有机物和合成有机物也有一定的去除效果。通过强化混凝，还可进一步提高对有机物的去除。

沉淀（澄清）包括气浮是在重力作用下实现固液分离，以去除水中杂质，是去除浊度的主要工艺过程，也是保证后续过滤工艺正常运行的关键。

过滤是通过具有孔隙的粒状介质，截留水中细小杂质的过程，是保证出水浊度达到要求目标的关键手段。随着悬浮物质的去除，细菌等微生物也可有相当程度的降低。经氧化的铁、锰也需要在过滤过程中去除。此外，在合适的条件下，通过滤料表面的生物作用，还可使氨氮和有机物有所降低。

化学沉析一般用于软化处理和除铁、除锰。化学沉析对于重金属和放射性污染物的去除也有效。化学沉析还能去除部分溶解的有机化合物和使病毒、细菌有所降低。采用石灰进行软化处理和去除重金属及放射性污染物是化学沉析中应用较普遍的方法。高锰酸钾和氯是用来沉析溶解性铁、锰的常用氧化剂。

离子交换在水处理中主要用作软化和脱盐。阳离子、阴离子以及非离子吸附柱还可用作有毒离子和放射性物质的去除，如钡、砷、镭、铀等。活性氧化铝常被用于除氟和除砷。利用沸石的交换能力也可去除氨氮。

化学氧化在水处理中可以有多种作用，例如控制水池和管网中的生物生长，降低色度，控制臭和味，杀藻，特定有机物的去除，改善絮凝，氧化铁和锰以及消毒等。最常用的氧化剂有氯、氯胺、臭氧、二氧化氯和高锰酸钾等。此外，可产生氧化能力极强的自由基（如羟基自由基·OH和超氧阴离子自由基 O_2^- 等）的高级氧化技术，近年来也得到广泛关注。

活性炭吸附是利用活性炭具有的微孔结构去除水中溶解性有机物，降低色度，去除引起臭和味的物质。应用活性炭吸附可以采用粉末活性炭或粒状活性炭。粉末活性炭一般用于突发性或季节性污染时的处理。粒状活性炭除可利用活性炭的吸附能力外，还可利用其界面的生物降解作用，进一步去除有机物和延长活性炭的再生周期。为此，粒状活性炭常与臭氧氧化相结合组成生物活性炭。臭氧氧化可将大分子有机物转化为更易生物降解的有机物，同时提供充足的溶解氧，以更好地发挥活性炭的生物作用。

生物处理是近年来国内外研究较多的领域。目前给水处理中所采用的生物反应器大都为生物膜类型。当含有污染物质的原水通过载体上附着的生物膜时，污染物质在微生物作用下进行分解。生产实践表明，生物处理对氨氮有良好的去除效果，同时对于有机物、色度、铁、锰等也有一定的去除效果。

膜处理（包括微滤、超滤、纳滤和反渗透）在给水处理中的应用是当前各国广泛开展研究的课题，被视为21世纪水处理领域的关键技术。由于膜分离具有良好的分离杂质的能力，因此也将会在水厂净水处理中得到广泛的应用。随着膜制作成本的降低以及低压膜的开发，其实际应用越来越引起关注。近年来，各国对微滤（MF）和超滤（UF）的应用几乎以指数形式在增加。部分国内外大型MF和UF膜处理工程实例见表2-1所列。

大规模MF和UF膜处理厂部分实例 **表2-1**

序号	工程名称	设计规模（万 m^3/d）	建成时间	膜品牌	超滤膜系统形式	膜材质
1	佛山新城区水厂	0.5	2006	GE	浸没式	PVDF
2	章丘市自来水厂	4	2006	陶氏		
3	台湾高雄拷谭净水厂	30	2007	立昇	压力式	PVC/纳滤
4	加拿大Lakveiew自来水厂	36.3	2007	GE	浸没式	PVDF
5	慈溪市杭州湾新区航丰自来水公司	5	2007	膜天	—	PVDF
6	美国TwinOak的Valley水厂	38	2008	GE	浸没式	PVDF
7	新加坡自来水厂	18.2	2008	GE	浸没式	PVDF
8	上海洋山深水港	1.6	2008	立昇	压力式	PVC
9	澳门大水塘自来水厂	12	2008	GE	浸没式	PVDF
10	东营南郊水厂（一期）	10	2009	立昇、中水源	浸没式	PVC
11	南通芦泾水厂	2.5	2009	立昇	浸没式	PVC
12	无锡市中桥水厂	15	2009	西门子	压力式	PVDF
13	天津某供水管理有限公司	5	2009	膜天	—	PVDF
14	北京水源九厂回用水	7	2010	立昇	浸没式	PVC
15	无锡中桥水厂	15	2010	西门子	压力式	PVDF
16	绵阳新永供水厂	3	2010	美能	压力式	PVDF
17	山东济阳自来水厂	1.4	2010	美能	压力式	PVDF
18	新加坡ChangiNEWater	30	2010	西门子	压力式	PVDF
19	金坛钱资荡水厂	5	2011	膜天	压力式	PVDF
20	上海徐泾水厂	4	2011	立昇、膜华	浸没式	PVC/PVDF
21	上虞上源闸水厂	3	2011	立昇	浸没式	PVC
22	东营市第二自来水厂	5	2011	膜天膜1.1/中水源3.7	—	PVDF
23	天津某供水管理有限公司	5.5	2011	膜天	—	PVDF
24	鄂尔多斯市东胜供水工程	20	2011	陶氏	—	—
25	上海青浦第三水厂（一期）	10	2012	立昇	浸没式	PVC
26	江村水厂	5	2012	美能	压力式	PVDF
27	肇庆高新区大旺水厂	2	2012	立昇	浸没式	PVC
28	上海罗泾水厂	2	2012	得利满	压力式	LIFEA

续表

序号	工程名称	设计规模（万 m^3/d）	建成时间	膜品牌	超滤膜系统形式	膜材质
29	江苏金坛水厂	5	2012	膜天	压力式	PVDF
30	天津南港水厂	5	2013	膜天	压力式	PVDF
31	烟台莱山水厂	10	2013	美能	压力式	PVDF
32	杭州清泰水厂	30	2013	旭化成	压力式	PVDF
33	深圳沙头角水厂	4	2013	陶氏	压力式	PVDF
34	乌鲁木齐红雁池水厂	10	2013	立昇	浸没式	PVC
35	北京水源三厂（309分厂）	8	2013	立昇	浸没式	PVC
36	阿塞拜疆巴库水厂	52	2014	陶氏	压力式	PVDF
37	泰安三合水厂	8	2014	膜天、膜华	浸没式	PVDF
38	新加坡 Lower 的 Seletar 水厂	30	2014	诺芮特	压力式	PES
39	东营南郊水厂（二期）	10	2014	立昇	浸没式	PVC
40	大庆油田中引水厂	10	2014	滢格	压力式	PVDF
41	大庆油田东风水厂	5	2014	GE	压力式	PVDF
42	大庆油田西水源水厂	3.5	2014	诺芮特	压力式	PVDF
43	大庆油田南二水源生产	4.5	2014	GE	压力式	PVDF
44	河北沧州东水厂	5	2014	立昇	浸没式	PVC
45	北京田村山水厂	4	2014	立昇	浸没式	PVC
46	泰安大河水厂	4	2015	膜天	浸没式	PVDF
47	宁波江东水厂	20	2015	立昇	浸没式	PVC

以上是给水净化处理工艺中主要净水单元的概要介绍，具体内容将在以后各章节中论述。

表2-2是美国《水质及处理》（Water Quality and Treatment）（1999）一书中针对不同污染物所适用的净水单元作的分析，可供相应净水工艺选择时参考。

水处理工艺对可溶污染物去除的效果 **表2-2**

污染物种类	曝气和气提	混凝沉淀或DAF①过滤	预涂层过滤	石灰软化	化学氧化和消毒	膜处理			离子交换		吸附		
						纳滤	反渗透	电渗析	阴离子	阳离子	粒状活性炭	粉末活性炭	活性氧化铝
第一类污染物													
无机物													
锑							X	X					
砷（+3价）		XO		XO			X	X	X				X
砷（+5价）		X		X			X	X	X				X
钡				X			X	X		X			
铍		X		X			X	X					
镉		X		X			X	X		X			
铬（+3价）		X		X			X	X		X			
铬（+6价）							X	X	X				
氰化物					X								
氟化物				X			X	X					X
铅②													

续表

污染物种类	曝气和气提	混凝沉淀或DAF[①]过滤	预涂层过滤	石灰软化	化学氧化和消毒	膜处理			离子交换		吸附		
						纳滤	反渗透	电渗析	阴离子	阳离子	粒状活性炭	粉末活性炭	活性氧化铝
汞（无机）				X			X	X					
镍				X			X	X		X			
硝酸盐							X	X	X				
亚硝酸盐							X	X	X				
硒（+4价）		X					X	X	X				X
硒（+6价）							X	X	X				X
铊							X	X					X
有机物													
挥发有机物	X										X		
合成有机物							X				X	X	
农药/除草剂						X	X				X	X	
溶解有机碳		X				X	X				X	X	
放射性核素													
镭（226、228）				X			X	X		X			
铀							X	X	X				
第二类污染物和引起感官问题的物质													
硬度				X		X	X	X		X			
铁		XO	XO	X						X			
锰		XO	XO	X						X			
总溶解固体							X	X					
氯化物							X	X					
硫酸盐						X	X	X					
锌				X			X	X		X			
色度		X			X	X	X				X	X	
臭、味	X				X						X	X	

① DAF——溶气气浮；

② 铅一般是腐蚀产物，采用控制腐蚀的处理优于用水处理工艺去除；

X——对该污染物适用的工艺；

XO——该工艺结合氧化时适用。

2.2 净水工艺选择原则

由于各地原水水质的差异以及水中污染物质的多样性，因此必须针对具体情况进行净水工艺的合理选择。在进行净水工艺选择时，必须掌握以下资料：

(1) 原水水质的历史资料：对原水的水质应作长期的检测，包括进行水质的全分析。地表水源还应对丰水期、枯水期的水质以及涨潮、落潮水质和表层、深层水质，加以分析。对水质历史的变化也要加以比较。

(2) 污染物的形成及其发展趋势：针对原水中存在的污染物，对其产生原因进行分析，寻找污染源以及污染物的变化规律。对潜在的污染影响和今后发展的趋势也应作出分析和判断。

(3) 出水水质的要求：不同的供水对象对水质的要求有所不同。对于城市供水来说，其出水水质必须达到国家相关水质标准的要求。在确定水质目标时还应结合今后水质要求的提高作出相应规划考虑。

(4) 当地或相似水源净水处理的实践经验：当地已有水厂的实际处理效果是对其所采用净水工艺最好的检验，应作为选择净水工艺的重要参考依据。

(5) 操作人员的经验和管理水平：要使工艺过程达到预期的处理目标，操作管理人员具有十分重要的作用。同样的处理装置由于操作人员的不同可能产生不同的效果。因此在工艺选择时，应尽量选择符合当地习惯和使用经验的净水工艺。

(6) 场地的建设条件：不同处理工艺对于占地或地基承载等会有不同的要求，因此在工艺选择时还应结合建设场地可能提供的条件进行综合考虑。有些处理工艺对气温关系密切（例如生物处理），在其选用时还应充分注意当地的气候条件。

(7) 今后可能的发展：随着水质要求的提高，或者原水水质的变化，可能会对净水工艺提出新的要求，因此选择工艺时要为今后的发展留有较大的适应性。

(8) 经济条件：经济条件也是工艺选择中的一个十分重要的因素。有些工艺虽对提高水质有较好效果，但由于投资较大或运行成本较高而难以被接受。因此工艺选择还应结合当地的经济条件进行考虑。

(9) 建设规模：水厂规模大小对净水工艺选择也有一定影响。某些适用于小规模水厂的工艺，当应用到大规模水厂时，会带来一定的困难和问题。因此，工艺选择还需考虑到水厂的规模。

由于原水情况的复杂性，有时仅靠经验的判断难以对净水工艺作出科学的决策。因此，对原水进行必要的试验往往是非常需要的。《室外给水设计规范》GB 50013—2006 对工艺流程的选择提出了要求："应根据原水水质、设计生产能力、处理后水质要求，经过调查研究以及不同工艺组合的试验或参照相似条件下已有水厂的运行经验，结合当地操作管理条件，通过技术经济比较综合研究确定"。与原规范相比，特别增加了通过不同工艺组合试验以确定工艺流程的要求。

由于原水水质随季节等各种因素而改变，因此试验应尽量选择不同季节具有代表性的原水水样进行试验。

试验方法一般常采用静态搅拌试验和动态模型试验。静态搅拌试验可通过不同混凝剂、助凝剂、氧化剂以及粉末活性炭的投加，以确定合适的药剂品种和投加量，以及不同药剂投加可得到的处理效果。动态模型试验是由模拟各净水单元的装置组合成不同处理流程，进行连续运行的试验。模拟装置可组成不同工艺流程的组合，以对不同组合效果进行比较，确定最合适的工艺组合。对于规模较大的水厂以及原水水质复杂和采用新工艺流程的水厂，进行必要的动态模型试验是很有必要的。

此外，由于试验的条件与实际生产会有一定的差异，因此在设计参数的选用上应考虑两者差异的影响。

2.3　一般水源处理工艺

一般水源处理的主要对象是去除水中悬浮杂质和微生物，使水的浊度和微生物学指标符合生活饮用水标准。

浊度不仅是一个感官性指标，浊度降低的同时也可降低水中细菌、大肠菌、病毒、贾第鞭毛虫、隐孢子虫、三价铁、四价锰以及部分有机物。因此，浊度是净水厂运行管理中一个非常重要的指标。净水处理中浊度的去除主要通过混凝、沉淀、过滤等方法。由于膜滤（包括微滤、超滤、纳滤等）对浊度的去除极为有效，近年来也得到了广泛关注。

微生物指标在水处理过程中必须引起足够重视。世界卫生组织的《饮用水水质准则》中指出："由于微生物污染对健康潜在的不良后果，对它加以控制永远是头等大事，绝不能妥协。" 1991年拉丁美洲霍乱大流行，造成130万人生病，近1.2万人死亡；1993年美国密尔沃基市供水中含隐孢子虫，致使超过150万人感染，40.3万人患病，近百人死亡。美国自来水协会对美国1976～1994年间水媒性流行病的调查表明，84.1%事故次数和99.2%致病人数是由于微生物引起。以上情况说明水处理中控制微生物的重要性。净水处理中控制微生物的主要工艺是消毒。《室外给水设计规范》GB 50013—2006以强制条文明确规定"生活饮用水必须消毒"。

近年来贾第鞭毛虫和隐孢子虫的危害开始引起各国的，我国也已将其列入生活饮用水卫生标准。贾第鞭毛虫和隐孢子虫用通常的消毒方法难以灭活，一个有效的方法是降低滤后水浊度。当滤后水浊度小于0.3NTU时，可去除隐孢子虫大于2lg，当滤后水浊度为0.15NTU或0.1NTU时可去除2～4.5lg。膜滤和紫外线消毒也是去除贾第鞭毛虫和隐孢子虫的有效手段。

根据原水水质不同，一般水源处理可以采用以下工艺流程：

1. 只用消毒处理的工艺（图2-1*a*）

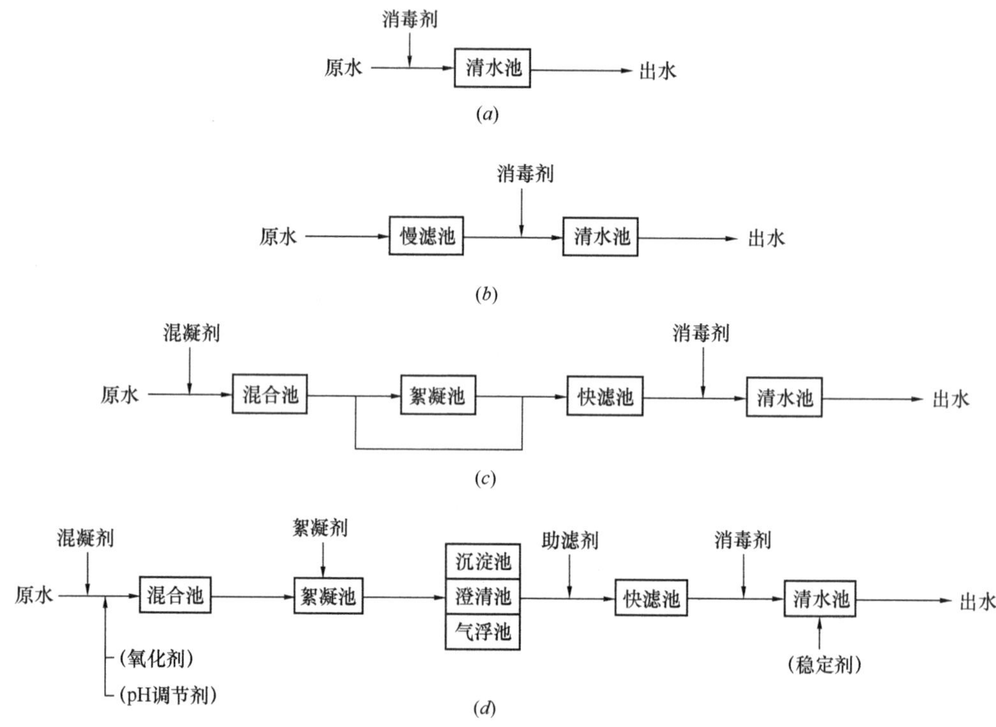

图2-1 常规处理工艺流程

对于水质优良的地下水，如果各项指标（除细菌外）均符合出水水质要求时，可只采用消毒的处理工艺。根据日本《水道设施设计指针》(2012年）的规定，即使原水干净，若担心隐孢子虫卵囊污染等情况，就不能采用只消毒的方式，必须上游没有发生源，并且未检出指标菌。一般来讲，原水应满足不被粪便污染的条件。

2. 采用慢滤池的处理工艺（图2-1*b*）

慢滤池是应用多孔介质进行水处理的最早形式，19世纪早期即在英国被采用。随着快滤池的出现，慢滤池逐渐被取代，目前已很少应用。

1980年左右在美国对慢滤池的应用重新引起关注。美国环境保护局对慢滤池开展的研究表明，在推荐的滤速和合适的介质及原水条件下，慢滤池能生产出低浊的出水并有效地去除微生物。1989 年美国环保局通过《地表水处理法规》将慢滤池列为 4 个基本处理工艺流程之一。由于慢滤池出水水质优良和运行管理简易，更适合于小城镇应用。

日本《水道设施设计指针》(2012 年) 规定，慢滤工艺进水最高浊度应 10NTU 以下。原水的全年最高浊度在 30NTU 以上时，需要设置絮凝设施和普通沉淀池。蓄水池水或地下水作为水源，当原水浊度大约为 10NTU 以下时，可以省去普通沉淀池。原水中含有藻类的情况下，由于藻类的繁殖，一般 pH 会上升，池水为绿-暗红色，散发臭味。此时，需要考虑设置可以进行氯处理的设施。但是，这会对后续的慢滤池的生物膜产生影响，需要谨慎操作。

3. 直接过滤处理工艺（图 2-1*c*）

当原水浊度经常在 15NTU 以下，最高不超过 25NTU，色度不超过 20 度时，可在过滤前省去沉淀工艺而采用直接过滤方法。由于直接过滤不需要形成重力沉降所需足够大的絮体，因此其药耗较低。

由于直接过滤截留的悬浮物质较一般滤池多，故其滤料一般多采用双层滤料。

在直接过滤前一般宜设置絮凝设施，加注混凝剂的原水经混合后进入絮凝池。直接过滤要求在絮凝阶段形成的絮体不需充分大，故直接过滤又称作“微絮凝过滤”。直接过滤也有的不设絮凝设施，加注混凝剂的原水经混合后直接进入滤池，其絮凝过程在滤层中进行。此时，滤料一般采用煤、砂双层滤料，悬浮物在煤层中一方面完成絮凝过程，同时也被部分截除，而在砂层中得到充分去除。

4. 混凝、沉淀、过滤处理工艺（图 2-1*d*）

混凝、沉淀、过滤净水工艺是最常用的处理工艺。当原水浊度超过直接过滤允许的范围时，在过滤前设置沉淀工艺以去除大部分悬浮物质是经济和合理的选择。

根据原水水质特点，在混合前除投加混凝剂外还可投加氧化剂和 pH 调节剂，以改善混凝性能和保持净水构筑物的清洁。为了提高絮体的沉降性能，可在快速混合后投加絮凝剂（一般为高分子聚合物）。在进入滤池前还可投加助滤剂，以改善滤池过滤性能，提高浊度去除率。当处理后水达不到水质稳定要求时，还应投加稳定剂以满足水质稳定要求。上述药剂的选用和投加应根据具体原水水质条件和处理要求确定。

沉淀工艺可选用沉淀、澄清或气浮，应根据原水的性能并通过技术经济比较确定。气浮工艺宜用于浊度小于 100NTU 及悬浮物质密度较小的原水。

2.4　高浊度水源处理工艺

高浊度水系指含砂量较高，在沉降过程中形成界面沉降为特征的水体。一般情况下，含砂量主要由粒径小于 0.025mm 泥砂所组成。

我国是高浊度水河流众多的国家。世界大河流中，悬移质年输砂总量超过 1 亿 t 的共 13 条，黄河位居第一，其年均输砂量达 16.4t。黄河中游水源中，最大含砂量可超过 1000kg/m^3。长江上游高浊度水与黄河相比有较大差别。长江原水含砂量远小于黄河高浊度水，但含砂量中都含一定量的砂粒，经常出现砂量大于泥量，属于多砂高浊度水。

高浊度水源处理工艺流程基本上可分为两类，一类是设调节水库的流程，另一类为不设调节水库流程。设置调节水库的目的是在水源出现砂峰，或河道脱流、断流以及冰凌严重时，停止水源取水而由调节水库供水，以减少取水构筑物建造和高含砂量处理的困难。但设置调节水库需占用较多土地，故其方案选择应根据当地条件确定。

1. 设调节水库工艺流程

设调节水库的工艺流程可分为浑水调节水库和清水调节水库两种。一般情况下，多采用浑水调节水库。

图 2-2 所示为设浑水调节水库的工艺流程。图 2-2（*a*）为采用沉砂条渠作为高浊度水预处理的浑水调节流程。原水经引水闸口或取水泵站自流或提升进入沉砂条渠，在沉砂条渠中进行自然沉淀，以去除大量泥砂。沉砂条渠一般利用低洼地，常与土地的改良相结合。经沉砂条渠预沉的水进入调节水库调节，然后提升进入下阶段的常规净水处理。

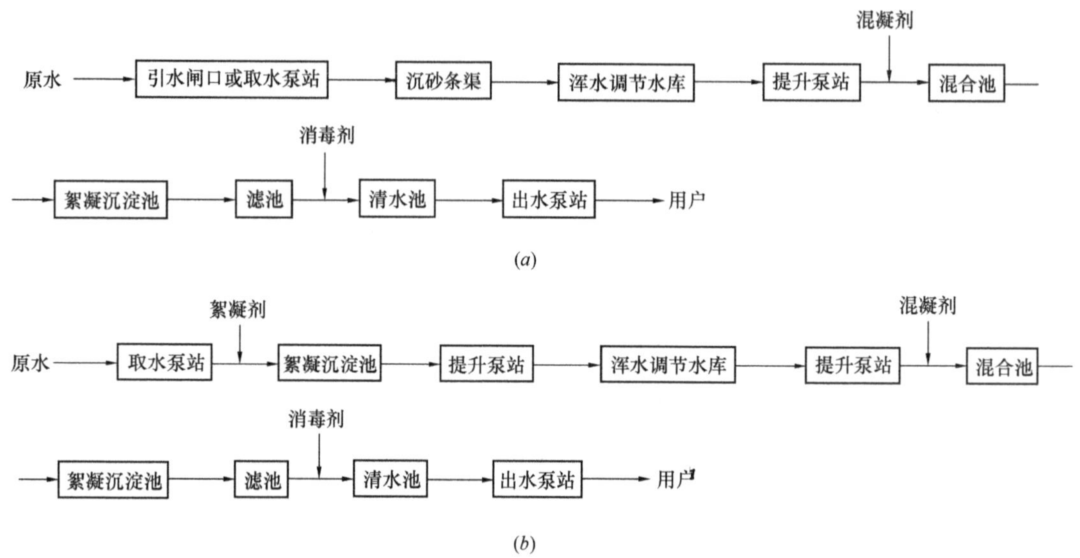

图 2-2　设浑水调节水库的高浊度水处理工艺流程

当受占地面积或地形条件限制设置沉砂条渠有困难时，也可采用絮凝沉淀作为沉砂的预处理，如图 2-2（*b*）所示。絮凝沉淀多采用平流沉淀池、辐流沉淀池、旋流絮凝沉淀池、斜管沉淀池等。

除采用浑水调节的工艺流程外，由于受地形、地质条件的限制，以及供水安全方面的考虑，也可采用清水调节水库方案，如图 2-3 所示。

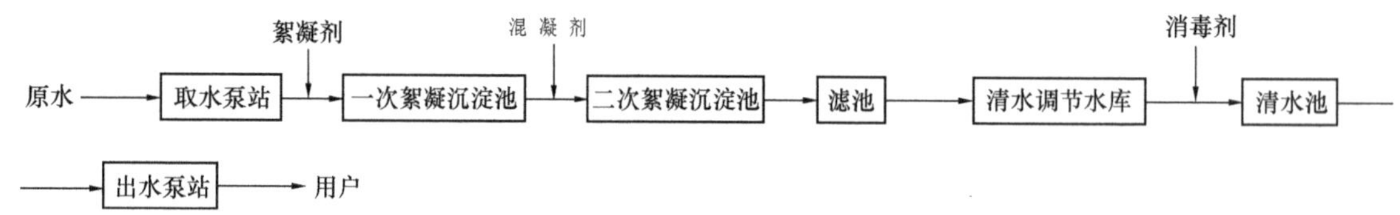

图 2-3　设清水调节水库的高浊度水处理工艺流程

清水调节水库同样可以在水源处于砂峰、断流等情况时由水库供水，但当水厂恢复运行时需及时向水库补充，故水厂净水能力需增大。一般情况下，采用清水调节水库较浑水调节水库投资大，故多用于中小型工程。

2. 不设调节水库工艺流程

当水源最大断面平均含砂量小于 100kg/m^3，且河床取水稳定可靠时，可考虑采用不设调节水库的工艺流程。不设调节水库的净水工艺一般采用二次沉淀，如图 2-4 所示。

除了采用二次沉淀处理流程外，也有一些中小型工程采用一次沉淀（澄清）的处理流程，如图 2-5 所示。一次沉淀（澄清）处理构筑物多采用水旋澄清池一类处理构筑物。这类构筑物在砂峰时除投加混凝剂还投加絮凝剂，而在含砂量少时只投加混凝剂。

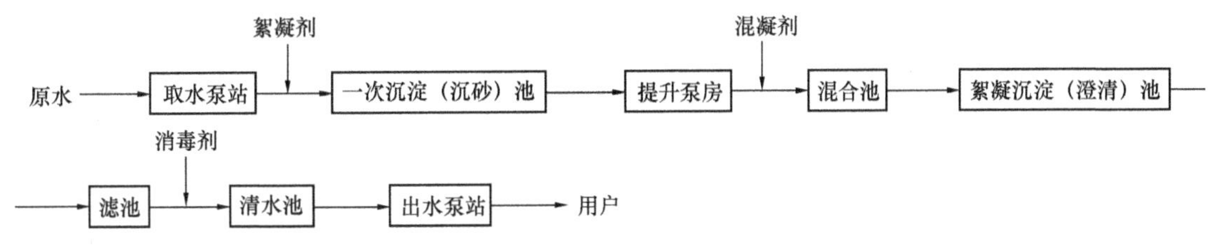

图 2-4　不设清水调节水库的高浊度水处理工艺流程

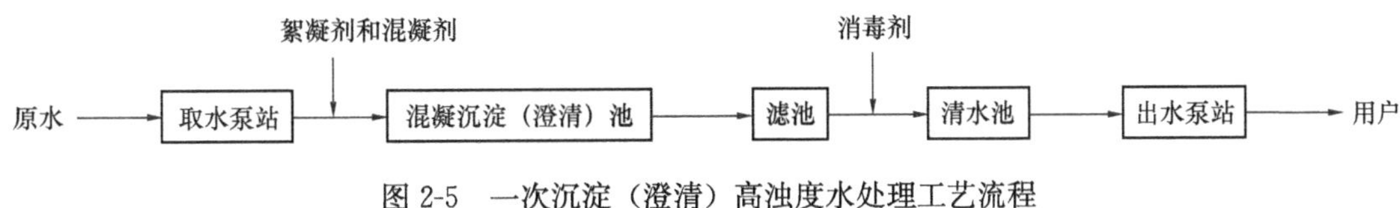

图 2-5　一次沉淀（澄清）高浊度水处理工艺流程

2.5　低温低浊水源处理工艺

当水源水温降至 3℃以下，且浊度低于 10～30NTU 时，会给水处理带来一定困难，故将此类水源归为低温低浊水源。

由于水温的降低，胶体微粒的布朗运动减弱，胶体的稳定性增加，同时混凝剂的水解速度也随温度降低而降低，且水温低时水的黏度增加，这些都造成了低温时絮凝效果不佳以及后续沉淀、过滤处理的困难。同样，较低的浊度也使絮凝过程中颗粒相互接触、聚集的概率降低，影响絮凝效果。

低温低浊水源处理工艺流程基本上仍可采用常规的地表水处理工艺，但需根据低温低浊水的特点采取相应的措施：

（1）在混凝过程中投加助凝剂是改善低温低浊水处理的有效措施。常用的助凝剂包括活化硅酸和聚丙烯酰胺等。早在 1952 年，天津芥园水厂就应用活化硅酸助凝剂处理低温低浊原水，取得较好效果，以后在不少城市水厂得到推广应用。聚丙烯酰胺是人工合成的长链状高分子化合物，具有良好的吸附架桥能力，可改善混凝条件，因此作为助凝剂也得到了一定的应用。

（2）投加助滤剂也是处理低温低浊水的有效方法。由于原水浊度较低，有条件采用微絮凝过滤工艺。微絮凝过滤在水温较高时，仅投加混凝剂一般就可满足滤后水水质要求，但在低温时，即使加大混凝剂投加量，过滤效果可能仍不能令人满意。此时，若在过滤前，适当投加助滤剂，则可使出水水质得到改善，但滤池的过滤周期将会有一定缩短。投加的助滤剂可选用一般的混凝剂，如硫酸铝、聚合氯化铝等，也可选用聚丙烯酰胺。聚丙烯酰胺助滤剂对过滤周期的影响较一般混凝剂大。投加助滤剂的微絮凝过滤工艺流程如图 2-6 所示。

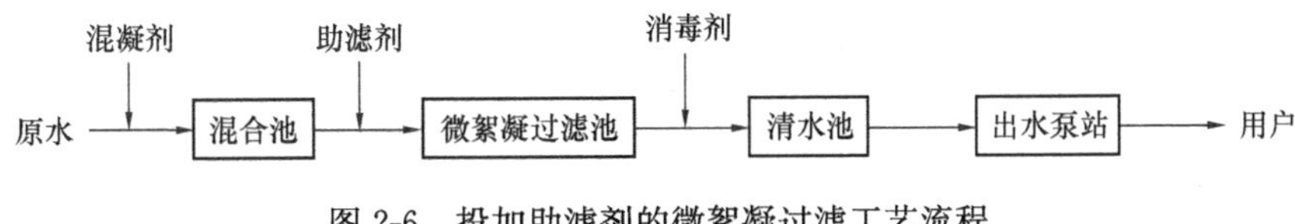

图 2-6　投加助滤剂的微絮凝过滤工艺流程

（3）由于低温低浊原水中悬浮物质的含量较低，故其沉淀工艺形式的选用宜采用泥渣回流形式，例如机械搅拌澄清池等。回流泥渣形式的澄清池依靠较高浓度泥渣的回流，增加了吸附原水颗粒的概率，在处理低温低浊水时更为有效。

（4）对于夏季浊度较高，而冬季又为低温低浊的原水，采用浮沉池是一种可以选择的工艺形式。气浮净水对处理低温低浊原水具有较好效果，但当原水浊度较高时则难以适应。浮沉池则是兼有气浮池和沉淀池两种作用的池型。它不是将气浮和沉淀两种工艺简单串联的组合，而是通过切换选择采用气浮或沉淀方式运行。当低温低浊或藻类大量繁殖时，浮沉池可选择以气浮方式运行；当夏季原水水温及浊度升高时，则改为沉淀方式运行，充分发挥气浮和沉淀两种工艺优势。采用浮沉池处理的工艺流程如图 2-7 所示。

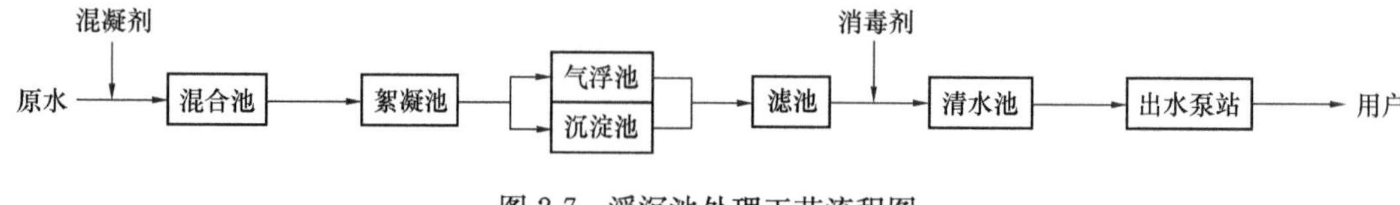

图 2-7　浮沉池处理工艺流程图

(5) 低温低浊水处理工艺基本上可选用常规水处理工艺，但其设计所选用的参数应根据低温低浊水特点确定。一般为了满足出水水质要求，其运行参数都要比常用参数低。

2.6　含藻水源处理工艺

我国是一个湖泊众多的国家，不少沿湖城市多以湖泊作为供水水源。此外，采用水库以调节河道径流，扩大取水能力，也被越来越多的城市所采用。由于湖泊、水库中水的滞留时间长，交换能力差，当水源受污染，氮、磷含量高时，将导致水体富营养化。富营养化湖泊和水库的一个主要特征是藻类的大量繁殖。

富营养化湖泊、水库水中含藻的数量可达每升 10^6～10^7个，甚至超过 10^8个。藻的大量存在，不但带来水质问题也给常规水处理工艺带来困难。最明显的是造成滤池过滤周期缩短，反冲洗水量增加，产水能力大幅减少。

研究结果表明，藻体、藻代谢物是饮用水消毒副产物的重要前体物之一。此外，藻类还是产生生物臭和色度的重要因素。蓝绿藻、放线菌和真菌会产生土臭素和二甲基异冰片 (2MIB)，发出霉臭。

2007 年 5 月 29 日无锡太湖由于受高温天气和阳光的暴晒，导致蓝藻暴发，大量蓝藻在岸边死亡、腐烂，发出恶臭，加上适逢太湖水位较低，湖底污染物大量泛起，进一步加剧水体污染，以致水厂出水具有剧烈腥臭味，造成居民无法饮用，给社会带来极大影响。经测定，引起恶臭的不是通常藻类引起的土臭素和 2MIB，主要是 1-甲醛基-2，6，6 三甲基-1-环己烯、辛醛、环己硫、环己酮等有机物，估计是由于藻类过度繁殖引起。类似太湖蓝藻暴发的事件，在其他各地也常有报道。

含藻水另一个重要水质问题为藻毒素处理。淡水中的藻毒素由蓝藻门的微囊藻、楔形藻、念珠藻、顶胞藻、节球藻、水花束丝藻、颤藻等产生。藻毒素的毒理因毒素类型而不同，已发现的有肝毒素、神经毒素、促癌毒素等。我国对生活饮用水中微囊藻毒素-LR 的允许值已作了规定(小于 0.001mg/L)。含藻水中的藻毒素存在于细胞内和细胞外。根据研究，当藻在对数生长期间，毒素主要存在于细胞内，毒素浓度逐渐增加，至对数生长后期达最大值。当达到最大值后，毒素分布明显变化，大量毒素出现在细胞外环境中，但总的毒素含量继续增加。进入稳定期后，毒素开始下降。

根据试验结果表明，采用混凝的常规净水工艺，对藻毒素的去除效果很低，甚至有报道在混凝过程中的搅拌作用可能会使藻细胞中毒素释放到水体而增加溶解于水中的藻毒素浓度。预氧化是处理含藻湖泊水常用的手段。但是，低剂量的氧化剂投加，非但不能有效去除藻毒素，甚至可能因藻细胞死亡释放胞内毒素而使其浓度增加。只有当剂量足够时，才能有效去除藻毒素。常规剂量下加氯不能去除藻毒素：2mg/L 的 O_3可去除约 80%原水中藻毒素，10mg/L 的 $KMnO_4$能去除原水中 55%左右的藻毒素。生物预处理若不能驯化出消耗藻毒素的菌种来，对藻毒素也不会有良好的去除效果。活性炭对藻毒素有较强的去除能力。投加 20mg/L 粉末活性炭可去除 85%

的毒素，活性炭以木质炭效果最好。粒状活性炭可用于藻毒素去除，但需较长接触时间。但有调查认为，水中有机物可与藻毒素竞争而降低活性炭对藻毒素的吸附。采用生物活性炭对藻毒素去除更为有利。

为了减轻含藻水源净水处理的困难，在富营养湖泊、水库取水点选择时，应尽量避开藻类易发地段以及容易富集藻类的地区。藻类的生长除了水体中氮、磷的含量外，还取决于水温、光照以及水体流动的程度。因此，取水口位置应尽量选在水深较深，流动性较好的地区，特别要避免选在藻类高发期间（水温 15～30℃）主导风向的下风向。

对于水深较深的水库宜采用分层取水。对于平均水深大于 10m 的富营养化水库，可以采用空气扬水筒，强制水体循环混合，使上层水中藻类进入下层，因得不到阳光照射而抑制生长。在日本有超过 100 个水库或湖泊使用此类装置。实践表明：平均水深大于 10m 的，对控制藻类和臭味效果良好；平均水深 5～10m 的，蓝绿藻繁殖及臭味得到控制，但不能控剥硅藻明显繁殖；对于平均水深 5m 以下的效果不佳。

在藻类繁殖季节，可投加硫酸铜控制其繁殖。硫酸铜的投加率随藻类品种而异。饲养一定品种的鱼类也有利于藻类繁殖的控制。

对于含藻水源的净水处理工艺主要有两种类型，一种是在藻类未死亡前予以去除，以减轻后续处理的负荷；另一种是先将藻类杀死，用以提高后续处理的除藻效果。对于后一种处理，要注意藻类死亡时胞内藻毒素向水体释放的影响。

含藻湖泊、水库水源处理工艺选择应根据水源富营养程度和原水水质分析，特别是藻的种类和含量、臭阈值、色度、COD_{Mn}、氨氮等指标，选择相应的处理工艺流程。

在常规处理工艺基础上，考虑除藻要求，采取一定措施，仍是目前含藻水处理的主要形式。其采用的除藻措施主要有：

（1）在混凝沉淀前增设微滤机以截除水中藻类。微滤机是通过机械隔滤从水体中分离悬浮固体的一种简单装置。滤网可以用不锈钢丝或纤维编织而成。滤网网孔一般为 100×700 孔/in^2。1963 年华东市改工程设计院与上海自来水公司曾以太湖为水源进行过滤网除藻试验。网孔尺寸为 34μm×36μm～136μm×12μm，藻去除率可达 55%～40%。在日本有部分水厂用纤维编织成长毛绒（毛长 7～15cm）替代微滤网。据小岛贞男试验，蓝藻去除率 96%～99%，硅藻去除率 70%～85%，绿藻去除率 95%～98%。

（2）原水先投加氧化剂杀死藻类，然后进入混凝沉淀等常规处理。氧化剂多采用氯或高锰酸钾。氧化剂的投加位置应尽量远离混凝剂的投加点，以满足灭藻所需时间。2003 年无锡自来水公司对加氯结合常规工艺处理梅梁湖水进行过试验，当原水含藻 1.7×10^7～9.2×10^7个/L（藻毒素 0.18～1.85μg/L）时，原水加氯可除藻 23.5%～34.6%，藻毒素去除有限。当采用氯预氧化时，要注意氯化消毒副产物增加的影响。

（3）在混凝过程中投加藻类吸附剂。根据无锡自来水公司及广东开平自来水公司的生产实践经验，在藻类高发期，投加泥土可明显提高沉淀过程中藻类的去除。以大沙河水库为原水的开平水厂，在原水浊度 3～10NTU 时，投加泥浆水，使浊度提高到 15～20NTU，絮凝沉淀的除藻率达 80%～90%，而不投泥浆时仅 60%左右。泥土一方面可以吸附藻类，同时又可在沉降中作为核心物质加速沉降。根据经验，在泥渣回流形式的澄清池中加泥，优于在平流沉淀池中加泥。

（4）当含藻水的色度及臭味较高时，投加粉末活性炭也是一种有效措施。

（5）藻类暴发期间，容易加剧滤池的阻塞，则宜采用缩短过滤周期，加强冲洗等措施。

具体采用那些措施时，还应根据当地、当时的具体情况，通过试验验证确定。例如，2007 年太湖蓝藻暴发期间，经过试验认为，针对水体腥臭味的最佳应急方案为投加 20～60mg/L 的特种粉末活性炭，并保证 10min 以上的吸附时间；有毒藻类较多时，可考虑再投加 1mg/L 高锰酸钾来强化对微囊藻毒素的去除。

除了采用上述措施外，在常规处理构筑物设计参数和混凝剂品种及投加量确定时，还应根据含藻水特点选用。

采用气浮取代沉淀（澄清）工艺用于含藻水处理可以取得较好效果，也是目前应用较多的一种形式。根据武汉市东湖水厂采用气浮、过滤除藻的实践，原水预加氯 0.8～1.0mg/L，当原水含藻 2.4×10^6～19.9×10^6个/L时，气浮除藻率可达 66%～68%。

当原水浊度长年较低，而又有季节性藻类高发时，可采用图 2-8（*a*）所示工艺流程。当全年中部分季节浊度很高，同时又有藻类问题，图 2-8（*b*）所示工艺流程也是一种可选用的方案。采用气浮工艺时，对藻渣的处置应充分加以考虑，避免造成环境影响。

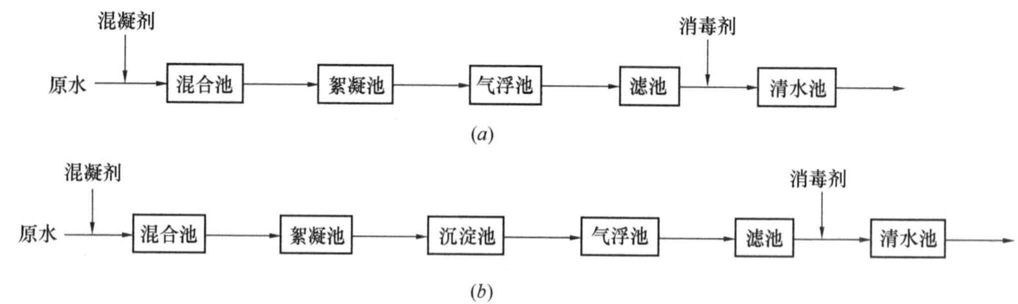

图 2-8 气浮除藻工艺流程图

采用生物预处理也是去除藻类的一种有效方法，特别当原水中氨氮和有机物含量较高时更为适用。1989～1991 年中国市政工程中南设计院在武汉东湖水厂进行了生物接触氧化预处理除藻试验，当原水含藻量为 225×10^3～21739×10^3个/L时，藻的去除率约为 50%～80%。这为减轻后续沉淀池及滤池的负荷提供了有利条件。

采用生物预处理的除藻工艺流程如图 2-9 所示。

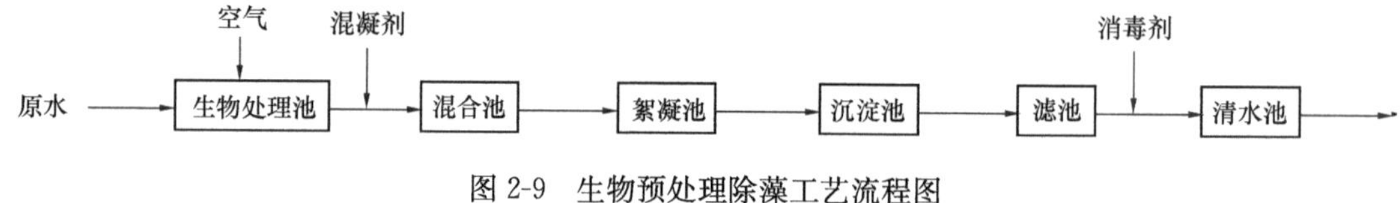

图 2-9 生物预处理除藻工艺流程图

对于富营养化湖泊、水库水源，除了藻类问题外，往往还存在 COD_{Mn}偏高以及藻类引起的色度和臭味问题，虽经强化常规处理仍难以满足水质标准要求。此时，需增加深度处理工艺以达到水质要求。当主要用于改善臭阈值时，可增加粒状活性炭吸附，如图 2-10（*a*）所示；当还需

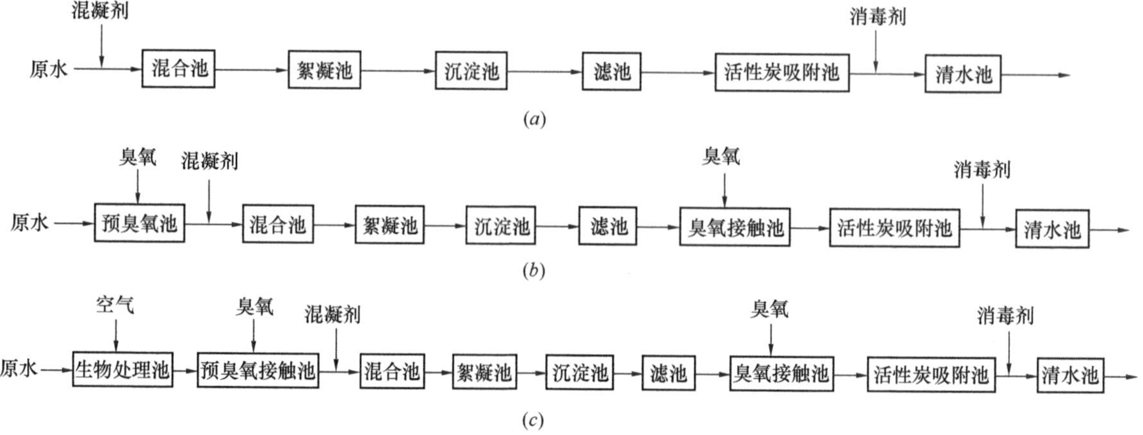

图 2-10 深度处理除藻工艺流程图

去除有机物时，可采用臭氧氧化、生物活性炭工艺，如图 2-10（*b*）所示；当出水中氨氮含量仍不能满足要求时，还可在常规处理前加设生物预处理工艺，如图 2-10（*c*）所示。

2.7　微污染水源处理工艺

当前我国水源受污染的情况相当严重。水环境的基本状况是：主要河流有机污染普遍，主要湖泊富营养化严重，流经城市河段普遍受污染。长江流域水质较为良好，基本保持在Ⅱ、Ⅲ类水质；珠江流域除干流广州段污染相对较严重外，其他河段水质较良好：黄河则面临水源短缺和水质污染双重压力，114 个检测断面中Ⅴ类和劣Ⅴ类比例为 63.1%；松花江干流中Ⅳ类水质占了 70.6%。此外，海河、辽河、淮河支流的水源污染均极为严重。

给水处理中的微污染水源是指原水水质不能达到《地表水环境质量标准》中作为生活饮用水水源的要求，但经处理后仍可满足《生活饮用水卫生标准》的水源。水中污染物的种类很多，包括各种有毒有害有机物、重金属以及引起色度和臭味的物质等，但就我国水源的现状来说，普遍存在的主要问题是有机污染严重。因此，微污染水源处理工艺主要研究受有机污染水源的处理，对于其他污染物的处理工艺则可参照表 2-2 选用。

受有机污染水源的特点主要反映在：氨氮（NH_3-N）含量高，COD_{Mn}或 TOC 值高，溶解氧低，臭味明显，致突变性的 Ames 试验结果呈阳性等。

由于各地水源受污染的程度不同，反映在污染项目及其指标的值上也不尽相同，因此在进行净水工艺选择时，必须针对当地的情况，选用合适的工艺，必要时还应通过试验加以验证。

对于氨氮的去除，有效的方法可以采用生物处理、折点加氯以及离子交换等。

生物处理是利用载体上形成的生物膜，在足够溶解氧条件下，通过亚硝化杆菌和硝化杆菌作用，将氨氮氧化为亚硝酸盐和硝酸盐。生物处理的载体可以是生物处理构筑物中的各种填料，当条件合适时，过滤过程中的滤料介质以及颗粒活性炭也可形成生物膜，而对氨氮有所去除。生物处理去除氨氮是最有效和普遍的方法。

采用折点加氯虽可将氨氮转化为一氯胺、二氯胺和三氯化氮，但是所需加氯量很大，每氯化 1mg/L 氨氮需 8mg/L 以上氯。此外，对于污染原水而言，原水中含有较多三卤甲烷（THM）前驱物，投加大量氯将会带来氯化消毒副产物的问题。因此，在一般情况下，采用折点加氯去除氨氮不是一个理想的方法。

采用离子交换也是去除氨氮的一个方法。同济大学曾在常州第二水厂改造中，采用以沸石为载体的生物处理工艺。当气温高时，发挥沸石表面生物膜的作用去除氨氮；当冬季气温低时，生物作用减弱，则利用沸石的离子交换能力降低氨氮。但是，当离子交换容量饱和时需要进行再生，这也会给生产运行带来一定困难。

对于微污染水源的有机物污染常用综合性指标来表示，例如：COD、TOC、DOC、UV_{254}等。我国《生活饮用水卫生标准》GB 5749—2006 已对 COD_{Mn}作了规定。由于这些指标为综合性指标，因此尽管水平相同，但是其组成却可能是不一致的。不同的有机物组成对净水工艺的选择也有不同的要求。

通过对原水中溶解性有机物（DOC）中不同分子量分布的测定，有助于净水工艺的选择。对于分子量大于 10000 的有机物和腐殖酸，通过强化混凝可被有效去除，去除率达 90%以上。而对于分子量 1000～5000 的有机物依靠活性炭吸附是主要的净水方法。对于分子量小于 1000 的有机物则采用生物处理（包括生物活性炭）更为有效。因此，对于有机污染水源净水工艺选择进行有机物分子量测定是很有必要的。

对于微污染水源水的处理一般可采取强化常规处理，增设生物预处理以及活性吸附或臭氧生物活性炭等方法。各种工艺对污染物的去除效果比较参见表 2-3。

各种工艺去除污染物效果比较　　表 2-3

序号	工艺	作用机理	功能	去除效果					
				有机物 COD_{Mn}	氨氮	亚硝酸盐	色、臭味	AOC	Ames 致突活性
1	常规工艺	混凝、接触凝聚	除浊、消毒	20%	10%～20%	负值	一定	少量	负值
2	活性炭吸附	物理吸附、部分生物降解	去除有机物	20%～50%	少量	少量	很有效	部分	很有效
3	臭氧—活性炭	化学氧化、物理吸附、生物降解	去除有机物	20%～50%	80%～90%	80%～90%	很有效	很有效	很有效
4	生物预处理	生物降解、吸附、絮凝	去除氨氮、亚硝酸盐、有机物	10%～25%	85%～90%	90	部分	有效	不明显
5	强化混凝	创造良好水力条件，吸附架桥	充分发挥混凝作用	增加 8%～10%	基本无效	基本无效	少量	少量	不明显
6	强化过滤	生物降解、絮凝吸附	去除氨氮、亚硝酸盐、部分有机物	10%～15%	80%～90%	80%～90%	少量	部分	少量

通过强化常规处理以提高对有机污染物的去除是简单易行的方法，对于污染并不严重的水源尤其适用。强化混凝的主要措施包括：加大混凝剂投加量，调整原水 pH 值，投加絮凝剂及氧化剂，完善絮凝设施，必要时还可投加粉末活性炭。美国环保局 1998 年公布的《消毒/消毒副产物法规》（D/DBPR）规定了在常规水处理中必须采用强化混凝的方法以去除水中总有机碳（TOC）。其要求的去除率根据原水的 TOC 和碱度而定，见表 2-4。

常规水处理中对加强混凝或软化对 TOC 的处理要求　　表 2-4

TOC (mg/L)	水中碱度（以 $CaCO_3$ 计，mg/L）		
	0～60	60～120	>120
>2.0～4.0	35%	25%	15%
>4.0～8.0	45%	35%	25%
>8.0	50%	40%	30%

强化混凝的工艺流程如图 2-11 所示。

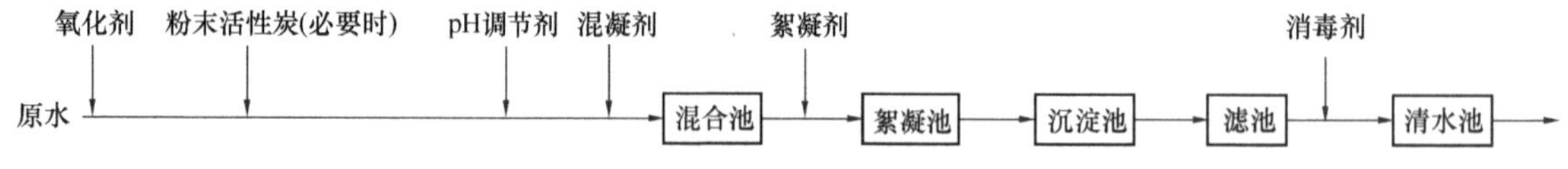

图 2-11　强化混凝处理工艺流程图

生物预处理是微污染水源可行的处理方案之一。生物预处理能有效去除原水中可生物降解有机污染物，COD_{Mn}去除率一般为 15%～25%。生物预处理对于氨氮和亚硝酸盐有较高的去除效果，一般可达 80%以上，但其去除效果受气温影响较大，当水温低于 5℃时，生物活动能力减弱，效果明显降低。生物预处理还可不同程度去除铁、锰及色、臭物质。

生物预处理常用的工艺流程如图 2-12 所示。

近年来采用臭氧和颗粒活性炭处理微污染水源水的工程渐趋增多。臭氧具有强的氧化能力，可以氧化水中天然有机物和农药，改善水质感官指标，改善混凝条件以及控制氯化消毒副产物。颗粒活性炭具有较强的吸附能力，可有效去除烃类、芳烃类、酯类、胺类、醛类、醚类等多种有

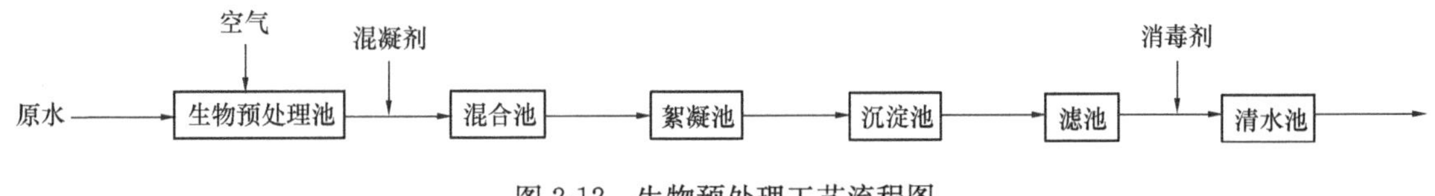

图 2-12 生物预处理工艺流程图

机物，去除产生色度和臭味的有机物。采用活性炭吸附还可改善水的致突变活性，使其呈阴性。当臭氧与活性炭联用（生物活性炭）时，可以利用臭氧将大分子有机物氧化为小分子有机物，提高了可生化性，然后通过颗粒活性炭界面的生物作用得到有效去除。生物活性炭还可延长活性炭的再生周期。

应用臭氧及颗粒活性炭处理微污染水源的工艺流程大致有以下几种形式，如图 2-13 所示。

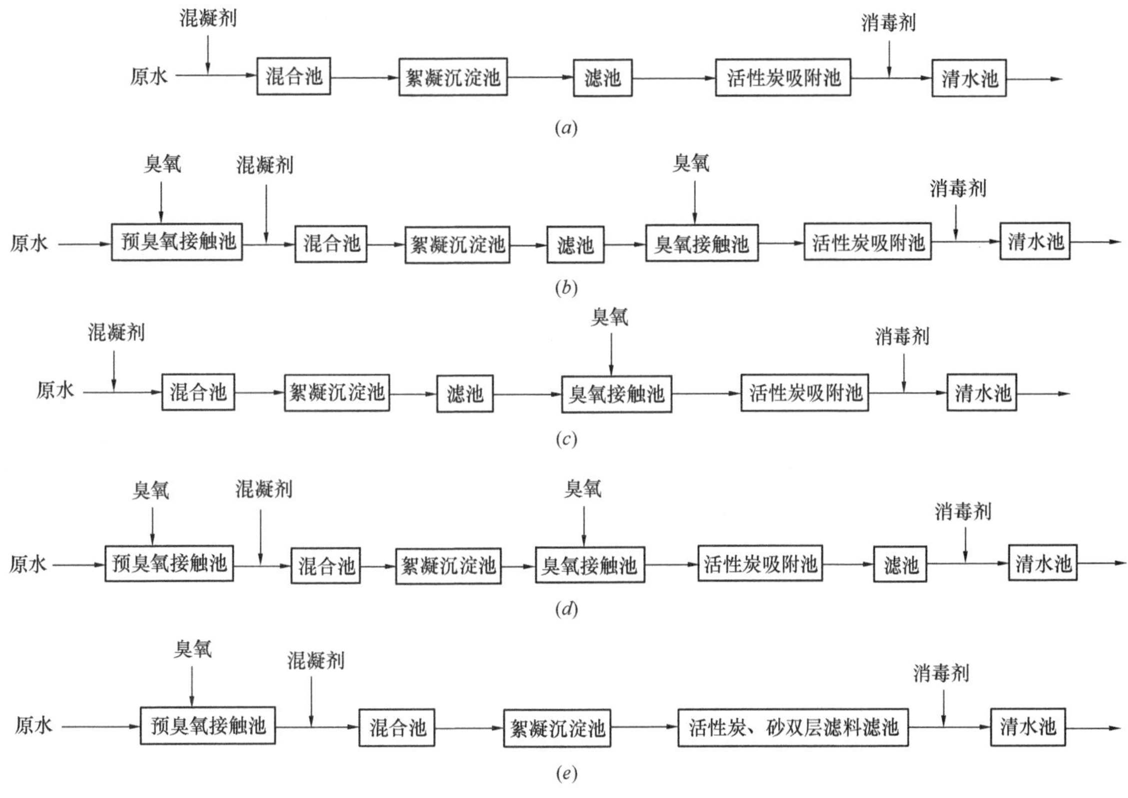

图 2-13 臭氧及颗粒活性炭处理工艺流程图

图 2-13（*a*）为只设置活性炭的处理工艺，适用于原水污染程度较轻的水源，否则将使活性炭更新周期缩短，带来运行成本的增加，常用于改善水的臭味。图 2-13（*b*）为应用较多的生物活性炭处理工艺。投加预臭氧的目的是去除能与臭氧迅速氧化的物质，同时改善混凝过程。但是，当预臭氧投加量过高时，也会造成预臭氧出水中的有机物分子变小，极性增强，不利于混凝沉淀过程中对有机物的去除。考虑这一因素，也可采用图 2-13（*c*）的形式。图 2-13（*b*）、图 2-13（*c*）流程中活性炭吸附均为除消毒外的最终处理工艺，若产生活性炭生物膜的穿透泄漏，将影响出水浊度和细菌数增加。此时也可考虑将臭氧、生物活性炭处理前移至过滤前，用过滤作为出水浊度保障的最后屏障，如图 2-13（*d*）所示。但此时必须严格控制沉后水浊度，否则浊质截留在活性炭颗粒间将影响活性炭的吸附功能。图 2-13（*e*）为将活性炭吸附和石英砂过滤两种功能组合在同一构筑物内完成。

对于污染严重的水源，当采用上述臭氧、活性炭处理仍达不到要求的水质标准，还可在预臭氧接触前增加生物预处理工艺，也可采用二级臭氧、活性炭吸附串联运行。

2.8 水厂净水工艺选例

我国水厂目前采用的大多为常规处理工艺。本节将重点选择若干常规处理外具有特点的净水工艺实例作一介绍，供工艺选用参考。

1. 兰州西固水厂

兰州西固水厂水源取自黄河兰州段上游，为典型的高浊度水源。出水分三部分，一次沉淀水供电厂冷却，二次沉淀水供部分生产用水，其余供城市用水。其净水工艺流程如图 2-14 所示。

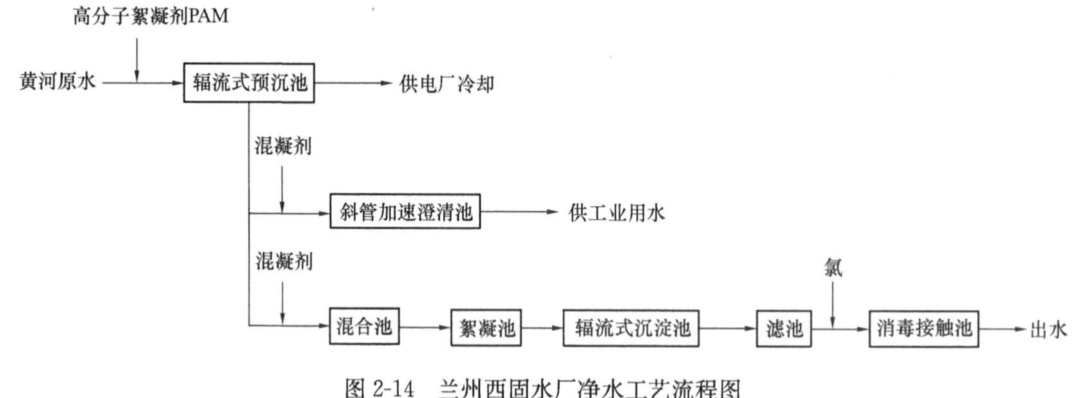

图 2-14　兰州西固水厂净水工艺流程图

2. 济南玉清水厂

济南玉清水厂规模 40 万 m^3/d ，水源为济南段黄河原水。为避免在砂峰、冰凌时取水，并根据当地土地的有利条件，采用浑水调节的供水系统。原水取水后，就地设沉砂条渠进行预沉处理，预沉后进入调节水库，水库出水用水泵提升至水厂，在水厂进行常规处理，其流程如图2-15 所示。

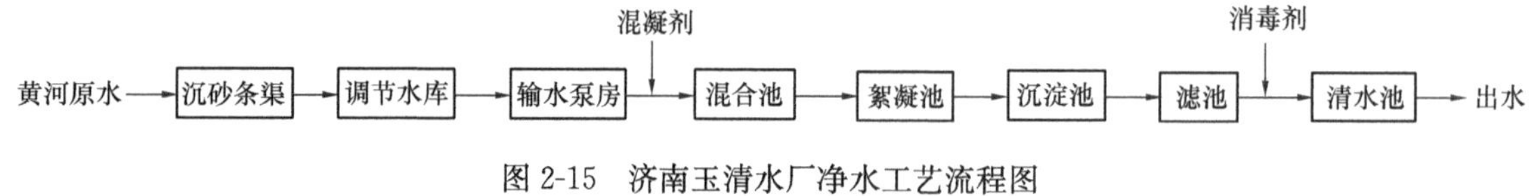

图 2-15　济南玉清水厂净水工艺流程图

3. 昆明第五水厂

昆明第五水厂针对滇池水源低浊高藻的特点，在南分厂的建设中，除应用气浮除藻外，增加了臭氧—生物活性炭处理，取得了较好效果。其工艺流程如图 2-16 所示。

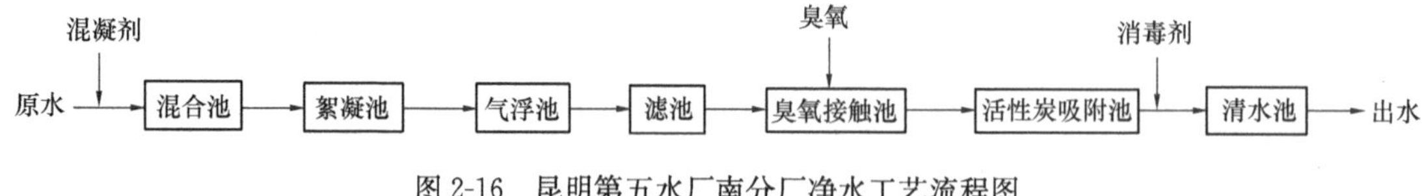

图 2-16　昆明第五水厂南分厂净水工艺流程图

4. 北京第九水厂

北京第九水厂总设计规模 150 万 m^3/d ，分三期建设，每期规模 50 万 m^3/d。水源取自密云水库。原水水质良好，浊度经常在 4NTU 以下，最高为 22NTU。在藻类高发期，水中含藻量可达 700 万个/L 以上。为满足首都对水质的要求，净水工艺采用在常规处理基础上增设活性炭吸附。一期工艺采用快速混合、机械搅拌澄清池、虹吸滤池和活性炭吸附。二、三期采用快速混合、波形板絮凝、侧向流波形板沉淀（后改为加砂絮凝沉淀池 ACTIFLO）、均质煤过滤和活性炭吸附。二、三期净水工艺流程如图 2-17 所示。

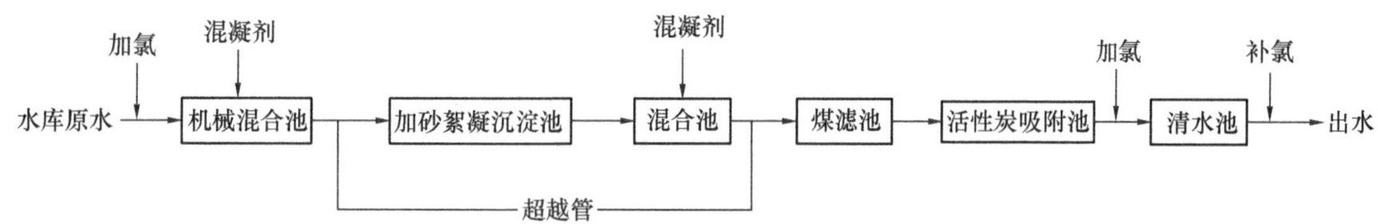

图 2-17　北京第九水厂净水工艺流程图

5. 深圳梅林水厂

深圳梅林水厂设计规模 60 万 m^3/d 。水源为深圳水库水，属低浊多藻富营养化水体。根据深圳水库原水的水质特点，经过多方案的中试试验比较，采用了臭氧—生物活性炭的净水工艺，其净水工艺流程如图 2-18 所示。

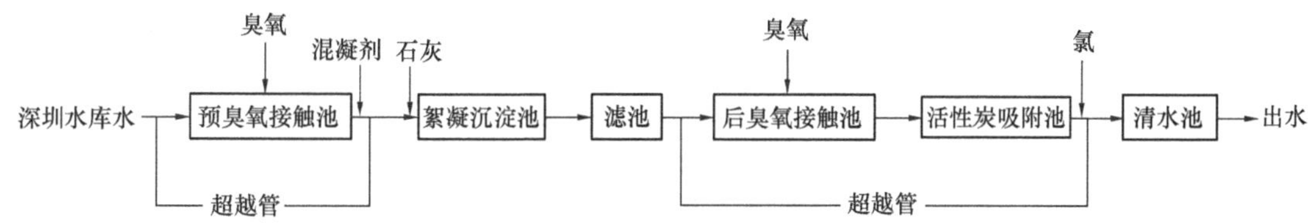

图 2-18　深圳梅林水厂净水工艺流程图

6. 广州南洲水厂

广州南洲水厂设计生产能力 100 万 m^3/d ，水源取自顺德水道的西海，离水厂约 26km。水源水质良好，枯水期、丰水期无明显差异，除溶解氧外其他指标均符合《地表水环境质量标准》Ⅱ类水体要求。为提高供水水质，净水工艺在常规处理基础上增加了臭氧—活性炭处理，其净水工艺流程如图 2-19 所示。

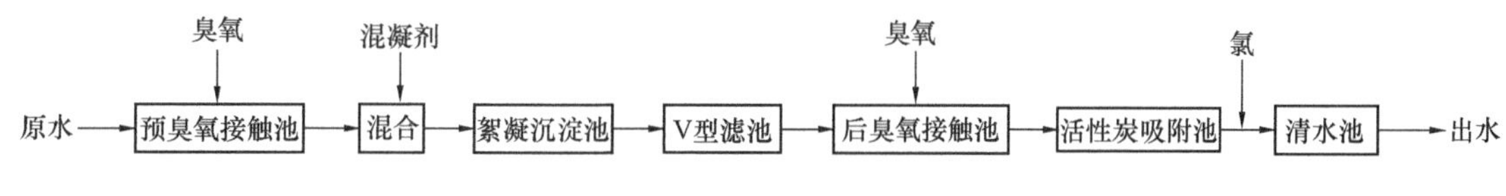

图 2-19　广州南洲水厂净水工艺流程图

7. 上海临江水厂

上海临江水厂水源取自黄浦江上游，水质基本为Ⅲ～Ⅳ类水体。临江水厂规模 60 万 m^3/d，分两期建设，一期 40 万 m^3/d 采用平流沉淀池和Ⅴ型滤池常规处理，二期 20 万 m^3/d 采用加砂絮凝沉淀池（Actiflo）和锰砂滤池，并配套 60 万 m^3/d 深度处理。净水工艺流程如图 2-20 所示。

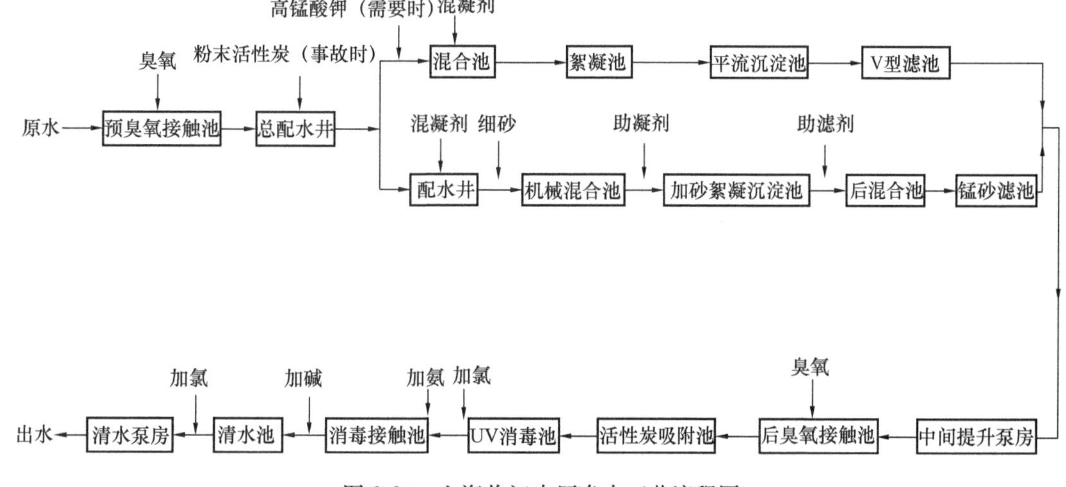

图 2-20　上海临江水厂净水工艺流程图

8. 嘉兴石臼漾水厂扩容工程

石臼漾水厂扩容工程 8 万 m³/d，水源取自新塍塘，原水水质受污染严重，氨氮最高值超过 4mg/L，耗氧量最高在 8mg/L 以上。扩建工程在加强常规处理基础上增设了臭氧—活性炭处理，其工艺流程如图 2-21。

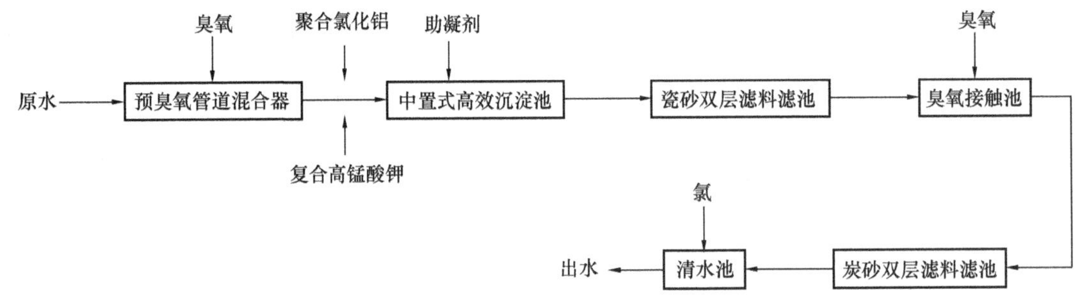

图 2-21 嘉兴石臼漾水厂扩容工程净水工艺流程图

9. 平湖市古横桥水厂

浙江平湖古横桥水厂水源取自当地海盐塘。原水中有机污染严重，氨氮月平均值为 1～4.5mg/L，最高可达 7mg/L；COD_{Mn}最高值接近 20mg/L；色度经常为 25～40 度。经过试验研究，最终净水工艺采用了在常规处理基础上增设生物预处理加两级臭氧、活性炭处理。古横桥水厂近期规模 5 万 m³/d，其净水工艺流程如图 2-22 所示。

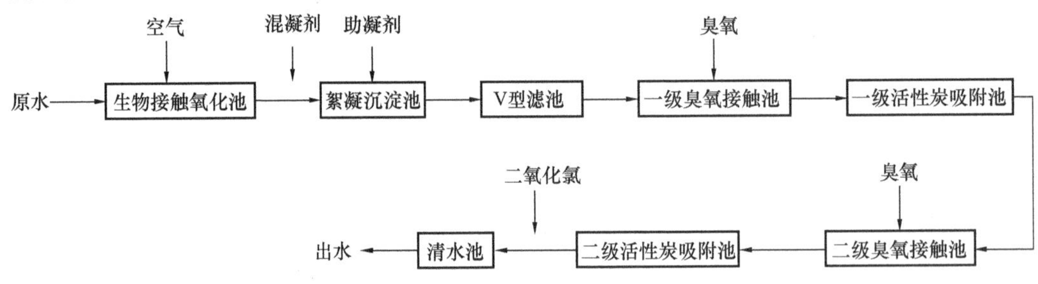

图 2-22 平湖古横桥水厂净水工艺流程图

10. 慈溪市膜法水厂

慈溪市膜法水厂以微污染滩涂水库水为水源，采用以超滤（UF）和反渗透（RO）为核心的组合工艺。原水经过常规处理后投加杀菌剂消毒，然后进入超滤系统，超滤处理后的水进入反渗透脱盐系统。反渗透滤后水与部分未脱盐水勾兑，然后经消毒后供水。超滤系统产水量为 3 万 m³/d，反渗透系统产水量为 2 万 m³/d。该水厂处理工艺流程如图 2-23 所示。

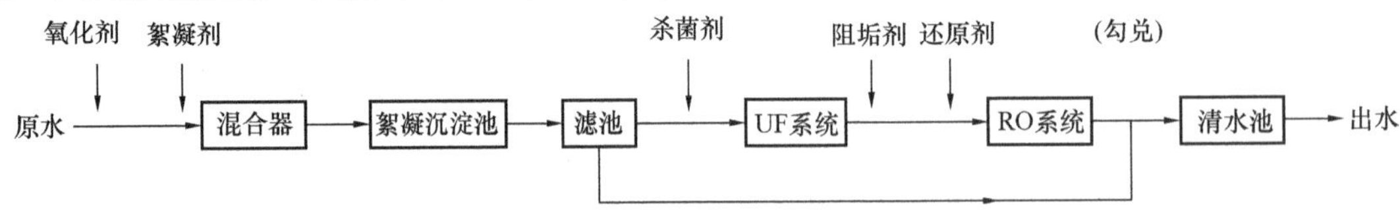

图 2-23 慈溪市膜法水厂工艺流程图

11. 澳门大水塘（MSR）水厂

澳门大水塘水厂水源为大水塘水库水，浊度一般为 3～10NTU，COD≤3.5mg/L，TOC≤3.2mg/L，藻类峰值为 1.2×10^8 个/L，平均 3.5×10^7 个/L。净水工艺采用气浮和超滤，设计规模 6 万 m³/d（二期增至 12 万 m³/d）。超滤采用浸没式超滤膜，一期设 5 列膜池，二期增至 9 列，每列膜池选用 3 个膜箱，总共 1350 个膜组件。出水浊度小于 0.1NTU。其工艺流程如图 2-24所示。

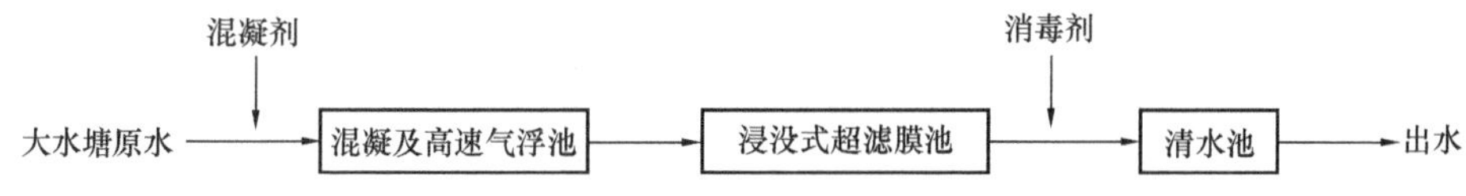

图 2-24　澳门大水塘水厂工艺流程图

12. 香港牛潭尾水厂

牛潭尾水厂分两期建设，一期规模 23 万 m^3/d，最终规模 45 万 m^3/d。水源来自广东东深供水工程和船湾水库。原水先经预臭氧处理，然后投加粉末活性炭和石灰，经混凝沉淀后投加中间臭氧，再经常规滤池过滤和生物活性炭吸附。其处理工艺流程如图 2-25 所示。

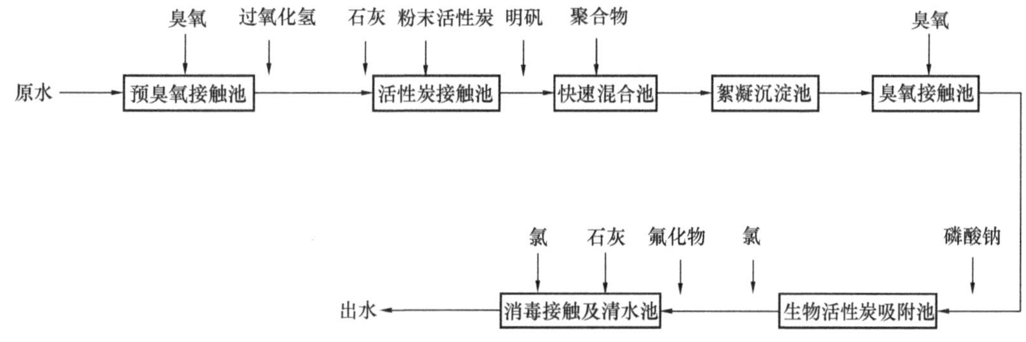

图 2-25　香港牛潭尾水厂净水工艺流程图

13. 台湾高雄拷潭及翁公园水厂

拷潭及翁公园水厂最大产水能力 31.3 万 m^3/d。净水工艺采用混凝沉淀后接气浮，然后进入超滤膜（UF）处理，超滤后一部分出水再用低压反渗透（LPRO）处理，处理后与另一部分未经反渗透的超滤后出水混合。出水水质要求：浊度 100%时间小于 0.3NTU，总硬度小于 150mg/L，总溶解固体小于 250mg/L，氨氮小于 0.08mg/L，可同化有机碳（AOC）小于 0.05mg/L。其净水工艺流程如图 2-26 所示。

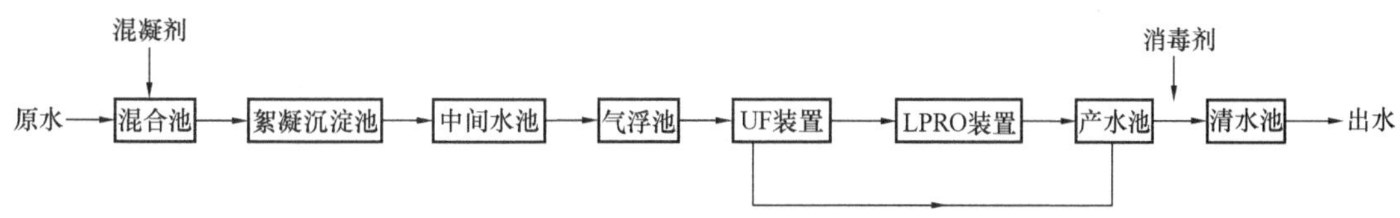

图 2-26　拷潭及翁公园水厂净水工艺流程图

14. 日本大阪府村野水厂

村野水厂原水取自淀川河（源自琵琶湖），产水能力 180 万 m^3/d，是日本最大的水厂。1998 年开始增设深度处理，主要目的是用于去除臭味和减少消毒副产物。受场地条件限制，净水分为 2 个系统（平面系统和叠建系统）。叠建系统部分净水构筑物采用叠层建造。该水厂的净水工艺流程如图 2-27 所示。

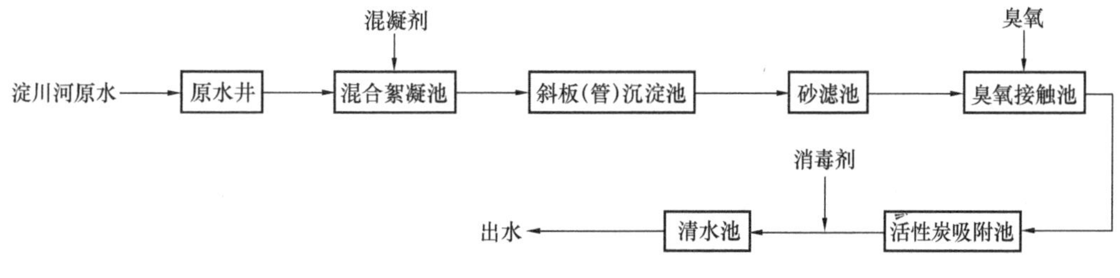

图 2-27　日本村野水厂净水工艺流程图

15. 日本猪名川水厂

猪名川水厂属阪神水道企业团。水源取自琵琶湖，处理能力 84 万 m^3/d。原水由于有藻类（10^6～10^7个/L)，产生异臭味，因此增设臭氧—生物活性炭。因厂内已无空地，故将原平流沉淀池改为斜板沉淀池。具体工艺流程如图 2-28 所示。

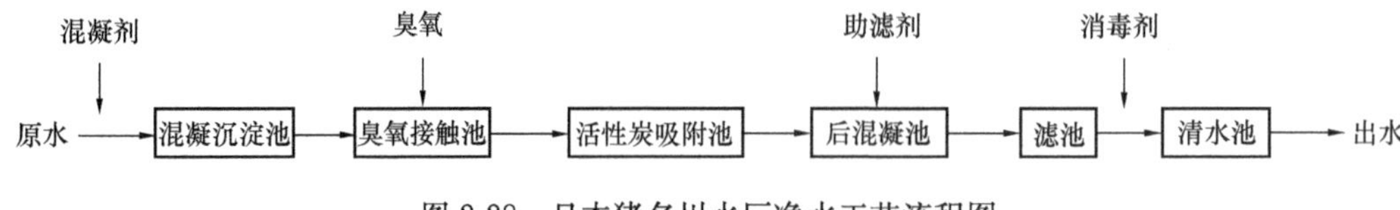

图 2-28　日本猪名川水厂净水工艺流程图

16. 瑞士苏黎世伦格（Lengg）水厂

伦格水厂规模为 25 万 m^3/d，水源取自苏黎世湖。苏黎世湖水质总体较好，但氮、磷等营养物质负荷较高，藻类繁殖较多。原处理工艺为：预加氯、微絮凝直接过滤、慢滤池过滤及后加氯。1967 年发生氯酚事故，管网中细菌复苏，用过滤除藻困难，出现贝壳生物，故于 1975 年对净水工艺进行了改造，增设了臭氧、活性炭处理。现净水工艺流程如图 2-29 所示。

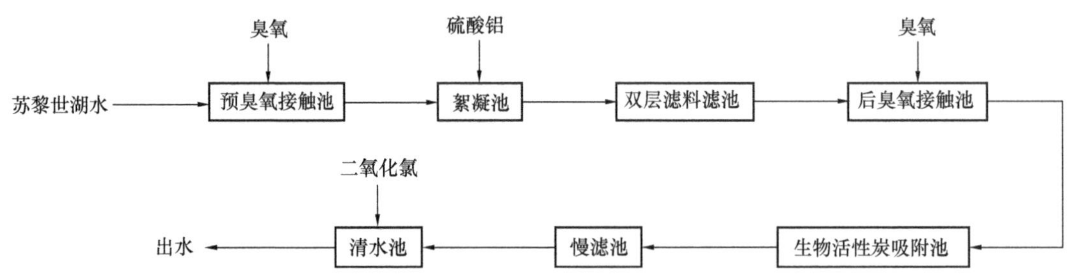

图 2-29　苏黎世伦格水厂净水工艺流程图

17. 法国巴黎蒙特（Mont）水厂

蒙特水厂位于巴黎近郊，始建于 1959 年，规模 11.5 万 m^3/d，1985 年进行了改造，增加了深度处理。蒙特水厂水源取自塞纳河。原水经预臭氧化后进入高效沉淀池（Densadeg)，沉后水进入由特种生物滤料（Biolite）为介质的生物滤池，再经臭氧、生物活性炭处理及消毒后出水。其净水工艺流程如图 2-30 所示。

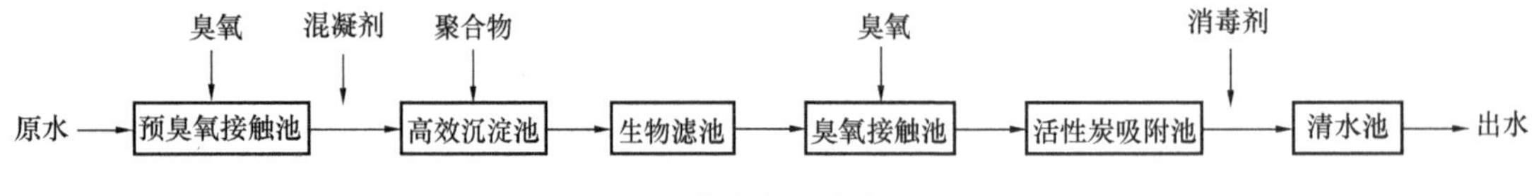

图 2-30　巴黎蒙特水厂净水工艺流程图

18. 日本今市市濑尾水厂

今市市濑尾水厂位于日本著名观光区日光附近，水源取自大谷川，采用膜分离净水技术。膜滤设施于 2001 年正式投运，生产能力 1 万 m^3/d。滤膜采用中空醋酸纤维超滤（UF）膜。膜装置分为 6 组，每组包括 20 个膜组件。每个组件面积 $150m^2$，产水 $85m^3/d$。净水工艺流程如图 2-31所示。

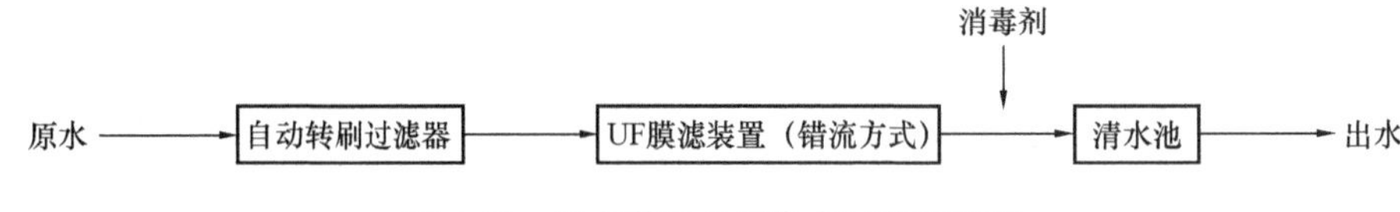

图 2-31　日本濑尾水厂净水工艺流程图

第 3 章　混凝

3.1　混凝原理

3.1.1　混凝作用

在给水处理中，向原水投加混凝剂，以破坏水中胶体颗粒的稳定状态，在一定水力条件下，通过颗粒间的接触碰撞和聚集，从而形成易于从水中分离的絮状物质的过程，称为混凝。混凝过程包括两个阶段：向原水投加混凝剂，破坏胶体颗粒稳定，使颗粒具有彼此接触聚集能力的阶段称为凝聚；在一定水力条件下颗粒相互碰撞，从而聚集成易于从水中分离的过程称为絮凝。

混凝是去除浊度的最主要方法。水中浊度是由细微悬浮物所造成。分散度处于胶体状态时将产生最大的光散射，因而胶体物质是形成浊度的主要因素。原水中胶体物质可以长期处于稳定状态，而难以用自然沉淀等方法去除，但投加混凝剂可以使胶体脱稳，从而可聚集成较大絮粒而易于从水中分离。

混凝也是去除天然色度的重要方法。水中天然色度来源于腐败的有机植物，主要是土壤中所含的腐殖质。它是成分十分复杂的物质，分子量从数百到数万。天然色度中有一部分物质虽非胶态分散系，而属于高分子真溶液，但投加混凝剂可使色度分子与铝或铁离子形成难溶络合物，或通过混凝剂带正电荷的水解产物与色度分子的负电荷中和而予以沉除。

混凝对某些无机污染物也有很好的效果。例如在 pH 值为 7 或以下时，用铝盐或铁盐混凝可以去除环境浓度范围内的五价砷 90%以上；当 pH 值控制在 8 或以上时，对于环境浓度范围的镉可去除 90%以上。2005 年 12 月广东北江受镉污染影响，原水镉含量超过允许标准 6～8 倍。当时采用的应急工艺措施即为控制 pH 值在 9 左右的混凝处理工艺。此外，对于铍、三价铬、四价硒等混凝都有很好的处理效果。

混凝对大分子量有机物也有一定的去除效果。通过强化混凝可以提高有机物的去除率。美国国家环境保护局针对消毒副产物的控制，规定在常规水处理中必须采取强化混凝的方法以去除水中总有机碳（见 2.7 节）。

对于合成表面活性物质、放射性核素、浮游生物和藻类等的去除，混凝也是常用的处理方法之一。

3.1.2　胶体稳定性

粒度微小的胶体颗粒具有十分巨大的比表面积，因而相间界面自由能也很大。根据这一界面特性应能使胶体颗粒彼此聚集而形成较大的颗粒，并从水中分离出来。但是，实际上的胶体系统却可长期保持稳定，而不产生微粒的彼此聚集和沉淀，其原因在于胶体颗粒具有特殊的结构和电荷特性。

根据胶体化学的理论，胶体物质的核心是一个由许多原子或分子构成的微粒，称为胶核。胶核表面拥有一层离子，称为电位离子。胶核由于电位离子的存在而带有电荷。电位离子的静电作用把溶液中带相反电荷的离子（称反离子）吸引到胶核的周围，直到吸引离子的电荷总量与电位离子的电荷量相等为止。这样，在胶核与溶液的界面区域就形成了双电层，如图 3-1 所示。内层

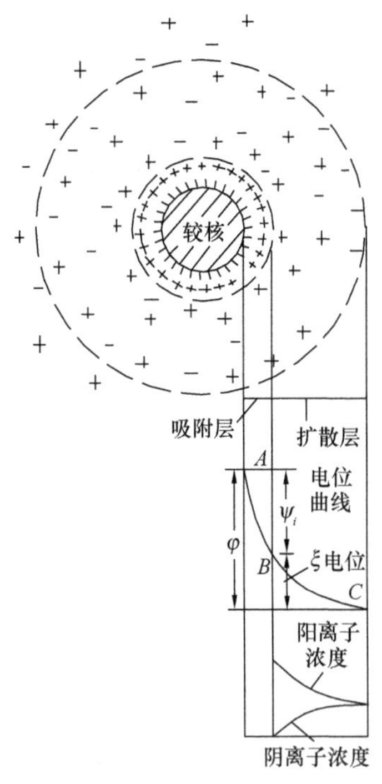

图 3-1　胶体结构示意

为胶核固相的电位离子层，外层为液相中的反离子层。电位离子同胶核结合紧密；而反离子则由于通过静电引力的作用而联系，因而结合较松散。胶体微粒在溶液中不断运动时，除了电位离子随胶核一起运动外，紧靠胶核的一部分反离子也与胶核一起运动，这部分反离子层称为吸附层。另一部分反离子并不随胶核一起运动，而不断由溶液中的其他反离子所取代，这一部分反离子层称为扩散层。

在胶体系统中，胶核表面的电位离子与溶液之间形成了电场。胶核表面上的电位称为热力电位 Ψ。由于溶液中反离子的中和，从胶核向外，电位逐渐下降，至胶团边缘处降为零。在吸附层与扩散层界面处的电位称为电动电位或 ζ 电位。

胶体颗粒的 ζ 电位取决于组成胶体颗粒的物质性质及其形成条件和介质情况。一般天然水中胶体颗粒的 ζ 电位多为负值。例如，地面水中的石英和黏土颗粒，其 ζ 电位根据组成成分的酸、碱比例大致在−5～−40mV 之间。由于天然水体中含有性质和电荷各不相同的分散物质，因而天然水体颗粒的 ζ 电位只能用平均值来表示。一般在河流和湖泊水中，颗粒的 ζ 电位值在−15～−25mV 左右，当被含有机杂质污染时，ζ 电位可达−50～−60mV。

胶体颗粒的这一电荷特性，使两个带有同号电荷的颗粒彼此接近到扩散层交联时，将产生静电斥力。斥力的大小随着颗粒间距的减小而增加。这一斥力的存在，成了同号胶体颗粒不能彼此聚集的主要原因。

造成胶体颗粒稳定的另一因素是水化作用。由于胶体颗粒带有电荷，可在颗粒表面形成一定的水化膜。水化膜的存在也妨碍了颗粒间的相互聚集。

胶体系统除了由于静电斥力和水化作用而具有聚集稳定性外，同时也还存在使胶体颗粒相互聚集的不稳定作用。这就是颗粒间的范德华引力和颗粒的布朗运动。

范德华引力随颗粒间距离的减小而增加。

胶体系统中的分散微粒不停地进行布朗运动。布朗运动使胶体微粒具有一定的动能。当微粒的动量足以克服阻碍颗粒接近的能峰时，颗粒就有可能聚集。

天然水体中胶体颗粒究竟是否稳定将取决于其稳定因素与不稳定因素相互作用的程度。在大多数情况下，给水水源的胶体系统都已处于平衡状态，因而是相对稳定的。为了去除这些物质就需要破坏胶体的稳定状态。

3.1.3　胶体脱稳

为使胶体颗粒能通过接触而彼此聚集，就需要消除或降低胶体颗粒的稳定因素，这一过程称为“脱稳”。

给水处理中，胶体颗粒的脱稳可分为两种情况：一种是通过混凝剂的作用，使胶体颗粒本身的双电层结构起了变化，ζ 电位降低或消失，胶体稳定性破坏；另一种是胶体颗粒的双电层结构未起多大变化，主要是通过混凝剂的媒介作用，使颗粒彼此聚集。严格地说，后一种情况不能称为脱稳，但从水处理的实际效果而言，两者都达到了使颗粒彼此聚集的能力，因此习惯上都称脱稳。

胶体的脱稳方式随着采用的混凝剂及絮凝剂品种和投加量的不同以及胶体颗粒性质和介质环境等多种因素而变化，一般可分为以下几种：

1. 压缩双电层

当向水中投加电解质盐类时，水中离子浓度增加，使胶体颗粒能较多地吸引水中反离子，其结果使扩散层的厚度减小，ζ电位降低。如果胶体吸附的反离子在吸附层内已达到平衡，则 电位降为零。扩散层减小或ζ电位降低将使颗粒之间作用的斥力大为减小，这就有可能使颗粒聚集。按照这一机理，高价电解质离子将优于低价电解质离子。这种机理以前曾被认为是水处理混凝的主要原理，但大多数情况下，给水处理中胶体的脱稳并非依靠双电层的压缩。这是因为压缩双电层脱稳所需离子浓度要求接近达到海水的浓度，并且其聚集速率相对缓慢。但是，在某些自然系统中，压缩双电层仍是脱稳的重要原因，例如河水入海口的沉积。

2. 吸附和电荷中和

吸附和电荷中和脱稳是通过降低胶体颗粒表面的电荷以达到胶体颗粒的脱稳。颗粒表面的电荷降低使扩散层厚度减小，使颗粒相互接触所需的能量减少。向水中投加混凝剂，其水解产物带有与颗粒表面相反的电荷，具有强烈的吸附趋向，会被吸附于颗粒（在某些情况下，细小的混凝剂可以沉积于颗粒表面），使颗粒的电荷减小。混凝剂的吸附性能是其所具有的化学亲和力或混凝剂的化学基团产生。大多数用作电荷中和的混凝剂可被颗粒吸附，直至使颗粒带有相反电荷，在某些情况下可使溶液再稳定。“多相混凝”（Heterocoagulation）脱稳机理与混凝剂吸附和电荷中和脱稳相似。多相混凝是一个颗粒沉积于另一具有相反电荷的颗粒上，使电荷得以中和。例如，具有高负电荷的大颗粒可以在静电引力作用下，与具相对低正电荷颗粒接触。这样，原来使大颗粒稳定的负电荷被沉积颗粒的正电荷中和，大颗粒悬浊液脱稳。吸附和电荷中和脱稳在给水处理中具有重要作用。

3. 沉析物网捕

当混凝剂的投加量足以达到沉析金属氢氧化物或金属碳酸盐时，水中的胶体颗粒可被这些沉析物在形成时所网捕，尽管此时胶体颗粒的结构没有大的变化。胶体颗粒可以成为沉析物形成的核心。原水中所含胶体颗粒越多，沉析的速率越快。因而当水中胶体物质较多时，混凝剂的投加量反而可减少。这一机理在给水处理中也很重要。

4. 粘结架桥

当向溶液投加高分子聚合物时，高分子聚合物的部分片段可吸附多个胶体颗粒，聚合物起了架桥联结的作用，与微粒共同构成一定形式的聚集物，从而破坏了胶体系统的稳定性。聚合物分子需具有足够的长度，以扩展至颗粒双电层的外围，减小颗粒接近时双电层间的排斥，同时联结的颗粒需具有有效的吸附表面。过量聚合物的投加和强烈搅拌可造成悬浊液的再稳定。溶液中的某些离子（例如钙）可对粘结架桥产生影响。除了有机高分子聚合物外，无机高分子物质及其胶体微粒，如铝盐、铁盐的水解产物等，也都可产生粘结架桥作用。

3.1.4 影响凝聚因素

混凝是一个十分复杂的过程，可以从不同角度出发对同一术语赋以不同的含义和解释。在工程实践中通常将“混凝”分为“凝聚”和“絮凝”两个阶段。凝聚阶段包括使胶体脱稳，并在布朗运动作用下形成微絮粒；而把通过液体流动的能量消耗使微絮粒进一步增大的过程称为絮凝。这样的划分大致与水处理设施中的“混合”和“絮凝”相一致。从动力学角度常把“絮凝”分为“异向絮凝”和“同向絮凝”。异向絮凝主要由布朗运动产生，同向絮凝则主要由液体运动来达到。但是异向絮凝是与胶体脱稳并形成微絮粒密切联系的，其过程一般在混合阶段完成，故常把异向絮凝的过程划入凝聚阶段，而不作为絮凝阶段。

为了便于了解各阶段的作用原理、颗粒变化以及与给水设计中所采用的相应处理构筑物相互对照，现将混凝过程作一粗略划分，见表 3-1。

混 凝 过 程 表 3-1

阶段	凝 聚				絮凝
过程	混合	脱稳		异向絮凝	同向絮凝
作用	药剂扩散	混凝剂水解	杂质胶体颗粒脱稳	脱稳胶体聚集	微絮粒进一步接触碰撞
动力	质量迁移	溶解平衡	各种脱稳机理	分子热运动（布朗扩散）	液体流动的能量消耗
处理设施	混合池（器）				絮凝池
胶体状态	原始胶体	脱稳胶体		微絮粒	絮粒
胶体粒径	0.001～0.1μm	约 5～10μm			0.5～2mm

凝聚过程复杂，影响凝聚效果的因素很多，主要的影响因素有混凝剂、原水水质、水温等，现分述如下：

1. 混凝剂的影响

在给水处理中应用的混凝剂和絮凝剂品种众多。不同的混凝剂和絮凝剂可以通过各种相应的混凝机理而达到使颗粒具有凝聚的性能。同一混凝剂也可能由于投加剂量的不同而具有不同的混凝机理。在实践生产运行中，常运用搅拌试验以确定最佳的混凝剂品种和合适的投加量。

在给水处理中应用最多的是铝盐和铁盐混凝剂。其凝聚作用主要是以水解产物发挥作用。铝盐和铁盐混凝剂的水解产物相当复杂，随着 pH 值的不同可形成不同带电负荷和聚合度的水解产物，相应达到凝聚的机理也不相同：

1）当 pH 值很低（如 pH＜3）时，Al（Ⅲ）的主要形态为 Al^{3+} 离子。此时可通过压缩胶体扩散层使胶体脱稳从而达到凝聚，但这在水处理中作用有限。

2）当铝盐或铁盐投加量超过其氢氧化物的溶解度时，将产生金属氢氧化物的沉析。从铝盐或铁盐水解到形成氢氧化物沉析的过程中将形成一系列的金属羟基聚合物。如水的 pH 值低于金属氢氧化物的等电点，则以带正电荷的聚合物占多数，可通过吸附及电中和使带负电的胶体脱稳。

3）当溶液的 pH 值很高（大于金属氢氧化物的等电点），聚合物将形成带负电的物种，此时将通过聚合物的架桥联结达到凝聚。

4）当混凝剂的投加量超过其氢氧化物饱和溶解度很大时，将形成大量沉析物，此时可通过网捕来达到凝聚。

因此，铝盐和铁盐的凝聚机理取决于溶液的 pH 值、混凝剂的投加量以及水中胶体颗粒的含量。

图 3-2 所示为用硫酸铝作混凝剂时，不同 pH 值和不同混凝剂加注量所可能出现的凝聚范围和主要作用机理。

2. 原水水质的影响

对于去除以浑浊度为主的地表水，主要的水质影响因素是水中悬浮物含量及碱度。此外，水中电解质和有机物含量对混凝也有一定影响（有时还可能产生明显影响）。

如前所述，混凝剂的凝聚与投加混凝剂后溶液的 pH 值直接有关，因而原水碱度大小是影响凝聚的主要因素之一。由于混凝剂在水解过程中会不断产生 H^+，消耗一定的碱度，使水的 pH 值降低，而其降低的程度则取决于原水碱度。原水碱度大，pH 值降低少；反之，则 pH 值降低明显。此外，不同混凝剂品种对 pH 值降低的影响也不相同。

根据原水的碱度和悬浮物含量，给水处理中常可遇到的原水类型有以下 4 种：

（1）悬浮物含量高而碱度低：加入混凝剂后，系统 pH＜7，此时水解产物主要带正电荷，因而可通过吸附与电中和来完成凝聚。对 Al（Ⅲ）的 pH 值应在 6～7 之间，对 Fe（Ⅲ）则在 5～7

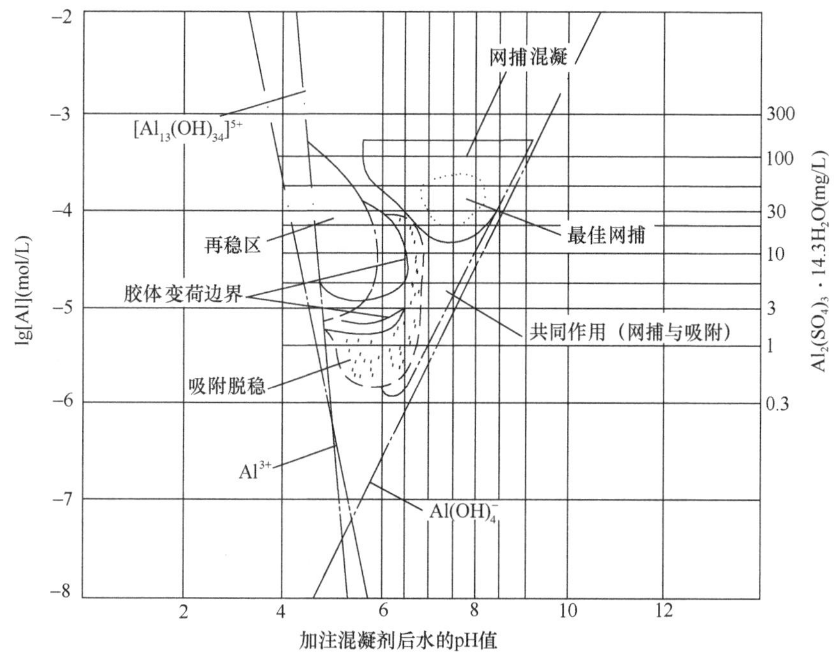

图 3-2　硫酸铝的混凝作用范围

之间。

（2）悬浮物含量及碱度均高：由于碱度高，加入混凝剂后 pH 值仍达 7.5 或以上时，混凝剂的水解产物主要带负电荷，不能用吸附和电中和达到有效凝聚。此时可利用沉析物网捕的机理，投加足量混凝剂以达到良好凝聚。采用聚合的混凝剂（如聚合氯化铝）常可获得较好效果。

（3）悬浮物含量低而碱度高：此时混凝剂的水解产物主要带负电荷，故需采用沉析物网捕来达到凝聚。由于其所需混凝剂投加量与悬浮物质浓度成反比，因而常需投加助凝剂（例如活化硅酸、高分子聚合物、黏土颗粒等）以增加颗粒浓度，相应减少混凝剂投加量。

（4）悬浮物含量和碱度均较低：这是最难处理的一种类型。虽然此时混凝剂可形成带正电荷的水解产物，但由于悬浮颗粒浓度太低，难以达到有效凝聚。如利用沉析物网捕机理，则因溶液的 pH 值降得很低，要达到金属氢氧化物饱和浓度所需混凝剂量比碱度高的要大得多。对于这种类型的原水，常采用转化为其他类型的原水来处理。例如给原水增加碱度转化为悬浮物含量低而碱度高的水，或既增加碱度又增加悬浮物浓度而转变为悬浮物含量及碱度均较高的水。

3. 温度的影响

在生产实践中，常可观察到水温对凝聚的影响。水温降低，凝聚效果相应降低，有时即使增加混凝剂投加量也难以弥补水温降低的影响。

水温降低对凝聚带来许多不利因素：

（1）水的黏滞度随水温的降低而增加，而黏滞度的增加将使颗粒的迁移运动减弱，大大降低了颗粒的碰撞机会；

（2）温度降低，分子热运动减弱，造成胶体脱稳的布朗运动的能量减小，对胶体的脱稳带来不利影响；

（3）温度降低，使胶体颗粒的溶剂化作用增强，胶体颗粒周围的水化作用明显，妨碍了微粒的聚集；

（4）水温降低时，胶体颗粒的粘附能力降低，初始颗粒粘附强度大致与水温呈线性关系（对氢氧化铝）；

（5）温度将影响凝聚的最佳 pH 值。随着温度的降低，凝聚最佳 pH 值将相应提高。

由此可见，水温对絮粒形成的速度和絮粒粒度都有明显影响。

提高低温水凝聚效果最常用的方法是投加高分子助凝剂，例如有机高分子聚合物或活化硅酸等，它可通过粘结架桥作用提高凝聚效果。

3.2 常用混凝剂

3.2.1 凝聚剂、絮凝剂和助凝剂

为了达到混凝所投加的各种药剂统称为混凝剂。按混凝剂在混凝过程中所起的作用可以分为凝聚剂、絮凝剂和助凝剂。习惯上常把凝聚剂也称作混凝剂。

通常凝聚剂是指在混凝过程中主要起脱稳作用而投加的药剂，絮凝剂主要是通过架桥作用把颗粒连接起来以结成絮体的药剂，凡是为了改善混凝效果所投加的药剂可统称为助凝剂。

1. 凝聚剂

常用的凝聚剂有铝盐和铁盐，但采用铝盐的较多。铝盐凝聚剂最适用于浑浊度中等、水温不太低的原水，对于水生生物（藻类）多、色度高、低温、低浊的原水，单纯采用铝盐的效果往往不够理想。铁盐凝聚剂由于可结出相对密度大的絮粒，一般效果比铝盐好。常用的铝盐和铁盐凝聚剂有以下几种。

1）硫酸铝

硫酸铝分子式为 $Al_2(SO_4)_3 \cdot xH_2O$，以铝矾土与硫酸为主要原料制备而成。根据其是否进行浓缩、结晶，分为固体硫酸铝和液体硫酸铝。固体硫酸铝[$Al_2(SO_4)_3 \cdot 18H_2O$]外观为灰白色粉末或块状晶体，在空气中长期存放易吸潮结块，由于有少量硫酸亚铁存在使产品表面发黄。精制硫酸铝杂质含量少，其中含无水硫酸铝约 50%～52%，通常为袋装，是使用最广泛的凝聚剂。粗制硫酸铝，杂质含量多，产品质量不够稳定，溶解困难，因而使用逐渐减少。液体硫酸铝因不需溶解和价格较低，近年来已被广泛采用，其 Al_2O_3 含量随不同生产厂的产品而有所不同，一般为 6%～10%。

硫酸铝易溶于水，水溶液呈酸性反应。当加入水中时迅速溶解，析出 SO_4^{2-}，铝离子与水反应而水解。水解时将有各种不同的水化分子进行聚合反应，形成各种不同的单核子和多核子聚合物。

硫酸铝水解产物的存在形态非常复杂，随溶液 pH 值不同而变化。在同一 pH 值条件下可存在多种形态，只不过有些所占的量较多而有些较少。图 3-3 为不同水解产物在不同 pH 值下分布情况的一例。

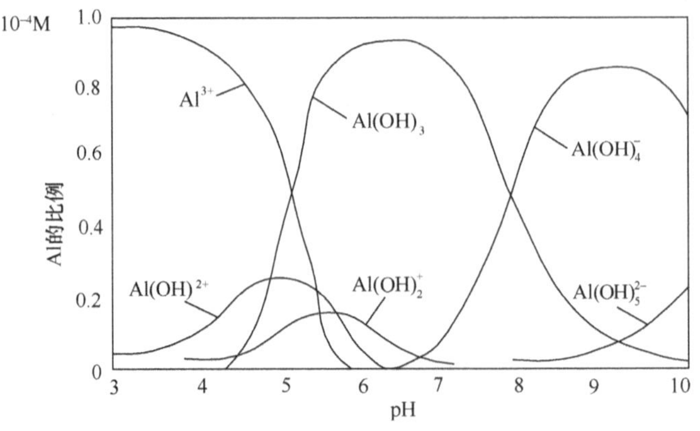

图 3-3 Al（Ⅲ）化合物存在形态（10^{-4}M）

2）碱式氯化铝

碱式氯化铝是聚合氯化铝的通称，简称PAC，化学通式为$Al_n(OH)_mCl_{3n-m}$，为三氯化铝和氢氧化铝的复合盐。碱式氯化铝是一种无机高分子化合物，其组成随原料及制作方法的不同而异，为非单一固定的分子结构，而由各种络合物混合而成，例如，$Al_2(OH)_5Cl$、$Al_6(OH)_{16}Cl_2$、$Al_{13}(OH)_{34}Cl_5$以及$[Al_2(OH)_5Cl]_n$等。

碱化度是碱式氯化铝产品的一个重要指标，用下式表示：

$$B=\frac{[OH]}{3[Al]}\times 100\% \tag{3-1}$$

一般来说，碱化度越高，其粘结架桥性能越好，但是因接近于$[Al(OH)_3]_n$而易生成沉淀，稳定性较差。目前碱式氯化铝产品的碱化度大多为50%～80%。碱式氯化铝因具有良好的混凝效果，现已被广泛使用，尤其是对于处理高浊度原水；对于低温低浊原水也有良好的处理效果。

碱式氯化铝的外观状态与碱化度、制造方法、原料、杂质成分及含量有关，见表3-2。

碱式氯化铝的外观 **表3-2**

碱化度	状态	
	液体	固体
<30%		晶状体
30%～60%		胶状体
40%～60%	淡黄色透明体	
>60%	无色透明体	玻璃状或树脂状
>70%		不易潮解，易保存

碱式氯化铝的主要特点如下：

(1) 碱式氯化铝用于高浊度水、低温低浊水、有色水和受微污染水，一般均能得到良好的凝聚效果；对原水的pH值、温度、浊度、碱度、有机物等的变化，均有较强的适应性。由于在混凝过程中消耗碱度少，适应pH值范围比其他混凝剂宽。

(2) 处理高浊度原水，效果显著，适应性仅次于聚丙烯酰胺。

(3) 絮体形成快，颗粒大，密度高，易于沉降。

(4) 含Al_2O_3成分高，投药量少，可降低制水成本。

(5) 碱式氯化铝的腐蚀性较小。

(6) 碱式氯化铝的析出温度较硫酸铝（液体）低，有利于低温地区的使用和贮存。

(7) 碱式氯化铝的混凝效果与碱化度有关。原水温度越高，使用碱化度高的碱式氯化铝，其混凝效果好。

(8) 碱式氯化铝的稀释及投加与三氯化铁相同。投加浓度随原水浊度而异，最低浓度为5%（以商品原液计），最高可直接投加原液。

(9) 碱式氯化铝产品毒性试验表明，其急性中毒的投加量很高，属于实际无毒产品，特性试验证明，无致畸性和致突变性。

3）三氯化铁

三氯化铁($FeCl_3\cdot 6H_2O$)可采用将盐酸与铁屑作用生成二氯化铁溶液再用氯气氯化而得，或者将氯气直接通入浸泡铁屑的水中一步合成三氯化铁溶液。

固体三氯化铁为黑棕色结晶，大部分为薄片状，属于六方晶系，吸湿性强，易溶于水。三氯化铁水溶液稀释时，能水解生成棕色絮状氢氧化铁沉淀，其水解率与浓度有关。

三氯化铁腐蚀性强，不仅对金属有腐蚀性，对混凝土也有较强腐蚀性，使用中要有防腐措施。三氯化铁的混凝效果受温度影响小，絮粒较密实，适用原水的 pH 值约在 6.0～8.4 之间。

4）硫酸亚铁

硫酸亚铁($FeSO_4 \cdot 7H_2O$) 俗称绿矾，呈颗粒状，系半透明的绿色结晶体，是二价铁盐。由于 Fe^{2+} 会使处理水带色，特别当 Fe^{2+} 与水中色度胶体作用后将生成颜色更深的溶解物，所以使用时应将二价铁氧化为三价铁。氧化方法有加氯、曝气和增加水中的溶解氧等。绝大部分水厂用加氯法，因加氯法可在较宽的 pH 值范围内（4.0～11.0）起反应作用，通称“亚铁氯化法”。其反应式如下：

$$6FeSO_4 \cdot 7H_2O + 3Cl_2 = 2Fe_2(SO_4)_3 + 2FeCl_3 + 42H_2O \tag{3-2}$$

由上式，理论投氯量与亚铁（$FeSO_4$）投量之比应为 1∶8 左右，实际使用时，常使投氯量略大（一般使水中氯浓度较理论量增加 1.5～2mg/L）。

由于硫酸亚铁适用于 pH 值为 6.8～9.6 的原水，为此往往要求同时投加石灰，当 pH 值适宜时，混凝作用良好，但原水色度较高时不宜采用。

5）聚合硫酸铁

聚合硫酸铁又称聚铁，分子式为$[Fe_2(OH)_n(SO_4)_{3-n/2}]_m$，式中 $n<2$，$m=f(n)$。

生产聚合硫酸铁的原料有铁矿石、铁屑、氧化铁盐、硫铁矿石等。首先用硫酸将上述物质溶解，然后用不同氧化剂将剩余亚铁离子氧化，以 $NaNO_2$ 作催化剂。盐基度取决于溶液中的硫酸根与铁离子的比例。

聚合硫酸铁是硫酸铁在水解—聚合过程中的一种中间产物。在制备过程中，控制加酸量使 Fe^{3+} 盐发生水解、聚合反应。液体聚合硫酸铁中含有大量聚合阳离子，如$[Fe_3(OH)_4]^{5+}$、$[Fe_4O(OH)_4]^{6+}$、$[Fe_6(OH)_{12}]^{6+}$等，可迅速发挥电中和及絮凝架桥作用。

聚合硫酸铁的应用渐趋增多，主要是因为与低分子凝聚剂相比，其絮粒形成速度快、颗粒密度大、沉降速度快，对于 COD、BOD、色度等有一定去除效果，对于处理水的温度和 pH 值适应范围广，原料价格低廉，生产成本较低。

6）明矾

明矾$[Al_2(SO_4)_3 \cdot K_2SO_4 \cdot 24H_2O]$是硫酸铝和硫酸钾的复合物，白色或无色的天然结晶矿物，其混凝特性与硫酸铝相仿，现已大多被硫酸铝替代。

其他凝聚剂还有氯化铝、铝酸钠($NaAlO_2$)，以及复合型凝聚剂，如聚合硫酸铝铁(PAFS)、聚合氯化铝铁(PAFC)、聚合硅酸铝(PASI)、聚合硅酸铁(PFSI)和聚合硅酸铝铁(PAFSI)等。这些凝聚剂被使用的较少。

净水厂常用凝聚剂特点和适用性归纳列于表 3-3。

常用凝聚剂 **表 3-3**

名称	分子式	一般介绍
固体硫酸铝	$Al_2(SO_4)_3 \cdot 18H_2O$	1. 制造工艺复杂，水解作用缓慢； 2. 含无水硫酸铝 50%～52%，含 Al_2O_3约 15%； 3. 适用于水温为 20～40℃； 4. 当pH=4～7 时，主要去除水中有机物， pH=5.7～7.8 时，主要去除水中悬浮物， pH=6.4～7.8 时，处理浊度高、色度低（小于 30 度）的水

续表

名称	分子式	一般介绍
液体硫酸铝		1. 制造工艺简单； 2. 含 Al_2O_3 约 6%； 3. 坛装或灌装车、船运输； 4. 配制使用比固体方便； 5. 使用范围同固体硫酸铝； 6. 易受温度及晶核存在影响形成结晶析出； 7. 近年来在南方地区较广泛采用
明矾	$Al_2(SO_4)_3 \cdot K_2SO_4 \cdot 24H_2O$	1. 基本性能同固体硫酸铝； 2. 现已大部被硫酸铝所代替
硫酸亚铁；（绿矾）	$FeSO_4 \cdot 7H_2O$	1. 腐蚀性较高； 2. 絮体形成较快，较稳定，沉淀时间短； 3. 适用于碱度高、浊度高、pH值为8.1～9.6的水，不论在冬季或夏季使用都很稳定，混凝作用良好，但原水的色度较高时不宜采用，当pH值较低时，常使用氯来氧化，使二价铁氧化成三价铁
三氯化铁	$FeCl_3 \cdot 6H_2O$	1. 对金属（尤其对铁器）腐蚀性大，对混凝土也腐蚀，对塑料管也会因发热而引起变形； 2. 不受温度影响，絮体结得大，沉淀速度快，效果较好； 3. 易溶解，易混合，渣滓少； 4. 原水pH值在6.0～8.4之间为宜，当原水碱度不足时，应加一定量的石灰； 5. 在处理高浊度水时，三氯化铁用量一般要比硫酸铝少； 6. 处理低浊度水时，效果不显著
碱式氯化铝	$[Al_n(OH)_mCl_{3n-m}]$；（通式）简写PAC	1. 净化效率高，耗药量少，出水浊度低，色度小，过滤性能好，原水高浊度时尤为显著； 2. 温度适应性高；pH适用范围宽（可在pH=5～9的范围内），因而可不投加碱剂； 3. 使用时操作方便，腐蚀性小，劳动条件好； 4. 设备简单，操作方便，成本较三氯化铁低； 5. 是无机高分子化合物

2. 絮凝剂

絮凝剂分为无机絮凝剂和有机絮凝剂。某些无机絮凝剂常被归入凝聚剂，如聚合氯化铝、聚合硫酸铁等；有时也有将有机絮凝剂归入助凝剂的，如活化硅酸等。净水厂最常用的絮凝剂为聚丙烯酰胺，其他如由天然植物改性的高分子絮凝剂FNA，天然絮凝剂F691、F703等已较少被使用，所以这里重点介绍聚丙烯酰胺。

聚丙烯酰胺的主要性能如下：

1）理化特性

聚丙烯酰胺絮凝剂（PAM）又称3号絮凝剂，是由丙烯酰胺聚合而成的有机高分子聚合物，无色、无味、无臭，易溶于水，没有腐蚀性。聚丙烯酰胺在常温下比较稳定，高温、冰冻时易降解，并降低絮凝效果，故其贮存与配制投加时，温度应控制在2～55℃。

聚丙烯酰胺的分子结构式为：

$$\left(\begin{array}{c} -CH_2-CH- \\ | \\ CONH_2 \end{array} \right)_n$$

结构式中丙烯酰胺分子量为 71.08，n 值为 $2\times10^4 \sim 9\times10^4$，故聚丙烯酰胺分子量一般为 $1.5\times10^5 \sim 6\times10^6$。

2）产品分类

聚丙烯酰胺产品按其纯度来分，有粉剂和胶体两种。粉剂产品为白色、微黄色颗粒或粉末，含聚丙烯酰胺一般在 90%以上；胶体产品为无色或微黄透明胶体，含聚丙烯酰胺 8%～9%。

按分子量分，有高分子量、中分子量、低分子量 3 种。高分子量的产品分子量一般大于 800 万，中分子产品的分子量一般为 150 万～600 万，低分子量产品分子量一般小于 20 万。

按离子型来分，有阳离子型、阴离子型和非离子型 3 种。阳离子型主要用于工业用水和有机质胶体多的工业废水；阴离子型是水解产品，由非离子型改性而来，它带有部分阴离子电荷，可使这种线形聚合物得到充分伸展，从而加强了吸附能力，适用于处理含无机质多的悬浮液或高浊度水。给水处理中采用的聚丙烯酰胺多为非离子型和阴离子型。

《水处理剂　聚丙烯酰胺》GB/T 17514—2008 将聚丙烯酰胺产品划分为一等品和合格品，分别可适用于饮用水处理和污水处理，其各项指标见表 3-4。

水处理剂聚丙烯酰胺产品标准　　表 3-4

项　目		指　标	
		Ⅰ类	Ⅱ类
固含量（固体），w/%	≥	90.0	88.0
丙烯酰胺单体含量（干基），w/%	≤	0.025	0.05
溶解时间（阴离子型）/min	≤	60	90
溶解时间（非离子型）/min	≤	90	120
筛余物（1.00mm 筛网），w/%	≤	5	10
筛余物（180μm 筛网），w/%	≥	85	80
不溶物（阴离子型），w/%	≤	0.3	2.0
不溶物（非离子型），w/%	≤	0.3	2.5

本产品中一等品可用于生活饮用水处理，其还应符合《生活饮用水化学处理剂卫生安全评价规范》及相关法律法规要求。

3）絮凝作用

聚丙烯酰胺具有极性基团，酰胺基团易于借氢键作用在泥砂颗粒表面吸附；另外，聚丙烯酰胺有很长的分子链，其长度一般有 100Å，但宽度只有 1Å，很大数量级的长链在水中有巨大的吸附表面积，其絮凝作用好，可利用长链在颗粒之间架桥，形成大颗粒絮凝体，加速沉降。

聚丙烯酰胺在 NaOH 等碱类作用下，可起水解反应，其水解反应方程式如下：

$$\left(\begin{array}{c} -CH_2-CH- \\ | \\ CONH_2 \end{array} \right) + NaOH = \left(\begin{array}{c} -CH_2-CH- \\ | \\ COO^-Na^+ \end{array} \right) + NH_3\uparrow$$

水解后使部分聚丙烯酰胺反应生成聚丙烯酸钠，成为丙烯酰胺和丙烯酸钠的共聚物，其中丙烯酸钠在水中易电离成 $RCOO^-$ 和 Na^+，使聚丙烯酰胺的水解体成为阴离子型高分子絮凝剂。

聚丙烯酰胺部分水解后，从非离子型转化为阴离子型，在 $RCOO^-$ 离子的静电斥力作用下，使聚丙烯酰胺主链上呈卷曲状的分子链展开拉长，增加吸附面积，提高吸附、架桥的絮凝效果。

所以，水解体的絮凝效果要优于非离子型的聚丙烯酰胺。因此，实际生产中，一般使用水解产品或自行水解。但如果水解过度，虽然主链展开更大，由于分子链负电荷过强，从而使与阴离子性质的泥土颗粒斥力增大，则反而影响对水中阴离子型黏土类胶体的吸附架桥作用，使絮凝效果低于非离子型的产品。根据试验和生产实际证明，由于河流泥砂成分不同，泥土颗粒的负电荷强度也不同，因此最佳水解度（水解度即水解后聚丙烯酰胺分子中酰胺基转化为羟基的百分数）是变化的，一般以 25%～35%水解度为宜。兰州等地使用的产品其水解度为 30%～33%。

4）聚丙烯酰胺的使用

（1）聚丙烯酰胺水解体粉剂产品，是处理高浊度水最有效的高分子絮凝剂之一。可单独使用，也可与普通混凝剂同时使用。在处理含砂量为 10～150kg/m^3 的高浊度水时，效果显著，既可保证出水水质，又可减少絮凝剂用量和一级沉淀池的容积。

（2）聚丙烯酰胺的投加量一般以原水絮凝试验或相似水厂的生产运行数据来确定。

（3）聚丙烯酰胺的投加浓度，从絮凝效果而言，投加浓度越稀越好，但浓度太稀会增加投加设备，一般配制浓度为 2%，投加浓度为 0.5%～1%。

（4）聚丙烯酰胺水解体产品的溶液配制，一般采用机械搅拌溶解配制。配制时间与水温和搅拌速度有关，水温高、搅拌速度快则溶解时间短，但水温和搅拌速度都不能过高，否则会引起降解反应和使部分聚丙烯酰胺长链断裂，影响使用效果。水温最高不应超过 55℃，搅拌速度以不超过 10m/s 为宜。

此外，聚丙烯酰胺配制必须使用专用设备，严格防止与其他混凝剂共同使用，或在一个投配池内共同投加，否则会使两种药剂产生共聚沉淀，影响使用效果，而且容易堵塞投加设备。

（5）聚丙烯酰胺在处理高浊度水时，宜采用分段投加，以充分发挥其絮凝作用。一般分两段投加，间隔时间为 1～2min，先投加药剂量的 60%，再投加 40%。

（6）聚丙烯酰胺作为助凝剂使用时，要注意与混凝剂的投加顺序，一般在投加混凝剂后再投加聚丙烯酰胺。如单独作为处理高浊度水的絮凝剂时，则应先投加聚丙烯酰胺。在设计投加系统时，宜考虑变化投加顺序的可能性。

（7）聚丙烯酰胺絮凝剂产品，各项指标必须符合国家标准的规定，使用单位必须严格按照国家标准进行验收。

（8）关于聚丙烯酰胺的毒性，国内有关设计和使用单位进行了十多年的毒理试验，经大量的试验数据证明，聚丙烯酰胺絮凝剂本身是无害的，即聚合的聚丙烯酰胺是安全的，但产品中的丙烯酰胺单体和聚合不完全的短链含量对人体健康有一定的影响，所以，必须严格控制单体的含量。

表 3-5 为常用絮凝剂的概要介绍。

絮凝剂 **表 3-5**

名称	分子式或代号	性能说明
聚丙烯酰胺	$[-CH_2-CH-CONH_2]_x$ 又名三号絮凝剂 简写 PAM	1. 在处理高浊度水（含砂量 10～150kg/m^3）时效果显著，既可保证水质，又可减少混凝剂用量和一般沉淀池容积。目前被认为是处理高浊度水最有效的高分子絮凝剂之一，并可用于水厂污泥脱水。 2. 聚丙烯酸胺水解体的效果比未水解的好，生产中应尽量采用水解体，水解比和水解时间应通过试验求得。 3. 与常用混凝剂配合使用时，应视原水浊度的高低按一定的顺序先后投加，以发挥两种药剂的最大效果。 4. 聚丙烯酰胺固体产品不易溶解，宜在有机械搅拌的溶解槽内配制溶液，配制浓度一般为 2%，投加浓度 0.5%～1%。 5. 聚丙烯酰胺中丙烯酰胺单体有毒性，用于生活饮用水净化时，其产品应符合优等品要求。 6. 是合成有机高分子絮凝剂，为非离子型。通过水解构成阴离子型，也可通过引入基团制成阳离子型

名称	分子式或代号	性能说明
丙烯酰胺与二甲基二烯丙基季胺盐共聚絮凝剂（HCB）	$\left(-CH_2-CH-CH-CH_2-\right)_n$ CH_2　CH_2 N^+ CH_3　CH_3	1. 为丙烯酰胺（AM）与二甲基二烯丙基季铵盐（DM-DAAC）的共聚物。 2. 具有三个功能基团：酰胺基、阳离子和阴离子。 3. 三个功能团之间含量的相互比例将决定絮凝剂在各方面的效能。 4. 对于黄河高浊度原水，当含砂量小于 $50kg/m^3$ 时，HCB 加注量小于 PAM 加注量；反之则增大。 5. 采用 HCB 对于降低沉淀后剩余浊度具有较大优越性
FN-A 絮凝剂		1. 由于 F691 化学改性制得，取材于野生植物，制备方便，成本较低。 2. 易溶于水，适用水质范围广，沉降速度快，处理水澄清度好。 3. 性能稳定，不易降解变质。 4. 安全无毒
F691		刨花木，白胶粉
F703		绒蒿（灌木类、皮、根、叶亦可）

注：原称刨花浸出液为 F691，白胶粉为 F701，现统称 F691。

3. 助凝剂

对于某些原水水质，单纯依靠投加混凝剂（凝聚剂和絮凝剂）不但投加量很高，而且很难取得良好的混凝效果，这时需投加助凝剂与混凝剂联合使用来提高混凝效果。按所起作用的不同，助凝剂大致可分成三类：

(1) 用于调整水的 pH 值和碱度的酸碱类，主要有生石灰(CaO)、熟石灰[$Ca(OH)_2$]、氢氧化钠($NaOH$)和硫酸(H_2SO_4)等；

(2) 为了破坏水中有机物，改善混凝效果的氧化剂，常用的有氯（Cl_2）、臭氧（O_3）、高锰酸盐等；

(3) 为了改善某些特殊水质（例如色度高、浊度低、水温低等）的絮凝性能而投加的助凝剂，如活化硅酸、骨胶、黏土及粉末活性炭等。

常用助凝剂的使用介绍见表 3-6。

常用助凝剂　　**表 3-6**

名称	名称分子式或代号	性能说明
氯	Cl_2	1. 当处理高色度水及用作破坏水中有机物，或去除臭味时，可在投凝聚剂前先投氯，以减少凝聚剂用量； 2. 用硫酸亚铁作凝聚剂时，为使二价铁氧化成三价铁可在水中投氯
生石灰	CaO	1. 用于原水碱度不足； 2. 用于去除水中的 CO_2，调整 pH 值
氢氧化钠	$NaOH$	1. 用于调整水的 pH 值； 2. 投加在滤池出水后，可用作水质稳定处理； 3. 一般采用浓度≤30%商品液体，在投加点稀释后投加； 4. 气温低时会结晶，浓度越高越易结晶； 5. 使用上要注意安全
活化硅酸；（活化水玻璃、泡化碱）	$Na_2O \cdot xSiO_2 \cdot yH_2O$	1. 适用于硫酸亚铁与铝盐凝聚剂，可缩短混凝沉淀时间，节省凝聚剂用量； 2. 原水浑浊度低，悬浮物含量少及水温较低（约在 14℃以下）时使用，效果更为显著； 3. 可提高滤池滤速； 4. 必须注意加注点； 5. 要有适宜的酸化度和活化时间

续表

名称	名称分子式或代号	性能说明
骨胶		1. 骨胶有粒状和片状两种，来源丰富，骨胶一般和三氯化铁的混合后使用； 2. 骨胶投加量与澄清效果成正比，且不会由于投加量过大，使混凝效果下降； 3. 投加骨胶及三氯化铁后的净水效果比投纯三氯化铁效果好，降低净水成本； 4. 投加量少，投加方便
海藻酸钠	$(NaC_6H_7O_6)_x$ 简写SA	1. 原料取自海草、海带根或海带等； 2. 生产性试验证实SA浆液在处理浊度稍大的原水（200NTU左右）时助凝效果较好，用量仅为水玻璃的1/15左右，当原水浊度较低时（50NTU左右）助凝效果有所下降，SA投量约为水玻璃的1/5； 3. SA价格较贵，产地只限于沿海

4. 应急备用药剂

为了应对突发事件的水质处理，净水厂尚需备用一些应急备用药剂。目前主要的备用药剂有粉末活性炭吸附剂以及高锰酸钾或高锰酸钾复合氧化剂等。

5. 混凝剂品种和投加量选择

净水厂设计和生产中选择合适的混凝剂品种（包括助凝剂）一般采用以下方法：

（1）原水水质条件和需要达到的出水水质标准是选择混凝剂最重要的考虑因素。对不同混凝剂品种及其投加量进行搅拌试验是选择混凝剂的最主要的方法。

（2）参照相同或类似原水条件下的现有净水厂的运行经验也是选择混凝剂品种的方法之一。

（3）当用于生活饮用水时，所选用混凝剂不得含有对人体健康有害的成分；当用于生产用水时，不能含有对生产有害的成分；如选用自行配制的新品种和利用工业废料配制的药剂，应取得当地卫生部门同意。

（4）要对选用的混凝剂货源和生产厂进行调查，了解货源是否充足，能否长期保证供货，以及产品的质量。

（5）当有几种合适混凝剂品种可供选择时，应进行价格与投加量的分析比较，以降低使用成本。

目前，确定投加量的主要方法是进行烧杯搅拌试验，也有采用测量水中流动电流或絮粒大小的方法来确定混凝剂投加量的。在国外，还有采用ξ电位法、胶体滴定位、粒子计数法等方法来确定和控制混凝剂的投加量。

对于投加系统和设备的设计，应考虑不同原水水质条件下的最大加注量，并考虑水厂运行中的超负荷因素，留有适当余量。

3.2.2 混凝剂投加系统

1. 投加方式及流程

净水厂混凝剂一般采用湿式投加，投加系统包括药剂溶解、配制、计量、投加和混合等，如图3-4所示。当采用液体混凝剂时可不设溶解池，药剂贮存于贮液池后直接进入溶液池。

药剂的投加可以采用重力投加，也可采用压力投加，一般以采用压力投加较多。

重力投加系统需设置高位溶液池，利用重力将药液投入水中。溶液池与投药点水体水位高差应满足克服输液管的水头损失并留有一定的余量。重力投加适宜于中小型水厂，投加点较集中且背压一致的场合。重力投加输液管不宜过长，并力求平直，以避免堵塞和气阻。

压力投加可采用水射器和加药泵两种方法。利用水射器投加具有设备简单、使用方便、不受

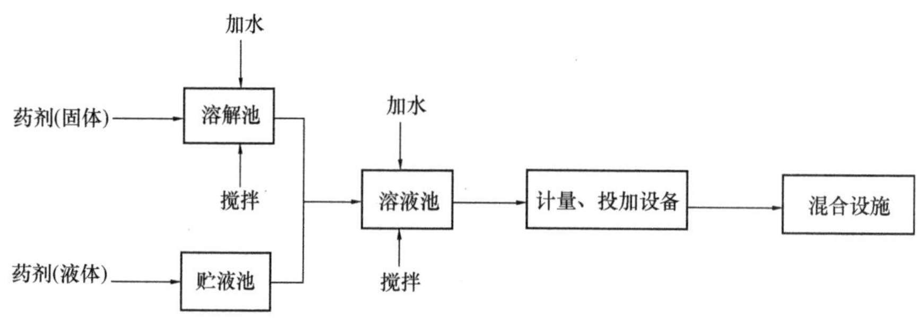

图 3-4 混凝剂投加系统

溶液池高程所限等优点，但效率较低，并需另外设置水射器压力水系统，投加点背压不能大于 0.1MPa。

加药泵投加通常采用计量泵。计量泵同时具有压力输送药液和计量两种功能，与加药自控设备和水质监测仪表配合，可以组成全自动投药系统，达到自动调节药剂投加量的目的。目前常用的计量泵有隔膜泵和柱塞泵。采用计量泵投加具有计量精度高，加注量可调节，不受投加点背压所限等优点，适用于各种规模的水厂和各种场合，但计量泵价格较高。目前新建及改建的水厂已大多采用计量泵投加方式。

根据水厂工艺流程，药剂投加点位置可以设在提升水泵前也可以投加于原水管。

泵前投加一般投加在水泵吸水管进口处或吸水管中，利用水泵叶轮转动使药剂充分混合，从而可省掉混合设备。

原水管中投加药剂是最常用的方式，根据水厂净水工艺和生产管理的需要，可投加在原水总管上也可投加在各絮凝池的进水管中。

图 3-5 所示为混凝剂的各种投加方式。

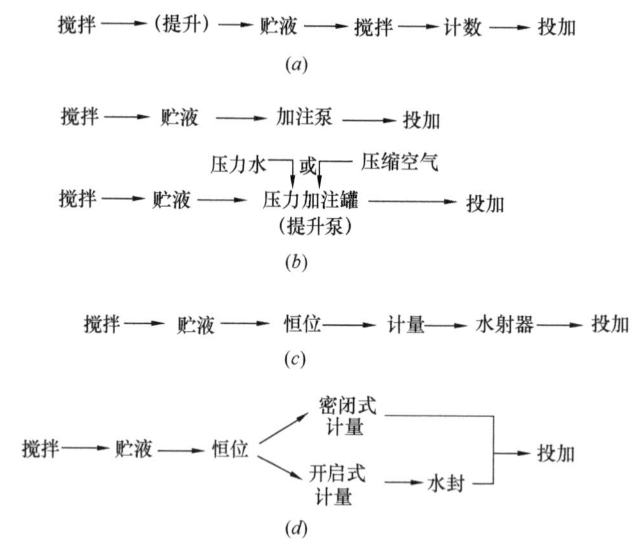

图 3-5 混凝剂投加方式

(*a*) 重力加注系统；(*b*) 压力加注系统 (一)；(*c*) 压力 (水射器式) 加注系统 (二)；
(*d*) 负压投加系统 (泵前投加系统)

药剂的配制和投加可以采用手动方式也可采用自动方式。自动配制和投加方式是指从药剂配制、中间提升、计量投加整个过程均实现自动操作。从 20 世纪 90 年代初开始，随着投加设备、检测仪表和自动控制等水平的提高，自动投加方式已在设计和生产中得以实现。自动配制和投加系统除了药剂的搬运外，其余操作均可自动完成。

图 3-6 所示为采用计量泵投加的自动配制和投加的加药系统图。

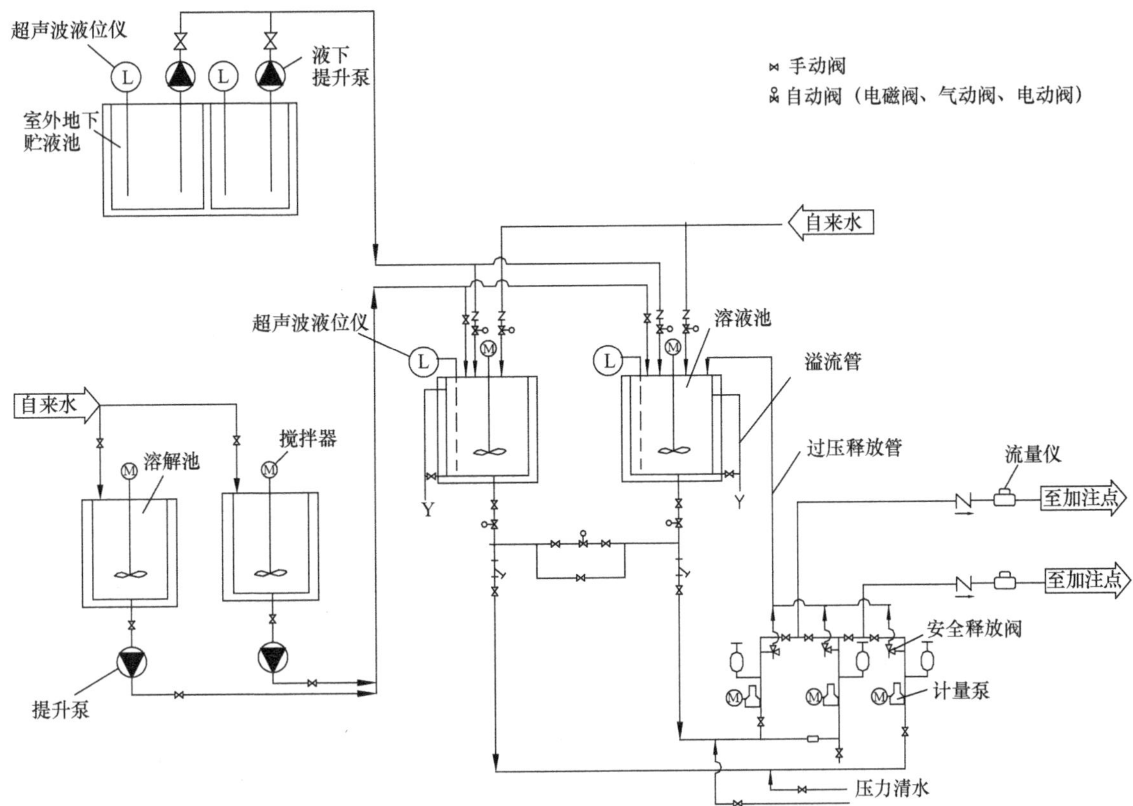

图 3-6 自动配制和投加的加药系统图

2. 混凝剂的配制及设施

混凝剂配制一般包括药剂溶解（对于固体混凝剂）和加水稀释至要求投加浓度两个过程。药剂溶解需设置溶解池，稀释一般在溶液池中进行。在尺寸较大的溶液池中，为使药剂稀释均匀，大多配置搅拌设备，如机械搅拌机。对于液体混凝剂，为了适合投加所需浓度，一般也需设置溶液池进行稀释。

1）药剂溶解

混凝剂溶解可以采用各种方法，设计和选用的主要原则为：溶解速度快，效率高，溶药彻底，残渣少，操作方便，控制容易，消耗动力少，所采用的设备材料耐药剂的腐蚀。一般采用的溶解方法有水力、机械、压缩空气等。

水力溶解采用压力水对药剂进行冲溶和淋溶，适用于小型水厂和易溶解的药剂。其优点是可以节省机电等设备，缺点是效率较低，溶药不够充分。所以水力溶解方法在近年来水厂设计中已较少采用。

机械溶解方法大多采用电动搅拌机。搅拌机由电动机、传动或减速器、轴杆、叶片等组成，可以自行设计，也可选用生产厂的定型产品。

设计和选用搅拌机时应注意：

(1) 转速，搅拌机转速有减速和全速两种，减速搅拌机一般为 100～200r/min，全速一般为 1000～1500r/min；

(2) 结合转速选用合适的叶片形式和叶片直径，常用的叶片形式有螺旋桨式、平板式等；

(3) 采用防腐蚀措施和采用耐腐蚀材料，尤其在使用三氯化铁等强腐蚀药剂时。

搅拌机的设置有旁入式和中心式两种，如图 3-7 所示。旁入式适用于小尺寸溶解池，中心式

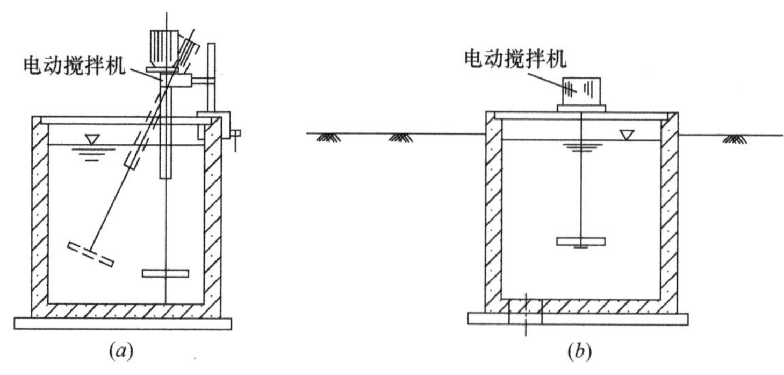

图 3-7 机械搅拌溶解

(a) 旁入式；(b) 中心式

则适用于大尺寸溶解池和溶液池。机械搅拌方法适用于各种药剂和各种规模水厂，具有溶解效率高，溶药充分，便于实现自动控制操作等优点，因而被普遍采用。

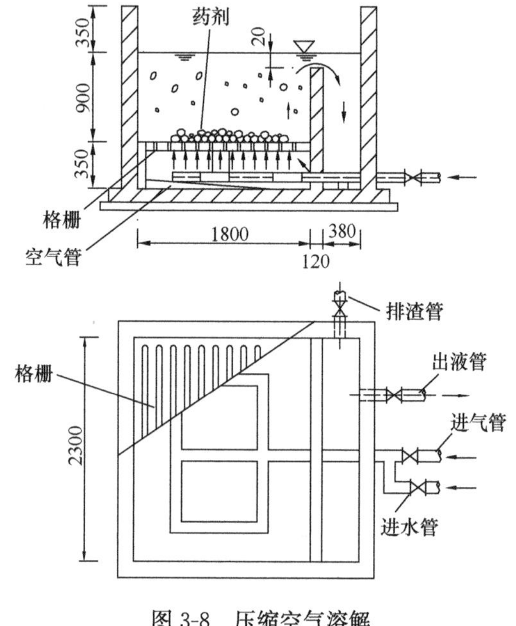

图 3-8 压缩空气溶解

压缩空气溶解一般在溶解池底部设置环形穿孔布气管，见图 3-8。空气供给强度对于溶解池为 $8\sim10L/(s\cdot m^2)$，溶液池为 $3\sim5L/(s\cdot m^2)$。气源一般由空压机提供。压缩空气溶解适用于各种药剂和各种规模的水厂，但不宜用作较长时间的石灰乳液连续搅拌。

2) 溶解池、溶液池和贮液池的设计要点

(1) 池子的体积：溶解池、溶液池体积取决于溶液浓度和每日搅拌次数，通过计算确定。

对于三氯化铁，因其溶解时会产生热量，且浓度越大相应的温度越高，容易对池子及其搅拌机等设备产生不良影响，所以溶解浓度一般控制在 10%～15%。

混凝剂的投加溶液浓度一般在 5%～20%之间，应视具体药剂品种而定。浓度高，池子体积及投加计量设备能力可减小，但投加精度随之降低。据有关研究报道，混凝剂投加浓度与絮凝效果有一定关系。

混凝剂的每日调制次数应根据水厂规模、生产管理要求、自动化水平以及药剂使用性质等因素来考虑确定，一般以每日不超过 3 次为宜。近年来由于水厂自控和生产管理要求的提高，每日药剂调制次数减少，有些水厂每日仅调制 1 次。

当使用液体混凝剂时需设置贮液池，其体积应根据设计投加量和货源保障程度来确定，一般以 7～15d 贮存量为宜。

(2) 池子只数：溶解池、溶液池一般均设置 2 只或 2 只以上，其中 1 只作为备用。溶液池的只数还宜与每日调制次数相配合，一般以每调制一次贮满 1 只溶液池为宜。贮液池宜设数只或在一池内分隔为独立的数格。

(3) 平面与高程布置：为搬运卸料方便，溶解池一般布置在药库内，可采用地下式或高架式。为减轻劳动强度和卸料方便，大多采用地下式。地下式溶解池池顶一般高出地坪 0.20～0.50m。为人员安全，池边宜设栏杆。高架式布置可以省掉提升设备，但设计时需考虑适当的药剂搬运措施和设备。溶液池设置位置比较灵活，可设在药库，与投加计量设备合并布置，也可单独布置。溶液池的高程布置与投加方式有关，当采用计量泵加注时还与计量泵的吸高有关。虽然计量泵有一定的吸高，但为了保证投加的稳定性，设计中大多还是采用正进液方式。贮液池一般设在靠近加药间的室外，有地下和地上等形式。贮液池的设计高程与溶液池高程、液体混凝剂运输工具有无提升输送设备等有关。地下式可重力自流卸料，但需设至溶液池的提升设备，池子放空清洗等不太方便。采用地上式贮液池，运输工具无提升设备时，一般采用设 1 只地下式卸料池，再用提升设备将药液提升至贮液池。

(4) 池子的防腐：池子一般采用钢筋混凝土结构，其内壁及接触到药剂的部位需作防腐处理。设计大多采用涂衬防腐蚀材料，如环氧玻璃钢、辉绿岩、耐腐蚀塑料板（硬聚氯乙烯板等）、耐酸胶泥贴瓷砖等，也可涂刷耐腐蚀涂料（如环氧树脂）。当采用三氯化铁等溶解时会产生热量的药剂时，不应采用聚氯乙烯等遇热会软化变形的材料。

(5) 设计中要考虑残渣排除和放空措施，并在池底设不小于 2%的坡度。池壁须设超高，防止搅拌时溶液溢出，一般为 0.30～0.50m。溶液池需设置溢流管，其口径由计算确定，或大于进液管和稀释水管管径。

(6) 当采用搅拌池和溶液池合二为一的设计时，要注意药剂不溶性杂质含量不能太大，溶解要充分，池底要考虑充分的沉渣高度。出液管应设在设计沉渣高度以上，并设出液滤罩。

(7) 安全措施：池子的平面、高程布置要考虑操作和其他进出人员的安全，地面式池子以及池壁距操作平台高度小于 0.80m 的池子，应设保护栏杆或其他安全设施。

3) 提升设备

由搅拌池或贮液池到溶液池，以及当溶液池高度不足以重力投加时，均需设置药液提升设备，最常用的是耐腐蚀泵和水射器。

常用的耐腐蚀泵有以下几种形式：

(1) 耐腐蚀金属离心泵：型号有 IH、F、BF 等，其过流部件的材料采用耐腐蚀的金属材料，如 1Cr18Ni9Ti、Cr18Ni12Mo2Ti 等。另一种为泵体采用金属材料，但其过流部件采用耐腐蚀塑料，如聚丙烯、聚全氟乙丙烯等，型号有 FS 等，这种泵较常用。

(2) 塑料离心泵：其泵体用聚氯乙烯等塑料制成，型号有 SB、101、102 型等。

(3) 耐腐蚀液下立式泵：型号有 Fy 型等，这种泵的泵体及加长部件均采用耐腐蚀金属材料制成，适宜用于地下贮液池等场合。

此外，还有耐腐蚀陶瓷泵、玻璃钢泵等，但较少采用。

水射器虽然效率较低，但使用方便、设备简单、工作可靠，因而曾被广泛使用于加药系统。但由于耐腐蚀泵的品种增多、质量提高，水射器在大中型水厂中的使用已日益减少。

3. 投加计量设备

常用的投加计量设备有计量泵、转子流量计、孔口、浮杯。此外，尚有虹吸计量、三角堰计量等，但较少采用。计量泵由于计量精确高，可实现自动调节投加，尽管价格高，系统较复杂，仍被广泛采用。

1) 孔口计量

孔口计量系利用在恒定浸没深度下孔口自由出流的流量为稳定流量来进行计量（图 3-9），流量的大小可通过改变孔口面积来调节。常用形式有苗嘴和孔板等。采用孔口计量时，一般需设平衡箱。

2) 浮杯计量

浮杯计量设备是利用浮体在溶液中的固定浸没深度 h 或液位差以达到恒定出流，适用于溶液池变液位的场合，是一种小型计量设备，如图 3-10 所示。在液位较低时，易产生出液管压扁或上浮等现象，影响投加量的准确性。

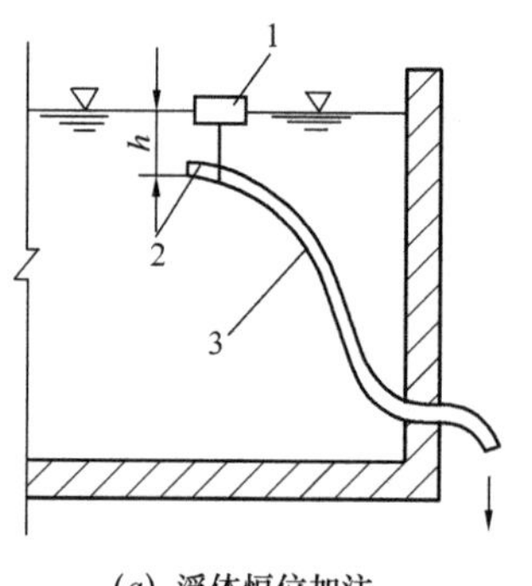

(a) 浮体恒位加注

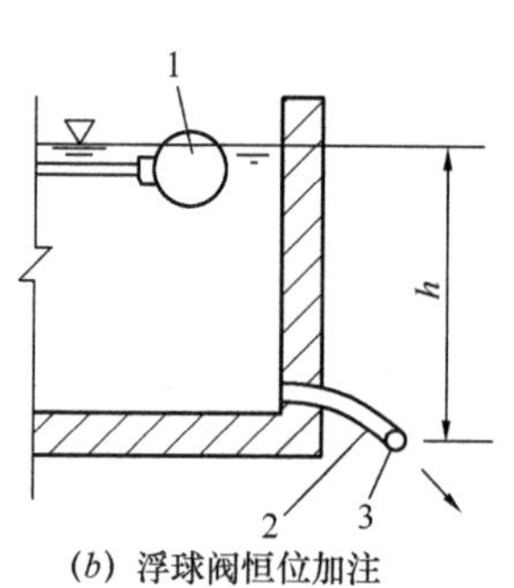

(b) 浮球阀恒位加注

图 3-9 恒位加注

(a) 1—浮体；2—孔口；3—软管；(b) 1—浮球阀；2—软管；3—孔口

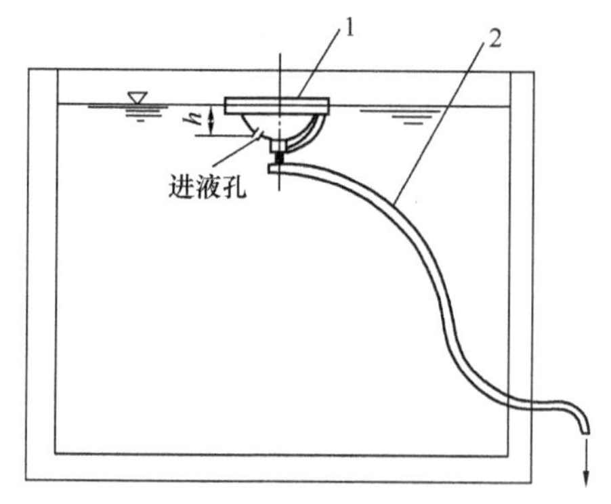

图 3-10 浮杯计量系统

1—浮杯；2—出液软管

3）转子流量计投加器

转子流量计是在锥形玻璃计量管中加一转子，当气体或液体流过锥形计量管时，推动管内转子升降达到计量目的。转子流量计投加器是以 PC 型转子为计量元件，配以控制调节器、水射器、澄清器或过滤器等单元组合成的溶液投加器。此类投加器已有定型产品，如 MLY 型（图 3-11）和 BQ 型（图 3-12）。其投加量范围均为每台 0.5～350L/h（以清水计）。

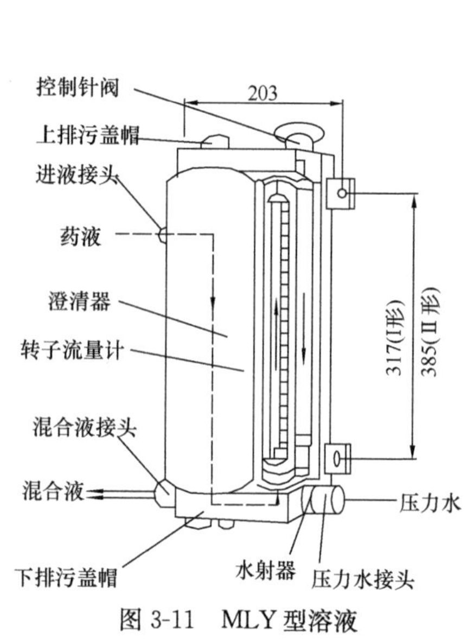

图 3-11 MLY 型溶液投加器外形尺寸

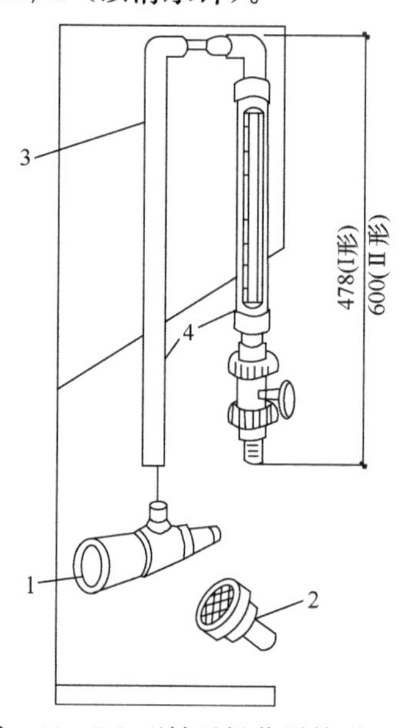

图 3-12 BQ 型转子投药器外形尺寸

1—S_{324}水射器；2—过滤网；3—连接管；4—BQ 转子流量计

设计采用转子流量计投加器时需注意：

（1）必须垂直安装，不允许倾斜，可安装于墙壁上，也可设支架地面安装；

（2）水压力和水量应符合产品的要求；

（3）采用重力投加（不配水射器）时，流量计高度应低于溶液池液位，采用水射器压力投加时，溶液池液位不能低于水射器有效抽吸高度，同时投药点水位或背压不能高于水射器的有效射出压力；

（4）配备必要的溶液过滤器，防止计量仪堵塞；

（5）经常清洗锥形内壁与浮子，不能结垢而影响观测与计量精度。

4）加药计量泵

最常用的加药计量泵为隔膜式计量泵，其构造示意见图 3-13 所示。隔膜泵的基本部件和作用如下：

(1) 驱动器：常用为电动机，为了能改变转速从而达到调节加药量，可采用变频调速电机；

(2) 齿轮机构：将电动机的转速转变成可往复运动的冲程；

(3) 活塞：由活塞通过腔内的液体或者由活塞直接推动泵头中的隔膜作往复运动，从而吸入、排出溶液。

(4) 泵头：包括隔膜、吸入口和排出口的球形单向阀。当隔膜后退时，吸入口单向阀打开，同时排出口单向阀关闭，吸入溶液至泵头内；当隔膜前进时，吸入口单向阀关闭，同时排出口单向阀打开，将泵头内的溶液压出泵头。由于在一定的活塞冲程长度条件下，泵头腔内体积固定，因而每一次吸入、排出的溶液体积也不变，达到定量加注药剂的目的。

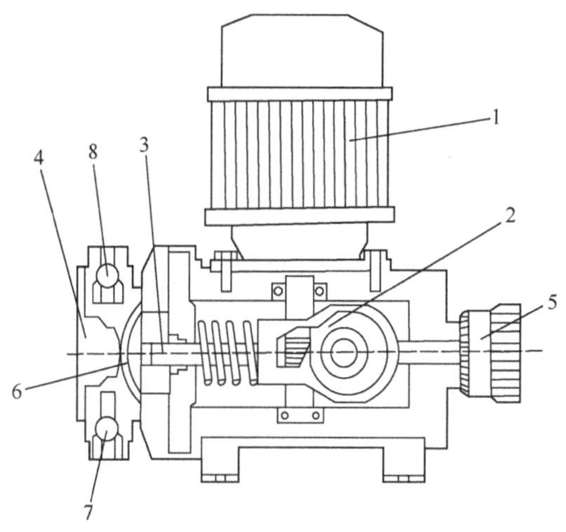

图 3-13 隔膜式计量泵结构示意图

1—电动机；2—齿轮机构；3—活塞；4—泵头；5—冲程长度调节旋钮；6—隔膜；7—吸入口及单向阀；8—排出口及单向阀

(5) 冲程调节器：用来调节冲程的长度，一般在泵体上设有调节旋钮，可手动调节，也可附配冲程长度调节伺服电机等实现自动调节。

计量泵具有通过改变电机转速（即改变冲程频率）或改变冲程长度来调节加注量的功能。设计和生产中可按照水厂净水和加药的工艺要求，合理确定调节方式。

计量泵加注系统按照所投药剂、计量泵类型等的不同可有不同的配置，但从保证计量准确、运行安全等考虑，其基本配置大致相同。图 3-14 所示为基本配置的典型示例，包括：

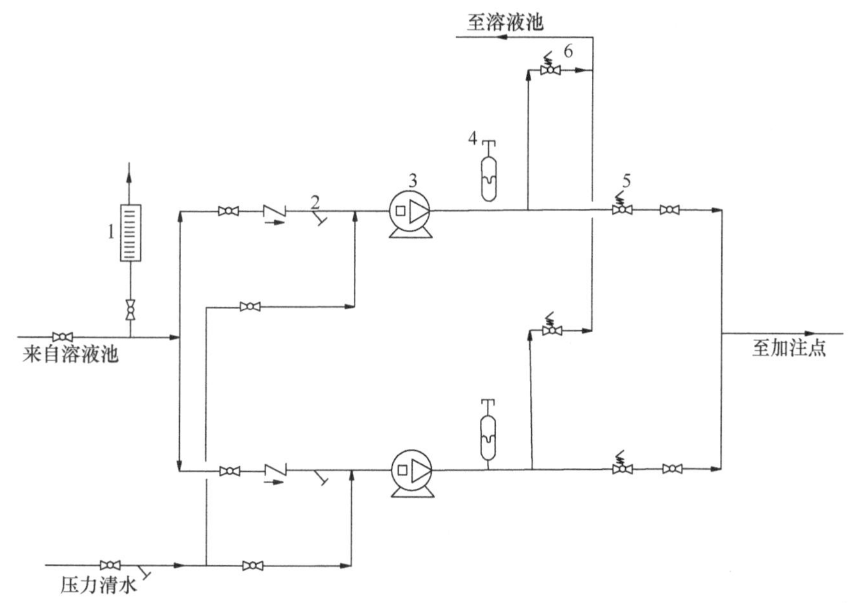

图 3-14 计量泵加注系统基本配置示例

1—计量泵校验柱；2—过滤器；3—计量泵；4—脉冲阻尼器；5—背压阀；6—安全释放阀

(1) 计量泵校验柱：一般为一透明的柱体，表面标有刻度，其作用是用来校验计量泵的加注量。如在校验柱的底部设置一液位检测仪，还可在液位降低至低限时，发出信号强制关闭计量泵，以保证计量泵的安全运行。

(2) 过滤器：过滤溶液中的杂质，保证计量泵安全和正常运行。

(3) 脉冲阻尼器：将计量泵输出的脉冲流转化成稳定的连续流。

(4) 背压阀：在投加点的背压小于0.1MPa情况下，需设置背压阀，使计量泵保持一定的输出压力，保证正常运行。

(5) 安全释放阀：当由于投加管路发生阻塞等原因引起投加压力过高时，可通过释放阀自动将药液释放回流至溶液池，保证计量泵的安全。有些计量泵的泵头上已设有安全释放阀，则可不再另外设置。

(6) 用于管路、计量泵发生阻塞的压力清水清洗系统，需注意其水压力不能大于计量泵的最大工作压力。

计量泵设计和使用需注意以下问题：

(1) 选用合适的计量泵。各生产厂的产品各具特点，设计时需根据水厂的加药工艺和使用要求选择合适的计量泵。一般水厂混凝剂加注的计量泵主要为液压驱动隔膜泵和机械驱动隔膜泵。前者的流量范围更宽些，后者单泵流量一般在1500L/h以下。柱塞泵则适用于投加压力特别高的场合。计量泵的材质是影响其性质、使用寿命和价格的重要因素。泵头材料一般采用聚氯乙烯、聚丙烯和不锈钢等；隔膜材质不同产品各有特点，常用聚四氟乙烯（PTFE）膜、特殊材料（聚四氟乙烯等）表面处理的合成橡胶、强化尼龙复合膜等。其他如计量泵吸口、出口球形单向阀、密封材料等也需加以注意。

(2) 为计量准确和实现自动控制调节加注量，一般每一个加注点设1台或1台以上加注泵，不宜采用2个或2个以上的加注点共用1台加注泵。在大型水厂或加注量大的场合，为减少加注泵台数，可采用有多个泵头的加注泵。

(3) 设计中应设足够的备用台数，一般小型水厂可设1台，大中型水厂或工作泵台数较多(4台以上)，宜设2台或2台以上的备用泵。此外，同一水厂或同一加注系统中，应尽量采用相同型号和规格的计量泵，并配备足够的易损件和备件。

(4) 投加特殊药剂（加碱、酸的加注系统）应注意计量泵及系统配件材质的耐腐蚀要求。

(5) 当生产管理上有监测实际投加量要求时，可利用某些计量泵所具有的冲程频率和长度的反馈信号，计算出实际加注流量，或者在输液管上安装流量仪。

4. *石灰投加*

水厂采用的石灰有生石灰（CaO）和熟石灰[硝石灰 $Ca(OH)_2$]两种。生石灰价格低廉，但含杂质多。生石灰先要进行熟化（硝化），熟化一般采用成套定型设备和设置硝化池人工硝化，熟石灰呈白色粉末。有袋装和散装两种，采用散装时需设置贮存罐，罐的容积根据使用量和货源周期来确定，罐体上设有负压抽吸装料装置，可减轻劳动强度和有利于环境整洁。

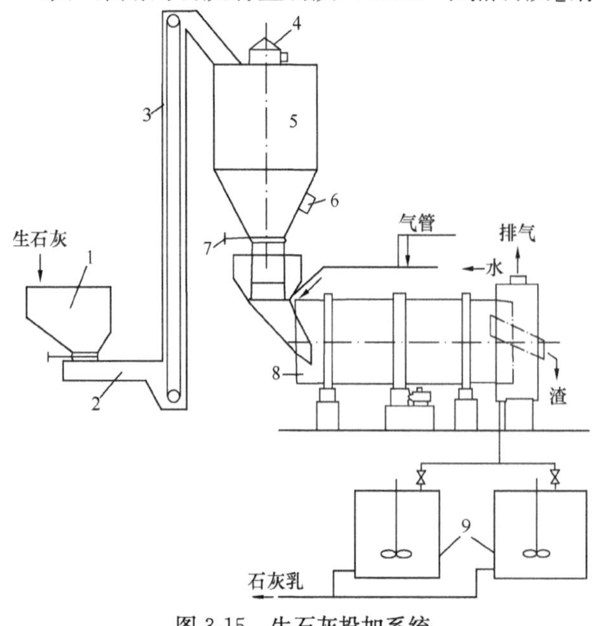

图3-15　生石灰投加系统

1—受料槽；2—电磁振动输送机；3—斗式提升机；4—料仓过滤器；5—料仓；6—振动器；7—插板闸；8—消石灰机；9—搅拌罐

生石灰和熟石灰的投加系统分别见图3-15和图3-16。

5. *混凝剂投加的自动控制*

如何根据原水水质、水量变化和既定的出水水质目标，确定最优混凝剂投加量，是水厂生产管理中的重要内容。

根据实验室混凝搅拌试验确定最优投加量，虽然简单易行，但存在难以适应水质的迅速变化和试验与生产调节之间的滞

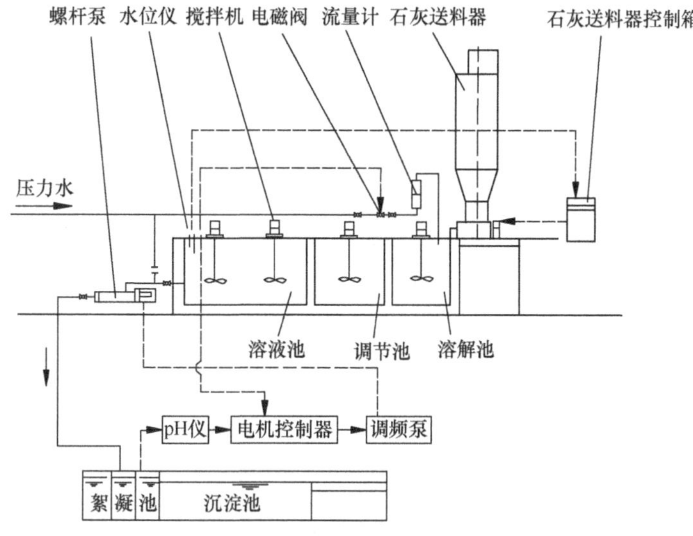

图 3-16 熟石灰投加控制系统

后问题。

对于混凝剂自动控制投加，从 20 世纪六七十年代起，我国部分水厂就开始摸索研究，取得了一定的成果。90 年代初开始随着一大批采用国外贷款水厂建成，引进了国外的检测、自控和投药设备，以及投药自动控制技术，同时国内也开展了大量研究，使我国混凝剂自动控制投加技术水平有了很大的提高。混凝剂投加量自动控制的主要方法有：

1）数学模拟法

数学模拟法是根据原水有关的水质参数，例如浊度、水温、pH 值、碱度、溶解氧、氨氮和原水流量等影响混凝效果的主要参数作为前馈值，以出水（沉淀后水）的浊度等参数作为后馈值，建立数学模式来自动调节加药量。早期仅采用原水的参数称为前馈法，目前则一般采用前、后馈参数共同参与控制的所谓闭环控制法。

采用数学模拟法的关键是必须有大量可靠的生产数据，才能运用数理统计方法建立符合实际生产的数学模型。同时，由于各地各水源的条件不同和所采用混凝剂品种的不同，因此建立的数学模式也各不相同。

应用数学模拟实现加药自动控制，可采用以下几种方式：

(1) 用原水水质参数和原水流量共同建立数学模式，给出一个控制信号控制加注泵的转速或者冲程（一般为转速），实现加注泵自动调节加注量；

(2) 用原水水质参数建立数学模式给出一个信号，用原水流量给出另一个信号，分别控制加注泵的冲程和转速，实现自动调节；

(3) 用原水流量作为前馈给出一个信号，用处理水水质（一般为沉淀水浊度）作为后馈给出另一信号，分别控制加注泵的转速和冲程，实现自动调节；

(4) 用原水质参数和流量建立数学模型给出一个参数，用处理水水质（一般为沉淀水浊度）给出另一个信号，分别控制加注泵的转速和冲程，实行自动调节。

上述 4 种方式，尤其是闭环控制的方法在目前的水厂设计中得到一定采用。

2）现场小型装置模拟法

现场小型装置模拟法是在生产现场建造一套小型装置模拟水厂净水构筑物的生产条件，找出模拟装置出水与生产构筑物出水之间的水质和加药量关系，从而得出最优混凝剂投加量的方法。此种方法有模拟沉淀池和模拟滤池法两种。

模拟沉淀池是在净水厂絮凝池后设一个模拟小型沉淀池（常采用小型斜板模拟池）。此方法已在上海、广州、武汉等的部分净水厂中实际运用。沉淀模拟法的主要优点是解决了后馈信号滞后时间过长的问题，一般滞后时间可缩短至二十几分钟之内，实用性较强。存在的主要问题是模拟沉淀池与生产沉淀池的处理条件尚有差别，同时，还是有一定的滞后时间。

模拟滤池法是模拟净水厂混凝沉淀过滤全部净水工艺的一种方法。此方法 20 世纪 70 年代开始在美国等一些国家的净水厂中开始运用。在国内采用尚不多，无锡市自来水公司等已开展研究和运用，取得了一定成果。该方法的优点是它把净水过程中的各种因素都考虑在内，比模拟沉淀法更完善。主要不足是装置较复杂，运行技术要求比较高。此方法的关键仍是模拟装置与实际构筑物生产条件的相关程度。

3）流动电流检测法（SCD 法）

流动电流系指胶体扩散层中反离子在外力作用下随液体流动（胶体固定不动）而产生的电流。SCD 法由在线 SCD 检测仪连续检测加药后水的流动电流，通过控制器将测得值与基准值比较，给出调节信号，从而控制加注设备自动调节混凝剂投加量。

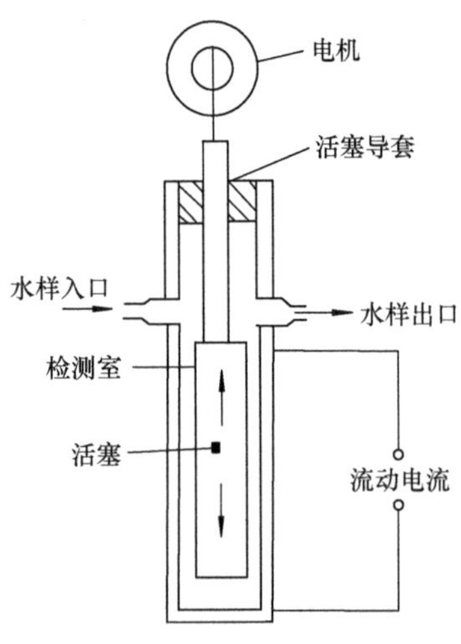

图 3-17　SCD 传感器构造图

SCD 主要由检测水样的传感器和检测信号放大处理器两部分组成，其核心是传感器。传感器由圆筒和活塞组成（图3-17），此两部件之间为一环形空间，其间隙很小。投药后的水样流入此环形空间，活塞以每秒数次的频率作往复运动，不断吸入和排出水样，水中的胶体颗粒则短暂地附着于圆筒和活塞的表面，活塞作往复运动时，环形空间内的水也随之作相应的运动，胶体颗粒双电层受到扰动，水流便携带胶体扩散层中反离子一起运动，从而形成流动电流，此流动电流由两端电极收集，经信号放大器放大，整流成直流信号输出。当加药量、水中胶体颗粒浓度和水流量等变化时，最终反映出的是胶体颗粒残余电荷的变化即流动电流的变化，因此，就可以用流动电流一个参数来控制调节混凝剂投加量，所以 SCD 法也称为单因子控制法。

SCD 法在生产运用中需要进行基准值的设定，一般的方法为：在相对稳定的原水水质和水量条件下，先投加足够的混凝剂量，随后逐渐减少投加量，同时测出沉淀池出水浊度，当出水达到既定的浊度目标时，将此时的 SCD 值设定为“0.00”点，即为基准值。在运行中，如原水水质、流量等发生变化时，SCD 测量值就偏离基准值，输出信号给加药控制器，从而达到自动调节投加量。为了避免过于频繁的调节，也可给加药控制器设立一个 SCD 值的正负幅度范围，在此范围内则不调节加注泵的加药量。

采用 SCD 法需要注意以下几点：

（1）分析原水水质和使用的混凝剂是否适合采用 SCD。根据近年来实际使用和试验结果，SCD 对原水浊度有一定适应范围，不同水源适应范围也不相同。表面活性剂对流动电流有干扰，即使浓度很低 SCD 也无法应用；油类、农药对 SCD 测量精度有影响；原水盐类、pH 值瞬时变化大时，SCD 值也有偏差。对于混凝剂品种，SCD 主要适用于无机类混凝剂，若采用非离子型或阴离子型高分子絮凝剂时，投药量与流动电流相关性差，不适合采用 SCD。据部分自来水公司反映，即使是同一水源采用 SCD 在不同的季节使用效果差别也很大。

（2）取样点距投药点距离要合适。既要使混凝剂已与水体充分混合并初步凝聚又不能间隔时间太长，一般在投药后 2～5min 内取样为好；取样管长度越短越好；取样管流速应尽量稳定，不带有气泡。

（3）在原水流量瞬时变化幅度较大（例如开或停一台原水泵）情况下，SCD 值回复到“基准值”的时间较长，此段时间内的水体出水浊度会超过目标值。所以，部分水厂采用了以原水流量为前馈值，SCD 值为后馈值的复合环方式。

(4) 安装 SCD 检测器的环境要良好，一般需设在室内，室内温度不可太高。

4) 显示式絮凝控制法（FCD 法）

显示式絮凝控制系统主要由絮体图像采集传感器和微机两部分组成。图像采集传感器安装在絮凝池出口水流较稳定处，水样经取样窗（可定时自动清洗）由高分辨率 CCD 摄像头摄像，由 LED 发光管照明以提高絮体图像清晰度，经视频电缆传输进计算机，对数据进行图像预处理，以排除噪声的干扰，改善图像的成像质量，絮体图像放大 6 倍可在显示器上显示，将图像经过计算机处理后得出图像中每一个絮体的大小和其他参数。

FCD 控制的原理是将实测的非球状絮体换算成“等效直径”的絮体，以代表其沉淀性能，然后与沉淀池出水浊度进行比较，来确定“等效直径”的目标值，通过设定的目标值来自动控制加注量。

FCD 是国内自行研制、开发的自动加药控制系统，已在一些水厂得到应用，取得较好效果。

3.2.3 加药间设计

随着净水厂生产管理水平的提高，以及自动控制设备的采用，混凝剂配制和加注越来越多采用全自动加注系统，液体混凝剂的大量采用使全自动投加更加容易实现。加药间设计的另一个趋势是采用成套装置和容器罐体化使药剂输送（包括固体粉末药剂）、溶解配制不再人工进行，一方面降低了劳动强度，加药间的环境更加整洁，另一方面使混凝剂加注量更加精确。

净水厂加药间通常由药库（或贮液池）、加注间、电气和仪表控制间等组成。当使用的药剂对人体皮肤、眼睛有刺激性时，还需设置自动冲淋器。

1. 加药间布置

加药间布置的一般要求如下：

(1) 加药间宜与药库合并布置。布置原则为：药剂输送、投加流程顺畅，方便操作与管理，力求车间清洁卫生，符合劳动安全要求，高程布置符合投加工艺及设备条件。有些水厂采用加药与加氯设施综合在一起的布置，以有利于水厂的总体布置并减少管理点。

(2) 加药间位置应尽量靠近投加点。

(3) 当水厂采取分期建设时，加药间的建设规模宜与水厂其他生产性建筑物的规模相协调。一般情况下，可采用土建按规模设计，设备则分期配置。

(4) 加药间布置应兼顾电气、仪表自控等专业的要求。

(5) 加药间可布置成各种形状，工程实例中，采用较多的为一字形、L 形、T 形等。

(6) 靠近和穿过操作通道、运输通道及人员进出区域的各种管道宜布置在管沟内。管沟应设有排水措施，并防止室外管沟积水的倒灌。管沟盖板应耐腐蚀和防滑，可采用加强塑料板、玻璃钢板等。

(7) 搅拌池边宜设置排水沟，四周地面坡向排水沟。

(8) 根据药剂品种确定加药管管材，一般混凝剂可采用硬聚氯乙烯管。

(9) 根据药剂品种考虑地坪的防腐措施。

(10) 加药间应保持良好的通风。

(11) 当采用高位溶液池时，操作平台与屋顶的净空高度不宜小于 2.20m。

(12) 由加药间至加注点的加药管根数不宜少于 2 根，并分别在加药间内和投加点处设置切换阀门，以保证其中 1 根损坏或检修时仍能正常投加药剂。

2. 药库布置

药库布置的一般要求如下：

(1) 固体药库和液体药剂贮存池的贮备量应符合设计规范的规定。固定贮备量视当地供应、运输等条件确定，一般可按最大投药量的 7～15d 用量计算；周转贮备量应根据当地具体条件确定（周转贮备量是指药剂消耗与供应时间之间的差值所需的贮备量）。

(2) 药库宜与加药间合并布置，室外贮液池应尽量靠近加药间。

(3) 药库外宜设置汽车运输道路，并有足够的回车道。药库一般设汽车运输进出的大门，门净宽不小于3m。

(4) 混凝剂堆放高度一般采用1.50～2.0m，有吊运设备时可适当增加。

(5) 药库面积根据贮存量和堆高计算确定，并留有1.5m左右宽的通道，以及卸货的位置。

(6) 为搬运方便和减轻劳动强度，药库一般设置电动葫芦或电动单梁悬挂起重机。

(7) 药库层高一般不小于4m，当设有起吊设备时应通过计算确定。设计时应注意窗台的高度高于药剂堆放高度。

(8) 应有良好的通风条件，并应防止药剂受潮。

(9) 地坪与墙壁应根据药剂的腐蚀程度采取相应的防腐措施。

(10) 对于贮存量较大的散装药剂，可用隔墙分格。

(11) 事故药剂贮存宜与常用药剂分设。

3. 加药间布置示例

(1) 图3-18为某一座40万m^3/d净水厂的加药间布置，药剂以液体硫酸铝为常用药剂，固体硫酸铝作备用。液体硫酸铝贮液池置于室外，用提升泵输送至溶液池。固体药剂仓库与搅拌池设在一起，方便搬运。溶液池与计量泵投加系统设在加药间。药库的一侧设有用作助凝剂的聚丙烯酰胺加注间，采用成套自动溶解设备和计量泵加注方式。

(2) 图3-19为某一20万m^3/d净水厂综合加药间，加药间与加氯间合建，中间位置设有电气间、自控仪表间和卫生间等。混凝剂品种为固体精制硫酸铝。

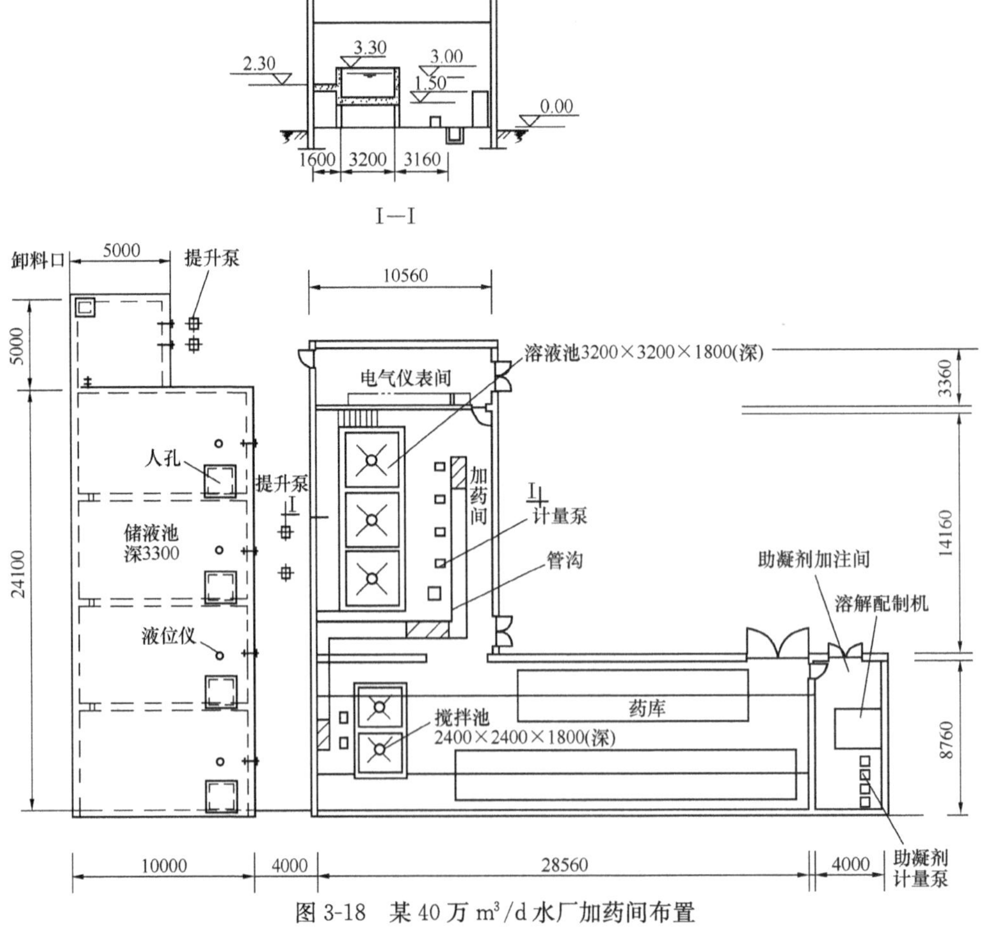

图3-18 某40万m^3/d水厂加药间布置

(液体硫酸铝常用，固体备用)

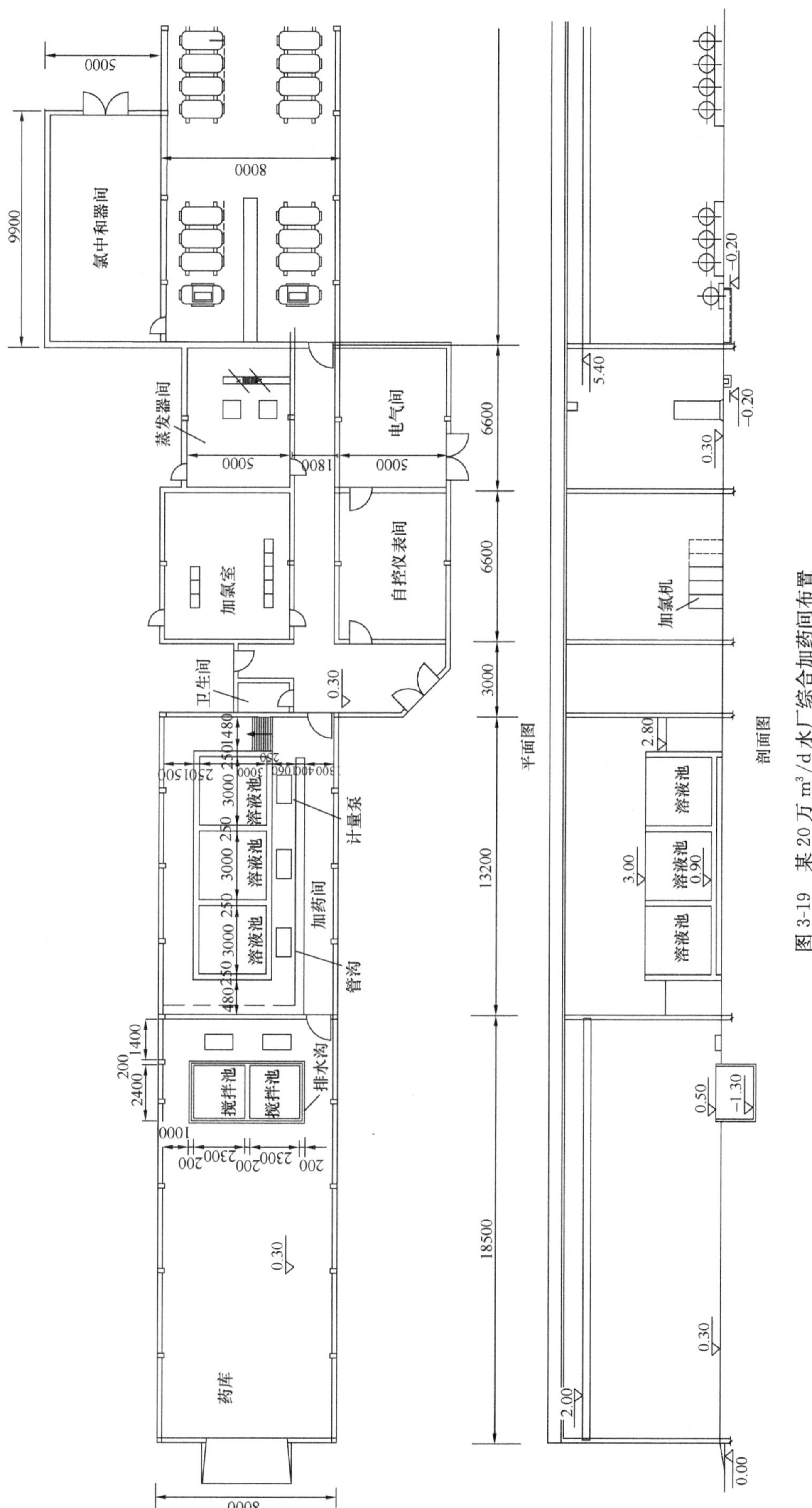

图3-19　某20万m^3/d水厂综合加药间布置

此两示例除了固体混凝剂由人工搬运外，投加过程均采用了自动化控制。

3.3 混合设施

3.3.1 混合的基本要求

混合是将药剂充分、均匀地扩散于水体的工艺过程，是取得良好混凝效果的重要前提。

影响混合效果的因素很多，如药剂的品种、浓度，原水的温度，水中颗粒的性质、大小等，而采用的混合方式是最主要的影响因素。

对混合设施的基本要求是通过对水体的强烈搅动，在很短时间内使药剂均匀地扩散到整个水体，也即采用快速混合（Flash Mixing）方式。

铝盐和铁盐混凝剂的水解反应速度非常快，如形成单氢氧络合物所需的时间约为 10^{-10}s，形成聚合物也只有 0.01～1s。颗粒吸附聚合物所需的时间，对铝盐约为 10^{-4}s，对分子量为几百万的聚合物，形成吸附的时间约为 1s 或数秒。因此，延长混合时间是不必要和不恰当的。为了使药剂均匀分布于水体中，可采用水流断面上多点投加，或者采用强烈的搅拌，使药剂迅速均匀地扩散于水体。

当使用聚丙烯酰胺等高分子絮凝剂时，由于其作用机理主要是絮凝，故只要求使药剂均匀地分散于水体，而不要求采用“快速”和“剧烈”的混合。

反映混合的指标主要为速度梯度 G 值：

$$G=\left(\frac{P}{\mu V}\right)^{1/2}=\left(\frac{P}{\mu Qt}\right)^{1/2} \tag{3-3}$$

式中 G——速度梯度（s^{-1}）；

P——输入功率（W）；

V——混合设施体积（m^3）；

μ——水的动力黏度（Pa·s）；

Q——水流量（m^3/s）；

t——停留时间（s）。

另一个反映混合的指标为 G 值与混合过程中水体停留时间 t 的乘积，即 Gt 值。根据工程实践经验，G 值一般取 $500s^{-1}$，混合停留时间 t 一般为 10～60s。

由于水的动力黏度 μ 与水温有关，在美国的《净水厂设计》（第 5 版）中给出了混合停留时间的修正系数，见表 3-7 所列。

混合停留时间修正系数 **表 3-7**

水温（℃）	系数
0	1.35
5	1.25
10	1.15
15	1.07
20	1.00
25	0.95
30	0.90

此外，混合设施与后续处理构筑物的距离越近越好，尽可能采用直接连接方式。混合设施与后续构筑物的连接管道的流速可采用 0.8～1.0m/s，管道内停留时间不宜超过 2min。

3.3.2　混合方式

混合方式基本上分为水力和机械两大类。利用水力产生混合条件，一般较为简单，但强度常随水力条件的改变而改变，难以适应水量、水温等条件的变化；机械混合可适应水量、水温、水质及投加药剂品种的变化，适应性强，加上机械设备可靠性提高，因而近年来已被广泛使用。

几种不同混合方式的主要优缺点和适用条件见表3-8。具体采用何种混合形式应根据净水工艺布置、水量及其变化范围、药剂品种和水质等因素综合确定。

混合方式比较　　**表3-8**

方式	优 缺 点	适 用 条 件
水泵混合	优点： 1. 设备简单； 2. 混合充分，效果较好； 3. 不另消耗动能； 缺点： 1. 吸水管较多时，投药设备要增加，安装、管理较麻烦； 2. 配合加药自动控制较困难； 3. G值相对较低	适用于一级泵房离处理构筑物120m以内的水厂
管式静态混合器	优点： 1. 设备简单，维护管理方便； 2. 不需土建构筑物； 3. 在设计流量范围，混合效果较好； 4. 不需外加动力设备； 缺点： 1. 运行水量变化影响效果； 2. 水头损失较大	适用于水量变化不大的各种规模的水厂
扩散混合器	优点： 1. 不需外加动力设备； 2. 不需土建构筑物； 3. 不占地； 缺点： 混合效果受水量变化有一定影响	适用于中等规模水厂
跌水（水跃）混合	优点： 1. 利用水头的跌落扩散药剂； 2. 受水量变化影响较小； 3. 不需外加动力设备； 缺点： 1. 药剂的扩散不易完全均匀； 2. 需建混合池； 3. 容易夹带气泡	适用于各种规模水厂，特别当重力流进水水头有富余时
机械混合	优点： 1. 混合效果较好； 2. 水头损失较小； 3. 混合效果基本不受水量变化影响； 缺点： 1. 需耗动能； 2. 机械需维护； 3. 需建混合池	适用于各种规模的水厂

3.3.3 混合设施

混合设施的形式很多，以下就一些主要形式作简单介绍，其中有一部分虽然在国内很少应用，但在设计混合设施时，可根据具体条件选择参考。

1. 水泵混合

水泵混合是利用进水泵叶轮中水流产生的局部涡流而达到混合的一种方式。由于没有专用的混合设施或构筑物，因而设备最为简单，混合所需的动能利用水泵本身的机械能损耗，无需另行增加能量来源，因而经常的运行费用也经济。由于水流在水泵中的流速很高，因而混合较均匀，混合效果也较好。

水泵混合的药剂加注点，一般置于水泵吸入口前，也可加在水泵吸水管的进水喇叭口附近，或者直接加在吸水井内。从药剂加入后能迅速达到均匀分布的要求来看，以加在水泵吸入口前较好。一般水泵吸入口都有 1～3m/s 的流速，因而药剂可迅速得到扩散，但应注意不使空气从药剂加注管进入水泵，以免产生气蚀。同样也应考虑到水泵进水水位较高时，药剂加注所需要的压力水头，并避免原水从加药系统溢水。药剂加在吸水井内不是好的方法，因为药剂的大部分虽可随水流带入水泵，但仍不免有一部分扩散滞留于井内。

当水泵与混凝沉淀池相距较远时，一般不宜采用水泵混合，因为此时浑水输水管内将进行不完善的絮凝反应。这不仅有可能使絮粒在管内沉积，同时也对进一步絮凝不一定有利，因为输水管内所形成的絮粒很不均匀，其中一部分将在絮凝池内被破碎，反而增加絮凝反应的困难。

采用水泵混合的输水管道长度一般考虑不宜超过 120m。

水泵混合，由于药剂能迅速得到扩散，因而对水泵的腐蚀不会带来明显影响。但当采用三氯化铁等腐蚀较严重的混凝剂时，也应考虑对水泵叶轮的腐蚀影响。

2. 管式混合

常用的管式混合有管道静态混合器、孔板混合器、文氏管式管道混合器、扩散混合器等，其中管道静态混合器应用较多。

管道静态混合器（图 3-20）是在管道内设置多节固定叶片，使水流成对分流，同时产生涡旋反向旋转及交叉流动，从而获得混合效果。图 3-21 所示为目前应用较多的管式静态混合器的构造示意。这种混合器的总分流数将按单体的数量成几何级数增加，这一作用称为成对分流，如图 3-21（a）所示。此外，因单体具特殊的孔穴，可使水流产生撞击而将混凝剂向各向扩散，这称为交流混合，如图 3-21（b）所示，它有助于增强成对分流的效果。在紊流状态下，各个单体的两端产生旋涡，这种旋涡反向旋流更增强了混合效果，如图 3-21（c）所示。因此这种混合器的每一单体同时发生分流、交流和旋涡三种混合作用，混合效果较好。

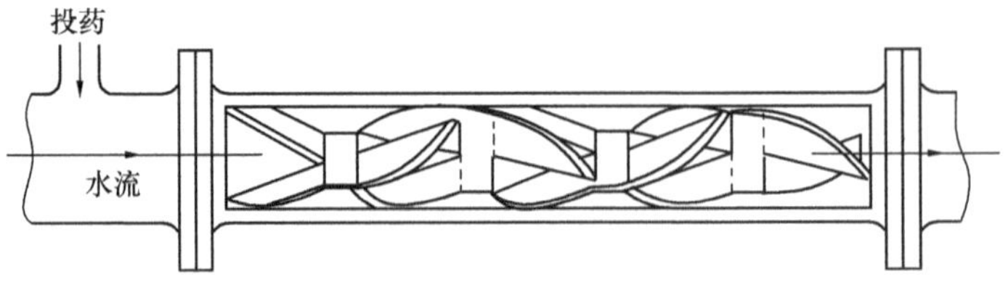

图 3-20　管式静态混合器

图 3-22 所示为扩散混合器的构造图。

扩散混合器是在孔板混合器前加上锥形配药帽所组成。锥形帽的夹角为 90°，锥形帽顺水流方向的投影面积为进水管总面积的 1/4，孔板开孔面积为进水管总面积的 3/4，混合器管节长度 $L \geqslant 500$mm。孔板处的流速取 1.0～2.0m/s，混合时间为 2～3s，G 值约为 700～1000s^{-1}。

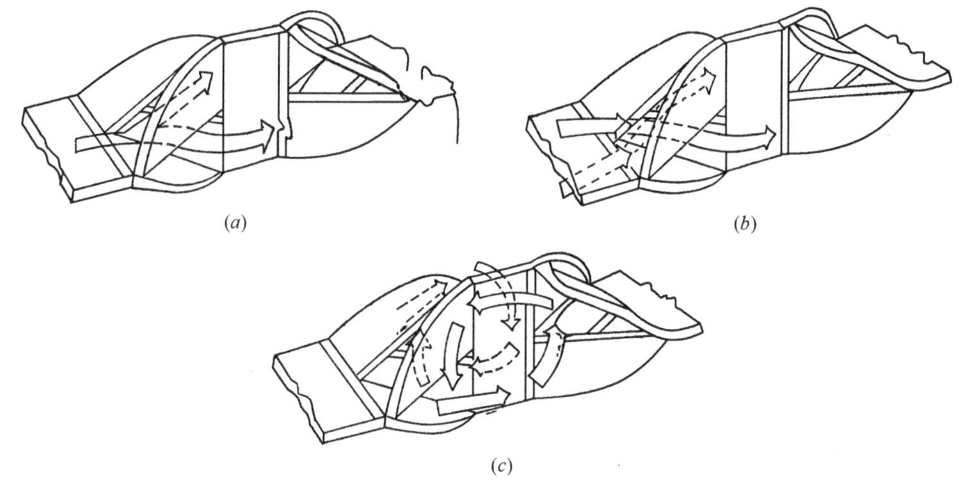

图 3-21　管道静态混合器构造示意

(a) 成对分流；(b) 交流混合；(c) 旋涡反向旋流

由于管道静态混合器的输入能量取决于管内流速，当管内流速改变时，输入能量也相应改变，对混合效果产生较大影响，为了克服这一缺点，可以采用外加能量的方式，如图 3-23～图 3-25 所示。

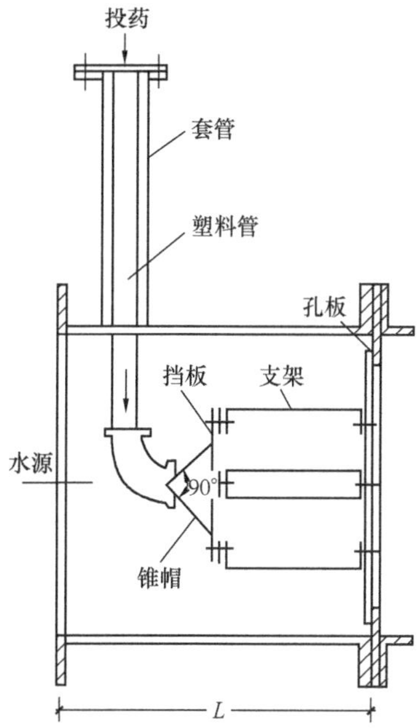

图 3-22　扩散混合器

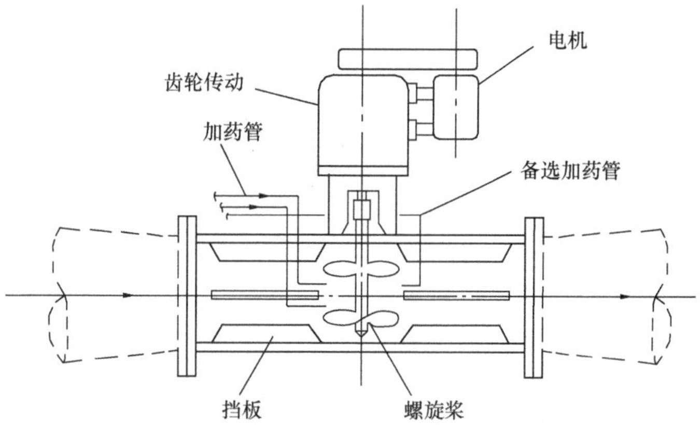

图 3-23　外加动力管道混合器

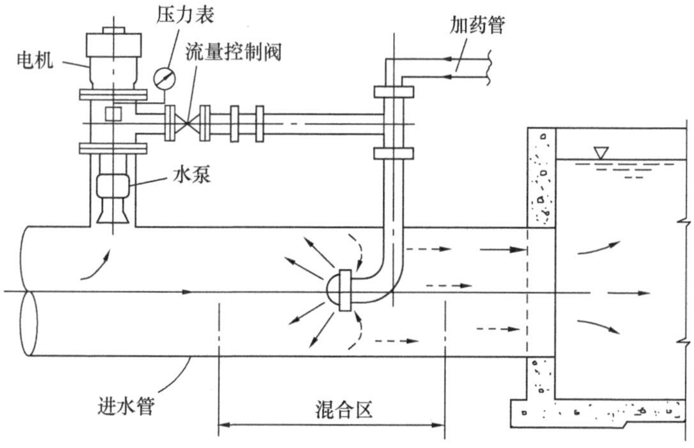

图 3-24　水泵提升扩散管道混合器

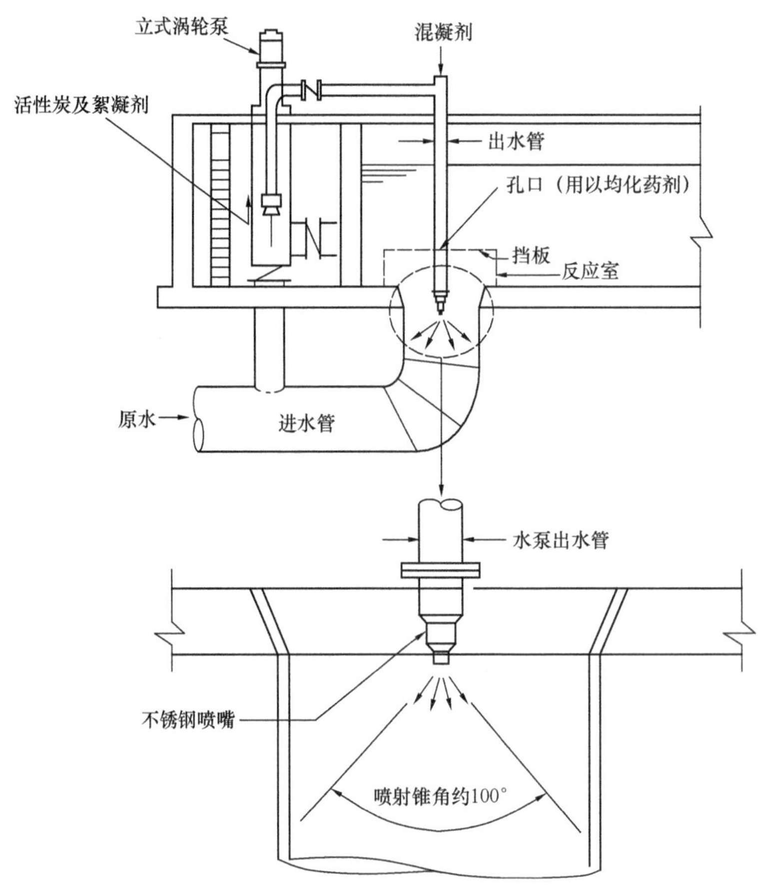

图 3-25　水泵提升喷射混合

3. 机械搅拌混合

机械搅拌混合池可以在要求的混合时间内达到需要的搅拌强度，满足速度快、均匀充分混合的要求，水头损失小，并可适应水量、水温、水质等的变化，取得较好的混合效果，适用于各种规模的水厂和使用场合。混合池可采用方形或圆形，以方形较多。一般池深与池宽之比为 1∶1～3∶1。混合池可采用单格或多格串联。

混合池停留时间一般为 10～60s（日本《水道设施设计指针》建议的混合时间为 1～5min）。G 值一般采用 500～1000s^{-1}。机械搅拌机采用较多的为桨板式和推进式。桨板式结构简单，但效能比推进式低，推进式效能较高。有条件时宜首先考虑采用推进式搅拌机。

机械搅拌机一般采用立式安装，为减少共同旋流，可将搅拌机轴中心适当偏离混合池的中心。

为避免产生共同旋流，应在混合池中设置竖直挡板。

图 3-26 所示为机械搅拌混合池的布置形式。

机械搅拌器的有关参数见表 3-9 和图 3-27。搅拌强度可以用速度梯度 G 值来表示：

$$G=\sqrt{\frac{1000N_Q}{\mu Qt}}(s^{-1}) \tag{3-4}$$

式中　N_Q——混合功率（kW）；

Q——混合搅拌池流量（m^3/s）；

t——混合时间（s）；

μ——水的黏度（Pa·s）。

一般混合搅拌池的 G 值取 500～1000s^{-1}。

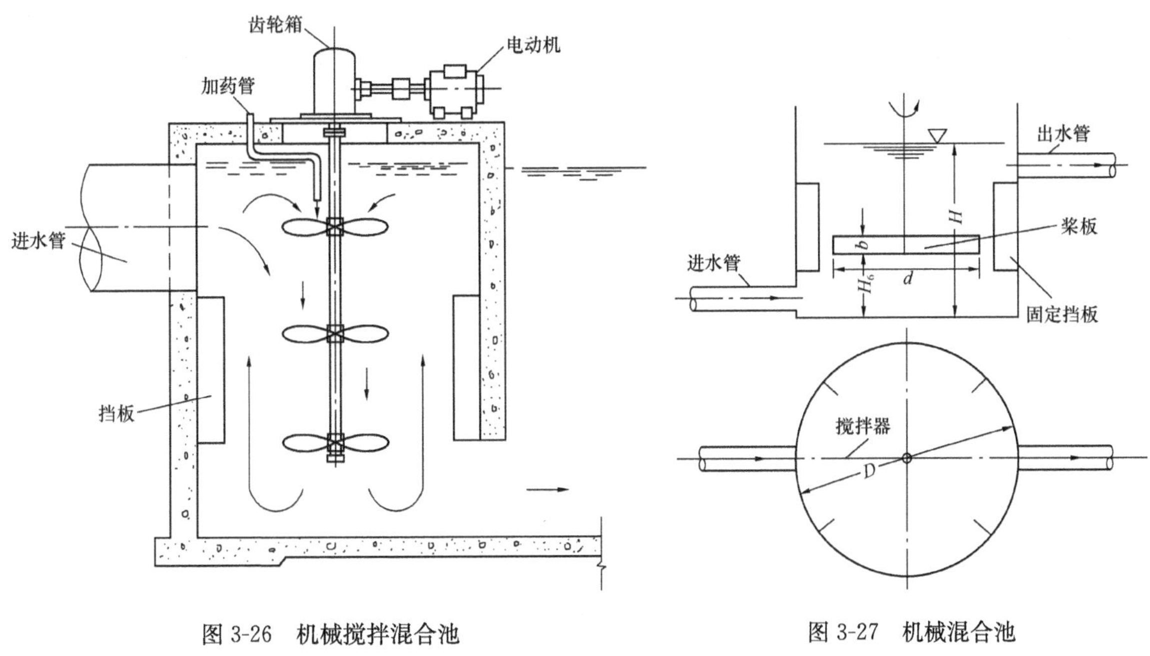

图 3-26　机械搅拌混合池

图 3-27　机械混合池

此外，搅拌强度用体积循环次数 Z' 和混合均匀度 U 来表示，具体可参见有关专业搅拌器制造公司的资料。

搅拌器有关参数选用　　**表 3-9**

项 目	符号	单位	搅拌器形式	
			桨板式	推进式
搅拌器外缘线速度	v	m/s	1.0～5.0	3～10
搅拌器直径	d	m	$\left(\frac{1}{3}\sim\frac{2}{3}\right)D$	(0.2～0.5) D
搅拌器距混合池底高度	H_6	m	(0.5～1.0) d	无导流筒时：$=d$ 有导流筒时：$\geqslant 1.2d$
搅拌器浆叶数	Z		2，4	3
搅拌器宽度	b	m	(0.1～0.25) d	
搅拌器螺距	S	m		$=d$
桨叶和旋转平面所成的角度	θ		45°	
搅拌器层数	e		当 $\frac{H}{D}\leqslant 1.2\sim1.3$ 时，$e=1$ 当 $\frac{H}{D}>1.2\sim1.3$ 时，$e>1$	当 $\frac{H}{d}\leqslant 4$ 时，$e=1$ 当 $\frac{H}{d}>4$ 时，$e>1$
层间距	S_0	m	(1.0～1.5) d	(1.0～1.5) d
安装位置要求			相邻两层桨交叉 90°安装	

注：D——混合池直径（m）；d——搅拌器直径（m）；H——混合池液面高度（m）。

3.4　絮凝过程及原理

3.4.1　絮凝过程

当原水加注混凝剂后，胶体稳定性破坏，使胶体颗粒具有相互聚集的性能，这是凝聚过程完成的任务。完成凝聚过程的微絮粒仍然十分微小，达不到水处理中沉降分离的要求。絮凝过程就是在外力作用下，使具有絮凝性能的微絮粒相互接触聚集，而形成更大的絮粒，以适应沉降分离的要求。完成絮凝过程的构筑物称为絮凝池。

为了达到完善的絮凝，必须具备两个主要条件，一是胶体系统要具有良好的絮凝性能，二是絮凝设施能使胶体颗粒获得适当的碰撞接触而又不致破碎的条件。未加混凝剂的原水，即使流经充分完善的絮凝装置，或者胶体系统虽具有足够的相互聚集的性能，但其絮凝设施不具有使颗粒相互接触聚集的条件，则都不能达到良好的絮凝效果。在实践中往往存在注意了一方面而忽略另一方面的情况。例如：在设计絮凝设施时，只注重对水力条件的分析，而对相应处理水的水质特点及其凝聚条件研究较少，以致对不同性质的原水采用指标完全相同的絮凝构筑物。运行过程，则容易注重于混凝剂加注的研究，而对絮凝设施的工作条件是否适合则注意不够。

絮凝过程是否完善是影响后续沉淀效果的重要因素，在整个净水工艺中是一个十分重要的环节。絮凝过程的重要性近期已获得了大家的普遍重视。在某些水厂的更新改造中，通过絮凝池的改进，提高了出水水质，增加了制水能力，或者降低了混凝剂的消耗。

虽然絮凝过程在净水处理中被普遍应用，并已进行了大量研究，但要从理论上完善解释絮凝过程，尚有不少困难。除了水力条件外，原水水质、混凝剂的品种和投加量以及混合设施的凝聚条件也都对絮凝过程产生影响。

研究絮凝的动力学过程，也就是研究絮凝过程中颗粒状态的变化，颗粒是如何从粒径较细、数量较多逐步演变为粒径较大而数量较少的。因此，颗粒的粒径以及颗粒数也就成了研究絮凝的主要对象。由于在絮凝过程中颗粒的实体积并没有发生变化，因此实际上颗粒数的变化也就反映了粒径的变化。对于絮凝池中颗粒数变化的基本表达式可以表示为：

$$\frac{\partial n}{\partial t} = \nabla(D\,\nabla n) - \nabla(nU) - J + P \tag{3-5}$$

式中 $\frac{\partial n}{\partial t}$——单位体积内颗粒数的时间变化率；

n——单位体积内颗粒数；

D——浓度扩散系数；

U——颗粒运动的速度；

J——单位体积单位时间内颗粒的聚集数；

P——单位体积单位时间内颗粒的破碎数。

式 3-5 表明：絮凝过程中某一点的单位体积水中颗粒数的变化，不外乎第一项浓度扩散所产生的变化，第二项颗粒运动产生的变化，第三项颗粒聚集产生的变化以及第四项颗粒破碎带来的变化。

对于絮凝池来说，浓度扩散的因素不是主要的。由于絮凝池水流的紊动，在垂直水流的断面上，浓度基本相同；而在水流方向上，颗粒数的变化很缓慢，浓度梯度也可忽略。

颗粒因运动而引起的变化是指颗粒由于重力的沉降以及随水流平均流速运动而产生的颗粒数变化。一般情况下，可以认为絮凝池中不发生颗粒的沉降，在一定阶段内水流的平均流速变化也很小。因此式 3-5 中第二项也可不予考虑。

絮凝池中产生颗粒的相互聚集是絮凝过程的主要现象，也是研究絮凝过程的重点。颗粒聚集需具有两个基本前提：颗粒间的接触（或称碰撞）以及接触后的聚集。两个保持一定距离以相同速度运动的颗粒，如无其他力的作用是无法接触的，因为它们之间将始终保持原有的间距。当然，颗粒的接触并不等于聚集，它还取决于前述的絮凝能力。絮凝能力是决定颗粒接触后聚集的有效程度。

另外，在絮凝池中絮粒还受到水流剪切力的影响。随着絮粒粒径的加大，所受剪力也增加。当絮粒粒径大于相应剪切力时，颗粒将被破碎。因此，在考虑颗粒聚集的同时还必须考虑颗粒的破碎，特别在絮凝过程的后期，破碎作用必须引起足够重视。

3.4.2　颗粒的接触碰撞

对于引起脱稳后颗粒的相对运动和碰撞具有不少机理，包括布朗运动、层流流体的速度梯度、颗粒沉速差异以及紊动扩散等。这些机理所推导的絮凝方程式都假设颗粒聚集过程为二级反应过程，粒径 i 和粒径 j 颗粒之间的碰撞概率与颗粒的浓度（n_i、n_j）成正比。其一般的表达式为：

$$N_{ij} = \alpha_{ij} k_{ij} n_i n_j \tag{3-6}$$

式中，k_{ij} 为二级反应常数，取决于颗粒迁移的机理以及颗粒粒径等因素；α_{ij} 为絮凝速率修正因数，在水处理文献中一般称为碰撞的有效因数，在胶体化学文献中它等于稳定率 W 的倒数，其值的范围从 0 到略大于 1。

式 3-6 中 α_{ij} 是按“简化假定”所作的修正。该“简化假定”认为当两个运动颗粒彼此接近时，其“近程力”（Shortrange Force）不影响颗粒的迁移。“近程力”主要包括胶体颗粒双电层的斥力、范得华引力和水动力的阻力。水动力阻力是当两颗粒开始碰撞时黏滞液体所产生的阻力。水动力阻力和双电层斥力倾向于减缓颗粒的运动和阻止颗粒碰撞，而范得华引力则促进颗粒碰撞。

式 3-6 中反应常数 k_{ij} 根据不同的颗粒碰撞机理可有不同的表达式：

（1）布朗扩散：悬浮于水中的细小颗粒由于不断受到周围水分子的撞击而呈现不规则的运动。其运动强度取决于液体的热能 $k_B T$，k_B 为波耳兹曼（Boltzmann）常数，T 为绝对温度。由布朗扩散引起的絮凝称为异向絮凝（Perikinetic Flocculation）。异向絮凝的反应常数 k_P 可以表示为：

$$k_P = \frac{2}{3} \cdot \frac{k_B T}{\mu} \cdot \frac{(d_1 + d_2)^2}{(d_1 d_2)} \tag{3-7}$$

根据式 3-7，异向絮凝的速率与绝对温度和颗粒数成正比，当颗粒粒径相同（$d_1 = d_2$）时与粒径大小无关。对于布朗扩散的修正因数 α_P 取决于颗粒间的水动力阻力和双电层斥力。在具有明显混合和对流的系统中，布朗扩散相对并不重要。但是，对于细小颗粒接触大的絮体颗粒，布朗扩散仍能控制小颗粒穿越絮体表面液层的迁移。迁移到絮体表面的速率取决于絮粒粒径、液体紊动强度以及布朗扩散系数 D。布朗扩散系数 $D = k_B T/(3\pi\mu d)$，式中 d 为扩散颗粒的粒径。

（2）层流液体中的迁移：当颗粒随层流液体运动时，处于流速高处的颗粒比流速低处的颗粒运动快。若颗粒彼此充分接近时，速度差异将导致颗粒的碰撞接触。该过程被称为同向絮凝（Orthokinetic Flocculation），其絮凝反应常数 k_0 为：

$$k_0 = \left[\frac{(d_1 + d_2)^3}{6}\right]\left(\frac{du}{dz}\right) \tag{3-8}$$

式中 du/dz 为速度梯度值。对于同向絮凝的修正系数 α_0，当双电层斥力可以忽略，其“近程力”主要是范得华引力和水动力阻力时，范德芬和梅森（van de Ven & Mason，1977）提出了对两个相同粒径的 α_0 为：

$$\alpha_0 = 0.8\left[\frac{A}{4.5\pi\mu d^3 (du/dz)}\right]^{0.18} \tag{3-9}$$

根据式 3-9，即使不考虑双电层斥力，水动力阻力仍然减缓同向絮凝的碰撞速率。其影响随颗粒粒径加大和速度梯度增加而增大。

(3) 沉速差异：当颗粒具有不同沉速时，沉速快的颗粒将赶上沉速慢的颗粒而产生碰撞絮凝。其作用力为颗粒的重力，絮凝反应常数 k_d 可表示为：

$$k_d = \frac{\pi g(s-1)}{72\nu}(d_1+d_2)^3(d_1-d_2) \tag{3-10}$$

式中，s 为颗粒的比重，ν 为动力黏滞度。该表达式假设颗粒为球形，并具有相同的比重，且其沉降速度符合斯托克斯定律。由式 3-10 可知，颗粒粒径和比重越大以及颗粒沉降差异越大时，沉速差异的絮凝速率越大。

(4) 紊流液体中的迁移：在紊流运动中，液体的脉动形成不同尺度的旋涡。大尺度旋涡的能量转移至小尺寸旋涡，最终，小于一定尺度旋涡的能量则以热能形式而消散。由科尔莫戈罗夫(Kolmogoroff) 微涡旋尺度可知，涡旋尺度可以分为惯性区域（能量以非常小的消散传输）和黏性区域（能量以热能消散）。

在紊流的旋涡中存在瞬时变化的速度梯度。该速度梯度使夹带颗粒产生相对运动，和层流相似，此相对运动造成絮凝。在均质和各向同性的紊流中，两个颗粒之间由碰撞引起的絮凝反应常数 k_t 为：

$$k_t = \left[\frac{(d_1+d_2)^3}{6.18}\right]\left(\frac{\varepsilon}{\nu}\right)^{1/2} \tag{3-11}$$

式中，ε 为单位液体质量的紊动能量消耗率。该式的推导假设颗粒粒径小于紊流的科尔莫戈罗夫微涡旋尺寸 $\eta=(\nu^3/\varepsilon)^{1/4}$。根据式 3-10，紊动扩散产生的颗粒碰撞速率随颗粒粒径和液体的能量消耗率的增加而增加。施皮尔曼（Spielman，1977）指出，对于等粒径颗粒在紊流中的絮凝率修正系数值 α_t，可以近似利用层流的公式，以 $(\varepsilon/\nu)^{1/2}$ 取代层流的速度梯度（du/dz），即：

$$\alpha_t = 0.8\left[\frac{A}{4.5\pi\mu d^3(\varepsilon/\nu)^{1/2}}\right]^{0.18} \tag{3-12}$$

该式表明 α_t 随颗粒粒径和搅拌强度的增加而减小。

德利奇奥斯和普罗布斯坦（Delichatsios & Probstein，1975）对两种情况下的各向同性紊流的絮凝建立了动力模型。第一种情况是颗粒碰撞半径 $(d_1+d_2)/2$ 小于科尔莫戈罗夫微涡旋，第二种情况为大于微涡旋。对于第一种情况，絮凝速率常数公式与式 3-11 相似，仅以常数 1/19.6 替代 1/6.18。对于第二种情况则可表示为：

$$k_{t,d-p} = (0.427)(d_1+d_2)^{7/3}\varepsilon^{1/3} \tag{3-13}$$

该式表明对于大颗粒的絮凝速率与 ε 的 1/3 次方成正比，而不是 1/2 次方，同时与液体的黏滞度无关。

3.4.3 速度梯度 G

1943 年坎普和斯泰因（Stein）利用斯莫卢霍夫斯基（Smoluchowski）对均匀层流中絮凝的公式（1917)，推导了广泛用于紊流的絮凝速率公式。可以用紊流运动的均方根速度梯度来替代层流絮凝速度反应式的速度梯度。其均方根速度梯度或 G 值为：

$$G = \left(\frac{P}{V\mu}\right)^{1/2} \tag{3-14}$$

式中，P 为输入液体的功，V 为容器的体积，μ 为水的绝对黏滞度。坎普和斯泰因对斯莫卢霍夫斯基公式修正的用于同向絮凝的絮凝反应常数为：

$$k_{oe-s} = \frac{(d_1+d_2)^3}{6}G \tag{3-15}$$

如果假设 G 值等于 $(\varepsilon/\nu)^{1/2}$，则该式非常相似于塞夫曼和特纳（Saffman&Turner，1956）推导的更精确的表达式（式 3-11)。

不少学者长期以来对于 G 值的概念进行了广泛的讨论，包括克利斯比（Cleasby，1984)、麦康纳基（McConnachie，1991）、汉森（Hanson，1990）以及汉什和劳勒（Han&Lawler，1992）等。早在1985年克拉克（Clark）就认为：坎普和斯泰因在G值的推导中作了不确当的假设，因此对于紊流中平均速度梯度的描述不正确。公式3-14的G值作为设计参数以及反应器模拟工具在理论上是有问题的，因为絮凝速率不仅受液体运动强度的影响，还取决于液体的动能如何分配到紊流流场中涡旋的尺度。对于一定的搅拌强度，能量分配将由叶轮和容器系统的大小和尺寸决定。

美国公共供水手册1中的《水质与处理》（第五版）认为，在絮凝反应中应用G值的概念还需考虑其他3个影响：

（1）在机械搅拌器内的局部能量消散率，在容器内所处的不同位置存在很大的差异，接近旋转叶轮附近处的局部能量消散率数百倍于平均输入能量$\left(\frac{P}{V\rho}\right)$，而远离叶轮处仅为平均输入能量的一小部分。因此，处于容器不同位量的颗粒聚集率和破碎率也存在明显差异，颗粒在容器内运动，受破碎和再形成的倾向将增加。

（2）提供给旋转叶轮的部分能量将在叶轮表面和容器壁上以热能形式消散，并不完全作用于紊流运动。容器内液体总的加权平均局部能量消散率ε将小于按输入能量的计算值$\left(\frac{P}{V\rho}\right)$。其有效程度随搅拌系统的几何形状而变化。

（3）根据汉什和劳勒（Han & Lawler，1992）的理论计算，只有当相互作用的颗粒大于1μm时，液体剪力也即G值才是絮凝动力学的控制因素。当一个颗粒大而另一个小（<1μm），布朗扩散将控制颗粒间的相对运动，虽然搅拌强度仍是重要的，但絮凝速率与能量消散率之间的关系可能不同于公式3-11。

尽管对于絮凝的机理进行了大量研究，但至今的了解还是不够充分的。特别是微观研究与实际絮凝池设计的应用还有很大差距。在没有更确切的方法前，在絮凝设计中应用G值还是相对合适的。

3.4.4 絮凝动力学

在完全混合反应器中，粒径为k颗粒的浓度变化率可以用下式表示。该式假设粒径k颗粒的形成是由于粒径i和粒径j颗粒的碰撞聚集（即$k=i+j$）。

$$\frac{\mathrm{d}n_k}{\mathrm{d}t}=\frac{1}{2}\sum_{i=1}^{i=k-1}\alpha_{ij}k_{ij}n_in_j-n_k\sum_{k=1}\alpha_{ik}k_{ik}n_i \tag{3-16}$$

式中右侧第一项表示粒径i和颗粒j碰撞形成k颗粒，第二项表示k颗粒与其他粒径颗粒碰撞而产生的减少。该式假定颗粒的聚集是不可逆的，不考虑形成絮粒的破碎。

式3-16的实际应用是困难的，最主要的问题是对于k_{ij}和k_{ik}以及修正因数α_{ij}和α_{ik}的假设。

阿尔加曼（Argaman）和考夫曼（Kaufman）对串联的完全混合流反应器的絮凝进行了分析。假设反应器的每一级完全混合器（CSFTR）内包含两种粒径分布，其中小颗粒来自进水，称为初始颗粒，大颗粒为聚集的颗粒即絮粒。反应器中絮粒的成长是由于初始颗粒的聚集，用式3-6和式3-11进行计算。假设絮粒为球形，其粒径远大于初始颗粒（$d_2\gg d_1$），用单位悬浊液体积的絮粒体积Φ替代n_2和d_2，即$\Phi=n_2\pi d_2^3/6$，可得：

$$N_{12}=\alpha_{12}\frac{0.97}{\pi}\Phi\left(\frac{\varepsilon}{\nu}\right)^{1/2}n_1 \tag{3-17}$$

根据反应器内初始颗粒的质量平衡和假设$\alpha_{12}=1$可得：

$$\frac{n_1}{n_{10}}=\frac{1}{1+kt} \tag{3-18}$$

式中絮凝反应常数k为：

$$k=\left(\frac{0.97}{\pi}\right)\Phi G \tag{3-19}$$

$\bar{t}$ 为反应器内平均停留时间，n_1 和 n_{10} 分别为出水和进水的初始颗粒浓度。假设 ε 等于单位液体质量输入的总能 $\frac{P}{V\rho_W}$，V 为反应器体积，ρ_W 为水的密度。

反应器中絮粒的体积浓度取决于结合到絮粒的初始颗粒体积和絮粒的密度：

$$\Phi=V_1 n_{10}\left(1-\frac{n_1}{n_{10}}\right)\frac{\rho_P-\rho_W}{\rho_f-\rho_W} \tag{3-20}$$

V_1 为初始颗粒体积，ρ_f 和 ρ_P 分别为絮粒和初始颗粒密度。$V_1 n_{10}$ 等于 C_0/ρ_P，C_0 为原水中初始颗粒的质量浓度。根据式 3-18～式 3-20 可知，絮凝效果（n_1/n_{10}）是 n_{10}、ρ_f、ρ_P、Gt 和附着于絮粒的初始颗粒数量的函数。由于作了很多简化假设，上述公式是近似的，但是它指出了搅拌强度、停留时间和进水颗粒浓度对于絮凝效果的重要作用。

3.4.5 絮粒的破碎

当搅拌强度大（例如 $G>100s^{-1}$）或絮粒足够大时，絮粒的破碎因素将具有重要影响。在批式反应器中，若搅拌强度大且搅拌时间长，形成絮体的粒径将倾向不变，这表明颗粒的聚集和颗粒的破碎达到了动态平衡。

根据 20 世纪 70 年代进行的大量调查，美国学者（Spielman，1978；Argaman 和 Kaufman，1970；Parker 等，1972）认为，絮粒破碎的主要机理归结为：①原始颗粒从絮粒的表面剥落；②絮粒断裂变小。阿尔加曼和考夫曼对由 m 个串联运行的完全混合流反应器（CMF）提出了如下公式：

$$\frac{n_0}{n_m}=\frac{\left[1+K_1 G\frac{T}{m}\right]^m}{\left[1+K_B G^2\frac{T}{m}\sum_{i=0}^{i=n-1}\left(1+K_A G\frac{T}{m}\right)^i\right]} \tag{3-21}$$

式中 K_A——絮凝常数；

K_B——破碎常数；

n_0——原始单位体积颗粒数；

n_m——m 只完全混合流反应器出口的单位体积颗粒数；

T——m 个反应器的总停留时间。

图 3-28 是根据式 3-21 当 $K_A=5.14\times10^{-5}$s 及 $K_B=1.08\times10^{-7}$s 时的计算结果。由图可见，

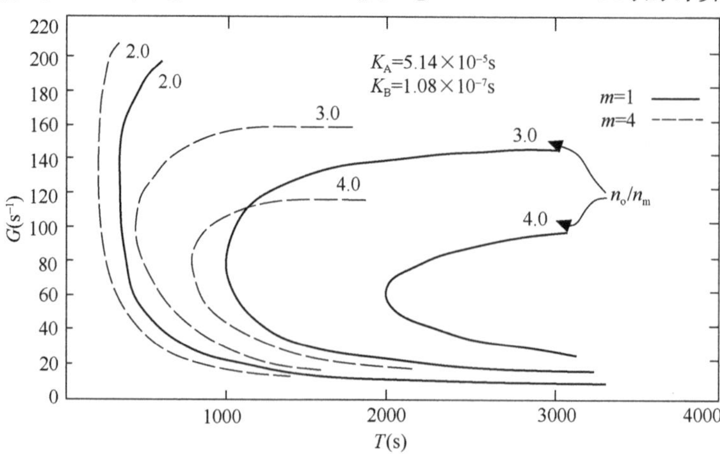

图 3-28 考虑破碎影响的絮凝效果

为达到同一絮凝效果，存在一个絮凝时间最短的 G 值，当采用的 G 值大于或小于此值时，所需的絮凝时间都将相应增加。采用 G 值较小，反映了颗粒接触机会不够；采用的 G 值较大，则表明破碎的作用很大。该图还表明了多级串联反应器优于单个反应器。

日本丹保宪仁根据絮凝过程中絮粒由原始颗粒逐步聚集而成，但聚集后的絮粒粒径应小于最大粒径的假设，同时还考虑了聚集颗粒的有效密度变化，推导了下列絮凝反应式：

$$\frac{\mathrm{d}n_R}{\mathrm{d}m}=\frac{1}{2}\sum_{i=1}^{R-1}\left[i^{\frac{1}{3-K_p}}+(R-i)^{\frac{1}{3-K_p}}\right]^3 n_i\cdot n_{R-i}-n_R\sum_{i=1}^{S-R}\left(R^{\frac{1}{3-K_p}}+i^{\frac{1}{3-K_p}}\right)^3 n_i \tag{3-22}$$

式中 n_R——由 R 倍原始颗粒聚集而成的相对颗粒数，$n_R=\frac{N_R}{N_1}$；

m——无因次搅拌时间，$m=1.22\sqrt{\frac{\varepsilon_0}{\mu}}N_0 d_1{}^3 t$；

d_1——原始颗粒粒径；

S——相应于形成最大粒径 d_{max} 时的原始粒数；

K_p——絮粒密度影响指数。

图 3-29 表示絮凝过程中不同絮粒粒径的分布情况。

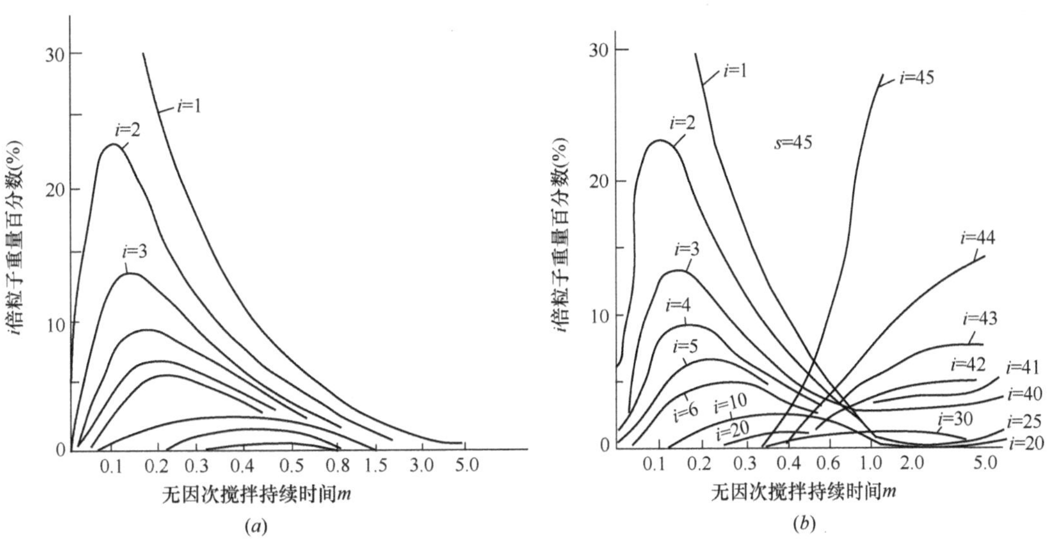

图 3-29 絮凝过程不同絮粒粒径的分布

(*a*) 不考虑破碎（$S=\infty$）；(*b*) 考虑破碎（$S=45$）

3.4.6 絮粒的密度变化

在絮凝过程中形成的絮粒，除了胶体颗粒本身外，还包括混凝剂沉析物以及包含其中的大量水分，故其有效密度将大大小于胶体颗粒本身的密度。因此，由若干原始颗粒组成的絮粒，其体积将不再是原始颗粒体积的总和，而是形成体积更大的颗粒。

日本丹保宪仁对絮凝过程中絮粒密度的变化进行了研究，提出当絮粒粒径大于 10～12μm 时，絮粒的密度可用下式表示：

$$\rho_{ei}=\frac{a}{(d_i/l)^{K_p}} \tag{3-23}$$

式中 ρ_{ei}——絮粒的有效密度（g/cm^3）；

d_i——与絮粒体积相等的球的直径（cm）；

a——系数（g/cm^3）；

K_P——指数（无因次）；

l——调整因次（cm）。

根据丹保的试验，当加药量较高时，pH 值对絮粒密度的影响可忽略；当加药量较低时，随 pH 值增加，K_P值减小。搅拌强度的大小并不直接影响絮粒的密度，只是对形成絮粒的最大粒径起重要控制作用。试验表明助凝剂的作用只是增强絮粒的结合能力，使能形成较大的絮粒，而对絮粒密度的影响并不显著。在一般情况下，碱度对絮粒密度也没有明显影响。影响絮粒密度的最主要因素是混凝剂的加注量。以铝盐混凝剂为例，试验表明，若用 ALT 表示单位悬浮颗粒的铝盐加注量，则随着 ALT 率提高，a 值减小，K_P值增大，也就是说，当形成相同粒径絮粒时的絮粒有效密度较小。因此，过多地增加混凝剂加注量，即使形成较大的絮粒，但其密度往往较小。

以上简单介绍了一些絮凝机理考虑的因素以及一些学者的研究成果。然而，实际的絮凝过程毕竟是非常复杂的，理论推导所作的假设和简化是否符合实际，以及式中各参数的确定，都还存在不少疑问。因此，就目前水平而言，用纯理论求解絮凝过程尚缺乏条件，但是，对于絮凝基本原理以及理论推导的了解，将有助于对絮凝池设计的改进和提高。

3.5 絮凝池的分类和选择

3.5.1 絮凝池分类

作为完成絮凝过程的絮凝池，可以有多种形式。尽管大多数絮凝池都能较好地达到絮凝效果，但它们在布置上以及在絮凝过程方面，还是存在一定差异。为比较各种絮凝形式，可按影响絮凝的一些因素加以分类。

1. 按水流类型

（1）推流

水流均匀地通过絮凝池，絮凝过程沿其流程不断完善，其横向断面各点的絮凝效果可以视作相同，而又可以不考虑纵向的扩散影响。隔板絮凝的直段部分可近似作为推流形式。

（2）单级完全混合流

进入絮凝池的水体，由于受池内水流的强烈搅动而均匀地扩散到整个池体。机械搅拌澄清池的第一反应室可近似地作为单级完全混合流反应器。

（3）多级串联完全混合流

由多个单级完全混合流串联组成，例如多级串联的机械搅拌絮凝池等。如果将折板絮凝的每个缩放段视作完全混合流，则也可将折板絮凝作为串联级数很多的多级串联完全混合流反应器。

（4）推流与完全混合流串联组合

絮凝过程由若干个推流反应和完全混合流反应串联组成，例如隔板絮凝的直段可视作推流，而其转折处近似完全混合流，因而对隔板絮凝整体而言则为推流与完全混合流交叉串联的反应器。

2. 按能量来源

（1）外加机械能

可由电动机或其他动力带动桨板，从而使液体运动，产生一定的速度梯度。对于这种形式，絮凝过程主要不是消耗液体自身能量，其能量消耗主要由外部动力输入。

（2）利用液体流动自身的能量损失

利用液体在流动过程中的沿线或局部水头损失提供的能量来完成絮凝，这类絮凝池统称为水力絮凝池。

3. 按絮凝过程速度梯度的变化

(1) 渐变形式

絮凝开始时速度梯度最大，随絮凝时间增加，速度梯度逐渐减少，至出口处为最低，其变化保持连续而无突变，如图 3-30 (*a*) 所示。这是一种较理想的絮凝形式。

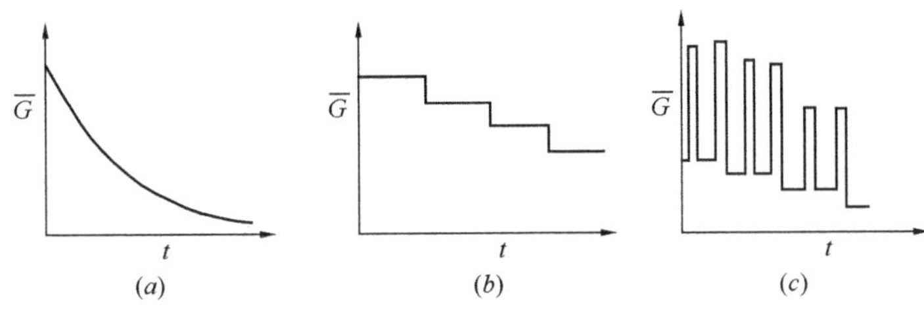

图 3-30 速度梯度的变化形式

(*a*) 渐变式；(*b*) 阶梯式；(*c*) 跳跃式

(2) 阶梯形式

速度梯度由大到小呈阶梯变化，如图 3-30 (*b*) 所示。多级串联的机械絮凝池可近似视为这种形式。

(3) 跳跃形式

絮凝过程中，速度梯度出现间歇的升高、降低现象，如图 3-30 (*c*) 所示。最典型的例子如隔板絮凝。隔板絮凝的直槽部分的速度梯度较低，而在转折处出现突然升高，其值可以是直槽的好几倍，经转折后，速度梯度又恢复到直槽的较低值，如此不断交替出现。

4. 按参与絮凝的颗粒

(1) 原水中的悬浮颗粒

与平流沉淀池相结合的絮凝，大多仅以原水中的悬浮颗粒作为形成絮粒的核心。这种絮凝形式的固体浓度较低，沉降后的泥渣体积浓度一般仅在 0.2%～0.5%左右。

(2) 利用沉泥增加颗粒接触

将已沉降分离的絮粒（或称沉泥）再次回到原水中去，共同参与絮凝过程。沉泥与原水的结合方式可以是回流的，也可以是接触形式。前者例如机械搅拌澄清池的絮凝以及近年来采用的高效沉淀池 Densa Deg 的沉泥回流絮凝，后者则如各种悬浮澄清池。这种形式絮凝的泥渣体积浓度一般可达 5%～15%。

(3) 利用细砂作为载体

利用细砂作为絮凝的核心物质，以形成较易沉降的絮粒是这类絮凝的特点。1988 年 OTV 公司开发应用的 Acti Flo 沉淀池即为一例。该池絮凝采用投加 0.4～0.5mm 细砂，细砂回流循环，絮凝时间可缩短至 8min，形成絮粒的沉速大大提高。

3.5.2 常用絮凝池形式

目前在给水处理实践中，应用成功的絮凝池形式很多，常用的絮凝池大致分类如图 3-31 所示：

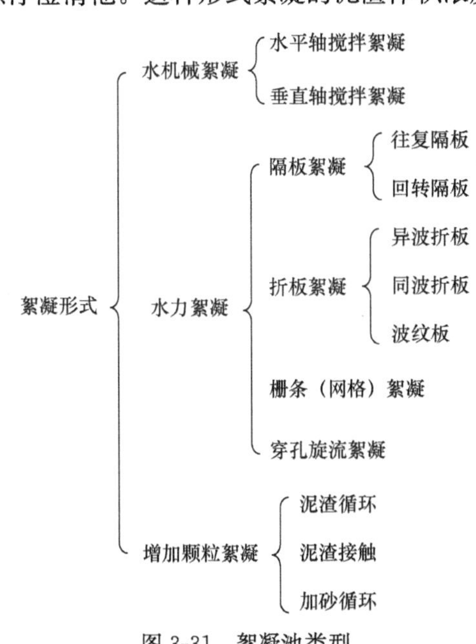

图 3-31 絮凝池类型

除了上述主要形式外，还可以将不同形式加以组合。现将主要形式的絮凝池概述如下。

1. 隔板絮凝池

水流以一定流速在隔板之间通过而完成絮凝过程

的絮凝池称隔板絮凝池。如水流方向为水平的，称水平隔板絮凝池；水流为上下竖向的，称垂直隔板絮凝池。隔板絮凝池是早期应用最普遍的絮凝池。

隔板的布置可采用来回的形式，如图 3-32（*a*）所示，水流沿槽来回往复前进，流速则由大逐渐减小，这种形式称为往复式隔板絮凝池。往复式隔板絮凝池在转折处消耗较大的能量，虽然它可提供较多的颗粒碰撞机会，但也容易引起已形成絮粒的破碎。为了减少能量损失，则可将180°的急剧转折改为 90°转折的回转式隔板絮凝池，如图 3-32（*b*）所示。这种絮凝池，水流一般由池中间进入，逐渐回流转向外侧，因而其最高水位在池中间，而出口处水位基本与沉淀池水位相仿，因此更适合于对原有水池的改造。回转式隔板絮凝池由于转折处的能量消耗较往复式小，因而有利于避免絮粒的破碎，然而也减少了颗粒的碰撞机会，影响絮凝速度。考虑到絮凝初期增加颗粒碰撞是主要因素，而其后期则应着重于避免絮粒的破碎，则可采用往复式与回转式相结合的隔板布置形式，如图 3-32（*c*）所示。

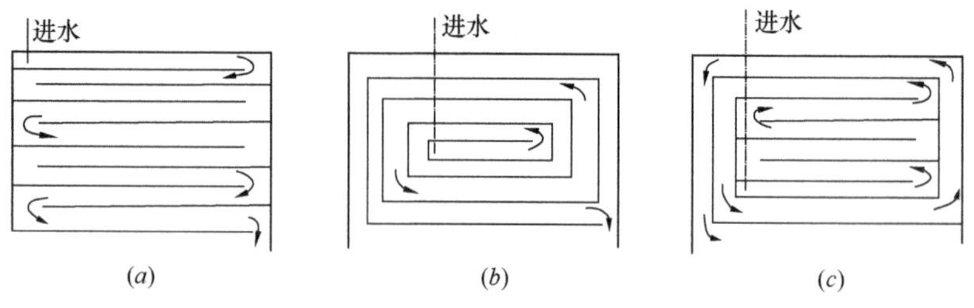

图 3-32　水平隔板絮凝池（平面）
（*a*）往复式；（*b*）回转式；（*c*）组合式

当处理水量较小时，为了控制絮凝槽内流速，并避免槽的宽度太窄，隔板絮凝池可以布置成双层。上、下层分别设置隔板，串联运行。隔板的布置可以是往复的，也可以是回转的。水流可以先通过下层隔板再进入上层，也可先经上层再流入下层。一般认为先下层可避免槽内积泥，但必须注意进水剩余压力和下层积气，需设置放气措施。对于规模较小的絮凝池，双层布置可以充分利用空间，并可与沉淀池深度一致而利于结构设计。

2. 折板絮凝池

折板絮凝池是在隔板絮凝池基础上发展起来的。1976 年镇江市自来水公司和江苏省建筑科学研究所首次进行了折板絮凝池的试验研究，取得了成功。以后陆续被推广应用，成为目前应用较普遍的形式之一。与隔板絮凝池相比，折板絮凝池停留时间短，絮凝效果好。

折板絮凝池的布置方式按照水流方向可分为竖流式和平流式两种，目前以采用竖流式为多。上海市杨树浦水厂在絮凝池改造时采用了平流式（又称折壁式）的布置。

折板絮凝池根据折板相对位置的不同又可分为异波和同波两种形式，如图 3-33 所示。异波折板是将折板交错布置，使水流时而收缩，时而扩大，流速不断改变，从而产生絮凝所需的紊动。同波折板平行布置，水的平均流速保持不变，而其流向不断变化，水在转角处产生紊动。

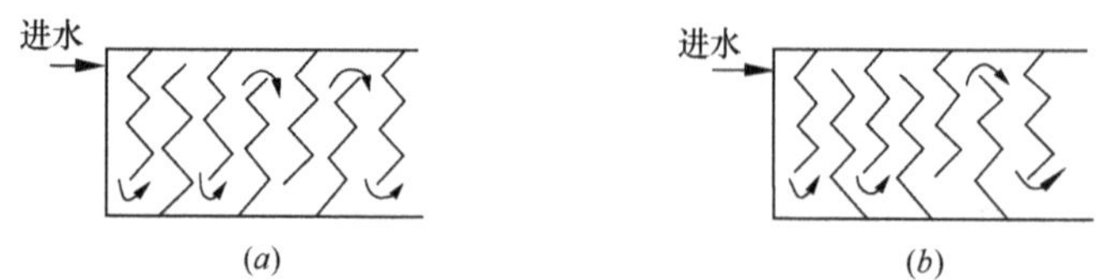

图 3-33　折板布置形式
（*a*）异波折板；（*b*）同波折板

折板絮凝池可布置成多通道或单通道。单通道是指水流沿二折板间不断循序流行；多通道则指将絮凝池分隔为若干区格，各区格内设一定数量的折板，水流按各区格逐格通过。

与折板絮凝池相似的应用形式还有波纹板及波折板絮凝等。

3. 栅条（网格）絮凝池

栅条（网格）絮凝池是在沿流程一定距离的过水断面中设置栅条或网格。通过栅条或网格的能量消耗完成絮凝过程。由于栅条或网格形成的能耗比较均匀，使水体各部分的微絮粒可获得较一致的碰撞机会，因而相应所需絮凝时间可较短。

栅条、网格絮凝池的构造一般由上、下翻越的多格竖井所组成。各竖井的过水断面尺寸一般相同，因而平均流速也相同。为了控制絮凝过程中 G 值的变化，絮凝池前段采用密型栅条或网格，中段采用疏型栅条或网格，末段可不设栅条或网格。

栅条或网格可采用木材、扁钢、铸铁或水泥预制件组成。由于栅条比网格加工容易，因而应用较多。

栅条（网格）絮凝池布置示意如图 3-34 所示。

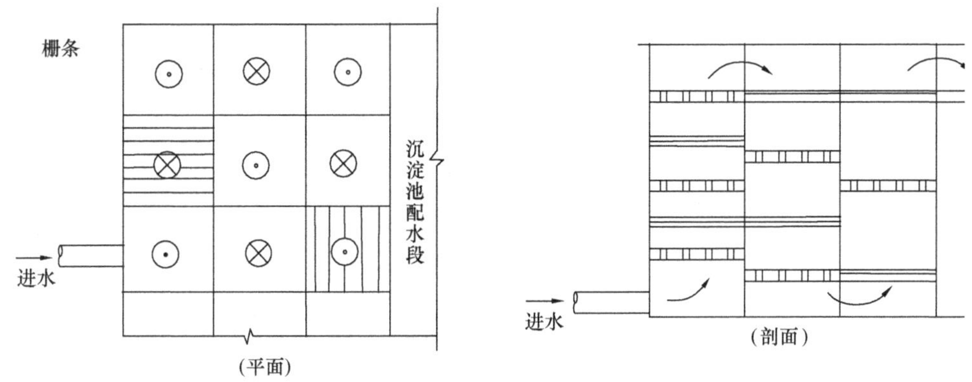

图 3-34 栅条（网格）絮凝池

4. 机械絮凝池

机械絮凝池是通过机械带动叶片使液体运动以完成絮凝的絮凝池。叶片的运动可以使液体呈旋转运动，也可使液体呈一定的上下循环运动。我国早在 20 世纪 50 年代在福州及上海浦东水厂等已有应用。

机械絮凝池按传动轴的方向分为水平轴式（图 3-35*a*）和垂直轴式（图 3-35*b*）两种。搅拌叶片一般采用条形桨板，有时也有布置成网状的。图 3-35（*c*）所示为摆动式机械絮凝装置。该搅拌器采用前后摆动的方式运动，以防止水流围绕轴以相同方向连续运动。

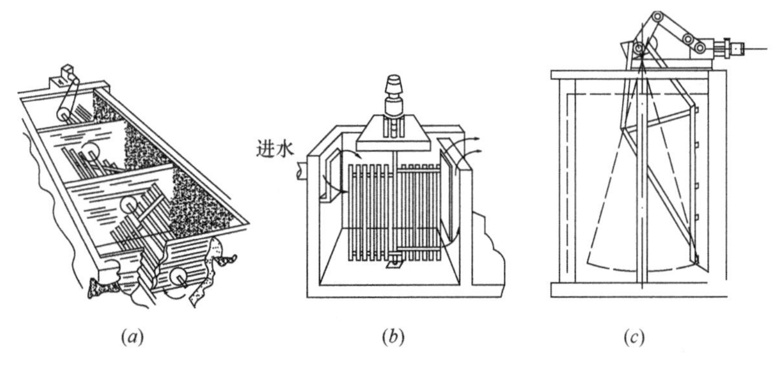

图 3-35 机械絮凝池

（*a*）水平轴式；（*b*）垂直轴式；（*c*）摆动式

为了适应絮凝过程要求的速度梯度变化，机械絮凝池一般由多级串联组成。为防止水流短路，串联的各级搅拌之间宜设置防短流措施，例如设穿孔墙等。搅拌装置的动力部分可设在池顶，通过传动系统带动桨板运动；也可设在池壁外，传动轴穿过池壁带动桨板运动。

5. 接触式絮凝池

水流通过粒状介质具有絮凝作用在接触过滤的实践中已得到证实。采用类似的方式也可用作絮凝池设计，其典型方式是在重力或压力下通过粗砂介质或砾石层以完成絮凝，如图 3-36 所示。据美国《净水厂设计》（第五版）介绍，在温度 5℃时总的停留时间仅需 3～5min，G 值在 400～50s^{-1}范围内渐变。为了去除絮粒的过量堆积，一般系统应具有空气气源，类似滤池的气冲。

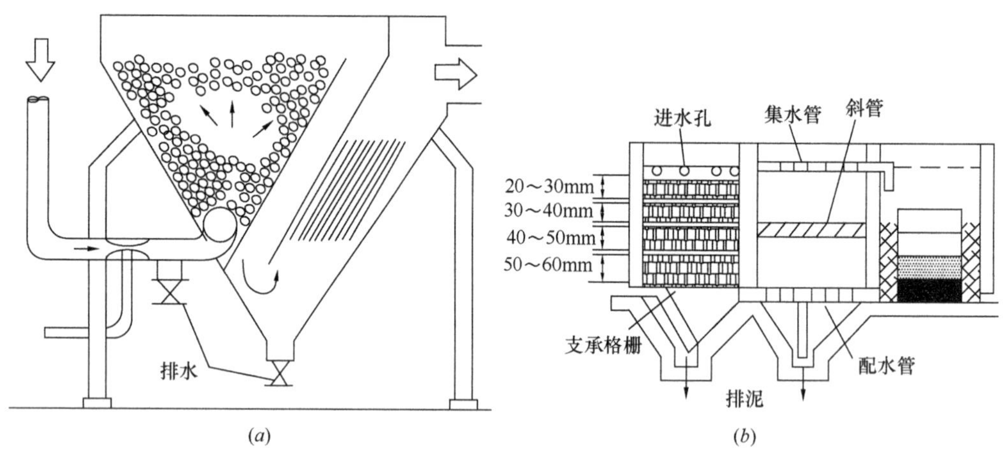

图 3-36　接触絮凝池

(a) 上向流；(b) 下向流

3.5.3　选择絮凝池形式的因素

影响絮凝池形式选择的主要因素有：

1. 絮凝效果的考虑

絮凝效果的好坏应该是选择絮凝池中最主要的考虑因素，但絮凝效果除了取决于絮凝池形式外，还在很大程度上受水质条件和设计选用指标的控制。

目前对于絮凝效果还缺乏科学的实用的评价方法，一般常以总结实践运行的结果来进行比较。由于运行条件的不同，这种比较常带有一定的局限性。

从理论分析，合理的絮凝池形式应具有：

1）在絮凝过程中有较大的 G 值变化范围；

2）絮凝速度较快；

3）不产生已凝聚颗粒的破碎。

根据絮凝池的絮凝要求，希望其 G 值在进口处能与混合相衔接，出口处则与沉淀池相接近，这样可在絮凝池中进行最完善的絮凝。按照这一要求，絮凝池的 G 值应从 150～200s^{-1}降至 5s^{-1}，甚至更低。

然而，各种不同的絮凝形式所能提供的 G 值变化是有很大差异的。机械絮凝对于适合 G 值的变化较有利；隔板絮凝由于转折处 G 值较高，不易达到较低的 G 值；而已很少采用的旋流絮凝的 G 值变化范围则非常窄。

从完成絮凝的速度考虑，希望絮凝池的水流呈推流或多级串联完全混合流。在实际絮凝池中，纯粹的推流形式是没有的，即使隔板絮凝池也应视作推流与完全混合流的组合。对于完全混合流来说，则希望增加串联级数。因此折板絮凝相对具有较明显的优点。机械絮凝则由于一般设计的串联级数不会太多，对絮凝也会有一定影响。

2. 水量规模

有些絮凝池形式，虽从效果考虑选用是合适的，但用之于某种水量规模却可能是有困难的，甚至是难以实施的。以隔板絮凝池为例，如果处理规模小于 $2.5\times10^4m^3/d$，为控制起始流速达 0.6m/s，若池深为 3m，则槽宽还不到 17cm，即使按双层布置，宽度也仅 34cm。这样的宽度对于施工或清理都是困难的。因此隔板絮凝很少用于小规模絮凝池。

3. 水质条件

为适应水质条件的差异，虽可通过设计指标作调整，但在选择絮凝池形式时，仍然需要加以考虑。

对于原水浊度很低的水库或湖泊水，由于颗粒浓度低，必将减少颗粒的接触机会，而难以完成完善的絮凝。为了弥补这一缺陷，就需选用能产生较大速度梯度和达到较长絮凝时间的形式。同时，有必要考虑采用泥渣接触或泥渣循环的方式。

在考虑原水水质时，水中含砂情况也应引起注意。絮凝过程中应避免在池内沉积泥砂，特别对有些絮凝形式，一旦产生泥砂沉积将直接影响絮凝效果。

4. 运行条件

运行条件同样影响絮凝形式的选择，例如，水量变化的适应性等。水力絮凝形式当进水流量变化时，水流速度也将相应变化，带来速度梯度的显著变化，对絮凝效果产生影响。反之，机械絮凝则可不受进水流量的影响，在水量改变时仍可维持需要的速度梯度

5. 工程造价和经常费用

在选用絮凝池形式时，除了考虑技术上的问题外，还必须注意各种池型的经济性。经济指标应该包括基建投资和经常运行费用两个方面。絮凝池的经常费用包括电耗和药耗。由于各种絮凝池形式的絮凝效果存在差异，将会造成所需药耗的不同。

6. 运行经验

除了考虑上述这些因素外，操作人员的运行经验也是一个重要因素。当地的实际运行资料和经验，往往是选择时的重要依据。此外，要使絮凝池取得较好效果，除了设计外，还需有相应的管理措施。如果当地已有某种絮凝池的成熟经验，则采用相同类型，有利于运行管理。

3.5.4 常用絮凝池的优缺点和适用条件

1. 隔板絮凝池

往复式隔板絮凝池构造简单、施工方便，其絮凝效果一般尚好。主要缺点是所需絮凝时间较长，水头损失较大，同时在其转折处容易造成絮粒的破碎。此外，絮凝池出口与沉淀池进口的衔接较难处理配水的均匀。回转式隔板絮凝池与往复式相比，水头损失较小，也较不易造成转折处絮粒的破碎。隔板絮凝池适用于水量大于 3 万 m^3/d 的处理单元，且希望水量的变动较小。

2. 折板絮凝池

折板絮凝沿程提供能量较均匀，絮凝效率较高，因而所需絮凝时间较短，水头损失较小。折板形式可以根据需要布置成相对、平行以及直板，以适应速度梯度变化需要。相对而言，折扳絮凝池的构造较复杂，施工要求较高。折板絮凝池一般适用于大、中型水厂，要求水量的变化不宜过大。

3. 网格（栅条）絮凝池

网格（栅条）絮凝池与折板絮凝相似，沿程提供能量较均匀，絮凝时间短，水头损失小，且构造较简单。缺点是水量变化对絮凝效果影响较大。网格（栅条）絮凝池适用于水量变化不大的水厂，单池处理能力以 1.0～2.5 万 m^3/d 为宜。

4. 机械絮凝池

机械絮凝的处理效果良好，且较稳定，能适应水量的变化。当水量减少时，更有利絮凝的完善。由于机械桨板的搅动，池底不易产生积泥，因此在絮凝后期可采用较低 G 值（其他絮凝池容易在后期产生池底积泥）。机械絮凝与沉淀池在构造上易于结合，使沉淀池进水分配均匀。机械絮凝可适用于各种水量规模，在国外应用较为普遍。在国内则一般认为机械絮凝需要加工机械设备和增加维修养护，造价较高，设备故障时会影响效果，因而应用尚不普遍。

3.6 絮凝池设计和计算

絮凝池设计的要求，就是创造一定的水力条件，以合理的絮凝时间达到最佳絮凝效果。理想的水力条件，不仅应随絮凝形式的不同而有所区别，也应随原水性质的不同而异。然而水质对絮凝的影响是很复杂的，当前在理论上还难以直接应用于絮凝池设计。

目前絮凝池的设计方法基本上还是以经验方法为主，通过大量的实例剖析，将运行指标进行规范性归纳整理，作为絮凝池设计的依据。

絮凝池设计除需考虑原水条件及絮凝池本身的技术经济因素外，尚需考虑絮凝和沉淀、过滤的整体效益，并需考虑运行初期水量较小、后期水量较大的变化适应性。有时适当延长絮凝时间，虽增加了絮凝部分投资，但有利降低药耗，改善沉淀、过滤性能，则应从整体效益出发加以权衡。

3.6.1 絮凝池设计指标

絮凝池设计中，应用最普遍的控制指标有以下两种：

1. 絮凝时间和水流速度

对不同形式絮凝池，选取其中控制絮凝效果的特征水流速度（例如隔板絮凝的槽内流速、折板絮凝的峰谷流速、机械絮凝的桨板线速等）作为控制指标，结合絮凝池内停留时间作为絮凝池设计的主要指标。由于同一类型絮凝池，其构造和絮凝过程有一定的相似性，因此通过总结实际应用数据用以指导设计，在一般情况下还是适用的。

我国《室外给水设计规范》GB 50013—2006 对絮凝池设计所作的规定，主要采用絮凝时间和水流速度作为指标。日本《水道设施设计指针》也采用了相似方法，例如规定：絮凝池的停留时间为 20～40min，机械搅拌的周边速度为 0.15～0.80m/s，隔板絮凝的平均速度为 0.15～0.30m/s。美国《净水厂设计》（第五版）对停留时间的建议为：大多数水厂至少为 20min，有些水厂为 30min 或更长时间。

2. 速度梯度 G 和 GT 值

速度梯度 G 反映了絮凝过程中在单位体积水中絮粒数（相应的絮粒粒径）的变化速率，因而在理论上应作为控制絮凝池设计的指标，并以 GT 值作为絮凝最终效果的控制。若考虑原水和凝聚条件则应以 $GTC\eta$ 作为絮凝最终效果的控制指标（C 为颗粒浓度，η 为聚集有效系数）。但由于系数 η 实际上难以确定，因此目前还多以 GT 值作为控制指标。

在上述两种控制指标中，用 G 和 GT 值作为絮凝池设计的控制指标比较更符合理论分析，因为涉及絮凝过程的有关主要因素（如絮粒的碰撞聚集、絮粒的剪切破碎）都取决于速度梯度的大小。但是采用 G 和 GT 值作为控制指标也存在一定缺点和问题：

（1）速度梯度的概念不如水流速度直观；

（2）用以指导设计的 G 和 GT 值，系根据以往运行絮凝池的实际统计得出，其幅度太大，在实际设计中已缺乏控制意义。例如，美国对絮凝池调查的典型 G 和 GT 值范围（20℃时）见表 3-10。

典型絮凝指标　　**表 3-10**

过　　程	G (s^{-1})	停留时间 T (s)	GT
混合至絮凝的配水渠	100～150	变化	—
直接过滤的絮凝	20～75	900～1500	40000～75000
常规絮凝（沉前）	10～60	1000～1500	30000～60000

(3) 理论上考虑速度梯度应该是起絮凝作用的有效能量消耗的 G，而计算中只能采用实际消耗的平均能量的 G，二者存在一定的差别，而且其差别还与絮凝形式有关。这方面尚缺乏可用资料。

3.6.2　絮凝过程的控制

絮凝池设计，除了上述两种计算指标外，还存在一个絮凝过程的控制问题。它是提高絮凝效率、缩短絮凝时间的关键。一般在设计中较多的考虑是指标的平均值或起始与终点值，而对过程的变化控制注意不够。上海自来水公司等曾对絮凝池进行过试验，试验表明，在相同絮凝总的时间条件下，过程中不同时段的流速比例组合，絮凝效果存在明显区别。

为了确定 G 值的合理分布，可以通过搅拌试验进行分析。搅拌试验可采用图 3-37 所示搅拌器，搅拌动力采用无级变速。

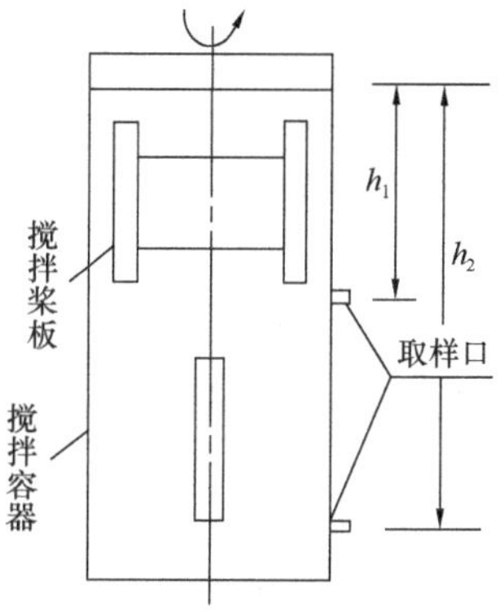

为测定絮凝效果可在容器的不同高度设置两个取样口，以便于分析在沉淀过程中是否有补充絮凝的情况，必要时可以对试验结果予以调整。容器应有足够体积，以使取样后水面下降不影响测定精度。试验的 G 值可根据转速推算，而用改变转速的方法来变更 G 值。为加速试验进行，必要时可将若干搅拌容器组成一组同时试验。

试验所用的原水应具有真实性和代表性。试验前应先用常用搅拌方法确定混凝剂品种和最佳加注量。

图 3-37　搅拌试验装置

试验时，按规定容积将水样注入容器，并按确定的加注量加入混凝剂，然后迅速以 G 约 500～1000s^{-1}左右的相应转速搅拌 5～10s，以模拟混合。以后即可按需要的絮凝 G 值进行试验。

试验可先固定一个 G 值，分别作不同时间的搅拌，相应可得到某一 G 值的试验曲线，然后改变 G 值再作另一 G 值的试验曲线。取用 G 值的范围一般应大于设计可选用的范围，以便进行分析。

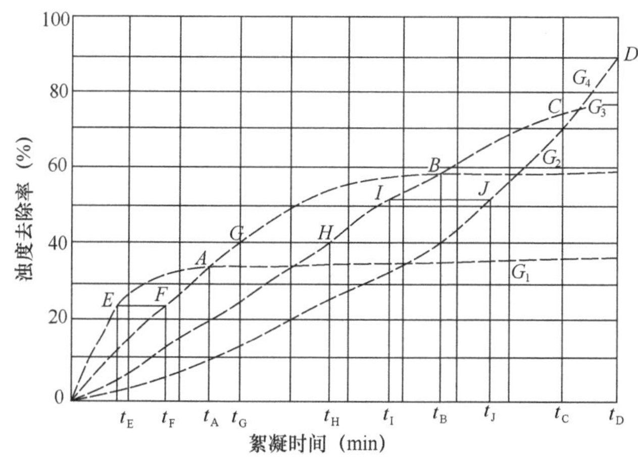

图 3-38　絮凝试验曲线

絮凝效果以沉淀后的浊度去除率表示。选定某一截流速度 V_o 作为统一标准（宜接近实际沉淀池截流速度，一般可取 0.5～1.0mm/s）。搅拌结束后，经静止沉淀 $t_1=h_1/V_o$ 及 $t_2=h_2/V_o$，分别自两个取样口取样，测定其沉后浊度，然后算出相应去除率。

通过以上试验，可将成果汇总整理成图 3-38 所示的曲线。

图中 G_1、G_2、G_3、G_4 分别代表 4 种不同速度梯度的试验结果，实际试验

时可采用更多的 G 值，以便进行分析。

通过图 3-38 可知，不同的 G 值在絮凝的不同阶段有不同的效果。为了使絮凝总时间最短，关键是要使每一 G 值在最确当的絮凝阶段中发挥作用。以图 3-38 为例，一个合理的设计方案应采用图中 O-E-F-G-H-I-J-D 的过程，也就是用 G_1 的絮凝时间为 t_E，用 G_2 的絮凝时间为 t_G-t_F，用 G_3 的絮凝时间为 t_I-t_H，而用 G_4 的絮凝时间为 t_D-t_J。其中 E-F、G-H、I-J 分别表示 G_2 与 G_1 曲线、G_3 与 G_2 曲线及 G_4 与 G_3 曲线间水平距离最大的位置。也就是说，上述方案可获得在同一效果下最短的絮凝时间，即为达到 D 点的浊度去除率，该方案缩短的絮凝时间为：$(t_F-t_E)+(t_H-t_G)+(t_J-t_I)$。这就是我们要寻求的絮凝池合理设计的指标。

以上只是根据某一水质条件所作的分析，如果水源的水质变化很大，就需要对不同季节的代表性水样分别进行类似试验。由于絮凝池提供的水力条件较难改变（除多级机械搅拌絮凝等个别池型外），因此只能用判断的方法，选择一个相对较理想的方案。

3.6.3 隔板絮凝池设计

隔板絮凝池（包括往复隔板和回转隔板）的设计，主要是根据确定的设计控制指标来计算槽的断面尺寸和廊道数。

《室外给水设计规范》GB 50013—2006 对隔板絮凝池的设计作了以下规定：

1）絮凝时间宜为 20～30min；

2）絮凝池廊道的流速，应按由大到小渐变进行设计，起端流速宜为 0.5～0.6m/s，末端流速宜为 0.2～0.3m/s；

3）隔板间净距宜大于 0.5m。

虽然设计规范未对隔板絮凝池的速度梯度作出规定，但设计中仍应进行速度梯度的核算。速度梯度应沿水流由大到小，其值取决于原水水质条件，一般采用由 $50\sim70s^{-1}$ 降低至 $10\sim20s^{-1}$。

由于速度梯度 G 可用单位体积所消耗的功来表示，因此对隔板絮凝池来说，G 值可表示为：

$$G=\sqrt{\frac{\gamma h}{\mu T}} \tag{3-24}$$

式中 γ——水的重度（$9800N/m^3$）；

h——水头损失（m）；

μ——水的动力黏度（Pa·s）；

T——絮凝时间（s）；

g——重力加速度（m/s^2）。

式 3-24 表示的是整个絮凝过程的平均 G 值，隔板絮凝池的水流是由廊道（直段）和转折两部分构成，若进一步分析该两部分的 G 值，则可得到转折处的 G 值远高于槽内 G 值的结论。对于敞开式往复隔板絮凝，转折处的 G 值约为槽内 G 值的 7～9 倍，回转隔板则为 6～7 倍；对于暗渠式（如双层布置的下层）往复隔板絮凝，转折处 G 值约为槽内 G 值的 6～8 倍，回转隔板约为 5～6 倍。

隔板絮凝设计中常用的控制指标是槽内流速，而对转折次数却没有明确的规定。如前所述，作为完成整个絮凝的过程应由直槽和转折综合组成。即使槽内流速和停留时间完全相同，但由于转折次数的不同，则可得到完全不同的平均速度梯度。在絮凝速度和停留时间相同的情况下，平均速度梯度 $\overline{G}_{平均}$ 与槽内速度梯度 $\overline{G}_{槽}$ 的比值取决于单条槽的长度和槽的水力半径。单条槽长越短以及槽的水力半径越大，则增加的倍数越多，如图 3-39 所示（实线表示往复槽，虚线表示回转槽）。

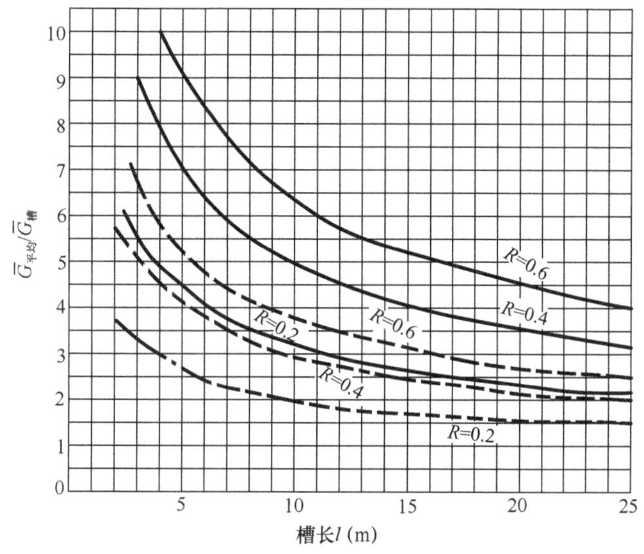

图 3-39　平均速度梯度与槽长关系

隔板絮凝池中，槽的总长度一般与其规模关系不大，主要决定于絮凝时间。当絮凝时间在15～20min，槽的总长大约在350～500m范围内。因此，当确定每条槽的长度后，絮凝隔板总的转折数也就大致确定了。

为使絮凝池与沉淀池在结构布置上一致，每条絮凝槽的长度往往与沉淀池的宽度相同（或成倍数），而沉淀池的宽度则在很大程度上取决于处理水量。其结果往往造成不同规模絮凝池的每条槽长有很大差别，相应隔板的转折次数有很大不同，也使得絮凝的平均速度梯度明显差异。

因此，在设计隔板絮凝池时，除了按照槽内流速和停留时间进行设计外，还应注意转折的布置，并对速度梯度值进行计算复核，必要时对絮凝过程的流速变化进行调整，以达到较理想的速度梯度。图3-40为一种改变絮凝平均速度梯度的布置形式，对于处理规模较小的絮凝池可参考应用。

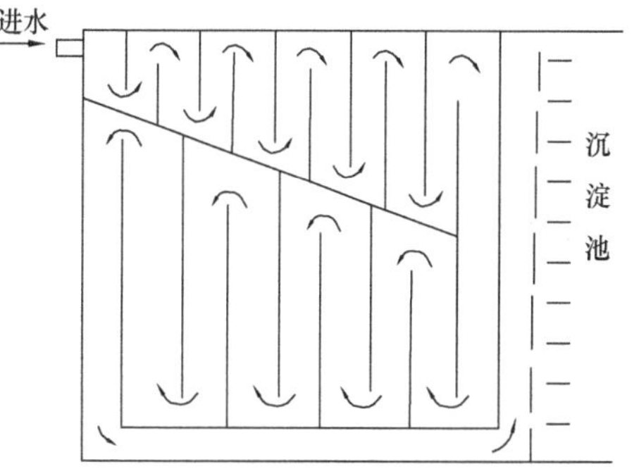

图 3-40　改变隔板长度絮凝池布置

对于处理规模较小的絮凝池，为了满足槽宽的要求，往往池深较浅，与相连的沉淀池池深不一致。此时，可以采用：①絮凝池与沉淀池底板分离，采用不同池深；②采用同一池深，在絮凝槽内填充混凝土或其他材料；③布置成双层隔板絮凝池。以上布置形式可根据具体情况选用。

双层隔板絮凝池的上、下层间隔板需考虑上、下层的水位差。特别当水流由下层至上层时，要注意避免隔板上浮。

隔板絮凝池的隔板可以砖砌或采用钢筋混凝土插板。隔板底部需设一定流水孔，以免初次放水时两侧水位差过大，并利于池底清扫。隔板还应考虑由于两侧积泥高度不同，当水池放空时产生泥的侧向压力。

为了尽可能使絮凝池出水在沉淀池宽度方向均匀分布，宜将絮凝池末端絮凝槽布置成一分为二的形式，分别从两侧方向进入沉淀池，以减少沉淀进水的不均匀。

图3-41为隔板絮凝池布置的一例。该池采用先来回隔板，后回流隔板，出水分两端进入沉淀池。

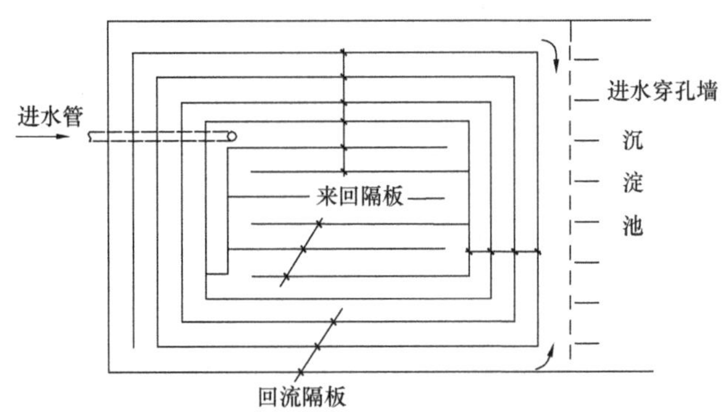

图 3-41　隔板絮凝池平面布置

3.6.4　折板絮凝池设计

折板絮凝池是近年来应用较多的一种絮凝池布置形式，除适用于大型水厂外，也适用于中、小型水厂。

按照竖流式折板絮凝池的布置，其流速变化常被分为三级或四级。折板的布置可以采用单通道或多通道，如图 3-42 所示。采用多通道布置的每一级中又分为若干格。水流在各格之间上、下串联流动。各格内设有一定数量的折板，水流在折板间并联通过。采用单通道布置则不分格，水流直接在相邻两折板间上、下通过。

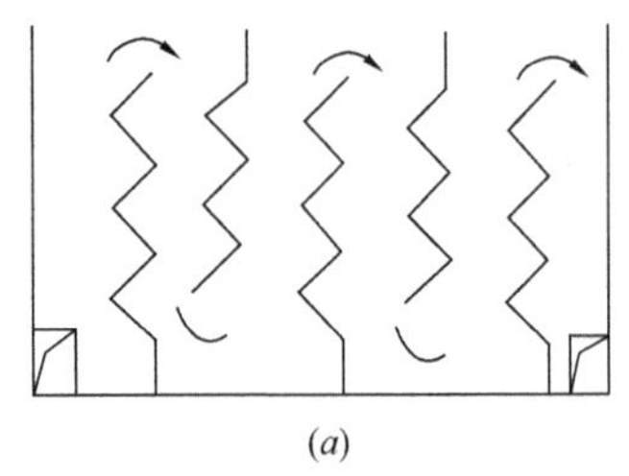

(a)

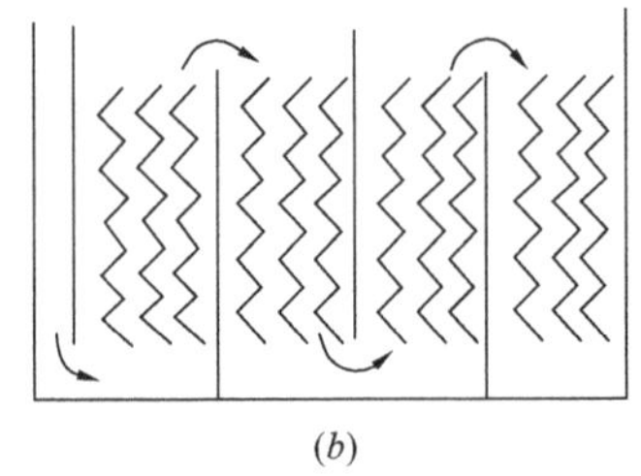

(b)

图 3-42　折板布置

(a) 单通道；(b) 多通道

折板的形式一般采用平板。平板的控制尺寸主要是折角和板高。折角越小，同样流速的流速变化次数越多，水头损失和 G 值越大。板高越大，相同板距时的流速变化幅度越大。目前所用的折板折角一般为 90°～120°，板高则在 0.3～0.4m 左右。板的间距为 0.3～0.6m 左右，可根据流速控制确定，并须考虑施工可能。

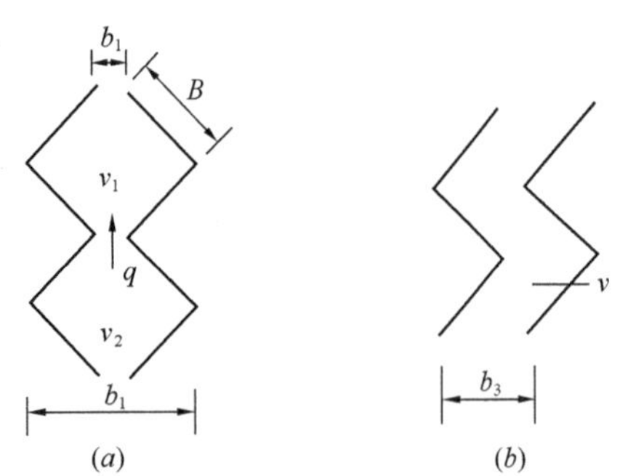

图 3-43　异波折板与同波折板

(a) 异波折板；(b) 同波折板

折板絮凝池按相邻折板的相对位置可布置成同波折板（相位角为 0°）和异波折板（相位角为 180°），如图 3-43所示。由于异波折板的水头损失较大，因而同样流速时的 G 值较高，同波折板的水头损头较小，因而 G 值较低。当然，折板也可布置成相位角界于 0°～180°之间的形式，但由于安装较困难，一般很少采用。

异波折板一般布置在絮凝的前阶段，以获得较高的 G 值，同波折板可用于絮凝的后阶段。在 G 值可满足设计要求时，也可只采用一种形式。有时在絮凝的最后阶段也可不设置折板，而布置成一般的竖流隔板形式。

目前对折板絮凝的水头损失计算尚缺乏足够的依据，一般大致按收缩和扩大的局部损失考虑。

对于异波折板（图3-43a）：

$$v_1=q/F_1=q/Hb_1 \tag{3-25}$$

$$v_2=q/F_2=q/Hb_2 \tag{3-26}$$

式中　v_1——波峰的流速（峰速）(m/s)；

v_2——波谷的流速（谷速）(m/s)；

F_1——收缩断面的面积（m^2）；

F_2——扩大断面的面积（m^2）；

q——每一通道的流量（m^3/s）；

H——通道的宽度（m）；

b_1——峰距（m）；

b_2——谷距（m）。

渐放段的水头损失为：

$$h_1=\xi_1\frac{v_1^2-v_2^2}{2g} \tag{3-27}$$

渐缩段的水头损失为：

$$h_2=\left[1+\xi_2-\left(\frac{F_1}{F_2}\right)^2\right]\frac{v_1^2}{2g} \tag{3-28}$$

一个缩放的组合损失即为$h=h_1+h_2$。

转弯或孔口处水头损失为：

$$h_3=\xi_3\frac{v_3^2}{2g} \tag{3-29}$$

式中　v_3——转弯或孔口处流速（m/s）。

关于阻力系数ξ可按下述数据参考采用：ξ_1取0.5；ξ_2取0.1；ξ_3对于上转弯取1.8，对下转弯取3.0。

对于同波折板，其板间流速v均相同$\left(v=\frac{q}{Hb_3}\right)$，每一转折的水头损失为$h=\xi\frac{v^2}{2g}$，$\xi$值可考虑取1.2。

根据部分实测结果，采用上述方法对折板絮凝池的水头损失计算值较实测值偏大。为避免因收缩和扩大损失叠加带来的缺陷，同济大学与镇江自来水公司对折板絮凝池水头损失计算进行了研究。以折板单元的缩放段作为一个整体，用综合水头损失来代替叠加。通过研究确定影响单元水头损失的各因素主次顺序为：流速v、板长L、夹角α，推导出异波折板单元的水头损失计算公式为：

$$\Delta h=\frac{L^{0.5085}}{B^{0.175}R^{0.423}(\sin\alpha)^{0.412}}\cdot\frac{v^{1.9}}{2g}(\mathrm{m}) \tag{3-30}$$

式中　L——折板长度（m）；

B——波峰间距（m）；

α——折板夹角45°～60°；

v——波峰流速（m/s）；

R——波峰水力半径（m）；

g——重力加速度（m^2/s）；

K——板壁面粗糙系数，拉毛K值约0.149，光滑K值为0.099。

关于各级的速度梯度G值，仍可将算得的各段水头损失代入式3-24进行计算。

《室外给水设计规范》GB 50013—2006对折板絮凝作了以下规定：

（1）絮凝时间为12～20min。

（2）絮凝过程中的速度应逐段降低，分段数不宜少于三段，各段的流速可分别为：

第一段：0.25～0.35m/s；

第二段：0.15～0.25m/s；

第三段：0.10～0.15m/s。

(3) 折板夹角采用90°～120°。

(4) 第三段宜采用直板。

图3-44为5万m^3/d折板絮凝池布置示例。总絮凝时间采用16min，分三段絮凝，第一、二段采用相对折板，第三段采用平行直板。折板布置采用单通道。折板板宽采用500mm，夹角90°。第一絮凝段G值为$98s^{-1}$，第二絮凝段为$61s^{-1}$，第三絮凝段为$21s^{-1}$。总的GT值为5.41×10^4。

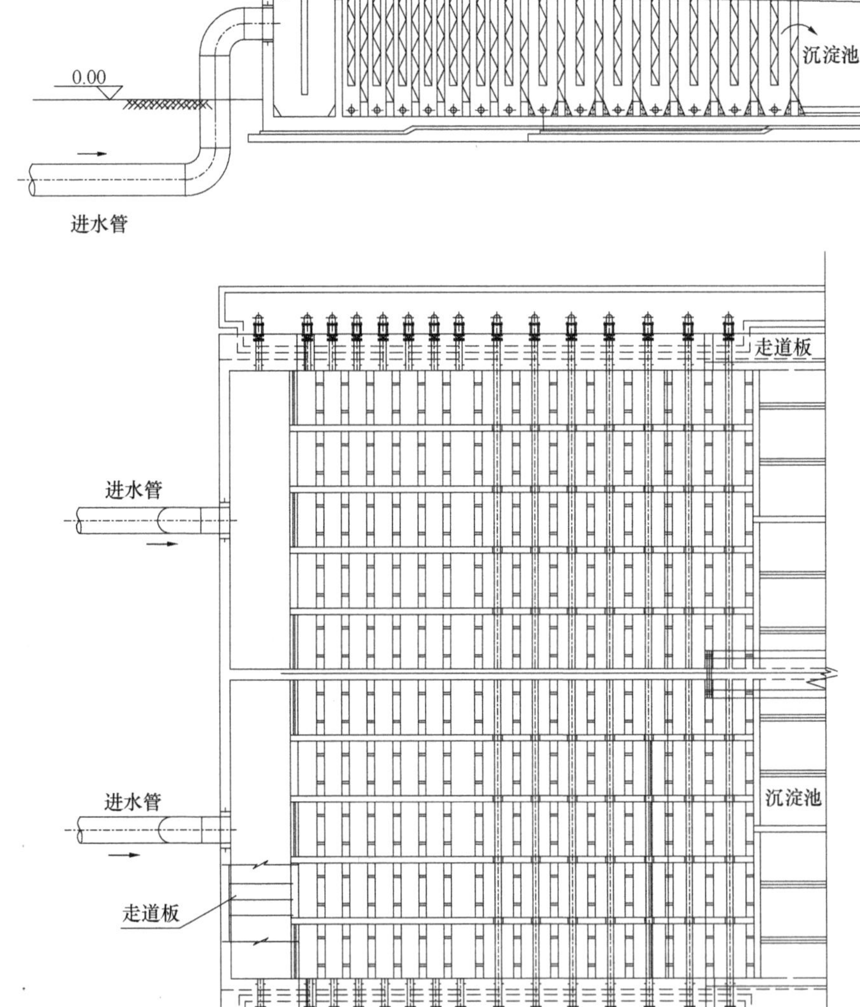

图3-44 折板絮凝池布置

3.6.5 机械搅拌絮凝池设计

机械搅拌絮凝池主要采用的是桨板式搅拌器絮凝池。

1. 搅拌桨板功率计算

桨板在水中运动，必须克服水对桨板的阻力，图3-45所示桨板的阻力大小可用下式求得：

$$F_D = C_D A\rho \frac{v_r}{2} \tag{3-31}$$

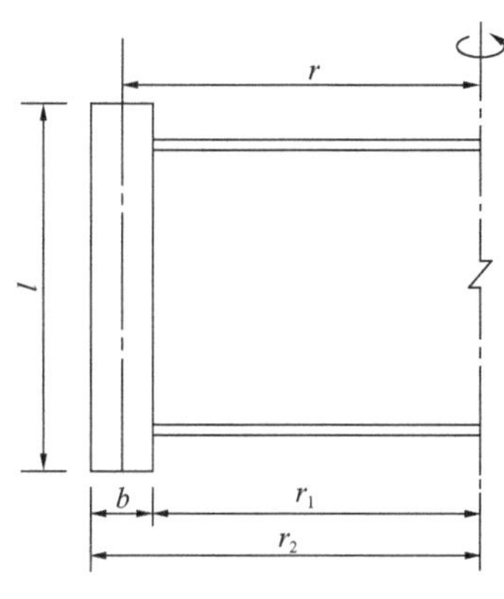

图 3-45 桨板尺寸示意

式中 F_D——桨板运动所受阻力；

C_D——阻力系数，根据桨板形状而定；

A——桨板面积（m^2）；

ρ——水的密度（kg/m^3）；

v_r——桨板对水的相对速度。

桨板的相对速度与一般所称的线速度不同。线速度是指桨板以水池作静止物的速度，相对速度则指桨板与其周围流动水体之间的相对速度。当搅拌机刚启动时，相对速度与线速度相同，此时的阻力值最大（选用电机功率应考虑这一因素）。当水体搅动后，相对速度小于线速度，一般取相对速度为线速度的 0.5～0.75。

由于一块桨板上各处的转动半径不同，在同一转速下相对速度也不相同，即所受阻力不同，因此计算桨板的功率时需以微元面积的功率求积，即：

$$p = \int_{r_1}^{r_2} \frac{1}{2} C_D l \rho v_r^3 \mathrm{d}r \tag{3-32}$$

$$v_r = kv = \frac{2\pi krn}{60} = 0.105krn \tag{3-33}$$

式中 k——相对速度与线速度的比值；

v——线速度（m/s）；

n——桨板转速（r/min）；

l——桨板长度（m）；

r——转动半径（m）。

代入式 3-32 得：

$$P = 1.45 \times 10^{-4} C_D l \rho k^3 n^3 (r_2^4 - r_1^4) \tag{3-34}$$

当搅拌机由若干桨板组成时，其总功率为每块桨板之和，即：

$$P = \sum_{i=1}^{m} P_i \tag{3-35}$$

式中 m——桨板的块数。

当桨板的宽度与其转动半径相比较小时，功率也可用下式计算：

$$P = 5.79 \times 10^{-4} C_D A \rho k^3 r^3 n^3 \tag{3-36}$$

式中 A——桨板总面积（m^2）；

r——桨板面积中心的转动半径（m）。

当桨板宽度与转动半径之比小于 1∶5 时，式 3-36 与式 3-32 比较误差不大于 1.2%；但当桨板外缘与内缘之差大于转动半径的 1/3 时，其误差可达 1 倍以上。

2. 速度梯度计算

机械搅拌的速度梯度 G 为：

$$G = \sqrt{\frac{P}{V\mu}} \tag{3-37}$$

式中 V——机械搅拌作用范围的体积（m^3）。

如果将式 3-36 的 P 值代入，则可得：

$$G = K\left(\frac{A}{V}\right)^{1/2} v^{3/2} \tag{3-38}$$

式中，K为系数，$K=\sqrt{\frac{C_D\rho k^3}{2\mu}}$，按一般常用数据，可取$K=480$。

3. 桨板面积

桨板是将外界动力传递给水体的构件，因此水流的运动状态与桨板有很大关系。桨板面积过大，桨板与水体间的相对速度将减小，容易形成液体中较大一部分体积与桨板同步旋转；桨板面积过小，液体难以获得所要求的速度梯度。因此，决定桨板面积大小应考虑以下因素：①桨板能有效地使液体旋转，并形成一定的流速分布；②使液体获得所要求的平均G值；③在整个水流断面上G值分布较匀；④控制桨板的线速度不致产生絮粒破碎。

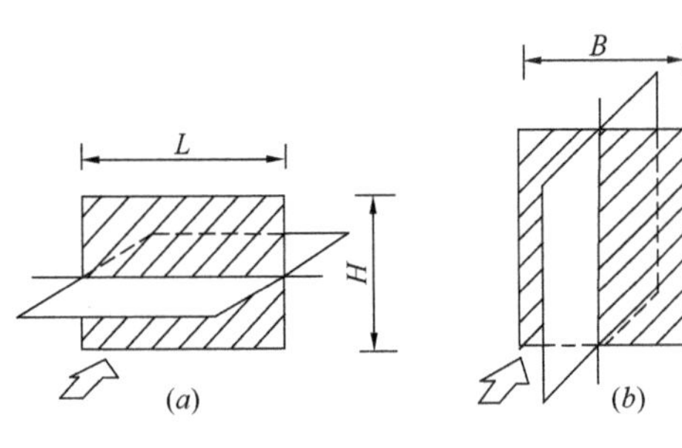

图 3-46　桨板面积与水流关系
(a) 水平搅拌；(b) 垂直搅拌

桨板面积一般采用水流面积的 10%～20%。水流面积系指桨板与水流垂直时的面积。对垂直搅拌和水平搅拌来说，分别为图3-46中的$B\times H$与$L\times H$。上述面积控制比主要是为了使桨板与水流之间保持较好的流速分布。

4. 串联级数

由于机械搅拌絮凝池的水流基本上属完全混合流，如果采用单级搅拌形式，显然效率较低。因而机械搅拌絮凝一般均布置成多级串联，G值逐级递减。

串联级数以多为好，但级数增多，相应搅拌设备也将增多，带来工程造价的增加。综合考虑两者的关系，一般以采用 3～4 级较多。

5. 设计指标

《室外给水设计规范》GB 50013—2006 对机械絮凝池的设计指标作了以下规定：

(1) 絮凝时间为 15～20min；

(2) 池内设 3～4 挡搅拌机；

(3) 搅拌机的转速应根据桨板边缘处的线速度通过计算确定，线速度宜自第一挡的 0.5m/s 逐渐变小至末挡的 0.2m/s；

(4) 池内宜设防止水体短流的设施。

规范中没有对速度梯度作出规定。但速度梯度是控制絮凝过程的重要指标，对于一般的水质条件，表 3- 11 的指标可作参考。

机械絮凝 G 值参考表　　**表 3-11**

串联级数	G值 (s^{-1})				GT值
	第一级	第二级	第三级	第四级	
三级	50～60	25～30	12～15	—	$2.5\sim4.0\times10^4$
四级	60～70	35～40	20～25	10～15	$2.5\sim4.0\times10^4$

日本《水道设施设计指针》对桨板搅拌机械絮凝建议的设计指标为：桨板面积为水流断面面积的 10%左右；桨板周边速度在进口附近为 0.8m/s，出口附近为 0.15m/s（不使已形成絮粒破碎且不造成絮粒沉淀）。

桨板式机械搅拌絮凝池的搅拌轴一般布置与水流方向垂直。絮凝由若干级搅拌串联组成。为防止短流，各级搅拌之间需设穿孔隔墙。穿孔墙的过孔流速应防止已形成絮粒的破碎。美国《净水厂设计》（第五版）建议开孔面积约 3%～6%，或流速 0.3～0.46m/s 左右。

机械絮凝可布置成水平轴搅拌和垂直轴搅拌。垂直轴搅拌的动力装置设在池顶，维修较方便，但往往所需动力装置台数较多。垂直轴搅拌絮凝池布置如图 3-47 所示。

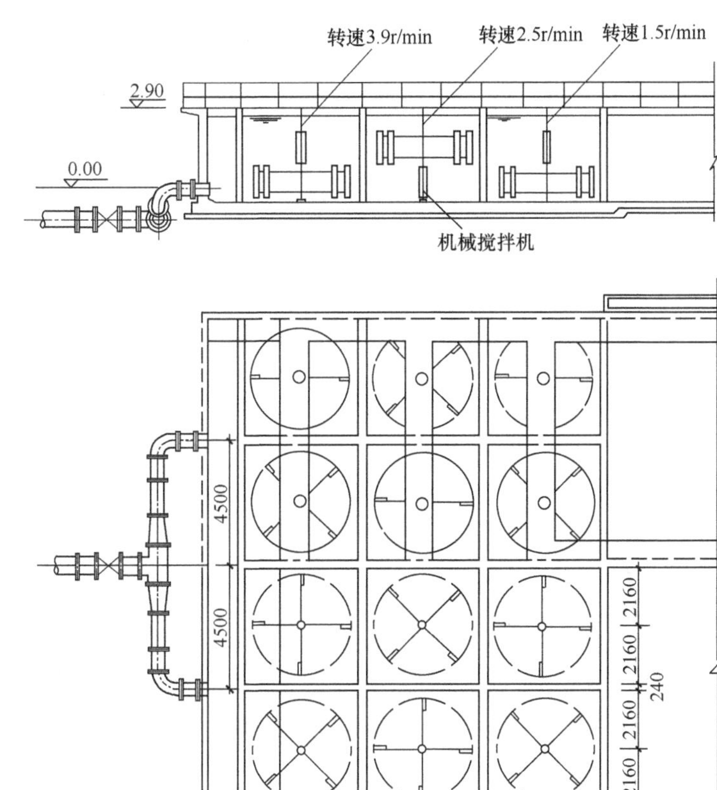

图 3-47　垂直轴搅拌絮凝池

水平轴搅拌可将若干同一转速的搅拌桨板串联后由一个动力装置带动。图 3-48 为水平轴搅拌絮凝池布置图。该搅拌装置的电动机设于池顶，用链条与水下齿轮传动装置相连，传动轴同时带动 4 个桨板转动。

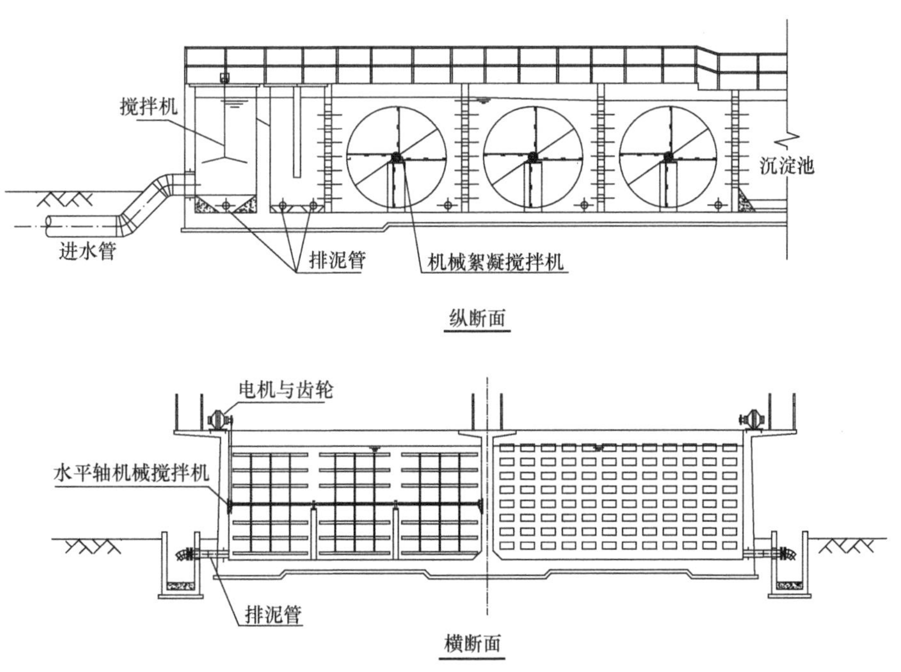

图 3-48　水平轴搅拌絮凝池布置图

水平搅拌轴也可直接穿过池壁，与设于壁外的电动机直接相连。图 3-49 为日本宇和岛市水道局柿原净水厂絮凝池布置图。该絮凝池将电机设于池壁边的驱动装置室内。

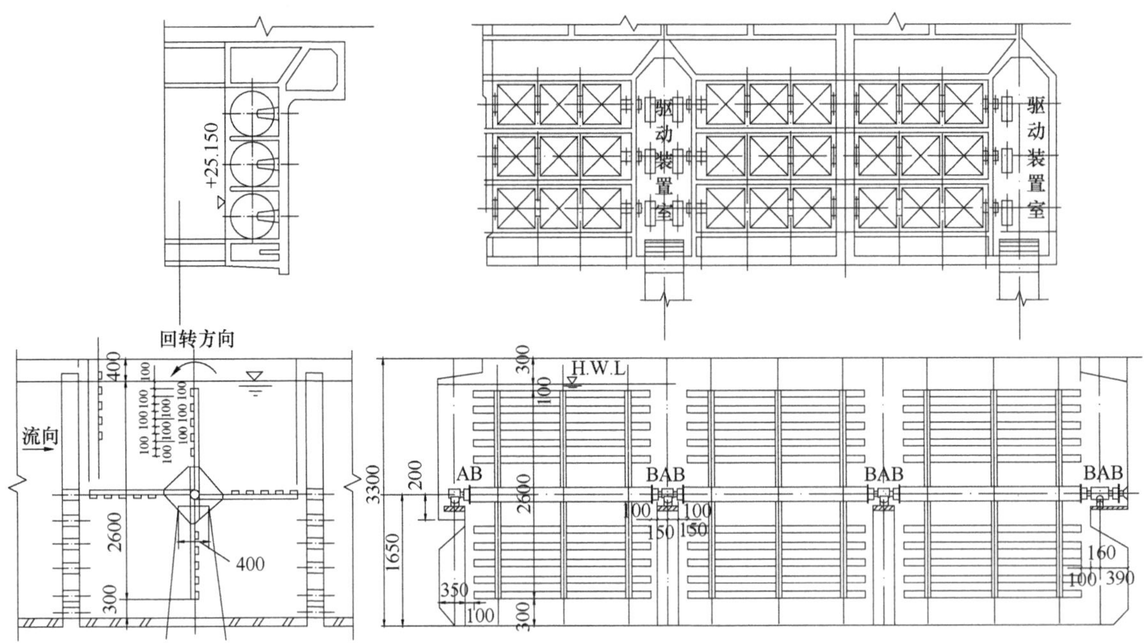

图 3-49　柿原净水厂絮凝池布置图

美国《净水厂设计》(第五版) 对典型的混合以后到絮凝池的布置和设计指标作了介绍。絮凝池进水的分配通常采用堰或孔口。混合以后设置的堰应为低流速的淹没堰。连接混合器到絮凝池的典型流速为 0.46～0.91m/s。絮凝池的进水分配槽常采用变断面 (宽度或深度)，以维持固定流速。对于大型净水厂典型的设计指标参见表 3-12，相应布置见图 3-50 所示。

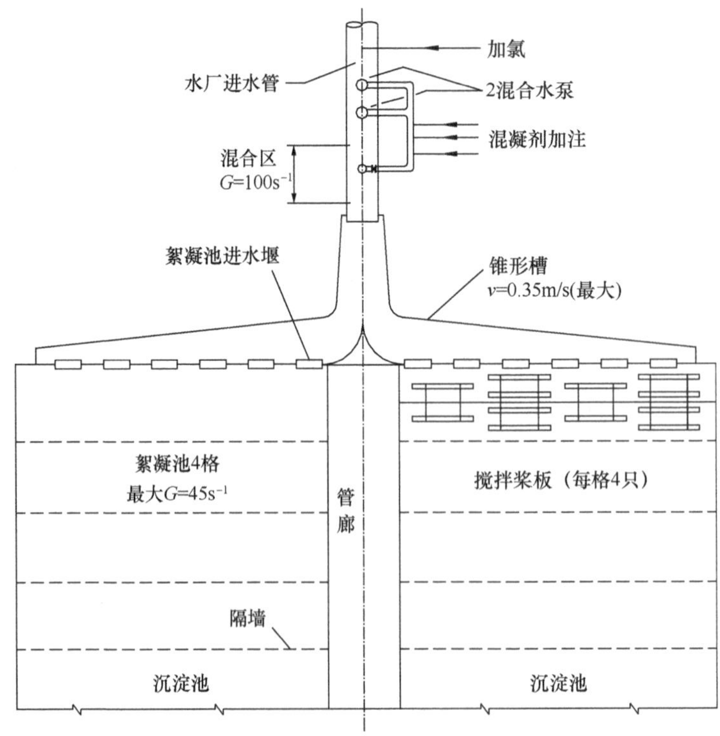

图 3-50　混合及絮凝设施[36.8 万 m^3/d(97mgd)]

图3-50所示系统的典型混合和絮凝设计指标　　表3-12

水厂能力	150ft³/s（约4.25m³/s）
设计流量	97mgd（约36.7万m³/d）
水厂进水管管径	84in（约2133.6mm）
混合器	
水泵搅拌器	2台
水泵额定功率（每台）	10hp（约7.5kW）
速度梯度G（20℃）	$1000s^{-1}$
混合区	$538ft^2$（约$49.98m^2$）
停留时间	3.6s
配水渠最大流速	1.2ft/s（约0.37m/s）
絮凝	
池数	2
每池格数	4
平均深度	16ft（约4.8768m）
总停留时间	18min
桨板水平轴数（每池）	4
最大G值（每格）	$50s^{-1}$
最大功率（每格）	2.0hp（约1.5kW）
药剂投加	
氯	5mg/L
硫酸铝，快速混合	20mg/L
阳离子聚合物，快速混合	2mg/L
非离子聚合物，第二级絮凝	0.5mg/L
高锰酸钾，快速混合	2mg/L

3.6.6 栅条（网格）絮凝池设计

栅条（网格）絮凝池一般布置成若干组并联的形式，设计中应注意配水的均匀。

栅条（网格）絮凝池的能耗由不同规格的栅条、网格及其层数进行控制。絮凝池一般分成3段，其过栅、过网和过孔洞流速以及各段平均速度梯度应逐级递减。

絮凝池的设计参数应根据原水水质和处理规模，通过试验或参照相似水厂运行经验确定。《室外给水设计规范》GB 50013—2006对栅条（网格）絮凝池设计作如下规定：

（1）絮凝池宜设计成多格竖流式。

（2）絮凝时间宜为12～20min，用于处理低温或低浊水时，絮凝时间可适当延长。

（3）絮凝池竖井流速、过栅（过网）和过孔流速应逐段递减，分段数宜分3段，流速分别为：

竖井平均流速：前段和中段0.14～0.12m/s，末段0.14～0.10m/s；

过栅（过网）流速：前段0.30～0.25m/s，中段0.25～0.22m/s，末段不安放栅条（网格）；

竖井之间孔洞流速：前段0.30～0.20m/s，中段0.20～0.15m/s，末段0.14～0.10m/s。

（4）絮凝池宜布置成2组或多组并联形式。

(5) 絮凝池内应有排泥设施。

表 3-13 所列数据可作为栅条(网格)絮凝池设计参考。

栅条、网格的水头损失可参照下式计算:

密型栅条、网格的单层水头损失:

$$\Delta h = 1.0 \frac{v_1^2}{2g} \tag{3-39}$$

疏型栅条、网格的单层水头损失:

$$\Delta h = 0.9 \frac{v_1^2}{2g} \tag{3-40}$$

连接孔洞的水头损失:

$$\Delta h = 3.0 \frac{v^2}{2g} \tag{3-41}$$

式中 v——孔洞流速(m/s);

v_1——过栅或过网流速(m/s)。

栅条、网格构件的厚度一般采用:木材板条 20～25mm,扁钢构件 5～6mm,铸铁构件 10～15mm,钢筋混凝土预制构件 30～70mm。

栅条、网格絮凝池内竖井平均流速较低,容易积泥,故设计时应考虑排泥设施。

栅条、网格絮凝池主要设计参数 **表 3-13**

絮凝池型	絮凝池分段	栅条缝隙或网格孔眼尺寸(mm)	板条宽度(mm)	竖井平均流速 v_2(m/s)	过栅或过网流速 v_1(m/s)	竖井之间孔洞流速(mm/s)	栅条或网格构件层距(cm)	设计絮凝时间(min)	速度梯度(s^{-1})
栅条絮凝池	前段(安放密栅条)	50	50	0.12～0.14	0.25～0.30	0.30～0.20	60	4～6	70～100
	中段(安放疏栅条)	80	80	0.12～0.14	0.22～0.25	0.20～0.15	60	4～7	40～60
	后段(不安放栅条)	—	—	0.10～0.14	—	0.10～0.14	—	4～7	10～20
网格絮凝池	前段(安放密网格)	80×80	35	0.12～0.14	0.25～0.30	0.30～0.20	60～70	4～6	70～100
	中段(安放疏网格)	100×100	35	0.12～0.14	0.22～0.25	0.20～0.15	60～70	4～7	40～60
	后段(不安放网格)	—	—	0.10～0.14	—	0.10～0.14	—	4～7	10～20

图 3-51 为网格絮凝池布置示例。设计规模为 $6\times10^4 m^3/d$,絮凝池分为 2 组,可分组独立运行。絮凝时间采用 10min,竖井流速 0.12m/s,共 25 格,过洞流速按进口 0.3m/s 递减到出口 0.1m/s。图中"上"、"下"表示隔墙上开孔位置,Ⅰ、Ⅱ、Ⅲ表示每格的网格层数。

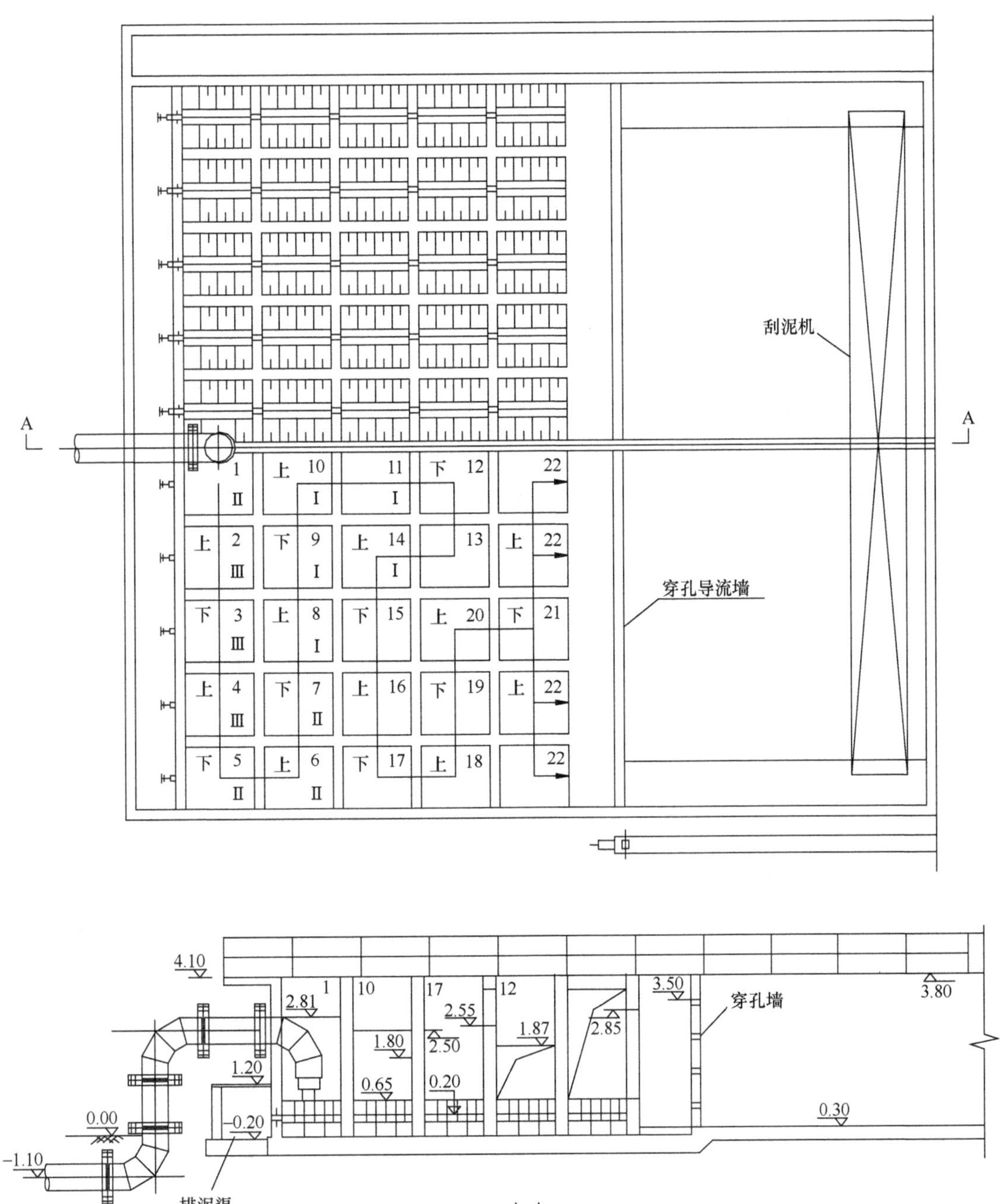

图3-51 网格絮凝池布置

第 4 章　沉淀

沉淀工艺是指原水中的悬浮颗粒在重力作用下，从水中分离的过程。

利用沉淀工艺以达到净水的目的，早在古代即已为人们所发现和应用。在现代净水技术中，沉淀仍是应用广泛的处理工艺。从简单的沉砂、预沉，到混凝沉淀和软化后悬浮物的去除以及污泥的浓缩，都属沉淀的工艺。

沉淀工艺被广泛采用主要是由于沉淀截留的污泥量大，在一般情况下，沉淀池在整个净水系统中担负着去除 90%以上悬浮固体的任务，而且构造简单，管理方便以及经常费用较低。对于悬浮物质含量较多的原水，沉淀（包括澄清）是净水中必不可少的手段。

沉淀原理主要是颗粒沉降，早在 20 世纪初就为不少学者所研究，最早将沉降理论应用于沉淀池设计的是黑曾（Hazen）。他在 1904 年的论文（On Sedimentation）中，已提出悬浮物的去除率取决于水池表面的论点。之后，坎普（Camp）发表的《沉淀池合理设计研究》以及《沉淀与沉淀池设计》等文章，系统地叙述了沉淀池的设计理论和各种因素，至今仍具有重要的指导意义。1955 年菲舍斯特伦（C. N. H. Fischerström）提出了多种浅层形式沉淀池的概念，为目前的斜管（板）沉淀池奠定了理论基础。

沉淀池设计历年来较多倾向于矩形池水平流，20 世纪 60 年代初，国内外曾一度盛行斜板、斜管沉淀。自 2000 年以来为了提高沉淀效果，给水工作者着眼于加强絮粒沉降技术的研究，如利用泥渣回流加强絮凝，采取活性砂作为絮粒载体等以加速颗粒沉降，并在池型上采取与絮凝池、污泥浓缩池等组合形式为沉淀池设计有了新的发展。

澄清池的“固—液”分离虽也属沉淀的范围，但考虑到澄清池已发展形成一种独立的体系和类型，因此将另章叙述。

气浮的浮升分离，虽然所分离的已不是单纯的固体，而是“固—气”相混合物，但是从力的作用分析，则与沉淀同属重力场的范围。浮升与沉淀在理论上有许多相似之处，故本书将气浮设计列入本章内叙述。

4.1　颗粒沉降理论

悬浮液中固体分离的沉降过程可以分为以下几种基本形式：

(1) 分散颗粒的自由沉降；

(2) 絮凝颗粒的自由沉降；

(3) 拥挤沉降（干扰沉降）；

(4) 压缩沉降。

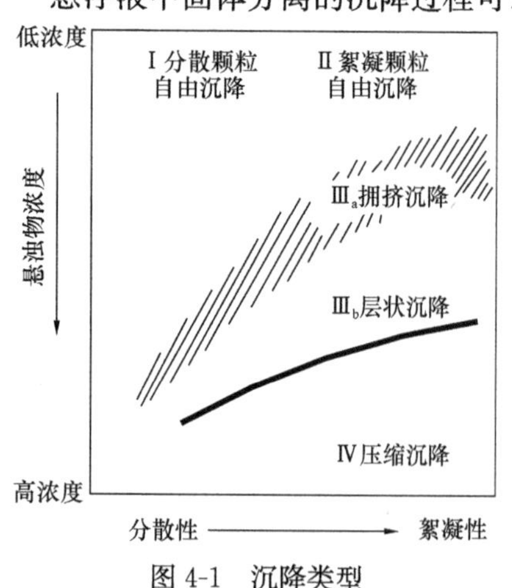

图 4-1　沉降类型

这 4 种沉降的划分取决于悬浮物浓度和颗粒的絮凝性能，其分布大致如图 4-1 所示。

4.1.1　分散颗粒的自由沉降

当颗粒不具有絮凝性能，也就是说颗粒相互接触后不会产生聚集，同时悬浮液中颗粒浓度较低时，沉降属于分散颗粒的自由沉降（图 4-1 中的Ⅰ类沉降）。此时，颗粒在其沉降过程中，沉速将不会发生变化，同时颗粒沉降所交换的液体，在上升时不对其他颗粒沉速造成影响。给水处理中低浓度的除砂或预沉属于这种类型。

在重力场中，颗粒受重力的作用而下沉，同时颗粒受到液体的浮力以及颗粒下沉时液体对颗粒的摩阻力（拖曳力）的作用。当这些作用力达到平衡时，颗粒将以等速下沉，此时的沉速称为稳定沉速。当颗粒为球形时，其沉速应为：

$$u_s=\sqrt{\frac{4}{3}\ \frac{g}{C_D}\ \left(\frac{\rho_s-\rho}{\rho}\right)\ d} \tag{4-1}$$

式中 u_s——颗粒的沉速（cm/s）；

d——颗粒直径（cm）；

g——重力加速度（cm/s^2）；

ρ_s及ρ——颗粒和液体的密度（g/cm^3）；

C_D——阻力系数或拖曳系数。

由实验可知，阻力系数C_D与雷诺数$\left(Re=\frac{d\rho u_s}{\mu}\right)$有关。对于不同的$Re$，可以采用不同的沉速公式（表4-1）。根据回归分析法，可以得出C_D的近似公式为：

$$C_D=\frac{24}{Re}+\frac{3}{\sqrt{Re}}+0.34 \tag{4-2}$$

利用式4-1及4-2即可求出非絮凝颗粒（分散颗粒）的沉速。

沉降速度公式 **表4-1**

公式名称	Re范围	阻力系数C_D	沉降速度公式
斯托克斯公式	$10^{-4}\sim1.0$	$\frac{24}{Re}$	$u_s=\frac{g}{18}\ \frac{\rho_s-\rho}{\mu}d_2$
艾伦公式	$10\sim10^3$	$\frac{12.65}{Re^{0.5}}$	$u_s=0.223\left[\frac{(\rho_s-\rho)^2g^2}{\mu\rho}\right]^{1/3}d$
牛顿公式	$10^3\sim2.5\times10^5$	0.4	$u_s=1.82\left[\frac{\rho_s-\rho}{\rho}dg\right]^{1/2}$

相对密度为2.65的石英砂颗粒以及相对密度为1.45的无烟煤在水温为10℃时计算所得球形颗粒的沉速绘于图4-2中。

非球形颗粒的沉速将小于同体积球形颗粒的沉速，不同形状的颗粒可以采用不同的C_D与Re经验公式。

4.1.2 絮凝颗粒的自由沉降

在混凝沉淀池中因其悬浮液具有絮凝性能，因而其沉降不再如分散颗粒那样保持沉速不变。当两颗粒因碰撞而聚集后，其沉速将加快（图4-1中的Ⅱ类）。

在沉淀池中产生颗粒碰撞的原因主要有：

(1) 由于颗粒的沉速差异，下沉较快的颗粒追上下沉较慢的颗粒。当颗粒的沉降速度用斯托克斯公式计算时，单位时间、单位体积内因沉速差而产生的碰撞次数为：

$$J_s=n_1n_2\frac{\pi g(s-1)}{72v}(d_1+d_2)^3(d_1-d_2) \tag{4-3}$$

式中 n_1——单位体积水中直径d_1的颗粒数；

n_2——单位体积水中直径d_2的颗粒数；

s——颗粒的相对密度；

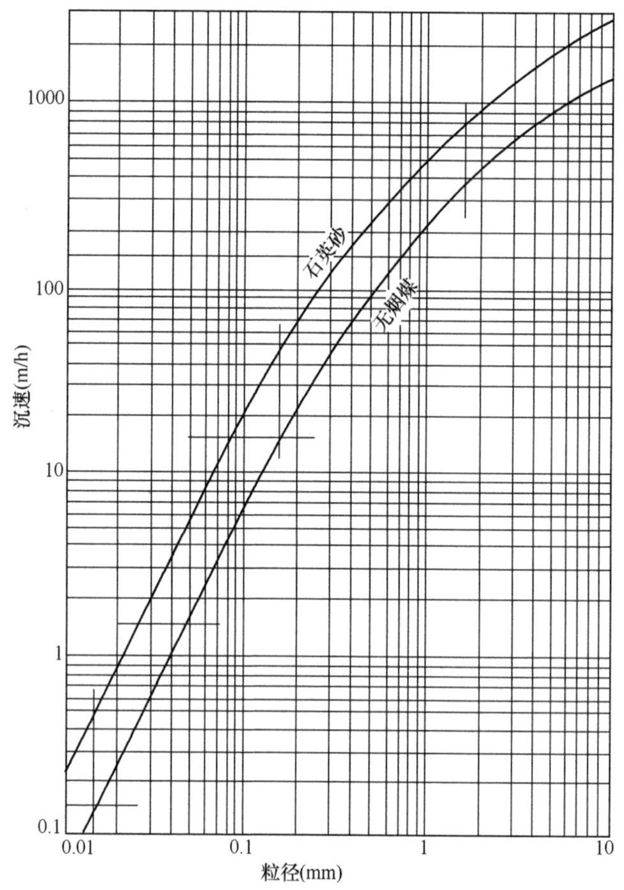

图 4-2　水温 10℃时石英砂和无烟煤的沉速

v——液体的运动黏滞度。

上式只表示 d_1 和 d_2 两种颗粒的碰撞次数，实际上的悬浮液都由各种不同粒径的颗粒所组成，因此总碰撞次数将是各种碰撞的组合。由式 4-3 可知，因沉速差异而产生的碰撞频率不仅随颗粒的增大而增加，而且还取决于粒径的差别。对于粒径相同的颗粒，即使沉速很快也不会产生碰撞。在沉淀池中，由于沉淀差异而产生的碰撞凝聚对于黏结小颗粒并使粒径趋于均匀具有明显作用。

(2) 由于液体流速分布的速度差异而产生的碰撞。对于矩形沉淀池，能量的消散主要是底和壁的摩阻损失，经过内功的计算，可得因速度梯度而产生的碰撞频率为：

$$J_w = \frac{n_1 n_2}{6}\sqrt{\frac{f}{8vR}\quad v^3}\ (d_1 + d_2)^3 \tag{4-4}$$

式中　v——沉淀池水平流速；

R——沉淀池水力半径；

f——达西摩阻系数。

由式 4-4 可知，因速度梯度而产生的碰撞，随着水平流速的增高和颗粒粒径的加大而增加，而与粒径大小的差异无关。碰撞频率还与水力半径的平方根成反比。一般沉淀池的水力半径随池深增加而增加，因此，相同水平流速下采用较浅的水池，碰撞频率较高。

沉淀池的颗粒碰撞频率远小于絮凝池的颗粒碰撞频率，但由于沉淀池的速度梯度亦远较絮凝池小，因而沉淀池对絮粒破碎的影响要小得多，也即沉淀池内可能有更大絮粒形成的条件。

对于絮状结构颗粒沉速的研究，丹保宪仁曾利用沉降管和摄影的方法，对絮粒的粒径、有效密度和沉速进行了测定，并建立了絮粒的密度公式为：

$$\rho_e = \rho_s - \rho = \frac{a}{d^{K_\rho}} \tag{4-5}$$

式中 ρ_s——絮粒的有效密度（g/cm³）；

a——常数（g/cm³），随混凝剂品种和加注量而定；

d——絮粒粒径（cm）；

K_ρ——指数常数（无因子），随混凝剂品种和加注量而定。

试验所用沉速公式，考虑絮粒的球度为 0.8，而取 C_D为 $45/Re$，因此絮粒的沉速为：

$$u_s = \sqrt{\frac{4}{3} \quad \frac{gu_3}{45u} \quad (\rho_s - \rho)d^2}$$

代入式 4-5，可得：

$$u_s = 0.03 \frac{g}{\mu} a d^{2-K_\rho} \tag{4-6}$$

因此只要知道密度公式中的常数 a 及 K_ρ（可参考第 3 章），即可求出相应絮粒粒径的沉速。

4.1.3 拥挤沉降

当颗粒浓度增加时，颗粒间的间隙相应减小，颗粒下沉所交换的上涌液体体积将对周围颗粒的下沉产生影响。颗粒实际的沉降速度将是自由沉降时的沉速减去液体的上涌速度。当颗粒浓度还不太高时，只是沉降速度有一定降低，颗粒还可保持各自的沉降形式（图 4-1 中的Ⅲ$_c$类）。

随着颗粒浓度的继续增大，经过一段时间的平衡，沉速较快的颗粒沉降至下层，相应增加了下层的浓度，使下层的上涌速度加大，最终使悬浮液的全部颗粒以接近相同的沉速下沉，形成了界面形式的沉降，故又称作层状沉降或界面沉降（图 4-1 中的Ⅲ$_b$类）。

据有关资料介绍，当固体占悬浮液体积的 1%左右时将开始出现拥挤沉降。对于氢氧化合物悬浮液，该值约为 0.5%。也有资料介绍，砂粒的拥挤沉降约开始于 4.8%的体积浓度。也就是说，随着颗粒絮凝性能的增加，出现拥挤沉降的浓度将减小。

给水处理中高浊度水的沉淀以及澄清水和泥渣的分离都属这一类型。

拥挤沉降时单体颗粒的沉速将小于同一颗粒在自由沉降时的沉速，此时的沉速 u'_s为

$$u'_s = \beta u_s \tag{4-7}$$

式中 β——沉速减低系数（$\beta<1$）。

许多学者认为，拥挤沉降中的沉速减低系数与体积浓度 C 有关。

随着颗粒浓度的继续增加，颗粒的沉降将成为层状沉降，也就是说颗粒的沉降以界面形式进行。若将水样放入沉降筒进行静止沉降试验，经过很短时候后，就会出现清、浑水层间的明显界面，此界面称为浑液面。随后可观察到浑液面以等速下沉，当沉至一定高度后，浑液面的沉速逐渐减慢，直至污泥达到完全的浓缩。静止沉降时的浑液面沉降曲线大致如图 4-3 所示。从等速沉降转入降速沉降的一点（图中 k）称为临界点。临界点前为层状沉降区域；临界点后则所有的浑水层都已进入压缩沉降范围。

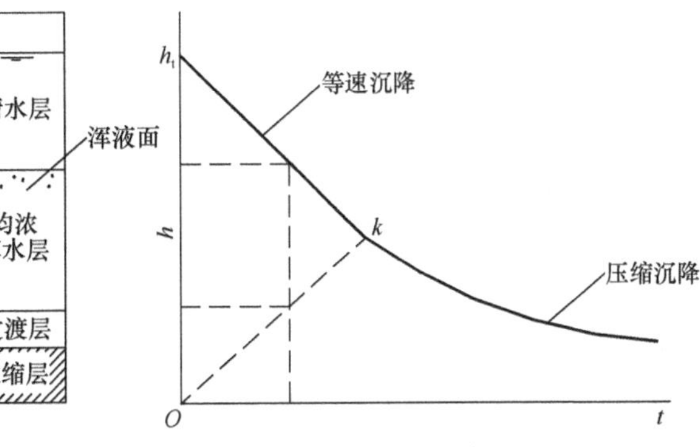

图 4-3 层状沉降和压缩沉降过程

国内对高浊度原水的沉降规律进行了大量研究。高浊度原水中的全部颗粒可区分为稳定颗粒和不稳定颗粒两部分。不稳定颗粒粒径较大，将在沉降过程中从均浓浑水层中沉降除去，而稳定颗粒则组成均浓浑水层，以同一沉速下沉。根据对黄河高浊度水所作的试验，极限稳定粒径约为 0.010～0.013mm。若把稳定粒径的沉速

与浑液面沉降速度加以比较，可以发现浑液面的沉速远远大于单独稳定颗粒在静水中的沉速。这说明均浓浑水层中的颗粒是以相互聚集成群的形式沉降（也称为自然絮凝）。

4.1.4 压缩沉降

压缩沉降也即浓缩。当沉降颗粒积聚在沉淀池底部后，先沉降的颗粒将承受上部沉积颗粒的重量。颗粒间的孔隙水将由于压力增加和结构的变形而被挤出，使浓度不断提高。因此浓缩过程也就是不断排除孔隙水的过程。各种浓缩池及沉淀池积泥区的浓缩均属这一类型（图 4-1 中的Ⅳ类）。

如图 4-3 所示，当浑液面沉降至临界点 k 以后，沉降的颗粒将全部处于压缩阶段。

关于压缩沉降的计算，常以肯齐（Kynch）沉淀理论为基础。他的基本假设为：

（1）悬浮固体层的任何水平面内固体的浓度是均匀的，且颗粒都以相同的速度下沉；

（2）颗粒的沉速只是其所在位置处颗粒浓度的函数，即 $u=f(C)$；

（3）整个沉降高度的初始浓度分布是均匀的，或者是沿沉降深度逐渐增加的。

压缩阶段的沉降过程可用下列近似公式表示：

$$h-h_{\infty}=(h_{0}-h_{\infty})e^{-kt} \tag{4-8}$$

式中 h——时间 t 时压缩层高度；

h_0——沉降开始时压缩层高度；

h_{∞}——最终的压缩层高度；

t——沉降时间；

k——常数。

关于高浊度水的沉降理论，国内不少学者也作了广泛的研究，读者可参阅有关文献，本文不作详细介绍。

4.2 沉淀池设计原理

沉淀池设计主要根据原水混凝后所产生的絮粒特性，根据沉淀后出水水质要求，确定沉淀池的形式和尺度，以及进、出水口布置及相应排泥设施。由于原水水质经常变化，虽可通过加药措施及时调整，但要单纯依靠颗粒沉降理论作出完善的设计是困难的。因此，在实际工作中主要是依据设计理论的概念，结合规范规定，采取经验数据法或通过模型试验法，来确定设计参数。经验数据法是在规范数值之内参考类同地区、类同水质、类同池型，通过实际生产运行效果分析，从而确定沉淀池的设计参数。模型试验法是将所假定的池型和设计参数，根据水力相似原则进行尺度上比例缩小，通过混凝后进行沉淀试验，以求取达到要求出水水质标准的各项合理参数。早在 20 世纪 60 年代，苏联学者克略契科曾著书提出将原水经过一整套模型，求取原水“沉淀性”、“过滤性”等指标，作为沉淀池等设计的参数依据。但由于模型试验的“相似”条件十分复杂，故实际上应用不多，多被用作科学研究以及新设计、新理论、新设备应用时试验验证。

沉淀池设计在当前虽大都采用经验数据的方法，但对沉淀池的设计理论和有关沉淀池设计的一些经典著作的原理，还是必须掌握，以便在设计和生产实际中对各种现象作出合理判断，并在学术上加以进一步研究发展。本文对有关沉淀设计经典论著中的基本观点将作扼要介绍。

4.2.1 沉淀池设计基本理论

颗粒在沉淀池中的沉淀，除了取决于本身的沉降特性外，还受池型及池内水流的影响。处于流动水体内的颗粒，一方面受重力作用而下沉，另一方面也被流动的水体所迁移。此外，水体的紊动也会作用于颗粒，而改变颗粒的运动状态。因此，对于沉淀池的设计，除了需要研究颗粒的沉速规律外，还需考虑水体流动对颗粒沉降的影响。

由于给水处理的悬浮液不是由单一性质的颗粒所组成，因此，在沉淀池设计中必须考虑颗粒大小、形状及密度等方面存在的差异。在实际的悬浮液中，颗粒的沉降速度将呈一定的形式分布，平均沉降速度 $\overline{u}$ 可用下式表示：

$$\overline{u}=\frac{1}{C}\sum_{i=1}^{\infty}u_iC_i \tag{4-9}$$

式中　C——悬浮液颗粒浓度；

C_i——i 级颗粒粒径的浓度；

u_i——i 级颗粒粒径的沉速；

对于沉淀池中各点的悬浮颗粒浓度 C，将随在池内的位置及时间而改变，即 $C=f\ (x\cdot y\cdot z\cdot t)$。$x$，$y$，$z$ 为假定的沉淀池坐标系。研究沉淀池中的沉淀规律，实质上就是研究池内颗粒浓度 C 的变化规律，对于沉淀池中颗粒浓度的连续方程式可表达为：

$$\frac{\partial C}{\partial t}+v\frac{\partial C}{\partial x}+U\frac{\partial C}{\partial y}+W\frac{\partial C}{\partial z}-\frac{\partial}{\partial z}(\overline{u}C)-\frac{\partial}{\partial x}\left(D_x\ \ \frac{\partial C}{\partial x}\right)-\frac{\partial}{\partial y}\left(D_y\ \ \frac{\partial C}{\partial y}\right)-\frac{\partial}{\partial z}\left(D_z\ \ \frac{\partial C}{\partial z}\right)=0 \tag{4-10}$$

式中　v、U、W——液体流速在 x、y、z 三个方向的分量；

D_x、D_y、D_z——在 x、y、z 方向的扩散系数。

式中的平均沉速 $\overline{u}$，并不一定是常量。对于具有絮凝影响的悬浮液，其 $\overline{u}$ 是不断变化的。

求解式 4-10 涉及到许多边界条件和基础资料的假设，较为困难。但可用作指导沉淀池设计的基本概念。

4.2.2　理想沉淀池

由黑曾和之后坎普等推导的理想沉淀池的沉淀效率计算公式，是沉淀池设计中最早的经典理论公式。由于理想沉淀池假设液体不存在紊动扩散，水流仅作水平运动，在池宽方向的浓度分布完全一致，而且池内浓度分布为稳定状态，因此式 4-10 可简化为：

$$v\frac{\partial C}{\partial x}-\overline{u}\frac{\partial C}{\partial z}=0 \tag{4-11}$$

而 $C=f\ (x\cdot z)$

图 4-4 为黑曾理想沉淀池的示意图，同时假设：

(1) 沉淀区内的水流在任何一点处的流速均完全相同，也就是“推流式”水流；

(2) 从进水区进入沉淀区的悬浮颗粒的浓度及分布在池深方向完全一致，且在沉降过程中沉速也不发生变化；

(3) 任何颗粒一接触池底，即被认为有效地除去，而至出水区尚未接触池底的颗粒则全部由出水带走。

根据理想沉淀池原理，具有沉速为 u 的颗粒在沉淀区的沉降轨迹应为沿水平流速 v 和沉速 u 的合成速度方向的直线。具有同一沉速的颗粒，其沉速轨迹相互平行。对于从进水区液面进入而在出水区正好到达池底的颗粒沉速称为截留速度（u_0）或特定颗粒沉速。显然对于沉速 $u\geqslant u_0$ 的颗粒将在沉淀区内全部除去，即沉淀效率 $r=1$，对于沉速 $u<u_0$ 的颗粒在沉淀区内只能部分去除，其去除百分比率 $r=u/u_0$。

如沉淀区的停留时间为 T，则相应沉淀池的截留速度为：

$$u_0=\frac{H}{T}=\frac{H}{L/v}=\frac{H}{L}\cdot\frac{Q}{BH}=\frac{Q}{BL}=\frac{Q}{A} \tag{4-12}$$

式中　A——沉淀池的表面积；

Q——沉淀池流量；

L、B、H——沉淀池的长、宽、深。

由式 4-12 可知，理论上能 100%去除的最小颗粒的沉速 u_0 与池深无关，仅取决于单位表面积的沉淀流量。因此，沉淀池的截留速度又被称为液面负荷。

由于进入沉淀池的颗粒具有一定的沉速分布，因此沉淀池的总去除率应为：

$$R=\int_{u_0}^{u_{\max}}f(u)\mathrm{d}u+\frac{A}{Q}\int_{u_{\min}}^{u_0}uf(u)\mathrm{d}u \tag{4-13}$$

式中　$f(u)$——颗粒沉速分布曲线，即

$$\int_{u_{\min}}^{u_{\max}}f(u)\mathrm{d}u=1$$

图 4-5 为计算理想沉淀池沉淀去除率的基本图式。

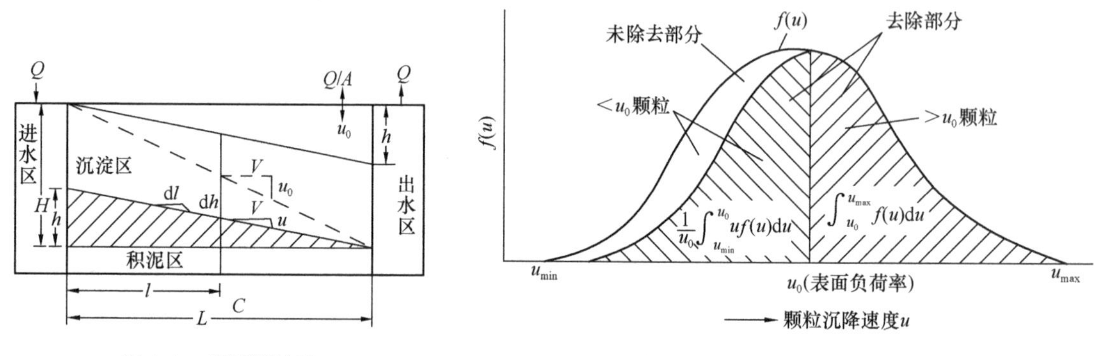

图 4-4　理想沉淀池　　　　图 4-5　理想沉淀池颗粒去除率

根据理想沉淀池概念，无论对于沉速大于或小于截留速度的颗粒，沉淀去除率都仅取决于沉淀池的表面负荷率，而与池深无关。这一结论对于研究沉淀池沉淀效率具有重要的指导意义。但由于理想沉淀池所作的简化假定与实际沉淀池中的沉淀现象有一定的差别，因此尚不能据此进行沉淀池的具体设计。

理想沉淀池与实际沉淀池最主要的差别为：

(1) 混凝沉淀池中大多数颗粒都具有絮凝性能，因此在沉降过程中，颗粒的沉速将发生变化；

(2) 沉淀池内的流速不可能完全相同，而具有一定的流速分布；

(3) 大多数沉淀池的水流处于紊流状态下，流速的脉动将对颗粒沉降带来一定影响。

上述这些因素都影响沉淀效率，而且是必须考虑的。

4.2.3　多嘴沉降管的试验和分析

对于絮凝颗粒，由于在下沉过程中沉速不断变化，因而其截除效率将不同于理想沉淀池的计算，一般可用麦克劳克林（McLaughlin）建议的多嘴沉降管的试验来确定。多嘴沉降管同样可反映拥挤沉降对效率的影响。多嘴沉降管如图 4-6 所示。

图 4-7 所示为利用多嘴沉降试验资料绘制的试验成果图。横坐标表示相对浓度 C'（即实际浓度 C 除以原水浓度 C_0），纵坐标为从水面以下的水深 h，而以沉降时间 t 作为参数。

对于分散颗粒其沉淀效率仅为截留速度 u_0 的函数（$u_0=h/t$），因此图 4-7（a）虚线所示对应

于各 h/t 的相对浓度 C' 均应相同，也即连接不同沉淀时间的 h/t 线应平行于纵轴。此时的沉淀效率仅取决于 h/t 值，而与水深无关，其计算结果与理想沉淀池完全一致。利用多嘴沉降管的试验可直接绘制沉淀效率与截留速度的关系曲线，而毋需按理想沉淀池计算所要求的进行颗粒沉速分布的组成分析。

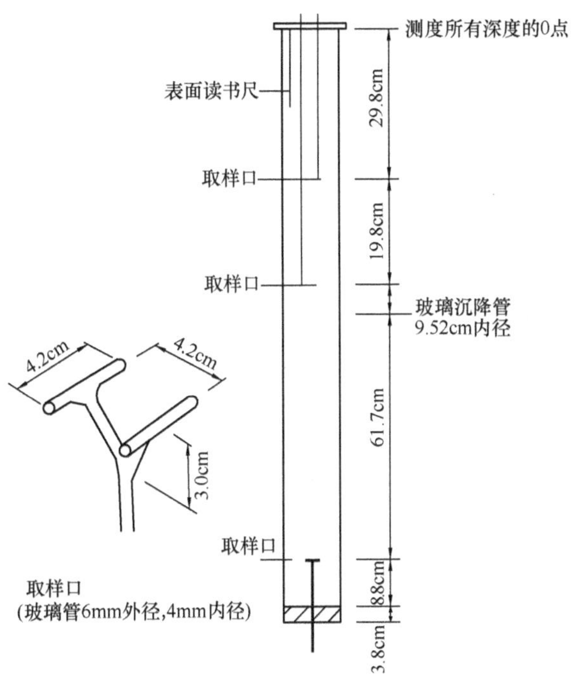

图 4-6 多嘴沉降管

对于絮凝颗粒，其沉速将随着沉降深度的增加而加大，因此连接不同时间的 h/t 线，将随着 h 的增加，C' 相应减小，如图 4-7（b）所示，此时沉淀去除率可用下式计算：

$$R = 1 - \frac{\int_0^H C'(h,t)\mathrm{d}h}{C'_0 H} \quad (4\text{-}14)$$

式中 C'_0——沉降开始时的颗粒相对浓度；

$C'(h,t)$——不同沉降时间 t 和不同深度 h 的颗粒相对浓度；

H——池深。

式 4-14 可利用图 4-7 所示的多嘴沉降管的试验资料进行图解。上式的分母部分即为 O-A-B-H-O 面积，而分子部分为 O-A-B-C-O 所围的面积，其中 C 为设计沉淀时间时相应池深 H 处曲线上的点。因此沉淀去除率可表示为：

$$R = \frac{\text{面积}\,OABC}{\text{面积}\,OABH} \quad (4\text{-}15)$$

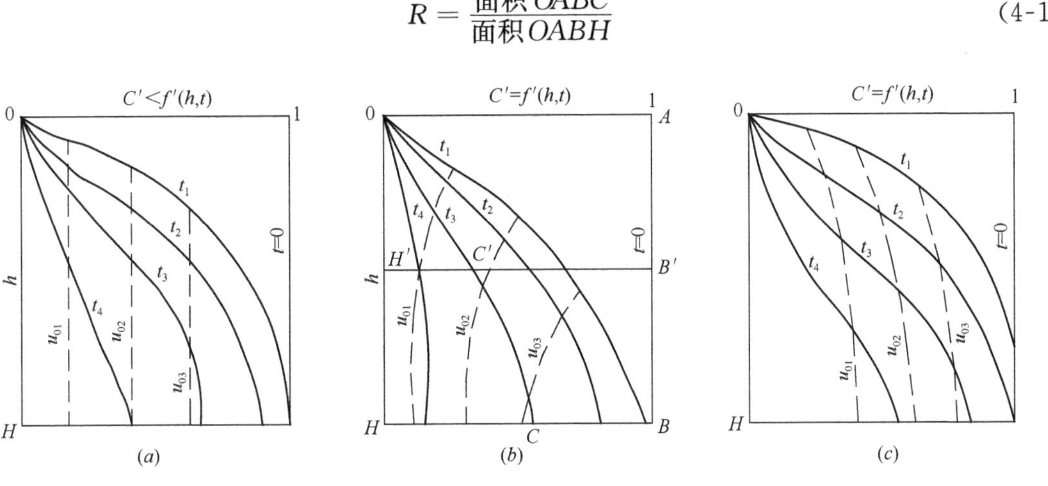

图 4-7 多嘴沉淀试验成果

（a）分散颗粒沉降；（b）絮凝颗粒沉降；（c）拥挤沉降

显然对于絮凝颗粒在相同的截留速度下，R 将随着池深的增加而增加，也即图 4-7（b）中的 $OABC$ 与 $OABH$ 面积之比将大于 $OAB'C'$ 与 $OAB'H'$ 面积之比。而对于分散颗粒，两者的面积之比为一常数。

如果颗粒沉降的絮凝作用已大得足以使沉淀的去除率只取决于停留时间，而与截留速度无关时，则多嘴沉降试验的不同时间浓度的曲线将为一系列平行于纵轴的平行线。显然这种极端的情况在给水处理中也是不会出现的。在一般情况下，沉淀池的沉淀效率应同时取决于截留速度和停留时间两个因素。

对于具有拥挤沉淀的情况，连接不同时间的 h/t 线，C'将随着 h 的增加而相应降低，如图 4-7（c）所示。其沉淀去除率的计算，也可用絮凝颗粒的相同方式，但其在相同截流速度下的去除率将随池深的增加而降低。

4.2.4 紊流影响

沉淀池的水流多属紊流状态，紊流的主要特征是流速的脉动现象，相邻流层间，不断进行液体体积和质量的交换，从而也进行着颗粒浓度的交换。由于这种交换的结果，势必带来对颗粒去除率的影响。有关这方面的计算，有各种假设和推导，但在实际应用上还都存在一定困难。

沉淀池中的紊动扩散包括垂直向的紊动扩散和纵向的紊动扩散。一般认为垂直向的紊动扩散远大于纵向的紊动扩散。

为了考虑沉淀池的紊流影响，黑曾根据把整个沉淀池水流作为由 n 个完全混合流水流串联组成的假设，提出了对沉速为 u 的颗粒的去除率 r 的公式：

$$r=1-\left(1+\frac{1}{n}\frac{u}{u_0}\right)^{-n} \tag{4-16}$$

n 实际上是表示沉淀池混合程度的系数。n 越大，表示池内水流的纵向混合越小。当 $n\to\infty$，相当于只考虑垂直扩散，而不考虑纵向扩散的情况。图 4-8 为式 4-16 关系式的示意图。

式 4-16 中，由于按完全混合流考虑，因此其垂直扩散系数 D_z均为∞。

当不考虑纵向扩散，而垂直扩散系数又不是∞时，可利用图 4-8 中的 i 线查对沉降的影响，图中 $i=uH_o/2D_z$（其中 H_o表示池深）。对于水流为推流的理想沉淀池，则相当于 i 为∞。

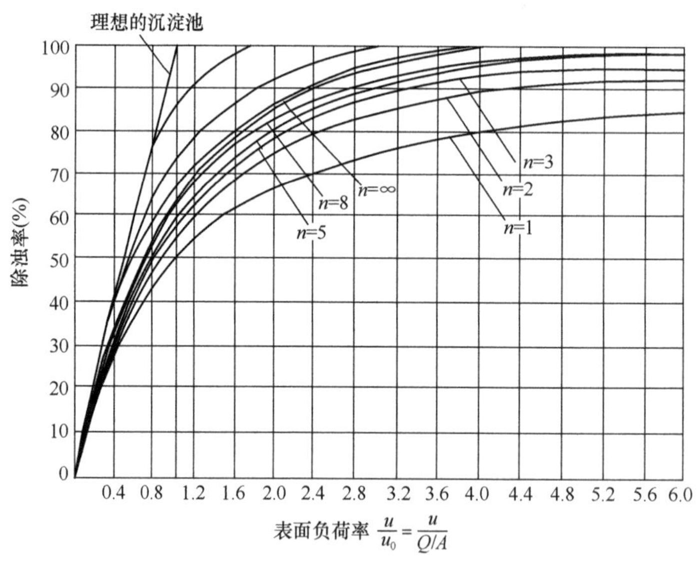

图 4-8 紊动扩散对沉降效率的影响

4.2.5 实际沉淀池等浊度线测定的分析

上述关于沉淀池设计理论的分析，都是限定在某一特定的条件下所作的推导，因而都具有局限性。例如，理想沉淀池未考虑沉速的变化和水流的作用；多嘴沉降管试验的计算，虽考虑了沉速的变化，但同样没有考虑水流的影响；紊流影响的理论计算虽然考虑了紊流的作用，但又没有考虑沉速的变化，而其计算中的很多假定在实际设计中也难以应用。

由于沉淀池的沉淀效果是多种因素共同作用的结果，这就给理论求解带来困难和复杂。然而生产运用的沉淀池却能最实际地反映上述各种因素的综合。因此，如能对相似条件下的实际生产池进行测定分析，则对于设计将具有现实的指导意义。

对实际生产池的测定，一个较简单的做法是测定沉淀池断面的浊度分析，也就是沿沉淀池的纵向选定一个典型的断面位置，测定断面不同水平距离和深度的浊度，然后绘制断面等浊度线。沉淀池的断面等浊度线，能在很大程度上反映流动情况下颗粒的沉降情况。

按照理论分析，若沉淀过程符合理想沉淀池原理，则测定的等浊度线应是以进口水面为原点的一系列放射线，如图4-9中曲线（a）所示。通过对等浊度线间距的分析，尚可得出颗粒的组成。图4-9中点1的浊度表示沉速$u_1 \leqslant yv/l_1$的颗粒浓度，而点2的浊度则表示沉速$u_2 \leqslant yv/l_2$的颗粒浓度，点1与2点间浊度值差即为原水中介于沉速为u_1与u_2之间的颗粒浓度。因此，当y相同时，单位水平距离上的浊度差越大（即等浊度线越密），表示原水中该部分沉速的颗粒所占的比重越大。

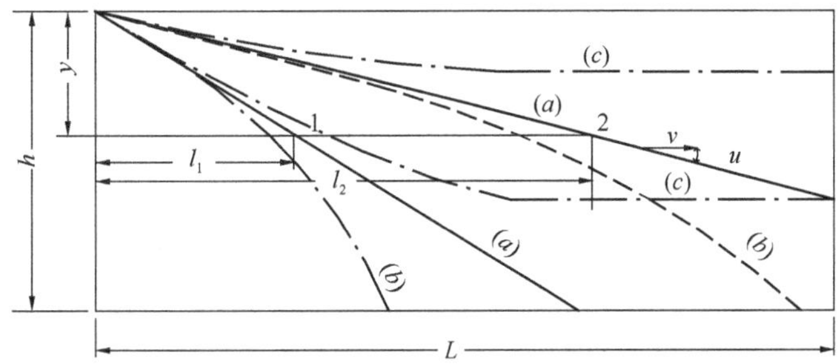

图4-9　沉淀池理想等浊曲线

对于具有絮凝性能的颗粒，由于在沉降过程中加速下沉，因而其沉降轨迹将不再是一根直线，而为向上凸的曲线，如图4-9中曲线（b）所示，曲线的曲率越大，絮凝作用的影响越明显。

对于因紊动扩散而使颗粒沉速减慢，或在沉降过程中絮粒破碎，都可能使等浊度线呈向下凹曲的线形，如图4-9中曲线（c）所示。当紊动的影响足以达到使颗粒处于悬浮平衡状态时，等浊度线将呈水平直线的形式。

图4-10所示为两个实测的断面等浊度线图。从实测资料可以看出：

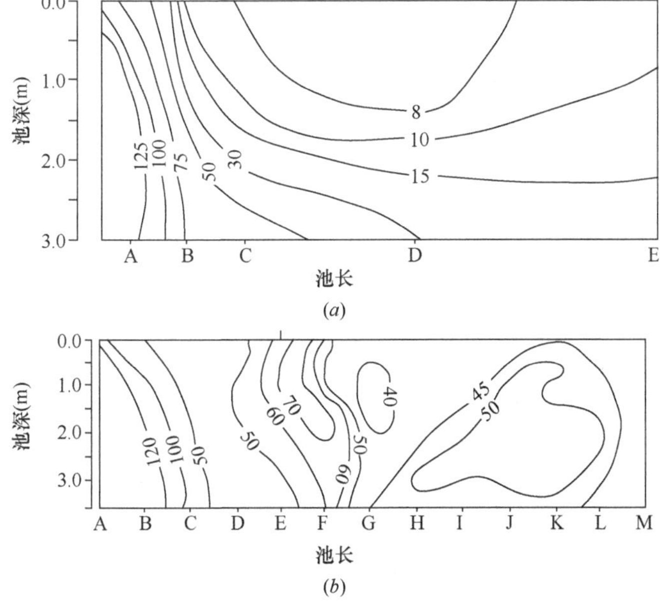

图4-10　实测沉淀池等浊度线

（a）直流式沉淀池；（b）具有二次转折的沉淀池

(1) 沉淀池进口区具有明显的絮凝影响和进口的紊动作用;

(2) 在沉淀后阶段的相当距离内,浊度已基本稳定,沉淀效果并不明显;

(3) 出口对颗粒沉降有一定影响;

(4) 转折处的紊动加剧了混合作用。

实测沉淀池等浊度线可以认为是多嘴沉降管试验的另一种方法。不同水平距离的浊度,实际上相当于不同停留时间的浊度测定。因此可以将断面浊度实测结果用多嘴沉降管试验的方法进行理论分析,并进行沉淀去除率的计算,而其计算结果则包含了实际沉淀池中所出现的因素,因而更能符合实际。

4.2.6 设计方法和控制指标

虽然沉淀池的设计理论为沉淀池的合理设计提供了一定基础,但直接用以进行具体计算,在实用上还存在不少困难。

沉淀池设计的主要指标是:在一定水平流速和池深情况下的停留时间或截留速度(液面负荷)。沉淀池设计中,采用截留速度还是停留时间作为主要控制指标,应根据原水性质和沉淀方式而定。对于非絮凝颗粒以及采用浅层沉淀的形式(例如斜管、斜板沉淀池),由于颗粒沉速的变化不大,一般应以截留速度作为控制指标。对于絮凝颗粒,一般不能单用截留速度作为控制指标,还必须结合停留时间一起考虑。根据 Вейцер 及 Колобова 的实验资料,为达到相同的沉淀效率,停留时间与池深的关系可表示为:

$$\frac{t_1}{t_2} = \left(\frac{h_1}{h_2}\right)^{n} \tag{4-17}$$

显然当絮凝指数 n 接近 1 时,设计应按截留速度为控制指标,而当 n 趋于 0 时,应以停留时间作为控制指标,而实际的混凝沉淀池其 n 约在 0.2~0.5 范围内,故大多数情况下两个指标均应同时考虑。

至于采用雷诺数($Re=vR/\nu$)及弗劳德数($Fr=v^2/Rg$)作为沉淀池设计的主要指标,是不够确当的。雷诺数和弗劳德数都是控制水流状态的指标,它可间接地对沉淀效果产生影响,但在一般情况下不是控制沉淀效果的主要因素。

4.3 沉淀池分类和选用

4.3.1 沉淀池分类

给水处理中所采用的沉淀池,大致可作如下几种分类:

(1) 按沉淀的目的可分为预沉、滤前沉淀、最终沉淀等类型。

预沉常被用于原水悬浮物含量(特别是泥砂含量)无法满足一次沉淀条件时,通过预沉处理使水质能达到进一步沉淀的要求。例如我国的黄河水,含砂量一般可达每立方米数十公斤,甚至高达数百公斤以上。对于这样的原水,如采用一次沉淀一般难以满足后续处理工艺的要求,因此需要考虑沉砂池或预沉池等措施。

滤前沉淀是水厂中应用最多的沉淀形式,其目的是去除水中悬浮物以使出水达到过滤对水质的要求。随着水厂出水水质标准不断提高,沉淀池出水浊度的控制指标历年来逐步降低。目前多数水厂的沉淀池出水浊度控制在 5NTU 以下。

最终沉淀是以沉淀作为净水的最后处理阶段,其出水即为制成水,直接供用户应用。这类沉淀池在工业用水中应用较多。沉淀出水的水质随用户要求而定,因而这类沉淀池的水质要求往往很不一致。

（2）按是否加注混凝剂分类可分为自然沉淀和混凝沉淀两类。

对于不加混凝剂的沉淀池称作自然沉淀池。自然沉淀完全依靠颗粒本身的沉降性能进行沉淀分离，以去除砂粒等粗杂质为主的也称沉砂池。

对于以胶体状颗粒为主的悬浊液，由于沉速较小，采用自然沉淀的方法，无法达到去除的目的，此时常需投加混凝剂。混凝沉淀是水厂中应用最多的一种沉淀形式。

（3）按沉淀池的水流分类可分为竖流式、平流式、辐流式及斜管（板）等多种形式。

（4）按截除颗粒的沉降距离分类，可分为一般沉淀和浅层沉淀。由于分散性颗粒的沉淀去除率只取决于沉淀的表面面积，而与池深无关，因此浅层沉淀可带来明显好处。至于浅层沉淀和一般沉淀的池深划分，目前尚无明确界限。实际上斜管沉淀的原理即按浅层沉淀而来。

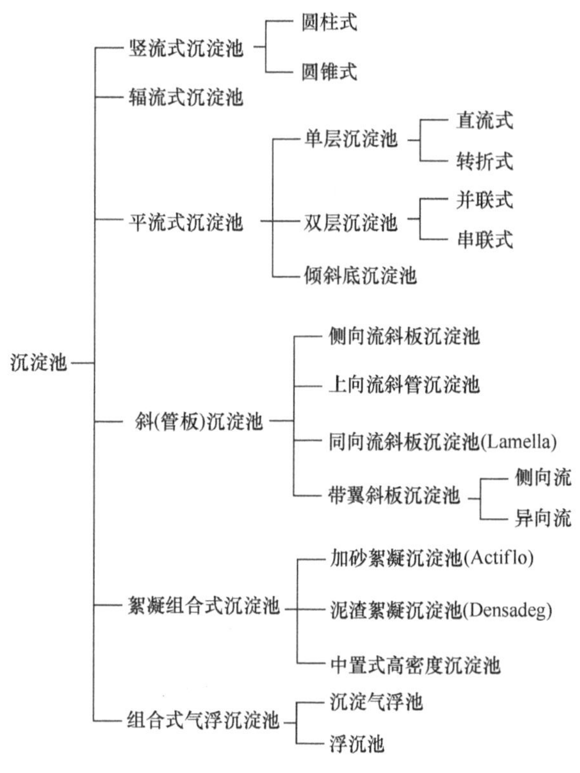

图4-11 沉淀池的各种形式

沉淀池根据具体要求可设计成多种形式，具体分类如图4-11所示：

4.3.2 选择沉淀池形式的考虑

选择沉淀池主要根据处理水量和原水水质在絮凝后形成絮粒的特性以及处理规模、场地情况、气候条件、操作经验和高程布置等因素而定。现就各类沉淀池的特点及适用性列述如下：

1. 竖流式沉淀池

历史上曾用于小型水厂，由于沉淀效果差目前已不选用。

2. 辐流式沉淀池

辐流式沉淀池多用作自然沉淀，适用于高浊度原水的预沉淀。我国兰州西固水厂即采用辐流式沉淀池作为预沉（直径100m，水清时自然沉淀，高浊度时投加聚丙烯酰胺混凝剂。原水的设计含砂量高达100kg/m^3）。

3. 平流式沉淀池

平流式沉淀池是净水厂设计中应用较早也是应用较多的一种沉淀形式，它既可用作滤前沉淀处理，也可用作预沉（沉砂）或最终沉淀处理。

平流式沉淀池的主要优点是构造简单，池深较浅，造价较低，沉淀效果稳定，操作管理方便，平流式沉淀池对原水变化的适应性强，耗药量一般较低。

平流式沉淀池的主要缺点是平面面积较大，池浅而狭长，对地质、地形常受限制。近年来为了节约用地，不少设计将清水池设在平流式沉淀池下，形成叠层结构，节约了用地并解决了沉淀池过浅的高程布置问题，已得到国内不少水厂采用。

平流式沉淀池一般适宜用作大、中型水厂（单池为2万～15万m^3/d）的混凝沉淀，尤以大型水厂更为经济、适用。对于以沉淀作为最终处理的工业用水，常可根据出水水质的要求，控制加药量。

对于小型水厂，因为平流式沉淀池长度几乎与水量无关，而水量少时宽度过狭，形成带状，对结构和布置十分困难，故直流式水平沉淀池很难适用。为了适应小水厂应用，可将直流式改为转折式，将池长作180°弯折，并在转弯后放宽以降低流速，这种转折平流式沉淀池，可适应小型水厂中应用。单池规模在1.5～2.5万m^3/d左右（见本书第16章）。

多层沉淀池一般采用2层或3层，可以并联或串联，日本、美国以及我国香港都有应用。由于这种多层沉淀池的分层结构及排泥问题较为复杂，以前在国内设计中采用较少。

4. 斜管（板）沉淀池

斜管（板）沉淀池的主要优点是沉淀效率高，上向流斜管沉淀池的液面负荷一般为1.5～2.5mm/s，平流式沉淀池约为0.4～0.6mm/s（机械搅拌澄清池也只有0.8～1.0mm/s），因而斜管沉淀池的平面面积约为平流式沉淀池的1/3左右。至于同向流斜板沉淀池其平面面积更小。

斜管沉淀池的造价指标在几种沉淀（澄清）形式中也是较低的一种，对水质变化有一定适应性，但不及水平沉淀池稳定。而与水平沉淀池相比，药耗略高。

斜管沉淀池适应水量规模的幅度较大，应用较多的范围大致在每座2～10万m^3/d。目前在中小型水厂应用较多，小到每座5000m^3/d以下。

5. 同向流斜板沉淀池

由于水流方向与集泥方向均为下向流，故亦称下向流斜板沉淀池或兰美拉（Lamella）斜板沉淀池，由于其水流收集与排泥较为复杂，出水水质不够稳定，而且池深较大，故近年来已少应用。

6. 侧向流斜板沉淀池

侧向流斜板沉淀池亦因池深方向侧板需要转折，在转弯处泥水交汇，故出水不及上向流稳定，应用较少。

7. 特殊形式沉淀池

（1）泥渣回流絮凝沉淀池其原理类同机械搅拌澄清池，但因泥渣经过浓缩后回流至絮凝池，故进一步提高了絮凝效果，后续沉淀采用了斜管沉淀，三者组合布置成为一个整体，出水水质效果好，但造价较高，并增加了浓缩机械和回流设施。当水厂要求排泥水进行脱水处理时，可省去浓缩工艺。

（2）加砂絮凝沉淀池，采用回流细砂投加絮凝池，作为絮凝颗粒的载体，提高絮凝效果。后续沉淀同样采用上向流斜管沉淀。细砂经泥水分离后继续回用。这类组合沉淀池与泥渣回流同样有较好效果。目前已开始应用，很有发展前途。

（3）与气浮池组合的沉淀池主要是应对原水水质变化较大，有时段出现藻类，或低温低浊颗粒少而不易沉降去除，适宜采用气浮，而有时段浊度较高适宜于沉淀，故而采用一个池内两种工艺，既能气浮又能沉淀。

4.4 平流式沉淀池设计

平流式沉淀池，应用年代最久，随着不断地总结和提高，在设计指标和池形上均有所改进。池形布置上趋向于狭长，池深趋浅，出水指形槽趋长以及水平流速有所加大等。为此，《室外给水设计规范》在历次版本修改中，对设计指标等都作了相应新的规定。

4.4.1 主要设计指标的选用

1. 沉淀时间

沉淀时间是沉淀池设计的一个重要控制指标，《室外给水设计规范》GB 50013—2006对沉淀时间规定为 1.5～3.0h。

由于各地水质、水温等的差别，实际运行的沉淀时间有很大出入。早在 20 世纪 60 年代对上海部分沉淀池所作的分析，沉淀时间最短的仅为 0.69h（41min）。若以全国统计，则差距更大。近年来，国家对水质要求不断提高，一般沉淀池出水浊度已控制在 3～5NTU 以下，有些甚至在 1NTU 以下。沉淀池设计已不再追求时间短，而希望出水浊度降低。

国外的沉淀池沉淀时间均较长，美国规定的有刮泥设备时为 1.5～2h（气温较高地区）至 4h（气温低时），1977 年日本曾定为 3～5h，1990 年取消了停留时间的规定而代以截留速度。

在具体选用沉淀时间时，下列因素应予以考虑：

（1）当原水以淤泥质为主，且浊度适中时，沉淀时间可以偏短；当原水以色度或有机质为主时，沉淀时间宜适当增长。

（2）水温较低影响絮凝效果，使颗粒的沉速降低。因此，对于低温水应选用较长沉淀时间。

（3）当因布置困难而选用较低水平流速时，体积利用系数可能降低，因而宜适当增加沉淀时间。

（4）由于沉淀效果取决于液面负荷（即沉淀池的截留速度），因而当设计沉淀池的池深较浅时，相应可以选用较短的沉淀时间。

2. 水平流速

由于水平流速对沉淀池的影响较大，故将其列为设计平流式沉淀池的主要指标之一。水平流速的提高，有利于沉淀池体积的利用，减少短流的影响并增加紊动而引起的絮凝作用。但是池内水平流速的提高也使水流紊动而挟带细小颗粒的作用增强，流速过大时，还会造成对池底沉泥的冲刷。

理论上沉淀池的水平流速应以控制池底冲刷为上限，为防止池底沉泥冲刷，英格索尔（Ingersoll）提出水平流速应满足如下条件：

$$\frac{u}{\sqrt{\tau_0/\rho}}=\frac{u}{\sqrt{\frac{f}{8}}v}>1.2\sim2.0 \tag{4-18}$$

式中　τ_0——池底摩阻力（剪力）；

ρ——水的密度；

f——摩擦系数；

v——水平流速。

由于摩擦系数（f）很难选定，故上式在实际上，很难利用。

为了使沉淀池充分发挥效益，增加水平流速用以提高沉淀池的体积利用系数是非常重要的（体积利用系数为实际停留时间与理论停留时间之比）。实际沉淀池由于进口分布的不均匀，池壁的摩阻影响以及密度差等因素都可使一部分池体成为滞留区，另一部分则成为短流区，使体积利用系数 η 小于 1。表 4-2 所列为同一个沉淀池在不同水平流速时实测体积利用系数的资料。

水平流速 v 与沉淀池体积利用系数 η 的关系　　表 4-2

流量 (m^3/h)	水平流速 (mm/s)	理论停留时间 T (min)	实际停留时间 T' (min)	$\eta=T'/T$ (%)
680	4.5	231	96	41.6
900	6.5	161	75	46.6
1160	8.4	125	65.5	52.5
1670	11.8	87	48	55.1

由表 4-2 可见，体积利用系数随着水平流速增加而增加是十分明显的。

我国2006年《室外给水设计规范》GB 50013—2006，规定平流式沉淀池的水平流速可采用10～25mm/s。美国《净水厂设计手册》（第五版）建议，在池深约2.1～4.3m时水平流速采用10～20mm/s，与我国基本相同。日本《水道设施设计指针》规定水平流速应小于6.7mm/s，以防止底泥泛起。

3. 池深

水平沉淀池的池深，在理论上应与沉淀效果无关，因为按照理想沉淀池的理论，沉淀效果只与沉淀池的面积有关，因而出现“浅层沉淀”的概念，但实际上因积泥、进出口影响以及池深高程与上下游构筑物关系，故仍然需要很好考虑。

我国《室外给水设计规范》GB 50013—2006认为池深可采用3.0～3.5m。设计多层沉淀池时，池深应较浅。

4. 液面负荷

液面负荷（$u_0=Q/A$）是理想沉淀池决定沉淀效率的唯一指标。尽管实际混凝沉淀池与理想沉淀池有一定差别，但表面负荷率仍是表述沉淀效果的指标。

美国《净水厂设计》（第五版）对液面负荷的推荐为：当处理浊度时采用1.36～2.04m/h，处理色、味时采用1.02～1.70m/h，处理高藻水时采用0.85～1.36m/h。

日本《水道设施设计指针》规定单层沉淀池液面负荷为0.9～1.8m/h，多层沉淀池为0.9～1.5m/h。

我国《室外给水设计规范》GB 50013—2006对平流式沉淀池液面负荷未作规定，若按有效水深及停留时间的相应规定，则液面负荷为1.0～2.0m/h。

4.4.2 池体布置

1. 平面形式

平流式沉淀池一般为长方形水池，通常平面形式有直流式和转折式两种（图4-12）。直流式的水流在沉淀池内不产生转折；转折式则水流发生转折，但转折前有较长的直流段，转折一般只有一次。

平流式沉淀池应首先考虑直流式布置。因为水流在池内的转折，必然在转折处以及转折后的一定范围内造成新的混合扩散，使原来已经开始下降的颗粒又重新在横断面上扩散分布，降低了沉淀效率。为此转折处断面应放宽面积，降低流速。

要使平流式沉淀池布置成直流式的关键是要有合适的厂址地形条件。沉淀池的长度取决于沉淀时间和水平流速，当沉淀时间为1.5h，水平流速为25mm/s时，池长需135m。再加上絮凝池的长度，总的沉淀池长度一般约需80～150m。当厂址的条件对沉淀池的长度方向有一定限制时，可考虑降低水平流速或采用转折式的布置。但水平流速降低往往对沉淀效果有较大影响，因此可与采用转折式的布置进行比较。

由于沉淀池的长度与处理水量无关（当水平流速一定时），如果处理水量较小，沉淀池的池宽很小，平面上很难布置而且单位造价较贵，沉淀池转折布置则可利用中间的导流墙作为非受力结构降低造价。因此在水厂规模小时，可考虑转折的形式。在计算时，转折部分的体积应不作为沉淀池的有效容积考虑。

2. 水池宽、长、深比与导流墙

沉淀池的宽度主要决定于处理水量，因此不同规模的沉淀池形成不同的宽深比例。从水流条件分析，宽度较小的沉淀池，其池壁的边界影响明显；宽度较大的沉淀池，边界影响减少，而形成所谓宽浅的水流形态。由于边界影响的减弱，水流的稳定性降低。因此，在沉淀池设计中对沉淀池的宽深比作了一定的控制，设计规范中规定沉淀池的每格宽度一般为3～8m，最大不超过

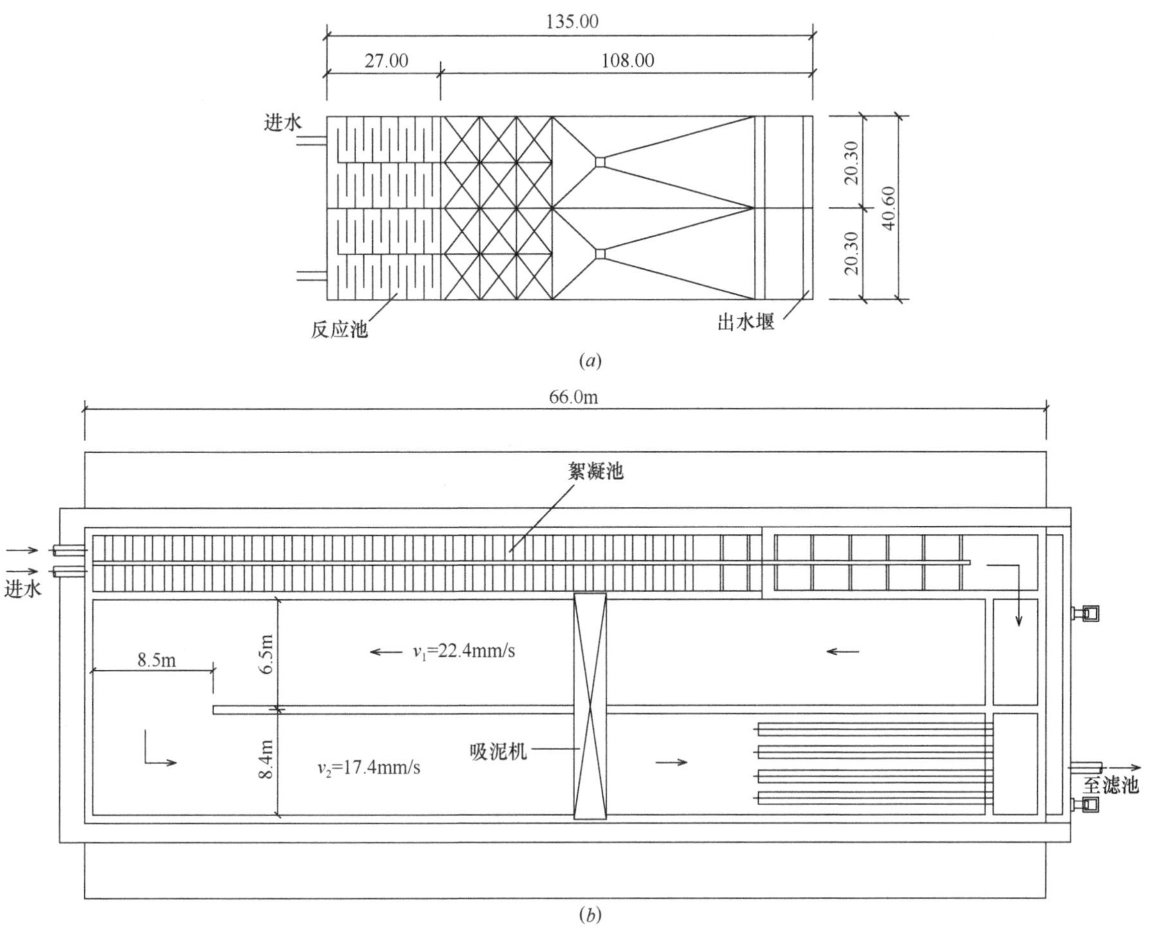

图 4-12 平流式沉淀池布置形式

(*a*) 直流式；(*b*) 转折式（3.0万 m^3/d，v 水平流速）

15m。当沉淀池的设计水量较大时，一般需在沉淀池内用导流墙进行分格，而保持导流墙与池壁的间距不超过上述规定。导流墙为非受力结构，结构较为简单，一般可用砖砌。

《室外给水设计规范》GB 50013—2006 还规定沉淀池长度与宽度或导流墙间距之比不得小于4。长度与深度之比不得小于10。

3. *多层布置*

为了使沉淀的有效深度减少，提出了多层的布置形式。图 4-13 所示为按并联和串联布置的多层沉淀池。国内在20世纪50年代末60年代初曾对并联布置极有兴趣。在同样平面面积下，多层沉淀池的制水能力可获得提高。上海浦东水厂曾将原单层沉淀池改建为3层沉淀池，制水能力增加。然而由于多层沉淀池的排泥问题难以解决，给生产运行带来了很多困难，因而未得到推广。近年来，日本、法国也有一些大型水厂采用3层、4层的并联或串联布置的多层沉淀池。日本东京朝霞水厂（总水量170万 m^3/d）即采用了3层沉淀池（图 4-14）。

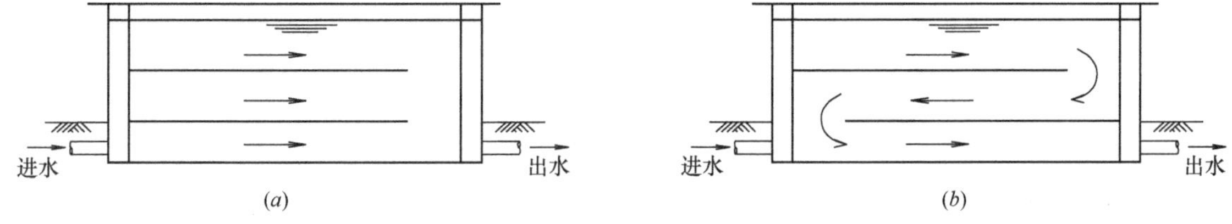

图 4-13 多层沉淀池

(*a*) 并联（剖面）；(*b*) 串联（剖面）

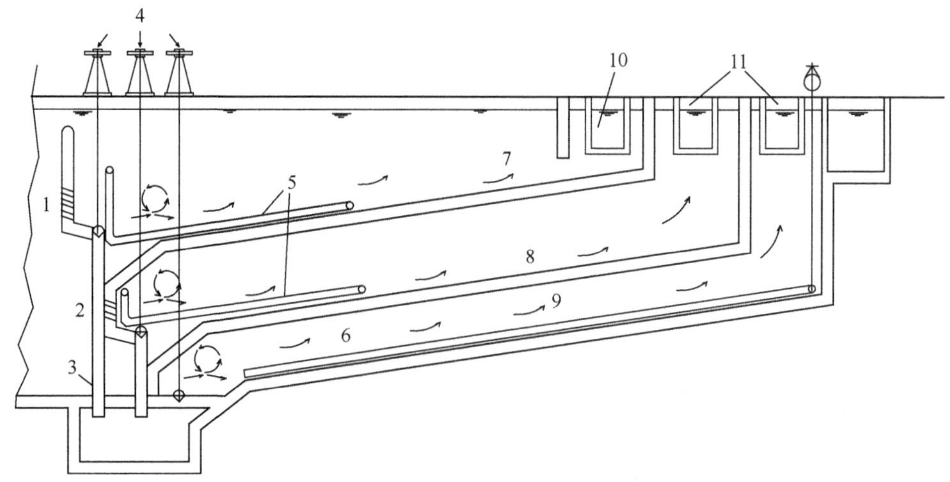

图 4-14　3 层沉淀池剖面图

1—絮凝池；2—进水孔；3—上层污泥排出管；4—手动控制池顶阀；5—污泥抽吸系统；
6—冲洗系统；7—上层沉淀区；8—中层沉淀区；9—底层沉淀区；10—淹没出水孔口；
11—清水收集槽

4.4.3　进、出口的布置

平流式沉淀池设计，除了池体的布置合理外，进口以及出口的布置也是沉淀池设计的重要环节。

1. 进口布置

理想的沉淀池进口设计应满足如下条件：

(1) 使水量和颗粒浓度能在沉淀池的断面上得到均匀分布；

(2) 较小的进口动能，以减少进水的紊流区域；

(3) 应避免进水分配中造成絮粒破碎。

沉淀池进口设计不良，将使池内水流偏离正常的水流形态。图 4-15 所示为几种可能出现的水流形态。Ⅰ为考虑界壁影响的正常水流形态，Ⅱ为典型的池底水流和水面逆流，Ⅲ为典型的表面水流，Ⅳ为典型的偏流。后几种水流形态的出现往往是由于进水分配的不均匀所造成，它们都将降低沉淀池的沉淀效率。

由于进入沉淀池的水流往往偏于沉淀池的一边，如与隔板絮凝池相连的沉淀池，进水大多靠池壁，如图 4-16 中的 A 点。为了避免水流集中于进水方向进入沉淀池，达到配水均匀的目的，应设置整流措施。

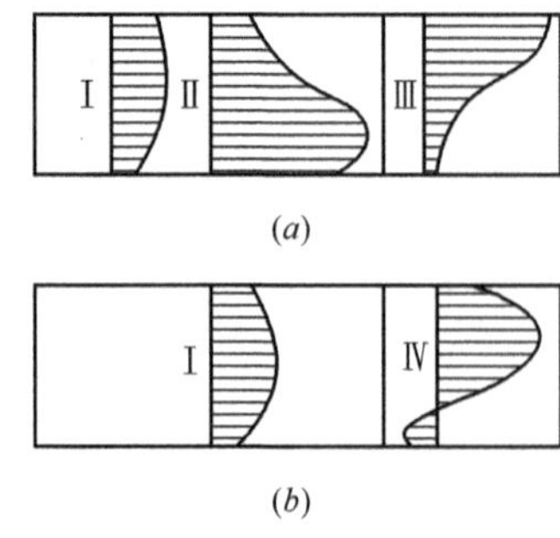

图 4-15　沉淀池水流形态

(a) 剖面；(b) 平面

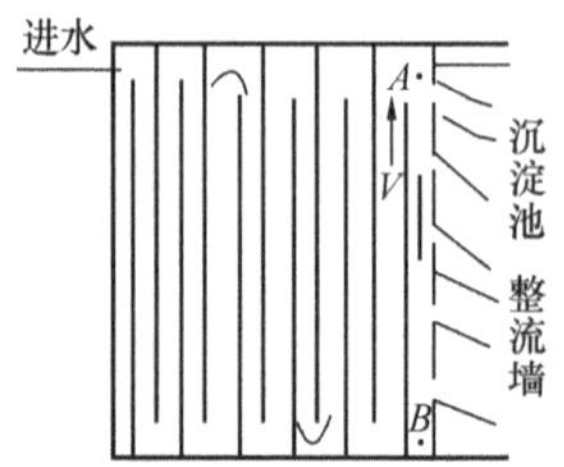

图 4-16　隔板絮凝的沉淀池进水

常用的进水整流设施有进水堰（图4-17a）、淹没孔眼进水渠（图4-17b）以及穿孔墙（图4-17c）等。其中前两种只适用于自然沉淀的进水分配。

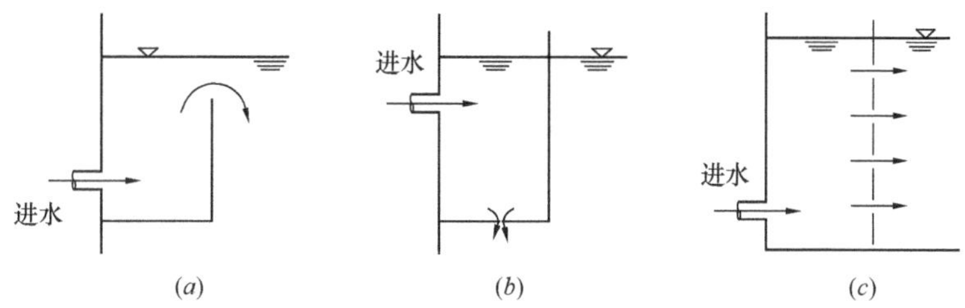

图4-17　沉淀池进水形式

(a) 堰口；(b) 孔口；(c) 穿孔墙

进水穿孔墙是沉淀池进水常用的配水方式，特别对混凝沉淀池。当沉淀池进水如图4-16所示为侧向流入时，在穿孔墙前的横断面上形成了不同的动水压力。进入点A的流速为v，水头为絮凝池末端的水深H，而在渠的终端B，流速为0，其水头相应为$H+v^2/2g-h$（h为渠内的水头损失）。通常用孔口B与孔口A的流速比m作为配水的均匀系数（m为1是表示完全均匀），经有关水力计算公式可推算出：

$$m=\sqrt{1-\frac{h-\frac{v^2}{2g}}{H-H'}} \tag{4-19}$$

其中$H-H'$表示孔口前后的水位差。

由式4-19可知，要使进水穿孔墙的配水均匀，需要使孔眼水头损失增大，即需要采用较高的穿孔流速，但孔眼流速应限制在不破碎已形成的絮粒。

目前穿孔墙孔眼面积多按穿孔流速进行设计。穿孔流速规定不超过絮凝池末端的速度，一般在0.08～0.1m/s以下。国外曾有建议开孔比（孔眼总面积与沉淀池横断面之比）采用5%（美国）和6%（日本）的。考虑到国内沉淀池的水平流速均较高，若采用5%的开孔比，其穿孔流速将高达0.3～0.5m/s，显然将造成絮粒的破碎。美国的相关手册曾建议孔口直径为0.1～0.2m，流速为0.2～0.3m/s，以及较高水头损失。

为了防止对已形成絮粒的破碎，也可通过孔眼出口的G值来进行控制，应使孔眼的G值小于絮凝槽末端的G值。

穿孔墙的孔眼形式一般有：圆形孔、矩形孔、狭长形孔以及断面沿水流逐渐放大的八字形缝孔，而以矩形孔采用较多。但从减小进水紊流区的作用范围考虑，采用八字形孔是较合适的。采用穿孔墙时，其最末一排孔应在渠底以上0.3～0.5m以上，以免影响沉淀池底泥。

2. 出口布置

平流式沉淀池的出口布置应尽量满足以下要求：

(1) 尽可能收集上层清液；

(2) 在池宽方向均匀集水；

(3) 减少因集水而造成的无效沉淀区的范围；

(4) 降低集水流速，避免带出细小絮粒。

历史上常用的平流式沉淀池的出水布置有：堰流式（图4-18a）、锯齿堰式（图4-18b）及孔口式（图4-18c）等。近年普遍采用的为多道指形出水槽（图4-19）。

采用出水堰能达到均匀出水，但要求堰顶以上的水深沿池宽保持一致。这就要求施工时保持足够的精度。堰的负荷率，根据资料介绍，应以不大于12m^3/(h·m)为宜。但事实上单道堰很难布置得符合要求。

锯齿式的出流（即有很多三角堰组成的出流），与一般堰流相比，增加了堰上水深，故对施

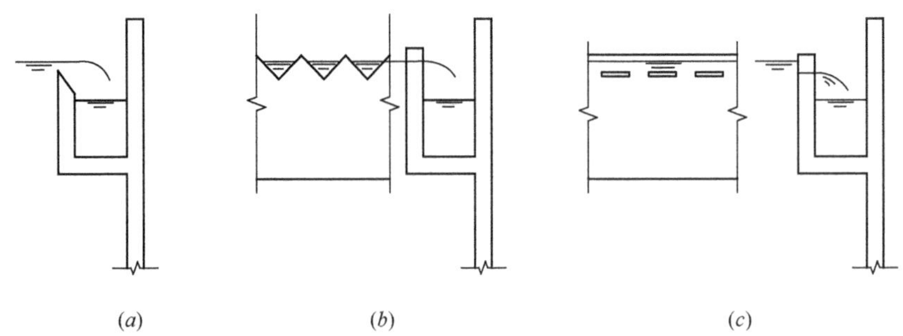

图 4-18 沉淀池出口布置

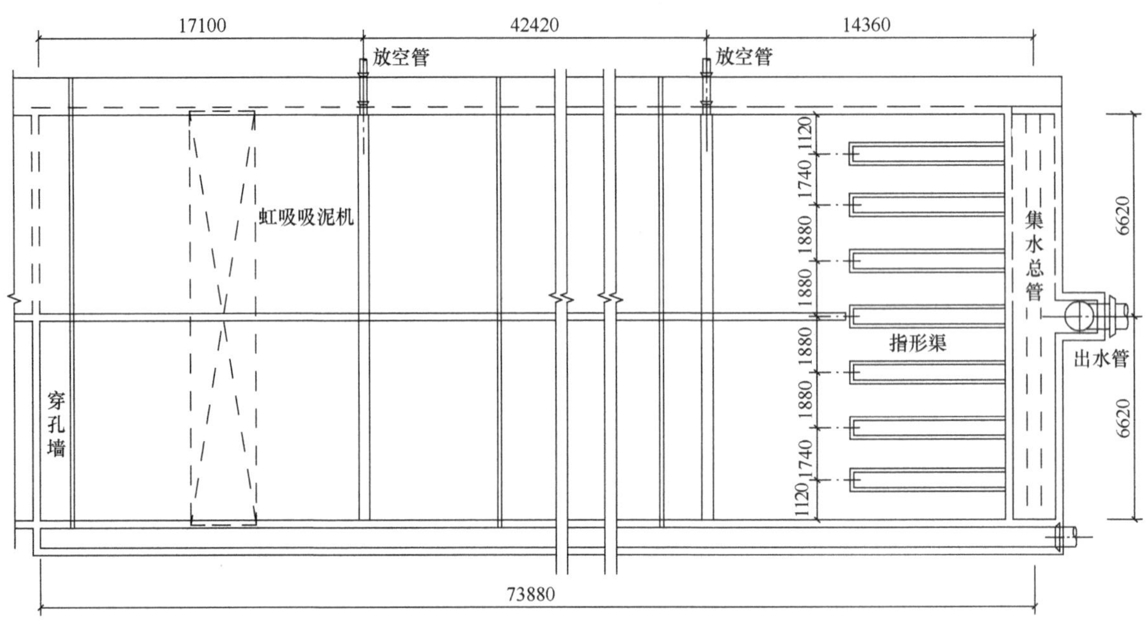

图 4-19 指形集水渠布置

工精度要求可稍低，但锯齿堰的构造较复杂。

采用孔口的出流可以避免池面漂浮物质（例如藻类）随出水带出。当孔口为非自由出流时，孔口的流量取决于孔口前后的水位差。而与孔口的位置关系不大，因此施工的误差影响较小。但是要保持孔口后的水位沿池宽一致往往也是困难的。

指形集水槽是近年来普遍采用的平流式沉淀池集水方式。采用指形集水槽降低了堰的单宽负荷，避免细小絮粒随出水带走。根据《室外给水设计规范》GB 50013—2006 要求，溢流堰集水的单宽负荷不宜超过 $300m^3/(m \cdot d)$。

4.4.4 排泥布置

为了维持沉淀池的正常运行，及时排除沉泥非常重要。以前不少采用斗式排泥的沉淀池，常由于不能完全排出沉泥而需定时放空清池。放空清池不仅劳动强度高，而且将影响水厂的正常运行。因此，合理设计沉淀池的排泥措施也是沉淀池设计的重要内容。

沉淀池应该根据截留的泥量和排泥周期考虑积泥区的大小。沉泥的浓度随原水颗粒的性质和浓缩的时间（排泥周期）而定。

由于平流式沉淀池的积泥在沿池长方向分配是不均匀的，大部分积泥集中在起始的 1/3 池长内，因此在考虑积泥区体积时应考虑这一因素，或者分段取用不同的排泥周期。

常用的沉淀池排泥方式有以下几种：

1. 斗式排泥

在池底设置一定坡度的排泥斗，每个排泥斗设有排泥阀，通过池底排泥管排出沉泥（图 4-20*a*），或者采用多吸入口的排泥管同时排除几个斗的沉泥（图 4-20*b*）。

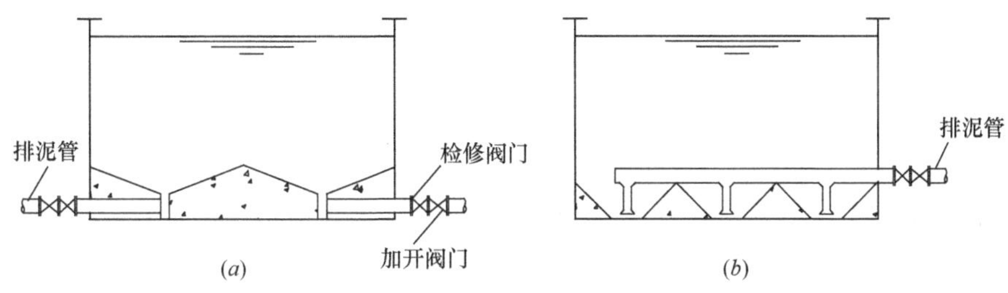

图 4-20　斗式排泥布置

为了使沉泥在排泥时能自泥斗顺利滑下，泥斗需保持一定的斜坡。根据一般污泥自然滑下的要求，斜坡应不小于 45～50°。如果按这一要求设置排泥斗，则排泥斗的数量将非常多。实际设计时一般采用排泥斗的坡度不小于 30°。由于设计的坡度小于沉泥的自然滑下角，因而采用斗式排泥时，往往不能彻底排除沉泥，而需进行定期放空清泥。

为了减少排泥斗的数量，考虑到平流式沉淀池的后半部分积泥较少，也有采用大小泥斗结合的布置，如图 4-21 所示。即将沉淀池后段泥斗的坡度减小，形成所谓大斗，以减少排泥斗的数量。

由于斗式排泥不够彻底，在沉淀池设计中目前已很少用。在水力絮凝池的排泥设计中尚有采用斗式排泥的。

2. 穿孔管排泥

池底设置穿孔管，以排除沉泥。在平流式沉淀池设计中，穿孔管的布置一般垂直于水流方向，如图 4-21 所示。为了能使沉泥流向孔眼排出，池底需做成坡向穿孔管的排泥槽，穿孔管的间距取决于积泥区的体积和排泥槽的坡度，穿孔管的孔眼分布应根据积泥曲线通过计算确定。

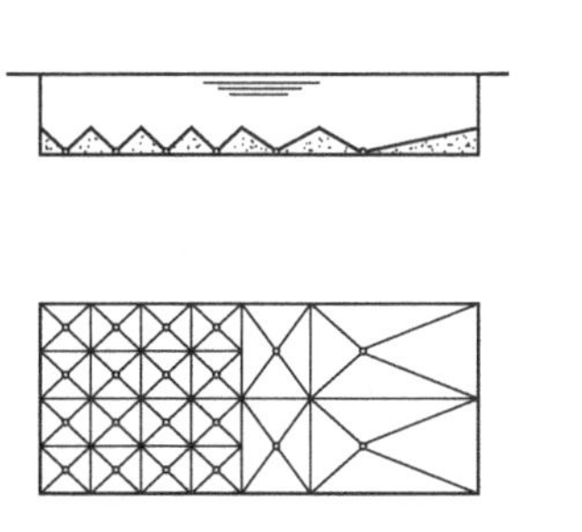

图 4-21　大小泥斗排泥布置

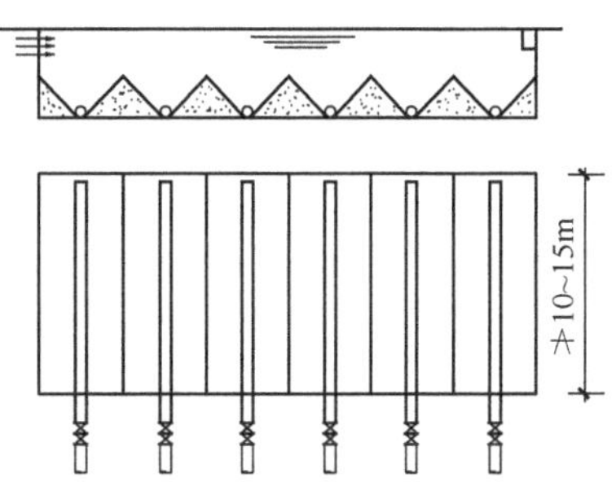

图 4-22　穿孔管排泥布置

穿孔管的长度不宜过长，一般不超过 10m。由于实际的积泥状况不一定与计算的假设相符，因而容易造成部分孔眼排泥的浓度较稀（甚至排除清水），而另一部分孔眼排除的浓度较高。较稀部分沉泥容易排走，结果形成短流，而使部分孔眼的沉泥难以排除，甚至堵塞。穿孔管越长越容易出现这种情况。为使穿孔管堵塞后，能及时疏通，设计中可在穿孔管上接以压力水，必要时用压力水进行反冲洗。近年来采用穿孔管排泥设计在水平沉淀池中已较少。

3. 机械排泥

机械排泥是利用机械装置，通过排泥泵或虹吸将池底积泥排至池外的排泥方式。我国自 1960 年采用机械排泥装置以来，已在平流式沉淀池设计中广泛应用。

机械排泥由行车带动排泥装置沿池长方向移动，排泥方式主要有泵吸式和虹吸式两种（图

4-23、图4-24)。虹吸式吸泥由于利用水位差虹吸排泥，节省了泥浆泵，吸泥机可以设计成各种跨度，因而目前应用较多。

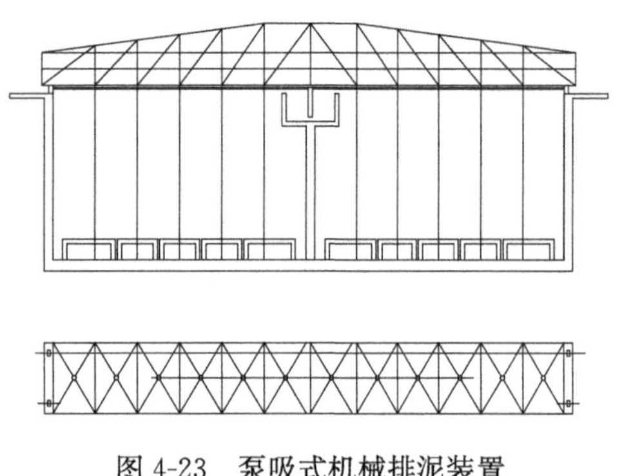
图4-23　泵吸式机械排泥装置

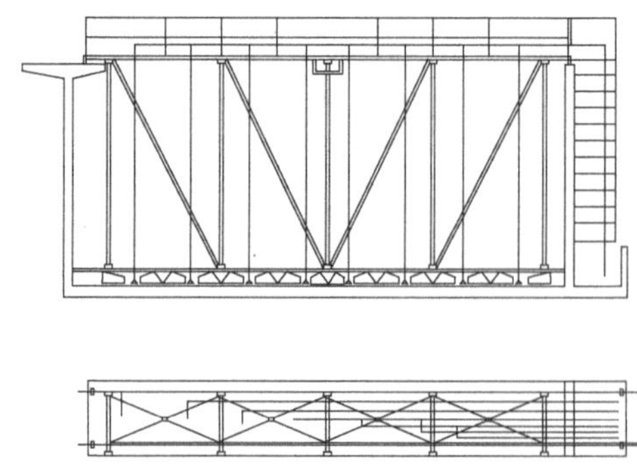
图4-24　虹吸式机械排泥装置

由于机械排泥排泥彻底，一般可不需进行定期放空清池。采用机械排泥，沉淀池池底不需设置泥斗或泥槽，积泥区体积得到充分利用，因而沉淀池池深也可减小。机械排泥的缺点是沉泥的浓缩周期较短，使排除的浓度较低。机械排泥是目前大、中型平流式沉淀池应用最多的一种排泥方式。

4.5 斜管（板）沉淀池

由“浅层沉淀”原理发展形成的斜管及斜板沉淀池，在给水处理中已获得了广泛的应用。据国外资料介绍，早在1945年起美国、瑞典、日本等学者，已开始研究“浅层沉淀”、“多层多格”以及“斜板”等沉淀技术，探索提高沉淀效率的新设施。1959年日本开始试用斜板沉淀池，1960年美国开始试用斜管沉淀池，1967年瑞典开始采用兰美拉下向流沉淀池。1965年起我国进行了斜管斜板及其材质的试验，1970年以后，斜管斜板技术在我国沉淀工艺中开始生产性应用。

4.5.1 斜管（板）沉淀理论的发展

黑曾最早提出沉淀效率只与水池面积有关，而与深度无关。按此理论，如在池中间增加一层水平隔板，即可提高沉淀效率一倍。

1945年坎普在“沉淀和沉淀池设计”一文中提出：不结绒的颗粒在理想池中的去除率是液面负荷（即Q/A）的函数。因此，最经济的布置是在满足液面负荷条件下采用最小池深，并以不致造成过大的底泥冲刷为度。对于结绒性颗粒，假若由于池深减小而导致速度梯度结绒率的增加，与由于沉速降低而导致结绒率的减少相抵消，则在一定的液面负荷条件下，结绒与池深无关。为此，从经济角度来看，池深做得越浅越好，只要不引起冲刷。根据上述看法，1953年坎普在“沉淀池设计的研究”一文中提出了几种多格沉淀池的建议方案。坎普的见解，虽不够完善，但他深化了黑曾的概念，并首先提出了浅层沉淀池的应用。对于斜板、斜管沉淀概念的形成有着相当重要的影响。

1952年法国戈梅拉（Gomella）研究了板组沉淀池，并在非洲北部进行了试验应用。

1955年，英格索尔（Ingersoll）等在《矩形沉淀池的基本观念》一文中探讨了斜面对沉淀污泥堆积的影响，并同意黑曾和坎普二人的理论，认为为了使沉淀池达到理想效果，应做得狭长。同时他进行了蜡球和硅藻土试验，进一步证明了沉淀与深度无关。但表明了冲刷影响的显著存在。最后他建议采用浅池，并增加底部的斜挡板，以防止冲刷和加强污泥积储浓缩。

1955年菲舍斯特伦《在矩形沉淀池的沉淀作用》一文中，正式提出了多层多格沉淀的建议，他认为：

(1) 在研究沉淀池的颗粒沉淀特性（如沉速，沉淀过程中的继续结绒，底部冲刷）外，还应用现代水力学的观点来研究沉淀和水池的关系（如池壁影响、池型构造以及动力股流等）。

(2) 沉淀过程中的雷诺数（Re）和弗劳德数（Fr）与沉淀池的设计很有关系，他认为当时常用水池的 Re 数太高，不够理想。为了使沉淀水流保持层流状态，如果能控制 Re 数（vR/ν）小于500，Fr 数（v^2/Rg）大于 10^{-5}，那么是最理想的了。根据这一要求，通过两个关系式消除 v，并求解 R（水力半径）得：

$$R=\sqrt[3]{\frac{\nu^2\times Re^2}{Fr\times g}}=1360\nu^{\frac{2}{3}} \tag{4-20}$$

式中 ν——水的运动黏度。

但是这样计算的结果，是两种极不现实的池型：一种是极端浅，短而阔（即所谓“抽屉式”）；另一种是极端深，狭而长。

(3) 若提高流速增加 Fr 数，但也提高了 Re 数，还不如采用缩小水力半径的方法。因为缩小水力半径可以降低 Re 数，而增加 Fr 数，这是与要求一致的。同时从增加湿周来缩小水力半径 R，在工程上比较现实。从而他提出了多层多格的概念，如图4-25所示。

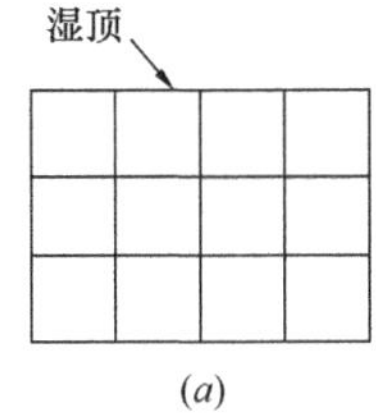

(a)

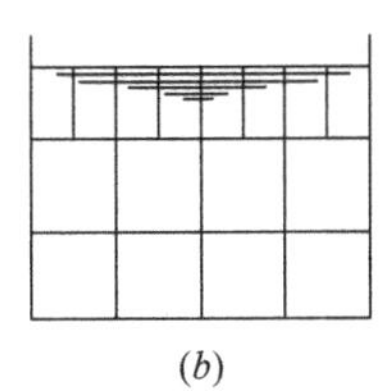
(b)

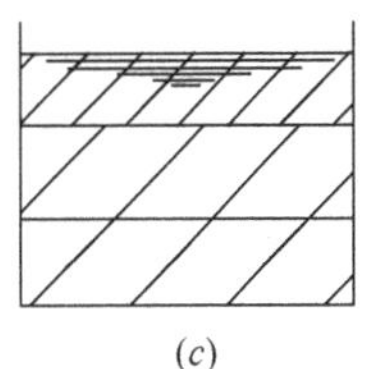
(c)

图4-25 多层多格构想

1956年美国巴勒姆（Barham）等提出工业用的斜板沉淀池，斜管沉淀则在1960年在美国开始试用。

菲舍斯特伦采用多层沉淀池的建议提出后，引起各方面的注意。1958年我国湖南大学曾进行了多层多格沉淀池的理论研究。长沙水厂和上海浦东水厂亦进行了生产性试验。之后日本、法国已有好几个大型水厂采用3层、4层，以及分层并联或分层串联的多层沉淀池。如日本东京朝霞水厂，总水量达170万 m^3/d，就是采用了3层沉淀池。

1959年日本的宇野昌彦和田中和美等在工业用水中提出了“斜板沉淀”的试验，成功地应用了浅层沉淀的概念。之后在日本不少水厂开始采用斜板技术，进行生产性使用。

1964年黑曾等根据浅层沉淀的概念，提出了“斜管沉淀”。认为水在管道内通过时，由于管子直径小，湿周大，所以雷诺数极低，从而提供了沉淀需要的最优水力条件。从此，斜管沉淀池开始在生产上推广应用。

1965年上海嘉定水厂及上海洗涤剂厂的加速澄清池开始进行了加装斜板的试验。1968年上海市政工程设计院在福州水厂进行了斜管的除砂试验，取得了成功。

1970年湖北武汉水厂首先进行纸质蜂窝斜管试验，之后国内许多单位陆续进行了斜管试验和应用，并在工业废水处理上进行试用。

1967年瑞典查莫斯工程大学（Chalmers University of Technology）与有关研究机构合作进行紧凑沉淀装置的研究实验，创造了兰美拉分离器，并于1970年9月在瑞典正式投产。

1973年起天津、北京、上海、南通、福州等地区开始进行了同向流斜板的试验研究。

1983年天津凌庄水厂同向流斜板沉淀池进行了生产鉴定。

综上所述，各国学者通过数十年的探索研究从黑曾的沉淀基本理论，采取增加沉淀池中夹层，进行浅层沉淀；为了解决多层沉淀的层间排泥问题，改变水平隔层为斜板隔层，以利沉泥在斜板上滑下，而以斜板的投影面积作为夹层沉淀面积，如图 4-26 所示。同时，采用斜管替代斜板，提高水流的稳定性，从而完成了斜管斜板沉淀池在生产上的应用。斜管斜板沉淀池由于面积小，沉淀效率高，长时期以来，一直受到欢迎，特别在中小型水厂，在天气寒冷地带，需要为池子增加屋盖的条件下，更为有利。其缺点为斜管材料的老化更换，对絮凝要求完善，因而与水平沉淀池比较，有时耗药量较高。近年来，在组合式沉淀池中也应用了斜管沉淀技术，显然又有了新的发展。

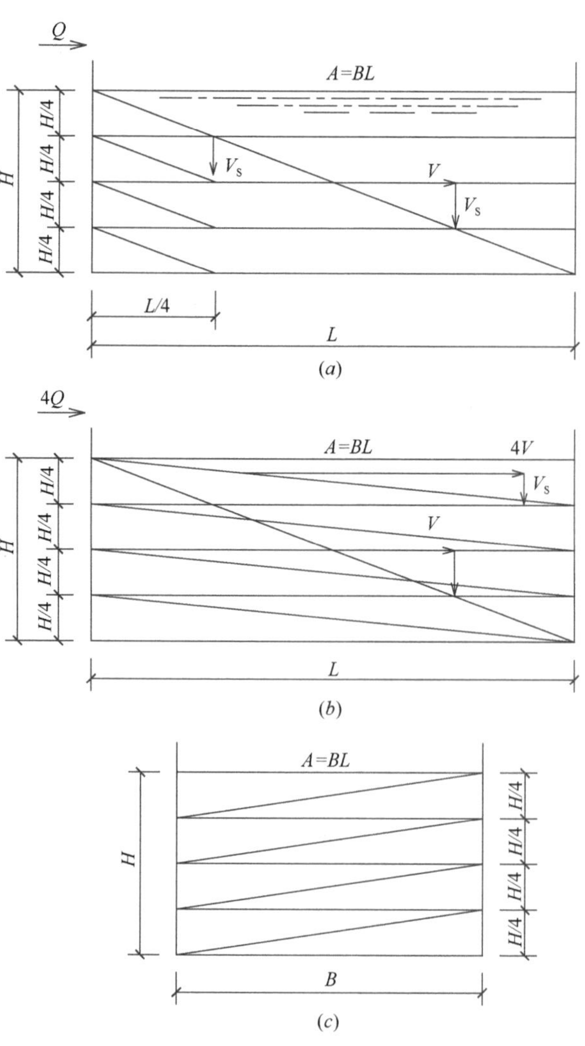

图 4-26 斜管斜板沉淀的发展

(a) 增加夹层（相同 Q，缩短 L）；(b) 增加夹层（相同 L，增加 Q）；(c) 改隔层为斜板，以利排泥

4.5.2 斜管（板）沉淀池分类及水力计算

1. 分类

斜管（板）沉淀池按水流方向分类如下：

(1) 上向流：水流在斜管（板）间距中从下向上流出，其沉泥由板中或管中从上向下排出，故亦称异向流斜管（板）沉淀池。

(2) 下向流：水流在斜管（板）间距中从上向下流出，其沉泥也由上向下流出，故亦称同向流沉淀池。

(3) 侧向流：水流在斜板间距中水平横向流出，其沉泥向下流出，称侧向流沉淀池。

目前应用较多的为上向流（即异向流）斜管沉淀池及部分侧向流斜板沉淀池。其余形式因各种原因应用较少（图 4-27）。图中 v_e 为水流速度，θ 为斜管（板）倾角。

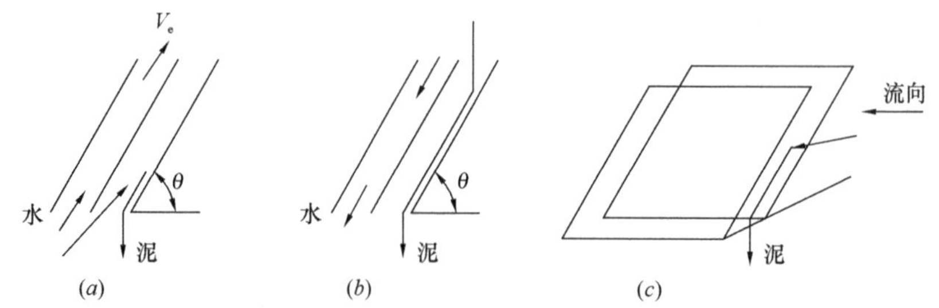

图 4-27 斜管（板）分类（水及沉泥流向）

(a) 上向流（泥水异向流）；(b) 下向流（泥水同向流）；(c) 侧向流（泥水交叉流）

斜管的水流断面形式在国内有圆形、正六边形、矩形、正方形、平行板及波纹形等。为了探索斜管断面对沉淀效果的影响，国内外学者曾作了各种其他断面形式（如山字形等）的研究比

较。图4-28为美国《水处理原理和设计》（第3版）介绍的断面形式。但目前为了制造方便，斜管常用的以正六角形、方形为多，斜板则采用平行板或带翼平行板。

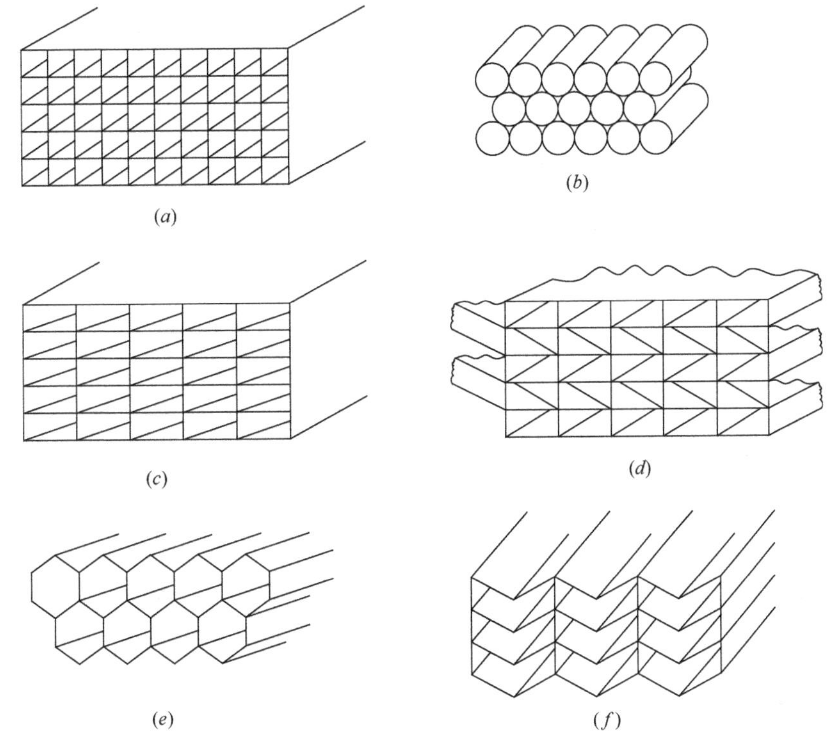

图4-28　美国手册介绍的斜管断面

(a) 正方形斜管；(b) 圆形斜管；(c) 矩形斜管；
(d) 分层交叉矩形斜管；(e) 六角形斜管；(f) 人字形斜管

2. 水力计算

关于斜管（板）沉淀池的计算方法，在上海市政工程设计院编写的《斜板斜管沉淀》当中曾作了详细介绍，现本文扼要阐明计算公式的主要成果及其假定根据。

(1) 田中和美公式：主要假定斜板内流速按平均流速计算，而不考虑随断面变化的粗略计算，但表征了斜板沉淀池的特征，田中和美公式亦称"分离粒径法"。

若用可分离颗粒沉速 u_s来表示，则：

上向流
$$u_s=\frac{v}{\frac{l}{d}\cos\theta+\sin\theta} \tag{4-21a}$$

侧向流
$$u_s=\frac{v}{\frac{l}{d}\cos\theta} \tag{4-21b}$$

下向流
$$u_s=\frac{v}{\frac{l}{d}\cos\theta-\sin\theta} \tag{4-21c}$$

式中　Q——沉淀池的流量；

v——斜管（板）中的水流速度；

l——颗粒沉降需要的长度。它与水流方向的斜板长度 I 的关系为：上向流 $I=l+d/\mathrm{tg}\theta$，侧向流 $I=l$，下向流 $I=l-d/\mathrm{tg}\theta$（图4-29、图4-30、图4-31）；

d——板的垂直间距；

θ——斜板倾角。

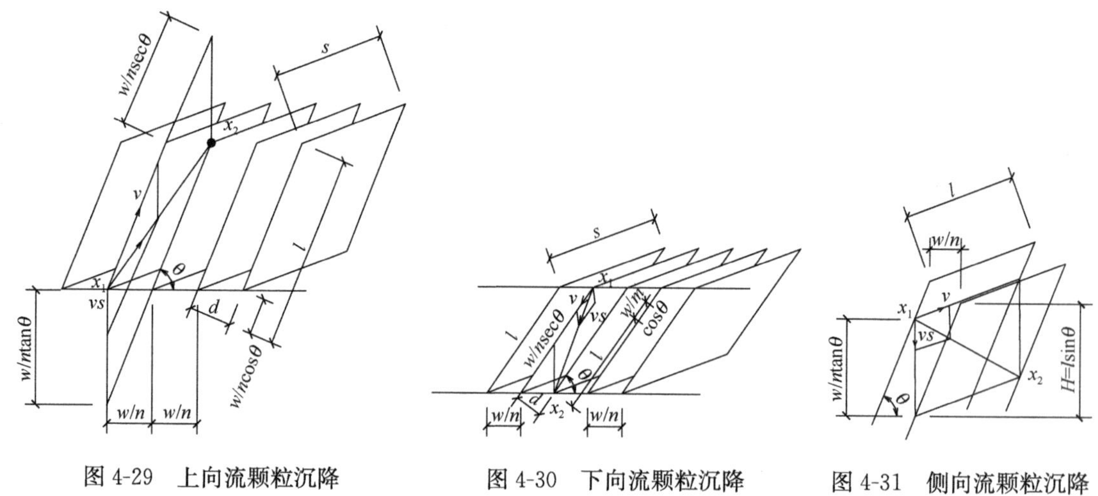

图 4-29 上向流颗粒沉降　　图 4-30 下向流颗粒沉降　　图 4-31 侧向流颗粒沉降

可分离沉速 u_s 相当于理想沉淀池的截留速度 u_0，即大于 u_s 沉速的颗粒在斜管（板）沉淀池中都将被除去，而小于 u_s 的颗粒则只能被去除一部分。

（2）姚氏计算公式：1969 年巴基斯坦的 Yao Kuan Mu 在《高速沉淀的理论研究》（Theoretical study of high-rate sedimentation）一文中，根据颗粒在斜管（板）内的纵向流速，随管内的不同位置而变化，提出了斜管（板）及断面一系列的“特性参数（S）法”，见表 4-3 所列。

各种断面特性参数（S）　　**表 4-3**

流向	断面		特性参数 S
上向流	1	圆管	$\frac{v_{sc}}{v_0}\left(\sin\theta+\frac{l}{d}\cos\theta\right)=\frac{4}{3}$
	2	平行板	$\frac{v_{sc}}{v_0}\left(\sin\theta+\frac{l}{d}\cos\theta\right)=1$
	3	正多边形	$\frac{v_{sc}}{v_0}\left(\sin\theta+\frac{l}{d}\cos\theta\right)=\frac{4}{3}$
下向流	4	平行板	$\frac{v_{sc}}{v_0}\left(\frac{l}{d}\cos\theta-\sin\theta\right)=1$
侧向流	5	平行板	$\frac{v_{sc}}{v_0}\frac{l}{d}\cos\theta=1$

注：公式中 v_{sc}——颗粒临界沉速；
v_0——横断面上的平均流速；
l、d、θ——同前述田中和美公式。

分离粒径法仿照理想沉淀池的假设，不考虑管（板）内水流的流速分布。特性参数法则按水力学中各种断面的层流流速分布来推导可分离沉速 u_s（截留速度）。按照沉降最不利的纵断面所求得的可分离沉速 v_{sc} 与式 4-21 相差一个比例数，即：

$$v_{sc}=Su_{s'} \tag{4-22}$$

S 值被称为斜管（板）的“特性参数”，随断面形状而定。很易理解，对不考虑或可忽略横向流速分布的断面（例如：平行板）S 均应为 1。对需考虑横向边界影响的流速分布，由于计算选用了最大的流速所在的断面，因而 S 应大于 1。在层流条件下圆形及正多边形断面的 S 为 4/3。

（3）斜管、斜板沉淀池的水力计算在理论上提供了以上各种计算方法，但在实际上还存在一定的不足和问题。如上述计算方法，均忽视了断面沉距差异的影响，而作为以浅层沉淀为特征的斜管沉淀池沉降距离的影响应是十分重要的。例如，平行板或矩形断面其沉降距离即为两板的板距，而对于正六边形断面，其中间部分的沉距为内切圆直径，而两侧的三角形部分的沉距都小于内切圆直径，因而其平均沉距将小于内切圆直径。关于这方面的影响也还缺乏深入探讨。

根据以上分析，在目前还没有更完善的斜管（板）沉淀计算方法之前，上述一些公式仅可作为斜管（板）沉淀池设计的参考。

4.5.3 斜管沉淀池设计要点

影响斜管沉淀效率的主要因素有：截留速度（可分离沉速）、管径与板距、管（板）长度、倾角、管内流速以及作为水流控制条件的 Re 数 Fr 数。斜管沉淀池的基本构造如图 4-32、图 4-33所示。

1. 截留速度 u_s

截留速度在理论上即为能完全被沉淀去除的最小颗粒沉速。也就是说，在沉淀池出水中将不再含有速度大于 u_s 的颗粒；而沉速小于 u_s 的颗粒，在斜管沉淀中则只能去除其中的一部分。因此，截留速度是一项反映出水水质要求的指标。

设计时截留速度值的选用，除了需根据出水要求外，还应考虑到被处理水的特性，例如水的温度、悬浮颗粒浓度、颗粒的絮凝性能以及沉速分布等。

目前在斜管沉淀池设计中，u_s 一般采用范围（指混凝处理的原水）：悬浮物含量在 200～500mg/L 时，u_s 为 0.35～0.45mm/s；悬浮物含量超过 500mg/L 时为 0.45～0.46mm/s。

2. 管径

国内上向流斜管沉淀池的断面大多数采用正六角形（蜂窝形），这主要是由于蜂窝形断面的结构比较合理，成型后的刚度较好，因而可用较薄的材料加工，费用较省。国外的斜管则以正六角形或矩形较多。

对于正六角形断面，一般用内切圆直径作为管径，而对于矩形或平行板断面则以板的垂直间距为板距。

我国《室外给水设计规范》GB 50013—2006 认为，斜管管径宜采用 30～40mm。

3. 斜管长度

根据有关参数，可按式 4-21 计算斜管（板）的长度。在上向流斜管沉淀池设计时，考虑到在斜管进口前由于泥渣下滑及待沉水进入的相互交叉，在计算得长度后尚须增加一段过渡段（l'）。

戈梅拉认为对过渡段长度 l' 可按下式计算：

$$\frac{l'}{d} = 0.1Re \tag{4-23}$$

若按式 4-23 计算，斜管的过渡段长度大约为 10～20cm，基本上与实际观察结果相仿。因此，斜管长度一般不宜小于 50cm。由于目前加工采用塑料薄板，故斜管斜长多为 1m 左右。

4. 倾角（θ）

为了增加斜管投影面积，θ 希望越小越好，但是为了保证管内排泥滑泻顺利，θ 不宜太小。根据生产经验及《室外给水设计规范》GB 50013—2006 规定，一般斜管 θ 以 60°为宜。如实际需要及经试验倾角亦有采用 45°。

5. 上升流速或液面负荷

用以表示沉淀池效率的指标是液面负荷，也即单位水池平面面积上的出水流量。由于液面负荷也可换算成斜管区平面面积的水流上升流速，因此也常用上升流速值来表示液面负荷。

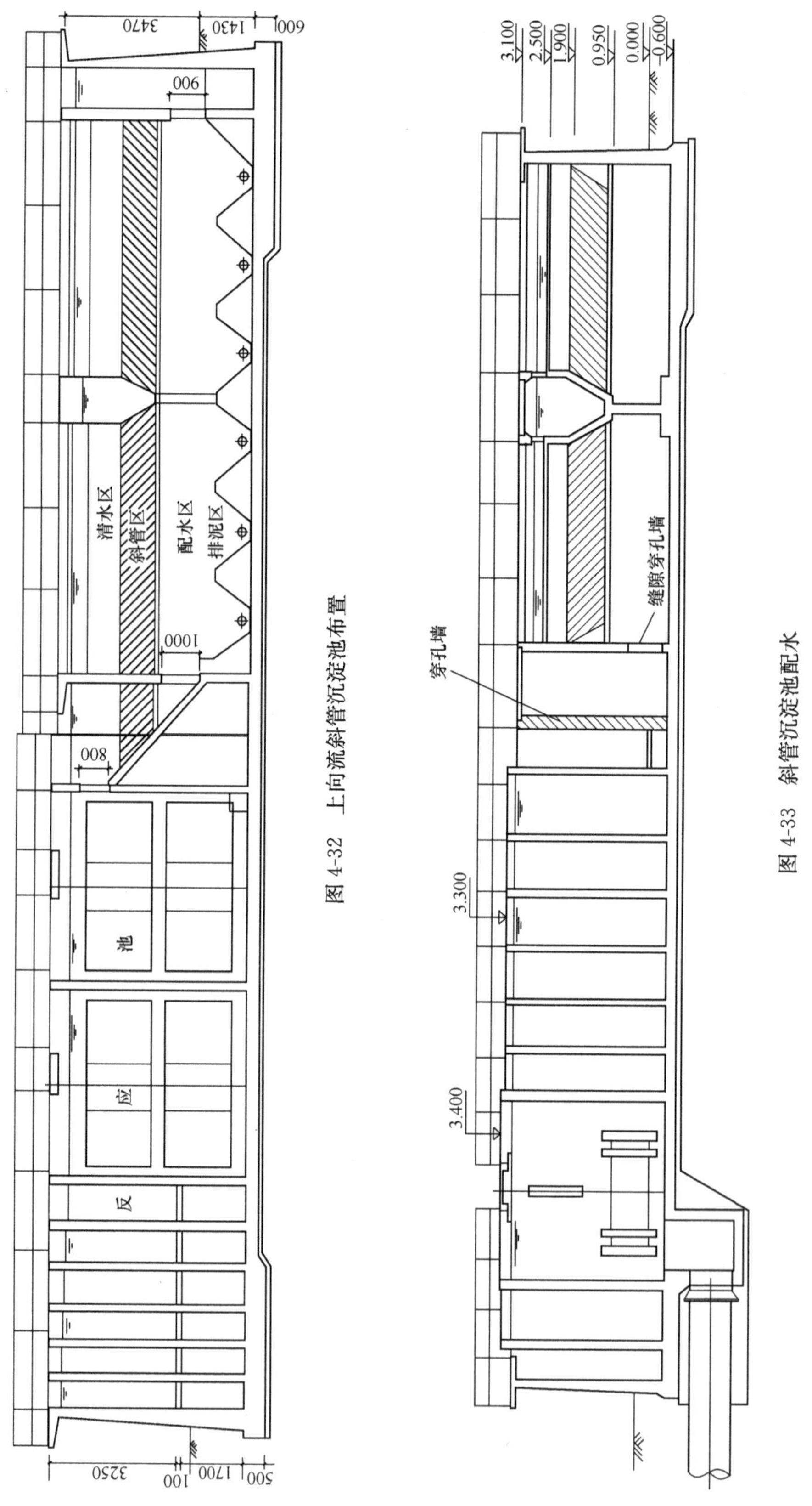

图 4-32　上向流斜管沉淀池布置

图 4-33　斜管沉淀池配水

斜管沉淀池的上升流速或液面负荷与原水水质、出水浊度要求、水温、混凝剂品种及加注量，以及斜管的管径、长度等有关。

由于近年来对沉淀池出水水质要求的提高，为了达到稳定水质，一般要求上升流速不宜过高，按照常用的斜管管径和长度，《室外给水设计规范》GB 50013—2006 建议斜管沉淀区液面负荷的范围为 5.0～9.0$m^3/(m^2 \cdot h)$，相当于上升流速 1.4～2.5mm/s，按地区气候及当地运行经验而定。

6. 雷诺数（*Re*）

一般平流式沉淀池中的 *Re* 常在 10^4 以上，因而水流均属紊流。斜管（板）沉淀池则由于湿周增加，水力半径降低，因而使 *Re* 明显降低，可控制在层流条件之下（即 $Re<500$）。按照常用的数据，正六角形断面的上向流斜管沉淀池，其 *Re* 数一般约在 20～40 范围内；侧向流斜板沉淀池，由于断面尺寸的选用幅度较大，因而 *Re* 数的可能变化范围也较大，但仍有条件做到控制在层流的范围内。

7. 弗劳德数（*Fr*）

在平流式沉淀池中，*Fr* 值大致为 10^{-5}的数量级。斜管（板）沉淀池由于水力半径的减小和水流速度的提高，*Fr* 数一般在 10^{-3}～10^{-4}的范围内，因而水流稳定性明显提高。

由于 *Fr* 数并没有一个严格的设计控制数据，因而在设计时仅作比较参考。

8. 配水区

由于进入上向流斜管沉淀池的水流多为水平向，而斜管沉淀区的水流是向上的，因此确当的进水和配水布置常是使斜管沉淀区的负荷达到均匀的关键。

目前斜管沉淀池的进水布置主要有穿孔墙、缝隙进水墙以及下向流斜管进水等几种形式。其要求和设计布置与平流沉淀相同，其差别只是开孔高度应在斜管区的下部，积泥区的上部，穿孔墙孔眼的流速仍需控制在不致造成絮粒破碎的流速或速度梯度值之下，因此开孔比相对较大。由于斜管区的上下部分为清水和浑水，因此在进口处需用隔墙将斜管区以及上部清水区与进水隔开。为了使配水均匀也有在絮凝池末端设置穿孔墙而在进入斜管沉淀池时再经缝隙穿孔墙的布置（见图 4-33），但这种形式需考虑两道穿孔墙之间的排泥措施。有些斜管沉淀池的进水采用了下向流斜管用以配水（见图 4-32）。

为了使斜管均匀出水，需要在斜管以下保持一定的配水区高度，否则容易在池的末端，因流速水头转化为位能，造成端部斜管负荷增加。配水区的高度，一般应保持进口断面处（不包括积泥高度）的流速不宜大于 0.02m/s，当采用机械排泥时配水区的高度还应结合安装和检修的要求而定，规范规定一般不宜小于 1.5m。

9. 斜管材料

国内常用斜管材料为：聚氯乙烯塑料片、聚氨酯、聚丙烯塑料片（高温地区容易变形）以及不锈钢片（用于大孔径，要求刚度高时）。用于给水的斜管必须无毒，一般厚度为 0.4～0.5mm，热轧成形。

为了便于安装，一般斜管出厂前做成框架块体（通常底面积为 1.0m×1.0m），逐块拼装，并利于检修更换（采用密度小的斜管材料，要用防浮措施）。斜管的支撑架布置应注意不影响水流。设计支架时应考虑斜管更新时管内未随排水带走的积泥荷载，以免压塌支架。

塑料类斜管（板）材料，较易牢化，故采用时应考虑一定的更新周期和费用比例。

10. 集水区

斜管沉淀池的集水装置一般由集水支槽（管）和集水总渠组成。目前集水支槽以带孔眼的集水槽形式较多，也有采用三角锯齿堰或薄型堰以及穿孔管的形式。

斜管出口至集水堰的高度（清水区高度）与集水支槽的间距有关。参照澄清池集水的要求，从斜管出口最不利集水点（与两集水槽等距离的点）至两集水槽的夹角应不大于 60°。也就是说，清水区的高度 h 应满足规范不小于 1m 的要求，通常 $h \geqslant \frac{\sqrt{3}l}{2}$（$l$ 为集水槽间距）。一般集水槽的间距采用 1.2～1.8m，清水区的高度规范要求不宜小于 1.0m，通常为 1.0～1.5m。

11. 排泥设施

斜管沉淀池的机械排泥目前常用的有以下方式：

(1) 卷扬机牵引式

刮泥装置设于斜管以下的积泥区。池底两侧安装有刮泥车行走的轨道（图 4-34）。刮泥车沿轨道将沉积于池底的污泥来回刮至沉淀池端的集泥槽，通过穿孔排泥管或污泥泵将集中至槽内的污泥排走。刮泥机的驱动部分（卷扬机）设于沉淀池的池面，通过钢丝绳来回牵引刮泥车行走。

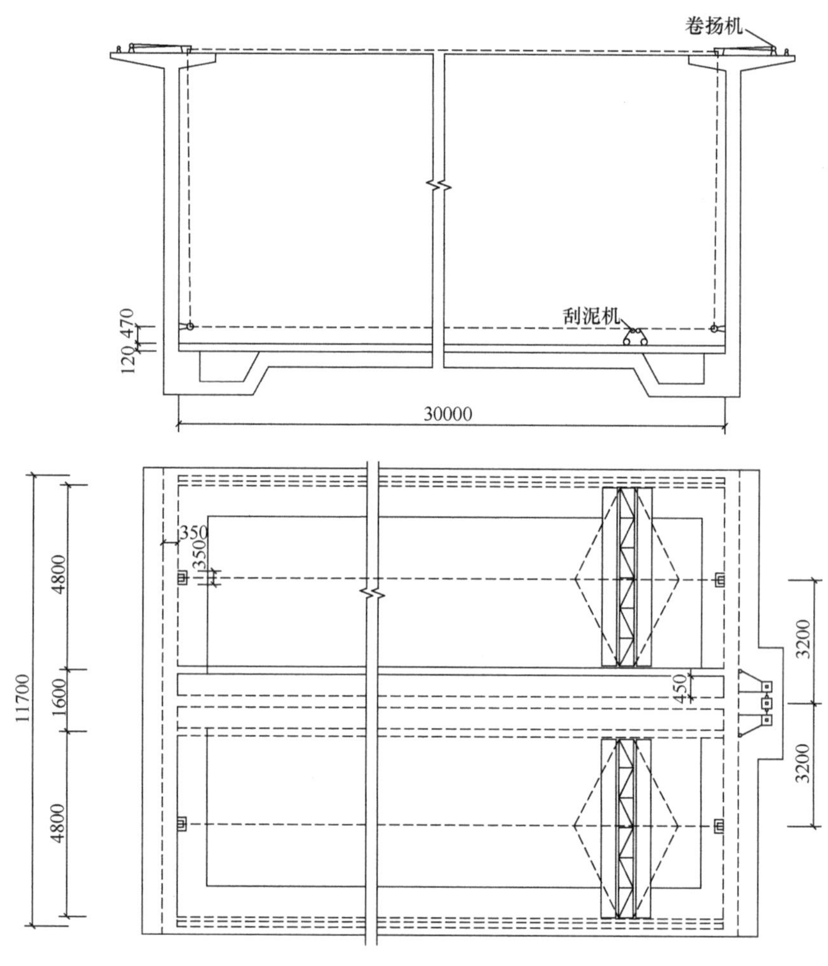

图 4-34　卷扬机牵引排泥

这种排泥装置其主要优点是结构简单，制作方便，造价低廉，但需注意钢丝绳材质的选用。

(2) 底部桁架虹吸式

与平流式沉淀池的虹吸式机械排泥一样，刮泥板将污泥集中至均匀布于池宽的虹吸管吸口，通过虹吸管将污泥排至池外（图 4-35）。吸泥机沿池长方向来回移动。驱动部分设于池面桁架上，桁架架设在池顶的轨道上，在设置斜管区的两侧留出一定间隙，以使桁架和虹吸管能够通过，使虹吸管与斜管下的吸泥机装置连成一个整体。斜管区与间隙之间需用隔墙隔开。

这种方式运行可靠，排泥采用虹吸方式，边吸边排，避免了在斜管沉淀池两端再设集泥槽和相应的排泥设施。但是，这种机械的构造较为复杂，为了使桁架和虹吸管能在斜管下部通过，除

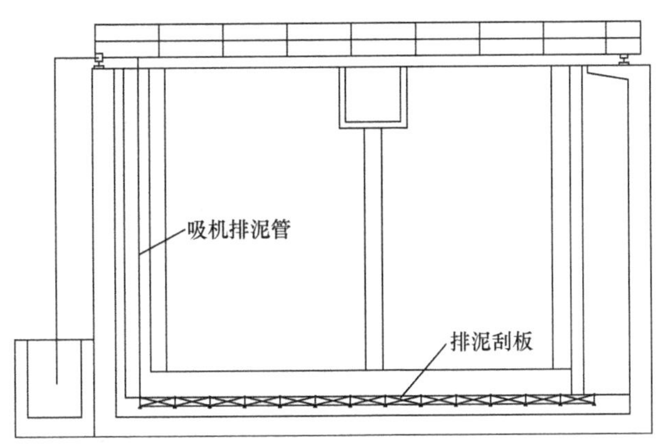

图 4-35　底部桁架虹吸排泥

了两侧需留出间隙外，所有斜管以及隔墙等的支撑均不得直接设于池底。当池面积较大时，这也会给土建设计带来一定困难。

(3) 旋转刮泥机

参照机械搅拌澄清池刮泥机的设计，采用固定旋转的刮泥方式（图 4-36）。在斜管沉淀池池底满布若干个正方形排泥区域，在每个正方形排泥区域内利用素混凝土找坡做出一个锥形圆底，在每个圆形区域内设置一台刮泥机，使沉淀区大部分面积的沉泥通过旋转刮板集中到各刮泥机的中心，然后用排泥管排除污泥。旋转轴通过斜管区的部分应留出一定间隙，并与斜管区和清水区分隔。这种方式由于刮泥部分与池面的驱动部分用轴直接连接，因而运行较可靠，但其刮泥范围不可能遍及全池，部分死角（正方形与刮泥圆形间）区域需做成斜坡，使污泥自然滑泻至刮泥范围。

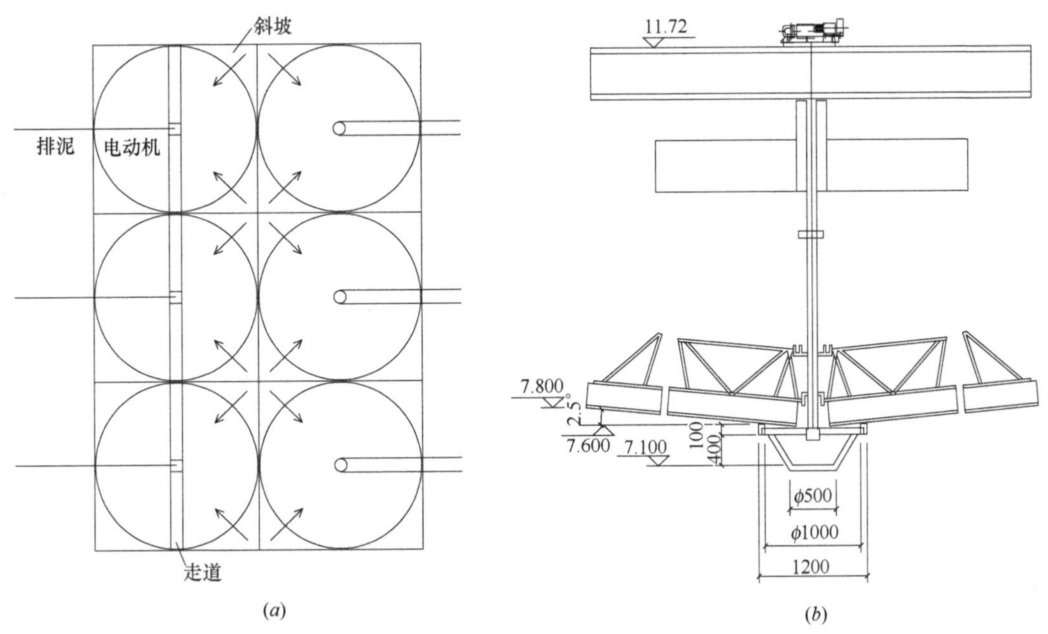

图 4-36　旋转刮板排泥

(a) 平面；(b) 剖面

在斜管沉淀池布置时，为了便于机械刮泥机的安装和检修，需留出设备进出以及人孔的位置。一般人孔也可与检修孔结合。

中心旋转刮泥机，适用于中小型斜管沉淀池，大型斜管沉淀池若采用中心旋转，台数必然很

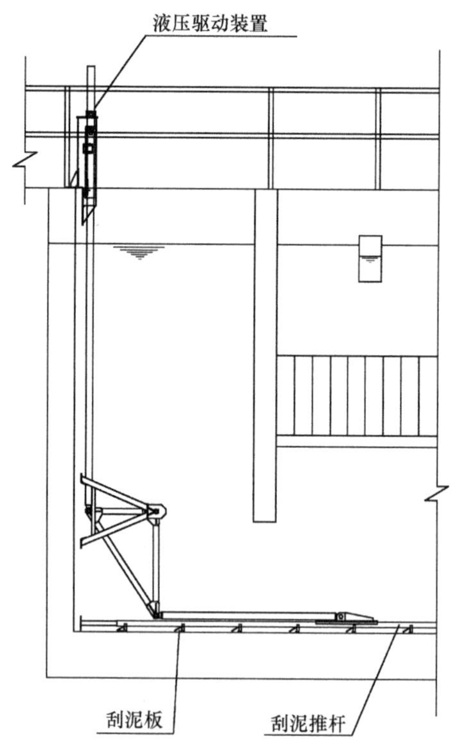

图 4-37 新型机械浓缩排泥在斜管沉淀池中布置示意

多，故障可能性增加，而且费用大。

(4) 新型机械浓缩排泥

由于上述几种传统排泥方式排出的泥水含固率低(在 0.5%左右)，必须经浓缩处理后才能进行脱水。因此，一种主要适用于斜管（板）沉淀池（也有地方用在平流式沉淀池，但投资较高）的新型机械浓缩排泥设备被引入国内。这种设备在排泥的同时可对排泥水进行有效浓缩，含固率一般可达 2%～3%，但采用这种设备必须在沉淀池的一端设置贮泥斗。其主要的部件包括池顶液压驱动装置、池底驱动杆和刮泥板（图 4-37）；其工作原理是利用以一定的间距固定在驱动杆上的刮泥板在池底沿水流方向的慢速往复运动，将底泥逐步推向位于水池一端的泥斗，并在推泥的过程中将泥不断浓缩。

4.5.4 侧向流斜板沉淀池设计

侧向流斜板沉淀池在国内应用不多，但在日本应用很广泛，20 世纪 70 年代曾风行一时。侧向流斜板沉淀池的构造如图 4-38 所示。

侧向流斜板沉淀池设计参数，不少与上向流斜管沉淀池相同，但在构造上则有多处不同。

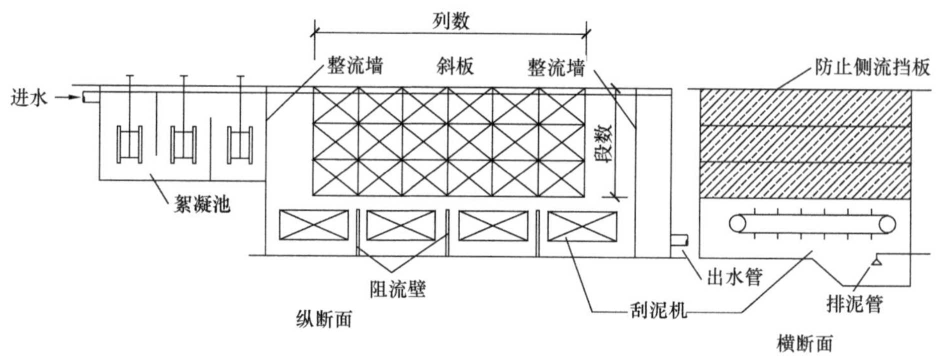

图 4-38 侧向流斜板沉淀池的构造示意

1. 设计主要参数

(1) 截留速度：《室外给水设计规范》GB 5013—2006 规定为 0.16～0.3mm/s，日本宇野曾建议采用 0.14～0.26mm/s。

(2) 板距：《规范》建议侧向流斜板板距宜采用 80～100mm。

(3) 斜板长度：侧向流单层斜板长度《室外给水设计规范》GB 50013—2006 规定应不大于 1.0m。

(4) 倾角 (θ)：以 60°为宜。

(5) 液面负荷：《室外给水设计规范》GB 50013—2006 建议宜采用 6.0～12m^3/(m^2 · h)，低温低浊度水应采用下限。

(6) 池内水平流速：日本《水道设施设计指针》要求池内水平流速小于 10mm/s。

(7) 斜板与池底距离：日本《水道设施设计指针》要求大于 1.5m。

2. 整流墙

絮凝池至斜板区之间以及斜板区至出水区之间设进出水整流墙，墙与斜板区距离日本《水道设施设计指针》规定为1.5m，整流墙的孔口设计与水平沉淀池一样。

3. 阻流壁

为了防止水流在斜板底下短流，因此在斜板区底下池底上设置多道砖砌阻流壁。

4. 刮泥机

设于阻流壁之间（见图4-37）或用穿孔管排泥。

5. 带翼斜板

带翼斜板是在斜板上加装肋翼，垂直水流方向，使水流通过斜板间距时遇到翼肋形成收缩及肋间旋涡，如图4-39所示。这种带翼斜板是日本的桥本及丹保宪仁等学者于1974年进行研究实验提出的，认为水流不断通过定距的翼肋，水流出现旋涡使原水（待沉淀的水）加强接触，促进再絮凝，利于细小颗粒下沉，从而提高沉淀效果（图4-40）。这种装置我国曾作过试验，有相当效果，但应用报道不多。根据资料，当斜板板距在90～100mm板间流速在10mm/s时，翼片宽采用60mm，肋片间距约为60mm，翼片间距实用时应作试验，过宽过密均影响效果。

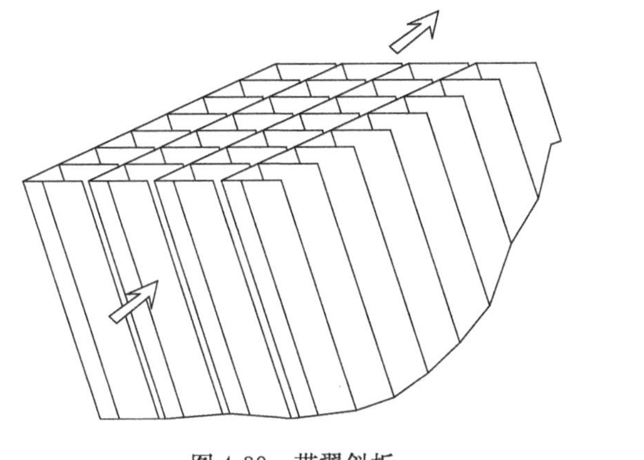

图4-39　带翼斜板

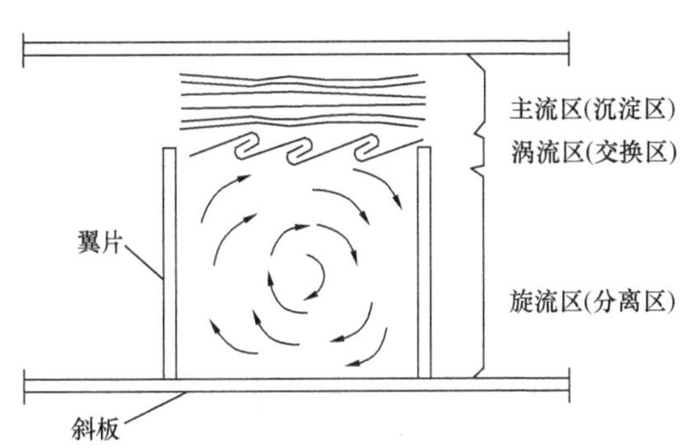

图4-40　带翼斜板中水流示意

6. 斜板转角结构

侧向流斜板采用多层转折布置时，斜板转角处，应着重考虑其上下两层的泥、水相交问题。日本的宇野昌彦建议一种转角结构，使泥、水交叉问题能顺利通流，如图4-41所示。

7. 有效系数

理论沉淀效率与实际沉淀效果之间的比例称为有效系数，丹保宪仁曾经提出在侧向斜板中存

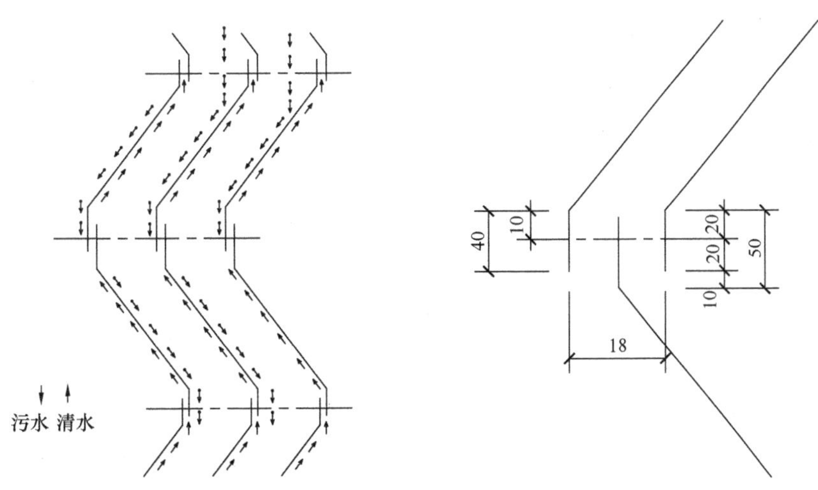

图4-41　侧向流斜板的转角示意图

在横向密度环流干扰颗粒沉降，实际效果只有20%～80%。但宇野昌彦通过实验认为一般为70%～80%，建议设计按75%考虑，对此我们在设计时应予注意。

4.6 气浮

气浮是固液分离的一种方法，早在1860年起已被应用于选矿工业，称为浮选法。现代溶气气浮（DAF）工艺最早由彼得松（Peterson）和斯文（Sveen）于1924年用于纸浆和造纸工业（Kollajtis，1991）。1960年在瑞典首先被用来作为饮用水的处理工艺，其后在斯堪的纳维亚和英国得到了广泛采用。在英国应用气浮工艺最大规模的水厂是伯明翰的Frankley净水厂，处理能力45万m^3/d。气浮池分为2组，每组10格，每格$100m^2$，设计表面负荷$8.5m^3/(m^2 \cdot h)$，装有移动桥架刮泥机刮除浮渣。

在北美，直至近年来才对气浮工艺感兴趣，主要用于含藻、色度及低浊水的处理。美国投产最早（1993年）的是纽约纽卡斯尔（New Castle）的2.8万m^3/d水厂。

我国气浮技术早在20世纪70年代末由同济大学在合肥开始试验开发，1979年苏州自来水公司在胥江水厂建成了生产性气浮池，处理能力为$5000m^3/d$。同时，在武汉、昆明等城市的水厂中也成功地把原有平流式沉淀池改造成气浮池。20世纪80年代，武汉东湖水厂和苏州北园水厂建成了“气浮移动冲洗罩滤池”。中国市政工程东北设计院结合低温低浊水的特点开发研究了“浮沉池”，并在生产中得到了应用。

气浮作为固液分离的一种工艺，特别适用于处理富营养的含藻水以及低碱度的有色水。虽然该工艺也有成功应用处理其他类型水的实例，但对于浊度经常超过100NTU的原水，应用其他的沉淀（澄清）形式将会更合适。通常情况下气浮对藻的去除能力比沉淀要高一个数量级。对于含藻水，虽然也可采用先加氯灭活藻类再进行沉淀处理而取得与气浮工艺相似的除藻效果，但由于氯与藻的代谢产物反应将形成THMs，会影响水质。

4.6.1 气浮法基本原理

颗粒在水中的浮升和沉淀相似，颗粒同样受浮力、阻力和重力的影响。微气泡在水中的上升速度（v）当处于层流状态时，可以用斯托克斯（Stokes）公式计算：

$$v=\frac{g}{18\mu}(\rho_L-\rho_g)d^2 \tag{4-24}$$

式中 g——重力加速度；

d——气泡直径；

ρ_g——气体密度；

ρ_L——液体密度；

μ——动力黏度。

如果气泡直径增加，环绕气泡的水流呈紊流，不适用斯托克斯定律，则可用艾伦或牛顿公式计算。图4-42、图4-43表示气泡直径为20μm～20mm时的相应上升速度。由图可见，50μm气泡在30℃时的上升速度约6m/h，在10℃时为4m/h。而当气泡直径为1mm左右时，其上升速度增加了约100倍。

对于天然水中的固体颗粒数，虽经絮凝，其密度一般仍大于水的密度，故颗粒仍趋于下沉。但当絮粒黏附上气泡，则情况有所不同。图4-44所示为带气絮粒的结构示意图。

当以带气絮粒的直径为d，并用带气絮粒的密度ρ_a替代ρ_g，则式4-24的计算仍适用。

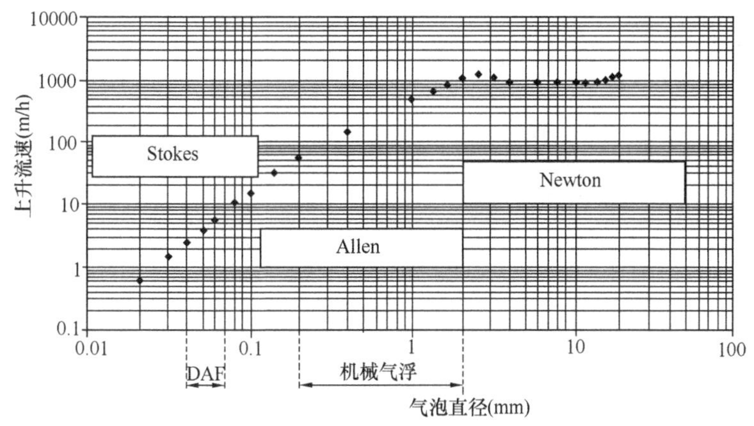

图 4-42 空气气泡在水中上升流速

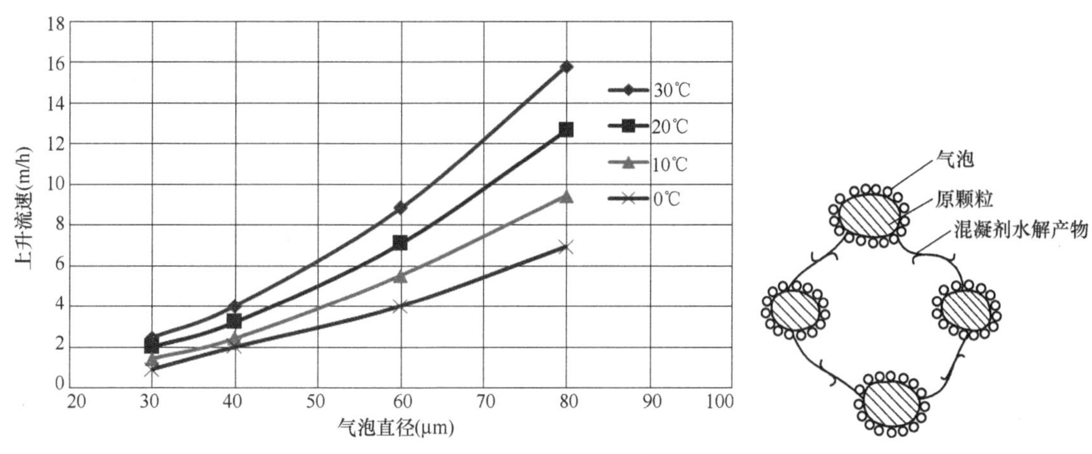

图 4-43 不同温度时空气气泡在水中上升流速

图 4-44 带气絮粒示意

带气絮粒由原颗粒、空气泡和混凝剂水解产物三种物质组成。由于空气密度远小于水，因而带气絮粒黏附气泡越多，则其视密度越小，越易浮升。同样，轻密度杂质和密度小的混凝剂产物对增加上浮速度有利。从絮粒结构分析，松散的粒团由于表面和内部拥有较多吸附气泡，因而易于上浮分离；而密实的小絮粒则黏附的气泡很少，若形成絮粒密度大于水，就不能上浮。

关于带气絮粒的形成涉及水、絮粒和气泡的相互作用，较为复杂，目前尚缺乏完整理论分析。一些试验研究表明，气浮的关键是气泡和固体间的黏附，因而可以从气泡、固体、水的界面结构和物理化学特性来加以探讨。

两种互不相混的介质（如水与气泡，气泡与固体颗粒，水与固体颗粒），在接触界面上因表面分子受到引力不匀而产生界面张力，具有界面自由能。此界面张力标志着两种介质的性质是亲和的还是疏远的。例如，当水和固体颗粒相接触时，在界面能的作用下两者相互吸引，如果该引力大于水分子之间的引力，则颗粒表面被水分子润湿，这种颗粒被称为亲水性颗粒。反之，如果水分子引力大于颗粒界面与水的引力，颗粒表面不被水润湿，则称为憎水性颗粒。

水、气泡和固体颗粒的三相接触状态如图 4-45 所示。图中 θ 为接触角，$\sigma_{气\cdot水}$ 为气与水的界面张力，$\sigma_{水\cdot固}$ 为水与固体的界面张力，$\sigma_{气\cdot固}$ 为气与固体的界面张力。

假定固体颗粒尺寸远比气泡大，接触处的固体表面可近似地看成一平面。

由图 4-45 可知，三相接触的平衡关系为：

$$\sigma_{气\cdot固}=\sigma_{水\cdot固}+\sigma_{气\cdot固}\cos\theta \tag{4-25}$$

当 $90°\geqslant\theta>0°$ 时，$\cos\theta$ 为正值，则 $\sigma_{气\cdot固}>\theta_{水\cdot固}$，表明水比气泡更容易润湿固体颗粒，即颗

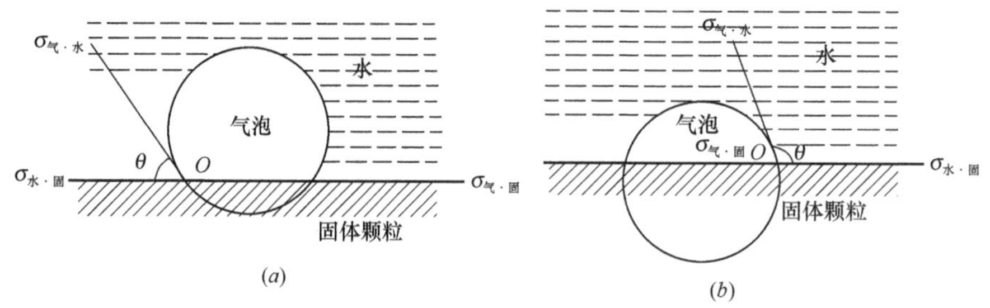

图 4-45　水、气、固三相接触状态与接触角示意

(a) 亲水颗粒；(b) 憎水颗粒

粒亲水性强，气泡难与颗粒相黏附，气浮性差。

当 $180° \geqslant \theta > 90°$时，$\cos\theta$ 为负值，则 $\sigma_{水\cdot固} > \sigma_{气\cdot固}$，表明气泡比水更容易润湿固体颗粒，颗粒憎水性强，气泡易与颗粒相黏附，气浮性好。

由此可见，气泡与水中固体颗粒的黏附与润湿作用密切相关，固体颗粒亲水性越强，越容易被水润湿，则越难同气泡黏附。反之，固体颗粒憎水性越强，越难被水润湿，则越易同气泡黏附。因此，气浮工艺更适宜于憎水性颗粒。

4.6.2　气浮净水工艺

气浮净水工艺主要包括气泡的产生，气泡与颗粒的黏结和上浮，以及浮渣的去除等过程。具体考虑内容如下。

1. 空气量和气泡大小

制取气泡是气浮法的先决条件。许多气体都可用来产生气泡，但以空气最为经济和普遍。当气浮同时采用臭氧氧化工艺时，则臭氧气体也可同时用作气浮的气体。

加入水中空气量取决于要求去除的物质质量以及达到饱和要求所需的量。如果水体已处饱和状态，则要求的空气较少。对于低浊水的澄清，标准状态下一般每立方米水约需 5L 的空气(6g)。原水中固体浓度增加，则要求的空气量较大。由于在一个大气压下 10℃时水中的空气溶解度为 $22L/m^3$，因而当原水处于空气饱和状态时，则对需要空气量的影响变化很小。

气浮工艺中气泡大小是影响处理效果的重要因素。气泡太大，上升速率超过层流要求，使得性能降低。气泡太小，上升速率低，水池尺寸需相应增加。

对于给水处理中絮体的分离，需要采用微气泡，这是因为：

(1) 几毫米直径的大气泡要比几微米气泡的上升速度大得多，大量的气泡破裂将导致紊流，要使空气在整个断面上均匀分布就需采用微气泡。

(2) 气泡浓度增加将增加固体颗粒与气泡碰撞的概率，而 1.2mm 气泡的体积相当于 60μm 微气泡的 8000 倍。此外，微气泡相比液体的上升流速较低，使微气泡能与抗剪能力较低的颗粒黏附，形成絮粒。

(3) 微气泡直径较小，与悬浮絮体的结合较容易。

大气泡常被用作比水轻的大体积颗粒或憎水颗粒的气浮，例如脂肪的分离等。

根据试验，给水处理中气浮效果最佳的气泡直径约为 45～60μm 之间。大于 60μm 除浊效率下降，超过 80μm 的气泡几乎无效。

2. 气泡的制取

根据气浮系统形成气泡方式的不同，基本上可分为两类：一是分散空气气浮法，另一为溶解空气气浮法（简称溶气法或 DAF）。

分散空气气浮装置产生的气泡较大，直径约 1mm，故通常用于选矿等。为提高处理效果，可投加辅助发泡的表面活性剂。分散空气气浮装置在净水处理中很少应用。

溶解空气气浮法的特点是先制备饱和空气溶液，在减压状态下释放出大量微气泡，黏附水中杂质颗粒而上浮。溶解空气气浮法能制取非常微细的气泡，直径在0.1mm以下，利于黏附细小的杂质颗粒。

制取饱和空气溶液的方法很多，普遍采用的一种方法是压力溶气法。

水被送到溶气罐内与空气接触。空气在水中的溶解度与压力成正比，与温度成反比，服从亨利定律。图4-46所示为不同压力下20℃时的空气浓度。

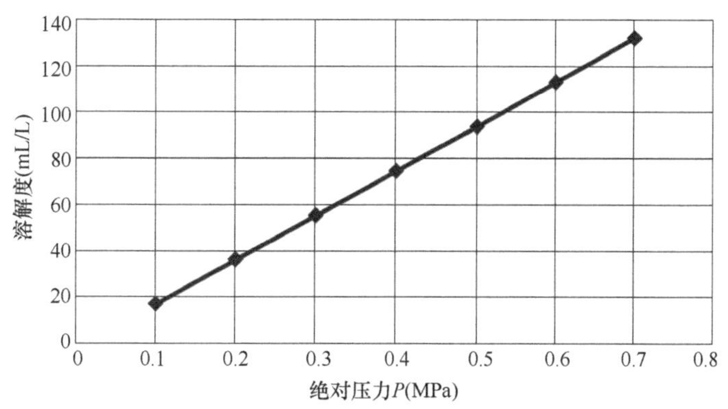

图4-46 20℃时空气在水中溶解度

用于加压的液体可以是全部原水或部分原水（直接加压），或者采用部分循环处理水（间接加压），如图4-47所示。

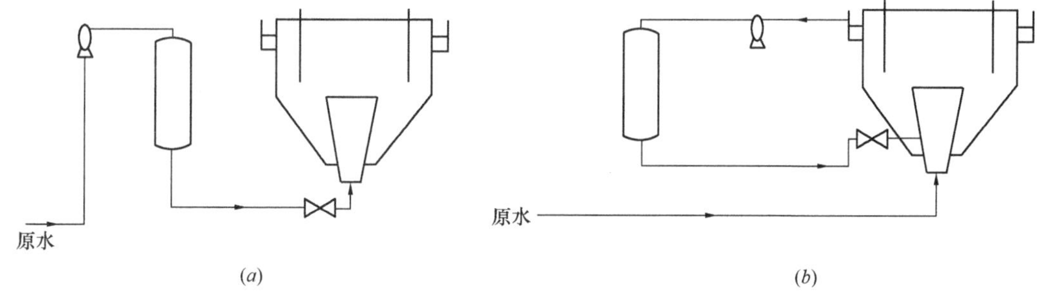

图4-47 不同溶气气浮形式

(*a*) 直接加压；(*b*) 间接加压（利用上清液回流）

给水地表水澄清处理采用间接加压法，加压水占处理水量的5%～10%，压力在0.3～0.5MPa之间。实际上，空气溶解率大约为相应压力下饱和度的70%～95%，而且压缩空气的消耗非常有效。

在污泥浓缩（氢氧化物污泥或过剩活性污泥）的应用中，可采用直接加压的方法，因为要使高悬浮固体浓度（2～6g/L）的污泥上浮需要更大量的空气。

空气的溶解过程与水流状态有关。搅动的水流可以加速空气的溶解。空气溶解过程一般在压力溶气罐内完成。压力溶气罐的形式很多，例如射流式、隔套式、填料式、循环式等。给水处理中以采用能耗低、溶气效率高的喷淋式填料罐较多。

3. 溶气水的减压释放

气泡需在专门装置（压力释放器）中由释放溶气水的压力而获得。图4-48所示为100%饱和的溶气水去饱和时所释放的微气泡空气量。

压力释放器的形式对于产生气泡的质量（大小、均匀性）具有决定性影响。例如一个2mm

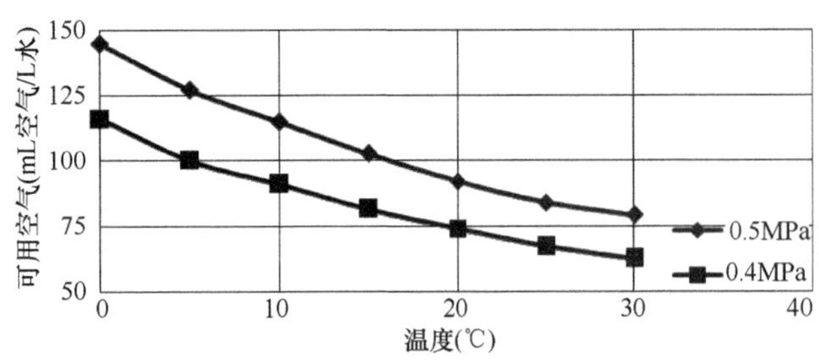

图 4-48　100%饱和的溶气水去饱和后得到的空气量

气泡所需空气量相当于 10^6 个 20μm 微气泡的空气量。此外，大气泡所产生紊流，还会破坏气泡与絮粒间的良好结合。

压力越高溶解的空气量越多，突然释放压力后形成的气泡越小、密度越大。释放器的基本要求是：

(1) 能迅速消能并在出口处的流速较小，不致破碎絮粒；

(2) 产生的气泡细微、均匀且稳定。

4. 气泡与固体颗粒的黏附

气泡与固体颗粒的黏附有两个途径：一是颗粒与气泡碰撞，另一为颗粒表面的溶液中产生气泡。气泡在絮粒上的黏附包括以下三个连续过程：

(1) 气泡从水中扩散到絮粒表面；

(2) 气泡继续扩散到絮粒的孔隙中；

(3) 气泡在絮粒表面或孔隙中相互吸附增大。

水的流态和絮粒结构对气泡扩散黏附有一定影响。若水流具有一定的紊动，则有助于气泡克服固体颗粒表面的摩阻力，而与颗粒黏附。同时，液体紊动将增加气泡同颗粒的碰撞概率，从而加速黏附过程。

气泡在絮粒孔隙中扩散也会遇到阻力，这种阻力是由于气泡驻留在孔壁上，从而减小了孔隙断面，阻碍其他气泡的扩散。当絮粒孔壁黏附了许多气泡时，扩散速度变慢，甚至使黏着于孔壁的气泡又剥落。所以，对于疏松结构的絮粒，由于具有较大孔隙因而有利于加快气泡的扩散。这也是密实絮粒气浮性较差的原因之一。

颗粒黏附气泡的数量与水中气泡浓度有一定关系。一般情况下，黏附量随气泡浓度增加而增大，但两者不一定呈线性关系。当气泡浓度较低时，两者接近直线比例关系。当达到一定浓度后，黏附量虽随浓度增加而继续增长，但增长速度渐趋缓慢。当黏附趋近饱和后，浓度增加对黏附量的影响已很小。由此可见，水中微气泡的浓度以控制在前两个阶段为宜，过分提高气泡浓度，需要增加溶气水回流量，不仅不经济，而且对提高气泡黏附量的实际作用也不大。

5. 浮渣的去除

气浮池运行时，微气泡附着絮粒而上浮至水面，在池面形成气泡—絮体组成的稳定且不断增厚的浮渣层。浮渣层的干固体浓度可达 3%～6%。如果净水厂采用机械脱水，有可能不设浓缩池。浮渣固体浓度取决于原水杂质含量和允许的排泥周期以及采用的排泥方式。同时，季节的变化甚至昼夜的变化，都会造成浮渣含水率的改变，这可能是由于浮渣在夏季及白天容易蒸发所致。

气浮池浮渣含固率远较沉淀池排泥水高，是气浮池的特点之一。

浮集于水池表面的浮渣靠其延伸性，几乎可以均匀地分布于整个池面。浮渣的排除方式主要有机械撇渣和水力排渣两种。机械撇渣需要设备维护，但其排除的浮渣干固体含量可达 3%～6%。水力除渣取消了机械设备，但其固体含量约 0.5%或以下，导致排泥水处理需要更大的浓缩装置。

浮渣污泥的性质与净水处理对象关系密切，例如活性污泥的浓缩，其表面的污泥层可达到几十厘米，且极其稳定，而金属氢氧化物絮体，其浮渣层仅几厘米，且较脆弱。因此，浮渣清除系统需适合于相应污泥的类型。

(1) 水力排渣

浮渣可以通过溢流方法从气浮池表面去除。它是采用部分关闭出水阀门，导致水面小幅上升。水位抬高至排渣堰以上，部分水流转向排渣堰，同时将浮渣排除。污泥颗粒的附着有助于维持泥渣的整体移动。浮渣需要经常排除，以避免泥渣太厚，使泥渣不能很好流动。固体含量约0.5%左右最好。当大部分泥渣排除后（一般约10min或以下），出水阀门重新打开，维持正常运行。溢流排渣可以是连续的，也可以采用间歇排渣，应视浮渣的数量而定。溢流的浮渣要有一定的流动性，含水率一般较高，因而耗水量较多。当堰上水深保持5mm左右时，耗水量约为制水量的0.8%～1.6%。采用水力排渣方法，排渣槽位置应设在气浮池的出水端，使浮渣运移方向与水流一致。该方法的主要缺点是遇到逆风（即使是轻微的二级风），也会阻止浮渣的移动，而使溢流排渣失效。

（2）机械排渣

机械排渣是借助机械设备连续或间歇地将浮渣刮入排渣槽。常用的机械撇渣形式有三种：链条刮板式撇渣机、振动撇渣机、旋转撇渣机。表面撇渣刮板数量根据其移动速度、两刮板间距离以及排除泥渣的量来确定。需要避免由于泥饼压缩过多而使污泥脱气或破坏。机械排渣的排渣损失水量要比水力排渣低，其最大的缺陷是刮板移动对浮渣层的搅动性较大，尤其是桁架式刮板排渣机，其板前堆积的浮渣很容易向后翻落，造成浮渣沉降。

由于气浮池排除的浮渣含有较多的微小气泡，因此当净水厂不作污泥脱水处理而直接排入水体时，常易漂浮水面，给环境带来一定影响。为比，采用气浮工艺的水厂宜采用排泥水脱水处理或采用一定的消泡措施，否则将影响气浮工艺的应用。

4.6.3　气浮池设计

典型的溶气气浮工艺的布置如图4-49所示。

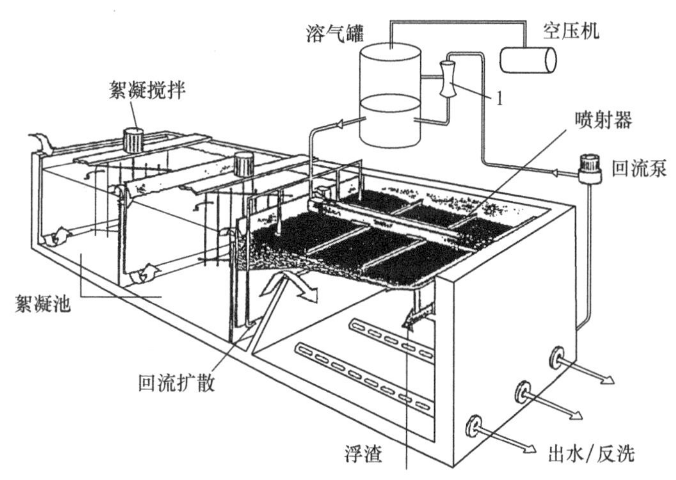

图4-49　典型气浮工艺布置

原水投加混凝剂后进入絮凝池，经絮凝后自底部进入气浮池接触室，在接触室与溶气释放器释出的含微气泡水相遇，絮粒与气泡黏附后进入气浮分离室进行渣、水分离。浮于池面的浮渣定期排除，清水则由集水管引出。其中部分清水则经回流泵加压，进入压力溶气罐，与此同时空压机将压缩空气压入压力溶气罐，在溶气罐内完成溶气过程，并由溶气水管将溶气水输往溶气释放器，与絮凝原水混合。

1. *絮凝池*

颗粒重力沉淀需要投加适当的混凝剂和絮凝剂，以完成颗粒脱稳和絮凝。对于DAF来说，也同样需要进行原水的絮凝。在重力沉淀中，要求絮凝过程必须使形成的絮粒足够的大和重，而在 DAF 中，则要求絮凝形成大量的小絮体，以适应上浮到水面。

絮凝形式和絮凝时间应根据原水水质和选用混凝剂而定。絮凝时间通常取 10～15min，较沉淀工艺为短。

英国水研究中心（Water Research Center，简称 WRC）提出絮凝时间为 25min 左右，G 值约 $50s^{-1}$，并以采用二级絮凝最为普遍。但是，这一指标引起了众多学者的质疑。邦克和埃德茨瓦尔德 Bunker & Edzwald，1994 指出，以采用 2.5～5min 絮凝时间最合适，进一步延长絮凝时间并不能改善絮凝效果。搅拌强度明显受到混凝剂品种的一定影响。有报道称，聚合电解质与硫酸铝合用，对低温低浊水处理有利，但与聚合氯化铝合用则无必要。研究还表明，搅拌强度在 $30\sim70s^{-1}$之间存在少许差异。絮凝时间与搅拌强度相比，絮凝时间更为重要。因此，英国学者普遍的观点是：对于水温高于 15℃时，10min 絮凝时间是合适的，在低温地区需要采用 15～20min。

2. 气浮池

常规溶气气浮池的主要设计指标，我国规范及手册的相关规定如下：

（1）接触室的上升流速可采用 10～20mm/s，分离室的向下流速可采用 1.5～2.0mm/s，即分离室液面负荷为 5.4～7.2$m^3/(m^2\cdot h)$；

（2）气浮池的单格宽度不宜超过 10m，池长不宜超过 15m，有效水深可采用 2.0～3.0m；

（3）溶气罐的压力及回流比应根据原水气浮试验情况或参照相似条件下的运行经验确定，溶气压力可采用 0.2～0.4MPa，回流比可采用 5%～10%；

（4）接触室应提供气泡和絮体的良好接触条件，停留时间不宜小于 60s；

（5）溶气释放器的形式及个数应根据单个释放器在选定压力下的出流量及作用范围确定，并力求布置均匀；

（6）气浮池宜采用刮渣机排渣。集渣槽可设在池的一端、两端或径向，刮渣机的行车速度不宜大于 5m/min。

美国《净水厂设计手册》（第五版）建议的设计指标为：液面负荷一般为 6～18$m^3/(m^2\cdot h)$，通常不大于 12$m^3/(m^2\cdot h)$ 回流比为 8%～10%，溶气压力 60～90psi（414～620kPa），回流比和压力应可调；气浮池的最大长度约 11m，长宽比不小于 1，池深则以控制水平流速不超过 100m/h 来确定，一般为 2.5m 或更小，但较高负荷时可加深。

据英国的有关书籍介绍，矩形气浮池的液面负荷一般在 8～12$m^3/(m^2\cdot h)$之间，小于 5$m^3/(m^2\cdot h)$或大于 15～20$m^3/(m^2\cdot h)$的也在一些水厂中有应用。但液面负荷过高，出水可能会夹带空气，而造成过滤的负压问题。气浮池的固体负荷在 4～15kg 干固体/（$m^2\cdot h$）范围变化。典型的池深为 2～3m，长宽比为（2～2.5）：1。端头供气的长度小于 15m，中心供气的小于 20m。气浮池的停留时间在 10～20min 之间。有效的气浮需要空气量为 6～10g/m^3。根据水温不同，回流比在 6%～15%之间。

达尔奎斯特等（Dahlquist，et al.，1996）指出：液面负荷在 16$m^3/(m^2\cdot h)$ 以下时运行比较稳定，该指标的限制并不是考虑出水中颗粒的带出，而是考虑了气泡对过滤的影响。根据阿农（Anon，1997）调查，液面负荷可达 25$m^3/(m^2\cdot h)$，但温度是一个重要因素。液面负荷根据水的黏滞度决定是合理的，当水温 3℃时取 10m^3/d，在 20℃时取 16$m^3/(m^2\cdot h)$，可取得成功。

由于雨、雪、风以及冰冻带来的问题，在英国气浮池大多完全建于室内，某些用户还将气浮池建成封闭形式。

3. 压力溶气罐

压力溶气罐有多种形式，以喷淋填料罐（图 4-49）应用较多。

溶气罐一般采用 Q235 钢板焊接制成。压力溶气罐的总高度我国规范规定可采用 3.0m，罐内需装填填料，其高度宜为1.0～1.5m，罐的截面水力负荷可采用100～150$m^3/(m^2 \cdot h)$。

溶气罐填料形式很多，例如瓷质拉西环、塑料斜交错淋水板、不锈钢圈、聚丙烯阶梯环等。由于阶梯环具有较高溶气效率，宜优先采用。填料形式的溶气罐，其饱和率约为90%～95%，无填料的约为65%～75%。

据戴维·史蒂文森（David Stevenson）介绍，在英国典型的溶气罐常采用的水流速度约80～100m/h，填料厚度根据选用环的大小（一般为25～38mm）采用1.0～1.5m。法国得力满公司标准溶气罐的接触时间为几十秒（最大1min），立式溶气罐能力小于300m^3/h溶气水。

溶气罐内水位控制对溶气效果的好坏起很大作用。水位过高，影响罐内气、水接触，使溶气效率下降。水位过低，则可能发生压缩空气穿透水层，随溶气水进入气浮捕捉区，形成大气泡而影响气浮效果。

溶气罐的控制形式很多，图4-51所示为其一种形式，通过液位传感器控制电磁阀开闭，以控制液位。

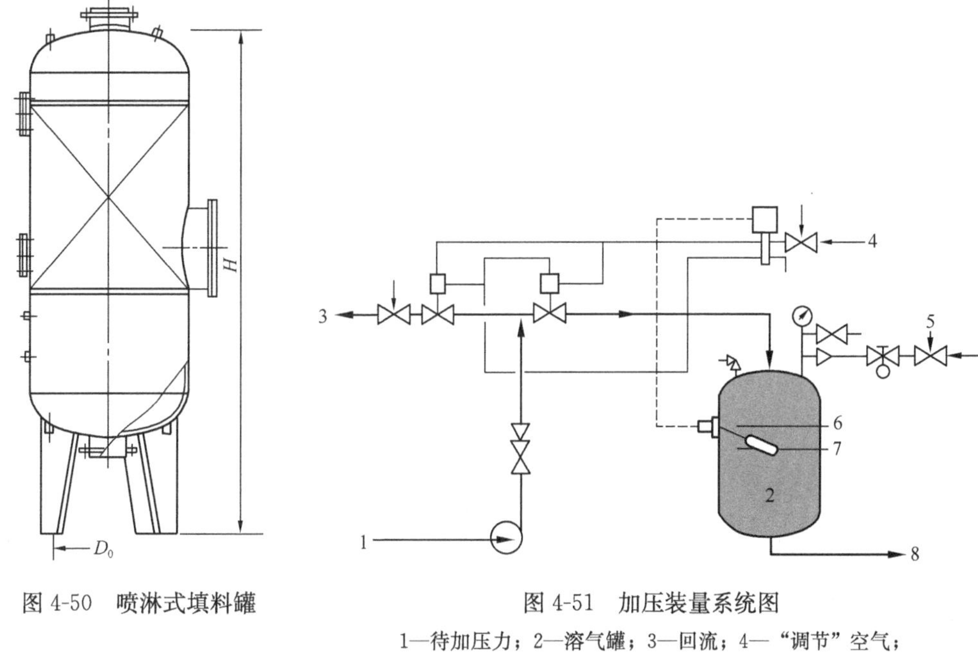

图4-50 喷淋式填料罐

图4-51 加压装量系统图

1—待加压力；2—溶气罐；3—回流；4—“调节”空气；5—压缩空气；6—上液位；7—下液位；8—加压水

4. 溶气释放器

被空气饱和的水通过喷嘴或针阀进入气浮池，并形成压力的瞬间降低，空气气泡释放到水体。典型的气泡大小从10μm到100μm，平均直径为40μm。一般每0.3～0.6m设一针阀，或者每0.1～0.3m设一喷嘴。

溶气释放器的布置应能使气泡形成处于最佳，且造成与絮凝原水有效、合理的混合。

溶气释放器应根据回流水量、溶气压力以及选用释放器的作用范围确定合适的型号和数量，并力求布置均匀。

溶气释放器的形式很多，国内的主要有TJ型及TV型溶气释放器（图4-52）。它们的主要特点是：

（1）释放完善，溶气压力在0.15MPa以上时可释放溶气量的99%左右；

（2）可在较低压力下工作，当溶气压力在0.2MPa以上时可获得良好效果；

（3）释放的气泡细微，平均气泡直径约20～40μm，气泡密集，附着性能良好。

图4-53所示为英国水研究中心（WRC）所开发的溶气释放喷嘴及其改良型。它由孔口和挡

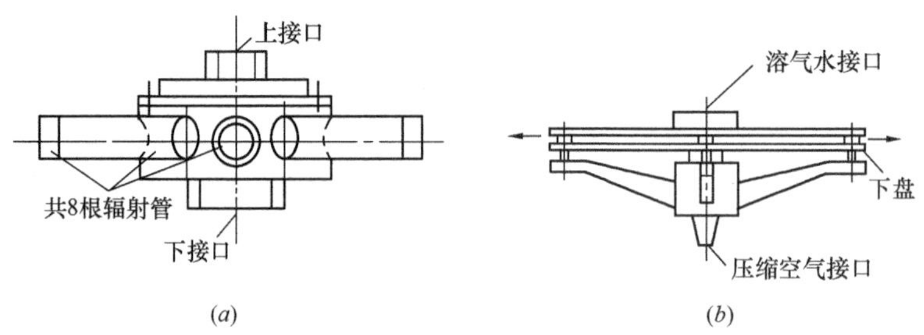

图 4-52 TJ 型、TV 型溶气释放器

(a) TJ 型；(b) TV 型

板构成，突然的射流通过孔口快速消散，造成局部非常高的剪力。

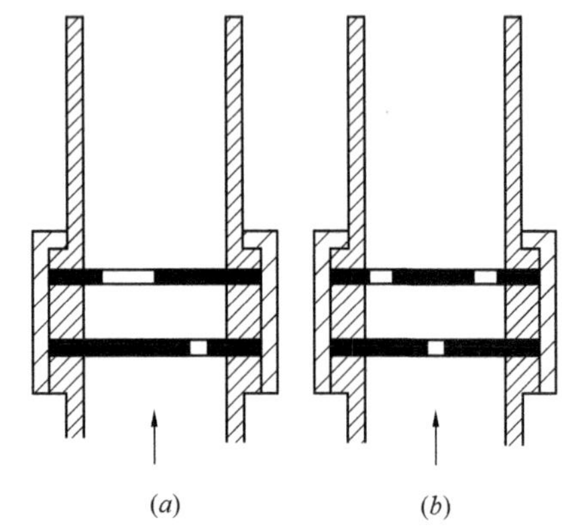

图 4-53 WRC 设计用于溶气气浮的喷嘴

(a) WRC 设计；(b) 改良型

5. 除渣设备

常用除渣设备有牵引刮板排渣机和桁架刮板排渣机。前者大多用于小型气浮池，桁架刮板排渣机用于跨度较大的气浮池，跨度一般在 10m 以下。对于圆形气浮池，一般采用行星式排渣机。当浮渣浓缩很稠时，行程不宜超过 10m。刮板排渣机的刮板浸没于浮渣的深度为浮渣厚度的 1/2。

气浮池的浮渣除了要尽量避免浮渣因刮渣、雨淋、风吹等搅动而下沉外，还应注意防止冻结。对于平均气温低于+3℃时，即使连续排渣，也应考虑设在有保温措施的室内。

4.6.4 气浮池布置

气浮池的布置形式很多，应根据原水特点、处理规模及相关工艺流程等因素确定。气浮池池形可为矩形也可为圆形。此外，气浮池尚可与滤池进行组合。

1. 矩形气浮池

最常用的溶气气浮池布置为矩形平流式。除特殊情况外（例如国外集装箱式气浮池），絮凝池与气浮池合并建造。

进入溶气接触室的絮凝后水应均匀地沿池宽从接近底部处进入，可以采用连续的缝隙进水。回流水也必须均匀分布。

澄清水从池底收集，可通过端头分水墙强制出水，或者在池底上布置横向管道集水。在某些情况下，出水水流必须经控制堰流出，以微调水面高度（特别当采用刮板去除浮渣时）。

图 4-54 所示为苏州工业园区净水厂气浮池布置图。该厂水源取自太湖，规模 15 万 m^3/d，

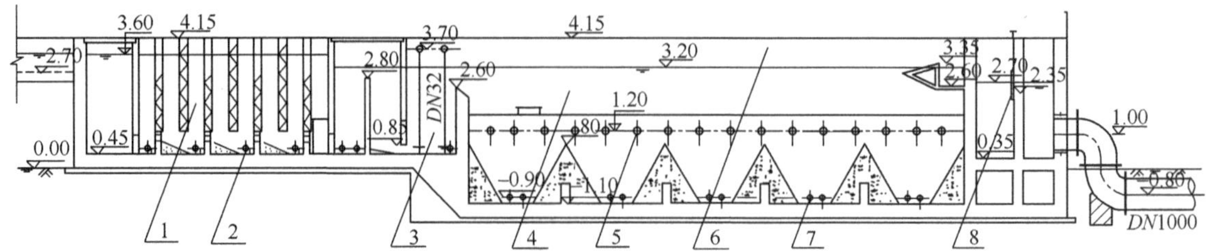

图 4-54 矩形气浮池

1—折板絮凝区；2—絮凝区排泥管；3—气浮接触区；4—气浮分离区；5—穿孔出水管；6—机械刮渣机；7—穿孔排泥管；8—刮渣控制堰门

共设气浮池2座，每座能力7.5万m^3/d。采用折板絮凝形式，絮凝时间10min。气浮区液面负荷7.2$m^3/(m^2 \cdot h)$，排渣采用机械刮渣机，以出水调节堰门控制刮渣机运行方式。设计回流水率为10%，溶气压力0.4MPa。

2. 圆形气浮池

圆形气浮池一般适用于规模较小的水厂。

图4-55所示为得力满公司设计的圆形气浮池布置图。该池型可以用钢板制造（Flotazor-BR），也可以采用混凝土建造（Sediflotazor）。钢板制造的直径在8m以内，混凝土建造的直径可达20m。

在英国南威尔士有一座利用现有圆形池改建的气浮池（图4-56），采用二级絮凝与气浮池垂直叠建，其占地面积仅相当于11$m^3/(m^2 \cdot d)$。2层絮凝搅拌叶片由一个轴带动。

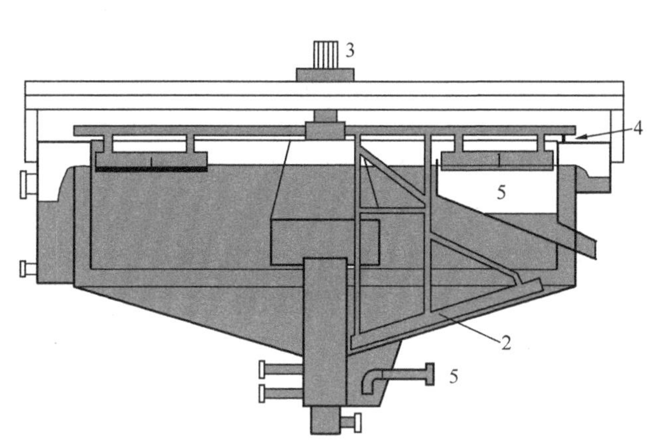

图4-55 圆形气浮池（Flotazor BR）
1—表面撇渣刮板；2—底部刮泥板；
3—减速齿轮装置；4—滚轮；5—排泥

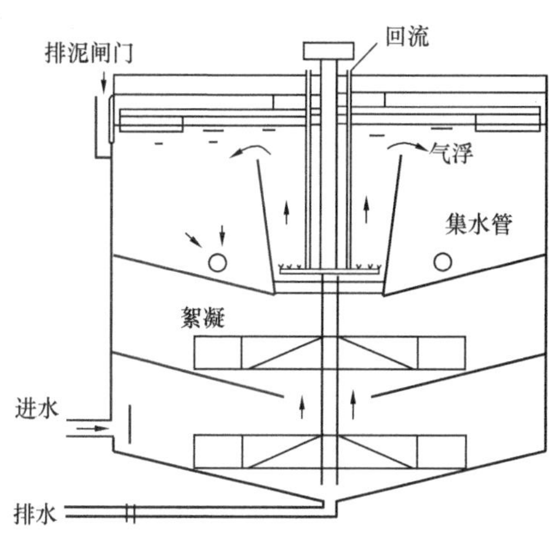

图4-56 Cantref 3层絮凝—气浮池

3. 高速矩形气浮池（Rictor AquaDAF）

高速矩形气浮池是得力满公司开发的一种池型，其目的是提高液面负荷，以缩小池体尺寸。

通过对常规气浮池水力特征的分析可见，常规气浮池水流特点是斜向对角流动，故设想采取一定措施，以“拉直”水流。改进的主要内容为：

(1) 使加压水扩散到整个气浮池平面；

(2) 在池底安装集水装置或穿孔底板，以在整个平面上收集澄清水，而不是仅从端部收集；

(3) 安装淹没的斜板系统，促使气泡聚集后加速上升，以捕捉气泡。

通过上述改进，可以获得厚度高达1～2m的“气泡层”（bubbleblanket），其浓度从顶向下减少。该气泡层可继续进行絮凝过程，并促进空气气泡与絮体的结合，加速聚合体的上升，使其上升流速提高到30～40m/h。该气泡层作用类似于脉冲澄清池悬浮层的作用，由于具有高浓度的气泡和絮体，可以在固液分离的同时继续絮凝。此外，“游离气泡”也可得到聚合。

因此，高速矩形气浮池具有以下特征：

(1) 高速气浮池的池形不同于常规气浮池，其“长度”（进水和出水之间）小于“宽度”，以使整个池体形成气泡层；

(2) 絮凝时间可以减少到10～15min（常规的为20～30min）；

(3) 上升流速根据絮体性质和水温可以高到20～40m/h；

(4) 由于池形短而宽，故可采用溢流排渣系统。

Rictor AquaDAF高速气浮池在巴西马瑙斯（Manaus）水厂已投产运行，水厂规模28.5万

m^3/d，气浮池共设 8 座。

4. 与过滤组合的气浮滤池

图 4-57 所示为常规的气浮与滤池的组合形式，将气浮的出水区作为过滤的砂面水层，使两者有机地加以组合。此时，气浮的液面负荷需要降低到与过滤的滤速相一致。污泥可以在反冲洗时排除。为了排除污泥，滤池的出水控制系统必须随着过滤水头损失增加保持水位的精确。水池需有足够的深度，以满足气浮与过滤组合的需要。采用组合池型，其占地面积大大缩小（约 $1m^3/h$ 需 $4m^2$）。这种布置的缺点是无法在气浮与过滤之间投加化学药剂。

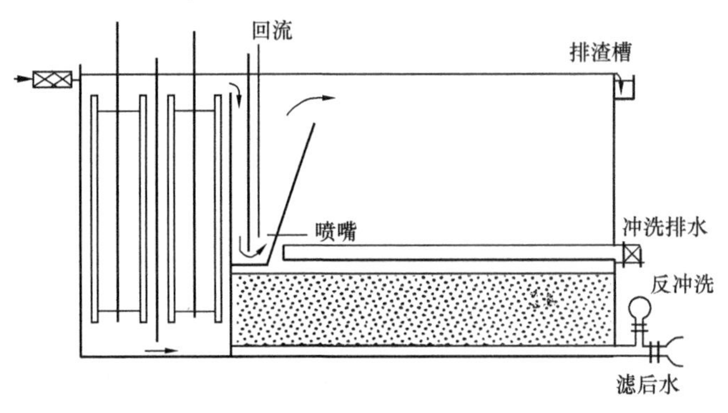

图 4-57　气浮与过滤组合池

逆流溶气气浮滤池（Counter Current Dissolved Air Flotation Filtation，CoCoDAFF）是对普通气浮滤池作的重大改进，如图 4-58 所示。与常规的气浮滤池不同，在气泡分离区中，空气与水流以逆向流动。

絮凝可以用一个共用絮凝池服务于多格气浮池。絮凝出水通过管道和倒置的锥形管进入气浮区。回流水从下部的喷嘴进入，水中的空气分布于整个水池平面，形成气泡层，提供了颗粒与气泡间的良好接触条件。水流下降、气泡上升，形成逆流。滤层设于回流水喷嘴下方。浮渣可采用水力排除。

据伊兹和布里格纳尔（Eades 及 Brignal，1994）介绍，该工艺已在 20 万 m^3/d 的水厂中应用。

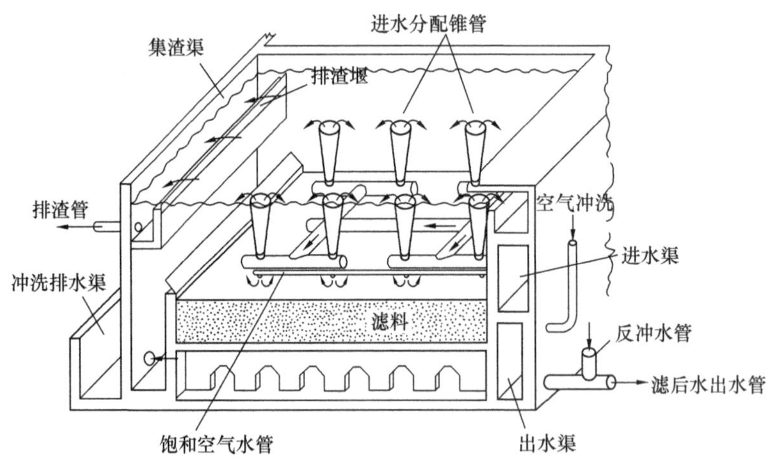

图 4-58　逆流溶气气浮滤池的典型布置

该设计的基本优点在于采用逆向接触的方法要比同向接触方法更为有效。喷嘴的压力释放于澄清水中，而不是絮凝出水，避免了破坏絮体。某些下沉的絮体可以被气浮层回收，而在常规气浮池中则将会降到池底。

我国对气浮池与滤池组合的布置也曾进行过研究。1981 年苏州北园水厂当时因原水水质原因，建造了 5 万 m^3/d 的气浮移动冲洗罩滤池，将溶气气浮池与移动冲洗罩滤池相组合，其流程如图 4-59 所示。

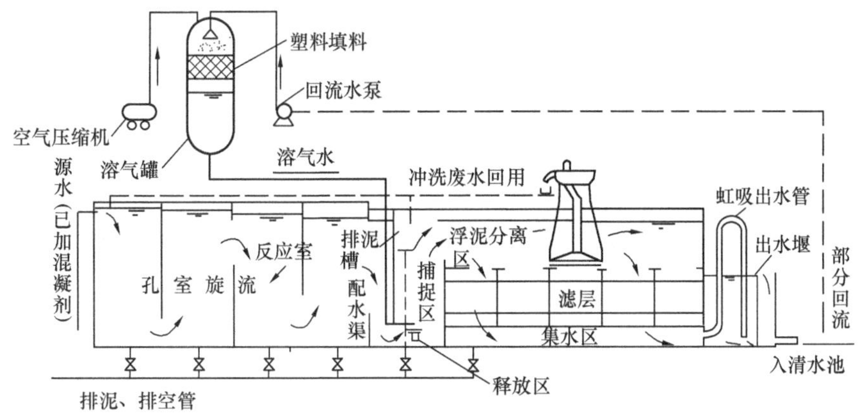

图 4-59　气浮移动冲洗罩滤池工艺流程

4.7　特殊形式沉淀池

4.7.1　加砂絮凝沉淀池（Actiflo）

1. 发展由来

加砂絮凝沉淀池是法国威利雅集团（Veolia Water）在 20 世纪 80 年代末 90 年代初开发的一种具有专利技术的高效沉淀池型，命名为 Actiflo 沉淀池，用于去除水中悬浮物、浊度及颗粒有机物。通过投加微砂来加大絮凝接触面积，在与高分子絮凝剂协同作用下与水中污染物形成大颗粒易于沉淀的絮体，使沉淀速度大大加强。此外结合斜板沉淀以减少沉淀池的面积及沉淀时间，取得良好的出水效果。

Actiflo 沉淀池在欧洲和美洲应用实例较多，国内应用的有上海临江水厂（20 万 m^3/d）和北京水源九厂（34 万 m^3/d）。

2. 构造组成

Actiflo 沉淀池工艺流程如图 4-60 所示。

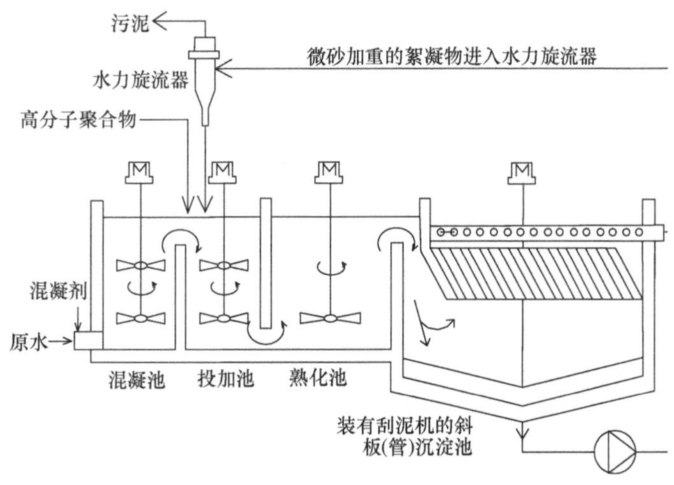

图 4-60　Actiflo 沉淀池工艺原理图

主要工艺组成包括：

（1）混合：原水与混凝剂经过混合池快速混合后，胶体颗粒脱稳，形成微絮凝体。

（2）絮凝：形成的微絮凝体随原水进入投加池，在池中投加微砂（一般粒径 80～100μm）和高分子助凝剂并通过搅拌机快速混合，与微絮凝体结合形成更大更重的絮体。

(3) 熟化：形成的絮体随原水进入熟化池，在池中通过吸附、电中和和架桥作用，在慢速搅拌的条件下使絮体进一步变大、密实，直径一般可达150μm以上。

(4) 沉淀：絮凝后原水进入沉淀池，从斜管下部上向流经斜管区后，通过指形槽出水，絮凝体在斜管内沉淀并在重力作用下滑入沉淀池下部。

(5) 回流：沉淀的泥砂混合污泥通过刮泥机集中至沉淀池下部中心坑，然后由污泥循环泵连续抽排，把微砂和污泥输送至水力旋流器中进行分离。分离出的微砂重新注入投加池中循环使用，分离污泥排入污泥处理系统。

3. 设计参数

上海市临江水厂 Actiflo 沉淀池主要设计参数如下：

规模：20万 m^3/d，分为3组；

总占地面积：$1600m^2$；

絮凝时间：10min；

沉淀时间：20min；

设计上升流速：34m/h；

混凝剂投加量：硫酸铝 50～80mg/L；

高分子助凝剂：0.1～0.2mg/L。

4.7.2 泥渣絮凝沉淀池（Densadeg）

1. 发展由来

泥渣絮凝沉淀池（Densadeg）是从法国得利满公司引进的新型沉淀池，又称 Densadeg 高密度沉淀池。它由混合区、絮凝区、推流区、沉淀区、污泥浓缩区及泥渣回流和排放系统组成。

Densadeg 已在欧洲和美洲应用多年，其中法国塞纳河畔莫尔桑（Morsang-Sur-Seine）水厂（9.2万 m^3/d）、西班牙马尼塞斯（Manises）水厂（18万 m^3/d）和阿根廷罗萨里奥（Rosario）水厂（16万 m^3/d）等均采用 Densadeg 高密度沉淀池。20世纪末开始进入中国市场，新疆乌鲁木齐20万 m^3/d 水厂就采用了高密度沉淀池，目前已正常运行。上海南市水厂也作了高密度沉淀池的试验，取得了良好的效果，并在上海杨浦水厂、南市水厂改造中应用。

2. 构造组成

Densadeg 高密度沉淀池工艺流程如图4-61所示。

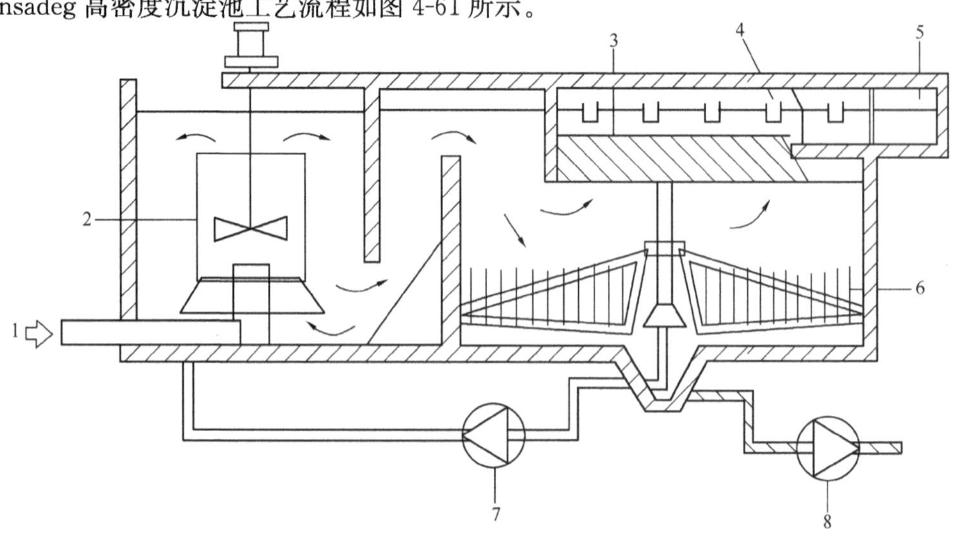

图4-61 Densadeg 高密度沉淀池工艺流程图
1—原水进水；2—絮凝区；3—斜管；4—集水槽；5—沉淀出水；6—带栅条刮泥机；7—泥渣回流；8—泥渣排放

高密度沉淀池有以下几个方面特点：

（1）将混合区、絮凝区与沉淀池分离，并改为矩形结构，以简化池型。

（2）沉淀分离区下部设污泥浓缩区，少占用土地。

（3）在浓缩区与混合部分之间设污泥外部循环。部分浓缩污泥由泵回流到机械混合池，与原水、混凝剂充分混合，通过机械絮凝形成高浓度混合絮凝体，然后进入沉淀区分离。

（4）采用有机高分子絮凝剂，絮凝过程中投加PAM助凝剂，以提高凝聚效果，加快泥水分离速度。

（5）沉淀部分设置斜管，进一步提高液面负荷。

（6）沉淀区下部按浓缩池设计，大大提高污泥浓缩效果，含固率可达3%以上。

基于上述结构，高密度沉淀池在水质适应性和抗冲击性上有较大提高，而且在理论上出水水质会更好。

3. 设计参数

新疆乌鲁木齐水厂Densadeg沉淀池主要设计参数如下：

规模：20万m^3/d，分为2组。

絮凝区尺寸（长×宽×深）：6.9m×6.9m×6.25m。

预沉区/浓缩区尺寸（长×宽×深）：12.7m×12.7m×4.3m。

斜管分离区尺寸（长×宽×深）：9.47m×11m×0.65m。

斜管区上升流速：23m/h。

4.7.3　中置式高密度沉淀池

1. 发展由来

中置式高密度沉淀池是上海市政工程设计研究总院在总结传统沉淀池优点的基础上，通过对加药点、混合和絮凝方式等技术点进行优化后开发出的新池型（专利号：ZL200510024179.5和ZL200510024180.8），又称Smedi高效沉淀池。

Smedi高效沉淀池已在嘉兴石臼漾水厂扩容工程（8万m^3/d）和嘉兴南郊水厂一期工程（总规模45万m^3/d，一期规模15万m^3/d）中使用。

2. 构造组成

Smedi高效沉淀池设有5个过程区，即：

（1）混合区；

（2）絮凝区；

（3）分离沉淀区；

（4）浓缩排泥区；

（5）分离出水区。

具体布置如图4-62所示。

原水加药并注入预加PAM活化回流污泥后，先在池体中心的混合区充分混合，再送入两侧的絮凝区，经慢速搅拌机回流和搅拌加强絮凝效果。在混合池的出口再加入PAM助凝剂，以提高泥水分离效果。由于在混合区加入了高浓度活化回流污泥，因此在絮凝区的絮凝时间可以大幅缩短。絮凝后水经整流后进入两侧的静止絮凝区，逐渐由上而下进入沉淀区，在沉淀区进行最终泥水分离。清水区设置的集水槽汇流出水，污泥则在沉淀区下部进行浓缩。底部设有浓缩刮泥机。浓缩后的污泥，部分再回流到原水进水管，多余高浓度污泥进行排放。

Smedi高效沉淀池通过优化池体布置形式来减小占地面积，通过多种药剂的组合投加以及污泥回流等措施强化沉淀效果。同平流式沉淀池、机械搅拌澄清池相比，Smedi高效沉淀池对浊度

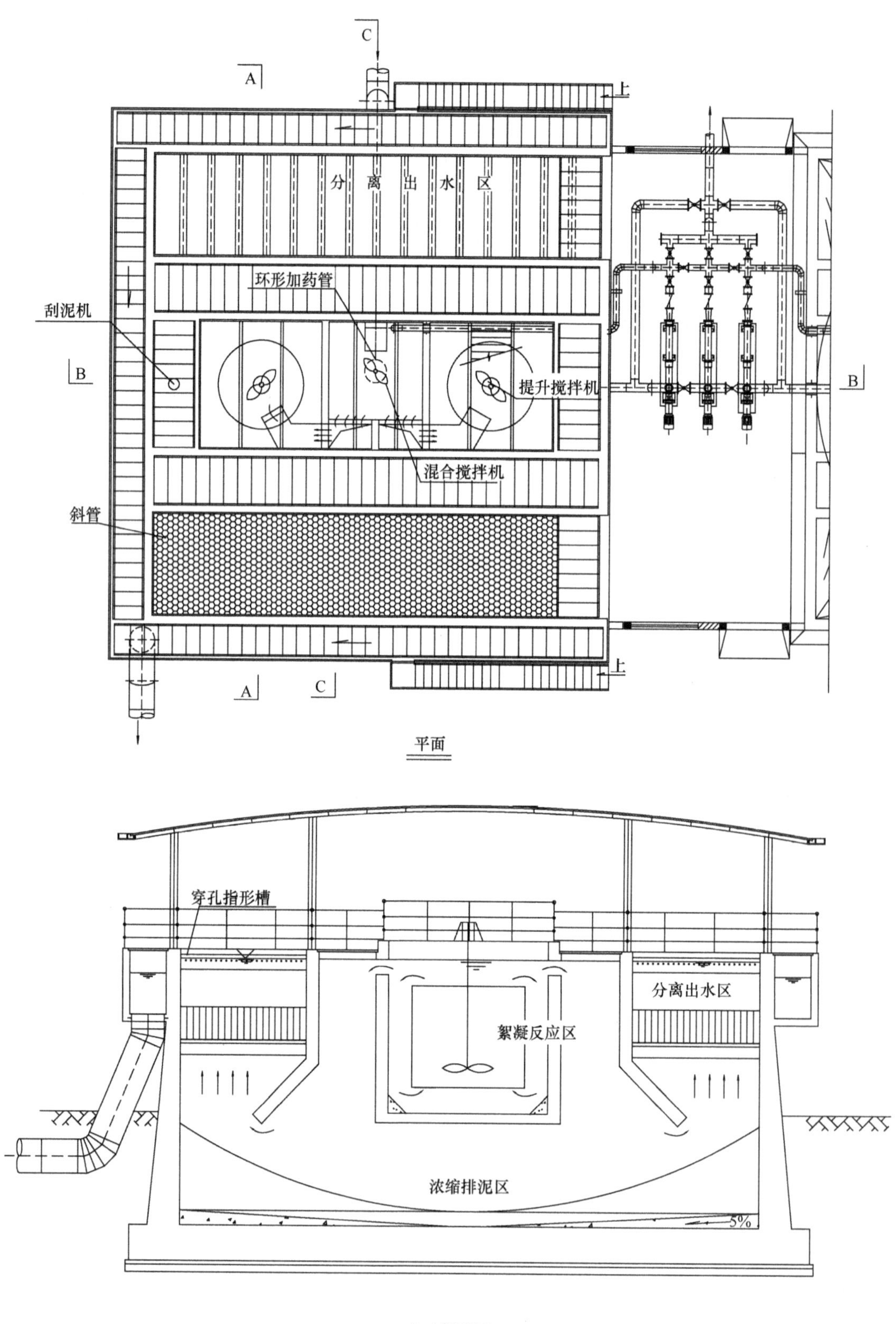

图 4-62 Smedi 中置式高密度沉淀池（一）

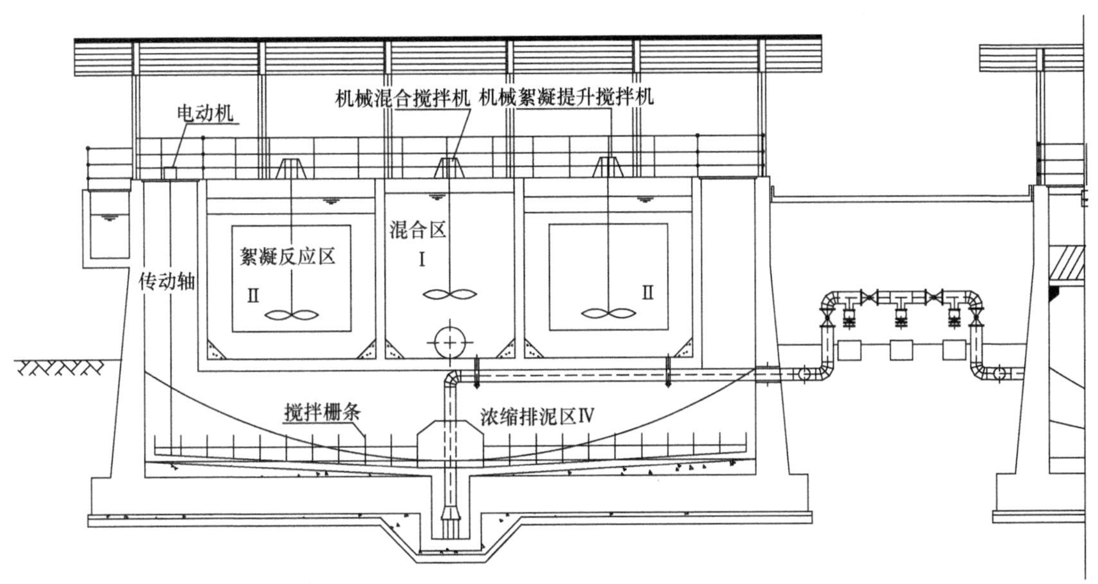

B–B剖面图

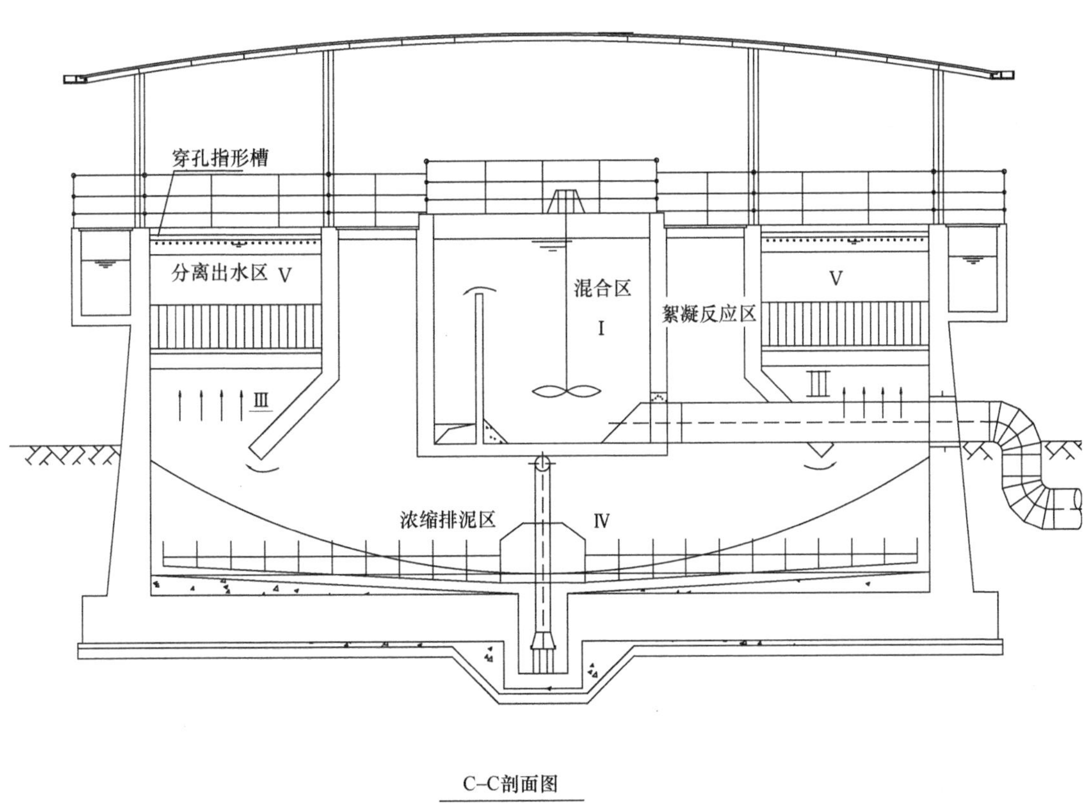

C–C剖面图

图 4-62　Smedi 中置式高密度沉淀池（二）

和有机物的去除率有较大提高，运行成本也较低；与国外引进池型相比，配水更均匀，单池处理水量较少限制，水流流向更合理，在同等有效占地面积条件下，上升流速较低，抗冲击负荷能力更强，出水水质更有保证，并实现了所有设备国内自主采购，总体造价低。

3. 设计参数

嘉兴石臼漾水厂扩容工程中置式高效沉淀池主要运行条件如下：

进水流量：3000～3500m^3/h；

沉淀区液面负荷：13.4～15.6m/h；

混凝剂投加量：25～50mg/L；

助凝剂投加量：0.08～0.1mg/L；

进水浊度：30～90NTU；

出水浊度：0.6～1.0NTU。

4.7.4 沉淀气浮池

1. 主要特征

气浮池适宜于浊度较低、水中悬浮杂质较轻的原水，但不少地区在一年内往往会出现一段时间的浊度偏高。随着新的国家饮用水水质标准的推出，对于短期高浊、高藻或低温絮凝效果不佳等特定水质，采用传统的沉淀一过滤工艺无法确保出水水质达标。为使气浮池适应这种变化，可以考虑将一部分或大部分较重的颗粒先通过沉淀予以去除，然后将另一部分轻而尚未沉淀的颗粒，通过气浮处理去除。这样既能提高出水水质，又能充分发挥两种处理方法的各自特长，提高综合净水效果。因此，采用先沉淀去除密度较大絮凝完善的絮粒，再以气浮去除细小絮粒为基本理念的沉淀一气浮池逐步为人们接受。

该种池型采用前段沉淀后段气浮的格局，并可通过上下叠合布置节约占地面积，当沉淀出水已符合要求时，气浮装置可以不运行，以节约能耗。

上海市政工程设计研究总院研发设计的潍坊寒亭区水厂一期工程 6 万 m^3/d 采用沉淀与气浮相结合的池型（专利号：200710039884.1），其工艺布置如图 4-63 所示，其特点在于：

（1）池体分为上下两层，混合、絮凝、沉淀（或沉淀、气浮联用）都放在一个构筑物内，布局紧凑，能有效利用土地资源，在寒冷地区也可减少上部保温建筑的造价。

（2）先沉淀，去除重颗粒物质，后气浮，去除轻颗粒物质，更能发挥沉淀、气浮各自所长。

（3）上层分别设置气浮集水穿孔管和沉淀出水指形槽，气浮出水总管和沉淀出水管设阀门相互切换，可运行沉淀、气浮或选择单独运行沉淀工艺。接触区内安装有可方便拆装的溶气释放器，单独运行沉淀时可卸下释放器，减小对上层沉淀的影响。

（4）下层沉淀区设置推流式浓缩刮泥机，上层沉淀（气浮）区和沉淀出水区底部不布置自动刮泥措施，沉淀运行一段时间后需要人工清泥。

2. 设计主要参数

（1）混合时间：22s。

（2）总絮凝时间：20.6min。

（3）絮凝搅拌器叶轮桨板中心线速度（第一室至第四室）：0.50～0.20m/s。

（4）沉淀池水平流速：下层 11.4mm/s，上层 8.8mm/s。

（5）沉淀池总停留时间：119.4min。

（6）沉淀池指形槽出水负荷：157.5m^3/(m·d)。

（7）气浮接触区上升流速：16.7mm/s。

（8）气浮接触时间：121.8s。

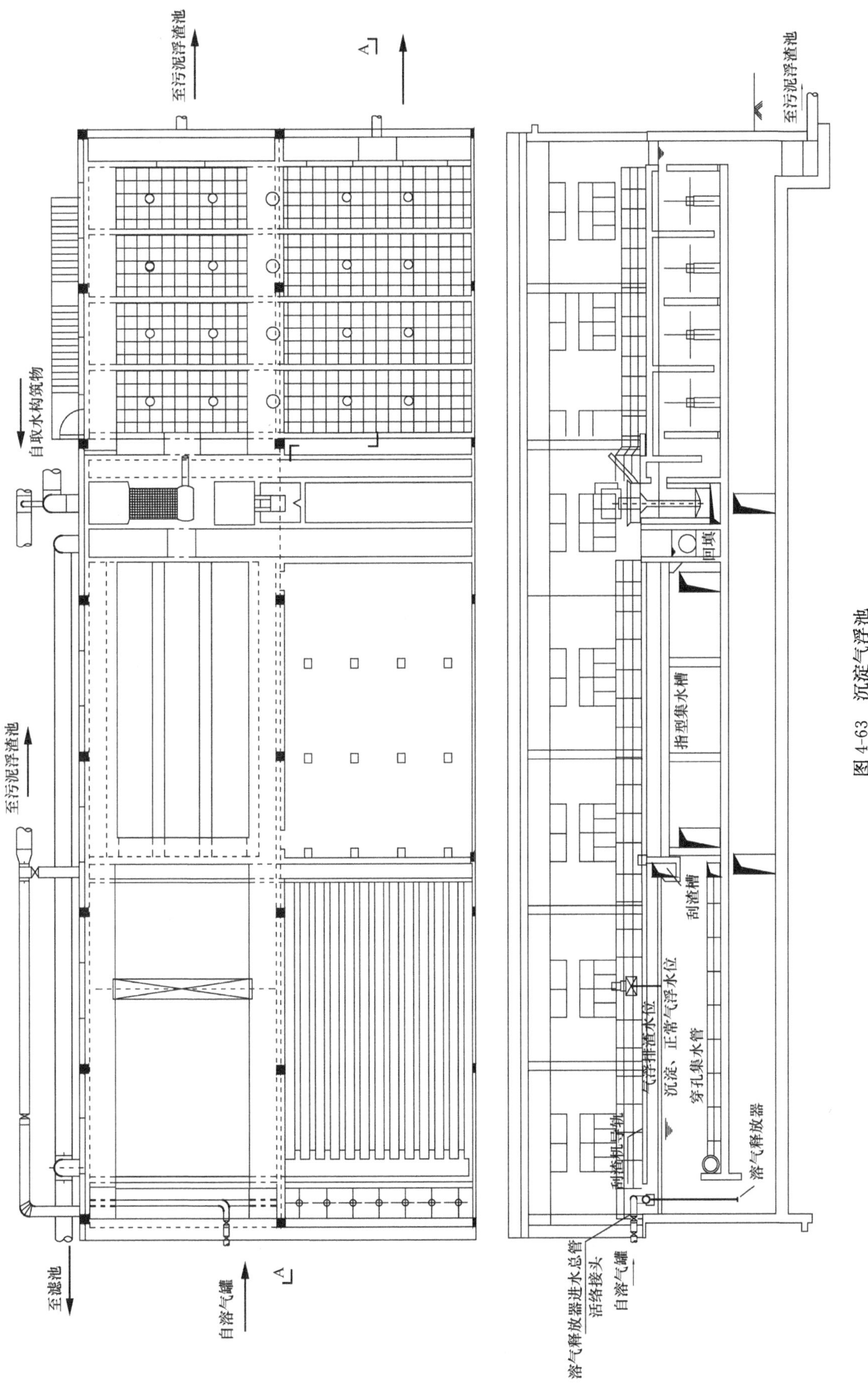
至污泥浮渣池
A
自取水构筑物
至污泥浮渣池
至滤池
自溶气罐
A
至污泥浮渣池
回填
指型集水槽
刮渣槽
沉淀、正常气浮水位
气浮排渣水位
穿孔集水管
刮渣机导轨
溶气释放器
溶气释放器进水总管
活络接头
自溶气罐

图 4-63　沉淀气浮池

(9) 气浮分离区表面负荷：1.86mm/s。

(10) 溶气水回流比：约10%。

4.7.5 浮沉池

20世纪70年代起，世界上许多水厂开始采用沉淀与气浮相结合的浮沉池工艺，以适应原水的变化。在斜管（板）沉淀池的基础上，将进水和出水部分加以改造，并安装了气浮设备，成为兼有气浮和沉淀作用的池型。在冬季低温低浊水时，或藻类大量繁殖季节，以气浮方式运行；当原水浊度较高时，按沉淀池运行。其典型的形式有法国得利满公司研发的Sediflotazur（沉淀浮清池）、Sediflotor（沉淀浮选池）等。

中国市政工程东北设计院结合我国北方地区原水水质特点，也开发了浮沉池，并得到了推广应用。

1. 浮沉池主要特点

(1) 同一池内兼有池底排泥系统和池面刮渣装置；

(2) 有回流水、压力溶气、溶气释放的完整气浮系统；

(3) 斜管浮沉池在沉淀时和气浮时，水流方向相反，所以进水和出水要有相互切换的功能。

2. 主要形式

1) 异向流斜管浮沉池

异向流斜管浮沉池布置如图4-64所示。按沉淀方式运行时，原水絮凝后由下而上经斜管进行泥水分离，污泥沉淀并沿斜管下滑至池底，清水自上部集水槽汇集出水；按气浮工艺运行时，原水自斜管区上部进入池内，污泥浮渣从斜管区上部由刮渣机刮入排泥槽后排出池外，清水下向流从斜管下部的清水区排出。

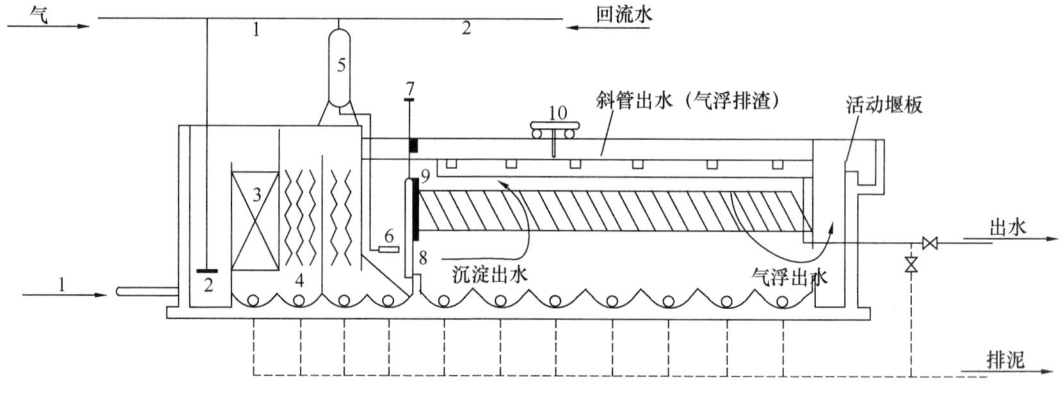

图4-64 异向流斜管浮沉池

1—进水管；2—微孔曝气；3—填料；4—折板絮凝池；5—溶气罐；6—溶气释放器；7—闸板；8、9—进水孔；10—刮渣机

2) 侧向流斜板浮沉池

侧向流斜板浮沉池布置如图4-65所示，按沉淀方式运行时，原水沿斜板水平方向流动，通过出口穿孔墙后，清水由上部集水槽汇集出水，下沉污泥由穿孔排泥管排出；按气浮工艺运行时，原水中通入溶气水后，在斜板区进行气浮分离，清水通过穿孔墙流入集水槽，浮渣由刮渣机刮入排泥槽后排出池外。

3. 设计要点

(1) 当原水浑浊度小于100NTU及含有大量藻类等密度小的悬浮物质时，浮沉池宜以气浮方式运行；当原水浑浊度大于100NTU时，浮沉池宜以沉淀方式运行。

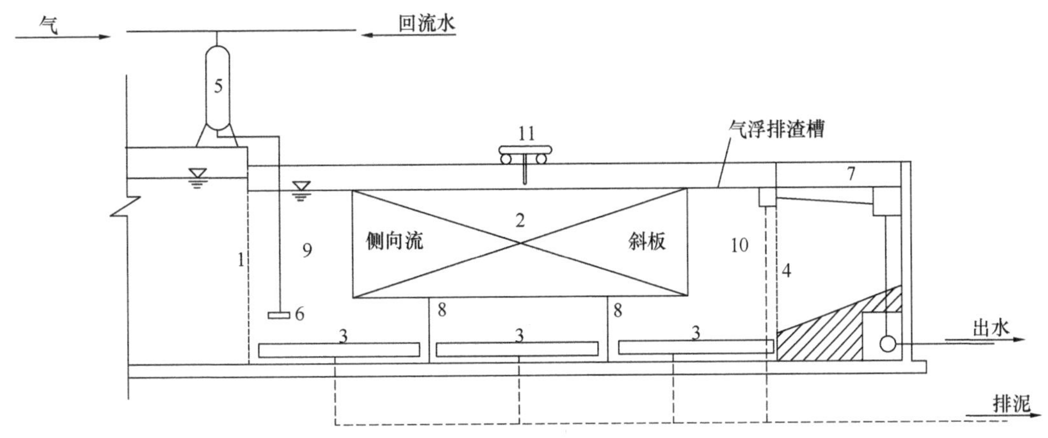

图4-65　侧向流斜板浮沉池

1—配水花墙；2—侧向流斜板；3—刮泥机；4—出水穿孔墙；5—溶气罐；6—溶气释放器；7—出水堰；8—阻流墙；9，10—稳定区；11—刮渣机

(2) 设计浮沉池时，其池体结构、设计参数及其设备，应满足气浮池和沉淀池的要求。

(3) 当设计规模不大于2万 m^3/d 时，宜采用异向流斜管浮沉池；当规模大于2万 m^3/d 时，宜采用侧向流斜板浮沉池。

(4) 浮沉池池长不宜超过15m，单格宽度不宜超过10m，有效水深一般不超过3.0m。

(5) 接触室上升流速，可采用10～20mm/s。

(6) 斜板（管）沉淀区液面负荷可采用7.0～9.0$m^3/(m^2 \cdot h)$。

(7) 溶气压力可采用0.30～0.35MPa，回流比可采用7%～10%。

(8) 设计规模不大于5万 m^3/d 时，可采用穿孔管或多斗式排泥方式；当规模大于5万 m^3/d 时，宜采用侧向机械刮泥。

第 5 章　澄清

5.1　澄清原理

5.1.1　泥渣接触絮凝作用

前已述及沉淀是属于水中颗粒自由沉降的范畴，而澄清则是水中颗粒在与水池内已生成的大絮粒群相互接触、碰撞形成拥挤沉降，从而提高沉淀效率的水处理过程。

由于沉速为 u 的絮粒在理想沉淀池内被去除的比率是以 $\frac{u}{Q/A}$ 表示（Q 为沉淀池的流量，A 为沉淀区的表面积）。很显然，为了提高沉淀池的效率，可考虑：

（1）加大沉淀区的表面积 A；

（2）提高絮粒的沉降速度 u。

澄清池就是按后一要求，建立一定的技术条件，以提高沉淀效率的水处理构筑物。它使池内已经生成的浓度高的大絮粒群和新进入池内的微絮粒之间进行接触絮凝，从而使这些絮粒迅速地吸附在大絮粒群上，这样，分离的对象就变成了一群大絮粒，从而就提高了截留速度 u_0（即表面负荷率），也提高了絮粒的沉速 u，沉淀效率也就相应地提高了。

澄清池中所利用的高浓度的大絮粒和粒径有显著差异的小絮粒之间的絮凝作用，称为接触絮凝。可以看出，接触絮凝和一般絮凝池中所产生的絮凝过程是完全不同的。

美国 Infilco 公司 1920 年发现已沉淀的絮粒混入原水有较好的净水效果，于 1925～1932 年进行了长期试验，到 1935 年才正式建造第一座机械搅拌澄清池。澄清池的应用已有 70 多年的历史。

本章着重介绍有关泥渣循环及泥渣过滤的絮凝作用。这两种作用在 1953 年卡林斯卡（Kalinske）的论著中均归之于固体接触的范畴。之后，1961 年 Bond 对上向流固体接触池作了分析。日本的穗积准和丹保宪仁也对两种泥渣絮凝作了较完整的分析。

1. 泥渣循环的絮凝

泥渣循环型澄清池中，投加了混凝剂的原水在第一絮凝室中由异向絮凝所产生的新生微絮粒并不是泥渣循环中的主要方面。泥渣循环中的絮凝，主要是研究新生的微絮粒与在第二絮凝室呈悬浮状态的高浓度原有大絮粒之间的接触吸附概率，也就是新生微絮粒吸附结合在原有粗大絮粒（即在池内循环的泥渣）之上而生长成为结实易沉的粗大絮粒。通常把这样两种粒径有显著差异的颗粒的接触凝聚现象称作接触絮凝。

2. 泥渣过滤的絮凝

泥渣过滤型澄清池中，大粒径的已成絮粒群处于与上升水流平衡的静止悬浮状态，构成所谓悬浮泥渣层。投加混凝剂后的原水通过搅拌或配水方式生成微絮粒，然后随着上升水流自下而上地通过悬浮泥渣层而吸附、结合，迅速生成粗粒絮粒。对于悬浮泥渣中大粒径絮粒与小粒径之间的接触凝聚，同样看作接触絮凝。由于悬浮泥渣层是处于近似静止的悬浮状态，从整体而言，和滤层所起的作用相同，所以为了与循环泥渣的接触絮凝相区别，就把这种接触絮凝称作泥渣过滤。

5.1.2 泥渣分离

泥渣循环型澄清池的沉淀分离区由泥渣区及其上部的澄清区组成。泥渣过滤型澄清池的沉淀分离区则由与上升水流成平衡状态的悬浮泥渣层及其上部的澄清区所组成。在各部分中的泥渣分离，即颗粒的沉降方式有着明显的不同。

在澄清区内存在因水流紊动从泥渣区上表面或悬浮泥渣层脱离出来的原有大絮粒以及在接触絮凝或泥渣过滤中未被去除的微絮粒。其中微絮粒一般很少，且其沉降速度也比原有大絮粒小得多，因此可以不作为沉淀分离的去除对象。从泥渣区或悬浮泥渣层界面脱离出来而进入澄清区的大絮粒，则随池内水流的紊动程度而异，在通常情况下，澄清区内原有大絮粒的体积浓度十分低，粒子相互间没有干扰，因此可以认为处于自由沉降的状态。加之由于接触絮凝而产生的大絮粒的粒度组成也比较均匀，因而即使是絮凝性的颗粒在澄清区沉降时也可当作非凝聚性颗粒来处理。

和澄清区相反，在泥渣区和悬浮泥渣层中，通常原有大絮粒的体积浓度可达到10%～40%的高浓度。这样高浓度的颗粒在进行沉降时，颗粒间存在着严重的干扰，颗粒相互间有力的作用，想改变颗粒的相对位置是困难的，因而成为一个整体，形成明显的界面进行层状沉降。

5.2 澄清池的分类和选用

5.2.1 澄清池的分类

澄清池一般按照接触絮凝的絮粒形成、搅拌和进水方式的不同，可分为多种形式。据目前统计已有50余种，但大同小异，大体可以归纳为：

（1）循环泥渣型：机械搅拌式（图5-1～图5-3）、水力循环式（图5-4）；

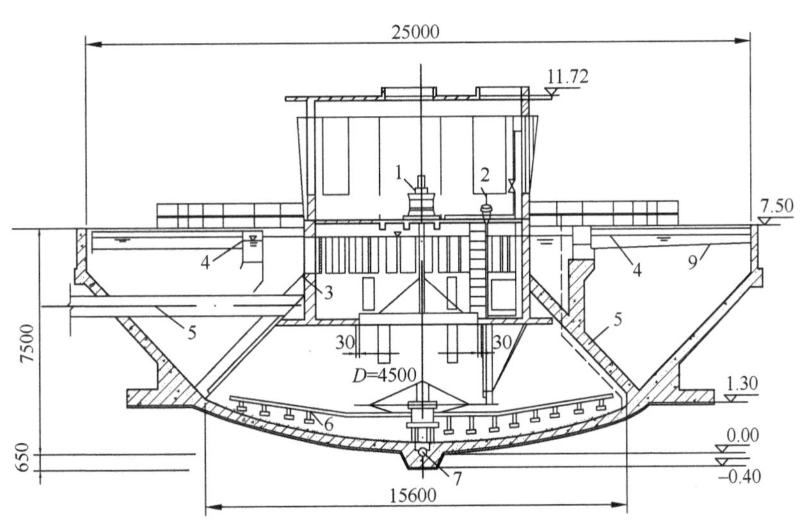

图5-1 锥、球壳底机械搅拌澄清池

1—搅拌机；2—刮泥机；3—备用加药管；4—集水孔；5—进水管；6—刮泥机刮壁；7—排空管；8—水润管；9—集水槽

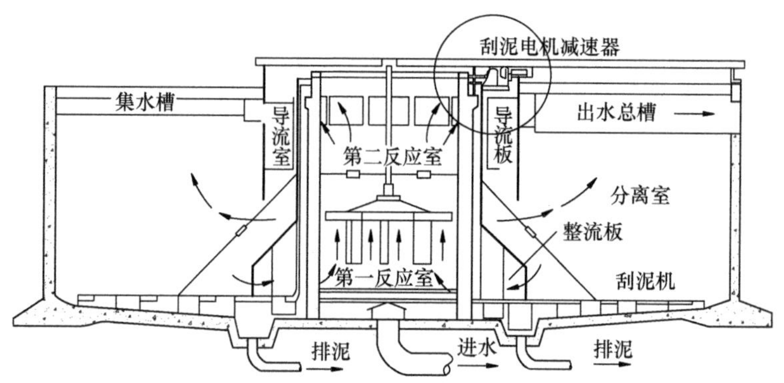

图 5-2 IS 型机械搅拌澄清池

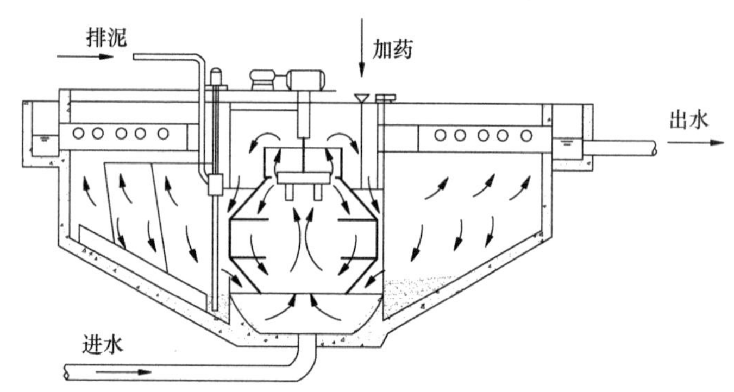

图 5-3 德国 Cyclator 澄清池

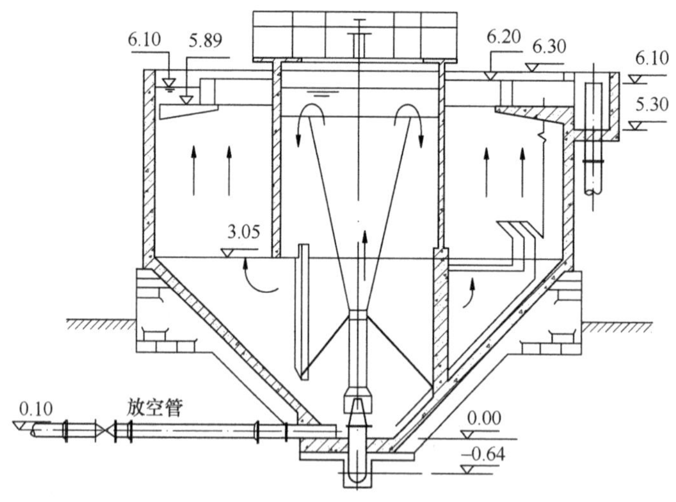

图 5-4 水力循环澄清池

(2) 体外循环型（图 5-5、图 5-6）;

(3) 泥渣过滤型：脉冲式（图 5-7）、悬浮式（图 5-8～图 5-11）;

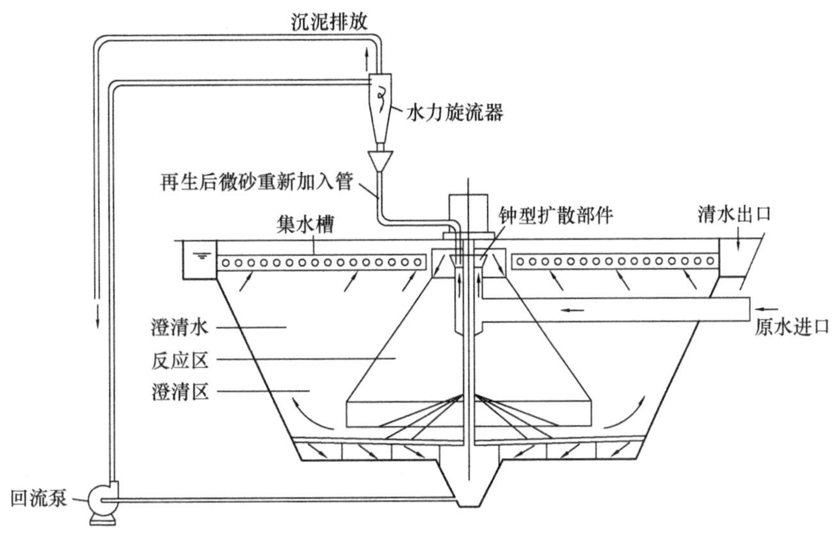

图 5-5　C-F 澄清池

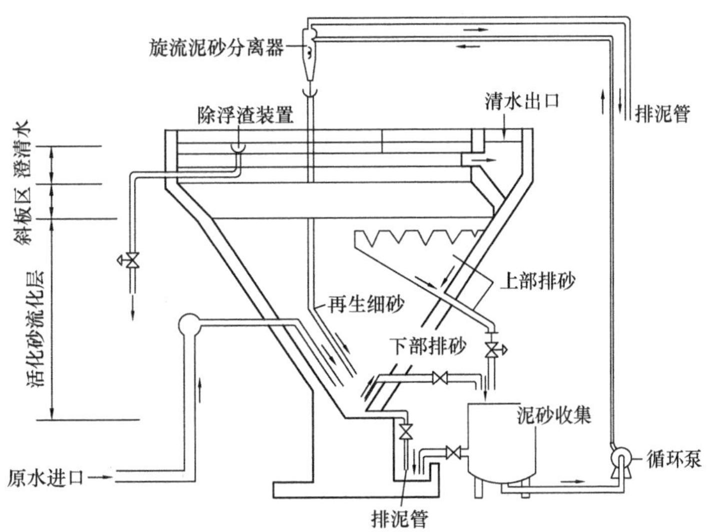

图 5-6　Fluorapide 快速絮凝池

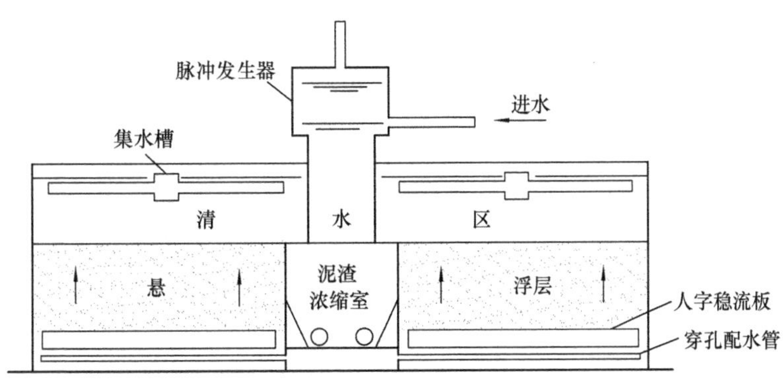

图 5-7　脉冲澄清池

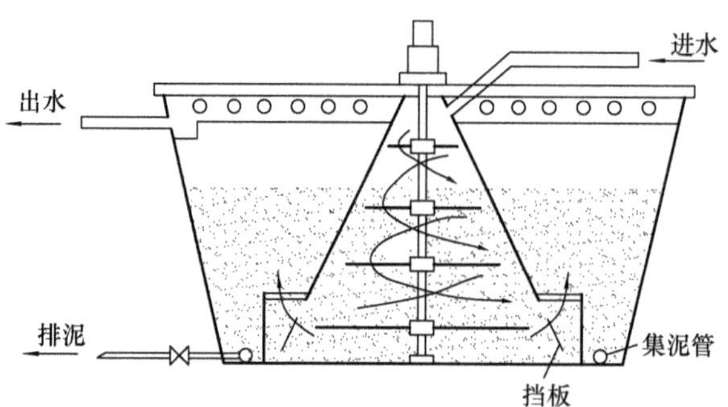

图 5-8 旋桨式澄清池

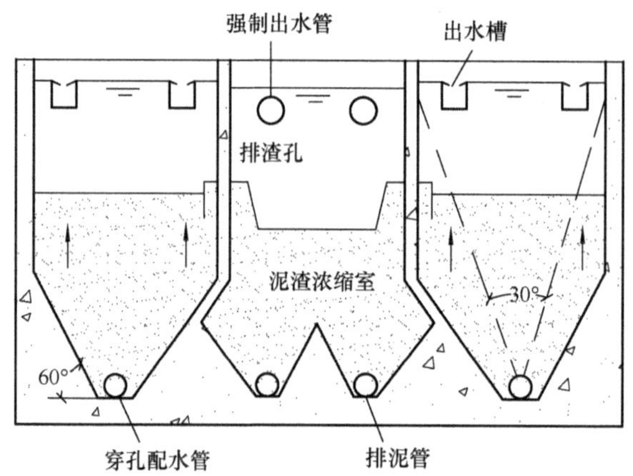

图 5-9 廊道式澄清池

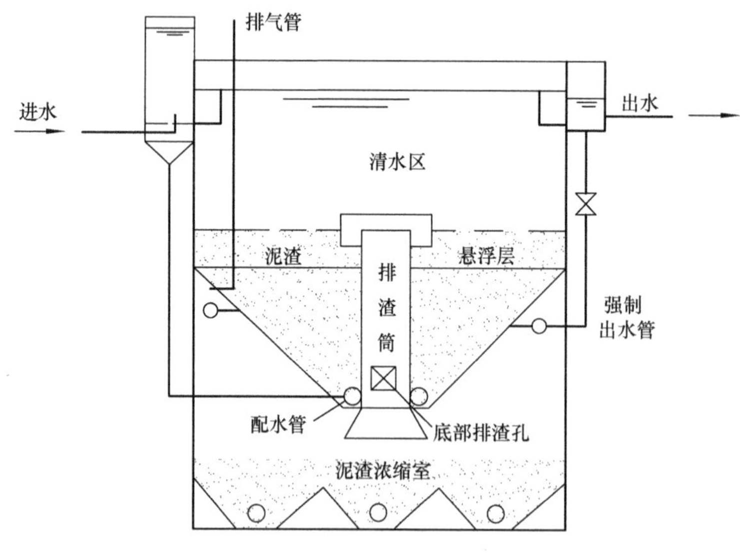

图 5-10 双层澄清池

(4) 综合型（图 5-12)。

上述分类并不是从絮粒形成的机理上进行严格的分析，而只是按照絮粒形成的主要方式来分类的，因为不管哪种形式，絮粒形成并不只是进行接触絮凝，也进行着非接触的一般絮凝。

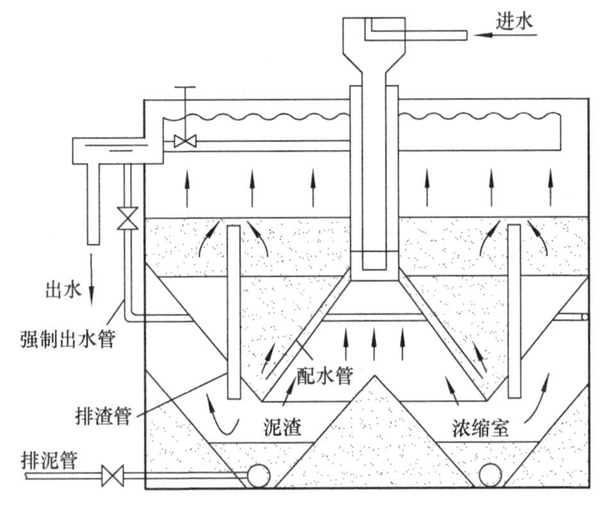

图 5-11 苏联 Boareo 澄清池

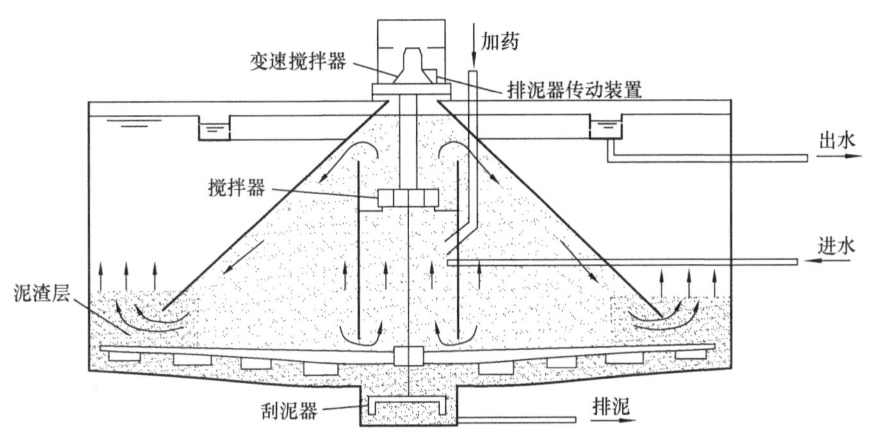

图 5-12 美国 Graver 澄清池

5.2.2 澄清池的选用

1. 机械搅拌澄清池

该类澄清池对水量、水质变化的适应性较悬浮型强。它的适用条件为：进水浊度在无机械刮泥时一般不超过 500NTU，短时间不超过 1000NTU。在有机械刮泥时，一般为 500～3000NTU，短时间内不超过 5000NTU，当超过 5000NTU 时，应加设预沉池。它的出水浊度一般不大于 5～10NTU。如在分离区设置斜管，出水浊度还能进一步降低。由于该类池单位面积产水量较大，也能适应建造大型池子，所以它适用于大、中型水厂。它与其他形式的澄清池比较，机械设备的日常管理和维修工作量较大。该池的缺点是排泥掌握比较困难，不及时排泥和过量排泥都可能影响出水的浊度。

2. 水力循环澄清池

该类澄清池由于絮凝条件不够完善，故对水量、水温适应能力较差，一般适用于进水浊度小于 500NTU，短时间内允许到 2000NTU。虽然该池构造较简单，维修工作量也小，但它要消耗较大的水头，并同样存在排泥量难以掌握的问题。

3. 体外循环澄清池

该类澄清池是近年发展起来的池型，它是采用池外设备进行浓缩泥渣或添加细砂回流的措施，增强絮粒核心，促进沉降，达到加强处理效果的目的。所以它对原水水质和水量以及水温变化适应性很强。此外它产生的沉泥较容易脱水，排泥效果也较明显。因此它的应用范围较广，但由于需有一套泥渣或砂粒的回流与处理系统，因而增加了设备的配备和日常的维护工作量，但处理效率得到了很大的提高。

4. 脉冲澄清池

该类澄清池具有脉冲的快速混合，絮凝缓慢而充分，大阻力配水系统使得布水较均匀，水流垂直上升因而池体利用较充分等优点，所以具有较高的澄清效率。但是该类池对水量、水温突变反应较敏感，同时无论产生脉冲的真空设备或虹吸设备都有一个设备维护和能量消耗的问题。它适用原水浊度长期小于3000NTU，短时间内不超过1万NTU的水处理过程。当原水浊度大于3000NTU时间较长则需考虑预沉措施。在泥渣悬浮层上方安装斜板组件或在池底配水管上方设置有浓缩功能的带翼斜板系统即成所谓斜板式脉冲澄清池或超脉冲澄清池。由于管理上的不方便，各类脉冲池在国内已很少采用。

5. 悬浮澄清池

该类澄清池除对原水水量、水温变化比较敏感外，还对加药量变化也很敏感。有资料表明，当原水进水量突然改变（每小时流量改变超过10%）及进水温度高于池内水温或水温突然改变（每小时改变超过±1℃时），处理将变得不稳定，澄清效果明显下降；运行中突然停止加药，出水水质也会突然恶化。单层池适用于原水浊度长期低于3000NTU，双层池适用于浊度在3000～10000NTU的原水处理。该类池一般在中小型水厂中采用。

6. 选用因素

综上所述，选用各类澄清池时，重要的在于考虑原水的水质条件以及运转条件对于水量、水质、水温变化的适应程度和运转上的稳定性。其选用因素主要有以下三点：

1）原水的浊度

澄清池所能经常适应的最高浊度，目前一般认为在3000NTU以下，因为浊度过高，必须大量排泥以保持泥渣平衡，这时排泥水量所占进水量的百分比很高，势必降低处理能力（当澄清池用于预沉时除外）。此外，高浊度时，絮粒很重，池底排泥若不及时，就会影响沉降效果。同样，浊度过低，特别是有较长时间的低浊度，为了保持池内泥渣浓度，往往不能充分进行泥渣的新陈代谢作用，除浊效能不能很好发展。同时，低浊度时往往颗粒较细，对混凝剂有一定要求，或需另加黏土浆，以增加絮凝核心。此外原水浊度在短时间内变化幅度不能太大，否则将难以保持泥渣浓度的稳定。

2）处理水量的变动

澄清池对于水量的变动，虽有一定程度的适应性，但要求水量变动不能过于频繁，更不能间隙运行，否则将影响处理效果。特别对悬浮泥渣型澄清池，因为其泥渣层是与上升水流保持平衡的，水量的变动，势必引起泥渣层的不稳定，因而对处理效果具有更大的影响。

3）水温

澄清池对水温变化比较敏感，特别是悬浮泥渣型澄清池，除进水温度变化1h内一般不宜大于池内水温1℃以上，否则将影响絮凝效果。强烈的日照也会导致池水水流不均，造成池水对流，辐射会使泥渣层上浮，都能影响沉淀效果。

5.3 机械搅拌澄清池设计

5.3.1 机械搅拌澄清池的发展

机械搅拌澄清池是从将混合、絮凝、沉淀等处理过程集中在一座构筑物内的设想发展起来的。图 5-13（a）所示的是在 1850 年开始应用于欧洲给水处理中的一种形式。1880 年美国肯尼科特（Kennicott）改用了平底形式，如图 5-13（b）所示。这两种形式都是用机械搅拌进行混合絮凝，但没有利用泥渣的作用，只是将各个处理过程进行机械地叠加。1900 年在法国迪克莱尔（Duclerc）第一个设计中采用了泥渣过滤形式，如图 5-13（c）所示。1910 年肯尼科特又采用了效率较高的组合式设计，如图 5-13（d）所示。到了 1915 年在迪克莱尔第二个设计中采用了利用空气和机械进行泥渣过滤和循环的形式，如图 5-13（e）、（f）所示。这是利用泥渣进行水处理的雏形。之后逐步发展到现今各种形式的泥渣过滤型或泥渣循环型澄清池。到了 1936 年美国 Infilco 公司首先采用泥渣循环的机械搅拌澄清池进行软化水处理。该种澄清池发展较快，应用于各种水处理目的，除城镇给水处理外，还有应用于锅炉用水、污水处理以及海水处理等。我国则自 1965 年开始试用，之后各地大量采用，单池处理能力曾达 3650m^3/h，池径 36m（泸州天然气工厂）。

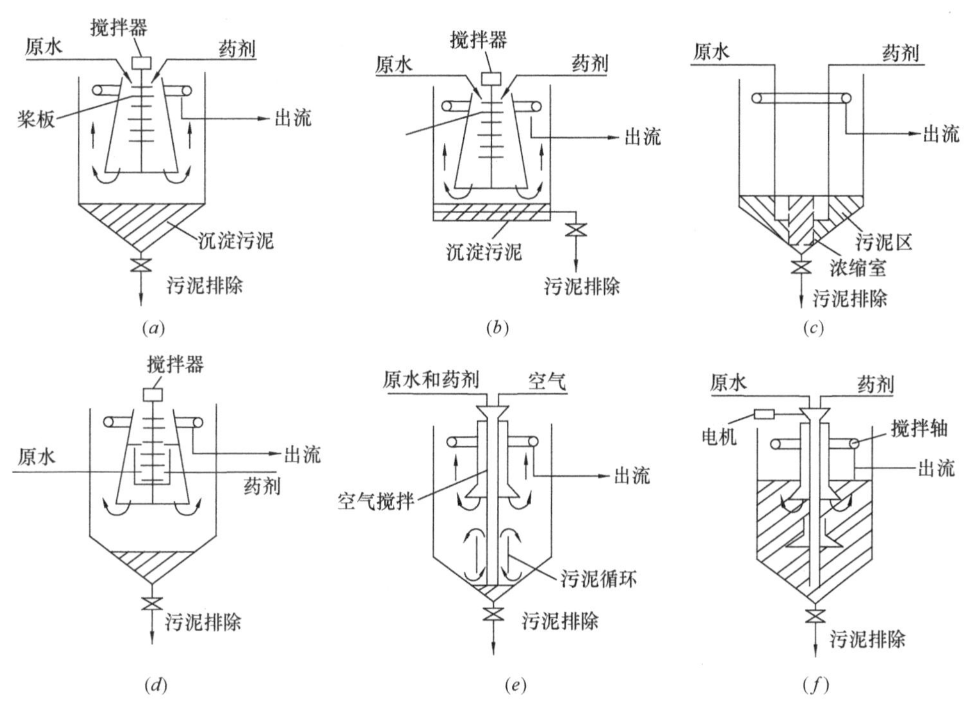

图 5-13　机械搅拌澄清池发展的由来

（a）1850 年；（b）1880 年；（c）1900 年；（d）1910 年；（e）1915 年；（f）1915 年

5.3.2　池体设计

机械搅拌澄清池池体主要由第一絮凝室、第二絮凝室和分离室三部分组成，并布置有进出水系统、排泥系统、搅拌及调流系统以及其他辅助设备，如加药管、透气管、取样管等。图 5-1 所示为标准型机械搅拌澄清池。这一形式的各部比例、尺寸、构造（图 5-14），原系美国 Infilco 公司确定，其构造相对比较合理，可为泥渣循环、接触絮凝创造较好的条件。

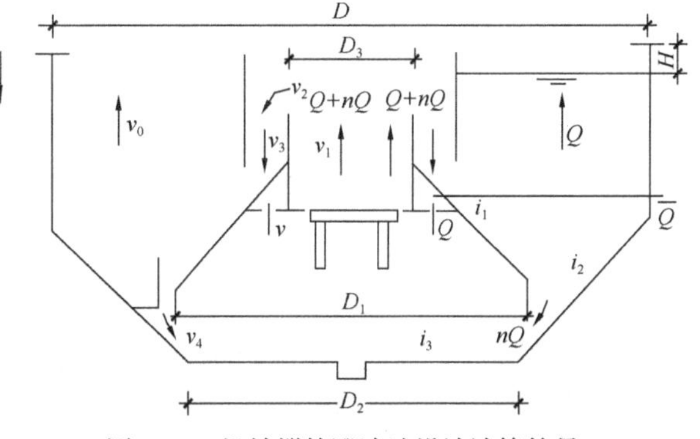

图 5-14　机械搅拌澄清池设计计算符号

原水经加药混合后，由进水管进入三角形配水槽，经槽孔流入第一絮凝室内，原水和絮凝室内的泥渣通过搅拌桨板进行混合。由于第一絮凝室中存在着很多的活性泥渣，因此加强了颗粒间的接触絮凝，经由搅拌机的搅拌和提升，其混合体进入第二絮凝室，在此室内继续絮凝，形成较大的絮粒。进入分离室后因流速的骤然降低，泥渣与水迅速地进行分离，当泥渣颗粒往下沉降时，清水即由此挤出进入出水系统，而絮粒泥渣回流至第一絮凝室继续工作。

由于药剂的投入和原水杂质的截留，泥渣浓度逐渐增加，而澄清池在运行过程中要求维持一定的泥渣浓度，为此，多余的泥渣必须通过由污泥浓缩室及池底排泥管组成的排泥系统排出池外。

泥渣的循环和搅拌由搅拌机带动，它由两部分组成，下部桨板起搅拌作用，上部叶轮起提升作用。为了适应原水水质的变化并取得最好的处理效果，搅拌机常设计成能变速运行，以调整搅拌桨板的转速和泥渣循环量。

由于机械搅拌澄清池具有可以利用机械控制泥渣循环和搅拌的优点，为此能较好地适应水质和水量的变化。

1. 水量、池数选择及平面几何形状

设计进水量 Q 应考虑增加水厂自用水量，包括后续过滤过程的冲洗水量和澄清池本身最大的排泥耗水量。

设计池数时不考虑备用，但池子要有放空、检修的可能，所以池数宜在 2 座以上。当水量较大时，池数的决定应进行技术经济比较。根据不同规模的水池造价分析资料表明，不是越大越经济。一般情况下，单池处理流量不宜大于 1000m^3/h，超过这个规模宜分建多池。从国外采用机械搅拌澄清池的水厂平面布置来看，多是成群布置。国内大中型水厂也都采用成群布置。一般以四池为一组的布置形式较为普遍。

水池平面几何形状目前圆形、方形、多边形都有，但大多是圆形。

2. 停留时间、容积比及分离区上升流速

停留时间系指从原水进池到澄清水出池的总停留时间，一般采用 1.2～1.5h，它取决于水质、水温及管理水平。水中悬浮物颗粒细小，胶体物质较多，水温较低时，停留时间宜较长。为留有发展余地，采用 1.5h 者较多。

容积比指第二絮凝室、第一絮凝室和分离室容积之比，传统采用 1∶2∶7。它不是设计控制数据，仅是个校核参考指标，主要目的是保持一个有充分的絮凝时间及合理的混合和排泥的体形。按停留时间为 1.5h 计，则第二絮凝室和第一絮凝室的停留时间分别为 9min 和 18min，合计 27min，也曾有采用容积比为 1∶2∶8 或 1∶2∶9。使用聚丙烯酰胺处理高浊度水时，根据实际经验宜放大第一絮凝室容积。我国西南地区亦有增加总絮凝时间，从而提高分离室上升流速的实际例子，其容积比达 2∶3∶5，分离室上升流速可达 1.5～1.7mm/s，仍能满足处理高浊度水的要求，并增强了对原水浊度变化的适应能力。

分离室上升流速 v_0 按相似条件下的运行经验确定，一般采用 0.8～1.0mm/s，当处理低温低浊或有机物较多的原水时，宜采用低值。国外一般采用 0.6～0.8mm/s。工业用水要求水质较低时可略高，达 1.2mm/s（用于石灰软化，由于絮粒比重大，可高达 2mm/s）。在容积比为 1：2：7 的条件下，分离室面积约为全池面积的 80%～85%左右。

为使配水均匀，三角槽以及其他形式配水孔眼或缝隙的流速 v，一般按 0.4～0.5m/s 设计。

3. 回流量、第二絮凝室及泥渣回流速度

设计回流量，一般采用 2～4 倍进水量，亦即 $n=2～4$，搅拌机的提升水量为 3～5 倍进水量，实际上通过实测，有的水池回流量只有 2～3 倍左右，所以有些设计者采用回流量低至 2 倍进水量以减少絮凝部分体积、池径和驱动功率，但实践表明，降低回流量只有在原水浊度常年较高的情况下才能适应。

第二絮凝室上升流速 v_1 及下降流速 v_3，按搅拌机提升水量通常为 50mm/s（上升速度可略大，下降速度可略小）。根据速度梯度的要求，也有流速采用逐步减慢的做法，如图 5-15 所示，但由于造成结构复杂，故采用不多。折流速度 v_2 采用 100mm/s。二絮凝室高度（不包括折流高度）不宜小于 1.8m，以便于有足够的絮凝时间。

泥渣通过回流缝的速度 v_4，过去多采用 150～200mm/s。采用这样的高回流速度是希望在缝隙处造成对池底污泥一定的冲刷力量，但是缝隙太小，往往造成回流缝隙的堵塞，实践表明采用 50mm/s 设计的池子一般不出现回流缝隙被堵的问题，建议采用 50mm/s 进行设计。

4. 保护高、澄清区水深

保护高一般为 0.3m 左右，如考虑有增大处理能力的可能时，也可适当增加。

第二絮凝室外筒底离水面的距离，亦即分离室上部澄清区水深采用 1.5～2.0m。实际上在该段水深内水的浊度已很低，所以采用上述设计数据，主要是使从泥渣分离出来的清水有进一步澄清的可能。此外，出水系统也需要这样的水深。对于大型池子有时布置上满足不了上述要求的水深时，可在第二絮凝室外筒底设置如图 5-16 所示的斜裙。

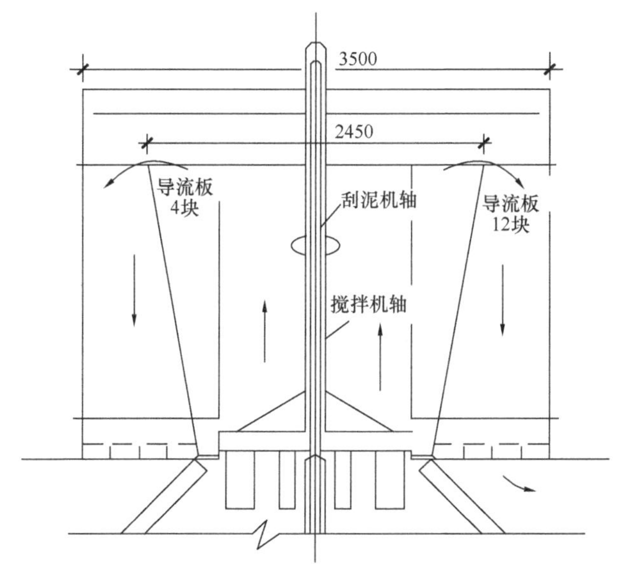

图 5-15 第二絮凝室流速逐步减慢

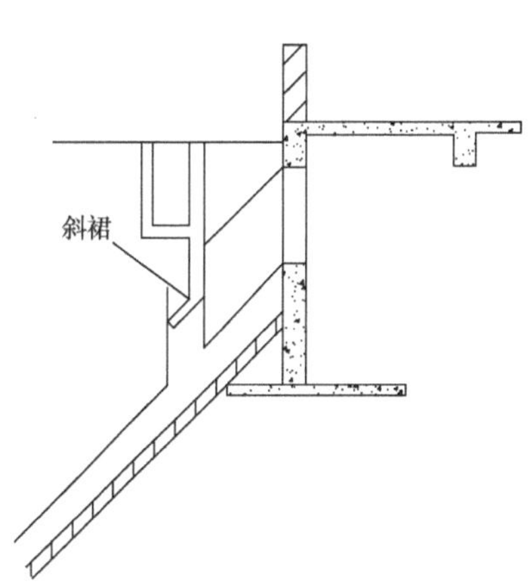

图 5-16 斜裙的设置

5. 伞形板、斜壁及池底坡度

针对澄清池高浓度泥渣循环运行的特点，池体设计必须考虑防止泥渣淤积，为此：

(1) 分离室与第一絮凝室隔离的伞形板坡度 i_1 采用 45°左右，但也有个别采用 60°；

(2) 水池下侧外圆周斜壁 i_2 也采用 45°左右，当池子直径较小时也有采用较大坡度的；

(3) 伞形板底部直径 D_1 应大于池底直径（D_2）400mm 以上，以防止在池子底板转折处积泥；

(4) 底板坡度 i_3 采用 7.5%左右。

6. 导流及整流板

在第二絮凝室内侧需设导流板以提高絮凝效果，其作用是充分利用搅拌机给予水流的动能，促使水流更好地紊动，提高容积利用系数和破坏水流的整体旋转。目前有些水池导流板设置考虑后一种作用较多，考虑前两种作用较少。第二絮凝室导流板形式大致可分两种，如图 5-17 所示：一是小型水池使用的 4 块垂直式导流板，其宽度为絮凝室内径的 0.1 倍左右，其高度取第二絮凝室折流处高度 1/3，设置在其中点；二是大型水池使用的同时设置 4 块垂直导流板和 4 块径向导流板的形式，絮凝效果也较好。此外，也有在第二絮凝室折流处和第二絮凝室外侧设置整流板，使旋转水流变成径向水流进入分离室，如图 5-18 所示。有些水池还在分离室下部设置整流板，以避免第一絮凝室的旋转水流影响到分离室，如图 5-19 所示。有时在第一絮凝室裙脚内侧也设置导流板，这对加强第一絮凝室内水体的紊动会带来一定的好处，但它对第一絮凝室本来不存在的整体旋转不会有什么影响，故目前国内设置第一絮凝室导流板的很少。

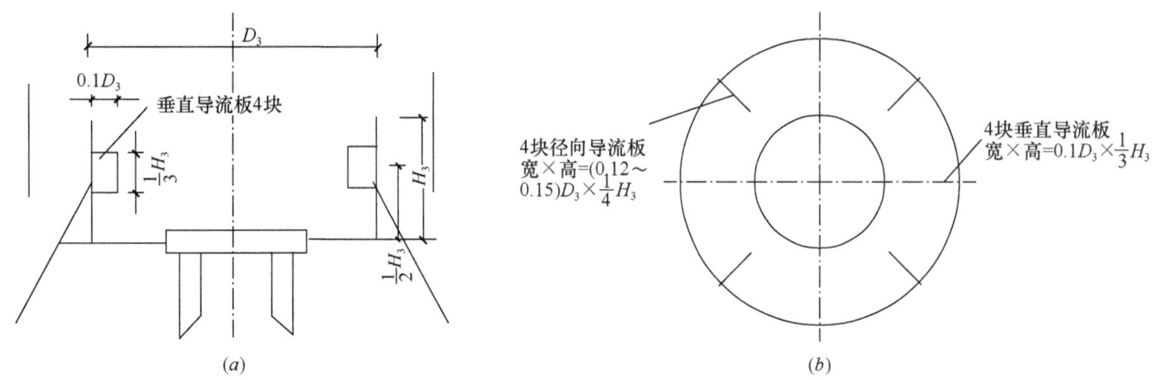

图 5-17 导流板的设置

(a) 小型池子导流板设置（剖面）；(b) 大型池子导流板的设置（平面）

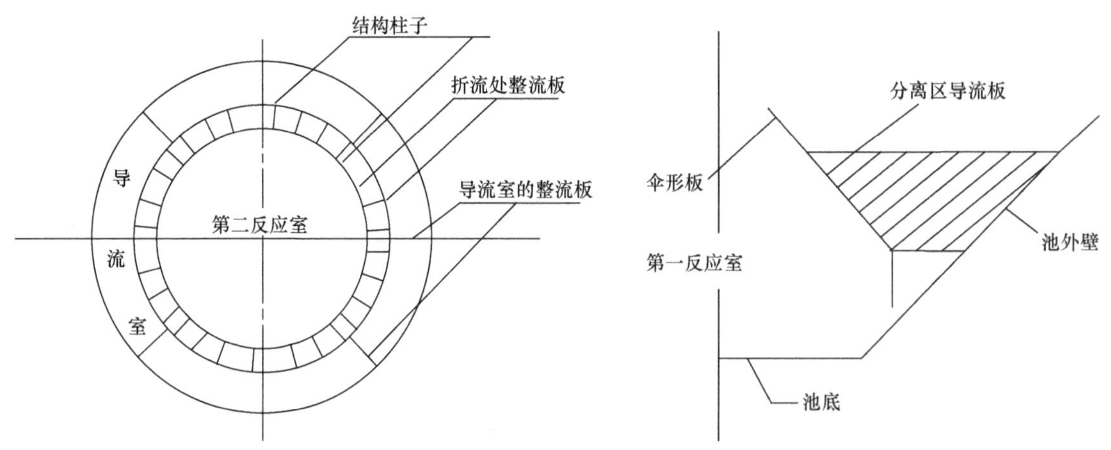

图 5-18 第二絮凝室折流处及导流室的整流板（平面图） 图 5-19 分离室下部设置的导流板（剖面图）

5.3.3 进水系统设计

机械搅拌澄清池的进水系统主要有中部进水和底部进水两种方式。

1. 中部进水

中部进水是采用较多的一种方式。其布水又可分为三角槽式和环形管式两种。三角槽布水方式过去常采用缝隙式配水，此种形式在池径较小时施工十分困难，缝隙不易均匀，造成进池流速不匀，使部分缝隙堵塞。目前为使配水均匀，改缝隙配水为孔眼配水，在三角槽底板上均匀布置较大的直径为 100mm 的圆孔以避免堵塞，如图 5-20 所示。大型池子为能进行槽内清淤，在第二絮凝室侧壁或伞形板上开设人孔。

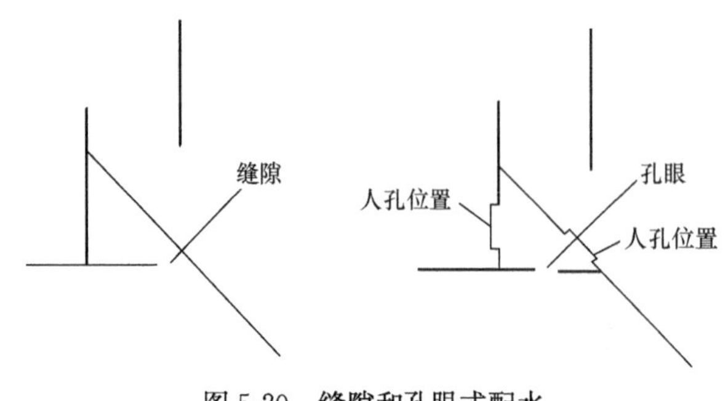

图 5-20 缝隙和孔眼式配水

小型水池在配水槽布置上有采用穿孔环形管配水的。它由一条环形管代替三角槽，在环形管上开孔布水。这种形式对于大型水池不论是加工还是吊装都较困难，所以采用较少。

2. 底部进水

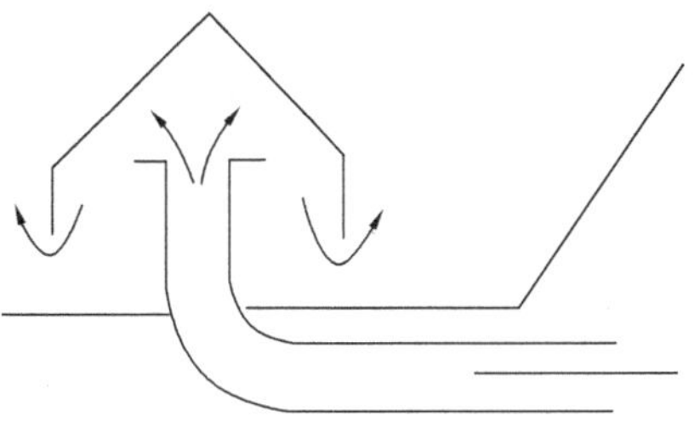

图 5-21　伞形帽布水

底部进水系指离池底一定距离的池底中央进水。底部进水又可分伞形帽和环形管布水两种方式。

伞形帽布水如图 5-21 所示。在进水管上加装一个伞形帽以使布水均匀，并在伞形帽边缘加一折檐，使水先向下，然后再往上翻，减少进水水流对池中泥渣层的冲击。

环形管布水如图 5-22 所示。在由底部进水管上开一排均匀向心开孔的环形管组成。

一般底部进水都与底部排泥有矛盾，使排泥浓度大为降低，尤其对底部设刮泥机的水池矛盾更大些。此外，它尚有进水还未来得及与第一絮凝室泥渣充分絮凝，就被搅拌机抽入第二絮凝室的缺点。

3. 直接进水

除了上述两种方式外，尚有一种直接进水的方式，即将进水管直接进入第一絮凝室，完全依靠搅拌机的桨板与原有泥渣混合，如图 5-23 所示。这种方式可以简化池体结构，在国外曾有报道，国内曾在上海某厂进行过试用，但从直觉判断，不及上述两种配水方式均匀。

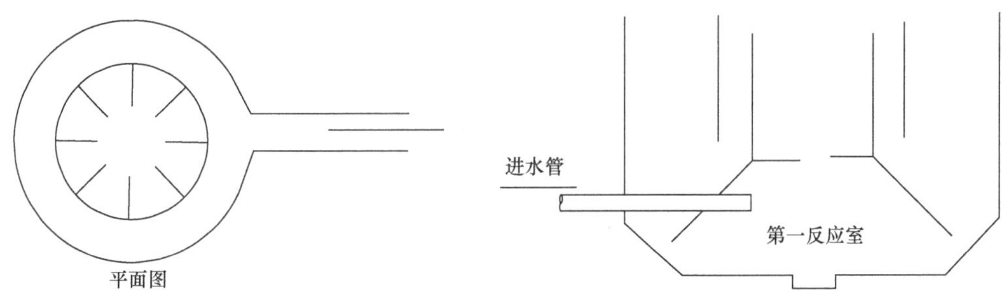

图 5-22　环形管布水　　　图 5-23　直接进入第一絮凝室布水

4. 设计数据

进水管流速采用 0.7～1.0m/s，考虑到以后有增大处理能力的可能，常采用低值。为减轻重量，可采用薄壁钢管。三角配水槽大小按构造配置，其高度约为进水管外径加 0.2～0.3m。配水孔眼流速按 0.4～0.5m/s 设计。

5.3.4 出水系统设计

1. 出水系统的形式

出水系统有三种形式，如图 5-24 所示。小型的由于出水均匀性池体本身就能达到，常采用沿外圆周内（或外）侧设置环形集水槽形式；中型的池体本身达不到均匀性要求，常采用在分离

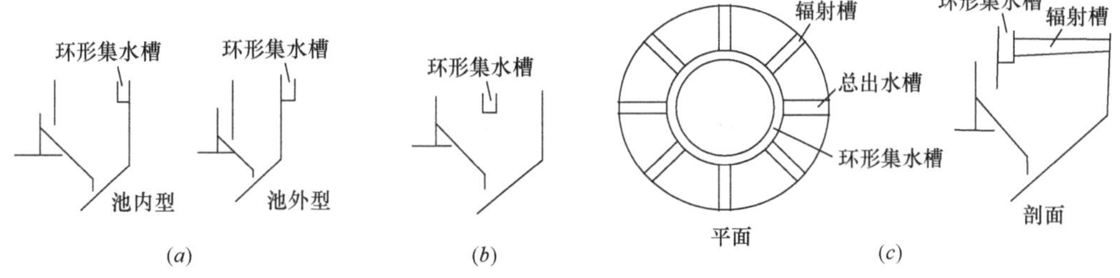

图 5-24　集水系统的三种形式

(a) 小型的；(b) 中型的；(c) 大型的

室中部设置环形集水槽形式；大型的出水均匀性要求尤为突出，常采用数条辐射槽加上分离室内侧环形集水槽形式。

集水方式也有好几种，常用的有孔口、薄壁堰以及三角堰等三种形式。

2. 出水系统的特点

机械搅拌澄清池的出水系统与悬浮澄清池或者脉冲澄清池的圆形水池只是收集垂直上升水流的情况不一样，它既有水平又有垂直的水流运动，如果按一般的出水系统，根据分担池面面积而布置出水孔口或三角堰，则由于泥渣的内外惯性流动，使分离室外侧部分水质较为浑浊，与此同时，分离室内侧却相对静止，水质较为洁净，而大部分出水在外侧，所以总的出水水质将会较差。为改善这种情况，对于辐射槽加环形集水槽的出水系统，采用出水孔口在辐射槽上均匀布置，强迫一部分水走向分离室内侧，按出水孔口负担的单位面积上升流速计，内侧的要求要略大于外侧。试验表明，当内侧上升流速达 2mm/s，外侧为 0.8mm/s 时，出水水质很好。为此，有些机械搅拌澄清池除在辐射槽上均匀布孔外，还在内侧环形集水槽开孔出水。这样三面出水的水池还有防冻的作用，使处在有轻度冰冻地区的澄清池有可能露天设置。

基于同样理由，在中型水池的分离室中间设置环形集水槽的这种出水系统，一般常在径向几何长度中点，而不是面积中点设置集水槽，与此同时，出水孔口或三角堰在环形集水槽内外侧仍均匀布置。

3. 出水方式

三种出水方式的计算公式分别为：

孔口 $$q=\mu\omega\sqrt{2g}h^{\frac{1}{2}} \tag{5-1}$$

堰口 $$q=mb\sqrt{2g}h^{\frac{3}{2}} \tag{5-2}$$

三角齿形堰口 $$q=1.4h^{\frac{5}{2}} \tag{5-3}$$

式中 q——流量（m^3/s）；

ω——孔口面积（m^2）；

b——堰长（m）；

h——资用水头（m）。

为达到集水均匀的要求，从上述公式中可看出，孔口出水的资用水头 h 对出水量 q 影响最小，而三角堰口影响最大。在加工制作出水槽时，出水口应力求在一直线上，安装时，在池子满水试验沉降稳定后，根据池内的水位来调整出水槽的高度，最后达到出水口高程误差小于±2mm。堰口和三角堰口的平整度不如孔口容易达到误差要求，所以目前采用圆形孔口出水较为普遍。

4. 出水槽材质

大中型水池一般采用钢筋混凝土或钢板结构，小型的采用钢丝网水泥结构较多，也有采用玻璃钢制作的，三角堰出水槽适合采用钢板或塑料板制作。近年来出水槽也有不少采用不锈钢板制作。

5. 设计数据

(1) 孔口及三角堰口出流流速

孔口及三角堰出流流速不宜超过 1m/s，一般约在 0.4～0.6m/s 范围内。堰的出流溢流率为 120～240m^3/(d·m)，当原水浊度低、絮粒较轻时采用低值，当原水浊度高、絮粒较重时采用高值。

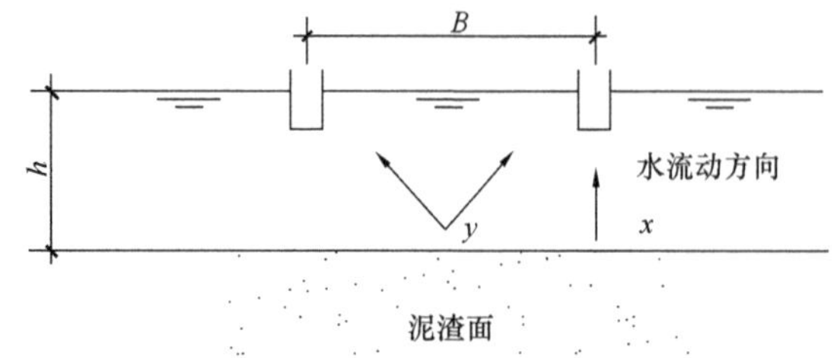

图 5-25 集水槽计算图式

(2) 集水均匀性

集水均匀性是相对的。集水槽正底下的上升流速要比集水槽之间任意一点的上升流速都大（作用情况类似于滤池的冲洗排水），如图 5-25

所示，当 x 点流速较平均值大 30%时，B 与 h 的比值约为 4，当前设计中常以此数进行控制。所以，当分离室径向距离小于 $2h$ 时，可以采用周边出水；小于 $4h$ 时，可以采用中间环形槽出水；大于 $4h$ 时，要用辐射槽加环形集水槽形式，辐射槽最大间隔也可用 $4h$ 关系式确定。

(3) 孔口计算

前已述及采用式 5-1 进行计算，式中的具体数据采用如下：

q——集水面积的流量（m^3/s），为留有余地，取设计水量的 1.2～1.5 倍；

μ——流量系数，薄壁采用 0.65，厚壁采用 0.8，钢制品属于薄壁，混凝土制品属于厚壁；

h——孔眼中心以上的资用水头，为缩小因施工造成孔眼标高的误差对集水均匀性影响，不能取得太小，常采用 0.05～0.07m，当以设计流量运行时，只有 0.03～0.04m。

孔眼一般采用圆形，在混凝土制的槽上可预埋现成的塑料管，孔数宜多，以便集水均匀。常用孔径为 25mm。投产后如处理水量需增加，可去掉预埋的塑料管以增大孔径。

(4) 槽的计算：假定槽的起端水流截面为正方形，槽底坡度为零时，槽宽 b 可按一般变速流公式确定：

$$b = 0.9q^{0.4}\,(\mathrm{m}) \tag{5-4}$$

符号和单位同前。为了留有余地，q（m^3/s）一般采用实际水量的 1.5 倍。

当设计槽底有一定坡度时，槽内计算水深可按下述两式计算：

槽起点水深　$$h_1 = 0.75b\ (\mathrm{m}) \tag{5-5}$$

槽终点水深　$$h_2 = 1.25b\ (\mathrm{m}) \tag{5-6}$$

为保证自由跌落，在设计负荷条件下仍应保持在槽内的孔口底下有 0.05～0.07m 的跌落高度。

当采用辐射槽、环形集水槽系统时，环形集水槽尺寸也可用上述公式计算。但环形集水槽为便于施工，皆采用平底，为留有余地，计算时宜用 $1.25b$ 的关系式决定水深。辐射槽内水流向环向集水槽时按自由跌落或淹没出流设计。按前者设计时，如辐射槽采用平底，辐射槽底与环形集水槽最高水位平；如辐射槽采用坡底，辐射槽底可低于环形集水槽最高水位 0.1m 左右。按后者设计时，留的余地较少。总出水槽（有时兼作辐射槽）尺寸按流速 0.7m/s 计算。环形槽与总出水槽的交接呈淹没出流方式，如图 5-26 所示，并按下式进行计算。

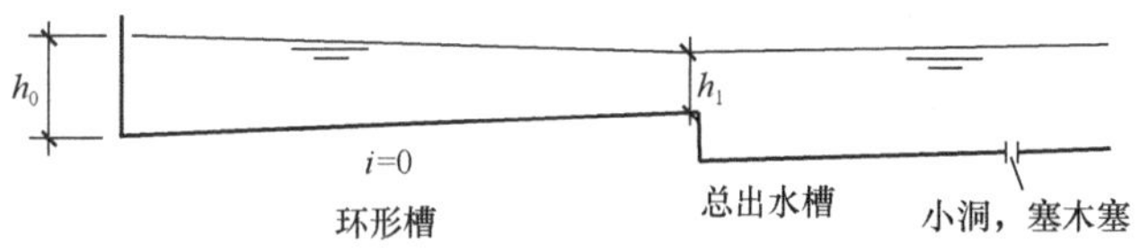

图 5-26　环形槽与总出水槽的交接计算图式

$$h_0 = \sqrt{h_l^2 + 2\frac{h_c^3}{h_l}} \tag{5-7}$$

$$h_c = \frac{Q^2}{gb^2} \tag{5-8}$$

式中　h_l——所求淹没水深（m）；

h_c——临界水深（m）；

Q——环形集水槽的流量（m^3/s），为总流量的 1/2；

b——环形槽宽（m）；

g——重力加速度，9.81m/s^2。

总出水槽为匀速流，水头损失可按谢才（Chezy）公式求得，但因距离甚短，其水头损失可忽略不计。

出水系统的最低点应设有排空设施，通常在总出水槽上开直径为 50mm 的小孔。

5.3.5 排泥系统设计

1. 设计要点

及时和适量的排泥是保证澄清池正常运转的必要条件，特别是当澄清池用于高浊度水处理时，合理排泥更是运行的关键。前已述及，池中泥渣浓度应维持一定，其值随原水水质、水温、加药量以及加药品种而异，如原水含无机物较多时泥渣浓度可维持较高；原水含有机物较多时泥渣浓度应维持较低。从絮凝要求而言（表 5-1），泥渣浓度高，则处理效果好，同时排出泥渣浓度也大，从而减少耗水量；但浓度太高会使部分泥渣随清水带出池外。因此，在运行时要使泥渣平衡，浓度一定，同时这个浓度应尽可能地高，以能达到最佳分离效果为限度。

泥渣浓度和出水水质的关系 **表 5-1**

浓　度 (mg/L)	出水浊度 (NTU)
1500～2000	2～5
1000～1800	5～7

控制泥渣浓度一般有两个方法：

(1) 控制分离室内的泥渣面在第二絮凝室外筒底口水平稍下。可通过检测泥渣面高度进行自行控制排泥，也可通过在分离室泥渣面处设置取样管或在池壁设观察窗检查泥渣面位置，控制排泥。

(2) 控制第二絮凝室泥渣的沉降比（从第二絮凝室取混合体倒入 100mL 量筒内静沉 5min 后，泥渣体积所占的百分比）。最佳沉降比视各具体情况根据实际运行经验确定，一般在 5%～20%范围内，超过规定的沉降比即进行排泥。

2. 泥渣浓缩室排泥

为节约排泥耗水量，泥渣必须以较大浓度排出。这是设置污泥浓缩室的主要目的。浓缩室内的泥渣有两种排出方式：一种由排泥管连续排出，由于浓缩的泥渣浓度较高（可达 2%左右），缓慢流动易在管道和浓缩室内产生沉淀；另一种是通过快开阀间歇排泥，这样由于泥渣的快速运动和突然的阀门启闭产生一定的冲击，使管道内和浓缩室内污泥不致堆积。自动快开阀开启周期一般为几分钟，开启历时为几秒钟，周期和开启历时都可以调整。

污泥浓缩室所需容积 W 计算公式如下：

$$W = \frac{q(c-m)}{\delta_1} T_1 \tag{5-9}$$

式中 q——流量（m^3/h）；

c——进水中（包括药剂）的悬浮物平均总含量（mg/L）；

m——出水中悬浮物平均总含量（mg/L）；

T_1——浓缩时间（h）；

δ_1——浓缩室内污泥平均浓度（mg/L）。

上述公式中的污泥平均浓度与浓缩时间（排泥周期）及第二絮凝室泥渣浓度有关。

运行表明：

(1) 排泥周期（浓缩时间）长，排泥浓度大；

(2) 第二絮凝室浓度大，排泥浓度也大；

(3) 排泥历时越短，排泥浓度也越大。

不同的原水水质的 5min 沉降比，其悬浮物含量是不一样的，与悬浮物的性质有关，见表 5-2。

不同水质的原水 5min 沉降比所含悬浮物情况　　表 5-2

原水类别	5min 沉降比（%）	悬浮物含量（mg/L）
含砂量较大的原水（四川资阳）	15	9480
含泥量较大的原水（上海嘉定）	15	1800～2000

由于污泥浓缩室的工作条件不仅与原水水质（悬浮物含量及变化情况、原水所含悬浮物的性质）有关，而且与排泥条件（排泥周期和排泥历时）和泥渣浓缩室本身构造（容积大小、平面尺寸）等因素有很大影响，因此设计时，应参照相似情况下实际运行经验加以确定。在无实际运行资料时，设计可近似采用不大于水池容积的 1%作为污泥浓缩室。

浓缩室个数视原水浊度、池径大小决定。小型水池设置一个即可，大型水池需设置数个，近似可取污泥浓缩室周长不超过全池周长的 1/6，沿周长均匀布置。其顶部标高一定要设在泥渣面以下。为防止在室内积泥，浓缩室的四周边坡不宜小于 45°，有时在周壁上设置高压冲洗水管，必要时启用高压水冲洗周壁上的积泥。为能排空及低浊度时浓缩室内泥渣参加循环，需在其底部设排空设施。

排泥流量 q' 按下式计算：

$$q' = \frac{q(c-m)T_2}{\delta_2 t} \tag{5-10}$$

式中　q、c、m——同式 5-9；

T_2——排泥周期（h）；

δ_2——排泥浓度，$\geqslant \delta_1$；

t——排泥历时（h）。

排泥管径按排泥流量计算，但排泥浓度不易确定，因而排泥管径也不可能算得。设计时一般采用直径 100mm 的排泥管径，而在实际运行中调整排泥历时，使池内泥渣平衡。

为了控制方便，常把几个浓缩室的排泥管集中在一个排泥井内。排泥管上需接压力水以便反冲。

3. 池底排泥

澄清池除设置泥渣浓缩室排泥外，还必须设置池底中心排泥作为调节排泥的辅助措施和放空排水之用，其接法一般参照图 5-27 所示。池底排泥方式有下列两种：

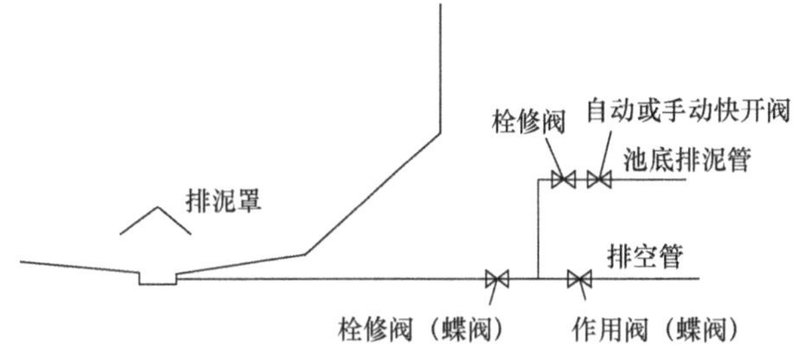

图 5-27　池底排泥管系统

1）重力排泥

重力排泥适用于原水浊度经常小于 100NTU，较短时间内不超过 3000NTU 以及原水中不含有比重大、沉降速度 2mm/s 以上的砂子，靠泥渣本身的重力通过设在池底中心部位的排泥管排泥。进泥口处一般设有排泥罩，当排泥阀突然打开时，排泥罩内即呈真空状态，排泥罩附近的池底污泥高速进入罩内，同时冲刷了池底，使积存在池底的污泥排出。因此，为使池底冲刷作用更为有效，一般要求阀门开启时间不超过 3s，排泥历时不超过 30s，如果排泥量较大，在 30s 里不能排尽，则要求间断启闭，直到把要求的泥量排走。为避免堵塞排泥管道，排泥管至少每天开启一次，开启总时间 1～2min。

池底排空管直径按 2～4h 内重力排空池中全部水量确定。排空管直径不得小于 200mm。排泥管径根据排泥量大小确定，一般要小于排空管直径。如同计算污泥浓缩室排泥管一样，常采用直径为 100mm 的管道，但不需接通反冲洗水管。当重力流排不空时，必须按排泥历时要求采用水泵抽空。

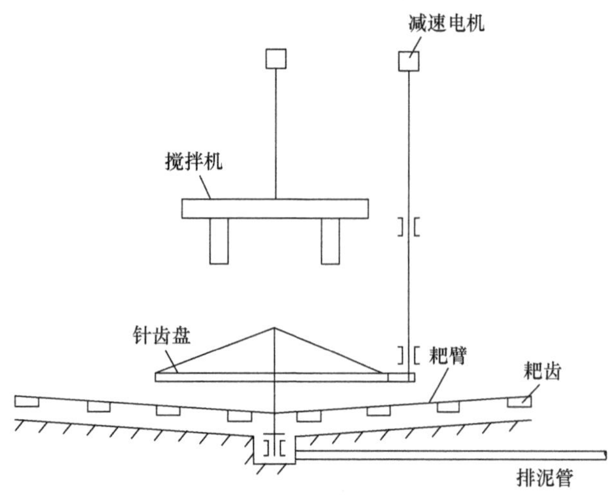

图 5-28 周边传动式刮泥机（排泥在中心）

排泥罩直径一般为池底直径 1/5，排泥罩面坡度大于 45°，进罩缝隙的设计流速采用 1m/s 以上。

当原水中含砂量较高的条件下，有些池子在池底还设置了穿孔排泥管，但其排泥有效服务范围较小，每边只有 0.5～1.0m，耗水量也较大，收效不大。因此，大多改用了机械排泥。

2）机械排泥

机械排泥适用于水池直径较大、池底较平或浊度经常高于 500NTU（较短时间内不超过 5000NTU）的条件下。如图 5-28 及图 5-29 所示，将积泥刮到池底中心或中部，然后通过设在池底的排泥管排出池外。排泥方式为自动定时或者连续排泥，后者当浊度低时，阀门开启小些；浊度高时，阀门开启大些。这种方式较自动定时式排泥耗水量要多（约增加 20%～30%）。由于排出污泥浓度较高，采用池底机械排泥时按理可不设污泥浓缩室，但为在机械失灵时仍能排出高浓度泥渣，一般还是设置的。

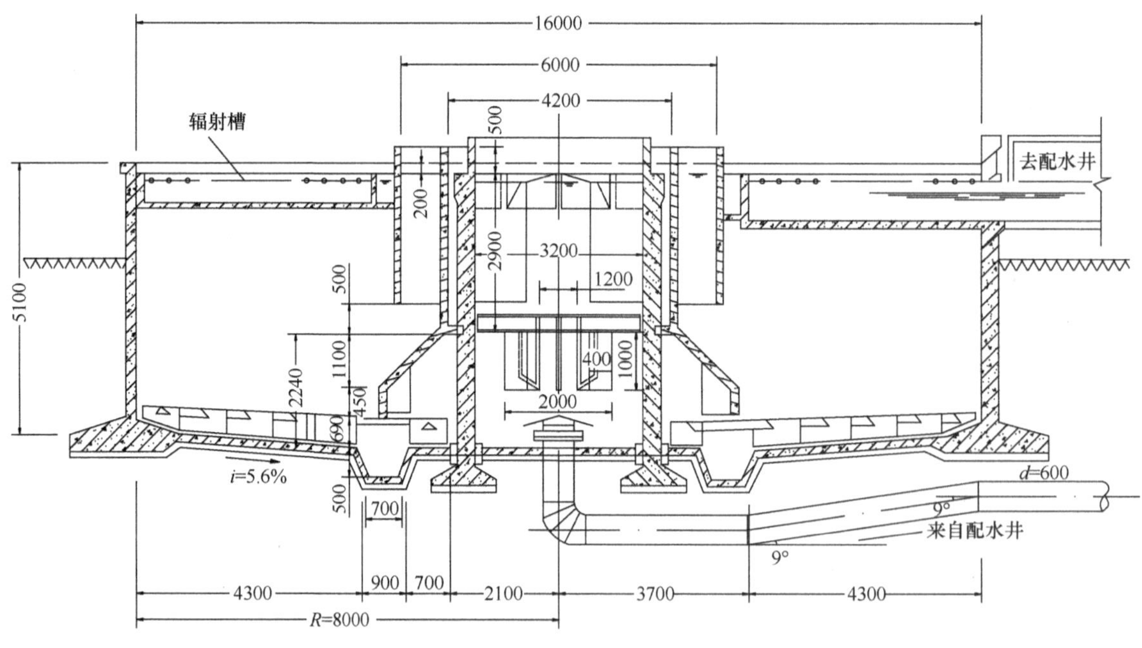

图 5-29 排泥槽设在池中部的刮泥机

目前用于标准型机械搅拌澄清池的刮泥机的刮刀板是按对数螺旋线方式布置。对于方形池底，为避免四角积泥，耙臂上装有小弹簧装置。绝大部分是电动的机械传动方式，个别有用液压传动的（油压、水下水力活塞）。机械传动有两种方式：一为周边传动式，另一为套轴中心传动方式。

周边传动式刮泥机适用于池径大于 18m 的水池。常用的周边传动方式如图 5-28 所示。它由设置在操作平台上的行星摆线针轮减速机带动，为减速机和针齿盘两级减速。

图 5-29 为排泥槽设在池中部，由池外侧向中部刮泥的刮泥机。

套轴中心传动刮泥机适用于池径小于 18m 的池子，如图 5-30 所示。它为减速电机、套筒键和蜗轮减速机三级减速。要求套轴与搅拌装置的空心轴同心，所以加工精度要求较高，国内很少采用，但它机构紧凑，运行可靠。

刮泥机外缘线速度在 1.5～3.5m/min 范围内。机械设计时污泥浓度按 5%计。机械效率为 50%左右。

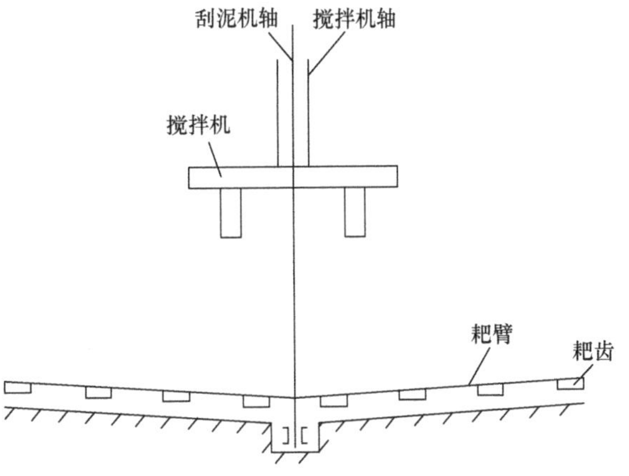

图 5-30 套轴中心式刮泥机

5.3.6 搅拌叶轮设计

1. 调流设施

搅拌机下部桨板起搅拌作用，上部叶轮起提升作用。一般常用同一根轴进行搅拌和提升，这样会产生下述矛盾：搅拌速度快了，必然提升量增大，常使分离室内泥渣层产生过量翻动，使大量絮体上浮；搅拌速度慢了，提升量减少，达到了在分离室泥渣层不上翻的条件，可是搅拌速度不能满足絮凝要求。为此一般在设计时考虑使提升能力大于搅拌要求，而在运行时，为取得最好的处理效果，把叶轮进行人为的调整。这种办法已得到各国广泛的采用。目前较为通用的是调整叶轮出口宽度，也有个别调整叶轮进口大小的。

(1) 调整叶轮出口的措施很多，但常用的，在国家标准图中也已采用的是利用一、二絮凝室的分隔板作为固定调整板的措施，升降传动轴以调节提升叶轮的出口宽度，如图 5-31 所示。调节机件有用螺母的，也有用手轮的，其中以带档齿的螺母机构较好，它可由电动操作。

(2) 调整叶轮进口大小如图 5-32 所示，采用升降浮筒的办法，浮球上升使进水宽度缩小，进而降低提升水量，这种方法与主机分开，加工、操作都比较简单。

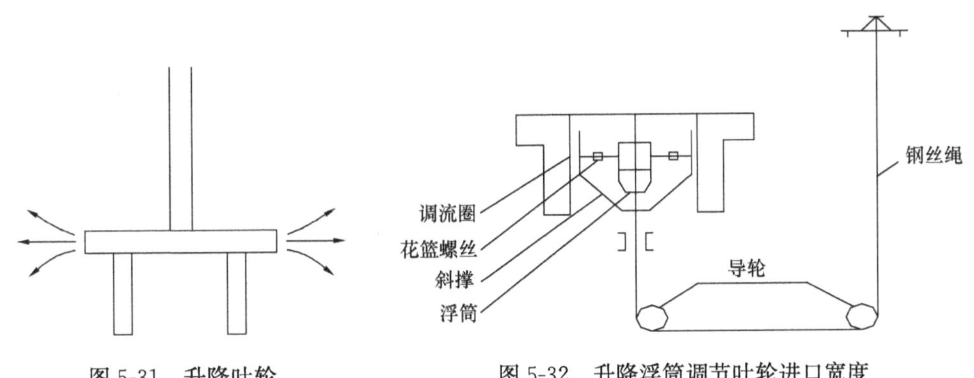

图 5-31 升降叶轮

图 5-32 升降浮筒调节叶轮进口宽度

最好还是采用同心轴的办法，外面一根带叶轮，里面一根带搅拌桨板。此法较为彻底地解决了上述的矛盾。

为节省药剂和适应水质的变化最好采用无级调速，也有根据多年的运行经验使用普通异步电动机用三角胶带配塔轮作双速、三速或四速运行，个别由于水质变化不大也有采用恒速运行的。

叶轮和桨板用钢板制作，但需用环氧树脂和玻璃布包裹，或涂刷过氯乙烯漆进行防腐处理，也有采用塑料制作的。

2. 叶轮

叶轮直径 D_m 的确定，传统经验是取第二絮凝室内径的 0.7～0.8 倍，亦可近似地取水池直径 D 的 0.15～0.2 倍。

叶轮外缘线速度 v_m 要求在 0.5～1.5m/s 范围内作有级或平滑无级调速，但实际运行时很少超过 1.0m/s，一般常用 0.7～0.8m/s 左右。通常只作季节性调整，以适应原水浊度、水温、碱度以及水量等变化，但在夏季原水浊度变化大时也作相应的调整，有些水厂也有常年不作调整的。

转数 n 按式 (5-11) 求得：

$$n = \frac{60v_m}{\pi D_m} \tag{5-11}$$

叶轮宽度 B 按经验公式求得：

$$Q_T = KBD_m^2 n \tag{5-12}$$

式中 Q_T——提升水量 $(Q+RQ)$ (m³/min)；

R——回流倍数；

D_m——叶轮直径 (m)；

B——叶轮宽度 (m)；

K——系数，采用 3.0；

n——最高转数 (r/min)。

以上符号说明如图 5-33 所示。

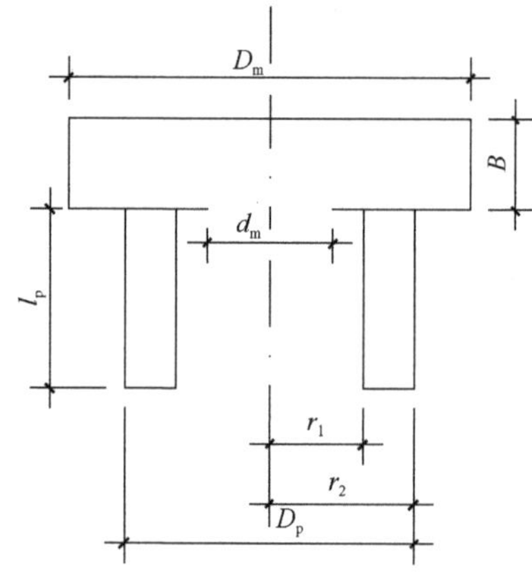

图 5-33 搅拌机计算符号

这个公式是偏于安全的，在实际运行中叶轮开启度（宽度）只达到设计的 1/4～3/4 范围内，很少全宽度运行。所以，日本的《工业用水及其水质管理》一书中提出下列计算公式：

$$Q = 18\pi v_m BD_m \approx 3BD_m^2 n' \tag{5-13}$$

式中 Q——进水量 (m³/min)；

n'——最低转速 (r/min)；

B、D_m 同前。

由式 5-12 和式 5-13 可看出，如最高转速为最低转速的 3 倍，Q_T 如按 3 倍进水量计，则两个公式是一样的；如按 5 倍进水量计，则按式 5-12 计算所得的叶轮宽度约比式 5-13 计算所得大 0.66 倍，也就是说，根据实际运行情况，式 5-13 是较为切合实际的。

叶轮所产生的水头甚小，一般在 50mm 左右，所以叶轮中叶片皆为径向布置，当叶轮直径 D_m 在 2～2.5m 时，一般为 6 个叶片，D_m 在 3.5～4.5m 时，为 8 个叶片。

叶轮进口直径按进口流速小于 0.5m/s 设计，或按叶轮直径 D_m 的一半确定，也可由下述方法求得，先按下式求得比转数 n_s：

$$n_s = \frac{3.65n\sqrt{Q_T}}{h^{0.75}} \tag{5-14}$$

式中 n——最大转数 (转/min)；

Q_T——提升流量 (m³/s)，按 3～5 倍进水量；

h——提升水头 (m)，按 0.05m 计。

然后查表 5-3 求得叶轮直径 D_m 和进口直径 d_m 的比值。

大型水池叶轮直径很大，一般在第二絮凝室内进行分块安装。小型水池叶轮直径在 2.5m 以下时可做成整体式或两块对接式。

N_s与D_m/d_m关系表 **表 5-3**

n_s	50～100	100～200	200～300
D_m/d_m	3	2	1.8～1.4

3. 桨板

通常桨板的设计数据如下：桨板边缘的线速度为 0.33～1.0m/s。为了加强搅拌效果，日本的《工业用水及其水质管理》认为桨板外径 D_p应为叶轮直径 D_m的 0.9 倍（也可用第一絮凝室最大直径 D_1的 30%～40%校核）。桨板高度 l_p取第一絮凝室全高的 1/3 左右。桨板面积按第一絮凝室最大纵截面积 5%左右计算。

根据国内较多澄清池实际运行情况表明，桨板的外径和高度适当放大能取得较好的效果。为此，有较多的水厂在原设计的基础上加宽或加长，或同时加宽、加长桨板。加长可达第一絮凝室全高的 50%，一般达 40%左右的较多。加宽的有多种形式，如图 5-34 所示。加宽、加长叶片一般都能取得较好的效果，其原理应是输入了能量，搅拌强度增大，速度梯度 G 值也随之提高，加强了絮凝效果，净水效果也随之得到改善。

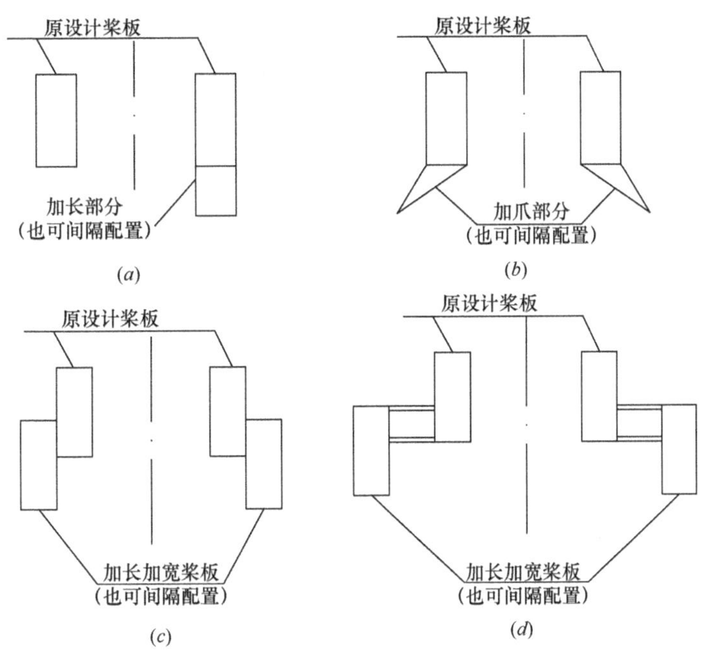

图 5-34 桨板加长加宽形式

(a) 加长桨板式；(b) 加爪式；(c) 加长加宽Ⅰ式；(d) 加长加宽Ⅱ式

桨板通常作径向布置。由于桨板是狭长的钢板，为加强刚度，在其背面需加肋。

5.3.7 细部及组合布置设计

1. 细部设计

1) 加药点

加药混合应在原水进入三角形配水槽前完成，混合装置应紧贴水池，如需在池内设置加药点，则应靠近进水管的出口。试验表明，紧贴水池的池外混合效果最好，在第一絮凝室内混合次之，在第二絮凝室内混合更差，甚至形不成泥渣层。当投加聚丙烯酰胺或其他助凝剂时可在三角配水槽进入第一絮凝室处投加。加入管道、配水槽或配水井内时，需注意药液要在一定的压力下投加，以克服输水管道内的剩余水头。

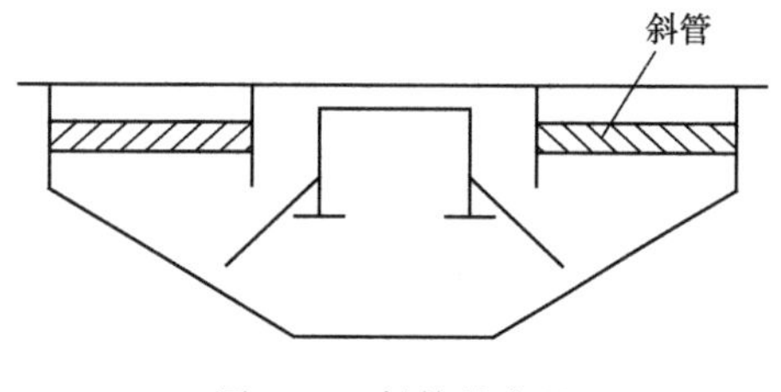

图 5-35　斜管的布置

2）斜管

在清水区内加设斜管，提高产水量和改善出水水质得到了验证，其原理是利用斜管分离细小颗粒的能力，其布置形式如图 5-35 所示。

3）操作室

在水池中央安装机电设备的平台部分，在我国南方常需设置操作室或棚，以免日晒后温度上升过高，影响设备正常运行。在我国北方，则需设置操作室，必要时需将澄清池全部建在保温的建筑物内。操作室高度需考虑搅拌机和刮泥机拆装方便，在其中心顶上，需设天窗框或吊钩等设施，需要时装置手动葫芦起吊机械设备，当有分离式刮泥机时，尚应设有吊装刮泥机轴的天窗框。平台上应设有进出搅拌机分块的吊装孔。当采用交流整流子电机时还应设置电机防尘罩。

4）取样管

为掌握澄清池的运行情况，需在进水管、第一絮凝室、第二絮凝室、出水槽等处设取样管，如图 5-36 所示。第一、二絮凝室内泥渣浓度较大，在取样管内易沉积，所以在池外需设置固定的反冲洗管。各取样龙头宜加以编号并沿壁集中设置以利操作。在群池的情况下各池取样管应尽可能相互接近，便于管理。

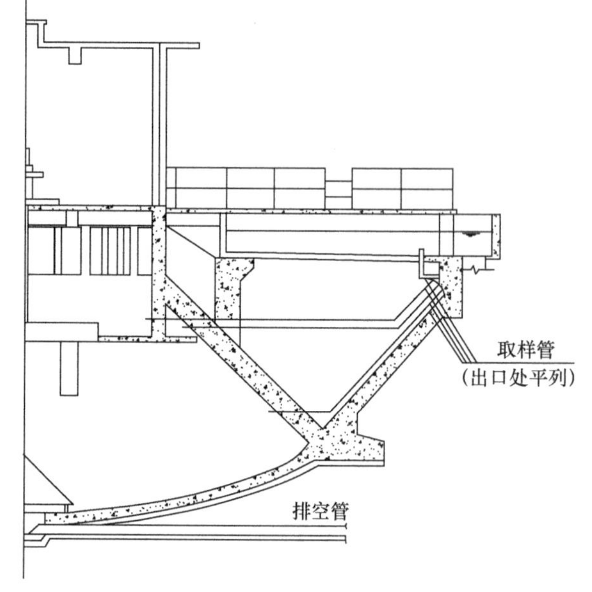

图 5-36　取样管系统

5）透气管

为使配水均匀和在三角配水槽内不积存空气，在进水管方向对面的配水槽上端设置直径 50mm 透气管。

6）人孔和铁爬梯

当回流缝隙很小时，在伞形板下需开设人孔，并有铁爬梯通往池顶。当底部设有刮泥机时，人孔大小需考虑能进刮泥机零件。有时第二絮凝室也需要有铁爬梯通往操作平台。

7）溢流

需要时，池内可设置溢流设施。当采用虹吸管排泥时，可利用虹吸管作为溢流管。

2. 组合布置

1）配水井

大型水厂一般多采用四池一组的布置形式。为使配水均匀，四个水池常呈正方形布置，中间设配水井，如图 5-37 所示。有时这种配水井分上、下两层，上层出水，下层进水。近年出现了不设配水井的布置，如图 5-38 所示。这种布置的优点在于：①没有配水井清淤问题；②减少了配水井进出的水头损失。

2）排空联络管及出水管

多个池子成组布置时，其底部排空管应相互连通，以便泥渣能相互输送，当其中一池检修后恢复运行时，可由别的正在运行中的澄清池向该池输送所需的泥渣，使其能很快投入满负荷运行。出水管渠相互连接时，需考虑一池检修时其他池是否仍能正常运行。

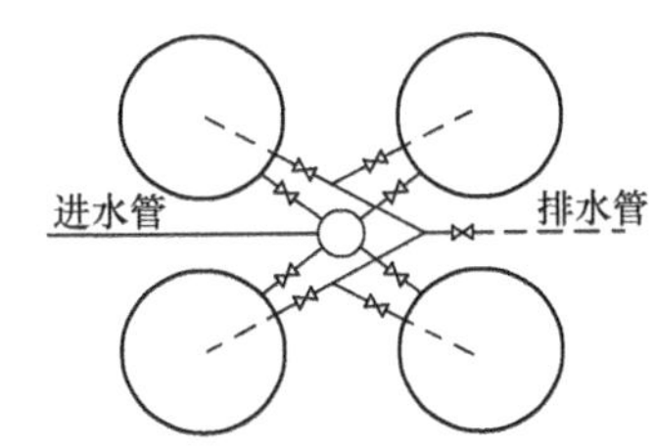

图 5-37 设配水井四池布置示意图

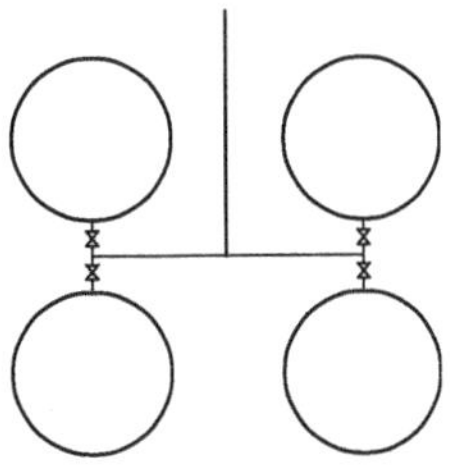

图 5-38 不设配水井的布置

3）走道板

为巡视水面上各点出水水质情况和泥渣是否上浮，需在池顶上设置走道板。小型水池可与周壁结合起来，大型水池可在分离室中部利用辐射槽为支点设置轻型铁便桥。

成群布置的联系走道有以下两种形式：四方式和辐射式，如图 5-39 所示，前者不论有无配水井都能采用，后者只适用于有配水井时。

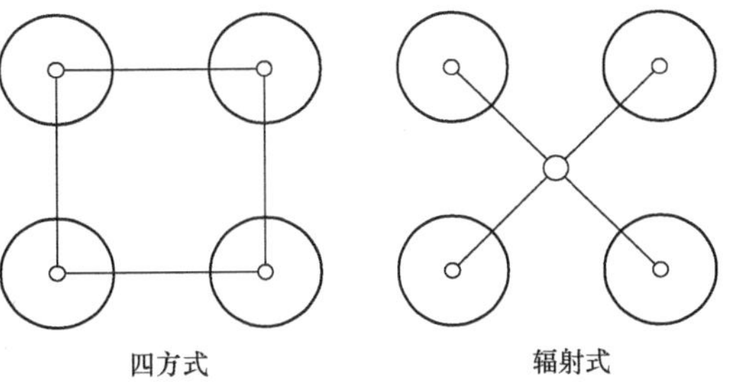

图 5-39 联系走道布置

5.4 水力循环澄清池设计

水力循环澄清池也是一种泥渣循环型澄清池，国内最早在 1960 年建于嘉兴毛纺厂。它的基本作用与机械搅拌澄清池相仿，不过是借进水本身的动能，通过水力提升器的喷嘴造成高速射流，在喷嘴外围形成负压而将数倍于进水量的活性泥渣吸入喉管，使原水、混凝剂和活性泥渣在水力提升器的喷管中进行剧烈而充分的快速混合，并增加悬浮颗粒间的碰撞，促进了接触絮凝作用。分离后的清水向上溢流出水，沉下的泥渣除经污泥斗浓缩后排出池外以保持池中泥渣平衡外，大部分泥渣向底部沉降，并被水力提升器吸入喉管进行循环回流。

5.4.1 池体设计主要指标

水力循环澄清池的计算，可分为水力提升器、第一絮凝室、第二絮凝室、分离室、进出水系统及污泥浓缩斗等部分，如图 5-40 所示。

水力提升器的喷嘴直径按进水量及喷嘴流速计算确定，喉管的直径、高度可按设计水量（进水量加泥渣回流量）、喉管流速及混合时间计算确定。

第一絮凝室出口直径按设计水量及其出口流速计算确定，第一絮凝室的高度按已确定的出口直径、喉管直径及锥形筒夹角计算确定。

第二絮凝室进口直径按设计水量及其进口流速计算确定；其高度按设计水量及第二絮凝室絮凝时间结合第一絮凝室的体积和出口水深及超高计算确定。

分离室直径按进水量及分离室的上升流速求得分离区面积后确定，池体高度按各个部分的高度汇总确定。

出水系统的计算方法和参数，同机械搅拌澄清池。

污泥浓缩斗体积按原水平均浊度、出水浊度、平均排泥浓度及浓缩时间计算确定。

通常采用的设计指标如下：

（1）喷嘴流速：喷嘴流速对絮凝和澄清效果的关系尚不够清楚，但一般认为可按 7～8m/s 设计。

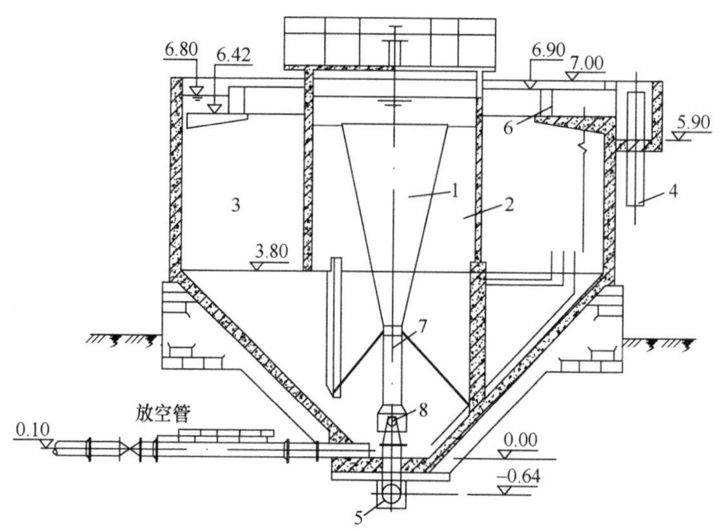

图 5-40　水力循环澄清池流程及其组成

1—第一絮凝室；2—第二絮凝室；3—分离室；4—出水管；
5—进水管；6—集水槽；7—喉管；8—喷嘴

(2) 喉管流速和混合时间：一般设计控制在 2～3m/s。混合时间均在 0.5～1s 范围内。喉管的长度与泥渣回流量也有一定的关系，过短将在一定程度上影响泥渣的回流。

(3) 泥渣回流量：泥渣回流量与原水水质、泥渣浓度、池水深度，喉管长度、喉嘴距离，第一絮凝室的锥形筒夹角有关外，主要与进水压力、喷嘴流速、喉管直径有密切关系。当流量、喷嘴直径一定时，喷嘴流速随进水压力的增高而增加，在一定限度内，喉管直径愈大泥渣回流量愈大。因此进水压力、喷嘴流速、喉管直径的设计直接影响着泥渣的回流量，也是水力循环澄清池设计的关键。目前各地回流量基本均按 2～4 倍的进水量设计。

(4) 第一絮凝室出口流速：第一絮凝室出口流速应与第二絮凝室进口流速相协调，差距不可太大，以免影响颗粒的凝聚，一般宜采用 50～60mm/s。

(5) 第二絮凝室进口流速：原则上应低于第一絮凝室出口流速，国内采用数值高低不一，大者达 86mm/s，小者仅 16mm/s，但多数在 30～50mm/s 之间，设计中宜采用 30～40mm/s。

(6) 第二絮凝室停留时间：国内通常采用的停留时间在 50～100s 之间，但其絮凝效果较差，根据资料分析，设计时以采用 110～140s 为宜。有效高度可采用 3～4m。

(7) 分离室上升流速：由于水力循环澄清池的絮凝，不如机械搅拌澄清池，可通过调节来适应进水条件。为此，上升流速不宜过高，一般采用 0.7～0.9mm/s。当原水颗粒轻细，或水温较低时，宜采用低限。

(8) 总停留时间：一般为 1.2～1.5h。

5.4.2　细部设计与构造

1. 进水系统

进水管的布置有三种形式，一种由池底部进入 [图 5-41 (*a*)]，这种形式可以降低喷口至池底的高度，因而可以降低池体的总高度，由于喷口距池底近，池底不易积泥，泥渣循环条件好，但如池体基础处理不好，当池身有沉降时，易折断进水管，检修不便。不过只要池体基础处理妥当，是可以防止折断进水管的。目前设计中广泛采用这种形式。另一种是进水管沿池体锥底内壁进入 [图 5-41 (*b*)]，由于进水管沿锥底内壁而入，故使喷嘴安装高度增加，将增加池体高度，但无进水管受池身沉降而被折断之虞。第三种，当池底锥体由块石或混凝土填筑时，则进水管有采用沿锥底外壁进入的方式［图5-41（c）］，这种布置方式同样会带来增加安装高度的问题，且进水管检修不便，故很少采用。

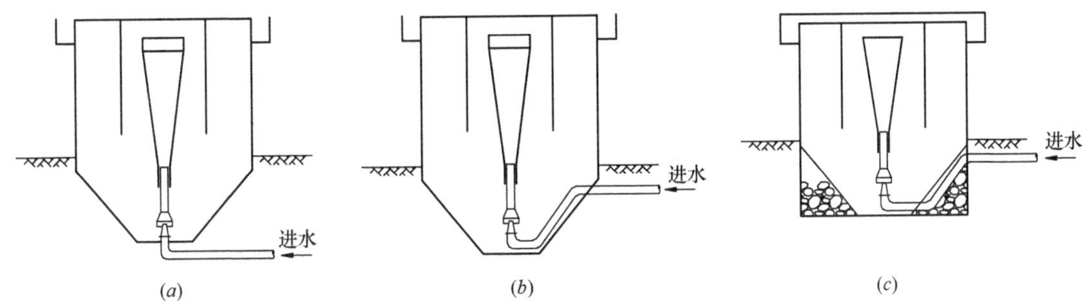

图5-41 进水管布置形式

（a）池底部进入的进水管；（b）沿锥底内壁进入的进水管；（c）沿锥底外壁进入的进水管

2. 喷嘴、喉管及第一絮凝室

水力循环澄清池的混凝是由喷嘴、喉管及絮凝室共同完成的，它们共同担负着完成胶体颗粒间接触、碰撞、吸附、凝聚等一系列的复杂过程。其中喷嘴与喉管的主要作用是吸入大量的活性泥渣使之循环回流，增进泥渣的碰撞机会。而第一絮凝室主要是逐步降低来自喷嘴和喉管的水流速度，造成有一定速度梯度的水流条件和接触时间，以促成絮粒的形成。因此喷嘴、喉管及第一絮凝室是水力循环澄清池设计中的关键部分。

（1）喷嘴：喷嘴是使有高位能的水转化为高速动能的装置，为了使这一转化过程中的能量损失最小，喷嘴收缩角在13°左右为宜。为改善喷嘴的水流条件，在喷嘴的出口处宜加设一段垂直管段，其垂直管段的高度通常可取与喷口直径相等。同时要求喷嘴的内壁加工得尽可能的光滑，喷嘴、喉管及第一絮凝室的中心线必须重合（图5-42）。

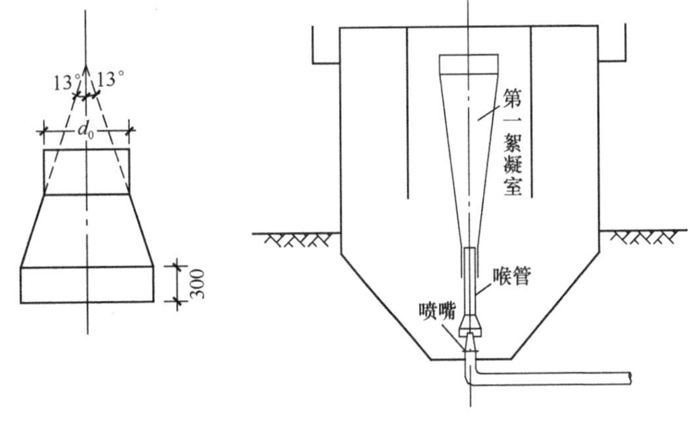

图5-42 喷嘴、喉管、第一絮凝室的构造

喷嘴的流速过高会打碎已结成的絮粒，影响凝聚效果。流速过低对泥渣回流量有一定影响，一般采用7～8m/s。

为防止池底产生积泥，提高回流泥渣的浓度，要求将喷口至池底的高度控制在600mm以下。

（2）喉管：由喷嘴高速射流造成真空后，吸入数倍于进水量的活性循环泥渣，在喉管中进行瞬时的混合，一般设计中喉管的流速采用2.5m/s。混合时间不低于0.5s。

喉管的进口应做成喇叭口形式，喇叭口进口的直径一般为喉管直径的2倍，喇叭口下缘宜加设垂直管段，其高度一般与喉管直径相同（图5-43）。

（3）喉嘴距及其调节装置：一般认为喉嘴距对泥渣回流量有一定影响，但影响不大。目前国内各地生产实践中，大部分水力循环澄清池只是在开始运行的时候，对喉嘴距进行调整，一经调整后，很少再行调节。在设计中喉嘴距的调节有两种装置：一种是采用操纵盘整体升降喉管和第一絮凝室（图5-44），这种装置因升降重量大，操作很为费力；另一种是采用操纵盘只升降喉管（图5-45），这样减轻了升降的重量，便利了操作。设计中以采用后一种方式为多。其喉嘴的调节距离一般为喷嘴直径的2倍。

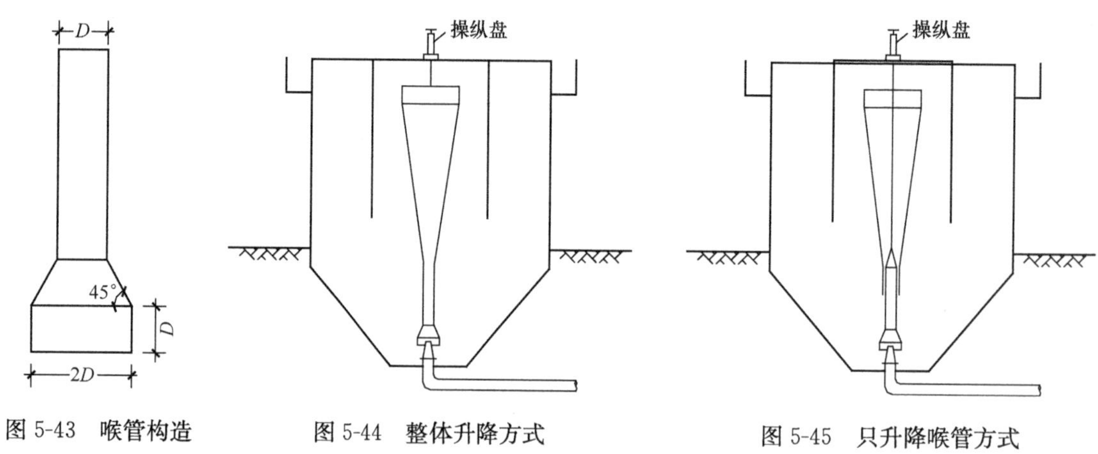

图 5-43　喉管构造　　图 5-44　整体升降方式　　图 5-45　只升降喉管方式

(4) 第一絮凝室：来自喉管的原水与活性泥渣回流的混合水流的速度，在第一絮凝室中逐渐减小，造成有一定速度梯度的水流条件和一定的接触时间以促成絮粒的形成，所以第一絮凝室的设计要求是满足凝聚所要求的由大至小的速度梯度。一般设计中所采用的锥体夹角为 30°。在锥体下缘加设一段垂直管段（图 5-46）。

3. 第二絮凝室

水力循环澄清池最基本的，也是使用最广泛的絮凝形式。原水通过喷嘴形成高速射流，与循环泥渣在喉管内进行瞬时混合而进入锥形扩散的第一絮凝室和圆筒形的第二絮凝室完成凝聚（图 5-47）。

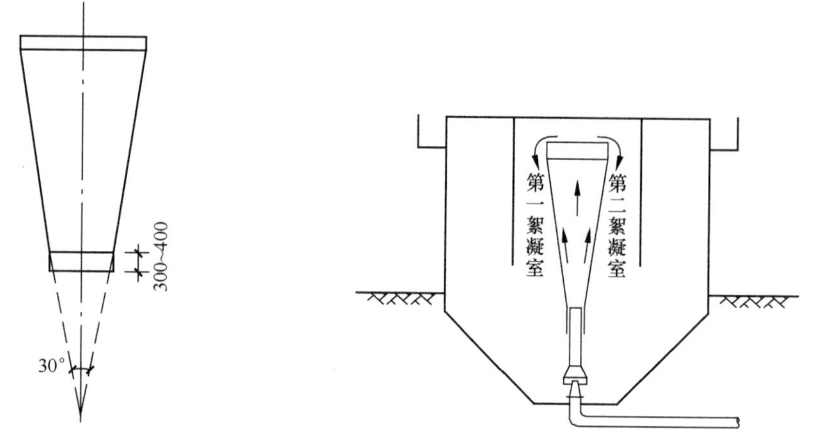

图 5-46　第一絮凝室构造　　图 5-47　锥形扩散的第一絮凝室及圆筒形的第二絮凝室

要在絮凝室中完成胶体颗粒间接触碰撞、吸附、凝聚等一系列的复杂过程，势必要求絮凝室具有良好的水流条件和一定的接触时间。由于通过喷嘴、喉管及第一絮凝室后，凝聚还不够完善，因此第二絮凝室担负着促进完善凝聚的作用，使胶体颗粒能凝聚成足以在分离室中迅速分离的絮体。所以第二絮凝室就必须具有适合能凝聚的水流条件和必要的接触时间。由于第二絮凝室进口的流速有一定的要求，因此要保持必要的接触时间，就必须保持第二絮凝室有一定的高度，以满足这一要求。实际生产运转也表明，第二絮凝室的高度对净水效果有影响。第二絮凝室的构造除了满足进口流速和有良好的水流条件的要求外，还要求有保持必要的接触时间所需要的高度。设计中常根据第二絮凝室的停留时间在 2min 左右来确定其高度，通常都在 3m 以上。

4. 伞形罩

伞形罩的设置与否，往往按所处理的水量大小来决定，当处理水量较大即池径较大时，一般设有伞形罩。伞形罩一般设在第一絮凝室的下部（图 5-48），主要作用是防止第二絮凝室出流后直接被喷嘴射流而吸入喉管的短流现象，迫使分离室的活性泥渣沿伞形罩下缘回流到池底，以促使泥渣循环更为完善。从这点考虑，不论池子的大小，设伞形罩比不设伞形罩为好。伞形罩底边与池底间的泥渣回流缝隙宽度一般为 200～300mm。

伞形罩的形式有两种，一种是不带裙板的伞形罩（图 5-48），另一种是带裙板的伞形罩（图 5-49）。

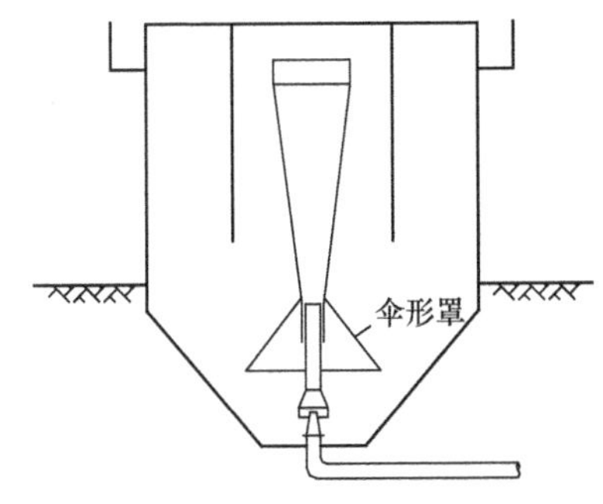

图 5-48 不带裙板的伞形罩

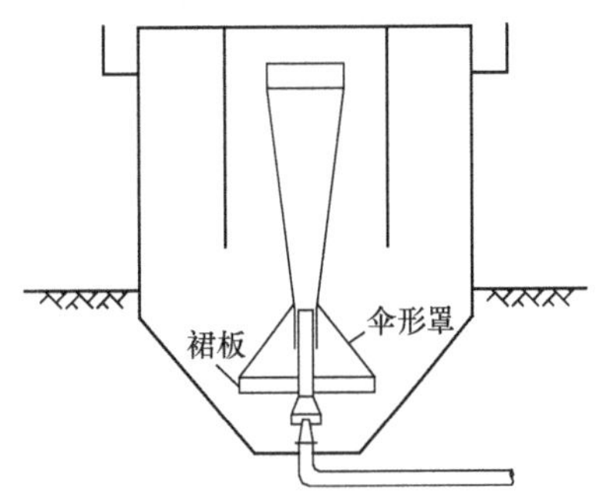

图 5-49 带有垂直裙板的伞形罩

为了便于施工安装和检修，伞形罩一般按多角锥体布置，每一斜面以预制板方式分块安装为好。

5. 出水系统

基本上与机械搅拌澄清池相同，故不再赘述。

6. 排泥系统

正确处理泥渣层浓度问题，也是保证水力循环澄清池能够正常运行的关键之一，因此排泥系统设计的主要要求是既能保持池内泥渣的平衡，又能均匀排泥及减少排泥时的耗水量。为了达到这个要求，通常采用的泥渣浓缩措施有三种：在池底设置泥渣浓缩斗、采用池底夹层浓缩排泥、利用底部放空管排泥（图 5-50）。

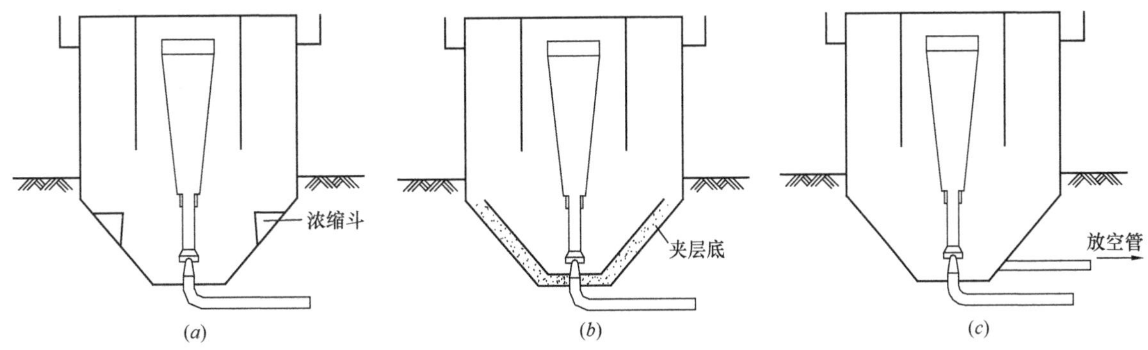

图 5-50 排泥系统的三种形式

(*a*) 泥渣浓缩斗；(*b*) 夹层底浓缩排泥；(*c*) 底部放空管排泥

夹层底浓缩排泥，虽对排泥的均匀性有利，但排泥效果不佳，夹层内易于积泥，而且积泥以后很难处理，在夏季还会因积泥发酵，引起连续翻池，加上结构处理比较复杂，维修麻烦，而且由于自第二絮凝室出流的污泥主要是流向池底，然后再沿锥体旋转上升，所以锥体部分的泥渣可以认为是经常处于旋转流动状态，故排泥的均匀性并不是主要的问题，因此这种形式采用不多。

利用底部放空管排泥，虽可简化构造，节约管件，但因污泥未经浓缩，易于排走活性泥渣，耗水量大，除在原水长期浊度较低，出水量又小的澄清池有采用之外，用者不多。

目前多数采用污泥浓缩斗的形式，污泥斗的数目根据原水悬浮物的数量，一般设置 1～4 个。

泥斗的大小与只数及其设置位置对池内的水流条件、泥渣回流及泥渣浓缩均有一定的影响。污泥斗的总容积不宜过大，污泥斗的位置可以根据原水浊度来考虑，原水浊度高时，可适当设低些，否则过剩的泥渣将不能及时排出，而且会影响水流断面，阻碍泥渣循环。原水浊度低时，可适当设高些，不然大部分泥渣将被浓缩而排出，对泥渣循环不利。但是污泥斗也不宜设在第二絮凝室出口范围以内，这样会引起絮凝上漂。污泥斗也不能设得太低，这样会加大排泥浓度，泥斗的设计计算可参考机械搅拌澄清池。

7. 锥体池底

水力循环澄清池多采用锥体池底，为防止在锥体斜面上积泥，可采用较大的锥角，但这样会增加池体的高度。

为了不使池体高度因锥角而增加太多，又不在锥体斜面产生积泥现象，设计中曾经采用加大锥底底部直径、减小锥角的方法，但实际运行情况表明，当池底锥角在 40°和 40°以下，锥底直径较大时，池底部有积泥现象。因此在锥体布置时，锥角宜不小于 45°，锥底直径以 1.5m 为宜。

5.5 脉冲澄清池设计

5.5.1 脉冲澄清池的工作原理和类型

脉冲澄清池属悬浮澄清池类型，1956 年法国在秘鲁利马水厂开始使用。其特点是能适应大水量而池身不高（一般为 4～5m)。国内自 1965 年试验成功后，在 20 世纪 70 年代初期，一度被作为试用对象，并在发生器上作了大量探索，曾提出了多种类型的脉冲发生器。由于脉冲澄清池对水质和水量的变化适应性较差，目前在新建工程中采用已不太多。脉冲澄清池的发展是结合斜板的使用。在法国首先出现了所谓“超脉冲澄清池”（Super Pulsator)。国内有些单位，经过消化吸收，也有采用这种池型的。

脉冲池主要是利用脉冲发生器，将进入澄清池的原水脉动地放入池底配水系统（图 5-51、图 5-52)，在配水管的孔口以高速喷出，并激烈地撞在人字稳流板上，使原水与混凝剂在配水管与稳流板之间的狭窄空间中，以极短的时间进行充分的混合和初步反应而形成絮粒。然后通过稳流板缝隙整流后，以缓慢速度垂直上升，在上升过程中，絮粒则进一步凝聚，逐渐变大变重而趋于下沉，但因上升水流的作用而被托住，形成了悬浮泥渣层。由于悬浮泥渣具有一定的活性，在进水“脉冲”的作用下，悬浮泥渣层有规律地上下运动，时疏时密。这样有利于絮粒的继续碰撞和进一步接触絮凝，同时也能使悬浮泥渣层的分布更趋均匀。带有絮粒的原水上升通过悬浮泥渣层时，絮粒就被悬浮泥渣层如过滤似的吸附，水流继续上升至泥渣浓缩室顶部后，因水流断面的

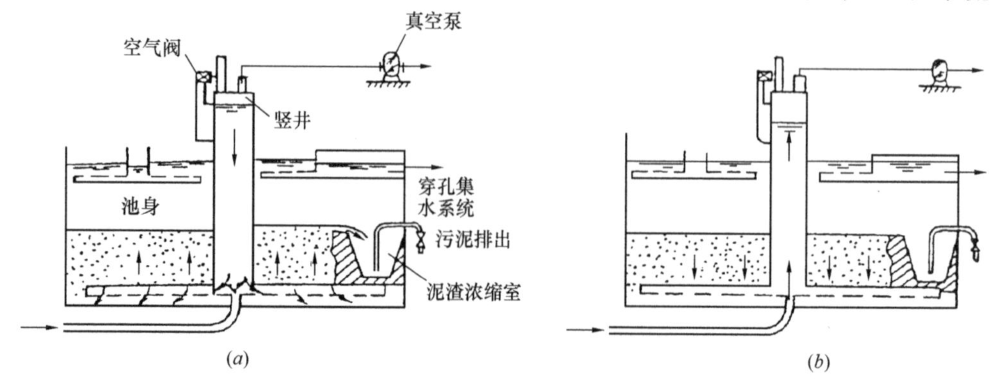

图 5-51 脉冲澄清池工作原理

(a) 竖井排空期；(b) 竖井充水期

突然扩大，水流速度变慢，更因在泥渣浓缩室部分没有配水管而无上升的水流，因此，过剩的泥渣就流入浓缩室，从而使原水得到澄清，向上汇集于集水系统而出流。过剩的泥渣则在浓缩室浓缩后排出池外。

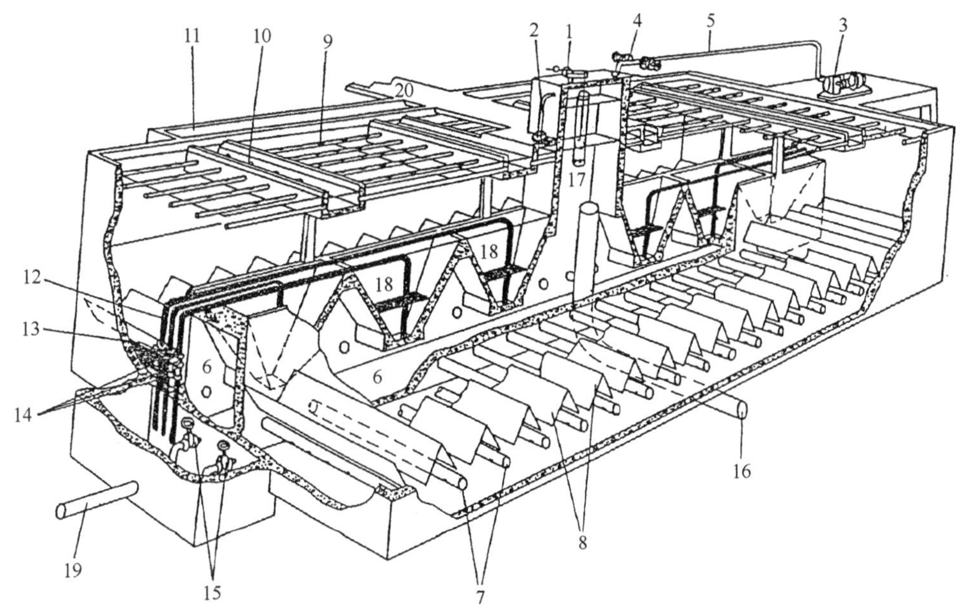

图 5-52　脉冲澄清池透视

1—浮标触点器；2—安全虹吸管；3—真空泵；4—排气阀；5—真空泵吸入管；6—原水均布槽；7—多孔配水管；8—人字稳流板；9—澄清水多孔集水管；10—澄清水集水支槽；11—澄清水干管；12—排泥管；13—关闭阀；14—自动排泥阀；15—排泥总阀；16—原水进口；17—真空室；18—泥渣浓缩室；19—排水管；20—工作通道

脉冲发生器是脉冲澄清池的关键部分，其设计和运行的好坏关系到整个水池的净水效果。因此一般由发生器类型命名各种类别的脉冲澄清池，如真空式脉冲澄清池等。国内曾对水力型虹吸式脉冲发生器进行了研究试用，如钟罩式、S形、液膜、浮筒等，但效果都不十分理想。

当前运行较为安全可靠还属机械真空式脉冲澄清池。本书重点对这种池型设计进行介绍。

5.5.2　超脉冲澄清池的构造和工作原理

前已述及由于澄清池本身水体是上向流的，在池内加设斜管，无论从池型、进出水的布置以及与絮凝部分的连接均可与上向流斜板斜管沉淀相适应，从而可以提高澄清效果或增加处理水量。在法国，将斜板用于脉冲澄清池并取得专利，称之为超脉冲澄清池。

在泥渣悬浮区加设斜板后，虽然由于上升流速的增加，会使悬浮层上升膨胀，但由于加设了斜板降低了雷诺数，增加了沉淀面积，使得通过悬浮层接触絮凝后的大粒絮粒易于沉降，从而稳定了悬浮层的上升。加上在斜板中沉淀滑下的浓度大、粒径粗的泥渣与上升的微小絮粒之间不断相互接触，增加了接触碰撞和吸附结合的机会，促进了絮凝。

因此，在悬浮区内加设斜板后，主要能起到稳定悬浮泥渣层的上升膨胀以及促进和加强悬浮泥渣层中的接触絮凝作用。从而可以认为在悬浮泥渣型澄清池中，斜板（管）以设在悬浮区为宜。

泥渣悬浮型（脉冲和悬浮）澄清池，加设斜板后，上升流速可提高到 2～2.5mm/s。间歇运转（停池 10h 以内）仍能保证出水水质；流量突然增加会使水质恶化，但逐渐加大时，情况仍好；由于斜板上升流速高而悬浮层上升流速则受到限制，因此要防止强制出水过多，否则会将大量悬浮颗粒带入污泥浓缩池，造成悬浮层过稀，影响水质。

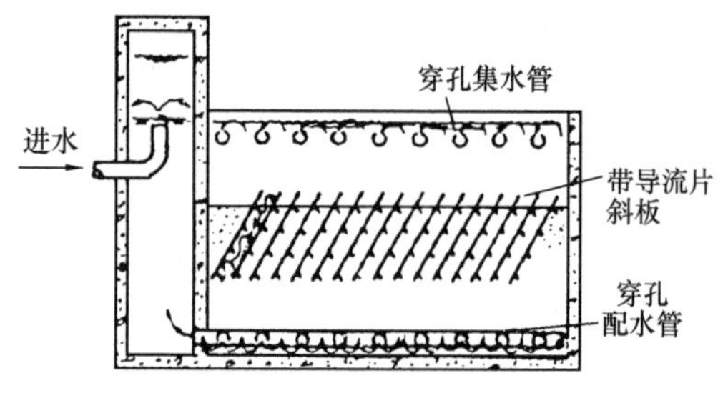

图 5-53　超效脉冲澄清池

法国的超脉冲澄清池系在池内泥渣悬浮层中设置了带有导叶片的斜板并扩大污泥浓缩室的面积（图 5-53）。主要是利用斜板间的导流片使絮凝的泥渣与高度浓缩的泥渣通过内部再循环进行絮凝而将斜板沉淀作用转变成“浓缩泥渣”的悬浮澄清作用。从而提高水流的上升流速，其上升流速可达2.2～3.3mm/s，甚至4.2～5.5mm/s。已经絮凝的原水沿导流片斜板的上壁向上流动而沉淀的污泥则沿着斜板下壁，边向下流边稠化，同时由于导流片的作用而产生了一股旋涡水流，使已沉淀的污泥重新悬浮起来与已絮凝的水接触，产生内部污泥再循环的絮凝作用（图 5-54）。导流片斜板可用聚酯纤维加强的食品级玻璃纤维制成，倾角 60°，板距 0.3～0.5m，板顶高出污泥浓缩室顶面，因而从悬浮层中透出的颗粒仍能被斜板所沉淀（图 5-55）。

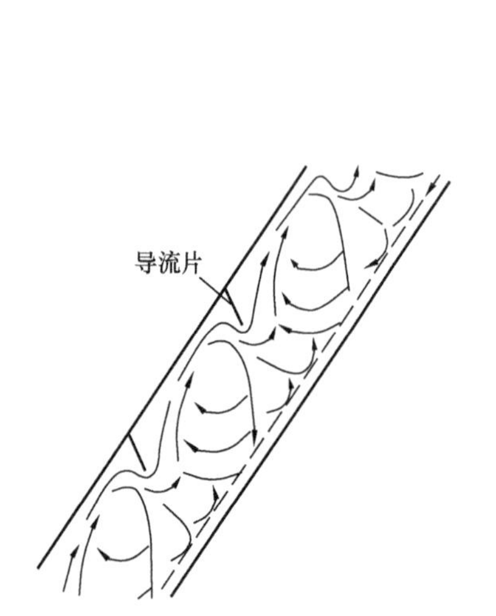

图 5-54　斜板间水流状态

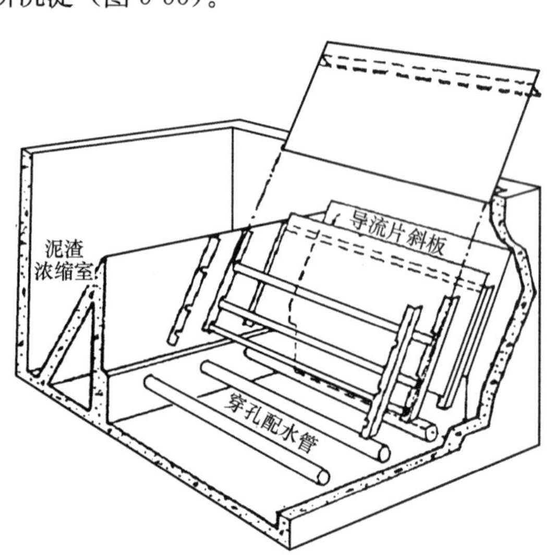

图 5-55　带有导流片斜板的安装

国内超脉冲澄清池斜板的布置一般与上向流斜板（管）沉淀池一样，倾角一般为 60°。板距一般较密，为 20～35mm。斜板的上缘高出悬浮层顶面 30～40cm 为好，以保证泥渣能在不超出斜板顶时就平稳地进入浓缩室。

5.5.3　池体设计

脉冲澄清池的设计计算应使其配水、出水均匀，絮凝充分，悬浮层稳定，有足够的污泥浓缩装置及流畅的排泥系统。同时进水时空气不被带入池内，以免破坏悬浮层的正常工作状态。

脉冲澄清池的计算可分为池体和脉冲发生器两大部分，池体设计包括配水系统，集水系统和污泥浓缩排放三个内容。通常采用的设计指标如下：

1. 清水区上升流速

应根据原水水质、水温、脉冲发生器形式等来确定，一般取用 0.7～0.9mm/s。原水浊度高时宜用低值，反之则用高值。但当处理低浊水时亦宜取用低值。

2. 总停留时间

根据以往的调查资料，停留时间幅度较大，在 59～102min 之间，通常采用 60～70min。由于脉冲澄清池的配水区起着快速搅拌的作用，悬浮层起着絮凝的作用，因此各区的停留时间的分配必须满足凝聚的要求。通常配水区的停留时间在 6～12min 左右，悬浮区的停留时间宜在

20min以上。

3. 脉冲的"充"、"放"时间比

选择充放时间比主要与原水水质有关，原水浊度高，充水时间 t_1 可短些，反之则应长些。从凝聚观点看，充水时间 t_1 应长些，而放水时间 t_2 要求短些，通常采用脉冲周期为30～40s，充放时间比为3∶1～4∶1。

4. 池体高度

(1) 悬浮层高度为1.5～2.0m（自稳流板顶起算）；

(2) 清水区高度为1.5～2.0m；

(3) 配水区高度一般为1m左右；

(4) 保护高度一般为0.3m；

(5) 池体总高度一般为4～5m。

5.5.4 配水系统设计

配水系统是脉冲澄清池的关键部分，主要将原水以一定的喷口流速均匀分布于全池，使原水与混凝剂快速充分的混合、絮凝。

1. 配水系统的形式

目前国内大多采用穿孔管上设人字形稳流板的配水系统（图5-56），使水流经穿孔管孔口的损失远大于配水系统其他部分的水头损失来保证配水的均匀性。根据实际运行情况，这种系统的反应较好，形成絮粒大，出水水质好。

2. 穿孔配水管

为使原水与混凝剂能充分混合和反应，穿孔配水管中心距池底应有一定的高度，但不宜太大，过大了将增加池体高度而且还易在底部积泥。一般在满足施工安装的要求下取0.2～0.5m即足够。

穿孔配水管的最大孔口流速为2.5～3.0m/s。

穿孔配水管的间距主要是满足施工安装要求，间距过大，施工虽方便，但增加池高，而且出流的冲击范围有限，会造成池底积泥。故一般取0.4～1.0m。

穿孔配水管的开孔面积按计算确定（详见配水系统的计算），根据实践运行经验，为保证配水均匀和避免阻塞，孔眼直径大于20mm。开孔角度均为向下45°，两侧交叉开孔（图5-57）。

3. 人字稳流板

人字稳流板的夹角，通常采用90°的多，但也有用60°的。运行表明，稳流板的夹角对反应效果的关系不大，为降低池体高度，不致积泥和方便施工以采用90°为宜（图5-57）。稳流板缝隙在放水期最大流量时的上升流速为50～80mm/s。

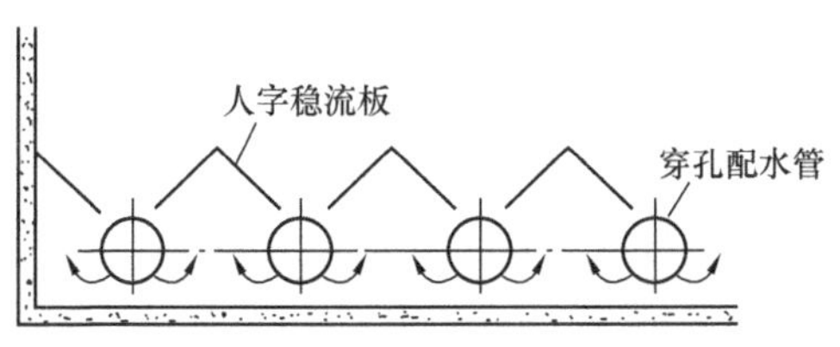

图5-56 穿孔管配水系统

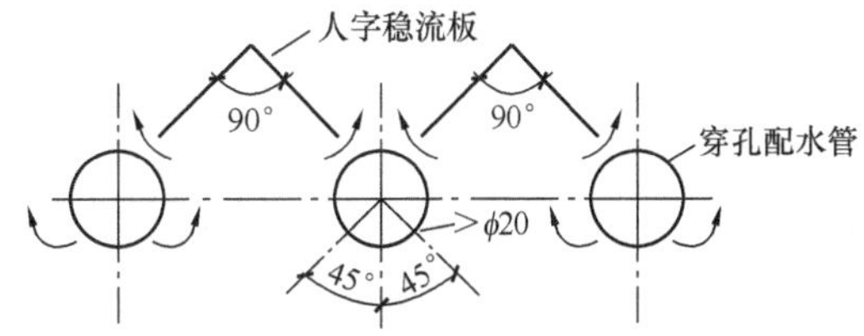

图5-57 穿孔配水管和人字稳流板

4. 配水总渠

配水总渠的流速太低会使渠内积泥，影响配水的均匀性，太高则会使配水管的出流不均，一般结合构造考虑采用0.5～0.7m/s。为防止配水孔眼的堵塞和配水总渠内的积泥，在配水总渠的末端应设置排泥阀，以便定时排放，利用池水对配水孔眼进行反冲，同时将配水总渠内的积泥带走。

5. 配水系统的计算

配水系统的计算是脉冲澄清池设计的重要部分，它将涉及放水时间是否符合实际，能否达到设计的放水流量。早期对配水支管的孔口面积是根据水力学上变化水头孔口出流所推求的下列公式计算的。

$$\Sigma\omega=\frac{2AB}{(A+B)\mu t_{放}\sqrt{2g}}\left[\sqrt{H_1}-\sqrt{H_2}+\frac{Q\sqrt{H_1}}{Q_1}\ln\frac{Q_1-Q}{Q_2-Q}\right] \tag{5-15}$$

式中 $\Sigma\omega$——配水支管孔眼总面积；

A——进水室有效面积；

B——澄清区面积；

$t_{放}$——脉冲放水时间；

μ——流量系数，一般取 0.62；

H_1——最高水位；

H_2——最低水位；

Q_1——最高水位时放水流量；

Q_2——最低水位时放水流量；

Q——设计流量。

1974 年 6 月给水排水东北设计院（现为中国市政工程东北设计研究总院集团有限公司）提出，脉冲发生器和澄清池在水力上是相互关联的整体，因此在水力计算中必须而且可能作为一个整体来进行计算。过去将发生器与澄清池分开计算的方法，对阻力小的真空式发生器尚不致造成太大的误差，但对阻力大的切门式和虹吸式就会产生较大的误差，以致使实际运转后的脉冲周期与设计要求不符。东北院建议以一个概括了发生器局部损失和澄清池配水管孔口损失因素的综合流量系数 $\mu_{总}$来代替一般的孔口流量系数 μ，使发生器和澄清池连成一个整体。

$$\mu_{总}=\frac{1}{\sqrt{\frac{1}{\mu^2}+\xi_1\frac{V_1^2}{V_{孔}^2}+\cdots\cdots+\xi_n\frac{V_n^2}{V_{孔}^2}}} \tag{5-16}$$

式中 $\mu_{总}$——综合流量系数；

μ——孔口流量系数；

$V_{孔}$——孔口最大流速；

ξ_1，… ξ_n ——发生器等各部位的阻力系数及最大流速；

V_1，…V_n——发生器等各部位的最大流速。

确定 $\mu_{总}$后仍按变水头孔口出流公式（式 5-15）计算配水管孔眼面积。

6. 排气管

脉冲澄清池在进水中央渠一般应设置排气管，以排除进水中的空气。否则这部分空气进入配水管后将冲破悬浮泥渣层而逸出，不但会损害悬浮层稳定的工作状态，还会带出絮粒，影响出水、水质。排气管的直径视水池面积大小而异，一般不小于 100mm。

5.5.5 集水系统设计

集水系统的布置，主要能使出水均匀，由于脉冲澄清池的水面经常波动，目前采用的多为大阻力淹没集水的方式，因为淹没出流水量受脉冲波峰的影响较小，可使出水较为均匀。一般采用有如下两种形式：

1. 穿孔集水槽

穿孔集水槽一般为钢筋混凝土结构也可用钢板焊制，孔口要求在一个水平面上，孔口上部的淹没水深一般采用0.07～0.1m。孔口直径一般取20～25mm，孔口在集水槽两侧均匀排列。

集水槽宽经验公式：

$$b=0.9\times k\times q^{0.4} \tag{5-17}$$

式中 b——槽宽；

q——每条集水槽流量；

k——超载系数，一般取1.2。

集水孔面积按孔口上出流水头计算确定。

2. 穿孔集水管

穿孔集水管有两侧开孔和管顶开孔两种，孔口上部的淹没水深多取0.07～0.1m，孔口直径也为20～25mm。穿孔集水管施工时较穿孔集水槽易于使孔口调整在一个水平面上（图5-58）。

5.5.6 排泥系统设计

排泥系统是维持悬浮层的泥渣动态平衡，使脉冲澄清池能稳定运行的关键，一般采用泥渣浓缩室，这样可以达到排泥均匀和减少排泥耗水量的目的。

泥渣浓缩室一般设置在配水渠的上部，小型脉冲澄清池也可设在池的一侧。泥渣浓缩室的隔墙做到与悬浮层顶相齐平（图5-59）。

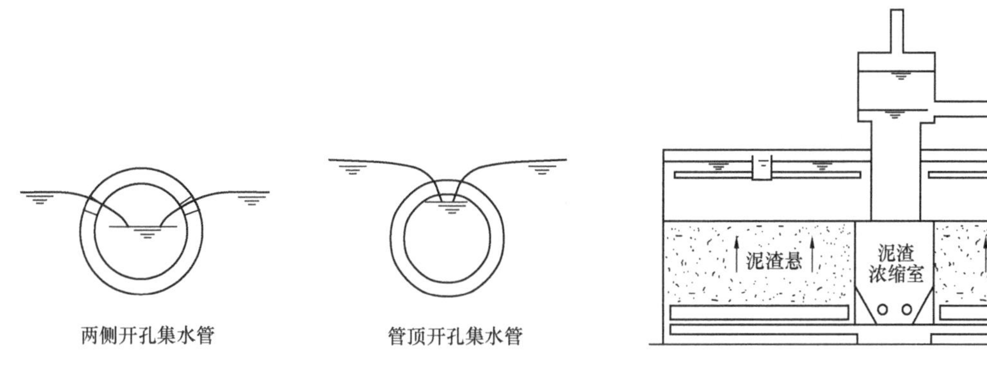

图5-58 穿孔集水管

图5-59 脉冲澄清池的泥渣浓缩室

泥渣浓缩室的容积按公式计算与实际容积往往差距很大，因此泥渣浓缩室面积视原水浊度的不同，一般占脉冲澄清池面积的15%～25%，多数设计成槽形，以便于安置穿孔排泥管（图5-59）。

穿孔排泥管的口径选择要适当，过小则会使排泥不均匀，排泥时间长，易于沉泥而引起污泥膨胀。排泥管的长度不宜太长，分段计算的长度一般为2～4m。

5.5.7 机械真空式脉冲发生器的设计

机械真空式脉冲发生器（图5-60）在充水时真空室进入2/3的设计水量，放水时澄清池进入1/3的设计水量。

真空室的容积为：

$$W_{体}=\frac{2}{3}Q_{设}\ t_{充} \tag{5-18}$$

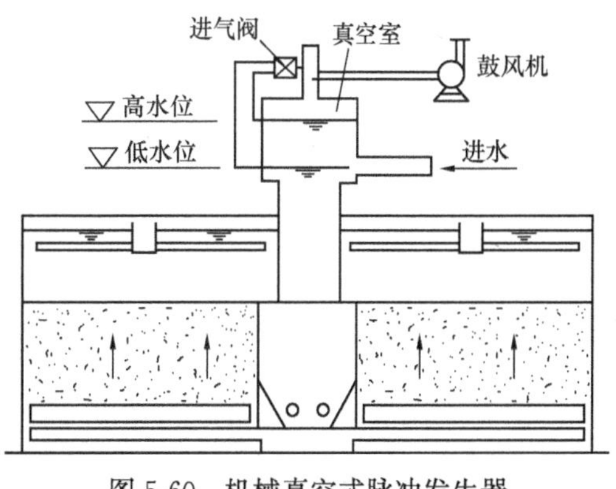

图5-60 机械真空式脉冲发生器

排气量为：

$$Q_{气} = (1.2 \sim 1.5)\frac{2}{3}Q_{设} \tag{5-19}$$

式中 $W_{体}$——真空室体积；

$Q_{设}$——设计水量；

$t_{充}$——充水时间。

据此选择真空设备。

5.6 悬浮澄清池设计

5.6.1 悬浮澄清池的工作原理和构造

悬浮澄清池是一种悬浮泥渣型澄清池。当原水投加混凝剂后，通过空气分离器进入水池底部的穿孔管，由下而上地流动。由于进水流速较高，在向上流动时，具有较强的紊流作用，使原水和混凝剂得到充分的混合和良好的反应。水流在自锥底上升过程中，絮粒便进一步紧密聚合，逐步变大变重，同时因上升水流的托升作用就形成了悬浮泥渣层。原水在通过泥渣层的过程中，和池内原有的活性泥渣进行接触、絮凝，使细小絮粒黏结在原有的大絮粒上。当水流通过时，水中的悬浮杂质即被悬浮泥渣层所截留，使浑水得以澄清，向上汇集于集水系统而出流。过剩的泥渣排入浓缩室，经浓缩后排出池外（图 5-61）。

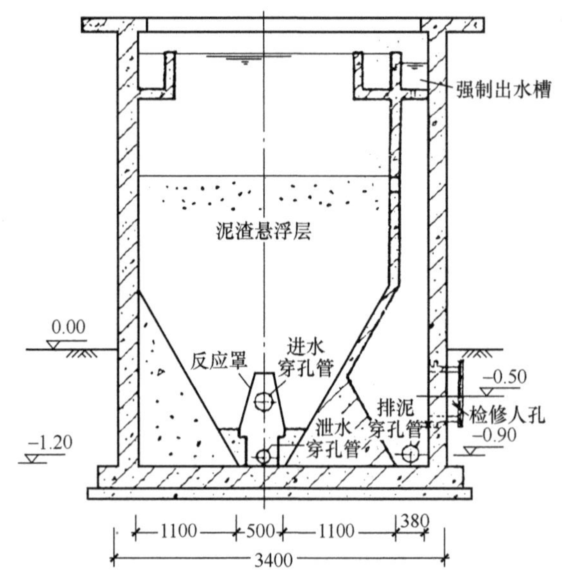

图 5-61　悬浮澄清池流程及其组成

泥渣浓缩室中设有强制出水管，将浓缩室上清液汇入澄清池出水系统作为补充出水。

悬浮澄清池有单层式和双层式两种基本池型，在平面上都可布置成圆形或矩形。在选用时，应根据原水浊度、处理能力、高程布置和排水系统等因素综合确定。单池面积一般不超过 150m^2，矩形池每格宽一般为 3m，池高不小于 4m。

当原水浊度小于 3000NTU 时，一般采用单层式。悬浮澄清池平面可以布置成圆形或矩形，一般布置成矩形的廊道式澄清池。

5.6.2 池体设计

1. 设计流量

设计流量 Q_0 可按 $Q_0 = Q(1+\beta_n)$ 计算确定，式中 Q 为澄清池需处理的水量。

$$\beta_n = \frac{M_0}{C_n - M_0} \tag{5-20}$$

式中 M_0——原水最大悬浮物含量（kg/m^3）；

C_n——泥渣室中排出的泥渣浓度（kg/m^3）。可按 $C_n = \frac{C_Y + C_B}{2}$ 计算，其中 C_Y 和 C_B 为泥渣室中经浓缩以后的泥渣浓度和排入泥渣室的泥渣浓度（即悬浮层平均浓度，kg/m^3）。

2. 清水区出水量

清水区出水量 Q_1 按 $Q_1=Q_0-Q_2$ 计算确定。

澄清池面积 A 按清水区面积 ω_1 加泥渣室上部面积 ω_2 计算。ω_1 和 ω_2 各按清水区出水量 Q_1 和清水区上升流速 V_1 及强制出水量 Q_2 和泥渣室上部上升流速计算确定。

清水区的上升流速，一般采用 0.7～0.9mm/s（当低温低浊时，采用指标可更低）。

3. 泥渣浓缩室有效体积

泥渣浓缩室有效体积按原水最大悬浮物含量、设计流量、泥渣在浓缩室中的浓缩时间和排出泥渣的浓度计算确定。

泥渣室上部上升流速采用 0.4～0.6mm/s。

4. 悬浮层高度

悬浮层高度（自配水管中心至排渣孔中心）一般为 2～2.5m，其中直壁部分高度不得小于 0.6m。

5. 清水区高度

清水区高度一般为 1.5～2.0m。

6. 池底

当圆形池时，池底采用锥形；当矩形池时，采用 V 型或凹槽底，池底斜边的水平夹角一般为 50°～60°（图 5-62）。也可采用悬浮层顶部面积与穿孔配水管中心处的池底面积比为 6∶1～9∶1 来确定，以保证良好的排泥条件。

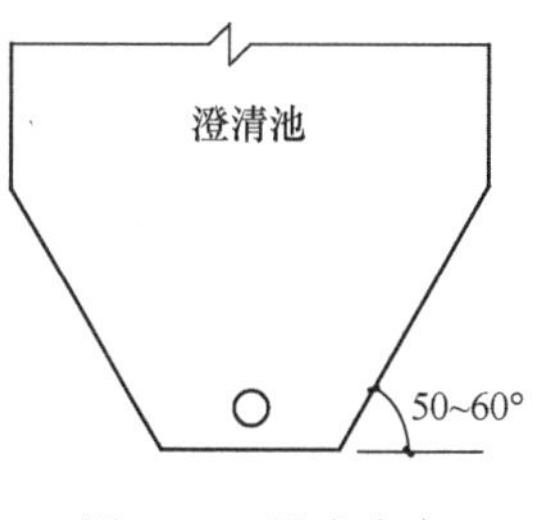

图 5-62　锥底夹角

5.6.3　进水系统设计

1. 空气分离器

为了避免空气进入池内，搅乱悬浮层并将悬浮层中的絮粒带出池子，破坏悬浮层的工作，一般每个池子要设置一个空气分离器，也可一组池共用一个分离器。

空气分离器内水深应不小于 1m，进水管上缘应低于澄清池水位 0.1m，器底应在澄清池水位下不少于 0.5m（图 5-63）。

空气分离器内应设格网，网孔不大于 10mm×10mm，位置在进水管出口下缘附近（图 5-63）。

空气分离器按下列参数计算确定：

（1）分离器的进水管中的流速不超过 0.75m/s；

（2）停留时间不少于 4.5s；

（3）向下流速不大于 0.05m/s；

（4）水深按穿孔管的水头损失确定，一般高出澄清池水面 0.5～0.6m。

2. 排砂管

为在澄清池运转时，排除悬浮层下部的砂粒，一般在原水进水管上加设一排砂管，管径可较进水管小一号，同时可作为澄清池的放空管（图 5-64）。

3. 穿孔配水管

为使澄清池的进水分配力求均匀，一般采用穿孔配水管。其入口流速采用 0.5～0.6m/s。当使用几条配水管时，各条配水管的中心应布置在同一高程上。孔口直径为 20～25mm，孔口流速一般采用 1.5～2.0m/s，孔距不大于 0.5m，孔眼向下与水平成 45°交错排列（图 5-65）。

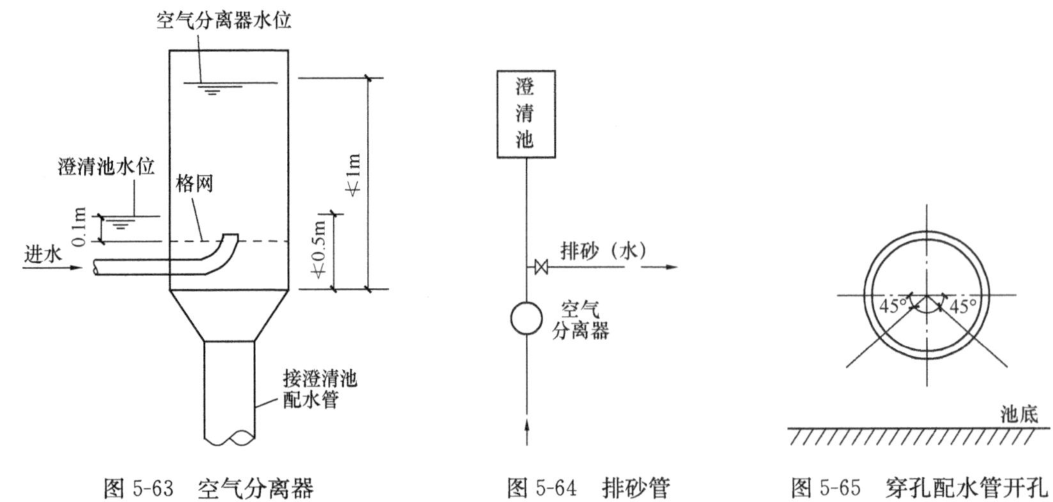

图 5-63　空气分离器　　图 5-64　排砂管　　图 5-65　穿孔配水管开孔

5.6.4　出水系统设计

清水出水一般采用穿孔集水槽，为保证集水的均匀，在矩形池中，槽的中心距不大于 2m。在圆形池中，当直径小于 4m 时，采用环形集水槽，大于 4m 时，兼用辐射槽。当直径达 6m 时，辐射槽用 4～6 条；直径 6～10m 时用 6～8 条。

5.6.5　强制出水系统设计

澄清池的运转，必须经常排除悬浮层中过剩的泥渣，以维持悬浮层的合理高度及适当的泥渣浓度，使杂质和泥渣有足够的接触机会，并使进入和排出的泥渣达到或接近平衡，以促进悬浮泥渣的新老交替，使悬浮层中有足够数量的新鲜絮粒，确保悬浮层对杂质的接触絮凝能力和悬浮层工作的稳定性。过剩泥渣的排除是保持澄清池正常工作的关键之一，过剩泥渣是通过强制出水系统而排除的，因此，强制出水系统的设计是悬浮澄清池设计的重要一环。

从另一方面看，强制出水量又是澄清池全部产水量的一部分，因此强制出水系统的设计，既要保证排除悬浮层中的过剩泥渣，适应悬浮层进出泥渣平衡的要求和保持悬浮层的稳定，又要在这个前提下，充分利用泥渣脱出水以提高澄清池的产水量。

强制出水系统的强制出水量一般按设计水量的 20%～30%计，采用穿孔集水管内流量不大于 0.5m/s，其设置位置应根据最大强制出水量时的水头损失计算确定。一般管顶设在水面下 0.3m 左右，离泥渣室的设计泥面不小于 1.5m。孔眼一般朝上布置，孔径不小于 20mm（图 5-66），孔口流速不小于 1.5m。

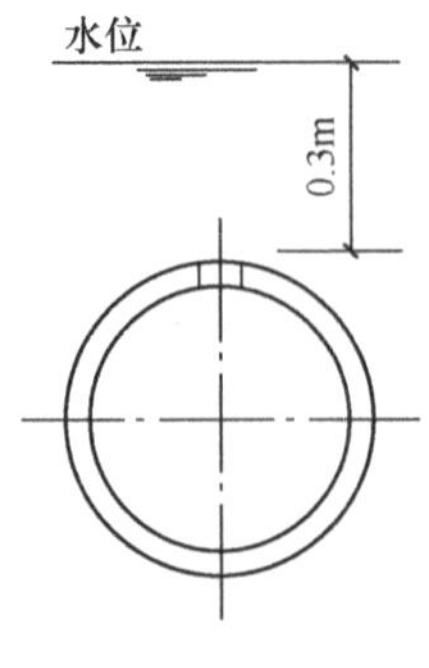

图 5-66　强制出水管上孔眼

5.6.6　泥渣浓缩室与穿孔排泥管设计

泥渣的排除对维持悬浮层的动态平衡和保持悬浮层的一定高度有着主要的作用，为了达到均匀的排泥和减少排泥的耗水量设置泥渣浓缩室。浓缩室一般设在两格澄清池之间。

泥渣浓缩的计算时间和相应的泥渣浓度应根据试验的泥渣浓缩曲线确定，无资料时可参照表 5-4 的数值。

泥渣浓缩后的泥渣浓度　　表5-4

排入泥渣的泥渣浓度 C_B (kg/m³)	经浓缩后的泥渣浓度 C_Y (kg/m³)				
	2h	3h	4h	6h	20～30h
2～5				200	400
5～11				200	400
11～12	190	210	220	250	400
15	200	220	220	270	400
20	210	230	240	300	
25	220	260	290	330	
33	240	280	300	350	

排入泥渣室的泥渣浓度（即悬浮层的平均浓度）可根据原水悬浮物含量按下表选用。

悬浮澄清池清水区上升流速与悬浮层浓度　　表5-5

原水悬浮物含量 M_0 (kg/m³)	清水区上升流速 (mm/s)	悬浮层平均浓度 (kg/m³)	强制出水计算上升流速 (mm/s)
0.1～1.0	0.7～0.9	2.0～5.0	0.3～0.4
1.0～3.0	0.8～0.9	5.0～11	0.3～0.4
3.0～5.0	0.7～0.8	11～12	0.6～0.4
5.0～10.0	0.6～0.7	12～18	0.6～0.5
10～15	0.5～0.6	18～25	0.5～0.4
15～20	0.4～0.5	25～33	0.4～0.3

排泥周期按原水最大浊度设计，为1～2h。

浓缩室一般采用穿孔管排泥，两侧做成V型槽，其斜壁与水平夹角大于45°。管距为1～2m，管径不小于150mm，并能在10～20min内排除浓缩室内积泥，出口流速为1～2m/s。孔眼直径不小于20mm，孔距不大于30cm（图5-67），孔口流速不小于2.5m/s。

为了排泥均匀和避免排泥管积泥，一般采取下列措施：

（1）穿孔排泥管长度不宜过长，一般小于15m。

（2）不均匀的开孔法，采用相同直径的孔眼而孔眼间距不同，或者采用相等的孔距和几种不同的孔径。

排渣孔应加设导流板和进口罩，导流板距排渣孔的距离等于排渣孔的高度，并向下延伸至排渣孔下缘0.5～0.8m（图5-68）。

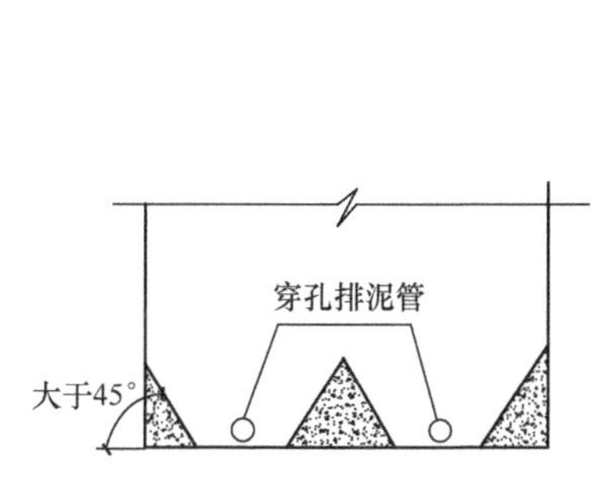

图5-67　穿孔排泥管

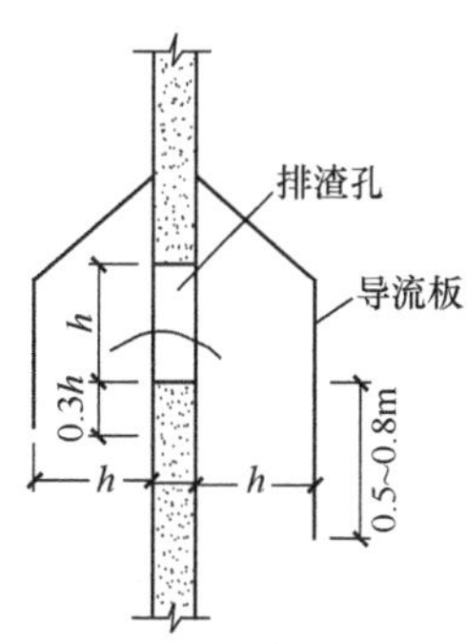

图5-68　排渣孔

排渣孔的作用范围不宜超过3m，排渣孔进口流速为20～40m/h。

5.7 高浊度水的澄清池设计

利用澄清池处理高浊度水（一般系指含砂量大于 3kg/m³ 的原水），关键在于泥渣的浓缩及泥渣的排除。在设计中就是正确处理污泥浓缩室内的污泥浓缩条件与排泥耗水量的问题，也就是在尽可能降低排泥耗水量，保证生产设计水量的条件下，如何保持池内泥渣平衡的问题。

高浊度水的澄清池设计能力应包括排泥水量在内，排泥水量可按下式计算：

$$q=\frac{(M_2-M_1)Q}{M_3-M_1} \tag{5-21}$$

式中 q——排泥水量（m³/s）；

Q——设计出水量（m³/s）；

M_1、M_2、M_3——分别为出水、进水及排泥水的含砂量（kg/m³）。

高浊度水澄清池的泥渣浓缩和排除，一般应尽可能采用机械刮泥，并在构造上避免采用容易堵塞的缝隙、孔眼等设施。

下文将分别叙述采用机械搅拌、水力循环以及悬浮澄清池三种类型进行高浊度水处理。

5.7.1 高浊度水的机械搅拌澄清池设计

适当的排泥是维持机械搅拌澄清池正常运行的重要环节，对处理高浊度原水则更是关键所在。正常运行时，一般循环泥渣占 60%以上的池容积。循环泥渣在允许范围内波动，对维持泥渣平衡有较大的缓冲作用，但泥渣层浓度过高，泥渣面将会上升，结果将使出水水质恶化。

机械搅拌澄清池在处理高浊度水时，大部分泥渣沉积于第一絮凝室，因此宜适当加大第一絮凝室面积和泥渣浓缩室面积。否则泥渣易于大量上涌，导致出浑水。

机械搅拌澄清池在处理高浊度水时，一般都采用机械刮泥设施。

5.7.2 高浊度水的悬浮澄清池设计

当原水含砂量在 3～10kg/m³ 时，一般采用图 5-69（*a*）所示双层澄清池。当含砂量超过 10kg/m³ 时，则用图 5-69（*b*）、图 5-69（*c*）所示的双层澄清池。平面可做成矩形或圆形，池高不大于 7m。

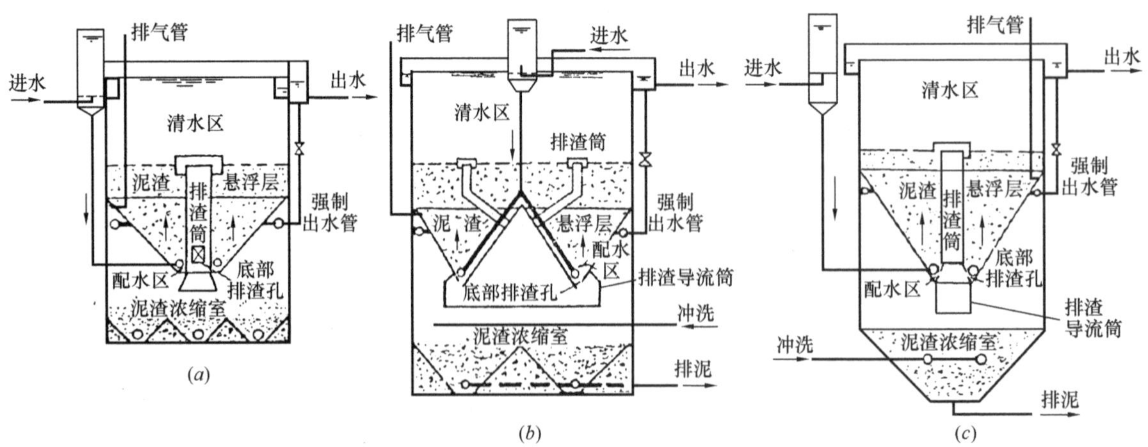

图 5-69 双层悬浮澄清池

清水区的上升流速可参照表 5-5 选用，强制出水量占总出水量的 25%～45%。

悬浮层的高度为配水管中心至排渣筒顶的距离，排渣筒口应加设进口罩（图 5-70）。

这类澄清池泥渣排入泥渣室应设导流筒（图 5-69*c*），以利提高其容积利用率，导流筒的高度一般为 0.5～0.8m，并要增设可以调节开启度的深部或底部排渣孔，以调节悬浮层的浓度和排除悬浮层下部的砂粒。深部排渣孔的总面积为排渣筒面积的 50%（图 5-70）或等于排渣筒的进口面积（图 5-68）。

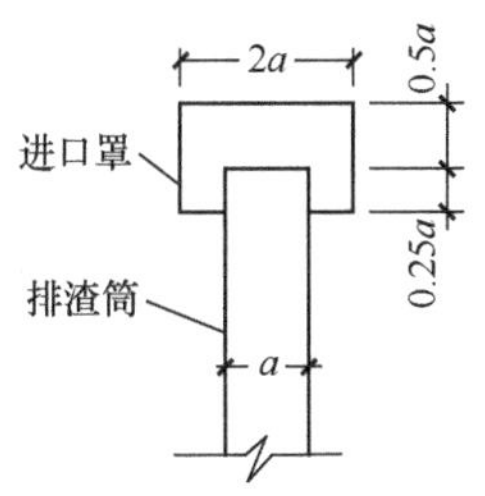

图 5-70 进口罩

在泥渣室内要装压力冲洗管，以改善排泥效果。

泥渣室的工作容积，系自导流筒下缘至池底部的有效空间，其有效浓缩高度不得少于 1～1.5m。

泥渣室的强制出水管一般采用穿孔集水管，其位置应设于泥渣室的上部（图 5-61），泥渣室还应设置人孔和排气管，后者的直径和数量应按澄清池面积确定，见表 5-6。

排气管的数量和直径 **表 5-6**

澄清池面积（m^2）	10 以下	10～20	20～50
排气管数量（根）	1	1	2
排气管直径（mm）	38	50	50

其余部分的设计可参照 5.6 节。

5.7.3 高浊度水的水力循环澄清池设计

水力循环澄清池在正常运行时，池内各部位的泥渣浓度与原水悬浮物浓度之间保持有一定的比例关系。根据测定资料，第一絮凝室泥渣浓度约为原水悬浮物的 12.5～56 倍，回流区的活性泥渣浓度为原水悬浮物的 14～90 倍。测定资料表示，第一絮凝室出口处泥渣浓度为进水悬浮物的 6～46 倍。当原水浊度逐渐增高时，池内各部分浓度的倍数逐渐减少。因此当原水浊度高时，池内各部分的缓冲机能就大为缩小，能够维持泥渣短暂平衡的时间也大为缩短。如不及时排泥，则池内各部分浓度势将逐渐增加，达到某一极限后，分离室的泥渣界面就会很快膨胀，从而压缩清水区的高度，实质上就是多余的泥渣上升占据了清水区的容积，威胁池子的正常运行。所以排泥是池子正常运行的关键。这就表明泥渣界面所处的高度是池子是否正常运行和泥渣是否平衡的直接表征，而排泥则是维持泥渣平衡的手段。

如不考虑泥渣浓缩条件，单从泥渣积累数量考虑，则每个排泥周期的泥渣平衡方程式为：

$$(Q+q)(C-M)=q\cdot\delta \tag{5-22}$$

式中 Q——每个排泥周期中的产水量（m^3）；

q——每个排泥周期中的排泥水量（m^3）；

C——排泥周期内的进水悬浮物浓度（mg/L）；

M——排泥周期内的出水悬浮物浓度（mg/L），高浊度进水中悬浮物 C 与出水中悬浮物 M 相比，M 值甚小可忽略不计；

δ——平均排泥浓度（mg/L）。

根据上述平衡方程式，当设计处理高浊度水的泥渣浓缩室时，宜选用全年洪水时的多年平均浊度作为进入池内的原水浊度，排泥耗水量控制在 5%～10%，按不同排泥周期（浓缩时间），计算平均排泥浓度。然后对照相似的运行测定资料，评价排泥浓度能否达到，最后选定一个能接近于实际运行排泥浓度的某一排泥周期时的排泥耗水量即为泥渣浓缩室的容积。

根据有关测定资料，建议浓缩时间按 30min，浓缩污泥浓度按原水浊度的 25～30 倍计算。

泥渣浓缩室的形状、位置、深度对污泥的截留和浓缩都有影响，高浊度水处理中的泥斗面积宜大些，位置宜低些。

第 6 章　过滤

6.1　过滤理论

为了提高滤后水质和过滤效率，合理地设计滤池，各国给水工作者对过滤理论作了一系列的研究。过滤理论的探讨主要涉及两方面的内容：①滤料截留杂质的作用原理，也即滤料是通过什么机理将水中的杂质截留下来的；②滤池的过滤过程，即随着过滤时间的进展，水和滤层分别产生怎样的情况。这两者是相互关联的。现就有关过滤理论叙述如下。

6.1.1　滤料截留悬浮物的原理

在粒状滤层过滤中，通过滤料空隙的絮粒、黏土、藻类、细菌和病毒等微生物以及其他胶体颗粒被截留在滤料表面上，这些颗粒的粒径示意于图 6-1 中。图 6-2 所示为球状砂粒的两种极端排列情况，以及相应滤料颗粒间空隙的大小。如砂粒粒径为 0.5mm，则图 6-2（*a*）中的阴影部分面积为 53650μm^2，$r=207\mu m$；图 6-2（*b*）中的阴影部分面积为 10126μm^2，$r=77\mu m$。这说明滤料截留的颗粒远比滤料的粒间空隙为小，截留的过程就不能用滤除作用来说明。对于滤料截除悬浮物质的确切过程，目前还不十分清楚，但一般认为必须通过微小颗粒向滤料表面的“输送”以及在滤料表面的“附着”两个阶段才能达到。也就是说，悬浮于水中的微粒必须首先被送到贴近滤料颗粒的表面，然后才能被滤料截留。前者称为输送过程（Transport Step），后者称作附着过程（Attachment Step）。根据分析，输送过程大致是受物理的、水力学的一些涉及物质输送的作用支配的，而附着过程主要受界面化学作用所支配。表 6-1 列出滤料截除悬浮微粒的主要作用，并示意于图 6-3 中。

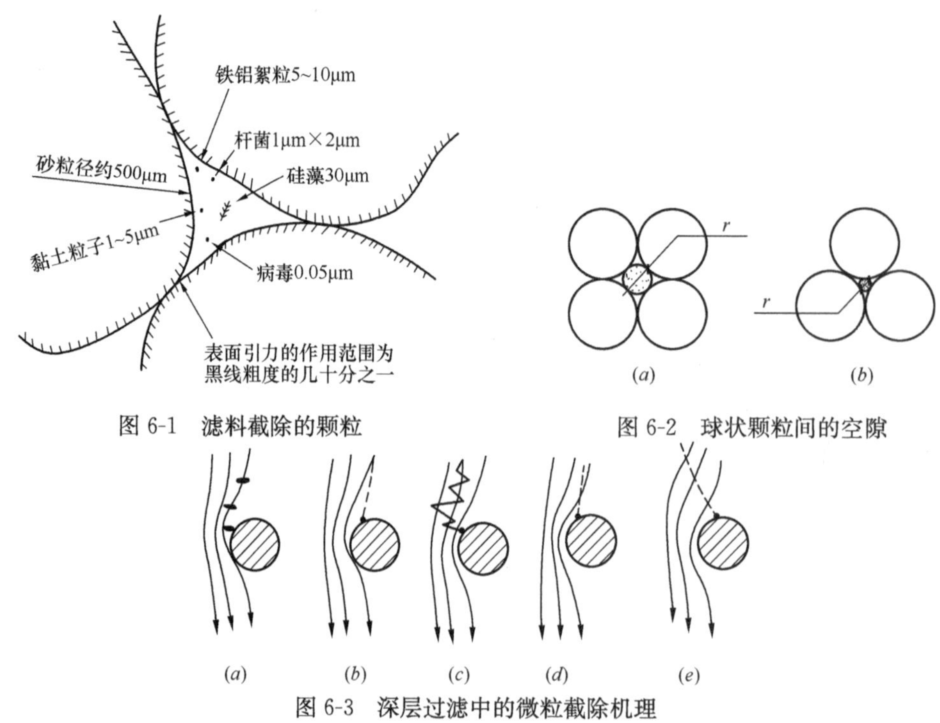

图 6-1　滤料截除的颗粒

图 6-2　球状颗粒间的空隙

图 6-3　深层过滤中的微粒截除机理

（*a*）滤除；（*b*）惯性作用；（*c*）扩散作用；（*d*）重力作用；（*e*）流体效应

滤粒截除微粒的作用 **表 6-1**

输送作用	附着作用	
布朗扩散	机械滤除	
惯性运动	吸着	化学吸着（化学结合、架桥等）
		物理吸着（库仑力，范德华引力）
随水流的接触	絮凝	
沉淀（重力）	生物作用	

1. 输送

微粒的输送是由表 6-1 中第一栏所列的各种作用单独或综合作用的结果，由于水流在滤层中的运动属于层流区或过渡区的前段，所以在研究各种作用力时，可以略去因紊流所引起的输送作用。

2. 附着

当悬浮颗粒因上述输送作用被送到固一液界面时，如果固一液界面和悬浊粒子的表面性质能满足附着条件，悬浊颗粒就会被滤料颗粒捉住，如果这时的界面条件不能满足附着要求，滤料就不能拦住这些微粒。

表 6-1 中的第二栏表示附着作用，其中，吸着和絮凝是主要因素，它们都是相同作用力的结果，其区别只是絮粒与滤料表面间的附着和絮粒与原先已吸着在滤料颗粒上的絮粒间的附着之间的区别，因而不能截然分开。

机械滤除在快滤池中不起多大的作用，这已由许多模型试验所证实，但在慢滤池中，因为滤料上部形成了一层滤膜，机械滤除可起相当的作用。

吸附和絮凝聚集是附着机理的主体。一般砂或无烟煤表面带有负电荷，而铝、铁等絮体微粒带有正电荷，因此在刚开始吸附时，并不需要克服粒子间的排斥势能峰，但是随着吸附的进展，就必须克服悬浮颗粒与先前附着在滤料表面上的悬浮微粒间的排斥势能峰，除此之外，为了抵抗外力，有效地保持絮体附着，不仅要有粒子间的范德华力，并且要具有化学结合力（例如氢键结合）起架桥作用的物质存在，所以过滤时加入高分子助滤剂有利于提高附着能力。与絮凝相似，为保证絮粒附着所需的混凝剂量也受控于界面电位的大小。艾夫斯（Ives）、格雷戈里（Gregory）等提出，滤料和悬浮微粒之间能发生相互吸引的距离为 100～2000Å 级。砂、无烟煤等颗粒在水中的 ζ 电位约在 −10～−20mV 之间。

慢滤池中常会在滤料面层形成一层黏膜（Schmutzdecke），产生生物作用，从而有助于水的净化。

6.1.2 过滤过程

水过滤时，其中的悬浮物质由于上述的各种作用被截留在滤料层中，从而得到澄清。同时，在滤料层中，则因贮存了大量悬浮物质，增大了水头损失。所以过滤过程可归结为“澄清”和“水头损失”两个方面来论述。

1. 澄清过程

滤料截除悬浮颗粒的能力是随着过滤时间的进展和滤层深度而变化的。图 6-4 是普通快滤池中最常见的一组变化曲线。由图可知：①随着过滤的进展，单位滤层厚度的含污能力逐步趋于饱和；②滤层的去除浊度能力是随过滤方向逐层转移的，当全部滤层失去除浊能力时，滤后水就会超过标准的浊度；③对于任何不同性质的滤前水，总有一部分杂质粒子不能被滤层截除（曲线的 Z'_0 段）。

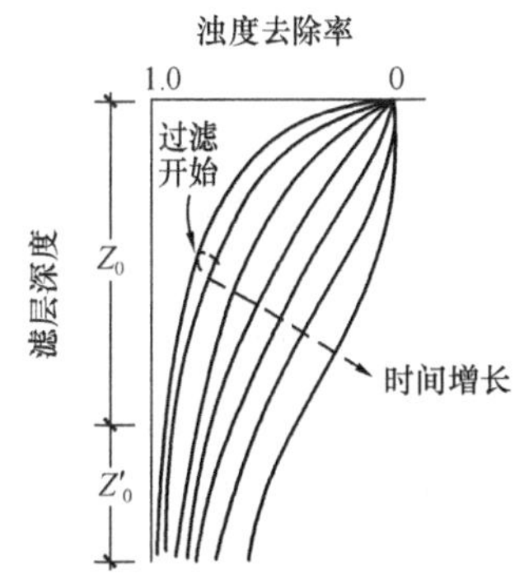

图 6-4 滤料除浊能力变化

长期以来，不少学者应用滤料去浊原理，通过实验对滤层除浊过程建立起数学模型，希望在固定某些条件的情况下，预测滤池的工作进程，或合理设计滤层。由于过滤过程涉及的因素多而复杂，因此至今还未能达到实用的阶段，但这些研究对滤池设计有指导意义。

1937 年，日本学者岩崎首先提出了滤层的除浊方程式：

$$\partial C/\partial L=-\lambda C \tag{6-1}$$

式中 $C=C\ (L、t)$ ——悬浮物的浓度（mg/cm^3）；

L——滤层厚度（cm）；

λ——过滤系数（cm^{-1}）；

t——过滤时间（s）。

式 6-1 表示滤池中的滤层微元所去除的悬浮物量与该层微元的悬浮物浓度成正比，它表明了过滤中去浊与悬浮物浓度的一级反应关系，反应速度过滤系数为 λ。根据实验和实际运行结果，λ 值是个变数，即使悬浮物、滤料等性质都相同，它仍是随着悬浮物的截留量而变化。

以苏联学者明茨（МИНЦ）为代表的学派认为颗粒在滤层中处于动力平衡状态，即附着-脱落-再附着的状态，从而也导出了如式 6-2 的去浊方程式：

$$-\frac{\partial C}{\partial L}=\lambda_0 C-\frac{\alpha\sigma}{v} \tag{6-2}$$

式中 λ_0——清洁滤料的过滤系数；

σ——$\sigma=\sigma\ (L、t)$ 为比沉积量，即单位体积滤料截留的悬浮物体积；

v——滤速；

α——脱落系数。

根据实验观察，脱落系数也是悬浮物浓度的函数即 $\alpha=\alpha'\ (c)$。

除了去浊方程式外，还可导出近似的过滤连续方程式：

$$v=\frac{\partial C}{\partial L}=-\frac{\partial \sigma}{\partial t} \tag{6-3}$$

它表明在某一时间的某一滤层微元中，水中悬浮物浓度的减少量与截留在该滤层内的悬浮物量相等。

假定常数 λ_0 代表过滤开始时的 λ 值（$t=0$），对式 6-1 求积分得：

$$C/C_0=e^{-\lambda_0 L} \tag{6-4}$$

式中 C_0 及 C 分别为进、出厚度为 L 的滤层的悬浮物浓度。

随着过滤的进展，λ 将随着 λ_0 和截留的悬浮物量 σ 的增加而变化，即

$$\lambda=f(\lambda_0,\sigma) \tag{6-5}$$

根据式 6-1、式 6-3、式 6-4、式 6-5，求得 λ 与 σ 的关系，即可预测过滤过程。艾夫斯认为 λ 是以滤池中的单位体积滤料的表面积和滤料间隙流速变化为函数，据此得出下列关系：

$$\frac{\lambda}{\lambda_0}=\left(1+\frac{\alpha}{e_0}\sigma\right)^{y}\left(1-\frac{\sigma}{e_0}\right)^{z}\left(1-\frac{\sigma}{\sigma_c}\right)^{x} \tag{6-6}$$

式中 α——有关滤料充填情况的系数（间隙比）；

e_0——清洁滤料的孔隙率；

σ——单位体积滤料所截留的悬浮物量（cm^3/cm^3）；

σ_c——到达临界流速时的 σ 量（最大截留量，cm^2/cm^2）；

$x、y、z$——试验常数。

当 $x、y、z$ 均取为 1 时，就得出艾夫斯的原始方程式。式 6-7 为 λ 与 σ 的关系方程式：

$$\lambda=\lambda_0+a\sigma-\frac{b\sigma^2}{e_0-\sigma} \tag{6-7}$$

式中 λ_0——滤层初期的过滤系数，即 $t=0$ 时的 λ（cm^{-1}）；

a、b——常数；

σ_0——给定条件下的极限截留量，即 $\partial C/\partial L=0$ 时的 σ（cm^3/cm^3）；

σ——单位体积滤料截留的悬浮物体积（cm^3/cm^3）。

相应于式 6-7 的曲线如图 6-5 所示。

λ_0随滤料组成、滤速和絮粒的组成而变化。日本学者高桥、赤石提出了在实用范围内的过滤条件下，λ_0与滤速 v 和滤料粒径 d 间的经验关系式：

$$\lambda_0 \propto \frac{1}{v \cdot d^2} \tag{6-8}$$

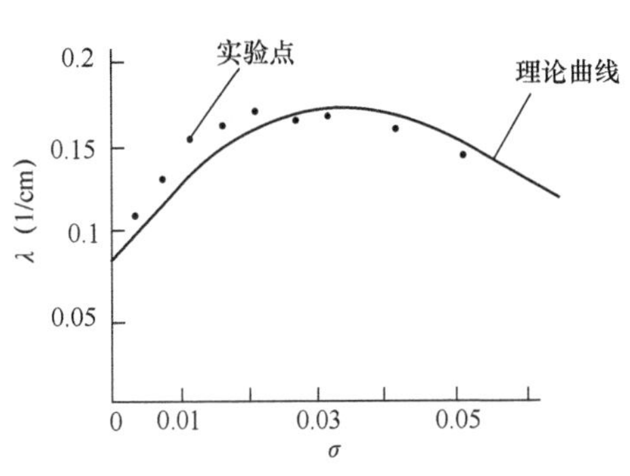

图 6-5 λ～σ 曲线

1964 年，我国严煦世教授假定滤池截留凝聚沉淀后水中絮粒的主要作用为滤料或原先已沉积在滤料上的沉积物与絮粒之间的接触吸附作用，提出了澄清作用的速度方程式和物质平衡方程式，并据此导出了一组简单的概率积分式：

$$\frac{C}{C_0} = \frac{1}{2} - \left[1 - \phi\left(\frac{Z}{2\sqrt{T}}\right)\right] \tag{6-9}$$

$$\phi(\xi) = \frac{2}{\pi}\int_0^{\xi} e^{-\xi} \mathrm{d}\xi \tag{6-10}$$

$$\xi = \frac{Z}{2\sqrt{T}} = \frac{W-T}{2\sqrt{T}} \tag{6-11}$$

式 6-10 为概率积分，其值可由概率计算表求得。

式中 $Z=W-T$，W 和 T 各为无量纲数；

W——滤层厚度和滤速的函数；

T——过滤时间的函数。

利用式 6-9，有可能借少量试验数据，通过计算并给出 C（$L \cdot t$）的曲线，以预测过滤情况。

2. 过滤阻抗——水头损失的增长过程

随着过滤的进展，悬浮物质不断地沉积在滤料孔隙中，因而滤料的渗透性下降，水流阻力加大，即过滤的水头损失加大。

清洁滤料的水头损失可按 Leva 式（6-12）或 Fair-Hatch 式（6-13）计算，该两式均是以 Carman-Kozeny 式作为基础而导出的。

$$h_0 = \frac{200\mu v L_0}{\rho g \psi^2} \cdot \frac{(1-e_0)^2}{e_0^3} \cdot \sum_{i=1}^{n} \frac{P_i}{D_i^2} \tag{6-12}$$

$$\left(Re = \frac{\rho D v}{\mu} < 10\right)$$

$$h_0 = 0.178\,\frac{C_D}{g} \cdot \frac{v^2}{e_0^4} \cdot \frac{\alpha}{\beta} \cdot L_0 \sum_{i=1}^{n} \cdot \frac{P_i}{D_i} \tag{6-13}$$

$$C_D = \frac{24}{Re} + \frac{3}{\sqrt{Re}} + 0.34, Re \geqslant 1; C_D = \frac{24}{Re}, Re < 1。$$

式中 μ——水的黏度（Pa·s）；

v——滤速（m/s）；

L_0——滤层厚度（m）；

ρ——水的密度，取近似值 $1g/cm^3$；

g——重力加速度（9.81m/s^2）；

ψ——滤料的球状度，见表 6-2；

D_i——i 层中滤料平均粒径（m），等于夹在两筛孔间的滤料平均粒径$\sqrt{d_1 d_2}$，其中 d_1、d_2 为筛孔的大小；

P_i——平均粒径 D_i的重量百分率（%）；

C_D——阻力系数；

Re——雷诺数，$Re=\dfrac{\rho Vd}{\mu}$；

α——与颗粒表面面积有关的系数（无因次）；

β——与颗粒体积有关的系数（无因次）。

有关系数 α、β 和 ψ 的值可参考表 6-2。

球 状 度 **表 6-2**

颗粒形状	α	α/β	球状度 ψ
多棱角体	0.64	6.9	0.81
尖角体	0.77	6.2	0.85
磨碎体	0.86	5.7	0.89
圆角体	0.91	5.5	0.91
球体	0.52	6.0	1.00

悬浮液一经过滤，悬浮物立即沉积在滤料中，水头损失立即增大，这时必须考虑水头损失和滤料层中的比沉积量 σ 以及过滤时间的变化关系。在这方面各学者多着眼于用滤料孔隙所沉积的悬浮物量作为函数去修正 Carman-Kozeny 式中的孔隙率和粒径变化，并通过试验，假定滤料截留悬浮物的不同模式（根据不同作用原理，得出不同的模式），以推算快滤池在过滤过程中的水头损失。在数学推算中，一般考虑如下几个因素：①由于阻塞作用使滤料孔隙率发生的变化；②由于悬浮物沉积在滤料表面使颗粒表面积发生的变化；③水流在滤料中的流态变化；④滤料颗粒形状的变化。其中大多数学者认为孔隙率的变化是主要的。

根据上述考虑所导得的水头损失随过滤过程而增长的公式都非常复杂，使用时要求出各种实验系数，而且在求解 σ 与 L 的关系时，必须先解得 $C'=C$（$L_0 t$）的澄清方程式，因而达到实用还有一定距离。虽然如此，从这些研究中仍可定性地看出如下一些规律：

(1) 滤料粒径越大，水头损失绝对值的增长率越小。

(2) 对截留形式相同的滤层，水头损失与滤速成正比。

(3) 滤速越大，初期水头损失越大，但悬浮物穿透到滤层的深度也大，因此，对相同截留量的滤层而言，滤速大者，水头损失的增长率较小。

(4) 均匀悬浮物等浓度等速过滤时，在过滤的前阶段，水头损失是成比例地增长的，但在后阶段将急剧地上升。

艾夫斯提出了计算均匀粒径全滤层水头损失的经验公式：

$$H=H_0+\frac{KvC_0t}{(1-e_0)} \tag{6-14}$$

式中 H——总水头损失（cm）；

H_0——初期水头损失（cm）；

K——常数；

v——滤速（cm/s）；

C_0——原水中悬浮物浓度（体积比）；

t——过滤持续时间（s）。

明茨、斯泰因和坎普等均归纳出如下的经验式：

$$\frac{\partial H}{\partial L}=\left(\frac{\partial H}{\partial L}\right)_0\left[\left(\frac{1}{1-(K\sigma)^n}\right)+F(\sigma)\right] \tag{6-15}$$

式中　n——指数（常数）；

F（σ）——σ的函数关系。

一般这些经验式都显示出在常用的过滤持续时间内，整个滤层水头损失的线性增长关系，特别对低过滤系数（λ），高滤速，粗粒径滤料的滤池，在达到预定的期终水头前，一般不会超出线性的范围。

6.2　滤池的类型和选用

6.2.1　滤池类型

过滤装置的类型很多，但在给水处理中，由于一般过滤工艺处理的是沉淀后水（或低浊原水），其中所含的悬浮杂质浓度比较低，绝大多数过滤工艺采用粒料层过滤。

最常用的粒料滤池为快滤池（滤速 5m/h 以上），用于去除浊度的快滤池有多种形式，目前水厂中采用最多的则是下向流重力式石英砂快滤池，进入这种滤池的水大多经过混凝沉淀处理，根据习惯称作普通快滤池。从图 6-6、图 6-7 可知，它主要由池体、滤料层、承托层、配水系统、排水系统和为满足过滤、反冲洗要求而配置的管道、阀门系统组成。

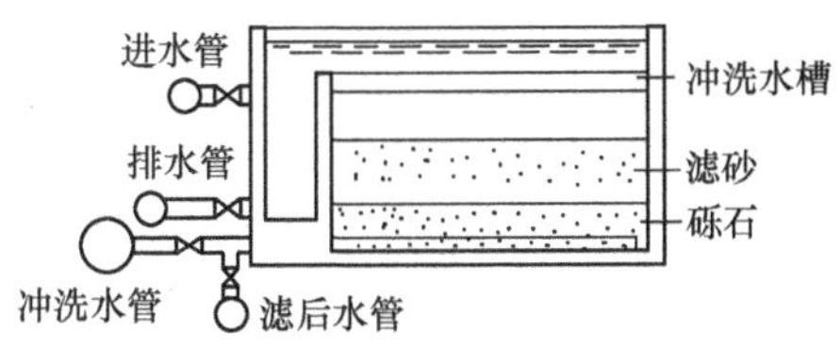

图 6-6　普通快滤池单池剖面

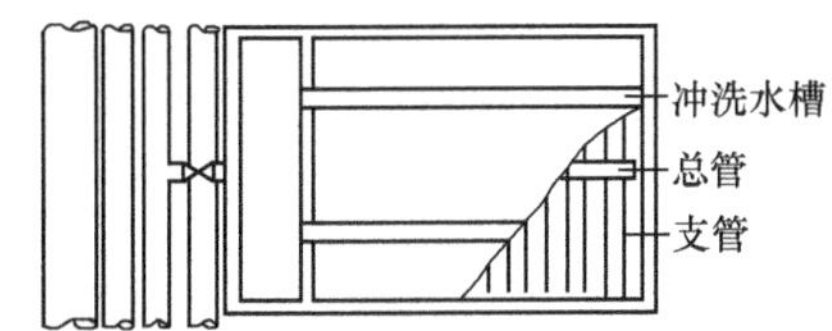

图 6-7　普通快滤池单池构造

普通快滤池从 1840 年问世以来，至今已有 170 多年的历史，在这期间，对过滤方式和滤池形式作了不少改进，主要目的是增加滤池的含污能力，也即从改进滤料的级配组成，提高过滤的滤速以及延长运行的周期等，其次是冲洗方式的改进，再次则是滤池阀门设备的布置以及操作向着自动化控制的改进。由于这一系列的改进，至目前形成和发展了如下几种类型的滤池。

（1）从水流方向上分类有：下向流（传统式）、上向流、双向流和辐射流（水平流向）滤池。

（2）从不同的滤料和滤料组合上分类有：单层细砂滤料、均匀级配粗砂滤料、双层滤料、三层滤料以及混合滤料滤池。

（3）从药剂投量和加注点的不同上分类有：沉淀后水过滤（传统式）、微絮凝过滤和（接触）凝聚过滤。

（4）从阀门配置上分类有：四阀滤池（传统式）、双阀滤池、单阀滤池以及无阀滤池（虹吸滤池）。

（5）从冲洗方式上分类有：低水头冲洗（小阻力）、中水头冲洗（中阴力）和高水头冲洗（大阻力）滤池以及单水冲和气水反冲滤池等。

（6）从运行方式上分类有：间歇过滤滤池、移动冲洗罩滤池和连续过滤式滤池。

除这些以外，还可根据使用条件的不同，分为二次过滤（第一次为粗滤池）和一次过滤（单级滤池）等等。

表 6-3 表示快滤池分类示意。实际上，几种分类方式是不能截然分开的，通常在选用时，是将各种方式组合起来，形成一种特定的滤池，例如，采用下向流恒水位单层均匀级配滤料的 V 型滤池等等。

滤池分类 **表 6-3**

分类方式	类型
1. 按过滤流向分类	下向流 上向流 双向流（上、下二向） 辐射流（辐射向流）
2. 按滤料和滤料组合分类	单层滤料滤池{级配滤料、均匀滤料} 双层滤料滤池 三层滤料滤池
3. 按药剂投加情况分类	沉后水过滤 接触絮凝过滤（直接过滤）
4. 按滤池布置分类	四阀滤池 双阀滤池 单阀滤池 虹吸滤池 无阀滤池 V 型滤池 翻板滤池 鸭舌阀滤池 移动冲洗罩滤池
5. 按冲洗方式分类	水反洗{低水头反洗（小阻力）、中水头反洗（中阻力）、高水头反洗（大阻力）} 气、水反冲 水反洗与表面冲洗
6. 按运行滤速变化分类	等速过滤 变速（降速）过滤
7. 按滤池承压分类	重力式过滤 压力式过滤
8. 按过滤水位分类	变水位过滤 恒水位过滤
9. 按运行方法分类	间歇过滤 连续过滤（移动冲洗罩滤池和连续过滤式滤池）

本章除对常规滤池的选用、滤速控制、滤料和承托层、配水和排水系统、滤池冲洗以及滤池布置等进行分析外，还将就如下各种形式的滤池进行介绍：

（1）普通滤池；

（2）V 型滤池；

（3）翻板滤池；

（4）气浮滤池。

6.2.2 滤池选型

选用滤池涉及的因素较多，为了保证供水，选型的首要出发点是保证出水水质。依次必须考虑的因素是：工艺流程的高程布置，技术上的先进性，经济性，操作管理运行。

1. 要求出水水质对选型的影响

在水厂的生产过程中，通常用浊度作为水质控制的指标，因为测定浊度比较简单、快速。过滤工艺的主要目的是去除浊度，为后续消毒工艺，特别是为去除病毒与其他病原体创造条件。另一方面许多研究者认为病毒、病原体也是依附于浑浊物的存在而存在，细菌和病毒的试验资料表明，浊度的去除和病毒、细菌的去除成比例。国外有资料认为过滤水浊度低到 0.2～0.7NTU 时，流行性肝炎发生的可能性就很小了。所以，在没有更好的办法以前，用浊度来表示滤池的进出水水质还是被认可的。一般的净水厂中，滤前通常进行混凝沉淀（澄清）处理，对除浊而言，滤池是最后一道净化处理构筑物。目前，国外对滤后水浊度的要求有逐渐提高的趋势。

科学研究表明，当出水浊度＞0.5NTU 时，可能会有病毒存在。因而美国自来水厂协会（AWWA）水质目标建议滤池出水浊度≤0.1NTU。

如果以滤后水浊度 1NTU 作为标准，那么，只要进水浊度控制得当，上述各类滤池都能满足这一要求。这是因为在滤池设计和运行中，可以调整的因素很多，例如滤料粒径、级配、孔隙率和厚度是在设计滤层时予以考虑的，其他因素例如滤速、期终水头损失、进水浊度和进水悬浮物性质等则可在运行中进行调整。从这点上讲，各种滤池均能满足水质要求。

但是，由于不同类型滤池的构造、水头变化、滤速和运行条件都不同，还会对出水水质产生影响。

2. 工艺流程的高程布置对选型的影响

滤池选型在高程上必须适应前后道工艺构筑物（絮凝沉淀池和消毒、清水池等）的流程要求。因此选型时应考虑各种滤池的深度和过滤的水头损失。

期终水头损失（通过滤料层、承托层和集水系统的损失）一般采用 1.5～2.0m。

有时，选择的滤池形式就其本体而言，各方面都是合适的，但若不能配合整体流程布置，也不能采用，或者要通过总体经济比较才能确定。例如由于高程限制，在平地城市平流式沉淀池后面往往难于采用池深较深的滤池。

3. 技术性能与选型的关系

滤池选型必须考虑各种滤池的技术性能，所谓滤池的技术性能，可研究下述两个因素：

1）过滤和冲洗

（1）过滤：对于各种非均匀级配滤料滤池，一般用水力反冲洗，因而都必然产生水力分级，滤料上细下粗。因此从工艺合理性分析，从优到劣的顺序为：

辐射向滤池→上向流滤池→双向流滤池→三层滤料滤池→双层滤料滤池→均匀级配粗砂滤料滤池—单层细砂滤料滤池（包括普通快滤池、双阀滤池、无阀滤池、虹吸滤池、移动冲洗罩滤池）。

目前，辐射向滤池、上向流滤池和双向流滤池国内的实用经验不多，采用极少。

（2）冲洗：气水冲洗滤池优于单水冲池滤池。双层（三层）滤料滤池要注意滤料混层问题。

2）操作运行

滤池操作运行的好坏和难易程度影响到滤池的出水水质、劳动强度，以及对值班、维修人员的要求。

操作运行对出水水质具有较大的影响，普通滤池目前多采用等作用水头下的降速过滤；移动冲洗罩滤池按目前的形式必然是等作用水头下的降速过滤；无阀滤池、虹吸滤池则是变作用水头下的等速过滤。这些运行方式都是“自然的”运行方式，即在过滤过程中，不产生外力强制改变滤速的方式，因而不会产生波动。降速过滤一般较等速过滤具有更好的出水水质。

目前滤池的操作运行方式大致有就地（或集中）按钮化操作（分步化或一步化）以及程序控制自动操作。这两种操作方式，无论从安全运行和减少运行人员的角度来看，都以后者为好。

各种形式滤池的适用条件和选用可参见表 6-4。

各种滤池优缺点和适用条件 **表 6-4**

形式	滤池特点	优缺点	适用条件	
			滤前浊度（NTU）	规模和其他
1. 普通快滤池	下向流、砂滤料的四阀式滤池	优点： (1) 有成熟的运转经验，运行稳妥可靠； (2) 采用砂滤料，材料易得，价格便宜； (3) 采用大阻力配水系统，单池面积可做得较大，池深较浅； (4) 可采用降速过滤，水质较好。 缺点： (1) 阀门多； (2) 必须设有全套冲洗设备	<5	(1) 可适用于大、中、小型水厂； (2) 单池面积一般不宜大于 100m^2； (3) 有条件时尽量采用表面冲洗或空气助洗设备
2. 双阀滤池	下向流，砂滤料的双阀式滤池	优点： (1) 同普通快滤池的 (1) ～ (4)； (2) 减少 J2 只阀门，相应降低了造价和检修工作量。 缺点： (1) 必须设有全套冲洗设备； (2) 增加形成虹吸的抽气设备	<5	与普通快速池相同
3. V 型滤池	下向流，均匀级配粗砂滤料，带表面扫洗的气水反冲滤池	优点： (1) 运行稳妥可靠； (2) 采用砂滤料，材料易得； (3) 滤床含污量大，周期长，滤速高，水质好； (4) 具有气水反洗和水表面扫洗，冲洗效果好。 缺点： (1) 配套设备多，如鼓风机等； (2) 土建较复杂，池深比普通快滤池深	<5	(1) 适用于大、中型水厂； (2) 单池面积可达 150m^2 以上
4. 翻板滤池	下向流，采用批式反冲洗，设有翻板排水阀的滤池	优点： (1) 可以采用单层滤料，也可采用双层滤料； (2) 采用气水冲洗的批式冲洗，可用较高冲洗强度而避免滤料流失； (3) 滤床含污量大，周期长，滤速高。 缺点： (1) 配套设备多，包括排水的翻板阀门等； (2) 池深较深	<5	适用于大、中型水厂
5. 多层滤料滤池 (1) 三层滤料滤池	下向流，砂、煤和重质矿石滤料滤池	优点： (1) 含污能力大； (2) 可采用较大的滤速； (3) 降速过滤，水质较好。 缺点： (1) 滤料不易获得，价格贵； (2) 管理麻烦，滤料易流失； (3) 冲洗困难，易积泥球； (4) 宜采用中阻力配水系统	<5	(1) 适用于中型水厂； (2) 单池面积不宜大于 50～60m^2； (3) 需采用辅助冲洗设备

续表

<table>
<tr><th colspan="2" rowspan="2">形式</th><th rowspan="2">滤池特点</th><th rowspan="2">优缺点</th><th colspan="2">适用条件</th></tr>
<tr><th>滤前浊度（NTU）</th><th>规模和其他</th></tr>
<tr><td rowspan="2">5. 多层滤料滤池</td><td>(2) 双层滤料滤池</td><td rowspan="2">下向流，砂和煤滤料滤池</td><td>优点：
(1) 含污能力大；
(2) 可采用较高的滤速；
(3) 降速过滤，水质较好；
(4) 现有普通快滤池可方便地改建。
缺点：
(1) 滤料选择要求高，价贵；
(2) 滤料易流失；
(3) 冲洗困难，易积泥球</td><td><5</td><td>(1) 适用于大、中型水厂；
(2) 单池面积一般不宜大于 50～60m²；
(3) 希望尽量采用大阻力反洗系统和助冲设备</td></tr>
<tr><td>(3) 接触双滤料滤池</td><td>优点：
(1) 对滤前水的浊度适用幅度大，因而可以用于直接过滤；
(2) 条件合适时，可以不用沉淀池，节约用地，投资省；
(3) 降速过滤，水质较好。
缺点：
(1) 对运转的要求较高；
(2) 工作周期短；
(3) 其他同双层滤料滤池</td><td><50</td><td>(1) 适用于 5000m³/d 以下的小型水厂；
(2) 宜采用助冲设备</td></tr>
<tr><td colspan="2">6. 虹吸滤池</td><td>下向流，砂滤料，低水头互洗式无阀滤池</td><td>优点：
(1) 不需大型阀门；
(2) 不需冲洗水泵或冲洗水箱；
(3) 易于自动化操作。
缺点：
(1) 土建结构复杂；
(2) 池深大，单池面积不能过大，反洗时要浪费一部分水量，冲洗效果不易控制；
(3) 变水位等速过滤，水质不如降速过滤</td><td><5</td><td>(1) 适用于中型水厂（水量 2～10 万 m³/d）；
(2) 单池面积不宜过大；
(3) 每组滤池数不小于 6 个</td></tr>
<tr><td colspan="2">7. 无阀滤池</td><td>下向流，砂滤料，低水头带水箱反洗的无阀滤池</td><td>优点：
(1) 不需设置阀门；
(2) 自动冲洗，管理方便；
(3) 可成套定型制作（钢制）。
缺点：
(1) 运行过程看不到滤层情况；
(2) 清砂不便；
(3) 单池面积较小；
(4) 冲洗效果较差，反洗时要浪费部分水量；
(5) 变水位等速过滤，水质不如降速过滤</td><td><5</td><td>(1) 适用于小型水厂，一般在 1 万 m³/d 以下；
(2) 单池面积一般不大于 25m²</td></tr>
</table>

续表

形式	滤池特点	优缺点	适用条件	
			滤前浊度(NTU)	规模和其他
8. 移动罩滤池	下向流，砂滤料，低水头反冲洗连续过滤滤池	优点： (1) 造价低，不需大量阀门设备； (2) 池深浅，结构简单； (3) 能自动连续运行，不需冲洗水塔或水泵； (4) 节约用地，节约电耗； (5) 降速过滤。 缺点： (1) 需设移动冲洗设备，对机械加工、材质要求高； (2) 起始滤速较高，因而滤池平均设计滤速不宜过高； (3) 罩体与隔墙间的密封要求较高	<5	(1) 适用于大、中型水厂； (2) 单格面积不宜过大(例如小于 $10m^2$)

从近年来设计和使用情况来看，V 型滤池已成为大、中型净水厂的主要滤池形式；翻板滤池由于冲洗强度高效果好，可使用双层滤池等原因，正在逐步得到应用；普通滤池中的四阀滤池由于阀门质量的提高和价格的降低，以及自动控制水平的提高，在中、小型净水厂中仍被采用；虹吸滤池及移动罩冲洗滤池、双阀滤池由于水质不稳定和冲洗效果不太理想，在新建的净水厂中已很少采用，各地现有的虹吸滤池已有不少改造成气水反冲滤池。原在农村、集镇广泛使用的无阀滤池，由于这些地区供水事业发展，区域性集约化大，伴随中型净水厂的建设，无阀滤池也已较少采用。

6.3 过滤速度及其控制方式

藤田贤二根据滤池进出水方式的不同，列出了快滤池控制的 18 种形式，见表 6-5 所列，但实际的滤速分布形态只有 2 种，即等速过滤和降速过滤。这两种方式各有其优缺点，然而，随着滤床厚度的增加、反冲洗方式的改进以及滤前投加助滤剂等措施的采用，从目前国内设计和采用的情况来看，等速过滤已被普遍采用。图 6-8 表示这两种过滤滤速的分布形态。

滤速控制方法 **表 6-5**

进水方式	出水方式	
	淹没式	跌落式
淹没式	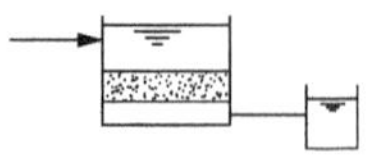	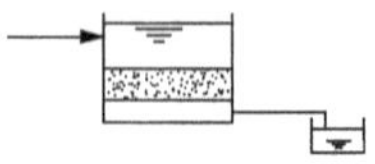
水位控制	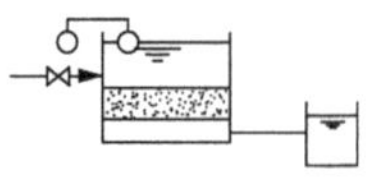	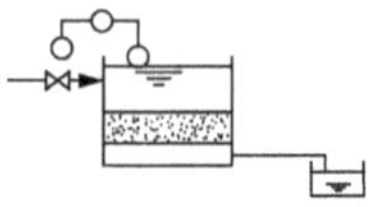
跌落式	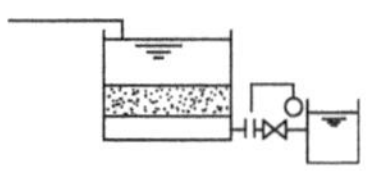	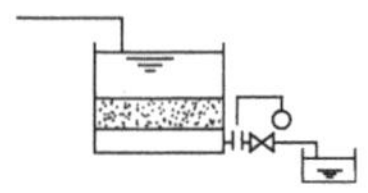

续表

进水方式	出水方式	
	淹没式	跌落式
淹没式	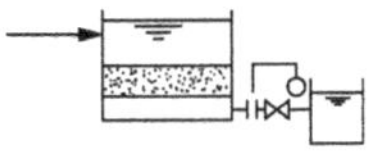	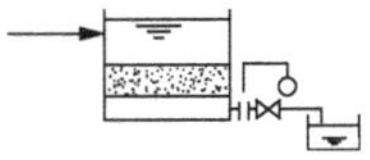
水位控制	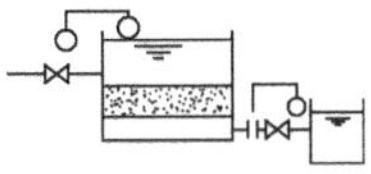	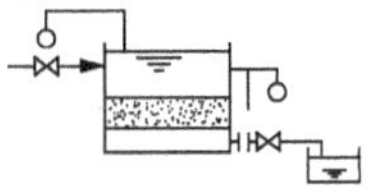
跌落式	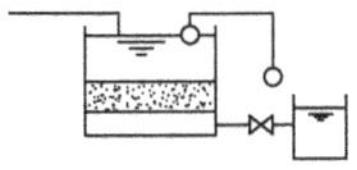	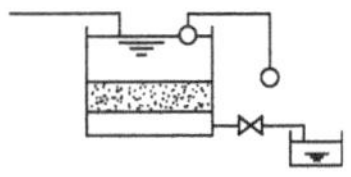
淹没式	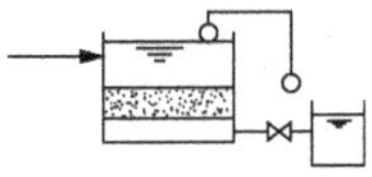	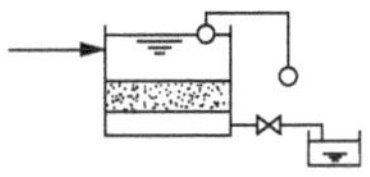
水位控制	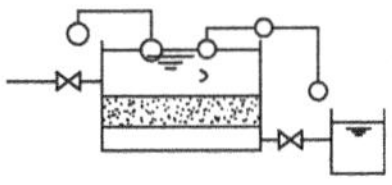	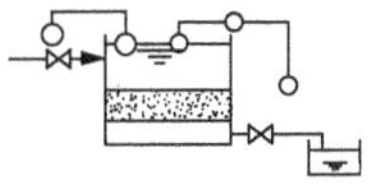
跌落式	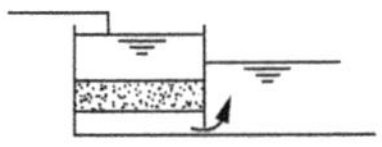	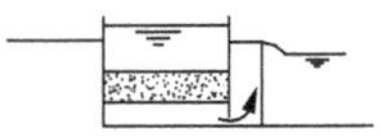

6.3.1　滤速分布形态

1. 等速过滤

要造成等速过滤可以采用下述各种方法：

1）变水位控制

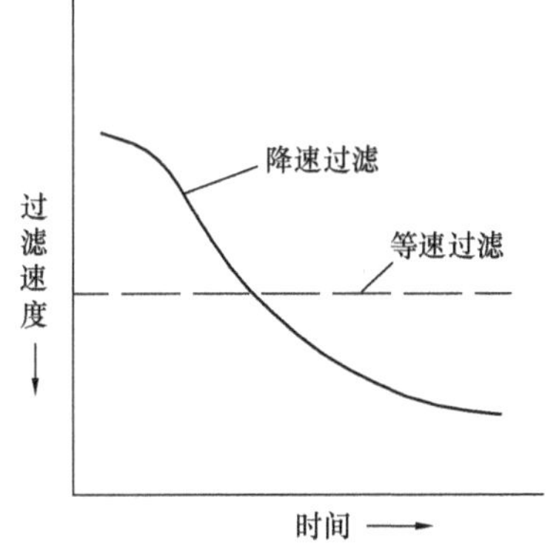

图 6-8　降速过滤和等速过滤

在每只滤池的进水部分装设一只进流堰，采用自由进流（非淹没式）。这样，每只滤池的进水流量可大致相等，且保持不变。出水水位则高于滤料面（图 6-9）。当滤池刚反冲洗后，滤池水位处于运行的低水位，随着过滤的进展，滤料逐渐阻塞，只是引起滤池水位的逐渐上升，出水流量则保持不变。这种布置消除了产生负水头的可能性，但增加了滤池深度。除了普通滤池可采用这种布置形式外，虹吸滤池、重力式无阀滤池以及压力滤池等，实际上都是由变水位控制的等速过滤形式。

2）等水位控制

进水采用自由进流或淹没进流，由液位仪检测池水位信号控制出水阀门的开启度。当滤层逐渐阻塞时，滤出水阀门（A）逐渐开启，水位和出水量均保持恒定（图 6-10）。

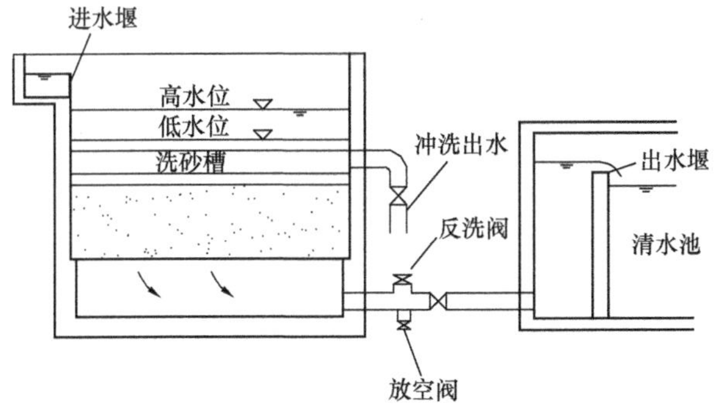

图 6-9　变水位控制的等速过滤

2. 降速过滤

降速过滤的滤池进水口一般设在最低工作水位以下，各单池之间用一根较大的渠（管）道相连接，当某个滤池因滤料阻塞而滤速降低时，其余较清洁的滤池会自动担负起额外的流量，这时运行中的各滤池，水位会稍有升高。因此降速过滤滤池中的水位都是略有变动的。降速过滤滤池的一般布置形式如图 6-11 所示。由于出水口水位的变动将对滤速产生较大的影响，为此，要求滤池出水管口位于清水池最高水位以上，即采用自由出流的方式。如果出水口在清水池水位以下，那么清水池水位的波动会对滤速产生很大的影响。移动冲洗罩滤池虽然采用了水位恒定器控制滤池出水量，但各单元池的运行状态仍属降速过滤，可以说是常水位下的降速过滤滤池

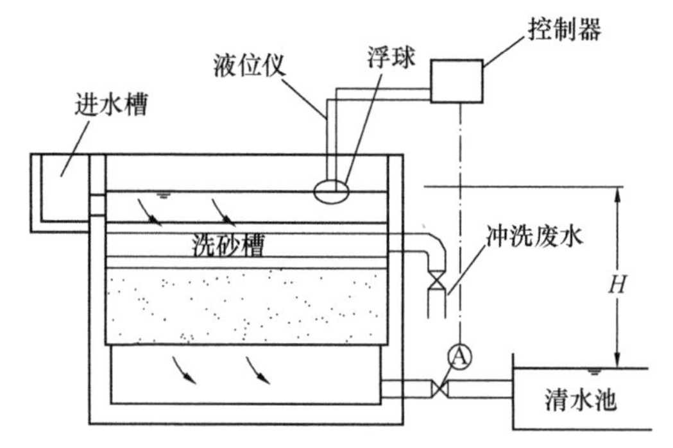

图 6-10 常水位控制的等速过滤

图 6-11 降速过滤滤池的一般布置

3. 滤速突然变化对滤出水质的影响

滤速突然变化会造成水流对滤层的冲击，从而使过滤水的浊度猛增，影响滤后水质。1939 年 Baylis 及其后的 Cleasby、Tucpker 等都对该问题作了研究。其结论是，滤速的突然增大或减小，都会在其变化后的一段时间（0.5～2h）内使滤后水质变坏，其变化的程度决定于下列因素：

（1）滤速变化越大，影响越大；

（2）与变化突然性（即变化的历时长短）的程度有关，时间越短，影响越大；

（3）过滤水的不同性质对水质突变的敏感程度不同；

（4）是否投加助凝剂（投加助凝剂可以减小影响）。

图 6-12 表示滤速突变对水质影响的典型曲线。该曲线是在滤速从 5m/h 瞬时突变到 6.25m/h 的情况。

图 6-13 表示，滤速突变的时间对滤后水质的影响。由图可知，造成滤速突变的时间与出水水质之间成正比关系。图中突变前的滤速均为 5m/h，实线代表突变 100%，点划线代表突变 50%，虚线代表突变 25%。

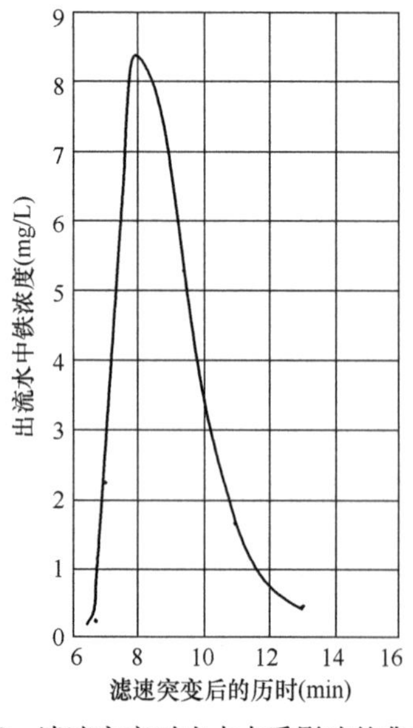

图 6-12 滤速突变对出水水质影响的典型曲线

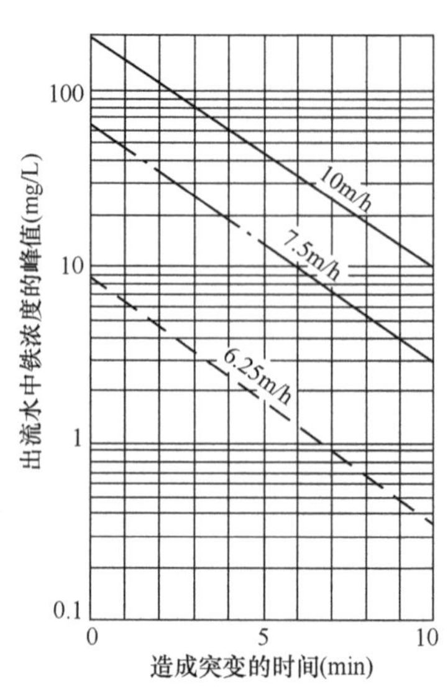

图 6-13 突变时间对滤池出水水质的影响

图 6-14 表示生产性试验滤池中，滤速瞬时突变和逐渐突变对滤后水质的影响。突变前的滤速均为 5m/h。由图可知，加入 3mg/L 的聚合电解质可以大大减小滤速突变对出水水质的影响。

一些给水工作者认为，为防止 0.2NTU 的浊质穿透，滤速突变的速率每分钟不应大于 0.1m/h。

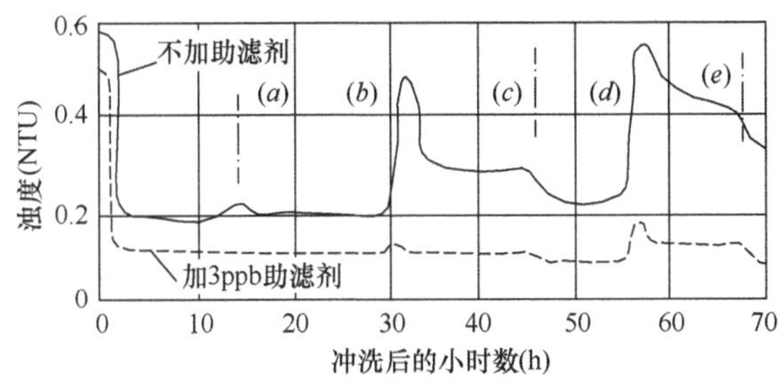

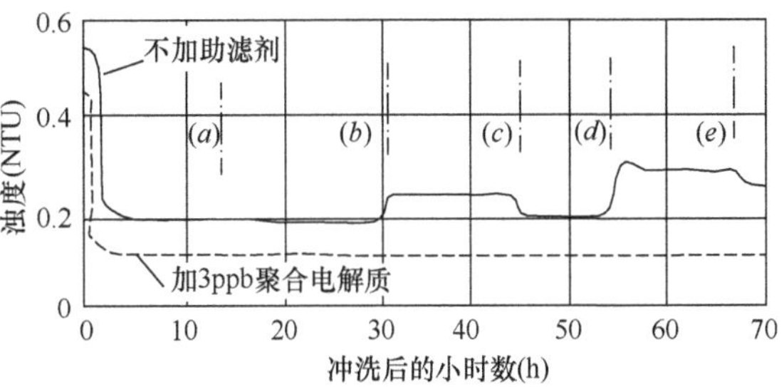

图 6-14　滤速突变对滤出水质的影响

滤速变化值与图 6-13 相同，但完成滤速变化的时间为 10min

(*a*) 滤速在 10s 内由 5m/h 提高到 6.25m/h；(*b*) 10s 内提高到 7.5m/h；(*c*) 降到 6.25m/h；

(*d*) 在 10s 内再提高到 8.15m/h；(*e*) 降到 6.25m/h

4. 等速过滤和降速过滤的比较

1) 出水水质

由于下述两方面的原因，降速过滤的出水水质优于等速过滤的水质：

(1) 等速过滤时，随着过滤的进展和污泥在滤料层中的累积，通过滤料孔隙的真正流速将越来越大，从而使悬浮固体不易被附着或造成已吸附固体的脱落，并随水流移入下层或带出滤池。相反，降速过滤时，由于过滤后期滤速减慢，真正的孔隙流速也相应减慢，因此悬浮固体较易附着或较难脱落，从而减少固体穿透，生产出较好水质的水。

(2) 就滤速突然变化的可能和变化程度而言，降速过滤与变水位的等速过滤相仿，但大大小于常水位等速过滤的情况。

一般在下列 3 种情况下会发生滤速突然变化。第一，滤池启动过滤时，滤速将从零升到预定的滤速值，如果操作不当（开动太快）将造成滤速的突变。但这时因滤池尚未严重积污，突变对水质的影响可能不如含污滤池的大。从操作角度上讲，不论降速或等速过滤，产生这种突变的机会基本上相同。第二，滤池运行过程中，降速过滤的滤池，随着滤料层的阻塞，滤速平缓地下降，只要进水量基本上不变，就不产生滤速突变问题；对于变水位等速过滤滤池，随着滤料层的阻塞，滤池水位平稳地上升，滤速保持不变，如果进水量相同，就基本上不产生突变问题；对于常水位等速过滤滤池，随着滤料的阻塞，必须随时开启出水阀门以保持滤速，这时会产生滤速的变化，当采用人工开启时，必然产生滤速突变，影响出水水质。图 6-15 表示这种运行方式下滤速随时间的变化形态。第三，当一组滤池中的一格池子投入反冲洗或经反洗后刚投入运行时，对于降速过滤或变水位控制的等速过滤来说，因一格滤池脱离或投入运行而产生的流量差额，将自动平稳地向正在运行的其他滤池分摊。由于这一过程的时间较长，因而不会发生对水质有坏影响的滤速突变，特别在具有适当格数的滤池，滤速变化的量也将很小；但对于常水位控制的等速过滤来说，额外流量将导致突然开启（或关闭）正在运行的其他滤池的出水阀门，造成较剧烈的滤速突然变化，从而影响出水水质。

综上所述，降速过滤和变水位等速过滤的出水水质将优于常水位等速过滤。

1964 年，同济大学曾进行模型对比试验，其结果表明，在相同过滤条件下（相同的滤前水、滤料级配等），当降速过滤的周期平均滤速与常水位等速过滤相同时，等速过滤的出水浊度要比降速过滤的高 40%～60%。

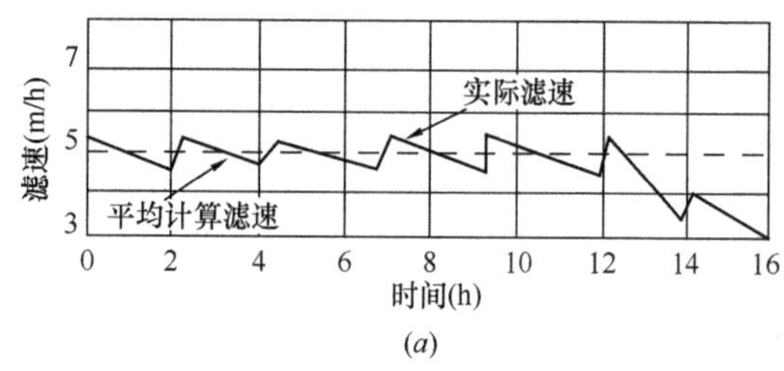

(a)

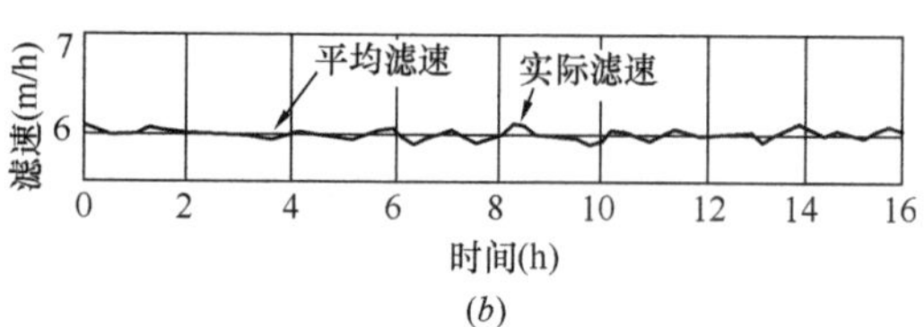

(b)

图 6-15 操作出水阀门对滤速变化的影响

(a) 人工开启出水阀门；(b) 采用常水位或滤速控制仪

2）周期产水量

1964 年，同济大学根据清洁滤料及过滤后污染滤料两者的水头损失，推导出降速过滤和等速过滤两种情况下的周期产水量方程式：

降速过滤时：

$$Q^2+\frac{2RLQA}{r\delta}-\frac{2hA^2t}{r\mu\delta}=0 \tag{6-16}$$

等速过滤时：

$$Q^2+\frac{RLQA}{r\delta}-\frac{hA^2t}{r\mu\delta}=0 \tag{6-17}$$

式中 Q——过滤水量；

R——清洁砂层的阻力系数；

r——比阻（单位面积沉积单位重量悬浮物所增加的阻力）；

δ——进水浓度；

h——水头损失；

A——滤池面积；

μ——水的黏度；

t——过滤时间；

L——滤层厚度。

假设使 $\frac{RLAQ}{r\delta}$ 项等于零，即不考虑清洁砂层的水头损失影响，比较式 6-16 和式 6-17 可见，达到设定水头损失极限时，降速过滤的出水量可比等速过滤大$\sqrt{2}$倍。这是由于降速过滤运行时，因滤料阻塞而造成的水头损失是随着滤速的减慢而减小的缘故。

此外，降速过滤运行时，在承托层、配水系统和出流管道中的水头损失也随着滤速的降低而减小，所节余的这部分水头可以用来补偿滤料阻塞所需的水头，加长过滤周期。

同济大学的试验，证明降速过滤的周期水量约为等速过滤的 145%。

3）设备和运行费用

降速过滤和变水位等速过滤滤池因不需设置流量仪、液位仪和控制阀门等设备，投资比常水位等速过滤滤池低，检修工作量也小。

常水位等速过滤时，一部分水头在控制设备中损失掉；变水位等速过滤时，一部分水头浪费在水位跌落中。降速过滤则避免了这些能量的损失，降低了部分运行费用。

5. 降速过滤的运行图式和水力设计

1）降速过滤的起始滤速

降速过滤滤池，由于没有任何滤速控制措施，在开始通过清洁滤料时的滤速可以很大。起始滤速采用多大，是一个值得考虑的问题。

一般认为，只要前处理适当，较高的滤速也能取得合格的滤出水质。1960 年，Robeck 等认为在适当的前处理下，5～15m/h 的滤速均能获得好水质；国内许多水厂的经验表明起始滤速达到 15～20m/h 也可取得良好的水质。但上述的水质标准只以针对浊度为主，未对生物、病毒等等因素作深入分析。

另一方面，选用过高的起始滤速，将大大提高清洁滤料层的水头损失，如果极限水头已定，就会缩短过滤周期。图 6-16 表示出，极限水头损失 1.7m，进水浊度 6～7NTU，出水浊度 0.5～1NTU 时，起始滤速与单位面积周期产水量的关系。在选用时应当考虑水质和运行经济两方面。降速过滤滤池的起始滤速一般在 15m/h 左右。

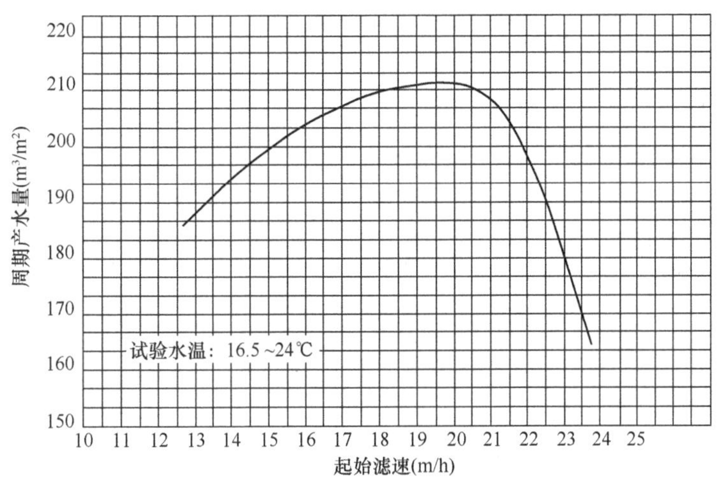

图 6-16 起始滤速与周期产水量的关系

2）降速过滤的运行过程图式

降速过滤时，某一滤池的滤速将随时间和其他池子的冲洗而变化，同时池内水位和水头损失也随之变化。图 6-17 表示 4 格滤池组成的降速过滤运行过程图式。从图中可看出，滤池中的水位涨落约为 0.6m，该水位涨落值决定于进水渠（管）的容量及其回流性质，也决定于滤池的格数。如果滤池格数较多，滤池进水渠（沉淀池出水渠）大，那么该水位的涨落值可以小到 10～15cm。

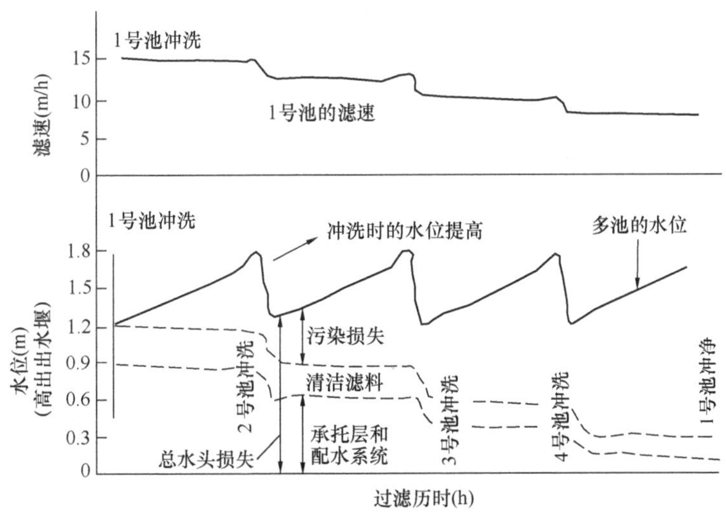

图 6-17 降速过滤的运行过程图式

3）降速过滤中的水力计算

降速过滤水力计算的目的是根据要求的起始滤速决定滤出水管上的节流措施尺寸。起始滤速可以利用出水阀门在滤池刚投产时进行测定和调节（调节阻力相当于在出水管上装设节流孔口，如图 6-11 所示）。

令 h 为资用水头（池水位与出流堰水位之差），h_f为滤料的阻塞水头损失，h_c为清洁滤料的水头损失（包括承托层和配水系统），h_0为通过节流孔口的损失。

$$h_f + h_c + h_0 = f\ (Q)$$

式中　Q——流量。

当在设计流量 Q_D时，$h_D = (h_f + h_c + h_0)_D$。

如果 $h > (h_f + h_c + h_0)_D$，则 $Q > Q_D$，反之则 $Q < Q_D$。一般 h_D位于 $h_低$与 $h_高$的范围内，其中 $h_低$、$h_高$分别表示流量 $Q_高$和 $Q_低$时的滤池水位上下限。预先选定水位上、下的标高就可根据选定的流量范围确定节流孔口的阻力。降速过滤的流量范围一般可取平均流量的 50%～150%。

在对数纸上，以水头损失为纵坐标，滤速和运行时间为横坐标作图（如图 6-18）：首先根据 h_c对 Q 的计算画出 h_c对 Q 的直线；选定 $h_低$值以及相应的 $Q_高$值定出 A 点，于是孔口损失 h_0 值也就定了，再根据 h_0值定孔口尺寸，并根据该孔口特性画出（$h_c + h_0$）对 Q 的直线；最后根据设计预定的两个变数（$Q_低$、$h_高$或最大 h_f之中的两个）决定过滤周期的结束点 B。

点划线 AB 代表过滤周期内水位的变化过程；AD 与 AB 间的纵坐标值代表污染滤池的阻塞损失；AB 线代表单只滤池时，周期内滤速完全平稳地下降，而 A～（1）～（1）′～（2）…（4）′的曲线代表一组（4 格）滤池时，周期内滤速的渐降过程；C 点表示没有孔口限流装置时，将达到的极大滤速值，如采用该值将使出水水质变坏。

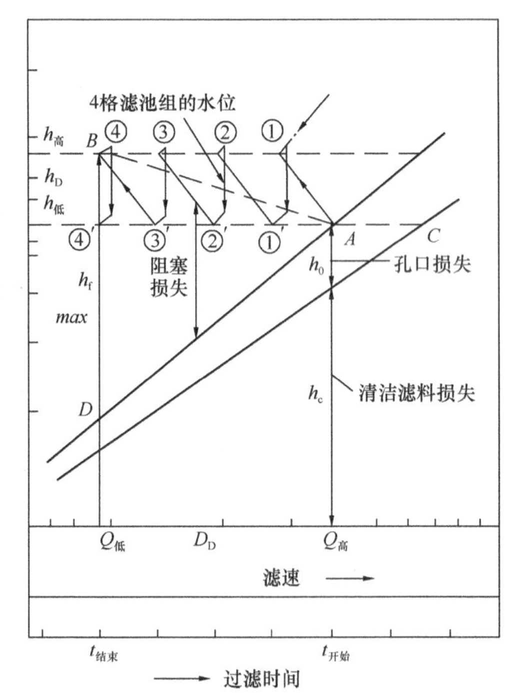

图 6-18　降速过滤的水力计算

6.3.2　滤速及滤料级配

滤速是滤池设计的重要参数，滤速的大小与滤料层直接相关。滤速和滤料层决定了滤池出水水质，是保证水质的根本所在。滤速还与进入滤池的水质和过滤周期有关。相同的滤速通过不同的滤料层会得到不同的滤后水质，相同的滤料层在不同的滤速下运行，也会得到不同的滤后水质。因此，在选择滤速和滤料层时，应首先考虑通过不同滤料层、不同滤速的试验以获得最佳的滤速和滤料层的组合。

我国《室外给水设计规范》GB 50013—2006 按照不同滤料层规定了相应设计滤速，见表 6-6 所列。为适应出水水质标准的提高，表中各滤料层的滤速与 1997 年版设计规范相比有所降低。

滤池滤速及滤料组成　　表 6-6

滤料种类	滤料组成			正常滤速(m/h)	强制滤速(m/h)
	粒径(mm)	不均匀系数 K_{80}	厚度(mm)		
单层细砂滤料	石英砂 $d_{10}=0.55$	<2.0	700	7～9	9～12

续表

滤料种类	滤料组成			正常滤速（m/h）	强制滤速（m/h）
	粒径（mm）	不均匀系数 K_{80}	厚度（mm）		
双层滤料	无烟煤 d_{10}=0.85	<2.0	300～400	9～12	12～16
	石英砂 d_{10}=0.55	<2.0	400		
三层滤料	无烟煤 d_{10}=0.85	<1.7	450	16～18	20～24
	石英砂 d_{10}=0.50	<1.5	250		
	重质矿石 d_{10}=0.25	<1.7	70		
均匀级配粗砂滤料	石英砂 d_{10}=0.9～1.2	<1.4	1200～1500	8～10	10～13

注：滤料的相对密度为：石英砂 2.50～2.70，无烟煤 1.4～1.6，重质矿石 4.40～5.20。d_{10}为有效粒径；K_{80}为不均匀系数，$K_{80}=d_{80}/d_{10}$。

据对上海市政工程设计研究总院近几年来所设计滤池的统计，采用均匀滤料 V 型滤池的设计滤速绝大多数在 8m/h 左右。

美国在 20 世纪上半叶内，由 G. W. Fuller 提出的 5m/h 的标准滤速长期以来作为滤速控制的上限。然而大量调查表明，双层和混合滤料（mixed—media）滤池可以在 8～20m/h 滤速下成功运行。1972 年美国供水协会（AWWA）得出结论，在保证出水水质的前提下，滤速可超过 5m/h。近 15 年来，美国对厚层均匀级配煤滤料滤池所作试验和生产应用表明，其滤速可达 24～37m/h。但是，在美国许多的管理机构认为，在没有成功试验下，滤速应控制在 7.5～10m/h 范围内（美国《净水厂设计》第五版）。

日本净水厂采用单层砂滤料（有效粒径 0.45～0.7mm，厚度 600～700mm）滤池，滤速为 5.0～6.25m/h，但当经混凝沉淀的出水水质良好，在经试验确认后，可以超过上述范围。1997～2002 年开展的《高效净水技术开发》（ACT21）课题研究，对高速过滤的可能性进行了研究，试验表明，采用煤、砂双层滤料滤池可在 12.5m/h 滤速下稳定运行，滤后水浊度小于 0.1NTU，过滤周期大于 48h。

法国以采用单层均匀级配粗砂滤料滤池为多，有效粒径为 0.95～1.35mm，厚度 800～1500mm，相应的滤速为 7～20m/h。

综合上述国外滤速及滤料层情况，尽管原水水质和出水水质要求与我国不尽相同，滤池作为保证出水水质的重要环节且往往是最终环节，对滤速的限制比我国要严格。我国新的饮用水卫生标准已将出水浊度由 3NTU 提高到 1NTU，部分大中型城市净水厂实际要求的出厂水浊度更低（0.10～0.20NTU）。因此，滤池设计滤速有进一步降低的趋势。

6.4　滤料层设计

6.4.1　滤料

滤料层是快滤池的主要部分，是滤池工作好坏的关键。设计滤料层的目的是：选用滤料，决定粒径及其有关参数和滤层厚度。设计时应同时考虑过滤和反冲洗两方面的要求，也就是说要在满足最佳过滤条件的前提下，选择反冲洗效果较好的滤料层。对过滤而言，涉及的因素有进水水质和浓度、水温、滤速、运行周期（与要求出水水质和期终水头损失有关），以及滤池的运行方式等。对反冲洗而言，有关的因素是水温和反冲洗强度。一个好的滤料层应该是在保证滤后水质的条件下具备三个特征：①过滤单位水量所花的费用最小，即滤料层截除的悬浮物浓度、滤速以及过滤周期的乘积（$C_R \cdot V \cdot T_R$）为最大；②过滤时，达到预期水头损失的时间接近达到预期出水水质的时间；③反冲洗条件最好。

选择作为滤料的技术要求：①适当的级配、形状和颗粒状态；②有一定的机械强度；③有良好的化学稳定性。普通快滤池都选用砂作为滤料。天然的石英砂一般都能满足后两项条件，对第一项条件则由砂料开发单位对产砂地进行筛选确定。

1. 粒径和粒径分布

天然砂是一群各种不同粒径砂的混合体，因此要用粒径分布来表示砂料的粒径大小。图 6-19 表示某砂样的粒径分布曲线。图 6-19（*a*）中，横坐标为粒径，纵坐标为该粒径所占百分比，称作颗率分布函数；将纵坐标换成小于某粒径的百分比就得出累计频率分布函数，如图 6-19（*b*）所示，可用下式表示：

$$q = 100\int_{d_{\max}}^{d_p} f(d_p)\mathrm{d}d_p \tag{6-18}$$

式中 q——小于 d_p粒子的重量百分比（%）；

d_p——粒径（mm）。

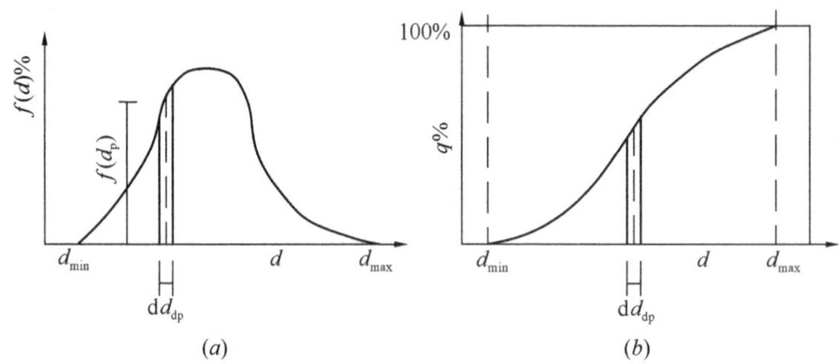

图 6-19 粒径分布曲线

大多数天然砂粒的累计频率分布接近于几何正态频率分布，因而将图 6-19（*b*）横轴改为对数尺度，纵轴改为概率尺度，可得出一条近似直线。这样做，就可以直接用内（外）插法进行粒径调整工作。用两点就可定出全砂料的分布曲线，应用比较方便。

表示滤料的粒径分布方法有如下几种：

（1）中位粒径法（d_m）：如颗粒呈几何正态频率分布，则砂料的尺寸分布可用中位粒径 d_m及标准差 σ 表示。d_m为 q=50%时的粒径；$\sigma = \dfrac{q=50\%\text{ 的粒径}}{q=15.9\%\text{ 的粒径}}$，$\sigma$ 越大砂料越不均匀。

（2）有效粒径法（d_e）：砂体分布用有效粒径 d_{10}及不均匀系数 K_{80}来表示。d_{10}为 q=10%时的粒径，即滤料通过筛孔累积重量百分比为 10%时的滤料粒径；$K_{80}=\dfrac{d_{80}}{d_{10}}$，$d_{80}$为 q=80%时的粒径。我国对滤料粒径和分布一般均采用有效粒径 d_{10}和不均匀系数 K_{80}。国外也有用 K_{60}表示滤料不均匀程度的。

（3）平均粒径法（d_s）：用颗粒最小粒径 $d_{小}$、最大粒径 $d_{大}$和几何平粒径 d_s表示。d_s的计算公式如下：

$$d_s = \sqrt{\frac{\sum (n_i d_i)^2}{\sum n_i}}$$

式中 n_i——粒径 d_i 的颗粒数。

中位粒径和有效粒径之间的相互关系如式 6-19 和式 6-20 所示：

$$d_{10} = d_m / \sigma^{1.282} \tag{6-19}$$

$$K_{80} = d_{80} / d_{10} = \sigma^{2.124} \tag{6-20}$$

目前最常用的方法是有效粒径法，这是因为滤速在 5m/h 左右过滤条件下，过滤所产生的水头损失主要受 d_{10} 所支配，只要 d_{10} 不变，水头损失也大致相同，因而根据 Hazen 等的建议一直沿用至今。

2. 砂粒的筛分析

在筛分析前必须对标准筛的孔径进行校准，校准的方法有：

（1）显微镜法：用显微镜测度一定数量的筛孔孔径进行校正。

（2）称重法：对恰巧能通过筛孔的一定颗粒的砂粒进行计数和称重，然后根据 $d_0 = \sqrt[3]{\frac{6w}{\pi \gamma_s n}}$ 计算孔径。w 为颗粒重量，n 为颗粒的粒数，γ_s 为砂的比重。

3. 砂粒度调整

天然砂的粒度组成与设计所要求的粒度组成不可能完全一致，为此必须对砂料进行筛选，以求得滤料的均匀度和粒度组成。砂的粒度调整工作按下列方法进行。

（1）根据滤层设计决定 d_{10}、d_{80} 和 K_{80} 值。

（2）对原砂进行筛分求得筛分曲线。

（3）算出砂样中可能使用的颗粒比例 F：

$$F = \frac{100}{70}(q_{80} - q_{10}) \tag{6-21}$$

式中 q_{80}、q_{10} 各为小于要求的 d_{80}、d_{10} 的颗粒在砂样中的累计百分数。

（4）算出砂样中过细而不能使用的砂量 S：

$$S = q_{10} - 0.1F = q_{10} - \frac{1}{7}(q_{80} - q_{10}) \tag{6-22}$$

据此从筛分析曲线中找出 $q=s$ 的粒径 d_{min}，即为要求滤料的最小粒径。

（5）算出砂样中过粗而不能使用的砂量 G：

$$G = 100 - F - S = 100 - \left[q_{10} + \frac{9}{7}(q_{80} - q_{10})\right] \tag{6-23}$$

据此从筛分析曲线中找出 $q=G$ 的粒径 d_{max}，即为滤料所要求的最大粒径。粒度调整工作也可用图解法进行。

4. 颗粒的形状

过滤的效率和水头损失均与颗粒的表面积有关，一般它们之间成比例关系。如前所述，天然砂粒都不是圆球状的，因而相同粒径而不同形状的表面积都将不同，为了进行计算和运行，引用了球状度 ψ 的概念。球状度 ψ 的定义是：具有与颗粒同体积的球体（直径 d_0）的表面积 A_0 与颗粒（直径 d）的实际表面积 A 之比。一般 $\psi \leqslant 1$，球体的 $\psi=1$。据此：

$$\psi = \frac{A_0}{A} = \frac{\pi d_0^2}{A} \tag{6-24}$$

设 α 为颗粒的表面面积形状系数，则测得直径为 d 的颗粒表面积为：

$$A = \alpha d^2 \tag{6-25}$$

又设 β 为体积形状系数，则颗粒的体积为：

$$V = \beta d^3 \tag{6-26}$$

根据定义 $\beta d^3 = \frac{1}{6}\pi d_0^3 \quad d_0 = \sqrt[3]{\frac{6\beta}{\pi}} \cdot d$

将式 6-25 代入式 6-24 整理后得：

$$\psi = \frac{\pi d_0^2}{\alpha d^2} = \frac{\pi \left(\sqrt[3]{\frac{6\beta}{\pi}} d^2\right)}{\alpha d^2} = 4.836\frac{\beta^{\frac{2}{3}}}{\alpha} \tag{6-27}$$

目前还不能十分准确地测定颗粒的实际表面积和 α、β、ψ 等值。砂粒的 α、β 值见表 6-2。利用渗透法测定流体通过粒料层（固定床）的压力损失而算出的各种材料的 ψ 值见表 6-7。

球状度 ψ 值 **表 6-7**

颗粒材料	颗粒的自然状态	ψ 值	颗粒材料	颗粒的自然状态	ψ 值
砂粒		0.75（平均）	自然状态的煤屑	大到 10mm	0.65
坚硬砂	粒状，表面粗糙凹凸不平	0.65	烟道灰	熔化的颗粒状	0.55
坚硬砂	片状，表面粗糙凹凸不平	0.43	烟道灰	熔化的、球状	0.89
渥太华砂（美国）	近似球状	0.95	鞍状颗粒		0.30
砂粒	外形棱角的	0.7～0.79	云母	片状	0.28
砂粒	外形圆角的	0.8	熔化的线状物		0.38
软木颗粒		0.55～0.7	螺旋线状物		0.20
人工破碎的煤屑		0.73	圆球颗粒		1.0

5. 滤料层的孔隙率

滤料层中的空隙所占的体积与全体积之比称作孔隙率。孔隙率与过滤有密切关系。孔隙率越大，滤层允许的污泥含量越大，但单位体积的表面积越小，因而过滤效率和水头损失越小。

粒径均一的球状颗粒，根据其排列状态的不同，孔隙率为 0.2595～0.4760（图 6-20）。大、小粒径的颗粒混杂后，孔隙率减小。颗粒越是带有棱角，即球状度小，孔隙率越大，最大甚至可达 0.6 以上。

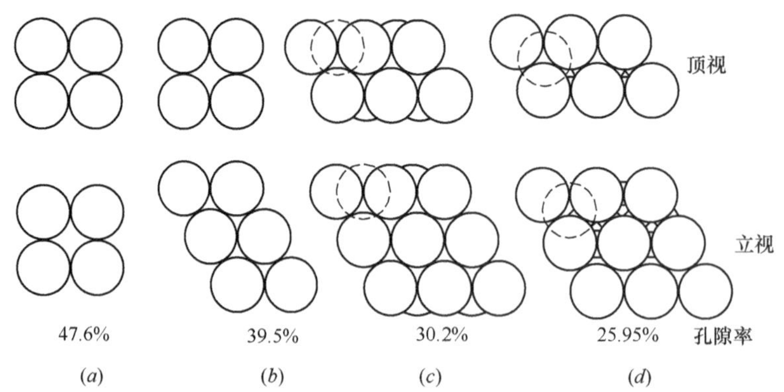

图 6-20 颗粒粒径相同，排列状态不同时的孔隙率

6.4.2 滤层设计的因素

直到目前为止，滤料层仍是根据经验判断决定的。这是因为设计滤层涉及的因素很多，目前尚未能提出一个包括各个因素的完整方法。实际运行上的灵活性比较大，例如可采用调整进水浊

度、絮粒性质、冲洗周期和滤速等方法去适应已选用的滤层。根据经验，设计滤层时考虑的因素如下：

1. 粒径与层厚

粒径对污泥穿透深度和滤层截泥量等有很大的影响。在其他条件相同时，粒径愈粗，污泥穿透深度愈大。

Stanley（1956年）所导出的公式为：

$$K=\frac{hd^{2.46}V^{1.56}}{L} \tag{6-28}$$

式中　K——常数；

d——有效粒径（mm）；

V——滤速（gpm/ft^2）；

L——穿透深度（ft）；

h——通过 L 的水头损失（ft）。

同年，赫德森（Hudson）提出穿透深度与粒径的关系与进入滤池的絮粒强度有关。弱的絮粒穿透深度与粒径的3次方成正比，强的絮粒，则与粒径的2次方成比例。

苏联克略契柯（КЛЯЧКО）认为穿透深度约与平均粒径的2次方成比例。

应当指出，上述关系都是在较低滤速（5m/h左右）条件下得出的。滤速条件改变时，方次关系会有些出入，但总的趋势还是如此。

图6-22表示不同粒径的滤层在不同深度所去除的浑浊度累积百分数。从图可看出，同样要去除95%浑浊度，粒径0.322mm的穿透深度为20cm，而当粒径0.544mm时却需44cm。

由于穿透深度加上一定安全因素的厚度（例如增加20cm）即为设计的滤层厚度，因此，粒径越细，需要的层厚越小；如果采用较粗的粒径就要相应地加大滤料层的厚度。但并不是这样就可以无限地减细粒径和减薄层厚，因为较细的砂层将导致滤池很快堵塞，从而大大降低滤层截污量。相反较粗的粒径可延长滤池的运行周期和增加截污能力。

对于滤料粒径与层厚，很重要的一个概念是滤料层厚度与有效粒径的比值 L/d_e，美国《水质处理》手册提出的 L/d_e 为：

$L/d_e \geqslant 1000$，对于常规细砂和双层滤料滤层；

$L/d_e \geqslant 1250$，对三层滤料滤层（煤、砂、石榴石）；

$L/d_e \geqslant 1250$，对于深床单一滤料滤层（$1.5mm>d_e>1.0mm$）；

$L/d_e=1250\sim1500$，对于各种粗砂、深床和单一滤料滤层（$2.0mm>d_e>1.5mm$）。

相应滤料层形式表示于图6-21。典型的几种不同处理目的的滤料粒径和层厚见表6-8。

美国典型滤料层　　**表6-8**

	有效粒径 d_e（mm）	总厚度（m）
（1）处理混凝沉淀水		
a. 单层砂滤料	0.45～0.55	0.6～0.7
b. 双层滤料（加煤0.1～0.7m厚）	0.9～1.1	0.6～0.9
c. 三层滤料（加石榴石0.1m厚）	0.2～0.3	0.7～1.0
（2）除铁、锰		
a. 双层滤料，类似于上述（1）b		
b. 单层滤料	<0.8	0.6～0.9
（3）单层粗砂，气水冲洗		
a. 处理混凝沉淀水	0.9～1.0	0.9～1.2
b. 直接过滤	1.4～1.6	1～2
c. 除铁、锰	1～2	1.5～3

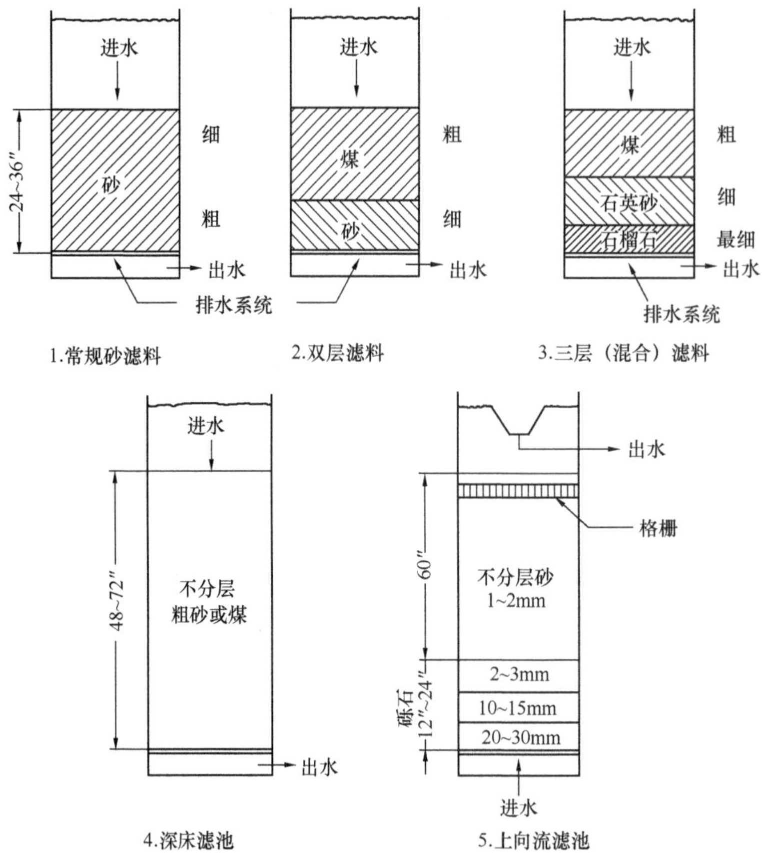

图 6-21 美国滤料层种类

我国现行设计规范也对滤料厚度与有效粒径之比（L/d_e）值作出了规定，细砂及双层滤料应≥1000，粗砂及三层滤料应≥1250。

需要注意的是上述滤料层情况应与滤速有关，有关滤速的问题见 6.3 节。我国滤池设计采用的滤料层组成大多在《现行设计规范》规定的范围内（见表 6-5)。对于均匀级配滤料的 V 型滤池（属于粗砂范围)，据对近十几年来上海市政工程设计研究总院设计的滤池统计，其有效粒径（d_{10}）大多数为 0.85～0.95mm，K_{80}为 1.30～1.40，层厚在 1.10～1.30m，d_{10}处于《现行设计规范规定》值的下限。实际滤后水浊度一般在 0.5NTU 以下，有些水厂滤后水浊度可达到 0.1～0.2NTU（与混凝沉淀效果有关)。

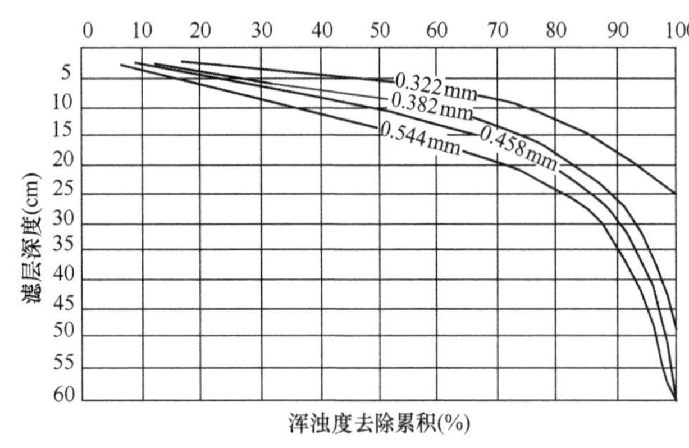

图 6-22 不同粒径不同深度的去浊效果

2. 滤层的不均匀系数（K_{80}）

K_{80}越接近于 1，即滤料越均匀，过滤的条件越佳。这是因为快滤池经反冲洗后，产生分层化，最细的颗粒在顶层，如果 K_{80} 较大，常常造成表层的迅速堵塞，影响了整个滤池的截污能力。相反，均匀滤料就不存在这一问题；在同样的有效粒径和同样的其他过滤条件下，K_{80}越接近于 1，穿透深度也越小。图 6-23 为我国林作砥曾进行的试验资料，其中实线表示粒径为 0.383mm 的近似均匀滤料的过滤情况，虚线则表示 d_{10}＝0.383mm 不均匀滤料的过滤情况。由

图 6-23 可看出，均匀滤料的穿透深度一般均比不均匀滤料为小，例如，运行 10h 后，均匀滤料的滤层中浊度达到 0.5mg/L 的穿透深度为 27.5cm，而不均匀滤料则为 38cm。

要求采用较均匀的滤料，也就是要求用 K_{80} 较小的滤料。然而，越是均匀的滤料，价格越贵。

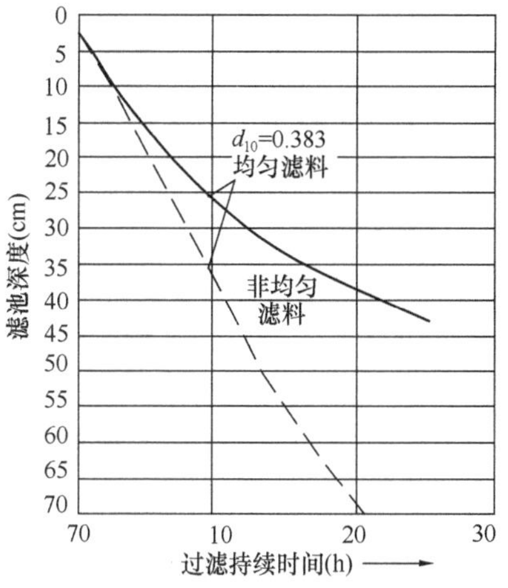

图 6-23 0.5mg/L 穿透深度曲线

3. 颗粒的球状度（ψ）

颗粒球状度越小，即颗粒越是棱角化（ψ 值越小），则单位体积滤层的表面积越大，如果滤料去除悬浮杂质的主要作用是输送-附着机理，滤料的吸附位置起着重要的作用，则表面积大就意味着效率高。此外，滤料的孔隙率则与表面积成反比，即孔隙率越大，单位体积滤层的表面积越小。所以孔隙率大虽然有利于提高污泥含量，但过滤效率却是低的。单位体积滤料的表面积可用下式表示：

$$S_0 = \frac{6(1-e_0)}{\psi d} \tag{6-29}$$

式中 S_0——洁净滤料的比表面积；

e_0——孔隙率。

采用棱角较多的滤料果然可以提高过滤效率，但棱角较多的滤料在自然装填时的孔隙率，将大于接近圆球形的滤料。因此，由于 ψ 值小所取得的好处就被 e_0 值大所抵销。例如一般白煤粒的 $\psi=0.7$，$e_0=0.5$ 左右，而一般砂粒的 $\psi=0.8$，$e_0=0.43$ 左右，如果取 $d=0.5$mm，则白煤的 S_0 为 86cm^2/cm^3，而砂的 S_0 为 85cm^2/cm^3。两者的表面积是近似相等的。因此设计滤料层时，可不必过多地考虑所用滤料的 ψ 值问题。

4. 滤速（v）

滤速越大，穿透深度也越大，因而需要较厚的滤料层。

Stanley 提出在其他条件相同的情况下，穿透深度与 v 的 1.56 次方成正比（见式 6-28）。

Hudson 认为穿透深度与 v 成一次正比关系。

明茨提出的经验公式，考虑到穿透深度与 v 的关系，认为运行周期与 v 的 1.5 次方成反比。

图 6-24 表示不同滤料粒径时，不同滤速与穿透深度的关系。

所以，只要有充分的滤层厚度（大于穿透深度），适当提高滤速并不会影响出水水质；反之，为了保证出水水质，要提高滤速就必须相应增加滤层厚度（在相同粒径条件下），否则就不能保证出水水质。一般，由于流程上的限制，滤层厚度往往并不增厚，如要加大滤速，必然减小滤料粒径，粒径减小后，表面阻塞较快，在一定的期终水头损失条件下，运行周期缩短，因而单位体积滤层的 $C_R \cdot v \cdot T_R$ 值并不有利。

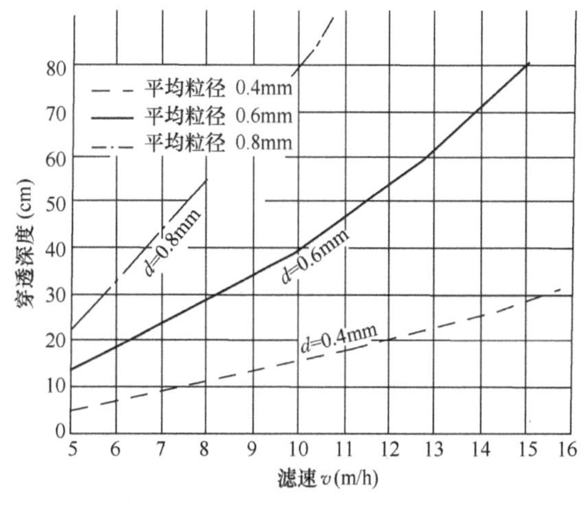

图 6-24 滤速与穿透深度的关系

5. 进水浓度和水质条件

在其他条件相同时，进水浓度约与穿透深度成正比关系。所以进水浓度对滤层厚度的影响较大。

进水浓度相同，但所含杂质的性质不同，对穿透深度的分布情况关系很大，例如氢氧化铝絮粒的穿透绝大部分集中在滤料表层，而碳酸钙絮粒的穿透则比较均匀地分布在整个滤层。另一方面，进水的絮粒情况对穿透的影响也很大，微絮凝过滤的穿透就较深。所以水质情况与滤层的含污能力关系较大。

6. 水头损失

为了使滤层中不形成负水头，期终水头损失值应根据滤料层上的水深来决定。如果砂上水深有条件设计得大一些，可相应地将期终水头损失定得高一些。习惯上，滤层的水头损失（不包括管道损失）采取砂上水深的 1.2～1.4 倍。

过滤过程中，水头损失大致随运行时间呈直线关系增加，滤料粒径越细，直线的斜率越陡。

7. 水温

水温与穿透深度成反比，水温越低，水的黏度越大，水中杂质越不易分离，因而在滤层中的穿透深度较大。滤层设计时，应考虑当地气候条件，低温地区应考虑较大的滤层厚度或较低的滤速。温度对滤层厚度的影响可从下面资料获得具体的概念。当期终水头损失为 2.4m，过滤出水浊度小于或等于 0.2JTU（杰克逊单位），滤速 5m/h 的条件下，美国土木工程师协会得出均匀滤料的层厚可按下式计算：

$$L = Kd^{\frac{5}{3}} \times \left(\frac{60}{f+10}\right) \tag{6-30}$$

式中 L——滤层厚度（cm）；

d——滤料粒径（mm）；

f——水温（以℉计）；

K——常数，易絮凝的浑浊河水为 582，难絮凝的清澈湖水为 796。

按式 6-28，当 d=0.6，以及其他条件均相同时，如以 20℃时的滤层厚度为 1.0m，则 5℃时的滤层厚度应为 1.5m 左右。

8. 滤层的经验设计

从 20 世纪 50 年代到 60 年代初期，不少学者，根据上述因素各自研究探索了设计滤层的经验公式，兹简介如下。

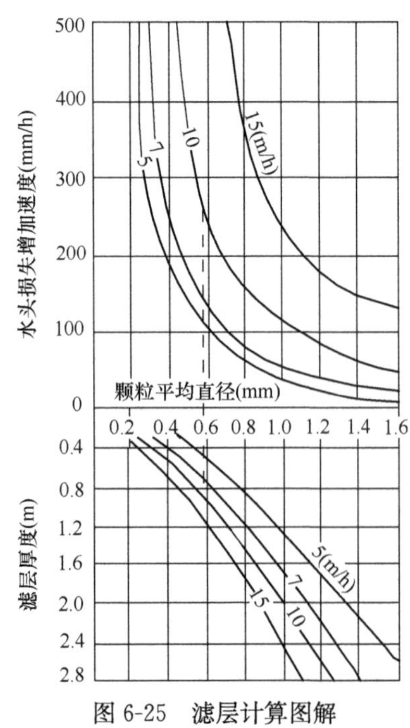

图 6-25　滤层计算图解

1）杜尔其诺维奇图解式

杜尔其诺维奇（ТУРЧИНОВИЧ）根据苏联各地的滤池运行经验结合试验资料，提出了如图 6-25 的图解式以求取滤料的颗粒级配和厚度。图中，横坐标代表滤料的平均直径（mm），上部纵坐标代表水头损失的平均增长速度，下部纵坐标代表所求取的滤层厚度。该图的使用条件是进水浑浊度 15mJTU。如果进水浑浊度不是 15mJTU，则查图计算时，应先将水头损失增长速率乘以 $\frac{15}{M_p}$（M_p为设计的进水浑浊度）。

根据这一图解式，如果决定了设计滤速预期的水头损失和运行周期，在已知进水浑浊度的情况下，就可求得相应的滤料粒径和层厚。

2）Hudson 经验式

当把过滤过程中的出水浊度开始超过 0.2NTU 定义为泄漏时，Hudson 得出下列关系式：

$$K_b = \frac{v \cdot de \cdot h}{L} \tag{6-31}$$

式中 K_b——泄漏指数，根据试验或表 6-9 决定；

v——滤速（m/h）；

d_e——滤层中颗粒的有效粒径（mm）；

h——滤层的水头损失（m）；

L——滤料层厚度（m）。

式 6-31 与 Stanley 的经验式（式 6-28）是一致的，只是指数值有一些出入。

根据式 6-31，如果选定了设计滤速和预期的水头损失，即可求得相应的滤料级配和厚度。

各种条件下的泄漏指数 **表 6-9**

絮粒强度	进水条件	K_b值
甚弱	原水难于絮凝，一般的滤前处理和管理	1
弱	原水絮凝不难，一般的滤前处理	2
尚好	一般的原水，完善的滤前处理设备	4
好	一般的原水，完善的滤前处理设备，严密的技术管理和采用活性硅酸盐	8
强		16

3）明茨经验式

$$T_f = K \frac{d^{1.5}}{\phi v^{1.5} M^{0.7} L} \cdot H \tag{6-32}$$

$$\phi = \frac{\alpha^2 \mu (1 - e_0)^2}{5.35 e_0^3} \tag{6-33}$$

式中 T_f——过滤周期（h）；

v——滤速（m/h）；

M——进入滤池水中的悬浮物含量（mg/L）；

H——滤层的水头损失（m）；

L——滤层厚度（m）；

d——滤料的当量直径（mm）；

K——系数，与去除的杂质性质有关；

α——颗粒的形状系数，即 $1/\psi$，ψ 为球状度；

μ——水的动力黏度；

e_0——洁净滤料的孔隙率。

系数 K 必须在相同进水水质条件下进行生产性过滤或模型滤池过滤下求得。

根据式 6-33 和式 6-32，如果已知进水的悬浮物含量和采用的砂粒料情况，选定了过滤周期、滤速和预期的水头损失，就可求得相应的滤料级配和厚度。

以上三个经验计算式最根本的共同缺点是难以确定进水水质的影响。在杜尔其诺维其图解中，将进水条件归结为浑浊度，本身的概念是含糊的；在 Hudson 经验式中，将进水条件汇集于系统 K_b，而对 K_b所下的定义不够明确，造成实际应用上的困难；在明茨经验式中，则将进水的水质影响（系数 K）留给试验去解决。

此外，这些经验式基本上只考虑了过滤的要求而没有考虑反冲洗的要求。

必须指出，虽然上述求取滤料粒径、滤层厚度的经验设计方法还不够完善，设计时必须依靠设计人员的经验，考虑到各种影响因素，并利用不同的经验式进行试算，然后加以确定，但上述的这些因素本身都是实际经验积累的结果，在定性上和相互关系上还是很有用的。然而，在国内习惯的设计方法上，却不大变更滤层的组成，如以往设计的普通快滤池，一般均采用 $d_{10}=0.5mm$，$K_{80}=1.6$，层厚为 70cm。但近年来随着原水污染程度的加剧，滤前处理的强化和滤速的提高，设计时开始考虑滤层的改变，以符合新的出水水质和水头损失的协调。

4）例题

试根据下述条件设计一组滤料：

水厂高峰供水量在 8 月份，低峰供水量在 1 月份，该两个月份的月平均水温各为 25℃和 10℃，供水量比值为 1.43。原水加注硫酸铝经机械搅拌澄清池预处理后进入滤池，预处理后的悬浮物含量为 10mg/L。根据水厂的地理条件采用浙江舟山砂，ψ 值为 0.80，e_0 为 0.43，要求的 K_{80} 为 1.6。

解： 1）高峰滤速选用 10m/h。

根据净水构筑物流程布置的可能，砂上水深采用 1.8m，此时可选用的滤层厚度在 0.7～1.0m 之间。由经验可得期终水头损失为 1.8×1.4＝2.5m（其中 0.3m 为初期水头损失）。

根据水厂运行要求，过滤周期采用 12h，则设计的水头损失增加速度为(2.5－0.3)/12＝0.183m/h＝183mm/h，为利用图 6-25 进行计算，推算到悬浮物含量 10mg/L 时的水头损失增加速度为 $\frac{15}{10}\times 183=275mm/h$。

查图 6-25。由图解图的上图纵坐标 275 作平行线，求得平均粒径 0.59mm，由下图纵坐标求得滤层厚度为 0.9m。

2）根据给定的进水条件，由表 6-9 选择指数 $K_b=4$，滤速 10m/h＝16.7cm/min，水头损失 2.5m，代入式 6-31 得：

$$L=9.55d_{10}^2$$

则可求得粒径和厚度如表 6-10（a）。

计算结果表（一） **表 6-10（a）**

d_{10}（mm）	0.4	0.45	0.5
L（m）	0.611	0.870	1.19
采用滤层厚度（cm）	60	90	120

3）根据所提供的进水条件，进行模型滤池试验所得的系数 K 平均值为 6030。

将 $\alpha=\frac{1}{\psi}=\frac{1}{0.8}=1.25$，$\mu$（25℃时）＝$90.6\times10^{-3}$Pa·S；

e_0＝0.43 值代入式 6-33

$$\phi(25^\circ)=3.86$$

将 $T=12$，$K=6030$，$v=10$，$H=2.5$，$M=10$ 等值代入式 6-32，得表 6-10（b）：

计算结果表（二） **表 6-10（b）**

d_{10}（mm）	0.4	0.45	0.5
d_{50}（mm）	0.54	0.60	0.67
滤层厚度（cm）	82	96	114

对照 1）、2）、3）三种不同经验公式的计算结果，考虑采用 $d_{10}=0.45$，滤层厚度为 95cm。

当水温为 10℃时，$\phi(10℃)=5.67$ 代入式 6-32，反算 v，得

$$v=\sqrt[1.5]{21.6}=8$$

求得的 $v=8m/h$，当 1 月份水温低到 10℃时，为保证过滤周期 12h，期终水头损失 2.5m 和要求的出水水质，采用滤层级配为 $d_{10}=0.45mm$，$K_{80}=1.60$，层厚＝95cm 时，滤速应在 8m/h

或以下。

由于高峰和低峰供水量之比为1.43，大于高峰和低峰采用的滤速之比$\frac{10}{8}$（=1.25），故选用上述滤层级配可以保证全年的水量和水质要求。

6.4.3　最佳滤层设计法

如前所述，经验法虽可以求得保证出水水质的滤层结构，但所求得的结果不一定是最适当和经济的。在给定的条件下，可以同时存在许多种滤层结构去满足要求的出水水质或预期的水头损失。例如可以采用较细粒径和较薄层的滤料层，也可以采用较粗粒径和较厚层厚的滤料层；或者可以采用较低滤速的较薄滤层，也可以采用较高滤速的较深滤层等等。最佳滤层设计的目的是要求得满足滤后水质的最佳滤料层和最经济的运行费用。

1. *理论设计方法*

在实际运行中，结束过滤周期的条件可以有三种：当滤后水质达不到要求的水质标准时，过滤由于水质条件而被迫停止；当过滤的水头损失达到预定的极限损失时，过滤由于水力条件而被迫停止；当滤后水质和水头损失同时达到要求的极限时而停止。这三种情况分别表示于图6-26的（*a*）、（*b*）和（*c*）。只有第（*c*）种情况，才是滤池运行的最佳条件，因为这表示，当滤池的截污能力被耗竭时，滤池的水力潜力也同时被用完。相反，在（*a*）或（*b*）种情况下，不是浪费了滤池的水力能力，就是浪费了滤料层的去污能力。

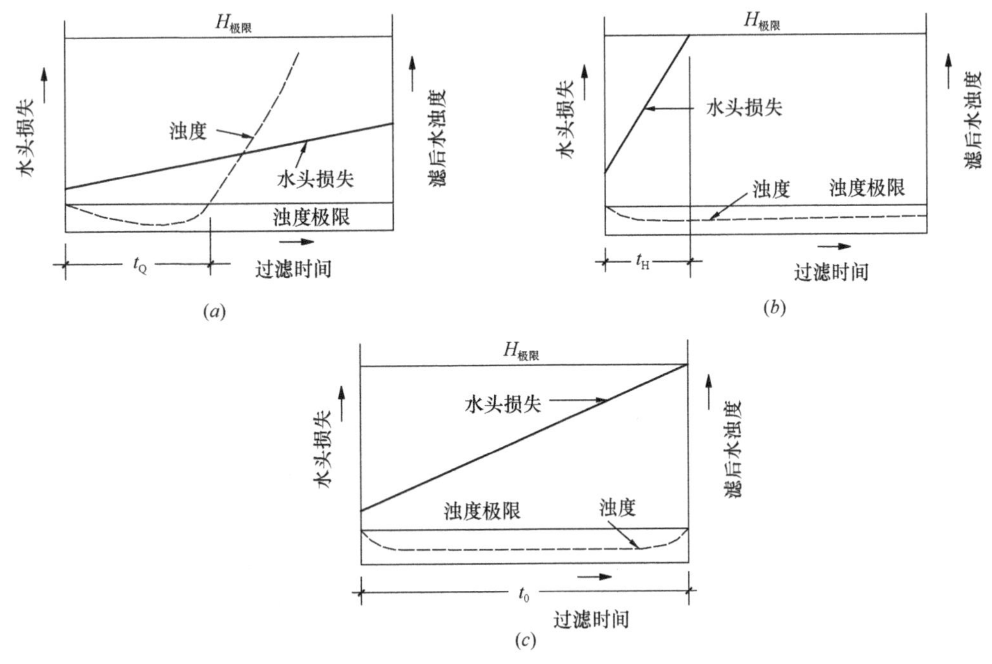

图6-26　最佳运行条件的概念

（*a*）水质控制过滤周期；（*b*）水头损失控制过滤周期；（*c*）最佳运行

过滤时，滤层中水的浊度随着深度而减小，随着时间而增大，同时水头损失则随着深度和时间而增加。图6-27表示均匀滤料过滤时的情况。

如上所述，过滤经过一定时间后，水质开始变坏，周期必须结束，这时过滤周期为t_Q，同样，当水头损失达到按水力条件设计的某极限值时，周期也必须结束，这时过滤周期为t_H，如果这两个时间相等，则滤池处于运行的最佳条件。上述t_Q和t_H各为按水质和水头损失结束的过滤周期时间（t_0）：

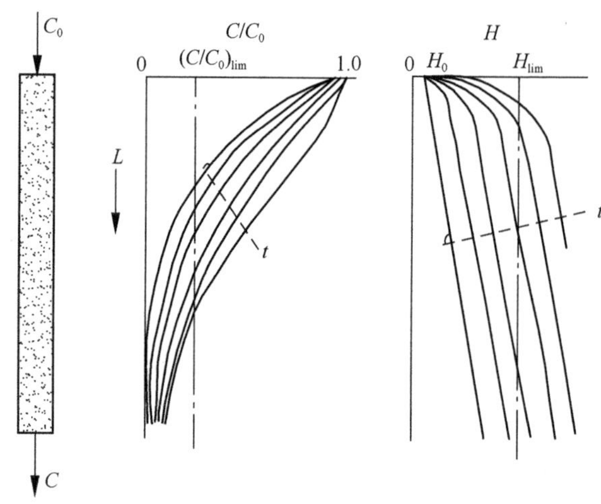

图 6-27　浊度比（C/C_0）及水头损失（H），随滤层深度（L）和时间（t）的变化示意

$$t_0 = t_Q = t_H \tag{6-34}$$

取要求的滤后出水浊度与进水浊度的比值（$C/C_{0极限}$）和规定的极限水头损失值（$H_{极限}$）作平行于滤池深度的截线（见图 6-27 中的点划线），则由该截线与浊度比曲线和水头损失曲线的交点可得 C/C_0 和 H 的极限值到达的滤层深度和时间，将时间和对应的深度值作图可得出图 6-28 的两根曲线。两根曲线的交点满足了式 6-34 的关系，因此得出最佳过滤周期（t_0）和最佳滤层深度（L_0）。

以相同的滤料对不同的滤速重复上述的运行和分析，可求得如图 6-29 的曲线组。各交点的连接线组成同一种滤料在不同滤速、不同滤层深度和不同运行周期的最佳运行条件轨迹，如图中虚线所示。

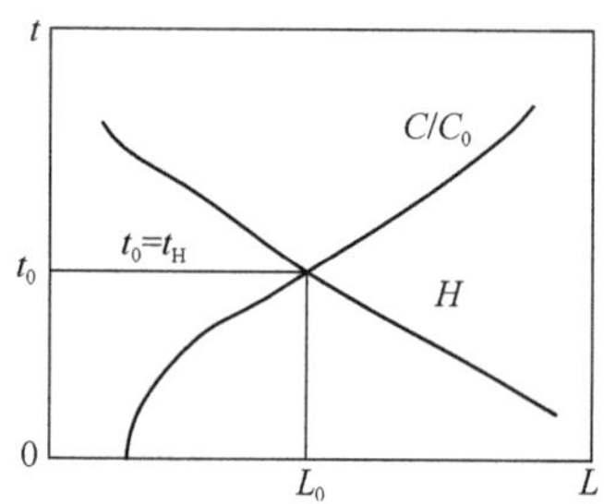

图 6-28　相应于 C/C_0 和 H 的极限值的深度（L）与时间（t）的曲线

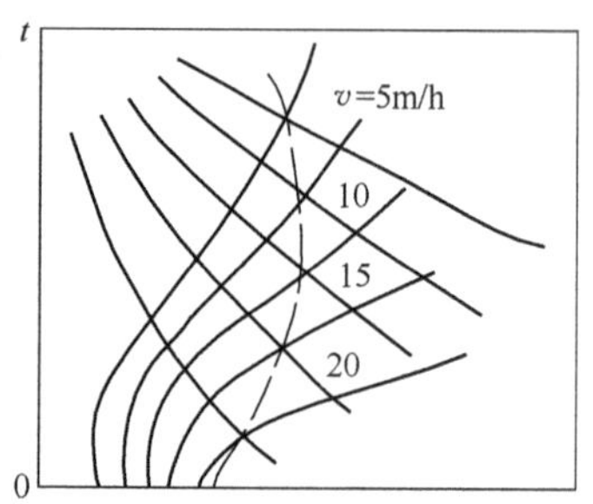

图 6-29　不同滤速的最佳运行条件

进一步分析，如以不同粒径的均匀滤料重复上述步骤，可求得不同粒径滤料的最佳运行条件轨迹，如图 6-30 所示。如将该曲线组绘制在立体坐标上，则得出由滤层厚度、滤料粒径、时间和滤速 4 个变数构成的曲面（图 6-31）。显然，在该曲面上的任意点都能满足在滤出水浊度（以 C/C_0 表示）和水头损失的极限值的约束条件下，同时得到最佳滤层的厚度和最佳运行周期，也就是说，理论上存在着无穷多的设计解，都能满足滤池的最佳运行条件。

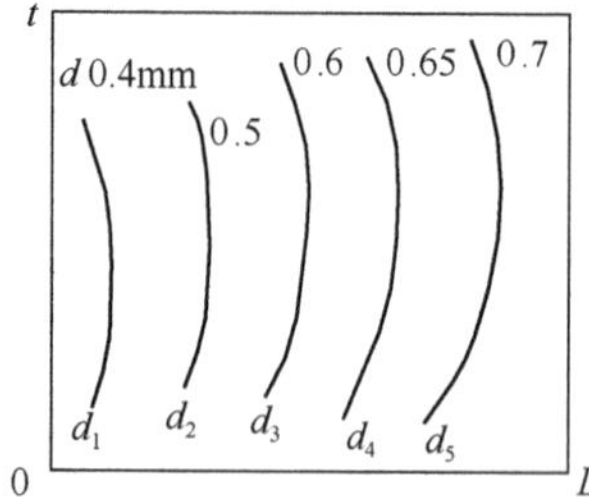

图 6-30　均匀滤料不同粒径的最佳运行条件轨迹

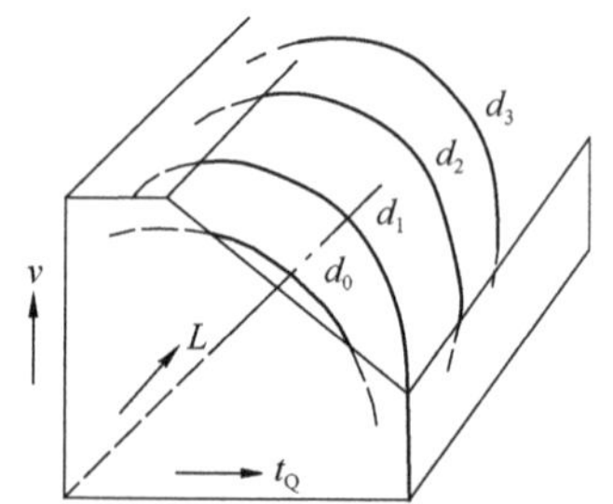

图 6-31　均匀滤料的最佳运行条件曲面

在实际上，不可能采用均匀滤料，因此考虑最佳运行条件时，必然引入新的变化因素，即滤料粒径会随着滤层深度而变化。在这种情况下，可以用不同的方法来求取最佳运行条件。

(1) 改变滤层深度：如图 6-32 所示，当第一次采用的滤层深度 L_{max}（$L_{起} \sim L_{止} = L_{max}$），其 $t_Q \neq t_H$ 时，改变层厚加以调整，如果 $t_Q > t_H$ 则缩小层厚；反之当 $t_Q < t_H$，则加大层厚，但所有进流面和出流面的粒径不变，均为 d_1 和 d_m。

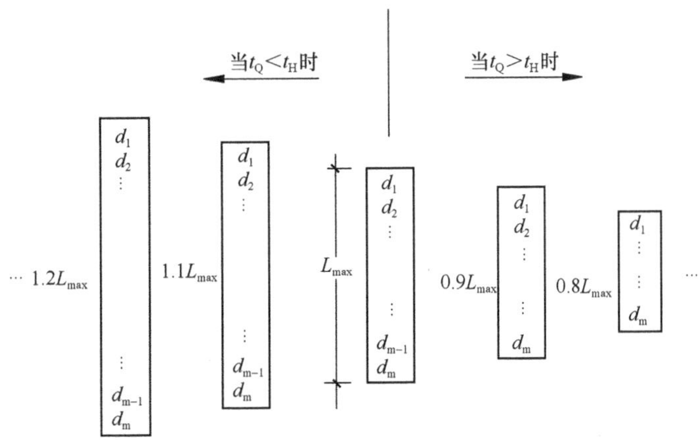

图 6-32 滤料粒径分布不变，缩小或加长滤层深度以达到 $t_Q = t_H$

(2) 改变滤料粒径：如图 6-33 所示，当第一次采用的粒径分布（$d_0 \cdots d_m$），其 $t_Q \neq t_H$ 时，改变粒径加以调整，$t_Q > t_H$ 时，需要加粗粒径按图向右方向调整。反之，如果 $t_Q < t_H$，则减小粒径，按图向左方向调整，但所有的滤层厚度不变，均为 L。

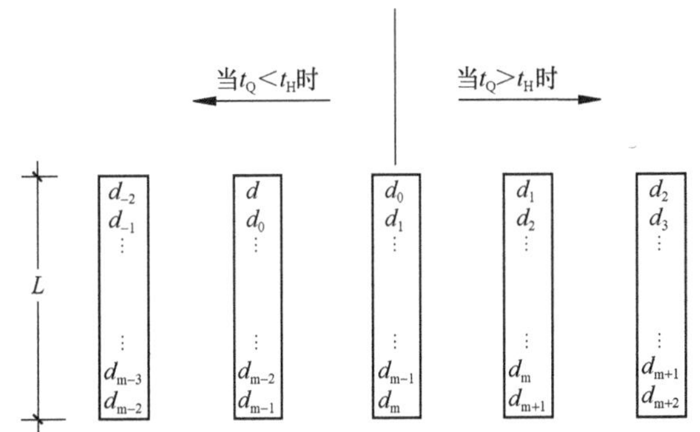

图 6-33 滤料层深度不变，减细或加粗粒径以达到 $t_Q = t_H$（$d_0 < d_1 < \cdots$，$d_{m-1} < d_m \cdots$）

(3) 同时改变粒径和层厚：如图 6-34 所示，同时改变滤料层厚度和粒径，也可达到 $t_Q = t_H$ 的目的。当第一次选择的滤层深度 L_1，其 $t_Q > t_H$ 时，刮除滤层面层的细颗粒，这时，滤料粒径由 $d_0\ d_1 \cdots d_{m-1} d_m$ 变成 $d_1 d_2 \cdots\cdots d_{m-1} d_m$（级配变粗），同时滤层深度由 $L_{(1)}$ 减到 $L'_{(1)} = L_{(1)} - \delta_L$；反之，当 $t_Q < t_H$ 时，则在滤池进流面加入较细粒径的砂粒，这时滤料粒径由原来的 $d_0\ d_1 \cdots d_{m-1}\ d_m$ 变细到 $d_{-1} d_0 \cdots d_{m-1}\ d_m$（其中，$d_{-1} < d_0$），同时滤层深度增厚到 $L'_1 = L_1 + \delta_L$。

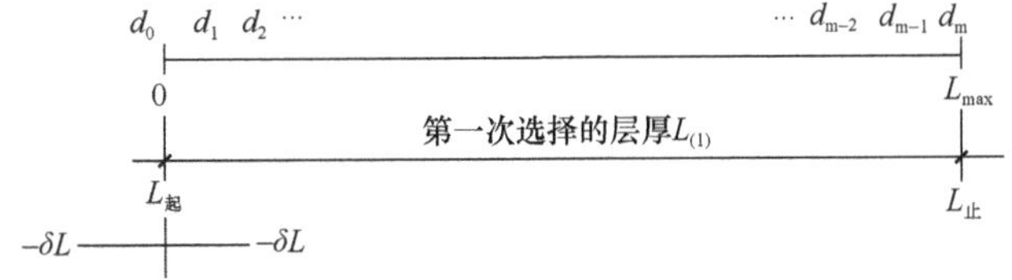

图 6-34 同时改变滤层深度和粒径，以达到 $t_Q = t_H$

2. 实际试验方法

为求取滤层的最佳设计，可以进行过滤的中间试验，以获得必要的设计参数。

1) 试验设备

主要设备为能分层取水样和测定水头损失的过滤筒，过滤筒用有机玻璃制成，可分节安装，为避免水流沿池壁的短流影响，过滤筒直径不宜小于 150mm，或是滤料最大粒径的 100 倍（明茨，1962）。分层取样的布置和过滤筒深度见图 6-35。

2) 进行试验

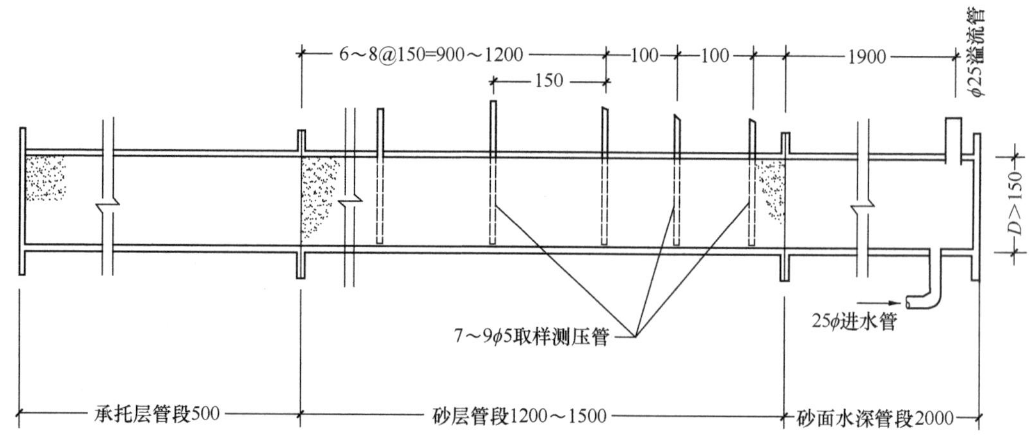

图 6-35　过滤试验筒

取 3 种不同粒径的滤料层进行过滤试验。进水水质应与拟采用的实际水相似。试验时，除测定进、出水的水头和浑浊度外，应沿过滤筒分层取水样，每小时取样 1 次，分别测定其浑浊度，同时测定水头损失。用 3 种不同的滤速进行试验。

由于要用 3 种粒径、3 种滤速进行试验，因而最好有 3 只过滤筒同时进行。

3）资料分析

试验所得的资料作如下的分析：

（1）根据进水水质条件和实际的水质要求，决定 C/C_0 值。

（2）从测定的水头损失和砂面水深的情况，可大致判定砂面水深与极限水头损失的关系。极限水头损失是根据过滤运行中，滤层内部不产生负水头决定的，如图 6-36 所示。如果采用的水头损失超过极限水头损失，则将在滤层 A 段内产生负水头。这样会使气体从水流中析出，在滤料孔隙中形成气泡，阻碍水流通道，结果增大了滤速，造成滤后水变浑。一般，极限水头损失也可根据经验取砂上水深的 1.4～1.2 倍。

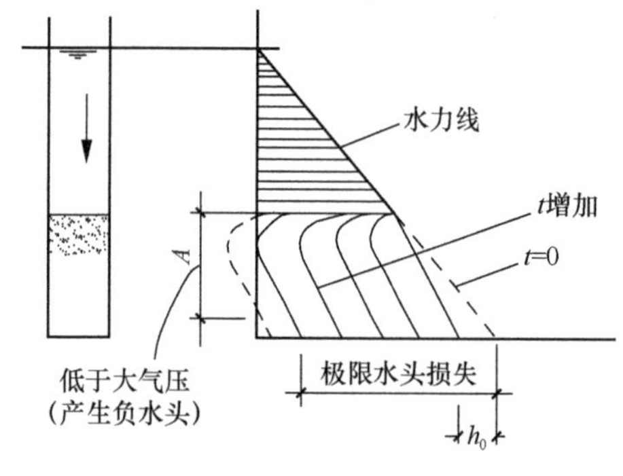

图 6-36　滤池上的压力分布

（3）根据分层取样所得的原始资料整理出类似图 6-27 和图 6-29 的曲线。

（4）根据所得的类似图 6-29 的曲线，列出可能选择作为设计滤层的 v、t_0、L_0 等数据。

（5）根据不同的 L_0，通过筛分分析反推算出 $d_{小}$、$d_{大}$、d_m 和 K_{80} 等数据（该项工作也可在试验前预先进行），并将所得的粒径值一并列入（4）项所列的表中。

4）设计成果

最佳滤层设计的成果应包括下列两项：

（1）由于实际生产时，要改变滤料层的可能性较小，而进水水质，特别是水温是经常变化的，因此，选择一个能涵盖全年出现天数最多的水质和水温范围的典型进水水质进行中间试验，提出施工敷设的滤料级配和厚度。

（2）基于所设计的滤层结构，向生产单位提出在较不利时（进出水质差和水温低）和较有利时（进水水质好和水温高），应选择的滤速和运行周期，供生产运行作参考。

6.4.4 双层和三层滤料

20世纪50年代后期，欧美一些国家开始采用煤、砂双层滤料滤池，60年代初期，美国开始采用煤、砂、石榴石三层滤料滤池（混合滤料）。至1973年，美国已有400多个双层或三层滤料滤池。我国在20世纪60年代初期开始采用双层滤料滤池，70年代试验采用三层滤料滤池。

双层（三层）滤料滤池的主要优点是含污能力高，出水水质稳定，滤速高，周期长。实践证明，双层（三层）滤料滤池的周期产水量约比普通砂滤池多50%左右。

1. 理论基础

如果按过滤水流的方向来观察滤料粒径的变化，则共有4种不同的情况，即颗粒大小一样（人工均匀滤料滤池），颗粒由小到大（普通砂滤池），颗粒由大到小（上向流滤池）以及每一层内的颗粒由小到大，但滤层整体上仍为颗粒由大到小（双层或三层滤料滤池），见图6-37。下面就有关过滤时的澄清情况和水头损失的增长过程进行分析。

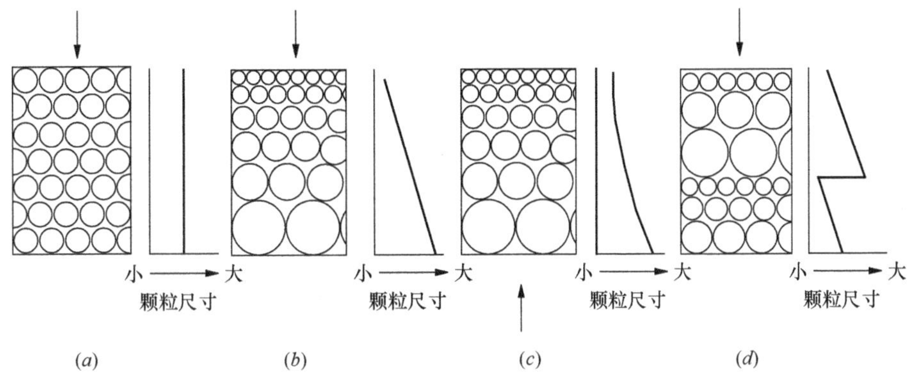

图6-37 滤池滤料粒径沿水流方向的分布

浑水通过滤池，悬浮物浓度随滤层深度而降低，从而得到澄清。悬浮物浓度的变化规律遵循式6-1，即单位滤层去除的悬浮物量是与该点的浓度成正比。下面的分析假设进水的悬浮粒子都是均匀的。

(1) 当通过均匀颗粒的滤层时，悬浮物浓度的减小率是与深度成对数关系的，见图6-38。其结果是随着滤料深度的进展，去除的悬浮物量越来越少。也就是说，在式6-1中，随着深度下移因截留量变化很小λ大致不变，而C值减小$\frac{\partial C}{\partial L}$值也减小，这是因为悬浮液浓度逐层下降，而去除率是正比于该层的浓度，因而每一层就去除了一个较小的量。

(2) 当通过由小到大的滤料层时，悬浮物浓度的变化如图6-39（b）所示。这时随深度各层

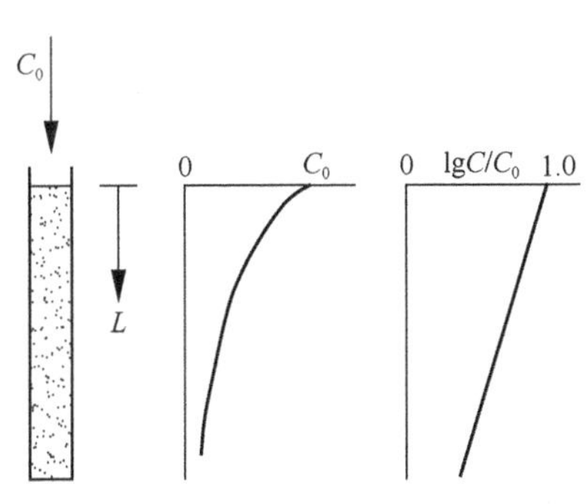

图6-38 悬浮物浓度与滤层深度关系（均匀滤料）

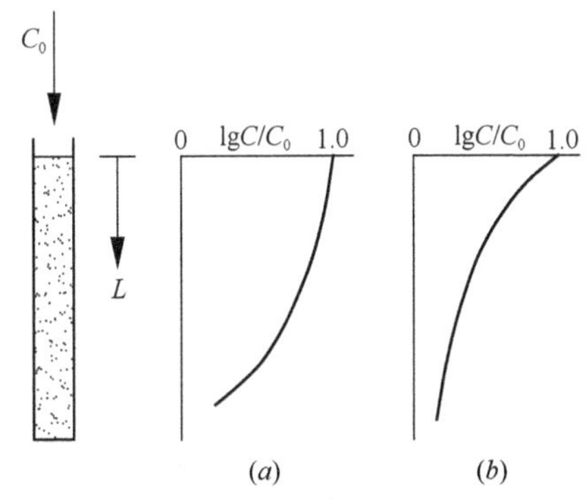

图6-39 非均匀滤料中，浓度随深度的变化关系

（a）去除率随之渐增；（b）去除率随之渐减

所去除的悬浮物更少（比均匀颗粒滤层），因为越到下层，悬浮物浓度越小，滤料颗粒越大，孔隙率也越大去除率呈指数关系地下降。也就是说，随着深度下移，λ 和 C 都减小，于是 $\frac{\partial C}{\partial L}$ 值较大地减小。

(3) 当通过粒径由大到小的滤层时，悬浮物浓度随深度的变化如图 6-39 (a) 所示，这时，沿深度各层所去除的悬浮物量将趋近于相同，因为越到下层，虽然浓度越小，但滤料颗粒也越小，因而使去除效率大致相同，也就是说，在式 6-1 中，随着深度的下移，C 值的减小，却因 λ 增大而得到补偿，因而 $\frac{\partial C}{\partial L}$ 大致相同。

去除效率随滤料颗粒大小而变化是因为单位体积滤料的表面积不同的缘故。单位体积滤料的表面积由式 6-29 表示，因而，较小的粒径具有较大的表面积，从而具有较大的去除效率。明茨的实验证明了这一点（表 6-11）。

不同粒径去除悬浮物的能力 **表 6-11**

砂粒粗度 (mm)	0.37	0.43	0.50	0.60	0.70	0.95	1.17
截泥率 k (水温 7.5～20℃)	0.997	0.990	0.975	0.920	0.830	0.670	0.280

注：① 试验时，砂层厚度 100mm。

② $k=\Delta\sigma/\sigma$，其中 σ 为进该砂层的污泥量，$\Delta\sigma$ 为该砂层截留的污泥量。

水流通过清洁砂层的水头损失按式 6-12 或式 6-13 决定。过滤过程中的水头损失值如按式 6-15 计算，则由式 6-12 和式 6-15，可得：

$$\frac{\partial H_t}{\partial L} = K_t d^{-2} \tag{6-35}$$

式中，K_t 为综合阻力系数。

上式表明，过滤过程中，某一深度的滤层单元内单位层厚的水头损失与该单元内滤料粒径的平方成反比，粒径越小，单位滤层厚度所增长的水头损失将越大得多，即较小粒径的滤料更易被阻塞。

综上所述，粒径小的滤料，虽然去除悬浮物的能力强，但单位层厚所增加的水头损失也大，因而说明：当去除悬浮物量相同的时候，小粒径滤料的水头损失的增长速度将比较大粒径者快得多。

所以在颗粒由小到大的普通快滤池中，滤床表层截留了大量污泥，水头损失极大，大量的下层滤料对水质澄清所起的作用很小；而在滤料颗粒由大到小的滤池中，污泥可较均匀地分配在每一层滤料中，充分利用了各层滤料的澄清能力，而水头损失相对也不大。在实践中，水流要从颗粒大到颗粒小方向流动的滤池只能采用水流由下而上的方法（上向流滤池）。这种方法的缺点是过滤时会产生颗粒浮动而影响出水水质，滤速提不高，因而发展了就整体上说颗粒还是上大、下小的双层（三层）滤料滤池，这种滤池能取得较均匀的污泥分布而具有较大的含污能力。

2. 滤料组成和运行情况

(1) 用于双层滤料滤池的滤料组成见表 6-12。

各国采用的双层滤料组成 **表 6-12**

国家	滤料种类	粒径 (mm)				K	层厚 (mm)	附注
		$d_{小}$	$d_{大}$	d_{10}	d_3			
美国	煤			0.8～1.2		$K_{60}=1.3$	460～760	摘自美国《净水厂计算》第五版
	砂			0.4～0.55		$K_{60}=1.5$	150～300	

续表

国家	滤料种类	粒径（mm）				K	层厚（mm）	附注
		$d_小$	$d_大$	d_{10}	d_3			
苏联	煤	0.8	1.8		1.1	$K_{80}=2.0$	400～500	苏联 Снц11-31-74
	砂	0.5	1.25		0.8	$K_{80}=2.0$	600～700	
法国	煤			0.8～2.5			400	法国德利满公司《水处理手册》第五版
	砂			0.4～0.8			400	
中国	煤			0.85		$K_{80}=2.0$	300～400	GB 50013—2006
	砂			0.55		$K_{80}=2.0$	400	

（2）国内一些煤料产地及煤的比重见表6-13。

各煤料产地煤的比重 **表6-13**

北京门头沟	1.88	云南镇雄	1.50
山西晋城	1.60	四川荥经	1.606
山西阳泉	1.47	四川宜宾	1.48
河南焦作	1.55	河南巩县	1.56
云南昭通	1.55	安徽淮北（焦炭）	1.40

（3）表6-14为美国采用的典型三层滤料粒径组成和国内部分曾应用过的三层滤料资料。关于三层滤料的级配组成，美国海王星微絮凝公司（Neptune Microfolc Corporation）曾提出一种混合滤料的滤层，声称滤料层颗粒间的孔隙尺寸自上而下逐渐减小，总厚度750mm，其中比重1.5的煤层厚450mm，比重2.4的砂层厚230mm，以及比重4.2的石榴石厚75mm。对总深750mm的滤层，每平方米滤床面积的颗粒总表面积不小于2650m²，颗粒数不少于2750。Conley和Hsiung认为三层滤料的级配组成要根据进入滤池水中所含的絮粒情况而定，他们建议按表6-15选择级配。

三层滤料组成资料 **表6-14**

使用单位	滤料	比重	孔隙率	粒径（mm）				K	厚度（mm）	附注
				$d_小$	$d_大$	d_{10}	d_{50}			
美国	煤	1.50～1.75				0.8～1.2			460～610	摘自美国《净水厂设计》第五版
	砂	2.55～2.65				0.35～0.5			150～230	
	石榴石	4.0～4.3				0.15～0.35			75～100	
黄石水厂	煤	1.5	43.1	0.8	2.0	0.85	1.2	$K_{80}=1.75$	420	
	砂	2.64	46.9	0.5	0.8	0.52	0.66	$K_{80}=1.45$	230	
	磁铁矿	4.76	48.3	0.25	0.5	0.26	0.36	$K_{80}=1.69$	70	
凉亭山水厂	煤	1.56					1.27		450	
	砂	2.62					0.58		225	
	磁铁矿	4.75					0.24		75	
蚌埠水厂	焦炭	1.4		1.0	2.0	1.04	1.57	$K_{80}=1.82$	440	
	砂	2.64		0.5	0.8	0.47	0.61	$K_{80}=1.57$	230	
	磁铁矿	4.57		0.25	0.5	0.29	0.39	$K_{80}=1.55$	80	
成都一水厂	煤	1.48/1.61	43.9/49.0	1.0	2.0				400/540	荥经煤比重1.606，孔隙率49%；宜宾煤比重1.48，孔隙率43.87
	砂	2.63	46.81	0.5	0.6				280/180	
	磁铁矿	4.95	45.59	0.2	0.4				70/70	
上海浦东水厂试验滤管	煤			1.0	1.25				500	（第1～2号级配）
	砂	2.60		0.40	0.63				150	
	钛铁矿	4.4		0.25	0.3				50	

建议的三层滤料级配 表 6-15

应用情况	石榴石 (mm)		砂 (mm)		煤 (mm)	
	粒径	厚度	粒径	厚度	粒径	厚度
负荷大，絮粒易碎	0.2～0.4	200	0.4～0.8	300	0.8～2.0	550
负荷中等，絮粒密实	0.4～0.8	75	0.8～2.0	300	1.2～2.0	375
负荷中等，絮粒易碎	0.2～0.4	75	0.4～0.8	225	0.8～2.0	200

Oakley 建议采用下列级配组成：煤粒径 1.4～2.4mm，厚 200mm；砂粒径 1.2～1.4mm，厚 200mm；石榴石粒径 0.7～0.8mm，厚 200mm。

Gordon 和 Russell 建议采用如下的级配组成：煤粒径 1～2mm，厚 600mm；砂粒径 0.6～0.8mm，厚 220mm；石榴石粒径 0.4～0.8mm，厚 80mm。

图 6-40 为国内 2 座曾经采用三层滤料滤池的断面示意。

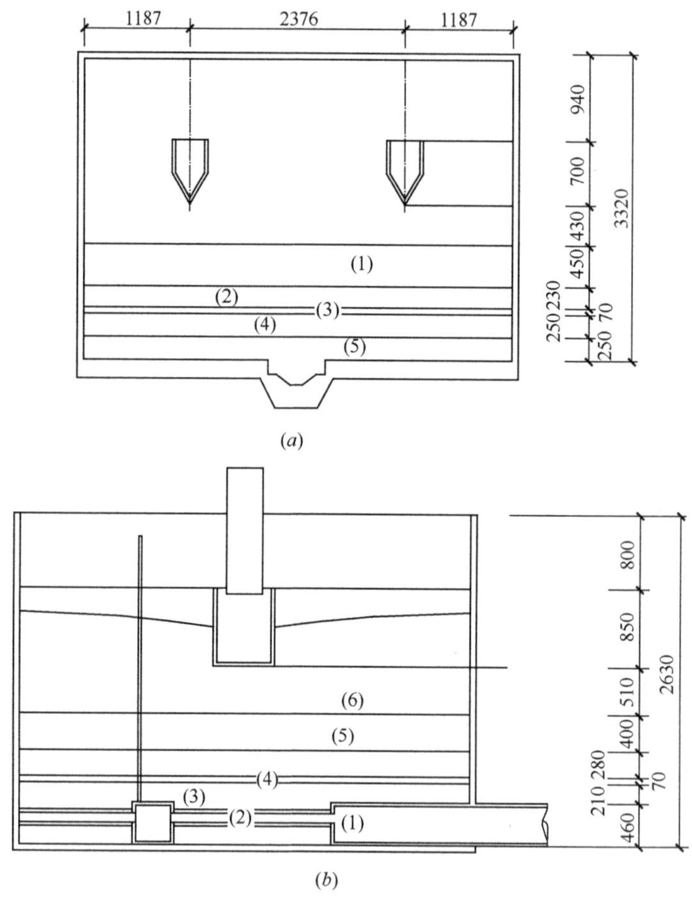

图 6-40 三层滤料滤池的断面

(a)

(1) 煤层；(2) 砂层；(3) 磁铁砂层；(4) 承托层；(5) 滤砖

(b)

(1) 配水渠道；(2) 穿孔支管；(3) 承托层；(4) 磁铁砂层；(5) 砂层；(6) 煤层

3. 对双层、三层滤料滤池的评价

双层、三层滤料滤池因其截污能力强，过滤周期长，在国内外曾引起广泛注意，各方面进行了试验研究和应用，特别在美国对三层滤料滤池更感兴趣，并进行了大量研究比较。1999 年美国《水质和处理》手册客观地对多层滤池进行了分析比较，并提出了相应的发展观点。该研究认为：在相同过滤周期条件下三层滤料比双层滤料过滤后的水质要好。不少学者和水厂的试验也得出相同结论。但也有持相反观点的，如 Kirmeyer（1979）认为，三层滤料滤池与双层滤料滤池相比较，其出水水质并无区别，只是在低滤速时双层滤料滤池对单位水头损失出水量有利，而在高滤速时三层滤料滤池对单位水头损失出水量有利。手册还报道，1992 年克里斯比（Cleasby）曾进行了 12 个中间及生产规模试验（未发表），比较了双层、三层滤料滤池和单层深床粗粒滤料滤池。结果表明，三层滤料滤池的出水水质要比煤、砂双层滤料滤池好，但初期水头损失，三层滤料滤池比较高。同时指出，单层深床粗粒滤料滤池的过滤周期出水量和出水水质都要比传统的双层、三层滤料滤池优越。显然，当时克里斯比已预计到单层深床粗粒滤料池的发展趋势了。

我国曾在黄石水厂、蚌埠三水厂、成都一水厂等地试验和应用过三层滤料滤池，取得了相应的资料。试验表明，在高的过滤速度（20～30m/h）下，仍可获得较长的过滤周期（10～20h）。

根据相关研究和应用实践，我国《室外给水设计规范》GB 50013—2006 对三层滤料滤池的滤料组成和设计滤速也作出了相应规定（见表 6-5）。

6.5　承托层

6.5.1　承托层材料

滤池的承托层一般由一定级配的卵石组成，敷设于滤料层和配水系统之间。它的作用是支撑滤料，防止滤料从配水系统的缝隙中流失，同时使反冲洗水可以均匀地向滤料层分配。

19 世纪，当快滤池刚问世时，所采用的承托层粒径较细（1～6mm），层厚较薄（180mm），为了防止反冲洗时冲动，在承托层上面安装了金属丝网；之后，由于金属网锈蚀，翻修滤池困难等原因，将承托层的厚度逐渐加大并取消了金属丝网。现在，对滤池承托层的布置一般不再作仔细的研究，只是按照习惯选用。但事实上，由于承托层布置不当，造成失败的情况还是不少：某些厂因选用的承托层与反冲洗强度不协调，造成卵石移动、隆起；某些厂因承托层粒径过粗造成漏砂等等。

用作承托层的卵石应满足下述物理和化学的要求：

（1）必须是硬质的圆形石，平均比重应大于 2.5，比重 2.25 以下者不超过 1%，扁平而细长（长径是短径的 3 倍以上）的不超过 2%。

（2）不带有页岩、黏土、污染杂质。

（3）孔隙率在 35%～45%之内。

（4）盐酸可溶度：粒径 10mm 以下者不大于 10%，粒径 10mm 以上者不大于 5%。

此外，根据其作用尚应满足一定的颗粒级配和一定的厚度要求。

6.5.2　承托层设计

1. *承托层的颗粒级配*

承托层的粒径应使滤料不漏入卵石的孔隙中而又使卵石本身不致落入配水系统的孔缝中。同时反冲洗时，卵石层不发生移动。

1）上层的粒径

上层的卵石与滤料的最下层相接触，因此由卵石组成的最大孔隙要比滤料的最大粒径小，滤料才不会漏下去。均匀圆球状颗粒排列的最大孔隙形状如图 6-41。由几何关系 $d_{大}=(\sqrt{2}-1)D_{上}$ 得 $D_{上}=2.414d_{大}$，所以承托层最上层粒径 $D_{上}$ 应≤2.4 倍

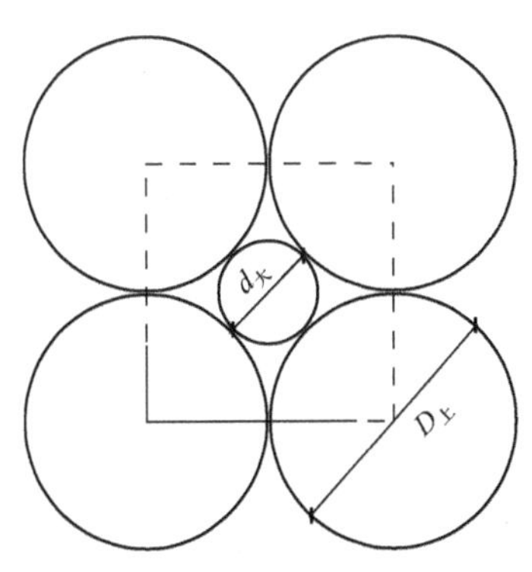

图 6-41　均匀圆球状颗粒间的最大孔隙

滤料最大粒径 $d_{大}$，为安全起见实际使用时，以 d_{80} 代表 $d_{大}$，设 $d_{10}=0.5$，$K_{80}=1.6$，则 $d_{80}=0.8$，得 $D_{上}=2.4\times0.8=1.92\text{mm}\approx2\text{mm}$。

2）卵石流化的临界粒径

反冲洗时，为使卵石承托层不发生移动，必须使卵石的粒径大到足以阻止水流对它的上冲力，否则承托层就会形成流化而失去稳定。对处于即将流化状态时的粒径，称作“颗粒流化的临界粒径”。

根据流动层理论，流化时颗粒层的水头损失为：

$$h_f=l_0(1-e_0)(\rho_s-\rho_w)/\rho_w \tag{6-36}$$

式中 h_f——流化状态时的颗粒层水头损失（m）；

l_0——流化前的颗粒层厚度（m）；

e_0——流化前的颗粒层孔隙率；

ρ_s、ρ_w——颗粒和水的密度（kg/m^3）。

未形成流化时颗粒层的水头损失可用下式表示：

$$h_0=\frac{200\mu vl_0}{\rho_w g\psi^2D^2}\cdot\frac{(1-e_0)^2}{e_0^3} \tag{6-37}$$

式中 h_0——未流化时颗粒层的水头损失（m）；

v——反冲洗流速（m/s）；

μ——反冲洗水的黏度（Pa·s）；

ψ——颗粒的球状度；

D——颗粒粒径（m）。

使式 6-36 与式 6-37 相等，可求得临界粒径 D_k：

$$D_k=\sqrt{\frac{200\mu v(1-e_0)}{g\cdot\psi^2\cdot(\rho_s-\rho_w)e_0^3}} \tag{6-38}$$

所以承托层中采用的卵石粒径必须大于由式 6-38 求出的 D_k 值。

取 $\rho_s=2.5$，$\psi=0.85$，此外为安全起见，取 $\mu=1.5\times10^{-3}$，$e_0=0.35$，得：

$$D_k=0.0207\sqrt{v} \tag{6-39}$$

图 6-42 是根据式 6-39 试绘出的对应曲线，图中虚线是日本巽岩根据试验得出的结果，计算与实验的结果一致。

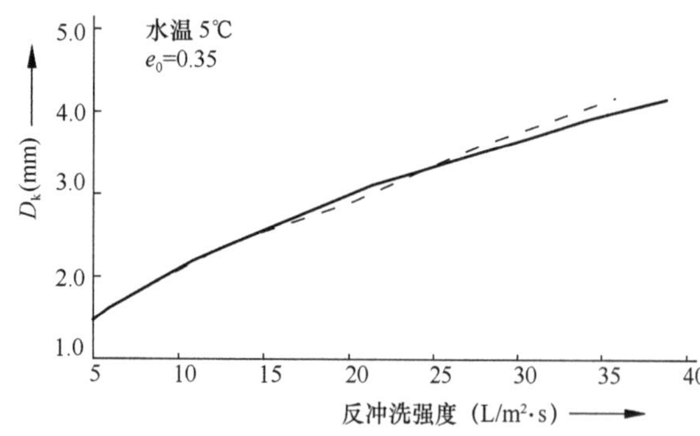

图 6-42 反冲洗强度与卵石流化粒径的关系

由图 6-42 可知，当承托层的上层粒径为 2mm 时，冲洗强度在 9L/（s·m²）以上就会发生浮动，但由于浮动范围仅局限在最面层的几厘米内，所以在实践中问题并不突出。由于目前国内快滤池的冲洗强度一般均在 10L/（s·m²）以上，因而在有条件的地方，最好将上层承托层改用比重较大的粒料来代替天然卵石。美国有将该层卵石改用比重较大的石榴石（比重 4.2 左右）或钛铁矿石（比重约 4.7），国内黄石水厂三层滤料滤池的上层承托层采用 1～2mm 的磁铁矿粒（比重 4.7～4.8，$e_0=0.48$，$\psi=0.6$），当水温 29℃时，实测的最大允许冲洗强度为 21L/（s·m²），与式 6-38 的计算［20.4L/（s·m²）］基本相符。

3）承托层的侧向推动

由于配水系统支管各孔眼中出流流量的不一致，会对承托层产生侧向推力。侧推力的大小与孔眼流量之差以及反冲洗强度的平方成正比。另一方面，卵石层的水平摩阻力则是阻止承托层水平位移的力，它的大小与卵石层之间的摩阻系数成正比，并随反冲洗强度的加大而减小。很显然，孔眼出流量之差反映了配水系统的配水均匀程度。一个良好的配水系统，其配水均匀性应大于0.9，同时正确控制总管（渠）和支管的流速就不会导致局部反冲强度的大量提高，所以在一般的快滤池条件下（反冲强度较小），只要承托层不形成流化，就不会产生侧推位移问题。但是如果配水系统布置不当，也会发生卵石层的侧向位移。例如曾有报道，反冲洗总管进水端流速采用过大使滤料倒层的例子。这是因为沿着总管的流速逐渐变慢，流速水头恢复比摩擦损失要大得多，因此位于滤池最远端的压力将最大，造成该处冲洗强度过大，扰动承托层而造成的。此外，用作除铁等的锰砂滤池，由于反冲洗强度大，更易引起承托层的位移。

4）下层的粒径

承托层下层的颗粒与配水系统的孔口直接接触，因此它的粒径除必须大于孔口直径外，还必须大到足以抵抗孔口射出水流的冲动。

孔口射出水流分速 v_j 等于 v/α，其中 v 为反冲洗流速，α 为配水系统的开孔比；考虑到水流刚一射出孔口，立即得到扩散，这时射到卵石上的流速 v'_j 将大大降低。从已投产成功的例子分析，采用 $v'_j=0.1\sim0.3v_j$ 可能是妥当的，为安全起见，设 $v'_j=0.3v_j$ 并取 α=0.20%则抵抗射出水流冲动所要求的承托层下层颗粒粒径为：

$$D_{下}=D_k\cdot\sqrt{\frac{1}{\alpha}\cdot0.3}=0.2535\sqrt{v} \tag{6-40}$$

根据式6-40可绘制曲线，如图6-43所示。从图中可以看出，当冲洗强度在15L/（s・m^2）时，下层粒径 $D_{下}$ 约为32mm，与实际使用情况接近。

2. 承托层的厚度

承托层除了支承滤料之外，还有将反冲洗水进一步均匀分布的作用。也就是将配水系统各孔眼射出水流的动能迅速转化成位能，通过卵石层进一步使孔眼之间的水流均匀分配。同时希望通过卵石层的水头损失最小，因此要求承托层的厚度越小越好。

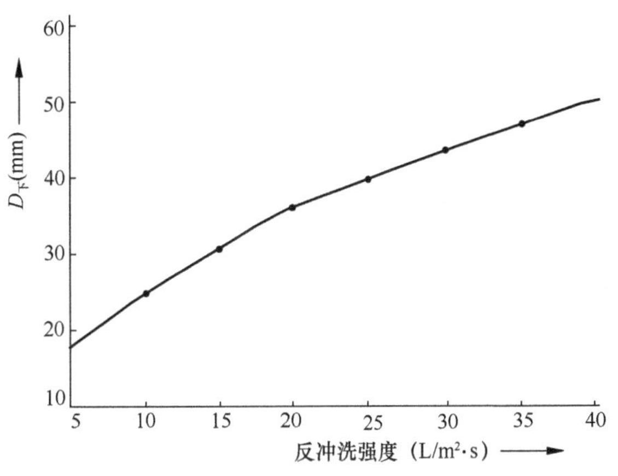

图6-43 下层粒径与反冲洗强度的关系

另一方面，为使反冲洗均匀，还必须使通过卵石层本身的水头损失各处都均匀。但是，由于采用的天然卵石，粒径、形状各不相同，铺垫时又有施工上的误差（粒径、厚度上的不一致），因此，又要求有一定的厚度来抵偿水头损失的不均匀。

藤田贤二（1972年）根据卵石层本身水头损失应均匀的要求推导了不同粒径承托层的必要厚度式如下：

$$L_0=D_0\left\{\left[\frac{\pi}{6(1-e)}\right]^{\frac{1}{3}}\left(\frac{\Delta D}{D_0}\right)^2\left(\frac{\Delta h_0}{h_0}\right)^{-2}\right\} \tag{6-41}$$

式中 L_0——卵石层的厚度（mm）；

D_0——卵石层的粒径（mm）；

e——卵石层的孔隙率；

$\Delta D/D_0$——卵石层的铺垫误差度；

$\Delta h_0/h_0$——要求的通过卵石层水头损失的不均匀度。

若 $\Delta h_0/h_0$ 为 5%，$\Delta D/D_0$ 为 25% [如规定铺垫的粒径为 2mm，而实际做到的则为 2± (2×0.25) =2.5～1.5mm]。

则
$$L_0 = D_0\{0.9305 \times 0.25^2 \times 0.05^{-2}\} = 23.3D_0 \tag{6-42}$$

由于上层的水头损失占了全部卵石层损失的绝大部分，因此利用式 6-42 来计算承托层上层的厚度比较适当。承托层下层由于粒径较大，其厚度可按该层的平均粒径 3～5 倍来计算。

3. 防止承托层移动的措施

为了防止大面积滤池中承托层在反冲洗时的移动，国外资料介绍在承托层部分采用分格的措施如图 6-44。经对国内大面积滤池（$100m^2$ 以上）的调查表明，许多滤池不用这种分格也未产生问题。广州西村水厂曾采用了分格措施。为此，只要正确设计配水系统，认真选择承托层的粒径和厚度，并严格掌握施工质量，是可以保证滤池正常运行的。

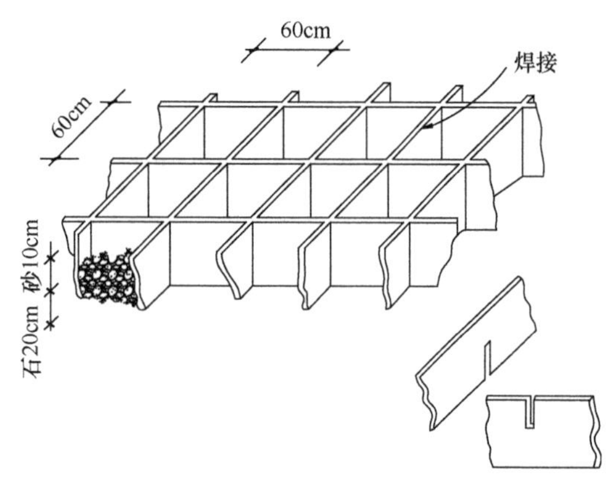

图 6-44　承托层的分格措施

4. 计算例题

假定快滤池的滤料级配为 $d_{10}=0.55$，$K_{80}=1.5$；采用反冲洗强度 14L/ ($s \cdot m^2$)。选用卵石作为承托层，其比重为 2.40，孔隙率 $e_0=0.41$，假设 $\psi=0.85$；当水温为 5℃时的黏度为 1.5×10^{-3} Pa·s，则理论计算如下：

(1) 根据 $D_上 \leqslant 2.4d_大$ 得上层最细颗粒粒长应为 $D_上=0.55\times1.5\times2.4=1.98$mm，采用 $D_上=2$mm。

(2) 根据式 6-38 核对临界粒径，得：

$$D_k = \sqrt{\frac{200\mu v(1-e_0)}{g \cdot \psi^2 \cdot (\rho_s - \rho_w)e_0^3}} = 1.9(\text{mm})$$

因 1.9mm<2.0mm，故不会发生浮动，第一层中的较大粒径应为 2×2.4=4.8mm，采用 4mm，故第一层粒径为 2～4mm。

(3) 根据式 6-40 算得下层最大粒径：

$$D_下 = 24.5(\text{mm})$$

(4) 根据式 6-41，并设施工铺垫误差度为 0.3，要求水头损失均匀度 0.95，求得承托层上层的厚度：

$$l_上 = 34.6D_上$$

$D_上$ 取平均粒径 (2+4) /2=3mm，得 $l_上=104$mm，采用 100mm。

(5) 选择中间层的粒径与层厚：

第二层粒径为 2.4×4=9.6mm，采用 4～8mm，层厚 70mm；

第三层粒径为 2.4×8=19.2mm，采用 8～16mm，层厚 80mm；

最下层粒径为 24.5mm，采用 16～32mm，层厚 150mm；

故设计的承托层总厚为 400mm。

上述计算结果与《室外给水设计规范》规定基本一致。

6.6 配水系统

6.6.1 配水系统类型及构造

快滤池的配水系统，其作用是能均匀地分配反冲洗水和均匀地收集滤后水，并要求施工安装方便，不堵塞，经久耐用和便于维修。目前常用的有多种构造形式，基本上可分类为：

（1）大阻力配水系统：通过系统的水头损失一般大于3m，主要形式为带有干管（渠）和穿孔支管（渠）的“丰”字形配水系统；

（2）中阻力配水系统：通过系统的水头损失在0.5～3m之间，有滤球式、管板式和二次配水滤砖等；

（3）小阻力配水系统：通过系统的水头损失小于0.5m者，有豆石滤板、格栅、平板孔式、三角槽板式、滤头和马蹄管等。

近年来，由于气水冲洗效果较好，并节约冲洗水量，故气水冲洗配水系统被普遍使用，其形式主要有固定式长柄滤头、可调式长柄滤头、马蹄管以及Leopold式滤砖等。

各种形式配水系统的构造和特点介绍如下。

1. 大阻力配水系统

大阻力配水系统的构造如图6-45所示，它主要由配水干管和穿孔配水支管组成。大阻力配

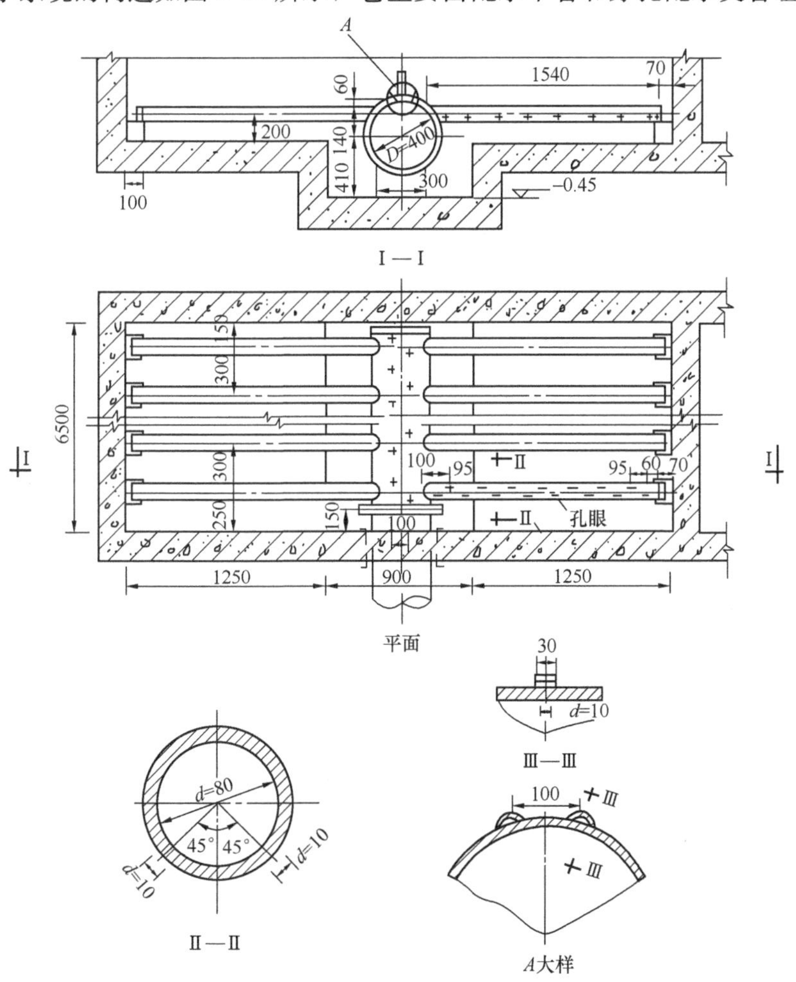

图6-45 穿孔管式大阻力配水系统

水系统具有布置简单、配水均匀性好、造价低、经久耐用和较易维修等优点，因此使用较多。缺点是水头损失大，耗能比其他形式高。

大阻力配水系统设计参数主要包括干管起始流速 $v_{干}$、支管起始流速 $v_{支}$、孔口流速 $v_{孔}$、开孔比（开孔面积与滤池面积之比）α、支管间距 $b_{支}$、孔口间距 $b_{孔}$、孔口直径 $d_{孔}$ 以及支管长度 $L_{支}$ 与直径 $d_{支}$ 之比和干管横截面面积 $A_{干}$ 与支管总横截面面积 $A_{支总}$ 之比等。

现行设计规范和设计手册对这些设计参数的规定如下：

$v_{干}$：1.0～1.5m/s；

$v_{支}$：1.5～2.0m/s；

$v_{孔}$：5～6m/s；

α：0.20%～0.28%；

$b_{支}$：0.25～0.30m；

$b_{孔}$：0.15～0.25m；

$d_{孔}$：9～12mm；

$L_{支}/d_{孔}\leqslant 60$；

$A_{干}/A_{支总}\geqslant 1.75\sim 2.0$。

对于上述大阻力配水系统部分设计参数和构造布置的深入讨论见 6.6.2 节。

2. 中、小阻力配水系统

国内外给水工作者针对各种滤池形式、冲洗方式开发了许多中、小阻力配水系统。这类系统种类较多，按配水方式可分为一次配水和二次配水（气），按水头损失大小分可分为小阻力配水系统（一般为一次配水）和中阻力配水系统（一般为二次配水），按构造形式主要分为平板式、格栅式、滤砖和滤头等，按材料分类有混凝土、陶土烧制、钢制铸造和塑料等。将各种中、小阻力配水系统按构造归类的介绍分别列于表 6-16 和表 6-17，小阻力配水系统的水头损失值列于表 6-18。对于中、小阻力配水系统的水力和配水均匀性问题的讨论见 6.6.2 节。气水冲洗长柄滤头和马蹄管配水系统的构造和设计见 6.6.4 节。

各种中阻力配水系统构造和水头损失值 **表 6-16**

名称	图示	构造特点	流量系数（α）	开孔比 β（%）	水头损失值（cm）		
					冲洗强度 9L/(s·m²)	冲洗强度 12L/(s·m²)	冲洗强度 15L/(s·m²)
1. 滤球式		（1）滤球为瓷质 （2）大球直径 $D=78$mm，共 5 只；小球直径 $d=38$mm，共 9 只 （3）也有采用 1 个大球和 4 个小球的形式	0.78	0.32	66	118	184

续表

名称	图示	构造特点	流量系数（α）	开孔比 β（%）	水头损失值（cm）		
					冲洗强度 9L/（s·m^2）	冲洗强度 12L/（s·m^2）	冲洗强度 15L/（s·m^2）
2. 二次配水滤砖	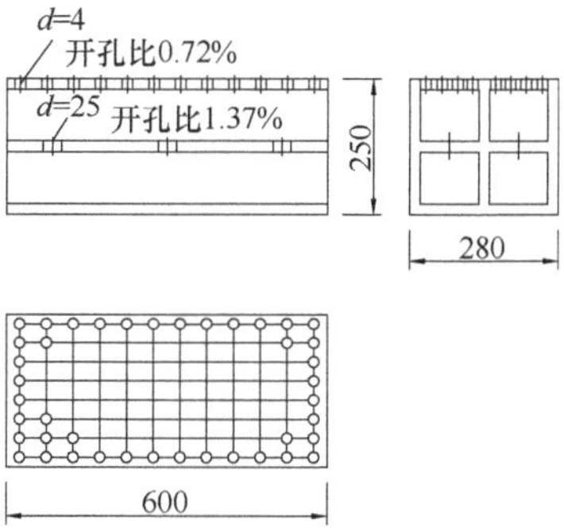 d=4 开孔比0.72% d=25 开孔比1.37% 250 280 600	（1）F-1 型滤砖的外形尺寸一般为600mm×280mm×250mm，一次配水为4孔 d=25mm；二次配水为96孔 d=4mm （2）为安装需要也可加工成其他的外形尺寸	0.75	一次配水 1.37 二次配水 0.72	12 28	17 43	25 64
3. 三角形内孔两次配水（气）滤砖	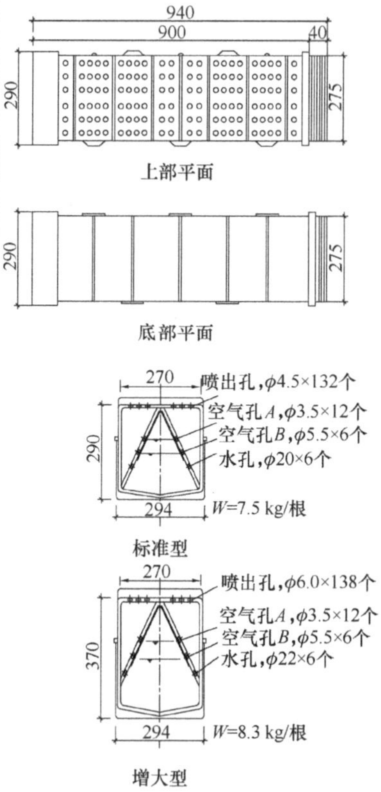 940 900 40 290 275 上部平面 290 275 底部平面 270 喷出孔，ϕ4.5×132个 空气孔A，ϕ3.5×12个 空气孔B，ϕ5.5×6个 水孔，ϕ20×6个 290 294 W=7.5 kg/根 标准型 270 喷出孔，ϕ6.0×138个 空气孔A，ϕ3.5×12个 空气孔B，ϕ5.5×6个 水孔，ϕ22×6个 370 294 W=8.3 kg/根 增大型	（1）外形尺寸：标准型为940mm×270mm×290mm；增大型为940mm×270mm×370mm （2）布孔见图示	0.75	一次配水 72% 一次配气 0.10% 二次配水/气（喷出孔）0.80%	27.0	47.5	74.3

各种小阻力配水系统构造 **表 6-17**

名称		图示	构造	优缺点及注意事项
1. 格栅式	钢格栅	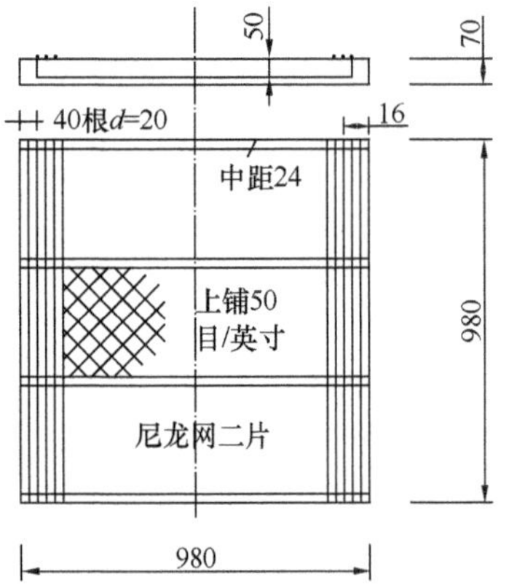	（1）每块格栅一般为980mm×980mm；框架高70mm，栅条直径为d=12钢筋，中距24mm，净距12mm （2）国标无阀滤池(S775)的格栅尺寸为645mm×645mm，框架高30mm；栅条直径为d=12钢筋，中距15mm，净距3mm	缺点： （1）开孔大，反洗不易均匀； （2）钢筋易锈蚀，使用周期不长
	钢筋混凝土条缝式	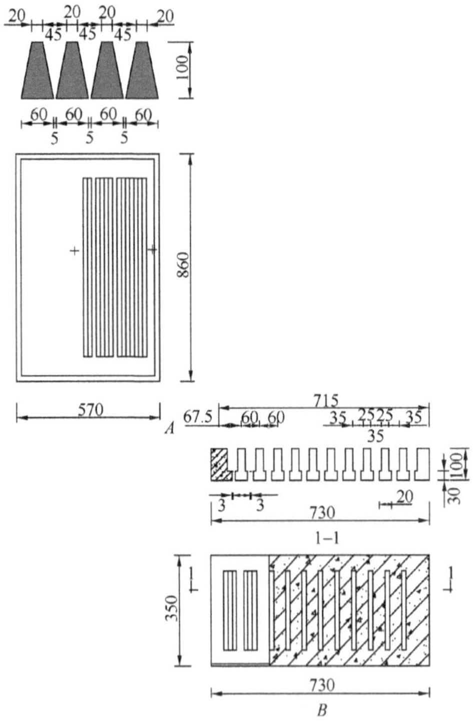	条缝宽一般为3～5mm	优点： （1）板的结构牢固，不易断裂； （2）本身自重大，不易移动，安装较方便。 缺点： 制作要求较高，缝宽难以严格控制

续表

名称		图示	构造	优缺点及注意事项
2. 平板孔式	钢筋混凝土孔板		(1) 由开孔板上铺1～2层30～40目/英寸的尼龙网组成； (2) 钢筋混凝土板尺寸宜控制在800mm×800mm以下，板厚一般采用100mm； (3) 孔眼形式有圆形孔，可以为上大下小的喇叭状孔，或直筒孔； (4) 孔眼亦可做成条隙式； (5) 平板可用铸铁浇铸，一般尺寸为500mm×500mm，厚20mm	优点： (1) 孔板结构牢固，不易损坏； (2) 自重大，不易移动，安装方便； (3) 开孔比易于控制； (4) 可用不同材质制造。 缺点： (1) 尼龙网不易牢固，如固定不好，易造成漏砂事故； (2) 尼龙网必须定期更换
	条隙孔板		(1) 条隙孔板可采用钢筋混凝土板，开孔比以小于1%为好； (2) 每块板的尺寸宜控制在800mm×800mm以下	优点： (1) 孔板结构牢固，不易损坏； (2) 自重大，不易冲动，安装方便； (3) 可用不同材质制造。 缺点： 开孔比小于1%时，精度难以控制
	铸铁孔板			

续表

名称		图示	构造	优缺点及注意事项
3. 三角槽孔板式		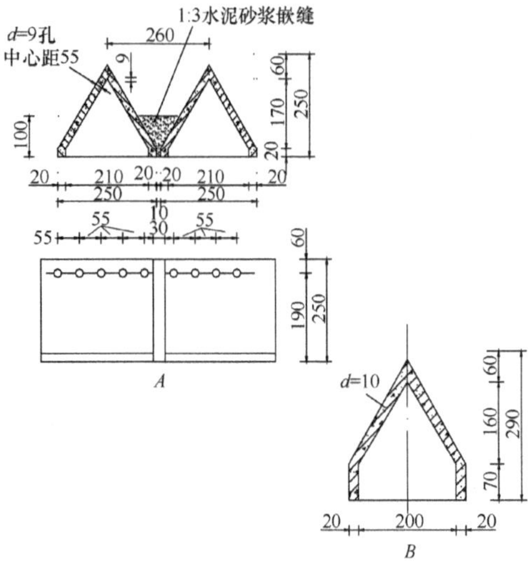	纵向配水长度约 3～4m	配水较均匀
4. 滤头	改进型尼龙滤头	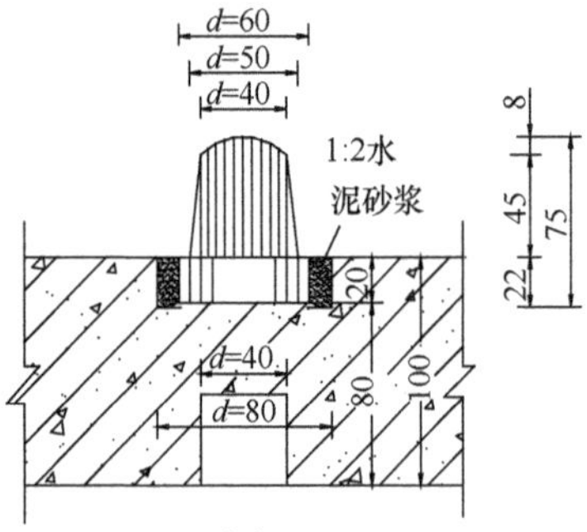 滤头	(1) 共有 24 条缝隙，缝隙尺寸为 32mm × 0.43mm，缝隙总面积 335mm²；(2) 每平方米布置 41 个	配水较均匀，但滤头老化后调换比较麻烦
	英式 TWA/P 滤头	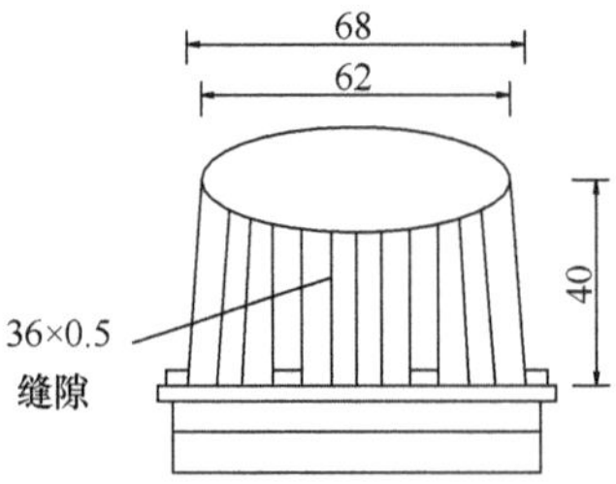	(1) 共 36 条缝隙，缝隙尺寸为 34～36mm ×0.5mm，缝隙总面积约 620～650mm²；(2) 每平方米布置 32～34 个	配合 K 型板与长柄（可调）式滤头施工方便，水平度精确，滤板钢筋保护层符合结构规范要求

各种小阻力配水系统水头损失值 **表 6-18**

	名称	流量系数 α	开孔比 β	水头损失值（cm）冲洗强度 9L/(s·m²)	冲洗强度 12L/(s·m²)	冲洗强度 15L/(s·m²)	数据来源
1. 格栅式	钢格栅	0.85	47%	0.003	0.005	0.007	为计算值
		0.85	20%	0.043	0.060	0.094	
	条缝式滤板	0.60	4%	0.8	1.3	2.1	冲洗强度 19L/（s·m²）时，实测损失 4cm

续表

名称		流量系数 α	开孔比 β	水头损失值（cm）冲洗强度 9L/(s·m²)	冲洗强度 12L/(s·m²)	冲洗强度 15L/(s·m²)	数据来源
2. 平板式	钢筋混凝土圆孔板	0.75	1.32	4.2	7.5	11.7	计算值
		0.75	0.8	11.4	20.4	31.9	
	条隙孔板	0.75	6.74	1.0	2.5	3.8	实测值
	铸铁圆孔板	0.75	6.15	0.2	0.35	0.54	计算值
		0.75	2.2	约5	11.6	约13	实测值，包括尼龙网损失
3. 三角槽孔板		0.75	0.87	—	12	29	实测值
4. 滤头	改进型	0.8	1.44	—	21	30	
	尼龙滤头						
	英式滤头	0.8	2.0左右	—	—	—	β值按34个/m²计算

6.6.2 配水系统设计

1. 大阻力配水系统设计和布置参数

国内采用的大阻力配水系统大多为配水干管和支管呈“丰”字形，其一般布置如图6-46。曾对23座使用15年以上的快滤池作了调查分析，其结果表明（见表6-22），所采用的多叉管配水系统，配水均匀性都较好，同时因其具有经久耐用，较易维修等优点而乐于被使用单位所接受。其缺点是经常电耗较大。下面根据这些滤池的使用经验对有关的设计数据和布置作些探讨。

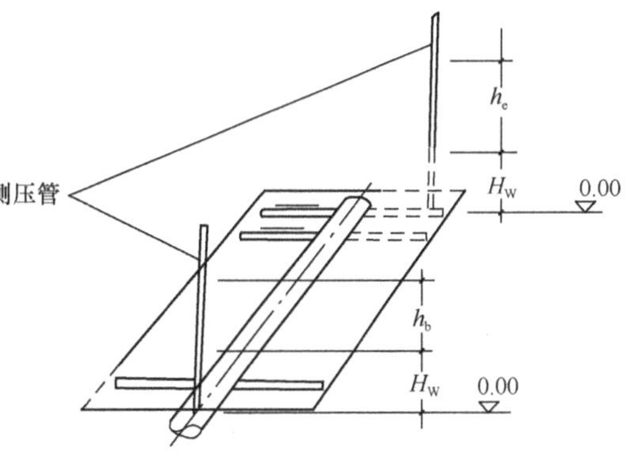

图6-46 多叉管配水系统的一般布置

图6-47表示穿孔配水管中的水压变化情况，水流通过穿孔管的压力变化H_L应为：

$$H_L = h_e - h_b \tag{6-43}$$

式中h_e及h_b分别为水流通过穿孔管段最终和起始孔眼的水头损失。若穿孔配水管的配水均匀性用m来表示，则可得：

$$m = h_b / h_e \tag{6-44}$$

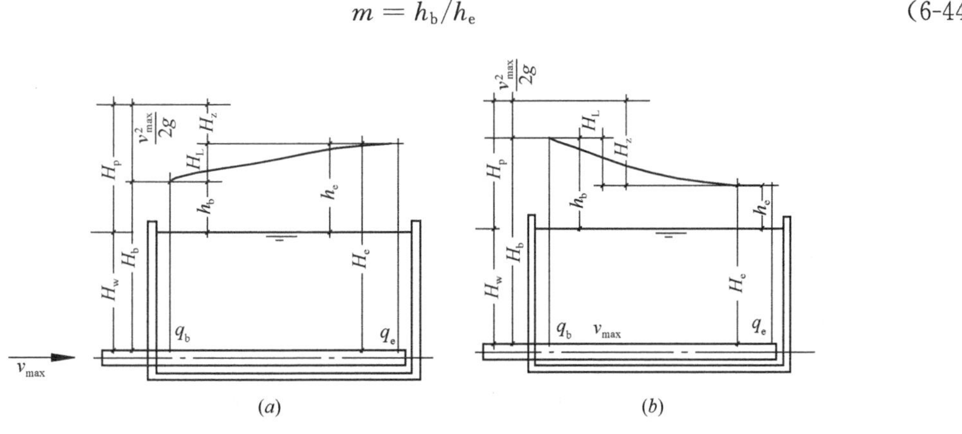

图6-47 穿孔配水管中的水压力变化曲线

(a) 穿孔配水短管（速头恢复大）；(b) 穿孔配水长管（速头恢复小）

将式 6-43 代入得：

$$m = h_b/(h_b \pm H_L) \quad (6\text{-}45)$$

式 6-45 说明，穿孔配水管工作的均匀性决定于穿孔管内孔眼出流和管段的水头损失比，增大孔眼出流的水头损失或减小管段沿线的水头损失都可使 m 值趋近于 1，也就是提高配水的均匀性。

多叉管配水系统的配水均匀性则是基于前者，即水流通过孔口的水头损失远远大于配水管段沿线的水头损失。

目前，快滤池的多叉管配水系统，一般都根据经验准则进行设计计算各国推荐的经验数据见表 6-19。

大阻力多叉管配水系统的设计准则　　表 6-19

项目 \ 推荐者	室外给水设计规范 GB 56013—2006	给水设计手册	英、美
$v_{干}$ (m/s)	1.0～1.5	1.0～1.5	<2
$v_{支}$ (m/s)	1.5～2.0	1.5～2.0	<2
$v_{孔}$ (m/s)	5～6	5～6	4～6
α	0.2%～0.28%	0.2%～0.28%	0.15%～0.5%
$A_{干}$: $A_{支总}$	—	1.75～2.0	1.75～2.0
L : D	—	小于 60	小于 60
$b_{支}$ (m)	—	0.25～0.3	0.08～0.3
$b_{孔}$ (m)	—	0.15～0.25	0.08～0.3
$d_{孔}$ (mm)	—	9～12	6～12

将 23 座快滤池多叉管配水系统的调查数据（见表 6-22）与这些准则数据相对照可以看出以下几点：

1）关于管长与管径比（包括干管和支管）

在式 6-45 中，若 $H_L=0$，这时通过穿孔管的摩阻损失与速头恢复值相等，则 $H_b=H_e$，$m=1$，即配水完全均匀。当 H_L 为正值时，速头恢复值大于摩阻损失，$h_b< h_e$，$m<1$（见图 6-47 (*a*)）；当 H_L 为负值时，速头恢复值小于摩阻损失，$h_b> h_e$，$m>1$（见图 6-47 (*b*)）；$m<1$ 或 $m>1$ 都表示配水不能完全均匀，根据水力学动量平衡原理，对沿途均匀出流的某一特定管道，m 的大小仅与管径和管长比有关，如管道粗糙系数 $n=0.013$，管内摩擦损失系数按曼宁公式计算，则可求得：

当 $L=143D^{1.33}$ 时，　　$m=1$　　(6-46)

当 $L<143D^{1.33}$ 时，　　$m<1$　　(6-47)

（表示管子比较短而粗）

当 $L>143D^{1.33}$ 时，　　$m>1$　　(6-48)

（表示管子比较长而细）

苏联 Водгео 研究院用钢管和石棉水泥管进行水力试验得出了相应于式 6-46 的经验式为：

$$L=185D^{1.25},\ m=1 \quad (6\text{-}49)$$

在分析的 20 余座滤池中，总管的 L/D 值，最大为 11.5，最小为 7.1，平均为 9.2；支管的 L/D 值，最大为 40.0，最小为 21.3，平均为 27.6。

根据式 6-46 计算所得的管长与管径比见表 6-20。

管长与管径比 **表 6-20**

D (m)	0.05	0.075	0.1	0.2	0.3	0.4	0.5	0.6	0.7	0.8	1.0
L/D	53	61	67	84	96	105	114	121	127	133	143

所以实际快滤池中多叉管的 L/D 值均远远小于表 6-20 所列的 L/D 值，说明叉形管无法做到配水完全均匀，而且配水管最远端出流孔的流量因配水管的速头恢复值大于摩阻损失使它总是大于起点孔的流量。由于所分析的 23 座滤池，单池面积为 13.6～106m²，比较有代表性，在长期运行中都取得较满意的结果，因而定出 $L/D<60$ 这一点有无必要似乎值得商榷。

2）关于流速选用问题

一般设计时，是先选定干管、支管流速，根据反冲洗强度和支管中距（$b_{支}$），决定干管、支管的口径；然后，选定 α 值，再求出孔径（$d_{孔}$）和孔距（$b_{孔}$）。在一定的反冲洗强度下，选定 α 即为选定孔口流速，它们之间的关系见表 6-21。

孔口流速表（单位：m/s） **表 6-21**

反冲洗强度（L/m²·s） \ α	0.15%	0.175%	0.2%	0.225%	0.25%	0.275%	0.3%	0.35%
10	6.67	5.71	5.00	4.44	4.00	3.64	3.33	2.86
11	7.34	6.29	5.50	4.89	4.40	4.00	3.67	3.14
12	8.00	6.86	6.00	5.34	4.80	4.36	4.00	3.43
13	8.67	7.42	6.50	5.78	5.20	4.72	4.34	3.72
14	9.34	8.00	7.00	6.22	5.60	5.09	4.67	4.00
15	10.00	8.57	7.50	6.67	6.00	5.45	5.00	4.30
16	10.67	9.14	8.00	7.11	6.40	5.82	5.34	4.57
18	12.00	10.29	9.00	8.00	7.20	6.55	6.00	5.15
20	13.34	11.43	10.00	8.89	8.00	7.27	6.67	5.72

假设最远端孔口的出流水头比起点孔口大 $1.5\frac{v_{干}^2+v_{支}^2}{2g}$，并设孔口流量系数 $\mu=0.62$，推算 23 座滤池叉形管配水系统的各项参数见表 6-22。

叉形管配水系统的参数 **表 6-22**

滤池编号	滤池面积（m²）	干管流速（m/s）	支管流速（m/s）	孔口流速（m/s）	起点孔口水头损失（m）	$\frac{v_{干}^2+v_{支}^2}{2g}$（m）	m_H①	α②	附注
1	106.0	0.88	1.60	3.36	1.50	0.17	91.7%	0.3%	
2	77.8	1.24	1.67	3.56	1.68	0.22	90.5%	0.34%	
3	56.0	0.63	2.16	5.33	3.76	0.26	9.49%	0.23%	
4	54.0	0.63	2.24	5.00	3.30	0.28	94.0%	0.28%	
5	37.0	1.14	2.11	7.50	7.42	0.30	97.0%	0.16%	同一座滤池 9 号在 8 号的基础上改造
6	33.2	1.30	2.45	5.48	3.98	0.39	93.0%	0.24%	
7	33.2	1.30	2.45	5.48	3.98	0.39	93.0%	0.24%	
8	32.5	1.95	2.64	4.29	2.44	0.55	86.3%	0.35%	
9	32.5	1.95	2.64	6.82	6.16	0.55	93.5%	0.22%	
10	27.5	1.59	2.25	4.55	2.75	0.39	90.0%	0.29%	

续表

滤池编号	滤池面积 (m^2)	干管流速 (m/s)	支管流速 (m/s)	孔口流速 (m/s)	起点孔口水头损失 (m)	$\frac{v_干^2+v_支^2}{2g}$ (m)	m_H①	α②	附注
11	27.5	均与10号池相同							
12	27.5								
13	27.3	1.45	2.16	5.25	3.65	0.34	93.2%	0.28%	
14	24.6	1.25	1.91	3.71	1.83	0.27	89.9%	0.35%	
15	23.0	1.25	2.21	7.22	6.90	0.31	96.6%	0.18%	同一座滤池9号在8号的基础上改造
16	22.5	1.04	2.20	5.50	4.01	0.30	94.7%	0.24%	
17	22.5	1.17	2.05	4.50	2.70	0.29	92.3%	0.29%	
18	21.2	1.41	2.52	4.74	2.97	0.42	90.0%	0.32%	
19	18.5	1.32	2.20	5.76	4.40	0.34	94.6%	0.24%	
20	15.2	1.57	2.50	7.10	6.65	0.44	95.0%	0.19%	
21	13.7	1.12	1.68	4.74	2.98	0.21	95.0%	0.27%	
22	13.7	1.21	1.82	5.10	3.45	0.24	95.0%	0.27%	
23	13.6	0.77	2.43	4.79	3.03	0.33	92.0%	0.29%	

注：① m_H表示计算的反冲洗均匀系数。

② α表示计算的开孔比。

在表6-22中，8号滤池在实际反冲洗时，产生严重的不均匀情况。使用单位反映，冲洗时，大量反冲水偏向滤池顶头一边上涌，该部分水浊度大而其他部分上涌水量较少，浊度较低，使用几个月后部分滤砂严重堵塞，滤水滤不下去，感到配水系统存在问题，因而进行改造，将支管上的孔眼每3个堵塞掉1个，减少小孔出流面积，增大孔口出流流速，经改造后得出的数据和9号滤池一样。除8号滤池外，其他各座滤池的反冲洗效果，一般都认为满意，由此从表6-22中的数据可看出如下几点：

(1) 计算的均匀系数（m_H）如能达到90%（14号滤池为89.9%）者，一般都能取得满意的反冲洗效果。

(2) 比较2号和21号滤池，在干管、支管流速相似条件下，2号滤池因孔口流速较小，水头损失比21号滤池也小2.98−1.68=1.3m，它们的m_H各为90.5%和95%，反冲洗效果相仿，但反冲洗水的电费可节省约20%，从而认为m_H采用90%左右比较合理。

(3) 在23组滤池中，采用的干管最大流速1.95m/s，最小流速0.63m/s，支管最大流速2.64m/s，最小流速1.61m/s，孔口最大流速7.5m/s，最小流速3.36m/s。只要在这些流速范围内搭配，并遵循“大阻力”原则，即孔口流速大于支管流速，支管流速又大于干管流速，则均匀系数均达到了90%以上，并取得可以接受的反冲洗效果。因此在流速选用时，就产生了一个经济问题。以13号滤池为例进行分析，若将干管、支管和孔口流速从1.45m/s、2.16m/s和5.25m/s，各减为1.07m/s、1.37m/s和3.5m/s，其均匀系数均为93.2%，而冲洗水头损失可减小2m左右，从而认为采用较小的流速搭配比较经济。从这些滤池的运行中，建议$v_干$采用0.7～1.1m/s，$v_支$采用1.4～1.8m/s，$v_孔$采用3.5～4.5m/s。

3) α值（开孔比）

如按上述建议流速设计，则α值一般较大。事实上，在分析的23座滤池中，α值大于0.25%有12座，大于0.3%有5座，反冲洗均属正常，(其中除8号滤池因m_H<90%除外)，因而建议设计时，α值可控制在0.3%左右。

4）干管断面积与支管断面积比值（$A_{干}$: $A_{支总}$）

虽然有的准则中规定 $A_{干}$: $A_{支总}$要在 1.75～2.0 之间，但 23 座滤池中，在该值范围内的仅有 5 座，该值最大者达 3.74，最小者仅 1.35。

5）水头损失问题

大阻力配水系统，要求通过孔口的水头损失大一点为好，但如上所述，过大的损失会导致不经济。根据孔口流速 3.5～4.5m/s 推算的水头损失大致在 1.6～2.7m 之间。如果按水头损失 3m 以上属大阻力系统，那么，1.6～2.7m 应属中阻力系统，今后快滤池的配水系统设计似有向中阻力系统发展的趋势。

6）叉形管配水系统的布置

目前国内使用的布置形式有如下 7 种（图 6-48）。经与施工单位和使用单位讨论，将图中各种布置形式的优缺点概述如下：

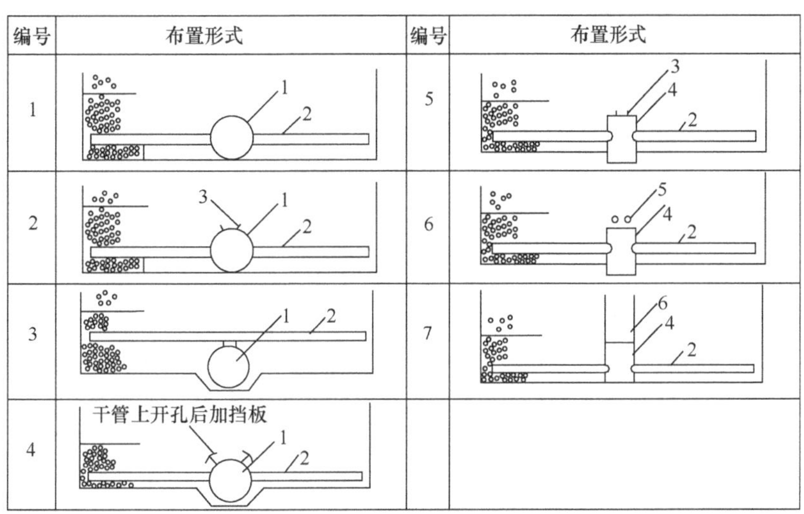

图 6-48　多叉管的布置形式

1—干管；2—支管；3—滤头；4—干渠；5—穿孔管；6—中央管

第一种形式，从工艺上分析基本上是不好的，因为滤池的中间一条干管上没有开孔而导致冲洗不均匀，因此，这种形式，只在早期的较小滤池中采用，已逐渐淘汰。

第二种形式，是为了补救第一种滤池中间一条冲不到而设计的，在干管的顶部安装两排滤头。这种形式，由于滤池底板是平的，滤头位置较高，冲出的水流冲动了上部的承托层，造成滤料的倒层，为此必须加大承托层厚度，也就是增加了滤池深度和造价，此外，建设单位反映，这种系统又要做多叉管又要购置和安装滤头，比较麻烦。因此这种形式现在也基本上不采用。

第三种形式的优点是开孔和布水均匀，同时在滤池底板上向下开一条槽，该槽因支管安装的位置较高因而向下的深度较深，造成土建施工的不便。这种形式工艺上较好，如有条件是可以采用的。

第四种形式，是在第三种形式的基础上，为减小深度而设计的。据反映这种形式的冲洗效果较好，一般土建和安装单位都能接受，1965 年首先在上海嘉定水厂使用后，已逐渐得到推广，它的缺点是干管以采用钢管为宜。

第五种形式与第二种形式类同，区别是干管改用渠道，渠道下部埋入池底，克服了第二种形式中承托层较高的缺点。适用于单池面积 35m^2 以上而又不采用中央渠排水的滤池中。

第六种形式，是在中央干渠顶部设置与干渠平行的穿孔管，穿孔管的开孔方法与一般的支管相同。这种形式，由于渠顶穿孔管安装上要有较大的高度，从工艺角度讲并不比第五种形式好，它的优点是干渠上不必预埋数量很多的滤头，只需预埋较少几个三通与穿孔管相接，从而减轻了施工工作量，这种形式并未得到推广。

第七种形式，适用于单池面积大，采用中央渠排水系统的场合，一般反映都是好的。

综上所述，多叉形配水系统的布置，有条件时以采用第四、五、七种形式为好，第四种形式用于干管采用管道时，第五种形式适用于干渠时，第七种形式适用于有中央渠道时。

2. 中、小阻力配水系统配水均匀性

1）水头损失与配水均匀性

通过配水系统水头损失的大小直接影响该系统的配水均匀性。

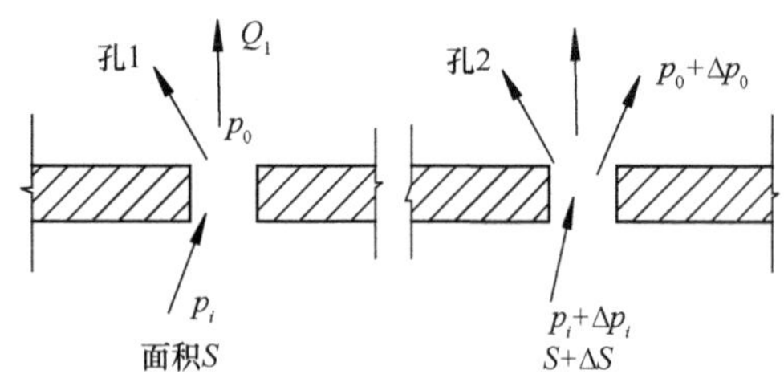

图 6-49 配水系统的均匀性

取图 6-49 所示的两个配水孔分析：

设反冲时，孔 1 流入侧压力为 P_i，流出侧压力为 P_0，配水孔面积为 S；孔 2 的各值分别为 $P_i+\Delta P_i$、$P_0+\Delta P_0$和 $S+\Delta S_0$。

则配水孔 1 的出水量为：

$$q_1 = \alpha S\sqrt{2g(P_i - P_0)} \tag{6-50}$$

式中，α 为流量系数。

配水孔 2 的出水量为：

$$\begin{aligned} q_2 &= \alpha(S+\Delta S)\sqrt{2g[(P_i+\Delta P_i)-(P_0-\Delta P_0)]} \\ &= \alpha(S+\Delta S)\left[2g(P_i-P_0)\left(1+\frac{\Delta P_i-\Delta P_0}{P_i-P_0}\right)\right]^{\frac{1}{2}} \\ &= \alpha(S+\Delta S)\sqrt{2g(P_i-P_0)}\left[\left(1+\frac{\Delta P_i-\Delta P_0}{2(P_i-P_0)}\right)\right] \end{aligned} \tag{6-51}$$

如以 q_1 为基准，则 q_2 的均匀度将为：

$$\frac{q_2-q_1}{q_1} = \frac{q_2}{q_1} - 1 = \frac{\Delta S}{S} + \frac{\Delta S}{S}\cdot\frac{\Delta P_i - \Delta P_0}{2(P_i - P_0)} \tag{6-52}$$

式中，第一项是孔面积的误差值，是由于构件制造中的差异造成的不均匀性；第二项为压力不均造成的不均匀性。在第二项中，当出口侧压力保持均匀时，其值将为 $\frac{\Delta S\cdot\Delta P_i}{2S(P_i-P_0)}$，其中 P_i-P_0 即是水头损失。由此可理解，水头损失越小，对配水室中压力不均的影响就越大，也即配水越不均匀。

2）单池面积、配水室高度和开孔比（α）

为取得要求的配水均匀度，就要求配水室有适当的高度。一般说来，滤池面积越大，滤池长度也越大，则要求的配水室高度也越大。如图 6-50 设反冲洗水在进口处的速度为 v，末端的速度为 0，则：

$$P_{i1} + \frac{v^2}{2g} = P_{i2} \tag{6-53}$$

式中 P_{i1}——配水室进口处压力（mH_2O）；

P_{i2}——配水室末端压力（mH_2O）；

v——配水室中的水流速度（m/s）。

设池宽为 B，则 $Q=BHv$

且 $Q = BMu_B \times 10^{-3}$

则 $$v = \frac{Mu_B}{H} \times 10^{-3} \tag{6-54}$$

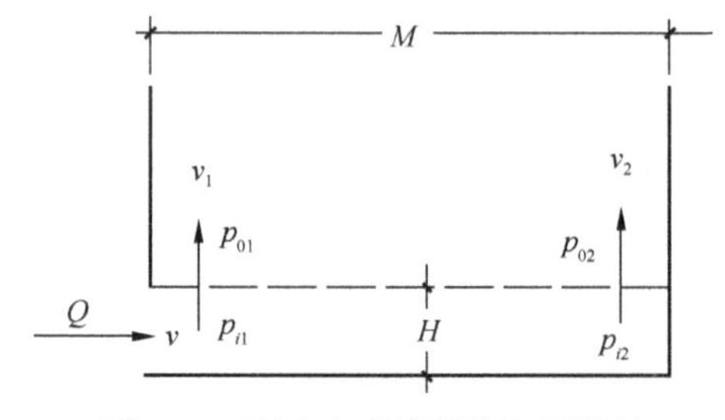

图 6-50 配水室高度长度与开孔比

式中 Q——反冲洗水量（m^3/s）；

B——池宽（m）；

H——配水室高度（m）；

M——池长（m）；

u_B——反冲洗强度 $L/s \cdot m^2$。

孔口出口压力分别为 P_{01}、P_{02}，反冲洗水孔口流速为 v_1 和 v_2。

则
$$P_{i1} - P_{01} = v_1^2/2g\beta^2$$
$$P_{i2} - P_{02} = v_2^2/2g\beta^2$$

得：
$$(v_2^2 - v_1^2)/2g\beta^2 = P_{i2} - P_{i1} - (P_{02} - P_{01}) \tag{6-55}$$

为使孔口的出口压力相等，即 $P_{01}=P_{02}$，则式（6-55）可表示为：

$$(v_2^2 - v_1^2)/2g\beta^2 = P_{i2} - P_{i1} = \frac{v^2}{2g} = (M^2 u_B^2/2gH^2)\ 10^{-6}$$
$$(v_2 - v_1)(v_2 + v_1) = (M^2 u_B^2 \beta^2/H^2)\ 10^{-6}$$

令 v 为平均出流速度 $\frac{(v_1+v_2)}{2}$，Δv 为出流速度差（v_2-v_1）

可得：
$$\frac{\Delta v}{v} = \frac{1}{4} \cdot \frac{1}{v^2}\left(\frac{M\beta u_B}{H}\right)^2 \times 10^{-6} = (M\alpha\beta/2H)^2 \tag{6-56}$$

式 6-56 表明了配水均匀性与单池面积、开孔比和配水室高度的关系。如滤池长度在 3～10m，配水室高度为 0.4m，要求配水均匀性 99%，即 $\frac{\Delta v}{v}=1\%$ 时，并设 $\beta=0.75$，则按式 6-56，可算得配水系统要求的开孔比为 3.5%～1.0%。

为了使实需的反冲水头最低，以取得较好的经济效果，应使配水室高度和水头损失之和（$h+H$）保持最小。

由式 6-64 和式 6-56 可得：

$$h + H = \frac{u_B^2}{2g\alpha^2} \cdot \frac{1}{\beta^2} \times 10^{-6} + M\alpha\beta/2\sqrt{\frac{\Delta v}{v}}$$

对 α 微分并令其等于 0，则：

$$\frac{d(h+H)}{d\alpha} = -\frac{2u_B^2}{2g\beta^2} \cdot \frac{1}{\alpha^3} \cdot 10^{-6} + \frac{M\beta}{\sqrt{\frac{\Delta v}{v}}} = 0$$

得
$$\alpha = \frac{1}{\beta}\left(\frac{2 \times 10^{-6} u_B^2}{M \cdot g}\right)^{\frac{1}{3}} \cdot \left(\frac{\Delta v}{v}\right)^{\frac{1}{6}} \tag{6-57}$$

当反冲洗强度 u_B 采用 12L/（$s \cdot m^2$）

$$M = 5\text{m}$$
$$\beta = 0.75$$

$\frac{\Delta v}{v}=\pm 1\%$ 时按（6-57）式得

$$\alpha = 1.12\%$$

因而，一般情况下，小阻力配水系统的开孔比最好保持在 1% 左右，开孔比过大是不适宜的。

6.6.3 配水系统水头损失计算

1. 大阻力配水系统

大阻力配水系统中的干管和支管，均可近似看作沿途均匀泄流管道，见图 6-51。设管道进口流速为 v，压力水头为 H_1，管道末端流速为 0，压头为 H_2。根据水力学动量平衡原理，H_2为：

$$H_2 = H_1 + \alpha \frac{v^2}{2g} - h \quad (6\text{-}58)$$

式中 h——穿孔管中的水头损失（m）；

v——管道进口流速（m/s）；

g——重力加速度，9.81m/s²；

α——压头恢复系数，取值 1。

设沿途均匀泄流管道的水头损失计算公式 $h = \frac{1}{3}aLQ^2$，代入式 6-58 得：

$$H_2 = H_1 + \frac{v^2}{2g} - \frac{1}{3}aLQ^2 \quad (6\text{-}59)$$

式中 a——管道比值；

Q——管道起端流量（m³/s）；

L——管道长度（m）。

用 $a = \frac{64}{\pi^2 D^5 C^2}$，$C = \frac{1}{n}R^{\frac{1}{6}}$，$R = \frac{D}{4}$，代入式（6-59），经整理，可得到如下近似式：

$$H_2 = H_1 + \left(1 - 41.5\frac{n^2 L}{D^{1.33}}\right)\frac{v^2}{2g} \quad (6\text{-}60)$$

式中 n——管道粗糙系数；

D——管道直径（m）。

由式（6-60）可以看出，当 $1 - 41.5\frac{n^2 L}{D^{1.33}} > 0$ 时，穿孔管末端压头大于起端压头。设 $n=0.013$，得到沿途泄流管在 $H_2 > H_1$ 条件下的直径和长度关系为：

$$L < 143D^{1.33} \quad (6\text{-}61)$$

在滤池的大阻力配水系统中，配水干管及支管的直径与长度的关系均符合式 6-61，因此，干管和支管的末端压头大于起端压头，如图 6-52 所示。

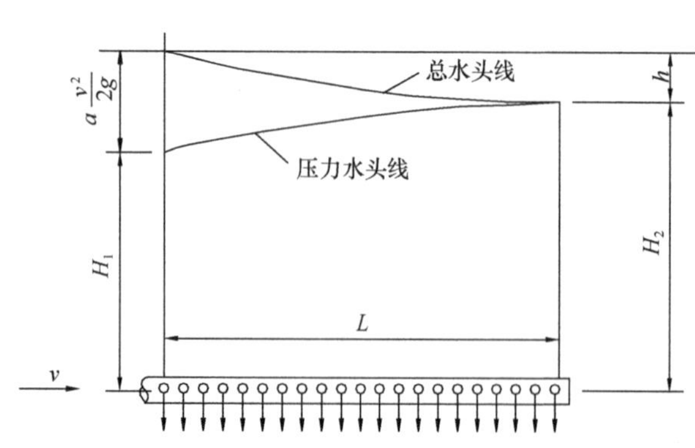

图 6-51 沿途均匀泄流管（穿孔管）内压力变化

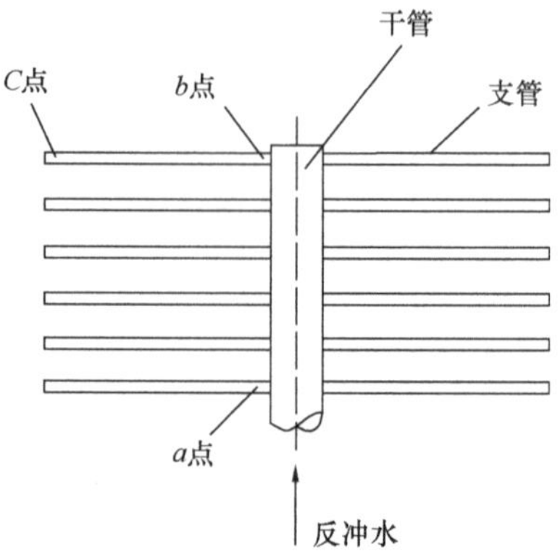

图 6-52 穿孔管大阻力配水系统

按照上述推算结果，对于穿孔管大阻力配水系统图 6-52 中，最远末端管 c 点、起端 b 点和最近支管起端a点的冲洗水头大小关系为$H_c>H_b>H_a$。由此可见，在设计大阻力配水系统时，只要满足了a点的冲洗水头要求，其他各点的冲洗水头也就满足。

所以，大阻力配水系统的水头损失（消耗的冲洗水头）计算可以简化对a点孔口（穿孔眼）出流所需水头的计算。

设配水系统中每个孔的直径相同，孔的出流量也相同，将冲洗水量$Q=F\cdot q\times10^{-3}$［F为滤池面积，以m^2计，q为冲洗强度，以L/（s·m^2）计］和开孔比$k=\frac{w}{F}\times100\%$（w为总开孔面积，以m^2计），代入孔口出流计算公式$Q=\mu w\sqrt{2gH}$，经整理后得出大阻力配水系统水头损失计算公式：

$$H=\frac{1}{2g}\left(\frac{q}{10\mu k}\right)^2 \tag{6-62}$$

式中　H——大阻力配水系统水头损失（m）；

q——冲洗强度［L/（s·m^2）］；

μ——孔口流量系数，与穿孔管的孔眼直径和壁厚之比$\frac{d}{\delta}$有关，见表6-23；

k——孔眼总面积与滤池面积之比，即开孔比，通常取20%～28%。

按式6-62计算所得的值，实际是大阻力配水系统全部孔眼均匀出流时图6-52所示a点孔口出流所消耗的水头。

按照前面对大阻力配水系统各点的水头分布分析，设计时以此计算值用作大阻力配水系统的水头损失，实际上是偏于安全的。

当按经验公式作近似计算时：

$$H=8\frac{v_1^2}{2g}+10\frac{v_2^2}{2g} \tag{6-63}$$

式中　H——大阻力配水系统水头损失（m）；

v_1——干管起点流速（m/s）；

v_2——支管起点流速（m/s）。

穿孔管流量系数μ值　　表6-23

孔眼直径与壁厚之比$\frac{d}{\delta}$	1.25	1.5	2	3
流量系数μ	0.76	0.71	0.67	0.62

2. 中、小阻力配水系统

中、小阻力配水系统计算原理与大阻力系统相同，由于配水室内流速很小，水头损失可忽略不计，所以水头损失主要为水通过系统孔眼时的阻力，流态呈紊流状态，水头损失按式6-64计算：

$$h=\frac{1}{2g}\left(\frac{u_B}{\alpha\beta}\right)^2\times10^{-6} \tag{6-64}$$

式中　h——水流通过配水系统的水头损失（m）；

u_B——冲洗强度［L/（s·m^2）］；

α——流量系数，参见表6-24；

β——开孔比$\left(\frac{配水孔眼总面积}{过滤面积}\right)$（%）。

式 6-64 适用于单水冲，且配水方式为一次配水。

流量系数值　　表 6-24

形式	α	形式	α
滤头	0.8	钢筋混凝土栅条	0.6
缝式圆形栅条	0.85	孔板	0.75
木栅条	0.6	滤球	0.78

6.6.4 长柄滤头和马蹄管配水系统

1. 长柄滤头配水系统

长柄滤头是目前在气水冲洗滤池中应用最普遍的配水、配气系统。国内主要有两种形式：①固定式长柄滤头配预制滤板；②可调节式长柄滤头配现浇整体滤板。第一种形式最早由上海市政工程设计研究总院于 20 世纪 80 年代初在扬子石化水厂气水冲洗双阀滤池中设计使用，获得成功；20 世纪 80 年代后期，南京上元门水厂等首批引进了得利满公司的长柄滤头配水、配气系统的 V 型滤池，经对国外技术的消化吸收在国内各地普遍使用。第二种形式，首先于 1996 年在上海市政工程设计研究总院设计的外资上海大场水厂中引进使用，由于独特的构造和优点，也已在国内不少水厂中应用。

1）固定式长柄滤头及滤板

固定式长柄滤头由滤帽、滤柄和预埋套组成，由 PVC 或 ABS 制成，见图 6-53。

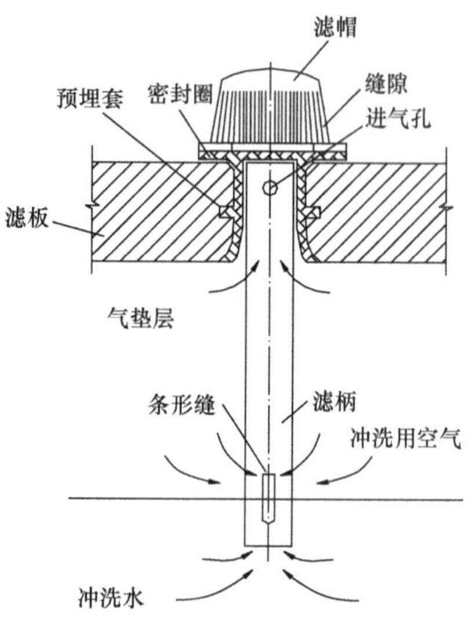

图 6-53　固定式长柄滤头

滤帽：滤帽上竖向开有很多条细缝，冲洗水、气由细缝流出至滤料层，缝的宽度和条数（总面积）可按滤料层的组成和冲洗强度要求由设计确定或选用。V 型滤池中一般采用缝宽为 0.25mm，每只缝隙面积为 250mm^2，每平方米滤床设 50 只左右，相应的开孔比为 1.25%。

滤柄：滤柄内径一般为 14～21mm，上部有一个 Φ2mm 小孔，用于冲洗结束后配水系统残存气体的释放，下部有 1～2 条长条形缝，其作用一为控制气垫层厚度，二为用于冲洗空气的进入。冲洗水则由滤柄的底端和下部缝进入。滤柄的长度由滤板厚度、气垫层高度和冲洗时的淹没水深确定，250～320mm 不等。

固定式长柄滤头的滤帽和滤柄是连成一体的。

预埋套：预埋套在预制滤板时埋入滤板，套内有螺纹，滤板在滤池内安装好后，将滤柄旋入预埋套固定牢。

预制滤板：预制滤板的尺寸（长、宽和厚度）由设计确定。滤板的长度和宽度根据滤池的尺寸和滤板在滤池中长度和宽度方向的布置块数，经设计确定。由于滤板需承受上部滤料的重量（过滤时）和冲洗时冲洗水压力，所以尺寸不能过大，一般通常采用长×宽为 900～1200mm×800～1000mm。滤板的厚度需由结构设计，早些时期的厚度大多为 100mm，由于混凝土钢筋保护层要求的提高，现在设计时已增大到 120mm。

图 6-54 为固定式长柄滤头和滤板的布置示例。

2）调节式长柄滤头及滤板

调节式长柄滤头同样由滤帽、滤柄和预埋套组成，但与滤头配套的还有模板（K 形板）。与

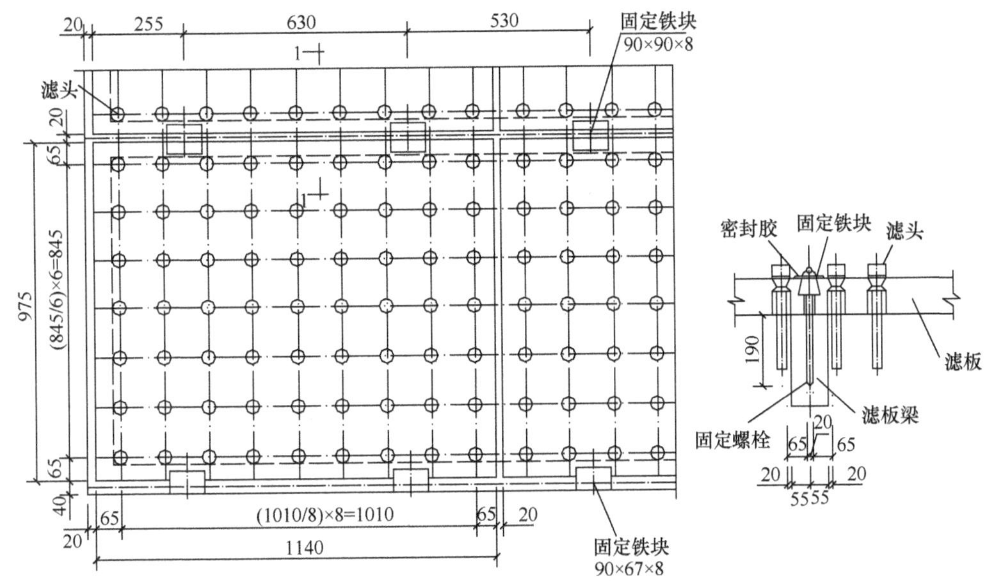

图 6-54　固定式长柄滤头和滤板布置

固定式长柄滤头不同的是：①滤帽和滤柄为分离式；②滤柄上部有较长的外螺纹，放入预埋套后可调节滤柄的水平高度，从而保证每只滤头的滤柄底端和进气缝基本处于同一水平面，达到配水、配气的均匀度；③预埋套安装固定在模板（K 形板）上，再在池内现浇钢筋混凝土整体滤板。

调节式长柄滤头的构造见图 6-55。图 6-56 为模板（K 形板），图中长度方向由 2 块模板拼装而成，上海大场水厂引进产品则为整体的一块。

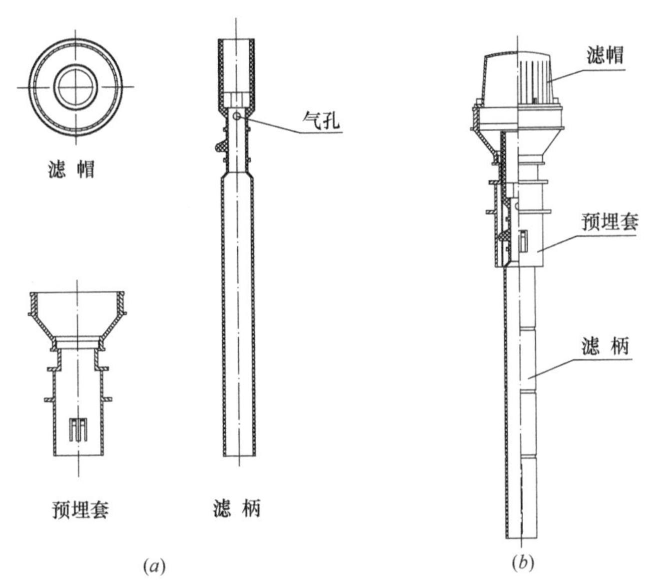

图 6-55　调节式长柄滤头

(*a*) 滤头的各部件；(*b*) 组装后的滤头

调节式长柄滤头的主要数据和尺寸如下：①滤帽缝隙宽度有 0.3mm、0.4mm 和 0.5mm 三种，缝长度 34mm，缝数量为 36 条，相应每只滤头缝隙面积分别为 367mm^2、490mm^2 和 612mm^2；②滤杆内径为 25mm，长度为 380mm，滤杆高度可调节范围为 0～50mm；③预埋套外径为 47mm，长度为 150mm。

开孔比：由于滤头安装在定型的模板上，所以单位滤池面积设置的滤头只数是固定的，为

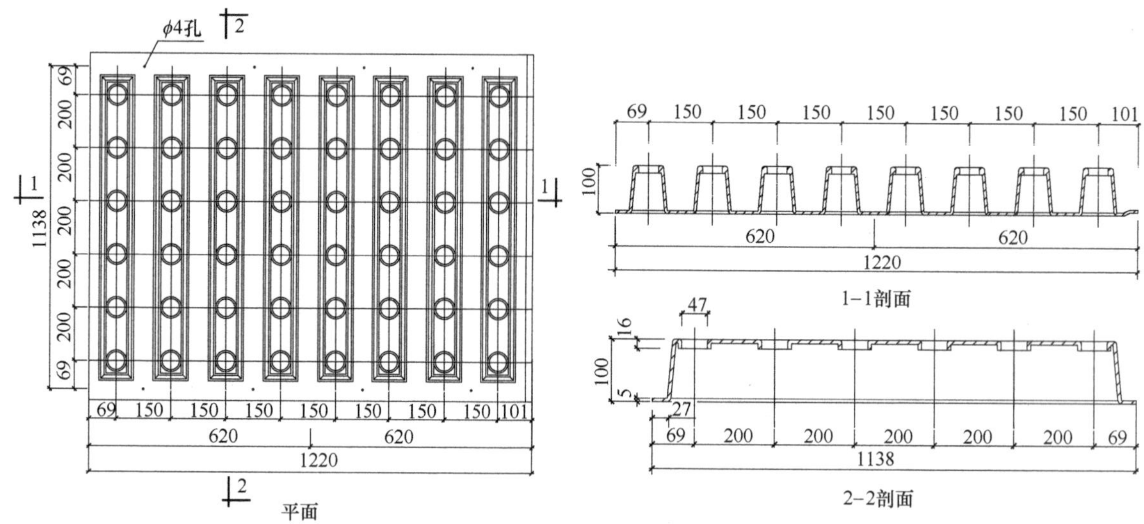

图 6-56　与调节式长柄滤头配套的模块（K形板）

33.3 只/m^2，采用上面三种滤帽缝隙宽度时，相应的开孔比分别为 1.22%、1.63%和 2.04%。

整体现浇钢筋混凝土滤板应由土建专业设计，确定钢筋配置和滤板厚度，已建成几座滤池滤板的厚度为 200mm 左右。设计和施工时要注意整体滤板与池子四周壁接缝的处理，以避免漏气漏水。施工和安装完成后的滤板滤头如图 6-57 所示。

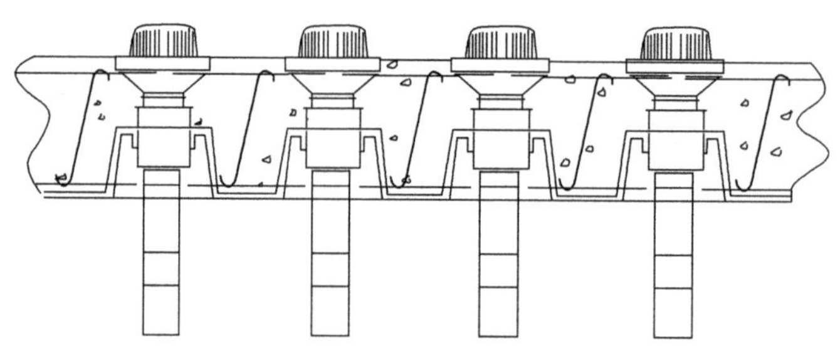

图 6-57　调节式长柄滤头和整体滤板

3）长柄滤头配水系统水头损失

气水冲洗长柄滤头滤池配水系统由总渠、气水室和滤板（滤头）组成。冲洗气水进入总渠后经设在总渠上的气孔和水孔进入气水室，气水室滤板支承墙（如采用墙支撑）上设有洞和孔。由于冲洗气水沿途流经的上述渠面积和孔、洞面积与滤头缝隙总面积相比十分大，产生的水头损失可忽略不计，所以整个系统只需计算滤头的水头损失。

滤头的水头损失和空气压力损失取值，通常按照在相同水冲气冲强度下产品的实测值，冲洗水和空气同时通过长柄滤头时的水头损失，也按产品实测值确定，当无实测值时可按式 6-65 计算水头损失的增加量：

$$\Delta h = n(0.01 - 0.01v_1 + 0.12v_1^2) \tag{6-65}$$

式中　$\triangle h$——气水同冲时比单水冲时的水头损失增加量（m）；

n——气水比；

v_1——滤柄中的水流速度（m/s）。

4）长柄滤头配水系统配水配气均匀性要求

为了达到配水配气的均匀，在设计和施工安装过程需达到的要求和注意的问题为：

（1）滤板制作和滤头安装：固定式长柄滤头预制滤板，表面应平整，单块滤板的水平误差应小于±1mm，整个滤池（指 1 格滤池）滤板安装后的滤板水平误差应不大于±3mm。

调节式长柄滤头整体现浇滤板的水平误差不大于±10mm，滤柄长度误差不大于±2mm，滤柄安装后整个滤池滤柄顶应处于同一水平面。

(2) 配水配气总渠壁上部配气孔孔顶尽可能与滤板板底齐平，有困难时可略低，但不宜低于30mm，同时配水孔（通常为预埋UPVC管，对双格滤床为两侧，对单床为一侧）的水平误差不宜大于±5mm。

(3) 气水室支撑滤板的墙或梁应垂直于总渠布置，墙或梁的顶应设空气平衡缝，缝高20～50mm，长为1/2滤板长。当采用支承墙时，墙上应开洞，洞底与池底齐平，用于气水室内冲洗水平衡和检查。

2. 马蹄管配水

马蹄管配水系统是瑞士苏尔寿（Sulzer）公司在其翻板滤池中使用的一种配水配气系统，它具有特定的双气垫层，即在配水廊道和横管中可以形成二次配水配气，提高配水配气均匀性，使整个滤床面积上的冲洗非常均匀。马蹄管配水系统主要由滤池底部的配水廊道、配水配气立管和横管3部分组成，如图6-58所示。配水廊道为与滤池底板连成一体的钢筋混凝土构造，在此形成一次配水配气。立管有配水管和配气管2根组成。配水立管底至配气管气孔之间的距离即为一次配气气垫层的厚度。2根立管的上端连接横管。苏尔寿产品的立管采用不锈钢管。横管的形状如马蹄形，管的两侧设有气孔，底部设布水孔，冲洗时在管的上部形成2次配气气垫层。横管通常采用的材质为聚丙烯，典型横管尺寸为高17cm，宽13.5cm，长3～6m。上海市政工程设计研究总院在消化吸收国外技术的基础上，于2005年经产品试验，开发了新型马蹄管配水系统，获得了国家专利。新型系统将布气、布水立管分开设置，简化了横管的构造和立管及横管的固定方式，从而使产品加工制造和安装施工更加简便，已成功应用于太湖等地区的水厂，新型马蹄管如图6-59所示。

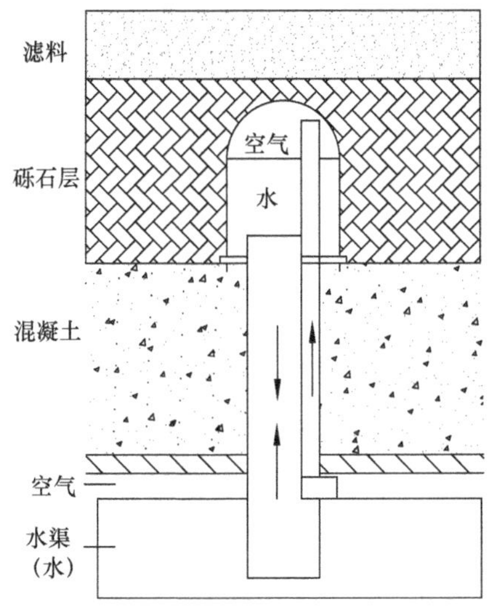

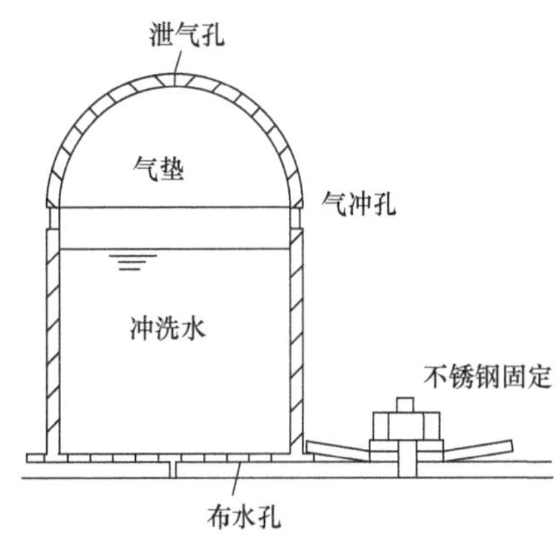

图6-58 马蹄管配水配气系统

从马蹄管两次配水配气及其构造原理看，配水配气系统的安装施工比长柄滤头配水配气系统更加简便，平整度要求相对较低。但以下几点仍要在设计和施工时加以控制：①为保证滤床中每根横管冲洗气量和水量基本一致，布气和布水立管的水平高程误差需加以控制，宜控制在±3mm以内；②为保证横管沿管长度方向的冲洗均匀，1根横管的水平误差不宜大于±3mm，可采用在横管底部设置垫片加以调节；③为保证滤床整体的冲洗均匀，每根横管的水平误差不宜大于±5mm。工程实践经验表明，配气、配水立管的固定和配水廊道上部混凝土的施工控制，对保证立管的水平度尤为重要。

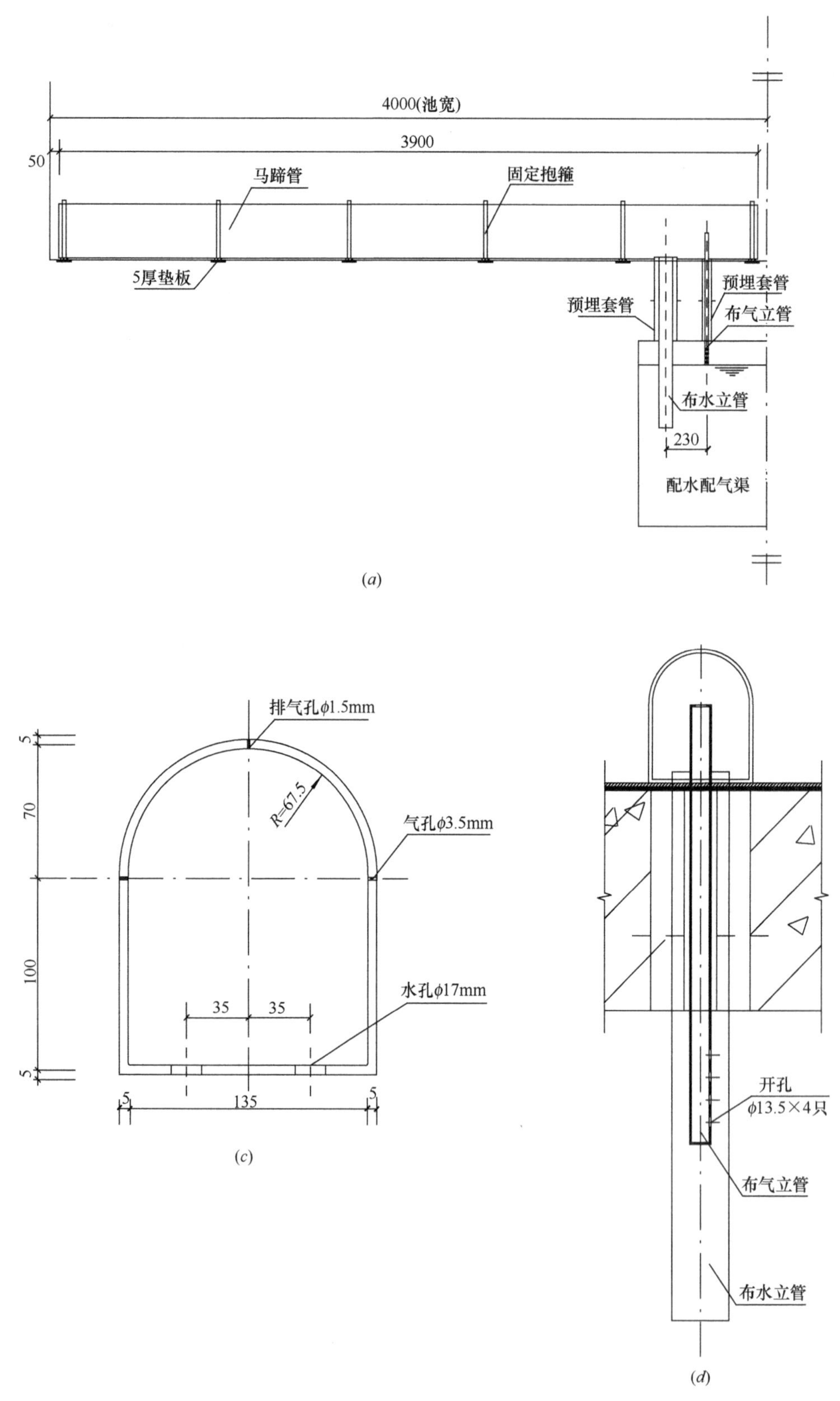

图 6-59　新型马蹄管配水系统

(a) 系统组成；(b) 布气布水立管；(c) 马蹄管

6.7 滤池冲洗

滤池的冲洗方法有三种：①单独用水反冲洗；②用气和水反冲洗；③用水进行表面冲洗和反冲洗。每一种冲洗方法又都分为若干方式。

用水反冲洗可分为2种方式。一是所谓高速反冲洗，反冲洗强度较大［一般在8L/（s・m^2）以上］，反洗时，滤料层膨胀、流化，整个滤层呈悬浮状态，这种反洗方式可以单独使用。另一种是低速反冲洗，反冲洗强度较小［一般低于5L/（s・m^2）］，反冲洗时，滤层不膨胀，或微膨胀，这种反冲洗方式不能单独使用，必须与其他冲洗措施（气洗、高速水反洗等）配合使用。

自1840年快滤池问世以来，人们就对滤池的反冲洗作了许多研究。最初，人们不敢在实践中采用较大的反冲洗强度，唯恐将滤层表面的生物膜冲走。1908年美国辛辛那提水厂开始按10L/（s・m^2）的反冲洗强度进行设计；1929年Hulbert和Herring介绍他们在库特律水厂的经验，推荐采用50%的膨胀率，此后美国在长时期内一直倾向于采用高速反冲洗；1932年Hardin报道在美国和加拿大的大型快滤池，只有极少数采用了低于8.3L/（s・m^2）的反冲洗强度。苏联规范明确规定了水反冲洗的强度，一般不小于8～10L/（s・m^2）。国内水厂采用的反冲洗强度绝大部分大于10L/（s・m^2）。在实践过程中，各国给排水工作者又针对反冲洗的机理及其效果作了大量研究，这些研究简述如下：

坎普认为，反冲洗造成滤料洁净的原因，主要是拖曳力而不是粒间互撞，他说："在反冲洗过程中发生的粒间摩擦，是一个可略去不计的因素，因为大多数反洗能消耗在将滤料悬浮起来上。"

Amirtharajah等人同意上述观点，并导出了剪力强度和水头损失坡度的关系，据此提出流化床中的最大水剪力将发生在孔隙率为0.68～0.71时，该孔隙率比相当于80%～100%的膨胀度。

日本学者巽岩将吸附在滤粒上的污泥分为两种：一种是滤料直接吸着而不易脱落的污泥，称作一次污泥；另一种是积滞在砂粒间隙中的污泥，比一次污泥易于去除，称作二次污泥。他认为在反冲洗时去除二次污泥主要由水流剪切力来完成，而去除一次污泥必须依靠颗粒间的碰撞摩擦作用，而且，剪切作用与粒间的摩擦碰撞作用均与平均速度梯度G值呈比例关系，并就G值与反冲洗强度、水温、砂粒粒径的相互关系作了研究。

藤田贤二对最佳反冲洗强度作了理论研究。根据最大水流剪力条件下求出的反冲洗强度与一般考虑的反冲洗强度差别悬殊，从而认为水流剪切力不是反冲洗的主要作用，并进一步根据颗粒碰撞次数最多的条件，导出最佳反冲洗强度方程式。但有人认为在污泥残留率曲线中的快速变化期，水流剪力是去除滤料截留物的主要因素，而在慢速变化期内，则滤料颗粒的相互碰撞是重要因素。

埜口等人根据滤层颗粒的无规则运动碰撞，导出全部膨胀滤层颗粒碰撞摩擦力的冲量总和方程式和碰撞数方程式，推定冲量总和的最大孔隙率为0.70，碰撞数最大的孔隙率为0.63。认为20%～30%膨胀率作为最佳膨胀率是妥当的。

Baylis认为，去除滤料中的污物，采用20%～25%的砂层膨胀率就够了，过高的反冲洗强度会扰动砾石，从而产生各种弊病。

Fair认为，砂粒间的碰撞次数，在低膨胀率时为最大值，高膨胀率时，碰撞次数减少，因而只要采用仅仅使滤层悬浮的反冲洗强度就足够了。

寺岛提出，水温高时用20%～30%的膨胀率，水温低时用50%，即可获得好的反冲洗效果。认为再增加膨胀率，引起砂粒间的距离增大是不利的；反之，低膨胀率摩擦的机会减少，反冲洗效果也不好。

原联邦德国在研究多层滤料滤池的反冲洗技术时提出，当滤床膨胀20%或者滤床的孔隙率为65%～70%时，反冲洗排污效果较好。并提出，在有浮力条件下，滤池反冲洗时产生的最大水头损失不等于滤料的重量，当膨胀率在20%～30%时，水头损失要超过理论值的20%～30%。

上述研究观点，虽有所不同，但大体上是接近的，对滤池反冲洗设计具有一定的指导意义。它表明，采用高速水反冲洗的强度不宜过大，单一的水反冲洗不能充分清除滤料上附着的污泥，有必要采用辅助冲洗系统，这些结论是与实际情况相符的。

6.7.1 滤床的膨胀、流化和最小流化速度

反冲洗时，随着反冲洗速度的提高，滤层厚度和通过滤层的水头损失将发生变化，这一变化如图6-60所示。当反冲洗速度较小时，滤床不产生膨胀，滤层厚度不变，通过滤层的水头损失基本上呈直线增加；当反冲洗速度超过某一程度（图6-60中A点）时，滤层就开始膨胀，随着速度的加大，滤层的膨胀度也增大，但这时水头损失基本上不再增大。A点称作最小流化点，处于A点的反冲洗强度称作最小流化速度（v_{mf}）或临界冲洗强度。最小流化速度是反冲洗工艺中的一个重要参数，它与滤料的比重、粒径、形状、装填孔隙率和水温有关，是低速与高速反冲洗的分界点，了解该值可以推断需用的反冲洗强度。

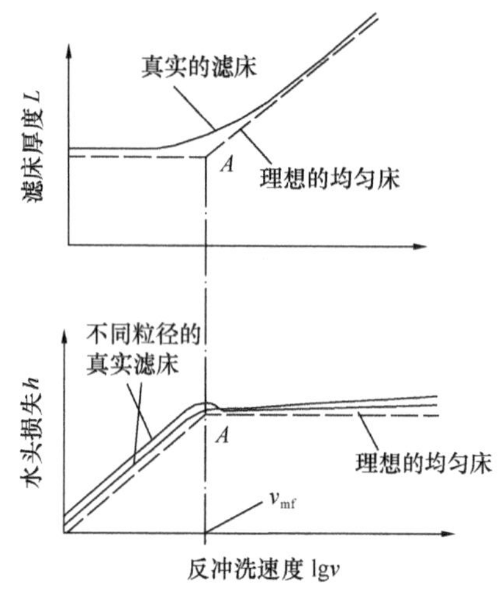

图6-60 滤床反洗的特性

1. 最小流化速度的理论计算式

（1）根据流动层理论，水流通过膨胀滤床时的水头损失等于滤料颗粒在水中的重量，即

$$h_B\rho_g = L(\rho_s-\rho)g(1-e)$$

$$h_B = \frac{L}{\rho}(\rho_s-\rho)(1-e) \tag{6-66}$$

式中 h_B——水流通过流化滤床的水头损失（m）；

L——滤层厚度（m）；

e——滤层膨胀时的孔隙率；

ρ_s、ρ——滤料和水的比重（kg/m³）。

（2）水流通过非膨胀滤床的水头损失即为水流通过清洁滤床的损失，如按Leva式计算则为：

$$h_s = 200L_0\frac{\mu v}{\rho g}\cdot\frac{1}{\psi^2 d^2}\cdot\frac{(1-e_0)^2}{e_0^3} \tag{6-67}$$

$$\left(\text{适用于 } Re=\frac{v\rho d}{\mu}<10\right)$$

式中 μ——反冲洗水的黏度［kg/（m·s)］；

v——反冲洗水的上升流速（m/h）；

ψ——滤料颗粒的球状度（见表6-5）；

d——粒径（mm）。

（3）当滤料处于即将浮动的临界状态时，使式6-66和式6-67中$h_B=h_s$，这时$L=L_0$，从而可得出滤料的最小流化速度：

$$v_{mf} = \frac{(\rho_s-\rho)g\psi^2 d^2}{200\mu}\cdot\frac{e_0^3}{1-e_0} \tag{6-68}$$

式6-68即为最小流化速度的理论计算式。

2. 真实滤床中的最小流化速度

由于在真实滤床中，滤料尺寸不可能全部均匀，而且目前已有人认为真实滤床的水头损失比颗粒在水中的重量为大，因而产生如何求得真实滤床的最小流化速度问题。最好的办法当然是用玻璃管试验来实际测定，但作为工程实用，也可用不同的经验式推求。

1）Wen Yu 经验式

$$v_{mf} = Re_{mf}\mu/d_{eq} \cdot \rho \tag{6-69}$$

式中　Re_{mf}——流化点的雷诺数；

d_{eq}——滤料的当量直径（cm）；

Re_{mf}可按下式求得：

$$Re_{mf} = (33.7^2 + 0.0408Ga)^{\frac{1}{2}} - 33.7$$

式中　Ga 为伽利略数，按下式求得：

$$Ga = d_{eq}^3\rho(\rho_s - \rho)g/\mu^2 \tag{6-70}$$

2）Клячко 经验式

$$v_{mf} = (0.285t + 6)d_{cp} - (0.086t + 2.7) \tag{6-71}$$

式中　t——冲洗水水温（℃）；

d_{cp}——50%的粒径（mm）。

3）Гульберг 和 Гелиньк 经验式

$$v_{mf} = 0.138d_{30}t + \frac{2.5}{1.17 - d_{30}} - 3.13 \tag{6-72}$$

（4）明茨和 Шуберт 经验式

$$v_{mf} = 16.9d_{gk}^{1.31}/\mu^{0.54} \tag{6-73}$$

式中，$d_{gk} = \Sigma\frac{P_i}{di}$（cm），$P_i$为非均一滤料中直径为$d_i$ 的滤料含量的重量。

3. 算例

试按不同经验式计算图 6-61 筛分析曲线的滤料层在 20℃时的最小流化速度。

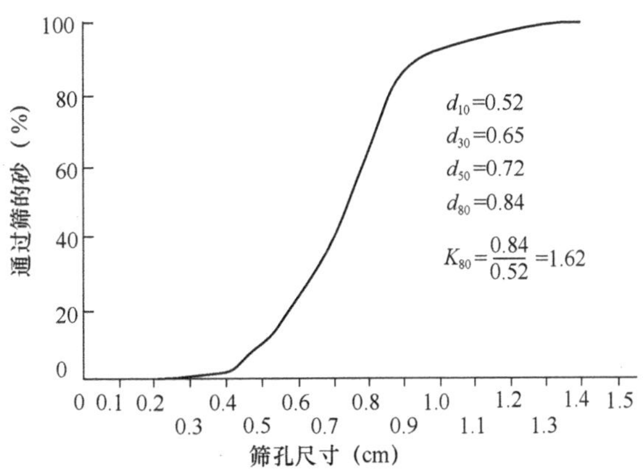

图 6-61　某些滤料的筛分析曲线

（1）按 Wen Yu 式

从式 6-70，$Ga = d_{eq3}(2.65 - 1)980/0.0102^2$，设 $d_{eq}=d_{50}0.063$cm，则 $Ga = 5801.1$；

$Re_{mf} = 3.35$；

$$v_{mf}=0.475\text{cm/s}=4.75\text{L/s} \cdot \text{m}^2$$

（2）按式 6-71

$$v_{mf}=5.6\text{L/s} \cdot \text{m}^2$$

(3) 按式 6-72

$$v_{mf}=3.5L/s \cdot m^2$$

(4) 按式 6-73

$$v_{mf}=5.37L/s \cdot m^2$$

从上述计算结果看来，似以采用式 6-69 或式 6-73 较为接近。

6.7.2 最佳反冲洗强度

将产生最大水力梯度（G_m）时的反冲洗强度定义为最佳反冲洗强度。

1. 反冲洗所消耗的功率

当对粒状滤料进行上向流冲洗时，颗粒将发生如图 6-62 的排列变化，静止时，颗粒呈自然状态排列，流化时，为使水流通过颗粒通道的阻力最小，颗粒将重新排列。改变颗粒排列，需要花一定的功，这表现在滤料刚膨胀的一瞬间，当流化后，所花的功基本保持稳定。

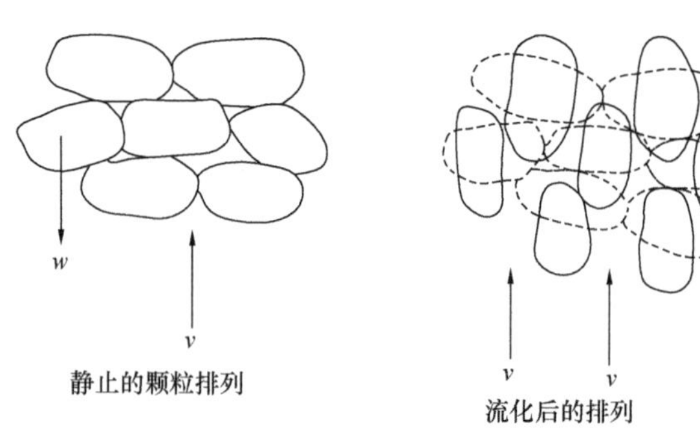

图 6-62 流化床中颗粒的重新排列

流化床中水流与滤料摩擦所消耗的能量应为拖曳力 F_D 乘以孔隙流速 v/e，从而可推导出：

$$P_t = (dh/dL)\rho g v/e \tag{6-74}$$

式中 P_t——单位体积滤床所消耗的功率；

$\frac{dh}{dL}$——流化床中的水头损失率；

v——水流的液面上升流速；

e——孔隙率。

这一能量（P_t）将消耗在下述几个方面：

(1) 在除去颗粒周围泥膜的剪力；

(2) 颗粒间的相互碰撞；

(3) 水流通过时可能提高的水温和发出的声音。

Amirtharajah 归纳各研究者的理论认为主要是消耗在第（1）项的。

2. 反冲洗时速度梯度的计算

如上所述，如果功率主要消耗在黏滞阻力上，则反冲洗的速度梯度计算公式可由式 6-66 和式 6-74 得出：

$$G=\left(\frac{P_t}{\mu}\right)^{\frac{1}{2}}=\left[\frac{g}{v}(S_s-1)\times\left(\frac{1-e}{e}\right)\cdot v\right]^{\frac{1}{2}} \tag{6-75}$$

式中 v——运动黏滞度；

S_s——粒料比重。

在按式 6-75 计算时，必须求得 e 与 v 的关系。

这可按 Richardson 和 Zaki 提出的非球状颗粒层的膨胀模式求定，也可按如下的 Fair 和 Geyer 经验式推求：

$$e=\left(\frac{v}{v_s}\right)^{0.22} \tag{6-76}$$

式中 v_s——颗粒的自由沉速。

根据上述关系求得不同反冲洗速度与 G、e（孔隙率）的关系曲线见图 6-63。不同水温条件下，粒料层和速度梯度 G、膨胀度 E 的关系见图 6-64 和表 6-25，图和表中列出了粒径为 0.5mm 砂粒的曲线和基本数据。

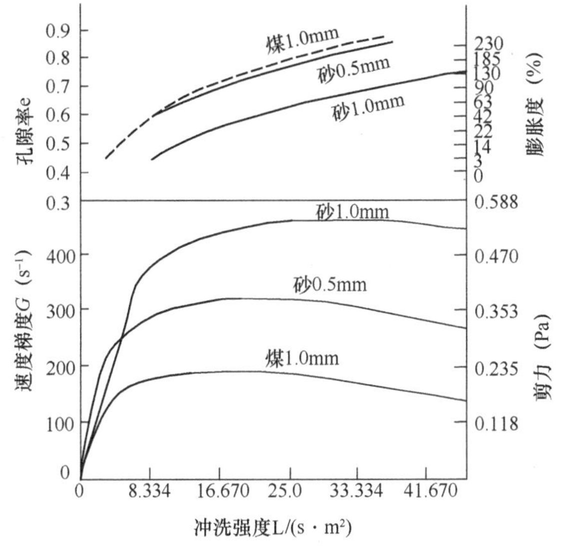

图 6-63　反冲洗速度与 G、e 的关系曲线
（S_s：砂 2.65，煤 1.65，水温 14℃）

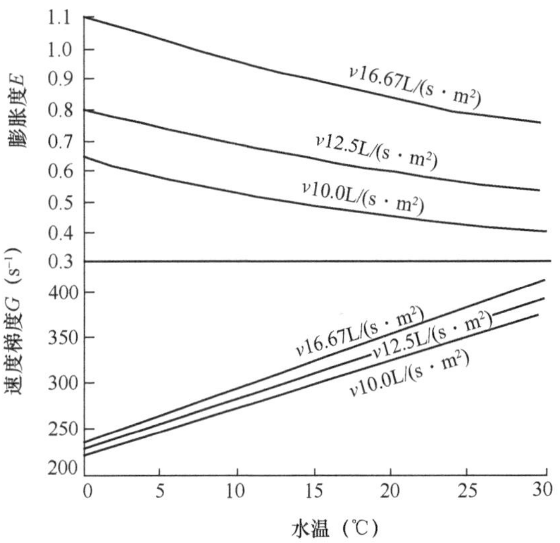

图 6-64　水温与 G 和 E 的关系曲线
（0.5mm 砂粒，S_s=2.65，e_0=0.43）

不同水温时的反冲洗速度梯度和膨胀率　　表 6-25

水温（℃）	N_R	v_1	$1/n$	v=10.0L/（s·m²）			v=16.67L/（s·m²）		
				e	E	G	e	E	G
1	19.69	6.82	0.224	0.650	0.63	244	0.728	1.09	240
7	24.38	6.97	0.233	0.636	0.56	254	0.715	1.00	273
14	30.50	7.17	0.244	0.618	0.49	292	0.700	0.90	313
21	36.91	7.27	0.253	0.605	0.44	327	0.685	0.83	351
30	46.45	7.47	0.264	0.588	0.38	375	0.672	0.74	403

注：N_R——颗粒沉降雷诺数 $\left(\frac{v_s d\rho}{\mu}\right)$。

3. 最佳孔隙率和最佳速度梯度

将 e 与 v 关系式中的 v 值代入式 6-75，求极值得：

$$G_m=\left[\frac{g}{v}(S_s-1)\frac{v_m}{n-1}\right]^{\frac{1}{2}} \tag{6-77}$$

$$e_m=\frac{n-1}{n} \tag{6-78}$$

式中，G_m、e_m 分别为最大水力效果的 G 和 e 值，n 为膨胀系数。

据此算得不同粒径的砂和煤的最佳孔隙率，见表 6-26，由表可知反冲洗的最优孔隙率在 0.7 左右。不同煤、砂颗粒粒径与最佳反冲洗强度的关系如图 6-65 所示。

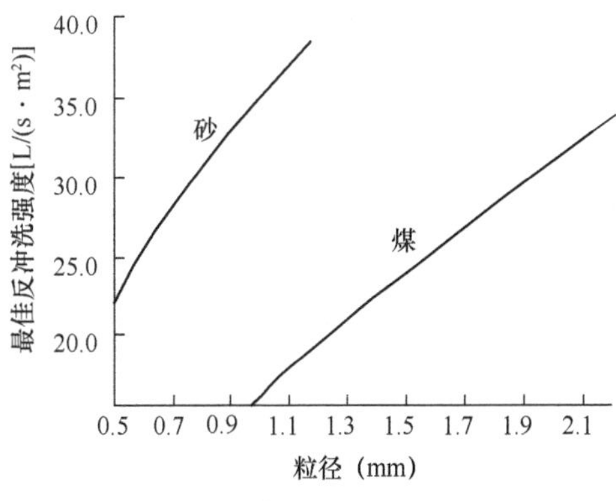

图 6-65　不同粒径的最佳反冲洗强度
（S_s：煤 1.65，砂 2.65；水温 14℃）

最佳孔隙率 e_m（水温 14℃） **表 6-26**

砂（S_s=2.65）		煤（S_s=1.65）	
直径 d（mm）	e_m	直径 d（mm）	e_m
0.5	0.756	1.0	0.731
0.6	0.742	1.2	0.722
0.7	0.727	1.4	0.714
0.8	0.716	1.6	0.706
0.9	0.704	1.8	0.700
1.0	0.694	2.0	0.694
1.1	0.684	2.2	0.688

明茨等根据流体力学相似律理论，用实验方法求得不同的水温条件下，冲洗强度和滤料膨胀度的公式：

$$\frac{(E+e_0)^{2.31}}{(E+1)^{1.77}(1-e_0)^{0.54}}=0.01W\frac{\mu^{0.54}}{d^{1.31}} \tag{6-79}$$

式中 W——冲洗强度［L/（s·m²）］；

d——滤料的当量粒径（cm）；

E——膨胀度。

其他符号含义如前。

式 6-79 也表明了膨胀度随水温和粒径的减小而加大的关系。明茨提出为了防止夏季冲洗时膨胀度过小，污泥不易排出，有必要采用不同的冲洗强度，即夏季采用较高强度，冬季采用较低强度。但实际上这种做法没有必要，因为，当水温高时，虽然膨胀度减少，但 G 值反而增大。

根据上述的推导和计算可以认为：

(1) 反冲洗时，速度梯度（或水流对颗粒的剪力）与颗粒的比重和大小成正比，对相同的冲洗强度，颗粒大，G 值也大；比重大，G 值也大（见图 6-63）。例如在冲洗强度 16L/（s·m²）时，对粒径 1mm 砂粒所产生的 G 值约比对粒径 0.5mm 者大 36%，而对 1mm 煤粒所产生的 G 值仅为 1mm 砂粒的 42%。

(2) 用水反冲洗所产生的速度梯度值一般不很高，例如对于粗砂 G 值约为 $400s^{-1}$，细砂约 $300s^{-1}$，而煤约在 $150\sim300s^{-1}$ 之间。众所周知，在混凝过程中，絮凝采用的 G 值可以高到 $80\sim100s^{-1}$，这时絮粒还能相互絮凝。由此可见，如果絮粒坚实并有较大黏性时，要用水反冲洗滤粒所产生的 G 值（$150\sim400s^{-1}$）来除去包围滤料颗粒的泥膜可能不会太充分。所以说单用水反冲洗，是一种弱的反冲洗方式，为了提高冲洗效果，有必要采用能产生较高 G 值的辅助清洗方法。

(3) 在相同的冲洗强度下，随着水温提高，G 值将增大，膨胀度却将减小。例如：冲洗强度 10L/（s·m²），对 0.5mm 的砂粒，当水温 5℃时的 G 值为 $241s^{-1}$，膨胀度 E 为 0.59，当水温提高到 20℃时，G 值提高到 $324s^{-1}$，而膨胀度 E 则下降到 0.44（图 6-64）。水温每提高 1℃，G 值增加 $5.5s^{-1}$，E 值减小 0.01。所以在冬季，反冲洗的效果较差，因为即使保持高的膨胀度，G 值也相对较小。另一方面，如果在夏季，水厂运行人员也不必因膨胀度较低而去提高反冲洗强度，因为这时，虽然膨胀度较低，但它的 G 值仍然较高，而且由于 $G\sim W$（式 6-79W 表示冲洗强度）曲线比较平坦（图 6-63）。提高反冲洗强度所增加的 G 值很小，不会对冲洗效果产生多大的影响。例如，当水温从 5℃提高到 20℃时，如保持膨胀度均为 0.54，则反冲洗强度须从 10L/（s·m²），提高到 12.5L/（s·m²），但这时 G 值从 $324s^{-1}$ 增加到 $334s^{-1}$，仅仅增加 3%。

(4) 最佳反冲洗强度值偏大，由图 6-65 和图 6-63 可知当水温 14℃时，0.5mm 砂粒的最佳反冲洗强度和最佳膨胀率分别为 22.3L/（s·m²）和 134%，1.0mm 的砂粒分别是 35L/（s·m²）和 86%；1.0mm 的煤粒分别是 17.7L/（s·m²）和 105%，2.0mm 的煤粒分别是 30.8L/

（s・m²）和79.7%。

显然，采用这样高的反冲洗强度和膨胀度是不经济的。

但是，如图6-63所示，速度梯度值在最佳点附近的变化较小，也就是说，如果采用低于最佳膨胀度的值冲洗时，速度梯度G值降低不多而冲洗强度可较大地降低。例如，对于0.5mm的砂粒，最佳膨胀度为134%，如果减小到42.5%，速度梯度G值约从330s^{-1}降到286s^{-1}，约下降15%，而反冲洗强度约可从21.7L/（s・m²）降到8.3L/（s・m²），约下降160%。因此，实际生产中采用低于最佳反冲洗强度的值是经济合适的。

6.7.3 冲洗方式

滤池冲洗必须考虑两个要求：①将黏附在滤料颗粒上的污物剥落下来；②将剥落下来的污泥从滤池中排出。根据目前国内外水厂的运行情况来看，滤池冲洗大致有下列三种：

（1）水反冲洗；

（2）有表面冲洗辅助的水反冲洗；

（3）有空气擦洗辅助的水反冲洗。

1. 水反冲洗

单独用水反冲洗必须是高速反冲洗，即反冲洗时滤料膨胀流化，整个滤层呈悬浮状态。它的优点是：①简单易行，滤池内只需一套配水系统；②反冲洗时同时完成剥落污泥和排出污泥两个任务；③有较多的运行经验。它的缺点是：①要求较大的冲洗强度，因此费用略大；②清洗能力较弱，反冲洗G值一般在400s^{-1}之下；③高速反冲洗可能产生砾石承托层走动，导致漏砂等事故。

国内水厂采用单独水反冲洗一般的设计数据见表6-27。

国内滤池单独水反冲洗的设计数据 表6-27

滤料类别	冲洗强度 [L/（s・m²）]	膨胀度 （%）	冲洗时间 （min）	附注
砂滤料	12～15	45	5～7	水温20℃时
煤、砂双层滤料	13～16	50	6～8	水温20℃时

在美国、苏联和日本采用单独水反冲洗的也不少，一般美国采用的砂粒往往较小，d_{10}约为0.5mm，反冲洗强度一般以达到膨胀率20%～30%为度。日本将反冲洗强度控制在8～14L/（s・m²）之间，苏联采用的数据见表6-28。

苏联的反冲洗数据 表6-28

滤料粒径（d当量）（mm）	膨胀度 （%）	反冲洗强度 [L/（s・m²）]	反冲洗时间 （min）
任何粒径双层滤料	50	13～15	6～7
砂0.7～0.8	45	12～14	5～6
砂0.9～1.0	30	14～16	5～6
砂1.1～1.2	20	16～18	5～6

欧洲大陆和英国很少采用单独的水反冲洗。

2. 有表面冲洗辅助的水反冲洗

如前所述，单独的水反冲洗是一种弱的反冲洗方式，不能充分去除泥球，因而采用了利用表面冲洗或空气助冲的辅助设施。根据Baylis的介绍，1908年，第一套表冲设备装设在美国加利福尼亚州的俄克拉荷马自来水公司。苏联、日本都有表面冲洗设备的介绍。在我国各城市的水厂中，采用表冲设备的不多，杭州祥符桥水厂采用表冲设备运行多年以来，效果较好。

1）表面冲洗的效果

表面冲洗主要是对表层滤料加以强烈的搅动，加强水流对颗粒的剪切力和颗粒相互间的接触碰撞机会。因而，表冲的效果可用单位时间内施加给单位滤料面积上的平均动能来度量。

对于一般的水反冲洗，该动能为：

$$\rho vh = 1000 \times 0.01 \times 0.5 = 5\text{kg/m} \cdot \text{s}$$

对于表冲设备，该动能为：

$$\rho vh = 1000 \times 0.01 \times 30 = 30\text{kg/m} \cdot \text{s}$$

式中 ρ——水的密度（kg/m^3）；

v——冲洗速度（m/s）；

h——冲洗水头（m）。

所以表面冲洗施加给滤料的动力远远大于反冲洗。

表面冲洗有如下优点：①设备较简单，只需高压水和喷嘴系统，易于做到；②效果较好；③设备装在滤层上面，易于维修。它的缺点是：①旋转式设备容易失灵，矩形滤池的四角冲不到；②阻挡了滤池表面，影响滤料翻修和维护。

2）设备和设计数据

美国通常用高压水喷嘴，压力为 0.35～0.7MPa，喷嘴装在砂面上约 2.5cm，一般在反冲前，先用表面冲洗喷射 2～4min，然后表冲和反冲同时进行 2～3min，接着停止表冲再单独反冲 2～4min。旋转式表面冲洗的冲洗强度约为 0.3～0.7L/（s・m^2），工作压力为 0.35～0.5MPa，喷嘴与水平面的夹角为 15°～45°。固定式喷嘴的冲洗速度约为 1.4～2.8m/h，工作压力为 0.07～0.2MPa。

苏联的表面冲洗设备安装情况如图 6-66 所示，冲洗方法为先表面冲洗 2～3min。其次，表面冲洗、反冲洗同时进行 3～5min，其中前 2～3min 使滤料膨胀度达到 10%～15%，后 1～2min

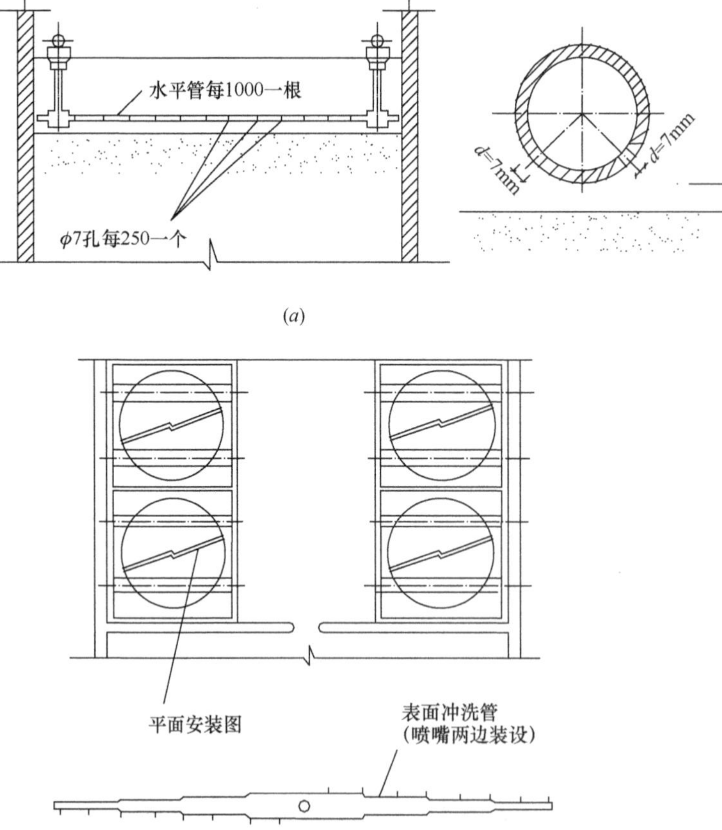

图 6-66 表面冲洗设备的安装

（*a*）固定式表面冲洗装置；（*b*）旋转式表面冲洗设备安装

使膨胀度达到30%～45%，最后保持单独反冲洗20～30s后冲洗结束。旋转式表面冲洗的强度采用0.3～0.7L/（s·m^2），喷嘴出流流速25～30m/s，为此需有0.4～0.45MPa的压力。

3. 有空气辅助的水反冲洗

采用空气擦洗作为辅助冲洗的反冲洗方法可分为下述几种：

（1）先用空气擦洗，再用水进行低速反冲洗，一般仅用于单层滤料滤池；

（2）先用空气擦洗，再用水进行高速反冲洗；

（3）先同时用空气和水低速反冲洗，再用水低速反冲洗；

（4）先同时用空气和水低速反冲洗，再用水高速反冲洗。

在用空气擦洗时，要考虑下述三个因素：①滤料在反冲洗后要维持原位不分层；②使空气擦洗的摩擦互撞作用最大；③砂滤料不产生翻腾和明显的砂粒股流现象。用空气擦洗的优点如下：①清洗效果好，由于空气擦洗或低速反冲洗时，粒间流速大，颗粒互相冲撞和摩擦作用强烈而清洗效率高，图6-67为水冲洗与气水冲洗的对比试验结果；②如果采用低速反冲洗，滤层不用流化，因而允许采用较粗粒径的滤料；③反冲洗强度大大降低，从而降低了反冲洗设备的容量。它的缺点是：①空气和水混合速度不当时，易造成滤料流失事故；②气水同时反冲洗，易使承托层走动，所以必须严格控制反冲洗操作。

美国是最早采用气水反冲洗的国家之一，此外，英国及欧洲大陆国家、苏联、日本等国都有采用，其中以欧洲大陆国家和英国采用更广。我国20世纪80年代前只有个别水厂采用，如抚顺东公园水厂和广州二水厂。

一些早期国外和国内采用气水冲洗滤池的有关情况见表6-29，表6-30为气水冲洗时砂粒的抛高度数据，图6-67为不同冲洗方式清洁度试验资料。清洁度指取出不同时间运行后的滤料，经擦洗后测定单位体积滤料中剩余的含泥量。

国内早期和国外水厂气、水冲洗滤池的有关数据 **表6-29**

序号	水厂名称	单池面积（m×m）	滤料粒径（mm）	滤层厚度（mm）	冲洗强度［L/（s·m^2）］	
					气	水
1	抚顺东公园水厂	3.6×7.2	0.6～1.2	700	20～25	8
2	广东湛江水厂	3.0×6.2	0.5～1.0	700	7～10	7～9
3	广州二水厂	7.3×4.3	煤 d_{10}0.76～0.9 d_{50}1.1 砂 d_{10}0.54～0.73 d_{50}0.77～0.94		15	
4	广东罗定水厂	3×3.5			15	4 8
5	抚顺滴台水厂	6.5×4.5	0.6～1.2	700	16～18	8～12
6	法国巴黎奥利水厂	1.64×4			15.5	2.1
7	美国铜坊水厂	12.9×12	0.8～2.4	762	6.7	6.7
8	苏联某厂		0.6～1.0		15～18	5
9	苏联某厂		1.0～1.5		12～24	8
10	匈牙利布达佩斯水厂	7.1×3.8	1～2	1000	16～17	3～4
11	美国舒尔曼水厂	12.2×5.5	上层煤1.58 中层煤0.89 下层砂0.3	405 203 254	12.7	15.2（夏） 10.2（冬）

气、水反冲洗时砂粒的抛高度 **表 6-30**

冲洗水强度 [L/（s·m²）]	空气冲洗强度 [L/（s·m²）]	滤料的抛高度（cm）	
		1～2mm 砂粒	2～3.6mm 砂粒
1.4	20	28～30	无
1.4	40	30～33	无
3.0	20	28～30	13～15
3.0	40	30～36	13～15
4.4	20	38～41	13～15
4.4	40	41～43	13～15

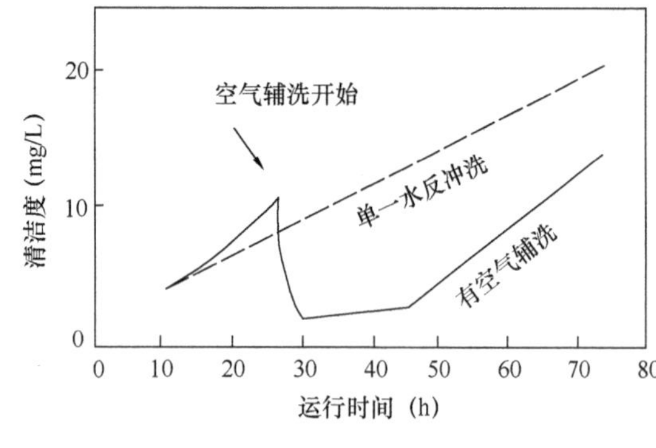

图 6-67 滤料的摩擦试验

英国的气、水冲洗方法为：先用空气擦洗，从下部砾石层导入压缩空气，强度为 5～4.7L/（s·m²），并提高到 10L/（s·m²）左右，然后用水以 3～5L/（s·m²）的强度反冲，一般空气擦洗 3～5min，水反冲洗 2～4min，这种方法归结为气—水法。一般用长柄滤头，既用来分布空气，也用以分布水。也有用 2 套独立滤头的，1 套专门布水，1 套专门布气，这时，常采用气水同时反冲洗：冲洗开始前，先注入反冲洗水，使滤床略有膨胀（7.5～10cm），然后导入空气，强度约在 8～18L/（s·m²），进行气水同时擦洗约 2～3min，接着切断空气供应，将水反洗强度增加到 10～13L/（s·m²），使砂层充分膨胀经 2～3min 结束，这种方法归结为水—气、水—水法。

苏联采用空气辅洗的数据如下：

膨胀度在 15%～20%；反冲洗强度：空气 15～20L/（s·m²），水 5～12L/（s·m²）；冲洗时间：空气 5min，水 3min。

6.8 排水系统

滤池的排水系统包括两部分，即冲洗排水槽和集水渠。

1. 排水槽计算

排水槽的尺寸是根据排出峰值冲洗水量时，排水槽上游端仍保持 5～8cm 保护高的原则来计算的。排水槽内的水流状态是渐增变量流，槽内任何一点的流量与该点离上游端的距离成正比。如果假定了排水槽出水端的水深，即可逐级向上推算求得上游端的要求水深。目前排水槽的出口均按自由出流方式进行设计，计算图式见图 6-68，上游端水深可根据式 6-80 或式 6-81 进行计算。其中式 6-80 为 Thomas-camp 公式，适用于有底坡的排水槽，式 6-81 是适用于底坡为零的简化公式。上式推导时，作了如下四点假设：①水动能垂直进入排水槽；②摩阻力略去不计；③槽内水流是水平向的；④水面曲线近似为抛物线。

$$h_0 = \sqrt{2h_c^2 + \left(h_c - \frac{il}{3}\right)^2} - \frac{2}{3}il \tag{6-80}$$

$$h_0 = 1.73h_c \tag{6-81}$$

式中符号详见图 6-68。

对于矩形断面的槽　$$h_c = \left[\frac{Q^2}{gB^2}\right]^{\frac{1}{3}} \tag{6-82}$$

对具有直角三角形底的槽　$$h_c = \left[\frac{2a^2}{g}\right]^{\frac{1}{3}} \tag{6-83}$$

对具有半圆形底的槽　$$h_c = 0.225\sqrt{Q} \tag{6-84}$$

式 6-85～式 6-87 中，Q 应为冲洗时的峰值流量（m^3/s）。

推荐的排水槽断面虽然有三角形槽底（称作标准型）和半圆形槽底，但因国内排水槽多采用混凝土材料，基于构造和施工上的原因，因而基本上采用三角形槽底，当槽底不设坡度时，将式 6-83 代入式 6-81 即可求得排水槽的要求断面。图 6-69 为排水槽尺寸的计算曲线。

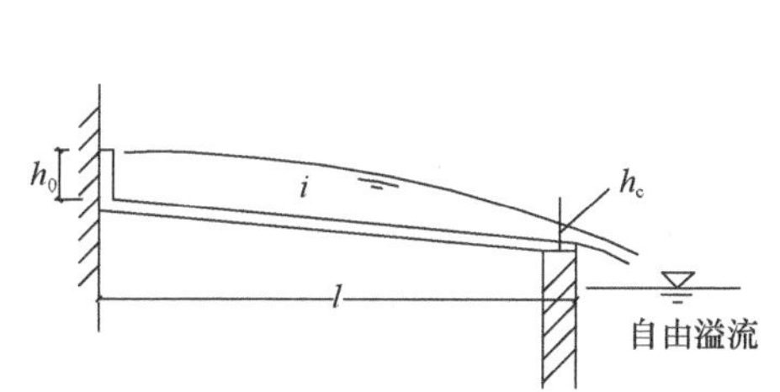

图 6-68　排水槽计算图式

h_0—上游端水深；h_c—临界水深；

l—槽长度；i—槽底坡度

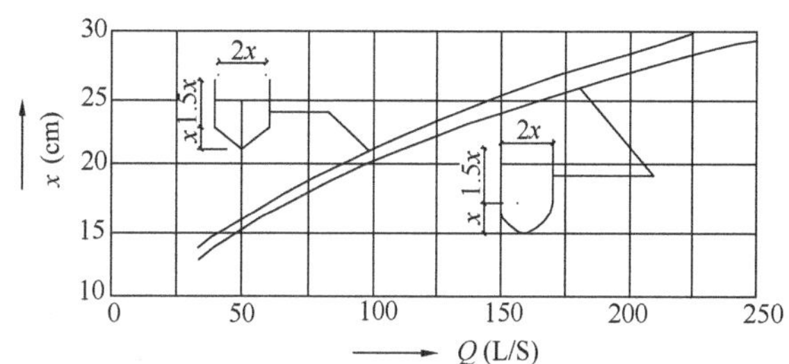

图 6-69　排水槽计算曲线

2. 排水槽的高程和间距

一般认为将排水槽的槽底置于膨胀后滤料层以上，就可以防止滤料在冲洗时逸出。但实际上，槽的高程与槽的间距有关。设槽的长度为 l（m），槽的间距为 S（m），滤池内槽的条数为 n，槽顶边离膨胀滤料面的距离为 L_w（m），冲洗速度为 u（m/s）；滤池面积为 A，则槽单位长度的平均排水流量为 $Au/2nl$。以槽顶为中心，L_w 为半径作圆弧，则槽单位长度上的排水断面为 $\frac{1}{2}\pi L_w$，因而流入槽的行近流速为：$\frac{Au/2nl}{\pi L_w/2} = \frac{Au}{\pi n L_w l}$，设排水槽按等间距布置，$Snl = A$，则向槽顶的行近流速为 $\frac{Su}{\pi L_w}$，如图 6-70 所示。

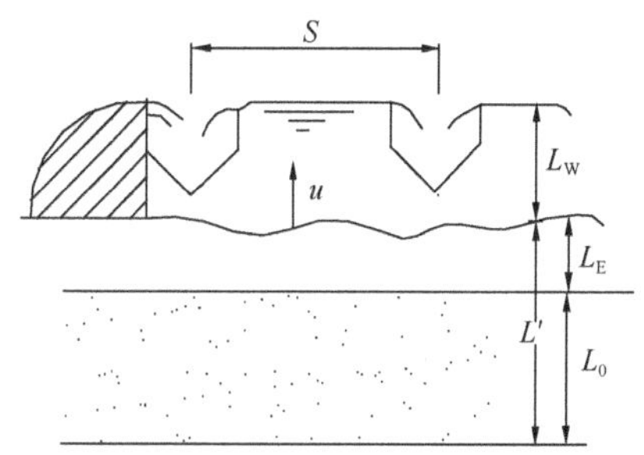

图 6-70　槽的间距与高程

为了不使滤料逸出，行近流速应比冲洗速度 u 小，同时为了有效地将悬浮物排出，行近流速又必须比悬浮物的最终沉速大，即：

$$u_i < \frac{Su}{\pi L_w} < u \tag{6-85}$$

式中，u_i 为要求排出悬浮物的最终沉速。

式 6-85 可化为：

$$\frac{S}{L_w} > \pi\frac{u_i}{u} \text{ 及 } \frac{S}{L_w} \leqslant \pi \tag{6-86}$$

所以，为了有效地排出悬浮物，应取 S/L_w 值相近于 π，如滤层厚度为 0.7m，冲洗膨胀度取 30%～50%，槽顶离砂面距离 1.0m，则 L_w=0.65～0.79m，槽间距 S 应≤2.0～2.5m，与目前的设计基本相一致。

表 6-31 列出已投产若干年的 15 座滤池的 S/L_w 值和排水槽的长度。从式 6-86 中还可看出，S/L_w 值还取决于 u_i/u 值，如果要排出杂质的 u_i 值大到 u，那么，该杂质是无论如何排不出去的。

此外，槽的间距和高程是与冲洗膨胀度相关联的，设计时应同时考虑。

我国排水槽的形式多为三角形槽底。在美国设计手册中对排水槽推荐了多种形式，如图 6-71所示。

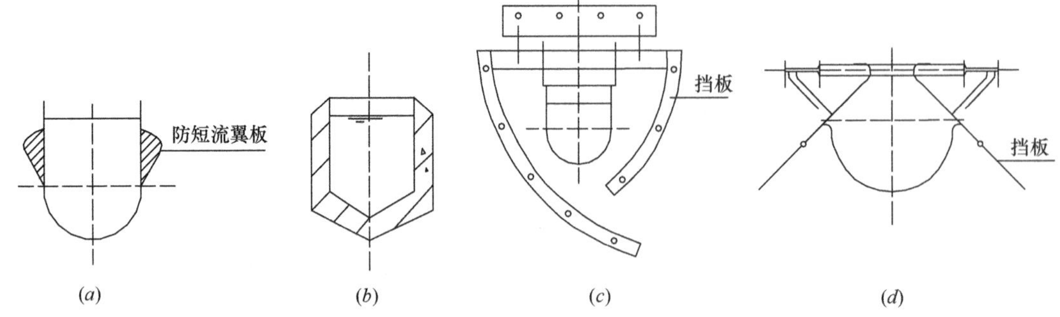

图 6-71　美国手册介绍的排水槽形式

(a) 塑料排水槽；(b) 混凝土排水槽；(c) 带挡板的不锈钢槽；(d) 带挡板的阔口槽

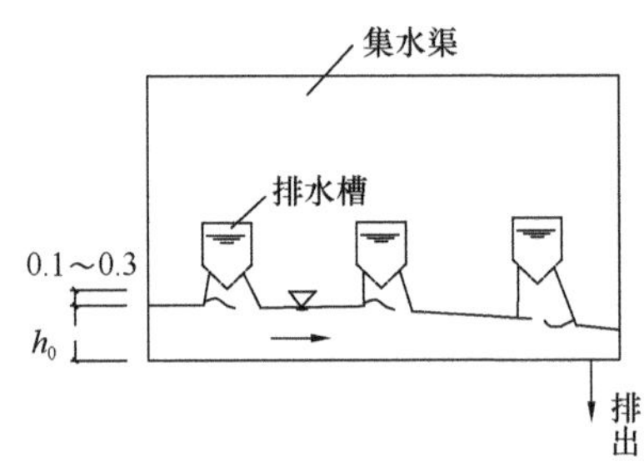

图 6-72　集水渠内的水流情况

3. 集水渠的布置形式

集水渠的作用为收集排水槽的出水，一般均不设底坡，断面用矩形，宽度则根据施工要求决定，一般大于 0.7m。集水渠水力计算可按式 6-81 及式 6-82 进行，为了保证自由出流，渠底深度应根据式 6-80 计算的 h_0 值在起始端适当增加 0.1～0.3m，如图 6-72 所示。如计算所得集水渠深度过大，在布置和结构上有困难时，则可适当减少余量。但仍需注意尽可能保持自由出流。

已建滤池的 S/L_w 值　　　　表 6-31

编号	滤池产水量(万 m^3/d)	槽距 S(cm)	S/L_w值	槽长度(cm)	附注
1	50	240	2.53	430	
2	20	220	2.75	320	
3	10	225	2.81	350	
4	10	200	3.08	450	
5	6	220	3.39	300	
6	5	200	2.85	250	
7	3.6	190	2.53	290	
8	3	200	1.21	577	鸭舌阀滤池
9	3	170	2.27	400	
10	2	185	3.36	370	
11	2	230	3.07	460	
12	2	160	2.67	400	
13		194	2.99	570	
14	1.2	195	1.45	390	鸭舌阀滤池
15	0.75	190	5.43	380	易于跑砂

注：L_w按滤料层膨胀 50%计算。

集水渠的布置形式大致可分为图 6-73 中的 5 种：

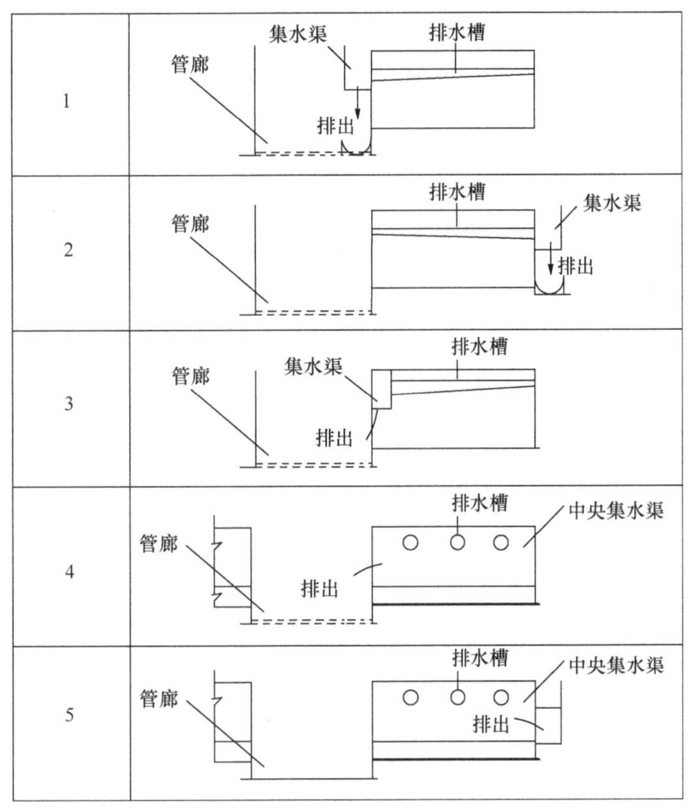

图 6-73　集水渠的布置

图 6-73 中第一到第三种形式适用于滤池沿管廊单行排列者，其中第一种形式集水渠设在管廊内，这种布置形式使用最为普遍，普通快滤池标准图即为这种形式，它的优点是当采用手动阀门时，浑水排水阀门与冲洗清水阀门比较集中，管理方便。它的缺点是集水渠设在管廊内加大了管廊的尺寸。第二种形式将集水渠设在滤池外边，减小了管廊尺寸，但最好用气动或电动阀门，否则操作运行比较麻烦。第三种形式将集水渠设在滤池内，这种形式兼有一、二两种形式的优点，但因渠道有一定的深度，对滤池冲洗产生一定的障碍，因此实际上很少采用。第四、第五种形式多用于单池面积较大、沿管廊双行排列的场合，排水槽的水排入中央（集水）渠，然后再排出。第四种形式排出系统设在管廊内，增加了管廊所需的位置和各种管道布置上的困难。第五种形式将排出系统移到滤池外边，由于滤池较大的阀门一般均采用气动或电动，排水系统移出管廊并不增加操作上的困难，因此比较多地采用这种形式。但必须注意排水阀门的布置，以免产生对进水流的干扰。

4. 滤池初滤水及冲洗水回用

1）滤池初滤水

滤池在反冲洗后，滤层中积存的冲洗水和滤层以上的水较浑浊，因此在冲洗后的过滤初期其初滤水的浊度较高，水质较差，尤其是存在致病原生动物（如贾第鞭毛虫和隐孢子虫）的概率较高。因此从提高滤后水卫生安全考虑，初滤水宜排除或回用。我国设计规范对初滤水作了相应规定："除滤池构造和运行时无法设置初滤水排放设施的滤池外，滤池宜设有初滤水排放设施。"美国则规定初滤水或滤后水浊度高于 0.25NTU 时应予排除。由于初滤水的排放水量较大，因此美国水厂一般建立初滤水回用系统，常见的流程如图 6-74 所示。

2）冲洗废水回用

滤池冲洗废水一般占总制水量的 2%～3%，直接排放造成水资源浪费，如纳入排泥水处理

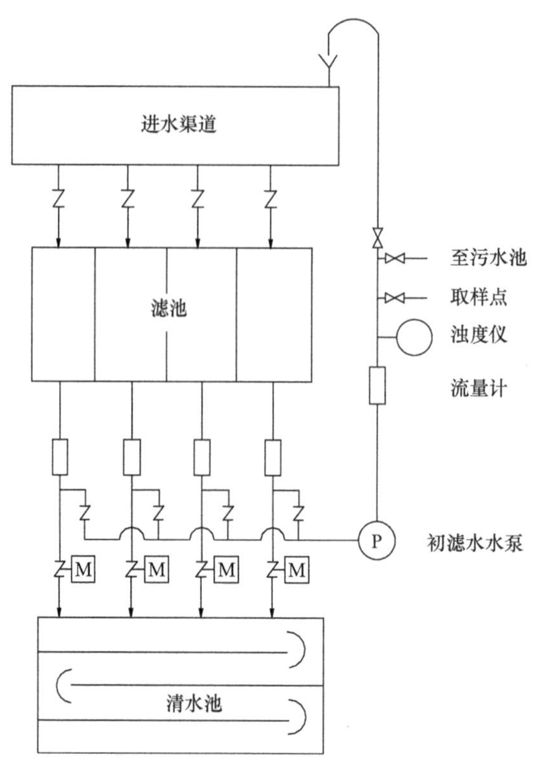

图 6-74　初滤水回用系统流程

系统则增加排泥水处理容量，因此一般常考虑回用。

由于滤池冲洗废水中含有过滤过程截留的污染物，如直接回用有可能使污染物（例如贾弟鞭毛虫、隐孢子虫和铁、锰等）重新进入原水，增加出水水质微生物超标的风险。因此，滤池冲洗废水的回用宜通过一定的处理，例如通过沉淀处理。美国对新建水厂滤池冲洗废水回用有相关的规定，有些州规定了回用水的浊度要求，有些则规定了回用水占进水量的最大比例。我国对冲洗废水的回用也逐渐引起重视，在一些新建和改建的水厂废水回用中设置了沉淀处理工艺。

6.9　普通滤池设计布置

1. *滤池格数及面积*

当选定设计滤速计算出总过滤面积后，需要确定滤池格数和滤池排列方式。滤池的格数有一个基本要求，即当一格滤池冲洗停止过滤或一格滤池检修（如滤池换滤料）时的强制滤速要满足设计规范的要求。对于普通滤池，由于一格滤池冲洗时其过滤水量由其他滤池负担，所以正常的运行工况是一组滤池中有一格滤池停止工作，最不利的运行工况为 2 格滤池停止工作（一格冲洗，一格检修或换砂）。以单层细砂滤料普通滤池，设计正常滤速 8m/h，强制滤速 12m/h 为例，说明滤池所需的最少个数：①正常运行工况下，当总格数为 3 个时，强制滤速为 16m/h；当总个数为 4 个时，强制滤速为 10.7m/h。所以最少滤池总格数应为 4 个。②最不利运行工况下，当总个数为 5 个时，强制滤速为 13.8m/h；当总个数为 6 个时，强制滤速为 12m/h。所以每组滤池总格数至少应为 6 个才能满足强制滤速的要求。

滤池面积及分格数除需满足运行要求外，还与其经济因素有关。过去曾运用过 Morrill 提供的经济分格数公式：$N=0.04Q^{0.5}$（N 为滤池分格数；Q 为过滤总水量，单位 m^3/d）。但因技术发展，滤池的布置及配套的设施与原有土建及设备的关系发生很大变化，故上述公式已难适应。目前我国大型滤池已超过每格 $100m^2$，运行效果良好。

在设计小型水厂时，要特别关注最少滤池格数的要求。设计的滤池格数多，运行的可靠性和灵活性提高，但相应工程费用会增加。因此，在满足正常运行工况最少滤池格数下，根据水厂水量保证的重要性、经济性和水厂管理等因素，综合分析来确定水厂每组滤池格数。表 6-32 所列的滤池格数可供设计参考。

过滤面积与滤池格数 **表 6-32**

滤池总面积（m^2）	滤池格数	滤池总面积（m^2）	滤池格数
＜50～200	4～6	400～600	8～10
300	6～8	600～800	10～12
400	6～8	800～1000	10～14

2. 滤池排列和管廊

滤池排列可分为沿管廊单行排列或双行排列两种，选择单排还是双排，需要考虑的因素有：①滤池总面积及格数，一般格数少于 5 个时采用单排，采用双排时，滤池分格数为偶数；②水厂的地形和场地条件；③近远期的结合条件，为适应远期扩建的要求，常有近期采用单排，远期扩建为双排的做法；④前后道处理构筑物的配套及布置条件。

普通滤池根据其规模大小，可布置成多种形式，例如采用单排或双排布置，是否设中央渠，反冲洗方式以及配水系统形式等各种形式。主要原则为使阀门集中，管路简单，便于操作和安装检修。

一般将小型滤池布置单排；大型滤池采用双排布置，通常将阀门集中设在中央管廊，亦可采用闸板阀将阀门分设两侧。管廊内设置冲洗、清水、排水等总管或渠（需要时另设初滤水管），可以有多种布置。目前倾向于廊内设中间人行走道，两侧分设冲洗、排水、清水总管，见表 6-33。由于操作阀门多采用电动，故管廊上层一般无手动操作柱。管廊下层则设置巡视走道，简洁明亮。管廊顶部可以做成封闭，作为操作室地面，仅留两端楼梯供操作人员上下，管廊内管、阀运送由下层大门通向室外。也有将管廊顶部做成部分敞开，便于修理起吊阀门。也可做成全敞开，只设操作人员巡视通道。

双排快滤池管廊布置 **表 6-33**

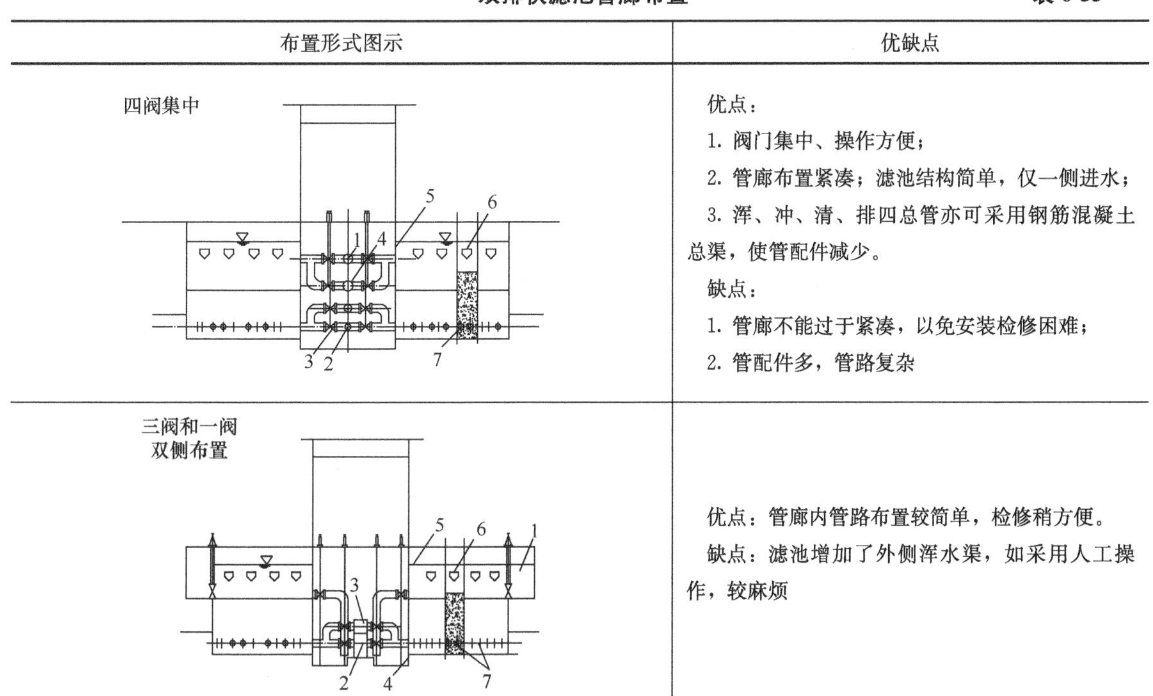

布置形式图示	优缺点
四阀集中（图示，编号 1～7）	优点： 1. 阀门集中、操作方便； 2. 管廊布置紧凑；滤池结构简单，仅一侧进水； 3. 浑、冲、清、排四总管亦可采用钢筋混凝土总渠，使管配件减少。 缺点： 1. 管廊不能过于紧凑，以免安装检修困难； 2. 管配件多，管路复杂
三阀和一阀双侧布置（图示，编号 1～7）	优点：管廊内管路布置较简单，检修稍方便。 缺点：滤池增加了外侧浑水渠，如采用人工操作，较麻烦

续表

布置形式图示	优缺点
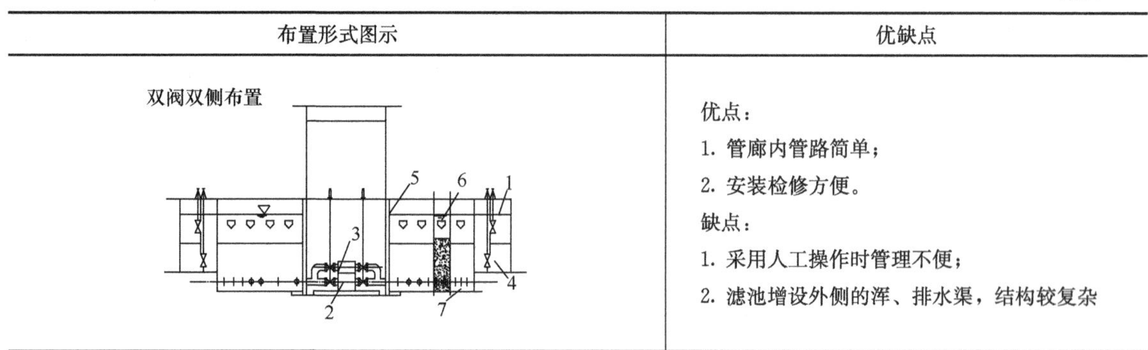	优点： 1. 管廊内管路简单； 2. 安装检修方便。 缺点： 1. 采用人工操作时管理不便； 2. 滤池增设外侧的浑、排水渠，结构较复杂

注：图中 1—浑水总管（渠）；2—清水总管（渠）；3—冲洗水总管（渠）；4—排水总管（渠）；5—集水渠；6—洗砂水槽；7—配水支管。

3. *滤料层级配和滤速*

普通滤池可以采用单层、双层和三层滤料，滤料和承托层级配组成及其正常滤速、强制滤速按照现行《室外给水设计规范》选用，单层细砂滤料正常滤速 7～9m/h，强制滤速 9～12m/h；双层滤料正常滤速 9～12m/h，强制滤速 12～16m/h。冲洗前的水头损失单层、双层滤料宜采用 2.0～2.5m，三层滤料宜采用 2.0～3.0m；滤层表面以上的水深宜采用 1.5～2.0m。普通滤池的配水系统，单层滤料一般采用大阻力或中阻力配水系统，三层滤料宜采用中阻力配水系统。

4. *滤池冲洗系统*

普通滤池的冲洗水供给采用高位水箱或水泵，水箱的有效容积按单格滤池冲洗水量的 1.5 倍计算，水泵冲洗时，水泵的能力应按单格滤池冲洗水量设计，并设置备用机组。普通滤池的水冲洗强度及时间见表 6-34。

水冲洗强度及冲洗时间（水温 20℃时）　　**表 6-34**

滤料组成	冲洗强度 [L/ (m^2 · s)]	膨胀率 (%)	冲洗时间 (min)
单层细砂级配滤料	12～15	45	7～5
双层煤、砂级配滤料	13～16	50	8～6
三层煤、砂、重质矿石级配滤料	16～17	55	7～5

在设有表面冲洗设备时，冲洗强度可取表中的低值，表面冲洗的强度采用 2～3L/(m^2 · s)(固定式)或 0.50～0.75L/(m^2 · s)(旋转式)，冲洗时间均为 4～6min。滤料膨胀率随冲洗强度和水温变化而变化，表 6-34 中膨胀率值作为设计计算滤池排水槽高度之用。冲洗强度还与水温有关，水温高时冲洗强度应提高，反之则应降低，图 6-75 为冲洗强度与水温变化的修正系数，供

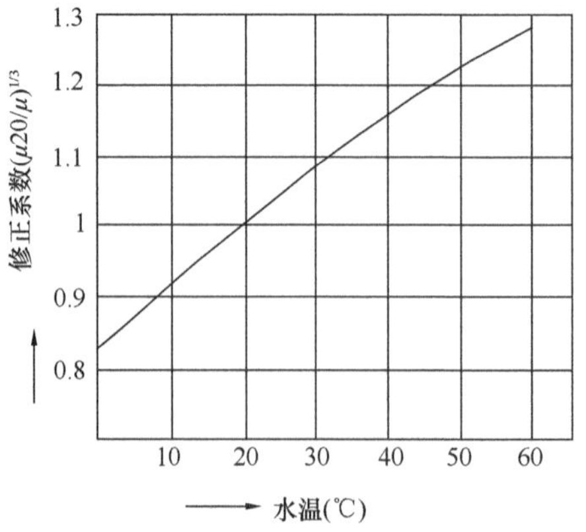

图 6-75　冲洗强度修正系数

设计和运行时参考。

6.10　V 型滤池设计布置

6.10.1　设计与布置

V 型滤池是法国得利满公司设计的一种滤池形式。该滤池采用较粗和均匀的石英砂滤料，滤层较厚，冲洗采用气水反冲洗。常用的石英砂滤料有效粒径在 0.9mm 左右，不均匀系数在 1.35～1.40，滤层厚约 1.2m。反冲洗时先进行气洗，然后气水同时冲洗，再用较大强度水冲洗。冲洗时 V 型槽小孔出流形成表面扫洗。冲洗时滤料呈微膨胀状态。配水采用长柄滤头。该滤池具有截污能力大、反冲洗干净、过滤周期长、处理水质稳定等优点；其缺点是所需设备较多。

1. 池型布置

V 型滤池有单排和双排布置形式，单池可分为单格和双格，见表 6-35。

V 型滤池的池型布置　　**表 6-35**

布置形式图示		优缺点
整体布置	单排布置 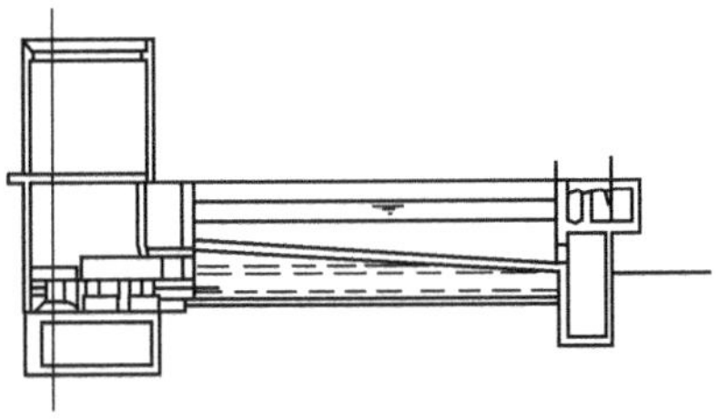	优点： （1）管廊通风采光好； （2）水厂管路总体布置较简单。 缺点： 管廊及管渠较长，利用率不高
	双排布置 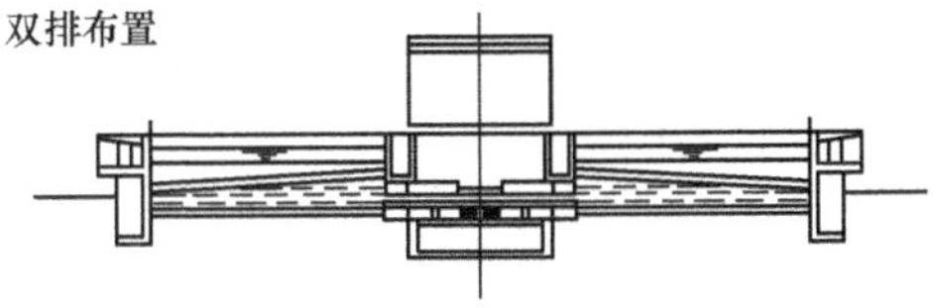	优点： （1）管廊布置紧凑，利用率高； （2）各种管渠线路较短。 缺点： 管廊通风采光条件较差
单池布置	单侧布置 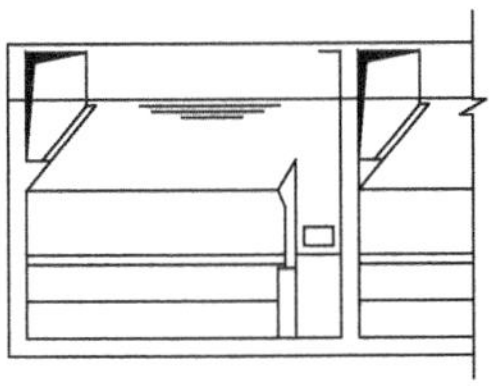	适用于单池面积较小（≤25m²）时
	双侧布置 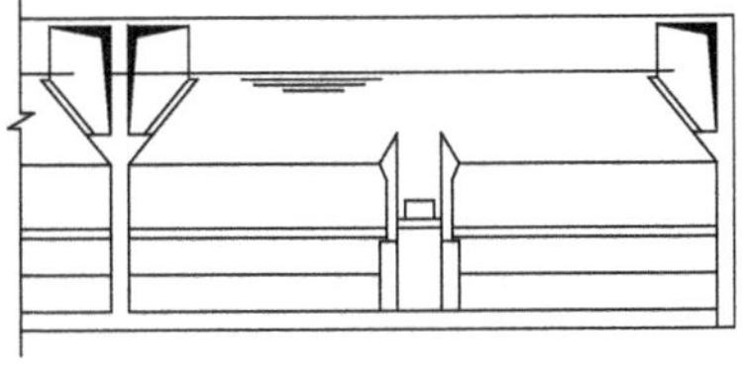	适用于单池面积较大时

2. 单池面积及个数

法国得利满公司V型滤池单格标准尺寸系列中最大的单池面积达到238m²，目前国内使用的最大单格面积为165m²。滤池格数少，相应的阀门等设备数量少，但池体尺寸大，阀门管道和冲洗设备规格将增加。滤池格数多，池体减少，但阀门等设备和自控仪表数量增加，所以宜作技术经济比较或根据工程设计经验确定滤池的个数及单池面积。表6-36为得利满的钢筋混凝土滤板V型滤池单池尺寸及面积。

法国得利满V型滤池尺寸及面积（单侧） **表6-36**

宽（m）	长（m）	面积（m²）	宽（m）	长（m）	面积（m²）
3.00	8.18	24.5	4.00	15.14	60.5
—	9.34	28	—	16.30	65
—	10.5	31.5	—	17.46	70
—	11.6	35	4.66	12	56
—	12.82	38.5	—	13	60.5
3.5	8.02	28	—	13.99	65
—	9.01	31.5	—	14.96	69.5
—	10.01	36	—	15.98	74.5
—	11	38.5	—	16.97	79
—	12	42	5.00	13.98	70
—	13	45.5	—	15.14	77
—	13.99	49	—	16.30	81.5
—	14.96	52.5	—	17.46	87
4.00	11.6	46	—	18.62	93
—	12.82	51	—	19.78	99
—	13.98	56	—	20.94	105

根据经验，滤池的总过滤面积与格数可以参考表6-37所列数值。

过滤总面积与滤池个数 **表6-37**

滤池总面积（m²）	滤池格数	滤池总面积（m²）	滤池格数
<80～400	4～6	800～1000	8～12
400～600	4～8	1000～1200	12～14
600～800	6～10	1200～1600	12～16

3. 滤速及滤料

V型滤池采用深床均匀级配粗砂滤料层。得利满公司手册中，滤料粒径为0.95～1.35mm（极限值为0.7～2mm），滤料层厚度0.95～1.5m，相应的滤速为7～20m/h。我国现行设计规范则规定，滤料粒径d_{10}=0.9～1.2mm，K_{80}<1.4，滤料层厚度1.2～1.5m，相应的正常滤速为8～10m/h，强制滤速10～13m/h。这是根据近年设计的资料和调研30余座水厂所得数据而确定的。随着供水水质标准的提高，部分城市自来水公司要求滤池出水浊度值低至0.1～0.2NTU，设计需采用更低的滤速，滤料粒径也更细些。据上海市政工程设计研究总院近几年来所设计的V型滤料资料，滤速大多数为8m/h左右，最小的为6.4m/h，滤料粒径d_{10}以0.85～0.90mm居多，滤料层厚度1.2m左右，滤料层厚度与有效粒径比L/d_{10}为1300～1400。

4. 滤池布置要点

(1) 为保持足够的过滤水头，避免滤层出现负压，滤料层表面以上水深不应小于1.2m。排水槽顶距滤料层表面高度一般为0.50m。

(2) 冲洗前水头损失一般采用2.0m，以规定过滤时间、过滤水头损失或出水水质（通常为浊度目标值）决定冲洗周期，水厂实际运行中大多数以过滤时间确定冲洗周期，设计通常为24～48h，实际运行以36h为多。

(3) V型滤池用调节出水阀门控制过滤流量，以保持恒水位过滤，实际过滤水位与设计水位的变化幅度为±5cm，设计水位与出水井堰前水位差一般为2.2～2.4m。

(4) V型进水槽配水孔（表面扫洗出流孔）与排水槽顶之间的高差，早期的设计配水孔低于排水槽顶，最大高差达150mm，出现表面扫洗效果不好，后改为配水孔标高在排水槽顶标高以下5cm至以上5cm的范围内（见图6-76），表面扫洗效果有较大改善。此外，配水孔应尽量贴近V型槽槽底，以增加表面扫洗的作用水头，有的设计配水孔高于槽底100mm是不妥的。从表面扫洗效果而言，滤池单格宽度不宜大于4m（规范规定不得超过5m）。施工应注意使配水孔纵向轴线保持水平，孔距应相等。

(5) 为了保证每个滤池进水量相同，在每个滤池的进水堰必须设置高度可调节的堰板。此外，对于进水总渠，从配水水力计算角度采用变宽度设计更为合适，但会增加施工难度和造成上层走道宽度逐渐变窄，所以通常采用了等宽度设计，然而在设计滤池格数多的大型滤池时，结合滤池上层布置将进水总渠设计成变宽度是一种好的设计。

(6) V型滤池各种管道、渠道的尺寸可按表6-38所列流速计算确定。

各种管道、渠道流速 **表6-38**

管道、渠道名称	流速（m/s）	管道、渠道名称	流速（m/s）
进水总渠	0.6～1.0	冲洗气管	10～15
进水阀	0.8～1.2	初滤水排放管	3.0～4.5
出水调节阀	1.0～1.5	配水配气渠配气孔	10左右
出水总渠	0.6～1.0	配水配气渠配水孔	1～1.5
排水槽	0.7～1.5	V型槽起端	<0.6
排水阀	1.0～2.0	V型槽配水孔表面扫洗	2.0左右
冲洗水管	2.0～2.5		

(7) 配水配气渠尾气排放管管径一般采用$DN50$～$DN100$。

(8) V型滤池配水配气采用长柄滤头。长柄滤头的缝隙总面积与滤池面积之比，即开孔比为1.25%～2.00%，配水配气系统及滤板的设计与施工要求见6.6节。

(9) 滤池高度按式6-87计算，经布置设计确定。图6-76为池体高度示意。

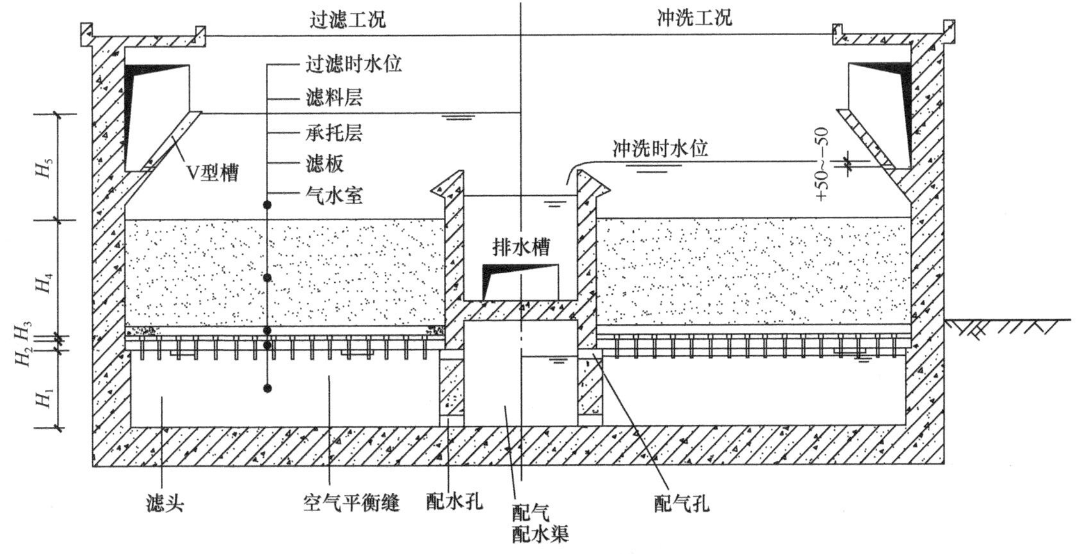

图6-76 V型滤池剖面

$$H = H_1 + H_2 + H_3 + H_4 + H_5 + H_6 + H_7 \tag{6-87}$$

式中　H——滤池计算高度（m）；

H_1——气水室高度（m），0.7～0.9m；

H_2——滤板厚度（m），0.12m；

H_3——承托层厚度（m），0.05～0.10m；

H_4——滤料层厚度（m），按滤料层设计；

H_5——滤料层表面以上水深（m），1.2～1.5m，不小于1.2m；

H_6——进水总渠至设计池内水位高差（m），包括进水阀、进水堰、V型槽进水孔的水头损失和水位跌落，一般为0.3～0.5m；

H_7——进水总渠超高（m），一般取0.30m。

（10）滤池出水一般设出水稳流槽（图6-77）。稳流槽水位标高根据冲洗前允许水头损失确定。溢流堰上水深按薄壁堰计算，一般取0.2～0.25m。槽内水深为2～2.5倍出水管管径，出水管管顶不应高出溢流堰堰顶。出水稳流槽的顶标高，除了应满足过滤水头和超高要求外，还需特别注意后续构筑物的溢流措施和因设备故障（如后续深度处理提升水泵房）引起的水位上涨，以保证滤后出水井不发生溢流。

5. V型滤池冲洗系统

对于V型滤池的冲洗方式、冲洗强度、冲洗时间和冲洗过程的自动控制等方面已积累了成熟的参数和经验。

1）冲洗方式及冲洗强度、冲洗时间

V型滤池一般采用单层石英砂均匀级配滤料，冲洗方式和程序为气冲—气水同时冲—水冲，同时，冲洗全过程由V型槽来水作表面扫洗。各阶段的冲洗程度和时间按现行《室外给水设计规范》中的参数（表6-39）进行设计和运行，能获得较好的冲洗效果。生产运行中，根据水量、水质和滤池的运行状况，可以对可编程序控制器（PLC）进行设置，很方便地调整各阶段的冲洗时间和冲洗方式，从而获得希望达到的冲洗效果。

V型滤池冲洗强度及冲洗时间　　　**表6-39**

表面扫洗	先气冲洗		气水同时冲洗			后水冲洗		表面扫洗	
	强度[L/(s·m²)]	时间(min)	气强度[L/(s·m²)]	水强度[L/(s·m²)]	时间(min)	强度[L/(s·m²)]	时间(min)	强度[L/(s·m²)]	时间(min)
无	13～17	2～1	13～17	3～4	4～3	4～8	8～5	—	—
有	13～17	2～1	13～17	2.5～3	5～4	4～6	8～5	1.4～2.3	全程

据对1995年以来上海市政工程设计研究总院设计的V型滤池统计，典型的冲洗强度及冲洗时间如下：先气冲洗强度15L/（m^2·s），时间2min；气水同时冲洗气强度15L/（m^2·s）、水强度2.5L/（m^2·s），时间4min；后水冲洗强度4.7L/（m^2·s），时间6min。对于表面扫洗，近年来设计的V型滤池采用一只开关型滤池进水阀，所以表面扫洗强度实际上等同于正常滤速。早期设计的V型滤池设有1只固定滤池进水孔和1只开关型进水阀，或者设置1只可调节开启度的进水阀，来调节表面扫洗的强度，但这种做法近年来已较少采用，一方面是冲洗格滤池的水量全部用作表面扫洗水量，可不影响其他滤格的正常过滤水量，同时也可加大表面扫洗的强度，尤其当滤床宽度较大时。

2）冲洗设备

V型滤池通常采用水泵进行水冲洗，而较少采用高位水箱，主要原因是所需的冲洗压力不高，冲洗时水位的变化对冲洗强度会产生较大的影响，影响冲洗效果，气水同时冲洗和后水冲洗

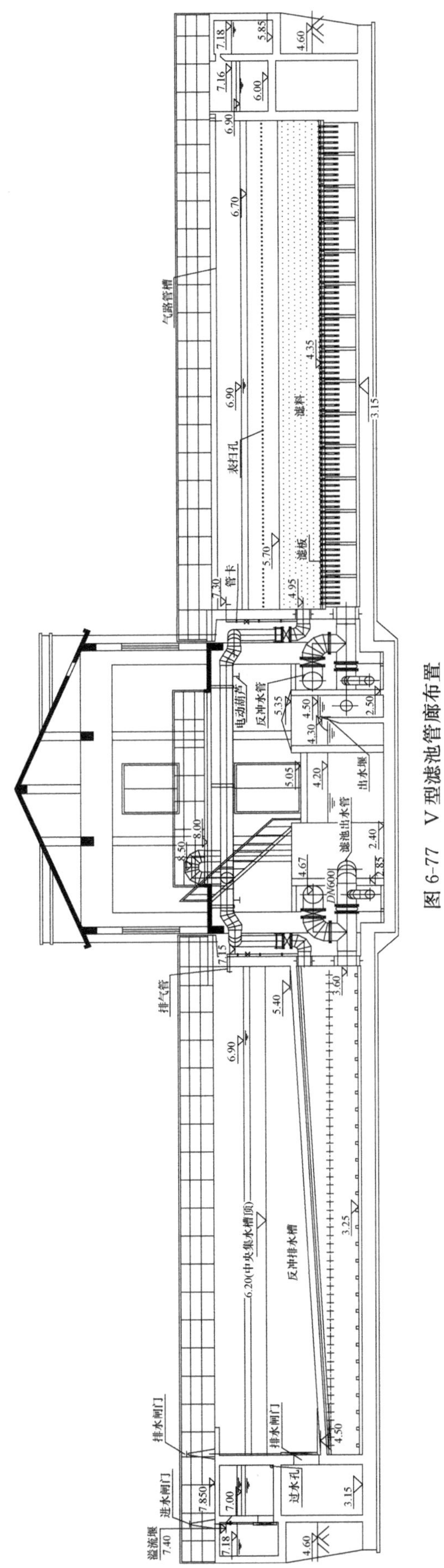

图 6-77 V型滤池管廊布置

需采用不同的强度，用冲洗管阀门调节冲洗水量难以控制。此外，水箱容积固定，当需要延长冲洗时间时则不能实现。

气冲洗采用鼓风机，罗茨鼓风机具有气量恒定的特性，所以大都采用罗茨鼓风机。当滤池面积较小时，也有采用空压机和贮气罐作气冲洗的，但设计时要考虑冲洗时贮气罐气压递减对冲洗效果的影响。

冲洗水泵鼓风机房设计要点：

(1) 为了适应气水同时冲洗和单水冲洗不同冲洗水量的要求，冲洗水泵的台数宜采用 2 用 1 备，1 台水泵的流量按气水同时冲洗时的水冲洗强度确定，单水冲采用 2 台水泵并联供水。在设计采用 1 台工作水泵时，应有调节流量的措施。

(2) 冲洗水泵扬程按式 6-88 计算。

$$H = H_0 + (h_1 + h_2 + h_3 + h_4 + h_5) \tag{6-88}$$

式中 H——水泵扬程 (m)；

H_0——排水槽溢流水面与吸水池间的高差 (m)；

h_1——水泵吸水口至滤池的输水管道的总水头损失 (m)；

h_2——配水系统的水头损失 (m)，主要是滤头的水头损失；

h_3——承托层的水头损失 (m)，可忽略不计；

h_4——滤料层的水头损失 (m)；

h_5——富余扬程 (m)，取 0.5～1.0m。

输水管道的水头损失 (h_1) 计算按单水冲强度的流量计算，从水泵吸水口计算至最远端滤池，计入并准确计算局部水头损失。对于富余扬程的取值，有关的设计手册或规程中取 1～2m，由于冲洗所需的总扬程并不高，如富余扬程取值过大，往往会造成实际的冲洗强度过大，有些水厂滤池冲洗时发生跑砂现象可能与之有关。所以根据设计和生产经验，富余扬程一般为 0.5～1.0m。

(3) 冲洗水泵宜采用淹没进水设计，并满足水泵吸水口设计的要求。

(4) 水泵吸水井或廊道应设置保持水位稳定的措施，通常的设计是滤池出水流经水泵吸水井，在吸水井的出口处或清水池（如后接清水池）的进口处设置挡水堰。

(5) 冲洗总管宜设置流量仪，用于冲洗强度的调节或标定。

(6) 冲洗泵房位置宜靠近滤池或与滤池合建。

(7) 冲洗水泵房设计应符合泵房的设计规定。

(8) 鼓风机台数一般设置 1～2 台工作机组和 1 台备用机组。

(9) 鼓风机压力按式 6-89 和式 6-90 计算：

单气冲洗时：

$$P = P_1 + P_2 + KP_3 + P_4 \tag{6-89}$$

气水同时冲洗时：

$$P = P_1 + P_2 + P_4 + P_5 \tag{6-90}$$

式中 P——鼓风机出口压力 (mH_2O)；

P_1——输气管道的压力损失 (mH_2O)；

P_2——配气系统的压力损失 (mH_2O)；

P_3——配水系统出口至空气溢出口的水深 (m)；

K——系数，取 1.05～1.10；

P_4——富余压力，取 0.5mH_2O；

P_5——气水室中的冲洗水水压 (m)。

(10) 输气总管上宜设压力仪、流量仪，管道布置应防止滤池中的水倒灌进入鼓风机和防止管路中积水，管路最低处设凝结水排放阀。

（11）鼓风机应设降噪罩，鼓风机房宜设竖向进风道，避免开窗进风噪声影响环境，鼓风机房周围环境要求较高时，可采用建筑降噪声措施。

（12）输气流速取10～15m/s。

（13）鼓风机房一般与冲洗水泵房合建。

6.10.2　设计示例

［例］设计规模为20万m^3/d的V型滤池。

1. 设计水量

水厂设计规模20万m^3/d，水厂自用水量取5%，滤池设计水量$Q=1.05\times20$万$m^3/d=21$万$m^3/d=8750m^3/h=2.431m^3/s$。

2. 设计参数

（1）设计滤速$v=8.10m/h$。

（2）冲洗强度及时间：

A. 气冲洗$55m^3/(m^2\cdot h)$，2min；

B. 气水同冲，气冲$55m^3/(m^2\cdot h)$，水冲$9m^3/(m^2\cdot h)$，4min；

C. 水冲$17m^3/(m^2\cdot h)$，6min；

D. 表面扫洗与设计滤速相同［$8.10\ m^3/(m^2\cdot h)$］，全程。

（3）滤料层：石英砂，有效粒径$d_{10}=0.90mm$，不均匀系数$K_{80}\leqslant1.40$，滤料厚度1.20m，$L/d=1.20\times1000/0.9=1333$。

（4）承托层：粒径2.0～4.0mm，厚度0.05m。

（5）设计冲洗周期36h。

3. 滤池面积、个数及尺寸

滤池设计冲洗周期36h，一次冲洗时间取0.5h（含停止进水时间、冲洗历时和进水时间），则工作时间$T=24-0.5\times\frac{24}{36}=23.67h$（未考虑初滤水排放时间），滤池总面积为：

$$F=\frac{Q}{vT}=\frac{210000}{8.1\times23.67}=1095m^2$$

采用滤池个数$N=12$，双排对称布置，每个滤池面积为：

$$f=\frac{F}{N}=\frac{1095}{12}=91.25m^2$$

每个滤池采用双格布置，中间设排水渠，两侧设V型槽。

采用滤池尺寸（每格）：$L=13.50m$，$B=3.38m$。

每个滤池实际面积：$f=13.5\times3.38\times2=91.26m^2$。

实际滤速：$v=\frac{Q}{N\cdot f\cdot T}=\frac{210000}{12\times91.26\times23.67}=8.10m/h$。

4. 滤池高度

气水室高度：$H_1=0.78m$；

滤板厚度：$H_2=0.12m$；

承托层厚度：$H_3=0.05m$；

滤料层厚度：$H_4=1.20m$；

滤层上水深：$H_5=1.20m$；

进水系统跌差（包括进水阀水头损失、进水堰跌落和V型槽进口孔水头损失等）：$H_6=0.30m$（具体计算略）；

进水总渠超高（按事故溢流水位加超高高度确定）：$H_7=0.55\text{m}$；

滤池高度：$H=H_1+H_2+H_3+H_4+H_5+H_6+H_7=0.78+0.12+0.05+1.20+1.20+0.30+0.55=4.20\text{m}$。

滤池各部分设计标高分别为：滤池底板标高－0.40m，滤板面标高 0.50m，滤料层面标高 1.75m，设计运行水位 2.95m，进水总渠内水位 3.25m，总渠顶标高 3.80m，事故溢流堰标高 3.50m。为节约费用，池体部分标高适当降低，设计池顶标高为 3.65m。

5. 过滤水头及出水井

过滤水头包括滤料层、承托层过滤阻力，滤头和出水管路水头损失（具体计算略），设计取 2.25m。设计运行水位 2.95m，则出水井堰前水位为 2.95－2.25＝0.70m。经计算出水堰堰上水深为 0.20m，出水堰标高则为 0.50m，堰后水位为 0.40m。

6. 配水配气孔计算

1）冲洗流量

气冲强度 $55\text{m}^3/(\text{m}^2\cdot\text{h})$，水冲强度 $17\text{m}^3/(\text{m}^2\cdot\text{h})$ （取单水冲的强度），滤池面积 91.26m^2，气冲和水冲的流量分别为：

$$q_{气}=55\times91.26=5019\text{m}^3/\text{h}=1.394\text{m}^3/\text{s}$$

$$q_{水}=17\times91.26=1551\text{m}^3/\text{h}=0.431\ \text{m}^3/\text{s}$$

2）配气孔

取配气孔流速 $v_{气}=10\text{m/s}$，则所需配气孔总面积为：

$$\frac{q_{气}}{v_{气}}=\frac{1.394}{10}=0.1394\text{m}^2$$

设 50mm 配气孔共 72 只（两侧各 36 只），实际配气孔总面积为：$\frac{\pi}{4}\times0.05^2\times72=0.1414\text{m}^2$

设计配气孔流速为：$\frac{1.394}{0.1414}=9.9\text{m/s}$

3）配水孔

取配水孔流速 $v_{水}=0.80\text{m/s}$，则所需配水孔总面积为：

$$\frac{q_{水}}{v_{水}}=\frac{0.431}{0.80}=0.539\text{m}^2$$

设 85mm×85mm 配水孔共 72 只（两侧各设 36 只），实际配水孔总面积为：$0.085\times0.085\times72=0.52\text{m}^2$

设计配水孔流速为：$\frac{0.431}{0.52}=0.83\text{m/s}$

7. V 型槽计算

1）表面扫洗水流量

表面扫洗强度 $8.1\text{m}^3/(\text{m}^2\cdot\text{h})$，滤池面积 91.26m^2，表面扫洗水流量：

$q_{表}=8.1\times91.26=739\text{m}^3/\text{h}=0.205\text{m}^3/\text{s}$。

2）表面扫洗孔

过孔流速取 2.0m/s，则所需扫洗孔总面积为：

$$\frac{0.205}{2.0}=0.10\text{m}^2$$

设孔径 32mm，表面扫洗孔共 132 只（两条 V 型槽各设 66 只），实际扫洗孔总面积为：$\frac{\pi}{4}\times0.032^2\times132=0.106\text{m}^2$

设计扫洗孔流速为：$\frac{0.205}{0.106}=1.93\text{m/s}$

过孔水头损失 $h_{孔}=\xi_{孔}\cdot\frac{v^2}{2g}=2.5\times\frac{1.93^2}{2\times9.81}=0.48\text{m}$

8. 冲洗水泵扬程计算

采用水泵冲洗，设同规格水泵3台，2台工作，1台备用，单水冲时运行2台水泵，气水同冲时运行1台水泵。冲洗水泵扬程计算如下。

1）H_0（排水槽溢流水面与水泵吸水水面的高差）

由滤池高度计算设计得滤料层面标高为1.75m，排水槽顶距滤料层面高度取0.50m，排水槽顶标高为2.25m。

经计算冲洗时排水槽顶溢流水深为0.05m（按单水冲加表面扫洗总流量，薄壁堰过流计算，具体计算略），则排水槽溢流水面标高为：2.25+0.05=2.30m。

冲洗水来自滤池出水总渠，经管路水力计算，得到水泵吸水池设计水位为0.30m，则：$H_0=2.30-0.30=2.00\text{m}$。

2）h_1（水泵吸水口至滤池的冲洗水管总水头损失）

水冲管管径 $DN500$，按单水冲流量 $q_{水}=0.431\text{m}^3/\text{s}$ 计算，水冲管流速为 $\frac{0.431}{\frac{\pi}{4}\times0.5^2}=2.20\text{m/s}$。

水泵吸水管和出水管管径分别为 $DN500$ 和 $DN400$。

经计算（具体计算略），水泵吸水口至最远处滤池冲洗水管的总水头损失：$h_1=4.50\text{m}$。

3）h_2（配水系统的水头损失）

配水系统水头损失包括：冲洗水流经配水总渠、配水孔和滤头的水头损失。

配水总渠水头损失较小，可忽略不计。

配水孔水头损失可近似按 $h_{孔}=\xi\cdot\frac{v^2}{2g}$ 计算：

$$h_{孔}=2.5\times\frac{0.83^2}{2\times9.81}=0.09\text{m}$$

冲洗水通过长柄滤头的水头损失为0.22m。

$$h_2=0.09+0.22=0.31\text{m}$$

4）h_3（承托层的水头损失）

相对很小，忽略不计。

5）h_4（滤料层水头损失）

$$h_4=\left(\frac{\rho_s}{\rho}-1\right)(1-e)L$$

式中 ρ_3——滤料比重，石英砂为2650kg/m^3；

ρ——水的比重，1000kg/m^3；

e——滤料孔隙率，取0.41；

L——滤料层厚度（m）。

$$h_4=\left(\frac{2.65}{1.00}-1\right)(1-0.41)\times1.20=1.17\text{m}$$

6）h_5（富余扬程）

h_5取1.0m。

7）冲洗水泵总扬程

$$
\begin{aligned}
H &= H + (h + h_2 + h_3 + h_4 + h_5) \\
&= 2.00 + (4.50 + 0.31 + 0 + 1.17 + 1.0) \\
&= 8.98\text{m}
\end{aligned}
$$

设计冲洗水泵总扬程取 9.00m。

9. 冲洗鼓风机计算

1) 鼓风机风量

气冲强度 $55\text{m}^3/\text{m}^2\cdot\text{h}$，滤池面积 91.26m^2，冲洗气流量为：$55\times91.26=5019\text{m}^3/\text{h}$。

设 3 台罗茨鼓风机，2 台工作，1 台备用，每台风量取 $2510\text{m}^3/\text{h}$。

2) 鼓风机压力

滤池采用气水同时冲洗，鼓风机所需压力按式 6-90 计算：

$$P = p_1 + p_2 + p_4 + p_5$$

(1) p_1（输气管道的压力损失）：

单台鼓风机输气管道取 $DN300$，输气总管取 $DN400$，根据管道输送空气的沿程和局部压力损失计算公式（可见有关设计手册），计算从鼓风机出口至最远端滤池输气管的压力损失，得：

$$p_1 = 0.20\text{mH}_2\text{O}$$

(2) p_2（配气系统的压力损失）：

气水同时反冲时配气系统的压力损失即为空气通过配气孔的压力损失：$p_2=p_{气孔}$

$$p_{气孔} = \xi\frac{v^2\gamma_{20}}{2g}$$

式中 v——配气孔流速，由前计算知配气孔流速为 9.9m/s；

γ_{20}——温度为 20℃时的空气容重，1.205kg/m^3；

ξ——过孔阻力系数，取 2.5。

则 $p_{气孔} = 2.5\dfrac{9.9^2\times1.205}{2\times9.81}=15\text{mmH}_2\text{O}=0.015\text{mH}_2\text{O}$

即：$p_2=0.02\text{mH}_2\text{O}$。

(3) p_4（富余压力）取 $0.5\text{mH}_2\text{O}$。

(4) p_5（气水室中的冲洗水水压）：

$$p_5 = \Delta H + h_2 + h_3 + h_4$$

式中 ΔH——气水同冲时排水溢流水位与滤板下气垫层水位的高差（m）；

h_2——气水同冲时滤头的水头损失（m）；

h_3——承托层的水头损失（m）；

h_4——滤料层的水头损失（m）。

ΔH：气水同冲时排水溢流水位近似取单水冲时的水位 2.30m（具体见冲洗水泵计算部分），滤板下气垫层水位，近似取滤头柄端面的安装标高为 0.25m，则 $\Delta H=2.30-0.25=2.05$m。

气水同冲时滤头的水头损失，按厂家数据，$h_2=0.30$m。

承托层水头损失 h_3 相对很小，忽略不计。

$h_4=1.17$m。

故 $p_5=2.05+0.30+1.17=3.52\text{mH}_2\text{O}$

(5) 由以上计算得鼓风机所需出口压力：

$$P = p_1 + p_2 + p_4 + p_5 = 0.20 + 0.02 + 0.50 + 3.52 = 4.24\text{mH}_2\text{O}$$

设计配置鼓风机出口压力取 4.50m。

6.11　翻板滤池设计布置

6.11.1　设计与布置

翻板滤池是瑞士苏尔寿（Sulzer）公司采用的一种滤池布置形式。由于该滤池在反冲洗排水时排水阀在0°～90°之间翻转，故被称为翻板滤池。翻板滤池的过滤过程类似于其他类型的气水反冲滤池，这种滤池的滤料可根据要求采用单层粗粒均匀级配滤料或双层、三层滤料。该池的优点是冲洗较彻底，有利于出水水质提高。

1. 翻板滤池布置

翻板滤池的组成和外形与普通的气水反冲洗滤池类似，主要由池体部分、进水系统、出水及反冲洗系统和排水系统等组成，如图6-78所示。

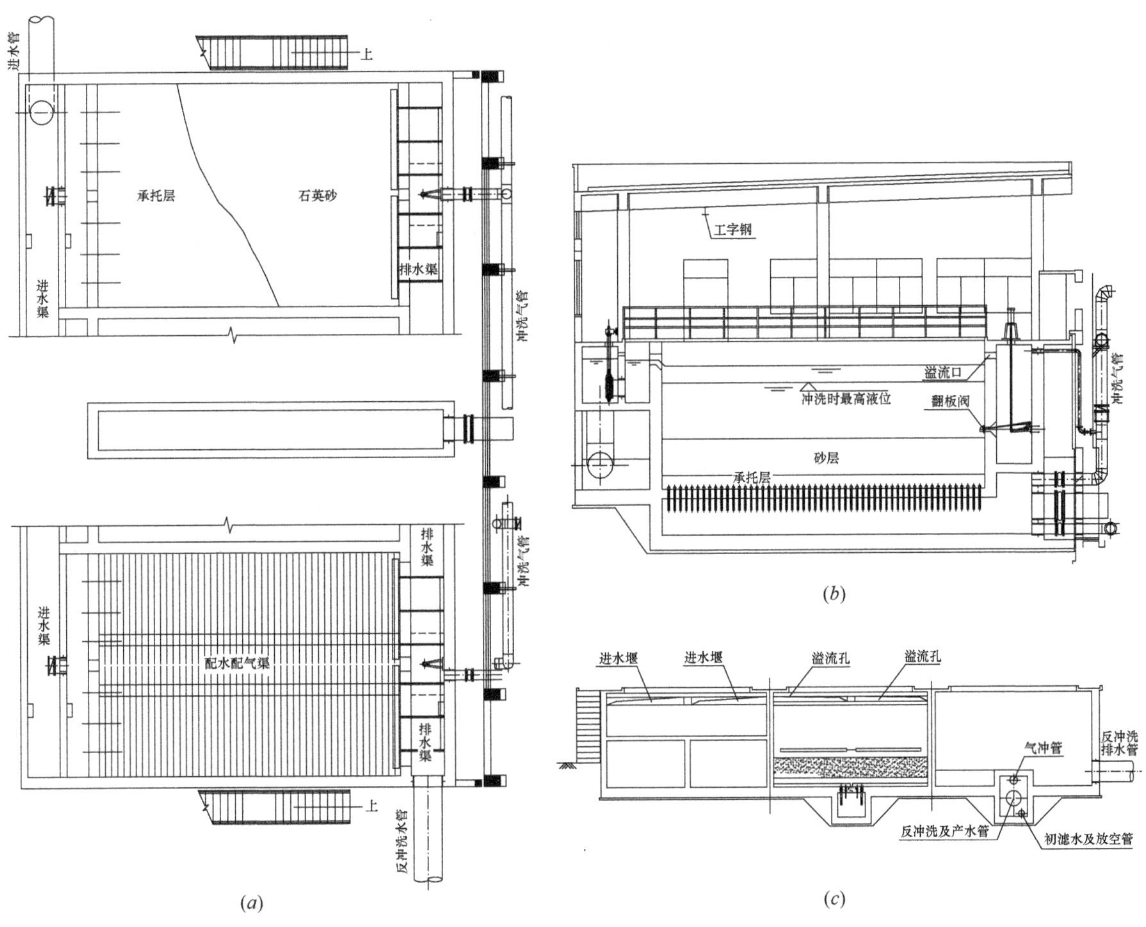

图6-78　翻板滤池布置图

(a) 平面图；(b) 剖面图（运行时）；(c) 剖面图（反冲洗时）

1）进水系统

进水系统包括进水总渠、进水阀门和进水堰。进水堰沿单个滤池的宽度方向布置，其长度基本等同于池宽。进水总渠和进水阀的布置及设计与V型滤池基本相同。

2）出水及反冲洗系统

由底部配水配气渠、马蹄管和出水管及出水阀门、出水井等组成。配水配气渠和马蹄管可详见6.6.4节，出水管及出水阀、出水井等设在管廊内，其布置与设计与V型滤池基本相同。出水阀为调节型，控制阀门的开度保持滤池恒水位过滤，其原理及控制系统也与V型滤池基本相同。

3）排水系统

由排水翻板阀和排水总渠组成，布置在滤池进水的另一侧，冲洗废水由翻板阀的0°～90°范围开启排入排水总渠，如图6-79所示。

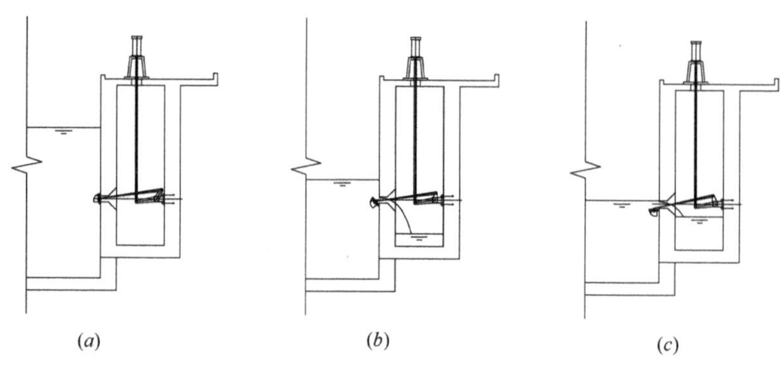

图6-79 排水系统

(a) 翻板阀关闭；(b) 翻板阀开启50%；(c) 翻板阀开启100%

4）冲洗管路系统

有水冲和气冲两套管路系统，每个滤池各设有一只水冲和气冲控制阀门，管路及阀门布置在管廊内。其设计和布置基本上与V型滤池相同，由于翻板滤池采用高强度水冲洗，水冲洗管及阀门直径较V型滤池大。

5）池体

翻板滤池无中央排水渠，池体的有效面积更大。由于滤池的排水排向池体一侧，池体长度不宜过长。池体的高度按承托层及滤料厚度、滤料上水深和冲洗废水贮存的高度、池体超高等确定。

2. 工作原理

翻板滤池的工作原理与普通气水反冲滤池相似，待滤水通过进水管（渠）经溢流堰均匀流入滤池，水以重力通过滤料层和承托层，并以恒水头过滤后汇入集水室。滤池反冲洗时，先关进水阀，然后按气冲、气水冲、水冲三个阶段开关相应的阀（闸）门。冲洗过程一般重复两次，然后关闭排水舌阀（板），开进水阀，恢复到正常过滤工况。其工作原理同其他气水反冲洗滤池相似，其中水冲强度分为大、小两种。

3. 翻板滤池的冲洗

翻板滤池典型的冲洗步骤、冲洗强度及冲洗时间如下：

(1) 准备阶段：当水头损失达到设定值时，停止进水，待水往下降至砂面以上0.1～0.2m，停止出水。

(2) 气冲洗：强度约17L/m^2·s，历时2～3min。

(3) 气水同时冲洗：气冲强度不变，约17L/（m^2·s），水冲强度3～4L/（m^2·s），历时4～4.5min。

(4) 水冲洗：气冲停止，水冲强度增大至15～16L/（m^2·s），滤料膨胀，历时约1min，池内水位达到设定水位。

(5) 排水：水冲洗后静置20～30s，排水翻板阀打开50%，再打开至100%，排放冲洗废水，一般在60～80s内排完，关闭翻板阀。

(6) 第二次水冲洗：强度约17 L/m^2·s，历时2min。

（7）第二次排水：同上述（5）。

翻板滤池冲洗主要特点：①除气冲和水气同时冲洗外，有两次大强度水冲洗，强度可达到16～17L/（m^2·s），冲洗时滤料膨胀，滤料冲洗得更干净；②冲洗时不排水，冲洗停止后静止一段时间待滤料下沉后再打开排水阀排除冲洗废水，滤料不易流失；③水冲洗时间短，减少了冲洗水量；④大强度水冲洗使滤料处于流化状态，比重不同的滤料能形成水力筛分，在排水之前的20～30s静置时间可以使滤层恢复原状，滤料不易混层。因此翻板滤池更适合于采用双层滤料。

图6-80为翻板阀布置图。翻板阀操作可采用电动。

翻板滤料冲洗水供给可采用高位水箱或水泵。国内已建成的几座水厂较多采用高位水箱，在水箱出水总管上设置调节阀门，以达到气水同时冲洗和单水冲洗的冲洗强度要求。冲洗空气由鼓风机提供，与其他气水反冲滤池相同。冲洗废水的排放采用翻板阀，如图6-80所示。

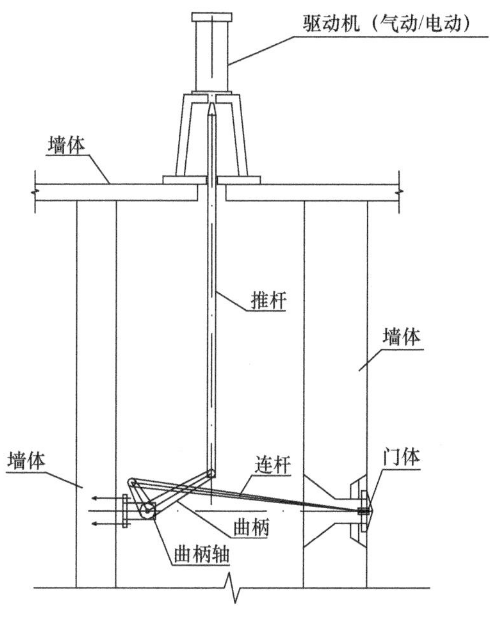

图6-80 翻板舌阀布置图

表6-40为国内部分已投产水厂翻板滤池的滤料层及冲洗过程的设计参数，供参考。

国内部分翻板滤池冲洗设计参数 表6-40

项目＼水厂	昆明第五水厂	杭州滨江水厂	嘉兴石臼漾水厂
滤层	双层滤料 上层：陶粒粒径1.6～2.5mm，厚度0.7m； 下层：石英砂粒径0.7～1.2mm，厚度0.8m； 承托层：粒径3.5～12mm，厚度0.45m	双层滤料 上层：微孔陶瓷d_{10}=3.0mm，厚度0.8m； 下层：石英砂d_{10}=0.6mm，厚度0.6m； 承托层：粒径6～12mm，厚度0.45m	（1）双层滤料滤池： 上层：微孔陶瓷d_{10}=3.0mm，厚度0.8m；下层：石英砂d_{10}=0.75mm，厚度0.6m；承托层粒径3～12mm，厚度0.45m。 （2）活性炭滤池： 活性炭粒径8～30目，厚度2m；石英砂d_{10}=0.75mm，厚度0.30m；承托层粒径3～12mm，厚度0.45m
气冲洗	17/3	16.7/3	16.7/3
气水同时冲洗	气：17/4.5 水：3～4/4.5	气：16.7/2 水：2.8～2	气：16.7/2 水：2.8～2
水冲洗	15～16/1.0，排水	2.8/1.0	2.8/1.0
水冲洗	15～16/1.0，排水	16.7/1.0，排水	16.7/1.0，排水
水冲洗		2.8/1.0	2.8/1.0
水冲洗		16.7/1.0，排水	16.7/1.0，排水

注：冲洗参数斜杠前为冲洗强度（L/（m^2·s）），斜杠后为冲洗时间（min）。

4. 翻板滤池的主要特点

翻板滤池经不断改进完善，在反冲洗系统、排水系统与滤料选择方面有新的技术性突破，从而使该型滤池具有出水水质好、反冲洗效果好而耗水量少、运行周期长、运行费用低以及施工简单等优点。

翻板滤池的主要特点如下:

(1) 滤料及滤层选择可多样化:根据滤池进水水质和出水水质的要求,可选择单层滤料或双层、多层滤料。翻板滤池特别适用于双层滤料滤池,可以根据选用滤料选择冲洗强度,冲洗比较干净。一般单层滤料采用砂,双层滤料为微孔陶粒与砂或无烟煤与砂。当滤池进水水质差(如原水受到微污染,含 TOC 较高时),可用颗粒活性炭置换无烟煤等。典型的双层滤料层设计如下:无烟煤层 0.80m,粒径 1.4~2.5mm;石英砂层 0.70m,粒径 0.7~1.2mm;承托层粗砂层 0.10m,粒径 3~5mm;砾石层 0.25m,粒径 8~12mm。

(2) 滤料流失率低:翻板滤池下有级配的砾石承托层,滤料一般不会从滤池底部流失。反冲洗时反冲洗水的强度高 [16~17L/(m^2·s)]、滤料的膨胀率 40%左右,若采用一般滤池,则对于比重较轻的颗粒活性炭、陶粒等滤料易于从排水槽流失,但翻板滤池由于它具有:①排水阀的内侧底高于滤料层 0.15~0.20m;②排水阀是在反冲洗结束,滤料沉降 20s 后再逐步开启,从而保证滤料不会通过排水阀(板)流失。反冲洗水一般在 60~80s 内排完。此时,滤池中的微细污泥颗粒仍呈悬浮状态,不会发生沉淀截留在滤料表面。

(3) 滤料反冲洗净度高,运行周期长,容污能力强:水冲阶段,其强度达 16~17L/(m^2·s),使滤料膨胀成浮动状态,从而冲刷和带走前两阶段(气冲阶段、气水冲阶段)洗擦下来的截留污物和附在滤料上的小气泡。一般经两次反冲洗过程,滤料中截污物遗留量少于 0.1kg/m^3。这样,使翻板滤池的运行周期延长——运行周期达 40~70h(相应水头损失 2.0m 左右)。

因此,翻板滤池出水水质比一般低强度反冲滤池出水水质好。当滤池进水的浊度<5NTU 时,双层滤料滤池的出水水质可达 0.2NTU(95%保证率)、<0.5NTU(100%保证率)。

(4) 反冲洗水耗低、水头损失小:翻板滤池的水冲强度 [16~17L/(m^2·s)]、滤料膨胀率(可高达 40%)与普通快滤池相近,但它的水冲时间短(约 2min),运行周期长,故反冲洗水耗量少,一般约为 3~4.5m^3/m^2,相应的反冲泵耗电量也较小。据运行表明:滤层厚 1.5m,滤速为 9m/h 时,滤料层产生的初始水头损失约为 0.35~0.40m。

(5) 双层气垫层,保证布水、布气均匀:翻板滤池配水系统采用马蹄形管系统,配水均匀,同时在底板上、下形成 2 个均匀的气垫层,从而保证布水、布气均匀。

(6) 气水反冲系统结构简单,施工进度快:翻板滤池的反冲洗系统具有综合普通快滤池与 V 型滤池的设计特点,但对滤池底板施工要求的平整度不是很严格,安装布气布水管部分的滤池池底,对水平误差要求约 10mm,易于施工。

5. 翻板滤池设计要点

翻板滤池设计计算与普通快滤池相同,滤速一般取 6~10m/h,滤层根据处理水质要求可采用单层和双层滤料,过滤水头损失一般取 2m 左右,采用气水冲洗。翻板滤池的自控设计很重要,尤其是冲洗程序,水冲和气冲阀门可靠性要高,开启关闭动作迅速。翻板阀的设计选型及安装质量是滤池成功与否的关键因素,设计和施工应予以充分重视。翻板滤池进水堰距滤层的高度较大,冲洗结束后进水落差大,易形成对滤层的跃水冲击,弥补方法可采用冲洗水箱或水泵以小流量进水抬高池内水位,先开启进水阀,再开启出水阀,解决进水对滤层的冲击影响。

6.11.2 设计示例

[例] 设计规模为 8 万 m^3/d 的翻板滤池。

1. 设计水量

水厂设计规模 8 万 m^3/d,水厂自用水量取 5%,滤池设计水量 Q=1.05×8 万 m^3/d=8.4 万

$m^3/d=3500m^3/h=0.97m^3/s$。

2. 设计参数

1）设计滤速 $v=9m/h$。

2）冲洗强度及时间：

（1）气冲洗 $60m^3/m^2 \cdot h$，3min；

（2）气水同冲，气冲 $60m^3/(m^2 \cdot h)$，水冲 $10m^3/(m^2 \cdot h)$，2min；

（3）水冲：小水量 $10m^3/(m^2 \cdot h)$，1min+大水量 $60m^3/(m^2 \cdot h)$，1min。

排水后再小水量 $10m^3/(m^2 \cdot h)$，1min+大水量 $60m^3/(m^2 \cdot h)$，1min。

3）滤料和承托层：

微孔陶瓷粒 $d_{10}=3.0mm$，厚度 0.8m；石英砂 $d_{10}=0.75mm$，$K_{80}=1.40$，厚度 0.60m；承托层 $d=3\sim12m$，厚度 0.45m。

4）水冲洗采用高位水箱，气冲洗采用鼓风机。

3. 滤池面积、个数及尺寸

滤池总面积为：

$$F=Q/v=3500/9=388.9m^2$$

采用滤池个数 $N=4$，每个滤池面积为：

$$f=F/N=388.9/4=97.2m^2$$

采用滤池尺寸：$L=12.25m$，$B=8m$

每个滤池实际面积：$f=12.25\times8=98m^2$

实际滤速：$v=3500/(98\times4)=8.9m/h$

一个滤池冲洗时强制滤速：$3500/(98\times3)=11.9m/h$

4. 滤池高度

气水室高度：$H_1=1.20m$

滤板厚度：$H_2=0.50m$

承托层厚度：$H_3=0.45m$

砂层厚度：$H_4=0.60m$

陶瓷层厚度：$H_5=0.80m$

滤层上水深：$H_6=1.90m$

超高：$H_7=0.47m$

$$\begin{aligned}滤池高度：H&=H_1+H_2+H_3+H_4+H_5+H_6+H_7\\&=1.20+0.50+0.45+0.60+0.80+1.90+0.47\\&=5.92m\end{aligned}$$

5. 冲洗水箱

滤池采用水箱冲洗，水箱容积应满足一格滤池冲洗要求，并适当留有余量。一格滤池冲洗水量为：

$$W=[10\times2+(10\times1+60\times1)\times2]/60\times98=261.3m^3$$

6. 各种管渠

进水总管采用 $DN1200$，$v=0.86m/s$。

进水总渠采用宽 1.40m，有效水深 1.30m，$v=0.53\sim0.13m/s$。

单格滤池出水管采用 $DN500$，$v=1.24m/s$。

出水渠采用宽 1.50m，深 1.49m，v=0.43～0.11m/s。

气冲管采用 DN400，流量 1.63m^3/s，v=13.0m/s。

水冲管采用 DN1000，流量 1.63m^3/s，v=2.08m/s。

排水翻板阀：一次排水最大排水量为(10×2+10×1+60×1)/60×98=147m^3，若考虑在 4min 内排完，平均流量为 147/(4×60)=0.61m^3/s，翻板阀采用尺寸为 3200mm×150mm 2 只，平均流速为 0.64m/s。

7. 冲洗水位复核

设冲洗开始时水位位于滤料层以上 0.20m，气水同冲 2min 后水位高于滤料层：0.20+(10/60)×2=0.53m。单水冲洗时水位上升：(10/60)×1+(60/60)×1=1.17m。因此，冲洗时最高水位高出滤料层面为：0.53+1.17=1.70m，小于滤层上水深 1.90m。

8. 冲洗水头计算

冲洗流量（按大流量计）为：60×98=5880m^3/h。

冲洗水头：

(1) 输水管路损失：1.77m。

(2) 配水系统损失：1.00m。

(3) 承托层损失：0.17m。

(4) 石英砂层损失：0.58m。

(5) 瓷粒层损失：0.61m。

(6) 富余水头：1.50m。

总水头损失：1.77+1.00+0.17+0.58+0.61+1.50=5.63m，故冲洗水箱应高出滤池最高冲洗水位 5.63m。

9. 鼓风机计算

鼓风机气量：60×98=5880m^3/h=98m^3/min。

鼓风机压力：

输气管压力损失 P_1按 4kPa 计；

配气系统压力损失 P_2按 2kPa 计；

富余压力 P_3取 4.9kPa；

气水室中的水压力 P_4包括配气水系统损失(忽略不计)、承托层水头损失(0.028m)、滤料层水头损失(1.19m)、气水同冲时水位至气水室内水面的水位差(2.96m)，则 P_4=9810×(0.028+1.19+2.96)=41kPa；

鼓风机的总压力：$P=P_1+P_2+P_3+P_4$=52kPa。

10. 滤池布置

根据水厂的净水工艺流程，厂内除设瓷砂双层滤料滤池外，同时设有活性炭吸附滤池。该两组滤池均采用翻板滤池形式，并作了合并布置。滤池为双排布置，管廊两侧分别为双层滤料滤池和活性炭吸附滤池，各为 4 个滤格，每个滤格过滤面积 98m^2。整座滤池含管廊总长度 34.5m，总宽度 48.75m。双层滤料滤池总深度 5.92m，活性炭滤料滤池总深度 7.34m。

水冲洗采用高位水箱，水箱有效容积 200m^3，水深 1.5m，气冲洗采用鼓风机。

每个滤池采用 2 只翻板阀，尺寸为 3200mm×150mm。2 只翻板阀分别由各自电动执行机构操作，由控制系统控制 2 阀同步启闭。

双层滤料滤池设计过滤水头损失 2.2m，活性炭吸附滤池设计过滤水头损失 1.5m。

翻板滤池设计布置如图 6-81 所示。

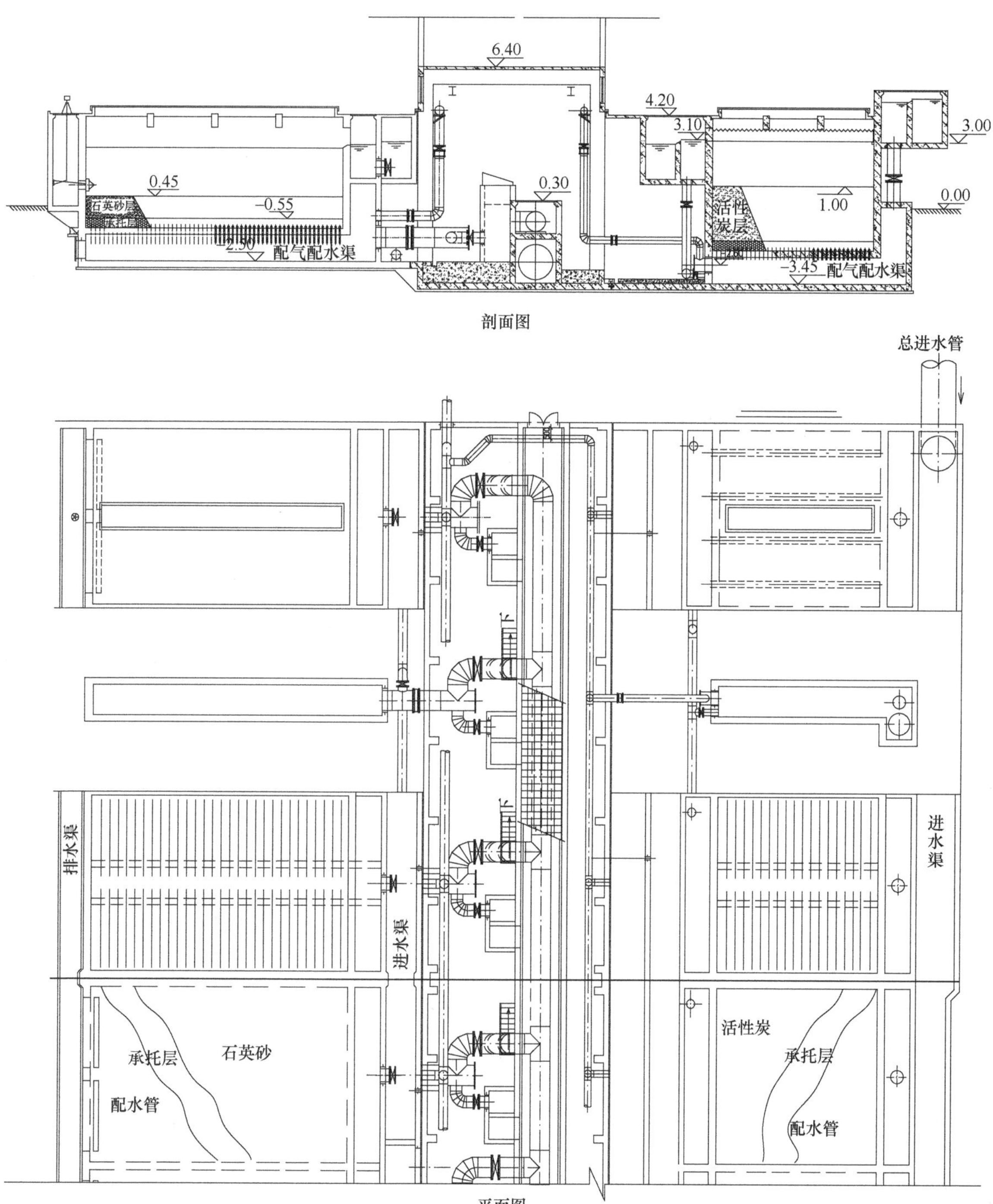

图 6-81　双层滤料和活性炭滤料翻板滤池

第 7 章　消毒

7.1　常用消毒方法

净水厂设计中灭活原水中存有的绝大部分病原体，使水的微生物残留量达到生活饮用水卫生要求的工艺称为消毒。

“灭活”一词原来是用来指对病毒的消灭。病毒是介于有生命与无生命之间的一种病原体，必须在宿主内才能“活”起来。在给水处理中，对于细菌与原生动物的消灭，也称之为“灭活”。消毒工艺不同于灭菌，所谓灭菌是杀灭全部的微生物，而净水中的消毒不是将水中病原体 100% 消灭，只是使其达到饮用水卫生标准规定的质量要求。净水工艺中，混凝、沉淀和过滤中可以将病原体从水中分离出来，但并未加以灭活，而消毒则是将残留的病原体灭活在水中。应当注意的是，净水厂出水的消毒能力还应包括抵御在输送过程中的再次污染，必须要保持到用水点。

净水厂在消毒工艺中最常用的是氧化剂。氧化剂是通过破坏病原体的基本生理功能单元，如酶、辅酶和氢载体等灭活病原体。这类消毒剂主要有臭氧、卤素和卤素化合物。其消毒能力的强弱，一般由氧化还原电位的大小而定。表 7-1 为常用氧化剂的氧化还原电位。

氧化还原电位比较　　　　**表 7-1**

名称	分子式	标准电极电位 (mV)
臭氧	O_3	2.07
过氧化氢	H_2O_2	1.78
高锰酸钾	$KMnO_4$	1.67
二氧化氯	ClO_2	1.50
氯	Cl_2	1.36
氧	O_2	1.23

目前水厂常用的消毒方法有：氯、氯胺、二氧化氯及臭氧等。

臭氧虽有很高的氧化还原电位，确实有很强的消毒作用，但由于臭氧本身的不稳定性，无法保证当饮用水在输送过程中遭遇再次污染时所需的消毒作用。如采用臭氧作为消毒剂时，必须在臭氧消毒后再投加稳定的能抵御输送过程中可能遇到再次污染时起消毒作用的补充消毒剂。在我国净水厂设计中，采用臭氧的主要目的一般不是消毒，而是利用其氧化能力去除微污染原水中的色、臭和味，并将原水中分子量较大的微量有机物氧化为中、小分子量物质，然后由活性炭吸附或由后续生物处理降解。因为臭氧在天然水中的半衰期很短，因此极少有净水厂单纯为了消毒而采用臭氧。

氯消毒是采用历史最长、最经济也是目前适用范围最广的方法。氯除了消毒也有氧化作用。原水的成分非常复杂，当含有某些有机物时，可与氯反应生成复杂的副产物。近年来的研究表明，各类消毒剂都可能与水中某些物质反应生成对人类健康有影响的产物。这类物质统称为消毒副产物。氯化消毒副产物中研究得最多的是三卤甲烷（THM）和卤乙酸（HAA），因为它们涉及致癌问题。

氯胺消毒也是目前国内广泛采用的消毒方法。与氯消毒相比，氯胺消毒能在管网中维持更长的有效消毒时间，可更长时间地控制输水管网中残余细菌的繁殖，同时避免因加氯而引起的臭味问题，也减少了消毒过程中THM的产量，这是近年来许多水厂由氯消毒改用氯胺消毒的主要原因。氯胺消毒还可以作为一种辅助的消毒形式来使用，即主要的消毒由自由氯或臭氧完成，而在出厂时形成化合性余氯，以防止管网中的残余细菌再生长，将比自由性余氯保持更长的安全时间。

二氧化氯也是代替氯的一种消毒剂，在pH为6～9范围内对细菌和病毒灭活的有效性大于氯和氯胺，仅次于臭氧。而在管网中消毒作用的持久性优于氯和臭氧，仅次于氯胺。二氧化氯常温下是一种气体，一般需要在现场制备后投加。因为二氧化氯具有易爆的特性，不易贮存。净水厂所采用的二氧化氯由亚氯酸钠或氯酸钠加盐酸制成，在已有氯气的场合，也可用氯气替代盐酸。使用亚氯酸钠加盐酸可得到不含氯气的纯二氧化氯，使用氯酸钠加盐酸得到的是二氧化氯和氯气的混合物。由于氯酸钠原料的价格远低于亚氯酸钠，因此净水厂中有较多采用氯酸钠制备复合氯投加的。采用复合二氧化氯消毒仍应关注由氯带来的消毒副产物问题。二氧化氯在pH为8.5～9.0范围内消毒能力比pH值为7时更有效，这说明与自由氯消毒相比，二氧化氯更符合给水消毒的一般pH值条件，并且二氧化氯的残余量在管网中能够维持比较长的时间。

一些小型净水厂或在特殊情况下也可采用一些含氯化合物作为消毒剂。这些化合物包括次氯酸钠、漂白粉、漂粉精及哈拉宋（或称净水龙）等。在特殊条件下，还可以用碘酊作为消毒剂，碘在水中产生次碘酸HIO，起了和次氯酸HOCl相仿的消毒作用。

7.2　氯消毒

氯是最早应用于给水处理的消毒剂。由于在给水处理中引入了氯消毒，供水的公共卫生保障取得了显著的提高。

氯气早在1774年即能制备，但未作应用。1825年法国曾将氯气应用于污水处理。在公共给水处理中首先用氯作消毒剂的是1902年比利时的米德尔凯尔克（Middelkerke）市。1908年美国芝加哥水厂首先采用次氯酸钙作消毒剂，1910年纽约等水厂也开始应用。据统计，1918年在美国已有约1000座水厂应用氯消毒。同时，加拿大渥太华等城市开始采用氯胺消毒，以延长在输水管网中的消毒效果。

1914年Ruys、1930年Holwerda以及1939年Faber、Griffin先后提出了折点加氯的观点，丰富了加氯消毒的理论。

液氯消毒应用已有百年历史。近几十年来，因水源污染，导致投氯消毒产生致癌的氯消毒副产物问题，引起了广泛的注意，因而进一步对消毒剂和消毒方法开展了多方面的研究。然而氯消毒仍是目前应用最广的消毒方法。

7.2.1　氯的理化性质

氯的分子式为Cl_2，分子量为70.91，为黄绿色有刺激性的气体，液化后为黄绿色透明液体。氯有窒息性气味，有强烈的刺激臭和腐蚀性。氯溶于水和碱，熔点－100.98℃，沸点－34.5℃，一般在1大气压下降温至－34.5℃可液化。液态氯比重为1.41，可贮于钢瓶中备用。常温下氯瓶是承压的，温度不可超过50℃。使用时氯经气化后溶于水中，溶解度为7300mg/L，即约0.1mol/L。其饱和水溶液在低温时可生成固态氯冰（$Cl_2 \cdot 8H_2O$），因此氯水宜保持在10～27℃的温度中。

实际上氯气溶于水后会发生迅速的水解反应而生成次氯酸：

$$Cl_2 + H_2O = H^+ + Cl^- + HOCl \tag{7-1}$$

在pH值高于3，总氯浓度低于1000mg/L时，水中的Cl_2分子很少，约占1%。氯的水解会降低水的碱度并使 pH 值有所降低。

水解产物次氯酸 HOCl 中的 Cl^-，可以产生强烈的氧化作用。

$$HOCl + H^+ + 2e = Cl^- + H_2O \tag{7-2}$$

次氯酸是一种弱酸，在水中电离：

$$HOCl = H^+ + OCl^- \tag{7-3}$$

次氯酸根离子 OCl^- 仍是包含有氯离子的氧化剂：

$$OCl^- + H_2O + 2e = Cl^- + 2OH^- \tag{7-4}$$

次氯酸的电离平衡常数（20℃）为：

$$k = \frac{[H^+][OCl^-]}{HOCl} = 3.3 \times 10^{-8} \tag{7-5}$$

在不同的 pH 值，[HOCl]和$[OCl^{-1}]$所占比例不同，它们的总和则保持一定值。HOCl 与 OCl^- 在水溶液中的比值同时还受温度影响。

当水体中氨含量极小时，加氯量与余氯的关系如图 7-1 所示；反之，当水体中存在较大含量的氨时，加氯后的关系如图 7-2 所示。从表面上看这是一种反常的曲线，实质上是氯氨比$[Cl_2]/[NH_3]$超过 1∶1 时，会发生氨的氧化和氯的还原。图 7-2 所示曲线称为加氯的折点曲线。该曲线表明，当$[Cl_2]/[NH_3]<1$时，在曲线 ab 段，生成一氨胺、二氯胺。当达到 b 点以后，$[Cl_2]/[NH_3]>1$，即发生氯和氨的氧化还原破坏，使剩余氯降低，曲线下降。在 bc 段范围内，剩余氯的形态全为一氯胺。当$[Cl_2]/[NH_3]=2.0$时，NH_3全部被氧化而剩余氯也消耗尽，此时出现折点 c。在 c 点后剩余氯以游离状态存在，可以对其他物质发生氧化作用。加氯量超过折点 c，称为折点加氯，一度曾作为原水污染严重的水厂消毒之用。

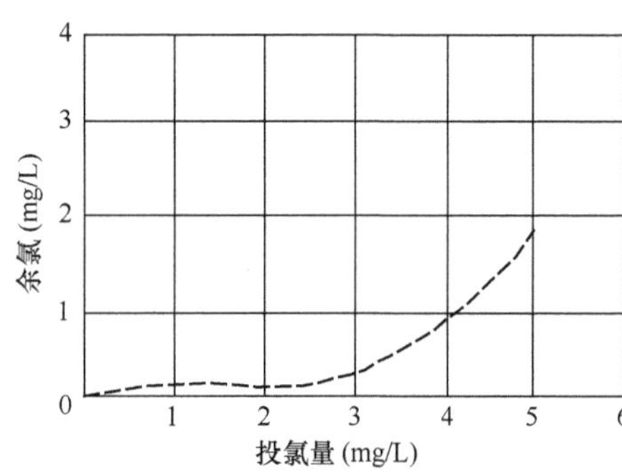

图 7-1　氨含量极小时，加氯量与余氯的关系

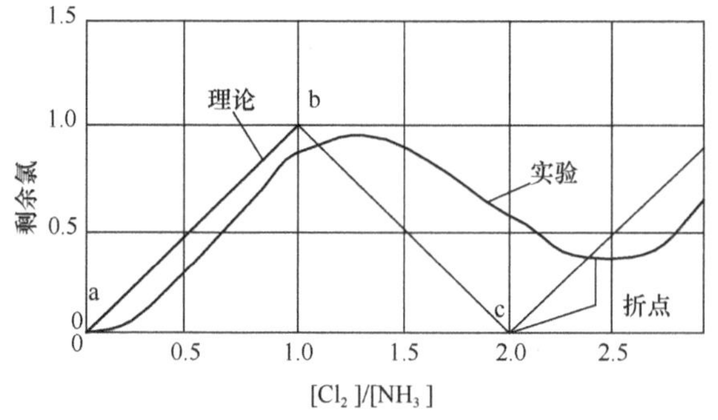

图 7-2　氨含量较大时，加氯量与余氯的关系

7.2.2　氯的消毒机理

氯消毒的目的是消除水中各种细菌、芽孢、病毒等，至于消毒杀菌的作用机理至今尚未能完全的阐明。一般认为，各种消毒剂可以破坏细胞内的酶，与细菌中的酶起不可逆反应，使细菌的生命活动受到障碍而死亡。因此，杀菌的过程必定要包括消毒剂扩散透过细胞壁的过程，消毒的效率很大程度上与此有关。所以，氯化消毒并不完全是单纯的氧化作用，强氧化剂不一定是良好的消毒剂，而动力学因素在消毒过程中起很大作用。一般认为，消毒过程的影响因素有：

(1) 微生物的类型、浓度、分布状况；

(2) 消毒剂的特性、浓度、接触时间等；

(3) 水的 pH 值、温度，以及其他有机物或杂质等。

在消毒时，水中微生物被杀死的速度可认为与尚存活的微生物数目成正比，设此数目为 N，任意时刻为 t，则有：

$$-\frac{dN}{dt}=kN \tag{7-6}$$

k 为速度常数。若在 t 由 0 到 t，而 N 由 N_0 至 N 的区间积分，则可得到：

$$\int_{N_0}^{N}\frac{dN}{dt}=-k\int_{0}^{t}dt \tag{7-7}$$

$$\ln\frac{N}{N_0}=-kt(\text{或 } N=N_0e^{-kt}) \tag{7-8}$$

并可求得：

$$t=\frac{2.303}{K}\lg\frac{N_0}{N} \tag{7-9}$$

式 7-9 表明微生物的死亡率的负对数值与消毒接触时间成直线关系。这只是一种理论上的关系，实际消毒过程中受消毒剂透过细胞壁等各种因素的影响，微生物也可能增大对消毒剂的抵抗能力，这些都影响微生物死亡速度。速度常数 k 值则与消毒剂特性、溶液温度和 pH 值、微生物类型等有关。

以上分析假定消毒剂的浓度 C 为一固定常数。根据经验公式，C 值与微生物杀死一定比例所需时间 t 有以下关系：

$$C^{n}t=k \tag{7-10}$$

指数 n 可由实验求得，与消毒剂浓度有关，$n>1$ 时，浓度对消毒效果有很大影响，$n<1$ 时，浓度影响不及接触时间重要。k 值也可通过实验求得。例如，以氯消毒时，在 0～6℃杀死大肠杆菌 99%所需时间 t 与氯的浓度 C 的关系式为：

$$C^{0.88}t=0.24 \tag{7-11}$$

溶液 pH 值不只对氯的存在形态有影响，而且对微生物的状态也有影响。有一些细胞带有表面电荷，电荷值随 pH 值而变化，而电荷有可能阻碍消毒剂透入细胞壁。溶液有较低或较高 pH 值时，许多微生物易被杀死，在中等 pH 值时常有抵抗力。温度过高或过低都会抑制微生物的活动，一般情况下，温度较高会使消毒剂易于通过细胞壁发生反应，对消毒有利。

消毒是水厂运行中一个重要环节。研究表明，一般净水过程只可去除 2log 病毒贾第鞭毛虫，其余则需要依靠消毒。美国要求消毒能灭活 2log 贾第鞭毛虫。表 7-2 是世界卫生组织所提供的去除 2log 各种细菌所要求的 CT 值。从表中看出，灭活隐孢子虫及贾第鞭毛虫比病毒困难得多，而灭活病毒又比灭活细菌、大肠菌等困难得多。完善的消毒要求工艺设计（接触时间）和运行（消毒剂加注量和实际接触时间）达到要求的 CT 值。目前国内有一些水厂 CT 值难以达到灭活隐性孢子虫、贾第鞭毛虫，甚至病毒的要求。

不同消毒剂在 5℃ 时灭活率 99%所需 *CT* 值 ［单位：mg/（L·min）］　**表 7-2**

微生物	消毒剂			
	自由氯	氨胺	二氧化氯	臭氧
	pH 6～7	pH 8～9	pH 6～7	pH 6～7
粪大肠菌	0.034～0.05	95～180	0.4～0.75	0.02
脊髓灰质炎病毒 I 型	1.1～1.5	768～3740	0.2～6.7	0.02
甲类肝炎病毒	1.8	590	1.7	—
轮状（Roto）病毒	0.01～0.05	3810～6480	0.2～2.1	0.006～0.06
蓝伯氏（lambia）贾第鞭毛虫孢囊	47～150	—	—	0.5～0.6
茂利斯（muris）贾第鞭毛虫孢囊	30～630	—	7.2～18.5	1.8～2.0
伯温（pavum）隐孢子虫卵囊	—	—	6.5～8.9	<3.3～6.4
人类粪便中的隐孢子虫孢囊	7.7×10^{6}～8.7×10^{6}	—	—	—

7.2.3 加氯设备

加氯设备一般由氯的贮存、采集、计量和投加等设备组成。图 7-3 所示为一般的真空加氯系统设备组成。

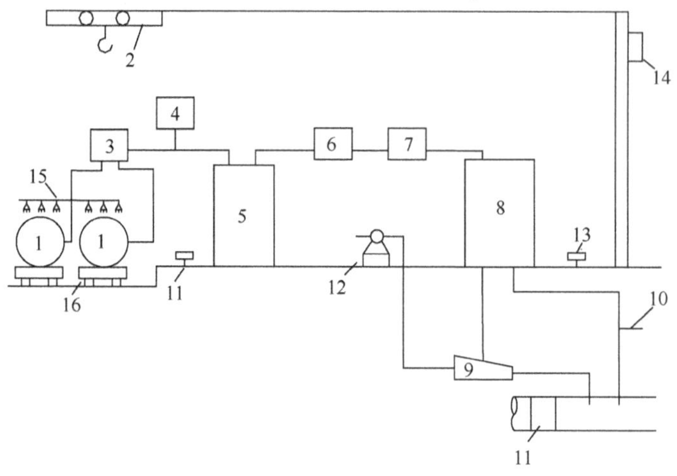

图 7-3 真空加氯系统组成示意

1—氯瓶；2—氯瓶起吊设备；3—自动切换装置；4—液氯膨胀室；5—液氯蒸发器；6—减压及过滤装置；7—真空调节器；8—自动真空加氯机；9—水射器；10—取样装置；11—带信号输出流量计；12—增压泵；13—漏氯报警探头；14—声光报警仪；15—喷淋装置；16—电子地磅

1. 氯的贮存

氯的贮存国内目前都采用钢制压力容器——氯瓶。容器内液氯的压力相对是比较低的，在 15～20℃时约 0.5～0.6MPa，在气温较高时会增至 1.05MPa，氯瓶在运输时应特别小心，因为液氯的重心会移动。水处理厂中常用的氯瓶规格见表 7-3。由于最大的贮存量为 1000kg，因此在大型水处理厂中有可能需要大量的氯瓶来灌装液氯，造成在运输和更换过程中发生事故的可能性增加。在日本的大型水厂，有采用大型固定液氯贮罐（30t）来贮存液氯，而用槽车运输液氯，相对比较安全，同时也简化了氯气采集系统，为加氯间进一步自动化创造了较好条件。

常用氯瓶规格 **表 7-3**

公称容量（kg）	公称压力（MPa）	外形尺寸（mm）	瓶自重（kg）
400	2.2	Φ600×1920	350
500	2.2	Φ600×1820	400
1000	2.2	Φ800×2020	800

2. 氯的采集

化工厂生产的液氯灌装在氯瓶中运至水处理厂贮存。氯瓶的一端设有 2 个截止阀，氯瓶水平放置时应使一阀在上方，另一阀在下方。打开上方阀门可采集到气态氯，打开下方阀门则采集的为液态氯。在用氯量较小的场合，可直接取用气态氯。氯瓶内的液氯在一定的温度下，始终保持一定的压力，如果所有的液氯被气化了，压力就会降低。此时氯瓶容量可使用到 99.98%。氯在气化的过程中吸收热量，一般由氯瓶周围的空气提供。不断的吸热和周围空气热量的补充达到一定的平衡。过量的抽取气化氯会引起瓶内压力下降，反而会降低抽气比例。通常情况下，抽气比例不应超过氯瓶灌装量的 1%，主要取决于室温与氯瓶的规格。氯气在抽出容器时呈饱和状态，氯气在进入温度比容器温度低的管路和设备时会重新凝结。为防止出现干扰，室内应适当供暖或在管路上敷设发热带。由于一个氯瓶供气量有限，当加注量大于一个氯瓶的采集量时则需采用多个氯瓶并联，但并联氯瓶越多则发生事故风险越大。

在用氯量较大的场合，往往采用液态氯加温气化（液氯蒸发器）的方法。液氯由氯瓶下方的阀门引出，通过温度80℃左右的水浴桶加热气化。液氯蒸发器的构造如图7-4所示。一般在采用液态氯的系统中同时也采用气态氯，这样一方面节省了一部分能耗，也平衡了并联氯瓶的出液。

不论是采集气态氯还是液态氯都需通过软管（紫铜管）与歧管成组连接，为了保证加氯的连续性，两组氯瓶的歧管之间设有切换装置，使用时根据氯瓶的压力或重量进行手动或自动切换。为保证后道加氯机的正常工作，气态的氯还必须通过氯气的减压及过滤器。

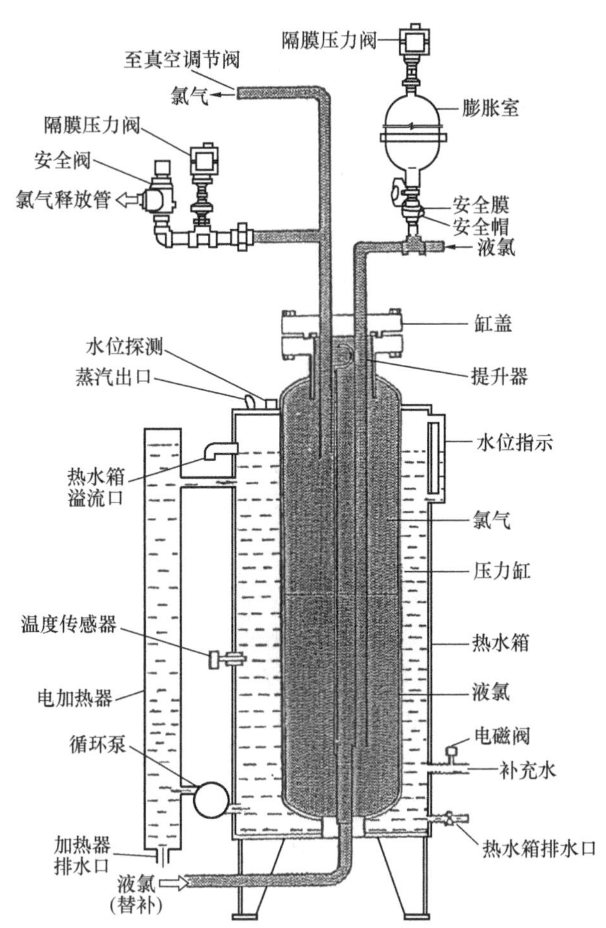

图7-4 液氯蒸发器构造示意图

3. 加氯的计量和投加

为了保证加氯消毒时的安全和计量正确，一般使用加氯机或控制柜投加。

国内早期使用的加氯机有多种形式，除上海市自来水公司制造的ZJ-1型加注量可达5～45kg/h外，一般加注量只有0.1～10kg/h，适宜于中小水厂之用。图7-5所示为ZJ型转子加氯机。

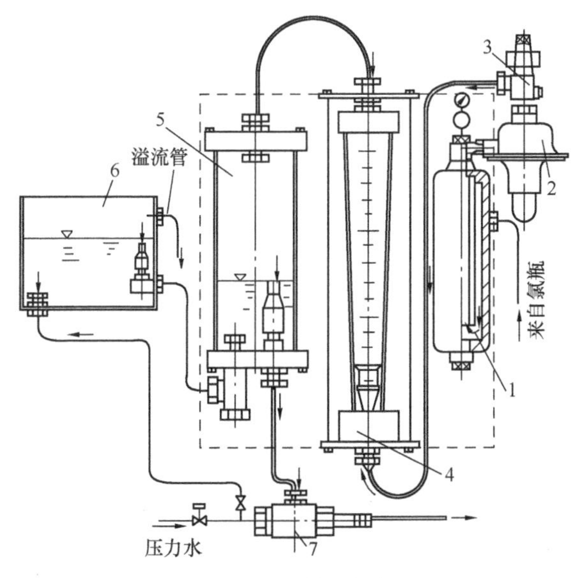

图7-5 ZJ型转子加氯机

1—旋风分离器；2—弹簧膜阀；3—控制阀；4—转子流量计；5—中转玻璃罩；6—平衡水箱；7—水射器

1）ZJ型加氯机组成部分及作用

由图7-5可见，来自氯瓶的氯气首先进入旋风分离器，再通过弹簧膜阀和控制阀进入转子流量管，然后经过中转玻璃罩，被吸入水射器与压力水混合，溶解于水内，并输送至加氯点。各组成部分作用如下：

（1）旋风分离器：用于分离、沉降氯气中可能有的一些悬浮杂质，如铁锈、油污等；可定时打开分离器下部旋塞给予排除。

（2）弹簧膜阀：当氯瓶中压力小于0.1MPa时，此阀即自动关闭，以满足氯气生产厂要求氯瓶内氯气应有一定剩余压力，不允许被抽吸成真空的安全要求。

（3）控制阀及转子流量计：用于控制加氯量和计量。

（4）中转玻璃罩：除起观察加氯机工作

的作用外，尚有以下作用：

A. 加注氯气。由于水射器的作用使玻璃罩内形成负压状态，罩内氯气被水射器抽吸排出。

B. 平衡真空抽吸容量，除抽吸额定所需的氯量外，其余抽吸容量将由罩内水量来平衡，使抽吸氯气量稳定。

C. 可容纳因水射器水源中断，加氯机停止运行时，所倒流的压力水，以防止压力水倒流入加氯机的易腐蚀部件和氯瓶。

D. 水源中断时，由于罩内的负压继续吸入平衡水箱内的水，致使单向阀口露出水面，自动吸入空气破坏真空。

(5) 平衡水箱：起着补充、稳定中转玻璃罩内水位和玻璃罩的真空水封作用，当水源中断时单向阀口露出水面，吸入空气，破坏真空。

(6) 水射器：从中转玻璃罩内抽吸额定所需氯量，使氯与水混合和溶解，并使玻璃罩内保持负压状态。水射器进水压力不小于 0.3MPa，当进水压力不足以克服加注点后的水管压力时，通常需设增压泵。

2) 真空加氯的投加设备

随着我国的改革开放，国内不少水厂引进了一些国外先进的加氯设备。加氯机的加注量可达每小时 200kg，这些设备采用真空加氯，安全可靠，计量准确，并有手动控制、远程手动控制、自动控制、流量配比控制、直接余氯控制和复合环路控制等多种控制功能，有利于保证水厂安全消毒和提高自动化程度。

(1) 真空加氯的控制方式可采用：

A. 手动控制：通过调整加氯机板面上的旋钮，改变调节阀的开启度，实现对加氯量的控制。

B. 远程手动控制：通过对远程安装的控制器开关的控制，改变调节阀的开启度，控制加氯量。控制器上有显示器，用于读取投加量（一般为最大投加量的百分数）。

C. 自动控制：自动控制方式有：

a. 流量配比控制：适用于水流量变化较大的加氯控制系统。控制器接收流量计传来的流量信号，根据流量变化按设定投加率增减加氯量。

b. 接余氯控制：适用于流量变化不大，余氯量要求严格的加氯控制系统。控制器接受余氯分析仪传来的信号，将信号与原设定值比较，反比例增减加氯量。

c. 复合环路控制：此控制方式适用于水流量变化范围较大、较快，且余氯量要求严格的加氯系统，控制器为闭环双信号反馈控制。它既可根据水流量信号进行流量配比控制，也可根据余氯信号进行直接余氯控制，还可根据两种信号进行复合环路控制。

(2) 真空加氯设备组成：

真空加氯设备主要有真空调节阀、控制柜和水射器 3 个部件组成。真空调节阀设于氯瓶间，控制柜设于加氯间，水射器位于加氯点附近。

A. 真空调节阀：加氯机真空调节阀设于气源处，当水射器产生的真空通过控制柜传到真空调节阀时，阀门自动打开，并将压力气体调节为真空气体，为整个系统供气。真空调节阀在出厂时已经调定，可保证将压力气体的压力调节为最佳运行的真空压力气体（330～890mmH_2O），用户也可根据需要进行现场调节，由于系统为真空运行，故不会出现气体跑漏。一旦真空破坏，真空阀则会自动关闭，截断气源。真空调节阀一般还设有手动关闭旋钮。

真空调节阀由坚固的塑料和金属制成，可经受满瓶氯气压力和换瓶时的操作。其内部装有灵敏的弹簧隔膜，可保证输出气体真空度稳定，一般在拆装清洗后，设定调整量不会改变。真空调节阀一般有每小时 2kg、4kg、10kg、20kg、60kg、200kg 等多种规格，可根据系统加氯量进行选择。

为了防止压力气体进入系统，真空调节阀还设有压力止回调节阀和压力放泄阀，当真空调节阀因脏物黏附于阀座而关闭不严，出现漏气时，压力止回调节阀可起到二级保护作用，减小漏气概率。当真空调节阀、压力止回调节阀均因脏物黏附阀座而关闭不严时，压力放泄阀启动，确保系统中不出现正压，泄漏氯气可由中和装置吸收。小加注量真空调节阀可串联安装，作为双阀保护。大加注量真空调节阀内装有过滤器，可防止氯气中的杂质进入控制系统。为防止氯气冷凝，大规格真空调节阀附有电加热器，在与蒸发器配套使用时，真空调节阀还装有电动执行器和低温报警开关。一旦蒸发器氯气温度、加热水温、真空调节阀处温度降至低限值或电源发生故障，真空调节阀将由电动执行机构强制关闭并报警。

气源自动真空切换系统可由两个真空调节阀组成。当在线氯瓶将用尽时，备用气源自动开启，此时在线氯源可关闭也可继续供气，直至瓶内氯气用完。在不允许将氯瓶用空的液氯切换场合，可采用压力切换系统。

B. 控制柜：真空加氯的控制柜有柜式和挂壁式两种（也称柜式加氯机和挂壁式加氯机）。两种控制柜功能基本相同，但挂壁式价格相对比较低。

控制柜根据需要有 0～2kg/h 至 0～200kg/h 多种规格，其控制、计量部件安装在标准柜内。在多柜系统中可按组合柜式排列，线缆在柜底穿行，管道在柜后（挂壁式在柜下）管沟内铺设，控制柜面装有便于读数的刻度转子流量计，一般为弹簧式装配，拆装便利。一般柜面还设有两块真空表，一块显示气源真空度，一块显示水射器产生的真空度，并装有手动调节旋钮。

控制柜内装有加氯机的主要投加量控制部件：流量调节阀和差压调节阀。

典型的流量调节阀为如图 7-6 所示的 V 型槽阀，V 型槽阀内设精密 V 型槽阀塞，阀塞在密封环内滑动配合，可在任意位置形成一特定孔径，对应投加量，V 型槽阀具有精确的气体流量控制能力和良好的重复性。无论手动控制还是自动控制均可精密调节。

差压调节阀其作用是使流量调节阀两端真空度保持恒定，使投加量不受水射器产生真空度变化的影响。

小规格控制柜（2～10kg/h）装有真空调节阀，并装有压力放泄阀，以防止压力气体进入系统内部。有的还装有真空放泄阀，在气源用尽时，可防止系统内部真空过高造成部件损坏。

大型控制柜内装有真空调整阀、泄水阀和防回水真空切断阀，具有稳定水射器产生真空度和多级防回水功能。

在自动控制加氯系统中，控制器可装于控制柜的面板上，或远程安装。

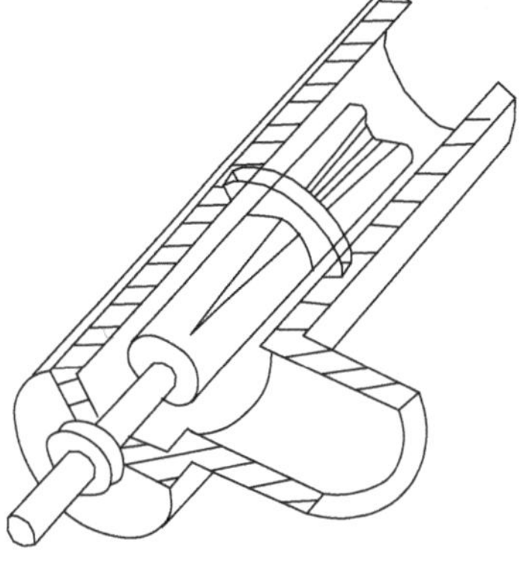

图 7-6 流量调节阀

（3）水射器：

与 ZJ 型加氯机水射器具有相同功能和要求。运行时，水射器产生的真空通过控制柜传到真空调节阀，阀前压力气体降为真空气体。稳定的真空气体沿管线进入控制柜，经转子流量计测定流量，并通过流量调节阀控制流量，再由差压调节阀恒定流量调节阀前后真空差，保持其流速稳定，然后进入水射器与水混合为氯水溶液，送至加氯点。小规格水射器为固定喉管，大规格的为可调喉管。水射器均设有防回水功能，当运行压力水停止时，阀门自动关闭，防止回水进入系统。

7.2.4 漏氯吸收装置

氯对人体的危害性甚大，人体生理反应的允许浓度见表 7-4。

人体生理反应允许的氯浓度　　表 7-4

8 小时工作呼吸的空气中允许的无害浓度	1ppm
可察觉气味	3.5ppm
喉部受到刺激的起点	15ppm
导致咳嗽的起点	30ppm
短时暴露的最高限度	40ppm
短时暴露的危险限度	40～60ppm
迅速致命	1000ppm

根据我国有关标准，居住区大气中氯的最大容许浓度一次量为 $0.1mg/m^3$，日平均量为 $0.03mg/m^3$；车间空气中最高容许浓度为 $1mg/m^3$。因此水厂一旦发生漏氯事故就会造成极其严重的后果。漏氯吸收装置能把泄漏氯气及时地吸收，避免造成重大人身事故。

漏氯吸收装置以对氯吸收较快而且最为经济的氢氧化钠溶液作为与氯化合的药剂。氯与氢氧化钠化合后，生成较稳定的次氯酸钠、氯化钠和水，其化学反应式如下：

$$Cl_2 + 2NaOH \rightarrow NaClO + NaCl + H_2O \quad (7\text{-}12)$$

漏氯吸收装置有立式和卧式两种，其吸收氯气的原理和结构基本相同。从钢瓶或加氯系统中泄漏的氯迅速气化，地面探头感受到设定浓度时立即报警并启动吸氯装置，风机将含氯空气从加氯间的地沟或集气风管压入碱液槽上部吸收塔。混合气体从第一吸收塔底部上升，碱液泵自碱液槽抽出的碱液从塔顶喷淋而下，二者在吸收塔中的填料内充分接触，一部分氯气在第一吸收塔中被吸收，其余氯气通过连通管进入第二吸收塔底部，再一次进行吸收，剩余少量未被吸收的氯气由第二吸收塔顶排入大气。在第二吸收塔的顶部有一除雾装置，将气体中所夹带的碱雾除掉，以免排入大气污染环境。漏氯吸收装置一般配有漏氯监测表和自动控制系统，以保证在氯库和加氯间中氯气含量超标时能自动启动。漏氯吸收装置外形见图 7-7 和图 7-8。

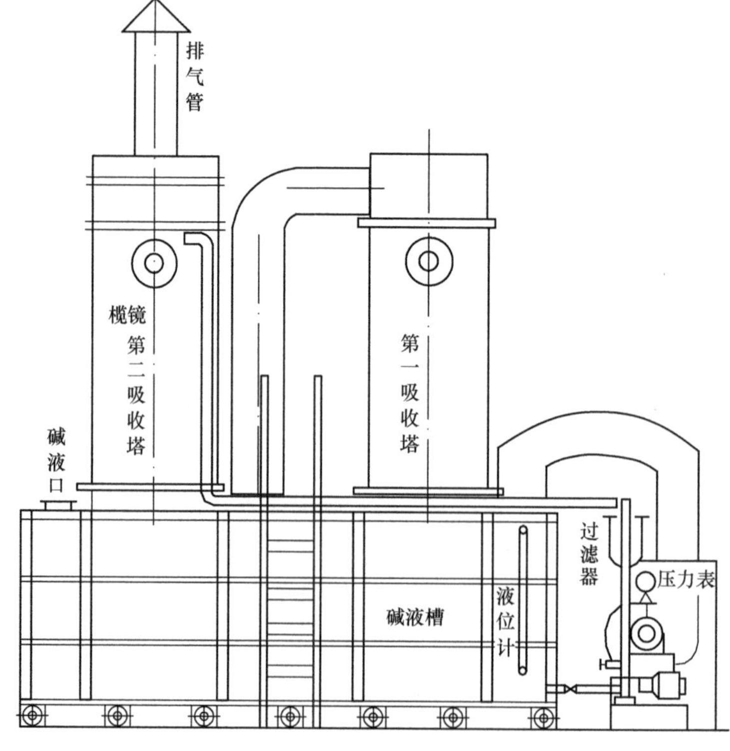

图 7-7　立式漏气吸收装置

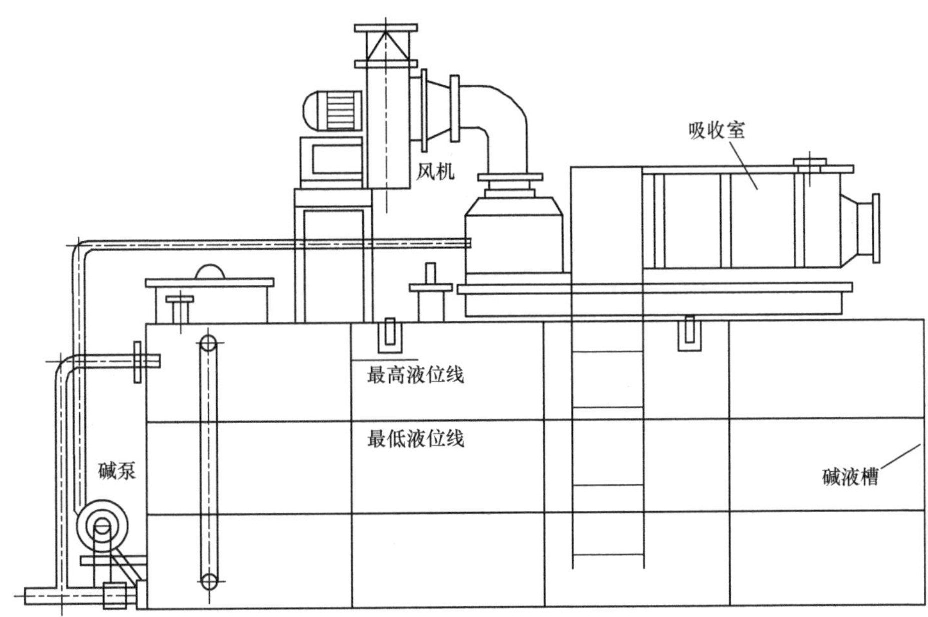

图 7-8　卧式漏氯吸收装置

漏氯吸收装置处理能力按 1h 处理 1 个所用氯瓶的漏氯量计。吸收装置的尾气排放浓度应小于 0.5mg/m^3。

7.2.5　加氯系统和加氯间布置

1. *加氯系统*

加氯系统应包括自氯瓶至投加点各个部分的设备配置。系统的主要部分设置在加氯间及氯库（包括吸氯装置）内。系统配置如图 7-9 所示。

2. *加氯间及氯库布置*

加氯间和氯库应布置在靠近投加点和水厂最小频率风向的上风向，并远离生活区、管理区。需要采暖的场合，加氯间氯库应采用散热器等无明火方式，散热器应离开氯瓶和投加设备。

加氯间及氯库应采取相应安全措施。加氯间必须与其他工作间隔开，并应设置直接通向室外并向外开启的门，加氯间应设有固定观察窗。氯库不应设置阳光直射氯瓶的窗户，设置窗户的应有遮挡阳光的措施。氯库应设置单独外开的门，并不应设置与加氯间相通的门。氯库大门上（或大门旁）应设置人行安全门，其安全门应向外开启，并能自行关闭。加氯间及氯库应设置漏氯检测仪和报警设施，检测仪应设低、高检测限值（低位报警，高位启动漏氯保护措施）。加氯间及氯库应设有每小时换气 8～12 次的通风系统。通风系统应设置高位新鲜空气进口和低位室内空气吸出排至室外高处的排放口。通风系统、漏氯吸收装置应由自动控制系统根据氯气泄漏量自动开启或切换。加氯间外部应备有防毒面具、抢救设施和工具箱。照明和通风设备应设置室外开关，吸收装置也应设有室外手动启动按钮。

氯库的储备量应按氯源的生产、运输和使用条件具体确定。当氯源生产系统需要停产检修而中断供应时，氯库贮量应确保停产期间的加氯量需要。

氯库内应有带输出信号的称重电磅（电子磅）。如有需要，应设有氯瓶的喷淋设施或热源，以提高出氯率。氯库应有完整的排水设施。氯库还应设有移动氯瓶的起吊装置，并尽可能与室外的氯瓶运输相衔接。

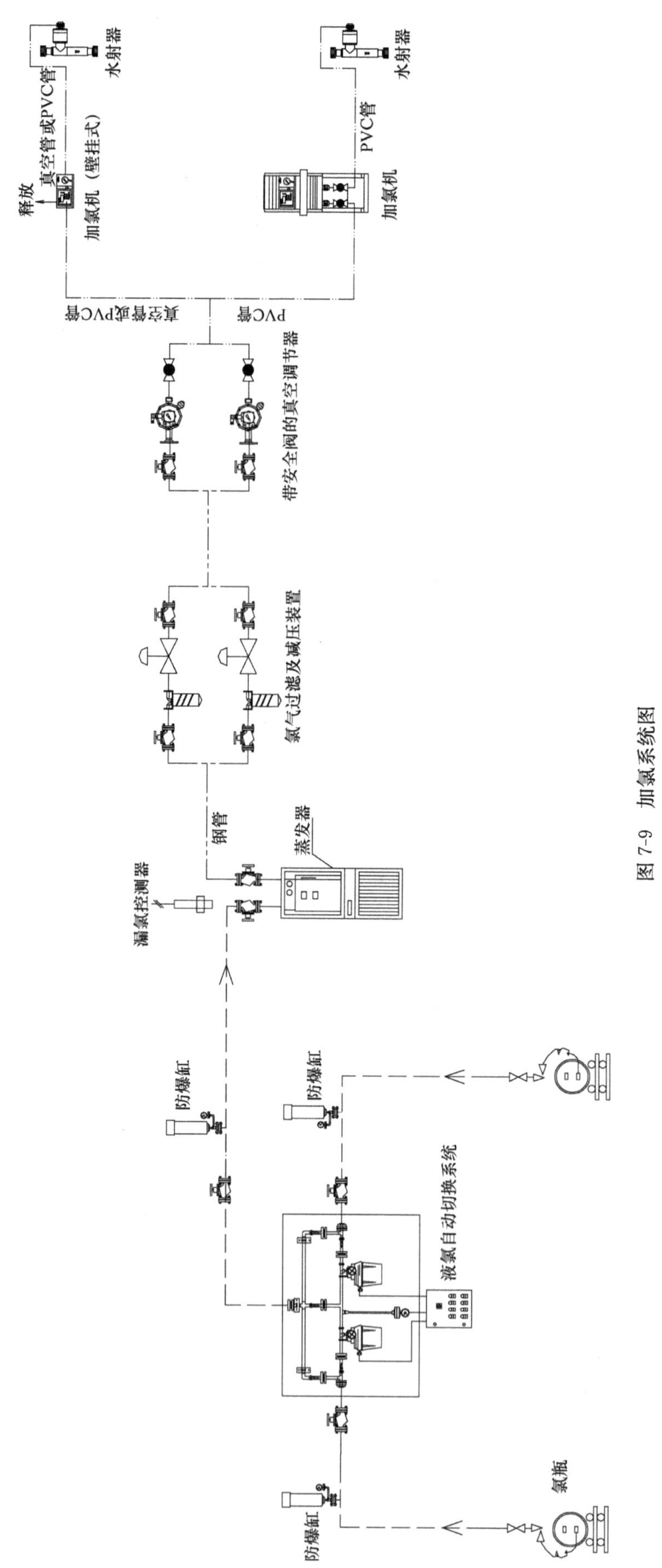
水射器
真空管或PVC管
释放
加氯机（壁挂式）
水射器
PVC管
加氯机
真空管或PVC管
PVC管
带安全阀的真空调节器
氯气过滤及减压装置
钢管
蒸发器
漏氯控测器
防爆缸
防爆缸
液氯自动切换系统
氯瓶
防爆缸

图 7-9　加氯系统图

加氯间室外还应设有洗涤池和喷淋池，使溅有氯气的人员能方便地进行冲洗处理。

典型的加氯间和氯库布置如图 7-10 所示。

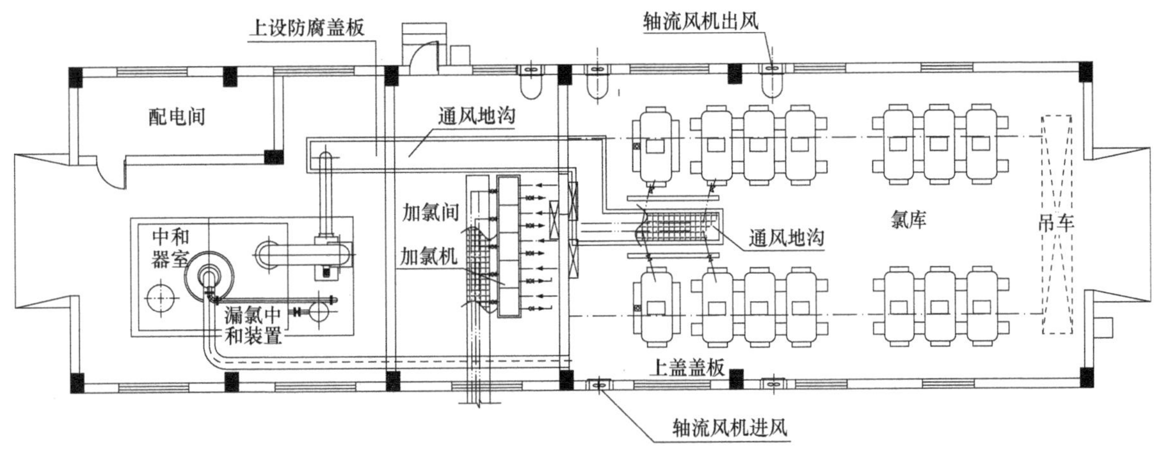

图 7-10　加氯间、氯库布置图

7.2.6　漂白粉消毒

漂白粉的消毒作用与液氯相同。市售漂白粉含有效氯约 25%～30%，但由于漂白粉较不稳定，在光线和空气中碳酸气影响下易发生水解，使有效氯降低，故设计时一般按有效氯 20%～25%计算。漂白粉消毒通常用于小水厂或临时性消毒。漂白粉投加一般制成 1%～2%的澄清液（以有效氯计为 0.2%～0.5%），再通过计量设备加入水中。滤后水投加漂白粉，其溶液必须经过 4～24h 澄清，以免杂质进入清水中。

7.3　氯胺消毒

当水体中存在氨时，加氯后将根据水中氨的含量和水体的 pH 值大小形成一氯胺（NH_2Cl）、二氯胺（$NHCl_2$）、三氯胺（NCl_3）等化合性余氯。三氯胺又称三氯化氮，在一般 pH 值下是不稳定的。氨和次氯酸的存在形态都与 pH 值有关。在[Cl_2]/[NH_3]摩尔比为 1∶1，即 Cl_2∶N 的重量比为 5∶1 时，存在比例变化见表 7-5。

不同 pH 值的一氯胺与二氯胺的比例　　　　**表 7-5**

pH 值	5	6	7	8	9
NH_2Cl%	16	38	65	85	94
$NHCl_2$%	84	62	35	15	6

由表 7-4 可见，在 pH>6 时主要生成一氯胺，pH<6 时，以生成二氯胺为主。

氯胺的消毒能力要比氯低。例如对某种芽孢消毒时，$NHCl_2$ 的效果相当于 HOCl 的 60%，NH_2Cl 相当于 22%。氯胺的氯化和消毒作用机理尚不是完全清楚，但可认为是一种重新放出 HOCl 的过程。由于这一过程的反应是趋向生成氯胺一方，所以氯化和消毒作用进行缓慢，逐步放出 HOCl，逐步发生氯化反应。因此，在加氯消毒同时投加氨，就优先生成氯胺，然后逐步对其他物质发生氯化，溶液中的游离气很少。氯胺好像把氯储存起来，在需要时逐渐放出，故又称化合氯。在水中含酚时，若采用氯胺消毒，由于首先生成氯胺，可以避免氯酚的生成，防止产生氯酚臭味。氯胺的作用时间较长，可以在水中较长时间保持氯化杀菌作用，可以防止细菌再次污染繁殖。

7.3.1 氯胺消毒适用的范围

(1) 原水中有机物含量较多，在处理工艺一开始即以氯胺的形式加氯。原水中有机物含量高时，最好不要预加氯，以免产生氯化消毒副产物，但不预加氯往往会带来絮凝的困难或者藻类的滋生，此时如采用氯胺消毒能比较好地解决上述矛盾。一方面可解决原水的氧化、杀藻问题，另一方面也能一定程度上减少了不良副产物的产生。同时，利用水处理过程中的停留时间，基本可满足氯胺消毒所必需的消毒接触时间。

(2) 当出厂水输水管线较长的情况下，为了输水管网中的余氯能保持较长时间，可采用氯胺的形式。这种情况要求原水经处理后，先加氯以游离氯形式消毒，在满足接触时间后，投加氨，以氯胺形式使管网内维持较长时间的余氯量。

7.3.2 氯胺消毒的设计要求

氨是无色气体，在适当压力下可变成液氨，有强烈的刺激臭味，易溶于水（20℃时，在水中的溶解度为511g/L)，水溶液呈碱性。

(1) 氯、氨投加必须保持正确的比例，该比例因不同的水质而有所不同，应通过试验确定，氯和氨的重量比一般为3∶1～6∶1。

(2) 投加的次序：氯与氨的投加先后次序要按投加的目的而定，原水投加氯胺应“先氨后氯”，为了使出水能较长时间维持余氯，应在加氯满足接触时间后再投加氨。

(3) 氯胺用于消毒，接触时间不小于2h。

(4) 投加液氨的设备包括贮存、采集、计量投加，基本与液氯的投加相似。投加氨有条件的可采用液态氨，小规模投加也可采用硫酸铵、氯化铵等。硫酸铵、氯化铵由于较易溶解，可不设溶解池。

7.3.3 投加液氨需注意的问题

(1) 加氨机有真空投加和压力投加两种。压力投加设备的出口压力<0.1MPa。真空或压力投加的选择需根据系统综合比较后确定，最主要的考虑因素是如何有利于防止投加点结垢。

(2) 投加点结垢的防止：氨易溶于水，水溶液呈碱性，水中的硬度易以晶体析出产生污垢，沉积于加注器或管道周壁，是加氨工艺中较麻烦的问题。在工程实践中一般有以下几种解决方法：

A. 真空加氨系统采用软化水或偏酸性水作为水射器压力水。

B. 采用双联水射器，先加氯后加氨作为前加氯的加注器。

C. 定期酸洗，加氨系统中设备用加注点和管路，当结垢至一定程度时，采用切换后拆下酸洗、隔离酸洗或循环回路酸洗。

D. 采用压力加注，加注点设橡胶隔膜止回设施，防止水进入加氨管路，但往往由于止水不严仍有结垢可能；也有工程在加氨管路上增设压缩空气系统，在停止加氨的同时充以压缩空气以赶净氨气，防止水渗入管路结垢。

(3) 安全措施：氨是乙类易爆气体和有毒气体，比重小于空气，加氨间和氨库的设计要按照防火设计规范有关防爆设防的规定，电气设备应采用防爆型电气装置。加氨间及氨库的布置要求基本同加氯间及氯库，但由于氨气比空气轻，通风系统进风口要设在低处，排风口要设在库房的顶部。根据我国有关标准，居住区大气中最高氨容许浓度为0.2mg/m^3，车间空气中最高容许浓度为30mg/m^3。氨与氯的混合气体易爆炸，严禁氨、氯同库存放与投加。典型的加氯、加氨间及氯库、氨库合建的布置如图7-11。

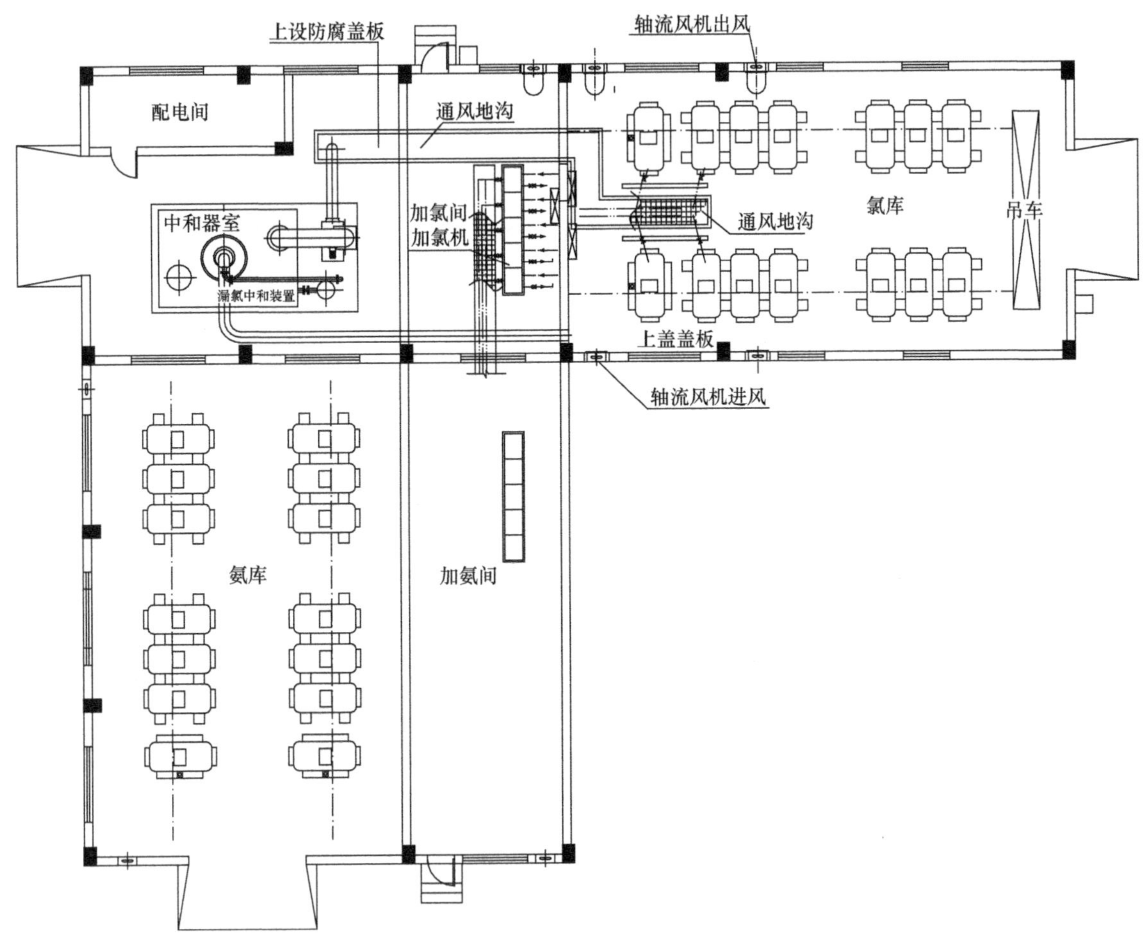

图7-11　加氯、加氨间布置图

7.4　二氧化氯消毒

二氧化氯早在1881年已制取成功，一直被用于造纸工业作为漂白剂之用。1930年美国马西森（Mathieson）化学公司实现了工业化生产二氧化氯。1945年起加拿大拉普森（Rapson）教授陆续提出一系列多种二氧化氯制造方法。1944年美国在尼亚加拉瀑布城（Niagara Falls）水厂用二氧化氯作为水处理药剂，并对二氧化氧性能开展了研究。有关资料表明，1978年在欧洲有近500座水厂应用二氧化氯作为消毒剂和氧化剂。我国于20世纪70年代开始研究和应用二氧化氯作为消毒剂，之后开始专业制造成套的二氧化氯发生器，并在给水和排水处理中应用。

7.4.1　二氧化氯的理化性质

二氧化氯的分子式为ClO_2，分子量为67.45，黄红色气体或红色结晶。有类似氯气般窒息性气味，比氯气更刺激，毒性更大。

二氧化氯的沸点为9.9℃，熔点为−59.5℃。液态时呈红褐色，固态时呈橙黄色，液态时的密度为1.6g/mL。

二氧化氯易溶于水（10℃时在水中的溶解度为107.9g/L），基本上不发生水解，主要以溶解气体的形式存在于水中。在自然界中二氧化氯几乎完全是以游离基形式存在的少数化合物之一，以气态和液态两种形式存在。二氧化氯气体密度3.09kg/m^3，比空气重，可以沿地面流动。

二氧化氯气态、液态都不稳定，属易燃、易爆品。火星、光照、受冲击、摩擦或剧烈震荡时可能爆炸分解。在空气混合物中，10%浓度为爆炸极限。当溶液浓度低于约10g/L时，就不致产生足够高的蒸汽压力而引起爆炸。

7.4.2 二氧化氯的消毒机理

1. 二氧化氯的氧化作用

二氧化氯氧化能力强，活性极高。靠二氧化氯的强氧化能力，不仅可将水体中的微生物氧化去除，还可将水中引起臭味的物质如硫化氢、硫醇等氧化分解为无毒无味的硫酸或磺酸，能将氰类、酚类有毒物质氧化降解为氨根离子和简单的有机物。二氧化氯的氧化能力是氯的2.5倍。

二氧化氯与水中有机物主要发生氧化还原反应，而氯气同时发生亲电取代反应和氧化还原反应。因此二氧化氯氧化时不产生三卤甲烷（THMs)。同时，水中灰黄毒素、腐殖酸也可被二氧化氯降解。二氧化氯可氧化去除水中少量的AsO_3^{2-}、SbO_3^{2-}和NO_2^-等还原性酸根及Fe^{2+}、Mn^{2+}、Ni^{2+}等金属离子。二氧化氯与水中铁、锰离子反应迅速，且能氧化有机链合形式存在的铁、锰离子：

$$3ClO_2 + 15Fe^{2+} + 6H_2O \longrightarrow 4Fe(OH)_3 + 11Fe^{3+} + 3Cl^- \quad (7\text{-}13)$$

$$2ClO_2 + 5Mn^{+2} + 6H_2O \longrightarrow 5MnO_2 \downarrow + 12\ H^{+1} + 2Cl^{-1} \quad (7\text{-}14)$$

2. 二氧化氯的消毒机理

二氧化氯对水中传播的病原微生物，包括病毒、芽孢及水路系统中的异氧菌、硫酸盐还原菌和真菌有很好的灭杀效果，特别是对地表水中大肠杆菌的处理效果更为突出。

二氧化氯的杀菌主要是吸附和渗透作用，大量ClO_2分子聚集在细胞周围，通过封锁作用，抑制其呼吸系统，进而渗透到细胞内部，以其强氧化能力有效氧化菌类细胞赖以生存的含硫基的酶，从而快速抑制微生物蛋白质的合成来破坏微生物。这也是由于二氧化氯水溶液中的氧化还原电位高达1.5V，能迅速氧化、破坏病毒衣壳上蛋白质中的酪氨酸，抑制病毒的特异性吸附，阻止其对宿主细胞的感染。二氧化氯与细菌及其他微生物蛋白质中的部分氨基酸发生氧化还原反应，使氨基酸分解破坏，进而控制微生物蛋白质合成，最终导致细菌死亡。在已知的氨基酸中芳香族和含硫类氨基酸最易受到二氧化氯的氧化破坏。

二氧化氯能较好地杀灭细菌、病毒，且不会对动、植物机体产生损伤，其原因在于细菌细胞结构与人体、植物截然不同。细菌属原核细胞生物，其绝大多数酶系统分布于细胞膜近表面，易受攻击；而动、植物细胞属真核细胞，其酶系统多深入细胞内细胞器中而得到保护，不易接触和被伤害。此外高等动植物机体在受到外来侵害时，会自动产生抵抗外来物质的保护系统，从而保证机体不受二氧化氯伤害。

在适当的温度下，温度越高，二氧化氯的杀菌效力越大，见表7-6所列。

0.25mg/L 的ClO_2灭杀99%的大肠杆菌时，水温与接触时间的关系 表7-6

水温（℃）	5	10	20	30
接触时间（s）	190	74	41	16

二氧化氯杀菌作用持续时间长，对pH影响不敏感（pH=6～10)。0.5mg/L二氧化氯在12h内对异养菌的杀灭率在99%以上，作用时间延长至24h后，才降到86.3%。

约翰·霍夫（John C. Hoff）与艾德温·格尔德赖希（Edwin E. Geldreich）针对大肠菌群和病毒对氯、臭氧、二氧化氯、氯胺的灭活效率进行了评价。对大肠杆菌和病原体的消毒效率由高到低依次为：$O_3>ClO_2>Cl_2>$氯胺。对大肠杆菌和病原体的持久性由高到低依次为：氯胺$>ClO_2>Cl_2>O_3$。

二氧化氯在杀菌消毒的同时还能去除色度和提高絮凝效果。

二氧化氯能杀死原水中的藻类，并且控制藻腥味的产生。

二氧化氯在水中不水解，腐蚀性比投加氯气低，并可以保持剩余消毒剂量。

虽然二氧化氯消毒不会形成三卤甲烷、卤乙酸等氯消毒引起的消毒副产物，但二氧化氯也会产生其他的消毒副产物。现有的资料表明其反应产物包括醛、羧酸和酮。二氧化氯反应的主要无机产物为亚氯酸离子（ClO_2^-）、氯离子（Cl^-）和氯酸离子（ClO_3^-）。氯酸和亚氯酸离子，特别是亚氯酸离子，与形成变性血红素有关，因而多数欧洲国家对投加二氧化氯的剂量有限制。美国环保局也作了同样的限制，建议在消毒系统中二氧化氯、亚氯酸和氯酸的总和保持小于1.0mg/L。美国《消毒与消毒副产物条例》（DDBPR）限制二氧化氯为0.8mg/L，亚氯酸离子为1.0mg/L，对氯酸离子还没有最大限量的规定。我国《生活饮用水卫生标准》规定亚氯酸盐及氯酸盐的允许含量均为小于0.7mg/L。

7.4.3　二氧化氯的制备

制取二氧化氯的方法很多，用于给水工程中的主要有氧化法、还原法和电解法。在净水厂中应用较多的是氧化法中的亚氯酸自氧化法以及亚氯酸盐与氯气合成制取二氧化氯。以氯酸盐作为起始物质的还原法，由于还原反应太强烈，只有在大产量下才有竞争力，故主要用于工业化二氧化氯生产。电解法虽然成本较低，但它产生的是含氯的混合气体，除含部分二氧化氯外，较多部分仍为氯气，因此用它作为消毒剂，仍然存在氯消毒的缺点。电解法制取二氧化氯主要用于部分装置（例如游泳池）和小型水厂的消毒。

现将氧化法制备二氧化氯简述如下：

1. 亚氯酸自氧化法

在酸性介质中，亚氯酸发生自氧化还原反应（歧化反应）生成二氧化氯，反应式为：

$$5NaClO_2 + 4HCl = 4ClO_2 + 5NaCl + 2H_2O \tag{7-15}$$

或

$$5NaClO_2 + 2H_2SO_4 = 4ClO_2 + 2Na_2SO_4 + NaCl + 2H_2O \tag{7-16}$$

该方法的特点是一次性投资少，产物二氧化氯比较纯，操作工艺简便，易于控制。

不足之处是反应速度慢，酸量大，产生的废酸多。如果是在盐酸介质中反应，产品混合物中会含有一定量的盐酸。

理论上10g纯亚氯酸钠需要用3.2g盐酸来生产6g二氧化氯。在实践中只有存在过量的酸时，才能使反应完全，使用盐酸比例是化学计算量的3～4倍。该方法生产二氧化氯工艺流程如图7-12所示。

氧化法采用亚氯酸钠生产二氧化氯。根据二氧化氯的性能要求在现场现制现用或制备成稳定性的水溶液。

芜湖市供水总公司与南京理工大学于1995年共同开发了稳定性二氧化氯生产。曾采用亚氯

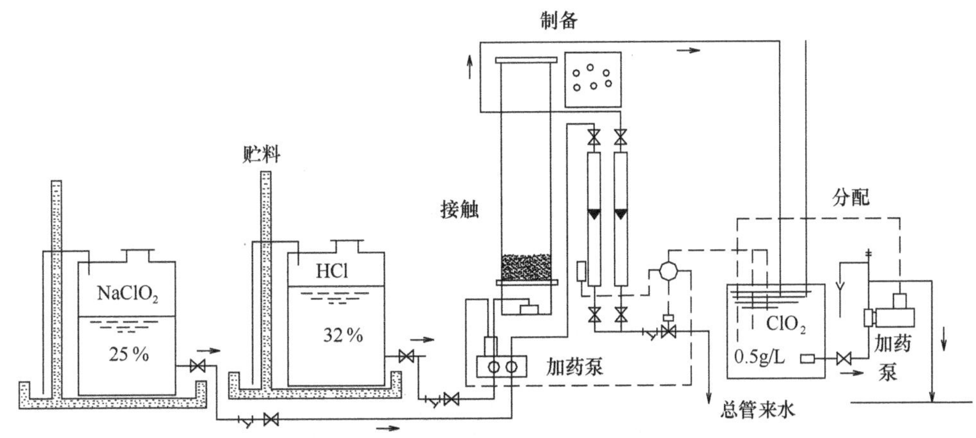

图7-12　从盐酸制取二氧化氯的设备示意图

酸钠与盐酸生成稳定性二氧化氯。为降低成本，1996年底改用氯酸钠甲醇法生产。用此法生产的二氧化氯稳定液，经现场活化后投加，用于消毒灭菌效果明显。

2. 用亚氯酸钠和氯气合成

用亚氯酸钠和氯气合成是二阶段反应，实质上是次氯酸与亚氯酸钠的作用，其反应式为：

$$Cl_2 + H_2O \longrightarrow HOCl + HCl \tag{7-17}$$

$$HOCl + HCl + 2NaClO_2 \longrightarrow 2ClO_2 + 2NaCl + H_2O \tag{7-18}$$

总反应式为：

$$Cl_2 + 2NaClO_2 = 2ClO_2 + 2NaCl \tag{7-19}$$

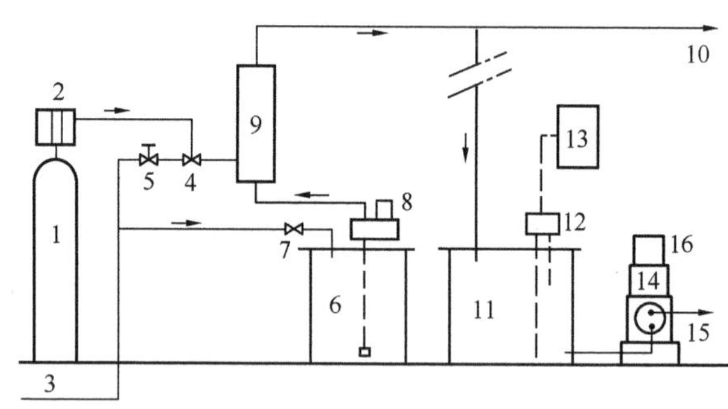

图7-13　从氯制取二氧化氯的设备示意图

1—氯瓶；2—加氯机；3—总管来水；4—喷射器；5—电磁阀；6—亚氯酸钠制备槽；7—稀释用水；8—投药泵；9—反应室；10—恒定流量分配；11—溶液贮槽；12—液位传感器；13—加氯机和投药泵8的电控箱；14—溶液输送泵；15—变流量分配；16—泵的断续或变速控制器

在这过程中不采取措施往往产率较低，其原因是：

1）氯气溶于水后溶液的pH值决定了氯在其中的各种存在形式和相对浓度；

2）预先溶在水中的氯进一步离解为次氯酸，产生次氯酸根离子和其他不需要的副反应。

理论上10g纯亚氯酸钠同3.9g氯气反应制成7.45g二氧化氯。但实际上通常反应需在pH值小于2.5的情况下，并通入过量氯。若想减少过量氯的投加，需用硫酸将pH值降到2以下。

用氯制取二氧化氯的流程如图7-13所示。

合成法在美国运用较多。为取得更高的产量，通常采用以下几个措施：

(1) 用加压注射气体的方法可以得到浓度超过3500mg/L的二氧化氯水溶液。但多余未反应的氯会存在于溶液中，最后的消毒液是氯和二氧化氯的混合物。

(2) 加入额外的酸。例如1mol氯中再加入0.1mol盐酸，能够使生产的消毒液中二氧化氯达95%，同时可以使90%氯转化成二氧化氯。

(3) 氯水不断绕着一个加浓回路重复循环，以保证与加亚氯酸钠溶液成为混合物后，生产出95%～99%纯度的二氧化氯溶液。氯水循环法（CIFEC法）的流程如图7-14。

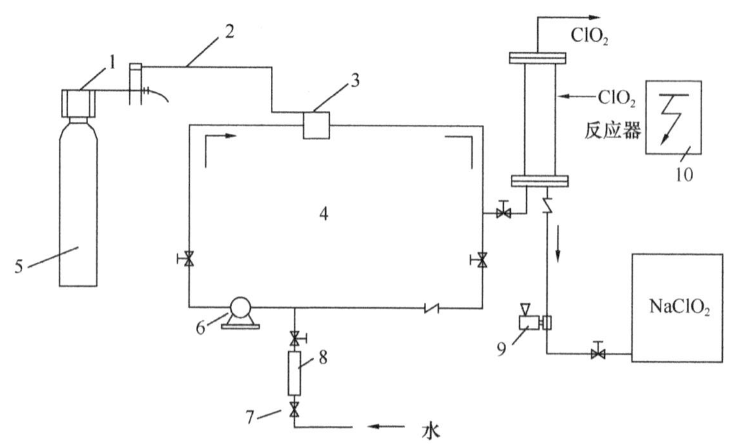

图7-14　CIFEC装置

1—加氯器；2—真空管线；3—有止回阀的喷射器；4—富集回路；5—氯瓶；6—泵；7—电动阀门；8—流量计；9—计量泵；10—控制设备

7.4.4　设计与计算

1. 二氧化氯投加量

二氧化氯设计投加量应根据试验或参照相似条件水厂的运行经验，按最大用量确定，表 7-7 列出的是欧美国家部分二氧化氯投加情况，供参考。

二氧化氯在美国和欧洲给水处理中应用情况　　表 7-7

国别	调查厂数	生产能力（万 m^3/d）	制取方法	加注率（mg/L）	说明
美国	63	76%水厂 <5.0	Cl_2+$NaClO_2$（二者 1∶1）其中 4 厂采用：HCl+$NaClO_2$	0.1～1.5	多数用于除臭
英国	13			0.05～0.5，平均 0.28	其中 5 厂用于消毒，4 厂用于提供余氯，3 厂用于除臭，1 厂用于除酚
原联邦德国	68	0.5～5	HCl+$NaClO_2$ Cl_2+$NaClO_2$=2∶1	用于消毒 0.1～0.3，维持余氯 0.1，除味 0.3～0.5	其中 33 厂用于消毒，22 厂用于提供余氯，9 厂用于除味，2 厂用于除铁，2 厂用于除锰
法国	59	0.1～60	HCl+$NaClO_2$ Cl_2+$NaClO_2$	最大 2.3，平均 0.66，除臭味 0.6～1.3，除有机物和锰约 1.5	其中 22 厂用于除臭、味，10 厂用于去色，10 用于去除有机物，6 厂用于消毒，5 厂用于除铁，2 厂用于除锰，1 厂用于提供余氯，3 厂用于去除浊度。最大剩余 ClO_2 为 0.25mg/L
比利时	2		同上		用于去色及预消毒
瑞士	3		Cl_2 + $NaClO_2$ 或酸 + $NaClO_2$	0.2	用于消毒
奥地利	11	全国用水量的 50%	HCl+$NaClO_2$	0.25	用于消毒 维持余值 0.08mg/L

二氧化氯的投加量与原水水质和投加用途有关，一般在 0.1～2.0mg/L 范围。

当用于除铁、除锰、除藻的预处理时，一般投加 0.5～3.0mg/L。

当兼用作除臭时，一般投加 0.5～1.5mg/L。

当仅作为出厂饮用水的消毒时，一般投加 0.1～0.5mg/L。

投加量必须保证管网末端能有 0.05mg/L 的剩余氯或 0.02mg/L 二氧化氯余量。

二氧化氯消毒也有采用二氧化氯和氯气混合使用的，最佳投加比例按水样分析确定。这样一方面可减少 THMs 产生，另一方面也可制约由二氧化氯转化而产生的亚氯酸盐和氯酸盐的浓度。我国芜湖水厂采用的混合投加比例为 3∶0.8～3∶1.0（二氧化氯：液氯）。一般投加二氧化氯 2.5～3.0mg/L，液氯 1.0～1.5mg/L。二氧化氯除消毒作用外，对除藻、除臭效果也十分显著，且高剂量投加无明显异味。

2. 二氧化氯投加设计

(1) 加注点的选择

二氧化氯用于预处理时，为达到除藻、去铁、去锰等需要，投加点位置应按二氧化氯与该去除物反应速率而定，一般应在混凝剂加注前5min左右投加。

二氧化氯用于除臭或出厂饮用水消毒时，投加点可设于滤后。

(2) 接触时间确定

A. 用于预处理时，二氧化氯与水的接触时间为15～30min；

B. 用于出厂饮用水消毒时，与水的接触时间为30min。

(3) 投加方式

A. 在管道中投加，采用水射器，根据需要压力，可用水泵增压来水（厂用水），以满足投加需要。在条件允许的情况下，水射器设置尽量靠近加注点；

B. 在水池中投加，采用扩散器或扩散管；

C. 二氧化氯投加浓度必须控制在防爆浓度以下，水溶液浓度可采用6～8mg/L。

3. 二氧化氯发生器选择

由于二氧化氯气体易爆炸，不易溶于水，且难以用钢瓶压缩储存，又具有较强的腐蚀性和刺激性，故只能在现场现制现用或制备成稳定性水溶液，因此应选择优质、高效的二氧化氯发生器。

4. 制取间及库房设计

(1) 制备二氧化氯的原材料氯酸钠、亚氯酸钠和盐酸、氯气等严禁相互接触，必须分别贮存在分类的库房内，贮放槽需设置隔离墙。盐酸库房内应设置酸泄漏的收集槽。氯酸钠及亚氯酸钠库房内应备有快速冲洗设施。

(2) 制取间内应有每小时换气8～12次的通风设施，并应配备二氧化氯泄漏的检测仪和报警装置，并设喷淋装置，以防突然事故引起气体泄露。

(3) 二氧化氯的原材料库房贮存量按供应和运输时间设计，以不大于10d最大用量计算。

(4) 应设置机械搬运装置。

(5) 制备间及库房应按防爆建筑要求设计。

(6) 二氧化氯制备、贮备、投加设备及管道、配件必须有良好的密封性和耐腐蚀性，其操作台、操作梯及地面应有耐腐蚀的表层处理。

(7) 应保持库房的干燥，防止强烈光线直射。

(8) 二氧化氯投加间外部应备有防毒面具、抢救材料和工具箱。防毒面具应严密封藏，以免失效。照明和通风设备应设置室外开关。

(9) 制备间应与其他工作间隔开，并应设置直接通向外部并向外开启的门和固定观察窗。

7.4.5 使用二氧化氯的注意事项

使用二氧化氯应注意事项：

(1) 饮用水中ClO_2、ClO_2^-、ClO_3^-离子含量不能超过规定标准。

(2) 空气中二氧化氯含量超过10%，遇电火花，阳光直射，加热至60℃以上有爆炸危险。应避免有高温、明火在库房内产生。

(3) 发生器应选用安全性好，在水量、水压不足，断电等情况下都有自动关机的安全保护措施。

(4) 运行的自动化程度要求较高，能自动控制进料、投加，以及药液用完自动停泵报警。

(5) 凡与氧化剂接触处应使用惰性材料。反应、混合均采用密闭措施，防止泄露。

(6) 物料选择应控制质量，所采用的药剂均需达到规定标准。

(7) 要有现场测试设备经常检测药剂溶液的浓度。

(8) 在进出管线上设置流量监测设备。

(9) 发生器应具有手动/自动方式控制投加浓度，浓度的上下限可人为设定。

(10) 应严格按工艺要求操作，控制进料速度，防止盲目提高温度。

(11) 不允许在工作区内从事维修工作；

(12) 亚氯酸钠搬运时，要防止剧烈震动和摩擦。

7.5 臭氧消毒

臭氧早在1783年由范马勒姆（Van Marum）发现，而于1840年由舍恩拜因（Schonbein）所定名。1857年西门子（Siemens）首先造出了由放电产生的臭氧发生器，并在1893年开始了商业性应用。

臭氧用于饮用水消毒是在1893年由荷兰开始。1906年法国尼斯（Nice）首先利用作为处理工艺，该水厂至今被认为是“最古老”应用臭氧装置的代表。

1906年美国纽约的杰罗姆公园（Jerome Park）水库将臭氧用作控制水中“味”和“臭”的措施。至1987年美国有5个水厂开始将臭氧作为除臭、除味或去除三卤甲烷的前期氧化措施。1933年密尔沃基（Milwaukee）爆发隐孢子虫疫情，促进了对利用臭氧作为消毒剂的兴趣。

我国最早应用臭氧作为消毒剂的是福建厦门水厂。自20世纪60年代起，因工业发展不少城市水源受到污染，我国开始对臭氧进行了研究和发生器的制造。我国清华大学以及北京、上海等的环保设备厂开始生产定型产品。21世纪以来，我国已有不少水厂结合化学氧化要求采用了臭氧措施。

由于臭氧比氯有较高的氧化电位，因此它比氯消毒具有更强的杀菌作用，对细菌的作用也比氯快，消耗量明显较小，且在很大程度上不受pH值的影响。有关资料报道，在0.45mg/L臭氧的作用下，经过2min，脊髓灰质炎病毒即死亡；如用氯消毒，则剂量为2mg/L时需经过3h。当1mL水中含有274～325个大肠菌，在臭氧剂量1mg/L时可降低大肠菌数86%；剂量2mg/L时，几乎可以完全被灭活。

此外，较之传统的氯消毒方法，臭氧消毒还有如下优点：

(1) 在消毒的同时可改善水的性质，且较少产生附加的化学物质污染；

(2) 不会产生如氯酚那样的臭味；

(3) 不会产生三卤甲烷等氯消毒的消毒副产物；

(4) 臭氧可就地制造，只需使用电能即可；

(5) 在某些特定的用水中，如食品加工、饮料生产及微电子工业等，臭氧消毒不需要从已净化的水中除去过剩消毒剂的附加工序，如用氯消毒时的脱氯工序。

由于臭氧在水中很不稳定，容易分解，如接触池出口水中剩余臭氧尚有0.4mg/L，但经过水厂清水池停留后，水中剩余臭氧已完全分解，没有剩余消毒剂的水将进入管网。因此，经过臭氧消毒的自来水通常在进入管网前还要加入少量的氯或氯胺，以维持水中一定的消毒剂剩余水平。

7.6 其他消毒方法

7.6.1 紫外线消毒

紫外线的波长范围为200～390nm，而以波长260nm左右的紫外线对细菌的杀伤力最强。紫外线消毒的主要机理是由于细菌等微生物细胞内的许多化学物质，尤其是遗传物质脱氧核糖核酸DNA对紫外线有强烈吸收作用（DNA对紫外线的吸收峰在260nm处)，这些化学物质吸收紫外线后就会发生分子结构的破坏，引起菌体内蛋白质和酶的合成发生障碍，最终导致细菌死亡。

紫外线的灭菌效果取决于照射强度（mW/cm^2）和辐射时间（s），其照射剂量应为两者的乘积（$mW\cdot s/cm^2$）。紫外线的穿透深度取决于水的透光率。天然色度低、影响紫外吸收(253.7nm）的有机物含量小，以及浊度<1.0NTU时水的透光率高。消毒所需的照射时间取决于水中微量有机物和水的透光率，在0.5～5s之间变化。有效灭菌消毒（>3log）的最小剂量约$16mW\cdot s/cm^2$。当尚需灭活病毒时，采用30～$40mW\cdot s/cm^2$剂量更合适。当剂量大于或等于$40mW\cdot s/cm^2$时，可以达到去除4log的细菌和病毒。

近年来美国的研究表明，紫外线对灭活隐孢子虫非常有效。利用中压灯，剂量不超过$40mW\cdot s/cm^2$就可灭活4log隐孢子虫。

紫外线消毒的优点是不产生消毒副产物，也不会产生因投加消毒剂而产生的臭和味，当与臭氧联合使用时还可产生羟基自由基，提高消毒效果。此外，它对灭活抗氯性较强的贾第鞭毛虫、隐孢子虫具有特殊的优势。

紫外线消毒的主要缺点是没有残余消毒剂量，用于市政供水时，还需在后续投加消毒剂。此外，需要增设紫外消毒反应器设备，使建设投资和运行成本增加。

紫外线消毒应用已有很长历史，1940年美国曾推荐用于船舶饮用水的消毒处理。但由于紫外线没有持续维持消毒的作用，长期来未在水厂中得到广泛应用。从20世纪90年代开始，针对消毒副产物研究的深入，特别近年来对贾第鞭毛虫、隐孢子虫风险的担忧，紫外线消毒技术得到了广泛的关注。据统计欧洲已有超过2000座水厂，北美有超过1000座水厂采用了紫外线消毒技术。表7-8列举了一些国外应用紫外线消毒的实例。

国外紫外线应用案例 **表7-8**

工程地点	规模（万m^3/d）	消毒方式	建成时间
美国西雅图	68	$UC+O_3+Cl_2$	2002～2004年
美国中心湖	18	$UV+Cl_2$	1999～2002年
美国纽约	832	$UV+Cl_2$	2007～2008年
加拿大维多利亚	58	$UV+Cl_2+NH_3$	2002～2004年
荷兰鹿特丹	47	$UV+ClO_2$	2005年
荷兰PWN	9.6	$UV/H_2O_2+ClO_2$	2004年
德国米尔海姆-施蒂鲁姆（Mulheim-Styrum）	19.2	UV	2003年
俄罗斯圣彼得堡	86.5	UV	2004年

我国近年来对紫外线消毒工艺在净水厂的应用也给予了很大关注。2007年上海临江水厂建成了规模60万m^3/d以紫外线消毒为主消毒的净水工艺流程。在臭氧—活性炭处理后设置了4只直径1.2m的低压紫外线发生器，作为主要的消毒措施，在出厂前再适量加氯，以保持管网必要的余氯。紫外线的照射剂量为25～$40mW\cdot s/cm^2$，可调。

7.6.2 电场消毒法

电场消毒法是一种物理处理方法。20世纪60年代末美国新泻华盛顿公司开发研究了第一台静电除垢器。1975年以后，我国南京大学等单位相继开发了电场灭菌、电场灭藻、电场除垢等产品，并得到了批量生产。

电场消毒的原理是水流经电场处理器时，水中细菌、病毒的生态环境发生变化，导致其生存条件丧失而死亡。地球上的微生物一般只能适应并生存于地球表面的电场强度，一旦改变电场强度就将影响细胞的生理代谢，这是导致细菌死亡的原因之一。此外，外电场破坏了细胞膜上的离子通道，改变了调节细胞功能的内控电流，从而影响细菌的生命。在电场处理水的过程中，水中溶解的氧得到活化，产生各种氧化性极强的活性氧自由基，使微生物机体过氧化，加速衰老。

电场消毒法的特点是：

(1) 体积小，易于安装，不需专人管理；

(2) 属物理处理技术，不投加任何化学药剂，不污染环境；

(3) 操作简单，运行可靠，杀菌率达90%以上，个别情况可达99.99%；

(4) 杀菌速度快，运行成本低；

(5) 若安装在循环冷却水处理场合，可同时兼有防垢、除垢及灭藻功能。

7.6.3 固相接触消毒法

固相接触消毒剂是将具有杀菌作用的卤素、重金属等附载于某种载体（如树脂、活性炭等）上，或直接加工成固体颗粒。消毒时，只需使水通过装有此类消毒剂的滤柱即可。这种消毒方法常用于野外小集体如军队或个人的饮用消毒中，在市售家用净水器中也有采用。

用作固相消毒剂的主要有载银系列消毒剂和三碘树脂消毒剂。

载银消毒剂的杀菌机理：由于金属的微动力作用，带正电荷的银离子进入水中后，可被带有负电荷的细菌吸附在其表面。吸附银达到一定数量后就向细菌细胞内扩散，与蛋白质结合，影响其新陈代谢，导致细菌死亡。

在使用载银消毒剂净水时应注意在保证杀菌消毒效果的同时，还要使消毒后水中银离子含量不超过有关饮用水卫生标准的要求。因此在设计载银消毒剂净水器时，应综合考虑固体消毒剂的使用量、停留时间或滤速、杀菌效果和消毒后水中银离子含量。

碘作为饮水消毒剂早已有人研究和应用。实验资料表明，碘消毒剂对许多致病微生物有效，杀菌作用受水的理化因素影响较小，尤其不受水中氨化合物的影响。

三碘树脂是使 I_2 与 I^- 作用生成 I_3^- 或 I_6^-，再使其吸附于强碱性阴离子交换树脂上，形成稳定且不溶于水的三碘树脂。此种物质挥发性小，稳定性高，失效后再作处理可继续使用。以它作滤料过滤，杀菌效率高，且消毒后水无碘臭味。

采用三碘树脂消毒前，应首先去除原水中的有机物质，尤其是大分子有机物如腐殖酸、木质素等。有机物会污染树脂表面，从而降低消毒效果。

除了载银消毒剂和三碘树脂外，固相消毒接触剂还有从美国 IHOD 公司引进的 KDF 滤料等。KDF 实质上为铜、锌合金颗粒，它具有去除余氯、重金属，并具有杀菌、灭藻的作用。使用时需注意铜、锌含量的超标问题。

7.6.4 超声波消毒法

超声波是一种特殊的声波，其声振频率超过了正常人听觉的最高限——2万 Hz 以上。

实验表明，超声波可以破坏大肠杆菌、伤寒杆菌、结核杆菌等。超声波还可以使烟草花叶病毒、脊髓灰质炎病毒、狂犬病毒、流行性乙型脑炎病毒和天花病毒等失去活性。但超声波对葡萄球菌、链球菌等的效力较小。超声波的消毒作用主要源于其空化作用、热作用和机械作用等。

超声波的频率、强度、照射时间、细菌浓度及病原微生物个体的大小等影响超声波消毒的效果。一般认为，低频率超声波的消毒效果较差。

尽管超声波的消毒作用早已被证实，但在实际应用中，采用超声波消毒的效果并不理想，水中细菌的死亡仅见于距离波源近的地方，且仅限于水面上的一薄层。超声波消毒水至少需要

1.5～2.0W/cm^{2}以上的强度，费用较高，不经济。

近年来，超声波与其他消毒方法的协同消毒作用备受关注。如超声波与臭氧等化学消毒剂协同作用，杀菌效果优于单独采用超声波或臭氧时，并可大大降低臭氧的有效用量。分析其原因，一是超声波可分解臭氧，使其形成氧化性更强的自由基；二是超声波快速而连续性的压缩与松弛作用，使化学消毒剂的分子打破了细菌外层屏障，加速了化学消毒剂对细菌的渗透，从而强化了臭氧的氧化杀菌作用。

7.6.5 光催化氧化消毒法

光催化氧化是20世纪80年代出现的新技术。在紫外光的照射下，半导体催化剂如TiO_2上的电子被激发，由此引发一系列自由基反应并生成·OH、$O_2^{\cdot -}$等强氧化剂，可迅速降解水中有机污染物，并可杀死大部分细菌，通过破坏病原体的基本生理功能单元如酶、辅酶和氢载体等使病原体灭活。由于它可能最终转化为太阳能催化的水处理消毒新技术，可大大降低运行成本而引起人们极大的兴趣。Wei Chang等曾以波长大于380nm的紫外光照射含有TiO_2和大肠杆菌（约10^6个/mL）的悬浮液，几分钟内便杀死细菌。同时，在光催化氧化的过程中添加O_3、H_2O_2等氧化剂可以大大提高反应速率和效率，因此光催化氧化消毒法不失为一种极有发展前途的水处理消毒新技术。

7.6.6 协同消毒

由于单一消毒方法的局限性，为了加速和提高其消毒效果，可以采用两种以上的消毒剂或消毒措施的协同消毒方法。协同消毒可以采用：

（1）物理消毒法与物理消毒法的协同：如超声波与紫外辐射相结合。又如将电场消毒与紫外辐射相结合，可使电场消毒过程产生的活性氧化剂氧化能力进一步提高，从而强化电场消毒的效果。

（2）化学消毒法与化学消毒法的协同：如先采用臭氧灭活原水中的微生物，再以氯或氯胺保持配水系统的余氯。又如高锰酸钾与氯的协同消毒。高锰酸钾具有杀灭肠道致病菌的作用，但因有色投加量不宜过大，且它与水中有机物反应活性大，因而实际用于消毒并不普遍。然而用它作为预处理，然后与氯消毒等方法联合使用，不仅可杀灭部分微生物，而且可降低THMs的生成量，不失为一种有实用价值的消毒方法。

（3）物理消毒法与化学消毒法的协同：上述超声波与臭氧的联用即为一例。近年来这一领域最具代表性的是光激发氧化新工艺，即以臭氧、过氧化氢、氧气等作为氧化剂，将化学氧化剂的氧化作用与紫外辐射相结合，可产生氧化能力极强的自由基，其氧化效果比单独使用紫外或氧化剂强得多。光激发氧化工艺中以UV/O_3与UV/H_2O_2最受关注。

第 8 章　化学氧化法

8.1　化学氧化作用及基本原理

8.1.1　化学氧化作用

化学氧化是近代给水处理中应对原水污染的一项重要工艺。化学氧化对水质的直接或间接的净化作用主要表现在如下几个方面：

（1）铁和锰的控制；

（2）臭和味的去除；

（3）色的去除；

（4）合成有机化合物的氧化；

（5）氧化辅助凝聚与絮凝；

（6）生物的生长控制和灭活。

按照水厂总体处理工艺的需要，化学氧化通常包括预氧化、中间氧化和最终氧化（即以消毒为目的）。其中预氧化和中间氧化必须通过与其后续其他的物理、化学或生物等手段的协同作用来达到净化水质的目的。

预氧化通常在混凝沉淀之前。其主要作用是氧化原水中部分无机物（如二价的铁、锰和硫）和有害有机物，去除色度和使水产生臭和味的化合物，并改善混凝条件。此外，预氧化还可有效控制水中微生物对水厂净水过程的干扰，如藻类等引起的滤池堵塞。在某些特定的条件下，如一些老水厂因清水池容积很小而没有足够的有效消毒接触时间时，预氧化还可以起到预消毒并增加消毒接触时间的作用。

中间氧化通常在沉淀或砂滤之后。在采用不同氧化剂的情况下，其主要作用是提高后续构筑物（如以砂、陶粒和活性炭为介质的过滤）的生物作用，或者是抑制微生物过度滋生来防止滤池堵塞。

最终氧化（以消毒为目的）通常是水厂最后的处理工艺。其作用是对出厂水进行最终的消毒和保证出厂水维持一定的剩余消毒剂含量。有关消毒部分的内容见第 7 章。

8.1.2　常用氧化剂及其特点

饮用水处理中常用的氧化剂主要包括氯（含次氯酸钠）、臭氧、二氧化氯以及高锰酸钾等。氯作为最传统和经济的氧化剂目前仍在饮用水处理中被广泛应用，并主要是作为预氧化剂和消毒剂来使用。但由于氯与原水中天然有机物能生成对人体有害的三卤甲烷，特别在原水受到相对较高浓度的氨氮、有机氮、有机物和藻类等物质污染时，不仅氯消耗量大，而且会产生气味和大量有害的卤代副产物，因此，其他不易产生这些副产物的氧化剂，如臭氧和高锰酸钾等，在某些情况下，尤其在预氧化工艺阶段已取代了氯。

有关各种氧化剂的主要特点说明如下。

1. 氧化能力

判断一个氧化剂的氧化能力，主要看氧化剂得到电子的能力，一般用氧化剂的标准半电池电势来表示。通常氧化剂的标准半电池电势越高，表明该氧化剂氧化能力越强。表 8-1 表示了水处理中常用氧化剂的标准半电池电势。

常用氧化剂的标准半电池电势 **表 8-1**

氧化剂	还原半反应	电势（mV）
臭氧	$\frac{1}{2}O_3+H^++e^-\longrightarrow\frac{1}{2}O_2+\frac{1}{2}H_2O$	+2.08
羟基	$OH+H^++e^-\longrightarrow H_2O$	+2.85
过氧化氢	$\frac{1}{2}H_2O_2+H^++e^-\longrightarrow H_2O$	+1.78
高锰酸盐	$\frac{1}{3}MnO_4^-+\frac{4}{3}H^++e^-\longrightarrow\frac{1}{3}MnO_2+\frac{2}{3}H_2O$	+1.68
二氧化氯	$ClO_2+e^-\longrightarrow ClO_2^-$	+0.95
次氯酸	$\frac{1}{2}HOCl+\frac{1}{2}H^++e^-\longrightarrow\frac{1}{2}Cl^-+\frac{1}{2}H_2O$	+1.48
次氯酸根	$\frac{1}{2}OCl^-+H^++e^-\longrightarrow\frac{1}{2}Cl^-+\frac{1}{2}H_2O$	+1.64
一氯铵	$\frac{1}{2}NH_2Cl+H^++e^-\longrightarrow\frac{1}{2}Cl^-+\frac{1}{2}NH_4^+$	+1.40
氧	$\frac{1}{4}O_2+H^++e^-\longrightarrow\frac{1}{2}H_2O$	+1.23

2. 理化特性

1）臭氧的主要理化特性

臭氧是一种高活性的气体，通过对氧气的放电而形成，其分子式是 O_3，是氧的同素异形体。臭氧最显著的特性是具有强烈的气味。在常温常压下，臭氧是淡蓝色的具有强烈刺激性气味的气体。

臭氧具有很高的氧化电位（2.08mV），比氯（1.36mV）高出 50%以上，因此它具有比氯更强的氧化能力。臭氧是由氧按以下热化学方程式形成：

$$3O_2 \rightleftharpoons 2O_3-69\text{kcal} \tag{8-1}$$

由式 8-1 可见，臭氧的形成是吸热过程，因此，臭氧分子极不稳定，可自行分解，伴随着分解过程会放出能量。因此，臭氧比氧具有更高的活性和氧化能力。

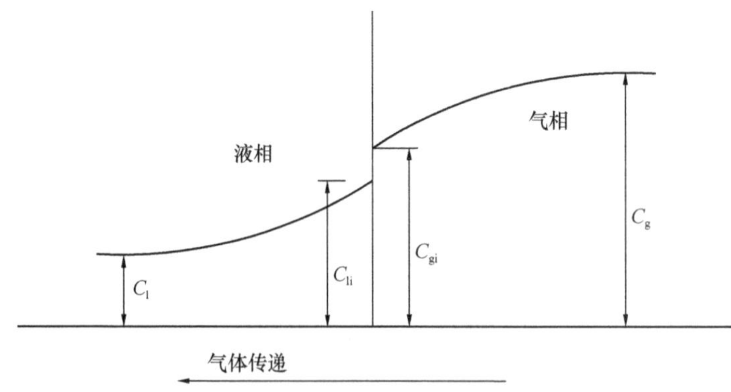

图 8-1　气体向水中传递过程中的动态平衡示意

臭氧气体穿过气水间界面向水中传递是一个动态平衡过程，符合 Whitman & Lewis 的双膜理论，如图 8-1 所示。气体传递的流量在动态平衡条件下可由式 8-2 表达：

$$N=k_l(C_l-C_{li})=k_g(C_{gi}-C_g) \tag{8-2}$$

式中　N——气体传递流量；

C_i——液相中的气体浓度；

C_g——气相中的气体浓度；

C_{li}和 C_{gi}——界面上的相应浓度；

k_l和 k_g——气、液两相中的传递系数。

此外，臭氧气体向水中的传递能力也可表示为：

单位时间内的传递能力＝传递系数×交换面积×交换电位

这里所指的交换电位不仅与气液间的浓度差有关，而且与臭氧和水中物质发生直接化学反应的活性有关。

许多试验表明，臭氧气体要溶解在水中，首先必须在与之接触的液体表面上完全扩散，进而溶解在表面的液体中，最终扩散到液体内部。因此，气液两相间的传递率主要由下列因素所决定：

（1）气液两相的物理特性；

（2）气体通过气液界面的浓度差；

（3）气体湍流的程度。

臭氧在水中的溶解度大于氧。臭氧在水中的溶解一般遵守亨利定律。影响臭氧在水中溶解度的主要因素是温度和供气压力。温度对臭氧在水中溶解度的影响如图 8-2 所示。

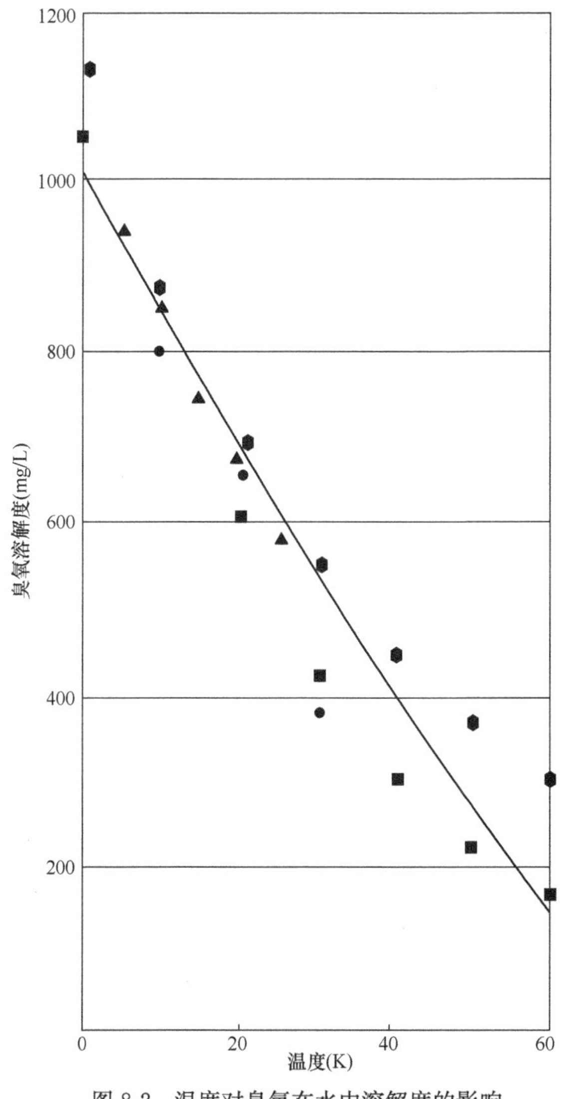

图 8-2　温度对臭氧在水中溶解度的影响

由于臭氧采用在使用现场利用空气或氧气就地制备，制备出来的臭氧气体中含纯臭氧的浓度通常很低，一般重量浓度在 2%～10%之间。因此，制备出来的臭氧气体实际上是一种臭氧化气，属于混合气体，其中还含有大量的空气或氧气。而亨利定律表示的是某一单纯气体在水中的溶解规律，所以，臭氧在水中的溶解特性除了与上述的温度和供气压力有关外，还与供气中含臭氧的浓度有关。图 8-3 是在一定的温度下，向水中投加不同浓度的臭氧化气体时，臭氧在水中的溶解度随供气压力的变化情况。

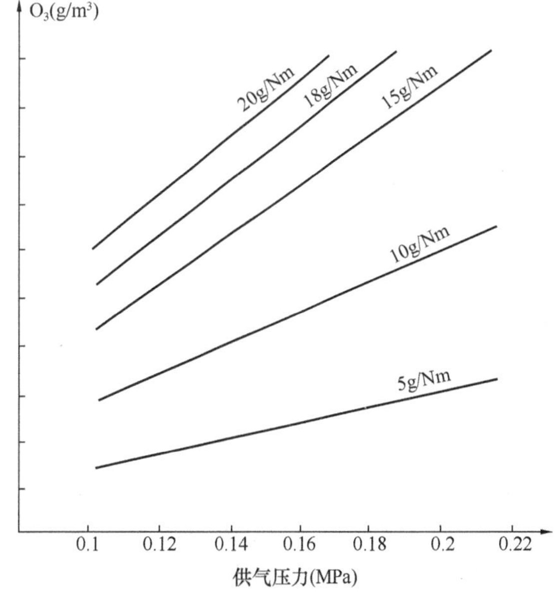

图 8-3　供气压力对各种浓度臭氧气体在水中溶解度

此外，在一定的大气压力下，臭氧在水中的浓度与供气中的臭氧浓度的关系可用图 8-4 表示。

虽然臭氧在水中的溶解度大于氧，但溶于水的臭氧极不稳定，很容易分解。影响臭氧在水中分解速度的主要因素为温度和 pH 值，随着温度的增加和 pH 值的升高，将加速臭氧在水中的分解。图 8-5 为在一定的温度下，pH 值对水中剩余臭氧分解速度的影响。

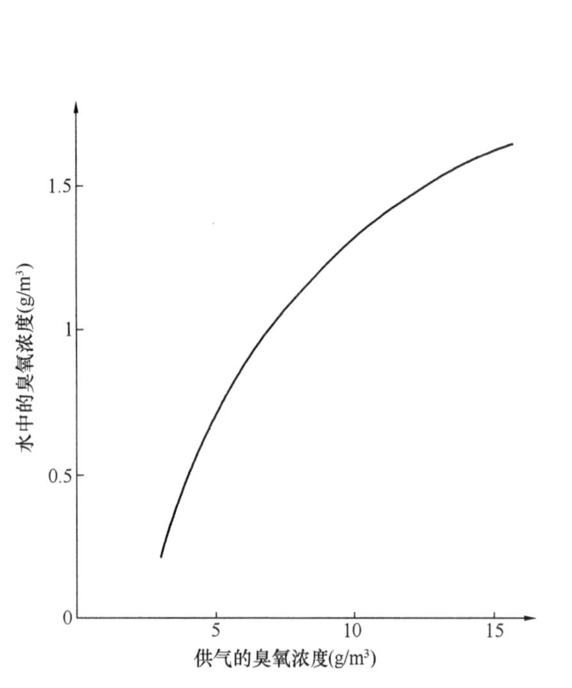

图 8-4　一定压力下供气的臭氧浓度与水中臭氧浓度的关系

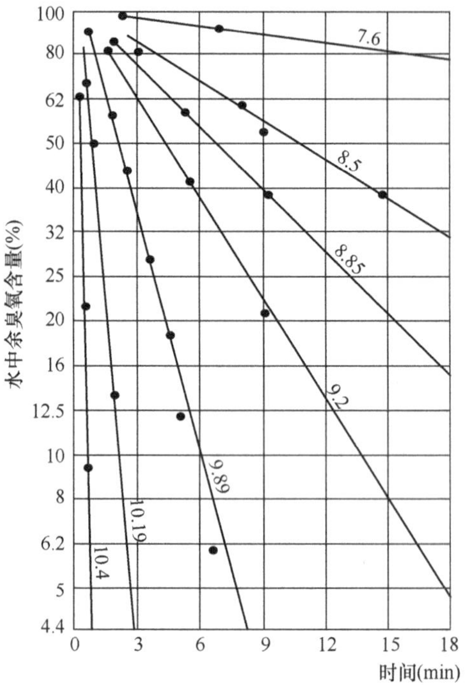

图 8-5　15℃条件下水中 pH 值对剩余臭氧分解速度的影响

此外，臭氧在水中的自行分解率在很大程度上还与 UV 值、臭氧浓度以及水中存在的其他可被臭氧去除的物质有关。其分解速率可由余臭氧的含量来间接表示。水中余臭氧含量可用式 8-3 表示。

$$C_t/C_0=e^{-kt} \tag{8-3}$$

式中　C_t——时间为 t 时的臭氧浓度（mg/L）；

C_0——时间为 0 时的臭氧浓度（mg/L）；

k——衰减率常数（L/min），一般由试验取得；

t——时间（min）。

2）高锰酸钾的主要理化特性

高锰酸钾的化学分子式是 $KMnO_4$，其中含有氧化态的锰（Ⅶ）。高锰酸钾分子量为 158.08，密度为 2.073g/cm³，外观为深紫色晶体，常温下稳定，易溶于水，其溶液呈紫红色。高锰酸钾具有强氧化性，其水溶液对许多物质（包括人体）具有强腐蚀性。固体高锰酸钾及其水溶液在一定的条件具有化学不稳定性。

在酸性溶液中作为氧化剂时，MnO_4^- 离子是强氧化剂，本身被还原为 Mn^{2+} 离子，反应开始进行得较慢，当溶液中具有自身催化作用 Mn^{2+} 生成，会加速反应的进行。

在近中性溶解中，MnO_4^- 离子作为氧化剂时，其还原产物为 MnO_2，在氧化过程中，高锰酸盐（MnO_4^-）被还原为不溶水的二氧化锰（MnO_2），如式 8-4 所示。二氧化锰是一种黑色沉淀物，可通过传统的混凝和过滤工艺去除。

$$MnO_4^- + 4H^+ + 3e^- \longrightarrow MnO_2 + 2H_2O \quad (8\text{-}4)$$

在较高的环境温度、较强的光照和环境空气中存在强还原性粉尘物的条件下，高锰酸钾容易发生爆炸，因此，贮存高锰酸钾的设施必须有避光和防爆能力。高锰酸钾在溶液中同样也可缓慢地发生分解反应，光对高锰酸钾的分解具有催化作用。

3）氯（次氯酸钠）的主要理化特性

氯的理化特性已在第 7 章 7.2.1 中介绍。

氯气加入水中，会迅速歧化产生次氯酸（HOCl）和氯离子（Cl^-），HOCl 在水中进一步电离为 H^+ 及 OCl^- 离子。Cl^- 及 OCl^- 均有强烈的氧化作用。

Cl_2、HOCl、OCl^- 总称为自由氯，水中氯的存在形式取决于氯的总浓度、pH 值和温度。图 8-6 是相关研究得出的 pH 值与 3 种形式氯相对含量的关系：在 25℃情况下，pH 值在 1～7.5 之间，氧化能力最强的次氯酸占优势，其中 pH 值在 2～6 之间时，几乎完全是次氯酸；pH 值大于 7.5，则次氯酸根占优势。因此，通过降低加氯时的 pH 值，可提高氯氧化对有机物的去除能力。

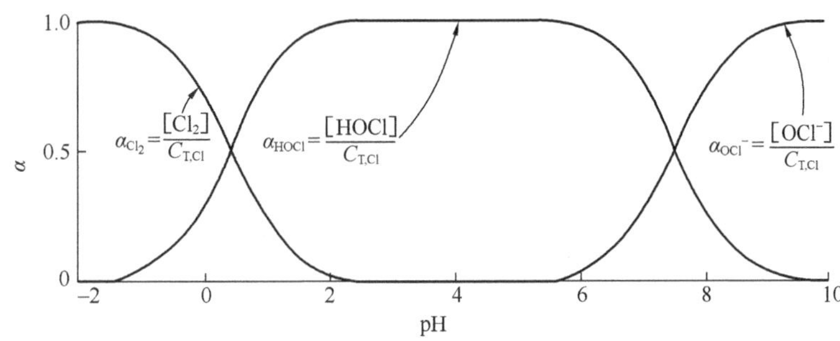

图 8-6　水中分子氯、次氯酸、次氯酸根随 pH 值变化的分布图

氯虽然是饮用水处理中使用最广泛的氧化剂和消毒剂，但由于液氯的运输、贮存及使用过程中存在危险，因此氧化机理与氯基本相同的次氯酸钠水溶液（含有效氯 10%左右）在部分地区得到了应用。

次氯酸钠加入水中，会发生如式 8-5、式 8-6 的反应：

$$NaOCl \longrightarrow Na^+ + OCl^- \quad (8\text{-}5)$$

$$OCl^- + H_2O \longrightarrow HOCl + OH^- \quad (8\text{-}6)$$

水中次氯酸根、次氯酸和分子氯的形式与加入氯气一样，取决于 pH 值、温度和总氯浓度，其主要区别是氯气加入后发生酸性反应，会使溶液的 pH 值降低，而次氯酸钠加入后发生碱性反应会使溶液的 pH 值升高。

次氯酸钠水溶液对人体器官和许多材料有腐蚀性。在高温和阳光条件下，次氯酸钠溶液不很稳定，容易分解，通常贮存周期不宜超过 1 个月。

此外，次氯酸钙 $Ca(OCl)_2$ 也是一种与次氯酸钠相似的氯氧化剂，其在水处理过程中的化学特性与次氯酸钠基本一致。

4）二氧化氯的主要理化特性

二氧化氯的化学分子式是 ClO_2，是自然界中几乎完全以游离形式存在的少数化合物之一，其理化特性及其制取和投加详见第 7 章。

二氧化氯氧化能力强，活性高，当 pH＝7 时，其在水中的氧化机理如式 8-7、式 8-8 所示：

$$ClO_2 + e^- = ClO_2^- \quad \phi = 0.95V \quad (8\text{-}7)$$

$$ClO_2^- + 2H_2O + 4e = Cl^- + 4OH^- \quad \phi = 0.78V \quad (8\text{-}8)$$

从上式可知 ClO_2 和 ClO_2^- 均能发挥氧化作用，氧化过程中 5 个电子发生转移，与氯氧化过程中 2 个电子转移相比，其氧化能力是氯的 2.5 倍。

3. 水处理综合影响比较

在水处理的氧化过程中，氧化剂与水中多种成分发生作用，能够提高对有害成分的去除效率，但在一定条件下也会产生某些副产物（包括部分有害的副产物）。各种氧化剂对水处理效果的综合影响程度差别较大，表 8-2 为几种常用氧化剂对水处理综合影响的优缺点比较。

常用氧化剂水处理综合影响优缺点比较　　表 8-2

氧化剂	优点	缺点
臭氧	极强的氧化剂和消毒剂；有效控制臭和味，去除色度，降解或直接矿化有机物；不产生卤代消毒副产物	不产生持续的消毒剂残量；氧化过程中会产生生物降解的有机物，后续须采用一定的去除措施；与水中溴化物会形成溴酸盐；投资和运行成本高
高锰酸钾	强氧化剂，易于投加；有效氧化铁和锰；降解部分有机物；不产生卤代副产物	有限的消毒性能；反应过程中产生的二氧化锰需要去除；剂量控制不好会出现粉红水，需严格控制投加量
氯	强氧化剂和消毒剂；有效助凝；产生持续的残量；价格便宜，使用历史悠久	产生消毒副产物；可能引发臭和味；与水中氨发生反应后会大为降低氧化能力，增加投加量和消毒所需有效时间
二氧化氯	强氧化剂和强消毒剂，有效控制臭和味，不产生卤代消毒副产物，不与氨反应	产生亚氯酸盐，对人体有害，投量不能过高，需严格控制投加量

8.2 臭氧氧化

8.2.1 臭氧氧化的主要作用及工艺形式

臭氧一经溶解在待处理水中，就会出现下列两种反应：一种是直接氧化，它是较缓慢的且有明显选择性的反应；另一种则是在水中羟基、过氧化氢、有机物、腐殖质和高浓度的氢氧根诱发下自行分解成羟基自由基，间接地氧化有机物、微生物或氨等。后一种反应相当快，且没有选择性，另外还能将重碳酸根和碳酸根氧化成重碳酸和碳酸。这两种反应中后一种反应更强烈，氧化能力更强。上述反应过程可简单表示成图 8-7。

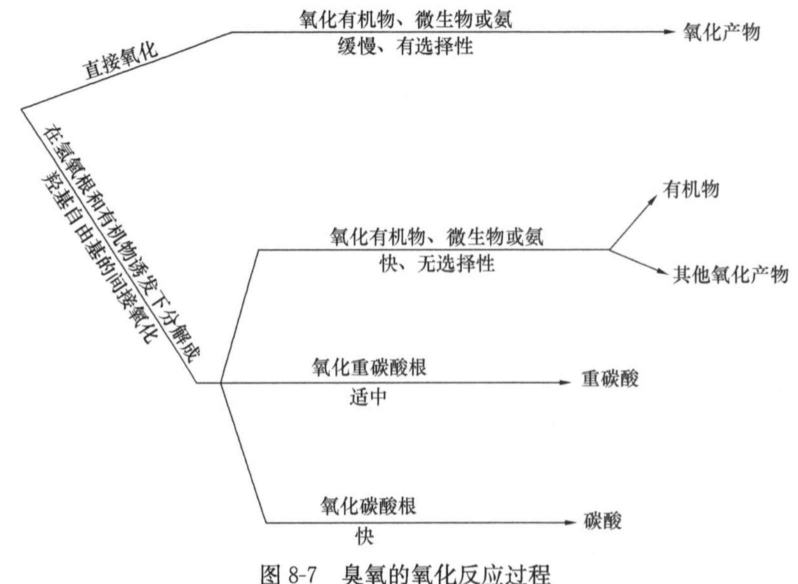

图 8-7　臭氧的氧化反应过程

由于氢氧根和有机物等能诱发臭氧分解成羟基自由基，所以低pH值条件下有利于臭氧直接氧化反应，而高pH值和有机物含量高的条件下则有利于羟基自由基的间接氧化反应。

在饮用水净水过程中，臭氧氧化在预氧化、中间氧化和最终氧化3种形式中均能应用，其中以预氧化和中间氧化为多。

当传统的预氯化会对水质带来较严重的负面影响（如氯代副产物的超标）或预氯化无法有效发挥净水作用时，通常臭氧预氧化是替代预氯化的最常用方法。在臭氧预氧化过程中，单独臭氧氧化的净水作用主要表现如下：

(1) 可有效去除由水中S、Fe、Mn等无机物和部分有机物所引起的臭和味。当水质条件有利于以自由基作用为主要形式时，臭氧氧化也可去除如土臭素之类的有机物所引起的较难去除的臭和味。

(2) 当天然水中因腐殖质含量高导致色度较高时，臭氧氧化可以破坏腐殖质物质中的不饱和键、芳香环和发色团，使水的色度大为降低。此外，臭氧氧化对水中叶绿素引起的色度也有一定的去除作用。

(3) 能有效降低由水中腐殖质所引起的氯消毒副产物（氯代卤化物）的生成能或形成氯消毒副产物的前驱物。但当水中溴离子含量较高时，臭氧预氧化则会导致溴代卤化物的生成能提高，或直接生成溴酸盐，而对水质带来不良影响。

(4) 直接杀灭部分细菌和微生物，起到对水的消毒作用。

在臭氧氧化与其他净水工艺协同净水过程中，其作用主要有：

(1) 将导致水色度升高的溶解性无机物（如Fe、Mn）氧化成易于与絮凝剂凝聚的物质，通过后续的混凝沉淀予以去除。

(2) 在臭氧投量较低的情况下，能改善混凝条件，使沉淀池去除浊度的效率提高。

(3) 当水中藻类较高时，可较有效地灭藻和抑止藻的滋长，提高后续滤池对藻的去除能力。

(4) 可充分提高水的溶解氧，使后续滤池产生一定的生物氧化能力，去除水中部分氨氮。

(5) 在国外有些研究中，将臭氧化气体作为气浮池的溶气，可大大提高气浮池对藻类的去除。

臭氧的中间氧化（也有叫主臭氧或后臭氧）是饮用水深度净化的一种最常用和成熟的工艺手段，是对沉淀或过滤后水的进一步净化的方法。在此过程中，臭氧氧化的净水方式既有独立作用的又有与其他工艺协同作用的，其对水的净化作用是综合性的。其中以独立方式净水的作用主要表现为：

(1) 对水的中间消毒，并可以杀灭一些病毒和胞囊。

(2) 进一步去除水中可被臭氧氧化直接去除的微量物质引起的色、臭、味。

(3) 去除部分可被臭氧氧化直接无机化（生成CO_2和H_2O）的溶解性小分子有机物。

臭氧中间氧化与其他工艺协同净水的主要形式是臭氧氧化与活性炭联用工艺，一般设置在砂滤之后，活性炭吸附之前。其作用主要有：

(1) 将部分无法被臭氧氧化并可导致臭、味和对人体长期健康有害的溶解性大分子有机物降解成一些小分子有机物，使其极性增加，从而使这些极性增加的小分子有机物能顺利地进入后续的活性炭微孔被有效吸附去除。

(2) 可充分提高水的溶解氧，为后续的活性炭产生生物降解吸附物质作用，为延长活性炭吸附寿命创造了主要条件。

此外，当中间氧化设置在沉淀之后砂滤和活性炭吸附之前时，臭氧氧化同样能使后续砂滤池产生一定的生物氧化能力，去除水中部分氨氮。

图 8-8～图 8-10 为近 10 年来国内几个应用臭氧处理的水厂工艺流程示意。

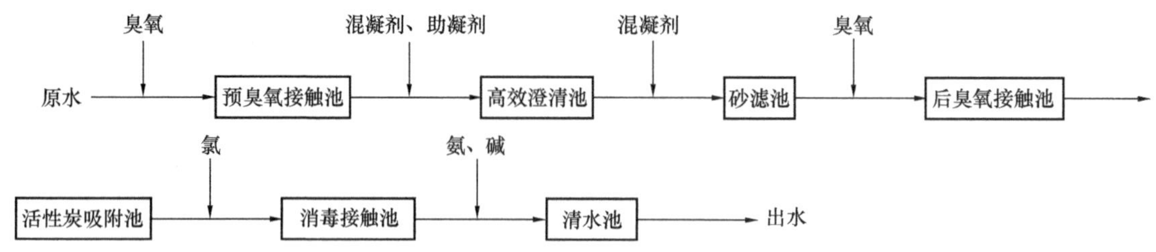

图 8-8　上海南市水厂 50 万 m^3/d 新建工程净水工艺流程

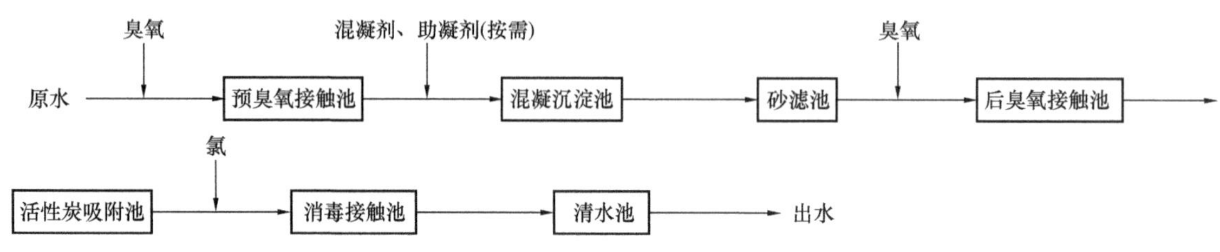

图 8-9　苏州相城水厂 30 万 m^3/d 新建工程净水工艺流程

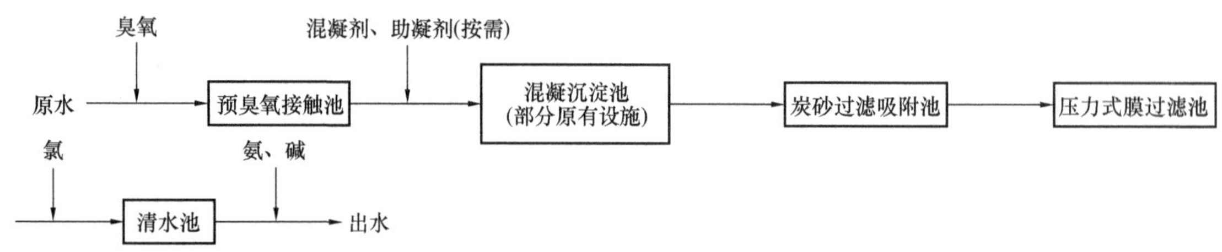

图 8-10　杭州清泰水厂 30 万 m^3/d 改造工程净水工艺流程

8.2.2　臭氧氧化系统的基本组成和主要设施

臭氧氧化净水系统通常由气源系统、臭氧发生及输配系统、臭氧接触系统和臭氧尾气消除系统 4 个功能相对独立的系统组成。为保持系统质量平衡，4 个系统在运行中必须保持紧密的联系和协调，通常由 PLC 来实现这种联系和协调。

臭氧氧化净水系统的主要设施包括构筑物和设备两类。构筑物主要包括臭氧接触池、臭氧发生间、氧气站（采用氧气为臭氧发生气源时）和配电间；设备主要包括气源系统设备(以臭氧发生采用不同气源而异)、臭氧发生器及其供电和控制单元及相应冷却设备、臭氧和氧气环境浓度监测和报警设备、车间降温和通风设备、臭氧气体输送和分配管路以及管路上各种控制阀门和仪表、臭氧投加扩散器及辅助设备、臭氧投加控制的水质仪表、臭氧尾气收集管路及管路上的控制阀门和仪表、臭氧尾气消除装置、臭氧尾气环境浓度监测和报警设备、接触池进出水和放空阀、接触池安全阀、低压配电设备，以及系统运行控制 PLC 等。其基本布置如图 8-11 所示。

8.2.3　臭氧投加量及投加方式

1. 臭氧投加量的确定

虽然臭氧有较强的净水能力，但由于臭氧的获得成本较高，且在某些水质条件下臭氧过量投加会带来一定的负面影响。因此，臭氧投加量应综合考虑水质条件、工艺目标和投加位置等因素，参照相似条件下的应用经验或通过试验来确定。

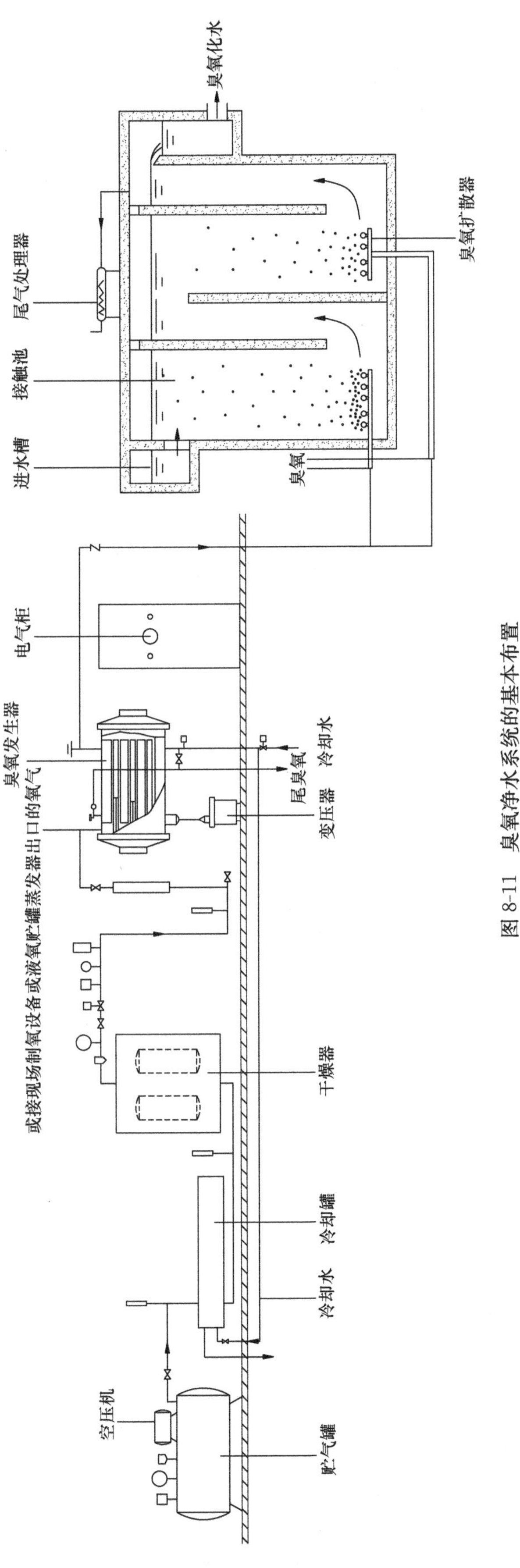

图 8-11　臭氧净水系统的基本布置

在预氧化阶段，臭氧主要用于去除那些能与臭氧快速完成反应的溶解性物质，反应途径主要是无选择性的臭氧直接氧化，其投加量一般不高。这主要是由于原水中大量依附在悬浮固体上的有机污染物质可随着后续的混凝沉淀与过滤对浊度的去除而去除，过多地投加臭氧不仅无法直接有效地去除这些污染物，反而会使这些依附物质的亲水性加强，从而影响到后续工艺对浊度的去除效果。当然，采用提高投加量和延长臭氧与水的接触时间可以去除一部分有机污染物质，但这已被证明是很不经济的。因此，预氧化阶段臭氧的投加量一般不宜超过 1.0mg/L。当预氧化是以除藻为主要工艺目标时，臭氧的投加量可根据需要适当增加。

在中间氧化阶段，臭氧是用于去除或降解溶解性有机物和杀灭微生物，而这些过程都需要保持水中一定臭氧浓度和臭氧与水有较长接触时间才能完成。在此阶段，臭氧氧化对水的净化作用往往是综合的，反应途径也较为复杂，包含了羟基自由基氧化和直接氧化这两种臭氧氧化的途径。因此，中间氧化阶段臭氧的投加量一般要高于预氧化阶段，通常在1.0～3.0mg/L之间。

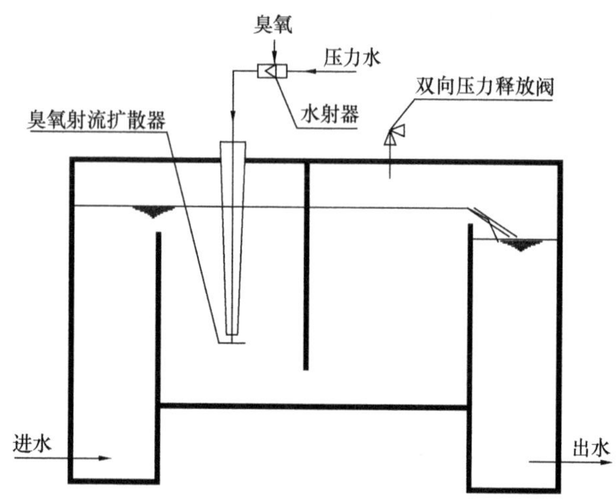

图 8-12　水射器抽吸结合辐射式投加器投加臭氧布置

2. 臭氧投加方式的选择

臭氧的投加方式一般随投加位置的不同而不同。在预臭氧阶段，为防止原水中的颗粒物堵塞投加器，投加器的开孔通常较大，一般都在 10mm 以内。为提高臭氧在水中的扩散效率，通常采用水射器抽吸臭氧气体形成富含臭氧的投加液后再经辐射式投加器投加。在有些地方，也有臭氧气体直接投加到管式静态混合器的投加方式，这种方式基本可避免颗粒物堵塞投加点的现象，但要消耗较大的水头，造成一定的能量浪费，且投资也较高。上述两种预臭氧投加方式的布置示意见图 8-12、图 8-13。

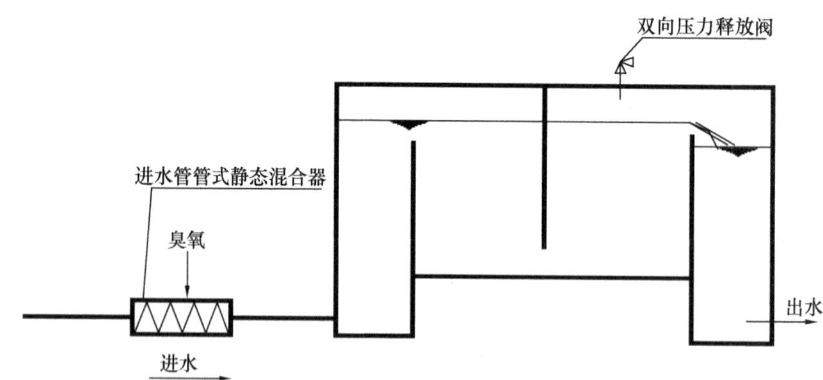

图 8-13　管式静态混合器直接投加臭氧布置

由于预臭氧阶段臭氧投加量不高且与水的接触时间短，一般每一投加处只设 1 个投加点。

而在中间臭氧阶段，最常用的是臭氧气体通过微孔扩散器直接投加的方式。微孔扩散器通常由底盘和扩散板组成，底盘材料采用耐臭氧腐蚀的 316L 不锈钢，扩散板一般采用微孔（通常孔径在几十微米之间）分布均匀，气阻不大，强度高且同样耐臭氧腐蚀的陶瓷材料（主要成分是三氧化二铝）。图 8-14 示意了微孔扩散器的基本构造。在有些场合，也有采用吸气涡轮将臭氧气体抽吸进入水中的直接投加的方式。此外，也有将臭氧气体直接投加到管式静态混合器的投加方式（图8-14）。

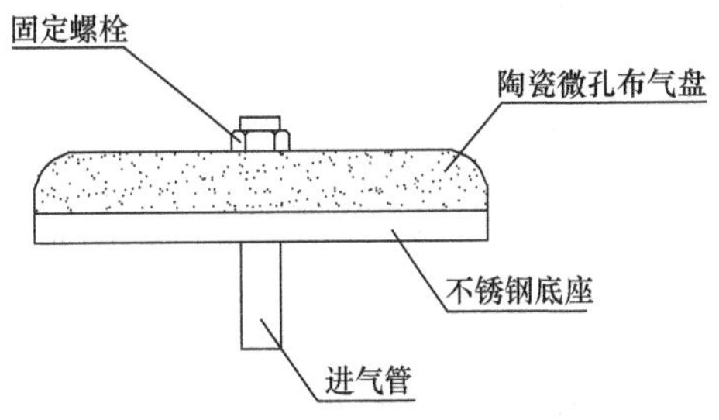

图8-14　微孔扩散器的基本构造示意

中间臭氧由于需要较长的接触时间和维持接触过程中一定的臭氧浓度水平，每一投加处沿过程方向通常需要设2～3个投加点，各点投加量之和等于总投加量，各投加点之间投加比例也相对固定。为适应待处理水的水质发生较大的变化，一般采用调整总投加量和各投加点之间投加比例相结合的方法。

8.2.4　臭氧在水中的扩散与接触方式

1. 臭氧在水中的几种主要扩散方式

臭氧在水中能否完全扩散将影响到加入水中的臭氧溶解是否彻底，进而影响到单位质量臭氧的利用效能。气体在水中的传递能力决定了其在水中的扩散程度，通常单位时间内气体的传递能力=传递系数×交换面积×交换电位，其中传递系数和交换电位与气液两相的物理化学特性及气体通过气液界面的浓度差有关，而交换面积与气体的湍流程度及气水的交换程度密切相关。因此，提高气体的湍流程度及气水的交换程度是决定臭氧在水中投加和扩散方式的主要考虑因素。

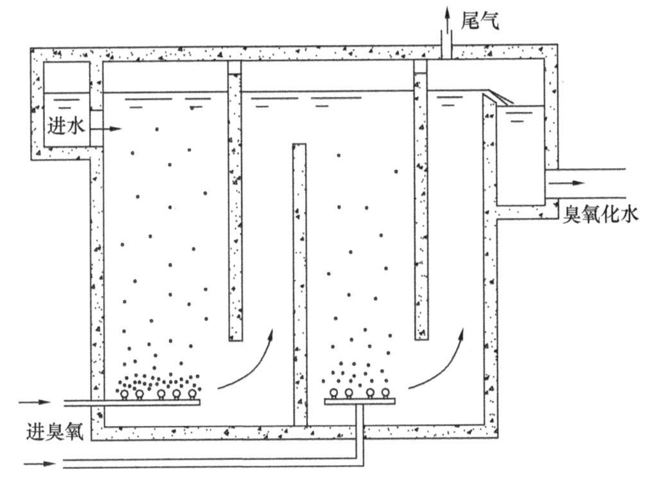

图8-15　微孔扩散器扩散接触池基本布置示意

臭氧扩散方式与投加方式密切相关，一般采用管内扩散（见图8-13）和接触器内扩散（图8-15、图8-16）两种方式。除了投加在管式静态混合器时为管内扩散方式外，其他投加方式均为接触池（器）内扩散方式。

2. 臭氧与水的主要接触方式

为达到预期的氧化目标，臭氧与水的接触必须在接触池（器）中通过扩散器与水力过程相结合的方式来完成臭氧与水的全面、充分的接触和预期的化学反应。不同的臭氧投加扩散位置决定了臭氧与水的接触方式，通常分为扩散

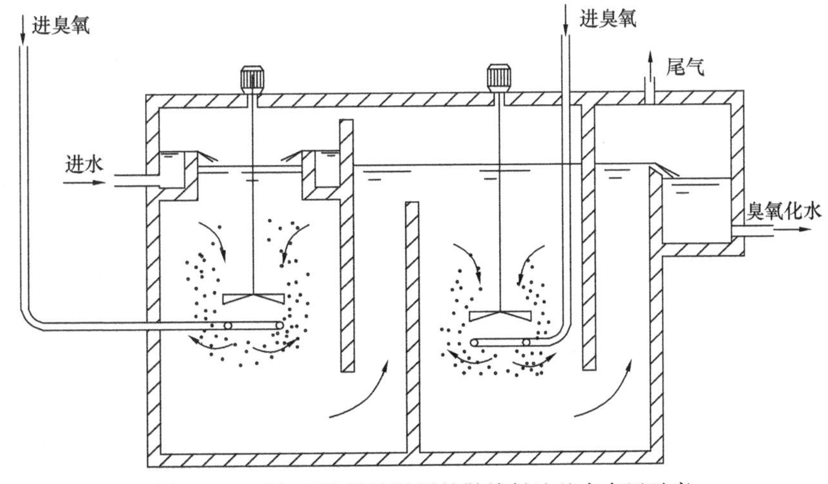

图8-16　吸气式涡轮扩散器扩散接触池基本布置示意

器水力接触方式（即臭氧在接触池内投加和扩散的接触方式）和纯水力接触方式（即臭氧在接触池前投加和扩散的接触方式）。以接触时间不同可分为快速接触（2～5min）和慢速接触（5～15min之间），以接触媒介不同可分为空床式接触和填料床式接触（一般用于小型接触池）。

在实际应用中，通常预臭氧工艺较多采用扩散器水力接触方式，部分也有采用纯水力式接触方式，接触时间较短；当预臭氧是以除藻为主要目标时，接触时间可适当延长；中间臭氧工艺则以采用扩散器水力方式为主，接触时间也较长；当去除两虫作为中间氧化的一个工艺目标时，臭氧与水的接触时间至少为10min。

8.2.5 臭氧发生基本原理和臭氧发生器主要形式

在两个保持一定间隙的电极上加上1个电压，其中的1个电极带有绝缘层，当空气通过两电极之间的空隙后，空气中的部分氧气被转变成了臭氧，这就是臭氧发生的基本原理。臭氧发生器的基本构造如图8-17所示。

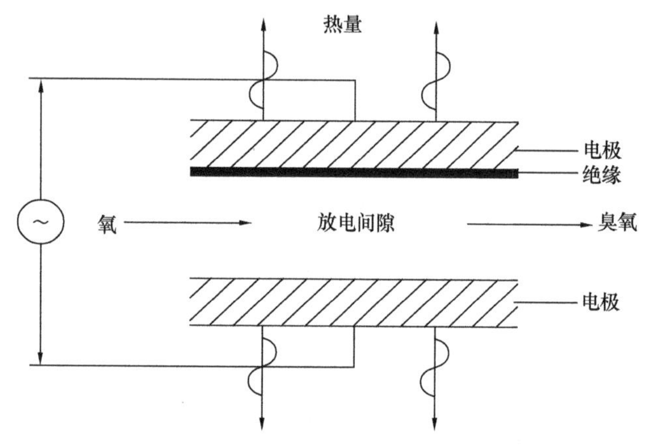

图8-17 臭氧发生器的基本构造示意图

目前国际上应用的臭氧发生器形式主要可从以下3个方面来分类：

(1) 从构造上分为管式和板式两种基本形式，其中管式发生器是主流产品。板式又可分为Otto板式和Lowther板式，Lowther板式是最新的技术成果，与其他两种的不同之处在于它不采用水冷却，而是采用空气冷却，适用于规模较小的场合。

(2) 从供电电压不同分为高压（1万V）和中压（3000～6000V）两种。

(3) 从供电频率不同分为低频（60Hz）、中频（400～1000Hz）和高频（2000Hz以上）三种。

臭氧发生器的产量与供电频率、绝缘层的绝缘系数以及供电电压的平方成正比，与绝缘层的厚度成反比，可用式8-9表示。

$$臭氧产量=\frac{k_2(feV^2)}{d} \tag{8-9}$$

式中 f——频率；

V——电压；

e——绝缘系数；

d——绝缘层厚度；

k_2——常数。

由上式可知，提高臭氧产量的最有效方法是提高供电电压和减小绝缘层的厚度。而电压的提高意味着对绝缘要求的提高，绝缘层的减薄却意味着绝缘性能的降低，这就对发生器提高产量的可能带来了矛盾，因此，现代臭氧发生器的研发主要着重在如何在这一矛盾中寻找最佳的平衡技术。

随着绝缘材料、间隙宽度和发生器冷却方式的改善，目前国际上最新型的臭氧发生器在产生单位臭氧的电耗降低，单件设备的产量增高和产气臭氧浓度的提高等方面较以前有了很大提高。如国际知名的奥宗尼亚公司、威迪高公司、三菱公司和富士公司等其主流产品的性能处于领先水平。在产气能耗方面，以氧气为气源的发生器每公斤臭氧的综合电耗仅为10～12kWh；在产气浓度方面，以氧气为气源的发生器正常的产气质量浓度达到了10%，最大可达16%～18%，而以空气为气源的发生器正常的产气质量浓度也已提高到3%。此外，单件设备的臭氧产量也达到了每小时几十到上百公斤，如德国威迪高公司最大单台发生器的产能已达200kg/h。

近年来，国内臭氧发生器的生产也取得了很大进展，以纯氧为原料的发生器能力已到50kg/h，并在生产上得到了应用。

8.2.6　臭氧发生气源选择及规模配置

1. 臭氧发生气源的质量要求

供给臭氧发生器的气源中的水分含量，颗粒和杂质含量，碳氢化合物含量，氧的浓度、温度、压力以及质量流量是影响臭氧发生器使用寿命、产能及效能的主要因素。

由于供气中过量的水分会对臭氧的产量带来不利影响，并有可能与一氧化二氮反应生成硝酸，导致发生器的腐蚀破坏，因此，水分是气源中最重要的质量指标之一，一般用露点表示，单位为℃。对臭氧发生器而言，供气的露点必须非常低，目前普遍采用的设计露点不应高于−60℃。此外，供气中的颗粒和杂质以及碳氢化合物也会对发生器乃至系统中的输气和配气设备的使用寿命带来不利影响，因此，也必须控制供气中这些物质的含量。而供气中的氧浓度、温度、压力以及质量流量等只对发生器的产能和效能产生影响，对设备的使用寿命并不产生影响。

2. 臭氧发生气源的主要形式

目前普遍采用的臭氧发生气源有空气和氧气两种，其中氧气气源又包括了液态氧和现场制氧两种形式。

1）空气气源

由于环境空气中的水分、颗粒和杂质及碳氢化合物含量较高，空气气源在进入发生器之前必须进行一系列的预处理，以确保其露点、颗粒和杂质及碳氢化合物含量等指标满足发生器的要求。因此，空气气源通常由供气动力设备和空气预处理设备组成。

空气气源一般可按供气压力的不同分为低压（小于103kPa）、中压（103～448kPa）和高压（大于448kPa）三种等级，这三种等级的空气气源布置如图8-18～图8-20所示。

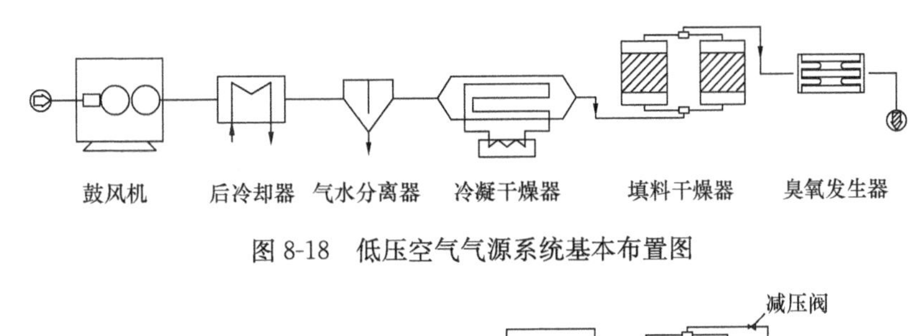

图8-18　低压空气气源系统基本布置图

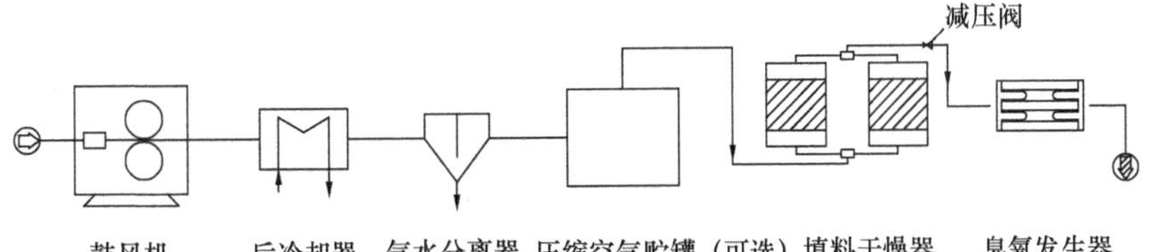

图8-19　中压空气气源系统基本布置图

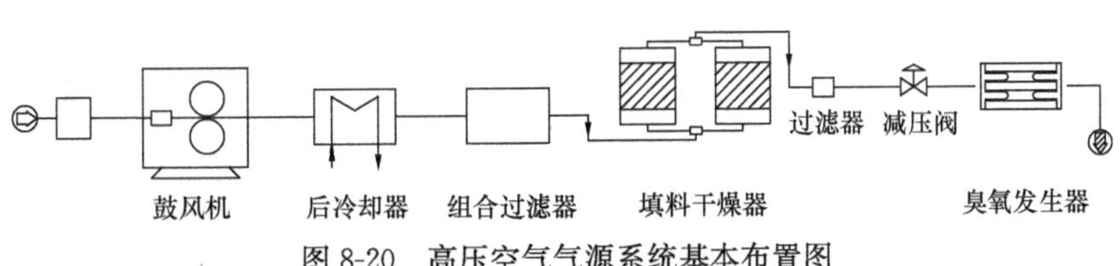

图8-20　高压空气气源系统基本布置图

低压系统一般适用于臭氧产量高的场合，高压系统往往适用于臭氧产量低的场合，而中压系统则两者皆适用。由于市政水厂对臭氧需求规模较为适中，因此，较多采用了中压系统。

空压机是空气气源系统中最主要的动力设备，其形式主要有液环式、离心式、旋转螺杆式、旋转叶片式和往复式。由于液环式空压机产量几乎恒定和运行效率平稳，因而是臭氧发生空气气源最常用的设备。

除空压机外，冷却器、干燥器和过滤器也是系统中的关键设备。冷却器主要用于对空压机后的空气进行冷却；干燥器是用以去除空气中的水分，通常有包括用以空气干燥的冷凝式干燥器和最终干燥的填料式干燥器；过滤器则是对空气中颗粒物和杂质的去除，通常有预过滤器和最终过滤器两种形式。

虽然空气可在臭氧发生的现场环境中无偿取得，但由于环境空气中氧的含量不高（约23%的质量浓度），臭氧发生器的产气浓度一般较低，当臭氧发生规模较大时，气源和发生系统的规模会很庞大，臭氧发生的能耗较高，通常产生1kg臭氧的电耗要达到30kWh左右。因此，在臭氧用量中等或较大规模的情况下，采用空气气源并不一定是一种经济的选择。

2）液态氧气源（LOX）

从市场采购高纯度液态氧（质量浓度99%以上）到现场贮存并通过蒸发设备将贮存的液态氧按需逐步气化后供给发生器的方式被称作液态氧气源。这是一种操作简单的气源系统，主要由液态氧贮存罐和蒸发器两大部分组成。贮存罐有立式、卧式两种布置方式，采用双壁进行隔热保温，贮存压力按照不同供气要求分为高、中、低三种等级；蒸发器则用于把液态氧蒸发成气态氧（GOX），一般有管式和板式两种形式，采用水、电、蒸汽、液化石油气和环境空气作为蒸发热源。

由于液态氧的采购成本较高，液态氧气源较适用于臭氧用量中等规模的场合。同时液态氧的贮存和氧气的使用有一定的消防要求，在某些场地条件受限制的地方并不适用。

3）现场制氧气源

在现场通过空气分离设备将环境空气中的氧经分离和富集形成高浓度的氧气（90%～95%的质量浓度）后向发生器供气，这种方式就是现场制氧气源。

现场制氧的主要方法有变压吸附（PSA）和变真空吸附（VSA）两种方法。它是利用空气在通过吸附床时空气中的氮气被优先吸附后来实现氧气的富集。变压或变真空的作用是对已吸附饱和了的吸附床的解吸，使其可反复使用。变压与变真空之间的区别在于前者变压范围在1个大气压之上，后者在1个大气压之下（50%以下负荷时变真空系统运行能耗更低）。

现场制氧气源系统通常包括预过滤器、冷却器干燥器、吸附床、缓冲罐、氧气增压泵，以及备用液态氧贮罐和蒸发器等。当臭氧用量规模较大时，现场制氧气源是一种较经济的选择。

3. 臭氧发生的气源选择及规模配置

1）气源选择

由于不同的气源对不同规模的臭氧发生系统运行成本有较大的影响，因此，臭氧发生气源的选择是水厂臭氧氧化系统设计的一项重要工作。

就设备投资和日常管理而言，空气的气源装置均需由用户自行采购并进行日常运行管理，氧气气源装置通常不需用户来采购，而由供气商提供设备及负责日常运行管理，用户和供气商之间只发生供气的商业结算，无需安排人员进行生产管理。目前法国液化空气公司、美国气体公司和美国普莱克斯公司等大型跨国气体供应商在我国国内均有独资或合资企业，建立了非常健全的销售和生产运行服务网络。但是，氧气的采购成本较高，1kg0.8～1.0元，若以臭氧发生器产气的质量浓度10%计，则产生1kg臭氧需消耗10kg氧气，相当于花费了8～10元氧气采购费。

在相同臭氧产量的情况下，由于空气气源的供气量是氧气气源的5倍左右，因此，空气气源的臭氧发生器尺寸、输送臭氧气体的管道、扩散臭氧气体的设备以及臭氧尾气消除装置规模要比氧气气源的大很多。

根据上述几种气源系统的特点，对各种不同规模臭氧发生系统气源的投资和经常运行成本所作的综合分析表明，就水厂规模上而言，一般 10 万 m^3/d 规模以下水厂以采用空气气源较为经济，10～40 万 m^3/d 规模水厂以采用液态氧气源（LOX）较为经济，40 万 m^3/d 规模以上水厂则采用现场制氧气源较合理；就臭氧发生规模而言，一般臭氧平均发生量 10kg/h 以下以空气气源为宜，臭氧平均发生量 10～40kg/h 以液态氧气源为宜，40kg/h 以上则采用现场制氧气源较合理。

2）气源的规模配置

臭氧发生气源的规模应根据气源形式、发生器的配置、产能和浓度以及水厂运行的要求来确定。

在以空气为气源的情况下，由于空气中氧含量有限，臭氧发生器产气的质量浓度一般只能稳定在 2%左右，因此，在臭氧发生器进气压力确定的条件下，气源规模配置的关键参数是空气供气流量 Q（单位为 Nm^3/h，N 表示标准状态），通常可用式 8-10 计算得出：

$$Q=\frac{\text{最大设计臭氧发生量}}{\text{发生器产气的质量浓度}\times 1.293} \tag{8-10}$$

其中：臭氧发生量单位为 kg/h；产气的质量浓度单位为%；1.293 为标准状态下的空气密度，单位为 kg/m^3。

以此计算所得的设计空气供气流量为依据，可确定空气气源系统中设备的配置规模，包括空压机、冷却器、干燥器和过滤器等的过流和处理能力都必须满足此流量的要求。

在采用氧气气源（包括液态氧气源和现场制氧气源）的条件下，由于氧含量很高（90%～99%的质量浓度），产气的质量浓度一般可控制在 6%～14%之间，其产量也可随质量浓度的变化而变化。因此，在臭氧发生器进气压力确定的条件下，气源规模配置的关键参数是氧气供气流量 Q（单位为 Nm^3/h，N 表示标准状态），通常可用式 8-11 计算得出：

$$Q=\frac{\text{最大设计臭氧发生量}}{\text{发生器产气的质量浓度}\times 1.429} \tag{8-11}$$

其中：臭氧发生量单位为 kg/h；产气的质量浓度单位为%；1.429 为标准状态下的氧气密度，单位为 kg/m^3。

同样，以此计算所得的设计氧气供气流量为依据，可确定氧气气源系统中设备的配置规模。对于液态氧气源而言，可确定蒸发器和过滤器的能力；对于现场制氧气源而言，则可确定预过滤器、冷却器干燥器、吸附床、缓冲罐、氧气增压泵，以及备用液态氧蒸发器的能力。

此外，液态氧气源中的贮罐大小的选择，应根据市场液氧供应能力、现场消防限制和交通运输条件，经技术经济比较后确定，一般按贮存 7～14 天的水厂平均用氧量来考虑。而现场制氧气源中的备用液氧贮罐一般只需考虑贮存 2～3 天的水厂平均用氧量。

8.2.7　臭氧发生系统的配置设计

1. 臭氧发生器的配置设计

在进行臭氧发生器配置设计之前，必须先计算确定设计臭氧加注量。设计臭氧加注量应根据臭氧最大设计加注率（单位 mg/L）和最大设计水量（单位 m^3/h）计算得出，单位通常采用 kg/h。

为适应水厂必须持续运行的要求，臭氧发生器发生量配置能力应有备用，为此配置台数至少为 2 台。即无论在任何情况下，包括某一发生器发生故障时，臭氧发生器发生量配置能力应等于或稍大于设计臭氧加注量。发生器发生量既可采用相同的，也可采用大小搭配的，应通过技术经济比较后选择。

当采用空气气源时，由于空气中氧含量有限，臭氧发生器产气的质量浓度一般只能稳定在2%左右，因此，臭氧发生器能力备用应采用硬备用的方式，即在系统设计中应有一套能力与系统中能力最大的相同的发生器作为备用发生器。

当采用氧气气源时，由于氧含量很高，可控制臭氧发生器的产气的质量浓度在6%～14%之间变化，即在配电功率不变的条件下，发生器的产量可随质量浓度的变化而变化，一般浓度低产量高，浓度高产量低。因此，为节省投资，臭氧发生器的备用，较多采用软备用方式，即系统中不专门设置离线备用发生器。在正常状况下，所有设备均以一种单位能耗最低的产气浓度进行工作（一般在8%～10%之间），一旦某一发生器发生故障退出工作时，其他发生器则通过降低浓度提高产量的方式来填补产量缺口。但是，这种备用方式，发生器故障状态下，由于产气浓度低，气源的耗量会大于正常状态，气源装置的能力需按事故状态的要求来配置。故在资金能力允许的情况下，以采用硬备用的方式为宜。

2. 辅助设备配置

除臭氧发生器外，臭氧发生系统还包括了发生器供电单元、冷却设备、PLC 控制单元、输配气管路及控制阀门、泄漏探头和报警器，以及各种监测仪表等辅助设备。

供电单元主要由升压、升频和控制元件组成，通常每台发生器需各自配备独立的供电单元。

冷却目的是对臭氧发生器和供电单元进行降温和冷却，以确保臭氧发生的高效和稳定，冷却方式主要有水冷和风冷两种。由于市政水厂几乎全部采用管式发生器，因此，冷却方式以水冷为主，但有些产品发生器用水冷，供电单元则采用风冷。

水冷设备主要包括冷却水泵、热交换器、压力平衡水箱以及管路阀门等。通常所有发生器共用1套水冷系统，系统的冷却能力应满足发生系统最大运行工况下的冷却要求，冷却水泵和热交换器以采用1用1备的配置为好。水冷却系统通常包括内部闭式循环冷却系统和外部开式冷却系统，两个系统通过热交换器进行热量交换后来达到冷却设备的作用。内部闭式循环冷却系统主要由冷却水泵、压力平衡水箱以及管路阀门等组成，系统内的冷却水一般要求使用优质的纯净水，并定期补充；外部开式冷却系统主要由管路阀门等组成，冷却水一般采用厂用水。

当供电单元采用风冷方式时，风冷设备主要采用抽风机，通常在供电单元上会配套带有，设计中需在抽风机出口后另行配置专用的排风管接至户外。在有些气候较热地区，为满足风冷所需的最低环境空气温度，往往还需在车间内配置空调设备。

在每一臭氧发生系统中通常只需配置一套 PLC 控制单元，但需有冗余能力。其功能不仅仅控制臭氧发生器，还控制着发生系统中其他辅助设备的运行，同时还能控制臭氧的分配和投加以及臭氧尾气处置装置的运行，全过程平衡系统的流量和质量。

输配气管路及控制阀门应根据发生器的台数、总投加量、投加点和各点的投加量来配置。通常配气母管采用一根，配气支管则按投加点来设置，输气管道设计流速一般采用 10m/s 左右。控制阀门主要起调节流量和隔离作用，并按需配置。

泄漏探头和报警器是指设在发生器车间内的臭氧泄漏和氧气泄漏（以氧气为气源时采用）的泄漏探头和报警器。探头会将测得的环境中的臭氧或氧气浓度信号实时传至 PLC 控制单元，当浓度超出 PLC 设置的阈值时，PLC 控制单元会迅速启动报警器报警，同时关停整个系统，包括切断氧气气源供应。

对每种可能泄漏气体而言，一般在发生器车间内至少要设置 2 个不同位置的泄漏探头。报警器应设在操作人员能感受到的地方，且至少要设 2 处，并具有声光报警的功能。

臭氧发生系统的监测仪表主要为 PLC 控制单元服务，一般包括露点、压力、流量、温度和浓度（包括氧气浓度、气体臭氧浓度和水中臭氧浓度）等。除用于控制臭氧发生和投加的气体臭氧质量流量仪和水中臭氧浓度仪，以及监测接触池尾气臭氧浓度的气体臭氧浓度仪设在臭氧接触池外，其余监测仪表一般均设在臭氧发生车间的管理室内。

8.2.8　臭氧接触池的布置及其设计参数

1. 臭氧接触池的布置

为有利于臭氧的扩散溶解和与水的充分接触，臭氧氧化工艺中臭氧接触池的水流形态均采用竖向流方式。

预臭氧接触池的布置通常因臭氧投加和扩散的位置不同而异。当臭氧在管道混合器中投加和扩散时，由于臭氧加在接触池前，接触方式为纯水力接触，接触池一般采用竖向往复式隔板反应池形式。当采用射流扩散器或吸气式涡轮进行臭氧投加和扩散时，接触池通常采用两段式布置，前段为扩散器接触室，后段为纯水力接触室，水流仍为竖向流。

中间臭氧无论采用微孔扩散器扩散还是吸气式涡轮扩散方式，其接触池较多采用三段布置方式，每段通常由 1 个扩散器接触室和 1 个后续纯水力接触室组成，其中扩散器接触室内设有微孔扩散器或吸气式涡轮。当臭氧在管道混合器内投加和扩散时，同样由于臭氧加在接触池前，接触方式为纯水力接触，接触池一般也采用竖向往复式隔板反应池形式。

在池内进行臭氧投加扩散时，扩散器通常安装在离池底 0.5m 范围内，扩散器上部应保持一定的压水深度，深度因各种扩散器而不同。通常采用射流扩散器和吸气式涡轮扩散方式时，其压水深度一般为 3～5m；采用微孔扩散器扩散方式时，压水深度则为 5～5.5m。而采用池外管道混合器进行臭氧投加扩散时，水深一般为 4～6m。

臭氧接触池必须密闭，以防止部分未溶于水的臭氧可能从水中逸出而对环境造成危害。由于加入接触池中的气体中绝大部分为空气或氧气，其中大部分空气或氧气和部分未充分溶于水的臭氧气体会从水中逸出（这部分气体通常被称为接触池尾气），其体积略小于加入接触池的气体体积，如不及时排除会积聚在密闭的接触池顶部形成一定的压力，导致接触池过水能力降低并有可能破坏接触池顶部结构。因此，接触池必须设置尾气排放管和超压自动释放阀。其中尾气排放管一般需连接具有抽吸功能的尾气处理装置，超压自动释放阀一般单独设置，当接触池顶部气压超过或低于设定的压力值时会自动打开，进行排气或进气。当尾气处理装置出现故障停止抽气造成接触池顶部气压突然升高，或尾气处理抽气过大接触池顶部形成负压时，该阀能自动打开，从而保护接触池顶部结构和防止接触池过水能力出现异常。

2. 主要设计参数

在处理水量、臭氧投加率和投加扩散方式已定的前提下，臭氧接触池的主要设计参数包括：停留时间、分段停留时间比例、分段投加比例、水深、行进流速、扩散器布置位置以及布气接触室尺寸等。

停留时间一般应通过试验来确定，当没条件进行试验时，可以参照相似水质条件下的经验来定。通常预臭氧接触池总停留时间宜在 2～5min 之间，中间臭氧接触池总停留时间宜在 5～15min之间。

分段停留时间比例和分段投加比例仅针对中间臭氧接触池。当采用三段式布置方式时，三段的停留时间比例较多采用 2∶2∶1 的比例；三段投加比例通常为 2∶1∶1，但每段投加量须具备正负 25%的变化能力，以适应水质变化后调整投加比例的要求，这种投加量变化可较容易地通过投加设备来实现。

采用管道混合器、射流扩散器和吸气式涡轮扩散方式时，接触池的设计水深一般为 4～6m；采用微孔扩散器扩散方式时，接触池的设计水深一般为 5.5～6m。

臭氧接触池的竖向行进流速一般应控制在 0.1 m/s 以内；而在流向变化的转折处的行进流速

宜控制在 0.5 m/s 以内。

扩散器布置位置与布气接触室尺寸密切相关。

采用射流扩散器和吸气式涡轮扩散方式时，通常每个布气接触室只布置 1 个扩散器，因此，为保证布气均匀，扩散器应布置在布气接触室的正中央，布气接触室平面一般采用正方形布置，四角作适当修圆，以免出现布气死角，平面边长尺寸不能大于扩散器设计最低投加量时的有效扩散范围。此外，模型示踪试验或数值仿真手段也可较为合理地确定扩散器位置和布气接触室尺寸。

采用微孔扩散器扩散方式时，每个布气接触室要布置多个扩散器，因此，扩散器应均布在整个布气接触室内，各扩散器之间的间距既应满足最高设计投加量时互不干扰，又能适应设计最低投加量时不出现布气盲区。此外，经验表明，布气接触室的水深与其水平方向的长度（相当于竖向的水深）之比宜大于等于 4，因此，6m 水深的接触池，其布气接触室水平方向的长度大多采用 1.5m。同样，也可采用模型示踪试验或数值仿真手段来确定微孔扩散器间距和布气接触室尺寸。

8.2.9 臭氧尾气处置系统

1. 臭氧尾气处置方法

如前所述，自臭氧接触池排出的尾气中会含有部分未充分溶于水的臭氧。尾气中臭氧的含量通常和臭氧与水的接触方式及接触池出水中臭氧浓度有关，一般约占臭氧投加量的 1%～15%。

当人暴露在臭氧浓度超过零点几个 ppm（1ppm＝2mg/m^3，20℃，101.3kPa）的环境空气中，短期内可能引起头痛、喉咙和黏膜干燥、鼻内发炎等；更高浓度时还可能导致慢性的肺水肿，以及疲惫、前额疼痛、胸骨压痛、压抑或忧郁、口酸和厌食等症状；更为严重的暴露时，可能会导致呼吸困难、咳嗽、窒息、心动过速、晕眩、血压降低、严重的抽搐性胸痛和全身性疼痛。因此，自接触池排出的臭氧尾气应进行无害化处置。

臭氧尾气处置方法通常有回用法、电加热分解法、化学消解法、催化分解法以及稀释法。回用法和化学消解法因经济性差而很少采用；稀释法是将尾气排至空中后利用环境空气进行稀释的方法，通常用于尾气量很小的小型臭氧接触池或试验装置；电加热分解法和催化分解法则是目前被普遍采用的两种方法。

电加热分解效果可靠，但设备投资及运行能耗均较高，通常其设备投资占整个臭氧系统投资的比例约为 10%，电耗约为 0.15kWh/kg O_3 发生量。

催化分解在催化物失效前运行效果同样可靠，设备投资和运行能耗则较低，通常其设备投资占整个臭氧系统约 5%，电耗约为 0.10kWh/kg O_3 发生量。但需要定期更换失效的催化物，通常 1kg 臭氧发生量需要 4kg 催化物才能有效分解尾气中的剩余臭氧。催化物的寿命主要受水中的挥发性物质含量的影响，尤其是当水中氯、硫等挥发性物质含量高时，会使催化物的寿命缩短。

2. 臭氧尾气处置装置的配置

电加热分解法臭氧尾气处置装置通常应包括抽气管道（与接触池的尾气排放管相连）、抽风风机、尾气加热分解接触器、热能回收系统、供电和控制部件以及环境排放臭氧浓度监测仪等。电加热分解法臭氧尾气处置装置一般以设在室内为宜，通常可设在臭氧发生车间，也可设在接触池顶部。

催化分解法臭氧尾气处置装置通常应包括抽气管道（与接触池的尾气排放管相连）、加热除湿器、抽风风机、尾气分解催化接触罐、供电和控制部件以及环境排放臭氧浓度监测仪等。催化分解法臭氧尾气处置装置较多采用露天设在接触池顶布置方式。

水厂中所有接触池既可配备 1 套公用的臭氧尾气处置系统，也可各自采用或几组共用 1 套独立的臭氧尾气处置系统，但每一系统应有备用设备。抽气流量和压力是臭氧尾气处置装置主要的设计参数。设计抽气流量一般与臭氧发生的气源设计流量一致或略小些（扣除加入水中的臭氧乘以臭氧吸收率后的那部分臭氧），单位采用 Nm^3/h；设计压力则采用 5～10m。

8.2.10　臭氧氧化设施设计案例

1. 预臭氧接触池设计

1）案例一：广东东莞第六水厂深度处理工程

广东东莞第六水厂深度处理工程设计规模为 50 万 m^3/d，设计中设置了一座规模为 50 万 m^3/d 的三通道预臭氧接触池。预臭氧接触池详见图 8-21 所示。

主要工艺形式及设计参数如下：

（1）采用水射器结合射流式扩散器进行臭氧投加和扩散；

（2）接触池采用两段式布置，前段为扩散器接触室，后段为纯水力接触室；

（3）设计臭氧投加率为 1.0mg/L；

（4）设计停留时间 3min；

（5）设计水深 6m；

（6）每座接触池池顶设 1 个压力释放阀；

（7）2 座接触池共用 1 套催化分解尾气处置装置，其中抽风风机和尾气分解催化接触罐 1 用 1 备。

2）案例二：上海临江水厂扩建改造工程

上海临江水厂扩建改造工程设计规模为 60 万 m^3/d，设计中设置了 3 座规模为 20 万 m^3/d 的预臭氧接触池。3 座接触池在结构上合建，详见图 8-22 所示。

主要设计内容及参数为：

（1）采用管道混合器臭氧直接投加和扩散；

（2）接触池采用竖向流往复隔板式布置，为纯水力接触室；

（3）设计臭氧投加率为 1.5mg/L；

（4）设计停留时间 3min；

（5）设计水深 6m；

（6）每座接触池池顶设 1 个压力释放阀；

（7）3 座接触池与厂内的中间臭氧接触池共用 1 套电加热分解尾气处置装置，其中抽风风机和尾气加热分解接触器 1 用 1 备。

2. 中间臭氧接触池设计案例

1）案例一：上海南市水厂改造一期工程

上海南市水厂改造一期工程设计规模为 50 万 m^3/d，设计中设置了 2 座规模为 25 万 m^3/d 的中间臭氧接触池。2 座接触池与水厂中间提升泵房、活性炭滤池和氯消毒接触池在结构上合建，详见图 8-23 所示。

主要设计内容及参数为：

（1）采用微孔扩散器，分三段进行臭氧投加和扩散；

（2）接触池采用三段式布置，每段包括 1 个扩散器接触室和 1 个纯水力接触室；

（3）设计臭氧投加率为 2.5mg/L；

（4）设计停留时间 10min；

（5）设计水深 6m；

（6）每座接触池池顶设 1 个压力释放阀；

（7）2 座接触池与厂内的预臭氧接触池共用 1 套电加热分解尾气处置装置，其中抽风风机和尾气加热分解接触器各 1 用 1 备。

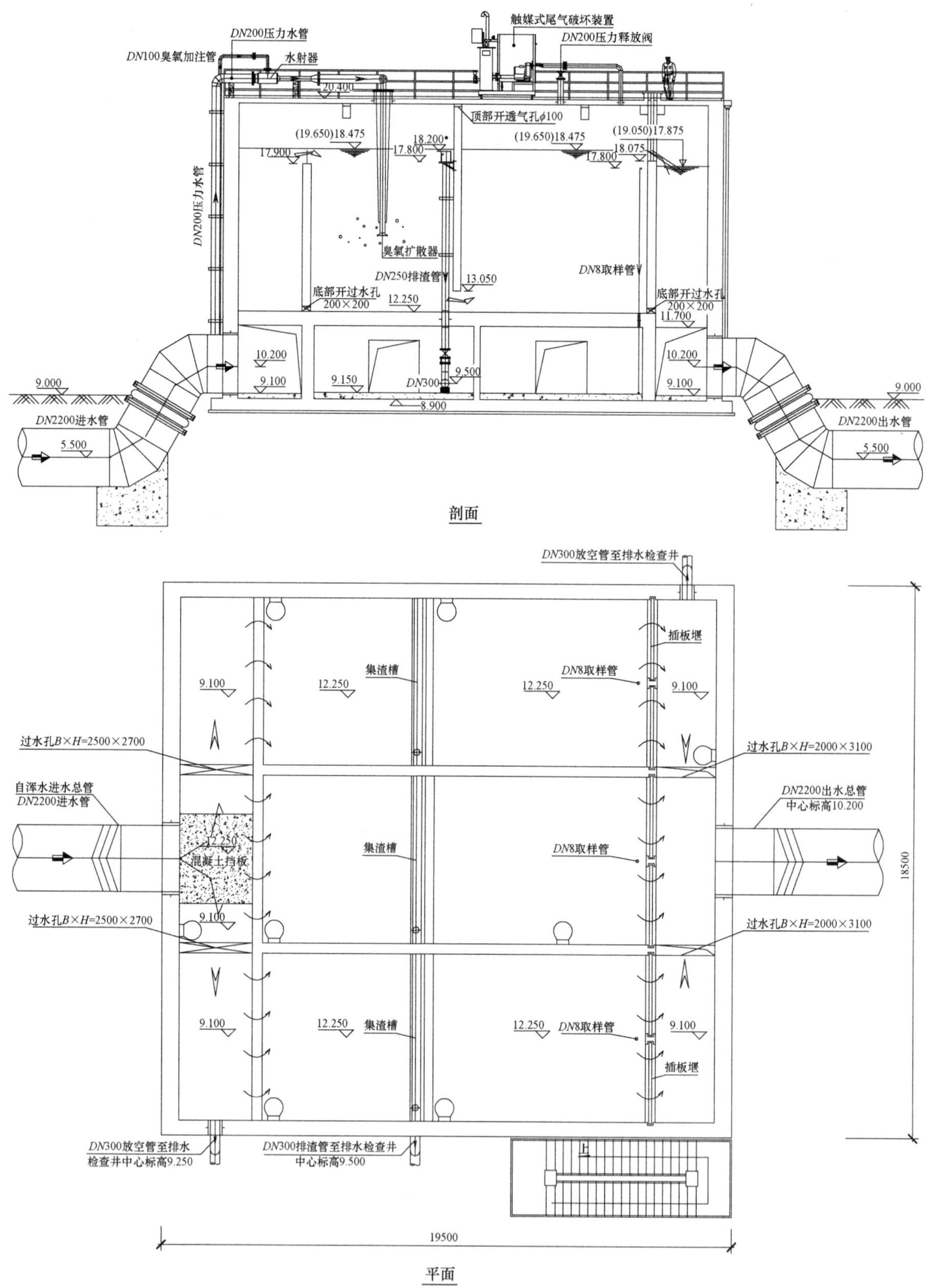

图 8-21 东莞第六水厂 50 万 m^3/d 预臭氧接触池布置图

2）案例二：上海临江水厂扩建改造工程

上海临江水厂设计中设置了 3 座土建合建的规模为 20 万 m^3/d 的中间臭氧接触池，详见图 8-24 所示。

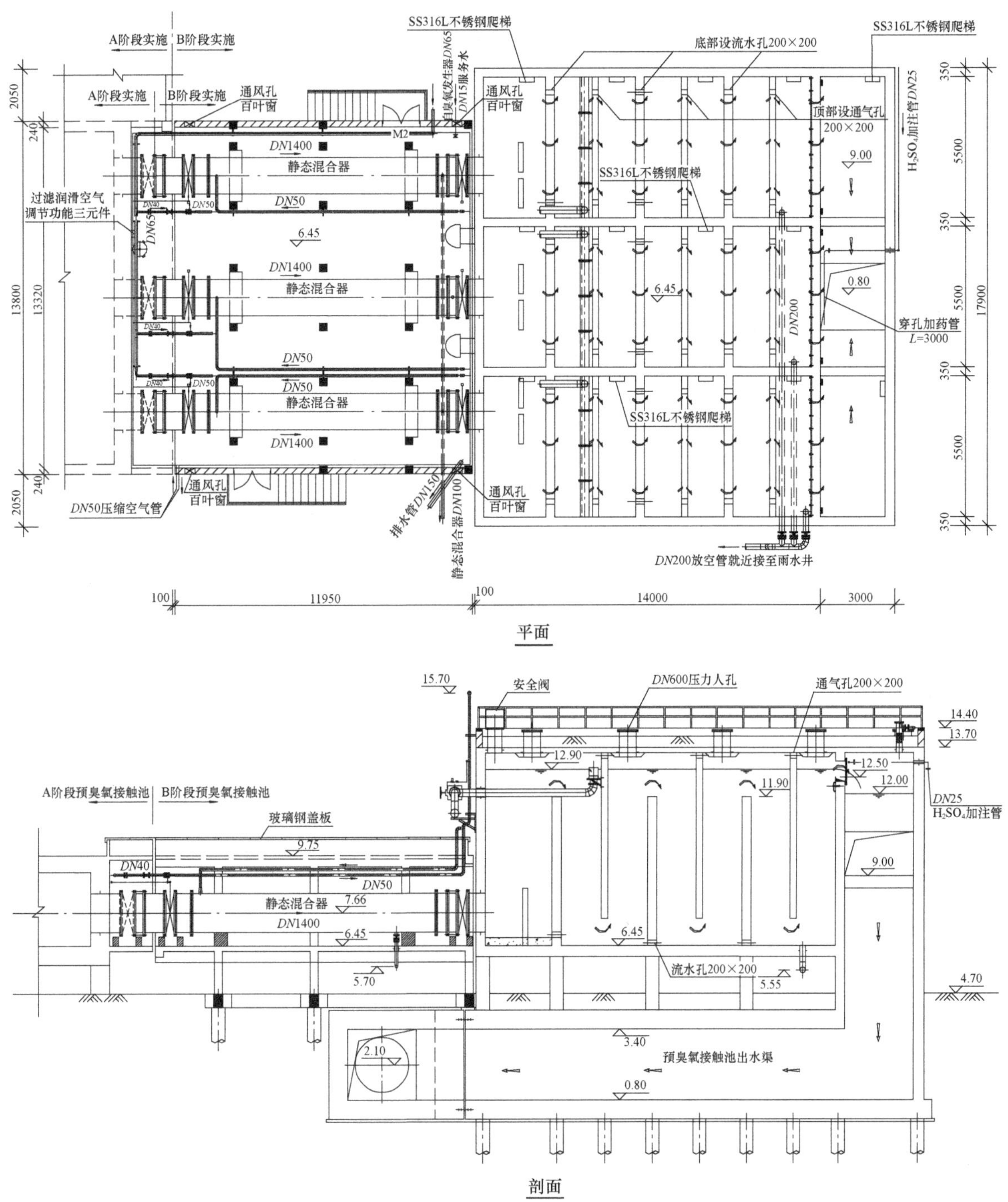

图 8-22 上海临江水厂 60 万 m^3/d 预臭氧接触池布置图

主要设计内容及参数为：

(1) 采用管道混合器进行臭氧直接投加和扩散；

(2) 接触池采用竖向流往复隔板式布置，为纯水力接触室；

(3) 设计臭氧投加率为 2.5mg/L；

(4) 设计停留时间 7.5min；

(5) 设计水深 6m；

(6) 每座接触池池顶设 1 个压力释放阀；

(7) 3 座接触池与厂内的预臭氧接触池共用 1 套电加热分解尾气处置装置，其中抽风风机和

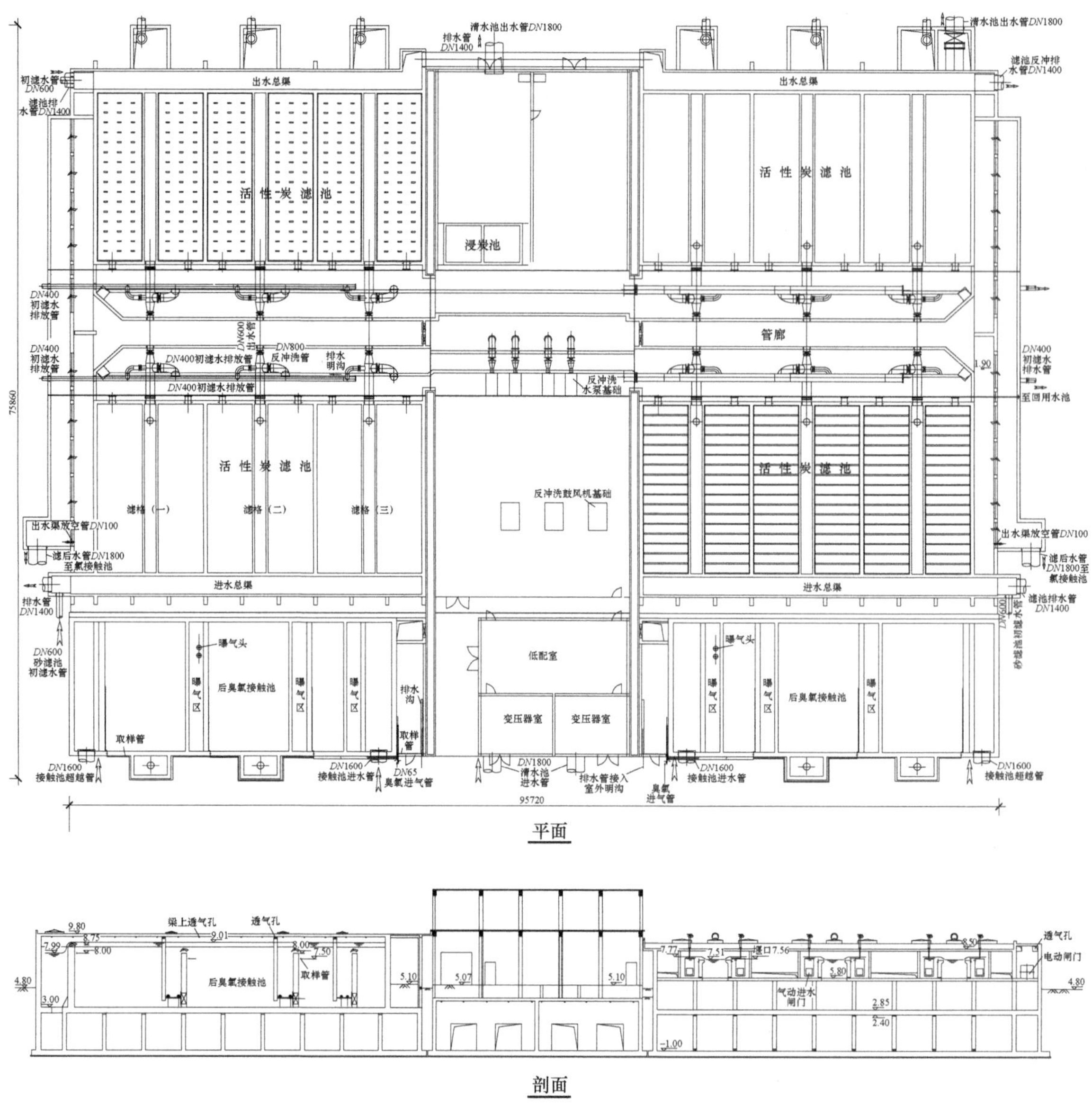

图 8-23 上海南市水厂 50 万 m^3/d 中间臭氧接触池布置图

尾气加热分解接触器各 1 用 1 备。

3. 臭氧发生车间和气源系统设计案例

1) 案例一：杭州南星水厂扩建改造工程

杭州南星水厂扩建改造工程设计规模为 40 万 m^3/d，分两期建设；设计臭氧最大发生量为 52kg/h；共设置了 5 台臭氧发生器和供电控制单元，采用硬备用方式，4 用 1 备；每台臭氧发生器发生量为 13kg/h，产气质量浓度为 10%；发生气源采用液氧；车间内还设有电加热分解尾气装置 5 套，4 用 1 备，每套处理能力为 90Nm^3/h；另设有 3 台（2 用 1 备）冷却水加压泵和 2 套热交换器，以及 3 台（2 用 1 备）向气源补充氮气和为系统中气动阀提供动力气的空压机及贮气罐。

整个臭氧发生车间包括了发生器间、供电控制单元间、变配电间，以及室外液氧贮罐安置区等，详见图 8-25 所示。

2) 案例二：广东东莞第六水厂深度处理工程

广东东莞第六水厂深度处理工程设计规模为 50 万 m^3/d；设计臭氧最大发生量为 81kg/h；共设置了 3 台臭氧发生器和供电控制单元，采用软备用方式，3 常用；每台臭氧发生器发生量为

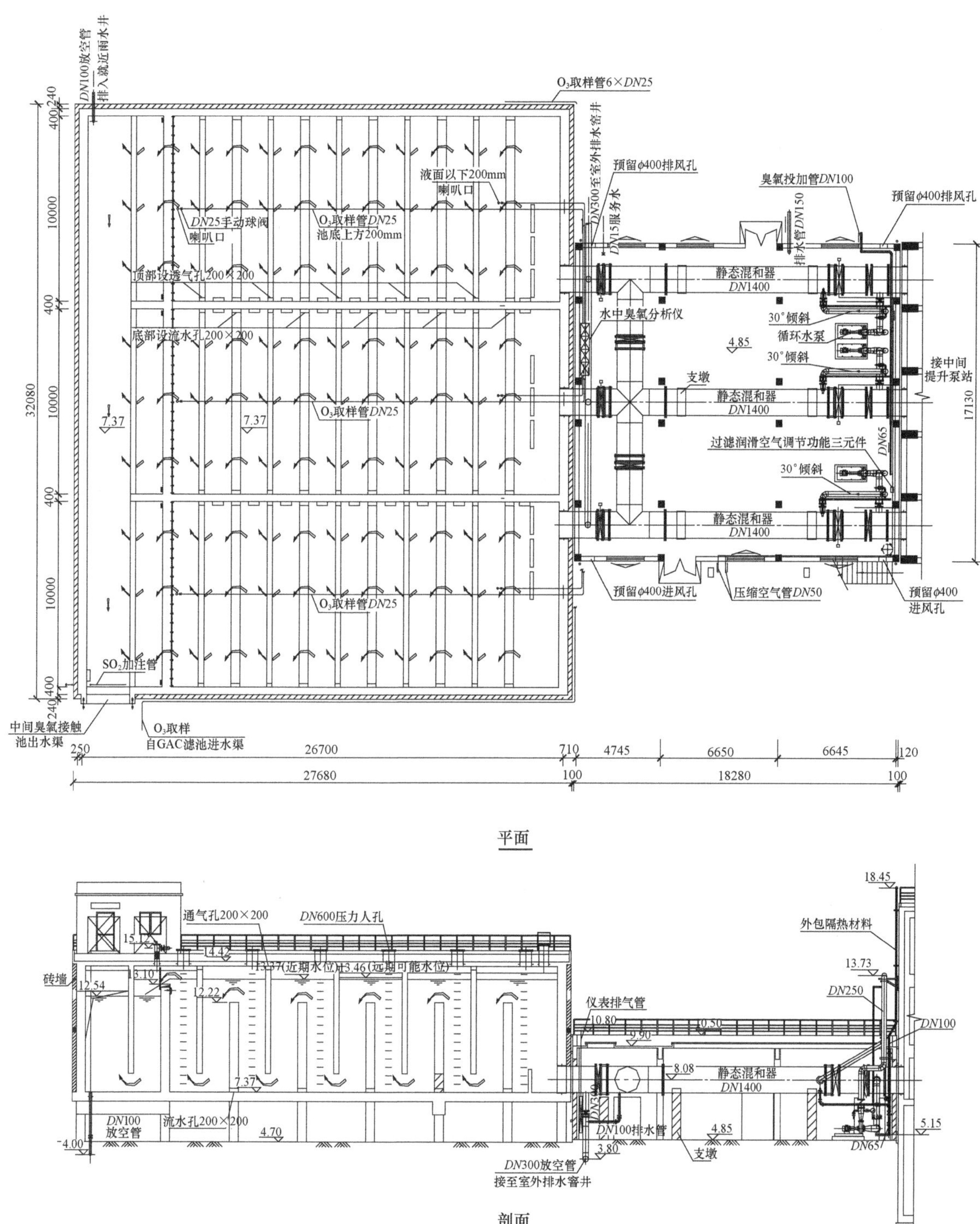

图 8-24 上海临江水厂 60 万 m^3/d 中间臭氧接触池布置图

27kg/h，产气质量浓度为10%；发生气源近期采用液氧，远期采用现场制氧；车间内还设 3 台（2用1备）冷却水加压泵和 2 套（1用1备）热交换器，以及 2 台（1用1备）向气源补充氮气和为系统中气动阀提供动力气的空压机及贮气罐。臭氧发生车间包括发生器间、供电控制单元间、变配电间等。紧邻臭氧发生车间还建有现场制氧车间和室外液氧贮罐安置区。现场制氧车间内设有 1 套 VPSA 制氧装置和 1 个氧气缓冲罐，室外液氧贮罐安置区设有 1 个 30 m^3液氧贮罐及配套的蒸发器（以环境空气为热源）等。

整个臭氧发生车间土建按远期规模达到 100 万 m^3/d 时设计，详见图 8-26 所示。

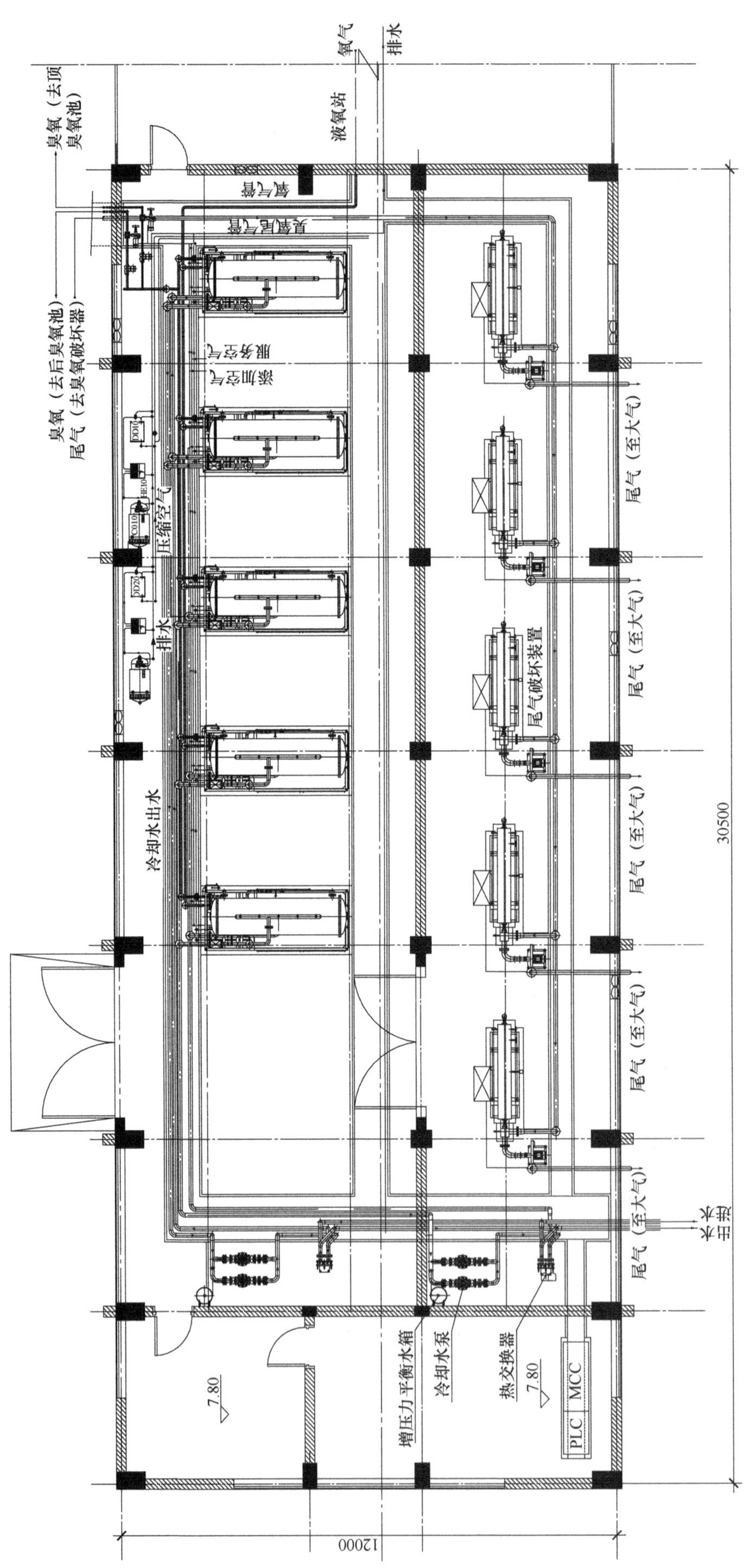

图 8-25　杭州南星水厂 40 万 m^3/d 臭氧发生车间布置图

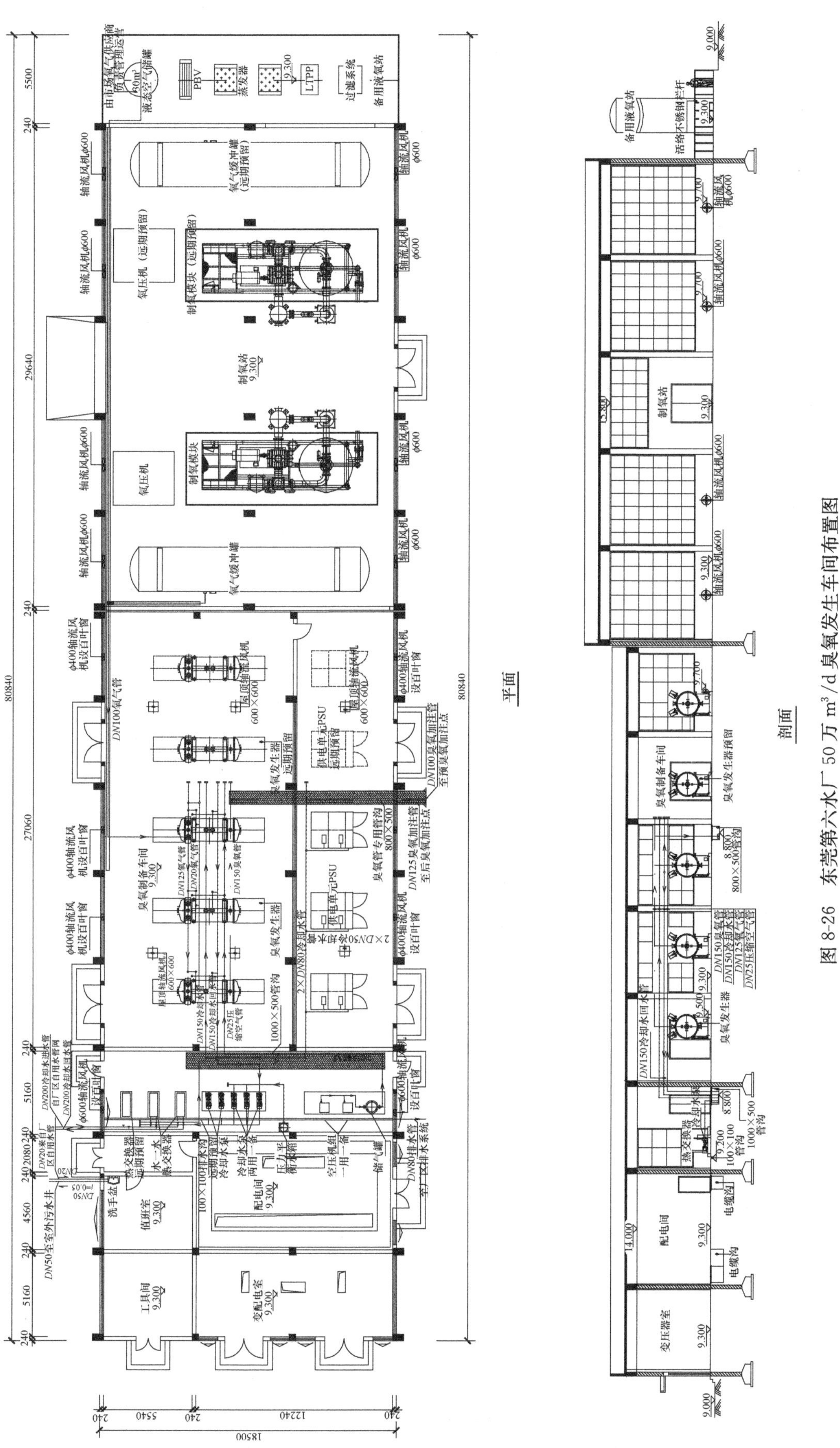

图 8-26　东莞第六水厂 50 万 m^3/d 臭氧发生车间布置图

8.3 高锰酸钾氧化

8.3.1 高锰酸钾氧化的主要作用

在饮用水处理中，投加高锰酸钾是主要的预氧化手段之一。

高锰酸钾预氧化具有良好的氧化助凝作用，能够成功去除水中的铁、锰、臭味和抑制藻类生长，同时能够去除水中微量有机污染物，降低水的致突变活性，具体作用如下：

1）助凝作用

研究表明，水中胶体浊质稳定性的增加是由于有机物在无机胶体颗粒表面造成颗粒空间阻碍或双电层排斥作用所导致。当混凝剂投加到水中时，有机物阻碍了压缩双电层的作用，混凝效果较差。当向原水中投加高锰酸钾时，高锰酸钾的氧化特性使其可能与胶体颗粒表面有机物的某些部位发生反应，增强混凝剂与胶体颗粒的电中和作用，减弱颗粒间的排斥作用，易于凝聚形成更大的絮体，当高锰酸钾投量仅为0.5mg/L时，即可取得明显的助凝效果，不仅能使沉淀后的浊度明显降低，而且滤后水的浊度显著降低。此外，高锰酸钾氧化生成的新生态二氧化锰在水中形成大分子的聚合物，通过吸附作用与水中带负电的胶体颗粒相结合，并在胶体颗粒之间起架桥作用，最终生成大的絮体或发生共同沉淀，达到强化混凝除浊的作用。

2）去除水中微量有机物

高锰酸钾与水中有机物间的作用很复杂，既有高锰酸钾与有机物间的直接氧化作用，也有高锰酸钾在反应过程中形成的新生态水合二氧化锰对微量有机污染物的吸附与催化作用。李圭白等在对受污染的松花江水体中的有机污染物进行氧化处理的试验中，发现高锰酸钾在中性pH值条件下对致突变物质有良好的去除效果。高锰酸钾不但能对水中易氧化的有机污染物（如烯烃、酚、醛等）具有良好的去除效果，而且对难氧化的有机污染物（如杂环化合物，硝基化合物和多环芳烃等）也具有良好的去除作用。高锰酸钾在中性pH条件下，对地表水中有机物进行氧化的特有中间产物是新生态水合二氧化锰，由于其具有巨大的比表面积和很高的活性，能通过吸附与催化等作用提高对水中微量有污染物的去除效率。

高锰酸钾预氧化能够破坏水中氯化消毒副产物前驱物质，从而降低消毒副产物生成量，图8-27显示了高锰酸钾预氧化对某地表水氯仿生成量的影响。由图可见，氯仿生成量随高锰酸钾投加量增加而下降。

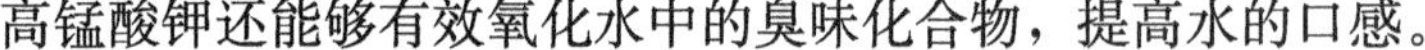
高锰酸钾还能够有效氧化水中的臭味化合物，提高水的口感。

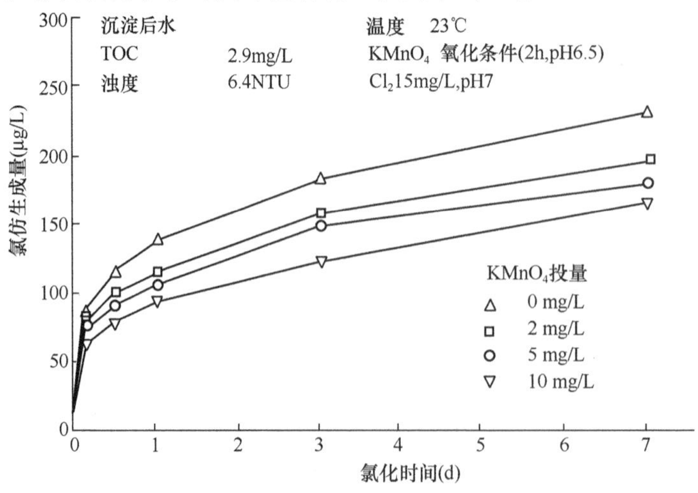

图8-27 高锰酸钾预氧化对氯仿生成的影响

3）除铁除锰

高锰酸钾预氧化除铁除锰已有多年的应用历史。游离态的 Fe^{2+} 和 Mn^{2+} 在中性 pH 值情况下能被高锰酸钾迅速氧化。但有机物的存在会与铁形成络合物，明显降低 Fe^{2+} 的去除效率，同时有机物与 Mn^{2+} 形成竞争反应，从而会导致高锰酸钾投加量增加。

8.3.2 高锰酸钾投加系统的设计

1. 高锰酸钾投加量的确定与控制

不同的水质条件和工艺目标是确定高锰酸钾投加量的主要因素，因此，一般应通过试验或参照相似条件下的应用经验来确定。

高锰酸钾投加量一般不宜超过 2mg/L。当投加高锰酸钾是以去除水中溶解性二价锰为主要工艺目标时，其理论投加量应是水中拟被去除二价锰含量的 2 倍，但由于水中同时存在着能与高锰酸钾迅速反应的其他还原性物质，往往会与二价锰发生竞争反应，因此，为确保实现去除水中溶解性二价锰的工艺目标，通常采用 4 倍于二价锰含量的经验投加量。当以除藻、去除部分有机物或助凝为工艺目标时，其投加量宜通过试验来确定，一般较多采用 0.5～1.0mg/L 投加率。

由于过量投加高锰酸钾有可能因为高锰酸钾过剩，导致水的色度升高，滤后水中的锰浓度增高，同时有试验表明，水中过量的二氧化锰还会使浊度升高。因此，当高锰酸钾在水厂内进行连续投加时，恰到好处地控制其投加量非常重要，反之则有可能造成较严重的水质感官指标超标的事故。当然，若高锰酸钾在远离水厂（几公里甚至几十公里）的取水口投加时，由于剩余的高锰酸钾在水中会逐渐分解，其投加量的控制要求相对较低。

当投加点在远离水厂的取水口时，通常采用固定投加率结合流量比例前馈的方式进行投加量的自动控制。

当投加点在水厂内或离水厂较近的（几十到几百米）取水口时，为防止过量投加而引起的水质事故，应采用流量比例前馈结合水质后馈调节投加率的方式进行投加量的自动控制。目前国内水厂较多采用的是肉眼观察絮凝池进水到出水的颜色变化来人工调节高锰酸钾投加率的方法，由于这种方法受人为因素和时间滞后因素的影响太大，可靠性和精确性不高，容易造成水质事故。而目前国际上较先进的控制投加率的反馈方法是在絮凝池出水端设置氧化还原电位仪，通过絮凝池出水的氧化还原电位的反馈来控制投加率，从而达到精确控制的目的。这种方法目前已在国内一些大型的供水企业中开始应用，将会逐步得以推广应用。

2. 高锰酸钾投加点及投加方式

高锰酸钾在水厂净水工艺中的主要作用为预氧化，其投加点在混凝之前。

当以除藻和去除有机污染物为主要工艺目标时，高锰酸钾投加点通常应在混凝剂投加点之前 5～10min 的位置先行投加。若水厂内无法满足上述位置要求时，也可投加在水厂的取水口或取水泵房吸水井，以尽量延长其与混凝剂投加点之间的距离。

当以除锰和助凝为主要工艺目标且投加量较低的情况下，高锰酸钾投加点一般可在与混凝剂投加点相近的位置，但必须精确控制其投加量，以免过量投加使沉淀出水呈红色。

饮用水处理中高锰酸钾的投加主要采用湿式投加的方式，即配置浓度为 5%～30%的高锰酸钾水溶液，经投加计量设备进行投加。也有采用干式投加方式的报道。

3. 高锰酸钾投加系统的主要设施及设计要点

高锰酸钾投加系统主要包括高锰酸钾原料贮存、溶液配置以及溶液投加三大设施。原料贮存设施一般是指高锰酸钾原料贮存库，溶液配置设施主要为溶解稀释池，溶液投加设施包括投加计量泵和管道等。与混凝剂相比，由于高锰酸钾投加量很小，因此，可采用国外广泛应用的包括原料贮存、溶液配置以及溶液投加于一体的整体投加设备，以改善生产人员的工作环境和劳动强度。

当高锰酸钾投加点位于水厂内时，为便于生产管理，高锰酸钾投加系统的主要设施可建于水厂加药间内，形成一个高锰酸钾投加间。当高锰酸钾投加点位于远离水厂的取水泵站时，高锰酸钾投加间则设在取水泵站内，并可与其他投加的药剂间（如粉末活性炭、氯等）合建一处。有时，当投加高锰酸钾与其他一些药剂（如粉末活性炭、高分子助凝剂等）作为应急工艺措施时，为节省投资，也可共用一个溶液配置设施。

高锰酸钾原料贮存量应根据高锰酸钾投加机率来确定。当高锰酸钾为常态投加时，其贮存量一般宜按日平均加注量1～2周的用量考虑；当为应急投加时，其贮存量一般可按最大日加注量2～3天的用量考虑。高锰酸钾原料一般宜单独贮存，也可与其溶液配置和投加设施共处一处，但贮存高锰酸钾原料的构筑物应避免原料被太阳直射，保持通风良好，并按有关规范进行防爆设计。

高锰酸钾溶液配置及溶液投加设施的设计要求与混凝剂（固体原料）溶液配置及溶液投加设施基本一致，可参见本书第3章。

8.3.3 高锰酸钾投加设施的设计案例

案例一：上海奉贤第三水厂30万m^3/d取水泵站的高锰酸钾加注间（用于藻类爆发时投加高锰酸钾）。高锰酸钾设计最大加注量为2.0mg/L，投加浓度为5%，采用了2套高锰酸钾整体投加设备（1用1备）及3台螺杆加注泵（2用1备）。加注点位于取水泵站吸水井，采用固定投加率（人工设定）结合流量比例前馈的方式进行投加量的自动控制。详见图8-28所示。

案例二：图8-29所示为上海杨树浦水厂内36万m^3/d生产系统配套的高锰酸钾加注间。高锰酸钾设计最大加注量为2.0mg/L，投加浓度为30%，设有2座溶解稀释池（1用1备）和3台隔膜加注计量泵（2用1备）。加注点位于快速混合池进口，通过流量前馈和絮凝池出水的氧化还原电位反馈自动控制投加量。

8.4 氯（次氯酸钠）氧化

8.4.1 氯（次氯酸钠）氧化的主要作用

在饮用水处理中，氯氧化的主要作用是预氧化和最终消毒两种。用于预氯化时，氯主要用于控制臭味，防止藻类繁殖，去除水中铁和色度，同时起助凝作用。

预氯化对水中藻类有明显的灭活作用，能提高沉淀、气浮和过滤等过程对藻类的去除；预氯化可破坏水中色度物质的发色基团，降低水的色度；氯能有效消除有机物对混凝的影响，从而起到助凝作用。

氯能与原水中多种有机物发生取代和氧化结合的反应，例如，氯与氨基酸反应，产生醛和有机酸等非卤代氧化副产物，氯与酚反应，产生氯代酚化合物，会导致水产生臭味。氯与腐殖质等天然有机物反应时，会产生多种副产物，其中一些副产物已经证实对人体健康有害。

当原水中氨氮的含量较高时，预氯化会导致氯大量消耗在与水中氨的反应上，形成可能含有一氯胺（NH_2Cl）、二氯胺（$NHCl_2$）、三氯胺（NCl_3）的混合物。由于三种氯胺氧化电位低于氯，预氯化的氧化作用大大降低，不能氧化还原态的铁、锰和多数产生臭味的有机物，也不能去除天然有机物的色度，仅能对水进行部分缓慢的预消毒。在此情况下，为达到预氧化的目的，通常需要加大氯的投加量，当氯氨的重量比大于7.5∶1～10∶1（即折点加氯）时，才能将氨氧化为氮气后出现自由氯而继续发挥其氧化作用。但大量投氯同样会导致多种副产物的大量产生。

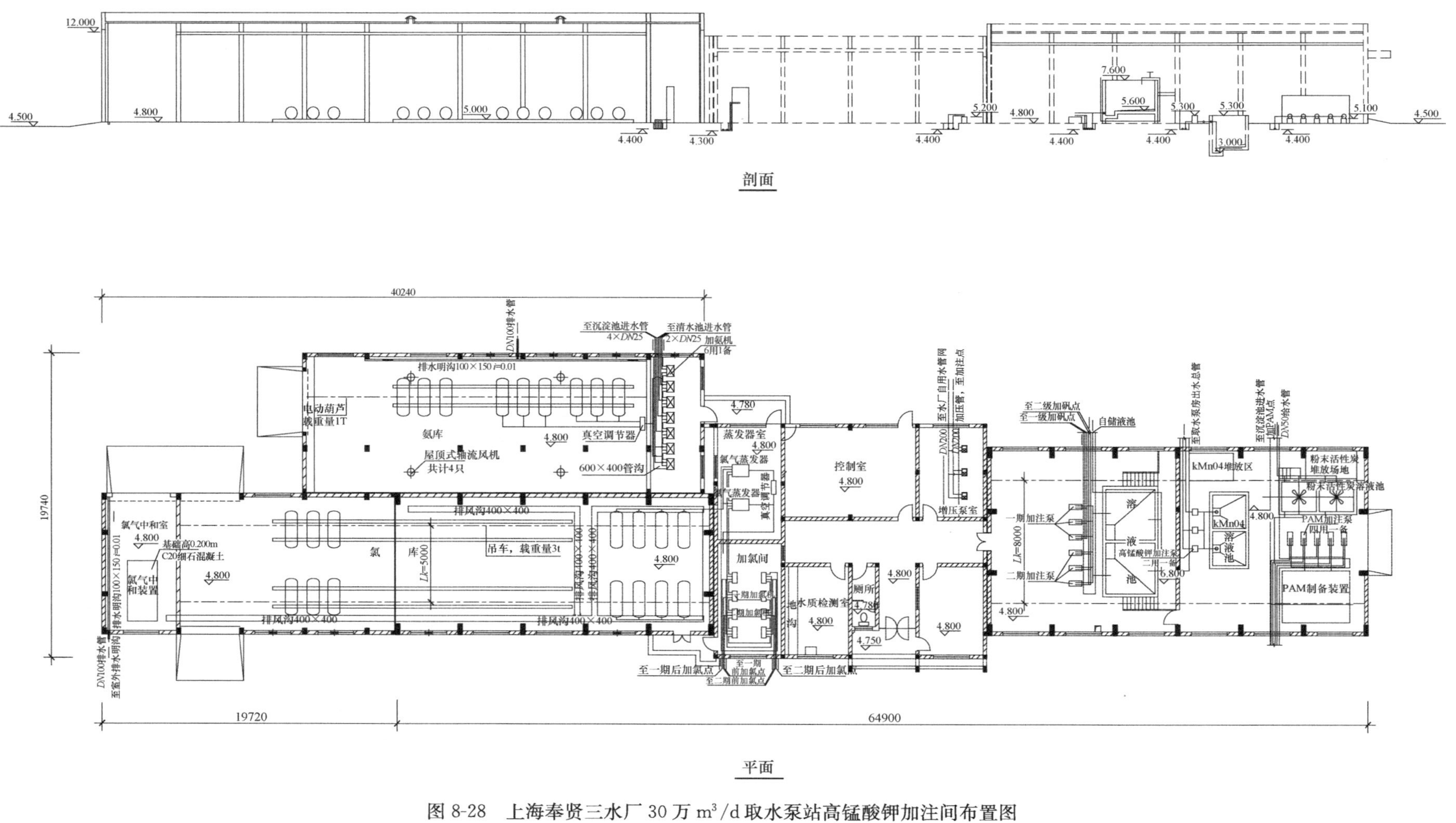

图 8-28　上海奉贤三水厂 30 万 m^3/d 取水泵站高锰酸钾加注间布置图

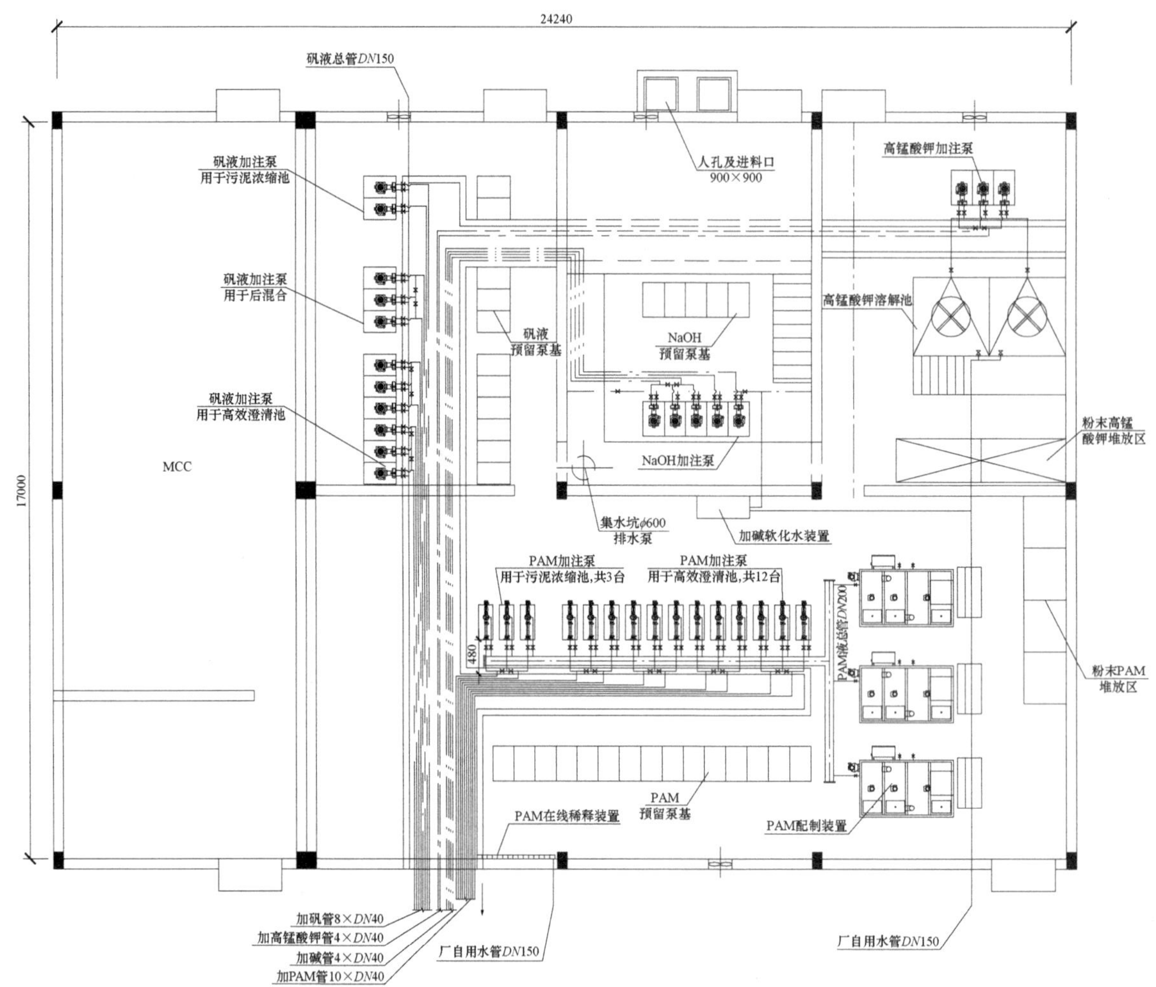

图 8-29　上海杨树浦水厂 36 万 m^3/d 生产系统配套高锰酸钾加注间布置图

随着当前普遍出现水源污染现象，预氯化工艺有逐渐被弃用的趋势。因此，当原水中有机物和氨含量较高时，应慎用预氯化工艺。

氯除发挥预氧化作用外，还能有效灭活水中除病毒和胞囊外的大部分微生物，是成本最低的消毒剂。因此，氯氧化作为饮用水的最终消毒工艺，目前仍被普遍采用。有关氯及氯胺的消毒机理详见第 7 章。

8.4.2　氯（次氯酸钠）氧化投加系统设计

1. 氯的加注量及加注点的确定

当以氧化除色、除藻和抑止生物滋长为主要目标时，氯的加注量应以水质条件并通过试验来确定，一般加注量在 2～4mg/L 之间。当水中氨氮或色度高时，加注量可能要进一步增加。加注点应位于混凝之前。有时为抑止生物在滤池中的滋长，也可采取在滤前增加 1 个加注点的措施，但加注量不宜太高，一般控制在 1mg/L 左右。

2. 氯的加注方式

由于氯进入环境空气中对人体危害极大，因此，目前普遍采用的投加方式是负压投加，即通过设在加注点的水射器抽吸形成足够的负压，将真空加氯机输出的氯气以负压的形式经管道送到加注点。而传统的压力氯水投加方式因安全原因已逐步淘汰。

3. 加氯系统主要设施及设计要点

采用氯气（次氯酸钠）进行加氯氧化时，其系统设计与加氯消毒完全一致，通常与加氯消毒合并设计。因此，其主要设施及设计要点详见第7章。

8.5　二氧化氯氧化

8.5.1　二氧化氯氧化的主要作用

二氧化氯在饮用水处理中的作用与氯相似，主要用于预氧化和最终消毒。

二氧化氯预氧化一般用于控制臭和味，降低三卤甲烷生成量，其水处理的主要作用如下：

(1) 用二氧化氯处理受酚类化合物污染的水可以避免形成氯酚臭味，因而优于氯预氧化。

(2) 二氧化氯对铁和锰也有较好的氧化作用。

(3) 二氧化氯能去除水中部分无机和有机的色度物质。

(4) 二氧化氯不与氨反应，与氯相比，所使用的剂量小得多。

(5) 二氧化氯能与有机物发生多种反应，得到氧化的有机物和亚氯酸盐，不会产生三卤甲烷等卤代副产物。但是，二氧化氯使用过程中约有50%～70%会转化为亚氯酸盐，同时，二氧化氯发生歧化反应后会产生低水平的氯酸盐。

二氧化氯作为饮用水的最终消毒剂，如第7章所述，其消毒性能高于氯，所需的加量小，不与氨反应，不会产生三卤甲烷等卤代消毒副产物。但消毒剂残量的保持能力稍低于氯，而且同样会使水中的二氧化氯、亚氯酸盐和氯酸盐含量增加。

由于二氧化氯、亚氯酸盐和氯酸盐都怀疑对健康有不利影响，因此，我国《生活饮用水卫生标准》GB 5749—2006规定水中亚氯酸盐和氯酸盐的限值为0.7mg/L。但是，关于二氧化氯与水中有机物间的反应机理与氧化产物尚不十分清楚，它与水中有机物作用后的氧化产物及其毒理性能尚需进一步的研究。

8.5.2　二氧化氯氧化投加系统设施的设计

1. 二氧化氯的主要制取方法

由于二氧化氯气体活性高，易产生爆炸，因此，必须现用现制。目前最普遍采用的制取方法有还原法和氧化法两大类，其制取方法见第7章。

2. 二氧化氯的加注量与加注点

由于二氧化氯本身对人体可能有害，且会增加水中被怀疑对人体有害亚氯酸盐和氯酸盐的含量，因此，二氧化氯加注量必须准确控制。

二氧化氯在以氧化除色、除藻和抑止生物滋长为主要目标时，加注点应位于混凝之前，一般与混凝剂在同一点加注。

3. 二氧化氯投加系统主要设施及设计要点

由于二氧化氯在饮用水处理中的作用通常同时作为预氧化剂和消毒剂，投加系统均统一布置，其投加设施及设计要点可参见本书第7章。

8.6　高级氧化

近十几年来，随着国内外对臭氧氧化工艺的不断研究和实践，一种以臭氧氧化为基础的高级氧化技术已逐步形成，所谓高级氧化是指其氧化能力远高于传统能力的最强的氧化。因此，学术界将其命名为“高级氧化”(AOP)。目前经过研究已取得实用价值的高级氧化技术主要有如下3种：

(1) 臭氧与过氧化氢组合 (O_3/H_2O_2);

(2) 臭氧与紫外辐射组合 (O_3/UV);

(3) 过氧化氢与紫外辐射组合 (H_2O_2/UV)。

这3种高级氧化技术氧化机理的核心就是能产生大量氧化能力极强的羟基自由基，从而能将许多如臭氧这样的传统氧化剂无法有效氧化的有机物氧化去除，且不易产生溴酸盐之类的副产物。因此，在有机污染复杂或某些特殊污染物污染的水质条件下较为适用，是一种更先进的化学氧化技术。

随着水质分析技术的不断进步，水中被发现的各种有机污染物的品种将更多，传统化学氧化水处理工艺对水质的处理效果将更难以控制，因此，需要采用更先进的化学氧化技术。

高级氧化因其氧化能力远高于传统氧化剂且不产生副产物，在技术上应该有较好的应用前景，是传统化学氧化今后的发展方向之一。但必须进一步研究其在大规模工程中应用的实用技术，如活性极强非常容易爆炸的H_2O_2水溶液的长期保存技术，富含臭氧的潮湿环境中UV产生设备的耐久性，以及如何降低高级氧化工艺运行成本等。显然，由于客观环境的需要，我们必须不断推进新的、先进的化学氧化处理的技术水平。

第 9 章 生物接触氧化

9.1 生物接触氧化处理原理及影响因素

随着工业高度发展和城市人口的集中与增长，许多水源受污染的情况日显突出，氨氮、COD_{Mn}、BOD_5等指标已不能满足生活饮用水水源的要求，采用常规处理工艺难以达到供水水质的要求。为此，各国给水工作者对采用生物接触氧化技术在给水处理中的应用进行了广泛的探索和研究。

20 世纪 60 年代，日本著名学者小岛贞男针对玉川水源的污染提出了采用生物接触氧化技术进行处理的试验。以后，在以淀川为水源的大阪供水中采用了生物接触氧化处理。小岛贞男曾于 1991 年来华作了有关方面的技术交流。

我国在 20 世纪 80 年代初也已开展了生物处理技术的研究。1982～1983 年上海自来水公司和同济大学在上海南市水厂进行了塔式生物滤池和生物转盘处理黄浦江原水的试验。1983～1984 年上海市政工程设计院进行了塔式流化床接触氧化的试验。上述试验均取得较好效果。

在“八五”“九五”国家科技攻关项目中，生物处理研究均被列为攻关内容。清华大学、同济大学、中国市政工程中南设计院等参加了相关子课题的研究。根据清华大学研究成果，1995 年在蚌埠自来水公司的第二水厂建成了我国第一座生产规模的陶粒填料生物接触氧化池。根据同济大学的研究，1996 年 6 月在宁波市梅林水厂建成投产了我国第一座生产规模为 4 万 m^3/d 的弹性填料生物接触氧化池。之后，弹性填料生物接触氧化池在很多水厂中得到了应用。1998 年 12 月在东深供水工程中，建成了弹性波纹立体填料和穿孔管曝气充氧的生物接触氧化池，处理规模达 400 万 m^3/d，为目前世界上同类工程中的最大规模。

1999 年上海市政工程设计研究院开发了一种新型的生物滤池——BIOSMEDI。该滤池采用人工合成轻质颗粒填料，比表面积大，滤池反冲采用脉冲式反冲。7 万 m^3/d 规模的 BIOSMEDI 已在上海徐泾水厂投产应用。

目前，生物接触氧化处理已成为给水处理的一个重要手段，正在不断发展和提高。

9.1.1 生物接触氧化处理原理

常规的混凝、沉淀、过滤及消毒处理工艺主要去除水中的悬浮物、胶体物质、细菌等，对水中大部分有机物难以去除，相反，由于氯化消毒作用，形成三卤甲烷等三致物质，威胁饮用水的安全。生物接触氧化预处理是指在常规净水处理工艺前增设生物处理工艺，借助于微生物的新陈代谢活动，有效去除水中的有机物、氨氮、亚硝酸盐氮以及铁、锰等，并明显改善饮用水中色、臭、味。

常规的混凝、沉淀和过滤对大分子有机物有一定的去除效果，但对低分子有机物，特别是分子量小于 500 的有机物，几乎没有去除效果，甚至有所增加。通过生物预处理，使水中可生物降解有机物得到有效去除，防止管网中由于具有营养物质而使细菌繁殖，导致水质下降。同时，生物预处理能够有效改善水的混凝沉淀性能，减少混凝剂和氯用量，使常规处理更好地发挥作用。

在生物接触氧化原水中的微生物，出于各种生命活动的需要，必须从其周围环境中摄取能量有机基质作为营养物，通过微生物体内酶的催化作用产生一系列的生化反应，使微生物获得生长所需的能量，并合成新的细胞物质。由于原水中有机物的浓度相对于污水来说比较低，因此贫营养性微生物生长速度较慢，只能用生物膜法进行生物预处理。微生物依借水中的填料为生物膜的载体，在足够的曝气和充氧的条件下，原水不断地与生物膜接触，通过微生物自身的生命代谢活动（氧化、还原、合成等过程），降低水中的 COD、TOC、NH_3-N 等浓度。另外，生物膜中存在大量的菌胶团，菌胶团容易吸附原水中的有机污染物质，发挥生物絮凝作用，而原生动物能加速生物絮凝作用，吞食水中的游离细菌，微生物的生物絮凝、吸附氧化、生物降解和硝化等综合作用，使水中的有机物逐渐得到去除，有效降低原水中可能形成的 THMs 的先质含量，大大减少了后续处理中产生 THMs 的可能性。

1. 有机物的生物降解

在有机物降解过程中，起主要作用的微生物是异养菌。在降解过程中，主要发生如下反应：

（1）有机物氧化：

$$CxHyOz+\left(x+\frac{y}{4}-\frac{z}{2}\right)O_2 \longrightarrow xCO_2+\frac{y}{2}H_2O+\Delta H$$

（2）微生物细胞的增殖：

$$CxHyOz+NH_3+\left(x+\frac{y}{4}-\frac{z}{2}\right)O_2+\Delta H \longrightarrow C_5H_7NO_2+(x-5)CO_2+\frac{y-4}{2}H_2O$$

（3）细胞物质的氧化：

$$C_5H_7NO_2+5O_2 \longrightarrow 5CO_2+2H_2O+NH_3+\Delta H$$

在以上的反应中，微生物是借助各种酶的作用来完成的，微生物在降解有机物的同时形成一定数量的细胞物质。

2. 氨氮的硝化

水中的含氮有机物最不稳定，在微生物的作用下转化为氨氮，氨氮的硝化是在微生物的作用下，将氨态形式的氮转化为硝酸盐的过程。氨氮的来源有两个途径：①含氮有机物氧化产生氨氮；②原水中本身以氨态形式存在的氮。氨氮的去除主要途径是：①构成细胞物质；②被氧化成硝酸盐。饮用水中的 NH_3-N 的浓度很少超过 3mg/L，冬天由于硝化作用减弱从而使 NH_3-N 浓度略有提高。通常供水中的氨浓度对健康不造成直接明显的危害，但氨是自氧菌繁殖的电子供体，在处理厂和配水系统中，NH_3-N 浓度 0.25mg/L 就足以使硝化菌生长，而硝化菌和氨释放出来的有机物会造成臭味问题。同时氨形成氯胺也要消耗大量的氯，降低消毒效率。因此，饮用水中建议的 NH_3-N 浓度不高于 0.5mg/L。若水中无氧存在，氨即是最终产物。在有氧的条件下，参与氨氮硝化的细菌主要是自养细菌，其主要菌种为亚硝化单胞菌和硝化杆菌。整个硝化过程包括两个步骤：亚硝化和硝酸化。其主要反应为：

$$\text{含氮有机物} \longrightarrow NH_4$$

$$2NH_4^+ + 3O_2 \xrightarrow{\text{亚硝化菌}} 2NO_2^- + 2H_2O + 4H^+$$

$$NO_2^- + 2O_2 \xrightarrow{\text{硝化菌}} 2NO_3^-$$

硝化菌的生长速度缓慢，要求有较长的停留时间，最佳的反应器条件是：①有较大的比表面积供生物膜生长；②大的介质和孔隙率，以减少剪力损失和堵塞；③足够的溶解氧（DO），因为把 1g 氨氮氧化成硝酸盐需要 4.57g 的氧。硝化过程还需要一定的碱度，每硝化 1mg 氨氮需要消耗 7.14mg 碱度，其中小部分结合到细胞内，大部分用于中和氧化期间释放出的氢离子。如果水中碱度不足，将阻止硝化作用。硝化细菌对 pH 值较敏感，亚硝化细菌在 pH 值为 7.0～7.8，硝化细菌在 pH 值为 7.7～8.1 时活性最强。pH 值超出这个范围，其活性便急剧下降，当 pH 值低于6.0时，氨的转化速率将明显下降甚至停止。

pH值是影响硝化速度的重要因素，但由于给水处理中氨氮含量较小，在正常情况下，不会对硝化有影响。另外有研究表明：在生物处理构筑物中，硝化细菌经过一段时间驯化后，硝化反应可在低pH值条件下进行，然而突然降低pH值，则会使硝化反应速度骤降，且低pH值影响比突然降低pH值影响要小得多。

在硝化的两个步骤中，起控制作用的是第一步。当氨和有机物同时存在时，自养菌和异养菌会争夺氧及生物膜空间。对生物膜处理系统的观察表明，好氧异养菌通常赢得这个竞争，即先进行有机物氧化，当有足够剩余氧时，再接下来进行硝化。这是因为自养菌生长速率低于异养菌生长速率，另外，异养菌比硝化菌更能适应高水力负荷和水流的剪力损失。异养菌的这一优势减少了硝化作用发生的可能性。

温度对硝化细菌的生长率有强烈的影响，由于微生物的活动是通过酶进行的，而酶的作用与温度相关。两种硝化细菌的最宜温度为30℃左右。

很多文献表明：

(1) 不同氨氮浓度时硝化速率不同，氨氮浓度小于1mg/L时，硝化速度与水中的氨氮成正比例关系。

(2) 在氨氮浓度较高时（1～4mg/L），水中溶解氧浓度为4～5mg/L时，硝化速度与水中的氨氮浓度成0.5次方关系。

(3) 当水中的氨氮浓度较高时，这时水中的溶解氧成了控制反应速度的主要因素，不同的氨氮浓度将不影响反应的速率，即硝化速率与氨氮浓度成零次关系，这时水中的溶解氧成为控制硝化的主要因素，不同溶解氧浓度，氨氮的硝化速度不同。

对于生物滤池去除氨氮效果，很多人进行过大量的研究，由于不同研究的运行条件不同，关于生物滤池对氨氮去除所得结论也不尽相同。博勒（Boller）等根据他们的中试研究提出，对于完全硝化，滤池介质适宜的表面负荷为0.4gNH_3-N/(m^2·d)(出水NH_3-N＜2mg/L，T=10℃)。Barnes等建议，在塑料介质滤池中，当温度为10～20℃时，适宜负荷为0.5～1.0gNH_3-N/(m^2·d)。

9.1.2 影响生物接触氧化预处理的因素

1. 填料

在生物预处理中，填料是影响生物滤池运行的关键，填料的种类决定了处理构筑物的形式、工程投资及运行管理方式。

填料一般选用比表面积大的惰性载体。这种填料有利于微生物的生长繁殖，保持较多的生物量。因此生物处理的研究主要重点是填料的研究及开发。早期的填料主要是人工合成的固定型填料（斜管、蜂窝填料等），由于原水中有一定的悬浮物质，悬浮物质容易进入填料中，导致滤层的堵塞和反冲洗的困难，而软性填料则容易导致填料之间相互黏结，造成比表面积减少，因此开发出了弹性填料。弹性填料是在以往软性填料的基础上开发的，以中心绳和以聚烯烃塑料制成的弹性丝条组成，丝条以绳索为中心在水中呈均匀辐射伸展状。该填料可抵抗原水的堵塞，在生产中得到较多的应用。另外，近年来，也有采用漂浮式填料，填料的比重与水的比重相近，填料在曝气作用下在水中自由漂浮。

颗粒状滤料具有高比表面积，生物量较大，滤料上的生物膜更新速度快，生物膜活性较高等特点。因此，颗料填料生物滤池对水中的有机物及氨氮处理效果较好，近年来逐步得到越来越多的应用。

我国对颗粒填料滤池的研究以陶粒为最多，这是因为陶粒作为填料的一种，不仅材料低廉易得，而且显示出的优良特性，特别适合我国的国情。早期的陶粒大多采用页岩石直接烧制、破碎、筛分而成，为不规则状（片状居多）。最近出现的球形轻质陶粒，采用黏土（主要成分为偏铝硅酸盐）为原材料，加入适当化工原料作为膨胀剂，经高温烧制而成。颗粒料滤池应用于原水生物预处理时，由于其比重大于1，一般采用下向流进水，类似于常规快滤池，虽可有效防止原水中的悬浮物质对滤层造成堵塞，但由于气水异向流，曝气抵消一部分水流能量，导致生物滤池滤速难以提高，冲洗周期较短。当采用上向流过滤时，则需防止原水中的悬浮物质造成堵塞滤床。为此，近年来开发出适合原水预处理的轻质颗粒滤料，其比重比水轻，运行时采用气水上向流。该填料由于具有价格低，孔隙率高，运行阻力小，可防止原水中悬浮物堵塞等优点而逐渐得到越来越广泛的关注。

滤料的粒径主要取决于生物滤池的功能。一般来说，滤料粒径越小曝气生物滤池的效果越好，但小粒径会使其工作周期变短，滤料也不易清洗，相应的反冲洗水量也会增加，因此应综合考虑各种因素以选定合适的滤料粒径。

2. 温度

温度对微污染原水生物预处理中的微生物有较大的影响，是影响生物处理的最重要的因素。温度提高有利于传质和微生物的代谢。微生物的代谢主要是由酶完成，酶的催化作用与温度密切相关。当温度很低时，微生物的代谢能力较低，处理效果将明显下降。随着温度的升高，微生物的代谢能力明显增强。试验证明：水温从10℃上升到35℃，微生物的活性增加1倍。因此，温度在微生物活动中起着非常重要的作用。一般由于硝化、反硝化反应机理受进水水温影响较大，温度高的情况下，微生物活动能力强，新陈代谢旺盛，氧化和呼吸作用强，处理效果好。在冬季水温低的情况下，微生物的生命活动受到抑制，处理效果受到影响，为保证生物预处理的效果，可采用增加水力停留时间的方法加以改善。

3. 水力停留时间（水力负荷）

水力停留时间表示填料与水的接触时间。一般水力停留时间越长，处理效果越好，但随着水力停留时间增加到一定程度后，处理效果增加不明显，而水力停留时间的增加，相对工程投资也增加。

对于生物滤池，常用水力负荷［$m^3/(m^2 \cdot h)$，也称滤速］表示。考虑到原水中有机物浓度较低，一般不考虑出水回流措施。

4. 溶解氧和充氧方式

溶解氧是生物处理工艺的一个重要参数，在实际运行中，溶解氧不足，会使微生物的正常代谢受到影响，造成有机物和氨氮的去除效果下降。在微污染原水的生物处理中，由于进水中有机物浓度较低，在选定的气水比范围内，一般溶解氧已不是影响生物处理净化效果的主要因素。

充氧方式是生物处理的重要组成部分，充氧方式对填料上生物膜充分发挥生物降解作用，维持生物氧化池的正常运行有很大关系，同时又与动力消耗有关。良好的充氧方式应该有较高的充氧效率，同时又必须促进生物膜的更新。对于弹性填料生物处理池，如采用膜式曝气器，虽膜式曝气器可使空气形成微气泡，提高氧的利用率，但由于气泡较小，对水流的紊流有限，不利于生物膜的脱落，因此，宜采用穿孔曝气器来增加填料的气冲，以促进填料上生物膜的脱落和更新。

对于颗粒滤料滤池，由于滤料对气泡有剪切及阻挡作用，在气泡的紊流作用下，可使颗粒表面的生物膜得到有效的更新，同时，颗料滤料滤池定期反冲洗，也有利于保持生物膜的较高活性，故一般采用多孔管等大气泡的曝气方式。

5. pH值

微生物的生长、繁殖与水中的pH值有着密切的关系。pH值对微生物的影响因素主要表现在以下几个方面：

（1）引起微生物表面电荷的改变，影响基质的吸收；

（2）引起酶活性的改变；

（3）影响基质的带电状态，从而影响基质向微生物细胞的渗入，多数非离子状态化合物比离子状态化合物更易进入细胞。

不同的微生物其适宜的pH值是不同的。

9.1.3　常用生物预处理工艺

生物预处理用于给水工程中有填料生物接触氧化、颗粒滤料生物滤池、流化床、塔滤等多种形式。考虑到工程的可行性及现有应用情况，研究和应用较多的为填料接触氧化及颗粒滤料生物滤池。

1. 填料生物接触氧化处理

生物接触氧化处理是在污水生物接触氧化基础上发展起来的。生物接触氧化法即是在处理池中设置填料作为微生物载体，经过充氧的水以一定的速度流经填料，使填料上的生物膜与水充分接触，从而使水得到净化。其中，填料是影响生物接触氧化处理的关键。常见的填料有蜂窝填料、弹性填料、软性填料、漂浮填料、阶梯环、鲍尔环等。如何增大填料的比表面积，提高处理效果及开发与填料相适应的处理池型是人们研究的重点。考虑到固定型填料和软性填料存在的问题和缺陷，开发出了弹性填料。目前在生产上以弹性填料为主的生物接触氧化净水工艺在国内得到较多的推广和应用，取得了较好的社会效益和经济效益。但在应用过程中，也存在池内容易积泥，处理效率相对较低等弊端，从而影响到该工艺的进一步推广和应用。

20世纪80年代起，国内对微污染原水弹性填料生物接触氧化预处理技术进行了广泛的试验和研究。在试验成果的基础上，1995年，嘉兴市石臼漾水厂二期扩建工程采用了生物接触氧化预处理，设计规模为10万m^3/d，于1996年投入使用。宁波市梅林水厂将斜管悬浮澄清池改建为采用弹性立体填料的生物接触氧化池（处理能力为4万m^3/d），并于1996年6月投入应用。东深供水局采用生物接触氧化工艺对供应香港和深圳的饮用原水进行预处理，工程规模为400万m^3/d，于1998年12月投入运行。1999年8月，上海惠南水厂采用生物接触氧化处理法投入运行，工程规模为12万m^3/d。以上工程的运行结果表明：经过预处理，大大改善了原水水质。

近年来，生物接触氧化池在填料方面不断改进，上海市政工程设计研究总院在平湖古横桥水厂生物接触氧化池设计中采用了漂浮式填料，一期处理规模为4.5万m^3/d，工程取得了较好的效果。

生物接触氧化池的主要优点是处理能力大，对冲击负荷有较强的适应性，但缺点是填料间水流缓慢，水力冲刷少，生物膜只能自行脱落，更新速度慢。

2. 颗粒填料曝气生物滤池

颗粒填料生物滤池充分借鉴了污水处理接触氧化法和给水快滤池的设计思路。近年来，曝气生物滤池技术引入给水生物预处理领域，并逐渐成为生物预处理的有效手段之一。集曝气、高滤速、定期反冲洗等特点于一体，滤池工作时，在滤池中装填一定量粒径较小的粒状滤料，滤料表面生长着生物膜，滤池内部曝气，水流经时，利用滤料上高浓度生物膜的强氧化降解能力对水中有机物进行快速净化；同时，因水流经时，滤料呈压实状态，利用滤料粒径较小的特点及生物膜的生物絮凝作用，截留水中的悬浮物；此外，填料及附着其上生长的生物膜对溶解性有机物具有一定的吸附作用。

生物滤池运行一定时间后，因水头损失的增加或生物膜增厚，需对滤池进行反冲洗，以释放截留的悬浮物并更新生物膜，此为反冲洗过程。曝气生物滤池正是通过这样反复的周期性运转来处理污水及污染原水的。

曝气生物滤池所用填料，根据其采用原料的不同，可分为无机填料、有机高分子填料；根据填料密度的不同，可分为上浮式填料和沉没式填料。无机填料一般为沉没式填料，有机高分子填料一般为上浮式填料。常见的无机填料有陶粒、焦炭、石英砂、活性炭、膨胀硅铝酸盐等，有机高分子填料有聚苯乙烯、聚氯乙烯、聚丙烯等。

我国对曝气生物滤池方面进行了大量的研究，最初的研究以陶粒填料为最多。清华大学在蚌埠市、邯郸市进行了生物陶粒滤池的生产性试验，试验结果表明，相对于其他预处理方法，具有更好的处理效果，同时具有停留时间短，曝气量小，氧利用率高等特点。

生物陶粒滤池的结构形式与普通快滤池相似，滤池主体由配水系统、布气系统、承托层、陶粒填料层和冲洗排水系统等部分组成。当生物陶粒滤池采用下向流时，由于气阻作用导致滤层阻力较大，生物滤池滤速难以提高，要提高滤速，必须增大填料直径，这样一定程度降低了处理效果，实际应用中滤速难以超过 6m/h。当采用上向流时，如原水浊度及悬浮物较高，易堵塞配水系统而导致配水不均匀，给运行管理带来严重后果。这些都限制了陶粒生物滤池在生物预处理中的推广和应用，为此，近年来上海市政工程设计研究院提出了以轻质滤料为填料的 BIOSMEDI 曝气生物滤池。该滤池通过采用比水轻的颗粒滤料作为填料，反冲洗采用脉冲反冲洗，在滤料上设置滤板以抵挡滤料的浮力，采用气水同向流，原水从滤料下部进水，通过滤层的阻力使配水均匀。该滤池在滤层下部不需要配水系统，故不存在配水系统堵塞的问题。该滤池于 2001 年在上海徐泾自来水厂 7 万 m^3/d 生物预处理工程投产运行，取得了较好的效果。

3. 生物流化床

生物流化床是以砂、无烟煤、活性炭、陶粒等小颗粒骨料为生物载体，在恰当的水流流速的情况下，使颗粒床层处于悬浮状态的一种生物处理工艺。由于载体处于流化状态，原水广泛地和载体上的生物膜相接触，微生物虽然生长在固体填料表面，由于流化床中颗粒粒径较小，且处于流化状态，其巨大的表面积为流化床中维持大量的生物量。从 20 世纪 70 年代开始美国、日本在流化床应用于污水处理方面开展了不少研究工作，证明流化床是结合活性污泥法和生物滤池法于一体的最好技术，同时具有占地面积小，投资少等优点。

由于近年来水源日益受到污染，生物流化床应用于预处理方面的研究也得到发展，它作为一种经济有效的水处理工艺同其他生物处理方法一样在欧洲许多国家得到应用。在国内，1983 年上海市政工程设计研究院在南市水厂进行了小型生物流化床装置预处理黄浦江原水的试验研究：采用砂层厚度为 800mm，砂粒粒径 d=0.3～0.5mm，水力负荷为 $40m^3/(m^2 \cdot h)$，喷洒曝气供氧。在原水含氨氮为 0.5～2.0mg/L，水温 15～30℃的情况下，氨氮的平均去除率为 80%。在不同水温情况下，BOD_5的去除率为 27%～48%，COD_{Cr}的平均去除率为 24%～31%。试验结果表明：生物流化床能有效地降低水中的有机物和氨氮，同时改善了沉淀和过滤性能，从而降低加氯量和混凝剂投加量。但是，要使颗粒流化所需的能耗较大，载体脱膜困难。同时配水的均匀性对床内的流态有很大的影响，配水不均匀可能导致部分载体堆积，甚至破坏整个床体的工作。要保证配水均匀，除了研究和选择合适的布水方式外，同时流化床的面积不宜过大。另外生物流化床工艺需要维持恰当的自下而上的水流速度，也是涉及运行效果的重要问题。既要使滤床颗粒维持悬浮流化而流速不能太小，又要防止流速过大而使颗粒可能随水带出池外。床层颗粒力求均匀，如果粒径相差太大，则床层上层细颗粒挂上生物膜后使重度减少而易带出水面，滤层下部颗粒较大孔隙较小，粒间流速过大，较大的水流剪力使颗粒难以挂上生物膜。由于以上原因，再加上经济和其他条件的限制，生物流化床在国内还属于试验阶段。

近年在日本对采用生物转盘等方法来处理污染原水也较重视，但在国内应用于微污染原水尚少实例报道。

9.2　生物预处理对污染物的去除效果

国家的“七五”、“八五”和“九五”科技规划中都把微污染原水处理技术的攻关放在重要地位。国内同济大学、清华大学、上海市政工程设计研究院、上海水司、中南市政工程设计研究院等多家研究机构对微污染原水应用生物预处理技术进行了系统的试验研究，比较分析了不同工艺的技术特点和处理效果，研究了生物降解的规律及水原水质条件和环境适应能力，摸索了不同生化反应器操作技术，推出了生物接触氧化池、颗粒填料生物滤池、生物流化床等生物预处理工艺。兹将这些研究以及对于污染原水中氨氮和有机污染物的去除效果阐明如下，以供设计参考。

9.2.1　生物接触氧化池去除污染物效果试验

同济大学在宁波市梅林水厂采用弹性填料和膜式曝气的生物接触氧化池对姚江原水进行预处理，运行结果表明：生物接触氧化池在处理水量4万m^3/d，HRT为1.5h，采用气水比0.5∶1～0.7∶1的情况下，当水温为20～30℃，进水氨氮1～2mg/L的情况下，对氨氮的去除率达到60%～90%，亚硝酸盐的去除率为60%～90%，对COD_{Mn}的去除率为20%～30%，对TOC去除20%左右，浊度去除50%～90%，对色度去除率14%～43%，对有机污染物总峰面积削减率40%左右。冬季水温（<12℃）条件下，生物预处理除污染效果明显降低，约为常温的一半左右，采用延长生物预处理水力停留时间，可能提高生物预处理冬季低温情况下的去除效果。

为进一步了解生物预处理对水中污染物的去除效果，同济大学在宁波梅林水厂对生物预处理+混凝沉淀过滤处理工艺和常规净水处理工艺进行了对比分析，具体结果如下：

(1) 在氨氮的去除方面，当原水氨氮大于0.5mg/L时，具有生物预处理的净水系统相对于常规净水系统，对水中的氨氮去除具有优越性。有生物预处理系统对原水中的氨氮去除达到70%～80%，而常规处理对氨氮的去除相对有限。当进水氨氮低于0.5mg/L时，两者出水氨氮均较低，生物预处理优势不明显。

(2) 在COD_{Mn}及有机物的去除方面，当水温12～24℃和进水COD_{Mn}较高的情况下，生物预处理的净水系统对COD_{Mn}的去除率可达到35%以上，而相同条件下，常规净水工艺系统除COD_{Mn}效果较差，去除率10%～30%，去除率不稳定。经对有机物的种类进行测定，原水中含有有机物33种，其中属EPA的优先控制污染物有12种，生物预处理出水中含有机物15种，EPA优先污染物7种，生物预处理系统滤后水含有机物9种，其中EPA优先污染物4种，对原水有机物总峰面积削减率为98.8%。常规处理工艺系统中滤后出水含有机物17种，其中EPA优先控制污染物7种，对原水中有机物总峰面积削减率为90%。由此可见，生物预处理系统在有机物及优先污染物控制方面优于常规净水工艺。

(3) 对色度的去除方面，生物预处理净水系统滤后水色度一般在10～15度，平均去除率达55%以上，而常规处理系统色度去除率不稳定，滤后水色度常在20度以上。

(4) 试验对各净水工艺出水进行了Ames试验，具体见表9-1。由表可见，该水源对TA100菌株加或不加S9均不敏感，没有诱发TA100菌株回变菌落数的显著增加，但都能不同程度地诱发TA98菌株回变菌落数的增加，说明水源水中受到不同程度污染，且大部分致突变有机污染物为移码型致突变物。比较生物预处理出水和原水，生物预处理出水的致突变阳性相对于原水有所降低，说明生物预处理能够对原水的致突变性能有一定的改善作用，但从氯化消毒出水看，出水仍呈阳性。

各净水工艺出水的 Ames 试验结果　　表 9-1

样品	受试剂量(L/皿)	菌株			
		TA100 (+S9)	TA100 (−S9)	TA98 (+S9)	TA98 (−S9)
自发回变数	0.00	131.3±3.2	117.2±9.5	33.7±2.5	26.0±3.0
原水	0.50	127.7±5.1	121.3±4.5	40.7±3.8	38.0±4.4
	1.00	131.0±6.2	122.3±5.1	71.3±2.5*	71.0±6.2*
	2.00	129.7±6.5	123.3±6.0	122.0±8.2**	121.0±7.5**
生物预处理出水	0.50	129.0±4.7	115.0±7.5	36.0±2.0	33.3±2.1
	1.00	135.5±5.5	122.3±5.9	64.0±3.6	59.3±4.0*
	2.00	129.3±7.6	122.7±5.7	95.7±7.6*	85.0±4.6*
微絮凝过滤	0.50	130.7±3.8	117.0±4.0	36.0±3.6	32.3±2.5
	1.00	127.0±6.6	122.3±7.0	63.7±3.1	55.3±6.0*
	2.00	134.6±8.5	121.3±4.2	97.7±11.0*	75.5±3.5*
氯化消毒出水	0.5	127.7±6.0	122.0±6.2	32.7±2.1	29.3±1.5
	1.0	130.0±4.6	119.3±5.7	52.7±4.7	48.3±2.3
	2.0	131.0±3.6	119.3±3.5	68.0±6.2*	64.0±4.4*

注：表中数据为样品的回变菌落数（个/皿），“*”为大于或等于阴性对照的 2 倍，“**”为大于或等于阴性对照的 3 倍。

9.2.2 生物陶粒滤池去除污染物效果试验

清华大学采用陶粒生物滤池对邯郸市自来水公司滏阳河水源进行试验，试验陶粒滤池高 4m，其中承托层厚 0.5m，填料粒径 2～5mm，填料层高 2.0m，截面积 0.5m^2，采用的水气比为 1：1～2：1，气水同向流，反冲洗采用气水联合反冲洗，试验期间水力停留时间为 40min，装置在不同温度情况下对有机物和氨氮的去除情况见表 9-2。

生物陶粒滤池在不同温度下对 COD_{Cr} 和氨氮的去除效率　　表 9-2

温度（℃）	0～1	2～3	4～5	6～7	8～9	10～11	12～13	14～17	18～21	22～25
进水 COD_{Cr} 平均值(mg/L)	24～57	21.09	40.24	32.19	32.42	27.32	31.51	33.07	19.28	32.87
出水 COD_{Cr} 平均值(mg/L)	14～21	19.32	17.36	16.62	14.38	12.93	14.80	14.55	8.27	12.79
去除率（%）	42～16	47.91	56.90	48.36	54.26	52.67	53.01	56.02	57.11	61.09
进水氨氮平均值(mg/L)	4.22	1.57	1.22	1.68	1.6	1.6	1.3	1.98	2.02	1.35
出水氨氮平均值(mg/L)	3.17	0.47	0.21	0.81	0.14	0.15	0.09	0.04	0.05	0.02
去除率（%）	12.09	70	82.95	89.58	91.25	90.63	92.7	97.7	97.5	98.4

由试验可知：水温增加有助于强化生物处理的效果。在冬季低温时，生物滤池去除 COD_{Cr} 的能力可达 40%以上。当温度高于 5℃时，对氨氮有 80%以上的去除率，但温度接近 0℃时，则氨氮的去除率明显降低。

同时根据试验统计结果，试验装置对浊度、色度、铁、SS 均具有较好的处理效果，在温度低于 10℃情况下，对浊度去除率为 53%～67%，对铁的去除率为 30%～45%，对色度的去除率为 20%～40%，对 SS 去除率为 25%～66%，在温度高于 10℃情况下，对各污染因子的去除率还有一定的提高。

9.2.3　不同类型生物预处理对比试验

上海市政工程设计研究总院在上海石油化工股份有限公司水厂对弹性填料接触氧化池、生物陶粒滤池和轻质填料滤池3种填料进行对比试验。试验中，弹性填料接触氧化池设计流量为1.5m^3/h，停留时间为1.4h，气水比1∶1，池直径Φ800mm，池高度4.5m，填料高度为3.5m，采用气水异向流的形式，配气采用膜式曝气盘进行配气；陶粒滤池和轻质滤料滤池直径Φ600mm，池高4.5m，滤层厚度为2.0m，滤料粒径为3～4mm，气水同向流，滤速4～5m/h，水力停留时间50～60min。

试验结果择要如下：

1. 对污染因子的去除效果

3种不同填料接触氧化预处理对氨氮、COD_{Mn}、锰、浊度的去除效果见表9-3～表9-6。

对氨氮去除情况　　表9-3

时间	原水氨氮(mg/L)	弹性填料接触氧化池			陶粒滤料滤池			轻质滤料滤池		
		流量(m^3/h)	氨氮(mg/L)	去除率	流量(m^3/h)	氨氮(mg/L)	去除率	流量(m^3/h)	氨氮(mg/L)	去除率
3月19日～4月28日①(28组)	0.3～1.0(0.72)	1～2	0.1～0.5(0.25)	65%	1～3	0.08	88%	2～4	0.08	88%
5月8日～5月24日②(12组)	0.5～1.2(0.8)	1.5	0.1～0.42(0.26)	67%	2	0.16	80%	3～4	0.13	84%
5月25日～7月3日(21组)	0.8～2.5(1.37)	1.5	0.2～1(0.47)	65%	1.5	0.31	77%	3	0.27	80%

注：① 水温12～20℃；② 水温20～25℃。

对有机物COD_{Mn}去除情况　　表9-4

时间	原水COD(mg/L)	弹性填料接触氧化池		陶粒滤料滤池		轻质滤料滤池		水温(℃)
		COD(mg/L)	去除率	COD(mg/L)	去除率	COD(mg/L)	去除率	
12月5日～2月21日(16组)	5.6～7.3(6.475)	5.7～7.7(6.34)	2%	5.6～6.6(5.9)	8.8%			6～10
3月16日～4月28日(14组)	6.4～9.2(7.49)	6.2～8.7(7.13)	4.8%	6.2～8.8(6.82)	8.9%	6.0～9.0(7.09)	5.3%	12～20
5月8日～7月3日(18组)	7.6～11.1(9.36)	7.25～10.3(9.06)	3.2%	6.4～10.6(8.25)	11.8%	7.3～10.9(8.84)	5.5%	20～30

对Mn的去除情况　　表9-5

时间	原水Mn(mg/L)	弹性填料接触氧化池		陶粒滤料滤池		轻质滤料滤池		水温(℃)
		出水Mn(mg/L)	去除率	出水Mn(mg/L)	去除率	出水Mn(mg/L)	去除率	
12月28日～3月1日(17组)	0.06～0.14(0.11)			0.01～0.1(0.044)	60%			6～13
3月6日～4月28日(12组)	0.12～0.32(0.16)	0.05～0.14(0.10)	37.5%	0.03～0.13(0.08)	50%	0.05～0.14(0.088)	45%	13～20
5月8日～7月3日(16组)	0.14～0.48(0.36)	0.07～0.35(0.14)	60%	0.07～0.28(0.12)	66%	0.04～0.15(0.12)	66%	20～30

对浊度去除情况 表 9-6

时间	原水浊度(NTU)	弹性填料接触氧化池		陶粒滤料滤池		轻质滤料滤池	
		出水浊度(NTU)	去除率	出水浊度(NTU)	去除率	出水浊度(NTU)	去除率
1月17日~4月28(54组)	37.5	28.5	24%	21	44%	29.7	21%
5月8日~7月3日(25组)	24.9	20.1	19%	17.5	29.7%	22	11.6%

试验结果表明：三种不同填料的生物接触氧化预处理形式中，从停留时间来看，以弹性填料接触氧化池处理水力停留时间最长；从对氨氮的去除效果来看，轻质滤料滤池及陶粒滤料滤池效果均优于弹性填料接触氧化池，但轻质滤料滤池与陶粒滤料生物滤池无明显区别；从对有机物、浊度及锰的去除情况看，三者处理效果基本相同。

2. Ames 试验

试验采用 TA98 和 TA100 菌株进行致突变性试验，采用加 S9 及不加 S9 进行诱变试验，以一定体积水样（V）所引起的回复变菌落数表示，回复突变菌落数等于或超过自发回变菌落数的 2 倍，并有剂量一反应关系则判定为阳性，试验采用 MR 值（诱发回复突变菌落数与自发回变菌落数的比值）表示，MR 值越大，说明被测物质的致突变活性越强，详见表 9-7、表 9-8。

水中直接移码型物质的影响（TA98） 表 9-7

水样种类	水样中加入水量(L/皿)	回变菌落数 TA98(−S9)	*MR*	回变菌落数 TA98(+S9)	*MR*
自发回变数		20.3±0.6		34.7±2.1	
原水	0.5	31.0±2.6	1.5	48.7±5.1	1.4
	1.0	44.0±1.0	2.1	63.0±2.6	1.8
	2.0	61.0±1.0	3.0	73.7±4.7	2.1
原水+生物预处理	0.5	31.0±4.0	1.5	46.3±2.3	1.3
	1.0	35.0±2.0	1.7	63.3±2.1	1.8
	2.0	43.0±1.7	2.1	71.7±6.4	2.1
原水+生物预处理+混凝+过滤	0.5	33.7±4.2	1.6	34.7±2.6	1.0
	1.0	49.7±2.1	2.4	49.0±4.4	1.4
	2.0	51.3±7.6	2.5	51.3±3.1	1.5
原水+生物预处理+混凝+过滤+消毒（5mg/L）	0.5	44.7±1.5	2.2	75.0±7.0	2.2
	1.0	68.3±1.5	3.3	103.0±7.0	3.0
	2.0	77.0±3.0	3.8	127.3±6.8	3.7

水中碱基置换型致突变物质的影响（TA100） 表 9-8

水样种类	水样中加入水量(L/皿)	回变菌落数 TA100（−S9）	*MR*	回变菌落数 TA100（+S9）	*MR*
自发回变数		157.3±9.5		173.3±10.7	
原水	0.5	130.3±2.5	0.83	147.0±2.6	0.85
	1.0	136.0±6.2	0.87	153.0±2.6	0.88
	2.0	148.3±6.0	0.94	167.3±2.1	0.97

续表

水样种类	水样中加入水量（L/皿）	回变菌落数 TA100（－S9）	MR	回变菌落数 TA100（＋S9）	MR
原水＋生物预处理	0.5	136.7±4.2	0.87	122.7±8.1	0.70
	1.0	139.7±0.6	0.89	125.3±9.0	0.72
	2.0	143.7±6.7	0.91	134.0±2.0	0.85
原水＋生物预处理＋混凝＋过滤	0.5	94.0±12.2	0.60	131.3±4.2	0.76
	1.0	100.3±6.7	0.64	147.3±3.1	0.85
	2.0	106.7±2.3	0.67	159.7±8.0	0.92
原水＋生物预处理＋混凝＋过滤＋消毒（5mg/L）	0.5	189.3±10.1	1.2	157.3±2.1	0.91
	1.0	205.0±3.6	1.3	194.3±5.1	1.1
	2.0	204.0±5.6	1.3	342.7±11.0	1.97

试验结果表明：水厂原水中存在着直接移码型致突变物质，经过生物预处理后，其致突变物质浓度有一定的降低，但过滤水加氯后，其致突变性能明显增加，而且致突变物质比原水有所增加。

9.3 弹性填料生物接触氧化池

9.3.1 生物接触氧化池构造形式

弹性填料生物接触氧化池主要由池体、填料及其支架、曝气装置、进出水设施及排泥管道等部件组成，如图9-1所示。

1. 池体

生物接触氧化池一般采用钢筋混凝土结构，根据进水方式不同，有池底进水上部出水形式，具体参见图9-1所示，该池型适合处理水水量较小的工程，这种布置形式有利于减少池内短流的发生，且填料表面所脱落的生物膜容易被水流带到池外。

另一种形式是一侧进水另一侧出水，常用池型如图9-2所示，其中（*b*）型中间采用隔墙进行导流，有利于防止水体短流。

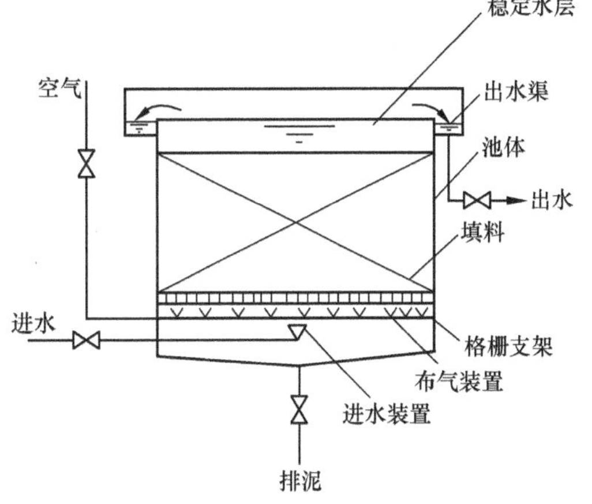

图9-1 接触氧化池基本构造图

2. 填料

填料是接触氧化处理工艺的关键，它直接影响处理效果，同时它的费用在接触氧化池中占的比重较大，所以选定合适的填料具有经济和技术意义。填料本身不具备对水中污染物的去除能力，它仅是作为生物膜的载体。在填料选择方面要求如下：

（1）在水力特性方面，要求比表面积大，孔隙率高，水流通畅，阻力小。

（2）在生物膜附着方面，应当有一定的附着性，包括物理因素和物理化学因素。在物理方面的因素主要是填料的外观形状，应当形状规则，尺寸均一，表面粗糙等。由于生物膜附着性还与

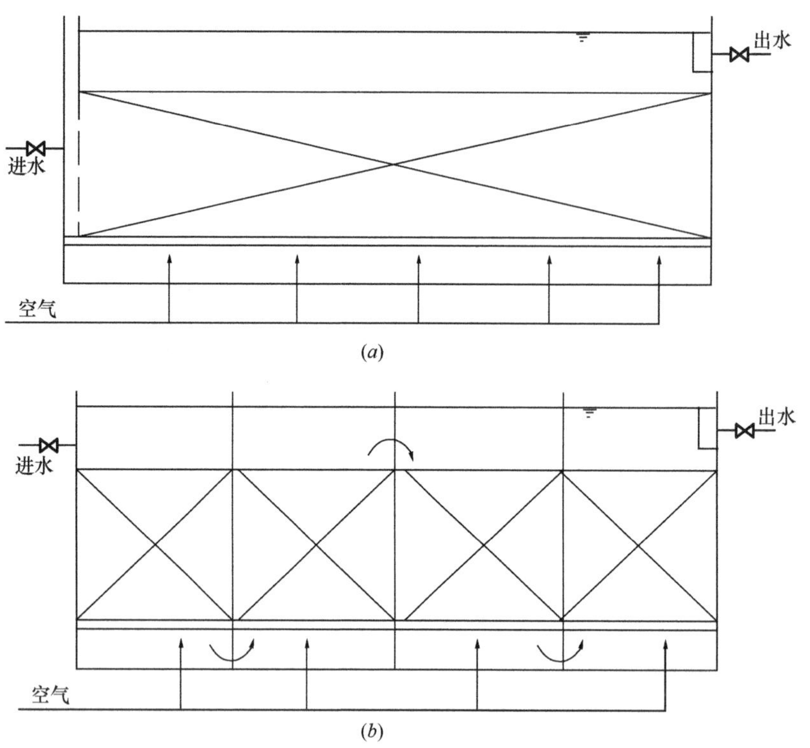

图 9-2 生物接触氧化池常用池型

微生物和填料表面的静电作用有关，而微生物多带静电，故填料表面电位愈高，附着性愈强。此外，微生物为亲水性极强的物质，因此，在亲水性填料表面易于附着生物膜。

(3) 化学与生物稳定性较强，经久耐用。

(4) 价格便宜，便于运输和安装等。

按性状填料可分为硬性、软性、半软性填料等。常用填料技术性能见表 9-9 所示。

常用填料技术性能 **表 9-9**

项目 \ 填料名称		蜂窝直管	立体网状	软性及半软性填料	弹性立体填料
比表面积（m^2/m^3）		74～100	50～110	80～120	116～133
孔隙率（%）		99～98	95～99	>96	—
成品重量（kg/m^3）		45～38	20	3.6～6.7kg/m	2.7～4.99kg/m
挂膜重量（kg/m^3）		—	190～316	—	—
填充率（%）		50～70	30～40	100	100
填料容积负荷［kgCOD/(m^3·d)］	正常负荷		4.4	2～3	2～2.5
	冲击负荷		5.7	5	—
安装条件		整体	整体	吊装	吊装
支架形式		平格栅	平格栅	框架或上下固定	框架或上下固定

1）硬 性填料

硬性填料有蜂窝状、波纹状、立体网填料及不规则形状等，参见图 9-3，材质多为玻璃钢及塑料。该种填料主要优点是：孔隙率高，质轻强度高，防腐性能好，管壁光滑无死角，衰老生物

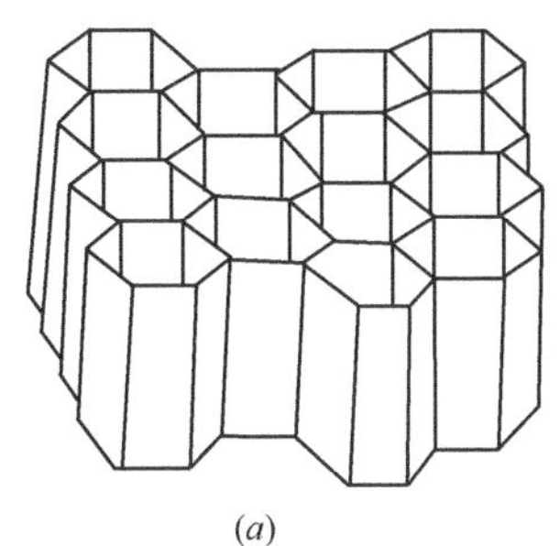
(a)

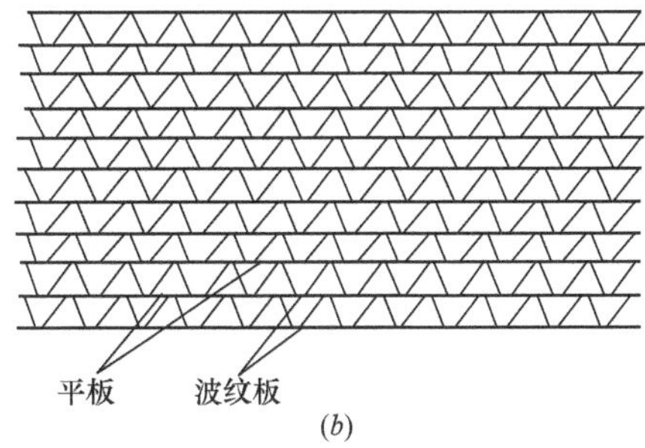

(b)

图 9-3　蜂窝填料和波纹板状填料示意图

(a) 蜂窝填料；(b) 波纹板状填料

膜易于脱落等；其主要缺点是：填料易于堵塞，蜂窝管内的流速不均等，因此在填料布置时宜分层布置。

2) 软性填料

软性填料一般用尼龙、维纶、涤纶、腈纶等化纤编结成束并用中心绳连接而成。软性填料的特点是比表面积大，重量轻，高强，物理化学性能稳定，运输方便等。软性填料示意见图 9-4。在应用中发现，这种填料的纤维束易于结块，并在结块中心形成厌氧状态，导致运行时开始效果较好，运行时间较长时，处理效果变差。为了防止纤维束结块，一般采用盾形纤维填料，其示意见图 9-5。纤维束不直接结在中心绳上，纤维束由纤维和支架组成，支架固定在中心绳上。支架采用塑料制成，中留孔，可通水、气，纤维固定在支架上，形成生物载体，可使纤维束保持相对松散状态，但还不能彻底防止填料黏结现象，运行一段时间后，填料会出现黏结。

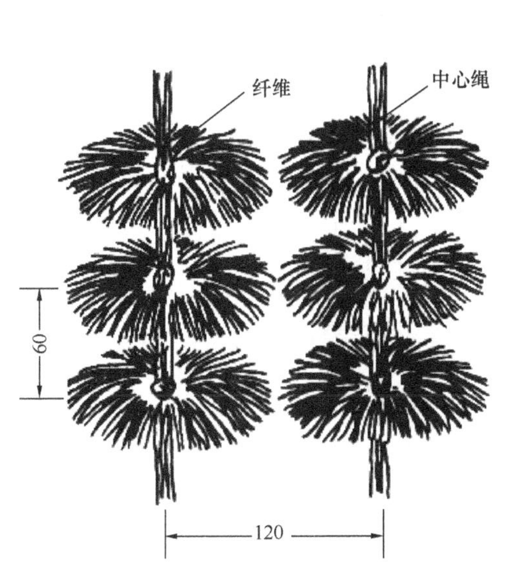

图 9-4　软性纤维状填料示意图

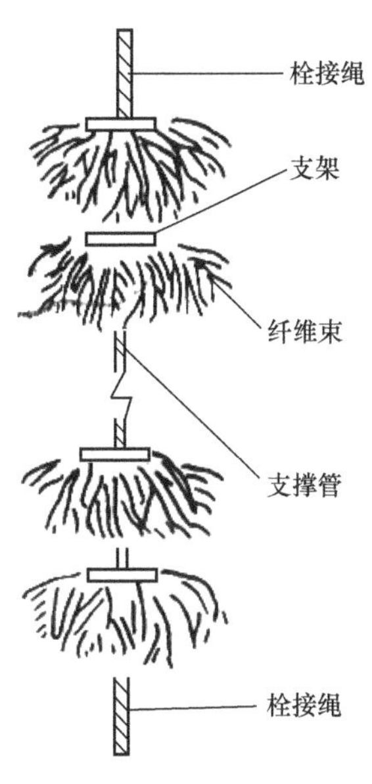

图 9-5　盾形填料示意图

3) 弹性填料

弹性立体填料是近年来在国内应用相对较多的一种接触氧化填料。它是在软性填料的基础上开发的，由中心绳和聚烯烃塑料制成的弹性丝条组成，丝条以绳索为中心在水中呈均匀辐射伸展状。弹性丝填料是一种悬挂式填料，具有比表面积大，微生物附着空间大等特点，具体参见图 9-6、图 9-7。

弹性填料的技术参数见表 9-10。

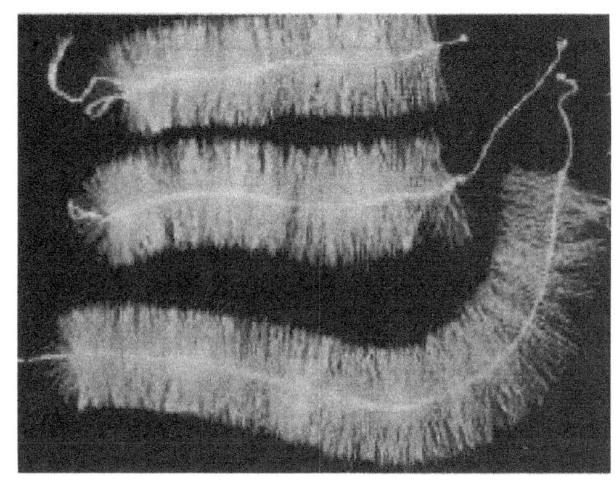

图 9-6 弹性填料示意图

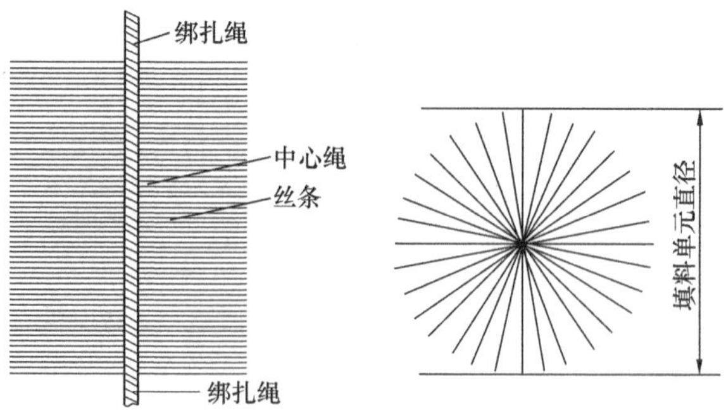

图 9-7 弹性填料示意图

弹性填料技术参数 **表 9-10**

填料单元直径(mm)	丝条直径(mm)	比表面积(m^2/m^3)	孔隙率(%)	挂膜后重量(kg/m^3)
Φ150,Φ173	0.35~0.50	50~300	>99	50~110

填料布置多采用梅花形的布置方式，以减少短流的发生，参见图 9-8、图 9-9。

图 9-8 弹性填料梅花形布置

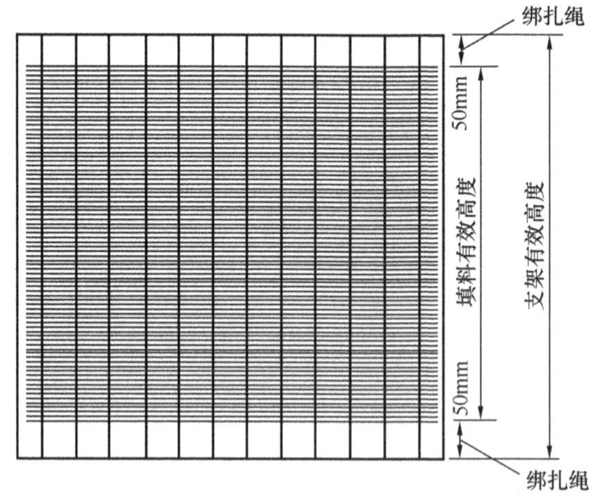

图 9-9 弹性填料在支架上的吊装示意图

3. 曝气系统

生物预处理曝气有微孔曝气方式和穿孔布气方式。微孔曝气器具有氧利用率高的优点，但应用过程中，由于微孔曝气器产生的微气泡较小，对水体搅动不足，不利于生物膜的更新，同时由于池内布满填料，曝气器检修困难，一旦微孔曝气器损坏，容易引起整个池布气不均。

穿孔管曝气具有构造简单，制造方便，维护容易，工程造价低，同时有利于填料上生物膜的更新，减少填料池内污泥沉积等优点，但也存在氧利用率低，容易产生布气不均匀等弊端。在生物预处理中，选择气水比时，除考虑曝气提供足够的溶解氧外，还需要通过曝气使水流产生搅动，以创造良好的传质条件，促进生物膜的更新，同时防止水中悬浮物质及生物膜在池底沉积。当穿孔布气管设计不当时，容易导致布气不均匀。

4. 进出水设施

进出水设施主要防止水流在填料内通过时出现短流。对于一侧进水、一侧出水布置方式，其进、出水布置类似平流沉淀池配水和出水，即可采用穿孔花墙进水，溢流堰出水。

5. 排泥设施

生物接触氧化池在运行一定时间后，会产生池底和填料积泥。填料积泥会导致填料上的生物膜比表面积减少，微生物数量降低，导致生物预处理效果下降。同时，老化的生物膜和进水中的悬浮物质会在池底积聚，若不及时排除，累积的污泥一旦发生腐败现象，会影响出水水质。

对于填料上的生物膜，可利用穿孔曝气管定期加大曝气量以及增加进水流量，对填料进行冲洗，促进填料生物膜的更新。为了减少生物接触氧化池池底的积泥，有必要在池底设置排泥措施。

9.3.2　生物接触氧化池的设计参数

弹性填料生物接触氧化池的设计参数应根据当地原水水质、水温及处理要求确定，并通过试验加以验证，生物接触氧化池设计和计算可参考以下参数：

（1）生物接触氧化池不宜少于两座，并按同时工作考虑。

（2）生物接触氧化池平面形状宜为矩形，有效水深宜为4～5m。

（3）生物接触氧池化填料接触部分有效停留时间为1～2h，气水比为0.8∶1～2∶1。

（4）生物接触氧化池底部应设排泥管和放空设施。

（5）填料单元布置：布置密度和填料比表面积大小直接关系到生物预处理的效果和微生物代谢活动，宜在不影响填料积泥和冲洗的前提下，尽量利用池体空间紧凑布置，一般采用梅花形的布置方式。

（6）生物接触氧化池可采用穿孔曝气系统或微孔曝气系统。

（7）在穿孔布气管设计时，宜注意：

A. 穿孔管宜布置成环状，有利于布气均匀；

B. 穿孔管孔口应具有较高的流速，一般不宜小于20～30m/s，以促进布气均匀；

C. 穿孔管宜采用防腐蚀材质，以防止出气孔口锈蚀和管道内腐蚀引起的堵塞；

D. 出气孔口孔径建议为3mm，开孔位于布气管底部，同时布气支管应从干管底部接出，防止正常曝气情况下，管道内残留有污水和污泥，影响布气断面面积，减少管底部污泥沉积的可能性；

E. 穿孔布气管安装时应保持水平，管道标高水平误差一般控制在±3mm内；

F. 整个池曝气宜进行分段控制，有利于局部短时较高强度的曝气，促进填料上生物膜的更新和填料反冲洗。

G. 采用微孔曝气系统时，需要考虑曝气器的检修措施，同时宜设置冲洗用的穿孔曝气管系统。

9.3.3　生物接触氧化池运行与维护

生物接触氧化池在运行过程中需注意以下几点。

1. 填料挂膜

生物接触氧化池在运行前需要挂膜，可在稍低于设计进水量的充氧条件下自然挂膜。经若干天培养驯化后，微生物附着生长在填料上生成生物膜，当生物氧化池出水氨氮去除率达到60%以上时，可认为挂膜完成。挂膜时间一般在半月以上，与水温有关，在水温低于10℃情况下，挂膜相对困难。

2. 填料冲洗及排泥

填料表面在生长生物膜的同时黏附较多的悬浮物杂质，将增厚填料丝上的膜层，降低生物活性，影响生物处理的效果。因此，当填料上的生物膜较厚，积泥过多时，应及时适当增大曝气量，进行冲洗更新，保持生物膜的良好活性。

当处理含悬浮物较多的微污染原水时，可考虑在生物氧化池前设置原水预沉措施，同时在运行过程中及时排除底部积泥。

3. 加强生物相观察

在生物接触氧化池运行过程中，应注意观察填料上生物膜生物相，以及时反冲洗。在挂膜初期，填料上的动物主要是固着型纤毛虫，偶见轮虫。生物氧化池较长时间运行后，膜上动物种类繁多，数量大，同时有可能出现苔藓虫暴发生长，软体动物（如椎实螺）也出现于生物膜并捕食其他动物，严重时会影响生物接触池的正常运行，可停池降低水位，用消防水枪冲洗。

4. 曝气强度和曝气均匀性

在运行过程中，应监测生物接触氧化池的溶解氧，以控制合适的曝气强度，同时观察生物接触氧化池的曝气状况，力求曝气均匀。

9.3.4 应用实例

上海市浦东新区惠南水厂的设计规模为24万m^3/d，其中一期工程规模为12万m^3/d。其原水水源为大治河，近年来由于有机污染的程度逐年加大，氯化有机物含量时有超标，水中色度较高，氨氮、亚硝酸盐、耗氧量及铁、锰的含量也偏高。

为了降低出厂水色度、氨氮和有机污染物的含量，增设了生物预处理工程，生物预处理主要设计参数如下：

一期生物接触氧化池设计能力为12万m^3/d，分2座池，每座池的净水能力为6万m^3/d，每座池又分为独立的2格，每格池的平面尺寸为74.5m×8.0m，有效水深4.25m，有效水力停留时间为1.45h，填料采用弹性丝填料，尺寸为Φ175×3500mm，曝气器采用JT-1型拱形微孔曝气器，尺寸为Φ188×60mm，生物接触氧化池设计的气水比为0.8∶1～1.4∶1；进水采用溢流堰加穿孔配水墙，出水采用指形槽，排泥采用穿孔排泥管。生物氧化池布置见图9-10。

惠南水厂生物预处理工程于1999年8月初开始投入运行。经生物预处理后，色度去除率达85%以上。在生物预处理工程运行以前，水厂沉淀池内水质比较混浊，色质暗淡，有气味，水面有浮油，总体感官性状较差，在生物预处理工程投运后，沉淀池内水质清澈，呈淡绿色，池底清晰可见，异味和浮油消失，总体感官性状指标大为改善。

运行结果表明：

（1）在原水低浊度时，由于生物絮凝作用，生物氧化池出水的浊度去除率可达50%以上，已基本满足直接过滤的要求，若维持原常规工艺不变，则可相应减少混凝剂投加量。

（2）由于原水的色度主要是腐殖酸引起，经生物预处理后，水中悬浮胶体的分子结构和电性得以改善，再经常规处理，色度去除率大为提高，由此可见，生物氧化和絮凝作用对提高常规工艺处理效率可起很大作用。

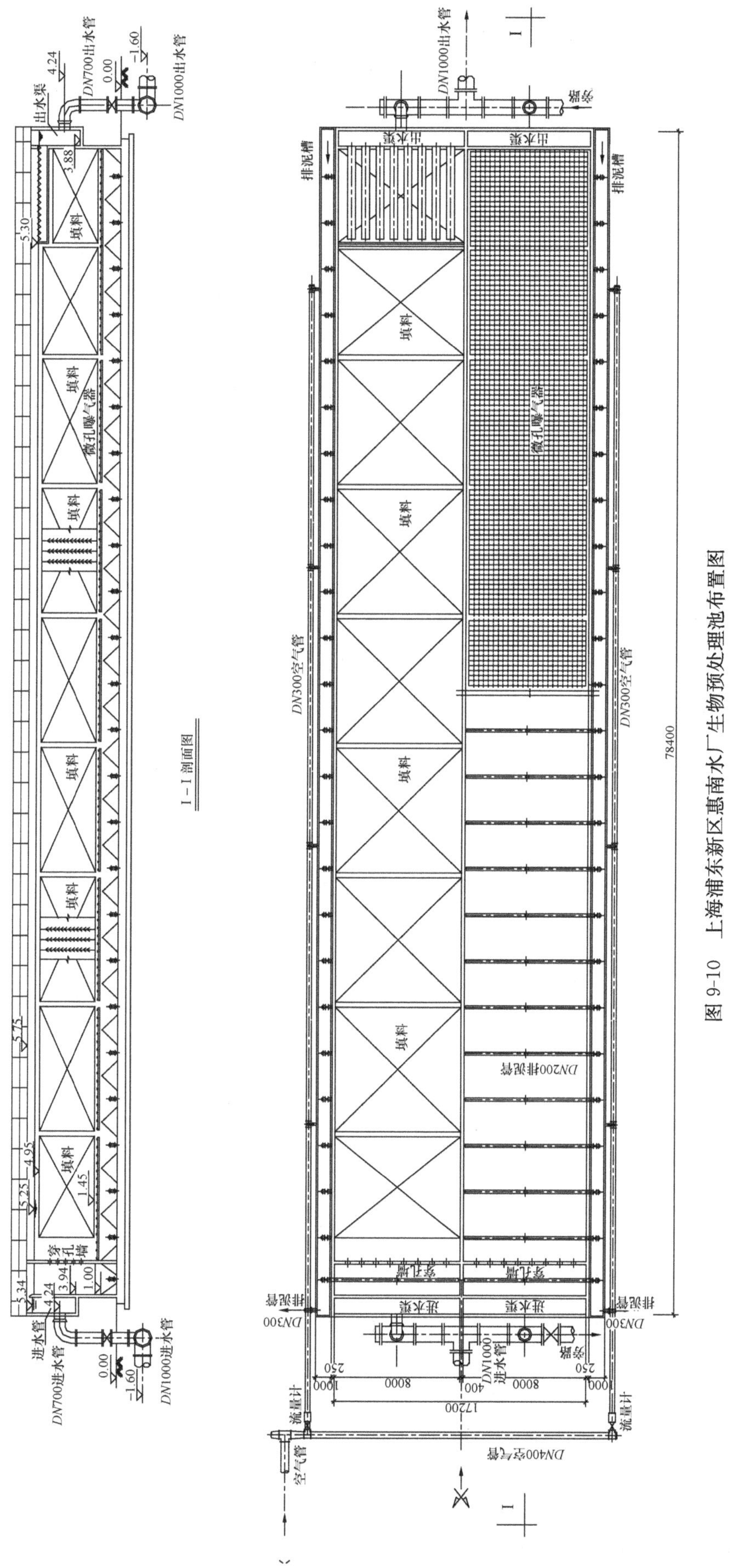

图 9-10　上海浦东新区惠南水厂生物预处理池布置图

(3) 在环境温度适宜的条件下，当原水氨氮浓度低于 3mg/L 时，生物氧化池氨氮去除率达 85%以上，整个工艺流程氨氮去除率可稳定在 90%以上；当原水氨氮浓度在 3～5mg/L 时，整个工艺流程氨氮去除率也可达 80%以上。

(4) 水温对生物氧化池处理效率的影响：1999 年 8 月初至 2000 年 11 月的运行状况表明，水温在 10～30℃之间时，水温对生物氧化池处理效果影响不大。但当水温低于 10℃时，水温对处理效果有一定影响。

(5) 生物氧化池对铁和锰的去除率分别为 25%和 50%以上，经生物氧化和生物絮凝后，有机铁和锰的沉淀过滤性能大为改善，去除率可达 92%以上，锰的去除效果明显优于铁，这有助于缓解出厂水对管道的腐蚀性。

(6) 生物氧化池的耗氧量去除率仅 20%左右，后续补充深度处理工艺才能较大幅度地提高 COD 的去除率。

(7) 生物氧化池常规运行的最小气水比为 0.8∶1，小幅度提高气水比对有机物的去除效果影响不大，在水质条件较差的情况下，调整气水比有助于稳定处理效率。

(8) 通畅排泥和定期脱膜是生物氧化池正常运转的保证，经过一年多的生产运行探索，得出生物氧化池的排泥规律如下：生物氧化池沿水流方向污泥沉积量逐渐减少，污泥成分以脱落的老化生物膜和腐殖泥为主；排泥时，污泥浓度从高到低快速变化，可在 1.5min 左右趋于稳定。据此，生物氧化池的排泥可按以下工艺参数实行：①排泥周期：2 周；②排泥历时：每池分 3 个区段，前区段排泥历时 2min，中段 1.5～2min，后段 1～1.5min。

(9) 生物膜运行一段时间后会产生老化现象，生物膜脱膜采用加大曝气进行冲洗，冲洗强度是正常运行时的 2～3 倍。

(10) 弹性填料生物接触氧化池预处理工程单位直接造价约 100 元/(m^3·d) 左右，运行动力费用可控制在 0.02 元/m^3 以下。

由此可见，采用生物预处理技术具有处理效果好，工程造价和运行成本较低，操作及维护管理简便等特点，是微污染原水的一种具有应用前景的处理工艺。

9.4 颗粒填料生物接触氧化滤池

颗粒填料生物接触氧化滤池也称淹没式曝气生物滤池，即在生物反应器内装填高比表面积的颗粒填料，提供微生物膜生长的载体，原水向上或向下流过滤料层，在滤料层下部进行鼓风曝气，使原水中的有机物和填料表面生物膜完成生化反应。

由于颗粒填料比表面积大，在强烈的水流、气流作用以及周期性的反冲洗条件下，生物膜内的生物大多停留在细菌、菌胶团、原生生物阶段，生物膜厚度较薄，可维持较高的活性。因此，曝气生物滤池具有容积负荷高，水力负荷大，水力停留时间短，占地面积小，处理出水水质好等特点，在国外已被广泛应用于城市污水处理和工业废水的生化处理工程中。国内经过多年来的研究，曝气生物滤池也已有成功应用的实例。目前应用的曝气生物滤池主要有以陶粒为滤料的陶粒生物滤池和以轻质材料为滤料的生物滤池（BIOSMEDI®）等。

9.4.1 陶粒生物滤池

1. 基本构造

陶粒生物滤池通常有两类运行方式：一类是气水同向流，即下部进水，上部出水，水流与曝气同向运行；另一类是气水异向流，即从池上部进水，下部出水，水流与曝气异向运行。同向流方式由于气水流向相同，过滤阻力相对较小，但当进水中带有较大杂质时，则易堵塞配水系统，滤池配水系统需要防止因堵塞而导致配水不均匀。气水异向流是气水流向相反，故过滤阻力相对较大，当增大气量后，进水滤速因气流的阻塞影响而受到限制。在滤池运行方式选择时，应根据原水浊度及悬浮物含量确定，当原水浊度和悬浮物含量较高时，宜选用下向流形式。

陶粒生物滤池构造如图 9-11 所示。

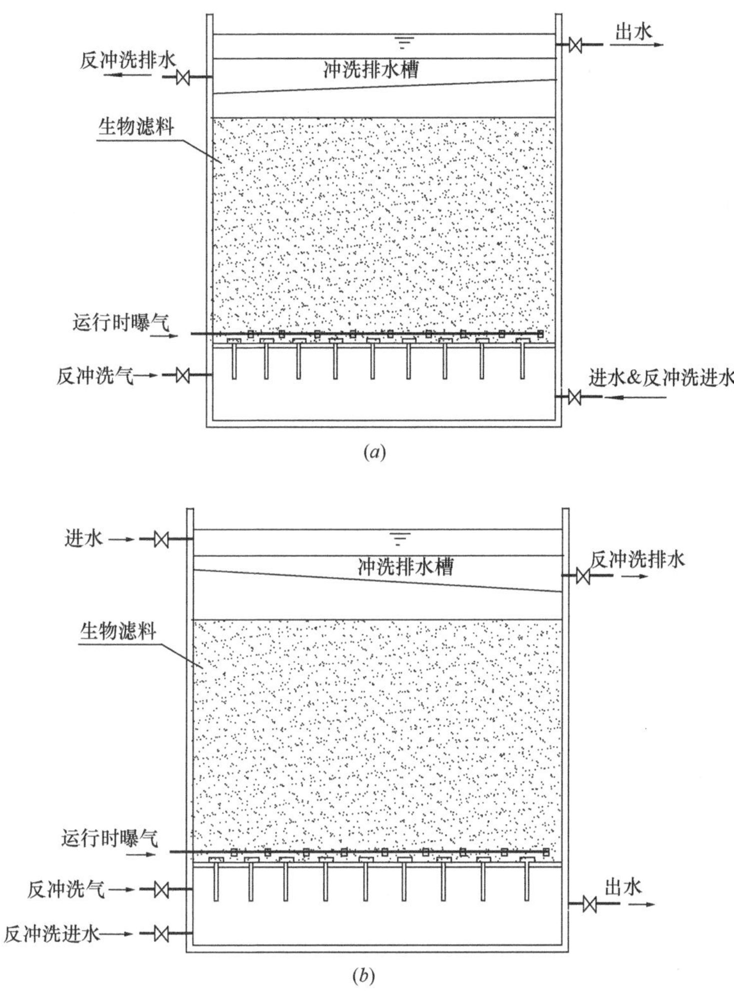

图 9-11　陶粒生物滤池构造示意图

(*a*) 气水同向流；(*b*) 气水异向流

陶粒生物滤池由滤池本体、滤料、配水曝气系统、反冲洗系统、自控系统等组成。滤池为周期运行，从开始过滤至反冲洗完毕为一完整周期，具体过程如下：原水进入曝气生物滤池，空气经过穿孔曝气管亦同时进入，水流经滤料的同时，使填料表面附着大量的微生物，处理后水经由滤池出水区流出，随着过滤的进行，滤层中的生物膜增厚，过滤损失增大，此时对滤层进行反冲洗。

1）滤池本体

一般滤池采用混凝土池壁或钢制池壁组成。滤池的池体设计与给水中的滤池相似。设计时，一般采用 2 组以上，便于一组反冲洗时，其余滤池可正常运行。每组滤池面积一般不超过 100m^2，平面通常采用矩形。滤池高度根据滤料层及承托层厚度、配水布气区、清水区等综合确定，一般配水区高度 1.0～1.2m，滤料层厚度 2.0～2.5m，承托层厚度 0.2～0.3m，填料以上淹没水深 1.5～2m，超高 0.3～0.5m，所以滤池总高度一般为 5～7m。

2）滤料

填料作为曝气生物滤池的核心组成部分，影响着曝气生物滤池的效果。事实上，曝气生物滤池性能的优劣很大程度上取决于填料的特性，不同滤料对曝气生物滤池的功效有直接影响，同时也影响到曝气生物滤池的结构形式。作为生物载体，对处理效果的影响主要反映在滤料的表面性质（包括滤料的比表面积、表面亲水性及表面电荷、表面粗糙程度），滤料的密度、孔隙率、强度等。滤料原材料来源和价格也是滤料选择考虑的重要因素，因此滤料形式不仅决定了可供生物膜生长的比表面积及处理效果，而且影响构筑物的池型及工程造价。作为生物滤料，必须满足以下要求：

（1）滤料必须采用无毒材料；

（2）滤料必须具有较大的比表面积，较高的孔隙率和表面适合微生物生长；

（3）滤料必须具有足够的强度及化学、生物稳定性；

（4）滤料原材料来源广泛，价格便宜。

另外，作为滤料，还需要加工方便，安装及操作管理方便等要求。

我国对曝气生物滤池填料的研究以陶粒为最多，这是因为陶粒作为填料的一种，不仅材料低廉易得，而且显示出的优良特性，特别适合我国的国情。早期的陶粒大多采用页岩石直接烧制、破碎、筛分而成，为不规则状（片状居多）。

滤料的粒径主要取决于曝气生物滤池的功能，滤料粒径越小，曝气生物滤池的效果越好，但小粒径会使其工作周期变短，滤料也不易清洗，相应的反冲洗水量也会增加。而大颗粒填料虽然改善了滤池操作条件，减少了反冲洗的次数，但不利于脱氮和 SS 的去除。因此，应综合考虑各种因素以选定合适的滤料粒径，一般给水预处理宜采用粒径为 2～5mm。

不同滤池滤料层的高度略有不同，一般以 2m 左右为宜。

3）配水曝气系统

配水系统与给水处理的滤池相类似。滤池一般通过廊道进行配水，通过跌落以达到每格滤池进水的均匀。由于滤池下部滤头缝隙和穿孔配水管出水孔孔径较小，如采用上向流进水，进入生物滤池的原水需要严格去除悬浮物质和垃圾，确保无颗粒性物质和杂质，否则会堵塞滤头，影响滤池使用。所以为防止滤池配水系统堵塞，陶粒滤料滤池进水多采用下向流。

曝气生物滤池最简单常用的曝气装置为穿孔曝气管。由于不同格滤池运行工况不同，当各格滤池运行阻力相差较大时，陶粒滤料滤池每格宜采用单独的风机供气。曝气布气多采用穿孔管布气，通常配气管布置成环状，管道布置均匀、平整。穿孔管采用塑料或不锈钢材质。穿孔孔径一般为 3mm，空气通过孔口的流速宜大于 20～30m/s，使孔口存在一定的阻力，促进配气均匀。配气孔口应设置在管道最低处，曝气支管从干管底部接出，防止曝气时干管及支管断面内存有积水，以免影响布气断面面积和防止污泥在穿孔曝气管底部沉积。

由于反冲洗曝气和充氧曝气供气量相差较大，采用同一套布气系统会导致充氧布气不均匀，因此一般曝气和反冲洗布气系统分开设置。

4）反冲洗系统

随着过滤的进行，填料层内生物膜逐渐增厚，SS 不断积累，过滤水头损失逐步加大，在一定进水压力下，设计流量将得不到保证，此时即应进入反冲洗阶段，以去除滤床内过量的生物膜及 SS，恢复滤池的处理能力。滤池需要定期或根据水头损失进行冲洗，依据不同的处理情况，滤池出水指标（如 SS）也可通过自控系统成为反冲洗的控制条件。反冲洗频率与进水水质等因素有关，一般进水水质悬浮物质越高，反冲洗越频繁。滤池反冲洗后，应在滤层中保持一定的生物量，既要恢复过滤能力，又要保证填料表面仍附着有足够的生物体，使滤池能满足下一周期净化处理要求。

目前，一般采用的反冲洗方式为气水联合反冲洗，即先用气冲，再用气、水联合冲洗，最后再用水漂洗。

对于陶粒等比重大于1的滤料滤池，一般有两种滤池底部反冲洗配水形式，一种类似V型滤池，采用滤头配水、配气。为防止原水堵塞，滤头的缝隙应比V型滤池的滤头缝隙大，一般缝隙在2mm左右，以防止滤头堵塞。

另外一种是类似普通快滤池，采用大阻力配水系统，通过穿孔管布水和布气。

滤池反冲洗配水、配气系统必须保持布水、布气均匀，如果设计不合理或安装达不到要求，反冲洗不均匀，将产生下列不良后果：

1）部分区域冲洗强度达不到要求，该区域的生物填料中杂质冲洗不干净，生物膜不能及时更新，将影响生物滤池对污染物的去除效果；

2）对于冲洗强度大的区域，由于水流速度过大，会冲动承托层，引起生物填料的流失。

2. 陶粒生物滤池设计参数

陶粒生物滤池常用的设计参数如下：

（1）陶粒生物滤池的池型可采取上向流或下向流形式，对于原水浊度和悬浮物含量较高时，宜采用下向流的形式。

（2）陶粒生物滤池池体个数不宜少于2座。

（3）滤池高度：配水区高度1.0～1.2m，滤料层厚度2.0～2.5m，承托层厚度0.2～0.3m，填料以上淹没水深1.5～2m，超高0.3～0.5m，所以滤池总高度一般为5～7m。

（4）滤池总面积：按水量和滤速确定，每座滤池的分格数和每格面积可参考普通快滤池，一般每格面积不宜大于100m^2，平面上通常采用矩形，长宽要求可参照普通滤池。

（5）滤速根据进水水质情况进行确定，一般为4～7m/h。

（6）滤池冲洗前的水头损失控制在1～1.5m以内。

（7）曝气生物滤池滤料的粒径应根据原水进水水质确定，一般宜采用2～5mm。

（8）滤池曝气：滤池的曝气量应根据原水水质情况进行计算确定，一般气水比为0.5∶1～1.5∶1。由于曝气风量与反冲洗气量相差较大，曝气量仅为反冲洗气量的1/8～1/10，为保证曝气和反冲洗布气均匀，曝气布气系统与反冲洗布气系统应分开设置。生物滤池曝气通常采用穿孔管布气系统，气冲洗可采用长柄滤头，亦可采用穿孔管配气系统。当采用穿孔管配气时，穿孔管的开孔率、孔眼直径需要根据供气量计算，一般孔口流速不低于20～30m/s，孔眼直径取3mm。配气管道安装应控制水平。

（9）考虑每座滤池的运行工况不同，不同滤池宜采用单独的风机供气，以保证供气均匀，风机可考虑变频控制。

（10）反冲洗：反冲洗可采用气水反冲洗，也可采用其他反冲洗方式。采用气水反冲洗时，根据规范要求，反冲洗空气强度宜为10～20L/(m^2·s)，反冲洗水强度10～15L/(m^2·s)左右。根据经验，反冲洗一般分三个阶段进行：

单独压缩空气反冲洗，使黏附在滤料表面的大量生物膜被剥落下来，反冲洗时间3～5min；

气水联合反冲洗，在压缩空气和水的作用下，滤层产生松动，并略有膨胀，同时反冲洗水可剥落的生物膜被带出池，反冲洗时间2～3min。

单独用水漂洗，反冲洗时间5～6min。

（11）反冲洗水供应：生物滤池设于混凝沉淀之前时，反冲洗水可直接用原水或混凝沉淀出水。当采用原水反冲洗时，应防止原水中悬浮物堵塞配水系统；采用混凝沉淀出水时，注意不能用预加氯水反冲。冲洗水泵或冲洗水箱设置参照快滤池。

3. 陶粒生物滤池运行和维护

1) 启动检查和填料装填前调试

陶粒曝气生物滤池和其他滤池相似，在装入滤料前需要进行严格的检查，确保质量达到要求后，才能装填滤料。一般在启动前检查和调试的主要内容有：

(1) 检查陶粒生物滤池是否按设计要求施工，管路是否畅通。

(2) 空气管吹扫：曝气生物滤池的空气管道有压缩空气管、反冲洗气管和曝气管，它们在压力试验并排干后均需要使用空气进行吹扫（曝气管吹扫应在曝气头安装前进行）。

(3) 滤板安装平整度测试：滤板安装后应进行平整度测试。一般要求单格滤池平整度误差为±3mm。其目的是使滤头杆上的气孔、配水条形孔保持在同一高度上，以提高气水反冲洗均匀性和稳定性。

(4) 当滤池下部采用滤头配水、配气时，应检查滤板是否固定牢固，嵌缝是否完整，有无气孔。在全部滤头堵上堵头后，在滤板下充空气情况下，所有嵌缝应无气泡冒出。

(5) 检查曝气，以及反冲洗配水、配气是否均匀，能够满足正常运行和反冲洗要求后，再装填生物填料。装填承托层和填料时，应分批人工装填，以防止破坏滤池的配气、配水管道及设施。

2) 挂膜方式

在温度正常情况下，一般可采用自然挂膜的方式，以小流量进水，使微生物逐渐接种在颗粒填料上，然后逐渐增加水力负荷，直至达到设计要求。

在低温情况下，微生物的活性受到抑制，生物膜的形成较缓慢，所以挂膜最好在水温较高的情况下进行。

3) 生物滤池的稳定运行

生物滤池具有一定的抗冲击负荷，但如长期处于不稳定运行状态或负荷变化较大，将影响生物滤池的微生物活性，因此应尽量保持滤池的负荷稳定，同时不能使滤池处于无水状态，以免填料干燥。

4) 保持稳定供气

足够的溶解氧是维持细菌生长的必备条件，不能经常处于停气状态，如果经常处于停气状态或供氧不足，微生物的活性将受到影响，从而影响到滤池的处理效率。滤池运行过程中，应及时监测水中的溶解氧，一般出水中的溶解氧不宜低于2～4mg/L。

供气过程中，应观察曝气的均匀性。如果出现曝气严重不均匀状况，可能是因为曝气管被堵塞或损坏，也有可能是因反冲洗不均匀或不彻底，需要及时查找原因，排除故障，确保滤池的正常运行。

5) 严格按要求定期反冲洗

过滤周期过长将造成滤料中积留的污泥太多，水头损失大大增加，能耗增加，老化的生物膜得不到及时更新，出水水质变差；而过滤周期太短，则使得冲洗频繁，增加冲洗水量和能耗，生物膜脱落速度加快，生物量减少，降低了处理效果。因此，合适的反冲洗强度和反冲洗周期对生物滤池的运行效果具有十分重要的意义。

9.4.2 轻质滤料生物滤池

1. 基本构造

轻质滤料生物滤池（BIOSMEDI曝气生物滤池）是上海市政工程设计研究总院针对微污染原水、污水处理及中水回用等方面所开发的新技术（专利号：ZL0026746.8），是一种淹没式上向流生物滤池。滤池一般采用混凝土池壁结构，其滤料采用轻质悬浮球形颗粒滤料，滤料比重小于1。该滤池在进出水配水方式、滤池内部构造以及滤池反冲洗等方面与传统的滤池有较大的区别。滤池基本构造如图9-12所示。图9-13为BIOSMEDI生物滤池整体透视图。

BIOSMEDI曝气生物滤池由以下几部分组成：

（1）滤池底部进水区（冲洗时亦是空气室及排泥区）；

（2）滤池下部配水与穿孔曝气区；

（3）滤池中部轻质滤料滤床区（滤料上部采用滤板抵挡滤料的浮力及运行时的阻力）；

（4）滤池上部（滤板以上）出水区（同时作为滤池脉冲反冲洗的贮水区）。

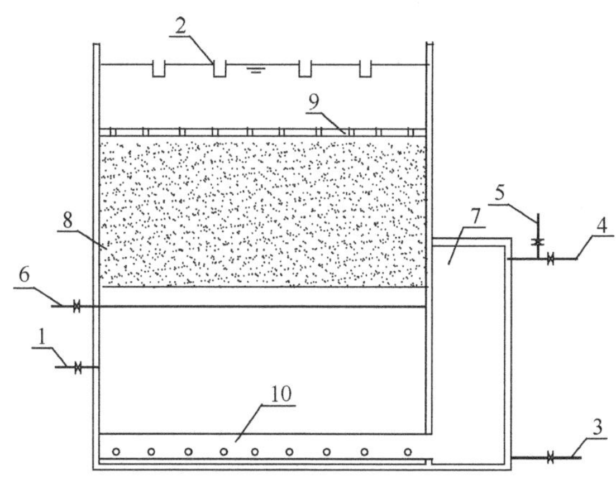

图9-12　BIOSMEDI生物滤池示意图

1—进水管；2—出水集水槽；3—排泥管；4—反冲洗进气管；5—放气管；6—穿孔曝气管；7—气囊；8—轻质滤层；9—滤板；10—穿孔连接管

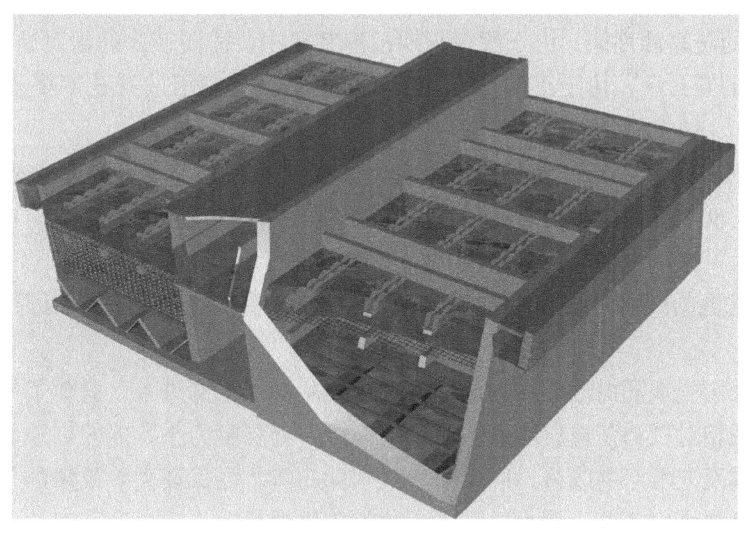

图9-13　BIOSMEDI生物滤池透视图

2. 工作原理和特点

1）工作原理

生物滤池采用周期运行，从开始过滤到反冲洗结束为一个周期。正常运行时，原水通过进水分配槽进入滤池下部，在滤料阻力的作用下使滤池进水分配均匀。空气布气管安装在滤层下部，空气通过穿孔布气管进行布气。原水经过滤层，在滤料表面附着有大量的微生物，填料中的微生物利用进水中的溶解氧降解一部分有机物及氨氮，处理出水经由上部清水区域排出。

随着过滤的进行，滤层中的生物膜增厚，过滤损失增大，此时需要对滤层进行反冲洗。滤池反冲洗时，由于滤料比重较轻，采用常规的冲洗方法（如单水反冲洗、气水反冲洗等）均难于奏效。根据滤料的具体特点，该工艺采用脉冲冲洗的方法。反冲洗水采用滤池出水。冲洗过程如下：当某格滤池需要反冲洗时，首先关闭进水阀及曝气管，打开滤池反冲洗鼓风机，使空气进入空气室排开室内水体，在滤池下部形成空气垫层，当空气垫层达到一定容积后，打开空气室的放气阀，这时滤池中的水在重力作用下迅速补充至空气室，相应滤层中从上到下冲洗的水流量瞬时突然加大，导致滤料层突然向下膨胀，可以使附着在滤料上的悬浮物质脱落。通过几次脉冲后，打开排泥阀，利用其他正在运行的生物滤池出水对滤层进行水漂洗，可有效地达到清洁滤料的目的。最后关闭排泥阀，结束反冲洗，进入正常运行状态。

2）滤池特点

BIOSMEDI 曝气生物滤池与其他生物滤池相比，在构造方面具有以下特点：

（1）滤料：滤料是影响生物滤池运行的关键。该滤池的滤料是一种粒径小、形状一致的轻质球形塑料滤料。该滤料的原材料来自国内的工业原料，具有来源广泛，化学稳定，价格便宜，滤料粒径均匀，滤料内孔隙率高，滤池运行时阻力损失小等特点。另外，由于滤料比表面积大，单位体积内附着的生物量大，大大增大了生物滤池的容积负荷，使生物滤池去除效率大大提高。

（2）滤板：滤池滤板需抵抗滤料浮力，防止滤料流失，是确保滤池正常运行的关键之一。该滤板需要满足以下条件：

A. 具有较高的强度：由于滤料比水轻，滤料上面需要采用滤板以抵挡正常运行时滤料的浮力。根据滤料厚度不同，滤板所受的浮力不同，一般要求每平方米滤板受力在 20～30kN 以上。考虑反冲洗向下的水流作用，滤板需要双向受力。

B. 具有较好的防腐蚀性能：由于滤板长期浸泡在水中，需要较好的耐腐蚀性能。

C. 具有较高的开孔率：由于正常过滤及反冲洗的需要，滤板的开孔率要求较高，一般开孔率控制在 8%～10%左右。

D. 具有防止滤料流失功能：滤板的缝隙大小需要与滤料大小相配合，滤板缝隙太小，滤板开孔率较小，影响反冲洗强度，同时缝隙之间易长生物膜，缝隙太大，需要防止滤料流失。

（3）滤池配水：原水由滤层下部空间进入滤池，由于滤层的阻力作用下，可使进入滤层布水均匀，因此，滤池的配水系统相对简单，不存在配水系统堵塞问题，对原水悬浮物质要求较低。

（4）该滤池采用气水同向流形式，即进水和曝气从滤层下部进入，避免了气水异向流时水流速度和气流速度的相对抵消而造成能量的浪费，因此，滤层阻力小，能较好地与后续絮凝沉淀池衔接，适用于新建及老水厂的改造。同时采用气水同向流，在保证去除效果的条件下，滤速可以有较大的提高，增加水力负荷，大大提高了滤池的传质效果。

（5）曝气系统：考虑到滤料对气泡的剪切和阻挡作用，有利于氧气的传质，以及穿孔布气管构造简单，不易损坏，减少曝气维修，同时可降低工程投资，因此，滤池曝气一般采用穿孔管布气方式，但穿孔管曝气系统需要进行系统设计，管道安装时注意标高控制，以确保布气均匀。

（6）滤池反冲洗：由于滤料介质轻，传统的水反冲、气水反冲均难以十分有效，采用脉冲冲洗方法是本滤池的主要特点之一。经测定，短时间水反冲洗强度可达 80～100L/(s·m^2)，在水流的剪切作用下，达到对滤料冲洗的目的。

滤池反冲洗采用全自动控制，具体冲洗过程可分为三个阶段：

A. 短暂打开排泥阀，时间约 0.5～1min，以排除上一阶段底部沉积的污泥；

B. 脉冲洗阶段，通过在气囊内充气和放气，在滤池下部充入空气，后短时放气，使滤池内水突然向下，形成对滤料的反冲洗，具体充放气次数根据滤料情况而定，一般每次冲洗 2～3 次；

C. 水漂洗阶段，脉冲洗结束后，排泥阀保持全开，利用滤池出水对滤料进行漂洗，漂洗时间根据排泥水水质情况而定。

相对于传统的高强度气水反冲洗，脉冲反冲洗是一种高效、低能耗的反冲洗形式，简化了滤池设备，降低了工程投资，具有下列优点：

A. 滤池采用高强度的脉冲反冲洗形式，冲洗过程中耗水量、耗气量较小；

B. 反冲洗不需要采用专门的反冲洗水泵和曝气反冲洗风机，设备数量大大减少；

C. 反冲洗水利用滤池出水，不需要专门建造反冲洗水池。

3. 轻质滤料生物滤池设计参数

轻质滤料生物滤池主要设计参数如下：

(1) 滤池高度：滤池高度与滤料的厚度有关，一般滤层底部排泥区和气室高度采用1.0～1.2m，下部配水配气区1.0～1.5m，滤料层2～2.5m，出水区0.6～0.8m，超高0.3m，总高度为5.5～6.5m。

(2) 滤池滤速：滤速根据原水水质情况、滤层厚度等因素综合确定，一般采用4～6m/h。

(3) 曝气生物滤池池体个数不宜少2座。每座滤池的分格数可参考普通快滤池。

(4) 滤池阻力：由于滤池采用气水同向流，在正常滤速情况下，滤池阻力一般不超过0.5m，包括与进水和出水堰等配水损失，整个滤池水流损失1.2～1.5m。

(5) 滤池进水和配水：滤池进水宜采用细格栅，防止纤维及漂浮物进入滤池。滤池进水采用堰流方式配水，以确保不同格滤池配水均匀。

(6) 滤池总面积：按水量和滤速确定，每格最大面积一般不超过100m^2。

(7) 曝气生物滤池滤料颗粒的粒径应根据原水进水水质确定，滤料应考虑具有一定的强度，在正常运行下不变形。

(8) 滤池曝气：与陶粒滤料生物滤池相似，一般取气水比为1∶1。生物滤池曝气通常采用穿孔管布气系统。穿孔曝气管设计与陶粒滤料生物滤池类似。

(9) 滤池反冲洗：滤池反冲洗采用脉冲反冲洗的形式，冲洗水利用滤池上部出水进行反冲洗。滤池反冲洗采用PLC自动控制。

4. 运行和维护

轻质滤料生物滤池运行和维护方面可参照陶粒滤料生物滤池，但由于其特殊的构造，还需注意以下几方面：

(1) 滤料装填前检查：为确保滤池正常运行，在装入填料前需要进行严格的检查，与生物陶粒滤池一样，保证滤池按设计要求进行施工，各管路通畅，对空气管道进行吹扫，确保质量达到要求。另外，在装填滤料前，还需要对以下方面进行重点检查：

A. 由于滤池利用混凝土隔墙形成空气室，因此，在施工时，混凝土应振捣密实，下部气室尽可能整体浇捣，在气室施工缝之间设置止水片，与空气室相连的管道应设置止水环。

B. 滤池内水注入至曝气管上方后，开启曝气风机，检查穿孔曝气管的曝气均匀性。

C. 当水位放至出水槽后，启动反冲洗风机，向气囊内充气后，检查空气室的气密性。在空气室充满空气后，关闭反冲洗充气风机，检查空气室壁是否有气冒出，如有空气冒出，需要记录漏气位置，进行修补。

D. 在空气室不泄漏情况下，脉冲反冲洗正常。

E. 在滤板方面，应检查滤板是否固定牢固，以防止滤料流失。

(2) 在装入滤料之前，滤池内水位应注入到曝气管以上，才能投入滤料，否则滤料会进入空气室，影响到滤池的正常运行。同时在滤池运行过程中，不得对滤池进行放空。如需要检修曝气管，则需要把滤池滤料拿出来才能对滤池进行放空。

(3) 在滤池内水位较高的情况下，应禁止打开滤板人孔，否则滤池内的填料会通过人孔流到滤池外。如滤板上部人孔需要打开，可把排泥管排泥阀打开，使池内水位下降到排泥阀处，然后再打开人孔。

(4) 滤池宜保持长期稳定运行，短时间流量和负荷的冲击会影响到滤池的处理效果。

(5) 滤池需要定期反冲洗，如长时间不冲洗，滤池易板结，影响处理效果和布水均匀性，滤料阻力也增大。

(6) 在滤池运行过程中，滤池出水溶解氧不宜小于4mg/L，一方面可确保生物预处理的处理效果，另一方面可对进水复氧。

(7) 滤池长时间不运行时，应将滤料彻底冲洗干净，同时保持填料处于水位以下，不能使滤料长时期露出水面，否则会导致滤料结块硬化。

9.4.3 应用实例

上海徐泾自来水厂采用了轻质滤料的生物接触氧化滤池对原水进行预处理，取得了较好效果，概述如下。

1. 工程概况

上海徐泾自来水厂生物预处理工程规模7万m^3/d。原水采用淀浦河水源，水中色度较高，氨氮、亚硝酸盐、耗氧量及铁、锰的含量偏高。进水中氨氮平均值一般在4～5mg/L左右，最高值达9mg/L左右；原水中的锰含量在0.1～0.3mg/L，最高值在0.4mg/L以上。水厂工艺流程如图9-14所示。

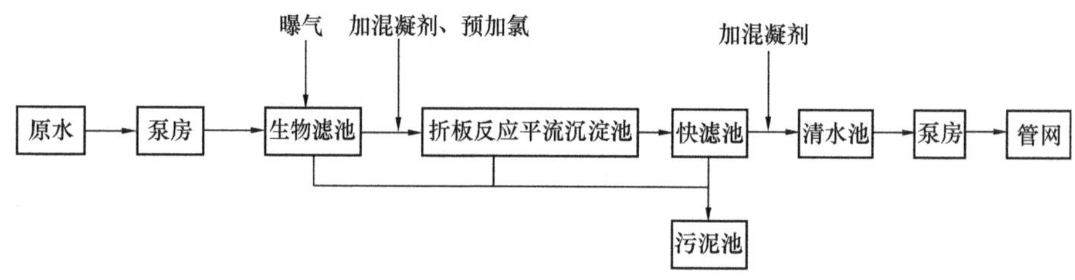

图9-14 徐泾自来水厂处理工艺流程

2. 生物滤池设计参数

轻质滤料生物滤池共分12格，成双排布置，中间设走道及控制室，总平面尺寸为47.65m×23.3m。滤池进水设有XGC-1300机械细格栅2台，以去除较大垃圾。整个滤池设有进水总槽、进水分配溢流堰和出水总槽。滤池通过堰跌落均匀配水。每格滤池有效面积为6.5×6.0m，滤池总深度为5.5m，采用滤速为6.5m/h，有效水力停留时间为45min。每格滤池中间上部设有出水槽，下部设有滤池反冲洗气囊。每格滤池设置*DN*300进水管、*DN*350排泥管、*DN*300放气管、*DN*100曝气管及放空管等。滤料放气采用*DN*300气动快开阀门，便于快速开启。每格滤池上部设有阀门连通，便于反冲洗时滤池上部出水相互补充。滤料采用轻质颗料滤料，粒径为5～6mm，滤料厚度为2.0m。

滤池曝气采用罗茨风机4台（3用1备）。每台风机流量20m^3/min，功率30kW。气水比可根据需要控制为0.4∶1～1.2∶1。考虑到滤料对气体的剪切及阻挡作用，使氧的利用率大大提高，生物滤池曝气采用穿孔管进行曝气，穿孔孔径为3mm。反冲洗风机2台（1用1备），每台风机流量3m^3/min，功率7.5kW。

滤池下部静止沉淀的悬浮物质及滤池反冲洗的生物膜通过穿孔排泥管排至厂区污泥池。整个预处理工程单位直接造价约100元/(m·d) 左右（不包括地基处理费用）。

徐泾自来水厂生物滤池布置见图9-15，实景见图9-16所示。

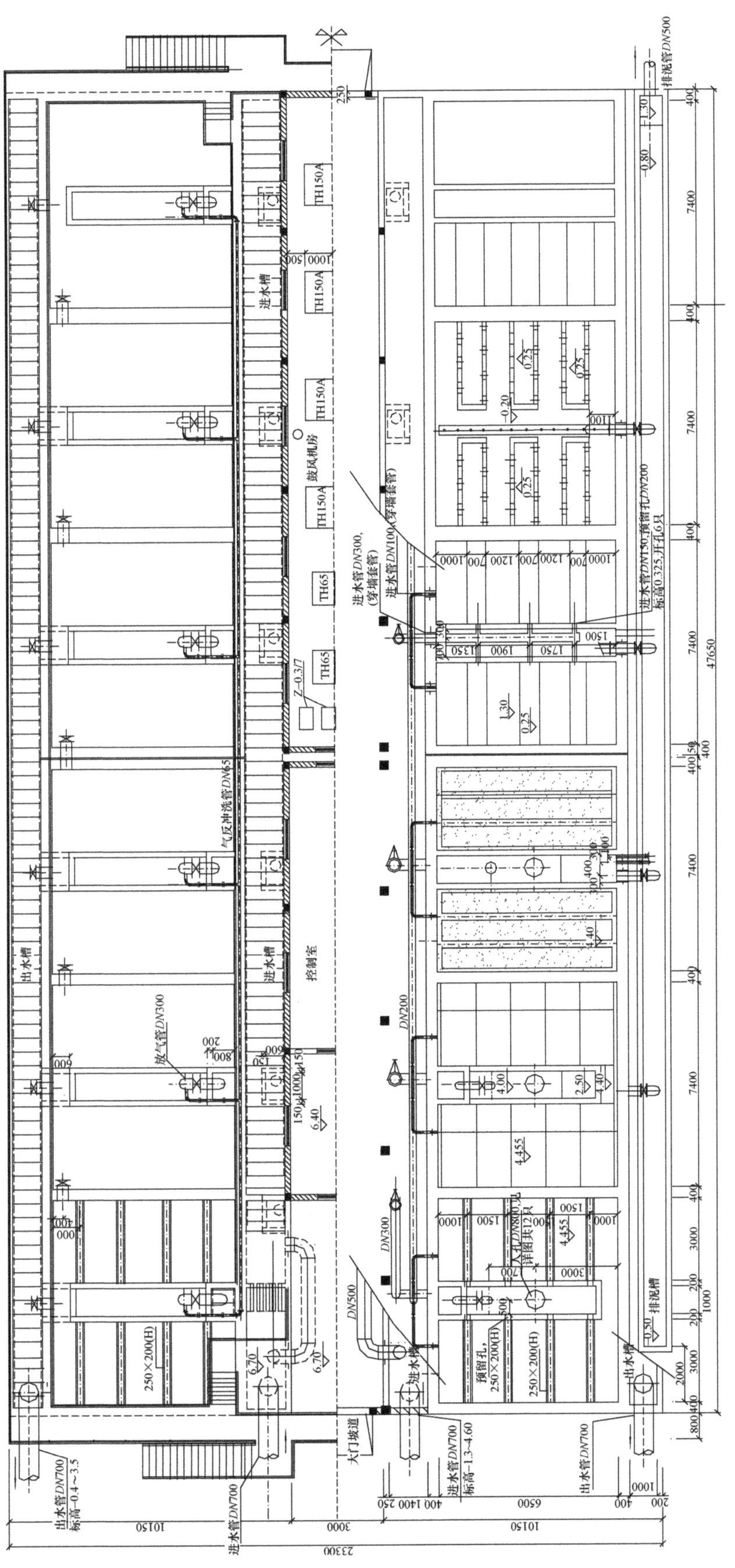

图 9-15　徐泾自来水厂生物滤池布置图（一）

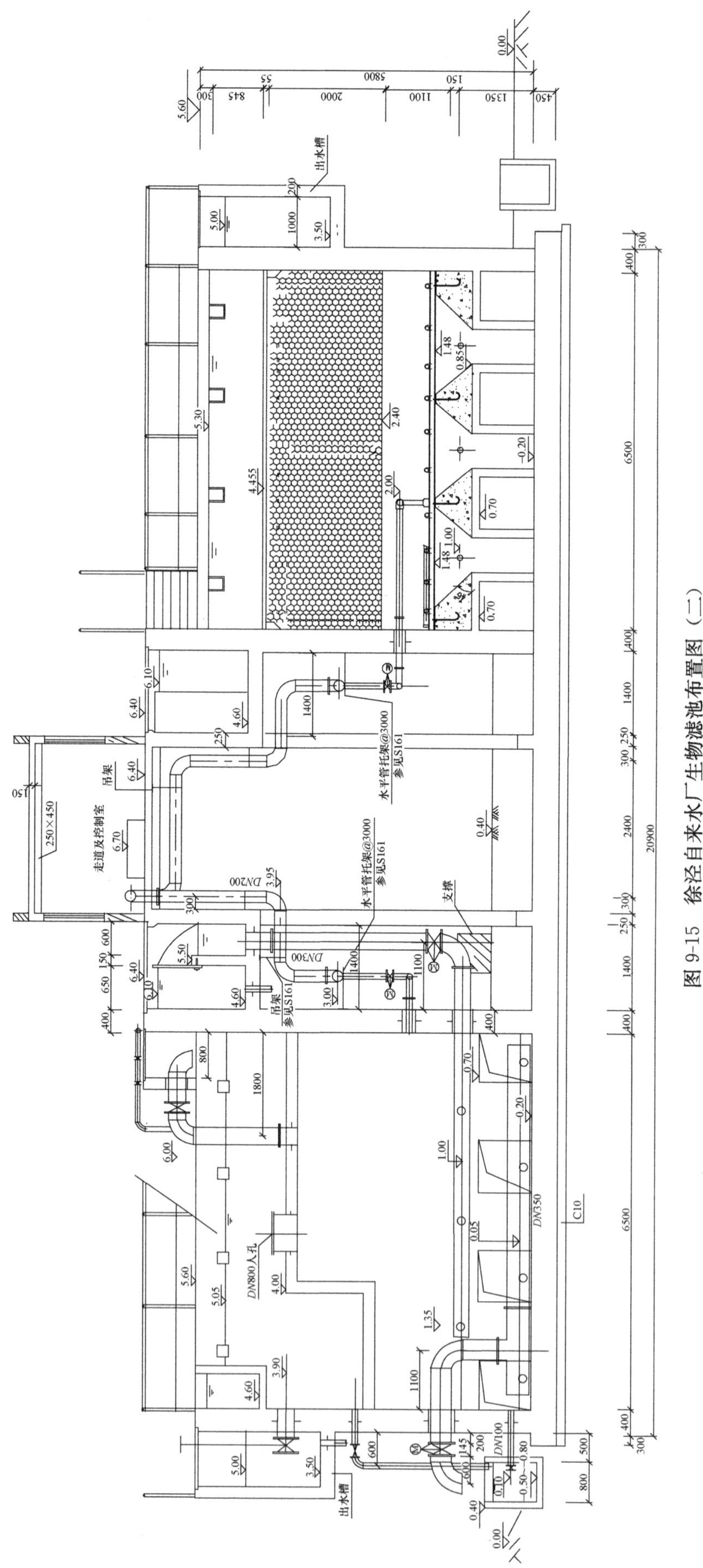

图 9-15 徐泾自来水厂生物滤池布置图（二）

图 9-16　徐泾自来水厂 BIOSMEDI 生物滤池实景图

3. 运行情况

徐泾水厂轻质滤料生物滤池主要运行情况如下：

1）挂膜启动

工程于 2003 年 2 月竣工，开始设备调试。3 月 13 日开始微生物培养，此阶段水温为 8～14℃，平均运行水量为 5～6 万 m^3/d。到 4 月初，生物预处理对氨氮的去除效果明显上升，4 月 10 日，生物滤池对氨氮的去除已达到设计的去除效果，进水氨氮在 3～4mg/L 的情况下，出水氨氮在 1.0mg/L 以下，微生物培养结束。

2）反冲洗

生物滤池的运行周期为 4 天。每次冲洗过程如下：

（1）关闭进水阀、曝气阀；

（2）打开反冲洗进气阀 10min；

（3）打开排泥阀先排泥，然后打开 *DN*300 放气阀排气；

（4）关闭排气阀，继续反冲洗；

（5）打开放气阀，然后关闭反冲洗风机和反冲洗气阀；

（6）排泥阀全开，进行排泥和漂洗。

每次反冲洗历时约 30min，其中脉冲冲洗时间为 20min，排泥及漂洗时间为 10min。反冲洗控制采用手动控制，在生物滤池管廊上设置反冲洗控制按钮，人工控制阀门的开启和关闭。生物滤池设置日常值班人 1 名。

3）对氨氮处理效果

对 2005 年水温高于 15℃的数据进行统计分析表明，在进水氨氮低于 2mg/L（平均 1.3mg/L）时，滤池对氨氮的去除率达到 82%；进水氨氮在 2～3mg/L（平均 2.4mg/L）时，滤池对氨氮的去除率为 75%；进水氨氮在 3～4mg/L（平均 3.56mg/L）时，滤池对氨氮的去除率为 63%；进水氨氮在 4～8mg/L（平均 5.0mg/L）时，滤池对氨氮的去除率为 48%。以上数据表明，在现有设计停留时间的情况下，当进水氨氮低于 3mg/L 时，可达到 75%以上的去除效果，在进水超过 3mg/L 的情况下，需要延长生物预处理停留时间。

水厂进水采用水泵提升进入滤池，在水厂用水高峰时段，一级泵房开启 3 台泵，低谷时开启 2 台泵，由此导致进入生物滤池的流量不均匀。通过对不同流量时出水氨氮去除率的检测发现，当一级泵房开启 2 台水泵时，滤池对氨氮处理效果明显比开启 3 台水泵时好，从另一方面说明水力停留时间增加，将明显有利于滤池处理效果的提高。

4）温度的影响

从实践运行数据分析可见，温度对氨氮的去除有较大的影响。运行数据表明，进水水温低于 10℃时，生物滤池对氨氮的去除率较差，约降低 20％左右。温度上升，生物滤池对氨氮的去除率明显提高。

5）生物预处理对其他污染物的去除

生物滤池对浊度的去除 15％～20％。另外，生物预处理前，水厂出水色度一般在 10～12 度，锰一般在 0.2～0.4mg/L，经生物预处理后，出水色度一般在 5～8 度，出水的色度明显降低，出水锰稳定在 0.05mg/L 以下。对生物预处理投运前后进行的感观对比发现，在生物预处理运行后，沉淀池内水质清澈，异味和浮油消失，水中的臭味得到明显改善，总体感官性状指标大为改善，工程达到预期的效果。

第 10 章　活性炭吸附

10.1　活性炭的吸附作用及基本原理

10.1.1　吸附现象

在两相界面上，一相中的物质或溶解在其中的溶质向另一相转移和积聚，使两相中物质浓度发生变化的过程称为吸附过程。吸附可以发生在液—固、气—固等的界面上，因此，吸附可以看成是一种表面现象。其中在界面上浓集或吸附的分子是吸附质，而固体物质是吸附剂。活性炭从水中吸附污染物质的现象就是一种液—固吸附过程。活性炭被水包围的区域是一个界面，在这个界面产生吸附。

吸附现象的引起与吸附剂的表面特性和吸附质对吸附剂的亲和性有密切的关系。吸附剂的表面特性主要包括比表面积、表面能和表面化学性质三个方面。其中比表面积的大小只提供了吸附质与吸附剂之间的接触机会，表面能可从能量的角度解释吸附过程自动发生的原因，而表面化学性质则在吸附中起着重要的作用。此外，吸附质对吸附剂的亲合性越高，吸附越容易发生，如活性炭对水中极性较差的溶质有较大的亲和力，所以容易吸附这些溶质，而对极性较强的物质则不易吸附。

10.1.2　活性炭吸附特性

1. 活性炭的主要品种

活性炭外观为暗黑色，是以炭作骨架结构的固体物质；其孔隙发达，有很大的表面积；其化学稳定性好，具有一定强度和良好的吸附性能，化学稳定性好，可耐强酸及强碱，能经受水浸、高温；干炭密度比水小，是一种多孔疏水性吸附剂。

活性炭的品种按其制取的原料不同，主要包括煤质活性炭、木质活性炭和有机废渣活性炭，其中煤质活性炭应用最广，按其形状可分为粒状活性炭（颗粒活性炭）和粉状活性炭（粉末活性炭）。其中煤质颗粒活性炭按其制造工艺不同又可分为原煤破碎不定型颗粒活性炭和挤压成型颗粒活性炭（含柱状炭），按其应用功能可分为净化水用煤质颗粒活性炭、净化空气用煤质颗粒活性炭、脱硫用煤质颗粒活性炭、回收溶剂用煤质颗粒活性炭、触媒载体用煤质颗粒活性炭、防护用煤质颗粒活性炭和高效吸附用煤质颗粒活性炭。

活性炭是由含碳为主的物质，如煤（包括煤焦炭）、木屑、果壳以及含碳有机废渣等作原料，经高温炭化和活化制得。在制造过程中以活化过程最为重要，其活化方法分为化学（药剂）活化法和气体活化法（物理活化法）。化学活化法多用于制造粉状炭，作一次性使用；气体活化的粒状炭使用过后还可以重复活化再用。其中化学活化主要是利用非碳酸化的材料（如泥煤和木屑等），以具有脱水性和氧化性的氯化锌、硫酸、磷酸、氢氧化钠、氢氧化钾、硫化钾等为活化剂，所制得的活性炭其强度不亚于气体活化法所制得的活性炭，其制取的工艺流程详见图 10-1；气体活化法制造活性炭一般以煤、木炭为原料，用水蒸气、CO_2为活化剂，其制取的工艺流程详见图 10-2。

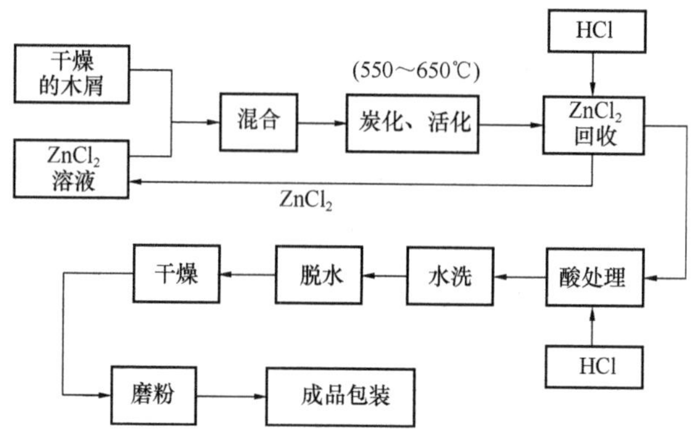

图 10-1 化学活化法工艺流程图

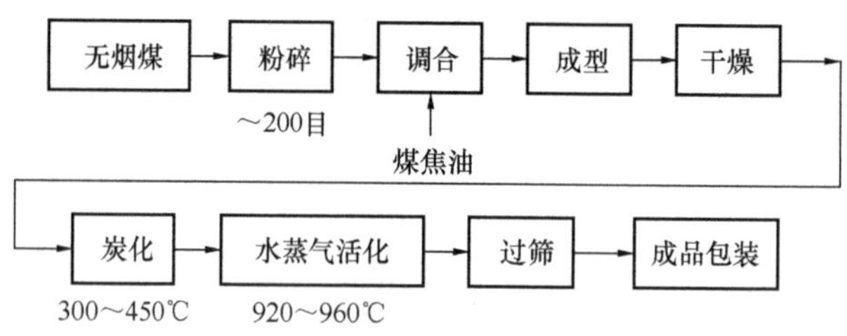

图 10-2 气体活化法工艺流程图

2. 活性炭的吸附形式及特性

在水处理中，活性炭的吸附通常同时包含了物理吸附、化学吸附和离子交换吸附三种形式，三种吸附的综合作用可达到去除污染物的目的。对于不同的吸附物质，三种吸附所起的作用不同，其中物理吸附起最主要的作用。

1）物理吸附

吸附剂和吸附质（溶质）通过范德华力作用产生的吸附称为物理吸附。物理吸附由于是分子力引起的，因此吸附热较小，不需要活化能，在低温条件下即可进行。物理吸附是可逆的，在吸附的同时被吸附的分子由于热运动还会离开吸附剂表面，形成解吸现象。物理吸附可形成单分子吸附层或多分子吸附层。由于分子间力是普遍存在的，所以一种吸附剂的物理吸附过程往往可吸附多种物质，但随吸附质不同其吸附的量有所差别。

活性炭的物理吸附能力由其物理特性所决定，主要与其比表面积和孔径分布有关。活性炭的比表面积一般 1000m^2/g 以上，孔隙总容积一般在 0.6～1.18mL/g，孔径一般在 10～10^5Å。活性炭孔隙构造随原料、活化方法、活化条件不同而异，通常分为大孔、中孔（过渡孔）、微孔 3 种。各孔隙物理特性见表 10-1。

孔隙物理特性 **表 10-1**

孔隙名称	平均孔径 Å	水蒸气活化活性炭		
		孔容积（mL/g）	比表面积（m^2/g）	比表面积比率
微 孔	＜20	0.15～0.9	700～1400	＞95％
中孔（过渡孔）	20～1000	0.02～0.1	1～200	＜5％
大 孔	1000～100000	0.2～0.5	0.2～2	甚微

注：比表面积比率$=\frac{\text{孔隙的比表面积}}{\text{孔隙的全部比表面积}}\times 100$；$1Å=10^{-8}$cm。

对活性炭在水中的吸附，一般认为上述 3 种孔隙的各自作用为：

大孔——为吸附质的扩散提供通道，通过大孔再扩散到过渡孔和微孔中去，吸附质的扩散速度往往受大孔构造和数量的影响；

中孔（过渡孔）——大分子吸附质的吸附主要靠中孔，同时中孔也是小分子吸附质扩散到微孔的通道；

微孔——用于吸附 20Å 以下小分子吸附质。由于微孔的表面积占活性炭总表面积的 95%以上，因此，微孔的容积及比表面积是标志活性炭吸附性能优劣的主要指标。

由于水处理中被吸附物质的分子直径要比气相吸附过程中相同的被吸附物的分子直径大，要求活性炭有适当的中孔比率，否则有机物质很难进入微孔，会影响活性炭的吸附能力和净水效果。因此，水处理活性炭的选择应根据水中吸附质的分子量（或直径）与活性炭的孔径分布来确定。

2）化学吸附

活性炭除以物理吸附为主外，也进行一些选择性吸附，是活性炭化学吸附的表现形式。活性炭的化学吸附是由吸附剂与吸附质（溶液）之间化学键的作用所引起。化学吸附需要大量的活化能，一般需要在较高的温度下进行，吸附热量较大。化学吸附是一种选择性吸附，即一种吸附剂只对某种或特定的几种物质有吸附作用。化学吸附仅能形成单分子层。化学吸附相对稳定，不易解吸。

化学吸附与吸附剂的表面化学性质和吸附质的化学性质有关。活性炭表面化学性质通常与活化温度有关，当活化温度为 300～500℃时，活性炭表面酸性氧化物占优势，这种酸性氧化物在水中离子化时，活性炭带负电荷，易吸附碱性物质；当活化温度为 800～900℃时，碱性氧化物占优势，这种碱性氧化物在水中离子化时，活性炭具有两性性质。煤制水蒸气活化的活性炭一般呈碱性，易吸附酸性物质。

3）交换吸附

吸附质的离子由于静电引力积聚在吸附剂表面带电点上的过程被称为交换吸附。这一过程将伴随着等量离子的交换，即每吸附一个吸附质（溶质）的离子，吸附剂同时要放出一个等量的离子，离子的电荷是交换吸附的决定因素。如果吸附质（溶质）的浓度相同，离子所带的电荷越多，它在吸附剂表面上的反电荷点上的吸附力越强。对于电荷相同的离子，水化半径越小，越能更紧密地接近于吸附点，有利于吸附。因此，活性炭的交换吸附同样与其表面化学性质和吸附质的化学性质有关。

3. 吸附容量及吸附速度

活性炭的吸附能力一般用吸附容量及吸附速度两方面的性能来衡量，它与活性炭颗粒大小、形状、被吸附物质溶液的浓度及温度等有关。

1）吸附容量及平衡吸附容量

吸附容量是指单位重量活性炭所能吸附的溶质的量。当溶质被活性炭表面吸附的量与该溶质在水中的浓度之间达到了平衡时，此平衡时水中溶质的浓度称为平衡浓度，相应此时活性炭的吸附容量称为平衡吸附容量。

平衡吸附容量表示了活性炭对溶质吸附量的性能。吸附容量越大，吸附周期越长，活性炭再生的周期就长，水处理的长期运行成本就低。平衡吸附容量一般用字母 q_e表示，单位为 mg 溶质/g活性炭（mg/g）。

平衡吸附容量可用式 10-1 表示：

$$q_e = \frac{V(C_0 - C_t)}{W} \tag{10-1}$$

式中　V——达到平衡时的累计通水体积（L）；

C_0——吸附开始时水中溶质的浓度（mg/L）；

C_t——吸附达到平衡时水中溶质的浓度（mg/L）；

W——活性炭用量（g）。

平衡吸附容量随溶液的 pH 值、浓度、温度、活性炭的性质及溶质性质等不同而异。通常通过吸附等温线的测定可得到活性炭吸附容量的近似范围，也可以通过试验柱通水试验求得。

2）吸附等温线和吸附等温式

在恒温条件下，测定分析吸附容量（q）与平衡浓度（C）之间的变化规律，以普通坐标图或双对数坐标图表示所得到的曲线或直线被称为吸附等温线。以普通坐标表示的吸附等温线主要有朗缪尔（Langmuir）等温线和弗罗因德利希（Freundlich）等温线两种形式，分别如图 10-3（a）和（b）所示。

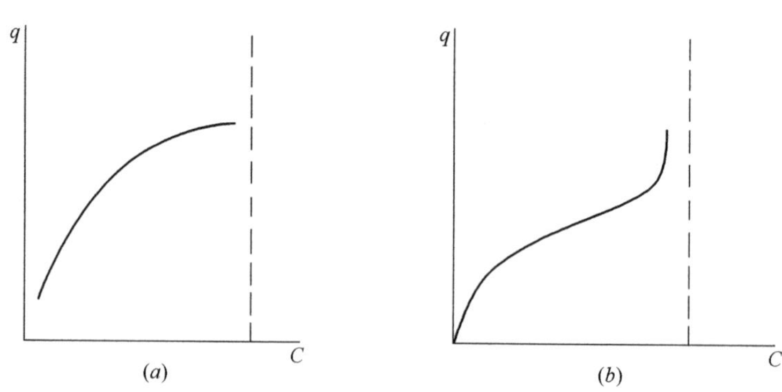

图 10-3　两种主要的吸附等温线

（a）朗谬尔等温线；（b）弗罗因德利希等温线

表示吸附等温线的公式称为吸附等温式，不同的吸附模型可以推导出不同形式的吸附等温式，在液相吸附中主要有朗缪尔公式和弗罗因德利希经验公式，其中以弗罗因德利希经验公式最为常用。

（1）朗缪尔公式：

朗缪尔从动力学观点出发，通过一些假设而推导出如式 10-2 所示的单分子层吸附公式：

$$q_e = \frac{abC_i}{1+aC_i} \tag{10-2}$$

式中　a——与最大吸附量有关的常数；

b——与吸附能量有关的常数；

C_i——平衡浓度。

上式可整理为便于计算的式 10-3：

$$\frac{1}{q_e} = \frac{1}{abC_i} + \frac{1}{b} \tag{10-3}$$

式 10-3 中由于 $1/q_e$ 与 $1/C_i$ 成直线关系，利用这种关系可通过一组测定数据求得 a、b 的值，从而确定可实际应用的公式。

（2）弗罗因德利希经验公式：

$$q_e = kC_i^{1/n} \tag{10-4}$$

式中　k、$1/n$——常数；

q_e——吸附容量（mg/g）；

C_i——平衡浓度（mg/L）。

上式的对数式如式 10-5 所示：

$$\lg q_e = \lg K + \frac{1}{n}\lg C_i \tag{10-5}$$

上式中 q_e与其相对应的 C_i点在双对数坐标纸上可表示成一条直线，如图 10-4 所示。由图可知，其直线截距为 k，斜率为 $1/n$；k 值越大，活性炭的吸附容量越大。$1/n$ 表示随着浓度的增加吸附容量增加的速度。此外，利用 k 和 $1/n$ 两个常数，可以比较不同活性炭的吸附特性。图 10-5（a）中的 A 炭吸附容量较 B 炭大，当浓度较高时，B 炭的吸附效果有所改善；图 10-5(b) 中的 C 炭，当浓度低时吸附容量较 D 炭高，但在高浓度时，吸附容量 D 炭较 C 炭低。

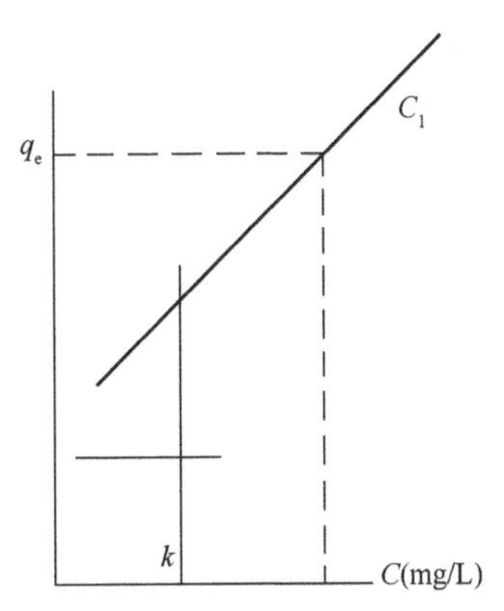

图 10-4　吸附等温双对数线

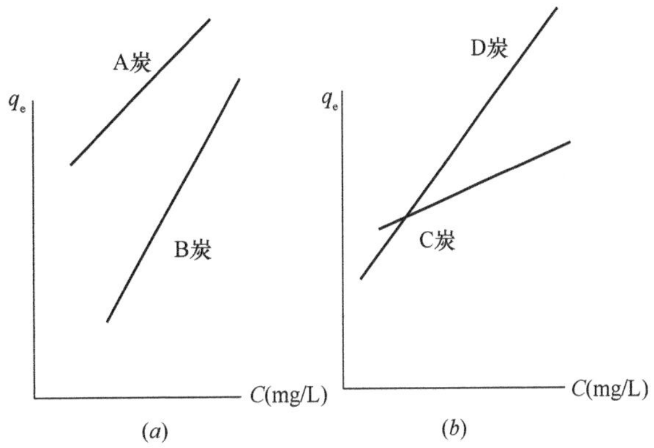

A炭
B炭
qe
C(mg/L)
(a)
D炭
C炭
qe
C(mg/L)
(b)

图 10-5　不同炭种吸附等温线

活性炭的吸附等温线可显示活性炭之间的差别，水中不同种类物质的吸附性的变化以及某些情况下竞争吸附的状况，因此，吸附等温线的主要作用如下：

A. 比较供选择的活性炭；

B. 作为购买活性炭的质量控制依据；

C. 预测活性炭的吸附性能；

D. 估算已经使用过的活性炭的剩余吸附容量。

3）吸附速度

吸附速度是指单位重量活性炭在单位时间内所吸附物质的量。吸附速度表示了活性炭对溶质吸附速度的性能。吸附速度决定了待处理水与活性炭的接触时间，吸附速度越大，所需的接触时间越短，处理装置单位体积内所需的活性炭的数量也越小。

由于活性炭颗粒内扩散速度不同，吸附速度也有较大区别。在设计吸附装置时，除测定活性炭的平衡吸附量之外，还必须采用静态试验及通水试验，测定吸附速度。

鲍迪等人根据活性炭颗粒内扩散速度定律，推导出如下粒状活性炭的吸附速度近似公式：

$$\frac{q_t}{q_i} = \frac{6}{R}\sqrt{\frac{D_i t}{\pi}} \tag{10-6}$$

$$q_t = \frac{V}{W}(C_0 - C_t) = \frac{6q_i}{R}\sqrt{\frac{D_i t}{\pi}} \tag{10-7}$$

式中　q_i——浓度 C 时平衡吸附量（mg/L）；

q_t——t 时间后的吸附量（mg/L）；

R——活性炭的半径（cm）；

D_i——根据粒子浓度的粒内有效扩散系数（cm^2/s）；

V——通水体积（L）；

W——活性炭用量（g）；

C_0——水中溶质初始浓度（mg/L）；

C_t——水中溶质 t 时间后的浓度（mg/L）。

在活性炭的液相吸附中，被吸附的物质从液相转移到活性炭粒子表面的过程，一般可分为如下三个过程：

（1）液膜扩散过程：在活性炭颗粒周围存在着一层固定的溶剂薄膜，吸附质要先通过这层薄膜才能达到活性炭的外表面。液膜扩散速度与溶液的浓度、活性炭的外表面积、颗粒直径以及与活性炭颗粒周围液体搅动的程度等有关。

（2）活性炭颗粒微孔内扩散过程：吸附质转移到活性炭的外表面后，只有较少一部分被吸附在外表面上，绝大部分继续进入到活性炭内部的微孔中。微孔内扩散与活性炭微孔的结构和分布、吸附质分子的大小和结构有关。

（3）微孔内表面吸附过程：吸附质被吸附到微孔的内表面上。

上述 3 个过程按顺序发生，前两个过程进行得较慢，第三个过程进行得较快，对吸附速度影响不大。因此，吸附速度主要取决于前两个过程速度。对饮用水处理来说，液膜扩散和微孔内扩散常常联合控制了去除速率。最初去除速率可能受液膜扩散控制，随着吸附质在孔隙中浓集，微孔内扩散可能成为去除速率的主要控制因素。

此外，分子大小和吸附剂颗粒大小都对吸附速率也有较大影响。扩散系数随分子变大而减小，因而去除大分子量的腐殖质比去除小分子量的苯酚需要的时间更长；吸附质颗粒的大小决定了分子在微孔内扩散可利用吸附的位置和时间，一般达到吸附平衡的时间与颗粒直径的平方成正比，因此，小颗粒吸附速度快于大颗粒。

由于单位体积的粉末活性炭具有比颗粒活性炭大得多的外表面积，所以，在水中由液膜扩散过程控制的外表面吸附速度，在相同品种、相同体积下，粉末活性炭的吸附速度要比颗粒活性炭快得多。因而水处理中通常粉末活性炭较多用于处置高浓度的突发污染，颗粒活性炭则主要用于对水中微量物质的常态吸附处理。

因为粒状活性炭在液相吸附时的有效扩散系数尚未建立统一的推算方法，所以也可采用测定粉状炭的吸附速度来近似代替粒状炭的吸附速度。

4. *净水用活性炭的主要性能指标*

用于水处理的活性炭，最初多采用粉状炭。由于颗粒活性炭的应用具有工艺简单、长期使用、再生后可重复使用等优点，因此，常态水处理用的活性炭以颗粒炭为主。颗粒活性炭的性能指标主要包括吸附性能、成分、密度、强度和粒度等方面，其中碘吸附值与亚甲蓝吸附值是代表净水用活性炭吸附性能的关键控制指标：

（1）碘吸附值（Iodine Value）是指在一定浓度的碘溶液中，在规定的条件下，每克炭吸附碘的毫克数。碘值是用以鉴定活性炭对半径小于 2nm 吸附质分子的吸附能力，且由此值的降低来确定活性炭的再生周期。

（2）亚甲蓝吸附值（Methylene-Blue Number）是指在一定浓度的亚甲蓝溶液中，在规定的条件下，每克炭吸附亚甲蓝的毫克数。亚甲蓝值是用以鉴定活性炭对半径为 2～100nm 吸附质分子的吸附能力。亚甲蓝值越高，对中等分子的吸附能力越强，表明活性炭的中孔量越大。

此外，苯酚吸附值也是活性炭吸附性能的一项主要指标，它表示了活性炭对脱除水中异味的能力。

表 10-2 是我国国家标准《煤质颗粒活性炭 净化水用煤质颗粒活性炭》GB/T 7701.2－2008 所规定的煤质颗粒活性炭的主要技术指标，表 10-3 则是水质净化粉末活性炭的主要技术指标。

净化水用煤质颗粒活性炭技术指标　　表 10-2

项目			指标	
漂浮率（%）			柱状煤质颗粒活性炭	≤2
			不规则状煤质颗粒活性炭	≤10
水分（%）			≤5.0	
强度（%）			≥85	
装填密度（g/L）			≥380	
pH 值			6～10	
碘吸附值（mg/g）			≥800	
亚甲蓝吸附值（mg/g）			≥120	
苯酚吸附值（mg/g）			≥140	
水溶物（%）			≤0.4	
粒度（%）	ϕ1.5mm	＞2.50mm	≤2	
		1.25～2.50mm	≥83	
		1.00～1.25mm	≤14	
		＜1.00m	≤1	
	8×30	＞2.50mm	≤5	
		0.6～2.50mm	≥90	
		＜0.6mm	≤5	
	12×40	＞1.6mm	≤5	
		0.45～1.6mm	≥90	
		＜0.45mm	≤5	

水质净化粉末活性炭主要技术指标　　表 10-3

项目		指标		
		优级品	一级品	二级品
碘吸附值	(mg/g) ≥	1000	900	800
亚甲基蓝脱色力	(mL) ≥	8.0	7.0	6.0
	(mg/g≥	(120)	(105)	(90)
强度	(%) ≥	90.0	85.0	85.0
充填密度	(g/cm³) ≥	0.32	0.32	0.32
粒度				
250，300，325 目，通过率	(%) ≥	90	85	80
＞250，300，325 目	(%) ≤	5	5	5
干燥减量	(%) ≤	10.0	10.0	10.0
pH 值		7.0～11.0	7.0～11.0	7.0～11.0
灼烧残渣	(%) ≤	5.0	5.0	5.0

根据我国《室外给水设计规范》GB 50013—2006 规定，净水用活性炭的性能应满足相关产品标准中一级品以上的要求。此外，对于颗粒活性炭而言，《室外给水设计规范》还规定，当碘吸附值小于 600mg/g 或亚甲蓝吸附值小于 85mg/g 时，即表示该活性炭已失效，应进行再生。当采用臭氧-生物活性炭处理工艺时，也可采用 COD_{Mn}、UV_{254} 的去除率作为判断活性炭运行是否失效的参考指标。

关于再生后的颗粒活性炭，其技术指标一般在满足表 10-4 的要求后即为合格。

再生后颗粒活性炭的技术指标　　表 10-4

规格及吸附性能	碘值 (mg/g)	亚甲蓝 (mg/g)	强度	水分	粒度占有			
					>2.75mm	1.5~2.75mm	1~1.5mm	<1mm
	≥750	>100	>80%	>5%	<0.5%	>89%	<9%	<1.5%

10.1.3 活性炭吸附净水的作用及基本原理

在饮用水的净化中，活性炭是最常用的吸附剂，对改善水质起着重要作用，活性炭能去除水中部分有机微污染物，具体如下：

(1) 腐殖酸：腐殖酸是天然水中最常见的有机物，虽对人类健康危害不大，但可与其他有机物一起在氯化消毒过程中产生氯仿、四氯化碳等有害的有机氯化物。活性炭具有去除水中腐殖酸的较好性能，水体 pH 值对其吸附性能几乎无影响。

(2) 异臭：活性炭能有效处理植物性臭（藻臭和青草臭）、鱼腥臭、霉臭、土臭、芳香臭（苯酚臭和氨臭）等引起的异臭。活性炭的除臭范围较广，几乎对各种发臭的水都有很好的处理效果。臭氧和活性炭工艺联用时，对异臭味的去除更为有效。

(3) 色度：活性炭对由水生植物和藻类繁殖产生的色度具有良好的去除效果，根据已有资料，去除效果至少达 50%。

(4) 由于活性炭对形成致突变物质及氯化致突变物前驱物具有良好的吸附能力，因而可进一步降低出水的致突变活性。

另外活性炭对水中的微量农药、烃类有机物、洗涤剂等均有明显的吸附和去除作用。

除有机物外，活性炭也能去除水中部分无机污染物，具体如下：

(1) 重金属：活性炭对某些重金属离子及其化合物有很强的吸附能力，如对锑（Sb）、铋（Bi）、六价铬（Cr^{+6}）、锡（Sn）、银（Ag）、汞（Hg）、钴（Co）、锆（Zr）、铅（Pb）、镍（Ni）、铁（Ti）、钒（V）、钼（Mo）等均有良好的去除效果。但活性炭吸附民重金属的效果与它们的存在形式和水的 pH 值有很大关系。

(2) 余氯：水处理中活性炭能与水中氯、二氧化氯等氧化剂发生反应，从而可以脱除水处理中剩余的氯和氯胺，活性炭脱除氯和氯胺并不是单纯的吸附作用，而是在活性炭表面上的一种化学反应，如氯与活性炭反应如下：

$$HOCl + C^{*} \longrightarrow C^{*}O + H^{+} + Cl^{-} \quad (10\text{-}8)$$

(3) 氰化物：若在炭床中通入空气，则炭可起催化作用，将有毒的氰化物氧化为无毒的氰酸盐。

(4) 放射性物质：某些地下水中含有放射性元素，浓度极低，危害很大，可用活性炭吸附去除。

表 10-5 是有关文献所列的水溶液中可能吸附的物质以及去除效率。

活性炭可能吸附的物质及去除效率　　表 10-5

编号	吸附物（或吸附指标）名称	影响情况	吸附评价或去除率	附注
一、有机污染指标				
1. COD		表示水体化学污染，影响健康	50%~90%	化学需氧量
2. BOD		表示水体生物污染，影响健康	90%	生物需氧量
3. DOC			可有效吸附	溶解有机碳
4. TOC		表示水体的有机污染	(20%~60%)	总有机碳

续表

编号	吸附物(或吸附指标)名称	影响情况	吸附评价或去除率	附注
5. UV		表示有机污染	平均 50%	紫外线吸收值
6. DOCl		表示有机污染	可达 30%以上	溶解有机氯
7. EOCl		表示有机污染	可达 79%以上	可萃取有机氯
8. 色度		不愿接受	良好吸附	
9. 臭和味		不愿接受	强烈吸附	包括泥土霉臭味和农药臭味
二、有机有害物质				
1. 乙醛		有害健康	有效吸附	(CH_3CHO)
2. 氯苯		有害健康	强烈吸附	C_6H_5Cl
3. 氯酚		有害健康	强烈吸附	
4. 氯仿、三氯甲烷		有害，可能致癌	强烈吸附	$CHCl_3$
5. 甲酚		有害，可能致癌	强烈吸附	
6. 去垢剂		味觉和外观	良好吸附	阴离子型和非离子型
7. 卤仿，三卤甲烷		有害或有毒	良好吸附	CHX_3
8. 高丙体六六六		有毒	有效吸附	
9. 硝基苯		有害健康	有效吸附	C_6HSNO_2
10. 硝酸盐芳香剂		有害、可能致癌		
11. 有机农药		有毒	强烈吸附	
12. 有机磷农药		有毒	强烈吸附	
13. 多环芳烃		有毒、致癌	可吸附	
14. 苯酸		有害健康	强烈吸附 99.2%	
15. 酚类 pheralics		有害健康	强烈吸附	
16. 间苯二酚		有害	强烈吸附	
17. 甲苯		有害	有效吸附	
18. 松节油		有害	有效吸附	
19. 二甲苯		有害	强烈吸附	
三、金属成分				
1. 银		微毒	良好吸附	在活性炭表面进行还原
2. 砷		强毒性	强吸附	
3. 钡		强毒性	低吸附	吸附作用很低
4. 铍		强毒性到极毒	不详	
5. 铋		微毒	强吸附	吸附作用很好
6. 镉		强毒性	微弱吸附	有人认为可良好吸附
7. 钴		微毒	良好吸附	微量时很容易被吸附
8. 铜		无毒	微弱吸附	若为铬合物时良好吸附
9. 六价铬		强毒	强吸附	很易吸附和还原
10. 铁		无毒	可以吸附	三价铁可良好吸附 二价铁吸附差
11. 汞		极毒	良好吸附	CH_3HgCl 很容易被吸附

续表

编号	吸附物(或吸附指标)名称	影响情况	吸附评价或去除率	附注
12.	锰	低毒性	不被吸附	但 MnO_4 可低吸附
13.	钼	微毒	极微吸附	当为络合离子时吸附良好
14.	镍	微毒	可以吸附	
15.	铅	强毒性		
16.	锑	可能有毒	强吸附	
17.	硒	强毒	微弱吸附	
18.	锡	无毒	极强吸附	
19.	钛	无毒	可吸附	
20.	锌	无毒	微弱吸附	
四、非金属成分				
1.	氨	污染指标	良好吸附 70%	通过硝化作用
2.	硝酸盐	有害、致癌潜势	不易吸附	
3.	硼酸		可吸附	
4.	盐酸		可吸附	
5.	氢溴酸		可吸附	
6.	磷酸盐		不吸附，但可使 $Ca_3(PO_4)_2$ 或 $FePO_4$ 沉析	
7.	氯		可吸附	
8.	溴		强烈吸附	
9.	碘		强烈吸附	
10.	氟化物		可吸附	
11.	氯、溴、碘化物		少量吸附	

10.1.4 生物活性炭工艺净水机理

生物活性炭工艺是指在活性炭滤池之前投加臭氧，臭氧氧化与活性炭吸附协同作用的一种特有的活性炭吸附净水工艺，始于 1961 年原联邦德国的杜塞尔多夫（Düsseldorf）市 Amstaad 水厂。由于该工艺与以往传统的预氯化结合活性炭工艺相比，出水水质明显提高，炭的再生周期大为延长，引起了欧洲水处理工程界的重视。因此，20 世纪 70 年代起欧洲和美、日等地区和国家进行了臭氧—生物活性炭水处理工艺的大规模研究和应用，其中较有代表性的有法国、德国、瑞士、英国、美国和日本等国。虽然这些国家研究和应用起步时间有所不同，但发展到 20 世纪 80 年代，臭氧氧化与活性炭吸附联用工艺（O_3-BAC）已成为公认的饮用水主要的深度净化工艺，在工程技术上已日臻成熟。

生物活性炭工艺必须在与臭氧氧化协同作用的条件下才会形成（有研究表明充氧条件下也会形成一定生物活性炭作用）。其净水的机理主要表现在生物活性炭的生物降解和臭氧氧化协同作用两个方面。

1. 生物降解

在生物活性炭工艺中，活性炭炭床的炭颗粒表面附着生长的微生物，有些化合物可以被生物氧化而非吸附去除，如图 10-6 所示。

与废水处理的生物膜法装置（如生物滤池、接触氧化池等）中的生物膜相比，生物活性炭炭床上生物膜的厚度要薄很多，必须通过电子显微镜才能观察到。生物活性炭上的生物膜主要由单层细菌组成，而且往往是不连续的，不能覆盖炭粒全表面，生物膜厚度在一至几个微米之间。当带微生物膜的炭粒与处理水相接触时，简单的低分子量的溶解性有机物直接被生物膜上的好氧菌吸收入菌体后迅速地氧化分解生成 CO_2 和 H_2O。一部分较复杂的有机物分子被好氧菌吸附在细胞周围，在外酶一内酶的一系列酶消化和合成过程中被降解。由于活性炭的过渡孔孔径一般在 20～1000Å 之间，微孔孔径则小于 20Å，而大多数细菌的直径大小为 10^4Å，因此微生物主要集中于炭颗粒的外表及邻近大孔中，而不能进入微孔中，微生物能直接将活性炭表面和大孔中吸附的有机物降解掉，从而使活性表面的有机物浓度相对降低。另外，细胞分泌的细胞外酶和因细胞解体而释放出的酶类或活性碎片能直接进入生物活性炭中孔和微孔中去，与孔隙内吸附的污染物质作用，促使有机物的分解。在实际运行中，通过冲洗炭粒，衰老的生物膜就能及时脱落，生物活性炭的吸附面不断更新，炭的吸附得到一定程度的恢复，炭的使用周期相应延长。

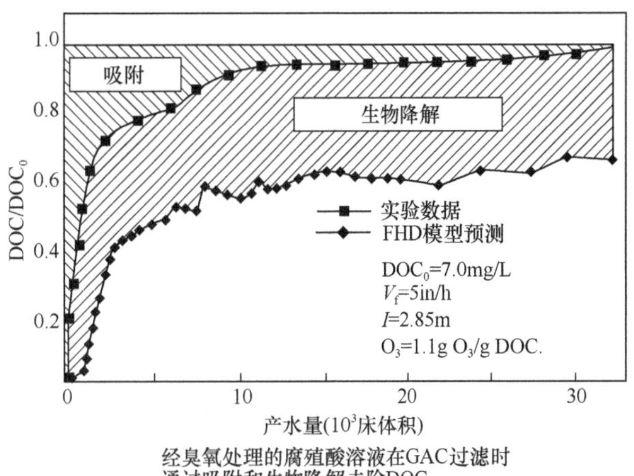

图 10-6 生物活性炭生物降解机理图

（来源：Sontheimer and Hubele，1987）

2. 臭氧氧化协同作用

对水中某些目标物质，臭氧氧化本身可独立发挥作用予以去除。但在与活性炭联用时，其净水的功能更多地表现为与活性炭的协同作用，主要表现在如下几个方面：

（1）可充分利用臭氧极强的氧化能力，使一小部分目标物质变成无害的最终产物 CO_2 和 H_2O，从水中除去，同时还可使活性炭滤床的有机负荷减轻，降低臭味物质和 THMs 的生成潜能，降低紫外吸光度，有效地去除污染水中色度、臭、味、铁、锰和有机物。

（2）臭氧能使较大分子的有机物破坏，使之变成可被生物降解的有机物，臭氧氧化后形成中间物尺寸减小，有利于这些物质进入较小的微孔中，使活性炭的吸附性增加，提高了吸附和氧化降解等作用。

（3）臭氧氧化同时还可以提高水中溶解氧的含量，导致好氧微生物在活性炭颗粒表面繁殖生长，显著提高了活性炭去除有机物的能力，延长了使用寿命。

有研究表明：在低臭氧投量（1～2mg/L）情况下，虽然能被臭氧直接氧化成最终产物的有机物和可生化降解的物质较少，但由于臭氧化杀死的细菌数量较少，所以微生物的数量比较高，生物降解的作用通常比较明显。而当臭氧投加量较大的情况下，虽然臭氧可将水中的有机污染物相当大的一部分氧化降解为最终产物，减轻了活性炭炭床的有机负荷，但由于臭氧投量很大，杀死的微生物也较多，可利用的可生化降解性物质减少，从而使微生物的数量降低，生物降解的作用不一定比低臭氧投加量时的高。由于臭氧制取的成本较高，因此，从净水效果和经济运行综合来考虑，通常臭氧投加量在 1～3mg/L 之间为宜。

10.1.5 活性炭吸附净水工艺的基本形式

活性炭吸附净水工艺的基本形式主要包括粉末活性炭吸附、颗粒活性炭吸附过滤和颗粒生物活性炭吸附降解过滤三种。

1. 粉末活性炭吸附

粉末活性炭吸附净水是通过向待处理水投加粉末活性炭，使之与水充分混合接触来实现的。

由于粉末活性炭采购成本较高，且一经投加到水中就很难再有效回收和利用，长时间应用的经济性较差。因此，粉末活性炭吸附较多被作为一种应急的净水工艺手段来使用，通常用于对受阶段性或突发性污染的原水进行预处理。

也有将粉末活性炭结合其他处理长期应用的工艺流程，较有代表性的是法国得利满公司的“水晶工艺”。该工艺经混凝沉淀和砂滤处理后的水在进入后续的超滤膜过滤之前，采用投加粉末活性炭来延长超滤膜过滤周期和使用寿命。由于该工艺中粉末活性炭处理对象是已经较为干净的砂滤后水，为充分利用粉末活性炭的吸附容量，得利满公司在“水晶工艺”的基础上进一步开发出了“拓展水晶工艺”，即将在膜前投加吸附后的粉末活性炭回用至混凝沉淀之前，使未充分吸附的粉末活性炭继续发挥吸附作用，从而使粉末活性炭总投量更小。

2. 颗粒活性炭吸附过滤

众所周知，在水厂净水工艺过程中，混凝沉淀和砂滤工艺一般只能去除非溶解性的悬浮固体以及附着在其上的部分有机物。此外，由于颗粒活性炭作为过滤介质对悬浮固体的截留能力低于石英砂，因此，为充分利用活性炭对水中溶解性有机物的吸附能力，颗粒活性炭吸附过滤工艺通常宜设在砂滤之后，以完成混凝沉淀和砂滤工艺无法完成的净水任务。当原水中的悬浮固体含量较低且混凝沉淀工艺对浊度去除较为彻底时（如出水浊度小于1～2NTU），也有将颗粒活性炭吸附过滤工艺直接设在混凝沉淀工艺之后的做法，此时，在采用下向流布置方式时，除主要承担吸附任务外，颗粒活性炭还将承担部分除浊任务。

3. 颗粒生物活性炭吸附降解过滤

颗粒生物活性炭吸附降解过滤在水厂净水工艺过程中的作用与颗粒活性炭吸附过滤基本相同，不同之处主要是颗粒生物活性炭吸附降解过滤之前设有臭氧氧化工艺，其净水机理除吸附过滤外，同时还具有生物吸附降解有机物的作用，对有机物的去除更有效，活性炭的使用寿命更长。

当颗粒生物活性炭吸附降解过滤工艺位于水厂最终消毒之前时，需要谨慎控制活性炭的生物生长状态，防止出现生物穿透现象。为消除可能出现的生物穿透所带来的卫生安全问题，有些地方采用在其后再增设慢速砂滤或膜过滤的措施。

10.1.6 影响活性炭吸附净水作用的基本因素

由于活性炭吸附净水涉及的问题较复杂，因此影响吸附的因素很多，主要与活性炭的性质、吸附质的性质、吸附过程操作条件以及前处理工艺等有关。

1. 活性炭的性质

活性炭的比表面积、细孔分布及表面化学性质都是影响吸附的重要因素，减少活性炭大小将缩短达到平衡所需时间，提高吸附效率。通常在相同水质、相同接触时间和相同活性炭用量的情况下粉末活性炭比颗粒活性炭对目标物质的去除速度要快。

2. 吸附质的性质

(1) 溶解度：对同一族物质其溶解度越小，越易吸附。如活性炭从水中吸附有机酸的顺序按甲酸—乙酸—丙酸—丁酸而增加。

(2) 分子构造：吸附质分子的大小与活性炭孔径大小成一定比例，最利于吸附；在同系物中分子大的较分子小的易吸附；不饱和键的有机物较饱和键的易吸附；芳香族的有机物较脂肪族的有机物易于吸附。

(3) 极性：活性炭基本可以看成是一种非极性的吸附剂，对水中非极性物质的吸附能力大于极性物质。

(4) 吸附质的浓度：吸附质的浓度在一定范围时，随着浓度增高，吸附容量增大。

3. 溶液 pH 值的影响

活性炭从水中吸附有机物质的效果一般随溶液 pH 值的增加而降低，pH 值高于 9.0 时不易吸附。

4. 多组分吸附质共存的影响

通常原水中含有多组分的污染物，当采用活性炭吸附时，它们之间可以共同被活性炭吸附，但有时也会互相干扰，产生吸附竞争，造成非目标物优于目标物被吸附，使活性炭吸附目标物的效率降低，这种现象在投加粉末活性炭对原水进行预处理的过程中最为明显，从而会使粉末活性炭的投量大大增加。因此，多组分吸附时，每种组分的吸附容量比单组分吸附时的吸附容量低。

5. 吸附操作条件

由于液膜扩散速度对活性炭在液相吸附时的吸附速度影响较大，所以吸附装置的形式和通水速度等是影响活性炭吸附作用和有效运行周期的重要因素，具体表现在如下方面：

1) 接触时间和泄漏曲线

对于连续出流的炭吸附滤池，接触时间与炭吸附床的泄漏曲线（Breakthrough-Curve）有关。泄漏曲线如图 10-7 所示，是表示炭吸附滤池出水溶质浓度对过滤周期的一条曲线，以出水浓度 C/进水浓度 C_0 为纵坐标。当滤池刚投入运行时，进水中的溶质首先被上部的新鲜炭层吸附，这一位于上部的能去除大量溶质以满足出水水质要求的区域称为吸附区。随着水流的不断流过和吸附的进行，吸附区会逐渐下移，最后吸附区的下边界到达炭床底部，使出水中的溶质浓度开始不能满足预定的水质要求，该点称作泄漏点。泄漏点之后，出水中溶质浓度迅速上升，到进出水的溶质浓度完全相等时的这一点称为失效点。显然在一定的流量下，吸附区的高度代表了满足出水溶质浓度要求的最小炭床深度，也反映了吸附所需的最小接触时间。如果炭床深度不能满足该接触时间，出水就不合格，图 10-7 中 C_3 和 C_4 就是属于这种情况。泄漏曲线的形状一般呈“S”形，影响曲线形状和泄漏点出现时间的因素主要包括粒径、pH 值、溶质浓度和流量等，泄漏点出现时间与这些因素成反比。泄漏曲线可通过模型试验或半生产性试验得出，吸附区的高度则可根据泄漏曲线 S 形部分计算得出。

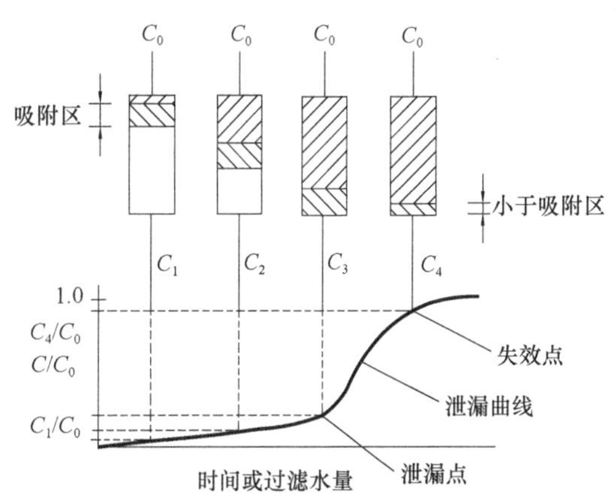

图 10-7　吸附区下移过程及泄漏曲线示意

同样，投加在水中的粉末活性炭与水的混合度及接触时间也是影响处理效果的关键因素，通常粉末活性炭与水混合越充分、越快和接触时间越长，处理效果越佳或所消耗的活性炭越少。

2) 空床停留时间（*EBCT*）和水力负荷

一定的水力负荷和炭床深度下，水流过炭床所需的时间称为空床停留时间（*EBCT*）；一定的炭床深度下单位面积和时间内流经炭床的水的体积称为水力负荷。空床停留时间（*EBCT*）和水力负荷是影响颗粒活性炭吸附装置吸附性能的重要因素。要使吸附装置不被立刻穿透，空床停留时间（*EBCT*）必须大于接触时间。通常增加 *EBCT* 或活性炭炭床深度会使固定成本和运行能耗增加，但可使活性炭使用周期延长和更换频率减少，总体上对降低运行成本更有利。因此存在着一个最优床深或 *EBCT* 的选择问题。此外，当活性炭同时用于去除溶解性有机物和浊度时，在满足活性炭吸附所需最小空床停留时间（*EBCT*）的条件下，还必须考虑水力负荷对浊度去除率的适应性。一般情况下，空床停留时间（*EBCT*）采用最小接触时间的4～5倍较为合适。

6. 反冲洗

反冲洗对颗粒活性炭过滤-吸附装置去除浊度、保持床层较好的水力学性质和控制微生物生长起着重要作用，即便颗粒活性炭过滤-吸附装置处于水厂最后一道工序，为确保水质稳定或防止已产生生物降解作用的炭床生物生长失控或生物穿透，也必须进行反冲洗。但是，由于反冲洗可能影响吸附效率，且可能导致床层混合，使靠近床层顶部吸附了污染物的活性炭迁移到床的深层而发生解吸。因此，应该尽可能降低反冲洗强度和减少冲洗频率。

7. 前处理工艺

活性炭吸附之前的前处理工艺对活性炭吸附作用有重要影响，主要表现为：

(1) 通过混凝、沉淀和过滤去除有机物可降低进水有机物的浓度，从而延长后续颗粒活性炭的寿命或减少粉末活性炭的投加量；

(2) 在颗粒活性炭吸附之前进行臭氧氧化，可使吸附质的化学性质朝着更利于活性炭吸附的方向改变，并可使生物活性炭的生物降解作用增强；

(3) 当进水中氨氮浓度较高时，会导致生物活性炭炭床中氧迅速耗竭，使颗粒活性炭炭床出现厌氧条件而影响生物活性和出水水质，因此，采用必要的预处理措施去除氨氮可防止这种不利现象的出现；

(4) 由于含氯氧化剂会与活性炭和吸附化合物反应，生成不常见的副产物并导致部分有机物解吸，因此，在进入活性炭吸附之前的化学氧化工艺应尽可能不采用或少采用含氯氧化剂。

10.2 粉末活性炭吸附净水工艺设施的设计

10.2.1 粉末活性炭的品种选择

给水处理中粉末活性炭与水的接触通常处于互动状态，接触的充分性不如相对固定的炭床，且粉末活性炭炭用后即弃和机械强度要求不高，所以在相同条件下，粉末活性炭的选择主要关注其吸附性能、尺寸和价格，吸附性能越高、尺寸越细和价格适中，则代表其越理想。通常通过选炭试验结果结合采购成本来综合选择较为合理。

与煤质炭相比，椰壳、果壳和其他木质炭的成孔性能更优，但机械性能较差，且价格较高。因此，在没有进行针对性的选炭试验或类似经验可供借鉴的情况下，宜首选木质炭。其次，宜选用以水蒸气、CO_2为活化气的物理活化工艺制造的粉末活性炭。

模拟静态选炭试验就是模拟实际采用的粉末活性炭与相应原水接触时间、混合水力条件进行静态吸附的试验，是一种快速、准确地选择适合处理原水的粉末活性炭品种的小试方法。该试验方法具有以下的特点：

(1) 试验中粉末活性炭的吸附时间与实际工艺中的水力停留时间一致，使选炭试验所反映的吸附容量与实际情况较接近。

(2) 试验模拟实际工艺的水力条件，能有效地反映粉末活性炭在生产工况下的吸附速度和效果。

(3) 试验及测定方法简单易操作，试验周期短，结果可靠且重现性好。

模拟静态选炭方法不仅可作为常规给水处理工艺选择粉末活性炭种的实用方法，而且对各种水处理工艺也有普遍适用性。

10.2.2 粉末活性炭投加点及投加量的确定

粉末活性炭的投加点不仅关系水处理效果，而且影响到粉末活性炭的利用率和使用成本。

当用粉末活性炭作为对原水进行预处理或用以应付突发污染的措施时，由于粉末活性炭能同时快速吸附许多物质，为充分发挥其吸附容量对目标物质的吸附能力，防止产生吸附竞争，投加点应与其他药剂（如氯、高锰酸钾和混凝剂等）的投加点错开，一般可先于或滞后于其他药剂一段时间投加。20 世纪 90 年代，同济大学范瑾初教授等对不同的粉末活性炭投加点与混凝剂产生吸附竞争的现象作了较深入的研究。研究表明：粉末活性炭与混凝剂同时投加将产生较严重的吸附竞争，大量混凝剂会将粉末活性炭包裹而使其吸附净水作用下降；将粉末活性炭投加点前移一定距离或后移至絮凝池的 2/3 处，可有效消除吸附竞争现象，较好地发挥粉末活性炭的吸附作用。

当粉末活性炭投加位置处于水源地或取水泵站，且主要用于应付突发污染时，可以与其他应急药剂共用一个投加点，只要保证其能与水有足够的接触时间即可。

对于水中某些特定的污染物进行处理时，其投加点宜通过试验予以确定。

当水中待处理的目标物质已明确时，粉末活性炭的投加量一般应通过试验确定，投加范围一般为 5～10mg/L；当粉末活性炭炭投加作为应付突发污染的工艺措施时，通常应采用较大的投加量，一般以 20～40mg/L 为宜。

10.2.3　粉末活性炭的投加方式

粉末活性炭的投加包括湿投和干投两种方式，其中湿式投加方式最常用。

湿式投加就是按一定的重量比例将粉末活性炭与水配成一定浓度的乳液，然后通过计量泵投加到投加点。由于过高的乳液浓度会导致输送管路堵塞，因此，其配置浓度一般以 2%～5%为宜。目前，湿式投加大多采用自动控制，控制的关键在于乳液配置浓度和计量泵运行的稳定控制。

干式投加则是通过干粉计量投加器和干粉输送管路直接投加到投加点，然后由位于投加点的水射器抽吸干粉后加入水中。这种方法在投加量的精确方面优于湿式投加，但投加距离不能太远，且在间隙式投加情况下，容易导致干粉在投加器和输送管路内产生架桥凝结现象，从而使投加器和输送管路堵塞，影响投加设备的长期稳定运行。

由于水处理中投加粉末活性炭大多采用间隙工作的方式，因此，干式投加方式并不很适用，一般都采用湿式投加方式。

水中被粉末活性炭所吸附的物质通常不确定或吸附效果无法定量检测，因此，粉末活性炭的投加量均根据处理流量进行单因子自动控制，即投加过程中不对投加率进行实时自动调整，只根据处理水量对投加量进行实时自动调整。

10.2.4　粉末活性炭与水的接触方式和接触时间

与颗粒活性炭相比，在保证一定的接触时间的条件下，粉末活性炭与水的接触在空间形式上更具灵活性，既可在专门设置的接触池内进行接触，也可在已有设施内进行。

虽然在一定水质条件下可通过试验来确定粉末活性炭与水的接触时间，但由于粉末活性炭与水接触过程中离散性高，有效接触概率较低，因此，与颗粒活性炭吸附床相比，实际所采用的接触时间通常应比试验确定的时间更长。一般认为粉末活性炭与水的接触时间不应小于 20min。

10.2.5　粉末活性炭吸附净水工艺设施的设计

由于干式投加方式不很适用于水处理，因此，本书只对湿式投加方式的设计作概要介绍。

粉末活性炭吸附净水工艺设施由投加和接触系统组成。其中投加设施主要包括粉末活性炭贮存、乳液配置和乳液投加三个系统；接触系统大多是利用泵站或水厂中已有的输水或净水设施，也有设置专门的接触池的。

1. 贮存系统

粉末活性炭贮存系统主要由料仓及其辅助系统组成，料仓须采用密闭形式，一般为圆柱形。在加注量较大和有一定贮存周期要求的情况下，料仓一般采用全钢（有些为不锈钢）或钢筋混凝土结构；当加注量不大和无贮存要求时（主要指现用现制的情况），则可采用不锈钢或玻璃钢结构。料仓通常还应配备如下辅助系统：

（1）称重系统或连续式料位显示仪表，能够在线显示料仓内粉末料位。

（2）除尘系统，可根据需要配有正压或负压除尘器，除尘器应配有清灰装置。

（3）安全阀等安全装置，当料仓内超压或低压时，安全阀开启，以保证料仓内常压。

（4）空穴振打系统，避免粉末在仓壁上架桥凝结。

此外，还可配备真空气提设备，用以将小型包装袋或贮存筒内的原料粉末活性炭提升至仓内，当原料粉末活性炭由配备气提设备的贮罐车直接运到现场时，也可不配气提设备，只需配套相应的进料管路。

2. 乳液配置系统

乳液配置系统一般包括单螺旋推进器、多螺旋给料机和混合罐。粉末通过多螺旋给料机计量后，经单螺旋推进器同时与注水系统定比例送入混合罐内，制备成需要浓度的乳液，浓度可以通过 PLC 设定。混合罐配有气粉分离器以免粉尘泄漏。

混合罐为低液位（LS—）时制备周期启动，搅拌器连续运行防止活性炭乳液沉淀。制备水电磁阀打开，与此同时，单螺旋推进器和多螺旋给料机启动并开始向混合罐内投料。活性炭和水同时投加入混合罐制备乳液待用。

当混合罐指示高液位（LS+）时，制备过程停止，单螺旋推进器和多螺旋给料机停止工作，电磁阀关闭，混合罐内停止进水，制备停止。当达到低液位时，制备重新自动开始，周而复始循环工作。

在乳液配置过程中，制备水的流量由电磁流量计测得，并将 4～20mA 信号传至 PLC，PLC 根据制备水数值及要求的浓度，计算出需要给料机的量，从而通过变频器控制调节干粉输出量达到需要的乳液配置浓度。

为了确保一定时间内连续投加的需要，通常至少应配备两套混合罐。

3. 乳液投加系统

乳液投加系统主要由投加泵、输送管路和阀门以及流量仪等组成。

制备好的溶液通过投加泵（螺杆泵或转子泵）输送至投加点。投加管路应配有冲洗装置，避免管路堵塞；还应配有流量仪，可以与待处理水实现闭环连锁控制；投加点背压应尽可能低，以延长设备使用寿命。

4. 接触系统

接触系统是指各种可用于粉末活性炭炭与处理水进行接触吸附的设施，既可设专门的接触池，也可利用已有的输配水和净水设施，如输水管渠、泵房吸水池和配水池、水厂配水池及絮凝池等。

设置专门的接触池时，除考虑满足必需的接触时间外，在布置上宜采用不易产生粉末活性炭炭沉淀或死水区域的竖向流隔板反应池形式，水深一般可在 4～6m，水流通道流速宜控制在 0.1～0.6m/s。

图 10-8 为典型的湿式粉末活性炭投加系统工艺流程示意图。

10.2.6 粉末活性炭吸附净水工艺设施设计案例

1. 案例一：上海黄浦江上游引水工程松浦原水厂 540 万 m^3/d 应急粉末活性炭投加工程

上海黄浦江上游引水工程取输水规模为 540 万 m^3/d，为国内规模最大的城市供水集中式取输水工

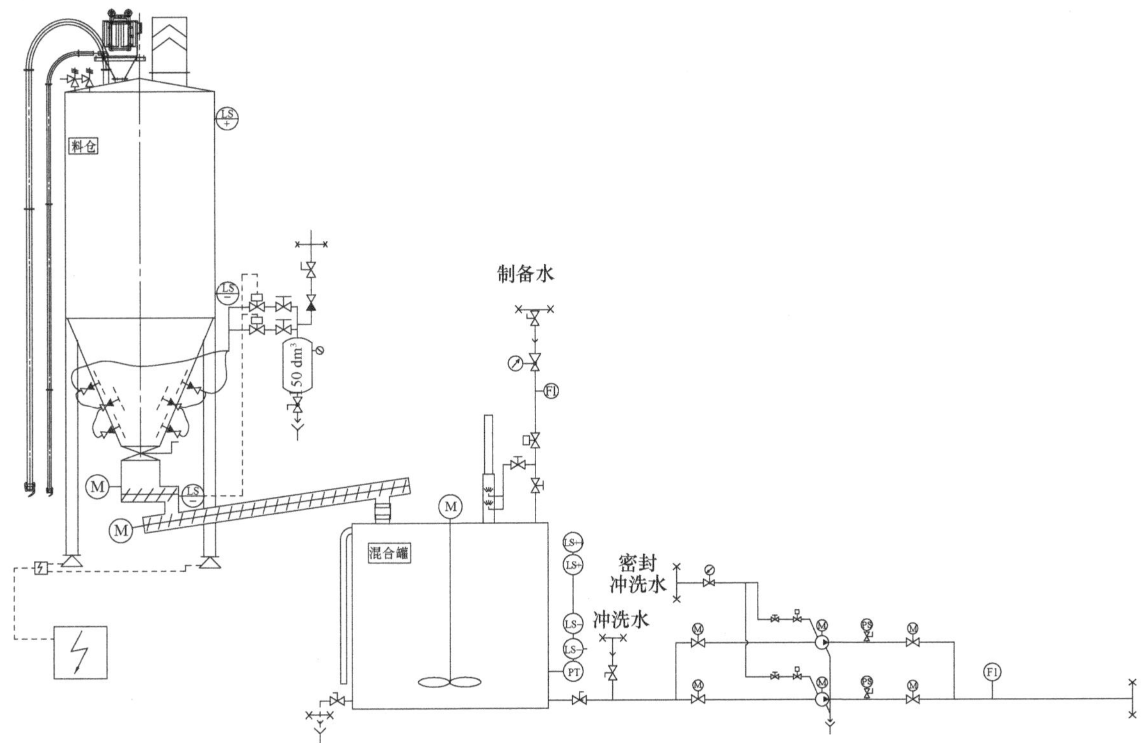

图 10-8　湿式粉末活性炭投加系统工艺流程图

程，承担目前上海全市50%城市供水的原水供应任务。其中松浦原水厂系该工程的原水取水泵站，主要设施包括规模为540万m^3/d取水头部、自流管、输水泵房和输水干渠，以及两座位于泵房出水端和输水干渠之间容积各为2万m^3的出水调压池。松浦原水厂540万m^3/d规模应急粉末活性炭投加系统系国家“863”课题《移动风险源性饮用水突发污染控制技术开发及示范》的配套示范工程。

该应急粉末活性炭投加系统包括了位于户外的4座100m^3的钢结构料仓，4套多螺旋给料机，2套单螺旋水平推进器和倾斜推进器；位于车间内的2个混合罐，6台转子加注泵和2台空压机。其中每个料仓均配备了除尘器、空穴振打系统、安全阀、料位显示器和进料管等设备，原料由槽罐车自带的气提装置送入仓内。

粉末活性炭投加系统最大设计投加率为30mg/L，乳液配置浓度范围为1%～8%，运行中控制浓度为5%左右。粉末活性炭材质为竹质炭。加注点共4个，分别位于调压池4个出口。粉末活性炭与水的接触是通过输水泵站与水厂之间长达十几公里的输水渠道来完成，至第一座水厂时的接触时间已可超过2h。图10-9为本案例的基本布置图。

2. 案例二：常熟第三水厂及滨江水厂120万m^3/d长江取水泵站应急粉末活性炭投加工程

常熟第三水厂及滨江水厂长江取水泵站取输水规模分别为40万m^3/d和80万m^3/d，位于常熟长江同一取水点，2个泵站相邻而建。所建的应急粉末活性炭投加工程主要用于应对水源的突发污染。

应急粉末活性炭投加系统位于一座2层车间内，其中1个袋装粉末活性炭上包拆包除尘机和1个将粉末活性炭送入料仓的单螺旋倾斜推进器位于车间上层，1个料仓贯穿车间上下层，1个将粉末活性炭送入混合罐的双螺旋给料机、2个混合罐和4个计量加注泵位于车间下层。

该投加系统最大设计投加率为30mg/L，乳液配置浓度为5%，采用椰壳粉末活性炭，加注点位于2座取水泵房吸水井的3个进口处，粉末活性炭炭与水的接触是通过取水泵房吸水井和泵房至水厂之间的输水管道来完成，水进入最近一座水厂时的接触时间可达到10min，加之在水厂絮凝池中与水进一步接触，总接触时间可达30min。图10-10为本案例的基本布置图。

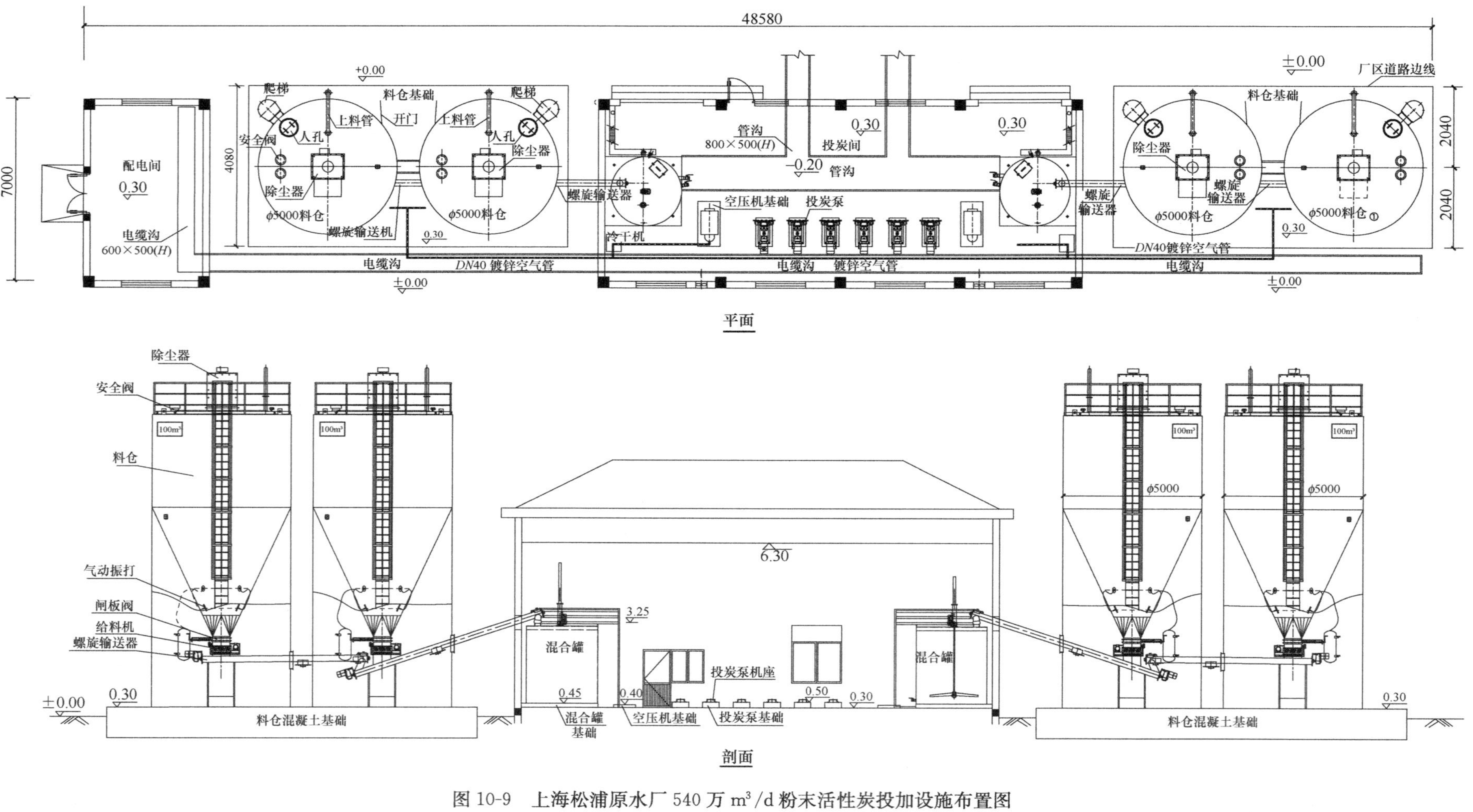

图 10-9 上海松浦原水厂 540 万 m^3/d 粉末活性炭投加设施布置图

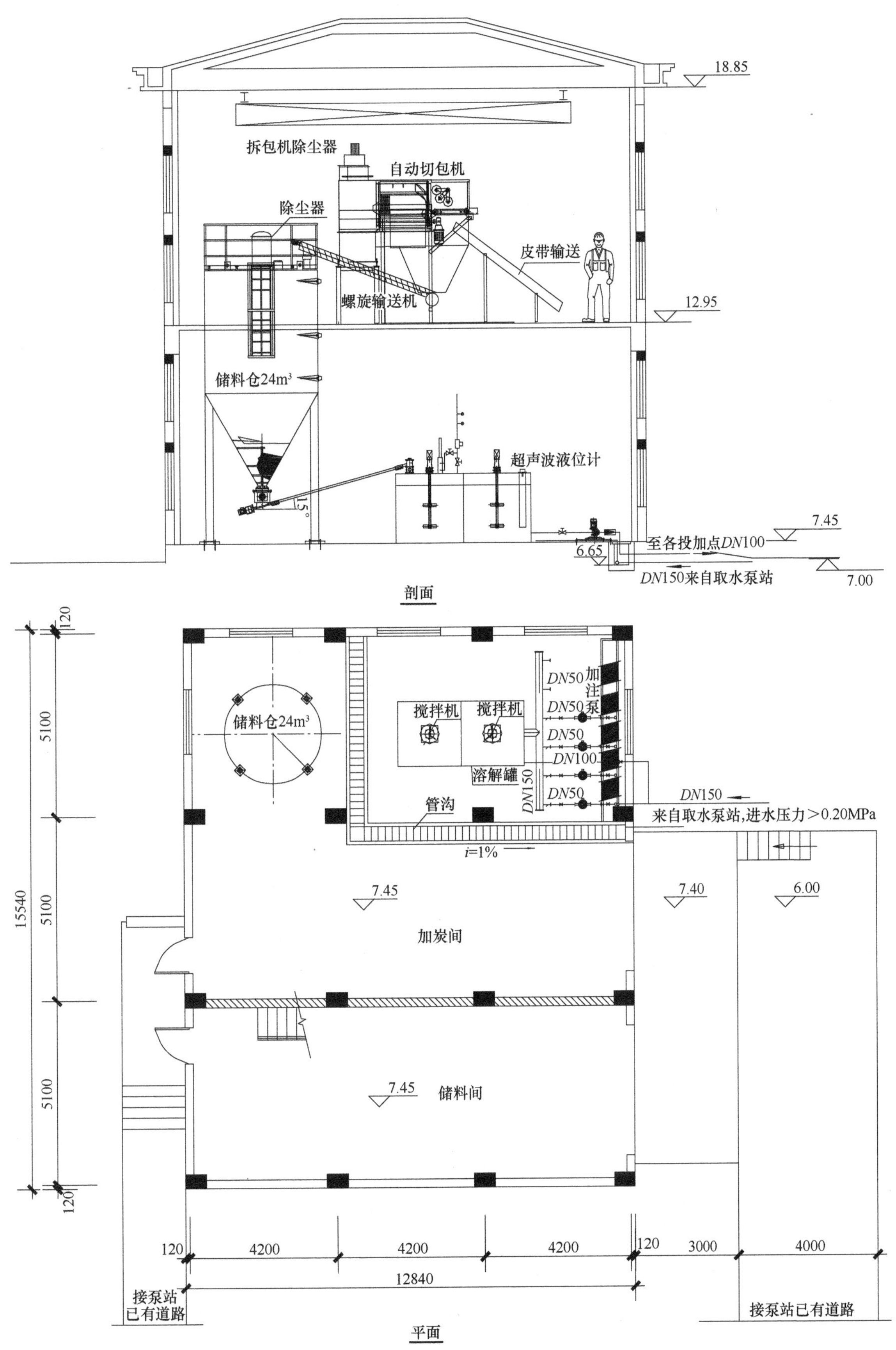

图 10-10 常熟水厂 120 万 m^3/d 取水泵站粉末活性炭炭投加设施布置图

10.3 颗粒活性炭吸附滤池的设计

10.3.1 颗粒活性炭的选择

选择净水用颗粒活性炭主要应考虑如下因素。

1. 吸附性能

吸附性能是影响颗粒活性炭吸附净水效果和寿命的最主要因素。如前所述，反映颗粒活性炭产品吸附性能的指标主要有碘吸附值与亚甲蓝吸附值，其中碘吸附值更为重要。一般希望净水用颗粒活性炭碘吸附值大于等于900mg/g，亚甲蓝吸附值大于等于150mg/g，但对于某些特定物质的吸附性能则并非完全如此。有研究表明，当水中已形成卤代物时，碘吸附值小于900mg/g的颗粒活性炭的吸附性能反而更优。因此，选择颗粒活性炭吸附性能时，除考虑其产品技术指标外，最好选用几种指标相近的产品作连续通水的平行对比试验。试验周期至少为半年，最好是一个水文年。最后综合产品技术指标和通水试验结果来选择和评价颗粒活性炭的吸附性能。

2. 物理性能

由于吸附构筑物经常的反冲洗，颗粒活性炭的物理性能会有所改变，如改变其级配、产生活性炭流失和炭床厚度减薄等。因此，物理性能也是影响颗粒活性炭吸附净水效果和寿命的主要因素之一。

净水用颗粒活性炭的物理性能主要有强度、灰分、水分和漂浮率等，一般要求其强度大于等于85%，灰分小于等于15%，水分小于等于5%，漂浮率在2%左右。颗粒活性炭的制造原料和生产工艺会对其物理性能产生较大的影响。一般煤质原料活性炭的物理性能要优于木质原料活性炭，挤压成型的煤质颗粒活性炭的物理性能要优于原煤破碎的颗粒活性炭。

3. 颗粒活性炭的级配

由于活性炭颗粒尺寸和均匀度与活性炭的采购成本成正比，而吸附速度和吸附装置的水力损失则与颗粒活性炭的尺寸（粒径）成反比。因此，颗粒活性炭的级配不仅会影响到吸附净水效果，而且决定了活性炭的采购成本和吸附装置的运行能耗。

为使炭床对水中少量的悬浮固体具有一定的截留能力（这里是指采用下向流固定吸附床的情况，详见后述）和降低活性炭的采购成本，颗粒活性炭的不均匀系数较多采用1.9～2.0；当颗粒活性炭吸附装置（包括颗粒生物活性炭）设在砂滤之后并以吸附为主时，可选用较小尺寸颗粒活性炭，一般采用12×40目（美国标准，相当于1.68mm×0.42mm）级配为宜；当同时需要承担一定除浊功能时，若采用尺寸较小的12×40目颗粒活性炭时，一般炭床深度不宜过大；当采用较深的炭床（1.5m以上）或活性炭吸附装置设在混凝沉淀之后并要承担一部分除浊任务时，宜选用尺寸稍大些的颗粒活性炭，一般较多采用8×30目（美国标准，相当于2.38mm×0.60mm）的级配。

4. 颗粒活性炭的球状度

由于有关颗粒活性炭吸附速度的相关理论和计算公式均以粒径来表示，且粒径也是国际上通用的颗粒活性炭尺寸的表示方法，目前我国的国标同样用粒径来表示颗粒活性炭的尺寸。从理论上来讲，完全球状的颗粒活性炭是最理想的，实际上因受生产工艺限制，完全球状是无法实现的，只能控制到近似于球状。目前国际上净水用的普遍采用近似于球状的颗粒活性炭。

我国国内早期投入运行的炭吸附池因无相关的标准可参照，均采用了较适用于气体处理的煤质柱状炭（直径1.5mm，长度2～3mm)。虽然柱状炭是挤压成型的，其机械强度高于原煤破碎的球状颗粒活性炭（挤压成型的球状颗粒活性炭目前也有生产，但价格要高于原煤破碎的)，但由于柱状炭球状度系数低，水冲洗时颗粒达到临界流化状态的最低流速小，对反冲洗强度反应较敏感，易出现冲洗跑炭现象。此外，柱状炭的级配和不均匀系数无法有效确定，对浊度的去除能力低于可设置级配的球状颗粒活性炭。因此，采用球状颗粒活性炭应更利于炭床的级配设置，减少冲洗跑炭现象。目前国内大部分新建的炭吸附池多采用了球状颗粒活性炭，包括原煤破碎炭和挤压成型炭。

10.3.2　颗粒活性炭吸附滤池的布置与设计

1. 流向及吸附床形式

颗粒活性炭吸附池的流向有下向流（降流式）和上向流（升流式）两种；吸附床形式则有固定（密实）床和膨胀床，其中膨胀床都采用上向流形式。下向流固定吸附床是目前应用最广的形式，而上向流膨胀床则较少采用。

固定床中的活性炭由于在工作状态时类似快滤池滤料，因此在吸附的同时还能截留少量悬浮固体。而膨胀床中的活性炭由于在工作状态时处于悬浮膨胀状态，对悬浮固体无任何拦截作用，而其水头损失小于固定床。此外，为保证处于悬浮膨胀状态的活性炭与水充分接触，防止活性炭产生过度流化现象，一般宜采用较小尺寸的活性炭，以增加水与炭的接触面积，且不可采用太高的滤速。

由于固定床对浊度能起到一定的屏障作用，而膨胀床对浊度的去除几乎不起作用，所以当颗粒活性炭吸附过滤工艺位于沉淀和砂滤之后时，通常以采用固定吸附床为宜；当颗粒活性炭吸附过滤工艺位于沉淀和砂滤之间且不希望进行水力提升时，因炭床的水头损失小和有砂滤在后作为除浊的屏障，可采用膨胀吸附床。

下向流固定吸附床在布置上与砂滤池基本相同，设计滤速选择范围较大，最高可达 20m/h。典型的布置方式如图 10-11 所示。

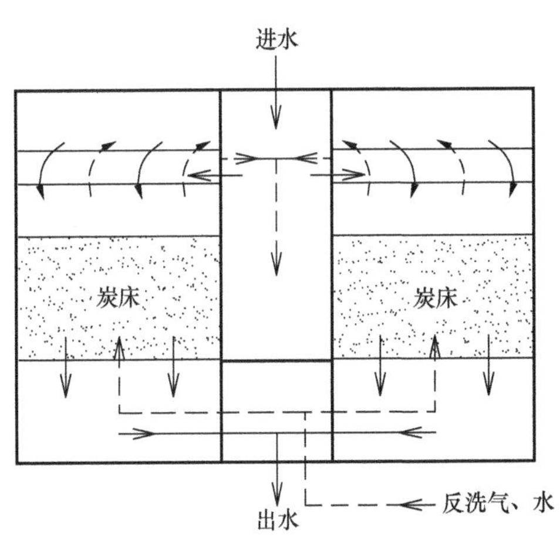

图 10-11　典型的下向流固定吸附床布置

上向流膨胀吸附床有移动床和非移动床两种布置方式，其中移动床通常用于小型装置或水厂。在移动床中，炭与水流呈逆流运动，水由下而上，炭自上而下，失效炭由池底部移出床外进行再生，同时等体积的新鲜炭（或再生过的炭）由顶部加入。从使用过程讲，移动床相当于许多串联的固定床，从底部移出一定量的炭相当于从串联系统中退出第一个炭滤池的情况。移动床运行时，池内通常充满着炭，没有自由空间供炭层冲洗膨胀，因此进入这类炭滤池的水必须经过除浊处理。移动床中炭的移出可连续进行，即失效炭连续地从池底取出，新炭连续地从池顶加入；也可间隙进行，即经过一定的时间间隔（1～3 天）从池底取出失效炭，同时补充等量的新炭，这样有利于炭的充分利用。典型的移动式上向流膨胀吸附床布置如图 10-12所示。

非移动床式上向流膨胀吸附床水流方向与下向流固定吸附床正好相反，但布置方式较相似。通常进水与冲洗共用一个分配系统（系统一般按冲洗状态要求设计，以进水状态校核），位于吸附床下部；出水和反洗排水共用一个集水系统，位于吸附床上部。吸附滤池的冲洗可以以进水作为冲洗水源，利用重力（即水位差）进行冲洗，也可以活性炭吸附出水作为水源，采用冲洗水泵进行冲洗。

为防止吸附床中的活性炭过度膨胀而流失，上向流膨胀床的设计滤速不宜太高，一般不宜超过 15m/h。因此，在满足相同接触时间的情况下，下向流固定吸附床的设计滤速可高于上向流膨胀吸附床，相应占地可较小。

2. 布置方式

由于下向流固定吸附床应用最广，这里重点对其进行论述。

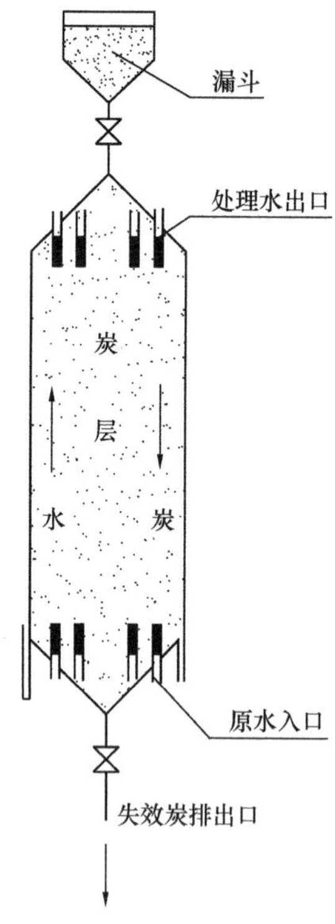

图 10-12 典型的移动式上向流膨胀吸附床布置

1）池型选择

对于下向流固定床活性炭吸附池，由于活性炭密度和强度远低于石英砂，进水时局部冲击过大易造成床面不平和炭粒破碎，膨胀反洗时局部短流易产生活性炭过度膨胀而流失，因此应尽可能保证整个池面多点均匀进水和排水。目前国际上普遍采用的是与传统快滤池相似的池型布置（见图 10-11），即滤池采用恒水位恒流量过滤，气水反洗，反洗配水配气采用滤头，进水或反洗排水由传统的洗砂槽来分配或收集排除。在这种布置中，通常洗砂槽的底要高于最高冲洗强度时（较低水温时）活性炭的膨胀高度。法国得利满公司研发的 V 型滤池已广泛地用于微膨胀气水反冲的砂滤池，但不完全适用于活性炭吸附滤池。这主要是由于 V 型滤池不易达到整个池面的多点均匀进水，以及防止中、高速冲洗时出现跑炭现象。

国内早期的下向流活性炭滤池也有采用传统的虹吸滤池池型，即单水冲洗、穿孔管或滤砖配水和带洗砂槽的布置方式。但近年来相继出现过采用 V 型滤池和翻板滤池的布置。由于 V 型滤池是针对气水反冲微膨胀砂滤料的特性加以开发的，当用于冲洗特性完全不同的活性炭滤料时将存在问题。根据对国内已建成的相关工程调研，V 型滤池形式由于其冲洗排水点过于集中，冲洗时易出现跑炭现象。同样，翻板滤池的开发宗旨主要适用于双层滤料（非单层活性炭滤料），其主要特点是冲洗时不排水，以防止上层密度较低的轻滤料随冲洗水流失（图 10-13）。其冲洗结束重新进水时极易对进水处滤床产生局部冲刷而造成床面标高不一（图 10-14）。当用于活性炭吸附滤池时，将导致炭床在进水处薄，在排水处厚，不仅会造成整池流量分布和停留时间不均匀而影响净水效果，而且会使近排水处标高较高的表层炭易在翻板门打开时被冲洗水带走。此外，由于其冲洗排水位于滤池的一侧，排水后，远离排水处的池面浮渣仍较难排除。上述两个现象在部分已建成的单层活性炭滤料翻板滤池中有所发现，出现较严重的炭床面标高不一现象（图 10-14）。

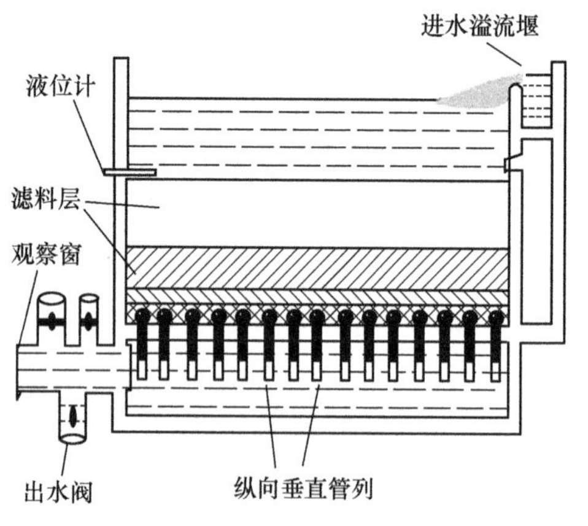

图 10-13 翻板滤池正常过滤状态

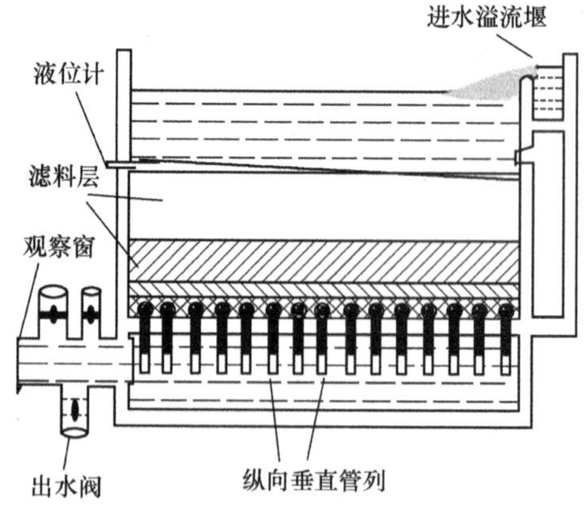

图 10-14 翻板滤池床面标高变化

因此，下向流活性炭吸附池采用传统快滤池的池型是一种最理想的选择，并以恒水位恒流量过滤、气水反洗和滤头配水配气以及洗砂槽配水的方式为宜。

与下向流固定吸附床相似，非移动床式上向流膨胀吸附床一般也包括进出水、排水和冲洗系统。通常进水和冲洗水、气共用一个分配系统，采用滤头滤板配水配气。出水和冲洗排水一般也共用一个集水系统，即采用上部集水槽收集出水和冲洗排水，并分别汇入出水总管和排水总渠，但这种布置方式会导致滤池冲洗结束重新启动后部分残存冲洗排水进入出水总管，因此，滤池冲洗结束重新启动后的一段时间内的出水必须排入排水总渠，从而会浪费一定的滤后水。

由于移动式上向流膨胀吸附床适用于小型水厂，一般采用罐式布置，因此布置较为简单。

2）冲洗方式

通常采用下向流固定床或非移动式上向流膨胀床活性炭滤池必须进行反冲洗。因为反冲洗对颗粒活性炭吸附过滤装置去除浊度、保持床层较好的水力学性质和控制微生物生长起着重要作用，所以，冲洗方式的选择对保持吸附滤池正常运行很重要。

国内早期投入运行的下向流固定床活性炭滤池较多采用的是单水冲洗的方式。由于活性炭的比重远低于石英砂，相同水冲强度下水流对活性炭颗粒表面附着物所产生的剪切力小于石英砂，因此，采用单水冲洗方式时，通常必须进行高速水冲。而目前国际已普遍采用剪切力大、耗水较少和冲洗时炭床膨胀高度适中的气体辅助冲洗结合中速水冲的方式。近年来，国内新投入运行的大部分活性炭滤池也采用了此种方式。

单水冲洗的方式不仅消耗水量大，冲洗时炭床膨胀高度较高，相应滤池的结构高度也较高；而且，冬季随着水的运动黏滞系数提高，同样冲洗强度的剪切力减弱，使冲洗效果降低，为保持冲洗效果必须再加大冲洗强度。此外，对于已形成生物膜的活性炭，通常单水冲洗较难有效去除附着在上面的老化膜，从而影响生物膜的良性循环生长。因此，通常单水冲洗比较适合于无生物作用的纯吸附活性炭滤池。

气水结合冲洗时，通常是先用气体对炭床进行不排水擦洗，其对活性炭颗粒表面附着物所产生的剪切力能数倍于同强度的水冲洗，可将大部分附着物从颗粒表面分离开，随后再采用中速水冲，可有效将滤料冲洗干净。这种冲洗方式不仅耗水大大降低，而且对生物活性炭滤池的冲洗效果尤为理想。有研究表明，高速气冲还有利于活性炭颗粒表面新鲜生物膜的生长。此外，由于气水混合冲洗会使活性炭颗粒产生严重的流化现象并随冲洗排水流失，因此，活性炭滤池不应采用气水混合冲洗方式。

对于下向流固定床活性炭滤池而言，一般用鼓风机进行气洗，水泵进行水洗；而上向流膨胀床活性炭滤池气洗也采用鼓风机，水洗水源一般采用进水为水源，冲洗强度与滤速相当。

由于活性炭对水中的氯吸附能力很强，为防止冲洗水中的余氯降低活性炭吸附能力，活性炭滤池的冲洗用水最好是炭滤后水或未经加氯的砂滤后水。

3）配水、配气系统布置及材质

由于下向流固定床和上向流非移动膨胀床活性炭滤池的冲洗速度高于或等于滤速，且参数与普通快滤池相近，因此其配水、配气系统的布置要求和形式与普通快滤池也基本相同，一般可采用大阻力或中阻力配水、配气系统，形式有穿孔管、滤砖和滤头等。当采用高速单水冲洗方式时，可采用投资较低和施工较为简便的大阻力穿孔管，也可采用滤砖或滤头；当采用气冲结合水冲方式时，宜采用配气更均匀的长柄滤头。此外，用于翻板滤池的配水、配气面包管也可适用于气水冲洗方式。

早期的大阻力穿孔管一般由钢管制作，但易与活性炭滤料发生电化学反应而腐蚀破坏，目前已普遍采用了价格适中且不会产生腐蚀的塑料管材，也有采用防腐能力强的不锈钢管材，但价格较高。滤砖则较多采用陶瓷材料制作，近年来也有一些采用美国“滤宝公司”的塑料滤砖或类似产品。而滤头则全部由塑料制作。

4）集水系统布置

对于下向流固定床活性炭吸附滤池，其进水的分配系统与反洗排水集水系统的布置要求与快滤池完全一致，详见第6章。对于上向流非移动膨胀床活性炭吸附滤池，当其出水和反洗排水共用一个集水系统时，由于反洗排水流量大于出水流量，集水系统的布置除应满足反洗流量的要求外，其他布置也与快滤池完全一致。

5）池数的设置

虽然活性炭吸附滤池的滤速有较大的选择范围，但其池数的确定仍必须保证一个单元在反洗时，其他单元的滤速不能过高，一般强制滤速不宜超过正常滤速的 30%。因此，每座独立工作的活性炭吸附滤池的池数至少应有 4 个。此外，当冲洗水泵直接从滤池出水总渠抽水时，过滤单元的设置数量还应确保仍在工作的过滤单元出水总量大于水泵抽吸水量。

6）吸附滤池长宽比及面积控制

由于在池型、冲洗方式以及配水配气与集水系统布置上与快滤池的要求相同，因此，活性炭吸附滤池的长宽比及面积控制要求与快滤池也基本相同。从目前国内投运的实例来看，长宽比的范围一般在 2：1～4：1 之间；单池面积则视水厂的规模而异，大中型水厂较多在 60～100m^2，部分超过 100m^2，最大的是上海杨树浦水厂的活性炭吸附滤池，其单池面积达 158m^2。

3. 主要设计参数

活性炭吸附滤池的主要设计参数如下。

1）空床停留时间、滤速及炭床高度

由于空床停留时间（EBCT）和水力负荷是影响颗粒活性炭吸附装置吸附性能的重要因素，而滤速及炭床高度则决定了空床停留时间和水力负荷。因此，上述设计参数必须合理选取，其中以空床停留时间最为重要。通常应首先确定空床停留时间，然后再综合水厂用地条件、高程布局、净水功能要求，以及运行成本等因素来合理选取滤速和炭床高度。

对于不同的水质条件和净水工艺要求，空床停留时间最好通过一定时间的试验来确定，通常空床停留时间在 10～15min 为宜；下向流的滤速在 10～20m/h 之间，上向流的滤速一般不大于 15m/h；炭床深度应不小于 1.5m。在空床停留时间确定的前提下，当炭池需要承担部分除浊任务或采用较小规格颗粒时，宜选用较低的滤速和较大的炭床深度；当用地条件较紧张和高程布局有可能时，也可采用较大的炭床高度和较高的滤速。

2）冲洗强度及冲洗设备配置数量

采用单水冲洗方式时，通常采用较高的冲洗速度，冲洗强度应随水温和活性炭粒径变化而有所调正，一般可采用 45～60m/h（水温较低时应采用较高的冲洗强度）。

气水结合冲洗时，气冲强度一般为 40～60m/h，水冲强度一般也应随水温和活性炭粒径变化而有所不同，一般可采用 15～40m/h（水温较低时应采用较高的冲洗强度）。

冲洗水泵的配置应适应冲洗强度变化的要求，通常采用 2 用 1 备或 3 用 1 备的配置方式。冲洗鼓风机则可采用 1 用 1 备或 2 用 1 备的配置。

3）配水、配气系统

活性炭吸附滤池配水、配气系统的开孔比与快滤池的要求基本一致（见第 6 章）。当采用滤头时，除控制开孔比之外，每平方米的滤头布置数量一般不宜小于 50 个。

4）洗砂槽间距和高程

采用洗砂槽集水时，其间距的布置和设计计算与快滤池也基本一致，但需特别注意的是，洗砂槽槽顶离开静止炭床面的距离应以最大冲洗强度时（冬季低温时的冲洗强度）的炭床膨胀高度为依据。膨胀高度一般应根据冲洗膨胀度曲线计算取得。由于膨胀度与活性炭粒径、水温和冲洗强度有关，因此，当活性炭滤料级配选定后，应向活性炭供货商索取相应级配活性炭滤料不同水温和冲洗强度时的膨胀度曲线。该膨胀度曲线纵坐标是膨胀度（单位为%），横坐标是冲洗强度（单位为 m/h），第三参变量是水温。如供货商无法提供冲洗膨胀度曲线时，也可通过试验来取得。

通常情况下，采用高速水冲时，膨胀度为 25%～35%；采用中速水冲时，膨胀度为 15%～25%。

5）终期水头损失

虽然活性炭吸附滤池进水浊度已很低，但由于其滤速相对较高和反洗周期较长（一般为 5～7 天），尤其当形成生物膜后，炭床仍会产生一定的水头损失。通常以一个过滤周期即将结束并将冲洗时的炭床水头损失作为炭床的设计水头损失，也称之为终期水头损失。

相同条件下，下向流固定床活性炭滤池的终期水头损失高于上向流膨胀床活性炭滤池。对于下向流活性炭滤池，当其位于砂滤之后且主要用于吸附时，终期水头损失一般可采用 1.0～1.5m；当其位于沉淀之后且兼有吸附和一定除浊功能或虽位于砂滤之后但为生物活性炭滤池时，由于易产生悬浮固体和生物堵塞现象，通常应采用稍大一些的终期水头损失，一般为 1.5～2.0m。对于上向流非移动式膨胀床活性炭滤池，由于滤料处于微膨胀状态，几乎不能拦截悬浮固体，因此其终期水头损失较小，一般为 0.5～1.0m，其中有生物作用的可取高值。对于上向流移动式膨胀床活性炭滤池，因为池中活性炭分散度高，所以不存在堵塞损失，但设计中必须考虑一定的过流水头损失，一般可采用 0.5m 左右。

6）管路、阀门流速

活性炭滤池主要管路阀门的流速控制要求及范围与砂滤池的基本相同，因此有关流速控制的要求可见第 6 章。

7）承托层级配及高度

当采用穿孔管或滤砖配气配水时，为防止细小的活性炭颗粒进入配气配水系统，应在炭床底部设置承托层。承托层通常采用砾石为材料，厚度宜为 0.3～0.5m，粒径在 2～16mm 之间，自上而下由小到大敷设。也有一些采用滤砖而不设承托层的设计，如美国滤宝公司的塑料滤砖上多配有一层细密的多孔材料，既能对气水起到二次分配的作用，又具承托层功能，且水头损失很小。

当采用滤头配气配水时，由于滤头缝隙很小，通常有设与不设承托层两种做法。其中设承托层的一般可采用粗砂或砾石为材料，厚度为 0.1m 左右，粒径在 2～4mm 之间；不设承托层的则要求严格控制活性炭的最小粒径必须大于滤头缝隙，一般应不小于 0.5mm。

10.3.3 颗粒活性炭吸附滤池设计案例

1. 案例一：上海杨树浦水厂新 7 号生产系统 36 万 m^3/d 活性炭滤池

上海杨树浦水厂新 7 号生产系统规模为 36 万 m^3/d，采用了预臭氧、混凝沉淀、过滤、中间臭氧、生物活性炭吸附和氯氨消毒净水工艺。其中活性炭吸附滤池的规模为 36 万 m^3/d，与中间臭氧和消毒接触池合建为一个构筑物。

活性炭吸附滤池为下向流固定床布置，共设置了 10 个过滤单元，采用双排布置，每排 5 个；每个过滤单元面积为 $158m^2$，炭床厚度为 2m，采用 8×30 目煤质颗粒活性炭（部分为原煤破碎，部分为挤压成型），绝对最小颗粒粒径不小于 0.5mm，炭层下不设承托层，终期水头损失为 2m；空床停留时间 12min，相应滤速为 10m/h；采用先气冲、后水冲的冲洗方式，滤头配气配水，气冲强度为 55m/h，水冲强度为 17～25m/h；滤池进水分配和冲洗排水收集采用洗砂槽，过滤过程采用恒流量、恒水位控制方式，滤池冲洗完毕重新启动时设置了初滤水排放措施；滤池上设置了水力加炭和卸炭系统。图 10-15 为本案例的基本布置图。

2. 案例二：上海临江水厂 60 万 m^3/d 活性炭吸附滤池

上海临江水厂扩建改造工程规模为 60 万 m^3/d，设计中设置了 1 座规模为 60 万 m^3/d 的活性炭吸附池，与反洗清水和反洗排水与初滤排水贮存池等合建为一个构筑物。

活性炭吸附滤池为下向流固定床布置，共设 18 个过滤单元，采用双排布置，每排 9 个；每个过滤单元面积为 $124.5m^2$，炭床厚度为 2.3m，采用 12×40 目挤压成型煤质颗粒活性炭，绝对最小颗粒粒径不小于 0.4mm，炭层下不设承托层；空床停留时间 12min，相应滤速为 11.4m/h；采用先气冲、后水冲的冲洗方式，滤头配气配水，气冲强度为 42m/h，水冲强度为 25～36m/h；滤池进水分配和冲洗排水收集采用洗砂槽，过滤过程采用恒流量、恒水位控制方式，滤池冲洗完毕重新启动时设置了初滤水排放措施；滤池上设置了水力加炭和卸炭系统。图 10-16 为本案例的基本布置图。

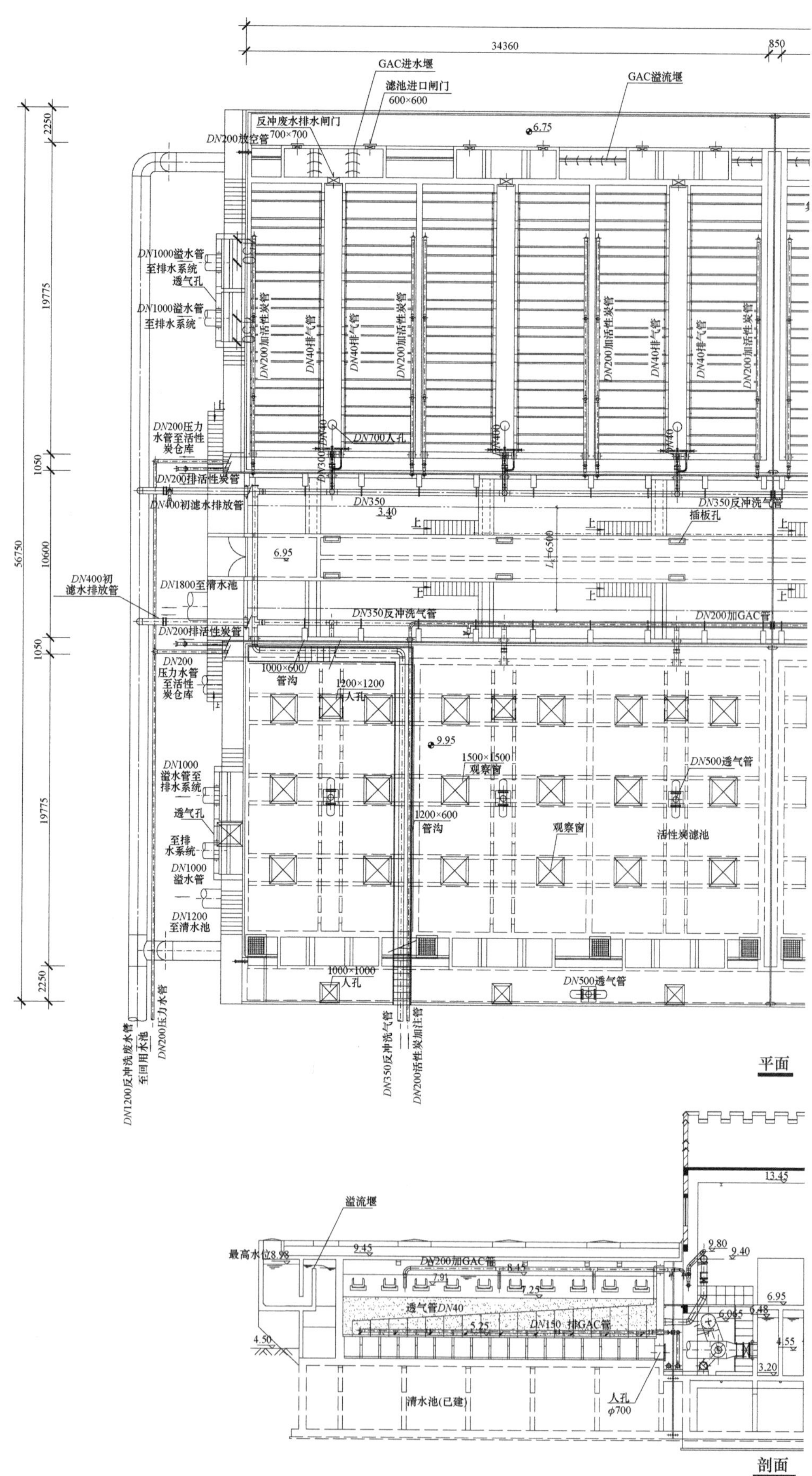

图 10-15 上海杨树浦水厂 36 万 m³/d

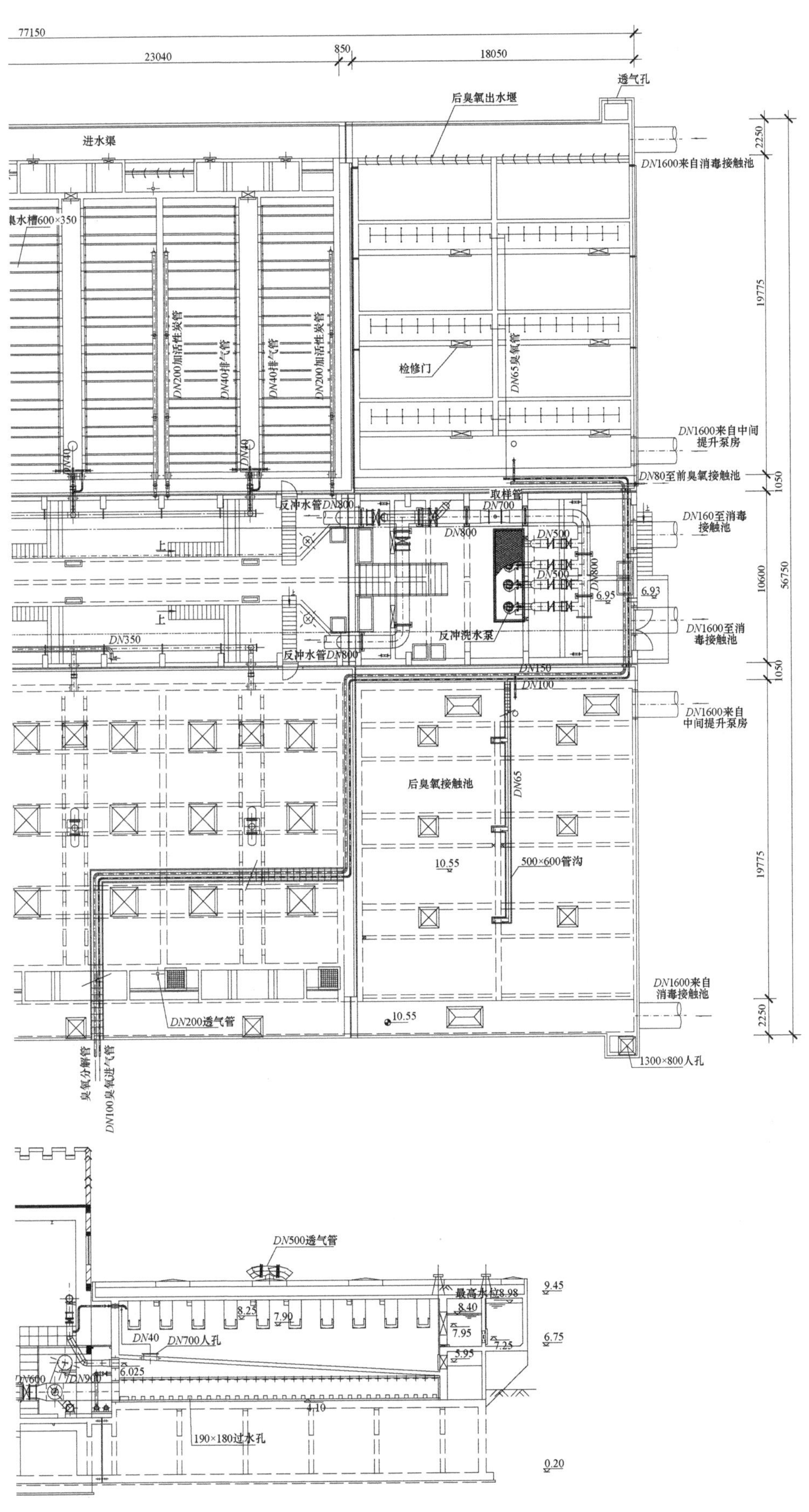

生产系统活性炭滤池布置图

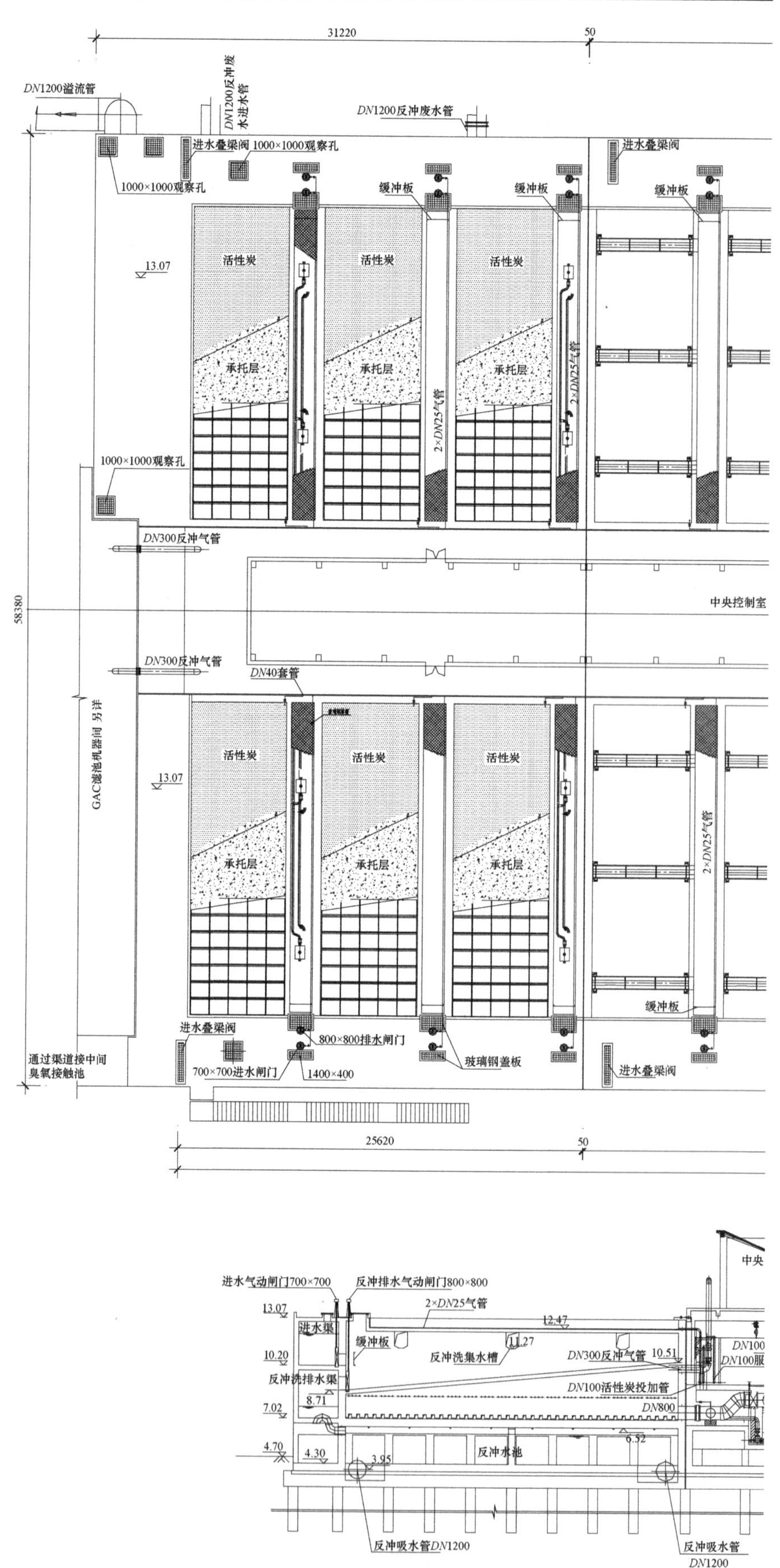

图 10-16 上海临江水厂 60 万 m³/d

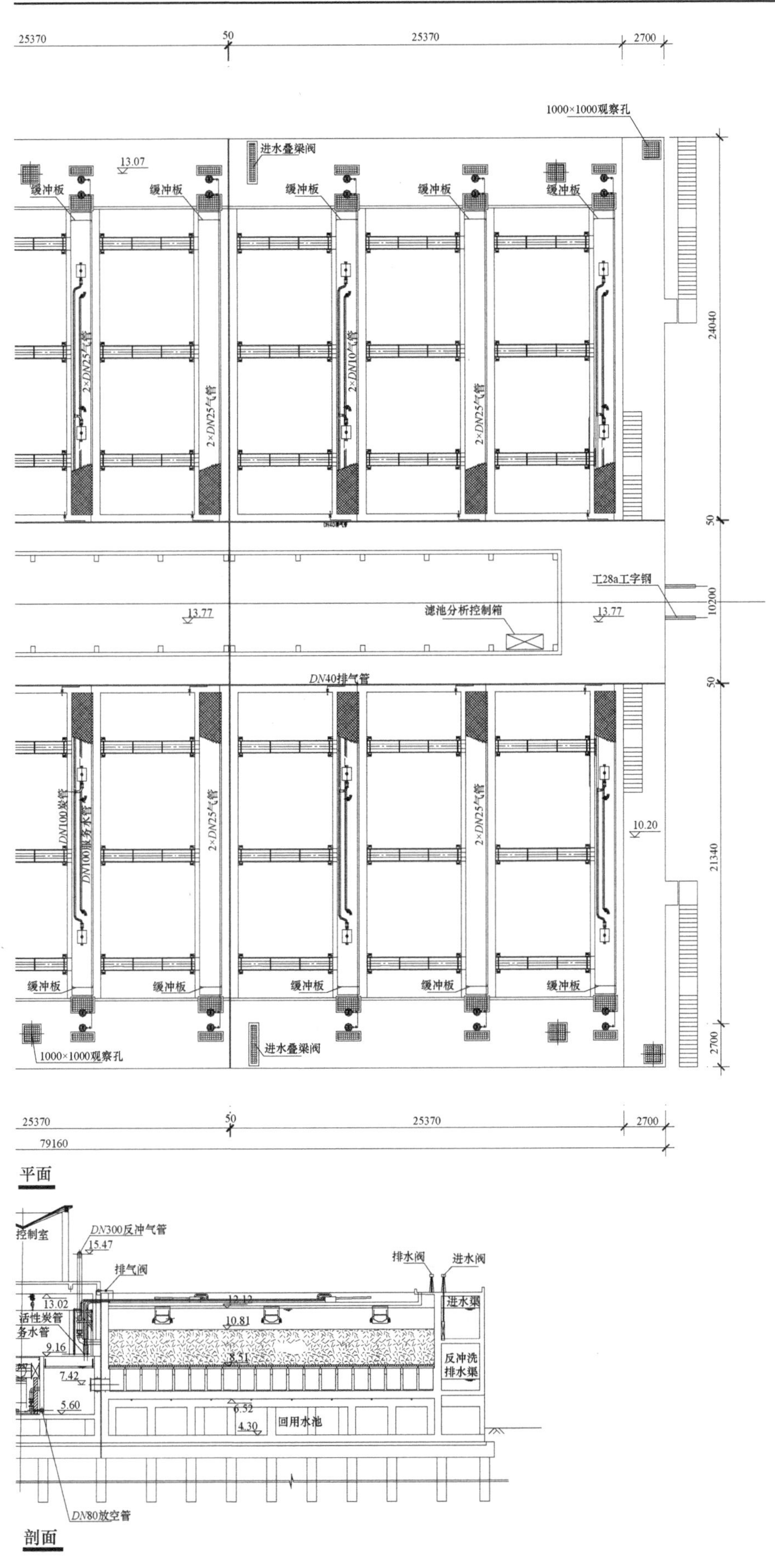
25370
50
25370
2700
1000×1000观察孔
进水叠梁阀
13.07
缓冲板
2×DN25气管
2×DN10气管
24040
50
工28a工字钢
10200
13.77
滤池分析控制箱
DN40排气管
DN100炭管
DN100服务水管
10.20
21340
2700
79160
平面
控制室
DN300反冲气管
15.47
排气阀
排水阀
进水阀
13.02
活性炭管
务水管
13.12
10.81
进水渠
9.16
8.51
反冲洗
排水渠
7.42
5.60
6.52
回用水池
4.30
DN80放空管
剖面

活性炭滤池布置图

3. 案例三：嘉兴南郊水厂一期工程 15 万 m^3/d 活性炭吸附滤池

嘉兴南郊水厂一期工程建设规模为 15 万 m^3/d，采用了预臭氧、混凝沉淀、中间臭氧、生物活性炭吸附、砂滤和氯消毒净水工艺。其中活性炭滤池的规模为 15 万 m^3/d，与砂滤池合建为一个构筑物。

活性炭滤池为上向流膨胀床吸附池，共设置了 9 个过滤单元，采用单排布置；每个过滤单元

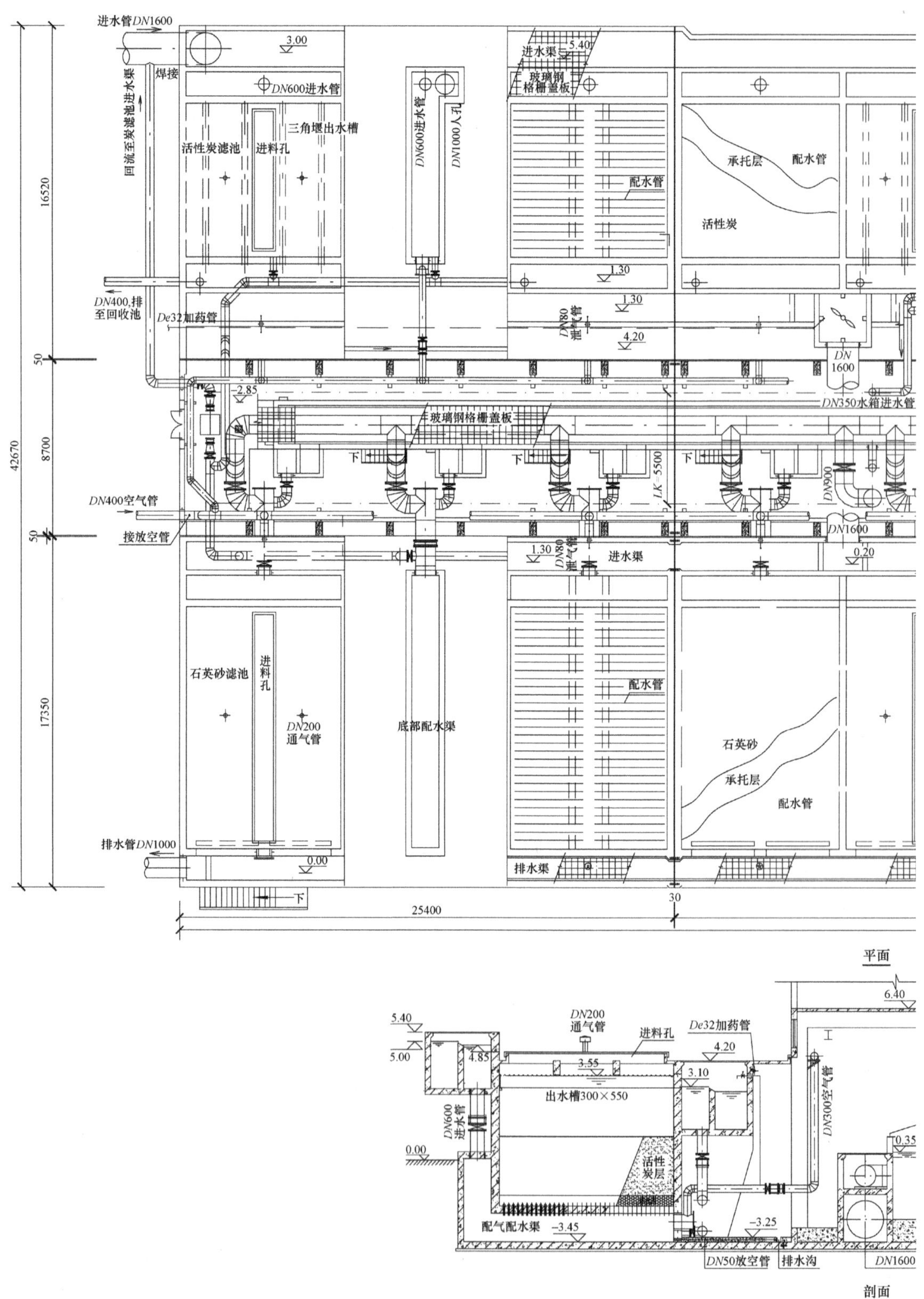

图 10-17 嘉兴南郊水厂

面积为 60.8m^2，炭床厚度为 2.5m，采用 40×80 目细粒原煤破碎颗粒活性炭，炭层下设 0.45m 砾石承托层；空床停留时间 12.5min，相应滤速为 12m/h；采用先气冲、后水冲的冲洗方式，滤头配气配水，气冲强度为 55m/h，水冲强度同滤速，为 12m/h，水源为滤前水；滤池进水分配采用滤头，出水和冲洗排水收集采用洗砂槽，过滤过程采用恒流量、恒水位控制方式。图 10-17 为本案例的基本布置图。

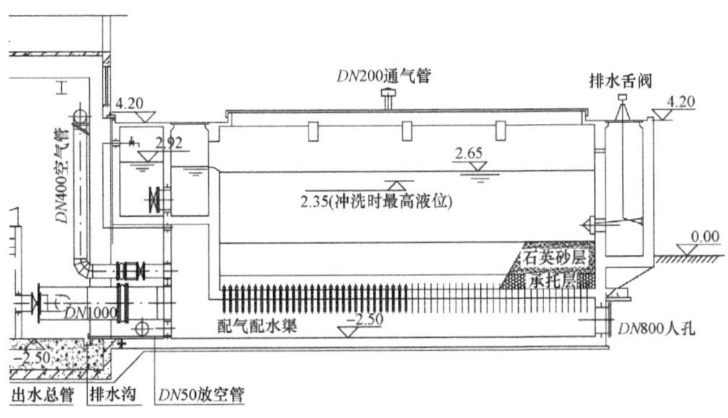

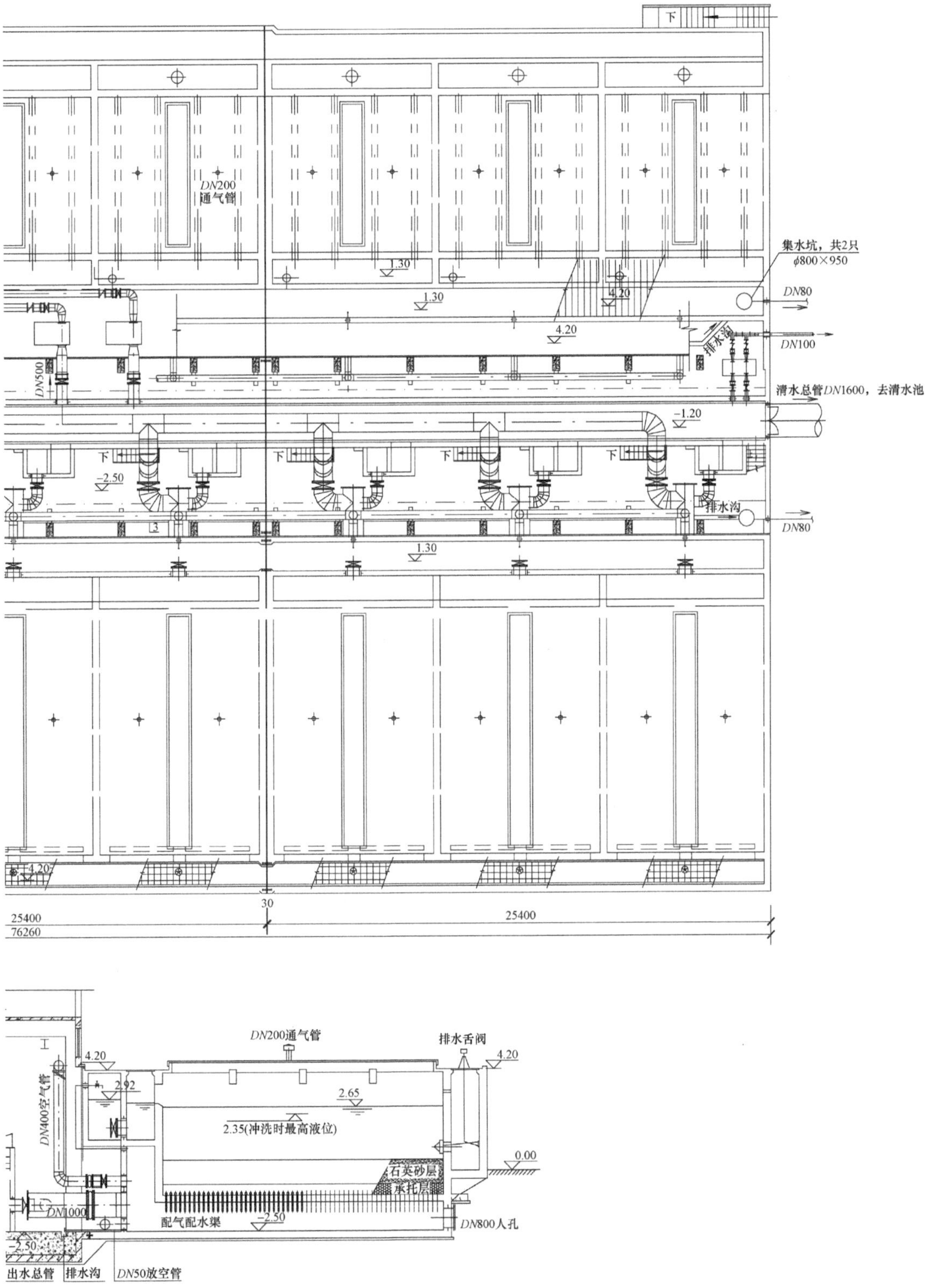

15 万 m^3/d 活性炭滤池布置图

4. 案例四：无锡冲山水厂 1 万 m^3/d 活性炭滤池

无锡冲山水厂建设规模为 1 万 m^3/d，系江苏省水专项科研攻关课题的示范工程，采用了预臭氧、混凝沉淀、中间臭氧、生物活性炭吸附、砂滤和二氧化氯消毒净水工艺。其中活性炭滤池的规模为 1 万 m^3/d，与中间臭氧和砂滤池合建为一个构筑物。

活性炭滤池为上向流膨胀移动床吸附池，为多组罐式布置，共设置了 8 个圆形活性炭滤罐，每个过滤罐过滤面积为 $5m^2$，炭床厚度为 2.5m，采用细粒原煤破碎颗粒活性炭，炭层不设承托层；空床停留时间 13.7min，相应滤速为 11m/h；采用注入压缩空气来提升和移动罐内底层失效活性炭并达到对滤料的擦洗作用，擦洗产生的废水自罐底排水管排出，清洗器位于滤罐中央，为套管式布置结构；滤池进水采用专用分配器，出水收集采用周边集水堰，过滤过程采用恒流量、恒水位控制方式。图 10-18 为本案例的基本布置图。

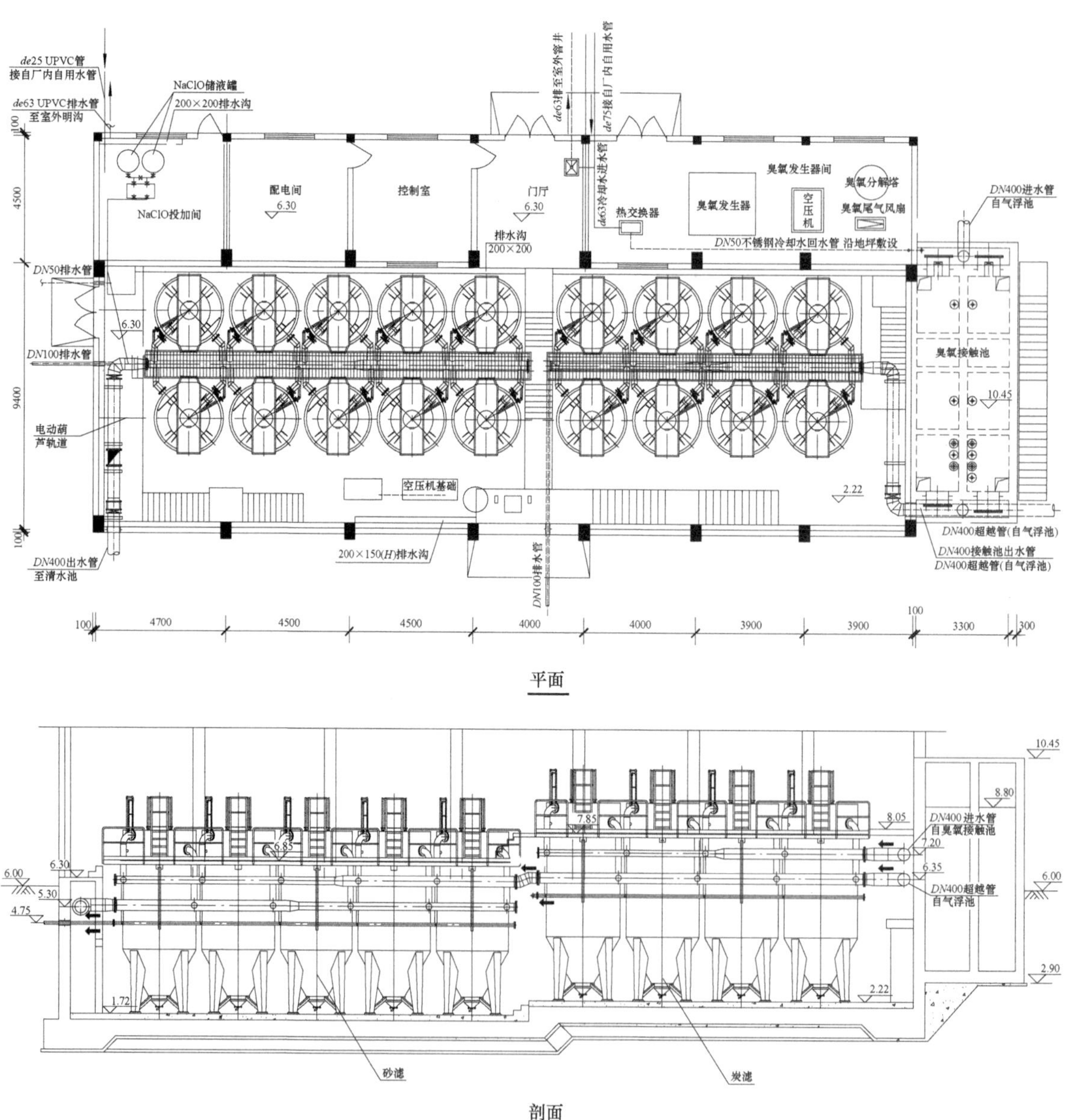

图 10-18　无锡充山水厂 1 万 m^3/d 活性炭滤池布置图

第 11 章　膜处理

11.1　膜分离技术

11.1.1　膜分离类型

膜分离被称为“21 世纪的水处理技术”，在饮用水处理领域的应用日益广泛。微滤（MF）膜和超滤（UF）膜的分离技术在市政给水领域的应用也已有 20 余年。根据原水特点，膜处理可以替代传统水处理方法中的混凝、沉淀、过滤的全部流程，或者沉淀和过滤部分，也有的被用作替代过滤工艺。即便是孔径较大的微滤膜也可以去除用粒状过滤无法去除的微粒、细菌和大肠菌群等。膜处理无论在水质方面还是在设备方面都较传统处理方法更具有安全性和可靠性。

由于膜生产技术的发展和成本的降低，以及采用传统给水处理技术难以完全满足越来越严格的生活饮用水卫生标准，因此膜分离技术的研究和应用逐渐成为给水处理领域的热点。

膜分离是指在水和水中成分之间或水中各类成分之间，以人造膜为隔断，用某种推动力来达到分离水中有关成分的过程。推动力可以是膜两侧的电位差、压力差、浓度差或化学位差。目前在给水处理中采用的膜处理方法，仅利用电位差和压力差为推动力。利用电位差的主要有电渗析，利用压力差的主要有反渗透（RO）、纳滤（NF）、超滤（UF）和微滤（MF）。

电渗析法类似离子交换的除盐方法。由于电渗析膜是由离子交换树脂制成，所以它实质上是离子交换树脂的另一种形式。按膜的选择透过性能主要可分为阳离子膜和阴离子膜。在电场作用下，阳离子膜只能透过阳离子，阴离子膜只能透过阴离子；按膜的结构形式可分为均相膜、半均相膜和异相膜。

压力推动的四种膜分离法的膜孔径与相应杂质颗粒的大小如图 11-1 所示。

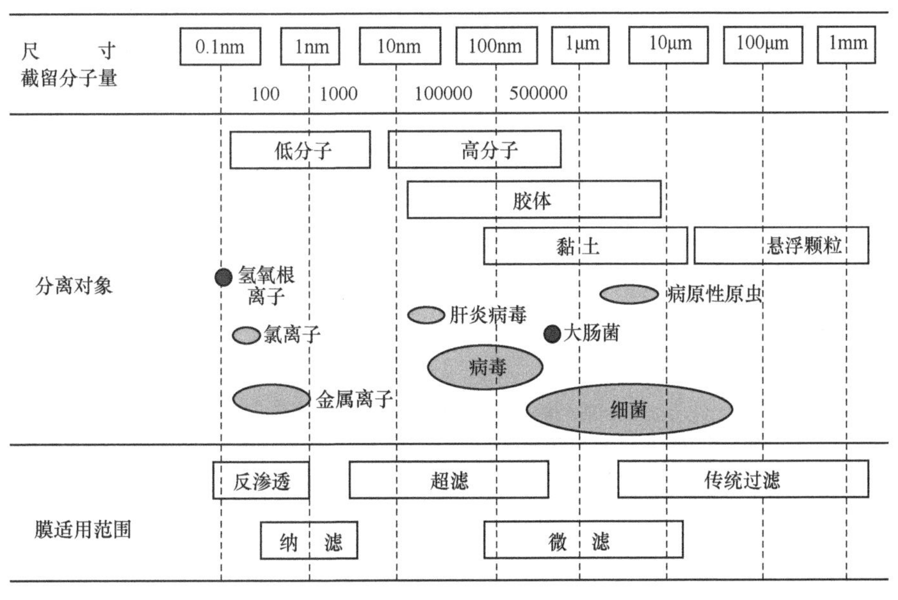

图 11-1　膜孔径与去除颗粒大小的适用范围

微滤膜的孔径大于0.01μm，主要去除对象是微米级的悬浮物质，并能去除水中99%的细菌和部分病毒，适用于给水处理，其所需驱动压力较低。

超滤膜能阻止分子量1000至几十万的高分子物质，通常公认为孔径小于0.01μm。超滤膜主要应用于大分子或胶体的截留，并可截留细菌和99.99%以上的病毒，适用于饮用水处理和海水淡化的预处理。由于超滤膜无法截留低分子的溶解性物质，需要克服的渗透压很低，因此，所需驱动压力也较低。

微滤膜与超滤膜两者的驱动压力的大小，不完全由膜孔的大小来决定。因材料、结构或制作工艺不同，在相同的通量条件下，超滤膜的跨膜压差也有可能小于微滤膜。

纳滤膜被称为低压反渗透膜，它的截留物质介于超滤膜和反渗透膜之间。纳滤膜可有效截留多价离子（如钙和镁），但对单价离子（如钠等）的截留效果就比较差。因此，纳滤膜的驱动压力比常规反渗透使用的压力要低。纳滤膜的截留分子量为200～1000，氯化钠的截留率低于90%。由于纳滤膜可以有效截留多价离子，常用于软化处理，故纳滤膜也被称为软化膜。近来，纳滤膜也被用于去除饮用水中的有机物，在饮用水深度处理中发挥了重要作用。

反渗透膜几乎能截留水中所有溶质，主要应用于海水淡化、高纯水、医药用水的制备，也可用于饮用水的深度处理。

典型的各种膜处理的适用范围参见表11-1。

膜处理典型的适用范围　　表11-1

膜类型	适用范围
反渗透（RO）和电渗析（ED）	降低总溶解固体 　海水淡化（RO有利） 　苦咸水脱盐（对于TDS大于1000～3000mg/L的RO比ED或EDR更经济有效） 　高硅酸盐苦咸水脱盐（ED或EDR有利） 去除无机离子 　氟、钙和锰（硬度） 　营养物质（硝酸盐、亚硝酸盐、氨氮、磷酸盐） 　放射性核素（仅RO） 　水质标准中规定的其他无机离子 去除溶解性有机物（仅RO） 　消毒副产物（DBP）前体和多种消毒副产物（DBP_S） 　农药、杀虫剂等合成有机物（SOC_S） 　许多有潜在健康风险的新兴污染物（药品和个人护理品） 色度
纳滤（NF）	去除硬度 去除溶解性有机物 　THM_S和其他消毒副产物（DBP）前体 　农药（SOC_S） 　色度
超滤（UF）和微滤（MF）	去除颗粒物 　悬浮固体 　胶体 　浊度 　细菌 　病毒（仅超滤，当某些病毒附着在较大颗粒时微滤也可去除） 　原生动物孢囊 去除有机物（溶解性有机物仅可能被超滤去除，这取决于分子量大小和超滤膜孔径。但是，如果膜处理系统上游工艺投加絮凝剂或粉末活性炭时，微滤和超滤也可能去除溶解性有机物） 去除无机物（化学沉析或pH调节后） 　磷 　硬度 　金属（如铁、锰、砷）

注：本表摘自美国《净水厂设计》（第五版）。

11.1.2　膜的分类与组件形式

1. 膜的分类

膜部件是膜处理工艺的核心。膜的种类非常丰富，使用的材料和制备条件各不相同，组件的结构也多种多样。膜可以按不同方法加以分类，比较通用的有三种分类方法：按膜的性质分类，按膜的结构分类以及按膜的作用机理分类。

按膜的性质可分为生物膜和合成膜两大类。合成膜又分为固态膜和液态膜，固态膜又可分为有机膜和无机膜。净水处理工艺中常用的是固态有机膜。

按结构分类可分为多孔膜和致密膜两大类。属多孔膜的有超滤膜、微滤膜，属致密膜的有反渗透膜，纳滤膜则介于两者之间。但是这些膜的区分并不是很明确的。

膜的作用机理与膜在结构上的分类有密切的关联。按分离物质的种类可以分为：用于过滤微粒子或是微生物的是微滤膜，用于过滤胶体或高分子物质的是超滤膜，用于过滤低分子物质的是纳滤膜，用于过滤离子性物质或者是低分子物质的则是反渗透膜。

2. 组件形式

膜的组件形式，即膜的几何形状。膜的安装方法和水在膜面的流动方式，对膜分离过程的性能具有重要的作用。水处理中较为常用的膜组件有平板膜、中空纤维膜和卷式膜等几种。还有一些其他形式的膜，但在净水处理中较少使用。

1）平板膜

板框式组件的平板膜是膜最早商品化的组件形式。板框式组件的基本单元由刚性的支撑板、膜片及置于支撑板和膜片间的产水隔网组成。将膜片的四周端边与支撑板、产水隔网密封，且留有产水排出口，遂形成膜板。其过滤流程与卷式相似，两者主要差异是板框式的每个模板出水分别由一根产水管排水，而卷式是每个膜袋产水集中到中心集水管排出，如图 11-2（*a*）所示。板框式组件由于结构复杂、装填密度小、成本较高等原因，很少在有一定规模的工程中采用。

市场上近年也出现一种叠式组装的平板膜，结构相对简单，装填密度也比较高，但冲洗比较困难，如图 11-2（*b*）所示。

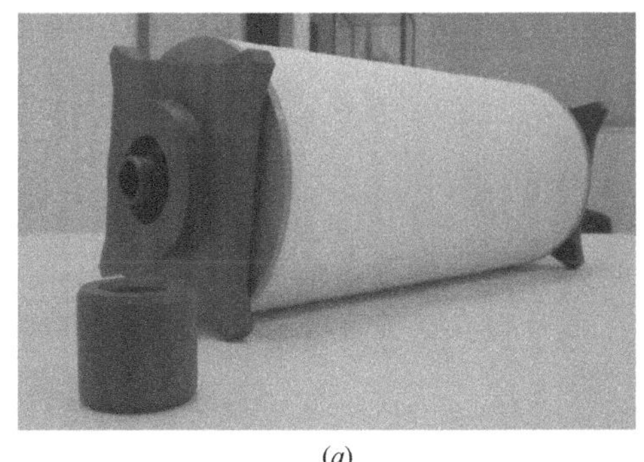

(*a*)

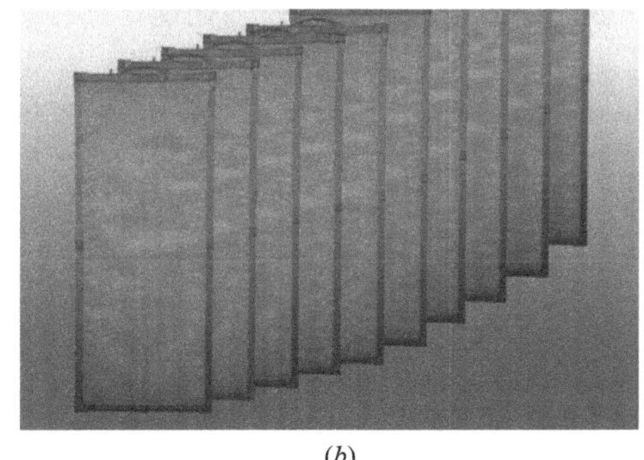

(*b*)

图 11-2　平板膜

（*a*）卷式；（*b*）叠式

2）中空纤维膜

中空纤维膜是超滤膜和微滤膜的主要结构形式。中空纤维膜是由很多很细的管（丝）状膜集合而成。中空纤维膜因无需支撑体，所以一般来说膜的填充密度比较高，比其他形式的组件体积要小。单根中空纤维膜的外径一般为 0.5～3.0mm。

中空纤维膜组件可分为内压式和外压式两种。原水从膜丝的内侧进水，清水向膜丝外壁渗出，称为内压式，如图 11-3（*a*）所示；原水在膜丝外侧进入，清水向膜丝内壁渗入的称为外压式。

将外压式膜元件安装在能承受一定工作压力的容器内，可以通过提高膜的工作压力来提高膜的通量，如图 11-3（*b*）所示。如果收纳的容器用水池代替，膜组件就变成了浸没式膜组件，如图 11-4 所示。

(*a*)

(*b*)

图 11-3　中空纤维膜

（*a*）内压式；（*b*）外压式

3）卷式膜

卷式膜组件也是一种重要的组件形式，可以看作是另一种板式膜，其构造如图 11-5 所示。卷式膜组件是将 1 支至几支膜元件串联装填到压力容器里。在卷式膜组件中膜片由塑料网分隔，沿渗透管卷绕。膜片三面密封，另一面接到收集管。原液从端面进入，轴向流过膜组件。卷式膜采用横卧式安装，具有膜的填充密度高，压力损失少，占地面积小的特点，并可以串联安装，配管、接头少，还具有膜更换方便等优点。但是，膜的间隙比较小，如原水含有悬浮物就容易堵塞，故一般需要进行去除浊度的预处理。

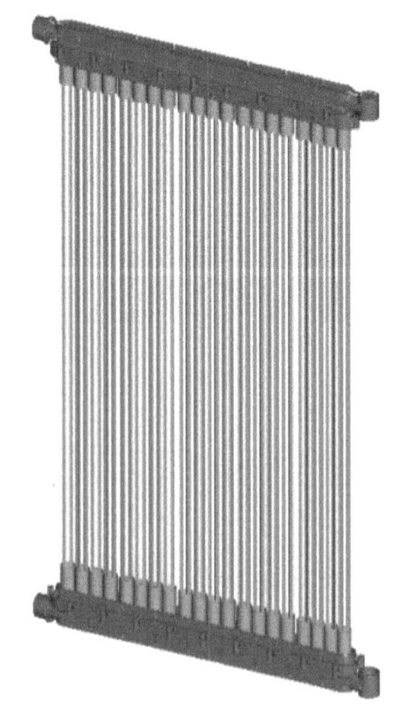

图 11-4　浸没式中空纤维膜

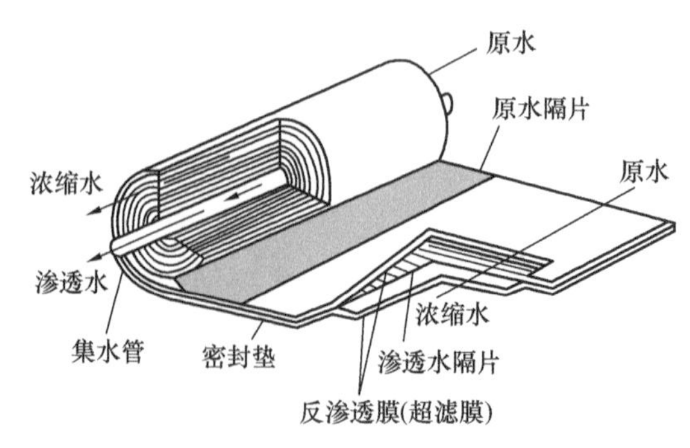

图 11-5　卷式膜组件

11.1.3　给水处理中膜处理的应用

人类不自觉地利用膜已有 2000 多年历史，直至 18 世纪中叶开始对膜有了初步认识，又过了 100 多年才制成了第一张人工膜。到了 20 世纪中叶，因科学技术在各领域得到了深入发展，新型膜材料的研发及制膜工艺得到不断开拓，各种膜分离技术才得以快速发展，并在各行业得到了广泛应用。

1987 年，世界上第一座膜分离水厂在美国的科罗拉多州的基斯通（Keystone）建成投产，处理能力为 $105m^3/d$，1988 年第二座水厂出现在法国的阿蒙科特（Amoncourt），规模为 $240m^3/d$。20 年后世界上超滤水厂总量已超过了 1000 万 m^3/d。现在世界上采用膜分离技术的小型水厂已无法统计，还建成了不少 50 万 m^3/d 规模的水厂。

在发达国家，由于膜处理环保，占地面积少，自动化程度高，运行管理简单，故在经济实力雄厚的条件下，采用膜处理往往是一个很好的选择。

我国在膜处理技术方面虽起步较晚，但我国膜生产企业采用 PVC 材料开发出了优质的超滤膜，使采用超滤工艺的水厂建设和运行成本有了大幅度的下降，为膜处理的应用创造了良好条件。

据有关资料分析，在原水水质良好的条件下，采用超滤处理工艺与常规处理工艺相比，两者的建设费用有可能已相当接近（尚未考虑节省土地费用的差价）；日常运行的能耗、药耗和管理费用一般膜处理要低于常规处理工艺。采用膜处理仅增加了每立方米水 0.06 元左右的换膜费用，而换膜费用随着市场份额的扩大和膜生产技术的发展有可能进一步降低。除了经济因素外，膜处理工艺的出厂水水质更为优良，浊度能稳定在 0.1NTU 以下，水致疾病病原体和管网富营养的风险也将大大降低，污泥排放量的减少和运行管理的方便更是常规处理工艺所无法相比的。

针对我国水源污染的现状，近年来采用生物接触氧化以及臭氧—生物活性炭等深度处理工艺都得到了积极地推广。新工艺的采用大大提高了出厂水水质，但在具体的工程实践中也发现了一些新的问题。如生物活性炭吸附池的微生物泄漏问题；溴化物检出的地域大大超出了沿海地区的范围，使强致癌物溴酸盐的风险大大增加。这些都给选择最恰当的处理工艺提出了新的挑战。

超滤膜质量的提高以及成本的降低，为探索新的处理工艺创造了一个很好的条件。虽然超滤膜工艺只能去除原水中的悬浮物、胶体和几万分子量以上的大分子，还有相当一部分溶解性污染物无法去除，但是采用合适的以超滤工艺为核心的组合工艺，同样能达到深度处理的目的。

采用超滤作为最终出水水质的把关，可以不必如传统的处理工艺那样严格控制沉淀及过滤的效果，相应的膜前处理较易得到控制，总体处理的时间可以大大缩短，而出水水质又能比较稳定。这个理念不仅适用于建设新水厂，也同样适用于老水厂的改造。

膜处理作为一种新的水处理工艺毕竟还刚刚起步，国外近 30 多年的工程实践还是以小型水厂为主。我国虽然起步较晚，在引进国外先进技术的同时，也已突显了自己的特色。相信膜处理工艺在今后给水处理的实践中将会得到更多的应用，具有良好的发展前景。

11.2　膜处理工艺设计

11.2.1　膜和组件的选用

给水工程中最常用的膜有微滤膜与超滤膜，只有在处理苦咸水、海水或特种污染水体时才会用上反渗透膜。

净水厂采用膜处理技术主要是要去除两大类物质：一类是不溶解的悬浮物，另一类则是有害的溶解性物质。

去除水中的悬浮物（包括细菌等）常用的是微滤膜和超滤膜。如果所处理的原水符合国家地表水Ⅱ类水质标准，两者的处理效果基本相当，正常情况下都能确保滤后水浊度达到 0.1NTU 以下。如果考虑病毒和大分子量有机物的去除，则超滤略优于微滤。按照目前市场上供应的这两类膜，超滤膜的价格并不一定比微滤膜价格高，超滤运行的能耗也不一定就比微滤高。因此，膜的选择应该通过现场中试的实测数据加以对比确定。

超滤膜和微滤膜的组件形式也基本相同，一般都做成中空纤维状。原水从纤维内孔流向外壁，称为内压式。原水从外壁流向内孔，则有两种形式：装在压力容器内的，称外压式；安装在敞开槽内的则称为浸没式。

净水厂采用内压和外压式处理工艺都布置成车间形式，如图 11-6 所示。采用浸没式的则布置成滤池形式，如图 11-7 所示。

图 11-6　压力式膜车间

图 11-7　浸没式膜车间

11.2.2　工艺流程选择

在具体的净水厂设计中采用膜处理工艺，一要选择适合的工艺流程，二要选择合适的膜。

工艺流程的选择主要取决于原水水质。就采用膜处理工艺而论，原水水质一般可以分为四个大类：①原水水质好，原水浊度比较低的，大致原水水质符合《地表水环境质量标准》GB 3838 Ⅰ、Ⅱ类标准，并且浊度常年在 20NTU 以下；②原水水质好，原水浊度比较高，大致原水水质符合《地表水环境质量标准》GB 3838 Ⅰ、Ⅱ类，而浊度常年在 20NTU 以上；③原水水质差，但原水浊度比较低，大致原水劣于《地表水环境质量标准》GB 3838Ⅲ类水质，并且浊度常年在 20NTU 以下；④原水水质差，且原水浊度比较高，大致原水劣于《地表水环境质量标准》GB3838Ⅲ类水质，并且浊度常年在 20NTU 以上。

由于膜处理应用实践尚不普遍，以下工艺流程选择仅供参考。

1. 原水水质好且浊度较低的膜处理工艺流程

这类原水通常为水质比较好的水库水、湖泊水、浅层地下水或上游植被较好的江河水，水源基本没有遭受污染，常年浊度也比较低。这种原水很适合采用膜处理工艺，它可以避免这类原水投药和絮凝的困难，可直接通过膜（压力式膜组、浸没膜池）过滤或微絮凝膜过滤处理，其工艺流程如图 11-8 所示。

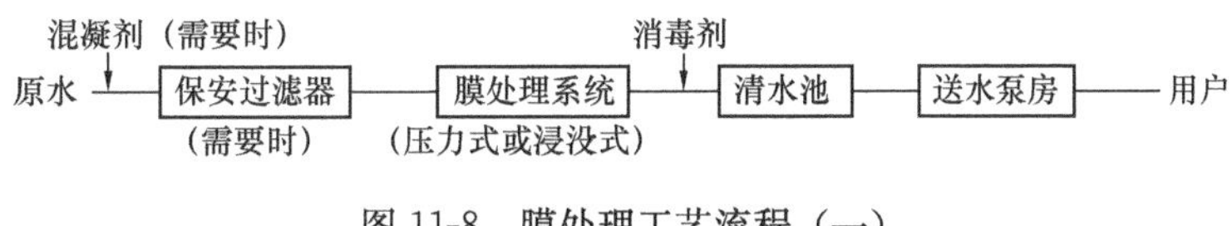

图 11-8　膜处理工艺流程（一）

2. 原水水质好但浊度较高的膜处理工艺流程

原水水质好但长年浊度较高的膜处理可以采用图 11-9 所示工艺流程。

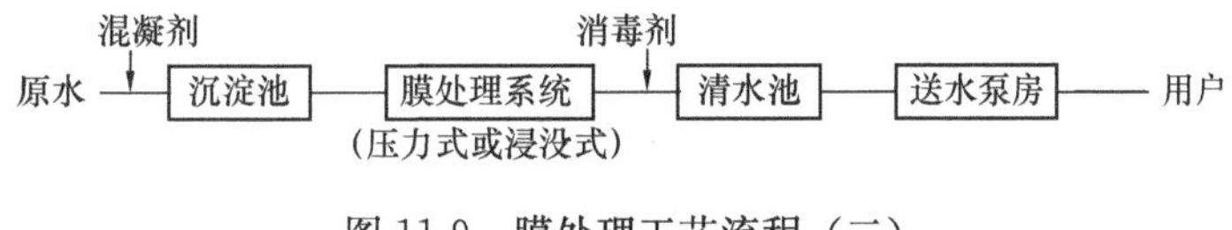

图 11-9　膜处理工艺流程（二）

3. 原水水质较差但浊度较低的膜处理工艺流程

原水氨氮小于 2mg/L，耗氧量小于 5mg/L，浊度常年较低时，可采用图 11-10 所示工艺流程（粉末活性炭的投加量及污泥在高密度沉淀池的停留时间，应根据中试试验结果确定）：

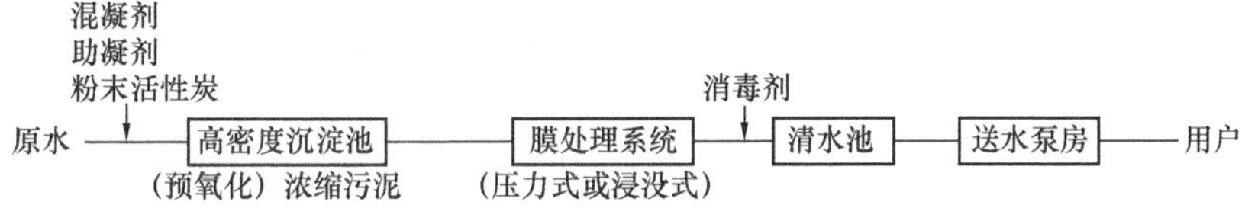

图 11-10　膜处理工艺流程（三）

4. 原水水质较差且浊度也较高时的膜处理工艺流程

原水氨氮小于 2mg/L，耗氧量小于 5mg/L，浊度较高时，原水可以在不加氯的前提下投加氧化剂、混凝剂，经预沉至出水浊度在 5NTU 左右后，再采用上述工艺，其粉末活性炭的投加量及污泥在高密度沉淀池的停留时间，同样应由中试试验结果确定，其工艺流程如图 11-11 所示。

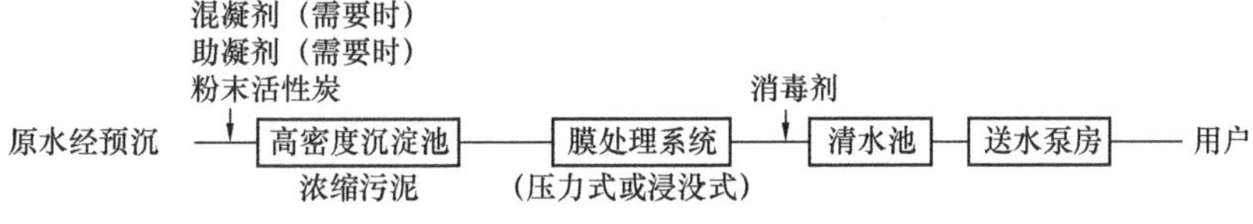

图 11-11　膜处理工艺流程（四）

当原水氨氮含量更高时，可在沉淀前增设生物预处理工艺；耗氧量含量更高时，可以在膜处理系统前增设臭氧接触和上向流活性炭吸附池，如图 11-12 所示；也可采用以超滤为前处理，将部分或全部超滤水进行反渗透处理的双膜法处理工艺，如图 11-13 所示。

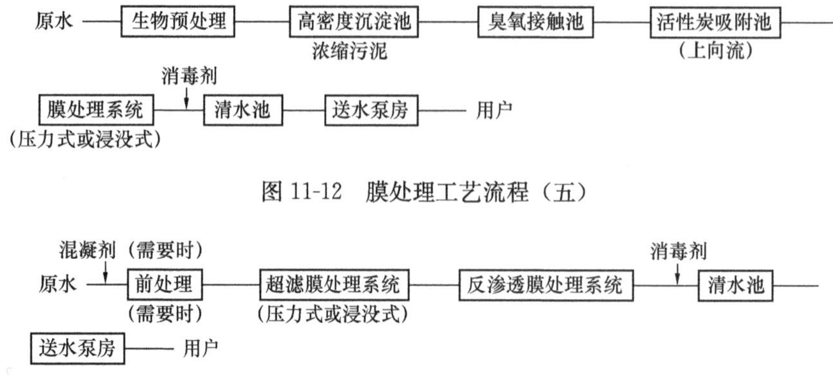

图 11-12　膜处理工艺流程（五）

图 11-13　膜处理工艺流程（六）

11.2.3　膜处理系统组成

实际工程中，膜组件通常制作成压力式的柱式膜和浸没式的柱状或帘状膜。压力柱式膜又分为内压式膜和外压式膜，在净水厂设计中通常采用死端过滤。浸没式的柱状膜组和帘式膜通常采用虹吸产水或抽吸产水。

压力柱式膜布置成封闭系统，无论是产水、反冲洗还是化学清洗均在密闭的管路内进行。系统布置在普通车间内，外形整洁美观。其缺点是管路相对复杂，特别是阀门设置很多，也就是需要控制的点特别多，膜组的工作周期比较短，工作频率很高，因此对设备的要求也很高。

浸没式膜设置在水池内，可以像滤池一样分隔布置成若干独立的膜池，也可以将膜组分块直接布置在沉淀池等池体内。膜组的出水可以采用虹吸的产水方式，也可采用水泵抽吸的产水方式。虹吸方式往往可以充分利用流程中的富余水头，省去抽吸水泵，但需另设反冲洗系统，增加相关阀门、管道和水泵。水泵抽吸方式最简洁的系统是每格膜池设置一台转子泵，正向低速旋转为产水抽吸，反向高速旋转为反冲洗，系统简单，控制也简单、精准，缺点是当流程水头富余时水泵还是要消耗一些克服机械摩擦的电能，转子泵价格也较一般水泵高很多，但这种配置对膜系统来说是最理想的。

11.2.4　主要设计参数

由于膜由不同的材料、不同的添加剂和不同的生产工艺制作而成，因此差异性很大。同样的原水选用不同的膜组效果可能相差很大，同样的膜组对于不同原水的效果同样也可能截然不同。因此，除了有完全相同的工程实例可以提供相应设计参数外，新的工程设计必须根据原水水质、出水要求以及建设场地和资金等因素，确定总体工艺流程。然后根据膜处理工艺要求，选择若干品牌的膜组在现场进行中试。中试的原水要体现实际工程中膜所处理的原水水质。试验周期最好能经过冬季的考验。然后根据中试实测的水质、通量、跨膜压差、冲洗周期，冲洗消耗的水和气，维护性化学清洗和化学清洗的周期及药耗、能耗、水耗等参数作为设计的依据。

膜处理系统设计中最基本的参数是通量、跨膜压差和回收率，它直接决定了工程造价和日常的运行费用。影响通量、跨膜压差和回收率的因素除了膜本身的性能还有水温、水质等。膜系统的回收率是指膜系统的最终产水（扣除膜系统自身反冲洗等耗水）与进膜系统原水的比值，它决定了膜系统的膜面积，也决定了前处理的规模。对于给水水厂而言，膜系统的回收率并不是追求的目标。微滤与超滤工艺在有前处理的条件下，其水耗一般都能控制到 1%以下。膜系统的排水可以回流到前处理。因此片面追求膜系统回收率往往是不经济且没有必要的。

1. 回收率的确定

膜系统在日常运行时需要进行冲洗，一段时间后要进行维护性化学清洗，更长的时间要进行恢复性化学清洗。维护性化学清洗一般在线进行，费时几分钟到几十分钟。恢复性化学清洗可能在线进行也可能离线进行，费时需几个小时以上。一般将水冲洗和维护性化学清洗算作日常运行，恢复性化学清洗则算作设备的阶段性维护检修。因此，在回收率计算时可以不把后者计算在内。回收率计算见式 11-1：

$$L_h = \frac{q_1 t_1 - q_2 t_2 - q_3 t_3}{q_1 t_1} \times 100\% \tag{11-1}$$

式中　L_h——回收率(%)

q_1——设计通量[L/(m² · h)]

t_1——产水时间(h)；

q_2——顺冲洗强度[L/(m² · h)]；

t_2——顺冲洗时间(h)；

q_3——反冲洗强度[L/(m² · h)]；

t_3——反冲洗时间(h)。

例如：一种内压式膜组件，设计通量 75L/(m² · h)；每工作 30min 需要进行一次冲洗；冲洗分顺冲和反冲，顺冲时间为 15s，强度 225L/(m² · h) 反冲时间 30s，强度 225L/(m² · h)；夏天每天需要进行一次维护性化学清洗，浸泡时间 20min，浸泡后再冲洗一次。

膜组实际一个工作周期为：工作 30min，冲洗 45s，共 30.75min，化学浸泡费时 20.75min。则在一天中膜组工作周期为：

$$(24\times60-20.75)/30.75=46.15$$

膜组的实际产水时间 t_1 为：

$$t_1=30\times46.15/60=23.1(h)$$

膜组一天冲洗所用时间为：

$$(15+30)/60\times46.15/60=0.58(h)$$

则回收率：

$$L_h = \frac{q_1 t_1 - q_2 t_2 - q_3 t_3}{q_1 t_1} \times 100\% = \frac{75\times23.1-225\times0.58-225\times0.0125}{75\times23.1}\times100\%$$

$$=92.3\%$$

2. 膜面积的确定

根据产水量要求、膜的设计通量及回收率即可以计算出需要的膜面积：

$$A = Q/(q_1 \cdot L_h) \tag{11-2}$$

式中　A——基本膜面积；

Q——设计水量。

膜的设计通量一般是指在一定的水温和一定跨膜压差条件下的通量。随着水温的下降，在一定跨膜压差下，通量会有所下降。一般在 15℃的基础上，温度每下降 1℃，产水约下降 2%多点。对城镇供水系统来说，随着温度下降总的供水量也有一定程度的下降，一般能满足供水要求。如果供水量变化不大，则可通过提高系统工作压力来增加产水量，当还不能满足需水量时就要在基本膜面积的基础上增加膜面积。

另外，膜系统也要考虑分组，要考虑膜组布置的协调和留有适当的检修备用量。

浸没式膜池的备用考虑基本与滤池的要求相仿。

11.3 工程设计实例

11.3.1 直接采用膜过滤实例

1. 天津杨柳青水厂

天津自来水集团有限公司杨柳青水厂采用混凝一超滤工艺处理滦河原水，工程建成于 2008 年 5 月。超滤工艺采用国产内压柱式超滤膜，并用浸没式超滤膜回收内压式膜的反冲洗水。系统产水能力为 5000m³/d（回收率 98%），占地面积 390m²。

1）原水水质

原水采用滦河水，其水质的月平均值见表 11-2。

滦河水水质月平均值　　表 11-2

月份	水温（℃）	浊度 NTU	pH	氯化物（mg/L）	氨氮（mg/L）	耗氧量（mg/L）	总硬度（mg/L）	铁（mg/L）	大肠杆菌群（个/L）	细菌总数（CFU/mL）
7	26.1	7.57	7.92	32	0.16	3.7	177	0.21	746	21023
8	27.2	10.02	7.97	37	0.13	3.9	171	0.21	1258	2375
9	23.0	10.62	8.11	34	0.13	4.3	162	0.27	576	531
10	17.9	7.24	8.23	32	0.14	4.5	179	0.23	299	297
11	10.0	5.16	8.33	32	0.19	4.4	195	0.19	214	314
12	2.2	1.94	8.41	34	0.18	3.8	218	0.11	536	96
1	0.9	2.16	8.47	33	0.18	3.8	237	0.09	518	146
2	3.6	2.03	8.29	33	0.17	3.7	233	0.08	261	96
3	6.1	2.77	8.24	36	0.17	3.6	228	0.11	207	223
4	12.1	5.30	8.24	34	0.07	3.9	216	0.17	112	182
5	19.2	5.61	8.14	42	0.6	3.6	200	0.19	188	340
6	23.1	5.48	7.92	27	0.7	3.0	183	0.24	211	362

2）工艺流程与系统布置

净水系统采用的工艺流程如图 11-14 所示。

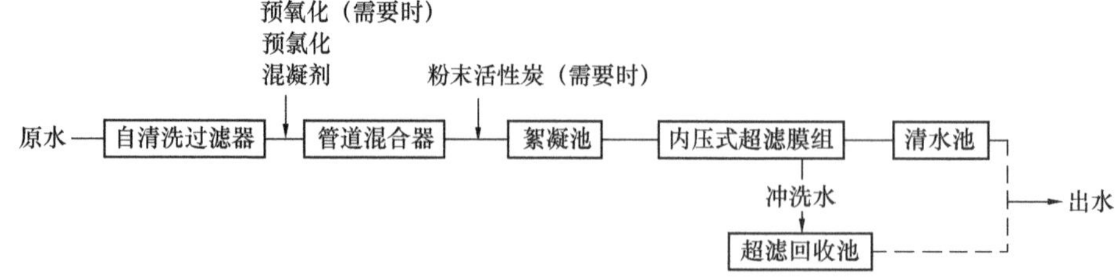

图 11-14　天津杨柳青水厂净水系统工艺流程

原水由原水泵从厂内吸水井抽送至膜处理车间，首先经 150μm 的自清洗过滤器，后经氯化并投加混凝剂，水质需要时也可应急投加预氧化剂和粉末活性炭，然后经管道混合器混合后进入絮凝池进行絮凝，再进入超滤膜组。

内压式超滤膜处理系统采用海南立升公司的 LH3-1060-V 型合金 PVC 超滤膜 152 支，分为 4 组。设计通量 37.5L/（m²·h），正常过滤周期 30min，单支膜冲洗强度 7.8m³/h，冲洗时间

1.0～1.5min。

内压式超滤膜组的冲洗废水采用海南立升公司 LJE1-2000 型的浸没式合金 PVC 帘式超滤膜，每帘 $35m^2$，共 40 帘，分为 2 组。设计通量为 20L/（m^2·h），过滤周期 60min，反冲洗强度 60L/（m^2·h），单帘膜曝气量为 3～$4m^3$/h，反冲洗时间 2min。

膜处理系统在线设有颗粒计数仪、浊度仪、余氯仪、温度和 pH 等检测仪表。采用可编程控制系统，整个产水过程实现全自动控制，系统也具备手动控制功能。

3）出水水质

膜系统的出水浊度基本控制在 0.07～0.08NTU 之间，并且始终小于 0.1NTU。系统出水中粒径大于 2μm 的颗粒数稳定在 10 个/mL 以下，COD_{Mn}指标与传统处理工艺相比总体趋势要好些，基本相当，都能满足 3mg/mL 以下。其他指标见表 11-3。

出水水质平均值　　　　**表 11-3**

水质指标	传统工艺平均值	膜工艺平均值
pH	7.39	7.68
总硬度（mg/L）（$CaCO_3$ 计）	179.0	173.8
铁（mg/L）	<0.20	<0.05
亚硝酸盐（mg/L）	<0.002	<0.001
细菌（CFU/mL）	<3	<1
藻类（个/L）	高藻期几十万	—

4）运行成本

超滤工艺和传统工艺的运行成本相比，如不含固定资产折旧，则超滤工艺的运行成本略低于常规工艺，详细比较见表 11-4。

运行成本比较表　　　　**表 11-4**

费用（元/m^3）	超滤处理工艺（规模 $5000m^3$/d）	传统处理工艺（规模 $11000m^3$/d）
药剂费	0.009（预氧化、混凝、化学洗）	0.075（混凝、消毒）
处理动力费	0.072（电价 0.67 元/kWh）	0.050（电价 0.67 元/kWh）
人工费	0.08	0.145
检修维护费	0.024	0.025
换膜费（4 年）	0.104	—
合　计	0.289	0.295

从上表可见，延长膜的更换周期，降低膜价格和降低电耗是控制超滤工艺运行成本的关键。

杨柳青水厂投产运行以来，系统运行稳定，出水水质优良，说明混凝加超滤工艺处理滦河原水是可行的。目前超滤技术在基建投资和运行成本方面已降到与常规处理相当的程度，且占地面积小，自动化程度高，出水水质好，将为水厂的新建和改造提供多一种比较方案。

杨柳青水厂超滤膜车间实景见图 11-15。

2. 南通市芦泾港水厂

在常规净水工艺基础上进行改造，利用膜过滤替代原有的沉淀、过滤工艺，不仅出水水质大大提高，还减少了占地面积并增大净水厂的处理能力。芦泾港水厂建于 20 世纪 80 年代初，净水工艺是按出厂水浊度不大于 5NTU 为标准进行设计的。水厂全年一直处于满负荷、超负荷的工

图 11-15　天津市杨柳青水厂超滤膜车间实景

作状态。水厂沉淀池集水槽出水不均匀，跑矾花现象时有发生，导致沉后水浊度相对较高，而虹吸滤池存在着反冲洗强度不够，冲洗不彻底，初滤水不能排放，严重影响出水水质。

1）水厂改造后的工艺流程

南通市芦泾港水厂改造后的工艺流程如图 11-16 所示，产水能力为 25000m^3/d。

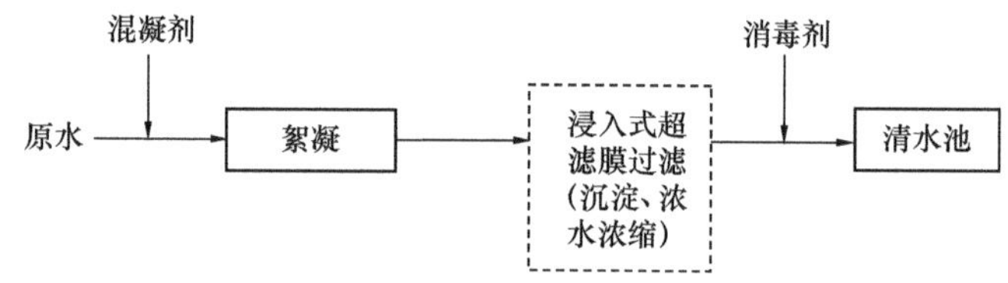

图 11-16　芦泾水厂技术改造后工艺流程图

注：图中虚线部分为改造内容

根据先前中试数据，结合国内外浸入式超滤膜应用经验以及立升公司 PVC 合金超滤膜的特性，芦泾港水厂技术改造中，保留原有加药、絮凝和消毒部分，将原有斜管沉淀池改为浸入式超滤膜池。拟将闲置下来的虹吸滤池改造成突发性水质事故的应急处理设施。

原水投加絮凝剂后经絮凝，直接进入浸没式超滤膜池，滤后水经消毒后进入清水池。

2）膜池系统设计

沉淀池尺寸：10.5m×9.0m×4.3m（长×宽×高），其中保留原集水走廊，改造后仍作为中心传动刮泥机的支架（平面尺寸为 2.0m×9.0m）。因此，沉淀池被分为两部分，每部分的平面尺寸为 4.25m×9.0m。

整个膜池内布置 10 个膜单元，每个膜单元由 12 个膜组件组成，整个膜池内膜组件数量为 120 个。膜组件平面尺寸：760mm×600mm×2737mm（长×宽×高）。

整个膜池曝气和反洗时分单元进行。为了方便膜单元拆卸与安装，膜单元与膜单元之间留 90mm 的空隙。为检修方便起吊，每个膜单元又分为两段。膜单元内的膜组件与膜组件之间保留 20mm 的空隙便于组装。

根据中试，PVC 合金浸入式超滤膜在实际运行过程中的通量为 30L/（m^2·h），每个膜组件的膜面积为 320m^2。

根据中试数据，浸入式超滤膜采用 60min 曝气一次，曝气时间为 1.5min，每 8h 水反冲洗一次，水洗时间为 3min，反冲洗强度 60 L/（m^2·h）。

水温降低时，为了保持膜的通量，跨膜压差会增加。根据水温与水的黏度之间的关系，当水温由 20℃降至 1℃时，在一定膜压差下，膜的通量将降低 47%，为了弥补温度降低所产生的通量降低，需提高跨膜压差，使膜的通量在 20℃时达到 44L/（m^2·h），根据跨膜压差与通量之间的关系，此时跨膜压差应为 3.5m，而本设计方案中，产水渠与膜池内的液位差最大可以达到 4.2m，此时超滤膜的通量可以达到 51L/m^2·h，远高于 44L/m^2·h，因此，在设计温度范围之内，超滤膜系统能够满足 25000m^3/d。

为了保证超滤膜在气温较低时的产水量，降低产水渠内水位，增大跨膜压差，系统在产水渠内设抽吸泵 2 台，一用一备，水泵的工作流量为 1200m^3/h，工作扬程 4m，选用 350ZQB-70 型潜水轴流泵，电机功率 30kW。

芦泾港水厂的产水方式为虹吸产水，各膜单元的产水管道上设抽真空管道一根，抽真空管道采用 *DN*40 不锈钢管。设真空泵 2 台，1 用 1 备，真空罐 1 个，真空泵型号：SZ1，电机功率 4kW，最大真空度 16.3kPa。

膜单元的反冲洗管道与产水管道共用，设反冲洗水泵 2 台，1 用 1 备，反洗泵工作水量为 230m^3/h，工作扬程为 12m。水泵为 300QJ(R)330-(6619)-21/1 型潜水轴流泵，电机功率 30kW。

为了减缓超滤膜的污染，反洗时在反洗水中加入一定量的氯气进行维护性清洗，以消除水中污染物对超滤系统的影响。设 4kg/h 加氯机 1 台，水射器 1 台，增压泵 2 台，1 用 1 备，增压泵功率 4kW。

超滤膜的曝气也分单元进行。根据中试结果，曝气强度按 30m^3/h 计算，则每个膜单元曝气强度为 360m^3/h。系统设罗茨风机 2 台，1 用 1 备，风量为 6m^3/min，风压 70kPa，电机功率 18.5kW。

原有沉淀池排泥方式采用虹吸排泥，改造后安装气动排泥阀排泥。

超滤膜完整性检测采用气检法，膜丝如有破损，停止该单元工作，将该膜单元移出膜池，换上备用膜单元，恢复超滤系统正常产水过程，同时详细检查破损膜单元具体破损膜丝，对破损膜丝进行修补。

本工程恢复性清洗采用离线化学清洗。用备用膜单元置换出需要清洗的超滤膜，移至恢复性清洗构筑物内进行清洗。

恢复性清洗构筑物内设酸洗池、碱洗池、次氯酸钠清洗池和水洗池各 1 座，尺寸 0.85m×4.40m×2.44m。设药桶 3 个，搅拌器 3 台，功率 0.75kW，不锈钢自吸泵、药桶设在化学清洗池下侧。

清洗方式为碱洗→酸洗→次氯酸钠溶液清洗三个连续清洗阶段，最后用清水清洗膜丝，碱洗的方式为用浓度为 0.5%～1.0%的 NaOH 溶液浸泡超滤膜 1～4h。酸洗的方式为用浓度为 0.2%的 HCl 或者用浓度为 1%的柠檬酸溶液浸泡超滤膜 1～4h，用 1000ppm（有效氯浓度）次氯酸钠溶液浸泡 1～4h。为了提高化学清洗效果，化学清洗时，对清洗液进行循环，设耐酸耐碱的不锈钢自吸泵 4 台，流量 12m^3/h，扬程 8m，电机功率 0.75kW。

恢复性清洗所产生的废酸液、废碱液设中和池一座，平面尺寸为 3.0m×4.0m×3.0m，有效水深 2.2m，池型采用地下式。废酸碱经过中和处理后通过下水道外排。

浸没式膜池的平面布置如图 11-17 所示。

3）改造后的运行情况

工程于 2009 年 6 月开工，同年 12 月投产运行。出水浊度小于 0.05NTU，颗粒数小于 20 个/mL，总大肠菌群和粪大肠菌群均为 0 CFU/100mL，COD_{Mn}指标原水 0.3～2.8mg/L，滤后水 1.8mg/L。运行成本测算，处理部分为 0.12 元/m^3，其中电费 0.004 元/m^3，药剂费 0.005 元/m^3，设备折旧（包含膜）的 5 年更换费 0.11 元/m^3。

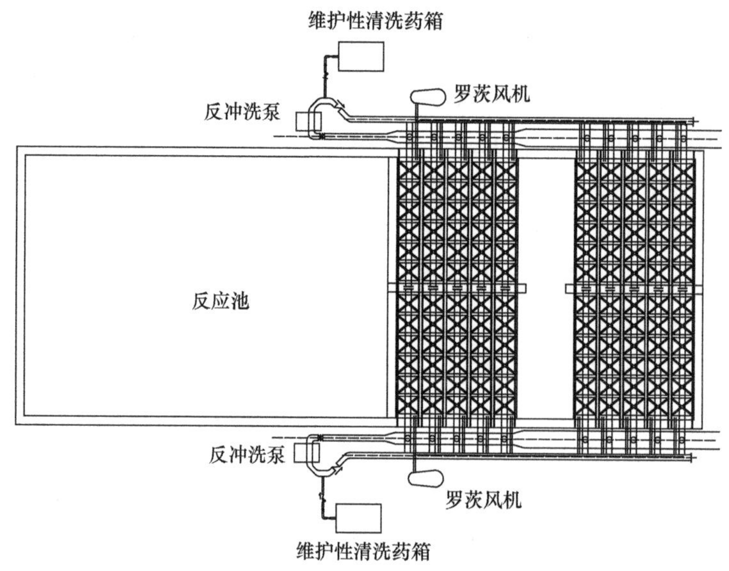

图 11-17 浸没式膜池的平面布置

11.3.2 常规处理后设置膜过滤实例

1. 洋山港深度处理工程

上海国际航运中心洋山深水港的供水一期工程 2005 年建成，由上海南汇的惠南水厂出厂水经 30 多公里送至东海大桥桥堍，在桥堍设水库增压站，由敷设在东海大桥上的 2 根 DN500 专管送至港区高位水池，然后自流至港区的各用水点。惠南水厂原水取自上海非饮用水水源保护区、水质较差的大治河，虽然采用了生物预处理和常规处理，但没有深度处理，臭味和耗氧量等指标常超出国家生活饮用水卫生标准，且增压站又处于管网末梢，浊度也常有超标。

2008 年在增压泵站扩建时采用了射流泵曝气活性炭吸附加超滤的深度处理工艺，处理规模 16000m^3/d。系统利用余压先至高架的活性炭吸附池，然后利用吸附池出水水头，经超滤处理后再进入原有清水池。

活性炭吸附池采用翻板滤池的形式，分为 4 格，每格面积 20m^2，炭深 2m，采用压块破碎炭。

深度处理部分分设了膜车间、辅机间和配电控制间。

膜车间设内压式超滤膜 10 组，其中 2 组用于膜组反冲洗废水的处理（称为二级过滤）。每个膜组安装立升公司 LH3-1060 内压式超滤膜 36 支，每支面积 40m^2，设计通量 2.5m^3/（h・支），运行周期 30min，顺冲 15s，反冲 30s，反冲洗废水蓄入高架活性炭吸附池下设的废水池，由提升泵加压进入二级超滤膜，超滤出水均进入清水池。

辅机间设反冲洗水泵 2 台（1 用 1 备），二级膜增压泵 2 台（1 用 1 备），酸、碱溶液桶各 1 个，耐酸、碱化学泵各 1 台。

配电、控制间设了服务于所有电机、电器的配电柜及 PLC 柜，活性炭吸附池的运行包括反冲洗以及膜车间的运行均由 PLC 控制自动运行。化学清洗则由人工干预半自动清洗。

深度处理系统于 2008 年建成通水，出水浊度一般在 0.02NTU 以下，COD_{Mn}初期在 1mg/L 以下，以后稳定在 2mg/L 左右。图 11-18 为深度处理构筑物外景，图 11-19 为膜车间内部布置。

2. 东营市南郊水厂

东营市位于黄河入海口，以黄河水库水作为城市供水水源。南郊水厂设计规模 10 万 m^3/d。原水特征冬季低温、低浊，春秋高藻，臭和味超标，溴化物偏高。由于水厂已满负荷运行，原处

图 11-18　深度处理构筑物外景

图 11-19　膜车间内部布置

理工艺不宜作大的改造。改造后的出水水质要求全面达到《生活饮用水卫生标准》GB 5749—2006 的要求。

南郊水库水质表现为总氮偏高，均值约为 2.88mg/L，最大值为 9.87mg/L，高出《地表水环境质量标准》GB 3838—2002 中Ⅴ类地表水指标 2.0mg/L。藻类繁殖严重，均值约为 14818 万个/L，最大值为 173000 万个/L（一般藻类在 100 万个/L 以上时，即会对水处理带来不利的影响）。改造前 2 年南郊水库水的耗氧量指标有所降低，原水耗氧量基本都在 6mg/L 以下，但也常超出常规处理对耗氧量去除能力范围，导致出厂水耗氧量指标超标。

本工程新建超滤膜池，改造后的工艺流程如图 11-20 所示。

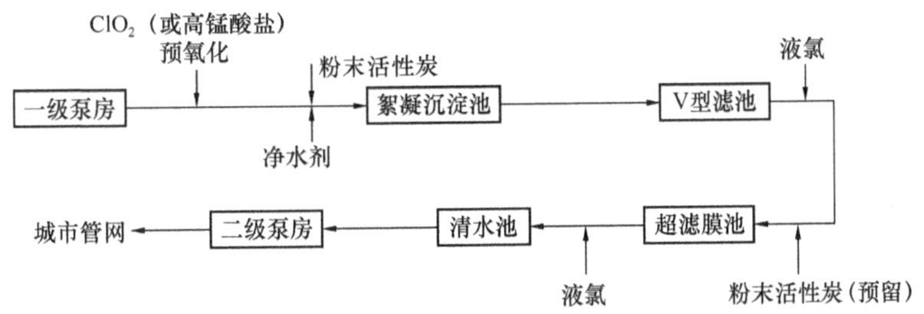

图 11-20　改造后的工艺流程图

1）膜池进水和排水系统

池体两侧设膜池进水渠道，渠道宽 0.80m，有效水深 1.20m。每格进水设闸板阀 1 只，大小为 300mm×400mm。阀后设进水堰，堰长 3.50m。

排水渠道设于每格进水渠下部，渠道宽 0.80m，出水设闸板阀 1 只，大小为 300mm×400mm。在膜池南侧设排水渠道集水坑，将膜池反冲洗和药洗废水排出。

2）膜池产水及气水反冲洗系统

膜池共设 12 格，每格池体有效面积为 5.00m×6.10m，膜池面积每格 30.5m^2。每格设膜组 6 个，每格膜池的膜面积为 1.25 万 m^2。

超滤膜的设计通量为 30L/(m^2·h)，反冲洗水强度为 60L/(m^2·h)，气擦洗强度以膜池面积计为 50m^3/(m^2·h)。

膜堆浸没在池内水中，为淹没状态，淹没深度为 0.30m。膜池每格设抽吸转子式容积泵 1 台，置于膜池中间管廊内。膜滤出水由抽吸增压泵抽至中央集水渠，按照强制滤速时对应抽吸流量 375m^3/h 选泵，抽吸的最大真空值为 7～8m，增压能力满足清水池最高水位要求。同时采用该泵反转作为膜组反冲洗泵，反冲洗流量为 750m^3/h，扬程满足反冲洗水头要求，该泵配套电机功率 37kW，为容积泵，设变频调速，通过控制转速来调节流量，扬程由背压决定。整个膜池共配置容积泵 12 台，并在仓库备用 1 台。

膜池配套空气擦洗的曝气管路设于膜堆底部，总进气管为 *DN*200。采用鼓风机供气，共设 2 台鼓风机，1 用 1 备，单台风量 1525m^3/h，升压 0.05MPa，配套功率 37kW。

每格膜池设 6 个膜组，每个膜组有一根 *DN*200 出水管，每格膜池设 *DN*400 出水总管，连接管路均采用耐腐的 UPVC 管道。管路连接接头采用活接形式，便于膜堆维修拆卸和封堵。因出水管在负压条件下运行，水中不免有气体泄出，为防止总水管出现气阻现象，设常吊真空系统 1 套，内设真空泵 2 台，总功率 8kW。每根出水总水管安装抽真空阀 1 个，使其只将总管中的气抽出。

出水和反冲采用抽吸增压泵的正反转来控制，水量由水泵运行频率调节。

3）化学清洗系统

除日常水冲洗和空气擦洗之外，膜堆运行一段时间后，需经周期性化学清洗。浸没式外压超滤膜配置化学药剂种类为 HCl、NaOH 和 NaClO 等。药剂贮存于辅助车间外的储药池内，采用 4 格储药池，一格储 NaOH，一格储 HCl，另两格储 NaClO。

药剂由储药池按照膜池清洗的所需药量，通过化学清洗泵打入化学清洗池，配成 0.5%～2%浓度的清洗液。然后人工将膜组吊入化学清洗池，连接好管道，由清洗泵将药液抽入清洁的储箱，然后再打回清洗池。如此往复运行将膜洗净。共设有两组酸碱清洗池。清洗后的废水中和后排放。

膜车间的布置见图 11-21。

3. 无锡市中桥水厂

无锡市中桥水厂原有常规处理规模为60万m^3/d。在此基础上，近期新增 15 万 m^3/d 规模超滤膜处理系统，平面布置按远期30万m^3/d 规模考虑。超滤处理系统由西门子公司提供。

1）超滤系统进水水质

2007 年中桥水厂出厂水水质（即新建超滤膜系统的进水水质）主要监测数据见表 11-5 所列。

超滤膜系统进水主要水质指标 **表 11-5**

编号	检测项目	计量单位	最高值	最低值	平均值
1	色度	度	7	<5	<5
2	浑浊度	NTU	0.8	0.08	0.52
3	臭和味	级	1	0	0
4	pH		7.2	6.7	6.9
5	总硬度	mg/L	198	113	167
6	铁	mg/L	0.14	<0.02	0.06
7	锰	mg/L	<0.02	<0.02	<0.02
8	挥发酚	mg/L	<0.002	<0.002	<0.002
9	阴离子洗涤剂	mg/L	0.12	0.034	0.055
10	氯化物	mg/L	112	44	82
11	TDS	mg/L	387	242	290
12	氟化物	mg/L	0.94	0.43	0.68
13	硝酸盐氮	mg/L	3.7	0.05	1.80
14	三氯甲烷	μg/L	9.8	1.1	3.1
15	四氯化碳	μg/L	0.14	0.02	0.04
16	UV_{254}		0.1757	0.0845	0.137
17	氨氮	mg/L	0.72	0.03	0.35
18	亚硝酸盐	mg/L	0.003	0.002	0.003
19	耗氧量	mg/L	4	1.6	2.78
20	溶解氧	mg/L	12.74	6.01	9.32
21	TOC	mg/L	7.08	3.04	4.9
22	总磷	mg/L	0.026	0.01	0.017
23	藻类	个/mL	880	410	580
24	细菌总数	CFU/mL	0	0	0
25	总大肠菌群	MPN/100mL	0	0	0

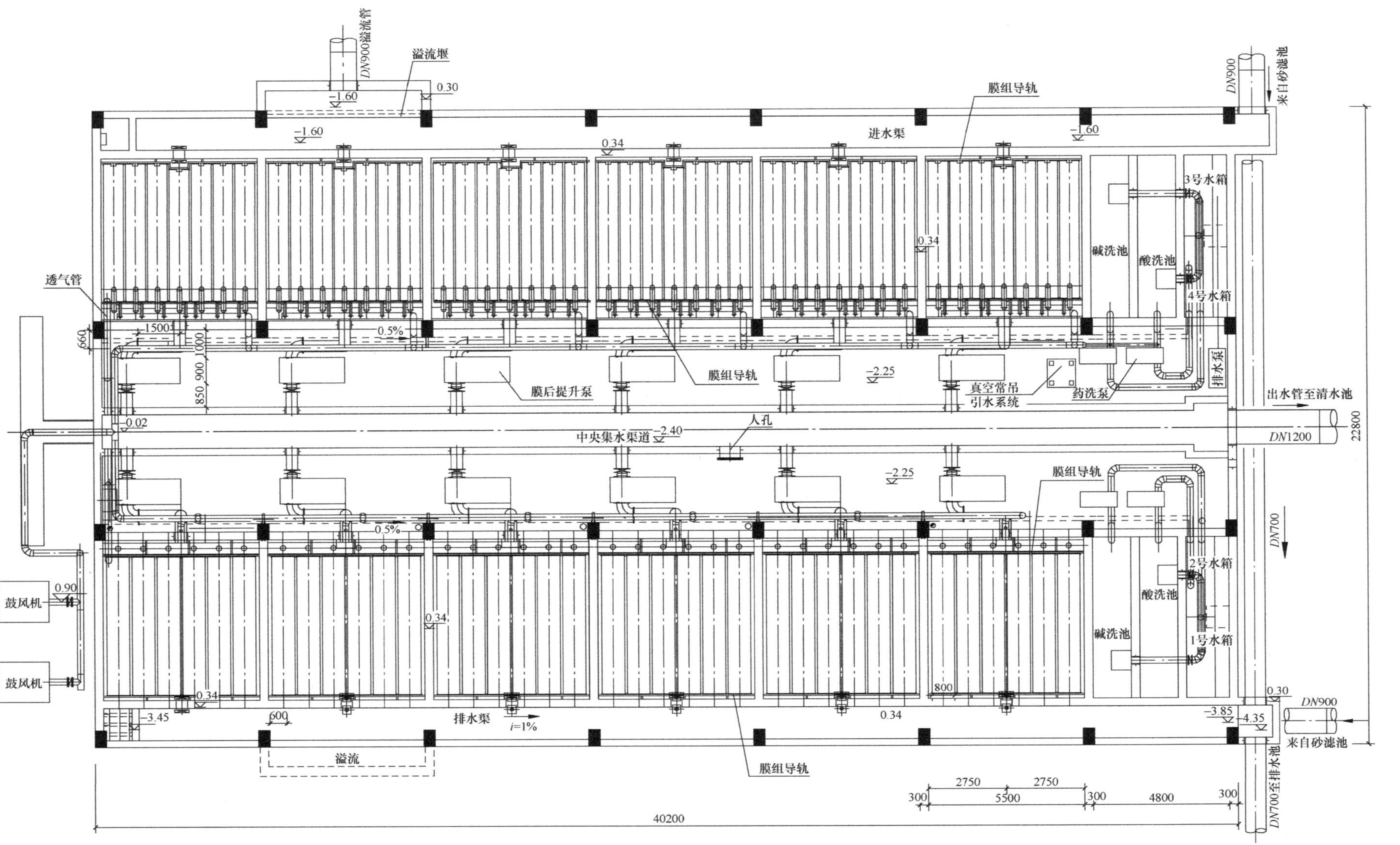

图 11-21　山东东营南郊水厂膜车间布置

2）超滤要求出水水质

中桥水厂改造工程建成后，超滤系统出水水质必须满足国家《生活饮用水卫生标准》GB 5749—2006。同时在满足上述进水水质和产水能力的条件下，出水水质还要满足表 11-6 所列主要指标。

要求出水水质指标 **表 11-6**

参数	出水水质（90%保证率）
浊度（NTU）	≤0.1
细菌去除率（Log）	≥4
贾第鞭毛虫（Log）	≥6
隐孢子虫（Log）	≥6
病毒去除率（Log）	≥3.5

3）超滤处理系统

本工程超滤系统设置 10 套装置，其中 1 套为备用。

超滤处理系统主要由以下部分构成：膜进水泵单元、预处理单元、超滤装置单元、膜擦洗系统、化学清洗系统、加药系统、自动化控制系统。其他辅助系统包括反洗排水系统、中和系统。超滤膜净水系统。每个系列单元能单独运行，也可同时运行。超滤膜系统的平面布置如图 11-22 所示。

（1）膜进水泵单元：超滤系统对应 4 台膜进水泵，3 用 1 备，变频控制。超滤装置单元采用母管供水，每套超滤装置进水管设一台自动调节阀。

（2）预过滤器：为确保超滤系统的安全运行，需要在原水进入超滤单元前对其进行预过滤，以去除大颗粒及纤维类物质。本系统设置 7 台过滤精度为 200μm 的自清洗过滤器作为膜处理单元的预过滤设备，6 用 1 备。

（3）膜组件：每 6 支膜柱（膜芯+壳体）组成一排膜列。若干个膜列相连组成一个膜堆（阵列）。膜堆是在工厂安装好并通过密封检验后发往现场。

本工程超滤系统采用西门子公司的 L20V 膜，主要性能见表 11-7：

超滤膜的性能指标 **表 11-7**

超滤膜组件型号	Memcor® L20V
超滤膜型式	中空纤维
过滤方向	从外侧到内侧
膜丝直径（内/外）	0.53mm/1.0mm
膜公称孔径	0.04 μm
膜材质	PVDF
其他涉水部件材质	聚氨酯、聚乙烯、聚酰胺、EPDM
膜丝平均长度	1640mm
单支膜组件有效过滤面积	38m^2
单支膜组件外形尺寸	长 1800mm，外径 119mm
单支膜组件重量	干重 4.9kg，湿重 9.0kg
膜组件结构形式	膜芯（中空纤维滤芯）、膜壳分离式
运行温度范围	0～40℃
最高容许温度	45℃
清洗时容许的最大次氯酸钠浓度	1000mg/L
次氯酸钠耐受性	1000000mg/(L·h)
膜组件质量保证期	6 年
膜组件担保使用寿命	8 年

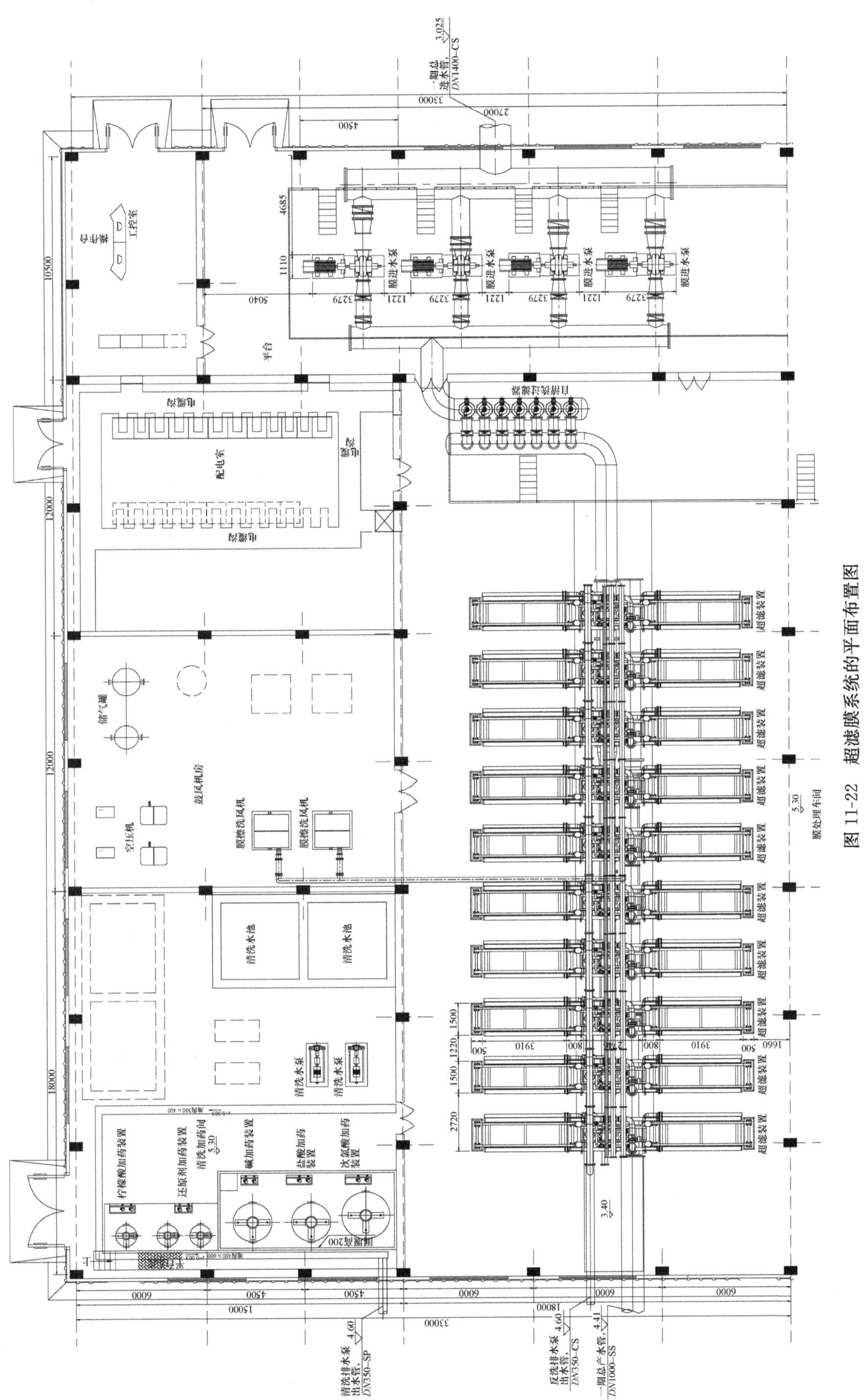

图 11-22　超滤膜系统的平面布置图

(4) 反洗系统：超滤反洗系统由擦洗鼓风机和压缩空气系统构成。

A. 擦洗鼓风机：超滤系统对应的擦洗鼓风系统由 2 台风量 $33m^3/min$、风压 39kPa 的变频罗茨风机（1 用 1 备），入口过滤器，进出口消声器和监测仪表组成。擦洗鼓风机根据管道上的流量计采取变频调速的方式控制，保证鼓风机的流量满足反洗工艺条件。

B. 压缩空气：

压缩空气系统由空气量为 $3m^3/min$、风压为 70kPa 的空压机设备（1 用 1 备），压缩空气储罐（工艺用压缩空气储罐 1 台，$8m^3$，控制用压缩空气储罐 1 台，$2m^3$），监测仪表等组成。空压机在线备用实现自动切换。

压缩空气系统提供 2 个压力等级的压缩空气：压力为 200kPa 的压缩空气用于超滤的反洗过程和排水过程，压力为 120kPa 的压缩空气用于超滤膜的完整性检测。

(5) 加药系统：加药系统由投加次氯酸钠、柠檬酸、盐酸三部分组成。次氯酸钠、柠檬酸、盐酸药剂主要用于超滤恢复性清洗和维护性清洗。药剂直接加在化学清洗系统内部回流管道上，通过化学清洗泵作内部循环来保证清洗液浓度平均。

A. 次氯酸钠加药装置：次氯酸钠加药装置由储罐、计量泵组成。储罐设低液位报警（提醒运行人员及时配药）。计量泵入口设 Y 形过滤器，加药管设手动球阀及缓冲罐、压力表。设备配置包括药剂储罐 1 台（$10m^3$），流量 800L/h、扬程 35m 的计量泵 2 台（1 用 1 备）。计量泵在线备用，配备自动阀门实现自动切换。

B. 柠檬酸加药装置：

柠檬酸加药装置由计量箱、搅拌器、计量泵组成。计量箱设低液位报警（提醒运行人员及时配药和倒换计量箱）。计量泵入口设 Y 形过滤器，加药管设手动球阀及缓冲罐、压力表。设备配置包括 $1m^3$ 药剂计量箱 2 台（带搅拌机），流量 800L/h 扬程 35m 的计量泵 2 台（1 用 1 备）。计量泵在线备用，配备自动阀门实现自动切换。

C. 盐酸加药装置：

盐酸加药装置由储罐、计量泵组成。储罐设低液位报警（提醒运行人员及时配药）。计量泵入口设 Y 形过滤器，加药管设手动球阀及缓冲罐、压力表。设备配置包括药剂储罐 1 台（$5m^3$），流量 800L/h、扬程 35m 的计量泵 2 台（1 用 1 备）。计量泵在线备用，配备自动阀门实现自动切换。

(6) 反洗排水：在处理系统内设置可回用反冲洗废水收集回用池（$250m^3$），主要用于收集超滤系统可回用冲洗废水。通过流量 $250m^3/h$、扬程 29m 的反洗排水泵（1 用 1 备）提升后排放至厂区生产废水系统，或排至沉淀池进水侧回用至沉淀池前进水管。

(7) 中和系统：超滤清洗液主要为次氯酸钠清洗废液，盐酸、柠檬酸废液。在清洗完毕后，废液排至中和水池，通过加药达到无害化后进行排放。中和系统设置中和水池，中和水池采用加药反应池。将次氯酸钠与盐酸、柠檬酸废液分开处置（分批处理）以防止次氯酸钠废液和酸废液相混产生氯气，危害人体健康。在清洗废液排入中和反应池后，通过中和水泵进行循环，并启动加药泵，通过中和水泵出口仪表控制水质，水质达标后，停止循环，由中和水泵将废液排入排放井排放。次氯酸钠溶液使用还原剂进行中和，通过中和水泵出口 ORP 仪控制水质；酸废液采用氢氧化钠溶液中和，通过中和水泵出口 pH 计控制水质。

中和系统由 1 座中和水池（$50m^3$），2 台（1 用 1 备）中和水泵（流量 $50m^3/h$、扬程 20m），1 套氢氧化钠加药装置（包括 1 台 $5m^3$ 储罐，2 台流量 240L/h、扬程 35m 计量泵），1 套还原剂加药装置（包括 2 台 $1m^3$ 计量箱，2 台流量 240L/h、扬程 35m 计量泵）。

11.3.3 以超滤为核心的组合工艺实例

上虞市上源闸水厂改造工程采用了以超滤为核心的组合净水工艺。

上虞市上源闸水厂始建于 20 世纪 90 年代初，建成了 5 条规模为 2 万 m^3/d 的生产系统，净水工艺采用平流沉淀池和气、水反冲洗滤池。本工程是将最早建成的一条生产线，改造成 3 万 m^3/d 以超滤为核心的深度处理生产线。

上源闸水厂原水取自曹娥江下游总干渠。由于受有机物、氮与磷等污染，原水水质主要体现在 COD_{Mn}、TN、TP 值较高。其中 COD_{Mn} 在闸内的均值为 7.09mg/L，闸外的均值为 6.42mg/L，超过了地表水Ⅲ类水体所规定的 6mg/L 的限值。闸内 TN 均值为 3.26mg/L，闸外为 3.17mg/L，超过了地表水Ⅴ类水体的标准限值。闸内 TP 的均值为 0.56mg/L，闸外 TP 均值为 0.63mg/L，超过地表水Ⅴ类水体的标准。NH_3-N、NO_3-N、Chl-a 指标值均较低，其中闸内、闸外 NH_3-N 均值均达到地表水Ⅱ类水体要求。总干渠的感官指标令人担忧，水体呈现明显的黄色，浊度高时达 300NTU 左右，水体透明度极低，仅为 0.07m 左右。

改造工程是国家“十一五”水体污染控制与治理科技重大专项“华东河网地区县镇饮用水安全保障技术研究与示范”课题中的示范工程。工程以同济大学的中试成果为基础。根据上源闸水厂的现状，将原一期工程的综合池（上部为絮凝沉淀池，下部为清水池），改造成在取现状总干渠原水条件下，出厂水符合《生活饮用水卫生标准》GB 5749—2006 的处理构筑物。改造后的综合池为集混凝、沉淀、生物粉末活性炭（活性泥渣）接触氧化和超滤于一体，形成以超滤为核心的组合工艺。

中试所采用的工艺流程如图 11-23 所示。

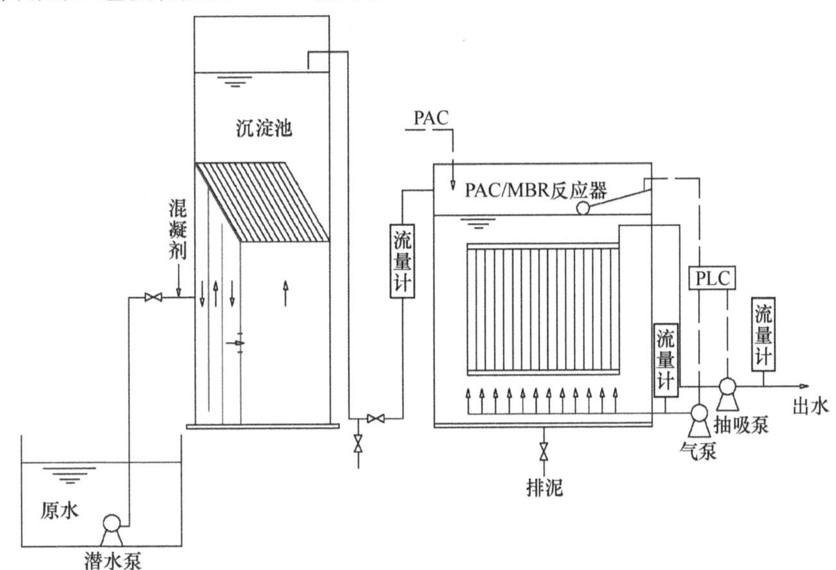

图 11-23　中试工艺流程图

试验原水取自浙江省上虞市总干渠，由于浊度较高，在进入反应器之前经过混凝沉淀去除一部分浊度和 COD_{Mn}，以减轻后续膜池负荷。原水以及沉淀池出水水质情况见表 11-8。

原水及沉淀池出水水质　　表 11-8

水质指标	原水	沉淀池出水
浊度（NTU）	20.5～348.0（102.2）	6.67～35.9（15.8）
COD_{Mn}（mg/L）	2.42～5.37（3.85）	1.51～2.80（2.06）
NH_4^+-N（mg/L）	0.85～2.19（1.48）	0.92～2.62（1.48）
NO_2^--N（mg/L）	0.06～0.16（0.10）	0.05～0.17（0.09）
NO_3^--N（mg/L）	2.16～3.41（2.69）	2.24～3.40（2.70）
pH	7.05～7.84（7.56）	6.92～7.72（7.40）

注：括号内为平均值。

膜后出水浊度保持在0.1NTU以下，COD_{Mn}在1.9mg/L以下（平均为1.38mg/L）。膜后出水氨氮平均由沉淀出水的1.48mg/L降低为0.21mg/L，运行稳定的中、后期，氨氮浓度保持在0.2mg/以下。

根据中试试验成果，改造工程原水在进入反应器之前先经混凝沉淀去除一部分浊度和COD_{Mn}，以减轻膜池的负荷。改造工程保留原叠合池上层平流沉淀池的絮凝和前段沉淀部分，在投加混凝剂前先投加高锰酸钾氧化剂，以改善微污染原水的絮凝效果并提高锰的去除率，使该段沉淀出水浊度稳定在20NTU以下，并使COD_{Mn}有一定程度的下降。在原沉淀池后段设伴有浓缩泥渣回流的两级生物粉末活性炭接触氧化池，使COD_{Mn}、氨氮得到充分的去除，最后由超滤把关，使出水水质全面达标。

中试在沉淀出水后采用MBR工艺，示范工程则将接触氧化和膜分离分为两段处理。在膜分离前先行接触氧化，利用活性污泥和生物粉末活性炭加上搅拌充氧，氧化氨氮和降解COD_{Mn}。在平流沉淀池后段设两级回流搅拌池，并在接触氧化段与超滤膜段之间设一定距离的过渡区，以形成一个活性污泥、生物粉末活性炭的回流和停留空间。

将原叠合池上部折板絮凝沉淀池的前后两段完全分开，将原集水槽横向安装在前段沉淀池的末端，刮泥改为往复式底部刮泥机，浓缩污泥由气提装置排至一侧排泥槽。

在平流沉淀池后段的前面设两级接触氧化池，采用两格8.2m×8.2m回流型搅拌接触氧化池。

膜池和过渡区的浓缩污泥（生物活性泥渣和生物粉末活性炭）经往复式底部刮泥机浓缩并刮至接触氧化池一侧，由污泥气提装置回流至接触氧化池的进水口。

接触氧化池后设约16.0m的过渡区，经接触氧化处理的水在过渡区快速分离，由一直延伸至膜池下面的往复式底部刮泥机浓缩收集，并由污泥气提装置将浓缩污泥回流至接触氧化池进口。

利用平流沉淀池后段的一部分，增设超滤膜处理工艺。膜池分为4格，每格设12个膜组，每组设1.5m长浸没式帘子膜36帘，每帘膜面积940m^2，总膜面积约45000m^2，设计通量30L/(m^2·h)。

每格膜池设有一台转子泵，该泵能正反运转，采用变频调速控制流量，扬程则由背压决定，控制十分方便而且准确。泵前设有一个气动蝶阀。膜组正常运行由转子泵正转抽出，反冲洗时则由转子泵将下部清水池中的膜滤后水反向打入膜中。膜组下设曝气系统，曝气以每格膜池为单元。曝气时每格膜池之间互相不干扰。反冲洗的鼓风机只设1台，利用滤池原有的鼓风机作备用。

膜组的维护性清洗采用次氯酸钠溶液，按一定比例将次氯酸钠原液和一定比例的清水打入膜组，视膜组的污染情况设定浓度和浸泡时间。

膜丝和管路中的气体，由真空抽吸系统自动抽出。真空抽吸系统由全自动真空引水装置、抽真空阀和真空管路组成。

膜丝的完整性采用压缩空气检测。根据经验周期性地将洁净压缩空气注入膜组，使之达到一定压力，然后根据其压降，判断膜丝是否有损。

在膜池、辅机房、配电控制间的上方设轻钢结构屋架，并在膜池和辅机房上方设有悬挂起重机。

平流沉淀池后段改建为接触氧化池、过渡区、膜池后还剩下8m左右的长度，将此空间改建为辅机房。设有4台转子泵、真空引水装置和储气罐。

日常运行的超滤膜气、水反冲洗和维护性清洗均在原池中进行。每1～2h进行一次反冲洗，采用超滤膜产水进行反冲洗。超滤膜产水由转子泵抽至下层清水池，反冲洗时由产水转子泵反向运行，从下部清水池抽水完成反冲，外部辅以鼓风曝气。维护性化学清洗根据原水水质和膜丝污染情况，采用氯水或次氯酸钠溶液从产水端由计量泵打入，在膜丝周围形成较浓的含氯水层，使膜表面可能覆盖的微生物等污染物质得以清除。恢复性化学清洗则离线进行，在辅机房另一侧设有碱液清洗池和酸液清洗池，采用浓度为 0.5%～1.0%的 NaOH 溶液和 HCl 溶液或柠檬酸溶液，清除超滤膜表面不能用气、水反冲和维护性化学清洗清除的膜污染物，以恢复超滤膜截留污染物质的过滤能力。

膜池边设置中和池，对多次碱洗和酸洗后的废水采用中和后无害化排放。

配电及控制柜设在辅机间上方一侧的平台上，380V 电源由叠合池一侧的低压变电间引入。

综合处理池的平面布置如图 11-24 所示，改建后的实景见图 11-25。

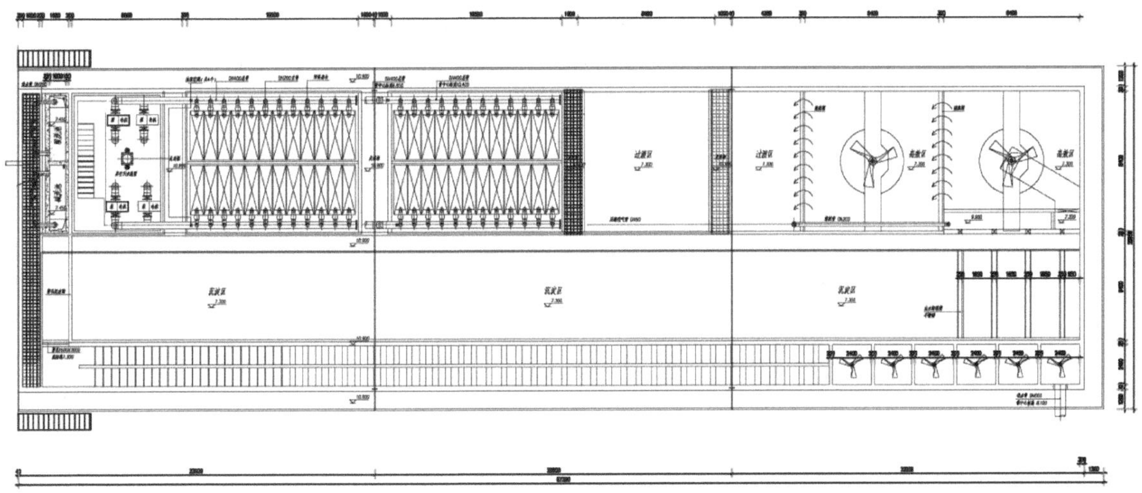

图 11-24　综合处理池平面布置图

图 11-25　改建后综合处理池外景

11.3.4　双膜法工程实例

1. 慈溪市杭州湾新区水厂

杭州湾新区水厂位于浙江省慈溪市杭州湾新区，一期规模为5 万 m^3/d，已于 2005 年投产运行。

1）设计进、出水水质

水厂以四灶浦水库为水源。四灶浦水库原主要功能为农灌、旅游、养鱼等，后调整为新区城市供水专供水库。四灶浦水库的水质已受到污染，耗氧量、氨氮等指标较高。同时，由于水库靠近海湾，氯化物含量高，属于苦咸水。其水质情况见表 11-9 。

四灶浦水库水质　　表 11-9

月份	浊度（NTU）	氨氮（mg/L）	耗氧量（mg/L）	总碱度（mg/L）	总硬度（mg/L）	氯化物（mg/L）	pH
1	8.2	0.08	6.91	160	257.9	297.5	8.75
2	10.1	0.11	6.40	162	275.5	294.4	8.77
3	17.8	0.57	6.67	162	254.6	292.4	8.89
4	15.4	0.18	6.61	158	251.1	291.0	8.93
5	16.2	0.08	5.85	158	165.3	292.1	8.72
6	17.9	0.13	5.89	156	225.8	274.9	8.61
7	20.9	0.14	5.65	159	219.9	273.9	8.63
8	18.5	0.09	5.98	166	228.7	287.6	8.64
9	26.1	0.19	6.78	173	223.4	290.9	8.82
10	19.9	0.18	7.31	171	230.5	296.8	9.08
11	25.6	0.25	6.77	172	231.9	303.9	8.86

设计确定的水厂进、出水水质指标见表 11-10，出水水质执行《生活饮用水卫生标准》GB 5749—2006。

设计进、出水水质指标　　表 11-10

项目	pH	总碱度（mg/L）	氨氮（mg/L）	氯化物（mg/L）	浊度（NTU）	总硬度（mg/L）	耗氧量（mg/L）
进水	6～9.5	150～180	0.0～1.0	250～400	5～50	150～260	5.0～8.0
出水标准	9～8.5		<0.5	250	1	450	≤3.0（特殊情况下≤5.0）

2）处理工艺选择

四灶浦水库原水耗氧量为 5.65～7.31 mg/L，氨氮为 0.05～1.0 mg/L，常规处理对耗氧量的去除率一般在 20%～35%，为达到耗氧量小于等于 3mg/L 的出水要求，需要进行深度处理。

四灶浦水库原水中氯化物含量较高，常年的检测结果表明，氯化物浓度基本稳定在 274～311mg/L 之间，属于苦咸水，高于 250mg/L 的饮用水标准。常规处理工艺对溶解性盐类的去除没有作用，为了降低水中氯化物的含量必须在常规工艺的基础上增加深度处理单元。

常年的检测结果表明：原水 pH 值在 8.68～9.08 之间，pH 值较高，故需进行调整。

从国内外水处理技术来看，去除氯化物的处理工艺主要是膜分离法，包括电渗析、反渗透。

反渗透对氯化物的去除率可达 95%～98%，原水经一级反渗透处理后，出水氯化物浓度为 8～20mg/L（进水氯化物浓度按 400mg/L 设计）。本项目对出厂水的氯化物浓度控制指标为 250mg/L，因此进行一级反渗透处理的水量只需总水量的 40%，处理出水与常规处理出水在清水池混合后，即可达到出水标准。一期工程（5 万 m^3/d）确定反渗透处理出水量为 2 万 m^3/d。

为了适应反渗透膜的要求，原水经过常规絮凝、沉淀、过滤后，还设置了超滤装置，以进一步去除悬浮固体和胶体等物质。

深度处理工艺流程如图 11-26 所示。

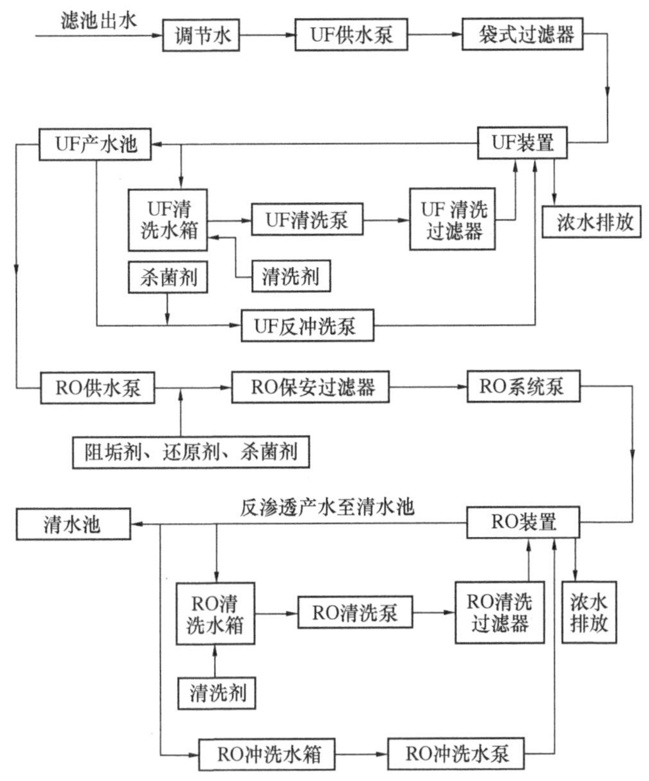

图 11-26　超滤和反渗透工艺流程

3）膜处理单元组成

（1）超滤单元：为防止大颗粒悬浮物对超滤膜的永久堵塞，采用 100μm 的袋式过滤器，提高超滤膜运行的安全可靠性。

超滤单元按 1 套处理 280 m^3/h 设计，共 4 套，运行过程中，为保证系统的稳定、可靠，需定时进行冲洗。系统中设冲洗装置，每隔 0.5h 对系统进行反冲 1 min，快冲 0.5min。每隔一段时间（周期为 1 个月）还要对系统进行化学清洗，设化学清洗系统一套。

超滤系统进水压力为 0.02～0.25MPa，反冲洗压力小于 0.2MPa，反冲洗强度为 300～400L/（m^2·h）。进水量为 310m^3/h，产水量为 280m^3/h，浓水量为 30m^3/h。

（2）反渗透单元：在进反渗透膜前，添加阻垢剂和还原剂，以抑制浓水侧的结垢，并保证进水余氯小于 0.1mg/L，同时预留非氧化性杀菌剂加药口，预防系统微生物污染。

采用 5μm 保安过滤器，以防止颗粒物对 RO 膜孔的永久堵塞，提高 RO 膜运行的安全可靠性。

反渗透单元按 1 套处理 210m^3/h 设计，共 4 套。每套系统停运时，用 RO 透过水进行冲洗（一般为 10～15min），以防浓水长时间停留在膜表面，设一套冲洗装置。同时每隔一段时间（一般为 3 个月）还要对反渗透系统进行化学清洗，以恢复 RO 膜的性能，设一套化学清洗装置。

反渗透系统进水压力为 1.1～1.4mPa，进水量为 280m^3/h，产水量为 210m^3/h，浓水量为 70m^3/h，回收率为 75%。反渗透膜法对氯化物的去除率可达 95%～98%，原水经一级反渗透处理后，出水氯化物浓度为 8～20mg/L。

4）工程运行效果

水库水经混凝、沉淀、过滤，滤后水量的60%进入清水池，40%进入双膜处理系统。工程自2005年投产以来运行基本正常，出水水质达到了《生活饮用水卫生标准》GB 5749—2006。

水厂进、出水水质见表11-11。

实际进、出水水质　　表11-11

项目	pH	总碱度(mg/L)	氨氮(mg/L)	氯化物(mg/L)	浊度(NTU)	总硬度(mg/L)	耗氧量(mg/L)
进水	8.6～9.08	156～173	0.05～1.0	273.9～310.8	8.2～26.1	161～274	5.65～7.31
出水	7.54～8.08	85～110	0.00～0.3	177～231	0.22～0.56	146～186	1.68～4.67

2. 台湾拷潭高级净水厂

拷潭高级净水厂位于高雄县大寮乡内坑村，占地面积约6hm²，创建于1972年。为改善高雄的民生用水问题，台湾省自来水公司决定在拷潭净水厂进行增设深度处理工艺的改造工程，拷潭净水厂设计出水量22.5万m^3/d，最大出水量27.0万m^3/d。拷潭净水厂与相邻的翁公园净水厂合计最大出水量31.32万m^3/d。深度处理工艺采用双膜法，成为当今世界双膜法处理工艺规模最大的深度处理水厂。

改造工程采用UF/LPRO（超滤膜和低压反渗透膜）的整合系统双膜法处理技术。通过超滤去除水中的悬浮固体（SS）、胶体物质、藻类、孢子、细菌、病毒等杂质。部分超滤出水经过低压反渗透去除大部分离子如硬度、农药等溶解性物质。然后，根据水质情况将超滤和反渗透出水勾兑成符合标准的出厂水。处理过程大幅减少了化学药剂用量同时减少了污泥产量，有效提高了出水水质，生产过程高度自动化，与传统臭氧—活性炭处理工艺相比，节地节能。超滤系统的建设与运行成本已接近或低于传统处理工艺。

该工程先后筛选了世界上多家知名超滤膜产品，最终采用了海南立升PVC合金超滤膜。经过几个月严格的运行考核，所有生产性指标完全符合规定要求，2007年10月通过验收正式投产。

1）净水厂工艺流程

原水取自高屏溪，由于原水水质随气候变化较大，所以进入膜处理前的预处理显得十分必要。工艺流程如图11-27所示。拷潭净水厂和翁公园净水厂鸟瞰见图11-28、图11-29。

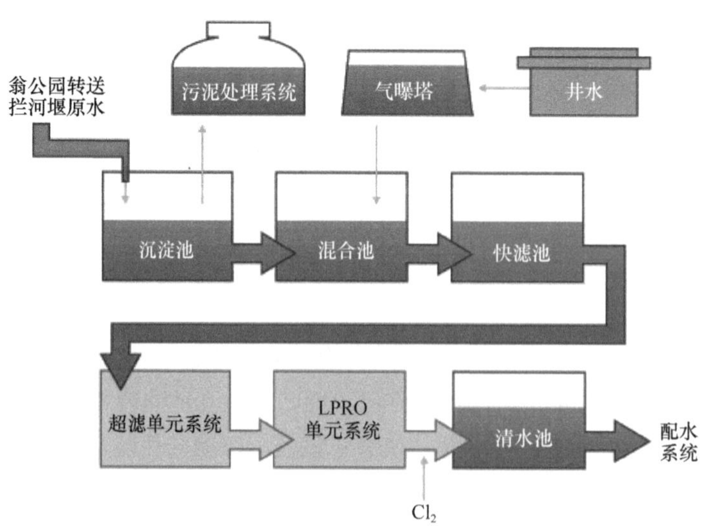

图11-27　拷潭高级净水厂工艺流程

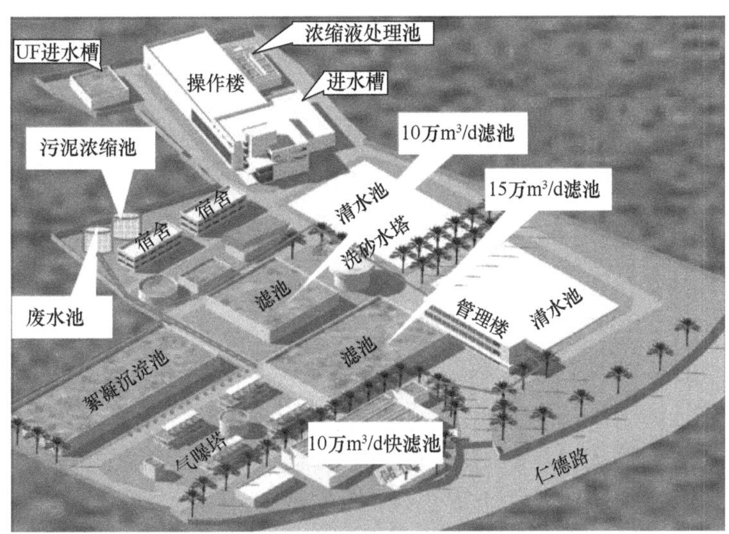

图 11-28　拷潭净水厂鸟瞰图

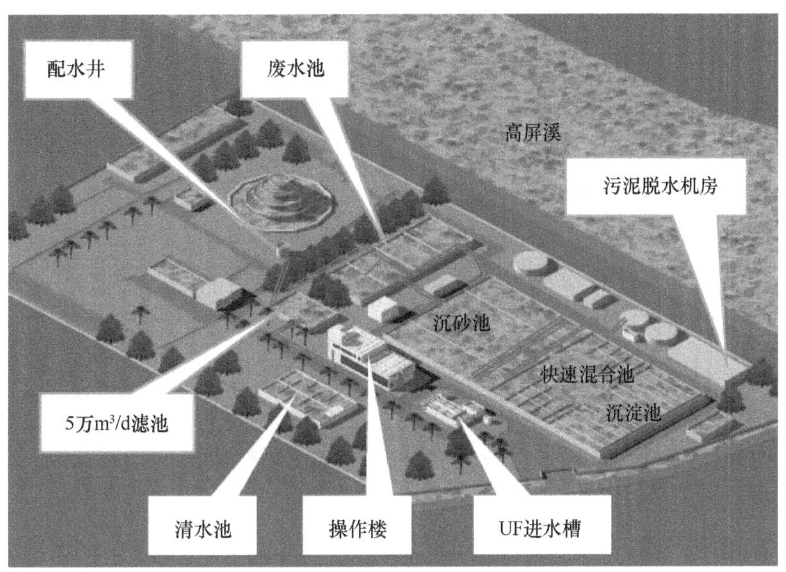

图 11-29　翁公园净水厂鸟瞰图

2）超滤系统

超滤系统采用了 3700 支海南立升净水科技实业有限公司生产的 LH3-1060-V 型 PVC 合金超滤膜组件，1060-V 型 PVC 合金超滤膜主要性能和参数如下。

（1）产品规格

截留分子量：10 万道尔顿。

中空膜类型：内压式。

单支膜柱有效膜面积：$40m^2$。

膜丝内径：0.8mm。

进水温度范围：≤40℃。

组件外形尺寸（mm）：$\Phi277\times1715$。

膜材质：合金 PVC。

封胶材料：环氧树脂。

(2) 运行条件

最高进水压力：0.3MPa。

最大跨膜压差：0.2MPa。

最大反洗跨膜压差：0.15MPa。

上限温度：40℃。

下限温度：5℃。

pH 值耐受范围：2～13。

(3) 超滤系统

功能：孔径 0.1μm，去除微细颗粒、非溶解性金属氧化物、大分子有机物、细菌、病毒、胶体、蛋白质等物质，也作为反渗透工艺的前处理。

布置：整个超滤系统共分 17 套（2～3 套备用），每套分 5 单元，每单元尺寸 3m×1m×5.95m（长×宽×高），每单元框架含上下 2 组，每组由 18 只膜组件构成。

单套产水量：720m^3/h。

最大总产水量：29.376 万 m^3/d。

顺洗、反洗水量：30m^3/（h·套）（反洗废水回收利用）。

单元回收率：95%～96%（LPRO 系统回收率 90%以上）。

能耗：0.1kW/m^3。

反洗周期：30～40min。

反洗时间：70s。

顺冲时间：20s。

化学清洗（CEB）周期：1～2 个月（实际化学清洗周期超过半年）。

运行方式：全流过滤。

产水跨膜压差（TMP）：0.06～0.0 8MPa。

反洗及顺冲水压：0.08～0.12MPa。

每组配有 6 个转子流量计，通过水量的变化来监测膜运行情况。

3) 安装及运行

整套超滤设备安装工期 3～4 个月，超滤系统全自动运行，膜车间占地面积很小，现场布置整齐美观，运行噪声低。虽原水水质变化较大，但出水水质一直得到保证，达到台湾环保部门 2006 年 7 月 1 日颁布的高级水水质要求，标准高于台湾省现行的饮用水水质标准。

高屏溪拦河堰原水水质见表 11-12。

历年高屏溪拦河堰原水水质 **表 11-12**

项次	项目	单位	最低	最高	累积发生 50%	原水水质（上限值）
1	水温	℃	23.5	27.5	27	—
2	浊度	NTU	16	230	31.5	1500
3	HCO^{3-}	mg/L	88	197	165	—
4	pH	—	6.9	7.6	7.4	6.0 ～ 8.5
5	NH^{4+}	mg/L	0.15	0.2	0.18	1.2
6	TDS	mg/L	184	421	360	500
7	T.H	mg/L	152	280	231	300
8	导电度	μs/cm	262	583	509	—
9	Cl^-	mg/L	4.5	13.6	8.6	250

续表

项次	项目	单位	最低	最高	累积发生 50%	原水水质（上限值）
10	色度	—	6	15	12.5	30
11	臭度	—	4	11	5.5	40
12	SO_4^{2-}	mg/L	46.2	106	85.1	250
13	F^-	mg/L	0.11	0.33	0.17	0.8
14	NO_2^-	mg/L	0	0.13	0.06	0.4
15	NO_3^-	mg/L	0.95	2.02	1.75	10
16	Fe	mg/L	0.08	1.96	1.06	2
17	Mn	mg/L	0.031	0.19	0.135	0.3
18	Si	mg/L	4	18	13	—

台湾省水质标准与《生活饮用水卫生标准》GB 5749—2006 对照见表 11-13。

台湾省水质标准与 GB 5749—2006 对照表　　表 11-13

水质项目	现行饮用水水质标准（台湾省）	高级水水质要求（台湾省）	GB 5749—2006
LSI	—	−1 <LSI<1	—
pH 值	6.0～8.5	6.5～8	6.5～8.5
色度（铂钴单位）	<5	<3	<15
臭度	<3（初嗅数）	<1（初嗅数）	无异臭、异味
浊度（NTU）	<2	<0.2	<1
总硬度（mg/L）	<300	<150	450（以 $CaCO_3$ 计）
总溶解固体 TDS（mg/L）	<500	<250	<1000
余氯（mg/L）	0.2～1.0	0.5～1.0	≥0.3
氨氮（mg/L）	<0.1	<0.08	<0.5
总三卤甲烷（mg/L）	<0.08	<0.03	该类化合物中各种化合物实测浓度与其各自限值的比值之和不超过 1
总菌落数（CFU/mL）	<100	<1.0	<100
大肠杆菌群（CFU/100mL）	<6	<1	不得检出
AOC（μg/L）	—	<50	—
铁（mg/L）	<0.3	<0.25	<0.3
锰（mg/L）	<0.05	<0.04	<0.1
砷（mg/L）	<0.01	<0.01	<0.01
铅（mg/L）	<0.05	<0.05	<0.01
镉（mg/L）	<0.005	<0.005	<0.005
铬（mg/L）	<0.05	<0.05	<0.05
汞（mg/L）	<0.002	<0.002	<0.001
硒（mg/L）	<0.01	<0.01	<0.01
溴酸盐（mg/L）	<0.01	<0.008	<0.01
硫酸盐（mg/L）	<250	<250	<250
硝酸盐氮（mg/L）	<10	<8	—
亚硝酸盐氮（mg/L）	<0.1	<0.08	—

双膜系统操作大楼及超滤系统布置实景见图 11-30、图 11-31。

图 11-30 双膜系统操作大楼外景

图 11-31 超滤系统

11.3.5 净水厂回用水处理实例

北京水源九厂供水能力 160 万 m^3/d，相应砂滤池和活性炭吸附池反冲洗水约 7 万 m^3/d，为了充分、合理、安全地利用好这部分水资源，建设了一套以超滤技术为核心的反冲洗水回用系统，系统产水能力：水温≥20℃时 10 万 m^3/d；水温≥2℃时 7 万 m^3/d。

1. 回用水处理工艺流程

反冲洗水回用工程采用超滤处理技术，工艺流程如图 11-32 所示。

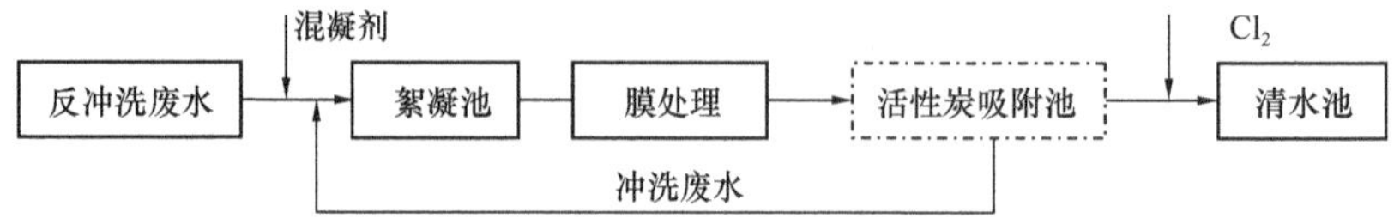

图 11-32 回用水处理工艺流程

反冲洗水经过调节池由回用水泵房提升，视水质情况有可能需要投加氧化剂、消毒剂、粉末活性炭、混凝剂或助凝剂，经混合、絮凝进入膜处理池，经过膜抽吸泵提升至中央清水渠，依靠抽吸泵的提升进入活性炭吸附池或在确保水质的条件下直接进入清水池。膜外浓缩泥水经沉淀后由膜处理池下的往复式底部刮泥机浓缩，并由排泥泵抽出，视需要是否进行部分浓缩污泥回流或者全部送至污泥机械脱水系统的污泥平衡池。

化学清洗采用 0.5%～1%的氢氧化钠、盐酸或柠檬酸，废液排入中和池，通过中和处理后达标排放。

2. 回用水处理系统进水水质

回用水处理系统的原水为水厂的砂滤池、活性炭吸附池的反冲洗排水，一般浊度在 3～50NTU 之间，还可能存在藻类、铁、锰、铝和高分子助凝剂等。水温 2～30℃，pH 值 7.5～8.5。

3. 回用水处理系统出水水质

回用水处理系统出水水质满足国家标准《生活饮用水卫生标准》GB 5749—2006，同时满足表 11-14 所列主要指标。

处理水出水水质要求　　表 11-14

参　数	单　位	出水水质
浊度	NTU	＜0.1
细菌去除率	Log	≥4
贾第鞭毛虫	Log	≥6
隐孢子虫	Log	≥6
病毒去除率（MS2）	Log	≥4

4. 现场环境条件

历年平均气温：11.5℃。

室外极端最高/最低气温：40.6℃/－27.4℃。

室内最高温度：40℃。

月平均最高水温：30℃。

月平均最低水温：5℃。

5. 回用水处理系统组成

回用水处理系统主要由以下部分构成：混合单元、絮凝单元、膜处理池单元、膜处理泵单元、膜气洗系统、化学清洗系统、加药系统、自动化控制系统。絮凝等日常药剂由水厂原有加药间提供。

1）混合单元

砂滤池、活性炭吸附池反冲洗废水，随着季节和原水水质的变化，其水质也会发生很大的改变。为了确保出水水质安全，必须适时地投加合适的药剂，诸如氧化剂、消毒剂、助凝剂、混凝剂、粉末活性炭和污泥回流等。这些药剂投加后必须经过充分混合，混合时间采用 4.5min。回水处理车间内景见图 11-33。

2）絮凝单元

经过投加药剂的原水，必须经过完善的絮凝，才能获得满意的絮体、充分的氧化或充分的吸附，使这些投加的药剂充分发挥作用，絮凝时间 17min。

3）膜处理池单元

超滤系统采用浸没式膜，主要性能见表 11-15。

图 11-33　回用水处理车间内景

浸没式超滤膜主要性能　　表 11-15

超滤膜组件型号	LGJ1E-2000×60
超滤膜型式	中空纤维
过滤方向	从外侧到内侧
膜丝直径（内/外）	~1.00mm / ~1.60mm
膜公称孔径	0.01 μm
膜材质	PVC 合金
其他涉水部件材质	PVC、环氧树脂
膜丝平均长度	2000mm
单帘膜组件有效过滤面积	$35m^2$
膜通量（15℃）	30L/（h·m^2）
单帘膜组件外形尺寸	长 2087mm，宽 721mm，厚 70mm
单帘膜组件重量	干重 12kg，湿重 38kg
膜组件结构形式	膜帘排列成组
运行温度范围	0 ~40℃
最高容许温度	45℃
清洗时容许的最大次氯酸钠浓度	1000mg/L
次氯酸钠耐受性	1000000mg/（L·h）
膜组件质量保证期	5 年
膜组件担保使用寿命	8 年

每组膜有 48 帘中空纤维膜帘，有完整的独立框架和集中的管路接口。外形尺寸（长×宽×高）为 4.0m×0.805m×3.0m。膜组是在工厂安装好并通过检验之后发往工程现场。

本工程设 2 个独立的处理池，每个处理池又分成可独立运行的两池，每池设 3 格下部相通的膜池。每格膜池的管路由抽吸泵、手动蝶阀、气动蝶阀以及管路组成，通过抽吸泵、蝶阀和管路使膜池与出水母管相连，全自动完成产水、反洗、鼓风曝气和完整性检测等过程。

每座处理池装配有进水流量计、进出水压力传感器、出水浊度计、液位开关。总出水管道上设置了在线颗粒计数仪、pH 计，以保证在线检测的需要。

4）膜池的水泵单元

工程设 2 座处理池，每座处理池有 6 格膜池。系统的管路和水泵阀门按 10 万 m^3/d 能力配置。每格膜池安装 6 个膜组，合并为一个进、出水口。每格膜池配一台抽吸泵，该泵为容积泵具有正反转即抽水和压水两个功能，抽吸泵由变频器控制转速和正反转。膜池运行时该泵正转抽水，由转速决定产水量，克服跨膜阻力和送水压力，均由抽吸泵提供，消耗功率则由实际需要提高的扬程决定。反冲洗时水泵反转，因反洗水量是设计产水量的一倍，故水泵加倍反转从中央渠抽吸需要的反冲洗水量。在抽吸水泵靠中央渠侧安装 $DN400$ 手动蝶阀作检修阀，膜池侧设 $DN400$ 气动蝶阀。

5）膜池的气洗系统

超滤膜反洗系统除了由水冲洗外，还需要进行间歇性鼓风擦洗。在膜池下方设有穿孔曝气管，在鼓风机房设有两台鼓风机。每格膜池的穿孔曝气管设有一个总的气动控制阀，鼓风机、气动控制阀由 PLC 控制，根据设定时间对每格膜池进行间歇性轮流进行空气擦洗。

系统由 2 台罗茨风机（1 用 1 备，风量 $36Nm^3/min$、风压 40kPa）、入口过滤器、进出口消声器和监测仪表组成，保证鼓风机的流量满足反洗工艺条件。

系统设 2 台空压机（1 用 1 备，气量 $3m^3/min$ 气压 1.0MPa）和压缩空气储罐 1 台（容积 $2m^3$），同时设监测仪表等。空压机在线备用实现自动切换。

6）化学清洗系统

化学清洗系统主要由 4 台清洗水泵，4 格清洗水池，3 个原药贮存罐，4 个中间储液罐和中和池等组成，并设气动蝶阀、温度传感器、液位计、pH 计、流量计等配套设备。根据时间和跨膜压差来决定何时进行化学清洗。化学清洗是离线完成，需要人工移动。清洗过程由 PLC 完成。

7）中和系统

超滤膜化学清洗液主要为盐酸、氢氧化钠，在清洗完毕后，废液排至中和水池，通过中和达到无害化后进行排放。本中和系统设置中和水池，中和水池为调蓄和中和反应水池，将氢氧化钠与盐酸洗涤废液排入中和反应池后，通过中和水泵进行循环，采用中和水泵出口仪表控制水质，水质达标后，停止循环，由中和水泵将废液排入排放井然后排放。

8）自动化控制系统

超滤系统是通过 PLC 系统实现全自动运行。

第 12 章　除铁除锰

12.1　除铁工艺流程

12.1.1　铁的存在形态

很多水厂原水中会含有微量的铁，偶然情况下铁的含量可高达 20mg/L。如果铁以悬浮形态存在，则通过常规的固液分离方法较容易被去除。若铁以溶解形态存在，则会给处理带来一定困难，需考虑特定的除铁工艺手段。

铁是多价态元素，可以二价或三价形式存在。二价铁与三价铁在水中的溶解度存在明显的数量级差异，氢氧化亚铁与氢氧化铁的溶解度分别为 10^{-36} 和 10^{-14}。

地表水中的铁一般以非溶解的三价铁形式存在，并且经常与悬浮物质相结合。在某些水深的水库底层也可能由于缺氧而存在溶解的二价铁。地下水中的铁一般则以还原的溶解态（Fe^{2+}）存在。

二价铁一般以 Fe^{2+} 或 Fe（$OH)_3^-$ 形式存在。当水中含有 H_2S 时，由于产生的硫化亚铁溶解度低，而降低铁的溶解度。Fe^{2+} 或 Fe^{3+} 可以与多种物质络合，例如硅酸盐、磷酸盐或聚磷酸盐、硫酸盐及氰化物等无机物，也可以与有机物螯合或胶溶，特别是腐殖酸、富里酸、鞣酸等。

在确定除铁工艺时，仅仅知道铁的总含量是不够的，还需要了解铁可能存在的各种形态。铁在水中的不同形态如图 12-1 所示。

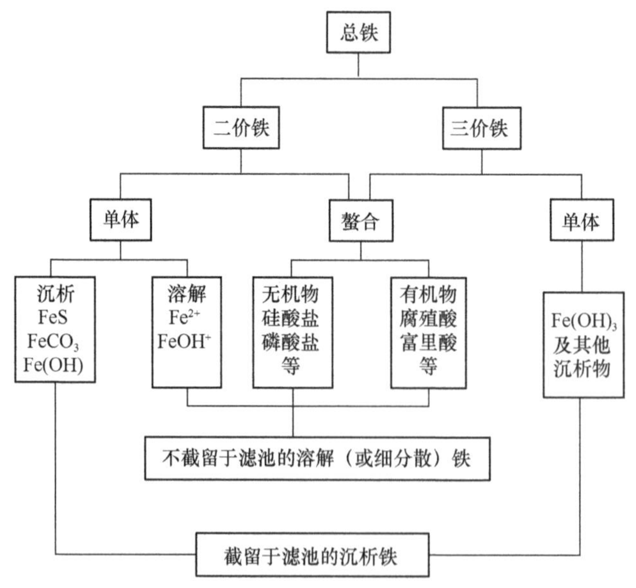

图 12-1　水中铁存在的不同形态

实践中，如果能对水中总铁、总 Fe^{2+} 和溶解的 Fe^{2+} 资料充分掌握，则问题可以得到较好解决。溶解铁，特别是存在铁的络合物时，是工艺选择的难点。当现场不能取得详细分析资料时，如果总溶解铁大于理论溶解度，则可推算出铁的络合物含量。理论溶解度可根据 pH 值和碱度用平衡方程式计算。

水中铁的形态取决于 pH 值和氧化还原电位。如图 12-2 所示，通过增加氧化还原电位或 pH 值，可使铁的溶解形态（Fe^{2+}或 $FeOH^{+}$）改变为沉析形态［$FeCO_3$、Fe（OH）$_2$或 Fe（OH）$_3$］。该原理是除铁的各种物理化学处理工艺应用的基础。

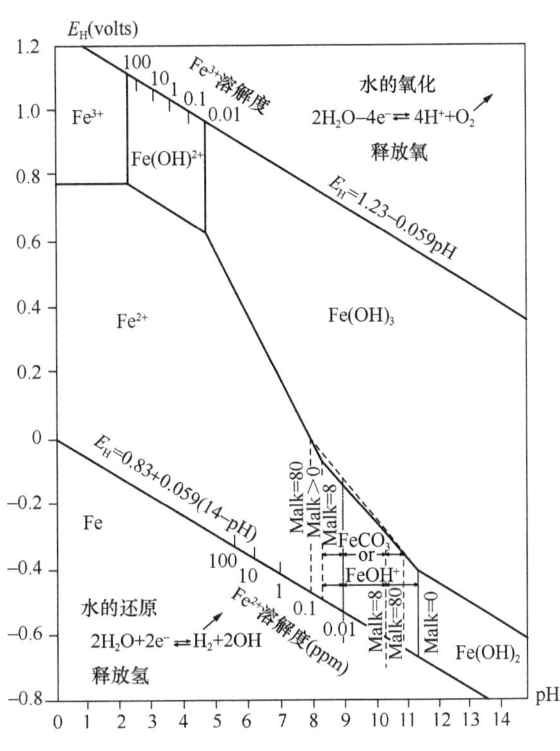

图 12-2　pH 值及氧化还原电位与铁的存在形态

12.1.2　除铁工艺

除铁可以采用多种工艺方法，例如：空气自然氧化法、氧化剂（氯、高锰酸钾、二氧化氯、臭氧）氧化法、接触过滤氧化法等，应根据原水水质合理确定。

1. 空气自然氧化法

空气自然氧化法是利用空气中的氧将二价铁氧化成三价铁使之析出，然后经沉淀、过滤予以去除。其工艺流程如图 12-3 所示。

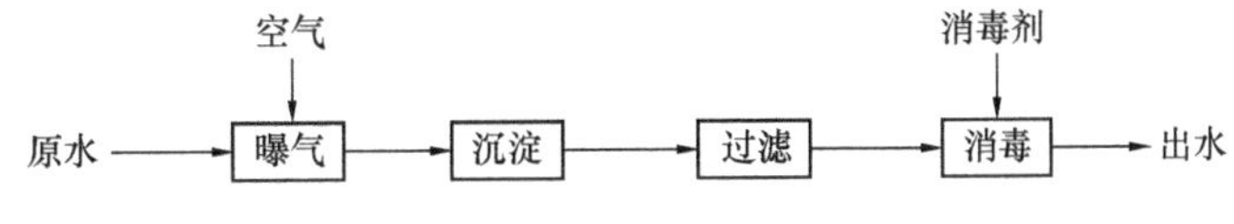

图 12-3　空气自然氧化除铁工艺流程

二价铁氧化的反应式为：

$$4Fe^{2+}+O_2+8OH^-+2H_2O \longrightarrow 4Fe(OH)_3$$

因此，除铁所需溶解氧的量应为：

$$[O_2]=0.14a[Fe^{2+}]$$

式中　$[O_2]$——除铁所需溶解氧量(mg/L)；

$[Fe^{2+}]$——水中二价铁含量(mg/L)；

a——过剩溶氧系数，一般取 3～5。

空气氧化的氧化速度公式为：

$$-d[Fe^{2+}]/dt=k[Fe^{2+}][OH^-]^2P_{O_2}$$

式中 P_{O_2}——氧的分压；

k——取决于原水温度和缓冲能力的反应常数。

从氧化反应式可知，每氧化1mg/L铁将降低1.8mg/L$CaCO_3$碱度。另外，氧化速度公式表明，水的pH值越高，氧化速度越快。当pH值为6.9时，氧化90%的铁需要反应时间约40min；而当pH值为7.2时，则只需10min。因此，铁氧化的最佳pH值宜大于7.5。当水中含有CO_2时，通过曝气可释放CO_2，有利于pH值提高。

水中腐殖酸、硅酸、磷酸及聚磷酸等物质对铁的氧化、沉析、过滤起抑制作用。例如，硅的存在会导致形成$FeSiO(OH)_3^{2+}$，它在碱性介质中是稳定的，而铁的氧化又必须增加pH值。许多试验与工程实践表明，水的碱度较低和溶解性硅酸较高，特别是大于40～50mg/L时就不能应用空气自然氧化法除铁。高色度水，因色度物质与氧化生成的$Fe(OH)_3$粒子结合成趋于稳定的胶体粒子，容易穿透滤层，也不宜采用空气自然氧化法。

2. 氧化剂氧化法

采用氧化剂氧化除铁也是除铁工艺中常用的方法。氧化剂可以采用氯、高锰酸钾、二氧化氯以及臭氧等。氧化剂除铁的基本工艺流程如图12-4所示。

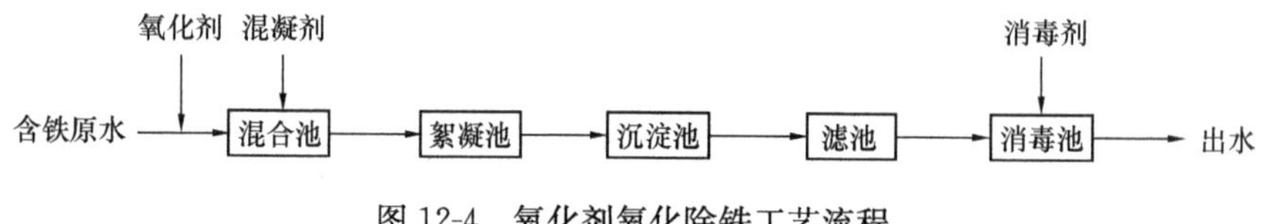

图12-4 氧化剂氧化除铁工艺流程

对于地下水而言，在氧化剂除铁工艺中设置混凝沉淀的目的是尽可能在滤前去除$Fe(OH)_3$悬浮粒子，减轻滤池负荷。当原水含Fe^{2+}量少时，可省去沉淀工艺；含铁量更少时，还可不投加混凝剂，投加氧化剂后直接过滤。自然沉淀仅仅在Fe(Ⅱ)偶然大于20mg/L时可行。当水中存在浊度、色度及Fe(Ⅱ)大于5mg/L时需要采用混凝沉淀或者气浮。当铁浓度小于5mg/L时可用直接过滤。

在大多数情况下，氧化剂的氧化受pH值影响。在氧化反应中产生氢离子，消耗水的碱度。不同氧化剂氧化1mgFe^{2+}的理论需要量以及相应碱度的消耗见表12-1。表中也列出了氧化反应的最佳pH值。

氧化剂除铁的理论需要量 **表12-1**

氧化剂	理论需要量(mg/mgFe)	碱度减少($mgCaCO_3$/mgFe)	最佳pH值
氯	0.63	2.70	＞7.0
高锰酸钾	0.94	1.49	＞7.0①
二氧化氯	0.24	1.96	＞7.0
臭氧	0.43	1.80	②

注：① 已知反应在pH＞5.5时进行；

② 与其他氧化剂相比，臭氧受pH影响较小，在低pH条件下应用是适宜的。

氯价格便宜，货源易得，氯与Fe^{2+}的氧化反应迅速，相对空气自然氧化的适应性较强，因此得到较广泛采用。但是，当原水中含有较多有机物时，由于加氯会形成三卤甲烷（THMs）等消毒副产物，因此在有机物含量较多时用氯作氧化剂可能是不合适的。

3. 接触过滤氧化法

接触过滤氧化法是以溶解氧为氧化剂，利用固体滤料表面形成的催化剂作用，加速Fe^{2+}氧化，在滤层中进行氧化的同时铁被截除的除铁方法。由于滤料表面所覆盖的氧化生成物成了更新的接触催化剂，故其过程为自催化氧化反应。天然锰砂、人造锈砂和自然形成的锈砂都可作为接触氧化的滤料载体。以羟基氢氧化铁的活性表面为接触催化剂的除铁工艺流程如图 12-5 所示。

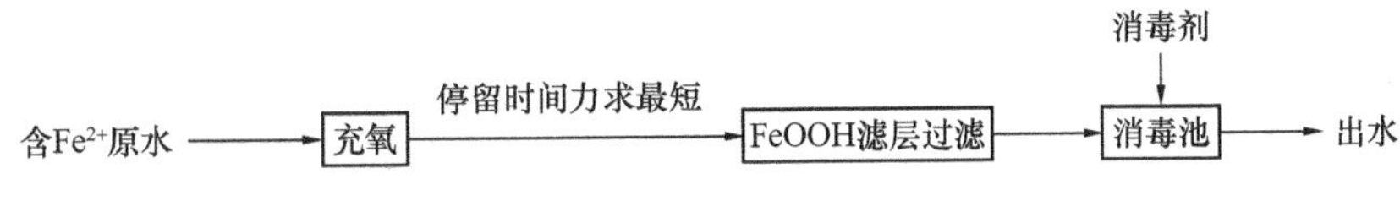

图 12-5　接触过滤氧化法除铁工艺流程

接触氧化法除铁滤层对亚铁离子所具有的催化作用并不是滤层天然具备的，而是在除铁过程中逐渐形成的。这个过程称为“成熟”过程，也就是“活性滤膜”产生的过程。吸附在新滤料表面的亚铁离子在有溶解氧的情况下可被氧化为高铁，但这种高铁氧化物并不具有强烈的接触催化活性。随着吸附容量的消耗，滤后水的含铁量逐渐增高。随着除铁过程的进行，滤料表面开始生成具有接触活性的铁质滤膜，出水含铁量逐步降低，直至稳定。因此，滤料的成熟过程需经历吸附阶段、加速催化阶段和稳定催化阶段三个阶段。不同的滤料（如锰砂、石英砂、无烟煤）虽吸附容量有很大差别，但它们的成熟期却基本相同，仅对除铁初期出水水质有影响，而基本不影响成熟滤料的除铁性能。

活性滤膜接触氧化除铁的过程首先是滤膜离子交换吸附水中亚铁离子：

$$Fe(OH)_3 \cdot 2H_2O + Fe^{2+} = Fe(OH)_2(OFe) \cdot 2H_2O^+ + H^+$$

当水中有溶解氧时，被吸附的亚铁离子在活性滤膜催化下水解和氧化，从而使催化剂得到再生：

$$Fe(OH)_2(OFe)\ 2H_2O + 1/2O_2 + 6H_2O = 2[Fe(OH)_3\ 2H_2O] + H^+$$

由于 pH 值对接触氧化反应的影响很小，设置曝气装置的目的仅为了向水中充氧，可不考虑散发 CO_2和提高 pH 值，故装置较简单。水充氧后应立即进入滤层，避免滤前生成 Fe^{3+} 胶体粒子穿透滤层。

接触过滤氧化法除铁不需加药、曝气简单、工艺流程短、除铁效果良好，主要适用于地下水除铁。当地下水中 H_2S 含量较高时，滤层的除铁效果将明显降低。此外，对于氧化速度快的原水，有可能在进入滤层前已形成 Fe $(OH)_3$粒子，从而穿透滤层，降低除铁效果，故也不适宜用接触过滤氧化法。设计时应使曝气后的水至滤池的中间停留时间越短越好，实际工程中，在 3～5min 范围内一般不影响处理效果。

12.2　除锰工艺流程

12.2.1　锰的存在形态

锰在地表水和地下水中都可能被检测到。在较好氧化条件的地表水中，锰含量很少超过 1.0mg/L，而在缺氧条件的地下水中，锰的含量可以高达 5.0mg/L，甚至超过 10mg/L。在水库取水时，锰也可能从库底沉泥中释放出来，当水库出现“翻库”时会造成水体中锰含量的增高。

虽然高含锰的水是有毒的，但给水处理中的除锰主要是满足感官指标的要求。在饮用水中含低浓度的锰就会引起味觉和感官的不适。当水中含氧或加氯后，它还会沉积在配水管道的内壁形成黑垢。一旦管中水流速度或水流方向改变时，黑垢会脱落，将带来用户的抱怨。

在天然水中锰一般以溶解的离子形式（Mn^{2+}和 $MnOH^+$）存在。锰能够与碳酸氢盐、硫酸盐、硅酸盐以及一定的有机物形成络合物。在天然水中锰一般与铁同时存在，但也有锰单独存在的情

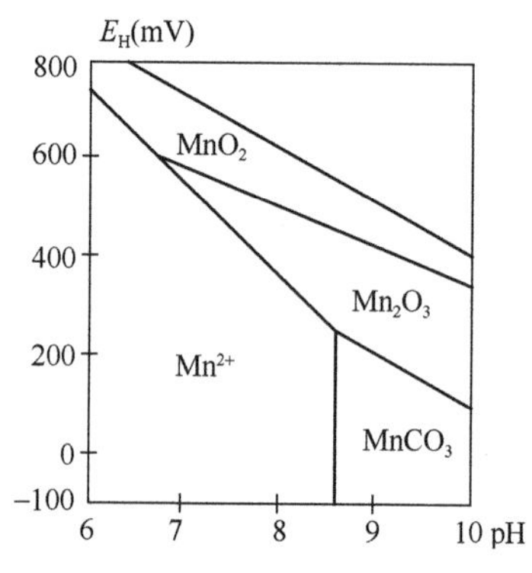

图 12-6　锰的氧化还原电位与pH 值关系图

况。地下水中 Mn^{2+} 的浓度比 Fe^{2+} 低，一般为 0.01～1.0mg/L，很少超过 2～3mg/L。

图 12-6 所示为不同氧化还原电位与 pH 值条件下锰最普遍的存在形态。

12.2.2　除锰工艺

除锰工艺一般可以采用物理化学方法或者生物方法。物理化学方法主要采用氧化剂将 Mn^{2+} 氧化为 Mn^{4+}，然后在后续过滤工序中予以去除。常用的氧化剂有氧、氯、二氧化氯、高锰酸钾、臭氧等。生物除锰是利用细菌胞外酶的催化作用将二价锰氧化为四价锰，从而加以去除。中国市政工程东北设计院、哈尔滨建筑大学等自 20 世纪 70 年代起就对生物固锰除锰技术开展了大量研究，取得了显著效果。

1. 氧化剂氧化除锰

1）空气氧化

Mn^{2+} 与溶解氧的氧化速度是非常缓慢的，在 pH 中性条件下几乎不能被溶解氧氧化，其动力过程式为：

$$d(Mn^{2+})/dt=K_0(Mn^{2+})+K(MnO_2)$$

式中 $K=K'P_{O_2}(OH^-)^2$

除非 pH 值大于 9.5，否则其氧化速率难以被察觉（图 12-7）。在 pH 值为 9.5 时氧化 90% 锰需要约 1h，用曝气进行锰的完全氧化需用石灰将 pH 值提高到 10 以上然后进行接触过滤。用氧氧化 Mn^{2+} 还取决于温度，22℃时比 11℃时快 5 倍。但是，在正常 pH 值条件下，其接触时间远远超过了生产过程的允许。

当存在二氧化锰时可以催化氧化反应。该现象可以在一些运行的水厂中观察到，滤池中的砂由于其氧化剂的作用而被“锰化”。“锰化”的砂实际上是被 MnO_2 所覆盖。Mn^{2+} 吸附于 MnO_2，然后缓慢地将 Mn^{2+} 氧化为 MnO_2，其反应如下：

$$Mn^{2+}+MnO_2\xrightarrow{快}MnO_2\cdot Mn^{2+}$$

$$MnO_2\cdot Mn^{2+}+O_2\xrightarrow{慢}2MnO_2$$

上述锰化过程是很难控制的。在某些情况下，即使用高锰酸钾也难引起锰化。

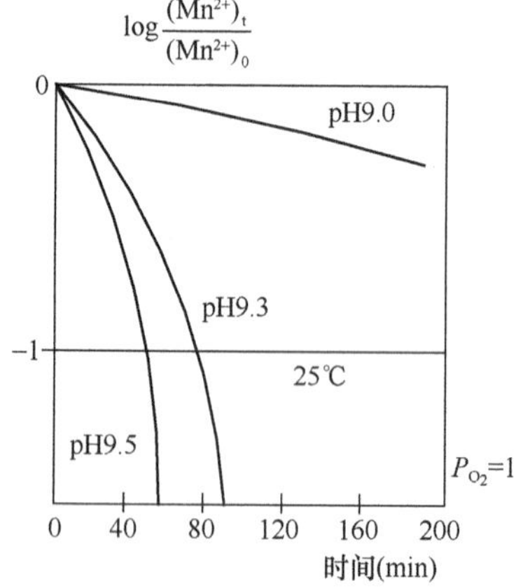

图 12-7　Mn^{2+} 的氧化

2）氯氧化

氯作为强氧化剂可用于除锰，常采用接触过滤除锰法。氯接触过滤除锰是以水合二氧化锰为催化剂，氯为氧化剂的自催化氧化过程。水合二氧化锰为非结晶的含水锰的氧化物，分子式为 $MnO_x\cdot mH_2O$，$x=1.75$～2.00，即主要是 Mn^{4+} 的氧化物，也含有少量 Mn^{3+} 和 Mn^{2+} 氧化物，简记之为 $MnO(OH)_2$。

滤料为自催化氧化反应生成物 $MnO(OH)_2$ 的载体。当含锰水流过包裹 $MnO(OH)_2$ 的滤料时，Mn^{2+} 首先被 $MnO(OH)_2$ 吸附。然后在催化剂的催化作用下，Mn^{2+} 迅速被氯氧化为四价锰，并和滤料表面原有的 $MnO(OH)_2$ 形成某种化学结合。新生的 $MnO(OH)_2$ 仍具有催化作用，继续催化氯对 Mn^{2+} 的氧化反应。滤料表面不断进行吸附反应与再生反应，从而完成除锰过程。

吸附反应：

$$Mn(HCO_3)_2+MnO(OH)_2 \longrightarrow MnO_2MnO+2H_2O+2CO_2$$

再生反应：

$$MnO_2MnO+3H_2O+Cl_2 \longrightarrow 2MnO(OH)_2+2HCl$$

总反应式：

$$MnO(OH)_2+Mn(HCO_3)_2+H_2O+Cl_2 \longrightarrow 2MnO(OH)_2+2HCl+2CO_2$$

氯接触氧化除锰与空气接触氧化除铁的过程很相似，仅是氧化剂和催化物质不同。空气接触氧化除铁的氧化剂为氧，催化物质为 $Fe(OH)_2(OH)$，而氯接触氧化除锰的氧化剂为氯，催化物质为 $MnO(OH)_2$。

氯接触氧化除锰工艺流程如图 12-8 所示。

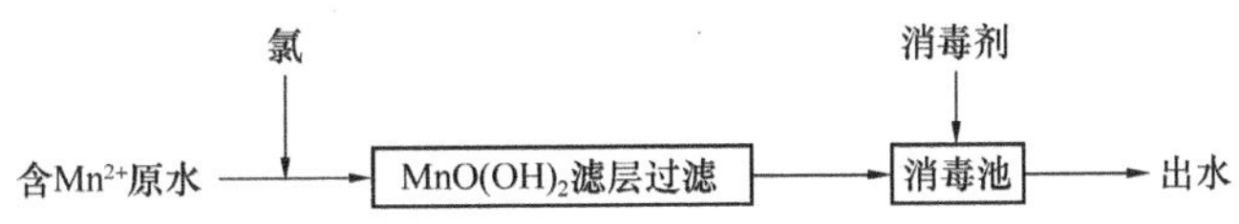

图 12-8　氯接触氧化除锰工艺流程图

3）二氧化氯氧化

二氧化氯氧化反应如下：

$$Mn^{2+}+2ClO_2+2H_2O \longrightarrow MnO_2+2O_2+2Cl^-+4H^+$$

当水中含高浓度氨时，用二氧化氯作氧化剂特别有用，它可避免用氯作氧化剂时所引起的干扰。二氧化氯不会形成 THM_S，但当二氧化氯发生时用过量的氯则也会形成一定的 THM_S。理论上每氧化 1gMn^{2+} 需要 2.45g ClO_2，但当水中含有有机物时，有机物将消耗部分 ClO_2 并使 ClO_2 还原为亚氯酸离子（ClO_2^-），使需要量大大增加。亚氯酸盐作为消毒副产物需加以严格控制。

4）高锰酸钾氧化

高锰酸钾是比氯更强的氧化剂，它不会与有机物形成 THM_S。高锰酸钾可在中性和微酸性条件下将二价锰迅速氧化为四价锰，然后经混凝沉淀和过滤去除。其反应如下：

$$3Mn^{2+}+2KMnO_4+2H_2O=5MnO_2+2K^++4H^+$$

反应中形成的二氧化锰吸附二价锰并催化其氧化，有助于 Mn（Ⅱ）和 Fe（Ⅱ）的去除和减少高锰酸钾总的需要量。高锰酸钾投加量必须严格控制，避免过量投加带来出水色度增加。

5）臭氧氧化

当缺乏有机物时臭氧可迅速将二价锰氧化为四价锰。当水中同时存在铁和锰，臭氧将优先氧化铁。若臭氧过量投加，则可将二价锰氧化为更高价的形态，当水中存在七价锰的高锰酸盐时，水将呈粉红色。当水中存在有机物时，臭氧将在氧化铁、锰前先氧化有机物，此时臭氧的投加量可能数倍于无有机物的情况。

各种氧化剂所需的理论投加量以及相应碱度的降低和最佳 pH 值见表 12-2。

氧化剂除锰的理论需要量　　**表 12-2**

氧化剂	理论需要量（mg/mgMn）	碱度减少（$mgCaCO_3$/mgMn）	最佳 pH 值
氧	0.29	1.80	>10①
氯	1.29	3.64	>9.0①

续表

氧化剂	理论需要量(mg/mgMn)	碱度减少($mgCaCO_3/mgMn$)	最佳 pH 值
高锰酸钾	1.92	1.21	>7.0②
二氧化氯	2.45[7]	3.64	<=7.0
	0.49[8]	2.18	>=7.5
臭氧	0.87	1.80	③

注：① 当采用催化氧化过滤时可降至 7.5～8.5；

② 已知反应在 pH>5.5 时进行；

③ 与其他氧化剂相比受 pH 值影响较小，在低 pH 值条件下应用是适宜的。

2. 生物固锰除锰

在 pH 中性条件下采用空气氧化很难在常规流程下将 Mn^{2+} 氧化成 MnO_2。20 世纪 70 年代开始，我国科技人员经过长期研究，确立了以空气为氧化剂的生物固锰除锰技术。

试验表明，铁细菌在除锰过程中的生化反应速度远大于溶解氧氧化 Mn^{2+} 的速度。除锰滤池具有自养性铁细菌生长繁殖的良好生态环境，能够形成以水中 CO_2 为碳源，无机氮为氮源，靠氧化亚铁为高铁而获取生命活动能量的生物群体。

对铁细菌进行生化机理的研究，可以证明在菌体表面能够分泌具有催化活性的酶。当水中 Fe^{2+}、Mn^{2+} 被铁细菌黏液所吸附时，能够迅速被氧化成高价铁、锰的化合物。

高价铁、锰化合物与铁细菌及其代谢产物一起形成黑褐色的絮体，它们沉积在滤料表面并逐渐诱发成含高价铁锰化合物的晶核。在这些沉淀物中掺杂着铁细菌的代谢产物如 $MnCO_3$、$FeCO_3$、$Mn_3(PO_4)_2$ 等不溶于水的盐类以及铁、锰的水合物和细菌残体。随着晶核的发育，为滤料形成具有除锰能力的活性滤膜积累了底质。随着活性滤膜的形成，滤层中一个新的不均匀相的吸附、催化氧化水中 Fe^{2+}、Mn^{2+} 为高价铁锰氧化物的机能随之产生和完善。

石英砂滤料在未形成具有除锰能力的活性滤膜前，对铁细菌为形成具有催化氧化锰的活性滤膜起着重要作用，一旦形成具有除锰能力的活性滤膜后，滤层就形成了一个完整的生物、化学、物理作用机制。

按照活性滤膜除锰的特点，不需要大幅度地散发水中 CO_2 提高 pH 值，曝气后水中 pH 值保持在 6.5 以上即可，一般采用一级曝气，选择中等强度的曝气和较短的反应时间。生物固锰除锰必须经除锰菌的接种、培养、驯化，运行中滤层应保持一定的生物量。在滤池成熟期间宜采用滤速逐渐增加。

原水中溶解性硅酸和微量腐殖酸对生物固锰的除锰效果几乎没有影响。

3. 同时含铁、锰时的处理工艺组合

Fe^{2+}、Mn^{2+} 离子往往伴生于地下水中。Fe^{2+}、Mn^{2+} 离子的氧化去除难以分开，在工艺选择时应统一考虑铁、锰的去除。

由于 Mn^{2+} 离子可以在除锰菌作用下完成生物固锰氧化，其过程中 Fe^{2+} 离子参与 Mn^{2+} 离子的生物氧化反应，因此 Fe^{2+} 和 Mn^{2+} 离子可以在同一滤池中去除（无论是单级或两级除铁除锰流程），此滤池称为生物滤池。

同时含铁、锰原水的处理工艺流程应根据铁、锰含量以及原水的水质特点选用，常用的工艺流程组合如图 12-9 所示。

对于原水含铁量低于 6.0mg/L，含锰量低于 1.5mg/L 的地下水，可以采用图 12-9（*a*）所示的工艺流程。该工艺是以空气为氧化剂的接触过滤除铁和生物固锰除锰相结合的流程。原水经曝气后直接进入滤池。该滤池的滤层为生物滤层，存在着以除锰菌为核心的复杂微生物群系。微

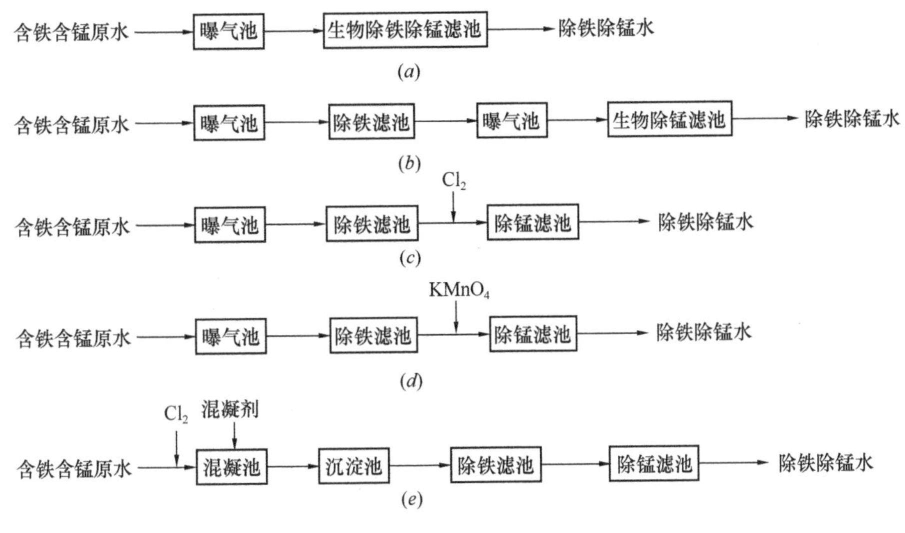

图 12-9　除铁除锰处理工艺流程

生物群系的稳定和平衡对于除锰效果至关重要。除铁是在同一滤层中完成。该滤池可以同时起到除铁、除锰的良好效果。

当原水含铁量超过 6.0mg/L，含锰量超过 1.5mg/L 时，宜通过试验确定工艺流程，必要时可采用曝气和两级滤池过滤的工艺，如图 12-9（*b*）所示。一级滤池应用接触氧化除铁，二级应用生物固锰除锰，即先除铁而后除锰。当原水碱度较低，硅酸盐含量较高时，将影响生成的 Fe^{2+} 离子的尺度，形成胶体颗粒。因此，原水开始时就充分曝气将使高铁穿透滤层，致使出水水质恶化。此时也应通过试验确定工艺流程，必要时可在二级过滤前加一次曝气。

图 12-9（*c*）所示的流程是先用空气氧化接触过滤除铁，然后采用氯作为氧化剂接触过滤除锰。图 12-9（*d*）所示流程是先用空气氧化接触过滤除铁，而后用高锰酸钾除锰。若 Mn^{2+} 含量大于 1.0mg/L 时则在除锰滤池前尚需增设沉淀池。

图 12-9（*e*）所示的工艺流程是以氯为氧化剂的化学氧化除铁除锰的工艺流程。根据 Fe^{2+} 氧化为 Fe^{3+} 和 Mn^{2+} 氧化为 Mn^{4+} 两个反应系氧化还原电位的显著差异而设计的两级过滤流程。先应用氯氧化除铁（若原水中 Fe^{2+} 含量高则增设混凝沉淀），然后再按氯接触过滤除锰。当原水含铁、含锰量较小时，则可应用一级滤池除铁、除锰的工艺流程。

12.3　除铁、除锰处理构筑物

根据除铁、除锰工艺流程，其处理构筑物或设施可以采用曝气、氧化药剂投加、除铁除锰滤池，必要时还需设置沉淀等构筑物。有关药剂投加和沉淀构筑物设计与常规处理无原则差别，故本节着重就曝气装置和除铁除锰滤池设计作简要介绍。

12.3.1　曝气装置

设置曝气装置的目的是向水中提供溶解氧，还可以散除水中二氧化碳气体，提高水的 pH 值。给水处理采用的曝气装置形式很多，大致可以分为将空气以气泡形式分散于水中的气泡式曝气装置和以水滴或水膜形式分散于空气中的喷淋式曝气装置两大类。属于气泡式曝气装置的有水—气射流泵曝气装置、压缩空气曝气装置、跌水曝气装置和叶轮表面曝气等，属于喷淋式曝气装置有莲蓬头或穿孔管曝气装置、板条式曝气装置、接触曝气塔、机械通风曝气塔等。各种曝气装置的曝气效果及适用条件见表 12-3。曝气装置的选用应根据处理系统的形式（压力式或重力式），是否需散除二氧化碳以及要求的曝气程度确定。例如，当采用接触过滤法时，要求的曝气主要是充氧，而且对氧的饱和度要求并不高，一般不需要充分散除二氧化碳，提高 pH 值，此时宜采用简单的曝气，如射流曝气、压缩空气曝气、跌水曝气、叶轮表面曝气等。

曝气装置的曝气效果及适用条件 **表 12-3**

曝气装置	曝气效果		适用条件			
	溶氧饱和度	CO_2去除率	功能	处理系统	含铁量(mg/L)	备注
水—气射流泵加气						
泵前加注	～100%		溶氧	压力式	<10	泵壳和压水管易堵
滤池前加注	60%～70%		溶氧	压力式、重力式	不限	
压缩空气曝气						设备贵，管理复杂
喷嘴式混合	30%～70%		溶氧	压力式	不限	水头损失大
穿孔管混合	30%～70%		溶氧	压力式	<10	孔眼易堵
跌水曝气	30%～50%		溶氧	重力式	不限	
叶轮表面曝气	80%～90%	50%～70%	溶氧，去除 CO_2	重力式	不限	需设备，管理复杂
莲蓬头曝气	50%～65%	40%～55%	溶氧，去除 CO_2	重力式	<10	孔眼易堵
板条式曝气塔	60%～80%	30%～60%	溶氧，去除 CO_2	重力式	不限	
接触式曝气塔	70%～90%	50%～70%	溶氧，去除 CO_2	重力式	<10	填料层易堵
机械通风式曝气塔（板条填料）	90%	80%～90%	溶氧，去除 CO_2	重力式	不限	需机电设备，管理较复杂

1. 水—气射流泵曝气装置

水—气射流泵是利用压力水经喷嘴高速喷出所形成的负压将空气吸入的装置，其构造如图 12-10 所示。

采用水—气射流泵曝气具有设备少、造价低、加工容易、管理方便、溶氧效率较高等优点，原水曝气后溶解氧饱和度可达 70%～80%，但 CO_2 散除率较低，一般不超过 30%，pH 值无明显提高，故射流曝气装置适用于原水铁、锰含量较低，对散除 CO_2和提高 pH 值要求不高的场合。

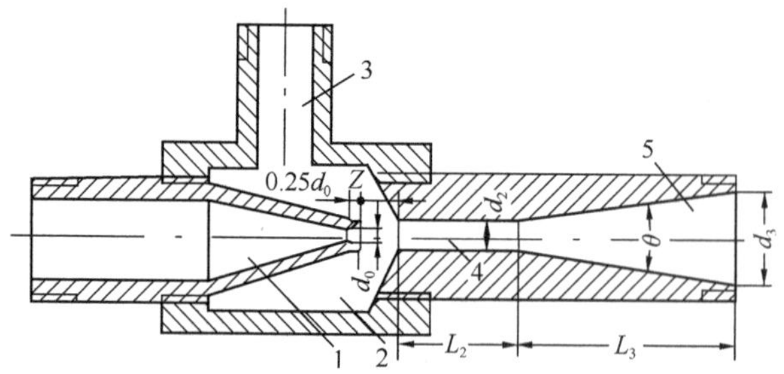

图 12-10 水—气射流泵构造

1—喷嘴；2—吸入室；3—空气吸入口；4—混合管；5—扩散管

射流曝气装置的工作水可以采用全部原水或部分原水，也可采用其他压力水。在地下水除铁除锰中一般可以采用：射流泵抽气后注入深井泵吸水管，经水泵叶轮搅拌混合；射流泵抽气后注入滤池进水管，经管道或混合器混合；使全部地下水通过射流泵曝气。

采用水—气射流泵曝气装置时，其构造应根据工作水的压力、需气量和出口压力等通过计算确定。

射流泵的主要构造要求如下：

(1) 喷嘴锥顶夹角可取 15°～25°，喷嘴前端应有长为 $0.25d_0$的圆柱段（d_0为喷嘴直径）。

(2) 混合管为圆柱形，管长 L_2为管径 d_2的 4～6 倍。

(3) 喷嘴距混合管入口的最佳距离 Z 为喷嘴直径 d_0的 1～3 倍，当面积比 m（混合管断面与喷嘴面积之比）较大时，取较大 Z 值。

(4) 空气吸入口应位于喷水嘴之后。

(5) 扩散管的锥顶夹角 $\theta=8°\sim10°$。

(6) 喷嘴内壁、混合管内圆面、扩散管内圆面的加工光洁度应达到 5～6 级。喷嘴、混合管和扩散管的中心线要严格对准。

2. 压缩空气曝气装置

当采用压力式除铁除锰系统时，滤池前的充氧可以采用压缩空气曝气装置，其气源由压缩空气提供。曝气所需气水比（参与曝气的空气体积与水体积之比）可通过氧化原水含铁、含锰所需氧量和空气中氧的利用率及曝气水中氧的饱和度，通过计算确定。当采用压缩空气曝气除铁时，曝气所需气水比一般可采用原水二价铁含量（以 mg/L 计）的 0.02～0.05 倍。

空气与水的混合应设气水混合器。图 12-11 为常用的一种喷嘴式气水混合器，其容积可按气水混合时间的 10～15s 计算。喷嘴直径取来水管直径的 0.5 倍，即 $d_0=0.5d$。水经喷嘴式气水混合器的水头损失可按下式计算：

$$h=\xi\frac{v^2}{2g}$$

式中　h——混合器的水头损失（m）；

v——来水管中水的流速（m/s）；

ξ——混合器的局部阻力系数，可取 50。

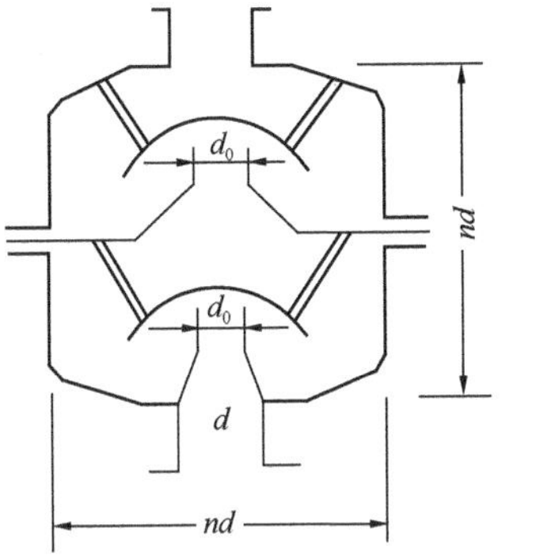

图 12-11　喷嘴式气水混合器

3. 跌水曝气装置

跌水曝气装置是使水自高处自由跌落，以挟带一定量空气进入下部受水池，空气以气泡形式与水接触，达到充氧的目的，如图 12-12 所示。

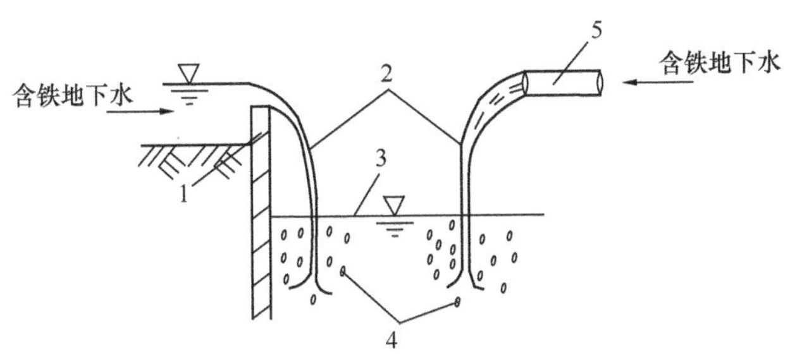

图 12-12　跌水曝气装置

1—溢流堰；2—下落水舌；3—受水池；4—气泡；5—来水管

跌水曝气的溶氧效率与跌水的单宽流量、跌水高度以及跌水级数有关。设计跌水装置时，跌水级数一般可采用1～3 级，每级跌水高度为 0.5～1.0m，单宽流量为 20～50m^3/（h・m）。曝气后水中溶解氧含量可增 2～5mg/L。

4. 叶轮表面曝气装置

图 12-13 所示为采用叶轮表面曝气装置示意图。原水经曝气后溶解氧饱和度可达 80%以上，CO_2 散除率达 70%以上，pH 值可提高 0.5～1.0。叶轮表面曝气装置不仅溶氧效率较高，而且能充分散除 CO_2，大幅提高 pH 值，使用中还可根据要求适当调节曝气程度，管理条件也较好，故近年来逐渐在工程中得以应用。

表面曝气装置的叶轮有平板型和泵型两种形式（图 12-14）。对于地下水除铁、除锰，平板叶轮上进气孔数量较多，孔径较大，不易堵塞，工作比较可靠，宜优先选用。

采用叶轮表面曝气装置时，曝气池容积可按 20～40min 处理水量计算，叶轮直径与池长边或直径之比可为 1∶6～1∶8，叶轮外缘线速度可为 4～6m/s。设计时应根据要求的曝气程度确定相应设计参数，当要求曝气程度高时，曝气池容积和叶轮外缘线速度应选用以上规定的上限，叶轮直径与池长边或直径之比应选用下限。

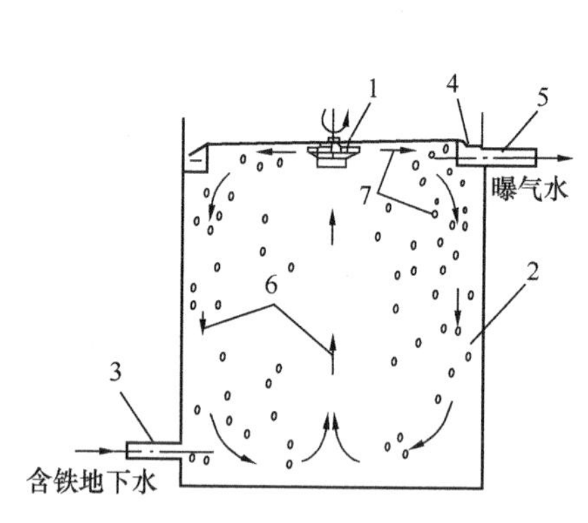

图 12-13　叶轮表面曝气装置

1—曝气叶轮；2—曝气池；3—进水管；4—溢流水槽；5—出水管；6—循环水流；7—空气泡

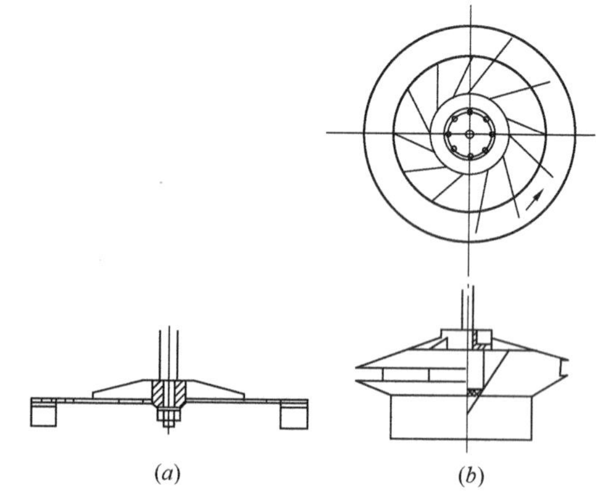

图 12-14　表面曝气叶轮

(a) 平板型叶轮；(b) 泵型叶轮

5. 莲蓬头和穿孔管曝气装置

莲蓬头和穿孔管曝气是一种喷淋式曝气装置，含铁、锰原水通过莲蓬头或穿孔管上的小孔向下喷淋，把水分散成许多小水滴与空气接触，从而实现水的曝气充氧。

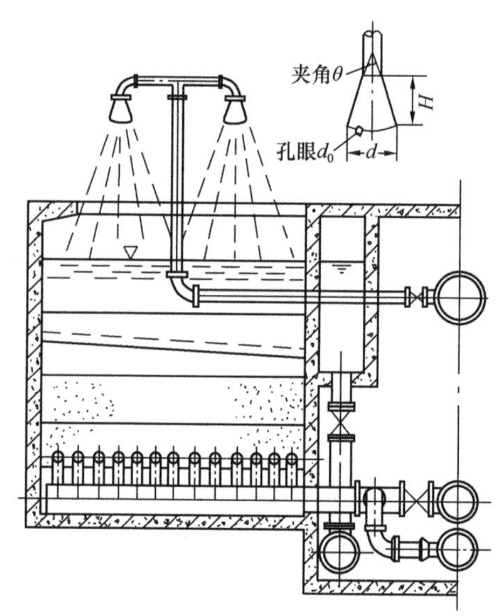

图 12-15　莲蓬头曝气装置

图 12-15 所示为莲蓬头曝气装置布置。莲蓬头的锥顶夹角为 45°～60°，锥底面为弧形，直径为 150～250mm。理论上莲蓬头的孔眼直径越小水流越易分散，但孔眼直径太小易形成堵塞反而影响曝气效果。根据实践经验，孔眼直径一般可采用 4～8mm，开孔率 10%～20%，孔眼流速为 1.5～2.5m/s。淋水装置的安装高度以 1.5～2.5m 为宜。淋水装置的安装高度，对于板条式曝气塔，为淋水出口至最上面一层板条的高度；对于接触式曝气塔，为淋水出口至最上面一层填料面的高度；对于直接设在滤池上的淋水装置，为淋水出口至滤池最高水位的高度。当采用莲蓬头时，每个莲蓬头的服务面积为 1.0～1.5m^2。

穿孔管曝气装置与莲蓬头曝气装置类似。穿孔管上的孔眼倾斜向下与垂线夹角不大于 45°。穿孔管曝气装置可单独设置，也可设于曝气塔上或跌水曝气池上与其他曝气装置组合设置。穿孔管曝气装置因其加工安装简单，曝气效果良好，在淋水装置应用中多于莲蓬头装置。

6. 喷嘴曝气装置

喷嘴曝气装置是用特制的喷嘴将水由下向上喷洒，水在空气中分散成水滴，然后回落至下部集水池。喷嘴的口径可采用 25～40mm，喷嘴处的工作水头宜采用 7m，每 10m^{2}集水池面积上宜装设 4～6 个向上喷出的喷嘴，相当于每个喷嘴的服务面积约为 1.7～2.5m^2。喷嘴曝气装置宜设于室外，并要求下部有较大面积的集水池。

7. 接触式曝气塔

图 12-16 所示为接触式曝气塔构造图。原水由塔顶经穿孔管均匀分布后，通过填料逐层淋下，汇集于下部集水池中。由于水中部分铁质沉积在填料表面，在曝气的同时填料对水中二价铁

氧化还具有接触催化作用。

塔中填料可采用 30～50mm 粒径的焦炭块或矿渣，每层填料厚度为 300～400mm。填料层一般采用 1～3 层，层间净距不宜小于 600mm，以方便对填料层进行清理。

接触式曝气塔的淋水密度一般可采用 5～10m^3/（h·m^2）。接触式曝气塔底部集水池容积，宜按 15～20min 处理水量确定。

接触式曝气塔运转一段时间后，填料层易被堵塞，一般每 1～2 年需对填料层进行清理。原水含铁量越高，填层越易堵塞，故接触式曝气塔一般多用于含铁量不大于 10mg/L 的地下水曝气。

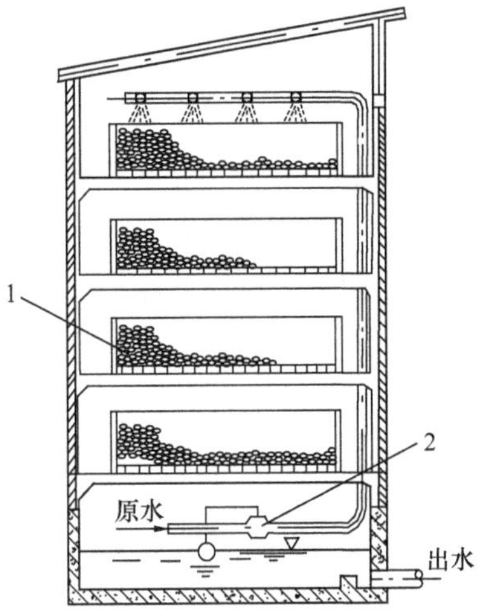

图 12-16　接触式曝气塔

1—焦炭层；2—浮球阀

8. 板条式曝气塔

图 12-17 所示为 5 层板条式曝气塔。每层板条之间有空隙，使水由上而下逐层跌落曝气。采用板条式曝气塔时，板条层数可为 4～6 层，层间净距为 400～600mm。淋水密度可采用 5～10m^3/h/m^2。

由于板条式曝气塔不易为铁质所堵塞，因此可用于高含铁地下水的曝气。

9. 机械通风式曝气塔

机械通风式曝气塔塔身为封闭柱体，水由塔上部送入，经塔中填料层淋下，空气用通风机自塔下部通入，自塔顶排出，其构造如图 12-18 所示。填料多为木板条。

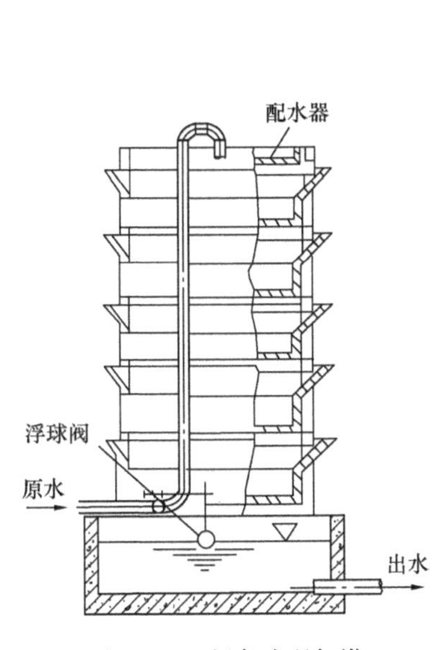

图 12-17　板条式曝气塔

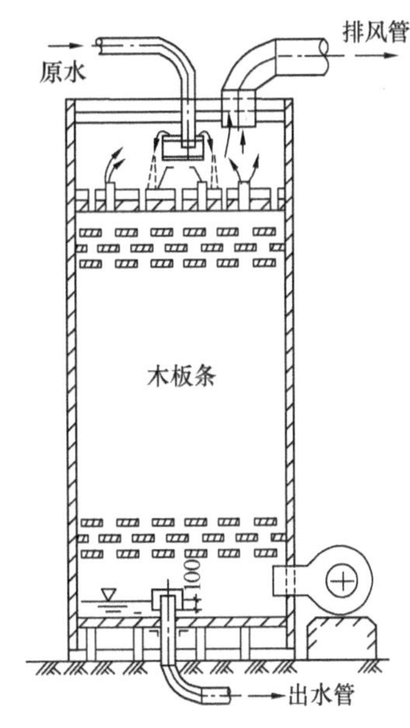

图 12-18　机械通风式曝气塔（板条填料）

设计气水比可采用 10～15；淋水密度采用 40m^3/h/m^2；填料层厚度 2～5m，根据原水总碱度确定。

机械通风曝气塔，由于气水比很大，曝气效果好，曝气后水中溶解氧饱和度可达 90%以上。木板条填料不易为铁质堵塞，可用于高含铁地下水曝气。

12.3.2　除铁除锰滤池

1. 滤料

除铁除锰滤池与普通滤池相比，其主要特点是滤料的选择。除铁除锰滤池滤料除满足滤料的一般要求，如有足够的机械强度，有足够的化学稳定性，不含毒质，对水质无不良影响外，还应对铁、锰有较大的吸附容量和较短的“成熟”期。目前在生产实践中应用的滤料主要有石英砂、无烟煤、天然锰砂等。

20 世纪 60 年代发展起来的天然锰砂除铁技术，当时曾迅速在全国推广应用，但随着除铁技术的发展，发现了接触氧化除铁新的原理，即当滤料成熟后，无论何种滤料均能有效除铁，滤料仅起着铁质活性滤膜载体的作用。因此，除铁、除锰滤池的滤料可以采用天然锰砂，也可以选择石英砂及其他适宜的滤料。根据大量调查和试验表明，石英砂滤料更适用于原水含铁量低于 15mg/L 的情况，当原水含铁量大于 15mg/L 时宜采用无烟煤—石英砂双层滤料。

根据国内生产经验和试验研究结果，当采用石英砂滤料时，滤料最小粒径一般采用 0.5～0.6mm，最大粒径 1.2～1.5mm；当采用天然锰砂时，最小粒径为 0.6mm，最大粒径为 1.2～2.0mm；当采用双层滤料时，无烟煤滤料最小粒径可为 0.8～1.0mm，最大粒径 1.6～2.0mm，石英砂滤料粒径同单层滤料。

滤料的厚度应根据原水水质和选用滤池形式确定。国内已有的重力式滤池的滤层厚度一般采用 800～1000mm，压力式滤池滤层厚度一般采用 1000～1200mm，甚至有厚达 1500mm 的。对于双级压力式，每级滤料的厚度为 700～1000mm。双层滤料的滤池，无烟煤层厚可为 300～500mm，石英砂层厚 400～600mm，总厚度 800～1000mm。应该说，滤池形式采用重力式或压力式对于除铁、除锰过程并无实质区别，故滤层厚度的确定应主要从原水水质考虑。

2. *滤池形式*

常用的滤池形式都可用作除铁、除锰滤池。普通快滤池和压力滤池工作性能稳定，滤层厚度及反冲强度的选择有较大灵活性，是除铁、除锰工艺中常用的滤池形式。普通快滤池主要用于大、中型水厂，压力滤池适用于小水厂。

无阀滤池构造简单、管理方便，也是除铁、除锰滤池选用中常用的形式之一。由于无阀滤池出水水位较高，当采用二级过滤时可作为第一级滤池，以减少提升次数。

双级压力滤池是将二级过滤组合在一个构筑物内完成的除铁、除锰构筑物。其上层主要用以除铁，下层则主要用于除锰，工作性能稳定可靠，处理效果良好，适用于原水铁、锰含量中等的小型水厂。双级压力滤池构造如图 12-19 所示。

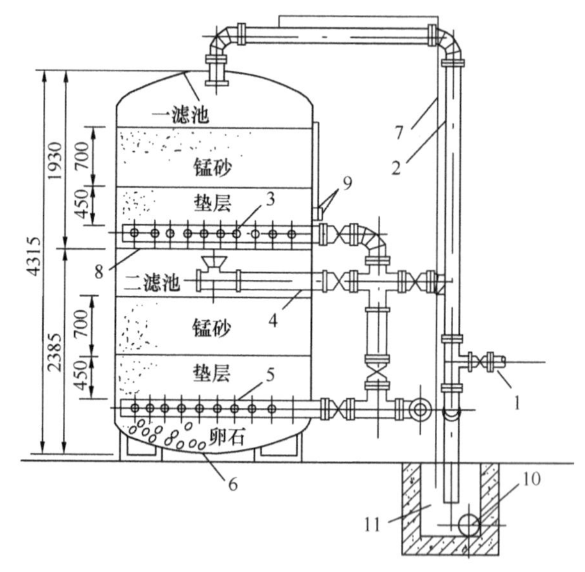

图 12-19　双级压力滤池

1—来水管；2—进水管及反冲洗排水管；3—一滤室配水管；4—二滤室进水管及反冲洗排水管；5—二滤室配水管；6—罐体；7—排气管；8—隔板；9—压力表；10—总排水管；11—排水井

除铁、除锰滤池的配水系统宜采用大阻力配水系统。其承托层可按表 12-4 选用。当采用锰砂滤料时，承托层的顶面两层需改为锰矿石。

配水系统承托层粒径与厚度　　**表 12-4**

层次（自上而下）	材料	粒径（mm）	厚度（mm）
1	砾石（锰矿石）	2～4	100
2	砾石（锰矿石）	4～8	100
3	砾石	8～16	100
4	砾石	16～32	本层顶面应高出配水系统孔眼 100

由于虹吸滤池配水多采用小阻力系统，且其冲洗水头又较低，故在除铁、除锰处理中较少采用。

3. 主要设计参数

除铁滤池的设计滤速应根据原水水质，特别是含铁量，来确定适宜的滤速，一般宜选用 5～10m/h，含铁量低的可选用上限，含铁量高的选用下限。

除锰滤池以及除铁锰滤池的滤速宜采用 5～7m/h。

地下水除铁滤池及除铁锰滤池的冲洗周期与水中铁、锰含量以及设计滤速有关，一般为 8～24h。在曝气、两级过滤除铁除锰工艺中，第二级除锰滤池冲洗周期一般较长，可达 7～20d，最短也有 3～5d。实际运行中，周期不宜过长，以免滤层冲洗不均匀和引起滤层板结。

滤池期终水头损失一般为 1.5～2.5m。

除铁、除锰滤池的冲洗强度和冲洗时间可按表 12-5 采用。早期滤池设计所采用的冲洗强度、膨胀率较高，通过试验研究和生产实践发现，滤池冲洗强度过高易使滤料表面活性滤膜破坏，致使初滤水长时间不合格，也有个别造成承托层冲翻。冲洗强度太低则易使滤层结泥球，甚至板结。因此，除铁、除锰滤池冲洗强度应适应。当天然锰砂滤池冲洗强度为 18L/（m^2·s），石英砂滤池为 13～15L/（m^2·s）时，即可使全部滤层浮动，达到冲洗目的。

除铁、除锰滤池冲洗强度、膨胀率、冲洗时间　　**表 12-5**

序号	滤料种类	滤料粒径 (mm)	冲洗方式	冲洗强度 [L/（m^2·s）]	膨胀率 (%)	冲洗时间 (min)
1	石英砂	0.5～1.2	无辅助冲洗	13～15	30～40	＞7
2	锰　砂	0.6～1.2	无辅助冲洗	18	30	10～15
3	锰　砂	0.6～1.5	无辅助冲洗	20	26	10～15
4	锰　砂	0.6～2.0	无辅助冲洗	22	22	10～15
5	锰　砂	0.6～2.0	有辅助冲洗	19～20	15～20	10～15

注：表中所列锰砂滤料冲洗强度系按滤料相对密度为 3.4～3.6，且冲洗水温为 8℃时的数据。

第 13 章　排泥水处理

13.1　净水厂排泥水及其组成

13.1.1　净水厂排泥水

天然水体中含有多种有机与无机物质，通过净水厂净水工艺处理，大部分作为净水工艺的生产废弃物排出工艺流程。其中除以滤网等截留的大颗粒固体物质可直接作为固体废弃物处理外，其余均需以生产排泥水的形式进行处置。净水厂排泥水由于体积大，数量多，需经过减量化处理，以便于运输与后期处置，并尽量实现资源化。

净水厂排泥水随水厂的水源和净水工艺的不同存在较大差异。不同水源类别、原水水质、加药量大小和混凝沉淀效果等因素都将导致净水厂排泥水特性的不同。例如，同样的沉淀池排泥水，以黄浦江上游为水源的沉泥粒径分布主要在 10～60μm 之间（约占总量的 75%），而以陈行水库调蓄的长江水源的沉泥粒径分布则在 0.2～7μm 之间（约占总量的 80%），远小于前者。

不同净水工艺在各净水阶段产生的杂质和排泥水分布如图 13-1 所示。

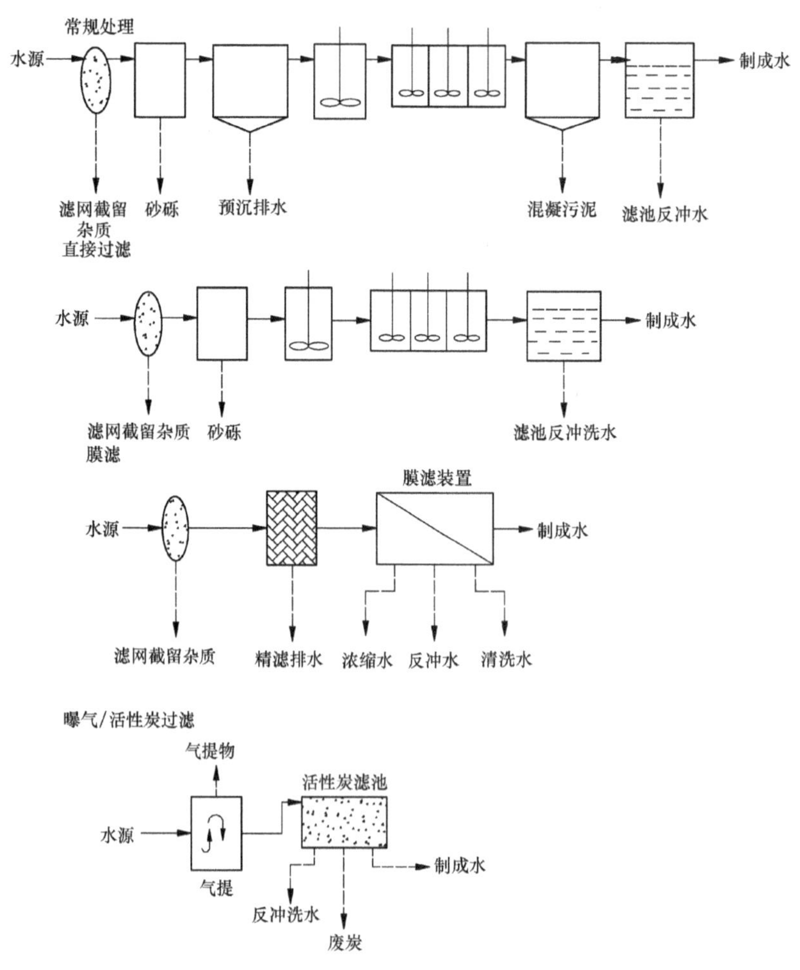

图 13-1　不同净水工艺产生杂质排泥水示意图

上述工艺流程中产生的杂质和排泥水可以作如下分类：

（1）滤网截留杂质及气提物可作为废弃物处理；

（2）砂砾与预沉排水一般结合前期物理截留处置，不进入净水厂排泥水处理系统；

（3）膜处理清洗废水需经过pH调质中和以满足排放要求；

（4）净水厂排泥水系统处理的主要是来自沉淀的排泥水和过滤的冲洗废水。

13.1.2 净水厂排泥水特性

净水厂排泥水主要成分包括悬浮物质、有机杂质和藻类等原水所含杂质以及在处理过程中加入的混凝剂等形成的化学沉淀物。根据排泥水特性大致可分为以下4种类型：

（1）含混凝剂的沉淀含泥水：主要由泥沙、淤泥以及铝盐或铁盐混凝剂形成的金属氢氧化物等各类无机、有机物组成。其特点是随原水水质变化而有较大的变化，包含净水工艺去除的大部分物质。原水水质的季节变化可能对排泥水量和浓度以及浓缩、脱水性能产生很大的影响。高浊度原水产生的排泥水具有较好的浓缩和脱水性能；低浊度原水产生的排泥水，其浓缩和脱水相对困难。一般，铁盐混凝剂形成的沉泥较铝盐更易浓缩，必要时可投加聚合物或石灰以提高浓缩性能。一般传统工艺沉淀排泥水的生物活性不强，pH值接近中性，浓度较低，约在0.6%～1.5%。但采用高效沉淀工艺，其排泥水浓度显著提高，可达2%～3%以上。

（2）滤池反冲洗水：一般浓度较低，平均含固率仅0.02%～0.05%。由于进入滤池的浊度一般较低且相对稳定，因此排放量和平均含固率变化较小，但如考虑反冲洗水回用时，亦应考虑生物安全性及铁锰等金属离子富集因素。

（3）铁锰沉析物：在除铁除锰工艺中，通过曝气或投加氧化剂的方式氧化水中溶解铁、锰离子，形成高价氢氧化物，在沉淀和过滤中去除。除铁或除锰形成的排泥水呈红色或黑色。

（4）石灰或苏打软化排泥水：主要包括碳酸钙、硫酸钙、氢氧化镁、硅、氧化铁、氧化铝以及未反应的石灰。软化产生的排泥水相对较稳定，生物活性不强，pH值高，一般比混凝沉淀排泥水容易浓缩。石灰软化排泥的量与原水硬度有关，其固体含量在2%～15%之间。其脱水性能随截留的氢氧化镁浓度而有较大改变，当氢氧化镁含量低时，泥饼可脱水至含固率60%，而当氢氧化镁含量高时，含固率将低至20%～25%。

表征净水厂排泥水特性的主要因素包括：

（1）排泥水状态：不同含固率排泥水的状态如表13-1所示。

不同含固率排泥水状态 **表13-1**

含固率	状态	含固率	状态
0～5%	流动态	18%～25%	软泥状
8%～12%	海绵状，半固态	40%～50%	硬黏土

（2）干固体含量：即排泥水浓度，一般以重量百分数或g/L表示，是将试样在105℃的温度下干化到恒重进行测定，其值接近于用过滤法或离心分离法测定的悬浮固体含量。

（3）挥发性固体含量：也称灼烧减重，用干固体含量的重量百分数来表示。测定方法是将干固体置于550～600℃的烘箱内进行气化，再测定减少重量。对于亲水性有机污泥而言，挥发性固体含量接近于有机物含量，可作为有机物含量的一种指标。

（4）湿泥相对密度：湿泥重量等于泥饼所含水分重量与干固体重量之和。湿泥相对密度等于湿泥重量与同体积的水的重量之比值。

（5）干泥相对密度：净水厂泥饼成分以无机物灰分为主，有机物一般只占10%～20%，干泥平均相对密度在1.92～2.17之间。

(6) 排泥水的沉降浓缩性能：通过对沉淀池排泥水进行静态沉降试验可以发现初期泥的界面沉降速度较快，且速度相对均匀，具有成层沉降特性；随着界面下降到压密点位置，沉降速度明显减慢，呈现压缩下沉特性。前者体现排泥水沉降性能，称等速沉降区。后者体现泥渣压密性能，为压缩区。

(7) 污泥比阻：污泥比阻值 r 是评价污泥过滤性能的重要指标。比阻值越大，污泥的浓缩和脱水性能就越差。在生产中投加絮凝剂的增加，原水中有机物含量的增大，以及富营养化程度的加重，均会导致污泥比阻的增加。

(8) 泥渣颗粒的大小：泥渣颗粒的大小影响泥渣的结构性能，一般而言，泥渣颗粒越大，压缩性越小，比阻越小，有利于排泥水的浓缩和脱水，反之细小颗粒的成分较高时，浓缩和脱水都比较困难，脱水前处理消耗药剂量也较多。

13.2 干泥量计算

13.2.1 计算公式

净水厂干泥量主要由原水中的悬浮固体、色度以及水处理中投加的药剂所组成。各组成所产生的干泥量如下：

(1) 原水中的悬浮固体 S_1：当原水以浊度计时则需加以换算，即：

$$S_1 = K_1 C_0 \tag{13-1}$$

式中 C_0——原水浊度设计取值(NTU)；

K_1——原水浊度单位 NTU 与悬浮固体 SS 单位 mg/L 的换算系数，应经过实测确定，据国外有关资料介绍，K_1=0.7～2.2。

(2) 原水中色度形成悬浮固体 S_2：当色度以 Pt-Co 标准计时：

$$S_2 = 0.2C_C \tag{13-2}$$

式中 C_C——原水中色度(°)。

(3)投加的铝盐混凝剂 S_3：

$$S_3 = K_3 A \tag{13-3}$$

式中 A——投加铝盐混凝剂的量(mg/L)；

K_3——换算系数，当 A 以 $Al_2(SO_4)_3 \cdot 18H_2O$ 计时为 0.234，当以 Al_2O_3 计时为 1.53，当以 Al 计时为 2.9。

(4)投加的铁盐混凝剂 S_4(包括原水中的含铁量)：

$$S_4 = K_4 F \tag{13-4}$$

式中 F——投加铁盐混凝剂的量(mg/L)；

K_4——换算系数，当 F 以 $Fe_2(SO_4)_3$ 计时为 0.535，当以 Fe 计时为 1.9。

(5) 投加的高锰酸钾 S_5(包括原水中的含锰量)：

$$S_5 = K_5 M \tag{13-5}$$

式中 M——投加 $KMnO_4$ 的量(mg/L)；

K_5——换算系数，当 M 以 Mn 计时为 1.6；

(6)原水中藻类形成的泥量 S_6：

$$S_6 = K_6 a \tag{13-6}$$

式中 a——叶绿素 a 含量(μg/L)；

K_6——换算系数，为 0.2。

(7) 其他投加药剂：包括粉末活性炭 S_7、石灰 S_8、聚合电解质 S_9。

因此，总干泥量 S 应为：

$$S=(K_1C+K_2C_C+K_3A+K_4F+K_5M+K_6a+S_7+S_8+S_9)\times Q\times 10^{-6} \qquad (13\text{-}7)$$

式中　Q——原水流量(m^3/d)；

S——总干泥量(t/d)。

S_7——粉末活性炭(PAC)投加率(mg/L)；

S_8——石灰投加率(mg/L)；

S_9——聚合电解质投加率(mg/L)。

对于一般的地表水处理，上述总干泥量中的主要组成为悬浮固体和混凝剂的投加，其余形成干泥的量相对较小。因此，《室外给水设计规范》GB 50013—2006 以及日本水道协会《水道设施设计指针》(2000) 所列干泥量计算公式仅考虑了上述两部分。

13.2.2　SS 与 NTU 换算

原水浊度（NTU）是净水厂常规的必测项目，而在干泥量计算中需用悬浮固体（SS）进行计算。悬浮固体在净水厂中为非常规检测项目。由于浊度与悬浮固体有一定相关性，故常用浊度测定值换算为悬浮固体值。

美国康韦尔（Cornwell）提出原水浊度与悬浮固体关系式为：

$$SS=bT \qquad (13\text{-}8)$$

式中　SS——原水悬浮固体（mg/L）；

T——原水浊度（NTU）；

b——SS 与 NTU 的相关系数（在 0.7～2.2 之间变化）。

根据我国多个水厂的试验测定资料，发现不同的水源，即使同一水源的不同季节、不同浊度范围，b 值的差异都可能较大。因此，对特定的原水，应取用不同浊度条件下，尽可能大的时间跨度内多获取相关测试数据。如测试获得 b 值出入较大，则拟按不同时段或不同浊度范围分别取用不同 b 值。

13.2.3　设计标准取值

净水厂排泥水处理可选择完全处理和非完全处理。前者是考虑将净水厂产生排泥水在量和质上均保证完全处理，达到国家相关排放标准，或者重复利用实现零排放。完全处理需要满足原水最大浊度以及产水量最大时的要求，但由于一般水厂原水浊度和日产水量的变化很大，从投资经济性和设备利用率等因素考虑，较少采用完全处理方式。非完全处理是当原水浊度超过设定标准时，将部分排泥水暂时贮存或未经处理应急排放。设定标准的确定需对处理原水浊度进行频率分析，选取一定保证率值作为设计依据，并对出现高浊度时的情况进行复核，例如通过在浓缩池或平衡池中适当贮存及强化污泥处理系统等措施加以改善。非完全处理是排泥水处理最常用的方式。

根据日本经验，采用年平均浊度的 4 倍作为设计浊度，则可基本涵盖 95%以上天数的浊度。我国的《室外给水设计规范》GB 50013—2006 从我国的实际国情出发，提出净水厂排泥水处理系统按满足全年 75%～95%日数的完全处理要求确定，在高浊度较频繁和超量排泥水允许排入大江大河的地区可采用下限。高于原水浊度设计取值期间（全年 25%～5%日数）的部分超量排泥水要采取适当措施处置。

在实际设计过程中，除考虑浊度出现的年频率日数外，还应注意高浊度季节出现的持续时间，尤其是受季节性排沙的大江大河和风涌水影响的浅层取水。如某湖边取水口，平时浊度较低，按全年95%频率出现浊度约80 NTU，但每年1月由于冬季湖水较浅，湖底积泥受风力影响涌起，往往造成持续7～9天原水浊度达90～220 NTU。此时需适当放大浓缩及贮泥设计能力，并考虑临时应急排泥措施。

13.3 处理系统及工艺流程

13.3.1 系统组成

净水厂排泥水处理的对象主要是沉淀池排泥水和滤池冲洗废水，其成分主要是原水中悬浮物、部分溶解物质以及净水过程中投加各种药剂形成的化学沉析物。

排泥水处理系统通常包括调节、浓缩、平衡、脱水以及泥饼处置等工序。

(1) 调节：净水厂滤池的冲洗废水和沉淀池排泥水都是间歇排放，其量和质都不稳定，为了使排泥水处理构筑物均衡运行以及水质的相对稳定，一般在浓缩前设置调节池可以使后续设施均匀工作，有利于浓缩池的正常运行，通常把接纳滤池冲洗废水的调节池称为排水池，接纳沉淀池排泥水的称为排泥池。

(2) 浓缩：净水厂排泥的含固率一般很低，沉淀池排泥水一般在0.6%～1.5%，滤池冲洗水仅在0.02%～0.05%，因此需进行浓缩处理。浓缩的目的是提高排泥水浓度，缩小体积，以减少后续处理设备的配置能力，如减小脱水机的处理规模等。当采用泥水自然干化时也可缩短干化时间，节约用地面积。当采用机械脱水时，对供给的浓度有一定要求，也需要对排泥水进行浓缩处理。

含水率高的排泥水浓缩较为困难，为了提高泥水的浓缩性，需投加絮凝剂、酸或设置二级浓缩等措施。

(3) 平衡：当原水浊度及处理水量变化时，净水厂排泥量和含固率也会相应调整。为了均衡脱水机的运行，一般在浓缩池后设置一定容量的平衡池。设置平衡池还可以满足原水浊度大于设计值时起到缓冲和贮存浓缩排泥水的作用。平衡池的容积应考虑极端高浊度连续出现时具备一定的贮存调节能力。

(4) 脱水：浓缩后的浓缩排泥水需经脱水处理，以进一步降低含水率，减小容积，便于搬运和最后处置。当采用机械方法进行脱水处理时，还需投加石灰或高分子絮凝剂（如聚丙烯酰胺）等。脱水前亦可采取一定调质措施，改善脱水效果。

(5) 泥饼及分离液处置：脱水后的泥饼可以外运作为低洼地的填埋土、垃圾场的覆盖土或作为建筑材料的原料或掺加料等。泥饼的成分应满足相应的环境质量标准以及污染物控制标准。脱水泥饼处置应有长期稳定出路，尽量实现资源化利用。

排泥水在浓缩过程中将产生上清液，在脱水过程中将产生分离液。当上清液水质符合排放水域的排放标准时，可直接排放；当水质满足要求时也可考虑回用，但应考虑长时间回用可能引起的水质安全问题。分离液中悬浮物浓度较高，一般不能符合排放标准，故不宜直接排放，可回至浓缩池。含有高分子絮凝剂成分的分离液回流到浓缩池进行循环处理，也有利于提高排泥水的浓缩程度。

13.3.2 工艺流程及选择

净水厂排泥水处理工艺流程应根据水厂所处社会环境、自然条件及净水工艺确定。

在工程设计中，选择排泥水处理工艺流程需考虑排泥水的沉降性能，上清液SS值是否能达标排放，排泥池中的泥水浓度是否能满足浓缩脱水的需要，以及排泥池和排水池是否能满足排泥水与废水预浓缩的体积要求等。常用的三种方式如图13-2所示。

方式（a）：沉淀池排泥水浓缩脱水处理，上清液排放；滤池反冲洗废水经过预浓缩，底部

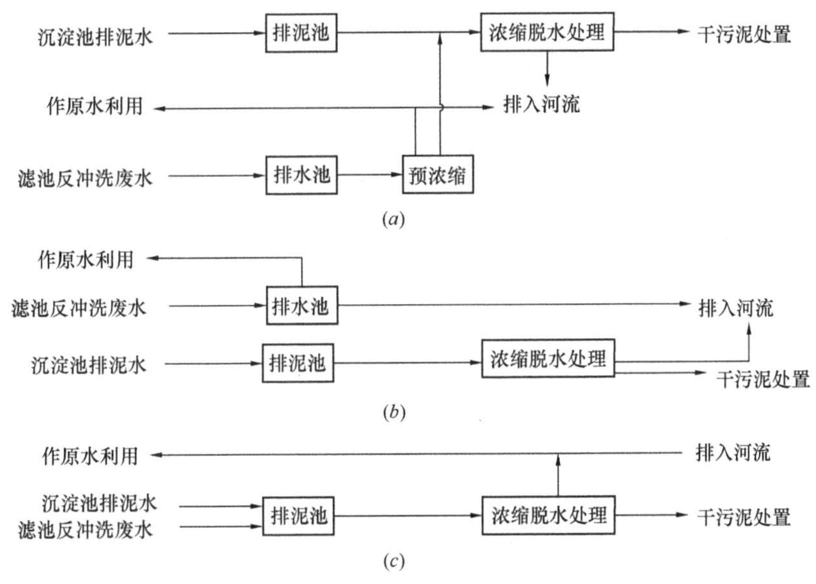

图 13-2　常用三种排泥水处理工艺流程

沉泥与沉淀池排泥水一起浓缩脱水处理，上清液回用或排放。该方式适用于滤池反冲洗废水含固率较高，需经过预浓缩才可满足回用要求的情况，考虑到长时间回用可能引起的污染物富集等问题，同时设有排放措施。

方式（*b*）：沉淀池排泥水浓缩脱水处理，上清液排放；滤池反冲洗废水直接回用或排放。该方式适用于滤池反冲洗废水可直接满足回用要求的情况，考虑到长时间回用可能引起的污染物富集等问题，同时设有排放措施。

方式（*c*）：沉淀池排泥水和滤池反冲洗水经排泥池混合后，一起进行浓缩脱水处理，上清液回用或排放。该方法适用于滤池反冲洗废水不能满足回用要求，但单独浓缩无法满足脱水机械要求，只能与沉淀池排泥水混合浓缩的情况。

国内外有些资料上还介绍了一些工艺流程，基本上都是在以上三种基础上略作修改。

工艺选择受排泥水特性、场地限制及净水工艺多方面限制，当沉淀池排泥水平均含固率大于3%时，可超越浓缩工艺直接进入平衡池。如场地条件宽裕，沉淀池排泥水及滤池反冲洗水收集系统相互独立，可采取方式（*a*）。完整的处理流程如图 13-3 所示。

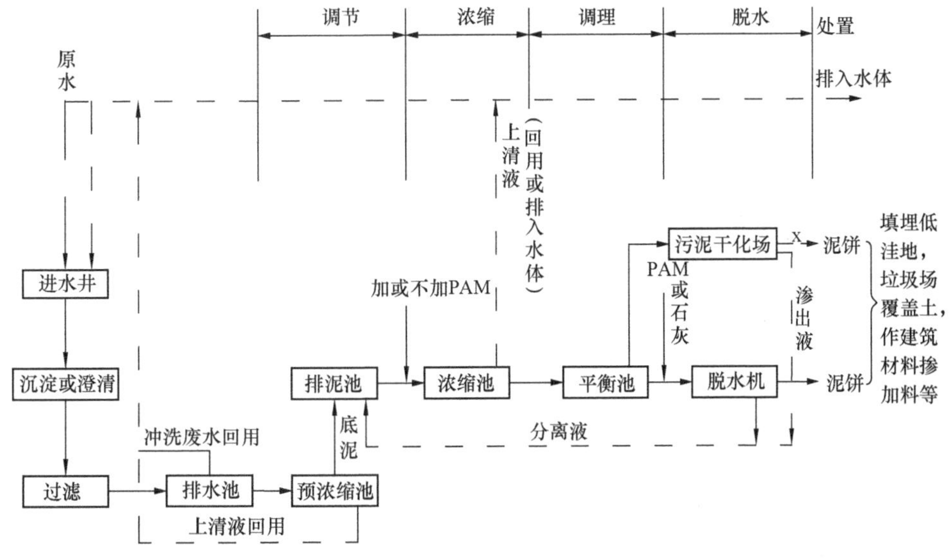

图 13-3　净水厂排泥水处理流程

13.3.3 物料平衡

为了确定排泥水处理系统各单元的设计规模，应进行系统水量与泥量的平衡计算，决定各单元的设备配置能力。虽然排泥水处理系统采用工艺流程不同，泥量和水量亦不断变化，但工艺总体进出泥水量应保持均衡。

系统物料平衡步骤如下：

(1) 确定设计干泥量：按式 13-7 计算。

(2) 确定沉淀池排泥水量：根据沉淀池实际每日排泥时间及排泥流量，计算每日最大排泥水总量、最大干泥量、最大小时排泥水量和持续时间。

(3) 确定滤池冲洗排水量：根据滤池格数、冲洗周期及每次冲洗耗水量，计算每日最大冲洗水量、最大干泥量、最大小时冲洗水量和持续时间。

(4) 计算排泥池和排水池容积及配泵：根据步骤 (2) 和步骤 (3) 成果进行系统分析，综合排泥池和排水池设计日不同时间段进水分布情况，得出排泥池和排水池所需调节容积，确定均匀排入浓缩池的平均出池流量并按此配置提升泵。

(5) 确定浓缩池、平衡池和脱水机房处理能力：步骤 (4) 得出排泥池和排水池均匀出流量，按设计干泥量和最大干泥量不同条件，考虑浓缩池、平衡池和脱水机房处理能力。浓缩池可考虑连续运行，平衡池则考虑高浊度且脱水系统满负荷运行时贮存尽可能多剩余污泥、脱水系统在设计干泥量时应留有一定富余能力，以确保高泥量出现时有一定应对能力。

(6) 泥水平衡修正：如考虑脱水分离液或冲洗水回流至排泥池，则应按计算水量对步骤 (4)、(5) 进行修正，实现物料平衡。

按上述步骤完成物料平衡时，上清液及脱水分离液中含泥量可忽略不计，便于简化计算，系统平衡图如图 13-4 所示。

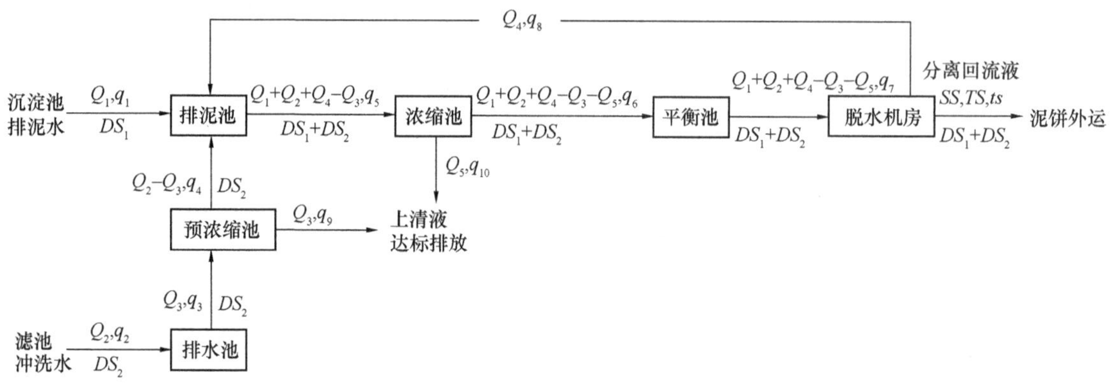

Q_x：不同单元每日总水量；

q_x：不同单元小时水量；

DS_1，DS_2：分别为沉淀池和滤冲洗水每日干泥量；

SS：泥饼含固率；

TS：日泥饼量；

ts：小时泥饼量

图 13-4 排泥水处理系统物料平衡图（完全处理工艺）

13.3.4 收集及调节

净水厂沉淀池排泥水和滤池冲洗排水都是间歇性的，集中流量较大且水质变化也大，如按高峰排水能力考虑浓缩处理，将造成浓缩池体积庞大且难以管理。收集与调节工序作用是将沉淀池排泥水和滤池反冲洗水通过专用管路系统汇集排入排泥池和排水池，通过池容进行调节，均量均质出流，并结合平衡池的贮存，起到保证后续浓缩和脱水工艺连续稳定运行的作用。

沉淀池排泥水和滤池冲洗废水收集系统应尽量分开，分别以重力流入排泥池和排水池。当排泥水送往厂外处理，且不考虑废水回用，或排泥水处理系统规模较小，可采用排泥池和排水池合建。许多国内已建水厂原生产废水一般考虑统一排放，往往将排泥池和排水池合建。图 13-2 中方式（*a*）和方式（*b*）适用于收集系统分建工艺，方式（*c*）则适用于收集系统合建工艺。

排泥池和排水池作为调节设施宜分建，并尽量靠近沉淀池和滤池。

排水池的设计要点如下：

（1）由排水池收集的水，主要是滤池的反冲洗废水以及浓缩池的上清液，因而排水池设计需与滤池冲洗方式相适应。

（2）排水池容量应大于滤池一格冲洗时的排水量，当滤池格数较多，需考虑同时冲洗两格时，排水池容量则应相应放大，当有浓缩池上清液排入时其水量需一并考虑。

（3）为考虑排水池的清扫和维修，排水池应设计成独立的两格。

（4）排水池有效水深一般为 2～4m，当排水池不考虑作为预浓缩时，池内宜设水下搅拌机，以防止沉泥。

（5）排水池底部应设计有一定的坡度，以便清洗排空。

（6）当考虑排水池兼作预浓缩池时，排水池应设有上清液的引出装置及沉泥的排出装置。

（7）当考虑滤池冲洗废水回用时，排水泵容量的选择应注意对净水构筑物的冲击负荷不宜过大，一般宜控制在净水规模的 5%以内。

（8）当滤池冲洗废水直接排放时，选择排水泵的容量要考虑一格滤池冲洗的废水量在下一格滤池冲洗前排完。如两格滤池冲洗间隔很短时，也可考虑在反冲洗水流入排水池后即开泵排水，以延长水泵运行时间，减小水泵流量。

图 13-5 为排水池布置实例。

排泥池的设计要点如下：

（1）排泥池的容量不能小于沉淀池最大一次排泥量，或不小于全天的排泥总量，排泥池容量中还需包括来自脱水工段的分离液和设备冲洗水量。

（2）为考虑排泥池的清扫和维修，排泥池应设计成独立的两格。

（3）排泥池的有效水深一般为 2～4m。

（4）排泥池内应设液下搅拌装置，以防止沉泥。

（5）排泥池进水管和污泥引出管管径应大于 *DN*150，以免管道堵塞。

（6）提升泵容量可按浓缩池连续运行条件配置，考虑到浓缩池主流程排泥和超量泥水排放，设置备用泵。

排泥水平衡池为平衡浓缩池连续运行和脱水机间断运行而设置，同时可作为高浊度时浓缩排泥水的贮存。

平衡池的设计要点如下：

（1）池容积根据脱水机房工作情况和高浊度时增加的贮泥存量而定。

（2）池有效深度一般为 2～4m。

（3）池内应设液下搅拌机，以防止沉泥和平衡浓度。

（4）提升泵容量和所需压力，应根据采用脱水机类型和工况决定。

（5）平衡池进泥管和出泥管管径应大于 *DN*150，以免管道堵塞。

图 13-6 为平衡池布置实例。

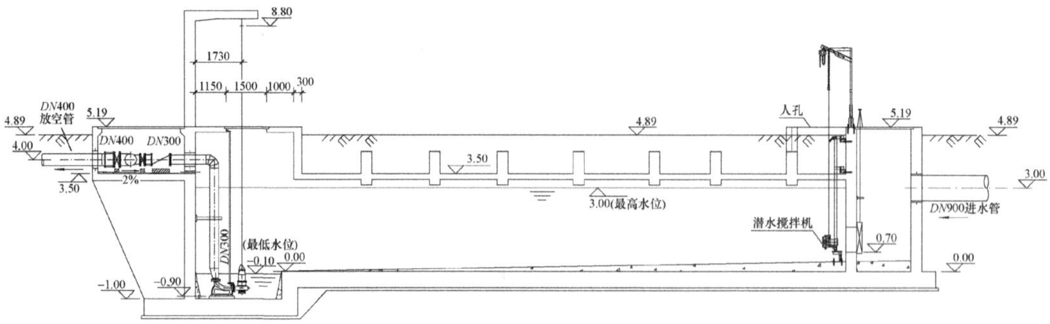

A—A剖面图

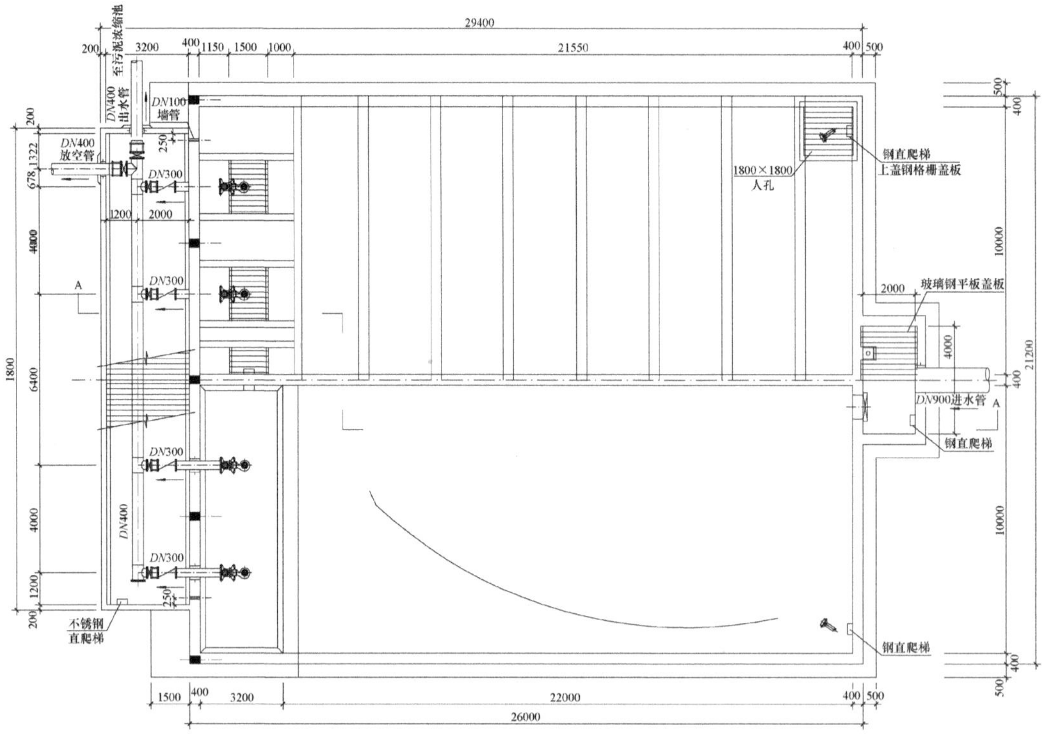

排水池平面布置图

图 13-5 排水池布置图

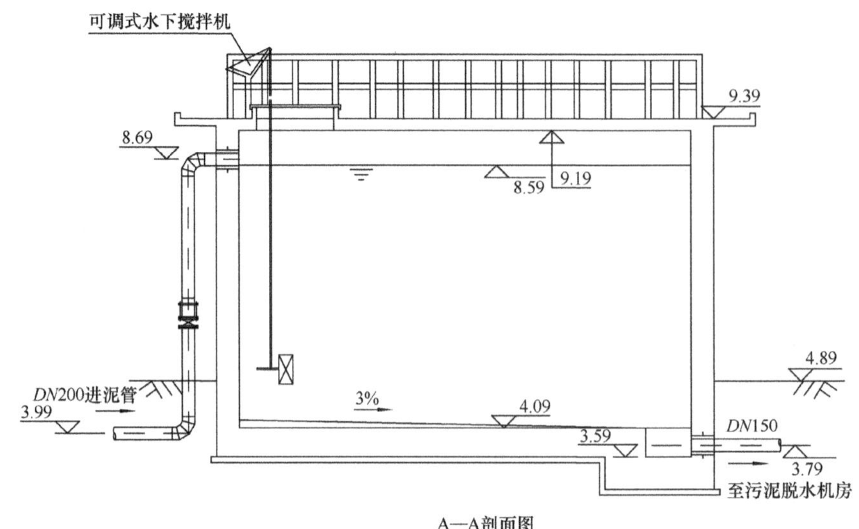

A—A剖面图

图 13-6 平衡池布置图（一）

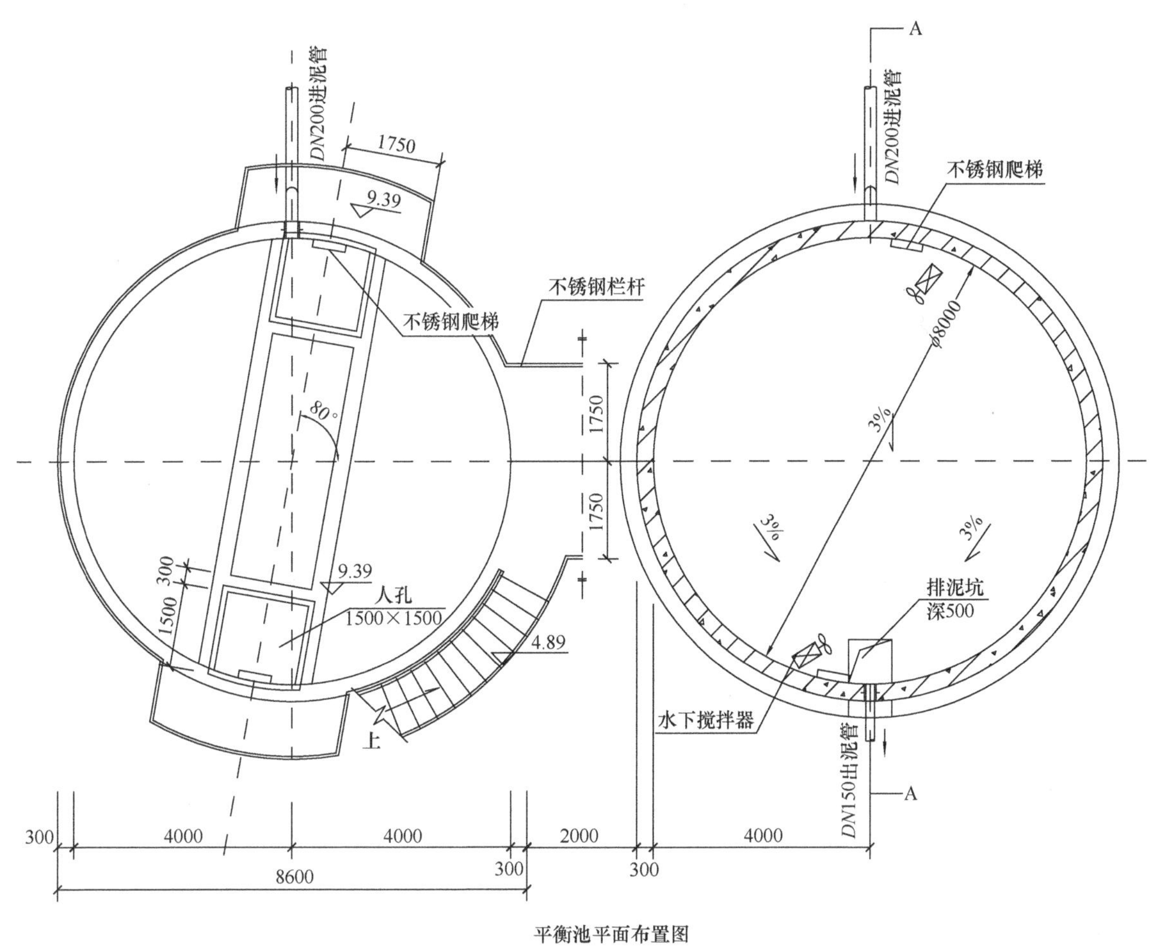

图 13-6　平衡池布置图（二）

13.4　排泥水浓缩

13.4.1　浓缩方式及池型

含泥水浓缩的方法通常有重力浓缩、气浮浓缩、离心浓缩、微孔浓缩、隔膜浓缩和生物浮选浓缩等。重力浓缩结构简单、运行稳定、成本低廉且使用广泛。净水厂的排泥水浓缩一般采用重力浓缩。

重力浓缩可分为间歇式和连续式两种。间歇式重力浓缩池的设计原理和连续式相同，排泥水间歇排入浓缩池，在排泥水进入浓缩池前，必须先排除池内上清液，腾出池容。这种运行方式管理比较麻烦，相对于被处理的泥量来说，体积较连续式大，一般在水厂排泥水处理中不太采用。

连续式重力浓缩池可采用类似辐射式沉淀池的池型，分为有刮泥机与污泥搅动装置，不带刮泥机以及多层浓缩池（带刮泥机）等几种。近年来为尽量减少占地面积，水厂的浓缩池常采用带斜板的浓缩池。图 13-7～图 13-10 分别为辐流式浓缩池、兰美拉斜板浓缩池、上向流斜板浓缩池和高密度浓缩池 4 种池型。

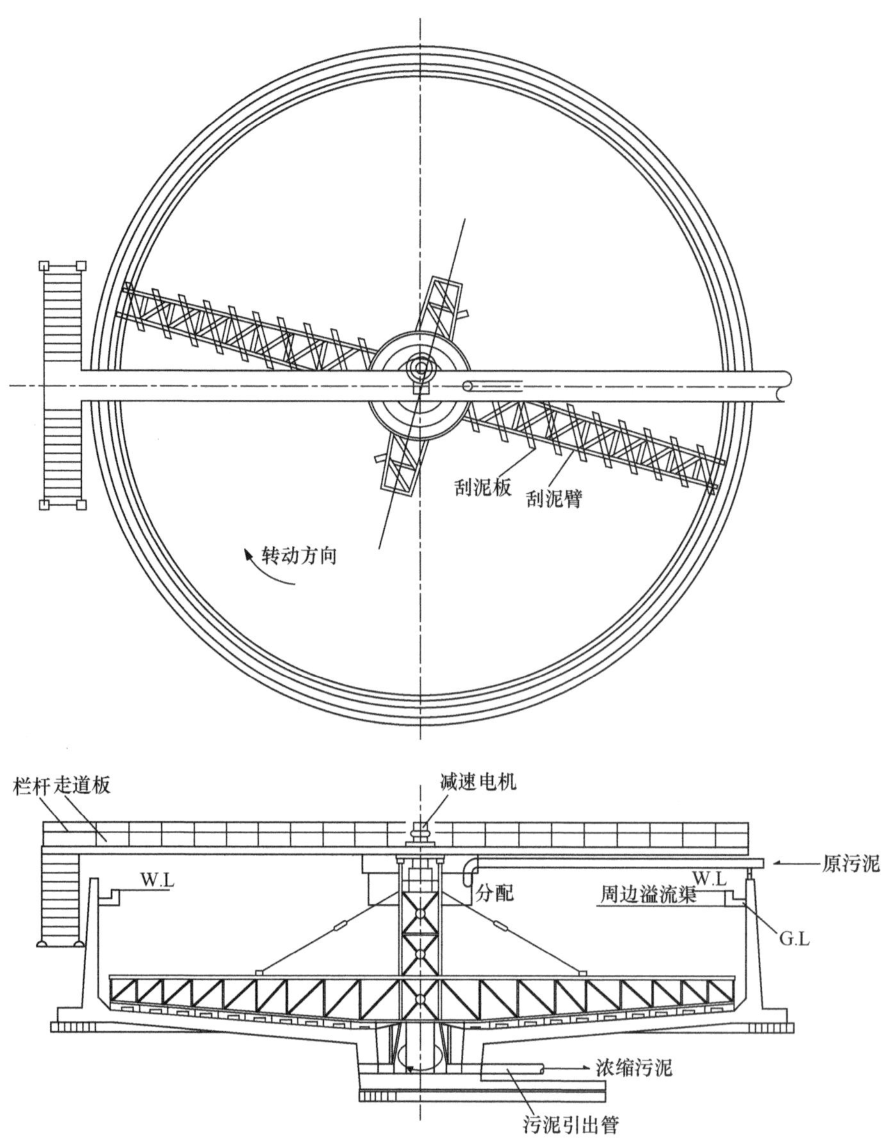

图 13-7　辐流式浓缩池

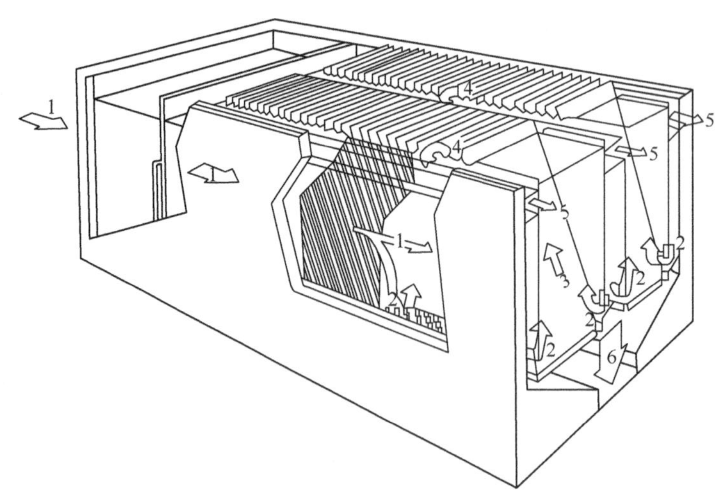

图 13-8　兰美拉斜板浓缩池

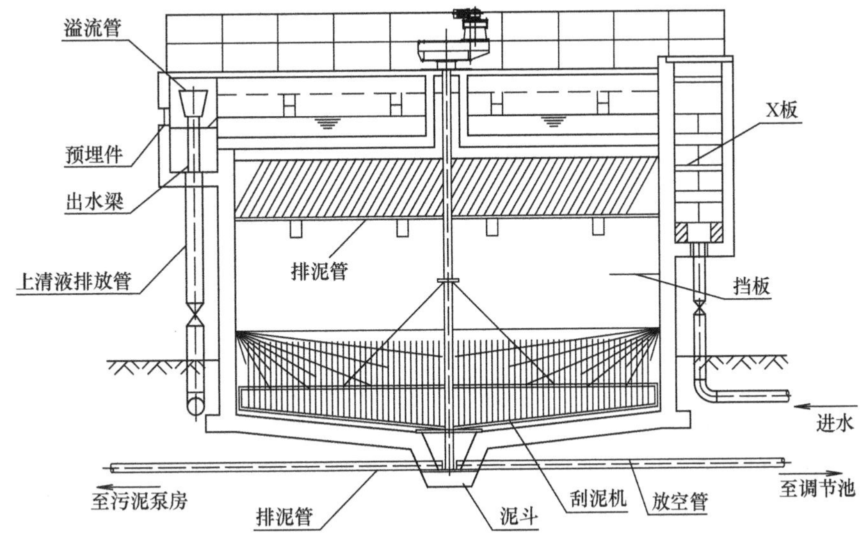

图 13-9　上向流斜板浓缩池

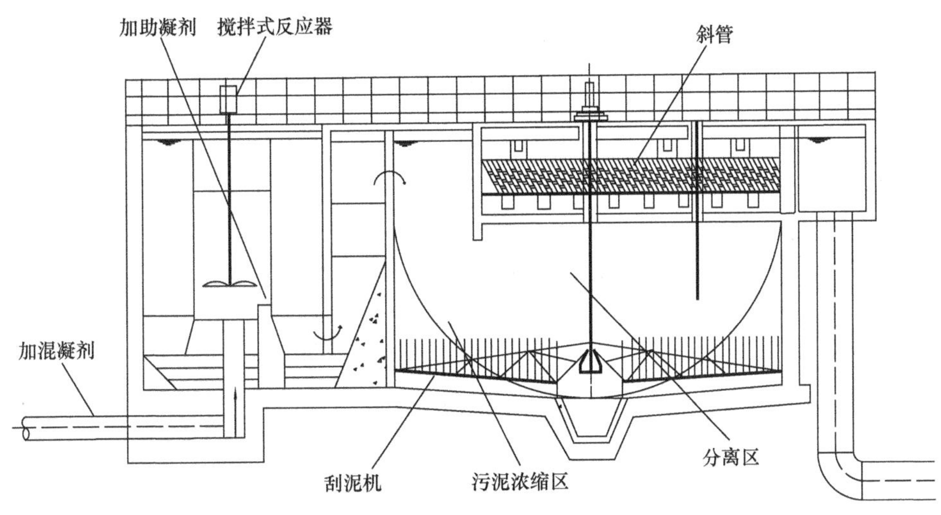

图 13-10　高密度浓缩池

13.4.2　浓缩基本原理

连续式重力浓缩池的设计理论很多，本章仅介绍其中较常用的三种，即固体通量理论、Coe-Clevenger（柯伊—克里维什）法和 Kynch（肯奇）理论。

1. 固体通量理论

1969 年，迪克（Dick）用静态沉降试验的方法，分析连续式重力浓缩池的工况，引入了断面固体通量这一概念。对于连续式重力浓缩池来说，稳定运行时浓缩池中的固体量处于平衡状态，即单位时间内进入和排出浓缩池的固体量相等。如浓缩池上清液带走的悬浮物忽略不计，则浓缩池内任一断面的固体通量有两部分组成：一部分是由浓缩池底部排泥所形成的下向流固体通量，另一部分是因自重压密所形成的固体通量。连续式浓缩池上述两个通量都存在，并且互相影响，必须综合考虑。

1）底部排泥形成的向下流固体通量 G_u

$$G_u = u \cdot C_i \tag{13-9}$$

式中　G_u——向下流固体通量［kg/（m^2・h)］；

u——向下流速（m/h），取决于底部排泥的流量 Q_u（m^3/h）与浓缩断面面积 A（m^2），$u = \frac{Q_u}{A}$；

C_i——固体浓度（kg/m^3）。

由式 13-9 可知，当浓缩池底部排泥量 Q_u一定时，G_u和 C_i成直线关系。

2）自重力压密固体通量 G_i

重力沉降所产生的固体通量可通过静态沉降试验获得，即采用同性质含泥水的不同起始固体浓度，作沉降试验，得出沉降时间与界面高度关系曲线；然后求出每条沉降曲线的起始直线段的界面沉速（即把直线段延长，使之与横坐标相交，得沉降时间 t，界面沉速 $v=H_0/t$，H_0为起始界面高度），界面沉速与相应初始固体浓度的乘积，即为重力沉降产生的固体通量：

$$G_i = v_i \cdot C_i \tag{13-10}$$

式中　G_i——重力沉降产生的固体通量［$kg/(m^2 \cdot h)$］；

v_i——初始固体浓度为 C_i的界面沉速（m/h）。

3）总固体通量

浓缩池中，任一断面的总固体通量等于向下流固体通量 G_u与自重力压密固体通量 G_i之和：

$$G = G_u + G_i = uC_i + v_iC_i \tag{13-11}$$

通常将向下流固体通量曲线 G_u—C_i和自重力压密固体通量 G_i—C_i放在同一坐标系中，将两条曲线叠加得总固体通量曲线 G—C_i，此曲线即为连续式重力浓缩池的工况曲线。

G—C_i曲线通常为马鞍形，存在一个最低点。通过该最低点作平行于横坐标轴（C_i轴）的直线，与 G 轴交于点 G_L，G_L即为浓缩池的极限固体通量，切点横坐标 C_L为入流含泥的极限浓度。

G_L和 C_L的意义在于，当入流含泥浓度小于 C_L时，由于重力沉降的固体通量大，可通过以 G_L设计出的浓缩池面积进行浓缩；当入流含泥浓度大于 C_L时，意味着按 G_L设计的浓缩池需承受更大的固体通量，只有加大浓缩池排泥速度才有可能，否则浓缩池内的沉泥会积累，沉降界面将上升。

上述界面向右延伸，与 G_u—C_i直线交于点（C_u，G_L），C_u即表示浓缩池排泥固体浓度。

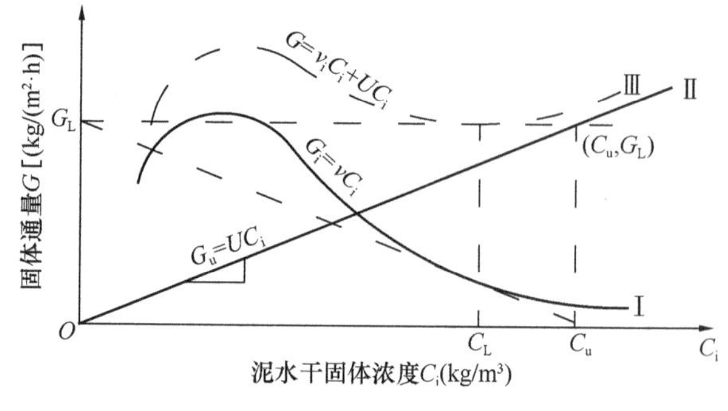

图 13-11　G—C 关系曲线

图 13-11 中，Ⅰ为 G_i—C_i，Ⅱ为 G_u—C_i，Ⅲ为Ⅰ与Ⅱ叠加得出 G—C_i。

对于稳定运行的重力浓缩池，进入浓缩池的固体量同经过任一断面的固体量是平衡的，要保持这一平衡，需有：

$$AG_L \geqslant Q_0C_0 \tag{13-12}$$

$$A \geqslant Q_0C_0/G_L \tag{13-13}$$

式中　A——浓缩池设计断面面积（m^2）；

Q_0——进入浓缩池的排泥水设计流量（m^3/h）；

C_0——进入浓缩池的排泥水设计固体浓度（kg/m^3）。

式 13-13 可用于计算重力浓缩池的断面面积。

2. Coe-Clevenger 法（柯伊-克里维什法）

柯伊和克里维什于 1916 年提出了用静态沉降试验分析连续流重力浓缩池的方法。由于连续流浓缩池的工作达到平衡时，池中任何一个固体浓度为 C_i的泥层位置保持相对静止，并与静态试验中不同时间的污泥界面上的条件相似。

根据连续流浓缩池固体物料进出平衡关系，推导出：当时间 t_0 的浓度 C_i 时，其界面沉速 v_i 与固体通量的关系为：

$$G_i = \frac{v_i}{\dfrac{1}{C_i} - \dfrac{1}{C_u}} \tag{13-14}$$

则时间 t_i 的浓缩池面积 A 为：

$$A_i = \frac{Q_0 C_0}{v_i}\left(\frac{1}{C_i} - \frac{1}{C_u}\right) \tag{13-15}$$

式中 A_i——浓度为 C_i 的含泥水，满足浓缩要求时，所需要的浓缩池面积（m^2）；

Q_0——浓缩池进泥流量（m^3/h）；

C_0——进流的固体浓度（kg/m^3）；

C_i——在时间 t_i 时界面浓度（kg/m^3）；

C_u——要求达到的浓缩固体浓度（kg/m^3）；

G_i——干泥负荷（即固通量）[$kg/(m^2 \cdot h)$]。

时间 t_i 时与浓度 C_i 对应的界面沉速 v_i，可由沉降试验得到。C_0、Q_0 为已知数，C_u 为要求达到的排泥浓度，可根据式 13-14 计算出不同时间 t_i 的 A_i 值，在直角坐标纸上，以 A_i 为纵坐标，v_i 为横坐标作 A_i—v_i 关系图，图中最大的 A 值即浓缩池的设计面积。

这种方法由于需对不同沉降界面、固体浓度进行分析，试验工作量大，故实际应用有一定难度。

3. Kynch 理论

肯齐（Kynch）首先假定当均质颗粒进行成层沉降时，某层污泥的沉降速度仅为该层污泥颗粒浓度的函数，即 $v=f(C)$。由此假定出发，得出一个重要推论：浓度不变的波自底部向上传播，各波的波速不变，所有的固体成分都通过这些波。

Kynch 的分析可从一个沉降曲线获得圆满的固体浓度—速度关系式，从而可以不必作同一种污泥的不同浓度或不同沉降界面的污泥浓度的分析工作，使试验工作量大大减少。

1995 年塔尔米奇（Talmage）和菲奇（Fitch）应用 Kynch 理论，对连续流浓缩池所需面积，提出如下计算方法：

根据 Kynch 理论可知，$C_i H_i = C_0 H_0$。

在浓缩过程中，污泥固体物总重量是不变的，因此：$AC_0 H_0 = AC_i H_i$。

若要将污泥浓缩到 C_u 需要的时间为 t_u，则单位时间通过固体物总量为：

$$G = \frac{AC_0 H_0}{t_u} \tag{13-16}$$

式中 G——单位时间内通过的固体物总重量（kg/h）；

t_u——将污泥浓缩到 C_u 所需要的时间（h）。

在连续流条件下，单位时间所供给的污泥固体重量为 $Q_0 C_0$ 应与式 13-15 相等：

$$Q_0 C_0 = \frac{AC_0 H_0}{t_u}$$

所以：

$$A = \frac{Q_0 t_u}{H_0} \tag{13-17}$$

为了使所求的浓缩池面积 A 为能满足污泥浓缩要求的最小面积，可用作图法找出污泥浓缩的压缩点。压缩点的污泥浓度即为临界浓度，根据临界浓度求出的浓缩池面积就是所需要的最小面积。具体做法如下：

(1) 根据静态沉降试验作沉降曲线；

(2) 作等速沉降区与压缩区的2条切线，由2条切线的交角作角平分线，与沉降曲线的交点，即为压缩点；

(3) 通过压缩点，作沉降曲线的切线；

(4) 在纵坐标轴上截取达到排泥浓度 C_u 时的污泥界面高度 H_u (H_u，可根据 Kynch 公式 $Q_0C_0 = C_uH_u$ 计算得出)，作横坐标的平行线，与通过压缩点的切线相交，该交点的横坐标值即为 t_u；

(5) 如果沉降曲线没有等速沉降区，一开始就进入压缩区，则通过 H_u 作横坐标的平行线，与沉降曲线相交，此交点对应的横坐标即 t_u；

(6) 利用图解法求得的 t_u，根据式 13-17 求出浓缩池的面积。

以上所有计算方法都是按理想状态得出的大致数值。实际运行中，面积、池深及温度等因素均会影响其准确性，故如有条件最好进行试验加以验证，以取得与实际运行条件相适应的固体通量。

13.4.3 浓缩池计算

浓缩池计算受排泥水量、排泥水特性、场地布置和工艺流程等各种因素的影响，可参考如下步骤进行计算：

(1) 根据排泥水处理物料平衡确定浓缩池进水量、干泥负荷和上清液排放量；

(2) 按 13.4.2 中的三种理论，结合试验确定设计固体通量；

(3) 根据排泥水处理预留场地大小等因素，确定浓缩池池型；

(4) 根据设计固体通量和浓缩池池型，确定浓缩池平面面积，并按液面负荷进行校核；

(5) 根据沉降浓缩曲线确定池深，并以固体负荷和停留时间进行校核；

(6) 结合规范要求进行浓缩刮泥机械、上清液收集、进水布置以及各类进出管路（进水管、排泥管、上清液排放管）等各部计算。

如浓缩池带斜板或斜管，在进行池平面计算时应在理论计算的基础上适当留有余地，以应对冲击负荷；如浓缩池带上清液浮动槽，亦应进行相应计算。

13.4.4 浓缩池设计

重力浓缩池宜采用圆形或方形辐流式浓缩池，当占地面积受到限制时，通过技术经济比较可采用斜板（管）浓缩池。

浓缩池设计应注意以下各点：

(1) 浓缩池处理的泥量除沉淀池排泥量外还需考虑清洗沉淀池、排水池、排泥池所排出的水量以及脱水机的分离液量等。

(2) 固体通量、液面负荷宜通过沉降浓缩试验，或按相似排泥水浓缩数据确定。当无试验数据和资料时，辐流式浓缩池的固体通量可取 0.5～1.0kg 干固体/（m^2·h），液面负荷不大于 1.0m^3/（m^2·h）。

(3) 浓缩池池数宜采用2个或2个以上。

(4) 浓缩池底部应有一定坡度以便刮泥和将泥集中刮到池中央集泥斗，底坡宜为8%～10%。

(5) 进流部分应尽量不使进水扰乱沉泥界面和浓缩区域。

(6) 浓缩池上清液一般采用固定式溢流堰，为了不使沉泥随上清液带出，溢流堰负荷率应控制在150m^3/（m^2·d）以下。当重力浓缩池为间歇进水和间歇出泥时，可采用浮动槽收集上清液提高浓缩效果。

（7）为有利浓缩，在刮泥机上宜设浓缩栅条，随刮泥机一起转动，提高浓缩效果，外缘线速度不宜大于 2m/min。

（8）浓缩后泥水含固率应满足脱水机械进泥浓度要求，且不低于 2%。

（9）池体超高应大于 0.3m。

（10）浓缩泥水排出管管径不应小于 $DN150$。

（11）采用辐流式浓缩池时，池边水深宜为 3.5～4.5m，当考虑泥水在浓缩池作临时贮存时，池边水深可适当加大。

（12）辐流式浓缩池宜采用机械排泥；当池体较小时，也可采用多斗排泥。

（13）采用斜板（管）式浓缩池时，由于池体面积较小，池深应加深，以保证足够的停留时间；设计固体通量和液面负荷不宜太高，以应对可能出现的冲击负荷；池体周围应设冲洗水栓，定期对斜板（管）进行冲洗，避免变形；浓缩池进水布置方式应与斜板（管）方向相对应，尽量减少短流。

由于各地排泥水性质和排泥浓度受原水水质、投加药剂等各种因素影响，差别较大。表 13-2 所列为国内部分净水厂排泥水处理中浓缩池的主要设计参数，同时列出了法国得利满公司及日本水道协会的推荐值，以供参考。

浓缩池主要设计参数　　　　**表 13-2**

项目	北京 九源水厂	上海 闵行水厂	石家庄 润石水厂	深圳 梅林水厂	法国 《水处理手册》 （1991 年版）	日本 《水道设施 设计指南》 （2000 年版）
表面负荷[$m^3/(m^2 \cdot h)$]			2	0.4		
固通量[$kgDS/(m^2 \cdot d)$]	24	35(按斜板面积计)		4	15～25	10～20
浓缩池停留时间(h)						24～28
保护高度(m)				1	1～2	>0.3
有效水深(m)	4.5	池深 5.4， 斜板区高 2	池深 4.8	有效深度 5， 总深度 6	>3.5	3.5～4.0
池底坡度(无刮泥机) (有刮泥机)				5‰(无刮泥机)	底与水平成 50°～70° 10°～20°	>1/10
上清液溢流堰溢流率[$m^3/(m \cdot d)$]				62.5		150
刮泥机周边线速度(m/min)		底部设刮泥机	底部设刮泥机			<0.6
进出水管道管径				进水 $DN480$ 出水 $DN325$		≥$DN150$
池型	圆形辐流式浓缩池	斜板浓缩池（兰美拉）	泥渣接触浓缩池	正方形重力浓缩池		
进入排泥水浓度(%DS)		≤1	0.1	含水率 99.5%		
排出浓缩污泥浓度(%DS)		≥5	2	含水率 98.5%		

13.5 脱水处理

13.5.1 脱水机理

水厂排泥水经浓缩后含水率降低，但通常仍在97%左右，需进一步进行脱水处理，以去除所含的游离水和部分结合水，显著提高泥渣的含固率，降低泥渣的体积，为了使经脱水的泥饼可以妥善处置，泥饼的含固率一般需达到25%以上。

以前人们通常从污泥中水分的存在方式来理解脱水机理。该理论认为，污泥中所含的水分为游离水和结合水两大类，结合水又可分为毛细水、絮体水和化学结合水。游离水存在于污泥颗粒间隙之间，又称间隙水，约占污泥水分的70%，这部分水可由重力沉降（非机械浓缩）和借助外力（如机械浓缩和脱水）分离出来。毛细水存在于污泥颗粒间的毛细管中，絮体水藏于絮体内部，这两种水只有施加外力才能分离出来。化学结合水只有改变污泥颗粒的化学结构才能将其分离，但也不完全。

国外有些学者试图从污泥絮体结构变化来解释污泥脱水性能的变化，进行了大量的研究。研究表明，絮体的粒径、密度、分布尺寸、污泥的ξ电势等都能影响污泥的脱水性能。

目前，用于衡量污泥脱水性能的指标广泛采用污泥的过滤比阻和毛细吸水时间。然而，这两个指标反映的是污泥的过滤性，只能间接反映污泥的离心性。要直接反映污泥离心性能，可以用离心后上层清液的体积和上层清液的浊度两个指标，但这两个指标尚没有标准的测试方法。

1. 比阻及其测定

由达西定律发展得到的污泥过滤基本方程式，即卡门（Carman）公式：

$$\frac{\mathrm{d}V}{\mathrm{d}t}=\frac{PA^2}{\mu(\gamma CV+R_{\mathrm{f}}A)} \tag{13-18}$$

式中 $\frac{\mathrm{d}V}{\mathrm{d}t}$——过滤速度（$m^3/s$）；

V——滤出液体积（m^3）；

t——过滤时间（s）；

P——过滤压力（N/m^2）；

A——过滤面积（m^2）；

C——单位体积滤出液所得的滤饼干固体重量（kg）；

γ——污泥比值（m/kg）；

R_{f}——过滤介质的阻抗（m/m^2）；

μ——滤液的动力黏度（Pa·s）

定压过滤P为常数时，式13-18对时间（t）积分整理后得到：

$$\frac{t}{V}=\left(\frac{\mu\gamma C}{2PA^2}\right)V+\frac{\mu R_{\mathrm{f}}}{PA} \tag{13-19}$$

式13-19是$y=ax+b$型的直线方程式，即t/V与V呈直线关系，其斜率$a=\frac{\mu\gamma C}{2PA^2}$，截距$b=\frac{\mu R_{\mathrm{f}}}{PA}$。

因此，比阻公式为：

$$\gamma=\frac{2PA^2a}{\mu C} \tag{13-20}$$

式中　a——与污泥性质有关的权值（s/m^6）。

比阻 γ 是表征污泥脱水性能的重要参数，其物理意义是在单位过滤面积上，截留单位重量干泥时所需克服的阻力。比阻值越大，污泥越难脱水，一般认为比阻值大于 1.0×10^9 的污泥不易脱水。日本水道协会《净水厂排水处理设备设计》推荐的比阻值适用脱水机类型如下：

真空过滤机 $\gamma=10^9\sim10^{11}$ m/kg；

加压过滤机 $\gamma=10^{10}\sim10^{12}$ m/kg；

加压、挤压过滤机 $\gamma=10^{11}\sim10^{13}$ m/kg。

需要指出的是式 13-20 比阻公式是在某些重要假设基础上建立的：①过滤材料（滤布）的阻力与滤饼阻力相比很小，因而忽略不计滤布的阻力；②压滤过程中滤饼不可压缩，滤饼中滤液的通道（毛细管孔径和长度等）保持不变。而在实际压滤过程中，由于污泥中有机物颗粒、氢氧化物的存在，在压力作用下，颗粒会变形，此外，随着压滤时间增加，毛细管形态会发生变化。因此，用比阻作为污泥脱水性能的评价指标还存在一定的缺陷。

对于可压缩型滤饼，由于滤饼被压缩，使比阻不断增加，比阻与压力成一定的函数关系，经验公式为：

$$\gamma=\gamma^1\times P^s \tag{13-21}$$

式中　γ^1——为压力 $P=1$ 时的比阻；

s——滤饼的压缩系数，不可压缩的滤饼 $s=0$。

式 13-21 在双对数坐标纸上是一条直线，直线的斜率即为压缩系数，如图 13-12 所示。

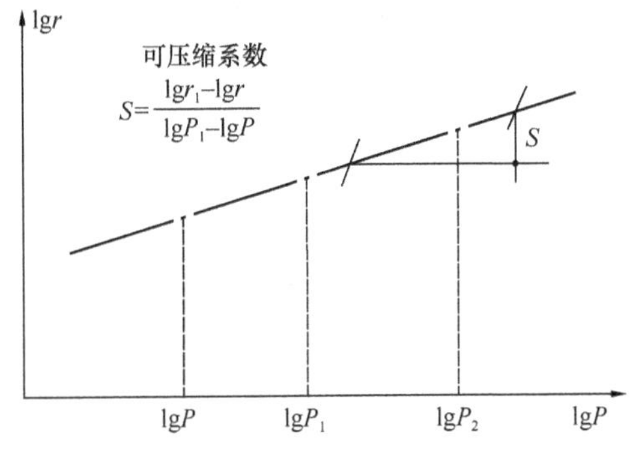

图 13-12　可压缩系数的测定

所以可压缩性污泥的定压过滤方程为：

$$\frac{dV}{dt}=\frac{PkA^2}{r'P^s\mu(V+V_e)} \tag{13-22}$$

式中　V_e——过滤介质的当量滤饼厚度为 δ_e 时的滤饼体积（m^3），为试验常数，可通过试验求得；

δ_e——当量滤饼厚度，即过滤介质厚度 δ' 所具有的阻抗与厚度 δ_e 的滤饼的阻抗相等，则 δ_e 称过滤介质的当量滤饼厚度（m），其值为一常数。

可压缩性污泥比阻与过滤压力的 S 次方成正比。当过滤压力增加时，比阻也迅速增加。因此这种污泥采用增加压力的方法，无助于过滤产率的提高。而不可压缩性污泥，$S=0$，$r=r'$，比阻与压力无关，可以用增加过滤压力的方法，提高过滤产率。

2. 毛细吸水时间（*CST*）

毛细吸水时间（*CST*）是由巴斯克维尔（Baskerville）和加尔（Gale）于 1968 年提出的，并由其首创快速测定试验，是测定污泥试样自由水去除速率的一种快捷方法。该试验对于比较污泥的脱水特性和优化污泥的絮凝条件尤为有效。

CST 的测定方法为把 5～7mL 的试样倒入放置有层析滤纸的一种特制圆筒，记录自由水通过 1cm 距离的时间。当自由水从污泥中释放并经过一个电极（0 | a）时，计时器激活，当自由水通过第二个电极时，计时器停止计时。此时记录的时间（以 s 计）即为 *CST* 时间。

CST 的测定装置如图 13-13 所示。

毛细管吸水时间 *CST* 可用于以下几个方面：

(1) 可作为板框压滤机、带式压滤机等滤过式脱水机械脱水性能的评价指标。*CST* 值越大，

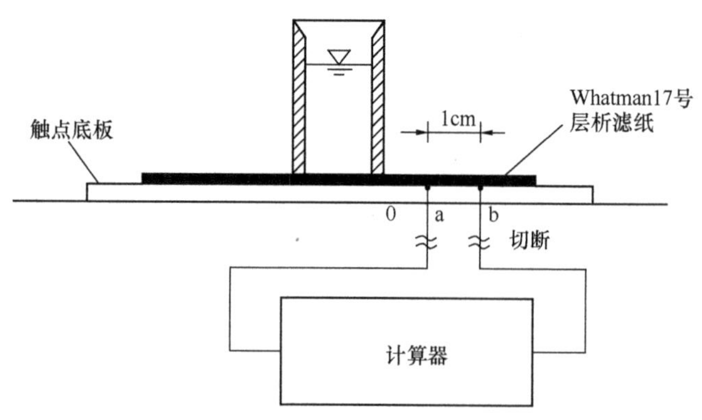

图 13-13　*CST* 值测定装置示意图

污泥脱水性能越差。由于 *CST* 的测定与比阻值 γ 的测定相比，具有测定设备简单，快速简便，数据重现性好等优点，因此，应用更广泛。

(2) 可用 *CST* 值来选择污泥前处理中的调理药剂及投加量。

在现场取一定量污泥样品，加入不同量的调理药剂，经搅拌快速均匀混合后，分别测定其 *CST* 值，与未加药的样品 *CST* 测定值相比，*CST* 值低者，污泥滤过阻力小，脱水性能好，则表示该药剂为首选药剂及最佳投量。

污泥脱水在实际工程应用中分为自然干化和机械脱水两种类型，一般需前处理改善脱水效果。

13.5.2　脱水前处理

水厂排泥水经过浓缩后含水率已降至 97%以下，直接脱水还比较困难，往往需进行前处理以降低污泥比阻，改善脱水性能。前处理方法大致可分为加药剂处理和不加药剂处理两大类。前者包括石灰处理、酸处理、碱处理、高分子絮凝剂处理等，后者有加热处理和冰冻解冻处理等。

采用何种前处理方式，取决于污泥性质、脱水方法、机械选择、泥饼处置等多种条件。前处理适用范围见表 13-3：

各种脱水前处理的比较　　**表 13-3**

前处理方法	酸处理	碱处理	热处理	冰冻处理	石灰处理	高分子絮凝剂
使用药品	硫酸	氢氧化钠	—	—	生石灰、消石灰	高分子絮凝剂
污泥脱水性质改善程度	较小	较小	中（污泥中有机物含量较大时）	大	大	大
可使用的脱水机种类	离心脱水机	离心脱水机	真空过滤机、离心脱水机	真空过滤机、离心脱水机、压滤机	真空过滤机、压滤机、压榨压滤机	离心脱水机、造粒脱水机
脱水时分离（滤出）液性质	基本透明，pH 值较低	基本透明，pH 值较高	混浊	透明	透明，pH 值较高	透明、内中有残留的高分子絮凝剂
对分离液的处理方法	再生硫酸铝作为混凝剂使用	作碱剂使用或调整 pH 值后排入水体	放入排水池作浓缩脱水处理	作原水再利用或排入水体	作碱剂使用或调整 pH 值后排入水体	排入浓缩池
泥饼的力学性能	不良	不良	一般	良好	良好	良好

续表

污泥中固体物增减情况	减少	减少	不变	不变	增加 10%～50%	不变
泥饼处置上存在的问题	pH 值低	pH 值高	—	—	pH 值高	含有高分子絮凝剂

1. 酸处理

酸处理大多置于浓缩处理前，适用于原水浓度很低，原水絮凝剂加注量很大，浮游生物、有机物或藻类较多的原水。用硫酸铝作混凝剂产生的沉淀污泥，常用硫酸作酸处理；用三氯化铁作混凝剂产生的沉淀污泥，常用盐酸作酸处理。使用最多的是用硫酸对含铝沉淀污泥进行酸处理。

酸处理能再生污泥中的混凝剂，减少污泥中干固体的含量，减轻污泥的脱水和泥饼处置的数量。但其所带来的腐蚀问题、操作管理复杂性及对污泥最终处置带来的影响也均应引起重视。

2. 碱处理

碱处理方法和酸处理方法相反，系向浓缩污泥中加入氢氧化钠(NaOH)等碱性药剂，使浓缩污泥的 pH 值提高。在高 pH 值的条件下，污泥中的铝也会被析出，和氢氧化钠作用生成 $NaAl(OH)_4$，溶解于污泥中，因此污泥的浓缩和脱水性能可大幅度提高，但经碱处理的脱水泥饼 pH 值很高，给泥饼的最终处置带来困难。

3. 热处理

加热处理在污泥有机物占较大比例时能起到很好的效果。当污泥脱水性能很差时，一般要加热至 200℃，耗费大量热能，成本较高。同时加热过程中会析出重金属，而且脱水析出的分离水质量也较差，混浊度高。

4. 冰冻处理

冰冻处理的优点在于可不加或少加药剂，适应于多种脱水方式，泥饼处置时不产生二次公害，泥饼的含水率低，承载能力和力学性质较佳，分离水浊度较低，可作原水重复利用或直接达标排放；缺点在于管道设备多，运行复杂，处理成本高。

5. 石灰处理

石灰处理能有效改善污泥脱水性能，当石灰投量达污泥干固体量的 10%～50%时，污泥脱水性能可提高 2～3 倍。

石灰处理优点在于 pH 值上升后水中钙离子等金属物质能变成沉淀物去除，且处理费用低；缺点是总干固体含量增多，高 pH 值泥饼处置困难，脱水分离液中碳酸钙沉淀物易于引起管道堵塞，且需调整 pH 值后方能排入水体。

6. 高分子絮凝剂处理

有机高分子絮凝剂的投加量一般为污泥中干固体物含量的 0.2%～0.4%。通常将有机高分子絮凝剂先溶于水中再使用，投加浓度以 0.1%～0.5%较合适。

在污泥处理过程中，使用的聚丙烯酰胺（PAM）有机高分子絮凝剂必须满足下列要求：

(1) PAM 必须为优等品，可采用价格较便宜的阴离子型，其质量要满足：未聚合呈单体状的丙烯酰胺含量在 0.05%以下，重金属镉（Cd）的含量在 2mg/L 以下，铅（Pb）的含量在 20mg/L 以下，汞（Hg）的含量在 1mg/L 以下。

(2) 脱水分离水中单体状的丙烯酰胺浓度应在 0.01mg/L 以下。

(3) 脱水分离水中单体状的丙烯酰胺超过上述规定值时，不能将其直接排放，应把分离水返送到浓缩池中，对其进行稀释，监测低于规定值后方能排入水体。

(4) 有机高分子絮凝剂配制成液体状后，在 2～3d 内用完，否则凝聚效果会逐渐下降。

目前上述前处理方式中，加高分子絮凝剂处理采用较普遍。日本等国家从减少环境污染及上清液和滤液回用等因素考虑，推荐无加药脱水方式。限于生产条件及处理成本，国内较少采用无加药脱水方式。

13.5.3 自然干化

自然干化具有不加或少加药剂，泥饼保持原土质性能易于处理，管理方便、投资省，工艺简单的优点，如果作为一种简单的临时处理措施，特别适用于厂区预留用地较多且回填土方量较大的水厂。其缺点是占地面积大，脱水时间长，效率低，容易滋长害虫，污染地下水，且其脱水效果受气候因素影响很大。

由于自然干化的费用低，我国西北广大地区气候干燥，日蒸发量大，降水少，土地价格也较便宜，较适宜采用干化场进行脱水处理。

干化床包括砂质干化床、太阳能干化床、冰冻—解冻式干化床等多种形式，要求：

(1) 利用太阳日照的干化床，必须能使调节浓缩设施排出的含泥水达到可能处置的程度；

(2) 干化床面积必须与降雨、湿度等气象条件相适应，泥渣堆积厚度不致使干化效率降低，根据含水率计算出必需的干化天数；

(3) 干化床中必须设有上清液集水设备和下部集水装置；

(4) 干化床结构要求不对地下水产生污染。

干化场计算包括：

(1) 污泥量 V_S：

需干化的污泥量 V_S 可按式 13-23 计算：

$$V_S = S \times \left(\frac{100}{100 - W_S}\right) \times \frac{1}{\gamma_S} \tag{13-23}$$

式中 V_s——需干化的污泥量 (m^3/a)；

S——总干固体量 (t/a)；

W_s——需干化污泥的含水率 (%)；

γ_s——需干化污泥比重 (t/m^3)。

(2) 干化场面积 A：

当污泥以集中方式排入时，干化场所需的面积可按式 13-24 计算：

$$A = \frac{V_S}{DE} \tag{13-24}$$

式中 A——污泥干化场所需有效面积 (m^2)；

V_s——需干化的污泥量 (m^3/a)；

D——每次污泥在干化场中排入的厚度 (m/次)，参见图 13-14；

E——每年向污泥场排入的污泥次数 (次/a)。

或

$$A = \frac{S_W}{S \times E} \times 10^3 \tag{13-25}$$

式中 A——污泥干化场所需有效面积 (m^2)；

S_W——一年中产生的干固体量 (t/a)；

S——每次污泥负荷 [kg/ (m^2 · 次)]；

E——每年污泥干化场使用次数 (次/a)。

当需干化的污泥连续排入时，干化场所需面积为：

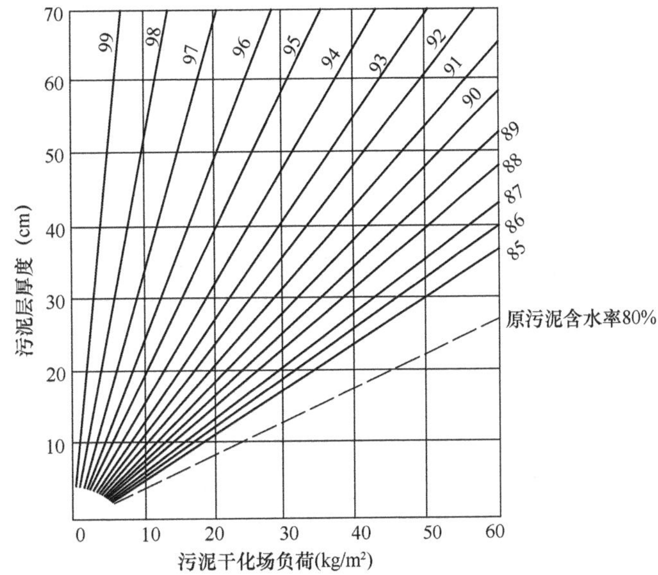

图 13-14　原污泥的含水率和污泥层排放厚度对污泥干化场负荷的影响

$$A = V'_s \times \frac{t}{D} \tag{13-26}$$

式中　A——干化场所需有效面积（m^2）；

V'_s——每日排入干化场的污泥量（m^3/d）；

D——污泥层厚度（m），参见图 13-14；

t——污泥在干化场停留天数（d）。

（3）格数 n：

干化场区格（池）数为：

$$n = \frac{A}{a} \tag{13-27}$$

式中　n——干化场区格（池）数；

A——干化场所需有效面积（m^2）；

a——各区格面积，以 500～1000m^2 为宜。

干化场设计的其他要点：

（1）干化场的干化周期、干泥负荷宜根据小型试验或根据泥渣性质、年平均气温、年平均降雨量、年平均蒸发量等因素，参照相似地区的经验确定。

（2）干化场总的面积约为干化场有效面积的 120%～140%。

（3）考虑到干化场进泥的均匀分配，确保上清液的排除，以及泥饼搬出时的操作方便，干化场宜采用长方形布置。

（4）进泥口的个数及分布应根据单床面积、布泥均匀性综合确定。当干化场面积较大时，宜采用桥式移动进泥口。

（5）干化场有效水深宜采用 0.5～0.8m，超高 0.3m 左右。

（6）为了防止渗透水污染地下水，干化场的侧面和底面应采用不透水材料；为防止干化场周围地表水流入干化场，应在干化场周围设置排水沟。

（7）为了快速排除沉降分离的上清液以及雨水，一般可设置活络堰板。下部采水装置则由滤层和采水管组成。滤层由砂和砾石组成，砂层厚度可采用 25～30cm，砾石层厚度则应满足搬出泥饼时的设备荷载不破坏采水系统。

干化床布置剖面见图 13-15。

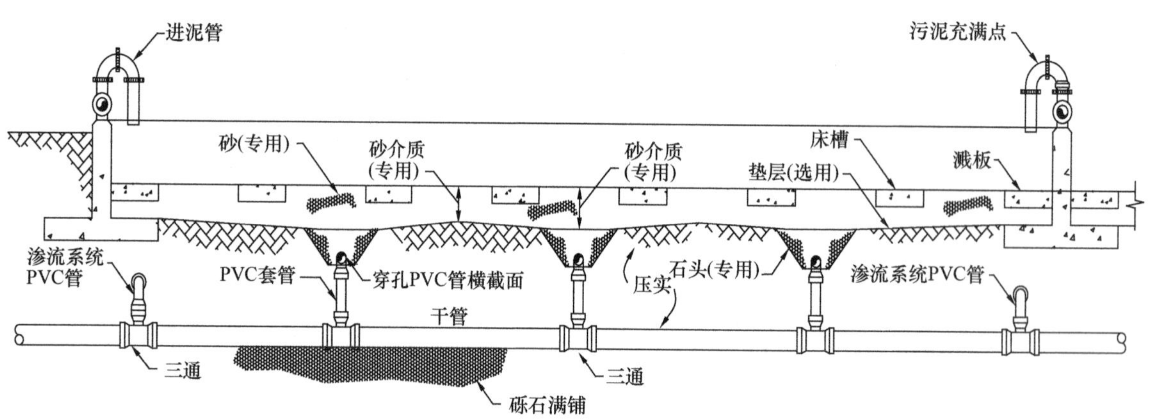

图 13-15　典型砂干化床剖面

13.5.4　机械脱水

1. 机械脱水方式

目前，在国内外净水厂排泥水处理中采用的脱水机械设备以带式压滤机、板框压滤机和离心脱水机三种为主。

离心脱水机、板框压滤机、带式压滤机的相对比较见表 13-4：

离心脱水机、板框压滤机和带式压滤机比较　　表 13-4

序号	比较项目	离心脱水机	板框压滤机	带式压滤机
1	脱水设备部分配置	进泥螺杆泵、离心脱水机、冲洗水泵、卸料系统、控制系统	进泥泵、冲洗水泵、板框压滤机、空压系统、卸料系统、控制系统	进泥泵、带式压滤机、滤带清洗系统（包括泵）、卸料系统、控制系统
2	进泥含固率要求	2%～3%	1.5%～3%	3%～5%
3	脱水泥饼含固率	≥25%	≥30%	≥20%
4	运行状态	连续运行	间歇式运行	连续运行
5	操作环境	封闭式	相对封闭式	开放式
6	脱水设备布置占地	紧凑	大	较大
7	需要冲洗水量	很少	较多	多
8	实际设备运行需调换磨损件	旋转叶片为易损件	滤布	滤布
9	噪声	较大	小	小
10	机械脱水设备费用	较大	大	较小

脱水机械的选择应根据排泥水的性质、现场情况及泥饼处置要求等各种条件，综合考虑技术、经济、环境和运行管理等各种因素分析确定。

在选定脱水工艺前，须先用污泥作过滤实验，测定其比阻或 *CST*。比阻较小的污泥，易于脱水，可采用离心脱水；污泥比阻较大，可采用离心脱水或带式压滤；污泥比阻很大，可采用板框压滤。

对于较大规模的水厂，由于排泥水处理的建设投资和运行费用较高，在决定采用何种脱水工艺之前，宜通过中试样机进行各种脱水机械工艺的试验，以便对脱水机械的实际效果有较全面地了解，在获得可靠的试验数据之后，对各种工艺进行详细的技术经济、效益评估，然后作出最终的选择。

2. 带式压滤机

带式压滤机由旋转混合器、若干个不同口径辊筒以及滤带等组成，其构造示意图见图 13-16。可分为化学调质、重力浓缩和挤压脱水几个阶段。

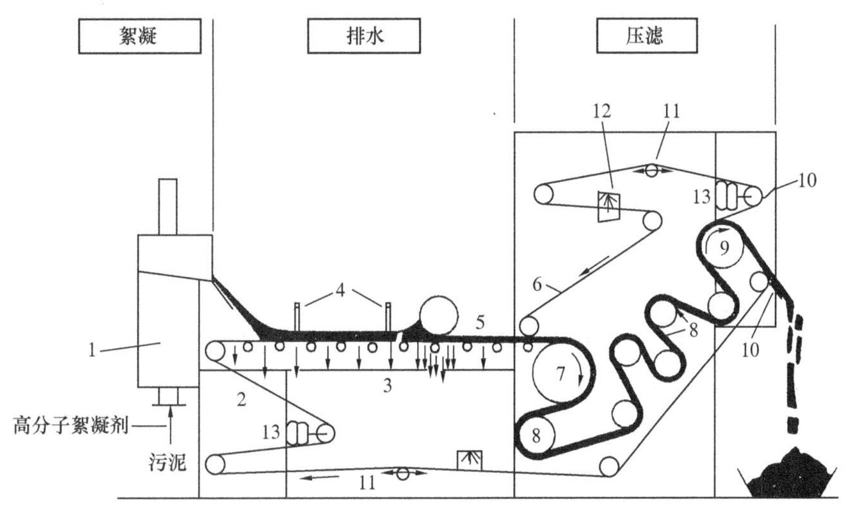

图 13-16　带式压滤机构造示意

1—混合器；2—低带；3—排水区；4—栏栅；5—排水辊筒；6—高带；7—穿孔转筒；8—反转辊筒；9—驱动辊筒；10—刮片；11—导向辊角；12—冲洗；13—气动支撑

进泥经过投加凝聚剂在混合器内进行充分反应后流入重力脱水段，这时污泥已失去流动性，再进入“楔”形压榨段。在“楔”形压榨段，一方面使污泥平整，另一方面受到轻度压力，使污泥再度脱水，然后喂入“S”形压榨段。在“S”形压榨段，污泥被夹在上、下两层滤带中间经若干个不同口径的辊筒反复压榨，对污泥造成剪切，促使滤饼进一步脱水，最后通过刮刀将滤饼刮落，而上、下滤带经水冲洗后重新使用。

带式压滤机的投资较低，但其操作环境较差。脱出泥饼含固率较低，滤液浊度较高，故使用较少。近年来，随着带式压滤机技术的进步，在一些水厂中也有所使用，如嘉兴、昆山等地区的水厂。图 13-17 为带式压滤机实际使用的实例照片。

图 13-17　带式压滤机实际使用

3. 板框压滤机

板框压滤机所产生的泥饼含固率是所有机械脱水泥饼中最高的，经过调质含固率可达35%～40%以上，减量化效果显著。

板框压滤机由滤板、框架和滤布等组成，构造示意见图13-18，滤板固定在框架上，滤布夹在滤板和支撑框架之间。一台压滤机根据容量要求由许多个框架组成，每一框架为一压滤室，浓缩含泥水由泥泵打入压滤室，在压力作用下板框产生挤压，将泥中的水分压出，水分渗过滤布由排水管排出，泥饼截留在滤布上。滤板打开后通过抖动或刮刀等措施使滤布上的泥饼落下，完成一个脱水过程。脱水机通常每工作一段时间需用高压水进行一次冲洗。

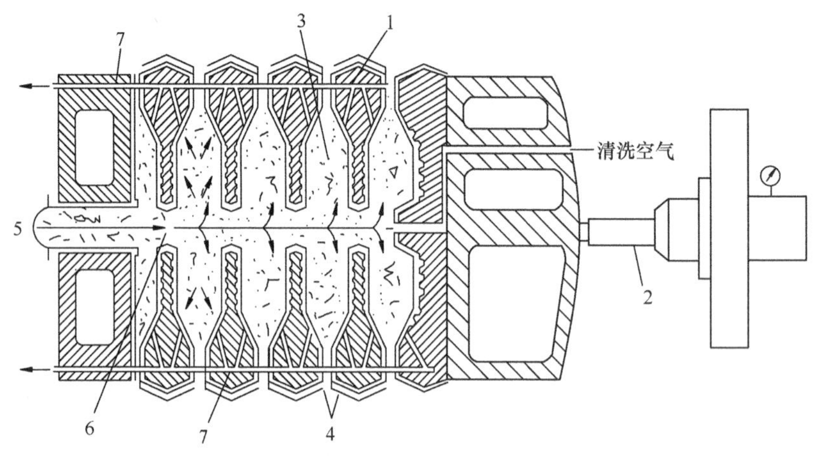

图 13-18　板框压滤机构造示意

1—凹板；2—液压千斤顶；3—滤室；4—滤布；5—污泥入口；6—孔；7—导管

板框压滤机能按批次自动连续运行，产率高，脱水泥饼含固率高，可降低后期泥饼外运处置费用，对各种污泥适应性强，脱水效果好，滤液浊度低，固体回收率高，日常运行能耗低，是目前广泛采用的脱水方式之一，但其占地面积较大，基建及设备费用相对较高。设计选择时，应对每日批次有所控制，同时对于滤布的寿命及框架的扩充能力等主要参数亦可进行一定限制。图13-19为板框压滤机工程安装整体外形实例照片。

图 13-19　板框压滤机

4. 离心脱水机

离心脱水是利用离心机强化浅池沉淀的过程，构造示意见图 13-20。

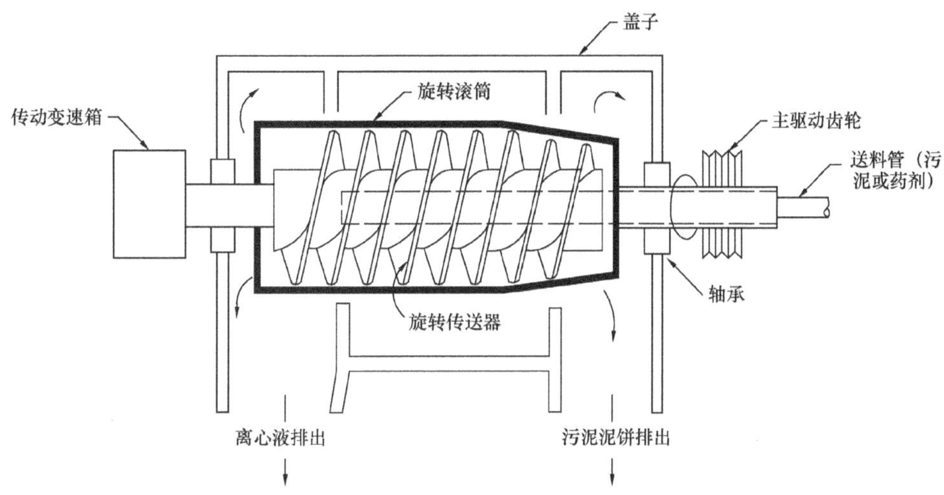

图 13-20　离心脱水机构造示意图

离心脱水机工作原理为：当水厂浓缩含泥水从进料口输入高速旋转的离心机时，进泥水中比重大的固体颗粒在离心力作用下聚集到转筒的内壁上形成泥饼，而比重小的清液则汇集在泥的表面。在高速旋转的离心机内，转筒与螺旋状导流输送器之间有一转速差，聚集在转筒内壁的泥被转筒锥形末端压密，同时，比重小的分离水经回流管从转筒圆柱端溢流口排出。只要泥不断均匀地输入高速旋转的离心机，比重大的颗粒就连续聚集、压密、形成泥饼、排出，分离水也不断地溢流排出，达到固液分离的目的。

离心脱水机能连续工作，停机时需用水进行冲洗，防止泥渣板结影响其稳定运行。

离心脱水机出泥含固率一般在 25%左右，在确保进泥含固率和适当加大药剂投量的条件下，出泥含固率可达 30%左右。离心脱水机优点在于其可连续运行，产率相对较高，占地面积小，封闭操作卫生条件好，自动化程度高，运行管理相对简单，基建及设备费用低，因此也被广泛采用。缺点在于日常电耗高，噪声大，泥饼含水率随进水含固率变化且相对较高，脱出液浊度较高。产品选择时可对长径比、转速差等主要技术数据提出要求。在缺乏试验和数据时，离心机的分离因数可采用 1500～3000，转差率 2～5r/min。离心脱水机宜采用无级调速。

图 13-21 为在水厂生产中应用的离心脱水机。

图 13-21　离心脱水机生产应用

13.5.5 脱水车间设计与布置

脱水机在生产应用中需配置相应的进泥、加药、清洗等辅助系统和控制系统，组成脱水车间。图 13-22 为离心脱水机及其辅助系统工艺流程图。脱水车间由脱水机房、操作控制室和供配电间等组成，一般为独立的建筑物。脱水车间应根据占地面积小，操作管理方便，场地利用率高为原则进行具体布置。

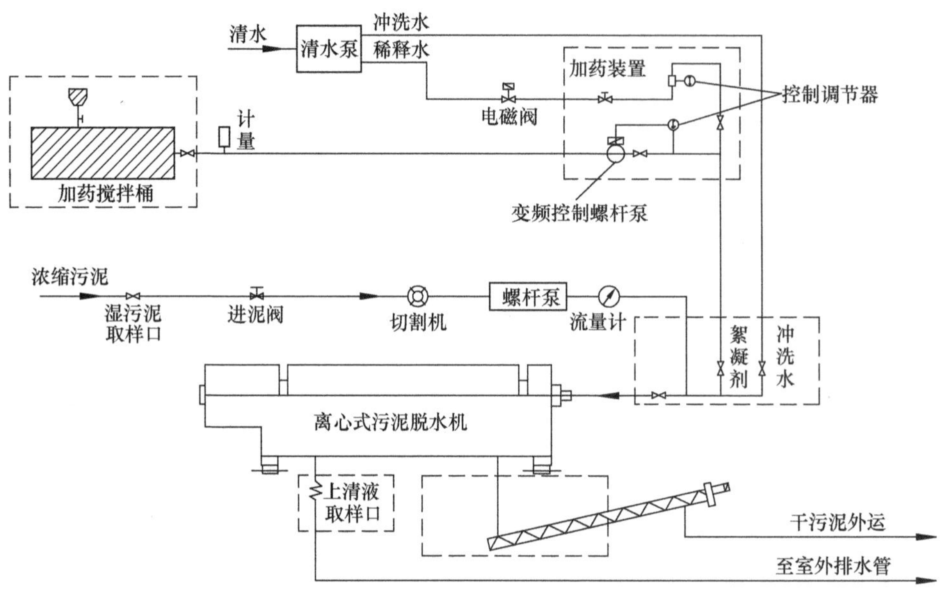

图 13-22 离心脱水机组工艺流程

脱水间内泥饼的运输方式及泥饼堆置场的容积，应根据所处理的泥量多少、泥饼出路及运输条件确定，泥饼堆积容积可按 3～7d 泥饼量确定。

脱水机间和泥饼堆场地面应设排水系统，能排除脱水机冲洗和地面清洗时的积水。

机械脱水车间应考虑通风和噪声消除设施。

离心脱水机的机房布置一般为单层布置，除操作控制室和供配电间分隔布置外，加药、脱水、清洗及堆泥场地相对集中，离心脱水机适当高架，并设上部操作平台及起吊设备，满足运行管理维护拆卸要求。进出管路设于平台下部，保证车间整体的简洁美观，泥饼堆棚靠近脱水机侧布置。图 13-23 为离心脱水机房的平剖面布置图。

板框脱水机的机房一般布置成双层，上层布置脱水机，并在楼板上预留吊装孔。加药、清洗及污泥输送等机泵设备，噪声相对较大的系统设于下层，上部空间如有条件亦可利用。泥饼堆棚设于下层。图 13-24 为板框脱水机房的平剖面布置图。

带式压滤机的机房布置多为单层。带式压滤机基础不高，无需像离心脱水机那样架高并设操作平台，其余布置与离心脱水机房布置相似。

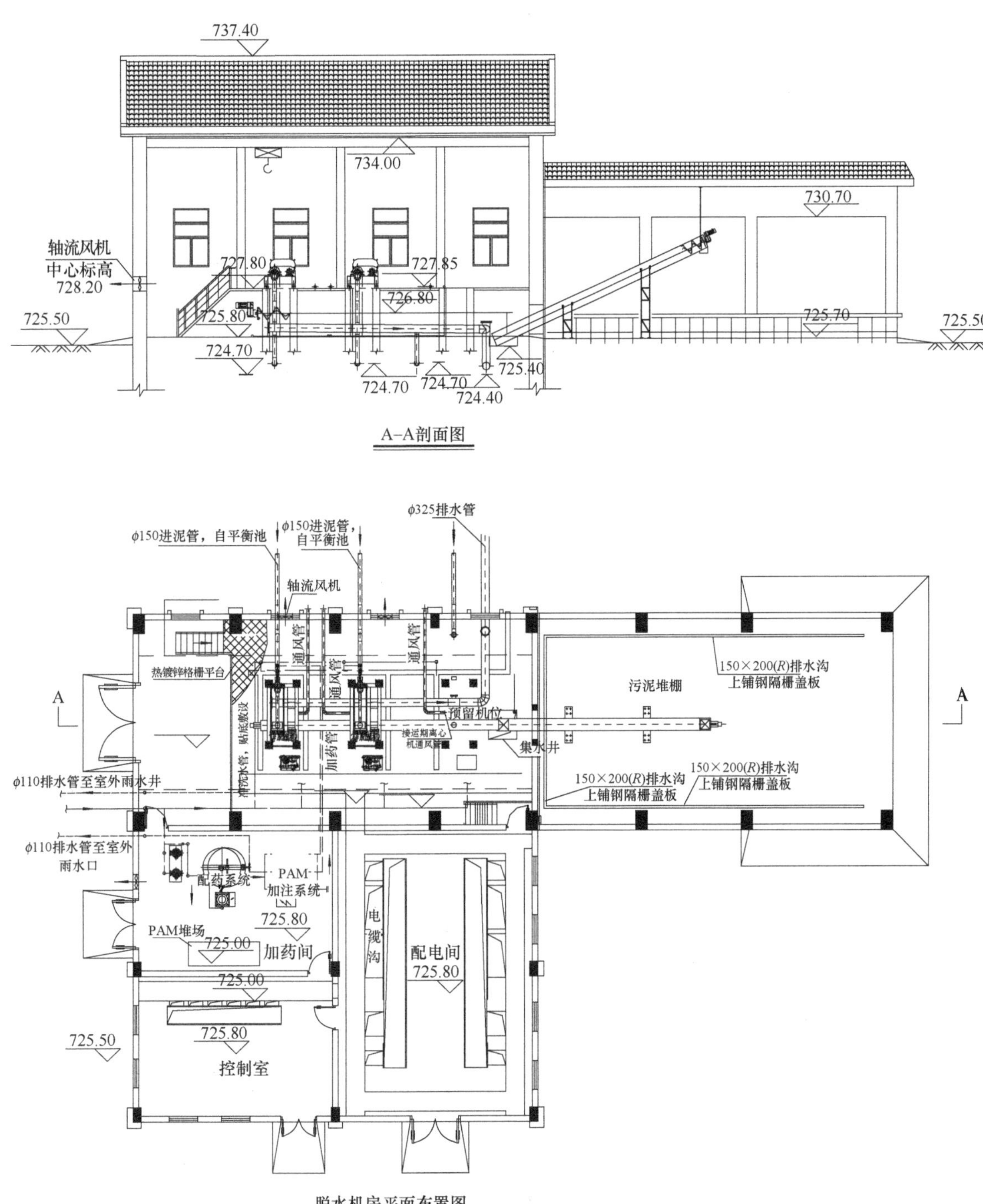

图 13-23　离心脱水机房布置图

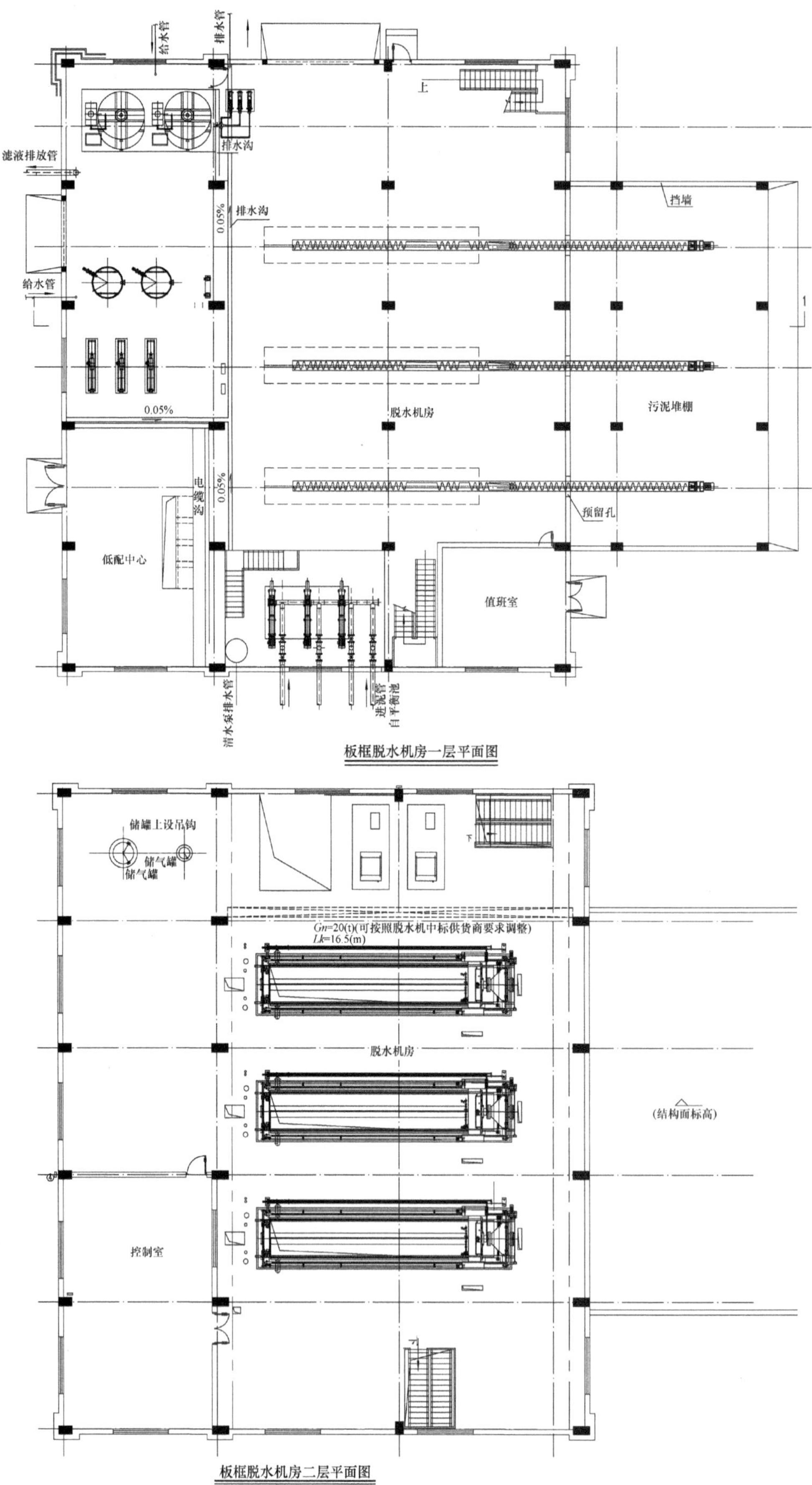

图 13-24 板框脱水机房布置图（一）

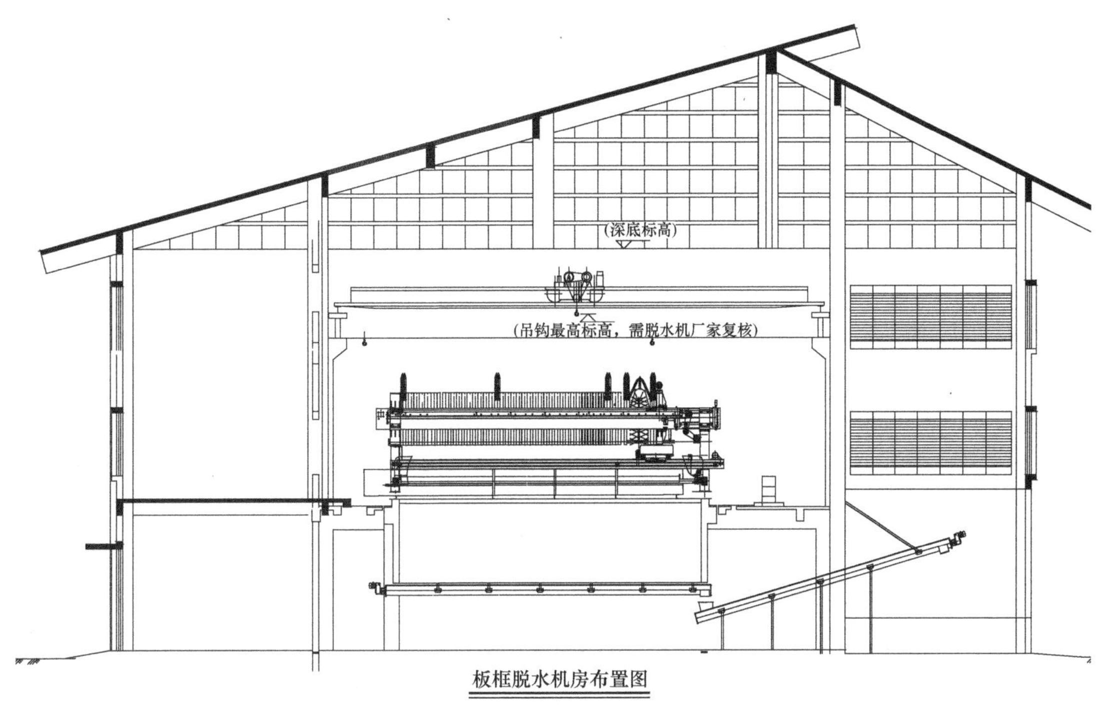

图 13-24　板框脱水机房布置图（二）

13.6　泥饼处置及利用

净水厂排泥水处理过程最终产生大量废水和泥饼。废水按其水质不同可采取回用（如用作绿化景观水或有条件地进入水厂净水系统）、达标排放和进入城市污水处理系统三种路径。泥饼的最终处置及利用，近年来已成为关注重点，目前常用两种处置方式，一是陆地填埋，二是有效利用。

13.6.1　陆地填埋

泥饼填埋分单独填埋和混合填埋两种，具体选用哪种方式取决于脱水后泥饼本身的土力学性质和填埋对环境可能产生的影响。在有条件的情况下，应尽可能送往城市生活垃圾填埋场与城市生活垃圾混合填埋。泥饼经粉碎后与石灰、水泥按一定比例掺合、造粒成再生砂，可作为管道铺设的砂垫层和回填土。泥饼的填埋应考虑以下因素：

(1) 有开阔和足够的填埋场地，不会对城市未来规划造成不利影响；

(2) 泥饼从水厂到填埋场，应有安全卫生的运输方法；

(3) 泥饼的含水率在 80%以下，否则应采取相应措施；

(4) 填埋场渗滤水不对地下水和其他水域产生影响；

(5) 泥饼填埋后会产生压密沉降，因此，泥饼的填埋深度一般为 3～4m，以 3m 左右为最佳；

(6) 在埋置地点周围设置围栏和明显标识。

填埋场面积可由式 13-28 求得：

$$A=\frac{365\times S}{H\times P}\times y \qquad (13\text{-}28)$$

式中 A——填埋场所需面积（m^2）；

S——泥饼产生量（t/d）；

H——泥饼填埋深度（m），一般为 3～4m；

P——泥饼密度（容重）（t/m^3）；

y——使用年限（a），一般为 5a。

13.6.2 有效利用

净水厂污泥脱水后主要有以下利用方式：

1. 农业利用

净水厂污泥作为再生资源利用范围广泛，可用于土壤改良、花果栽培、耕作土等方面，但亦需注意泥饼中金属离子带来的影响，如铝盐对植物磷吸收的影响等。

2. 污泥骨料

干污泥经 1300℃高温熔融，熔化后，分子重新组合，呈熔融状态的污泥经快速冷却后固化成颗粒状骨料，可用作混凝土的砂骨料、路基材料等。

3. 再生建筑材料

（1）渗水地砖

将污泥骨料与胶粘料混合制成透水性极好的地砖，用于城市道路、人行道、公园铺装等，有利于地面排水和补充地下水。

（2）污泥砖

脱水污泥进入 800℃的多段炉等焚烧炉燃烧，然后将其灰入模高压成块，呈各种形状，再经 1050℃高温烧成铺装砌块。强度较高，呈红色，类似陶土制品，用于墙体材料及公园、广场、道路的地面铺装材料。

有效利用目前还处于起步阶段，但其资源化特性注定将成为今后污泥处理的主流。

13.7 排泥水处理场布置

净水厂排泥处理用地布置与净水处理工艺和排泥水处理工艺等多种因素有关，具体布置时应考虑如下因素：

（1）排泥水处理场地应相对集中，与净水工艺主流程相对独立，不对其生产管理造成影响；

（2）排泥处理构筑物一般按照工艺处理流程依次排列，管道布置简洁顺畅，便于管理；

（3）场地周围交通便利，道路宽度和半径便于泥饼运输车辆出入；

（4）排泥水处理的高程系统宜留有余地，尤其是浓缩后的重力流排泥和上清液回用排放，应有足够水位差保证设计流量与流速；

（5）配套管路系统顺畅，排泥的重力管系统应有冲洗和排水措施；

（6）构筑物管路及布置应考虑近远期结合。

图 13-25 为滤池反冲洗水预浓缩后与沉淀池排泥水混合浓缩工艺的排泥水处理场平面布置图，其中预浓缩池和浓缩池采用辐流式浓缩池，脱水机房采用离心脱水机。

图 13-26 为沉淀池排泥水和滤池反冲洗水混合浓缩工艺的排泥水处理场平面布置，其中浓缩池采用上向流斜板浓缩池，脱水机房采用板框脱水机。

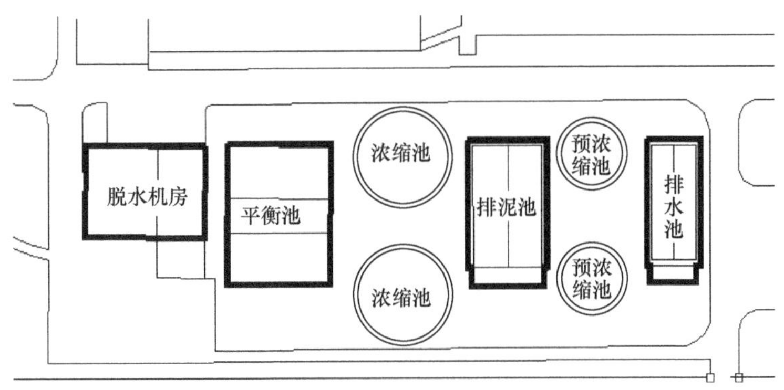

图 13-25　采用预浓缩工艺的排泥水处理场布置图

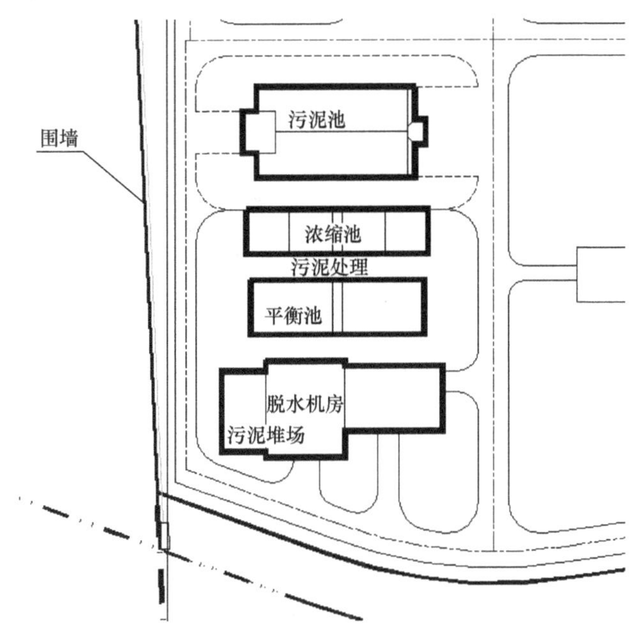

图 13-26　采用混合浓缩工艺的排泥水处理场布置图

第 14 章　二级泵房

14.1　水泵选型

14.1.1　二级泵房的流量及扬程

二级泵房直接向输配水管网供水，应满足用户对水量和水压的基本要求。

二级泵房的供水方式可分为直接供水和增压供水两种，当水厂距供水区域较近时通常可采用直接供水方式；当城市供水面积较大，供水路程较远，直接供水压力过高时可采用增压供水方式。增压方式又可有串联增压和水库调节增压以及二者的组合。

二级泵房的流量应根据供水方式、管网中调蓄设施布局及城市习惯的用水变化而分析确定。泵房出水扬程则应按供水范围所需的供水量进行管网分析计算，以确定扬程，并留有一定的裕量。当采用增压供水方式时，则应按二级泵房对应的供水区域、供水距离，通过分析确定其流量和水压。

对于多水源供水的城市管网，各水厂的二级泵房流量和扬程应通过管网平差分析得出，并且运行管理中也应由中心调度室根据管网用水负荷和压力的变化，控制二级泵房的水泵运行，做到优化调度。

14.1.2　水泵分类

水泵按叶片形式可分为三类：离心泵、混流泵和轴流泵。离心泵适用扬程为 10～200m，适用的流量可自小流量至大流量；混流泵适用扬程为 5～30m，适用的流量为较大至大流量；轴流泵适用扬程为 4～15m，适用流量为大流量。

二级泵房因扬程较高，流量变化范围较大，故通常选用离心泵。

离心泵为低比转速泵，一般比转速 n_s=50～300，其叶轮的几何形状及工作性能与比转速的关系见表 14-1 所列。

比转速与叶轮形状及性能曲线的关系　　**表 14-1**

水泵类型	离心泵		
	低比转数	中比转数	高比转数
比转数	50～80	50～150	150～300
叶轮简图	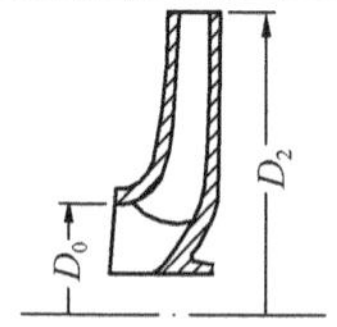 D_0　D_2	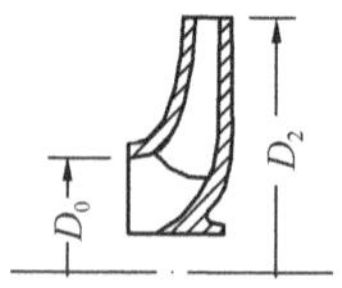 D_0　D_2	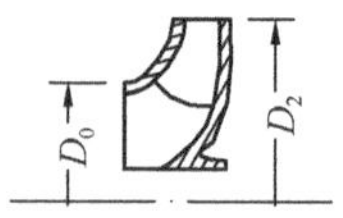 D_0　D_2
尺寸比（D_2/D_0）	2.5	2.0	1.8～1.4
叶片形状	圆柱形	进口扭曲形 出口圆柱形	扭曲形
性能曲线	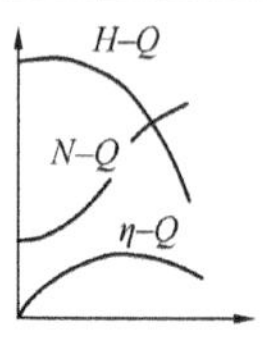 H–Q　N–Q　η–Q	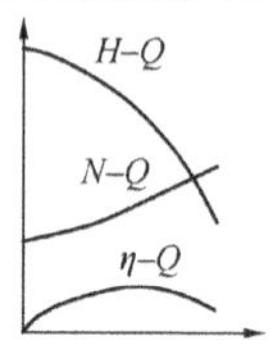 H–Q　N–Q　η–Q	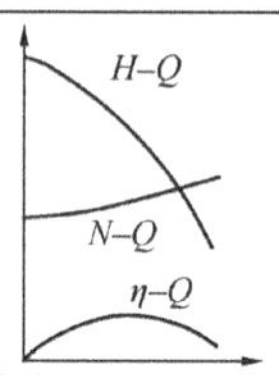 H–Q　N–Q　η–Q

离心泵按叶轮进水方式、泵内叶轮数目及泵轴的装置等可分成许多种类。

(1) 按叶轮进水方式，可分为单面进水悬臂式离心泵，简称单吸泵，国内典型的泵型有 IS 型泵（图 14-1），另一种就是叶轮双面进水离心泵，简称双吸泵（图 14-2），代表类型有 SH 型泵、SA 型泵和 S 型泵。双吸泵流量较大，由于叶轮对称，轴向力基本被平衡，一般水厂二级泵房中常采用这种泵型。

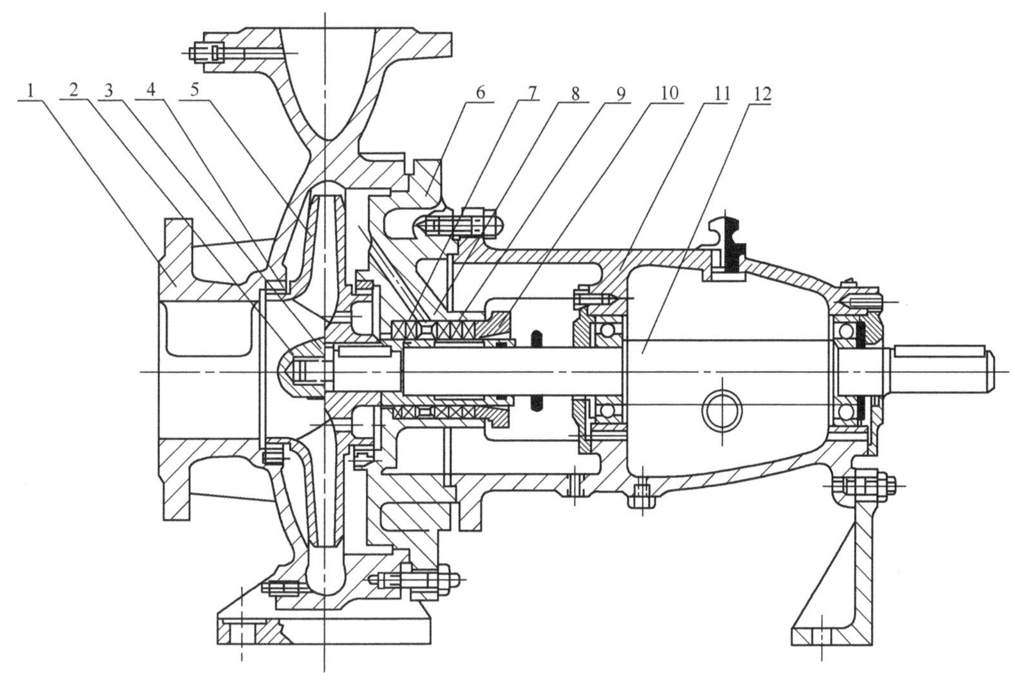

图 14-1　单面进水悬臂式离心泵

1—泵体；2—叶轮螺母；3—止动垫圈；4—密封环；5—叶轮；6—泵盖；7—轴套；8—填料环；9—填料；10—填料压盖；11—悬架轴承部件；12—轴

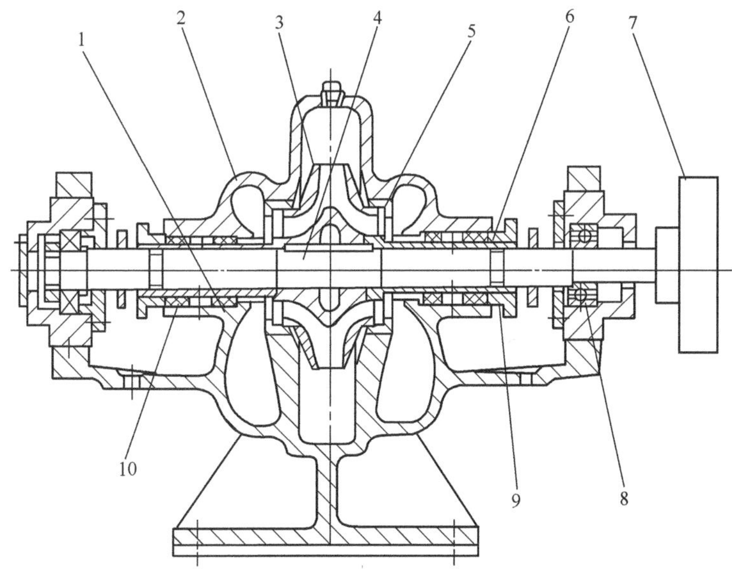

图 14-2　双面进水离心泵

1—泵体；2—泵盖；3—叶轮；4—轴；5—减漏环；6—轴套；7—联轴器；8—轴承；9—填料压盖；10—填料

(2) 按泵内叶轮数目可分为单级泵和多级泵。泵内多于一个叶轮的都称为多级泵（图 14-3）。多级泵可取得很高扬程，可以达到数百米甚至数千米，其结构较复杂，制作要求较高。

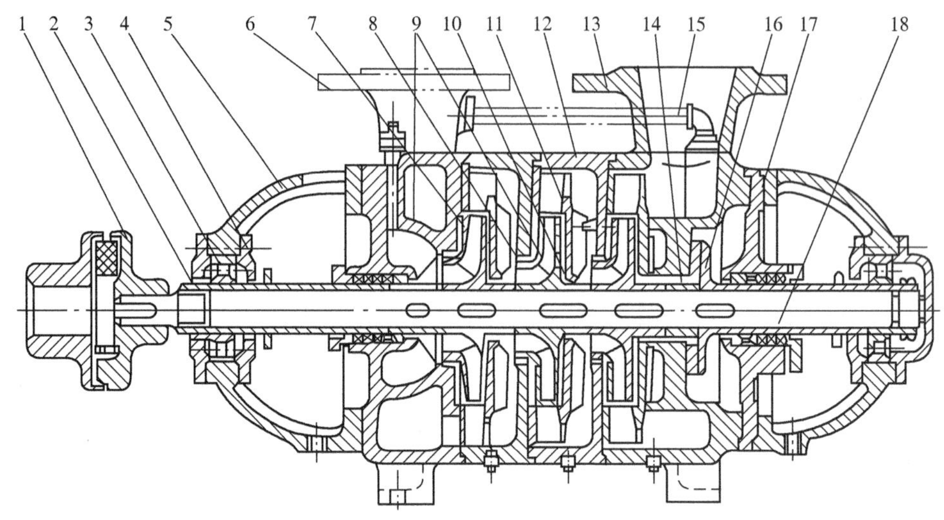

图 14-3　多级离心泵

1—联轴器；2—轴套螺母；3—轴承；4—轴承盖；5—轴承体；6—吸入段；7—首级叶轮；8—密封环；9—次级叶轮；10—导叶套；11—导叶；12—中段；13—吐出段；14—平衡套；15—平衡水管；16—平衡板；17—尾盖；18—轴

(3) 按泵轴安装方式，可分为卧式离心泵和立式离心泵两种。立式离心泵叶轮一般浸入水中，启动方便。井用离心泵多为立式。取水及配水泵站中也有采用大型立式离心泵。大型立式离心泵构造如图 14-4 所示。

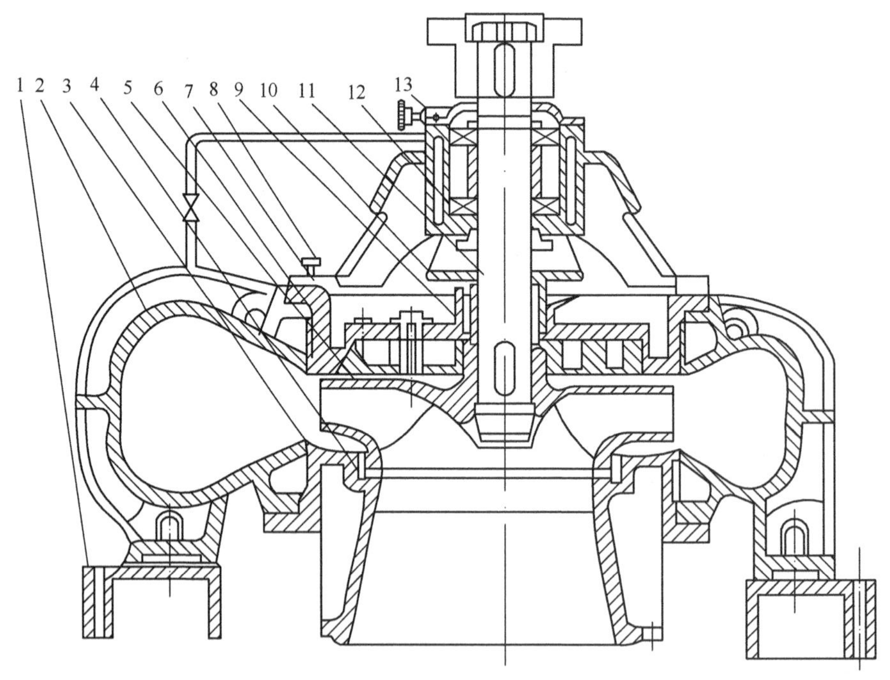

图 14-4　大型立式离心泵

1—底座；2—泵体；3—泵盖；4—密封环；5—叶轮；6—护盖；7—尾盖；8—轴承体；9—填料；10—填料压盖；11—轴；12—球轴承；13—轴承端盖

另外，按水泵压水室形式又可分为蜗壳式和导叶式离心泵。离心泵类型中还有连同电动机一起浸入水中的潜水离心泵等。

离心泵具有高效范围广、工作效率高、耐气蚀性能好的特点，大中小各类规格的离心泵可以覆盖很宽泛的流量和扬程范围，国内已有不少给水工程中应用了大型卧式离心泵单泵流量达 1 万 m^3/h 的成功实例。

14.2　二级泵房节能及水泵调速

净水厂二级泵房不仅关系到供水安全，而且其电耗占水厂总电耗的绝大部分。因此合理分析二级泵房运行工况，选择合适的高效水泵和组合，采取各种节能措施具有十分重要的意义。

14.2.1　二级泵房运行工况分析

为使二级泵房达到节能运行，应使水泵的运行与出水系统要求相一致，且使水泵处于高效率范围内运行。因此首先需对出水系统要求的泵房运行工况进行分析。

1. 出水系统特性曲线和泵站工作范围

分析泵站运行工况也就是分析泵站在其运行期间可能出现的流量变化范围以及相应的扬程变化，常用出水系统特性曲线（管路特性曲线）表示。

出水系统要求的水泵总扬程随着流量的变化而变化，可以表示为：

$$H = KQ^m + H_a \tag{14-1}$$

式中：H——要求的水泵总扬程；

H_a——静扬程，对于与敞开水塔（池）连接的出水系统为水池水位与吸水井水位的高差，对于与管网连接的出水系统为管网控制点要求的水头标高与吸水井水位标高的高差；

K、m——水头损失计算公式中的系数和指数。

出水系统特性曲线如图 14-5 所示。

水厂二级泵房的输出流量随用户用水要求而变化，其最大流量 Q_{max} 应为与设计规模相应的最高日最高时供水量。当二级泵房供水达到设计规模时，其最小流量 Q_{min} 应为与设计规模相应的最低日最小供水量。如果水厂投产初期，有较长时期供水达不到设计规模，设计时还需考虑在此时期可能出现的最小流量。当然此时还应该分析管网建设逐步实施的因素。

由于二级泵房的吸水水位随清水池水位的变化而变化。因此，水泵的静扬程将可能出现从 H_a 到 H'_a 之间的改变。当静扬程的变幅与总扬程相比较小时，设计中往往可以忽略静扬程的变化。

根据流量和静扬程的变化范围，可以确定要求的泵站工作范围，如图 14-6 中斜线部分所示。

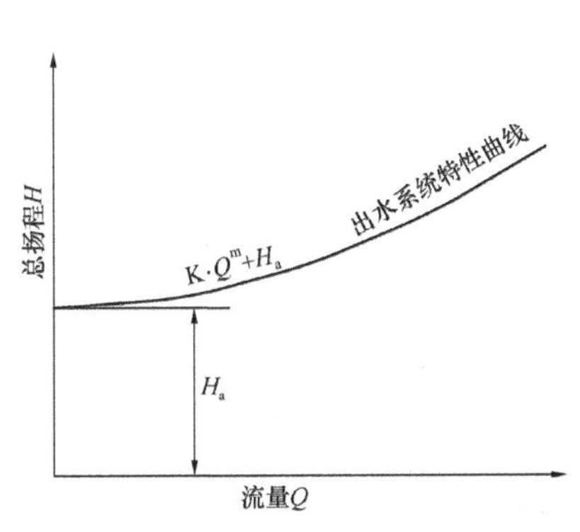

图 14-5　出水系统特性曲线

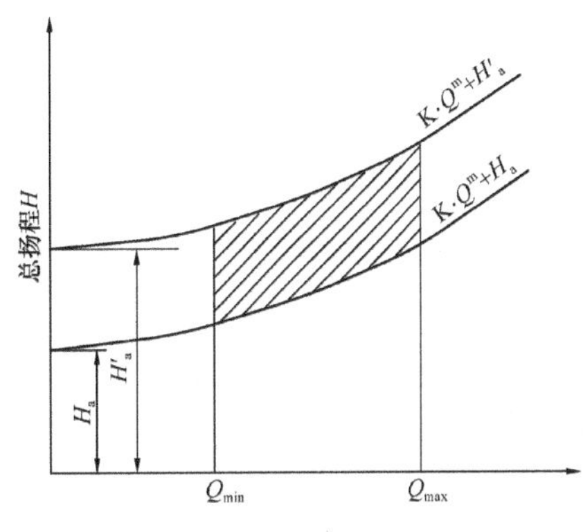

图 14-6　泵站工作范围

2. 水泵特性曲线

水泵在不同流量时的工作状况，可用水泵特性曲线来表示，包括流量一扬程（$Q-H$）曲线、流量一效率（$Q-\eta$）曲线和流量一轴功率（$Q-N$）曲线等。不同类型的水泵其特性曲线形状也不相同。

图 14-7 所示为典型的离心水泵工作特性曲线，水泵总扬程随流量增加逐渐下降，其关闭扬程（流量为零时的扬程，又称闷水头）对低比转速水泵而言为最高效率点时扬程的 120%～130%，对高比转速水泵而言为 170%～180%。水泵的轴功率一般随流量增加而增加。

3. 并联工作时水泵特性曲线

泵房一般采用多台水泵并联工作，水泵可以为相同型号，也可为不同型号。

（1）相同型号水泵并联工作特性曲线：根据单台泵的流量—扬程曲线，在不同的总扬程处找出相应的单台泵流量，然后按并联水泵的台数乘以单台流量，即为并联时在相同总扬程时的流量。选取不同总扬程值，即可绘出并联工作时的水泵特性曲线。图 14-8 所示为 3 台水泵并联工作的特性曲线，A、B、C 分别表示 1 台、2 台及 3 台并联时的水泵特性曲线。

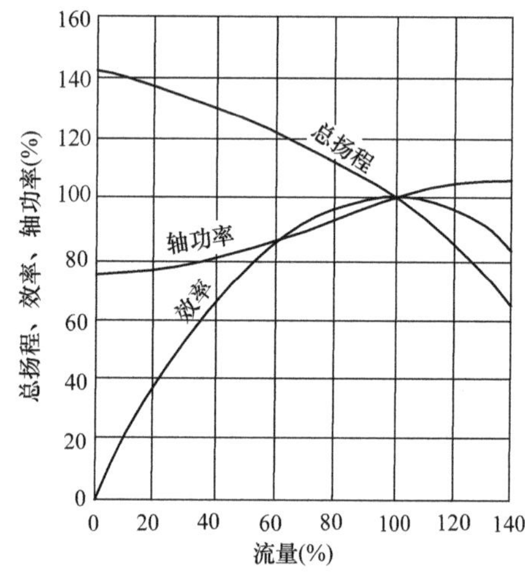

图 14-7　离心泵典型特性曲线

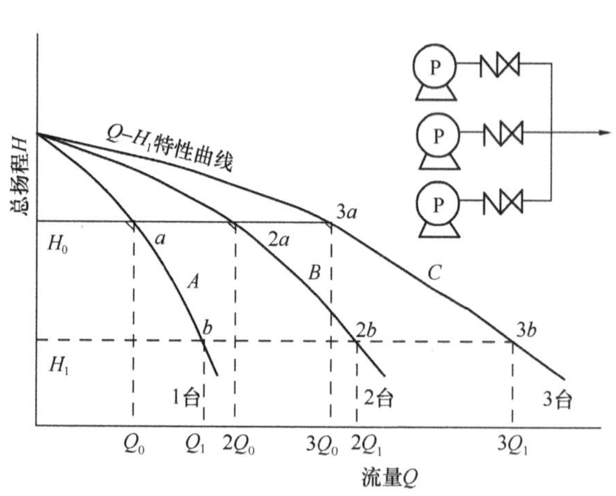

图 14-8　相同型号水泵并联工作特性曲线

（2）不同型号水泵并联工作特性曲线：绘制不同型号水泵并联工作曲线的方法基本上与相同型号水泵相同。由于型号不同，因此在同一总扬程时，各台水泵的流量也不相同，并联时不能按运行台数以比例增加，而应采用不同型号水泵在此总扬程时的单台流量相加。图 14-9 所示为 2 台不同型号水泵并联工作的特性曲线，曲线 P_A、P_B、P_A+P_B分别表示水泵 A、水泵 B 以及水泵 A 和 B 并联时的特性曲线。

4. 泵房运行工况

泵房的设计需满足出水系统特性曲线中最大流量和最高扬程的工况要求，然而水泵的运行又必须符合其自身的特性曲线。因此，当输水流量小于最大流量时，水泵特性曲线与出水系统特性曲线将出现差异。

图 14-10 所示为 2 台水泵并联工作的泵站，当 2 台水泵同时工作，其特性曲线正好与最大设计流量时的出水系统特性曲线吻合（a 点），即泵站设计满足最大流量工作的要求。然而当输水流量为 Q_c时，要求的扬程为 H_c，而实际工作的水泵扬程为 H'_c，因此就存在 ΔH_c的能量损失。当输水流量降低至 Q_b时，由于正好与 1 台泵的特性曲线相吻合，此时可开启 1 台泵，相应能量损失降为零。当泵站从 Q_{min}至 Q_{max}范围内运行时，除 a、b 两点外，其余区间均存在能量不等的损耗，如图中斜线部分所示。

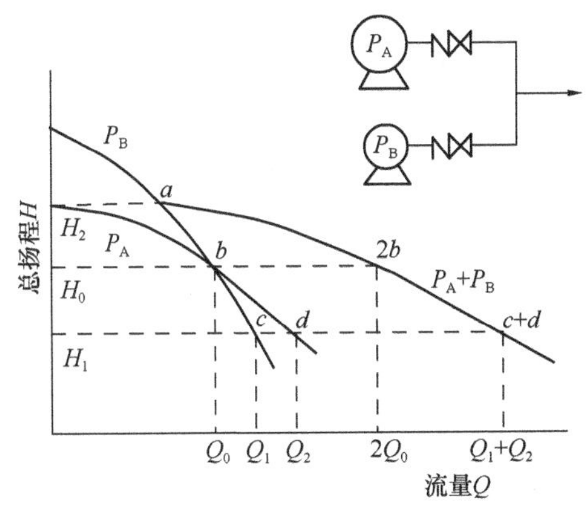

图 14-9　不同型号水泵并联工作特性曲线

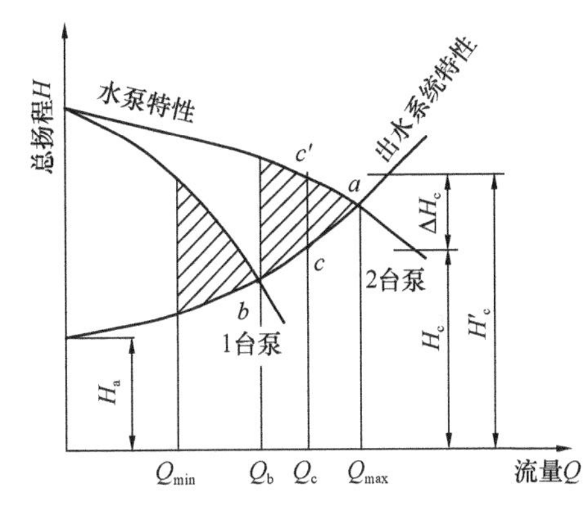

图 14-10　泵站运行工况分析

为了使水泵的工作与出水系统特性曲线相吻合，最简单的方法是通过阀门的调节，也就是使阀门的阻力损失相当于两特性曲线的扬程差值。而对于直接联结到管网的出水系统，通常采用提高管网压力的运行方式。但是，这两种方法均存在能量不必要的浪费。

二级泵房节能设计的目标之一就是减小或消除图 14-10 中斜线部分的面积，以达到经济运行的目的。

14.2.2　二级泵房水泵选型与节能

二级泵房水泵选配的核心是节能设计，而节能设计的主要环节是：①选择高效范围宽、效率高的水泵；②合理选用多台水泵并联；③水泵采用调速或大小泵搭配；④减少管路水头损失。

1. 合理选择高效水泵

在选择水泵型号、规格时，不仅要求水泵效率值高，还要注意选择高效区范围宽的水泵，以适应水量变化时水泵仍处于高效区内运行。

水泵最高效率点的选择不应设定在最大流量的运行工况，而应位于水泵运行概率最高的工况。这样，不仅可使经常运行时水泵处于最高效率，而且使水泵的高效区范围得到充分发挥。

当然，二级泵房选泵时，由于设计规模所设定的最高时流量和最低时流量相差较大，因而水泵所需的扬程也相差较大，这时选泵除要满足最大扬程时的流量外，还要考虑最低扬程时的气蚀振动，确保安全运行。

在选择水泵配套电机时，也应选择效率高、损耗低的电机。

2. 采用多台水泵并联运行

采用多台水泵并联运行是给水泵站中最常用的节能措施。由图 14-11 的比较可见，当泵站流量在 Q_{min} 至 Q_{max} 之间运行时，单台水泵不必要的能量损失明显高于 3 台水泵运行的损失。并联的水泵台数越多，减少的损失越明显，但也相应增加了泵站的投资，因此并联台数的决定应通过经济比较确定。

并联运行的水泵可以采用相同型号也可以采用不同型号。

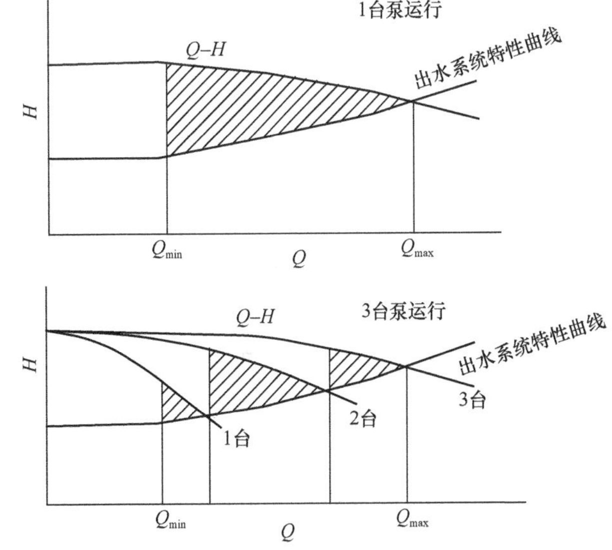

图 14-11　单台水泵与 3 台水泵并联运行比较

采用不同型号水泵并联可以使运行方式的组合更多，能更有效地降低不必要的能量损失。图14-12所示为由二大一小水泵组合的运行工况分析。与图14-11相比，采用不同型号泵的组合其能量损失更小。

采用不同型号水泵的组合，小泵流量一般宜选用大泵流量的40%～60%，以使组合的水量级配更均匀。大、小泵的选择应使其有效扬程范围大致相同。

当泵房的水泵台数较多时可以采用相同型号泵的组合，使泵的运行调度较方便。当水泵台数较少时宜采用不同型号水泵组合。

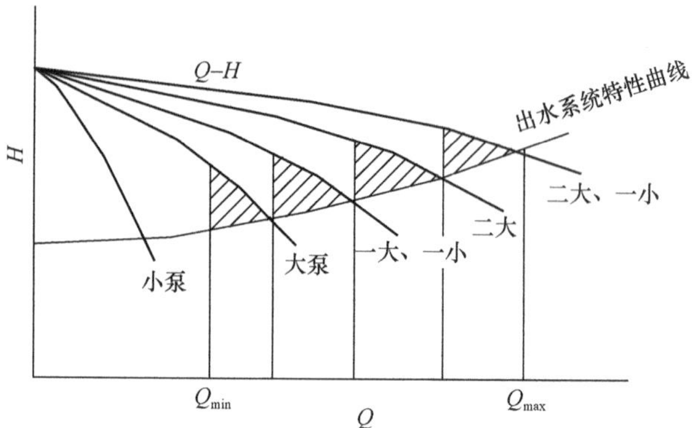

图14-12 不同型号水泵并联运行

采用水泵并联方式的主要优点是布置简单，投资较低。其主要缺点是水泵工作呈阶梯式变化，不能完全与出水系统特性曲线吻合。另外，当总扬程中管道水头损失占较大比例时，水泵在低流量区间的效率明显降低，甚至可能出现效率降低的损失大于降低扬程的节能效益，还有可能出现气蚀。因此，采用水泵并联方式主要适用于出水系统特性曲线中静扬程占总扬程比例较大的泵站。

3. 更换叶轮

对于管路水头损失占总扬程较大的出水系统，如果二级泵房在运行期间水量变化较大时，可能难以满足水泵在此期间均能以较高效率运行。在水厂投运初期，供水量明显小于设计规模时，常会遇到这种情况。此时，可采用更换叶轮的方法以达到节能的目的。

当离心泵叶轮外径（D）改变时，其流量（Q）、扬程（H）、轴功率（N）作相应改变：

$$\frac{Q_1}{Q_2}=\frac{D_1}{D_2} \tag{14-2}$$

$$\frac{H_1}{H_2}=\left(\frac{D_1}{D_2}\right)^2 \tag{14-3}$$

$$\frac{N_1}{N_2}=\left(\frac{D_1}{D_2}\right)^3 \tag{14-4}$$

式中下脚标1、2分别表示叶轮改变前后的直径及相应流量、扬程和功率。

由式14-2～式14-4可知，叶轮切削后，水泵的流量和扬程相应降低，轴功率明显减少，而水泵的效率基本保持不变。

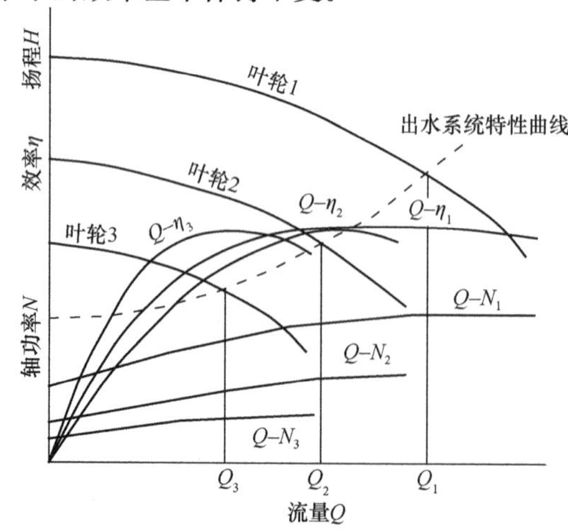

图14-13 更换水泵叶轮的特性曲线变化

图14-13为由3个不同叶轮组合的特性曲线，当流量范围在Q_1～Q_2之间时可采用叶轮1，当流量在Q_2～Q_3时可用叶轮2，当流量小于Q_3时可用叶轮3，以达到节能效果。

采用更换叶轮的方法同样可以采用相同型号或不同型号水泵的组合。

虽然更换叶轮的方法可以改变水泵的性能，取得节能效果，但是需要拆装水泵和叶轮。叶轮切削是有一定限度的，切削过多会使水泵“内漏”增加，效率降低。叶轮切削一般在20%以下，与水泵的比转数有关，该比例应由水泵制造厂根据水泵特性确定。

4. 水泵调速

根据相似定律，同一台水泵当转速 n 改变时，其特性参数的变化如下：

$$\frac{Q_1}{Q_2}=\frac{n_1}{n_2} \tag{14-5}$$

$$\frac{H_1}{H_2}=\left(\frac{n_1}{n_2}\right)^2 \tag{14-6}$$

$$\frac{N_1}{N_2}=\left(\frac{n_1}{n_2}\right)^3 \tag{14-7}$$

图 14-14 所示为不同转速时流量、总扬程、效率和轴功率之间改变的曲线。由图可见，当转速从额定值下调时，其总扬程也随着下降，轴功率显著减小，而效率曲线向左（流量减小方向）移动。通常转速下降不到 20%时，其最高运行效率几乎不变。因此，即使水泵在较小流量运行也可获得较高效率。

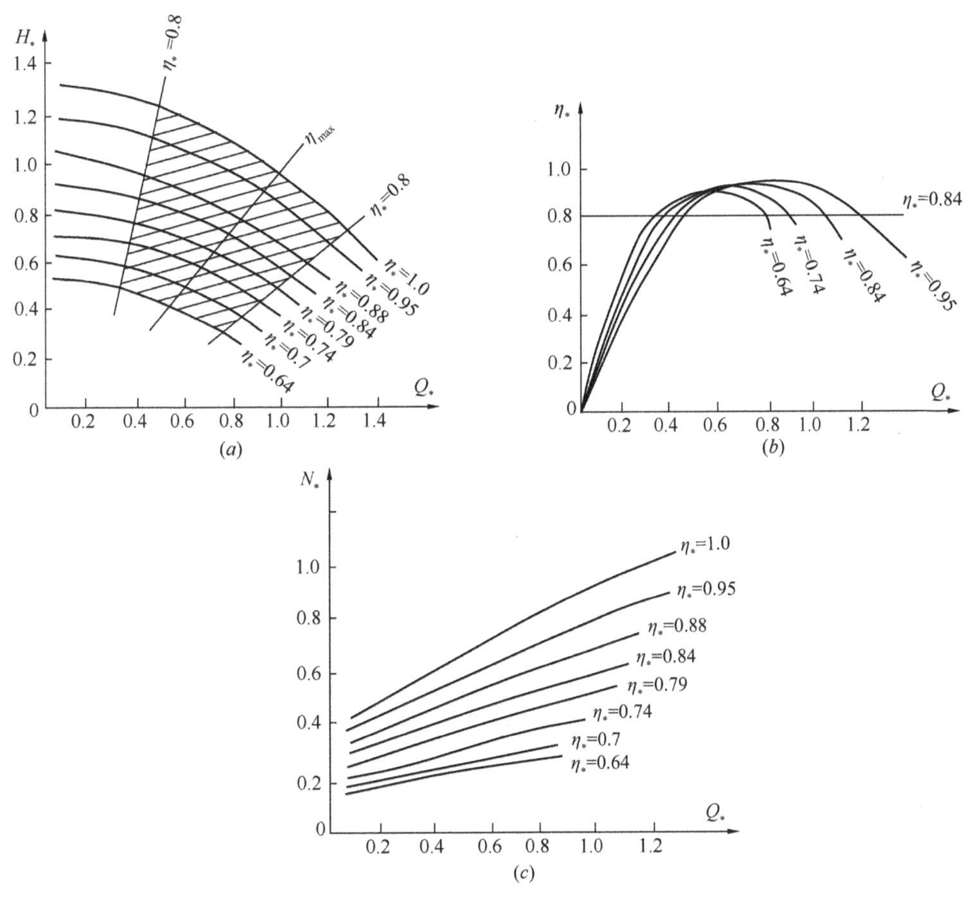

图 14-14　调速水泵特性曲线

(a) Q—H；(b) Q—η；(c) Q—N

调速水泵用于给水工程可以取得节能效果主要体现在两个方面。首先，由于泵站出水系统特性曲线随着流量增加要求水泵工作扬程相应增加，而水泵的特性曲线却是随着流量增加而扬程减小，因此造成不必要的能量消耗。水泵调速后，其特性不再是一根单一的曲线，而是由不同转速特性曲线组成的工作面，因此能较好地与管路特性曲线相吻合，消除不必要的能量损失。其次，由于水泵调速后其效率曲线相应左移，因此即使水泵在低流量运行时仍可获得较高的效率。以图 14-14 为例，如果取相对效率 η_*（与最高点效率之比）为 0.8 作为工作区范围，则图 14-14（a）中的斜线部分均处在高效运行的范围之内，大大提高了低流量运行时的水泵效率。

采用水泵调速的主要缺点是调速设备的费用高，设备的安装也需要相应的空间。

采用水泵调速适用于水量规模较大，以及出水系统特性曲线中管路水头损失占总扬程比例较大的场合。实践中如何更好地随时控制调速水泵的转速，使其运行更符合出水系统流量和扬程的要求是需要进一步研究的课题。

5. 减少管路水头损失

由于水泵进、出水管的阀门、配件布置较多，因此一般采用的管道流速较大。较大的流速也相应增加了水头损失。合理进行进、出水管路的布置可以减少水头损失，相应起到了节能的效果。

在有条件时，水泵的进、出水管线应尽量采用直进直出，而减少弯头的采用。当必须采用弯头时，也宜采用较大的弯曲半径。

水泵出水管路上的止回阀是阻力最大的附件，选用时应特别注意，尽量选用阻力小的止回阀，例如带有平衡锤的单瓣式止回阀，带有高强弹簧和轻质锥形阀板的静音式止回阀，带有三维偏心阀板的或带有液压油缸的多功能蝶阀等。

14.2.3 水泵调速方法的分类

1. 调速系统的分类

水泵调速系统可分为电动机调速和水泵传动装置调速。电动机调速包括变频调速、变极调速、电磁离合器调速及绕线转子异步电动机调速。水泵传动装置调速包括液力耦合器调速、液黏调速器（油膜离合器）调速。

1）变频调速

变频调速适用于各种功率的鼠笼型异步电动机或同步电动机。最佳调速范围 50%～100%，功率因数达 0.85 以上，效率达 0.95 以上，启动和停止性能良好，可适合单机控制或群机控制。

变频系统由变频调速电机和变频供电装置组成。变频供电装置根据频率调制方法有正弦脉宽调制（SPWM）、脉幅调制（PAM）和脉宽调制（PWM）。调速系统的优劣不仅取决于变频装置与变频电机本身性能，还取决于它们之间的有机配合。

变频调速方法在国外已有从 1kW 直至数万千瓦的系列产品，已大量应用于水泵调速。我国也已开发形成了定型的系列产品。

对于高压电机变频调速，以前多采用由高压降为低压再升压到高压的方法，目前直接采用高压变频电机的大容量电机变频调速技术已经成熟，国内也有生产，其容量已达 5000kW。

在二级泵房调速系统中，变频调速是应用最广的一种系统，节能效果明显，且随着技术越来越成熟，造价已逐步降低，将会得到更为广泛的采用。

2）变极调速

变极调速系通过电机定子三相绕组接成几种极对数方式，使鼠笼型异步电机得到几种同步转速，一般称为多速电动机。常用的有双速、三速和四速电动机 3 种。

这种调速方法无附加转差损耗，故效率高；控制电路简单，占地小，维护方便，价格低廉。但由于极对数只能是正整数，所以只能是有级调速而无法实现平滑调速，且级差比较大。

变极对数调速系统在水厂二级泵房中的应用并不多见。

3）电磁离合器调速

电磁调速电动机调速系统由鼠笼型异步电动机、涡流式电磁转差离合器和直流励磁电源（或称控制器）三部分组成。

在此系统的工作中，作为原动机的鼠笼型异步电动机的转速是不变的，被调节的只是电磁转差离合器输出轴的转速，它是通过控制装置调节转差离合器的励磁电流来实现的。

电磁调速电动机调速系统的结构简单，控制装置容量小，价格便宜，易于掌握，适用于中小容量电机的调速。但离合器本身有较大转差存在，使输出轴最高转速仅为同步转速的 80%～90%；速度损失大；转差功率以热能形式损耗，效率低；离合器及其控制器发生故障时，水泵无法切换到额定转速运行，影响正常工作。

4）绕线转子异步电动机调速

绕线型异步电动机的转子绕组与定子绕组一样，也是对称的三相绕组，接成星形，并接到装于转子轴的 3 个集电环上，再通过电刷使转子绕组与外电路附加电阻接通，进行调速。

这种调速方法技术上不复杂，易于掌握，调速设备费用低，功率因素只取决于电机，无谐波影响。如果调速范围不大，负载转矩稳定，对电机的机械特性硬度要求不高，则转子串电阻的调速方法是一种简单有效的调速方法。但是，一般采用串接铸铁电阻的方法只能有级调速，如用液体电阻，虽可无级调速，但需经常维护保养。串电阻调速过程中的附加转差功率，以热能形式损耗于电阻上，因此效率较低。

运行工况较稳定的泵站可以采用串液体电阻调速系统。上海长江陈行水库引水原水输送泵站曾采用该系统，取得了较好效果。

5）液力耦合器调速

液力偶合器是一种非电气的液力传动机械装置，一般由泵轮和涡轮组成，内充入一定量的工作液体（液力传动油或汽轮机油等）。当泵轮在原动机带动下旋转时，处于其中的液体受叶片推动而旋转。旋转液体在离心力作用下沿着泵轮外环进入涡轮时，就在同一旋转方向上给涡轮叶片以一个作用力，推动涡轮旋转，带动工件机械运转。耦合器的动力传输能力与其相对充液量的大小是一致的。因此，在工作过程中，改变充液率就可改变耦合器的特性。在负载特性不变的情况下，也就调节了输出转速及转矩。

液力耦合器功率适应范围大，可以满足从几十千瓦乃至上万千瓦不同功率的需要；结构较简单，工作较可靠，使用维护方便，安装费用亦低；可无级调速。但耦合器本身存在转差，负载无法达到额定转速，调速过程中的转差功率以热能形式损耗，效率低，必须采取妥善的冷却措施；轴向安装尺寸大，基础施工量增加；仅适用于卧式安装的水泵机组；耦合器故障时，水泵无法切换到定额转速运行，影响正常工作。液力耦合器在水厂二级泵房中有一定的应用。

6）液黏调速器（油膜离合器）调速

液黏调速器调速是近年来开发出的一种新型机械式调速器，它是根据牛顿内摩擦定律，利用液体黏性和油膜剪切作用原理发展而成的一种无级调速传动装置。它由调速器主机、油系统和控制装置组成，通过速度反馈实现闭环控制。

调速器是以黏性液体为工作介质，依靠主、被动摩擦体间液体的黏性剪切力来传输动力。主动轴通过花键与主动摩擦体连接，支承在两端轴承上，被动轴与被动平衡组件配合连接，通过花键与被动摩擦体连接，主动摩擦体与被动摩擦体成对放置，借助被动平衡组件中油缸压力油油压的变化来改变主、被动摩擦体间的间隙，从而改变被动轴转速。摩擦体间的工作油来自润滑系统，油缸内的压力油来自压力油系统，工作油通过主机箱体排入油箱。

液黏调速器功率适应范围较大；结构较简单，工作较平稳，维护使用方便，设备费用亦较低；可无级调速；较之液力耦合器结构紧凑，轴向安装尺寸略小。但离合器本身存在转差，负载不能达到额定转速，转差功率以热能形式损耗，效率较低，必须配备可靠冷却系统；较之无离合器的调速系统，轴向尺寸和基础工程量大；仅适用于卧式安装的水泵机组；调速系统故障时，水泵无法切换到额定转速运行，影响正常工作。

液黏调速器在水厂二级泵房有一定应用。

2. 调速系统的比较（表14-2）

常用调速系统比较 表14-2

调速方式	变频（PWM型）调速	变极调速	电磁离合器调速	串级调速	液力耦合器调速	液黏离合器调速
调速方法	改变电网频率和电压值	改变电动机极对数	改变电磁离合器励磁电流值	改变逆变器中逆变角β的数值	改变液力耦合器供油量	改变液黏离合器工作腔中平板间间隙
调速类别	无级	有级	无级	无级	无级	无级
调速范围（%）	100～5	2、3、4有级转速	97～20	100～50	97～30	100～20
调速精度（%）	±0.5	—	±2	±1	±1	±1
节能效果	最优	优	良	优	良	良（优于液力耦合器）
功率因数	优	良	良	差	良	良
控制装置	复杂	简单	较简单	较复杂	较简单	较简单
初期投资	最高	低	中	中	中	中
维护保养	易	最易	较易	较难	较易	较易
装置故障后的处理	不停车，按工频运行	停车处理	停车处理	不停车，按工频运行	停车处理	停车处理
对电网干扰程度	有	无	无	较大	无	无
适用容量和电压	大、中容量，低、高压	中、小容量，低、高压	中、小容量，低、高压	大、中容量，低、高压	大、中容量，低、高压	大、中容量，低、高压
适用范围	长期低速运行，启停频繁或速度范围变化很大的场合下运行的异步电动机	在几档速度下运行的场合	长期高速运行，短期低速运行的异步电机，但不能全速运行	调速范围不大，对动态性能要求不高的场合下使用的绕线型异步电动机	长期高速运行，短期低速运行的异步电机，但不能全速运行	长期高速运行，短期低速运行的异步电机，可以全速运行
目前使用情况	由于早期变频装置多依赖进口，价格较贵，影响普及，随着国产化进程，已日益广泛应用	在可以有极调速的场合采用，如吸泥机、搅拌机等专用水泵	沉淀池、澄清池搅拌机采用较多。水厂二级泵也有采用，功率达220kW	20世纪80年代曾是水厂水泵调速的主导方案。由于调速装置可靠性欠佳，目前已渐少采用	20世纪80年期中期二级泵房采用较多，投资较省，但故障后需停机处理，且调速范围受限	20世纪90年代起在水厂中应用，有取代液力耦合器的趋势，可全速运行

目前水厂二级泵房采用的调速方式以调频为主要趋势，串级调速的应用已渐趋减少。过去曾因减少初期投资而采用的液力耦合器、液黏离合器也较少采用。

14.2.4 调速水泵的选用与经济比较

水泵采用调速不仅可减少能量损失和提高水泵效率，而且有利于水泵启动和改善水泵的气蚀现象，因此在给水泵站设计中得到了较多的应用。但是，水泵调速装置的费用较高，特别是大容量电机的变频调速，并且调速装置本身也有一定的能量消耗，因此二级泵房采用水泵调速的设计时，必须进行详细的分析和经济比较。

1. 调速水泵的选用

水泵采用调速，其特性曲线将发生变化，见图 14-14。选用水泵调速时，主要需进行以下分析：

1）出水系统特性曲线

采用水泵调速对于不同状态的出水系统特性曲线，其节能效果差别明显。因此在设计时应对出水系统特性曲线加以分析。

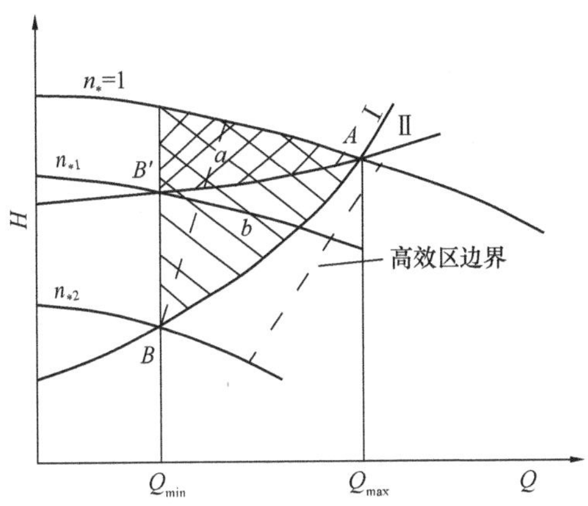

图 14-15　不同出水系统特性曲线节能效果比较

图 14-15 所示为两个不同出水系统特性曲线节能效果的比较。曲线Ⅰ代表总扬程中静扬程所占比例较小，曲线Ⅱ代表静扬程所占比例较大。当泵房在最大流量工作时，两者的总扬程相同，即都需满足 A 点的工况要求。在最小流量工作时，曲线Ⅰ要求的工况为 B，曲线Ⅱ则要求为 B′点。当水泵的转速在 $n_*=1$ 至 n_{*1} 范围内改变时，水泵的性能曲线可覆盖出水系统性能曲线Ⅱ的全程，也即流量从 Q_{min} 至 Q_{max} 之间变化时，没有不必要的能量损失（不计部分区段越出高效区范围的效率影响），节省的能量损失相当于面积 a。同样，当转速在 $n_*=1$ 至 n_{*2} 范围内改变时，水泵性能曲线可覆盖曲线Ⅰ的全程，相应节省的能量损失为 b。显然，从节能效果比较，曲线Ⅰ明显优于曲线Ⅱ。因此，在设计水泵调速时，首先应分析要求的出水系统特性曲线。

2）总水泵台数

由于水泵调速具有适应水量变化的特点，因此设有调速水泵的泵房，可以采用较少的水泵台数。对于配置大功率电机的水泵，由于其调速装置的费用较高，可考虑适当增加水泵台数，以降低配套的调速装置费用。当泵房内仅配置 1 台或 2 台调速水泵，还应考虑调速水泵故障时满足调度的需要。

设有调速水泵时，一般宜采用相同型号的水泵，当泵房流量的变化范围十分大，而采用大、小泵组合时，宜选择大泵进行调速。

3）水泵调速比

水泵最大调速比（K_n）可以根据水泵特性曲线中允许效率范围的最高扬程（H_{max}）和最小运行水量时出水系统要求的扬程（H_{min}），按照调速时扬程与转速的关系（式 14-6）求得：

$$K_n=\sqrt{\frac{H_{min}}{H_{max}}}=\sqrt{\frac{H_a+KQ^m}{H_{max}}} \tag{14-8}$$

水泵的调速范围小于 K_n，其效率均处于允许范围，若调速比大于 K_n，则效率将低于允许范围。作为极限的调速比，则可用水泵关闭扬程代替 H_{max} 用式 14-8 算得，此时水泵的流量和效率均为 0。

上述分析假定水泵效率曲线随相应流量变化基本保持不变，也即适用于转速变化范围不大的场合（一般为 100%～70%之间）。若转速低于额定转速 40%～50%，则还需考虑水泵本身效率的降低。

4）调速水泵台数

当泵房采用多台水泵并联工作时，为使水泵工作特性与出水系统特性曲线一致，并使调速水泵处于高效区内运行，采用的调速水泵台数可通过以下分析确定：

(1) 绘制出水系统特性曲线，并确定泵房运行的最大流量（Q_{max}）和最小流量（Q_{min}）；

(2) 确定水泵台数，并根据选定水泵型号绘制并联工作时的特性曲线；

(3) 根据要求达到的水泵效率，确定水泵调速时的高效区边界；

(4) 逐段分析流量从 Q_{min} 至 Q_{max} 运行范围内水泵运行方式，若一台调速水泵时不能符合其中某些区段的运行要求，则可增加调速水泵台数，直至符合所有运行工况时的调速水泵台数即为要求采用的调速水泵台数。

以图 14-16 为例，泵房采用 4 台水泵并联，流量变化范围从 Q_{min} 至 Q_{max}。由图可见，其运行工况包括自 a 至 f 的各个区段。在 [a，b] 区段可采用 1 台定速泵与 1 台调速泵并联（若泵房设有 2 台调速泵时也可采用 2 台调速泵并联）；[b，c] 区段，若采用 2 台定速泵和 1 台调速泵并联，其调速泵效率已超越设定边界，故需采用 1 台定速和 2 台调速；[c，d] 段则可采用 2 台定速和 1 台调速（或 1 台定速和 2 台调速）；同样，[d，e] 段宜采用 2 台定速和 2 台调速；[e，f] 段则可采用 3 台定速和 1 台调速（或 2 台定速和 2 台调速）。因此，泵房需配置 2 台调速水泵。

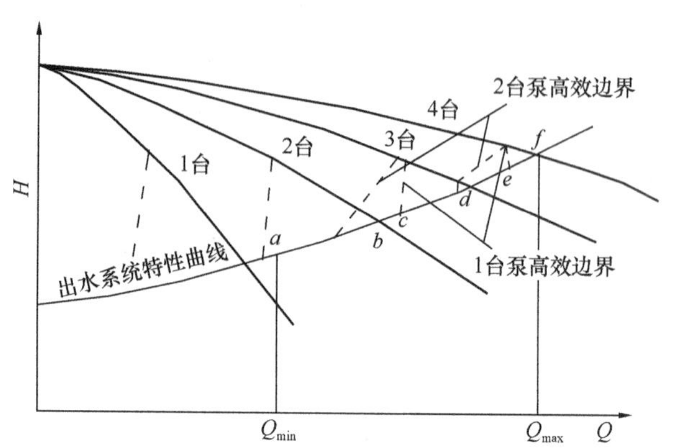

图 14-16 调速泵台数选择分析

采用以上方法确定调速水泵台数，虽满足了调速水泵效率的要求，但未计及定速泵在低扬程时效率下降的影响。此外，采用调速水泵的台数还涉及设备投资的费用。因此，确定调速水泵的台数还应通过详细的技术经济比较。

2. 技术经济比较

采用调速水泵的目的是降低能耗，节省运行成本，但是需要有较大的设备费用投入，因此在设计时应作多方案的经济比较。比较的方案可以包括与其他节能方式（例如采用不同泵型组合）和不同调速水泵台数等。

经济比较一般可采用下述步骤：

(1) 分析泵站不同流量运行的频率。一般可将全年的水量变化划分为若干区段（n），分析各区段水量占全年的百分比，其年平均流量相应为平均日平均时水量，即：

$$Q_{cp}=\frac{Q_{max}}{K_{日}\cdot K_{时}}=\frac{1}{100}\sum_{i=1}^{n}P_iQ_i \tag{14-9}$$

式中 Q_{cp}——全年平均供水量（L/s）；

Q_{max}——最高日最高时供水量（L/s）；

$K_{日}$、$K_{时}$——日变化系数和时变化系数；

P_i——Q_i 水量区段供水时间占全年供水时间的百分比（%）。

若投产初期，达不到设计规模时，则可逐年计算不同流量的频率。

(2) 确定出水系统特性曲线

根据泵站和出水管路布置，计算水泵静扬程和管路水头损失。当静扬程变化较小时，可取其平均值；当静扬程变化较大，则还应分析不同静扬程出现的频率。

(3) 计算理想耗电量和电费

所谓理想耗电量即为满足供水服务所必需的不存在任何不必要能量损失且水泵效率为 100% 时的耗电量。

理想耗电量及电费可用下式计算：

$$E_0 = 0.86\sum_{i=1}^{n}Q_i(H_a + KQ_i^m)P_i \tag{14-10}$$

$$F_0 = 0.86e\sum_{i=1}^{n}Q_i(H_a + KQ_i^m)P_i \tag{14-11}$$

式中　E_0——全年理想耗电量（kWh）；

F_0——全年理想电费（元）；

e——电价（元/kWh）。

（4）确定方案比较内容并绘制相应的运行工况曲线。根据泵房的具体情况确定比较的方案，例如对采用 1 台水泵调速和 2 台水泵调速以及采用大、小泵组合的方案进行比较。可分别对各方案进行水泵的选择，并按选定的泵型绘制水泵特性曲线。

（5）通过水泵特性曲线和出水系统特性曲线的分析列出不同 Q_i 时各个方案的总扬程 H_i 及水泵效率 η_{1i}。对于采用调速的方案，一般水泵总扬程即为出水管路特性曲线上的扬程。

（6）计算各方案的全年耗电量及电费：

$$E = 0.86\sum_{i=1}^{n}\frac{Q_iH_i}{\eta_{1i}\eta_2}P_i \tag{14-12}$$

$$F = 0.86e\sum_{i=1}^{n}\frac{Q_iH_i}{\eta_{1i}\eta_2}P_i \tag{14-13}$$

式中　η_{1i}——不同流量时的水泵效率；

η_2——调速装置效率。

（7）计算各方案投资及运行费用的总现值：

$$W = T + F\frac{(1+j)^k - 1}{j(1+j)^k} \tag{14-14}$$

式中　W——计算期内投资及运行费用总现值（元）；

T——设备投资费（元）；

j——折现率；

k——计算期年限，一般设定 $k=5$ 年。

对于投产初期水量达不到设计规模的泵房，则可分别计算各年的电费，用下式计算总现值：

$$W = T + \frac{F_1}{1+j} + \frac{F_2}{(1+j)^2} + \cdots + \frac{F_k}{(1+j)^k} \tag{14-15}$$

式中　$F_1 \cdots F_k$——第 1 年至第 k 年的各年电费（元）。

各方案中 W 值最小的方案即为最佳方案。

上述方案分析方法中仅考虑了设备投资费用和各年运行电费折现费用，未包括设备维护检修和使用寿命折旧等因素。另外对各时段供水量及频率的测算存在许多不确定因素，上述分析也只能作方案判断的参考。随着技术进步，调速设备将越来越先进可靠，投资也会有所降低，而节能将越来越受重视，且电价也只可能提高而不会降低，因此在实际的方案比选中，应更加关注节能措施的应用。

在采用多台泵并联、大小泵搭配等各种选泵方式时，应注意选配电机功率及电压等级，在同一泵房内最好选用同一电压等级。对于近远期结合远期要换大泵的泵房也应尽量采用相同的电压等级，必要时可增加或减少并联泵的台数，调整配套电动机功率。对于变频调速的水泵则可另设变频变压器。

14.3 泵房布置

二级泵房根据水厂流程，一般采用半地下式布置，通常因为需满足低水位吸水要求，泵房埋地较深。为适应供水负荷的变化，一般水泵台数较多。泵房的布置就是要根据选定的水泵型号和台数，配置相应的进、出水管线，选用阀门和配件，布置所需的各种附属设施，如排水、通风、起吊设备、真空管线以及巡视通道等，以确定平面布置及水泵安装高度和泵房埋深。同时还需考虑管理室及变配电室的相互衔接布置。

14.3.1 二级泵房布置要点

二级泵房布置一般要求如下：

(1) 根据泵房运行工况要求，确定工作水泵和备用水泵的台数及型号，配置相应的电机。

(2) 对于远期有发展要求的泵房，还应对远期水泵的设置作出考虑（包括更换水泵或预留泵位）。不论是大小泵搭配还是近远期结合，泵房内尽量采用同一规格电压等级。

(3) 泵房的布置应满足安装、检修以及日常巡视所需的通道和场地，水泵机组间的距离应满足规范规定的要求。

(4) 泵房入口地面层标高应高出室外地坪 300mm 以上，并应严防泵房外出现内涝水位的情况。

(5) 泵房的控制室宜与泵房间隔开，以避免噪声影响和隔离电机的热源。但控制室应能观察到水泵的运行，一般可设置玻璃观察窗。

(6) 泵房的宽度以及长度方向的柱距跨度应满足土建设计的合理模数。

(7) 泵房的大门应能满足最大部件搬运的要求，对于大型泵房有条件时可考虑卡车直接进入泵房检修平台进行装拆。

(8) 二级泵房设计在已定的水泵型号基础上需要进行下列工程设计：

A. 泵房排列的平面布置；

B. 泵组高程和进出水管路系统以及吸水井设计；

C. 引水系统设计；

D. 通风和采暖设计；

E. 起吊高度计算和起重设备选用；

F. 泵房地坪的排水设计；

G. 照明设计；

H. 巡视通道布置；

I. 水泵防振和泵房噪声控制；

J. 泵房的仪表和通信设施。

14.3.2 水泵机组的布置

1. 水泵机组平面布置

卧式离心泵的平面布置有直线型、平行型、交错型、相向型和斜向型 5 种。各种形式的特点见表 14-3 所列。

立式离心泵或混流泵在二级泵房中应用较少，其布置可考虑采用表 14-4 所示的 3 种形式。

卧式离心泵的平面布置　　**表 14-3**

布置形式		特点
直线型	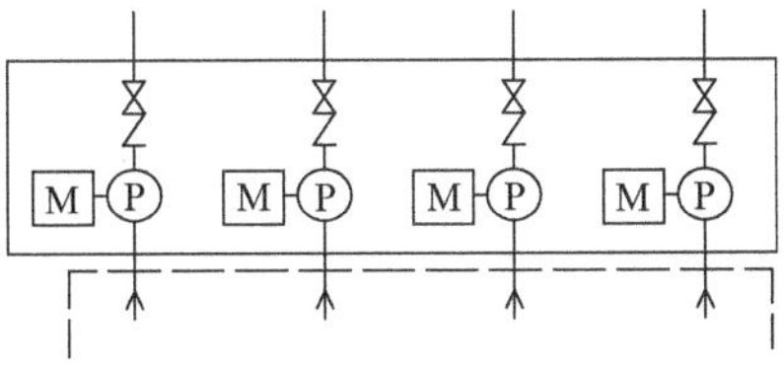	1. 泵房的宽度很窄，但长度较长； 2. 进、出水管线较顺直； 3. 进、出水管可布置在地面上或地面下，当管线布置于地面以上时，必须考虑日常巡检的走道； 4. 检修的场地较宽裕
平行型	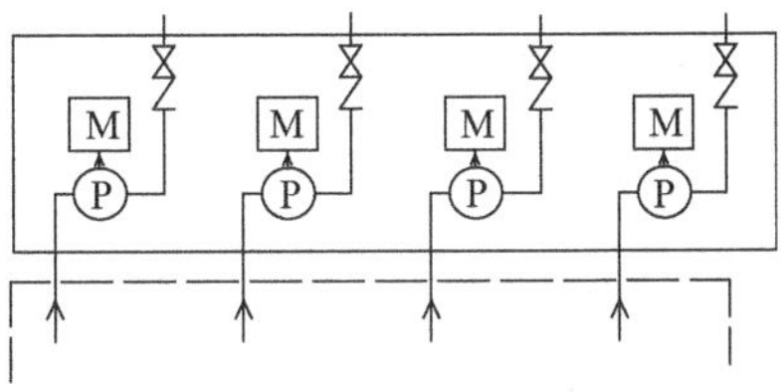	1. 泵房的宽度较直线型大，但长度较小； 2. 主要管线垂直向下敷设在地坪下的管沟内，管沟上用格栅盖板，可使走道等空间较宽； 3. 吸水管上直接连结 90°弯头，旋流会影响泵的工作，在这种情况下，宜在长的弯头处或直管段上安装整流板，调整或减缓水流旋转造成的不良影响； 4. 对于单吸式离心泵较为合适
交错型	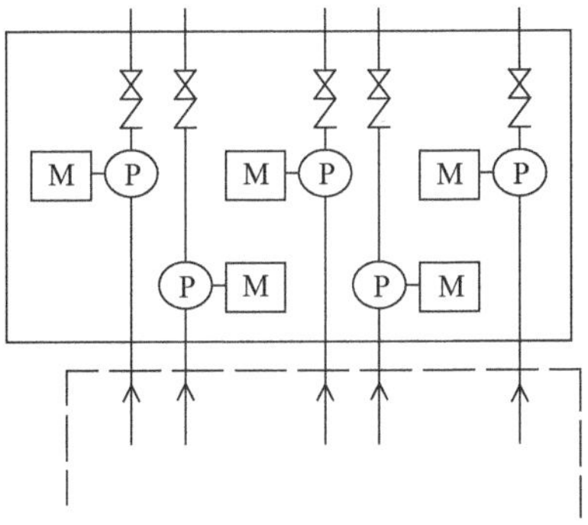	1. 这种布置方式的优点是即使有较多台泵，泵房所需面积也相对较小； 2. 启动装置和控制板的安装空间常常会显得较小或非常受限制，在平面布置时要考虑各种因素，包括电缆走向等； 3. 因为泵旋转方向是两个相反的方向，所以必须考虑各自的备件
相向型	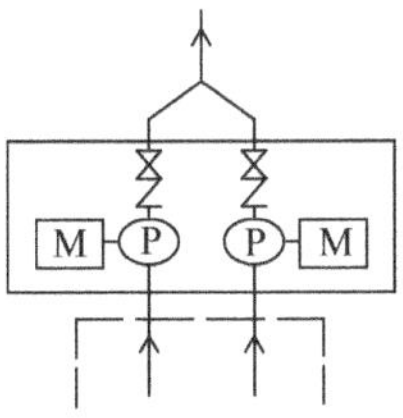	当泵房内只安装 2 台水泵时，这种方式可使吸水井（槽）更小
斜向型	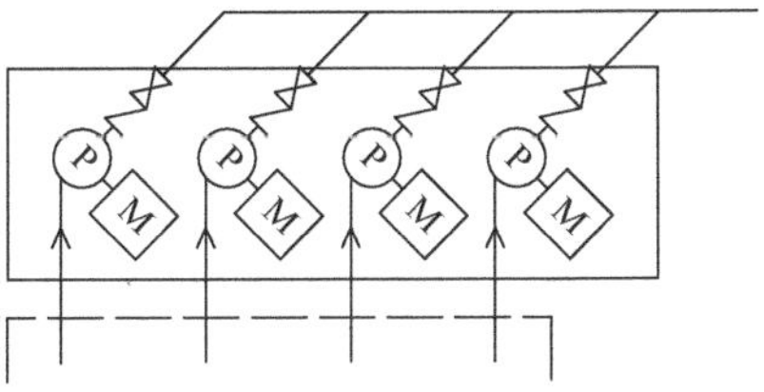	1. 这种布置介于直线型和平行型之间； 2. 水泵的出水与总管的连接顺畅； 3. 大容量水泵的泵房采用这种布置方式可以减少泵房的面积

注："M" 表示电机；"P" 表示水泵。

立式离心泵和混流泵的平面布置　　表 14-4

	布置形式	特点
直线型		这种布置方式是最常见的，在工程中得到广泛应用
斜向型		斜向型布置的优点是水泵出水与出水总管的水流较顺畅
交错型		交错型布置的优点是当水泵和电机较大时，泵房内所需安装空间可以减小。但必须注意水泵吸水口防止旋流产生

2. 水泵机组间距

卧式离心泵单排布置时，相邻两个机组及机组离墙壁间的净距：电动机容量不大于 55kW 时，不小于 1.0m；电动机容量大于 55kW 时，不小于 1.2m。当机组竖向布置时，高度满足相邻进、出水管道间净距不小于 0.6m。

双排布置时，进、出水管道与相邻机组的净距宜为 0.6～1.2m。

叶轮直径较大的立式水泵机组净距不应小于 1.5m，并应满足进水流道的布置要求。

当考虑就地检修时，应保证电动机转子检修时能拆卸。

3. 水泵安装高度

离心水泵可利用允许吸上真空高度的特性，采用非自灌式充水，提高水泵的安装高度。采用非自灌式充水时，水泵轴线安装高度应满足式 14-16 的要求，其布置如图 14-17 所示。

$$Z_s = [H_s] - \left(\frac{v_1^2}{2g} + \Sigma h_s\right) \qquad (14\text{-}16)$$

式中　Z_s——吸水高度，即泵轴中心或基准面与吸水处水面高差（m）；

$[H_s]$——按实际装置所需的真空吸上高度（m），若 $[H_s] > H_s$ 将发生气蚀，实际设计中一般采用 $[H_s] \leqslant (90\%\sim95\%)\ H_s$；

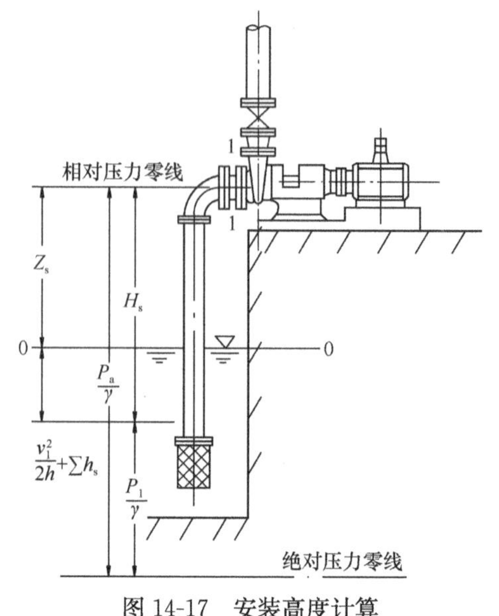

图 14-17　安装高度计算

$\sum h_s$——吸水管沿程及局部水头损失之和（m）；

v——水泵吸入口的流速（m/s）。

4. 进水管路

水泵进水管路（吸水管）的布置要求如下：

（1）进水管路不宜过长，其布置应尽可能顺直，以减小水头损失，有利于提高水泵安装高度，节省土建费用。

（2）非自灌充水水泵宜分别设置吸水管。

（3）水泵吸水管的流速一般按设计规范采用以下数值：

直径小于 250mm 时，采用 1.0～1.2m/s；

直径为 250～1000m 时，采用 1.2～1.6m/s；

直径大于 1000m 时，采用 1.5～2.0m/s。

（4）管线布置应防止发生管道内积存空气。管道内带入空气易造成水泵气蚀，影响水泵工作效率和性能，并引起振动和噪声。防止管线中积存空气应注意管道的正确连接：

A. 进水管线不应出现倒坡，当进水管线较长时，管线布置应有 1/50～1/200 的坡度坡向水泵，如图 14-18 所示。

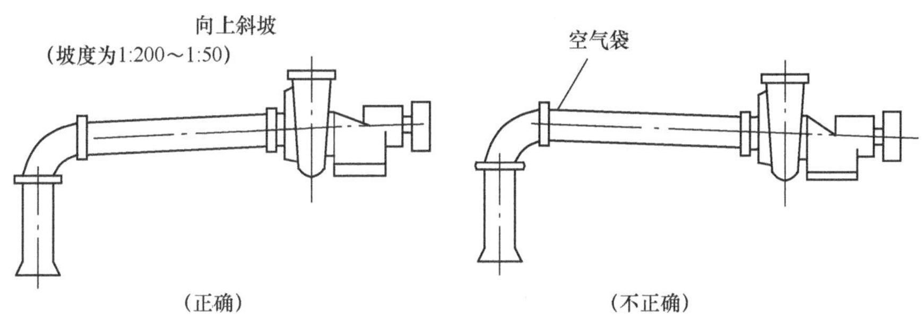

图 14-18　进水管布置

B. 当进水管管径发生变径时，渐缩管或丁字管必须采用偏心，如图 14-19 所示。

C. 进水管安装的闸阀应选用卧式，如图 14-20 所示。

D. 进水管所选用管配件应完全密封不漏气。

E. 遇到负进水情况，在管路的最高点处应采用真空泵抽去管中空气引水，然后启动水泵，有必要时还需设真空常吊设备，在水泵工作期间保持管路中不积存空气，如图 14-21 所示。

F. 当吸水管为正压时，数台泵可以通过同一吸水管吸水，但在吸水管顶部必须安装排气阀。当设有 3 台或 3 台以上的自灌充水水泵时，如采用合并吸水管，吸水管不得少于 2 条，当一条吸水管发生事故时，其余吸水管仍能通过设计水量。

（5）进水管线布置应尽量使水流平稳，不产生旋流。应尽量减少管线弯曲，避免使用弯头。当弯头不可避免时，不宜将弯头直接与水泵吸水口连接，在吸水口和弯头之间宜增设一短管或渐缩管，图 14-22 所示为两种正确的连接方法和两种不正确的连接方法。

（6）当吸水管使用底阀时，底阀必须容易检查和拆卸。避免因外部物质和垃圾吸入底阀，造成底阀不能正常工作。

（7）在自灌式水泵的吸水管路上应安装检修阀门，以便水泵检修和维护。若采用闸阀宜选卧式，若采用蝶阀，应考虑其安装位置不影响水泵吸入口的水流，并且应考虑到该阀门的操作维修空间。

5. 出水管路

水泵出水管路布置时，通常每台水泵设一根出水管，然后由一根总管连接各根出水管。水泵

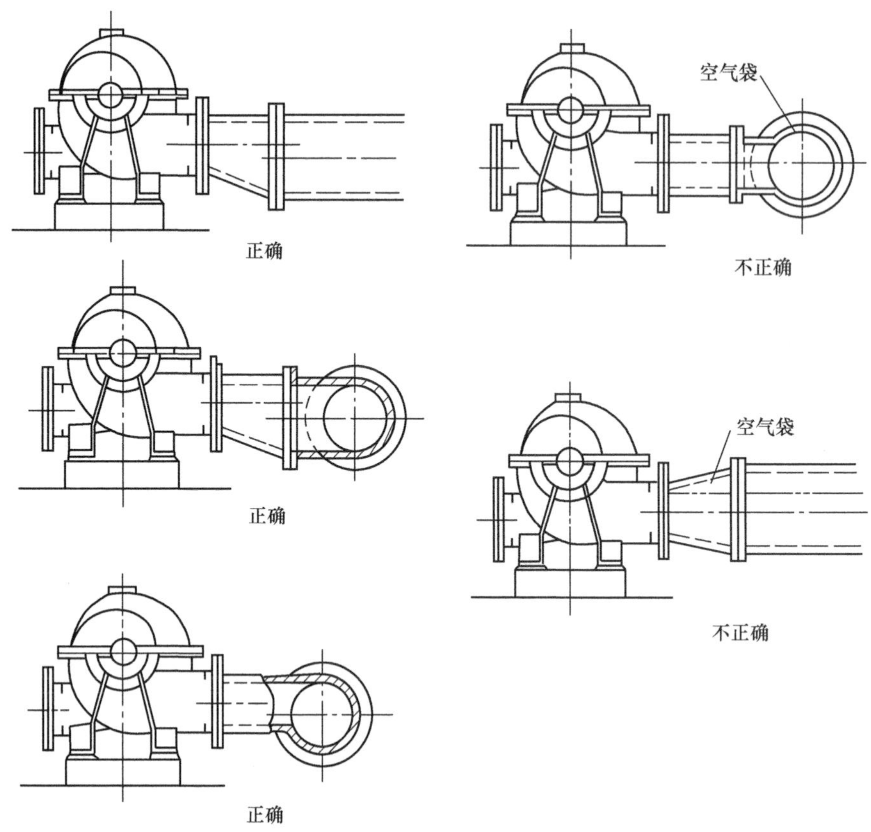

图 14-19　进水管变径的连接

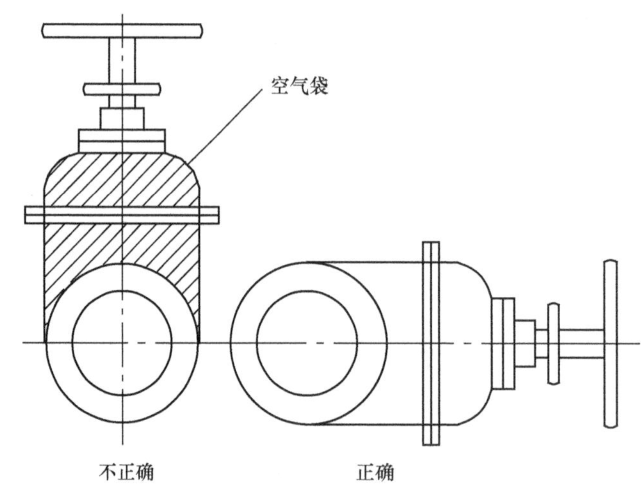

图 14-20　进水管的闸阀安装

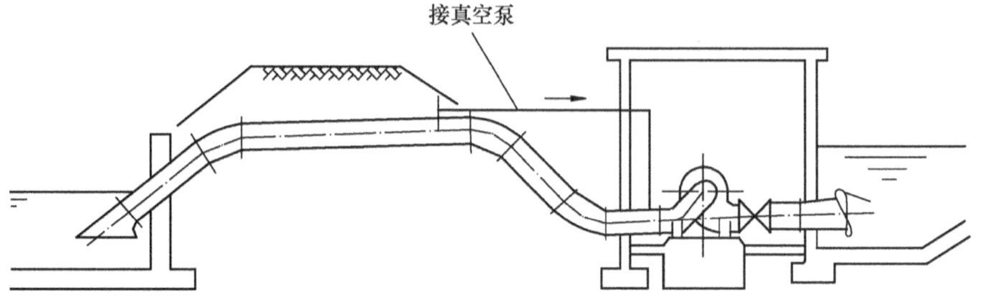

图 14-21　水泵的负压进水管布置

出水管路布置的一般要求如下：

(1) 出水管管径一般较水泵出口大，在水泵出口和出水管路之间应安装渐放管。水泵出水管的流速按设计规范采用以下数值：

直径小于 250mm 时，采用 1.5～2.0m/s；

直径为 250～1000m 时，采用 2.0～2.5m/s；

直径大于 1000mm 时，采用 2.0 ～3.0m/s。

(2) 出水管路上应设置控制阀门和止回阀（或缓闭止回阀）。一般出水管管径≥300mm 时，采用电动阀门。当采用蝶阀时，由于蝶阀开启后的位置可能超过阀体本身长度，故在布置相邻连接配件（如其他阀门等）时，应予以注意，必要时需加设短管。

止回阀的形式应合理选择并定期测试，以防止正常运行时阻力增加，造成能量损失。

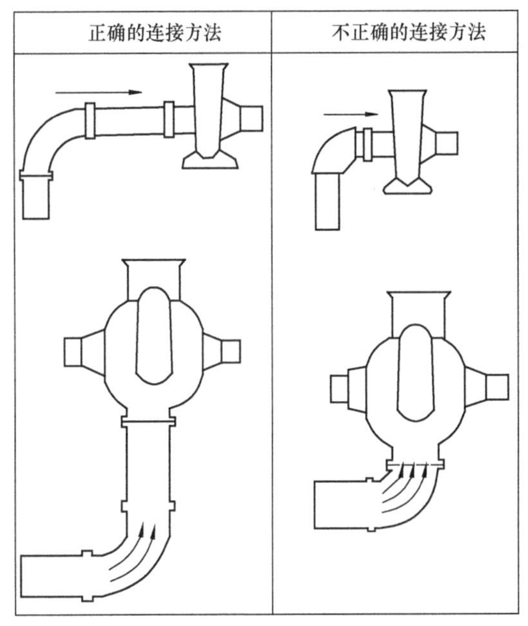

图 14-22　吸水管上的弯头连接

(3) 出水管路是否需设置防止水锤措施应根据泵房所在地地形、出水管敷设高差、线路长短、水泵工作压力及工作条件等因素通过水锤计算后确定。

(4) 为了便于泵房内水泵及阀门的安装及检修，在出水管路上通常设有传力式限位伸缩节，如图 14-23 所示。

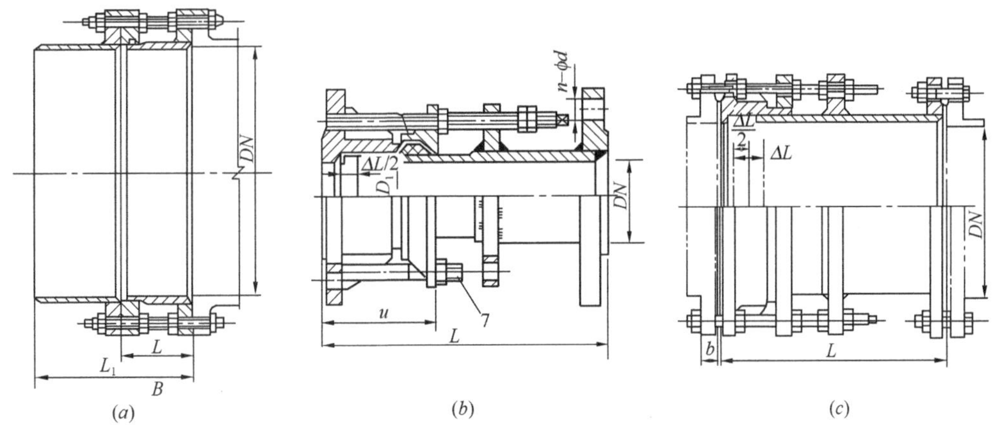

图 14-23　限位伸缩节

(a) 带 O 形圈伸缩节；(b) 限位伸缩接头；(c) 传力伸缩接头

(5) 出水总管上应根据检修需要设置必要的隔离阀门。

(6) 较大直径的隔离阀门、止回阀及出水连接总管宜设在泵房外的阀门井内。对于较深的地下式泵房，为避免裂管事故和减小泵房布置面积，更宜将阀门移至室外阀门井（或建立阀门室）。

(7) 当出水输水管线较长、直径较大时，为尽快排除出水管内空气，可考虑在泵后出水管上安装泄气阀。

(8) 当出水管需设置流量仪时，应根据流量仪的类型和安装要求，布置在合适的位置，以满足流量检测的要求。

6. 管槽

当进出水管埋设在泵机层面以下时常采用管槽以便检修。管槽的特点是水管隐蔽，机组整齐，操作维修都很方便。对于地面式泵房或地下部分不深的泵房，广泛采用这种布置。

一般管槽设置可分为单侧（图 14-24*a*）和双侧（图 14-24*b*）两种。单侧只设置出水管管槽；双侧则把进水管和出水管均设于管槽内。双侧槽将管道隐蔽较彻底，但要求配件较多，且泵房宽度也需增加，因此一般以布置单侧管槽较多。

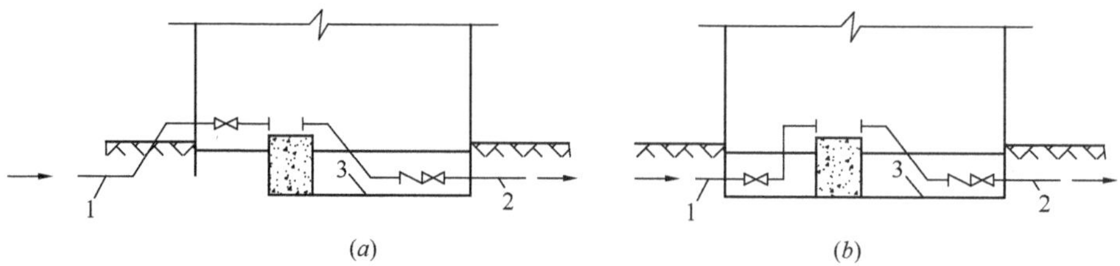

图 14-24 管道管槽布置

1—进水管；2—出水管；3—管槽

管槽设计要求：

(1) 管外壁与槽壁和槽底的净距不小于 300mm（图 14-25）；

(2) 带有旁通阀的大口径阀门，其管槽宽度要适当加宽或局部加宽；

(3) 采用有突出部件的阀门时，管槽深度或宽度应相应加宽或加深；

(4) 管槽上必须做可开启的盖板。盖板上要考虑可能承受的设备荷载；

(5) 管槽需设排水措施，槽底向排水口的坡度不小于 1%。

7. 吸水井

吸水井是连接二级泵房与清水池之间的构筑物。设置吸水井的目的是便于水泵吸水管道的布置，特别是当泵房设置多台水泵时，同时便于生产调度，当清水池清洗时不影响泵房的供水。

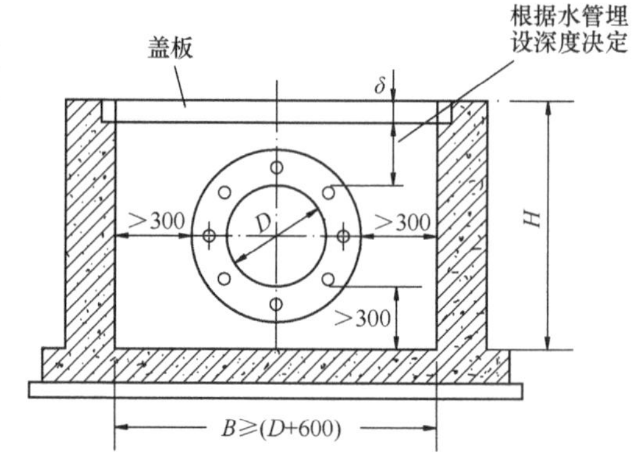

图 14-25 管槽间距

吸水井最高水位应与清水池最高水位相同，底标高应满足水泵吸水要求。

吸水井可以做成敞开式也可以做成压力式，压力式吸水井应设有透气孔和检修人孔。

当多台水泵吸水管共用一个吸水井时，常将吸水井分成两格，中间隔墙上设置连通管和闸阀，以便分隔清洗使用。

吸水井中水泵吸水管的布置应防止产生涡流，减少空气吸入。吸水管一般采用带有喇叭口的吸水管道，布置见图 14-26、图 14-27。喇叭口吸水管的布置需符合下列要求：

(1) 吸水喇叭口直径 D 不小于吸水管直径 d 的 1.25 倍。

(2) 吸水喇叭口最小悬空高度 h_1：

1) 喇叭口垂直布置时，$h_1=0.6\sim0.8D$；

2) 喇叭口倾斜布置时，$h_1=0.8\sim1.0D$；

3) 喇叭口水平布置时，$h_1=1.0\sim1.25D$。

(3) 吸水喇叭口在最低运行水位时的淹没深度 h_2：

1) 喇叭口垂直布置时，$h_2=1.0\sim1.25D$；

2) 喇叭口倾斜布置时，$h_2=1.5\sim1.8D$；

3）喇叭口水平布置时，h_2＝1.8～2.0D。

（4）吸水喇叭口中心与吸水井侧壁距离 b=1.3～1.5D。

（5）两个喇叭口间的净距 a＝1.5～2.0D。

（6）设有格网或格栅且安装有多台水泵的吸水井，格网或格栅至吸水喇叭口的流程长度不小于 3D。

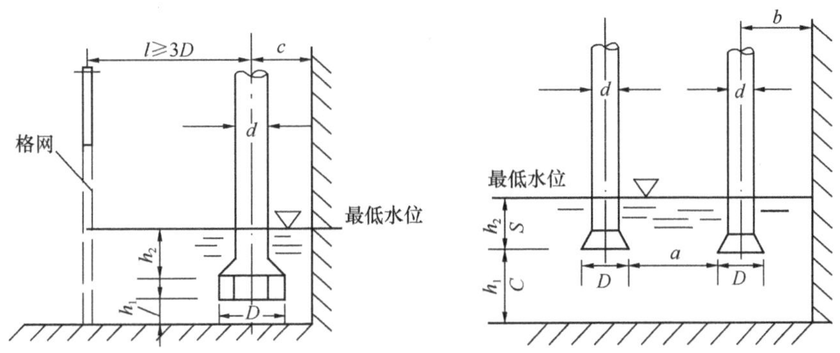

图 14-26　吸水井、喇叭管垂直布置

h_1—喇叭口悬空高度；h_2—淹没水深；a—喇叭口间净距；

b—喇叭管中心线与侧壁距离；c—喇叭管中心线与后壁距离

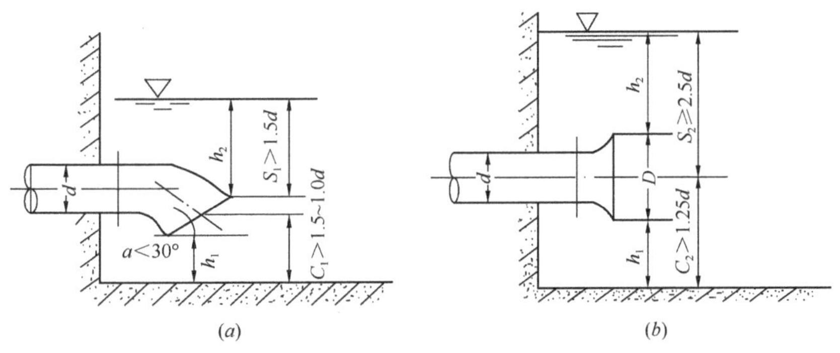

图 14-27　喇叭口倾斜或水平布置

（a）喇叭口倾斜布置；（b）喇叭口水平布置

14.3.3　泵房的辅助设施

1. 引水设施

水泵启动前泵体必须充满水，其充水方式有正进水（自灌式）和负进水（吸入式）两种。当水泵安装在吸水水位以下时，可利用水位自流充满水泵，即自灌式；反之则需要使泵体形成负压，将水引入泵体，即吸入式，使水泵充水的过程称为引水。

大型水泵和自动化程度高，启动要求迅速的泵房，一般采用正进水（自灌式），水泵外壳顶点低于吸水池内的最低启泵水位。当水泵负进水（吸入式）工作时，在水泵启动前必须引水。引水的方式分为两类：一类是吸水管带有底阀的引水，另一类吸水管不带底阀。

吸水管带底阀的引水方式和适用条件及特点见表 14-5 所列。

不带底阀水泵的引水方式有采用真空泵和不采用真空泵两种，其引水方式和适用范围及特点见表 14-6 所示。

吸水管带底阀的引水方式 **表 14-5**

引水方式	示 意 图	适 用 条 件	特点（优缺点）
压力水管引水	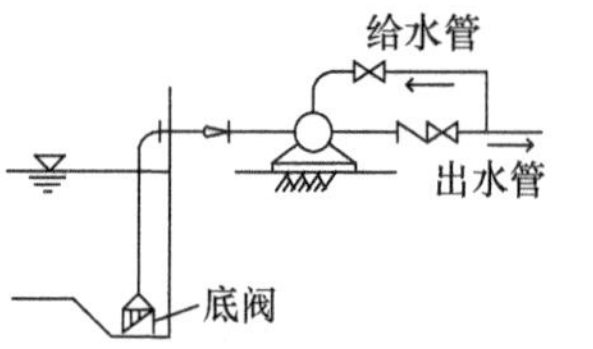 给水管 / 出水管 / 底阀	1. 水泵吸水管小于 *DN*300 的小型水泵； 2. 压力水管内经常有水	1. 水头损失较大； 2. 底阀需经常清洗和修理，尤其当用于取水泵时，易被杂草、石块等堵塞，使底阀关不严密影响灌水启动； 3. 底阀在水下修理麻烦； 4. 优点是引水装置简单
高架水箱灌水	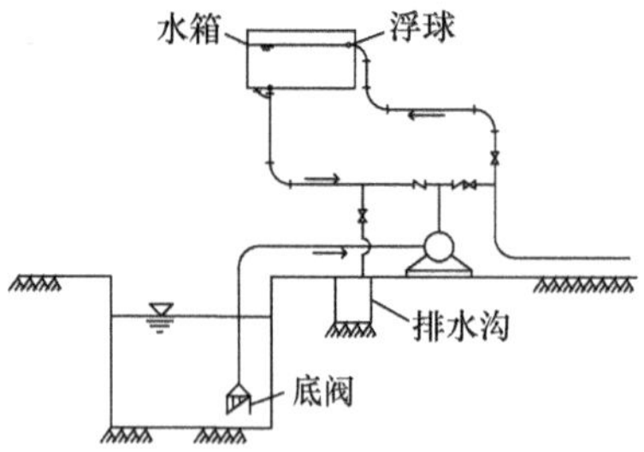 水箱 / 浮球 / 排水沟 / 底阀	1. 小型水泵，吸水管口径小于 *DN*300； 2. 压力水管路内经常因停泵而泄空无水； 3. 适用于吸水管路较短，所需注入水量不多	

不带底阀的真空引水方式 **表 14-6**

引水方式	适 用 条 件	特点（优缺点）	示 意 图
真空引水罐	适用于水泵吸水管小于 *DN*200 的小型水泵	1. 水头损失小 2. 设备简单 3. 引水方便	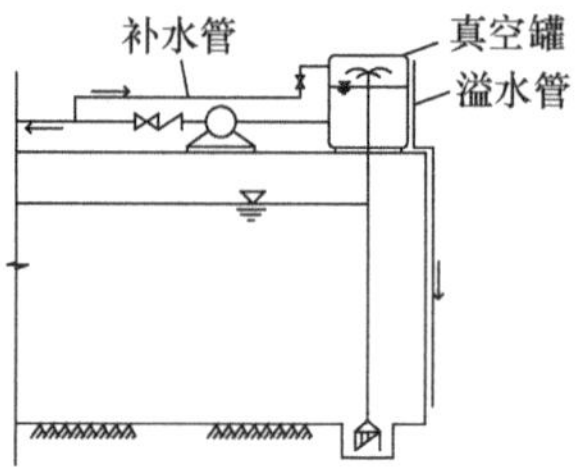 补水管 / 真空罐 / 溢水管
密闭水箱	适用于小型水泵	1. 水头损失小 2. 设备简单	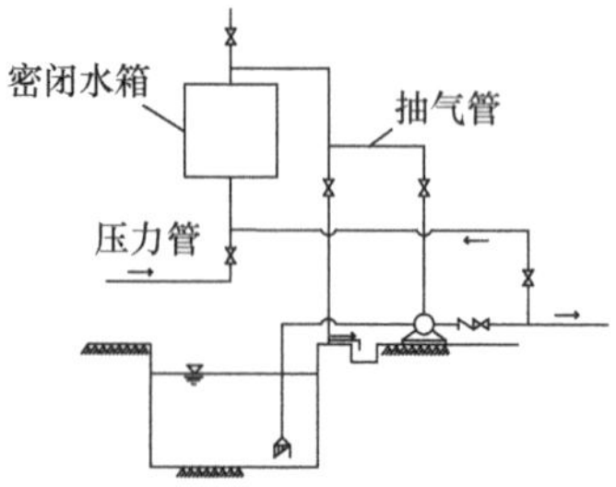 密闭水箱 / 抽气管 / 压力管
水射器引水	适用于小型水泵	1. 水头损失小 2. 结构简单，安装方便，工作可靠，维护方便，占地小 3. 缺点是效率低，需提供大量压力水	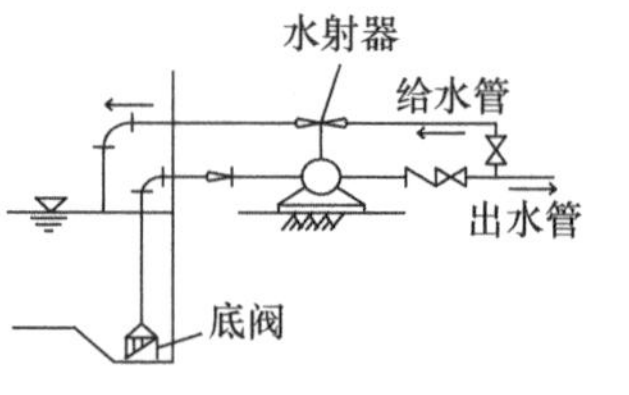 水射器 / 给水管 / 出水管 / 底阀

续表

引水方式	适用条件	特点（优缺点）	示意图
真空泵直接引水	适用于启动各种规模型号水泵，尤其适合于大、中型水泵及吸水管道较长时	1. 水头损失小 2. 真空泵的启动迅速，效率较高 3. 需设置真空泵等设备和管路，使水泵启动、操作较麻烦	水环式真空泵、气水分离箱、循环水箱
常吊真空引水	多用于中、小型水泵启动，也有用于大、中型水泵启动的新型产品	1. 水头损失小 2. 长期真空吊水，使水泵启动方便迅速 3. 真空装置和真空管路复杂，真空泵自动启停频繁，初始运行抽气时间长	引水管、排气引水阀、电接点真空表、阀、水封管、水泵、阀、真空缸

在上述各种引水方式中，真空泵引水方式对大、中、小型水泵均适用，应用较多。

引水设备的大小应通过计算确定，对于非自灌水泵的引水时间不宜超过 5min。

2. 起重设备

为便于水泵、电动机或阀门等设备的安装、检修或更换，泵房需设置起重设备。由于泵房的起重设备系非经常性工作，故应力求简单，但必须确保安全。选择起重设备应根据泵房内最大（重）一台水泵或电动机的重量以及泵房的布置形式来决定采用起重设备的类型、起重量、提升高度和行车的跨度。

起重设备的形式和适用条件见表 14-7 所列。

泵房起重设备形式　　　　**表 14-7**

起重设备形式	适用条件
手动、电动单轨吊车	设备布置在同一直线上。起吊设备时无需横向移动，多用于小型泵房和潜水泵的起吊
手动、电动单梁悬挂起重机	适用于最大起吊设备在 5t 以下，在泵房屋顶横梁下安装两条工字钢作为轨道（起重量 3t 以下时可采用手动）
电动桥式起重机（有单梁和双梁两种，又包括单钩或双钩两种）	适用于大型泵房，其吊车轨道一般安设在壁柱上或钢筋混凝土牛腿上

当泵房内设有起重设备时，泵房高度应按起吊物体的底部与吊运时越过的固定物顶部之间的净距不小于 0.5m 进行核算。

埋地较深的泵房起重设备应能将重物吊至运出口，其吊起物底部与地面层地坪间净距不小于 0.3m。当泵房地下部分过深，或泵房下部有梁等妨碍起重设备吊运时，可考虑采用二级起吊。

如果泵房布置考虑汽车能进入泵房，则起重设备应能将重物吊到汽车上。

起重设备在泵房宽度及长度方向的服务范围必须能全部覆盖起吊设备的范围，特别需注意产品行车梁的支承位置必须与结构设计相吻合，并注意泵房有开窗平台时的影响。起重机械安装如图 14-28 和图 14-29 所示。

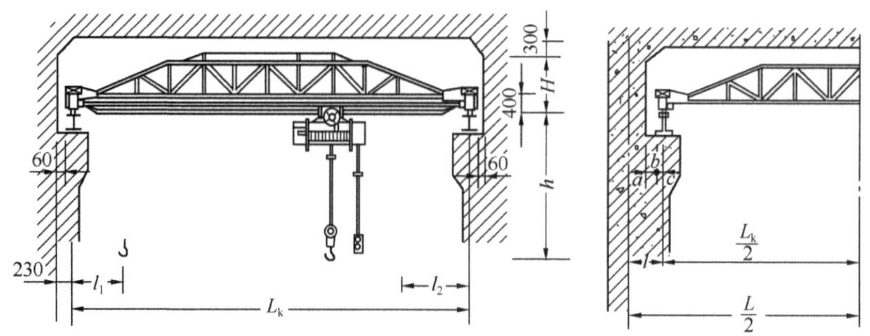

图 14-28　无吊车梁的桥式起重机械安装示意

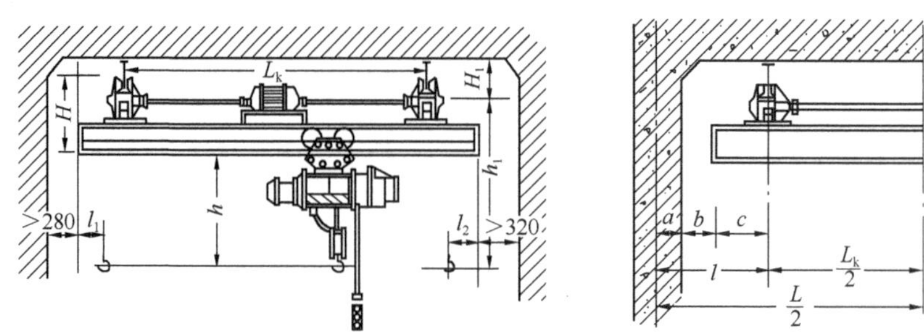

图 14-29　悬挂式起重机械安装示意

3. 通风设备

泵房设计应根据水泵的功率和泵房的布置采用相应的通风设备，一般地面式多采用自然通风。为了改善自然通风条件，地面式泵房可设置高低窗，并保证足够的开窗面积。当泵房为地下式或电动机功率较大时，为保证有良好的工作环境，并改善电动机的工作条件和使室内最高温度不超过 35℃，宜采用机械通风。机械通风可采用抽风式、排风式或进出风两套风机系统，其适用条件见表 14-8 所列。

通风方式及适用条件　　**表 14-8**

通风方式		布置特点	通用条件
自然通风		有足够的开窗面积，满足自然通风要求	适用于地面式泵房或埋设较浅的地下或半地下式泵房
机械通风	抽风式	将风机放在泵房上层地面防洪水位以上的墙面上，或建在不漏水的垂直通风井内将热风抽出室外，冷空气自然补充	使用较广泛，适用于一般的半地下式、地下式的大中型泵房
	排风式	在泵房内电机附近安装风机，将电动机散发的热气，通过风道排出室外，冷空气自然补进	
	两套机械通风系统	除设置机械抽风（或排风）系统外，再设置机械送冷风系统	适用于大型及埋设较深的地下式泵房

1）风道系统布置

机械通风的风管断面较大，在进行泵房的电机水泵以及进出水管道布置时，必须结合机械通风系统统一考虑。图 14-30 所示为风道布置的 3 种形式，可供参考。图中（*a*）为设置进排风双套机械风机的通风形式，通风效果较好，适用于电机容量较大的场合；（*b*）为将风机安装于不漏水的垂直通风井内，要求泵房墙壁作特殊处理，地面上无通风管道，较简洁，适用于地下式泵房，可采用一台风机服务多台电机的方式；（*c*）为每台电机设置单独通风管道和风机，通风效果较好，一般适用于大功率电机的泵房。

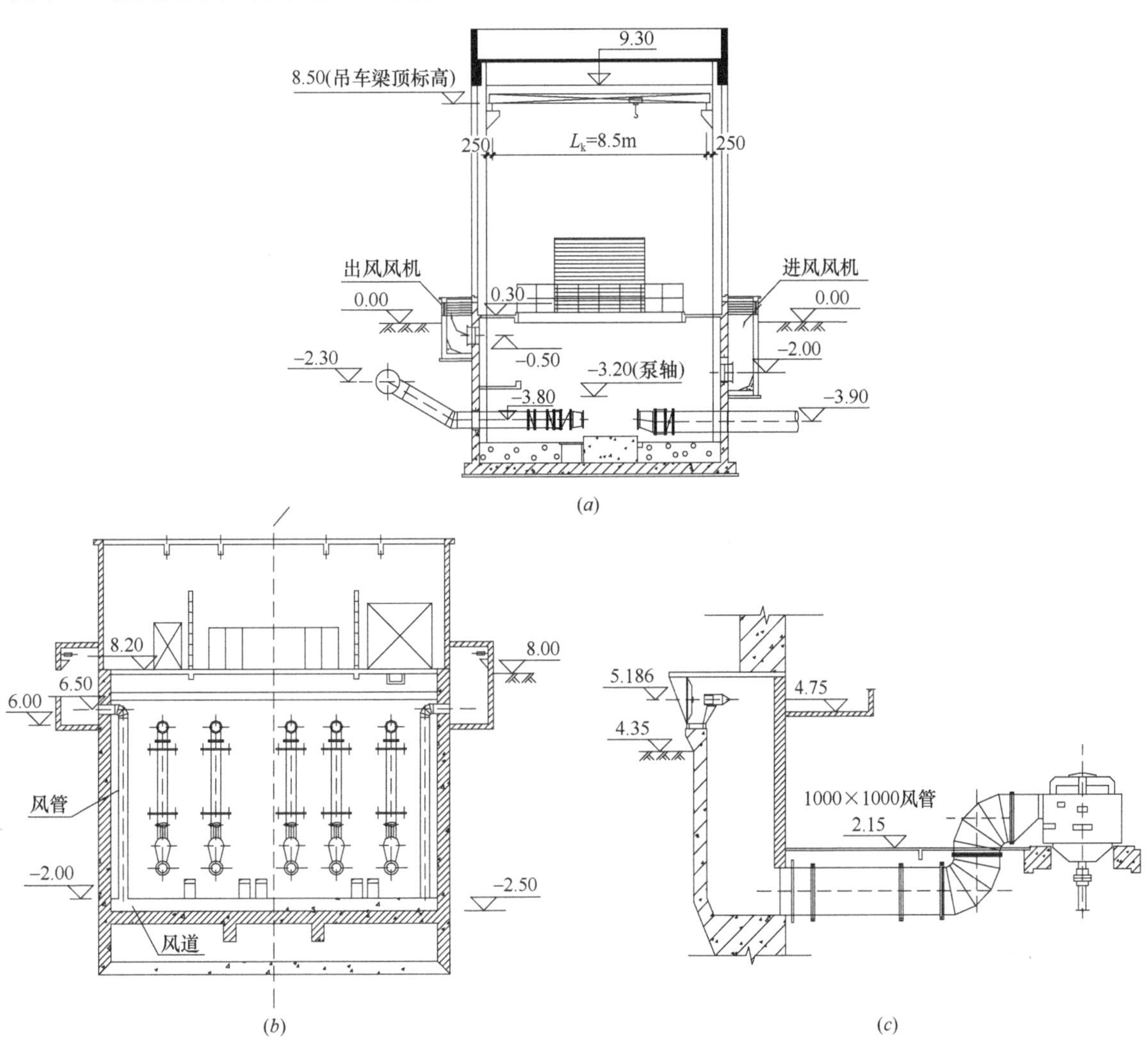

图 14-30　风道布置形式

2）风机选择

风机有两种形式：轴流风机和离心风机，如图 14-31 所示。

离心风机根据其产生的风压大小，可分为：

低压离心风机——全风压在 100mmH_2O 以下；

中压离心风机——全风压在 100～300mmH_2O 之间；

高压离心风机——全风压在 300mmH_2O 以上。

轴流风机根据风压大小可分为：

低压轴流风机——全风压在 50mmH_2O 以下；

高压轴流风机——全风压大于 50mmH_2O。

泵房通风要求的风压不大，故大多采用轴流风机和低压离心风机。

泵房选用风机的风量应根据计算确定。风量计算可采用以下两种方法：

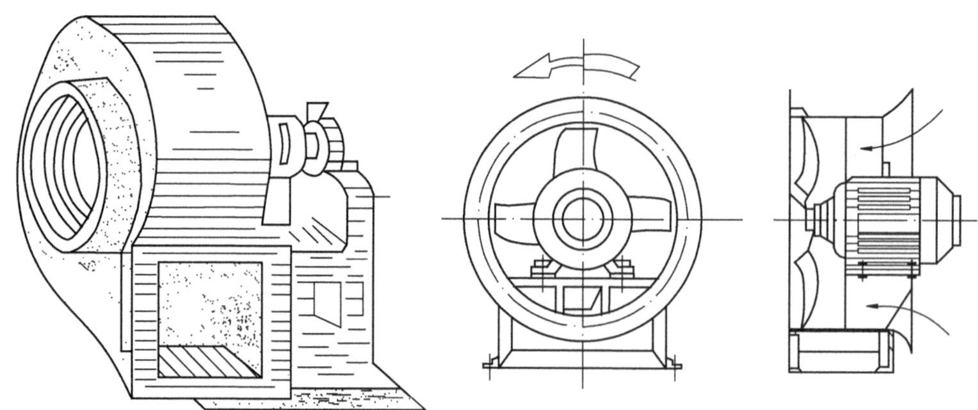

图 14-31　通风机

(1) 按泵房每小时换气 8～10 次所需通风空气量计算。若泵房的总建筑容积为 V (m^3)，则风机的排风量应为 8～10V (m^3/h)。

(2) 按消除室内余热的通风空气量计算：

$$L = \frac{Q}{C\gamma(t_1 - t_2)} \tag{14-17}$$

$$Q = nN(1-\eta)k \tag{14-18}$$

式中　Q——泵房内同时运行的电机的总散热量(kcal/h)；

C——空气的比热，一般取 C=0.24[kcal/(kg·℃)]；

γ——泵房外空气的密度，随温度而改变，当 t=30℃时，γ=1.12kg/m^3；

L——风机排风量，(m^2/h)

t_1-t_2——泵房内外空气温度差(℃)；

N——电机功率(kW)；

η——电机效率，一般取 η=0.9；

n——同时运行电机台数；

k——热功换算常数，k=860kcal/(kW·h)。

4. 排水设备

泵房内的排水，主要是排除水泵运行时轴承冷却水，填料和压力水管上闸阀的漏水，停泵检修排空放水，大型电机的轴套冷却水排水，冲洗地坪废水，以及发生事故等特殊情况下的大量泄水，排水方式根据泵房布置的形式和泵房的大小可采用不同的排水方式，见表 14-9 所示。

排水方式和适用范围　　**表 14-9**

排水方式	适用范围
自流式排入室外下水道	适用于地面式泵房，泵房内地坪高于室外水位
水射器或手摇泵排水	适用于小型地下式或半地下式泵房
用电动水泵自动排水	适用于大中型、较重要的半地下式或地下式泵房。对于较深的地下式泵房，为避免事故时大量泄水而淹没水泵及电机影响泵房运行，往往备有多台大水泵用于事故排水。有时还在不同平面上设置排水泵

在布置排水设施时应注意：

(1) 排水泵一般均根据水位自动控制启停，除选用流量合适的水泵外，应设置一定容量的排水集水坑。

(2) 排水泵基础宜尽量提高，以免泵房积水时，排水泵遭淹没而不能工作，尤其是大型地下式泵房；当采用潜水泵排水时应保证泵处于正常状态。

(3) 各种管沟、排水沟等均应与排水管相连通，并有 $i \geq 0.01$ 坡度坡向集水坑；电缆沟亦应与排水集水坑相连以排除沟内积水，但连接处需设阀门等隔断措施，以免排水倒灌入电缆沟。

(4) 排水设施应有备用和防止自动控制失灵时的应急按钮开关。

5. 降噪和防振设备

二级泵房因装机容量大，故噪声必须注意控制，特别当电机转速高时噪声更大。其他噪声来源可能是由于水泵的质量、水泵及管阀的安装精度、送风管噪声等，必要时需加装机组隔振措施，力求控制声源，降低噪声，使泵房内的噪声在允许的范围内。控制室因值班人员常驻，一般用双层玻璃、隔声门等进一步降低噪声，以符合卫生条件。

14.3.4　二级泵房布置实例

1. 实例一

图 14-32 所示为一座供水规模 20 万 m^3/d 的二级泵房布置图，水泵采用卧式离心泵，共设水泵 6 台（4 台大泵，2 台小泵，其中大、小泵各有 1 台备用）。泵房平面采用常用的直线形布置，泵房为半地下式结构，地下部分深 4.5m。进、出水管采用直线布置。为检修和巡视方便，在出水端设有宽 5m 的检修平台，在出水管上则设有可开启的盖板，水泵启动采用真空引水。

2. 实例二

图 14-33 所示为一座供水规模为 80 万 m^3/d 的二级泵房布置图，水泵采用中外合资生产的卧式离心泵，共设同型号泵 6 台，4 用 2 备，单泵流量达 1 万 m^3/h。泵房采用半地下式，地下部分深 6.3m，进出水管采用直线形布置。检修平台双侧布置，四边环通，出水侧平台宽 6.03m，进水侧平台宽 2.17m，各泵之间设钢楼梯，到达底层。水泵启动采用正进水方式，泵房采用双侧布置的进、排风机械通风方式。

3. 实例三

图 14-34 所示为一座总规模 20 万 m^3/d 的二级泵房布置图。该泵房为近远期结合，且为高低压分区供水泵房。一期安装 10 万 m^3/d 水泵，其中高压泵为 7.66 万 m^3/d，设 4 台泵，3 用 1 备，低压区供水泵 2 台，均常用，备用泵近期考虑用高压泵作备用，远期设置备用泵。泵房为半地下式，地下部分深 4.3m，三侧布置可拆装钢格栅检修平台，出水侧平台设置多处楼梯下到底层。水泵采用真空引水启动方式，真空常吊。泵房采用双侧布置的进、排风机械通风方式。

4. 实例四

图 14-35 所示为一座总规模达到 11.8 万 m^3/d 的二级泵房布置图。该泵房近远期结合，近期规模 8 万 m^3/d，安装 3 台水泵，2 用 1 备，其中一台采用高压变频调速，预留远期 1 台泵位。水泵采用多级离心泵（采用 3 级叶轮），扬程为 330m，电机功率为 2400kW，泵房为半地下式。泵房采用单根进水总管和单根出水总管，水泵直接从进水横管上吸水。水泵采用正进水启动方式。水泵出水管设置单向阀和手动蝶阀，为保证泵房安全，出水管上的阀门安装在室外阀门井中。根据水锤分析，最高水锤压力达 500m，采用了水锤消除措施。

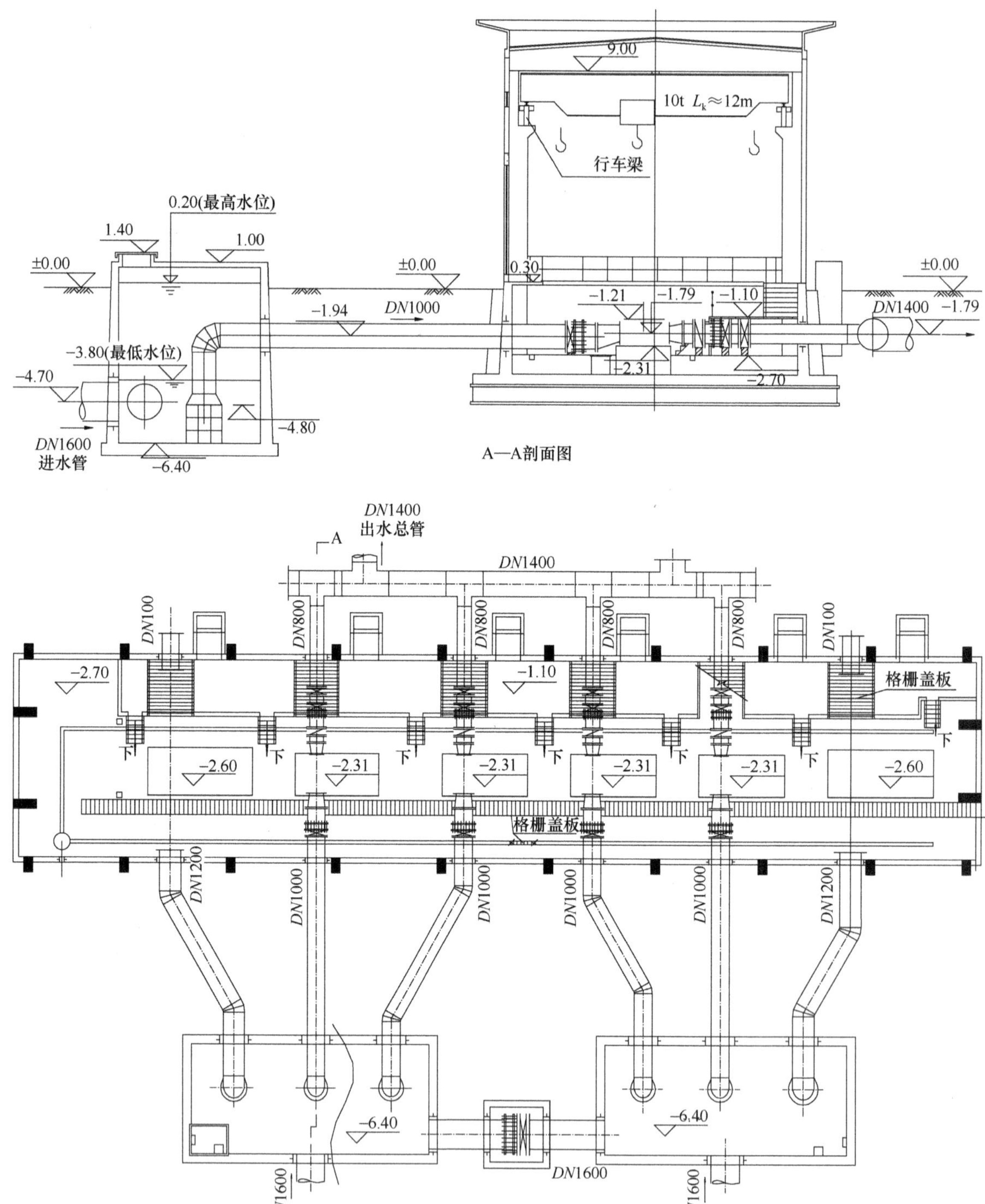

图 14-32　卧式离心泵房布置图（一）

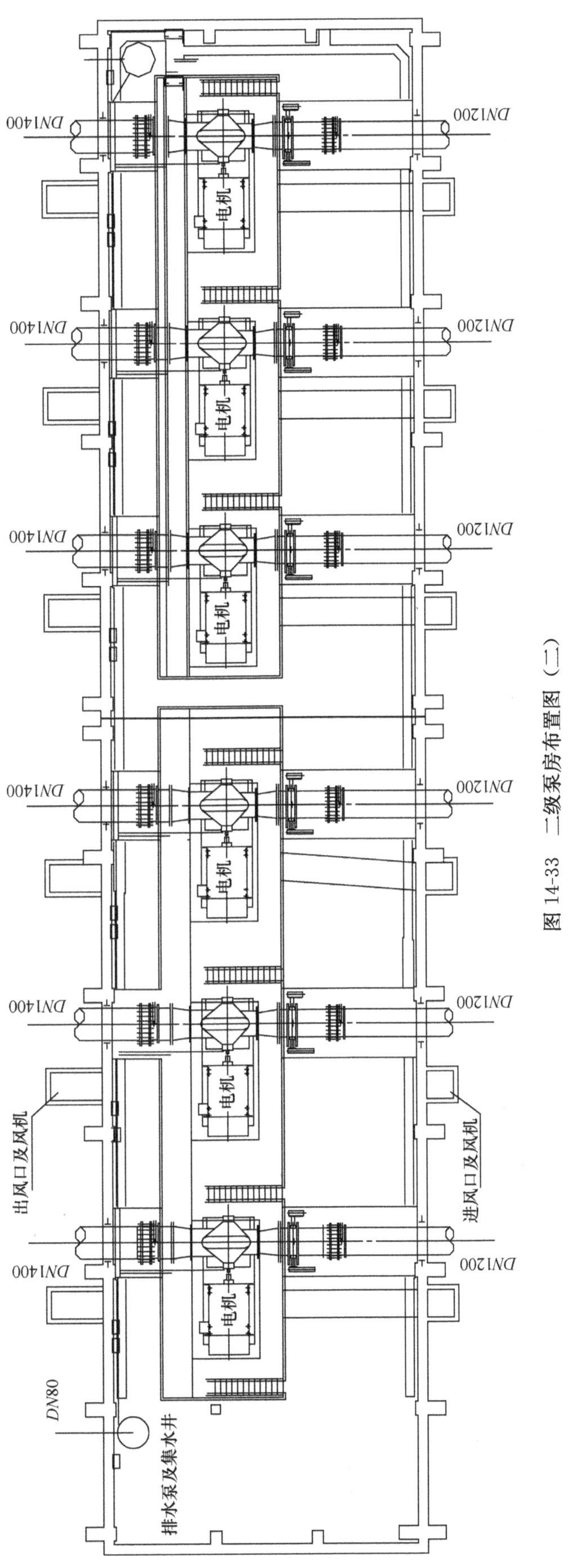

图 14-33　二级泵房布置图（二）

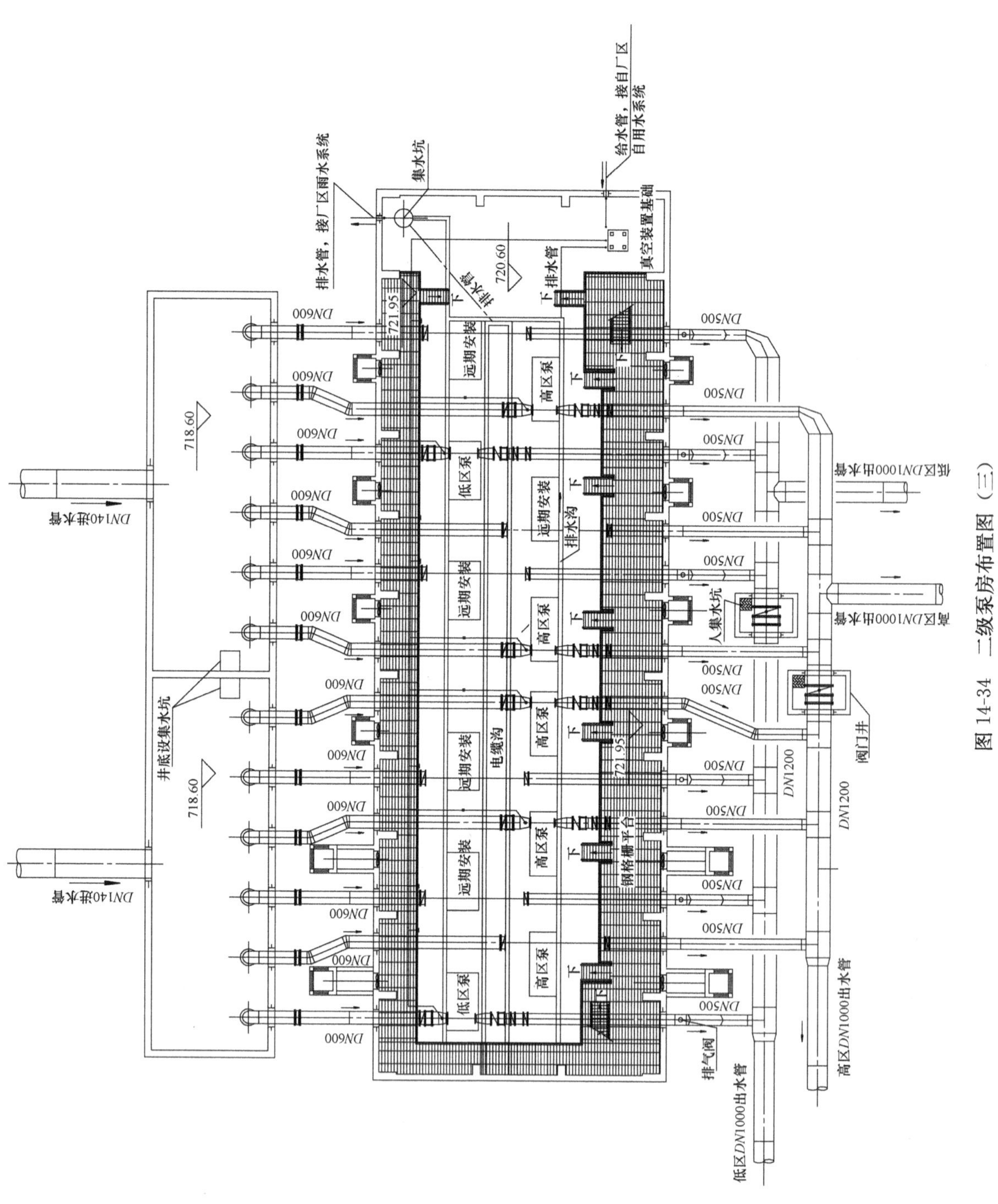

图 14-34 二级泵房布置图（三）

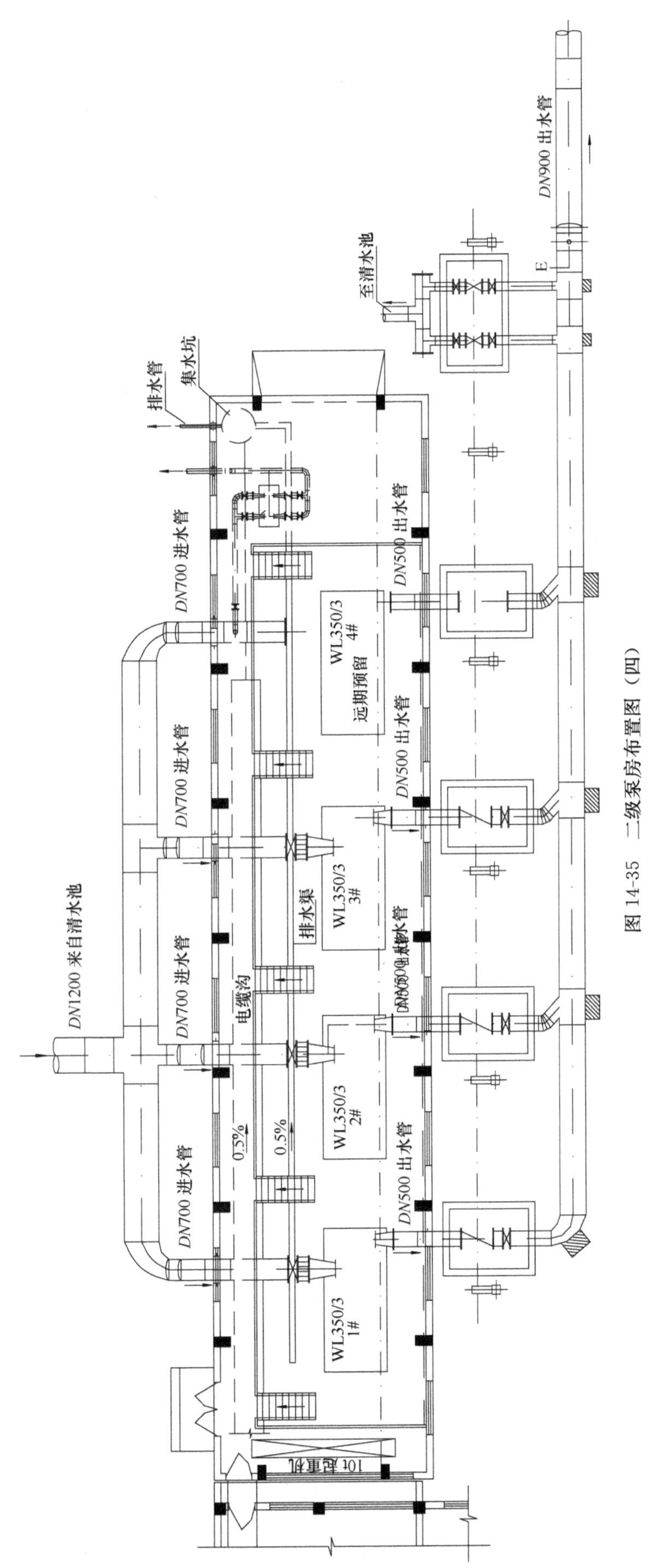

图 14-35　二级泵房布置图（四）

第 15 章　供配电及自控设计

15.1　净水厂供配电设计

净水厂的原水取集、输送以及净化后送至用户，其动力一般为电力。因此，净水厂的变配电系统设计对供水的可靠性，有至关重要的影响。

根据我国供电的一般规定，净水厂变电所为用户站，其变配电设计应该满足我国有关规范，以及当地电力部门对用户站的要求，同时，应该充分考虑净水工艺的自身特点，使供配电系统能够满足"安全、可靠、灵活、经济"的设计原则，避免不必要的浪费。

15.1.1　负荷等级及供电要求

供配电系统，应为下级负荷提供合适的电能，满足整个工艺系统运行的需求，同时满足其安全、可靠的要求，因此，负荷等级是供配电系统设计的基础。

我国将负荷根据可靠性要求划分为三个等级，《供配电系统设计规范》GB 50052—95 第 2.0.1 条规定"电力负荷应根据对供电可靠性的要求及中断供电在政治、经济上所造成损失或影响的程度进行分级，并应符合下列规定：一、符合下列情况之一时，应为一级负荷：1. 中断供电将造成人身伤亡时。2. 中断供电将在政治、经济上造成重大损失时。例如：重大设备损坏、重大产品报废、用重要原料生产的产品大量报废，国民经济中重点企业的连续生产过程被打乱需要长时间才能恢复等。3. 中断供电将影响有重大政治、经济意义的用电单位的正常工作。例如：重要交通枢纽、重要通信枢纽、重要宾馆、大型体育场馆、经常用于国际活动的大量人员集中的公共场所等用电单位中的重要电力负荷。在一级负荷中，当中断供电将发生中毒、爆炸和火灾等情况的负荷，以及特别重要场所的不允许中断供电的负荷，应视为特别重要的负荷。二、符合下列情况之一时，应为二级负荷：1. 中断供电将在政治、经济上造成较大损失时。例如：主要设备损坏、大量产品报废、连续生产过程被打乱需较长时间才能恢复、重点企业大量减产等。2. 中断供电将影响重要用电单位的正常工作。例如：交通枢纽、通信枢纽等用电单位中的重要电力负荷，以及中断供电将造成大型影剧院、大型商场等较多人员集中的重要的公共场所秩序混乱。三、不属于一级和二级负荷者应为三级负荷。"《室外给水设计规范》GB 50013—2006 第 8.0.7 条规定"一、二类城市的主要水厂的供电应采用一级负荷。一、二类城市非主要水厂可采用二级负荷，当不能满足时，应设置备用动力设施。"因此，净水厂的用电为一级或二级负荷。当净水厂为一级负荷时，应由两个电源供电，当一个电源发生故障时，另一个电源不应同时受到损坏。当为二级负荷时，宜由两回线路供电，在负荷较小或地区供电条件困难时，也可由一回 6kV 及以上专用的架空线路或电缆供电（当采用架空线时，可为一回架空线供电；当采用电缆线路时，应采用两根电缆组成的线路供电，其每根电缆应能承受 100%的二级负荷）。

随着我国电网的发展，高压供电网络中环网的采用，理论上不应同时受到损坏的 2 个电源越来越少，为了减少不必要的建设投资，设计时应充分考虑净水厂的重要性；管网中是否有类似的净水厂；该净水厂停运后管网是否有调配能力以及当地供电条件等多种因素，经技术经济比较确定净水厂的负荷等级。

《室外给水设计规范》GB 50013—2006 第 7.1.3 条规定"城镇的事故水量为设计水量的

70%”，因此，净水厂一、二级负荷一般按满足 70%设计水量计算。

15.1.2　电压等级选择

净水厂的供电电压应根据用电容量、用电设备特性、供电距离、供电线路的回路数、当地公共电网现状及其发展规划等因素，经技术经济比较确定。我国现行采用的供电电压为 110kV、35kV、10kV、380/220V，各级电压线路的送电能力见表 15-1。

各级电压线路的送电能力　　　　**表 15-1**

标称电压（kV）	线路种类	送电容量（MW）	供电距离（km）
10	架空线	0.2～2	20～6
	电缆	5	<6
35	架空线	2～8	50～20
	电缆	15	<20

表中数字的计算依据：

1. 架空线及 6～10kV 电缆截面最大 240mm²，35kV 电缆截面最大 240mm²，电压损失≤5%。
2. 导线的实际工作温度：架空线 55℃，6～10kV 电缆 90℃，35kV 电缆 80℃。
3. 导线间的几何均距：10（6）kV 为 1.25m，35kV 为 3m，功率因数均为 0.85。

通常各地电力部门根据用户负荷容量确定供电电压等级，如上海地区，供电电压等级按 15-2 表划分：

用户的供电电压　　　　**表 15-2**

供电电压	用户受电设备总容量
10kV	250～6300kVA（含 6300kVA）
35kV	6300～40000kVA
110kV 及以上	40000kVA 及以上

随着我国经济的发展，各地区对供水的要求越来越高，符合低压供电的净水厂由于其管理成本等多种因素，已越来越少，本节不再论述。不同的地区，对供电的电压等级和负荷的大小有不同的规定，因此，设计时，应向当地电力部门进行征询。

净水厂的主要用电设备为各类水泵，当其电动机功率小于 200kW 时，宜采用低压电动机，当电动机功率大于 400kW 时，宜采用高压电动机，介于二者之间时，应进行技术经济比较。

高压电动机的电压等级，一般为 10kV 或 6kV。随着 10kV 电动机越来越多地使用和其造价的降低，在外部电源采用 10kV 供电时，应优先考虑采用 10kV 高压电动机的直配电方案。但 10kV 高压电动机价格较 6kV 高，因此，需进行充分的技术经济比较。另外，我国一些地区尚未接受 10kV 高压电动机的直配方案，因此，在设计前期就需与有关部门做好沟通工作。在外部电源采用 35kV 供电时，应根据技术经济比较确定高压电动机的电压等级。采用变频调速时，如果技术经济合理，可考虑采用其他电压等级的电动机。

15.1.3　变配电系统

1. 变配电所设置

净水厂设置一个中心级的变配电所（或总降压站），接受外电网的电源，并以合适的电压将电源送至各用电点。中心级的变配电所应该设置在全厂的负荷中心，但同时要考虑电源进线的方便和出线电缆的通道。除了位于高地，采用重力流输水的净水厂外，一般净水厂的主要负荷集中在取水泵站（一级泵房）、输水泵站和出水泵房（二级泵房）内。对于采用高压电动机的净水厂，中心级的变配电所宜附设在泵房旁，以减少配电环节。大型的变配电所或总降压站也可独立设置于泵房近旁。没有高压电动机的净水厂，中心级的变配电所设置在负荷中心，一般也附设在主要泵房旁。

除了中心级的变配电所（或总降压站），净水厂应根据需要设置高压配电间和变电所。如水厂内有几个采用高压电动机的泵房且距离相隔较远时，中心变电所直接馈电的泵房以外的其他泵房内可以设置二级配电设施及其配电间，以减少供电电缆和方便控制、保护。净水厂占地较大和用电负荷较大时，应根据负荷分布划分低压供电的区域，每个区域内设置变电所，为该区域内低压用电负荷提供交流 380/220V 电源。变电所应该设置在各个区域的负荷中心。净水厂的低压负荷一般集中在采用低压电动机的取水泵站（一级泵房）、输水泵站和出水泵站（二级泵房）以及滤池冲洗泵房、脱水间、臭氧发生间、制氧间等建筑物内，变电所可以附设在这些建筑物旁。

2. 典型的主接线

净水厂工程变配电所主接线应综合电源电压等级、电源可靠性、净水厂负荷等级以及当地电力部门的规定等多种因素进行设计。常用主接线有线路变压器组、双电源单母线（分段或不分段）和双电源内桥、全桥等多种接线方式。净水厂工程中，一般不采用双母线接线。

1）35kV、110kV 变电所

35kV、110kV 变电所，可采用线路变压器组、内桥、外桥、全桥接线和 H 形接线，各接线形式如图 15-1～图 15-5 所示。

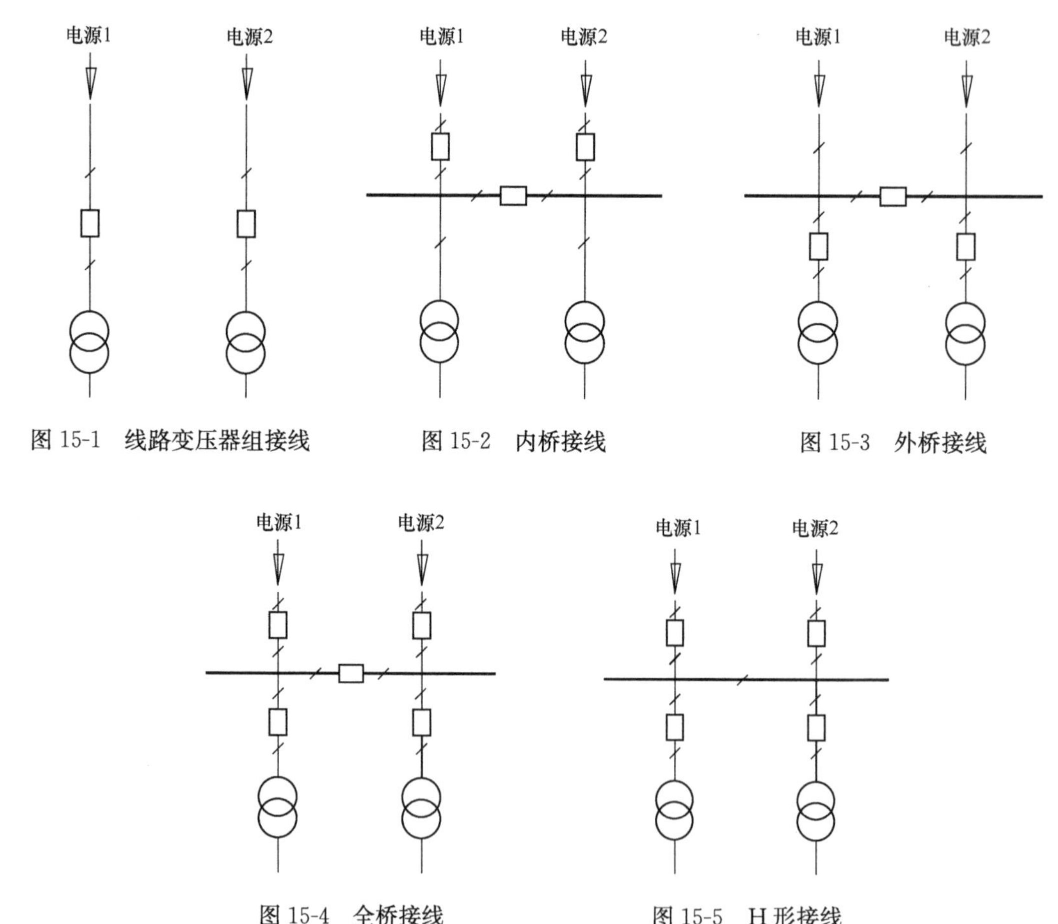

图 15-1　线路变压器组接线　　图 15-2　内桥接线　　图 15-3　外桥接线

图 15-4　全桥接线　　图 15-5　H 形接线

线路变压器组为一路电源进线带一个变压器的接线方式，其特点是结构简单、设备少、继电保护设置容易，但无论线路故障还是变压器故障，都将使一台变压器退出运行，不够灵活。内桥接线是在两路电源的进线断路器内侧增加一个分段断路器（桥开关）及相应的隔离开关，其特点是当一路电源失电时，经过断路器的切换，仍然可以通过两台主变压器对净水厂供电，因此较线路变压器组接线灵活，内桥接线对两路电源的投入和退出比较方便，两台变压器投入和退出则需通过倒闸操作来完成，稍微麻烦一点。另外，内桥接线处于单路电源运行工况时，未通过桥开关的变压器故障，将会使两台变压器均退出运行，出现全厂暂时断电的情况，需通过倒闸操作后恢复一台变压器供电，但因为内桥接线的分段断路器在进线断路器内侧，与外线接口少，是电力部门比较容易接受的方案。外桥接线是在两路电源的进线断路器外侧增加一个分段断路器（桥开关）及相应的隔离开关。该接线同样可以在一路电源失电时，经过断路器的切换，仍然通过两台主变压器对净水厂供电。外桥接线对两台变压器的投入和退出比较方便，两路电源投入和退出则需通过倒闸操作来完成，稍微麻烦一点，但因为分段断路器在进线断路器外侧，增加了上级变电所出线断路器跳闸的概率，电力部门通常不接受该方案。全桥接线即单母线分段接线，采用 5 个断路器，兼有内桥和外桥接线的优点，无论电源还是变压器均可灵活切换，也避免了内桥接线单路电源运行时，可能出现的全厂断电的状况，但全桥接线设备相对较多，投资相对较大。H 形接线是在全桥接线的基础上，在桥臂上省略断路器，仅采用隔离开关。该方案除了在两路电源供电模式切换成一路电源供电或一路电源供电恢复到两路电源供电时需要进行倒闸操作外，具有全桥接线其他所有的特点，并可减少一台断路器。

考虑到 110kV 电源可靠性较高，断路器等设备价格较高，占地较大，一般推荐采用线路变压器组的接线形式。目前 35kV 系统通常采用开关柜的形式，内桥、外桥、全桥接线和 H 形接线的开关柜数量一般都是相同的，仅断路器及其保护装置的配置不同。因此，35kV 系统宜根据负荷性质、电源条件和投资情况，合理选用接线形式。重要净水厂一般推荐采用内桥或全桥接线形式。110kV 系统一般采用线路变压器组的接线。

2）10kV 变电所

净水厂 10kV 变电所一般采用两路电源进线，单母线分段的接线形式，特殊情况也可以不设分段断路器。负荷较小的净水厂或地区供电条件困难时，也可由满足二级负荷供电条件的一回专用线路供电。在我国一些取消 35kV 配电电压等级的区域或 35kV 供电网络薄弱的区域，当净水厂负荷较大时，也有采用三路 10kV 电源方案，但需得到当地电力部门的认可。

10kV 各接线形式如图 15-6～图 15-9 所示。

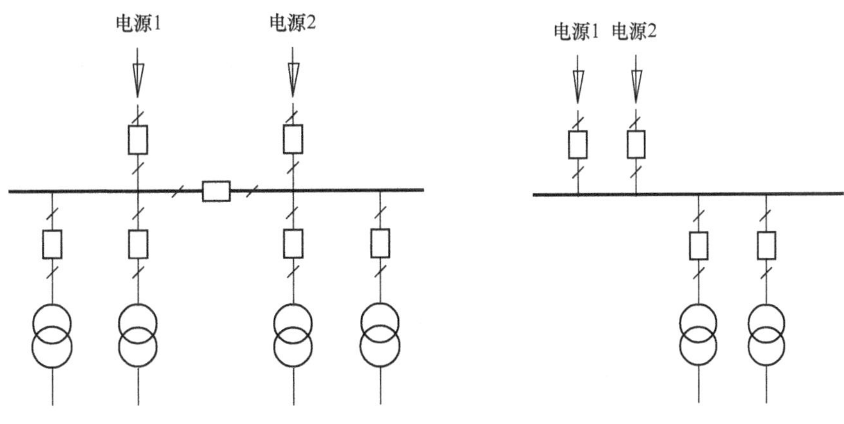

图 15-6　单母线分段接线　　图 15-7　单母线不分段接线

当净水厂为 10kV 供电而水泵采用 10kV 高压直配电动机时，可简化系统，减少开关设备，增加供、配电系统的可靠性，同时可避免因增加一级电压转换引起的损耗，但应考虑电动机启动对电网电压波动的影响，一般建议限制在 5%以内。同时应考虑采取必要的技术措施防止雷电通过外线对电动机过电压的侵害。

10kV 进线采用 10kV 及 6kV 电动机的典型接线形式如图 15-10、图 15-11 所示。

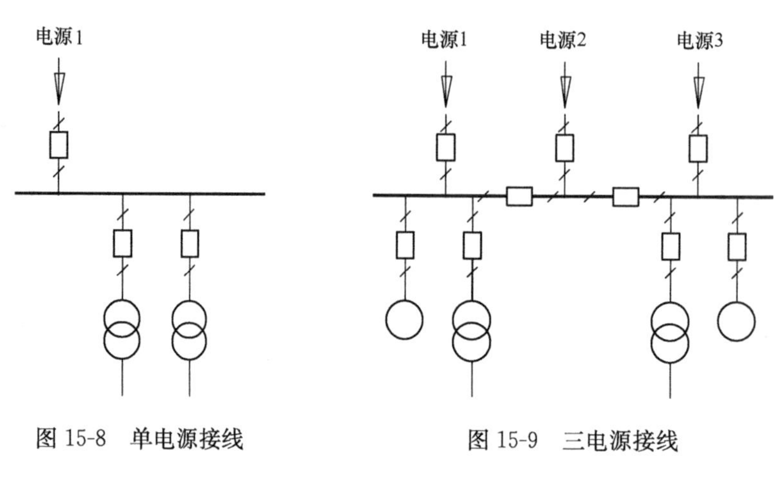

图 15-8　单电源接线　　　　图 15-9　三电源接线

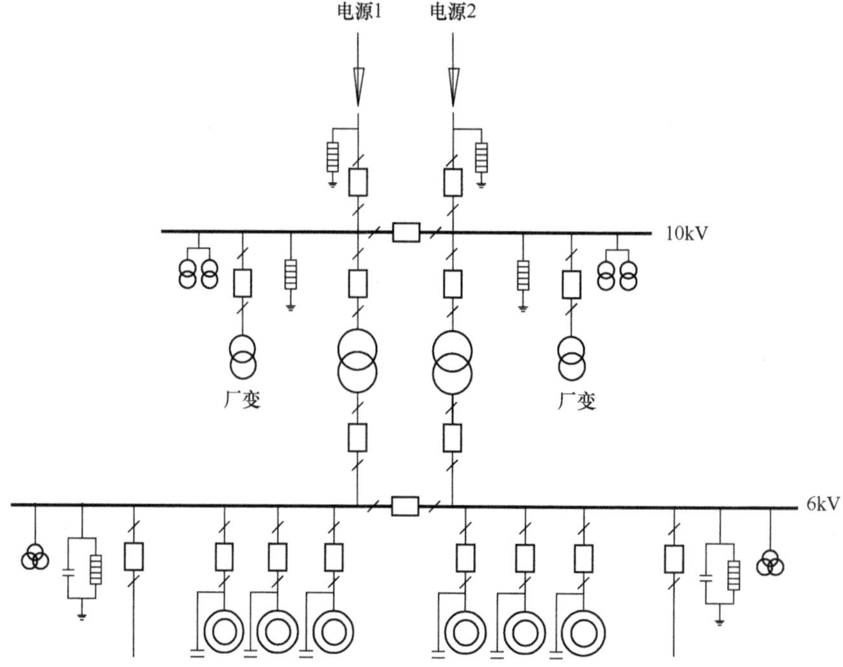

图 15-10　10kV 进线 6kV 电动机典型接线

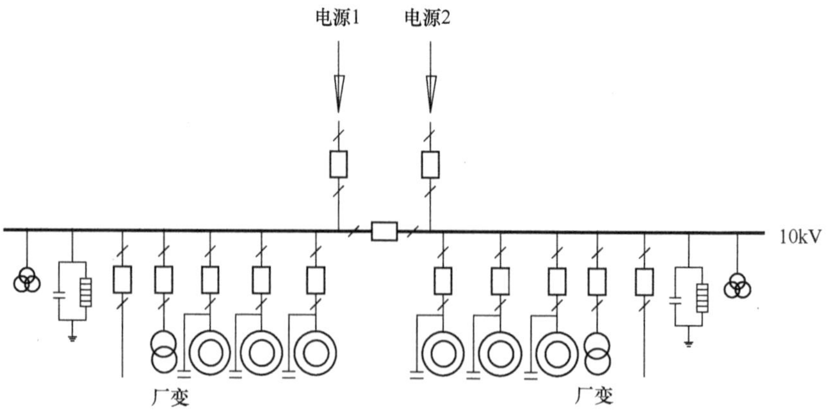

图 15-11　10kV 进线 10kV 电动机典型接线

3. 无功功率补偿

净水厂功率因数应按达到 0.9 以上设计，一般采用高、低压侧装设并联电容器的方式进行无功功率补偿。补偿装置尽量靠近用电点。380V 配电系统因负荷较分散且分级补偿设备造价不高，一般采用集中自动补偿，补偿装置集中设置在配电母排侧，并联电容器组采用三角形接法。

采用高压电动机的净水厂，应在该电压等级侧装设补偿装置，补偿形式可采用集中补偿、集中自动补偿和单机就地补偿等。集中补偿价格较低，但由于没有随负荷变化而自动调节功能，对于负荷变化较大的净水厂，只能通过人工投或切来控制补偿，不仅增加操作难度，而且功率因数变化较大，经常出现欠补偿或过补偿。高压无功自动补偿通过检测功率因数，分级投切电容器组，使功率因数保持在较高的水平，但高压投切设备的投资较高。由于净水厂内的高压负荷是电动机，其无功容量由电动机的投切台数确定，因此适合采用单机就地补偿，每台电动机单独配置补偿电容器组，随电动机投切，可确保较高的功率因数。采用单机就地补偿净水厂，一般功率因数可达到 0.95 以上。高压补偿电容器组宜采用星形接法。

高压供电而没有高压电动机的变配电系统，高压侧可不设补偿装置，功率因数可通过提高低压侧的功率因数和采用低无功的高效节能变压器，使电源进线处（计量处）的功率因数满足当地供电部门的要求。

15.1.4 变电所布置

净水厂变配电所一般采用室内布置方式，以附设于泵房或工艺用房旁，一层布置为主，通常由高压配电间、变压器室、低压配电间、控制室、电容器室、启动器或调速装置室和辅助室（如值班、工具、厕所等室）组成。大型变电所或总降压站也可以 2 层布置。

变配电所的布置，流程应合理以减少电能损耗和电缆、母排的数量。附设式变配电所，控制室尽可能与工艺需要的控制室统一考虑。

净水厂应优先采用可靠性高、维护量少的成套配电设备，110kV 推荐采用组合型配电开关，35kV 及其以下电压等级的配电设备推荐采用成套开关柜。配电柜的布置，应该考虑场地和土建条件，一般尽量采用柜前操作、柜后检修、电缆下进下出的布置形式。配电柜以采用单排布置为宜，当 10（6）kV 和 0.4kV 配电柜数量较多或为了扩建时增柜的方便也可采用双排布置。配电柜两侧宜预留空位满足扩建时需求。配电间一般柜后设置电缆沟作为进出电缆通道，当电缆数量很多，电缆沟难以布置时可考虑采用电缆夹层为进出电缆通道。

配电间内各种通道的最小宽度应满足设备操作检修要求和有关规范的要求，并留有配电柜扩展的可能。35kV、10（6）kV 配电间内各种通道的最小宽度（净距）应满足表 15-3 的要求。

35kV、10（6）kV 配电间内各种通道的最小宽度（mm） **表 15-3**

开关柜布置方式	柜后维护通道	柜前操作通道	
		固定式	手车式
单排布置	800	1500	单车长度+1200
双排面对面布置	800～1000[1]	2000	双车长度+900

注：1. 当采用 35kV 手车式开关柜时，柜后通道不宜小于 1.0m；

2. 当采用 GIS 柜时，其通道宽度不宜小于 1.5m；

3. 遇建筑物墙柱局部突出时，突出处允许缩小 200mm。

0.4kV 配电间内各种通道的最小宽度（净距）应满足表 15-4 的要求。

0.4kV 配电室内各种通道的最小宽度（mm） **表 15-4**

开关柜布置方式	柜后维护通道	柜前操作通道	
		固定式	抽屉式
单排布置	1000	1500	1800
双排面对面布置	1000	2000	2300

注：遇建筑物墙柱局部突出时，突出处允许缩小 200mm。

变配电间长度7～60m时应设置两个出口，出口宜布置在配电间两端，长度大于60m时应增加一个出口。配电柜长度大于6m时柜后应有两个出口，低压配电柜大于15m时，应增加出口。

油浸变压器或大容量干式变压器应独立设置于变压器室。中、小容量10（6）/0.4kV干式变压器可以和低配柜相邻布置。油浸变压器其外廊与变压器室四壁的最小净距应符合表15-5要求。

油浸变压器外廊与变压器室四壁的最小净距（mm） **表15-5**

变压器容量（kVA）	1000及以下	1250及以上
变压器与后壁、侧壁之间	600	800
变压器与门之间	800	1000

独立设置于变压器室的干式变压器与变压器室四壁的最小净距也可按照表15-5执行，全封闭型的干式变压器可不受上述距离限制。

非封闭干式变压器应装设高度不低于1.7mm固定遮拦，遮拦网孔不应大于40mm×40mm。变压器的外廓与遮拦的净距不宜小于0.6m。变压器室的裸露母排也应装设固定遮拦，其与母排的距离应满足安全净距的要求。油浸变压器考虑吊芯检修时，变压器室的室内高度可按吊芯所需的最小高度再加700mm，宽度可按变压器两侧各加800mm。

变压器室通风面积应根据变压器容量确定，优先采用自然通风，当自然通风面积不满足时可考虑机械通风。变压器室门尽可能避免西向。变压器容量1000kVA及以下时一般采用低式或高式布置，高式时地坪抬高0.9m；变压器容量1250kVA及以上时宜采用高式布置，地坪抬高1.2m。

10（6）/0.4kV干式变压器与低压配电柜并排布置时，变压器宜设置罩壳，其通风应满足变压器的散热要求。

变压器室门、通风百叶窗应符合防火、防水、防小动物及防雨水浸入要求。门应外开，门宽大于1.5m时宜开设巡视小门。总油量超过100kg油浸式变压器应设置贮油设施或挡油设施。贮油设施容量按100%油量考虑。挡油设施容量按20%油量考虑，并应有事故油安全排放措施。

15.1.5 典型工程介绍

某水厂规模近期为30万m^3/d，远期为50万m^3/d，包括常规处理、臭氧活性炭深度处理以及脱水等工艺，其用电负荷见表15-6：

本水厂为大型城市的大中型水厂，但由于该城市具有其他类似规模的水厂，并建有较多的水库泵站，具有较大的调节能力，因此根据该净水厂的规模及重要性，本净水厂的负荷定为二级负荷。取水泵站距净水厂约2km，经经济比较后采用由净水厂供电的方案。按照当地供电规则，变压器装机容量大于6300kVA为35kV供电，因此，本工程由供电部门就近提供两路35kV电源，要求两路电源同时运行，互为备用，当一路电源因故停运时，另一路电源应能承担全部电气设备的用电。

厂区负荷 **表15-6**

用电点	负荷电压等级	近期计算容量（kW）	远期计算容量（kW）
取水泵站	6kV	1×400+1×280=680	4×400=1600
	0.4kV	150	150
小　计		830	1750

续表

用电点		负荷电压等级	近期计算容量（kW）	远期计算容量（kW）
净水厂	二级泵房	6kV	2×120=2240	2×1120+2×800=3840
	二级泵房、厂区、	0.4kV	100	100
	管理中心		150	150
	机修仓库、车库		50	50
	臭氧间、氧气车间		840	1298
	冲洗泵房、中间提升泵房、砂滤池、预臭氧池		770	1329
	沉淀池		110	220
	炭滤池、炭滤池冲洗泵房等		320	365
	综合加药间		80	100
	脱水机房		160	350
	平衡池、回用水池、浓缩池、废水池、排泥水调节池等		220	250
	雨水泵房		165	165
小　计			5205	8217
合　计			6035	9967

取水泵房与二级泵房主泵功率为 280～1120kW，应采用高压电动机，由于电源为 35kV，因此采用 6kV 电动机较为经济合理。根据负荷计算，水厂近期总计算容量为 6035kW（约合 6705kVA），远期容量为 9967kW（约合 11074kVA）。近期工程选用 2 台 35/6.3kV 8000kVA 主变压器，2 台变压器近期 1 用 1 备，远期同时运行，互为备用。主变压器负荷率近期约为 84%，当一台主变压器因故停运，另一台主变可保证全部负荷正常运行；远期负荷率约为 69%，当一台主变因故停运，另一台主变可保证 72%左右的负荷正常运行，可保证该净水厂按该厂规模的 70%供水的用电要求。

净水厂主要负荷（也是高压负荷）集中在二级泵房，因此，在二级泵房旁设户内型 35/6.3kV 变电所一座，供二级泵房 6kV 主泵电机、水厂内各 6/0.4kV 低配中心及取水泵站用电。根据全厂低压负荷的分布情况，设 6/0.4kV 低配中心 3 处，共设厂用变 6 台，分别为：①臭氧车间低配中心，附设在臭氧发生器车间旁；②冲洗泵房低配中心，附设在冲洗泵房；③脱水机房低配中心，附设在脱水机房旁。根据水厂的性质要求，变压器选择以 1 台变压器故障时，满足大于 60%～70%的计算负荷为原则。本工程电业部门计费点为 35kV 电源进线处，配电变压器容量不涉及电费计量，经经济比较，在部分变电所变压器容量选择上采用近期 1 用 1 备，远期同时运行，互为备用，以减少远期工程的废弃设备。各变电所情况见表 15-7。

变电所汇总 **表 15-7**

变电所名称	计算容量（kVA）	变压器容量/运行方式（kVA）	负载率	事故时供电保证率	供电范围
近期					
臭氧车间低配中心	1370	2×1250/同时运行，互为备用	55%	91%	臭氧发生器车间、氧气车间、二级泵房、机修仓库、车库、管理中心、预臭氧池、门卫
冲洗泵房低配中心	1399	2×1600/1 用 1 备	87%	100%	砂滤池冲洗泵房及提升泵房、砂滤池、沉淀池、炭滤池冲洗泵房、炭滤池、臭氧接触池、雨水泵房
脱水机房低配中心	522	2×630/1 用 1 备	83%	100%	脱水机房、平衡池、排泥水调节池、浓缩池、废水池、上清液回用池、综合加药间
远期					
臭氧车间低配中心	1806	2×1250/同时运行，互为备用	72%	69%	臭氧发生器车间、氧气车间、二级泵房、机修仓库、车库、管理中心、预臭氧池、门卫
冲洗泵房低配中心	1930	2×1600/同时运行，互为备用	67%	74%	砂滤池冲洗泵房及提升泵房、砂滤池、沉淀池、炭滤池冲洗泵房、炭滤池、臭氧接触池、雨水泵房
脱水机房低配中心	751	2×630/同时运行，互为备用	60%	84%	脱水机房、平衡池、排泥水调节池、浓缩池、废水池、上清液回用池、综合加药间

注：各变电所计算负荷考虑了同期系数并计入了变压器损耗。

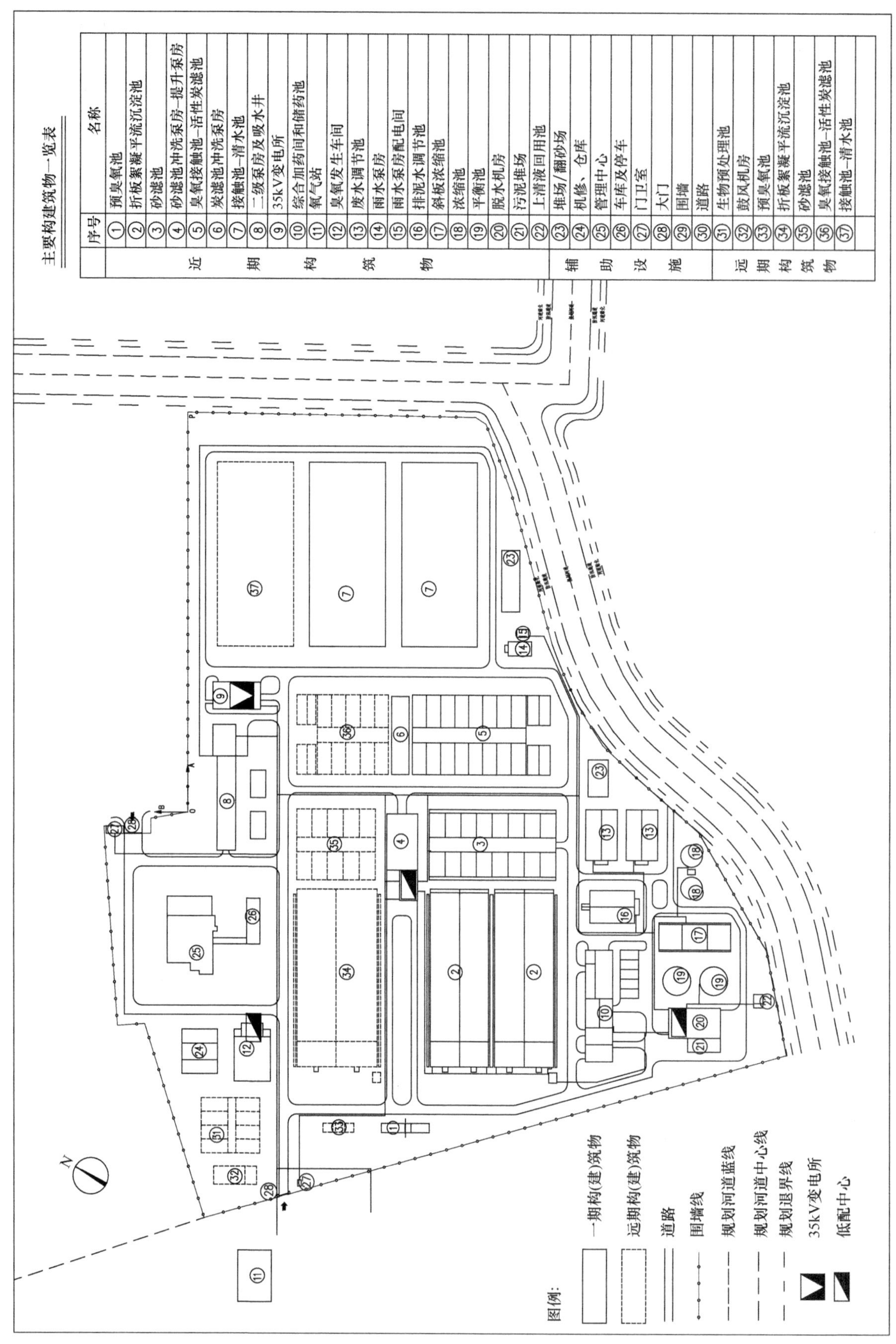

图 15-12 厂区总平面图

35/6.3kV 变电所及各低配中心位置如图 15-12 所示。

取水泵站距净水厂约 2km，由净水厂 35/6.3kV 变电所提供两路 6kV 电源，两路电源同时运行，一路电源故障时，另一路电源保证取水泵站全部负荷。取水泵站系统及其布置不再作介绍。

35kV 系统采用单母线分段全桥接线，6kV 侧采用单母线分段的接线方式，系统如图 15-13、图 15-14 所示。

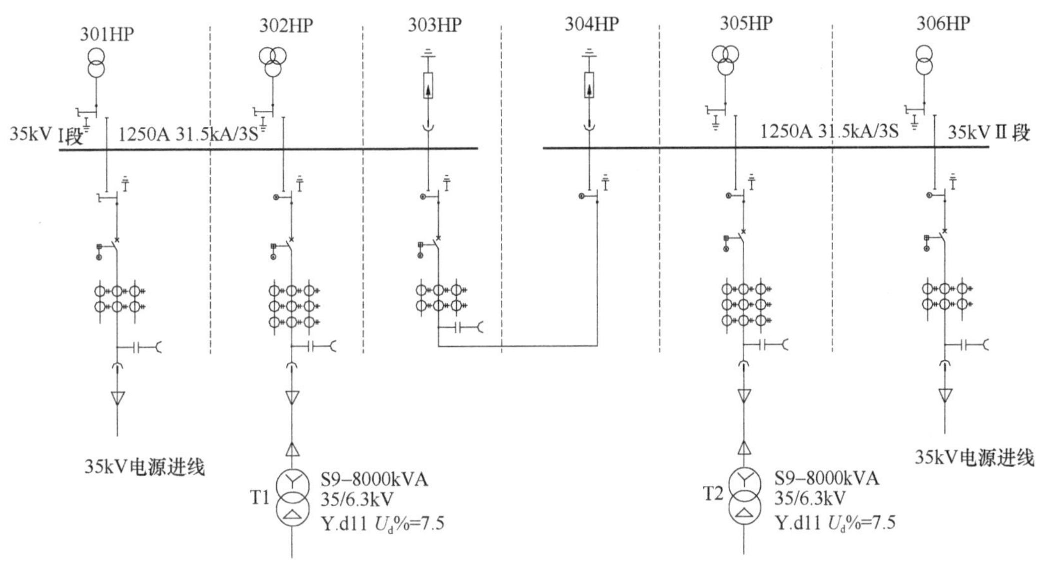

图 15-13　35kV 系统图

35/6.3kV 变电所采用户内型单层布置，设置在二级泵房近旁，内设 35kV 开关室、6kV 开关室、主变压器室、控制室等。35kV 开关室、6kV 开关室下设电缆夹层，便于电缆的安装、检修；主变压器室下设 100%贮油坑。变电所布置如图 15-15 所示。

15.2　净水厂自控设计

15.2.1　净水厂仪表配置设计

1. 过程检测仪表设置目的

过程检测仪表在现代化的水厂中用于在线连续检测和显示各部分流程的工艺、水质等参数，是净水厂运行管理的重要组成部分。仪表检测也是自动化系统运行的基础。控制装置根据现场检测信号，通过对设备的自动调节和控制，从而实现药剂投加控制，消毒剂投加量、沉淀（澄清）池、滤池等工艺流程的自动化，达到控制出水质量，减少工作人员和节能、节材的目的。

2. 基本性能指标

过程在线检测仪表的基本技术指标有精确度、灵敏度、重复性、响应时间等。

1）精确度

精确度是指在正常使用条件下，仪表测量值与实际值之间的差值（即误差）。一般以差值与实际值百分比表示。误差越小，精确度越高。

净水厂生产过程的物理检测仪表的一般精确度为不大于±1%。水质分析仪表根据测量原理的不同，一般精确度为±2%～±5%。

2）响应时间

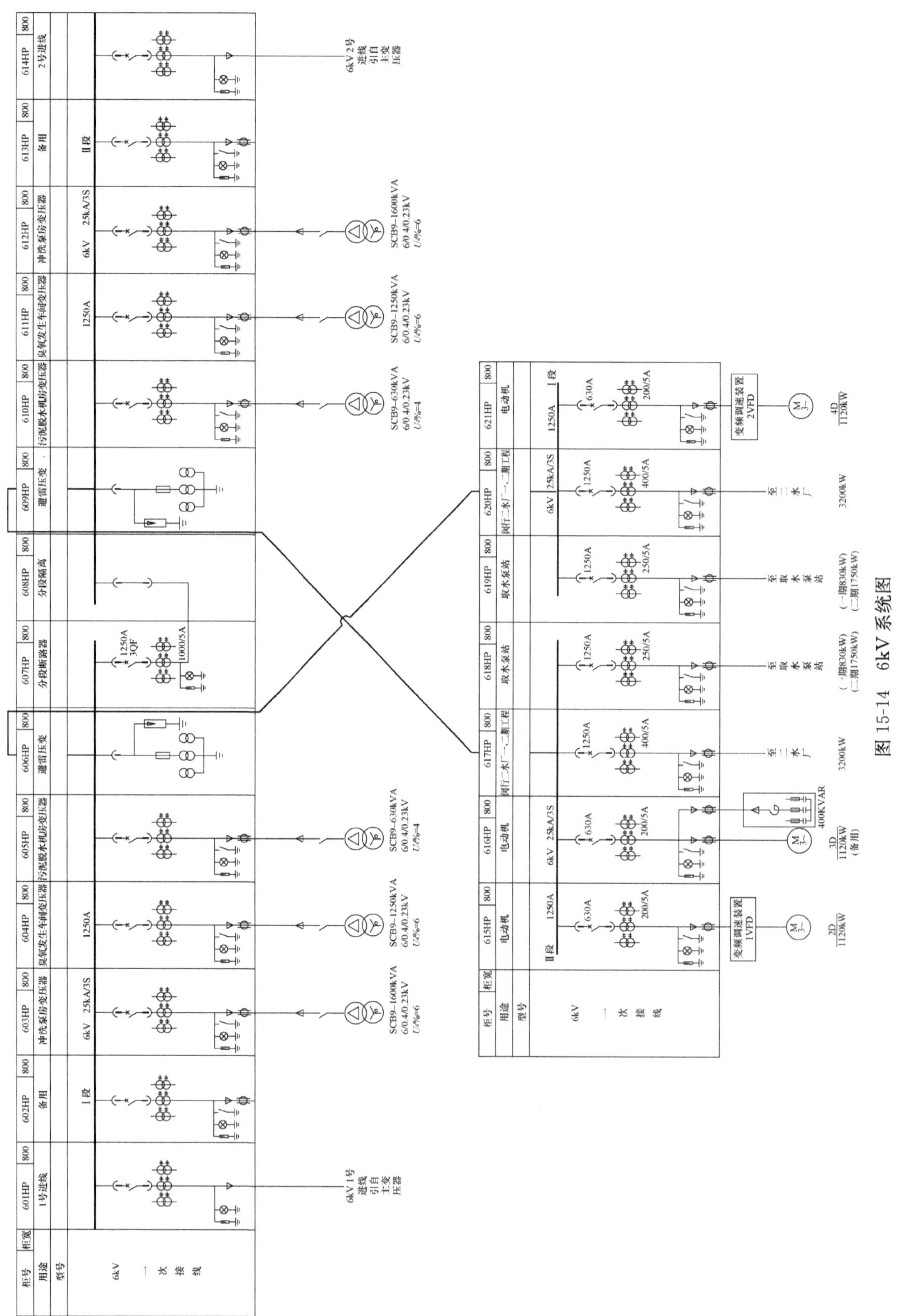

图15-14 6kV系统图

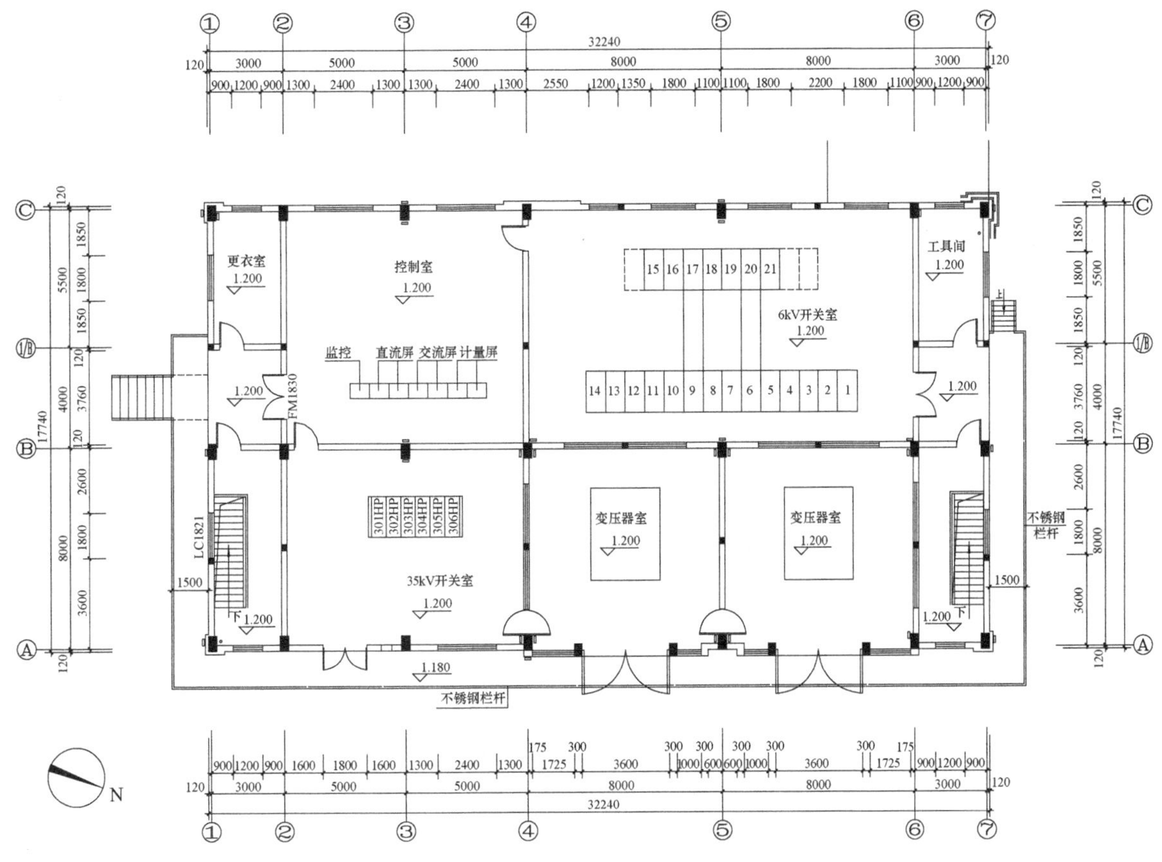

图 15-15　35/6kV 变电所平面布置图

响应时间是指仪表指示时间与检测时间之间的差值，其反映了仪表能否快速反应参数变化的性能。

水厂常用物理量检测仪表的响应时间一般要求为毫秒级，满足水厂现场信号检测的实际需要。水质分析仪表的响应时间根据被测变量的测量原理、数据变化频度及控制需求等条件提出要求。除特殊仪表外，一般响应时间考虑控制在 3～10min 范围内。

3）灵敏度

灵敏度是表示测量仪表对被测参数变化的敏感程度，常以仪表输出变化量与被测参数变化量之比表示。有时也采用分辨率表示。分辨率指仪表感受并发生动作的输入量的最小值。一般在净水厂仪表选用时要求仪表的灵敏度大于控制精度的要求。

4）重复性

重复性指同一仪表在外界条件不变的条件下，对被测参数进行反复测量所产生的最大差值与测量范围之比。重复性数值越小，仪表的输出重现性和稳定性越好，对仪表的校验和维护工作量越少。

3. 常用仪表的分类

目前的净水厂中常用的在线检测仪表一般可分为两大类：物理参数仪表和水质分析仪表。

1）物理参数仪表

主要包括流量、压力、液位、温度等参数的检测仪表。

(1) 流量仪表。根据被测参数的要求，流量仪表可分为容积式流量仪和质量流量仪两种。质量流量仪除测量容积流量外还能检测相关介质的密度、浓度等参数。

容积式流量仪根据管路特性分为明渠流量仪及管道流量仪。明渠流量仪一般采用堰式或文丘里槽流量仪。

管道式流量仪根据测量原理又可分为电磁流量仪、超声波流量仪、涡街流量仪、差压式流量仪、热式流量仪等不同形式，根据安装方式分为管段式、插入式、外夹式等多种形式。

（2）压力仪表。净水厂常用压力仪表有机械式压力表和电动式压力（差压）变送器。机械式压力表主要有弹簧管式、波纹管式、膜片式3种，电动式压力（差压）变送器主要有电容式、扩散硅式等。

（3）液位仪表。净水厂中常用液位仪表根据仪表结构、测量原理可分为超声波式、浮筒（球）式、差压式、投入式、静电电容式等几种主要形式。

（4）温度仪表。温度仪表由测温元件和温度变送器组成。温度元件根据金属丝自身电阻随温度改变的特性常分为铜热电阻 Cu50 和铂热电阻 Pt100。温度变送器与不同特性的温度元件配合将电阻变化转换为 4～20mA 标准信号。

2）水质分析仪表

主要包括浊度、悬浮固体（SS）、pH 值、溶解氧、电导、氨氮、COD（化学需氧量）、总磷、锰，以及处理过程、出厂水的余氯等。

pH/ORP（氧化还原电位）测量仪采用电化学电位分析法测量原理。

溶解氧测量仪通常采用荧光法、覆膜式电流测量法、固态电极法等测量原理。

浊度、悬浮固体测量仪采用散射光或反射光测量原理。

COD 测量仪采用高锰酸钾法测量原理或 UV 测量原理。

余氯、氨氮、COD、总磷、总锰等测量仪通常采用离子选择电极法或比色法等测量原理。

检测仪表直接关系到净水处理系统自动化的效果。相同或类似的仪表，由于制造工艺、生产管理等不同，在精度、稳定性等方面也可能存在着较大的差别。因此在工程设计过程中，必须从仪表的性能、质量、价格、维护工作量、备件情况、售后服务、工程应用情况等进行多方比较。

4. 净水厂典型检测仪表配置

典型净水厂工艺处理流程一般由预处理、常规处理、深度处理，排泥水处理四部分组成，检测仪表根据工艺流程和检测控制的需求配置。

1）常规处理工艺

典型净水厂的常规处理过程检测仪表的配置见表 15-8。

典型净水厂的常规处理过程检测仪表的配置　　表 15-8

构筑物	检测项目	备　注
原水	河流（湖泊水库）液位、流量	
	原水水质：浊度、温度、pH、溶解氧	
	原水水质：氨氮、COD、总磷、总锰、氯化物（感潮河流）	当与预处理工艺结合或加强常规处理时选用
取水泵房	吸水井水位；滤网/隔栅液位差	
	水泵泵后压力	
	出水总管压力、流量	
	水泵电机、泵轴温度	
	水泵泵前压力、单泵流量	
	水泵及电机震动	中大型水泵诊断选用
沉淀池	进水流量	对应药剂加注点
	液位、出水浊度	
	进水水质：浊度、温度、电导等	有时可和原水水质检测合并考虑
	沉淀池中间过程浊度	根据实际需要选用
	流渣浓度或泥位	
	FCD 检测	根据加药控制模式的需要选用

续表

构筑物	检测项目	备　注
反冲洗泵房	水箱液位	采用水箱（塔）冲洗时选用
	冲洗水泵泵后压力、鼓风机出口压力	
	冲洗总管压力、流量，气冲总管压力、流量	
	吸水井液位	根据实际需要选用
滤池	滤池水位、水头损失	每格滤池
	出水总管流量、浊度	
	单格滤池出水浊度	根据实际需要选用
清水池	液位	
氨接触池	余氨、pH	
二级泵房	吸水井水位	
	水泵泵后压力	
	水泵电机、泵轴温度	
	水泵泵前压力、单泵流量	当单泵性能考核选用
	水泵及电机振动	中大型水泵诊断选用
出厂水	总管压力、流量	
	出厂水水质：浊度、pH、余氨	
加药间	溶液池、贮液池、溶解池液位	
	药剂加注流量、浓度	
加氯（氨）间	氯瓶称重、压力	
	加氯流量	
	蒸发器温度、压力	
	漏氯报警	
	氨瓶称重、压力	
	加氨流量	
	漏氨报警	
池、废水池、回用池等	水池液位	
	泵后压力	
	总管流量（回用池回流）	

2）预处理工艺

预处理由于工艺原理的不同，差异较大。目前常用有生物接触预处理、预臭氧工艺等，相应检测仪表的配置见表 15-9。

典型净水厂的预处理过程检测仪表的配置　　表 15-9

处理工艺	构筑物	检测项目	备　注
生物预处理工艺	生物预处理池	液位、进水流量	
		进水水质：温度、溶解氧、氨氮	有时可和原水水质检测合并考虑
		原水水质：氨氮、COD、总磷、总锰	当与预处理工艺结合或加强常规处理时选用
		中间过程溶解氧	
		出水溶解氧、氨氮	
		出水总管压力、流量	
		曝气管气体流量	需精确控制曝气时选用
	鼓风机房	鼓风机出口压力	
		曝气总管压力、流量	

续表

处理工艺	构筑物	检测项目	备　注
臭氧预处理工艺	臭氧接触池	液位；进水流量	
		余臭氧	
	臭氧发生器间	压力、流量	

3）深度处理工艺

深度处理根据不同的原水水质，有不同的工艺。目前常用的为臭氧一活性炭深度处理工艺等。相应检测仪表的配置见表 15-10。

典型净水厂深度处理过程检测仪表的配置　　表 15-10

处理工艺	构筑物	检测项目	备　注
臭氧-活性炭工艺	提升	提升泵进出水液位；进水（出水）流量	
		水泵泵后压力	根据水泵的选型选用
	臭氧接触池	液位、余臭氧、加注流量、漏臭氧、压力	
	活性炭吸附池	水位；水头损失	
		出水总管流量、浊度	
		单格出水浊度	根据水质控制精度选用
紫外线工艺	接触池	液位、流量	

4）排泥水处理工艺

排泥水处理中的脱水工序根据脱水装置形式的不同，常有离心脱水、板框脱水、带式脱水等多种方式。各种方式中除专用脱水装置配套仪表有较大差异外，其他部分配套部分的检测仪表配置大致相同。相应检测仪表的配置见表 15-11。

典型净水厂的污泥处理过程检测仪表的配置　　表 15-11

构筑物	检测项目	备注
调节池	液位、泵后压力	
浓缩池	液位、泥位、污泥浓度、悬浮固体 SS	
平衡池	水位、污泥浓度	
进泥泵房	流量、污泥浓度、泵后压力	
脱水机房	悬浮固体 SS	
	脱水机配套的液位、压力、流量等	

5. 检测仪表基本要求

1）输出信号

常规仪表的模拟量输出应是 4～20mA DC 信号，负载能力不小于 600Ω。

当净水厂监控系统有现场总线通信要求时，可根据实际的系统需要确定总线形式。

2）仪表的防护等级

仪表的外壳防护等级应满足所在环境的要求。室外一般应不低于 IP65，安装在井内有积水可能的应选用不小于 IP67 的防护等级。室内一般不低于 IP54，用于药剂投加等系统的检测仪表要求能耐腐蚀。有防爆要求的场所，需根据需要选用本安、隔爆等对应防护功能。

3）仪表电源

四线制的仪表电源多为 220V AC、50Hz，两线制的仪表电源为 24V DC。仪表的工作电源应独立可靠，一般由控制柜专线配出。

4）显示设备

现场设置的监测仪表宜选用配套的现场显示设备，并根据安装场所及检修的方便程度选用一体型或分体型。

15.2.2　净水厂自动控制系统设计

1. 自控系统设置目的

净水厂实施自动控制系统的主要目的在于促进水厂的技术进步，提高管理水平，以取得降低能耗、药耗，安全优质供水的效果。特别是目前净水处理工艺越来越复杂及处理负荷的不断加大，生产过程对处理稳定性以及节能降耗等要求比以往有极大的提高，因此自动控制系统作为现代化水厂重要组成部分，是提高供水水质、提高供水安全、降低能耗、降低漏耗、降低药耗、进行科学管理的重要手段，其作用及地位也越来越重要。

2. 自控系统设计原则及基本性能指标

净水厂的工艺流程及对应的设备和装置等受控对象存在以下特点：

(1) 开关量多、模拟量少；

(2) 以逻辑顺序控制为主，闭环回路控制为辅；

(3) 无故障运行有极高要求；

(4) 需要高效互联的网络。

现代化净水厂的自控系统的设计原则：

(1) 实用性——选择性价比高，实用性强的自动控制系统及设备。

(2) 先进性——系统设计要有一定的超前意识。硬件的选择要符合技术发展趋势，选择主流产品。

(3) 可扩展性——针对净水厂工程一次规划、分期实施的特点，自动控制系统设计需充分考虑可扩展性，满足净水厂工程规模分期扩建时对自动控制系统的需求。

(4) 经济性——在满足技术和功能的前提下，系统应简单实用并具有良好性能价格比。

(5) 易用性——系统操作简便、直观，利于各个层次的工作人员使用。

(6) 可靠性——根据水厂的重要程度，停产或局部停产所造成的影响程度，以及出现故障时应采取的措施进行设计。应采取必要的保全和备用措施。必要时对控制系统关键设备进行冗余设计。

(7) 可管理性——系统从设计、器件、设备等的选型应重视可管理性和可维护性。

(8) 开放性——应采用符合国际标准和国家标准的方案，保证系统具有开放性特点。

自控系统的基本性能主要包括：可靠性指标、可用性指标、可维性指标、安全性指标、数据的准确率、综合精度、传输时间及系统的可扩展能力指标等。其中几个主要指标不宜低于表 15-12 的基本要求：

自控系统主要指标基本要求　　　**表 15-12**

分类	指标项目	基本要求	备　注
系统指标	系统平均无故障间隔时间 *MTBF*	＞20000h	
	可用率 *A*	≥99.8%	
	系统综合误差 σ	≤1.0%	
	数据正确率 *I*	＞99%	
	服务器 CPU 最大负荷	≤50%	
	计算机 CPU 最大负荷	≤50%	

续表

分类	指标项目	基本要求	备　注
通信指标	数据通信负载容量平均负荷 a	≤2%	
	峰值负荷 A	≤10%	
人机接口指标	主机的联机启动时间 t	≤2min	
	报警响应时间 t	≤3s	
	查询相应时间 t	≤5s	
	实时数据更新时间 t	≤3s	
	控制指令的响应时间 t	≤3s	
	计算机画面的切换时间 t	≤0.5s	

3. 自控系统的分类

20 世纪 70 年代，自动化技术随着贷款工程的建设逐步开始在我国的城市给水企业应用。到了 20 世纪 90 年代，随着给水企业的管理水平的提高，自动化系统受到了普遍的重视。特别在建设部制定《城市供水行业 2000 年技术进步发展规划》后，给水行业自动化应用得到了很大的发展。大量新建的水厂同步实施了先进的自动控制系统，许多老水厂和老系统根据自身的工艺和设备条件进行了自动化改造以适应现代化管理的需要。

水厂自控系统从系统结构的角度可分为集中式控制系统、集散式控制系统（DCS 系统）、现场总线式控制系统（FCS）。

根据监控设备运行的控制器类型可分为早期的仪表回路控制系统、计算机控制系统、PLC 控制系统、现场总线控制器系统、混合型控制系统等几种基本形式。其中计算机控制系统包括单板机、单片机、工控机、软 PLC 等各种设备类型。混合式控制系统是结合计算机、PLC、现场总线等不同技术的控制器共同实现受控设备的监控。

目前，集散控制系统（DCS）是现阶段在水厂生产过程自动化应用最成功和最广泛的控制系统，主要由计算机、PLC 和通信系统构成。

FCS 系统在 DCS 系统的基础上发展而来，并随着技术的完善及现场设备智能化规模的扩大而逐步得到应用，今后将成为净水厂自动控制系统技术发展的主要方向之一。

4. 常用自控系统设计

1）系统结构

常用净水厂自控系统结构通常按 DCS 系统构架组成，典型的 DCS 系统结构如图 15-16 所示。

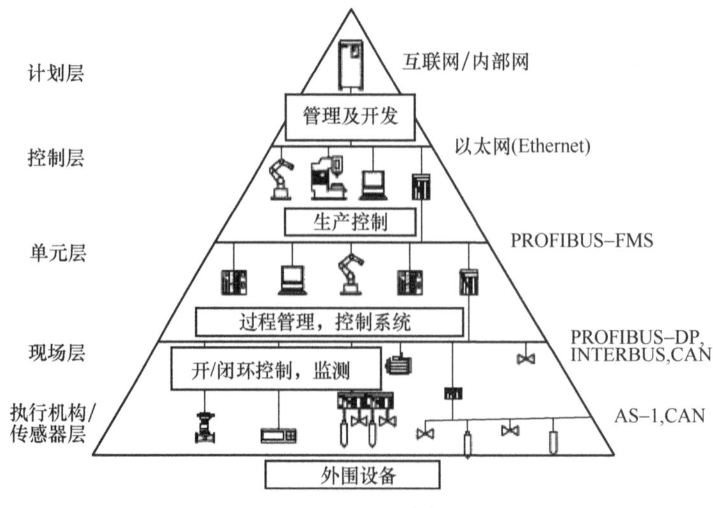

图 15-16　DCS 系统结构图

2）系统规模

水厂的自控系统结构根据处理规模的大小，处理工艺的复杂程度，管理需求，投资规模的大小的不同要求，大致可分为大中型控制系统和小型控制系统两大类。大中型系统一般适用于常规处理规模在 10 万 m^3/d 以上，或处理工艺复杂，同时存在预处理、深度处理、排泥水、处理等新工艺的水厂。系统基本由四层子系统和三级通信网络组成，四层通常为：全厂信息层，中央控制层，现场控制层，设备层，如图 15-17 所示。

中小型系统适用于常规处理规模在 10 万 m^3/d 以下的中小型水厂。其控制结构基本同大型系统，一般由于考虑投资、管理等原因，常将全厂信息层与中央控制层合并或设备配置相对简化。

水厂受控设备的控制模式一般分为三级，即中央控制级、就地（车间）控制级和基本（机旁）控制级，三级控制选择可通过设于设备现场控制箱或 MCC 上手动/自动转换开关实现。上、下控制级之间，下级控制的优先权高于上级。

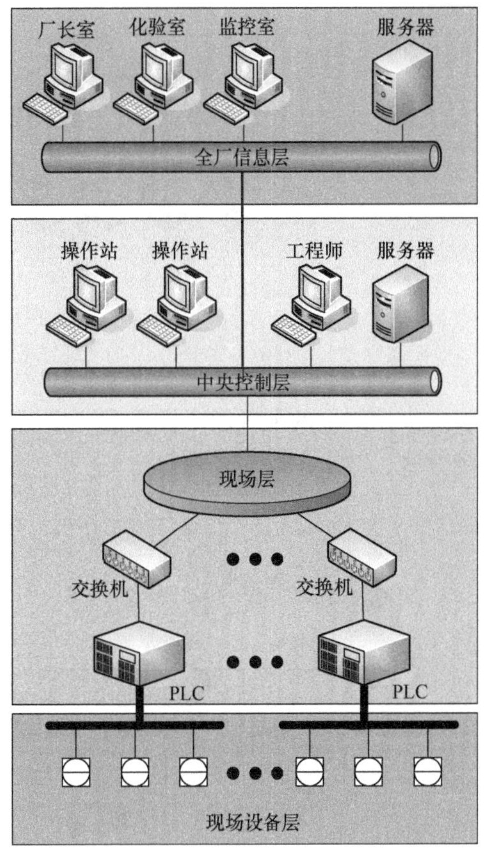

图 15-17　系统结构示意图

3）系统设置

（1）全厂信息层。全厂信息层一般由分布在净水厂各职能部门的管理计算机、数据服务器以及管理局域网组成，通常设置在净水厂综合楼和中央控制室的设备机房内。净水厂所需的主要功能服务器的配置结构如图 15-18 所示。

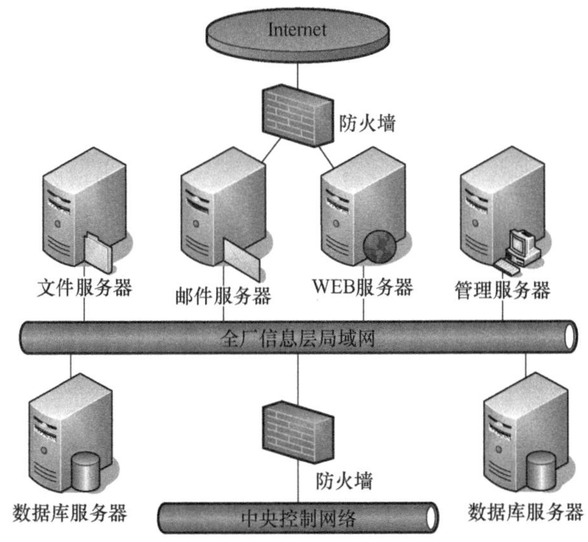

图 15-18　服务器配置结构

中小型系统中，数据服务器在满足最大数据负荷的范围内，适当减少数量，将几种功能合并设置。

管理局域网一般布置在净水厂的办公楼内，一般采用商用局域网就能够满足要求。局域网络的拓扑结构常用树型或星型。这两种网络拓扑结构如图 15-19 所示。

软件上应能实现净水厂实时控制系统的远程客户监视功能，具有完善的运行、财务、物流、工程、人事行政管理等信息的存储、计算、分析、归类的功能，以及厂内公文处理、信息流转、对外信息发布等功能。

（2）中央控制层。主要由位于水厂监控中心的工程师站、操作站等直接用于水厂实时运行控制的设备以及通信设备、大屏幕显示设备等监控操作装置及中央控制层专用控制局域网组成。一般考虑设置在水厂综合管理楼的中央控制室内。监控中心内根据设备布置及管理需要设置设备机房、中心控制室及相关辅助用房。房间面积根据系统规模确定，并需满足相关建筑消防、电磁屏蔽、环境控制、设备人体工程等多方面的国家规范要求。

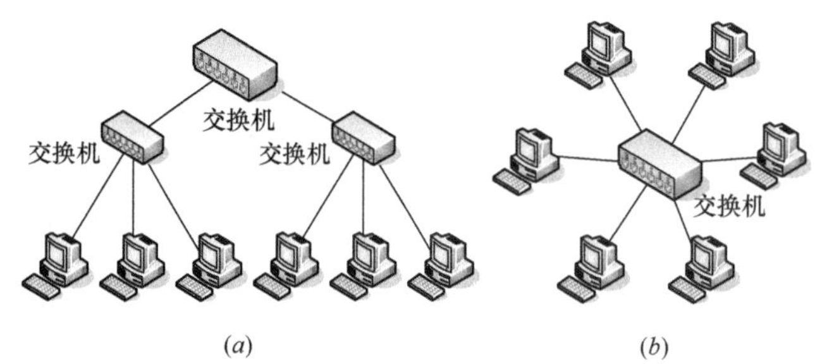

图 15-19 常见网络拓扑结构
(a) 树型；(b) 星型

中央控制层的配置形式根据系统规模、网络形式等因素，常采用图 15-20、图 15-21 所示的两种方式。

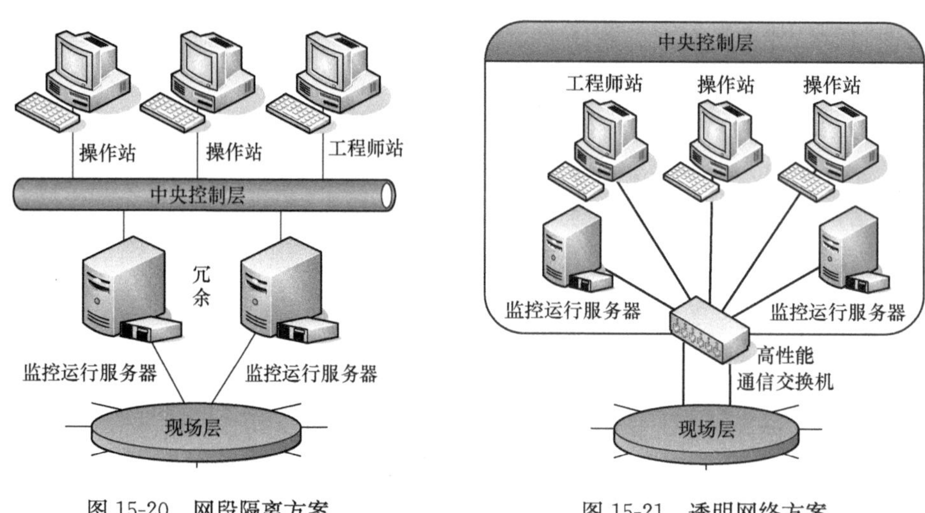

图 15-20 网段隔离方案

图 15-21 透明网络方案

运行数据服务器作为净水厂控制的核心，实时采集全厂监控数据和工况，并进行存储、处理和生成各种表格，以供管理局域网和其他网上授权的计算机进行调用、查询、检索和打印。服务器中保存了净水厂自动控制系统公用的数据和应用程序。

操作员站为操作人员提供动态的工艺监控图形及友好的人机界面，以实现工艺过程控制、调节等功能。操作员站通常配置 2 台以上，互为备用。

工程师站除能实现操作员站功能外，还具有对 PLC 和计算机应用软件、管理软件等进行编辑、调试等工程功能。

中央控制层的设备配置在满足功能需求的条件下，尽可能实用简化。

中央控制层选用的软件应具有通用性、灵活性、易用性、扩展性、人性化等特点，并且软件配置需和系统硬件构架密切配合，在设计过程中要综合考虑。软件一般分为系统通用软件和应用开发软件，系统软件由硬件供应商配置，应用软件由工程公司根据工艺控制和管理要求进行开发。其基本要具有管理、控制、通信、工艺控制显示、事件驱动和报警、操作窗口、实时数据库管理、历史数据管理、事件处理、工艺参数设定、报表输出、出错处理、故障处理专家系统等功能。

中控室大屏显示系统可根据工程特点与投资情况等诸多因素，选用正投幕显示设备、模拟屏、DLP 屏、等离子屏、液晶屏等不同类型。

一般设置 UPS 设备以保证系统断电的情况下维持系统供电。其供电时间一般要求 2～8h。

特别重要的系统可考虑冗余设置。

(3) 现场控制层。现场控制层由分散在各主要构筑物内的现场控制主站、子站、专用通信网络组成。

目前，PLC 是净水厂最常用的现场控制设备，具有高可靠性、强抗干扰性、易维护性、高经济性等优点，非常适合水厂水处理的要求。

水厂 PLC 站点设置应根据水厂的工艺流程要求、厂平面内工艺及配电系统布局进行布置。优先考虑以相对独立完整的工艺环节作为 1 个控制主站的范围，比如泵房部分、加药部分等；零星设备或系统并入临近现场控制站，或在设备相对集中的场所设置现场控制站。

根据现场控制层网络拓扑结构上的上下层或前后层的关联性、作用和控制点数，现场控制站可分别采用主站与子站形式，一般以起主要协调作用的环节作为主站，其他附属辅助环节作为子站。当主站与子站性能要求上存在较大的差异时，可采用不同档次的产品以及子站采用远程 I/O 等形式。

在较完整的常规处理中，一般在取水（一级）泵房、加药部分、加氯加氨消毒部分、滤池反冲洗泵房部分、二级泵房、主变电所等环节设置主站，在沉淀池、回收池、排水池等处设置二级子站点，通过通信连入上级主站。

排泥水脱水处理工艺中，一般在脱水机房设置主站。在浓缩池、泵房等辅助设施中设置子站。

在预处理工艺中，由于存在生物曝气、臭氧接触等多种工艺处理方法，受控对象差异较大，因此需根据实际工艺需要按前面所述的布置方法设置 1～2 个控制主站及若干控制子站。

深度处理环节的控制站点的设置同预处理环节。

在现场控制站布置上，一般可在工艺构筑物内单独设置控制室用于设备的安放。需要时，控制室可兼作现场值班室。当现场控制站按无人值守的管理模式设置时，可不设置专用控制室以减少构筑物的建筑面积。设备可与配电设备或设备控制柜（MCC）并列布置，但需采取抗电磁屏蔽等防护措施。

现场控制层的网络，一般根据 PLC 设备的品牌选择来确定其对应的网络形式，其中有 CONTROLNET、PROFIBUS-DP、MB+/GENIUS 等各种网络。随着网络技术的不断发展，净水厂的现场控制层越来越多地采用新型的工业以太网技术（图 15-22）。

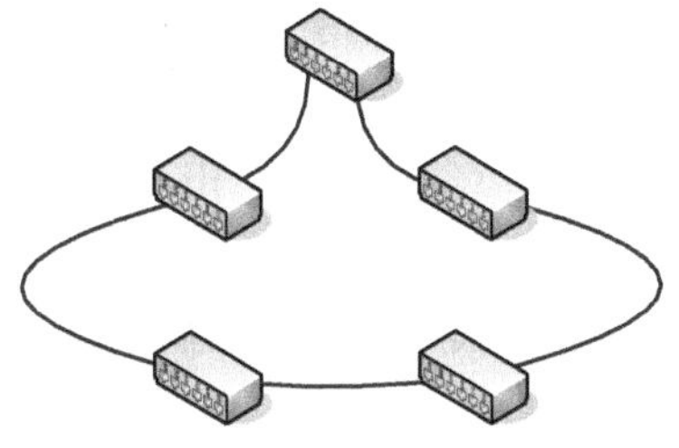

图 15-22　自愈型工业以太环网

为保证在系统断电的情况下维持正常运行，现场控制站需设置 UPS 设备。其供电时间一般要求不小于 2h，具体容量根据实际需要确定。

现场控制站根据维护人员需要，配置现场人机接口用于正常巡检及维护。无人值守模式时，可选择触摸屏等内置人机接口；当控制站有人值守时，也可采用外置接口（操作计算机）。

(4) 现场设备层。现场设备层由现场运行设备、检测仪表、高低压电气柜上智能单元、专用工艺设备附带的智能控制器以及现场总线网络等组成。现场总线连接可分为有线方式或无线方式两种，必要时需进行相关的协议转换。

目前，电气系统的电量参数检测、保护单元及变频器、软启动器等电气设备一般带有现场总线的通信接口。因此在设计中可应用现场总线传送信息，但应注意通信速率及通信协议对系统响应时间的影响。特别是在应用一些较早开发的总线协议时，比如 MODBUS-RTU 协议，如果总线内接有受控设备的情况下，需计算通信时间及控制同一条总线下的通信节点的数量，避免过大的时延或信息阻塞等故障产生。

15.2.3 典型工程介绍

某水厂规模近期为 15 万 m^3/d，远期为 30 万 m^3/d，包括常规处理、臭氧活性炭深度处理以及脱水等工艺。

净水厂工艺流程如图 15-23 所示：

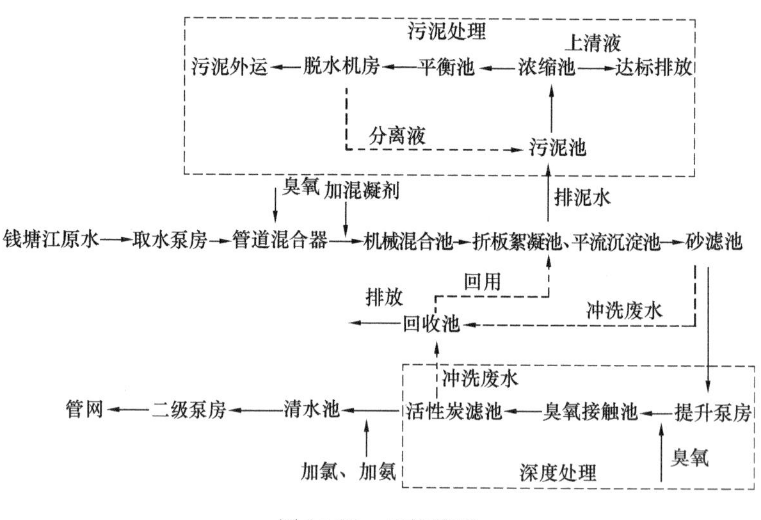

图 15-23 工艺流程

本水厂为大型城市的中型水厂，水质检测及过程控制要求高。水厂的在线过程检测仪表及水质检测仪表配置完备。仪表配置情况分别如图 15-24、图 15-25 所示。

整个水厂 15 万 m^3/d 运行规模，自动化系统为以 PLC 控制为基础的集散型控制系统，自动化水平为正常运行时现场无人值守，中心控制室集中管理。

本次工程的自控系统分为 3 层结构：

(1) 水厂监控操作中心；

(2) PLC 主站；

(3) 现场控制设备、子 PLC 站或远程 I/O 站。

水厂监控操作中心由 2 台操作员站、1 台工程师站，2 台运行数据服务器、打印机、1 台以太网交换机、1 套 DLP 显示屏、图像工作站等组成。系统结构见图 15-26，布置见图 15-27。其中 DLP 显示屏及图像工作站与 CCTV 安保系统共用。所有设备设置在位于水厂综合楼内的控制中心和设备机房内。

根据水厂工艺构筑物的平面布置、电气 MCC 的设置地点以及设备监控的需要，在加药间、冲洗泵房、二级泵房、脱水车间 4 处分别设置现场 PLC 主站，系统结构如图 15-28 所示。

在加氯加氨间设置远程 I/O 站；砂滤池及活性炭滤池滤格、回收池、排水池、备用取水泵房、沉淀池吸泥机分别设置 PLC 子站。

PLC 主站由 PLC 设备、控制柜、触摸屏人机界面、控制附件（包括端子，中间继电器，防雷器，电源等）、不间断电源等组成。

PLC 子站由 PLC 设备、控制箱（小型机柜）、控制附件（包括端子，中间继电器，防雷器，电源等）、触摸屏人机界面（户内 PLC 子站）等组成。

PLC 控制层网络采用工业以太网，配合工业级交换机形成 100Mbps 光纤以太网环。主站与之站之间采用无线电台或现场总线方式进行通信。

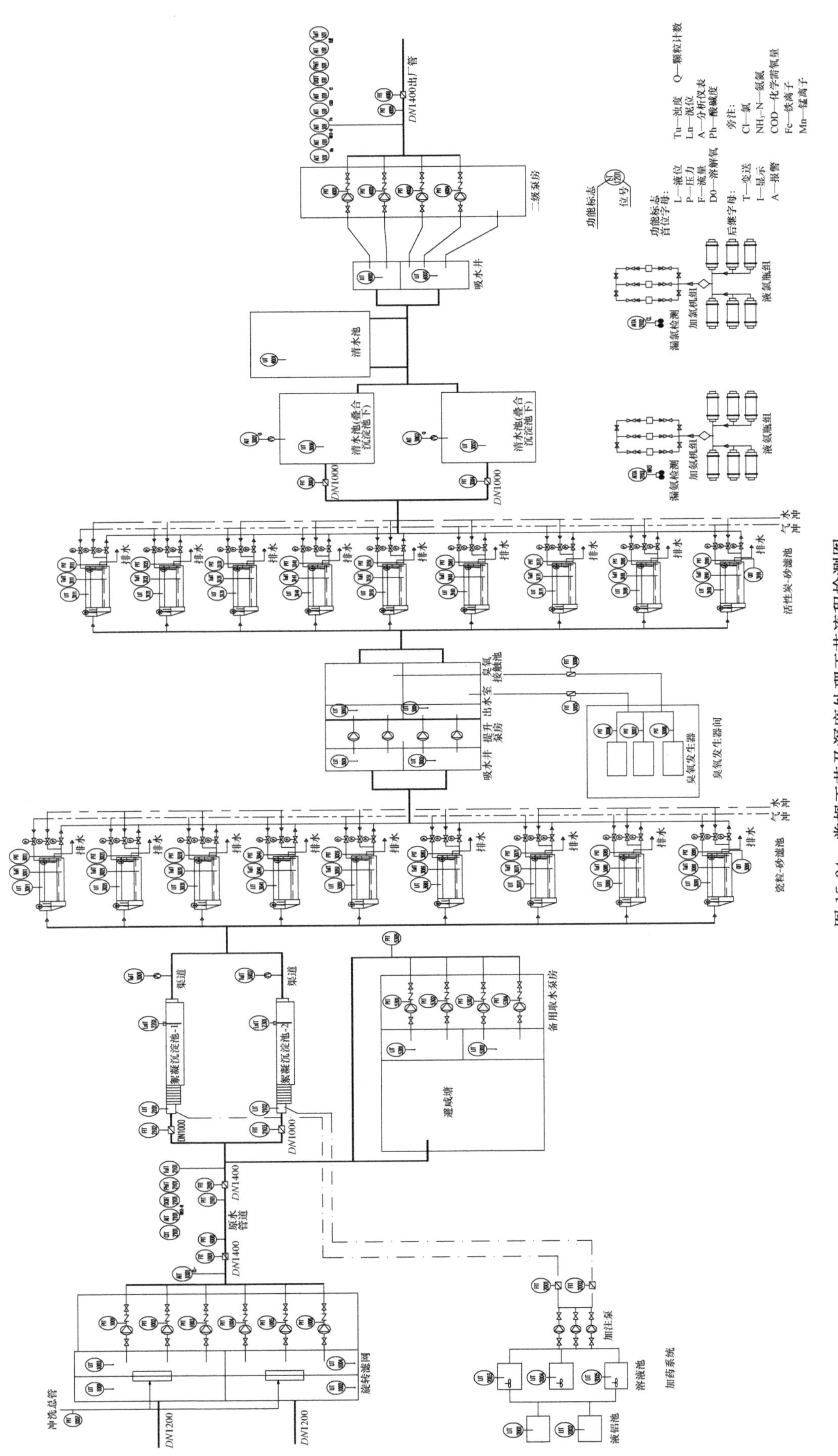

图 15-24 常规工艺及深度处理工艺流程检测图

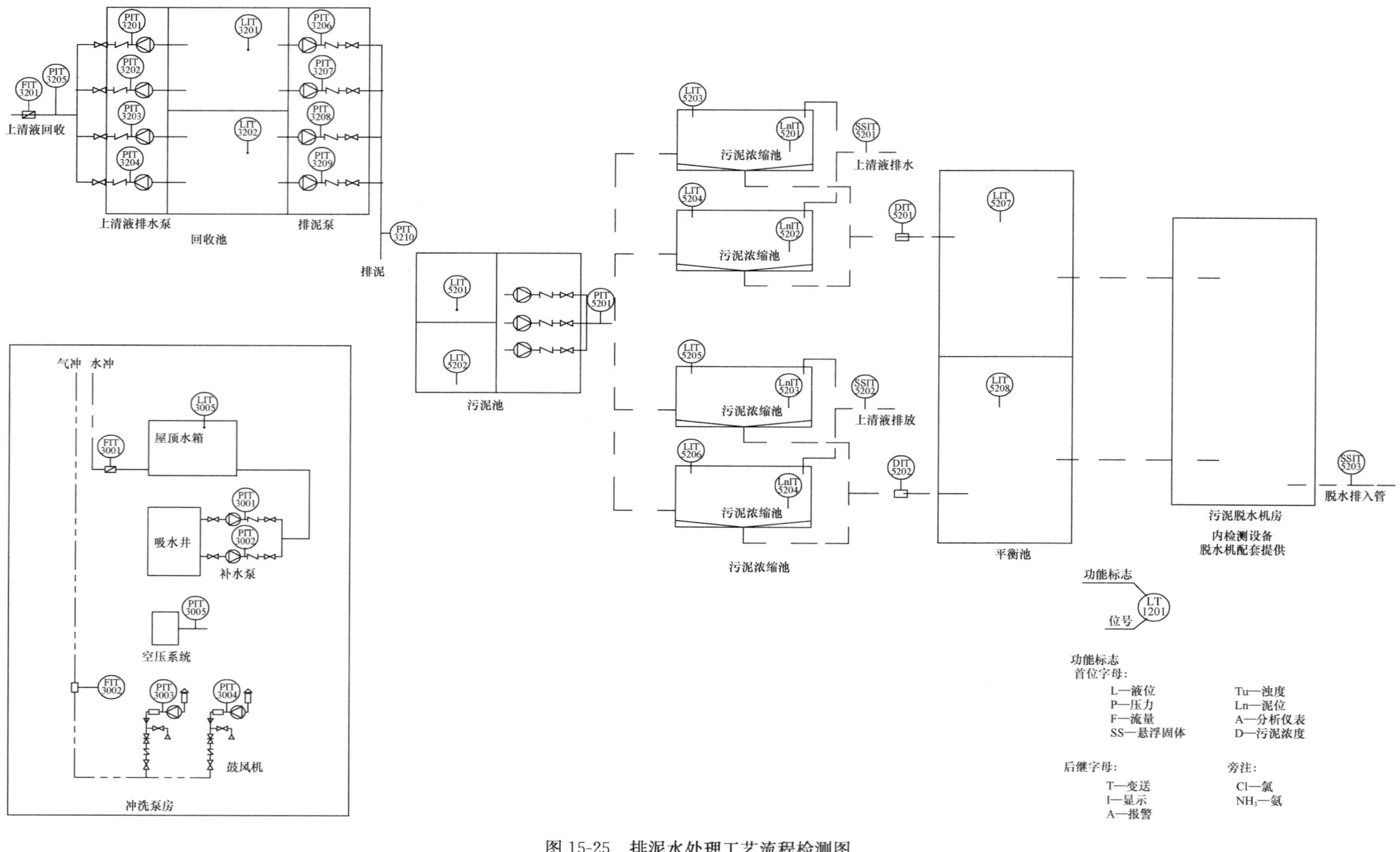

图 15-25 排泥水处理工艺流程检测图

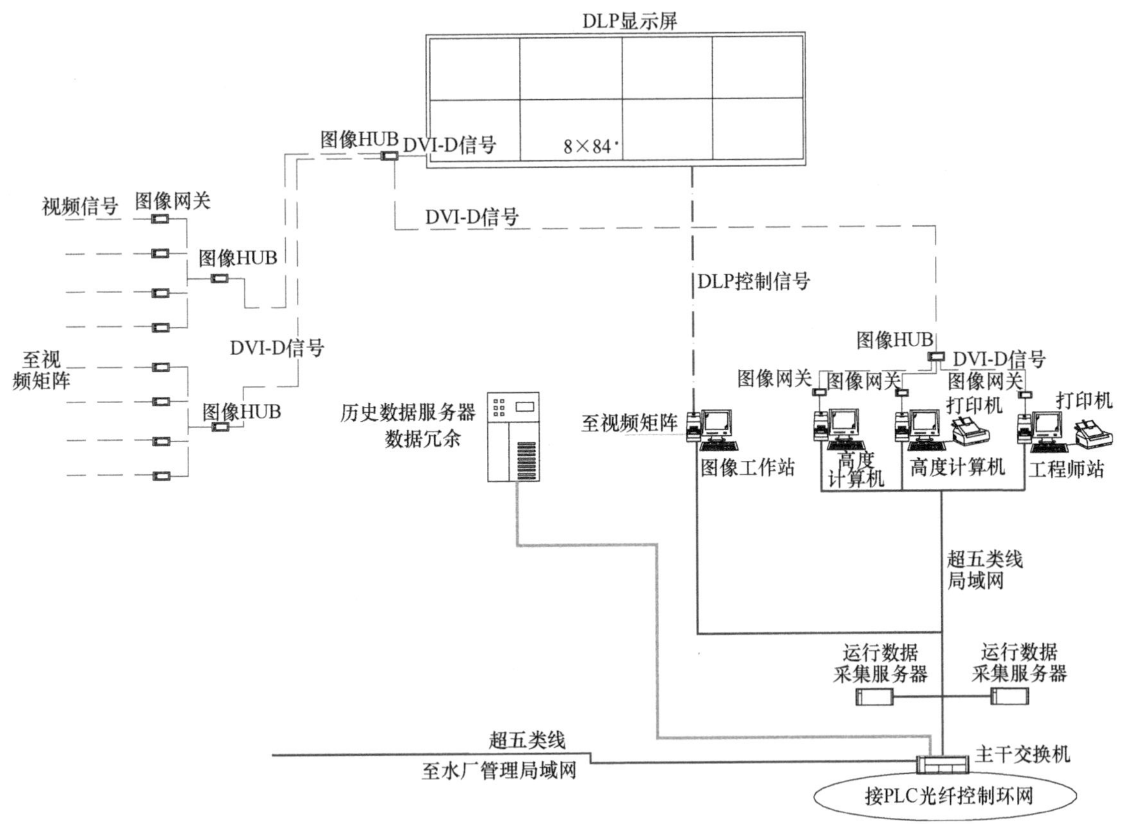

图 15-26　水厂监控中心系统图

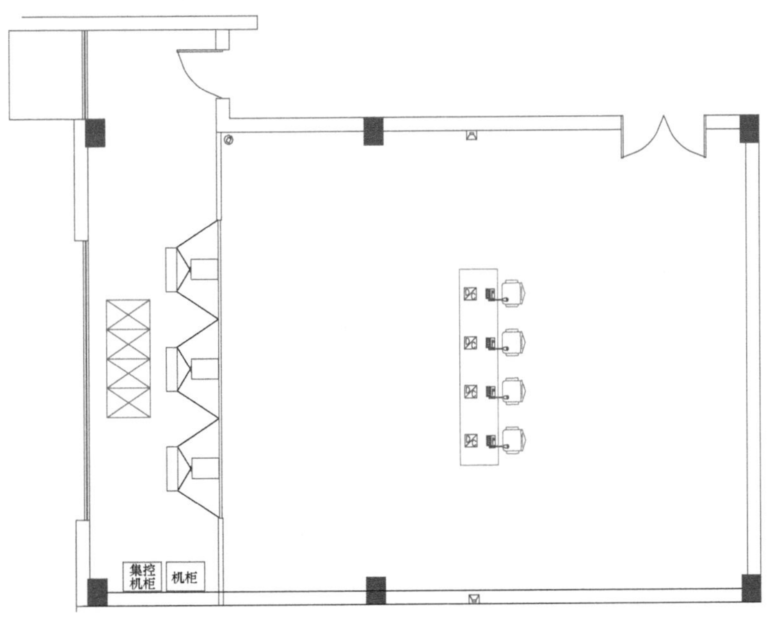

图 15-27　水厂中心控制室布置图

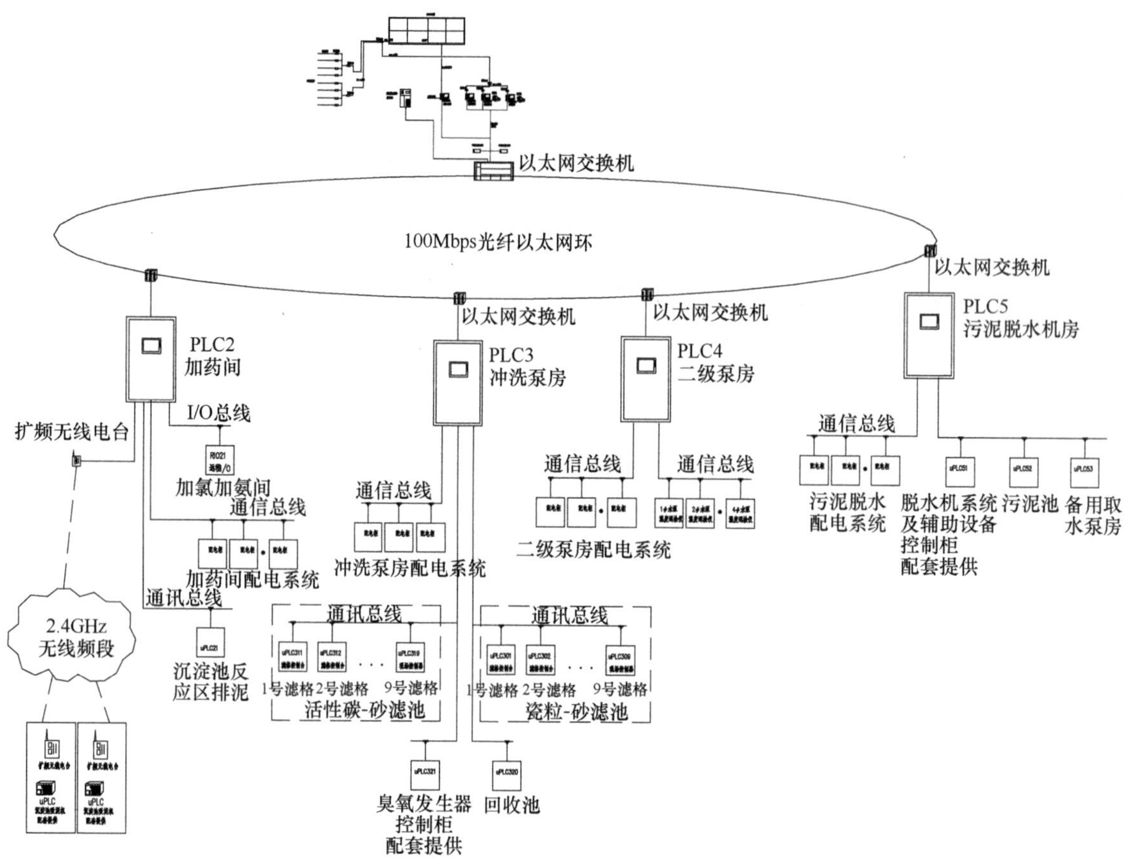

图 15-28 水厂 PLC 系统图

第 16 章　净水厂总体布置

净水厂总体设计包括两个方面：一是净水厂厂址的适用性评论，论证所选择厂址的环境和外部条件的可适用性以及建成后对环境的影响；二是厂址内部个别构筑物之间相互关系的总体布置，通常包括水厂流程和平面布置、附属建筑、厂内管道、水厂高程布置以及水厂建筑设计和道路设计等。

16.1　厂址适用性评论

净水厂位置应根据供水水源和城市供水管网的要求决定。位置选择需要考虑有关供水地区输配水管网的工程造价和常年电耗是否经济合理，它是整个供水系统的技术经济问题，本书将在下一章内分析论述。但水厂所选的厂址对环境和外界条件是否适应亦十分重要，为此在可行性报告中应有详细评论。美国《净水厂设计》（第五版）曾推荐了水厂厂址适用性的评论内容（表 16-1），很值得参考。

厂址评价项目　　　　**表 16-1**

1	场地规模		对公路的影响
1.1	场地面积		与铁路的距离
1.2	将来发展空间	3.4	公用服务的可行性
1.3	将来处理工艺发展空间		供电距离
1.4	土地形状		第二电源的可能性
2	环境问题		现有排水系统的距离
2.1	土地利用		现有服务设施的能力
	与周围土地利用的协调性	3.5	残余物的处置
	与周围规划的协调性		废弃物处置的选择
2.2	美学和视觉上的效果	4	地形和土壤状况
	对现有建筑物的影响	4.1	现场地形
	从关键地点看到的外观和凸显性		坡度限制
	夜间照明对邻居的影响		道路等级
	自然的隔离屏障		腐蚀防护
2.3	噪声危害	4.2	地下状况
	施工时的噪声		开挖难度
	运行时的噪声		土壤的低承载力
	车辆进出水厂的噪声		土壤超沉降可能性
2.4	对空气质量的影响		土壤膨胀情况
	水厂散发气味		地下水位深度
	事故时散发的有害气体	4.3	现场的排水考虑
2.5	对有害药剂的考虑		洪水的敏感性
	药剂溢漏和散泄影响		对现有排水系统的影响
	药剂至水厂的运输路线		对场地径流量的影响
2.6	车辆和运输问题		对地表水水质的影响
	施工时车辆		对地下水水质的影响
	正常运行时车辆		暴雨历时
	事故与安全	4.4	地震活动的可能性
2.7	考古学和历史问题		与地震断层的距离
	现场有关考古学和古生物学的资源	5	政策法规问题
	现场有关历史和建筑的资源	5.1	土地的可用性
	与场地外资源可能的不相容		现有土地所有权

续表

2.8	生态问题		土地获取问题
	对陆生生物栖息地的影响		原水管线通行权的获得
	对水生生物栖息地的影响		清水管线通行权的获得
	对现有珍稀或濒危动物的影响	5.2	政务问题
	对现有湿地的影响		议政日程
2.9	自然资源的问题		公众反对意见
	树木损失		专门机构或公共政策目标
	景观区的影响	5.3	监管问题
	农场、牧场、渔场的损失		许可和批准
	矿产和能源资源的影响		环境许可
3	技术问题	5.4	安全问题
3.1	场地高程	6	财务成本
	泵压的代价	6.1	将包括的成本
3.2	场地的便利性		土地成本
	与水源的距离		建设成本
	与服务区的距离		补偿成本
	与现有供水总管的距离		运行成本
3.3	运输与场地出入的考虑		延期成本
	与主要公路的距离		机会成本

16.2 净水厂的流程和平面布置

16.2.1 平面布置原则

1. 流程力求简短

各主要生产构筑物间的联络管渠应尽可能地短，避免迂回重复，使净水过程中的水头损失最小。为此要求主要净水构筑物尽量相互靠近布置，这样既节约能源，又便于管理。

2. 尽量适应地形

当厂址地形平坦，坡度缓和时，平面布置较易处理。在丘陵地带，地形起伏较大时，既要考虑流程上的顺利，又要考虑各构筑物的埋深。为了减少土石方，一般可利用洼地或浅塘作为入土较深的构筑物（如清水池等）的位置。如地形坡度较大，则应尽可能使净水构筑物平行等高线布置，以减少大量挖土和大量填土。在不得已的情况下，也可台阶式布置，但必须充分考虑由此而引起的交通运输问题。在地质条件变化较大的厂址中，必须根据具体地质条件进行各项构筑物的布置，避免进行大量的地基处理，增加工程造价，以及因地基硬软不均，使构筑物产生不均匀沉陷。

3. 注意建筑物布置的朝向

水厂内的生产构筑物，对方向的要求程度是有区别的。沉淀池、澄清池等，由于一般不设专门值班室，所以对方向性的要求不高。对有操作廊的滤池以及二级泵房、加药间、化验室、机修车间和办公室等建筑，因经常有人值班工作，朝向问题就十分重要，尤其是散发热量较大的二级泵房，对朝向和通风要求更应注意。在布置时，必须充分注意符合当地的最佳朝向和夏天主导风向。实践表明，一般水厂建筑物，以接近南北向较为理想，只在特殊情况下，才考虑作东西向布置。

4. 近远期协调

当水厂建设明确定为分期进行时，流程布置时应统筹兼顾，既要有近期的完整性，又要求有分期的整体性。在布局上应防止由于考虑分期而造成分散零落、占地过早过大和管理上的不便。

此外在流程布置时还应考虑扩建时的施工方便和流程衔接。在实际工程中，一般采用近远期独立分组的方式，即用同样规模的几组净水构筑物平行布置。

5. 功能分区，管理集中

水厂平面布置首先考虑的应该是功能分区，即将工作上有直接联系的设施尽量使其靠近，以利管理。一般水厂将办公楼、化验室、值班宿舍、食堂厨房作为一个管理区，将这一区设计在进门附近，作为外来人员、非生产人员或非当班运转管理人员的活动区。有的水厂参照其他工业厂区的办法将这一区与生产区有意识地予以隔开，甚至设门管理。其次是将机修车间、仓库、泥木工场等建筑物集中成为一个辅助生产车间区，布置在靠近生产区或管理区。如上海某水厂（图 16-1）将辅助生产车间和管理区，布置在主干道的一侧，与生产区用绿化地带进行分开；苏州市某水厂（图 16-2）将管理区设置在生产区南侧，而机修间、车库、仓库等则设在生产区另一端北侧；杭州某水厂则将管理、机修等另立一区，设在生产区之前主干道的北侧（图 16-3）。分区布置时要注意机修、仓库、车库等处汽车运输线路的环通，厨房和机修车间等处所需露天堆放场地的配置，人员、物料的进出对于生产区的影响。加药间和药库应设在沉淀池附近，翻砂场地应设在滤池附近，有自动化设施的中央控制室应设在生产中心，各个区域之间的地段则采用绿化带分离。总之，功能分区安排得好，可以使水厂管理有条不紊，有利于操作上的安全方便，环境上的整洁安静。

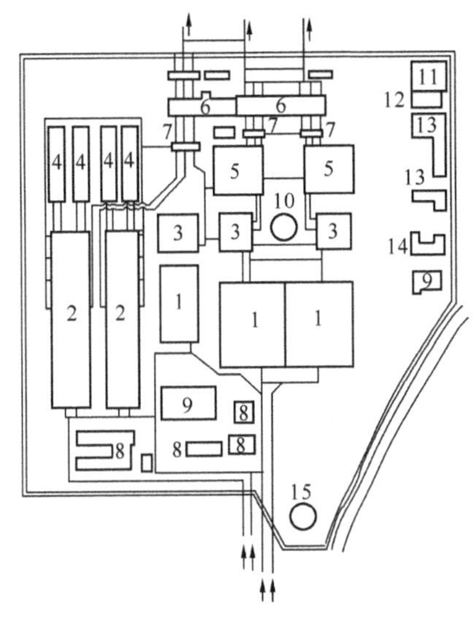

图 16-1　上海某水厂平面布置

1—沉淀池；2—沉淀池（上层）与清水池（下层）；3—滤池；4—移动冲洗罩滤池；5—清水池；6—二级泵房；7—吸水井；8—加药间；9—仓库；10—水塔；11—总降压站；12—高压配电间；13—办公楼；14—机修车间；15—排水泵站

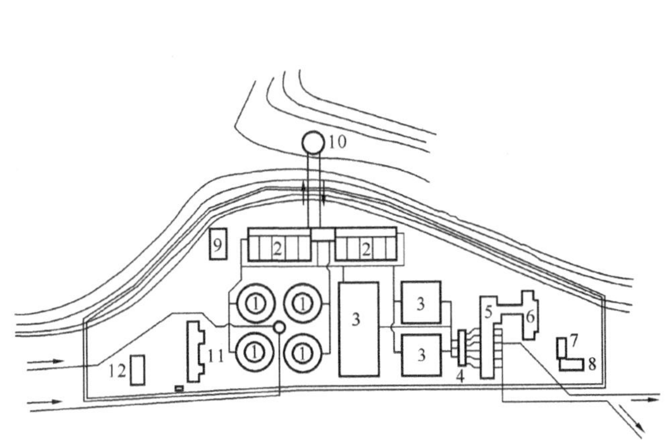

图 16-2　苏州某水厂平面布置

1—澄清池；2—滤池；3—清水池；4—吸水井；5—二级泵房；6—高压变电间；7—机修间；8—车库；9—加药间；10—冲洗水塔；11—办公楼；12—宿舍

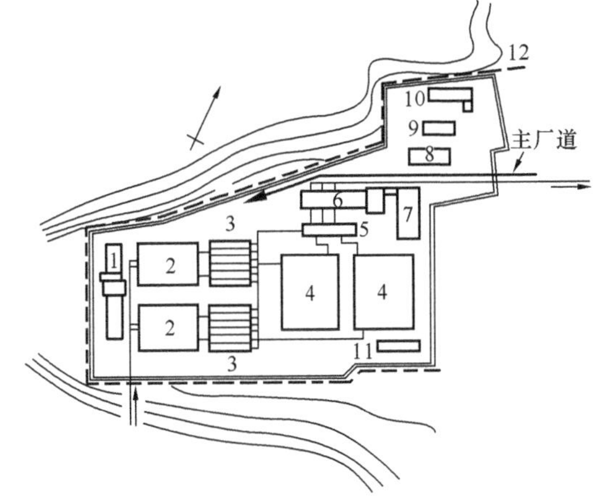

图 16-3　杭州某水厂平面布置

1—加药间；2—斜管沉淀池；3—移动冲洗罩滤池；4—清水池；5—吸水井；6—二级泵房；7—配电间；8—办公楼；9—食堂；10—机修间；11—污水泵房；12—防洪沟

6. 物料运输及施工要求

日常交通和物料运输是水厂平面布置的一个重要环节。在主要构筑物的附近必须有通道。构筑物之间的间隔一般应满足能同时施工的要求，以避免由于不同沉陷而引起的影响，这一间距将视各构筑物的结构设计而决定。水厂的道路系统，一般最好设计成为环状，否则应在运输频繁的部门，如矾库、机修间、汽车库之前设计回车道。

7. 注意节约用地

水厂的处理构筑物应尽可能组合，如机械搅拌澄清池的成组布置，滤池和沉淀池的靠近布置，将清水池设置在滤池或沉淀池的下层，大型水厂中采用立式水泵等。这些都是节约用地的措施。

水厂的辅助建筑物更应避免分散布置，如办公室、食堂、厨房、化验室、宿舍、浴室、厕所等，最好设计为在一幢楼内或有机组合的分幢建筑。仓库机修车间、车库等通常都属于底层建筑，但最好成群布置。至于仪表仓库和轻物件贮藏室，以及电气测试检修间等，仍可设在楼上，并力求组合成幢，节约用地，使得既利于工作联系，又能集中使用厕所。不少水厂用地困难时，设计中采用了叠层建筑，节约了造价和用地。

水厂平面布置反映一个水厂的整体体系，除了考虑给水技术的本身要求外，还要融合相当程度的建筑艺术。

因此，近年来不少水厂的总平面布置是由建筑师参加或直接主持，使水厂的整体布置更臻合理。

16.2.2 水厂流程布置

水厂流程布置通常可归纳为下列三种基本类型：

1. 直线型

这是最常见的布置方式，即从进水到出水，整个流程呈直线。当设计大中型水厂时，如地形条件许可，最好采用直线型布置。这种布置形式的生产联络管线较短，管理方便，并利于日后逐组平行扩建。直线型流程一般以接近南北方向为流程轴线；这样主要建筑物均可获得良好的朝向。不少资料表明，在国外，直线型布置也是大型水厂的基本流程（图 16-4）。图 16-1 所示上海某水厂也为直线型布置，该厂规模 120 万 m^3/d，先后分三期建成，每期一组，均呈直线型，平行布置；图 16-5 为镇江某水厂平面布置，在滤池中心设有操作管理室，以控制滤池和澄清池的操作运转。

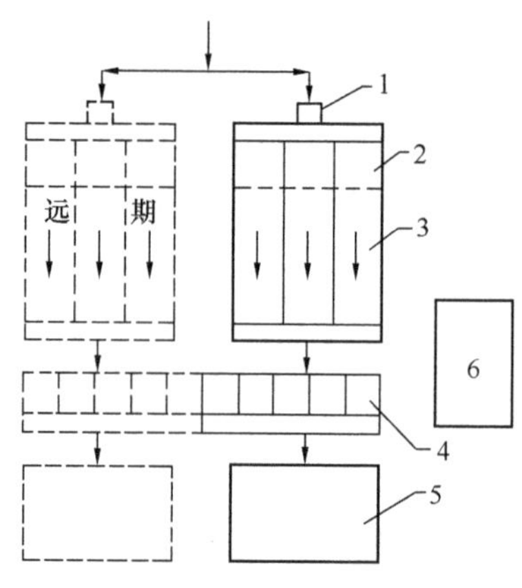

图 16-4 美国典型直线型布置

1—快速混合；2—絮凝池；3—沉淀池；4—滤池；5—清水池；6—操作室

2. 折角型

当进出水管由于地形条件、供水方向或厂外道路的限制而不能成直线布置时，可将流程布置为折角型。折角型的转折点一般选在清水池或吸水井。由于沉淀（澄清）池与滤池间工作联系较为密切，因此布置时应尽可能靠近成为一个组合。

苏州某水厂由于布置在山坡上，为配合地形以减少土方工程量，考虑到池子基础的深浅，采用了折角型布置（见图 16-2）。

杭州某水厂规模为 15 万 m^3/d，布置在东西向的山前低地（见图 16-3）。两侧地势高而狭，东侧较为开阔，但为了少用好地并争取二级泵房有较好的朝向，将流程布置为折角型，以清水池作为转折点。

采用折角型流程时，需要注意将来进一步扩建时，如何与目前流程相配合的问题。折角型布置不如直线型扩建时容易处理，因而要求在总体布置时，对将来如何衔接有所设想和安排。

3. 回转型

回转型的流程布置适用于进出水管在一个方向的时候，如水厂设在三面为高坡的山沟里或规划地形只有一面通道等情况。根据地形条件可以从清水池将流程回转，也可以通过沉淀池或澄清

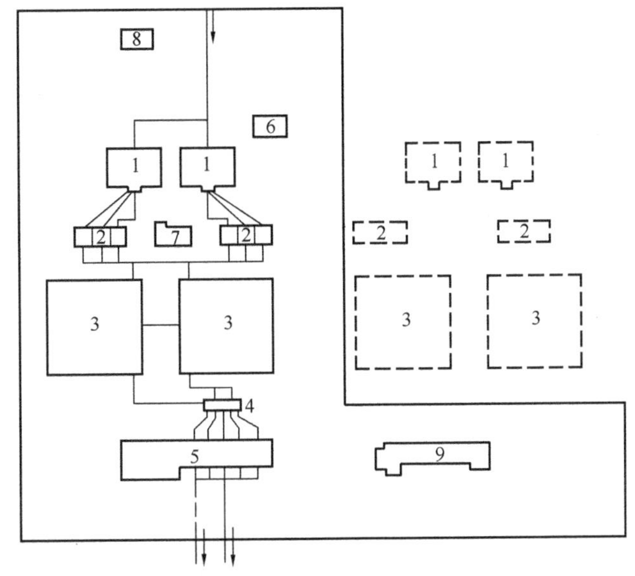

图 16-5　镇江某水厂平面布置

1—脉冲澄清池；2—无阀滤池；3—清水池；4—吸水井；5—二级泵房；6—加氯间；7—加药间；8—药库、氯库；9—办公室

池的进出水管方向布置而将流程回转。在大型水厂中较少采用这种布置方式，因为这对于日后扩建发展不如直线型那么方便。对小型水厂则应用较多。设计大中型水厂时，宁可将净水构筑物布置成直线型，而将浑水管延长后回转，如图 16-6 所示。该图是南京某水厂第一期工程所采取的回转型流程布置。

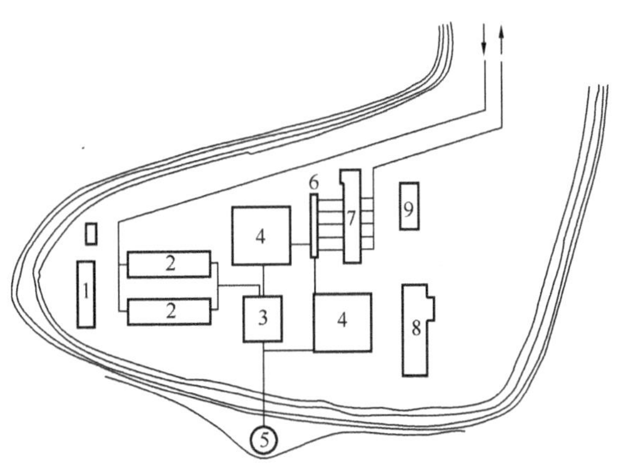

图 16-6　南京某水厂平面布置

1—加药间；2—沉淀池；3—滤池；4—清水池；5—水塔；6—吸水井；7—二级泵房；8—办公楼；9—食堂

由于水厂所处的地形条件和采用工艺等具体情况不同，水厂流程布置可以有各种形式。总之，要求能符合前述基本原则，考虑到生产运转和管理上的方便。有时为了其他原因而牺牲工艺流程的基本要求时，必须权衡得失，分清主次。如浙江绍兴某水厂的平面布置是充分适应地形、合理布置流程的一个典型例子（图 16-7）。该厂因用地范围处于两个山凹之间，如将 40 万 m^3/d 的净水系统放在山脚的任何一侧，都需要大量石方。后经多方权衡研究，将两组净水系统，在山脚两侧各放一组。将管理部门放在山脚前空地，整个水厂形成一个 Y 字形，十分合理而避免了大量石方，节约了造价，深得各方好评。

16.2.3　水厂净水构筑物的整体设计

水厂的净水构筑物在流程布置确定后，如何组合是一个重要的问题。一般有下列 4 种类型：散列型、叠层型、密集组合型、半埋型。

1. 散列型

按照流程，将混合池、絮凝沉淀池（或澄清池）、滤池、清水池和二级泵房等主体构筑物，顺流排列。沉淀池和滤池之间，滤池和清水池之间，清水池与二级泵房的吸水井之间，均留出通道。加药间及滤池冲洗设施则布置在有关净水构筑物附近。这种单项构筑物散列的形式在早期水

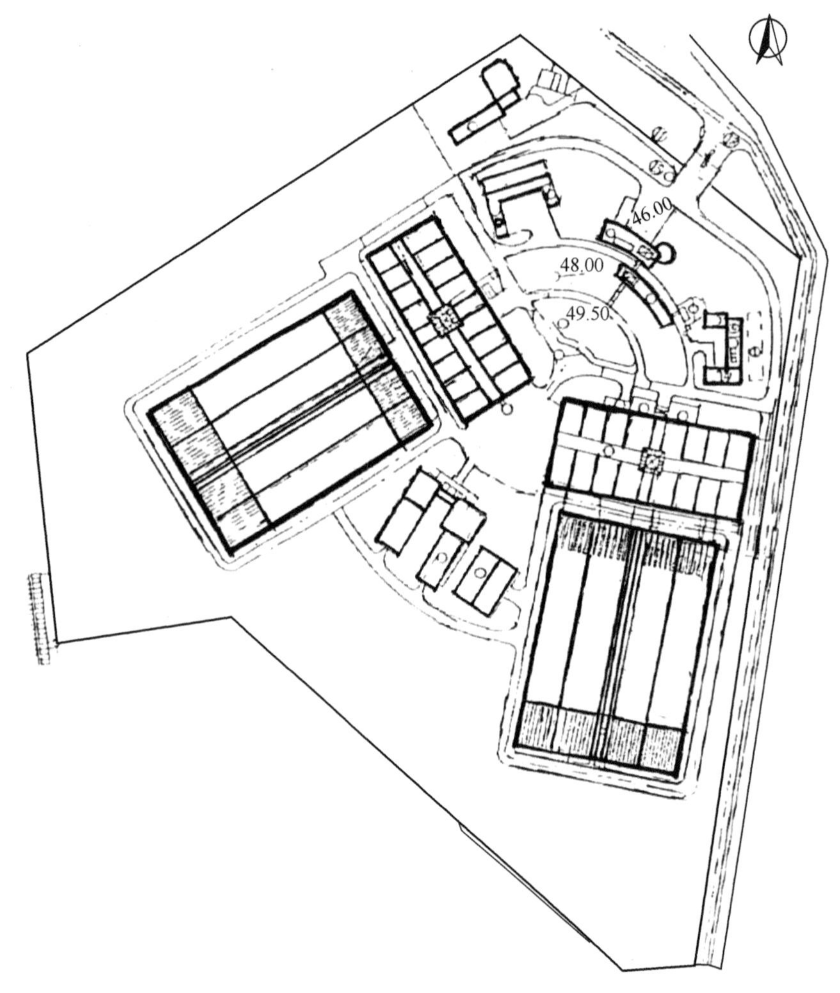

图 16-7 绍兴某水厂平面布置图

厂设计时是基本形式，直到目前不少大型水厂布置仍然采取这种形式。散列型布置的优点是结构设计安全，各池进出管道布置自由，施工方便，更利于分期施工的要求。缺点是占地较多，操作管理分散（近年来采用架空天桥联系各个池子，予以弥补）。图 16-1、图 16-2、图 16-5 都是散列式布置。图 16-11 (*b*) 为美国《净水厂设计》（第五版）中所介绍的美国散列式布置。

2. 叠层型

叠层型是将清水池设置于沉淀池之下的布置方法。国内亦有将清水池布置于滤池之下，做成叠层。20 世纪 70 年代上海长桥水厂设计时，考虑到用地紧张，于是因地制宜，将大面积清水池置于水平沉淀池之下。当时水平沉淀池采用的是浅池型，故池底下有很多空间可以利用，很适合清水池布置在下面。这种叠合型也适合于地基较差，需要打桩加固的情况。其优点是可以节约大量土地，而且节约造价；缺点是在流程上有所转折，一般可利用清水池隔墙将水流回折，予以补救。此外，该布置还需考虑上下两层之间的结构处理及防渗安全措施。这是国外为何只将清水池放在滤池之下的原因。叠层池出现之后，由于优点显著，国内不少水厂，特别需要紧缩用地时都曾采用。

3. 密集组合型

密集组合型布置是将若干主要净水构筑物组合在一起，成为一个群体构筑物的布置方法。图 16-3 所示杭州某水厂是将滤池和斜管沉淀池组合在一起，成为一个构筑物，旁侧即为加药间，直接连通。图 16-8 为上虞水厂，将絮凝池和沉淀池、清水池组合为一个构筑物，并将快滤池直接靠在沉淀池出口端，形成一个组合体，用地十分紧凑，管理方便。图 16-9 为日本大型水厂的密集组合型布置。该厂将沉淀、过滤、配水井、活性炭滤池，甚至净水办公室布置在一起。图 16-10 为香港马鞍山水厂，它将沉淀、过滤、加药间、污泥脱水车间和办公室等都放在一起。显然这种密集布置是在高度用地紧张情况下形成的，是超过了操作要求的。密集组合型布置在日本采用较多，但结构处理要求高。有利点是整个水厂管理方便，尽收眼底。

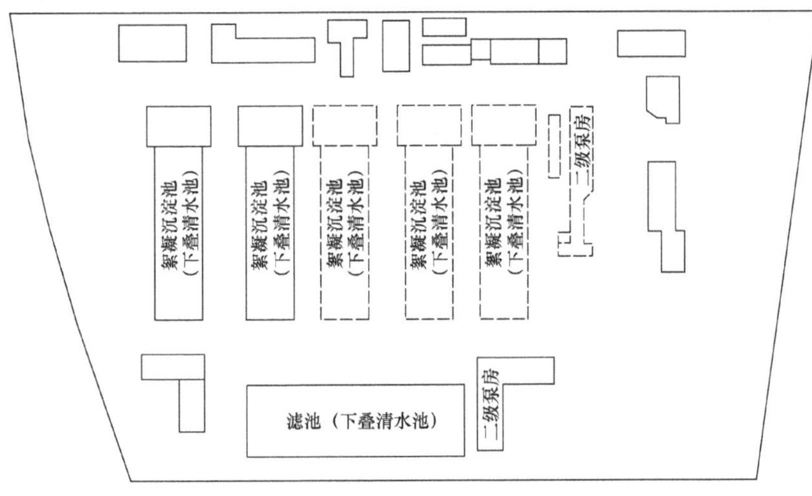

图 16-8 上虞水厂分期建设的平面布置

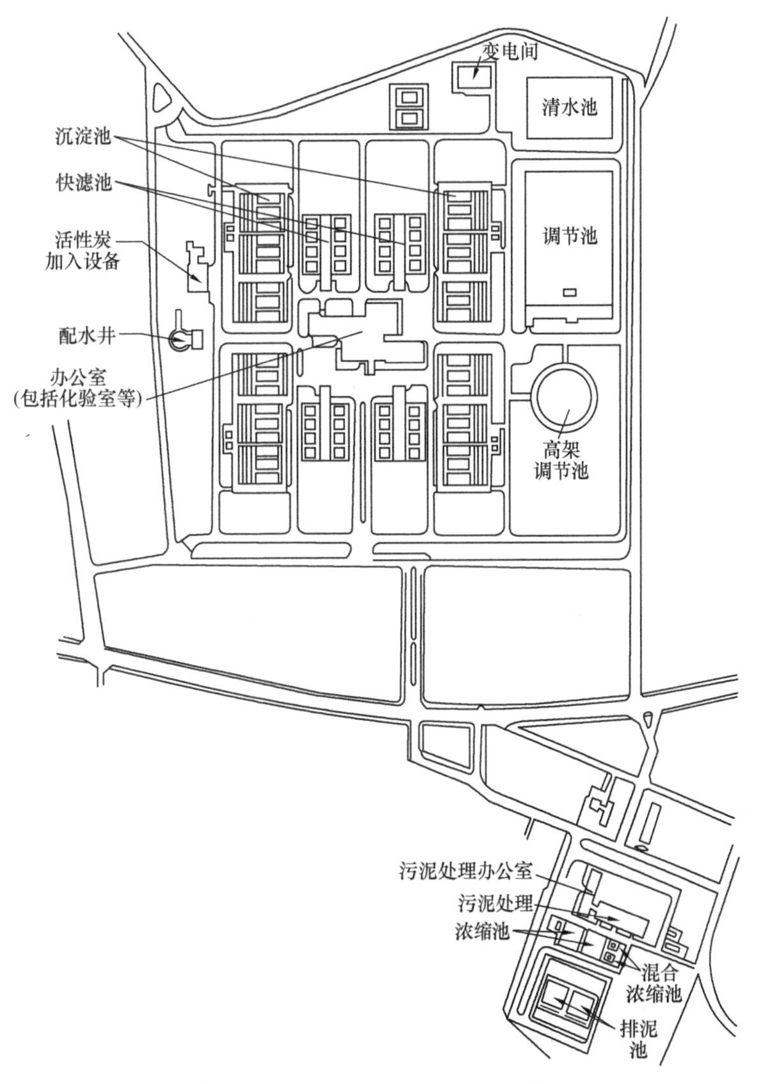

图 16-9 密集布置的大型水厂总平面

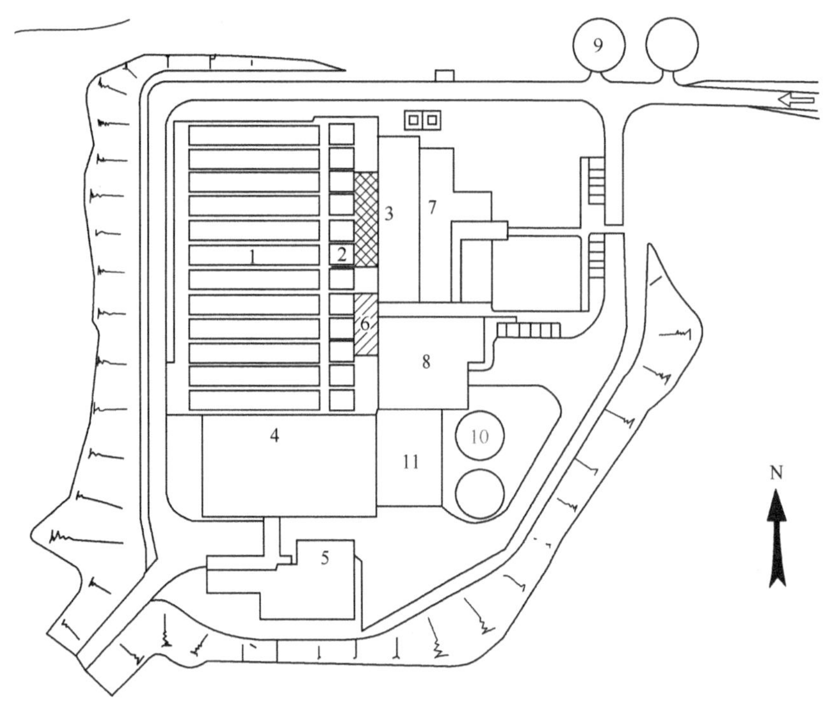

图 16-10 香港马鞍山水厂平面布置图

1—沉淀池；2—快滤池；3—出水泵房；4—加药间；5—加氯间；6—控制室；7—办公大楼；8—维修车间；9—反冲洗回收池；10—污泥浓缩池；11—污泥脱水车间

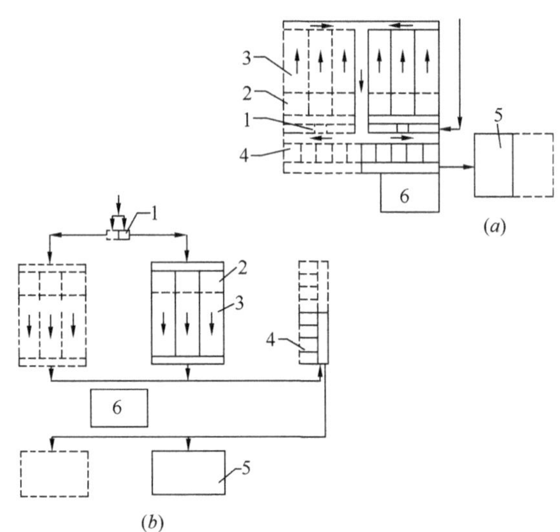

图 16-11 美国《净水厂设计》中介绍的水厂布置

(a) 密集组合式布置；(b) 散列式布置

1—快速混合池；2—絮凝池；3—沉淀池；4—滤池；5—清水池；6—管理操作室

图 16-11 (a) 为美国《净水厂设计》(第五版) 提出的典型组合式布置。从图中可以看出，该厂采用回转流程，并将清水池设在沉淀、过滤主体组合构筑物之外，而将快速混合放在沉淀过滤之间。为了方便操作管理和巡查，不惜将原水用较长渠道连通。

4. 半埋型

考虑到上述 3 种整体布置设计中，主体构筑物如沉淀池和滤池一般都高出地面 2～3m，与水厂地面建筑物操作联系不便。为此，日本、美国等水厂当采取密集组合式布置时，多采用半埋式。使沉淀池及滤池的上口仅高出地面几十厘米，而将大部分构筑物池体都埋在地下，甚至将地下的构筑物间做成人行廊道，安排管道、电缆，便于修理，由厂区地面可直接走近池边，或用斜坡 (草地) 坡向池边，而使池子墙面高出地面极浅，故一进水厂，十分宽畅通透。我国杭州九溪水厂就是按照实际地形情况采用了半埋式布置，如图 16-12 所示。

前述 4 种布置，主要应根据水厂规模大小、构筑物池型、地基地质情况和当地实际用地要求，从而因地制宜、因时制宜地决定。主要原则是操作、维修、管理方便，结构安全和节约造价，而且不论何种方案，在南方或多雨地区，在池面上都宜采用廊道连接。

由于近年来采用密集组合型布置 (包括半埋式) 较多，美国《净水厂设计》提出了这种布置形式的优缺点比较 (表 16-2)，供设计时分析参考。

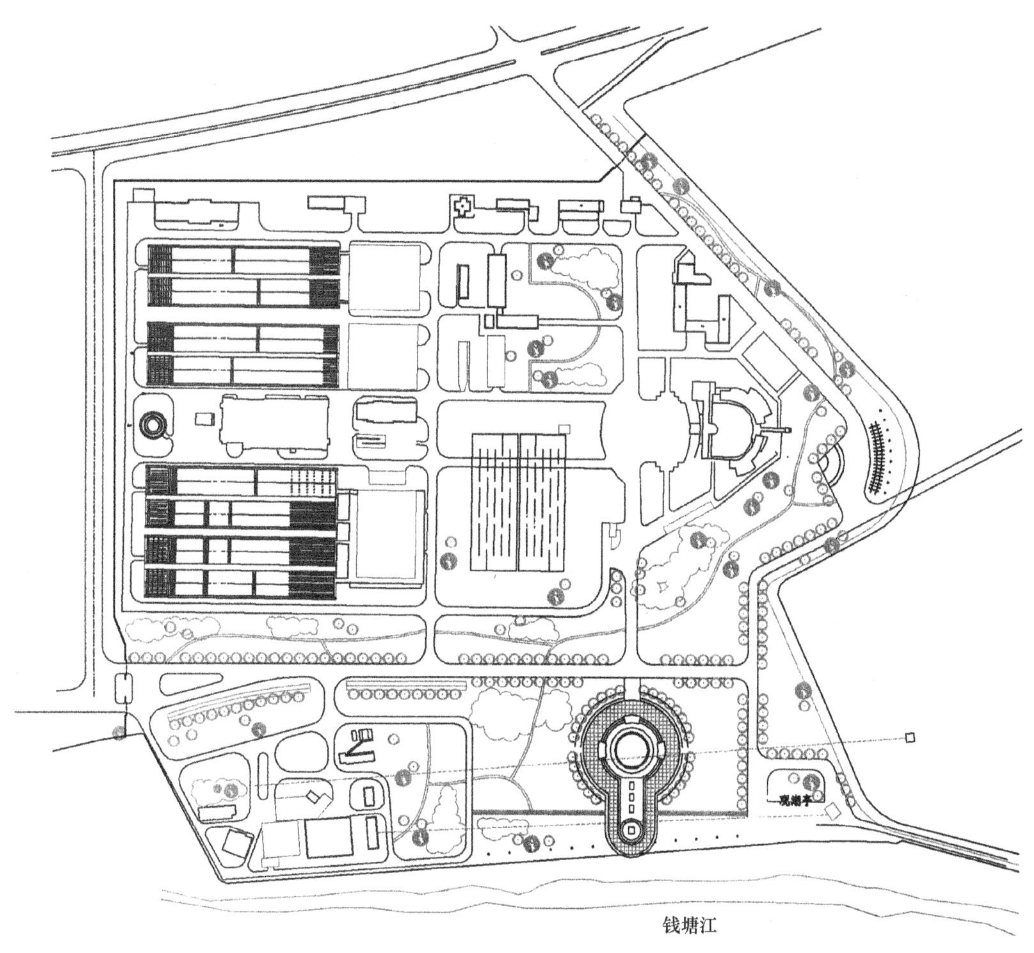

图 16-12　杭州九溪水厂半埋式布置

密集组合型构筑物布置形式优缺点　　**表 16-2**

	优　　点	缺　　点
1. 机械设备	主要机械设备集中在一个中心地区； 药剂加注管线可以较短	当机械设备需要移出在外面检修时较为困难
2. 操作	主要设备巡视路线较短，较为方便； 可用屋顶操作廊道或地下通道交通联络； 操作员工可减少	设备布置应考虑就近维修的地位
3. 结构	减少挖方工作量； 由于有公共墙，可以减少混凝土量	由于土质情况，需要更多考虑混凝土的收缩和膨胀影响
4. 电气	减少了电气和仪表电缆沟的长度； 电缆长度较短而减小了电缆的截面积； 电缆可以安装在电缆桥架上，减少了电缆沟； 室内电缆多，容易连通	需要仔细设计各类电缆布置，而空间较少； 又有其他管线介入，如建筑通风排水等管线，增加了设计布置难度
5. 水力	由于池子之间减少管道，故水力损失较小	可能导致沉淀池至滤池间的沉淀水管道较长
6. 建筑	集中建筑群的布置，比独立的建筑外观，更为美观	建筑中既有操作，又有管理的功能，设计时较为困难
7. 总体	减少使用土地，减少厂内道路； 减少地下管道敷设	由于存在地下通道，故楼梯增多，符合防火规范较难

16.3　附属建筑

净水厂的附属建筑按其功能可分为辅助生产用房、管理用房及生活设施用房。辅助生产用房主要包括化验室、维修车间、仓库、车库、控制室等，管理用房主要包括生产管理用房、行政管理用房、传达室等，生活设施用房主要包括食堂、锅炉房、值班宿舍等。此外，水厂内还有其他一些建筑物，如堆场、车棚、围墙等。

净水厂附属建筑的具体组成、面积及其设备，主要与水厂的规模有关。但由于各水厂的具体情况不一，如水厂在城镇中的位置、所在地区可利用的机修力量等的不同，因此尽管水厂规模相同，但它们的附属建筑往往存在相当大的差异。具体设计时，要针对当地情况具体对待。

不同规模的净水厂附属设施建筑面积指标可参照表 16-3。

净（配）水厂附属设施建筑面积指标（m^2）　　表 16-3

规模		Ⅰ类（30～50 万 m^3/d）	Ⅱ类（10～30 万 m^3/d）	Ⅲ类（5～10 万 m^3/d）
常规处理水厂	辅助生产用房	1100～1725	920～1100	665～920
	管理用房	770～1090	645～770	470～560
	生活设施用房	425～630	345～425	250～345
	合　计	2305～3445	1910～2305	1385～1910
配水厂	辅助生产用房	900～1200	640～900	520～640
	管理用房	320～400	245～320	215～245
	生活设施用房	280～300	215～280	185～215
	合　计	1500～1900	1100～1500	920～1100

16.3.1　化验室

在较大的一些水厂内，除了厂一级有化验室外，各主要净水车间还应设班组的化验室。当大城市内有几个水厂时，则除了各厂有化验室外，往往在自来水公司一级还设有中心化验室，以承担复杂的化验项目或科研性的化验项目。厂级化验室根据水质分析项目的需要，通常设有：理化分析室、毒物检验室、生物检验室（包括无菌室）、加热室、天平室、仪器室、药品贮藏室（包括毒品室）、易燃易爆气瓶间、化验办公室、更衣室等。化验室的面积和人员配备主要根据化验项目确定。

16.3.2　维修车间及仓库

净水厂的维修车间包括机修间、电修间、泥木工间以及仪表修理间等。

1. 机修间

机修间主要维修水厂范围内的水泵、电机、阀门、管道、水处理机械设备及其他零星修理项目。维修分大修、中修、小修三类。大修以修理整台设备为主，中修以修理部件为主，小修则以修理零件为主。具体水厂的维修能力，除了与水厂本身规模有关外，还与当地可利用的机修力量以及公司有关机修厂等协作条件有关。

机修间的辅助面积主要包括备品库、更衣室和办公室。水厂规模在 10 万 m^3/d 以上者，一般可设办公室。根据维修需要，在车间外可设置冷作工棚，其面积可按车间面积的 30%～50%考虑。

2. 电修间

电修间主要维修全厂的电气设备、常用电气仪表及照明装置等。

3. 泥木工间

泥木工间在一般小型水厂不单独考虑。2 万 m^3/d 以上的水厂则可考虑少量的泥木工，设置泥木工间。

4. 仪表修理间

大、中型水厂近年来有仪表修理间的设置。由于各厂仪表水平及自动化程度的差距悬殊，故配备面积一般在设计时具体商定。

5. 仓库及车库

净水厂内的仓库主要用于存放小口径管配件、水泵电机、电气设备、五金工具、劳保用品及其他杂品等。根据物品种类，可分设 1～3 间库房。

净水厂车库的面积应根据运输车辆的种类和数量确定。一般 4t 卡车可按 $32m^2$/辆考虑，2t 卡车可按 $22m^2$/辆考虑，一般小车按 $20m^2$/辆考虑，其他特种车辆如汽车吊等可按实际需要分别设计。当车辆超过 3 辆时，一般可设置司机休息处、工具间等，其面积及建筑设计要求，按照具体需要而定。

16.3.3　生产管理用房

净水厂的办公用房与水厂规模和定员有关。水厂的定员一般可分为生产人员、辅助生产人员和管理人员。生产人员指净水工、泵房工、加药工等，辅助生产人员一般指维修、化验、司机、仓库保管、医务、电话接线、锅炉、绿化、警卫、食堂等工作人员，管理人员指党、政、工、团干部、生产技术、计划调度及财会人员等。水厂的管理人员一般可按水厂定员总数的 8%～12%配备。

净水厂的办公用房除了前述生产性辅助建筑中的值班办公室外，还可根据水厂规模和实际需要设置党、政、工、团办公室，会计室，值班调度室，技术科，计划科，财务科，供应科，劳动工资科，保卫科，医务室及电话总机室等。

16.3.4　食堂、浴室、厕所、传达室

食堂包括餐厅、厨房两部分。厨房包括备菜、烧菜、贮菜、冷藏、烧烤、办公室、更衣室等。食堂的总面积一般按每个就餐人员所需面积确定，就餐人员按最大班人数计。餐厅与厨房的面积比可按 4∶6 或 5∶5 采用。

男女淋浴室的总面积（包括更衣、盥洗室及厕所等）中，女工比例可按水厂定员人数的 1/2～1/3 考虑。

水厂内的厕所应设在人员比较集中且操作工人使用方便的地方，其排水管线应远离净水构筑物及清水管渠。

水厂传达室可根据水厂规模大小分成 1～3 间（传达室、值班宿舍及接待室）。

16.3.5　值班宿舍

值班宿舍是中、夜班工人临时休息的用房，其面积可按 $4m^3$/人考虑，住宿人数可按中、夜班总人数的 45%～55%计算。

16.3.6　堆场

1. 管配件堆场（表 16-4）

不同规模水厂管配件堆场指标　　表 16-4

水厂规模（万 m^3/d）	堆场面积（万 m^2）
2.0～5.0	50～80
5.0～10.0	80～100
10.0～20.0	100～200
20.0～50.0	200～250

2. 砂石滤料堆场

按滤料总重的10%贮量考虑，堆高不超过1m。堆场应将四面砌高，场内应能排水。

16.4 厂区管道

水厂内各类管线、沟槽、渠道复杂繁多，在构筑物布置定位以后，应作综合考虑。

16.4.1 生产管线

生产管线是总体布置中的一个重要组成部分，需要在平面上和高程上作细致布置，以避免在施工时出现矛盾，在生产运行及维修时带来困难。兹将厂内各类管线、沟、渠的有关要求，扼要阐述如下。

1. 浑水管线

浑水管一般为2根，但由于近远期分期建设的关系，往往第一期先建1根。然而净水构筑物一般在第一期即需分为2组，因此浑水管进入水厂后，必须分支接入净水构筑物。接入方式需考虑与远期衔接得合理，即在将来第二根浑水管敷设后，2根浑水管可以在检修时互用。一般接法如图16-13所示。

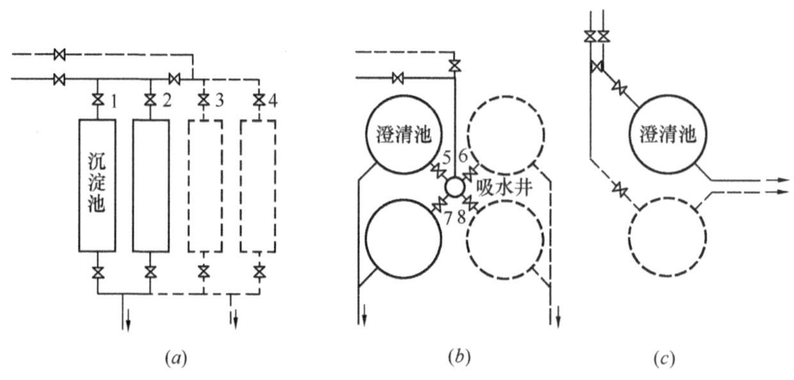

图16-13 沉淀池浑水进水管接法

注：实线表示第一期工程，虚线表示第二期工程

图16-13（*a*）为一般进入沉淀池的接法，能满足一、二两期浑水进水管的相互备用，同时可以修理1和2，或3和4号任一进水阀门而不致全部停水。图16-13（*b*）为具有进水配水井的澄清池接法。图16-13（*c*）为没有配水井的澄清池中分期进水管的接法。从图16-13（*b*）可以看出，当用配水井时，检修任一进水阀门（5、6、7、8），将全部停水，造成生产被动。为此设计时必须十分注意或另加措施。浑水管由于承压要求，一般采用钢管或球墨铸铁管。由于需装接不少配件和阀门，所以一般不采用预应力管。进水阀门一般采用普通低压阀门。当进水管口径大时，应尽可能将阀门（1、2、3、4、5、6、7、8）设计在水池或配水井的进口端，这样可以改用提板闸门而节约造价，并减少维修工作量。

2. 沉淀水管线

分配沉淀或澄清水到滤池的沉淀水管，有两种敷设方式：一种是架空式，一种是埋地式。架空式一般做成混凝土渠道，从沉淀池或澄清池出口直接架至滤池进水渠。架空渠道的主要优点是水头损失较小，同时渠道上面还能作为人行通道，供操作联络之用。当水厂规模大时，用架空式更为合适。但如沉淀池出口标高与滤池进口的标高差距较大时，处理上就要在滤池一侧走道上加设踏步解决。采用架空渠道要注意渠底标高是否影响沉淀池与滤池之间的交通。如渠底以下净空不能满足人行要求时，则架空渠道的平面位置应在总图上慎重考虑。埋地式，即将管渠采用埋入地下的方式。水厂规模较小，或沉淀池只数多，或与滤池高差较大而处理困难时，通常宜采用埋地管道布置。在上述两种形式的管渠设计中，一般以 1.5 倍正常流量来计算水头损失值，以便沉淀池在超负荷时，仍能正常运行。

3. 滤后清水管线

清水管承受水压较低，故在水厂规模大时，可采用低压管渠或钢板卷管。采用低压管渠，还可以减少水头损失，并可将低压闸板门设在闸门井或清水池中。

清水管在厂区内的敷设标高一般在地面下较浅，故应注意渠道和管道的接口质量和路面上的交通荷载引起的破坏，避免地面雨、污水的渗入。

在无吸水井时，清水池之间应设联络管线，避免各清水池水位相差过大而影响二级泵房出水。当有吸水井时，可以不设联络管线。联络管的设计可以有两种方法：一种是直接用管线相连，此时联络管应设置在清水池的较低水位以下；一种是采用真空虹吸管，在清水池的较高水位处连通，并用弯管使管端浸入最低水位下，以保持水封，用抽真空造成虹吸，使两侧清水池水位保持平衡。由于清水池检修清洗的需要，在联络管上应装设阀门以便隔断用。当直接连通时，有时因连通管的位置低于地面以下很深，阀门检修显得十分困难，故需采用闸门井。但当用虹吸管相连时，则可通过通入空气破坏真空从而隔断。联络管的口径计算无具体规定，视设计的具体条件决定。

当采用两个以上的清水池时，最好设置吸水井，这样可以减少清水联络管线的设置，而简化厂区管线布置。

4. 超越管线

超越管道在水厂内是相当重要的一个组成部分。设置超越管的目的是当某一构筑物检修或失效时，可使来水超越该部分而不中断整个流程。特别是当净水设备为单套时，更加重要。超越管道在总平面图上可以有各种超越方式，其选择是按照对具体构筑物的超越要求而定，图 16-14 为几种常见的超越管布置方式。

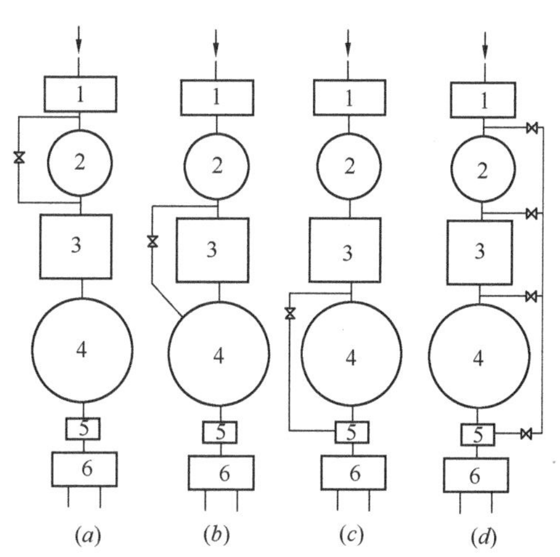

图 16-14　超越管布置方式

(*a*) 超越澄清池；(*b*) 超越滤池；(*c*) 超越清水池；(*d*) 可超越各部分

1—一级泵房；2—沉淀、澄清池；3—滤池；4—清水池；5—吸水井；6—二级泵房

当近期只有一套净水设备和采用一个不分格的沉淀（澄清）池时，为了安全起见，可以采用直接过滤而超越沉淀部分。在有条件时，以采用方案（*d*）为好，因为可以超越任一部分，但这种做法较少，除非采用回转型和折角型的总平面布置，利用生产管线局部连通而满足超越要求。

16.4.2　排水管线

水厂的排水系统包括两个方面：一是厂内的地面雨水排除，包括山区的洪水排除；二是水厂内生产废水的排除，包括沉淀（澄清）池的沉泥排除，滤池的冲洗水排除，清水池的放空水排除，投药间、泵房的废渣、废水排除，以及办公楼、食堂附属建筑物的生活污水排除等等。

1. 水厂的排水系统

小型水厂的排水管线设计，包括生产废水（如沉淀池排水、滤池冲洗水）和地面雨水采用合流制下水道系统。下水道所采用的设计频率和降雨强度可按重现期 1～3 年考虑。混凝土管管道口径及窨井尺寸采用当地规格。一般管道口径应按在暴雨时加上滤池冲洗水的集中排除设计。较大型水厂的排水系统则采取分流制，将地面雨水系统设计成一个系统，而将生产中的排泥及冲洗水的排除，设计为另一系统。由于地面雨水排除可以利用地形，并纳入当地原有的雨水排除系统，这一系统往往可以埋得较浅，因而造价较为经济。排水管线的最小坡度为 0.01，最小管径为 $DN300$。

2. 水厂排泥水系统

水厂污泥的排除实际上亦是一个环境保护问题。目前在国内已将排放污泥的问题作为水厂设计中的一个组成部分。以往某些水厂，由于污泥未能采取合理排除措施而只是在水厂附近找一个洼地作为排放点，结果不要几年，洼地填满后不得不重新考虑排放地点，既造成用地矛盾，又造成环境问题，最后仍不得不花费必要投资重找出路。因此水厂的污泥排除，必须慎重处理。此外，由于沉淀池、滤池的污泥排出口往往在地面以下很深，在平原地区常不能自流排出，必须采用污水池贮存，用泥泵提升，然后排至适当地点。此时，污水池的容量应按滤池冲洗水量的贮存要求而定，其水池出口排泥管道的流速，宜选得略高，而管道坡度宜略大（以大于 0.03 为宜），以避免管道内出现污泥沉积。污泥泵至少为 2 台，并要求装有按水位控制的自动启、闭措施。

3. 水厂防洪系统

当在丘陵地区或山区设置水厂时，水厂必须进行防洪设计。防洪沟应布置在水厂周围以截留并排除洪水。在一般情况下，防洪沟不宜在水厂内部穿过，因为不仅破坏了水厂的总体布置，造成日后建设上的被动和管道的联系阻碍，而且在出现特大洪水时，会对水厂生产造成严重威胁。

防洪沟可以做成有盖板的或是敞开的。在水厂四周布置时，通常设置在水厂围墙的外侧。防洪沟可以做成土坡式或铺砌式，可以做成梯形断面或矩形断面。通常用砖或石块铺砌沟壁。当采用矩形断面时，随着地形和汇入水量的增加，可以做成等宽度而变深度。不用铺砌的土明沟，容易使边坡变形，如不经常清理维修，容易塌损或堵塞。

防洪沟设计可采用百年一遇的重现期。沟的底坡应争取基本上顺地形倾斜。计算时，应先确定集水面积，然后根据当地雨量公式，计算流量，再定坡度、流速和断面的形状、面积。

设计水厂时，雨水系统、道路、防洪沟往往布置在一个平面上，如图 16-15 所示。

4. 生活污水系统

水厂内办公室、食堂、宿舍等附属建筑物的生活污水，单独成为一个系统。按常规处理排除或接入城市公用污水系统。

16.4.3 加药管线

水厂的加氯、加氨、加药（包括助凝剂等）各种加药管线，一般视需要采用直接埋入地面下或用浅型管沟加盖板铺设。

16.4.4 电缆沟

大型水厂由于各式电缆较多，有动力电缆、照明电缆以及控制电缆。当水厂自动化程度较高时，控制电缆更为复杂。为了集中敷设电缆，便于日后查对检修，不少水厂设计中采用集中电缆沟布置。电缆沟按照敷设电缆多少而决定其断面尺寸。电缆沟的盖板顶面应与地面平。根据电缆大小、多少而定其深度。电缆沟深度一般不小于 0.8m，宽度不小于 0.7m。电缆沟上用混凝土盖板，沟地有条件时应做成坡度。每隔一段距离，设有积水排出孔，接通附近下水道。沟壁上可以做成分排支架，作为电缆沟挂架之用。电缆沟一般为混凝土结构。

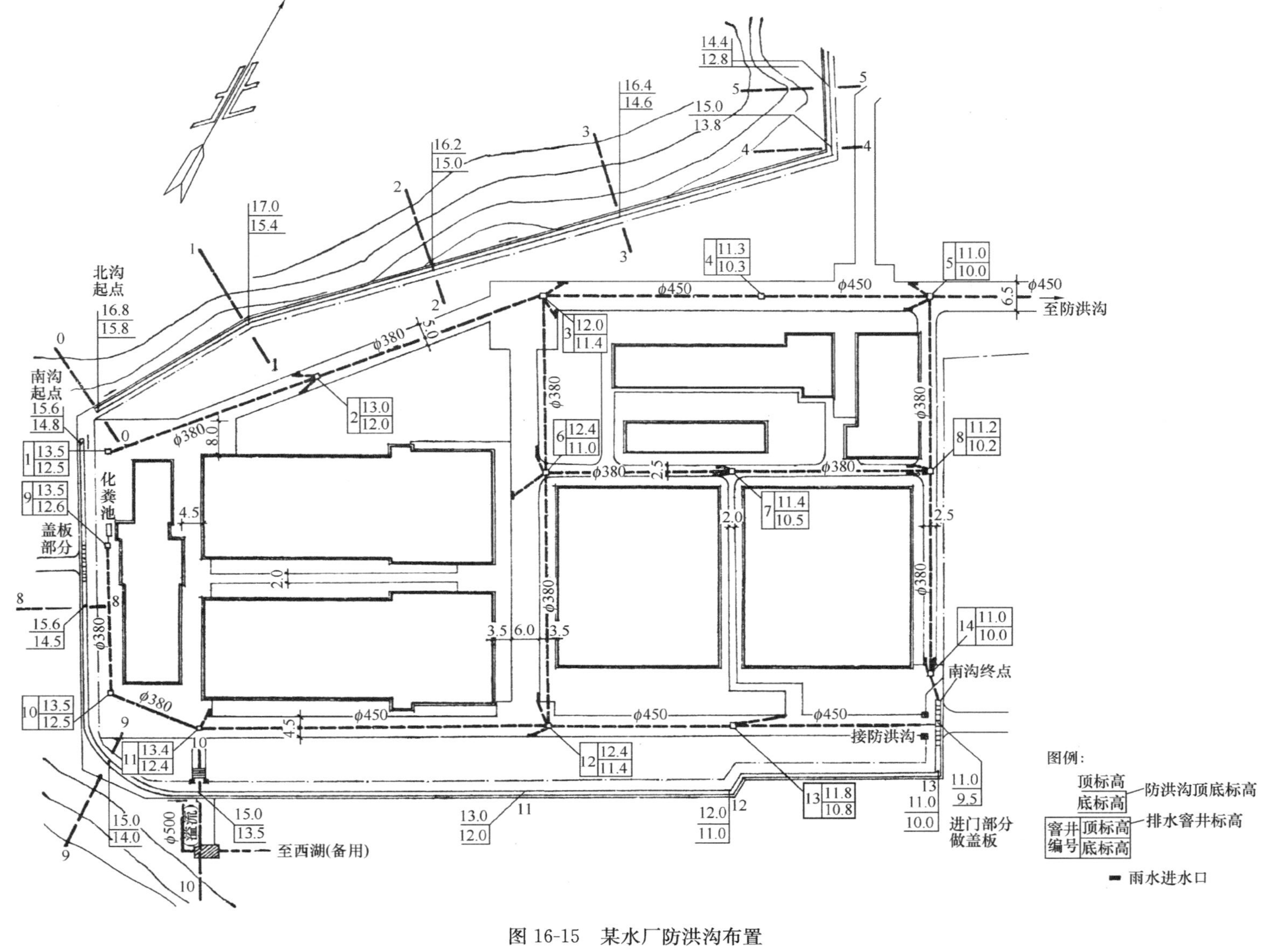

图 16-15　某水厂防洪沟布置

16.4.5 厂内自用水管线

厂内自用水管线，指厂内生活饮用、消防、水池冲洗、溶解药品及泵房等清洁压力水管线，一般在出二级泵房之后的总管上单独接出。有水塔时，从水塔接出。当水厂间歇运转时，亦可自设屋顶水池。自用水管一般接到泵房、处理设施以及各种附属建筑，在厂内自成系统。消火栓除室内应有设置外，还应设置在泵房、办公楼等重要建筑物附近。消防用水由于有压力要求和水量要求，故必须满足消防规范。自用水管线埋设深度，应考虑防冻要求。

16.4.6 管道综合

由于水厂内各类管道、沟、槽、渠以及电缆管线比较繁多，布置错综复杂，而且设计时往往各按功能表达，因此厂内管道应有管道综合，明确各类管道平面布置、控制点坐标、中心标高、交叉净距等等，以便在施工时安排先后，减少和避免碰撞，并可核查阀门位置及阀顶标高是否满足生产和修理需要。管道综合的原则，一般参照城市规划部门的规定。

16.5 净水厂高程布置

水厂的高程布置，涉及水厂净水构筑物整体设计类型和厂区的土方平衡问题。水厂的高程布置是水厂的流程标高、构筑物高度和水厂地形地基的关系综合。需要进行三个方面的计算：水厂内生产管线的水头损失，水在净水构筑物中的流程损失和土方平衡。

16.5.1 生产管线的水头损失

水厂浑水管线自一级泵房至水厂混合池的水头损失，属于浑水管线的设计内容。根据长度、口径、流速计算出水头损失，从而定出了混合池的水位标高。由混合池至沉淀池、滤池、清水池等水力损失，由于距离短，故计算流量应考虑水厂调度及事故需要，一般按水厂额定（最高）平均时流量的 1.5 倍计算，其设计流速可按表 16-5 决定。

生产管线设计流速 **表 16-5**

连接管线	设计流速（m/s）	说　明
1. 混合池至絮凝池	1.0～1.5	
2. 絮凝池至沉淀池	0.1～0.15	防止絮粒破碎，一般不用管道
3. 沉淀（澄清）池至滤池	0.6～1.0	流速宜用低值，最好用渠道
4. 滤池至清水池	0.8～1.2	流速宜用低值
5. 滤池冲洗进水压力管道	2.0～2.5	水泵冲洗并间歇使用，流速可用大值
6. 滤池冲洗后排水管线	1.0～1.2	

构筑物间连接管段的水头损失包括直线段及局部阻力两部分，计算公式如下：

$$h = h_1 + h_2 = \sum il + \sum \xi v^2/2g \tag{16-1}$$

式中 h_1——沿程水头损失的总和；

l——管段长度；

i——根据管径、流速、管材的单位长度的水头损失值；

h_2——局部水头损失的总和；

ξ——局部阻力系数。

管段中如安装有文丘里流量仪或孔板流量仪，则必须增加水流通过流量仪表的水头损失。水头损失应根据所采用流量仪表的类型和通过的水流流速、压力等参数确定（产品样本内列明）或参考《给水排水设计手册》。

16.5.2　水厂净水构筑物的水头损失

水厂内各净水构筑物的水头损失计算较为复杂，可以按照实际情况计算，亦可参考表 16-6 选定。

构筑物水头损失　　**表 16-6**

构筑物名称	水头损失（m）	构筑物名称	水头损失（m）
静态混合器（2～3 段）	0.50～0.80	普通快滤池	2.00～2.50
机械搅拌混合池		均质滤料快滤池	2.00～2.50
水力形式絮凝池	0.40～0.50	接触滤池	2.50～3.00
机械形式絮凝池	0.05～0.10	虹吸滤池	1.50～2.00
沉淀池（包括配水井）	0.60～0.80	活性炭吸附池	0.60～0.80
澄清池（包括配水井）	0.20～0.40	高密度沉淀池	0.60～0.80

16.5.3　水厂高程布置

净水构筑物及其之间的水头损失算出之后，各构筑物的水位标高即已明确，加上吸水井及二级泵房的水泵布置，则整个水厂主体构筑物的高程布置即能确定。主体构筑物的高程布置，基本上根据埋入地面高低有浅埋式和半埋式两大类型。

1. 浅埋式

主体构筑物（絮凝沉淀池及滤池）入土较浅，大部分池体露出地面（一般高出地面约 3～4m 左右）。清水池部分要局部覆土（防冻需要），高出地面，主体构筑物之间的操作则在两池之间建架空走道。这种布置一般适宜于散列式或叠层式或密集组合式。浅埋式布置土方工程量较少，适宜于浅层地质较好的地基，造价较省。

图 16-16（*a*）—（*a*）为一般水厂的高程布置。必须注意的是，当地形出现较大坡度时应做台阶或坡度地面，此时应考虑交通方面的可能。

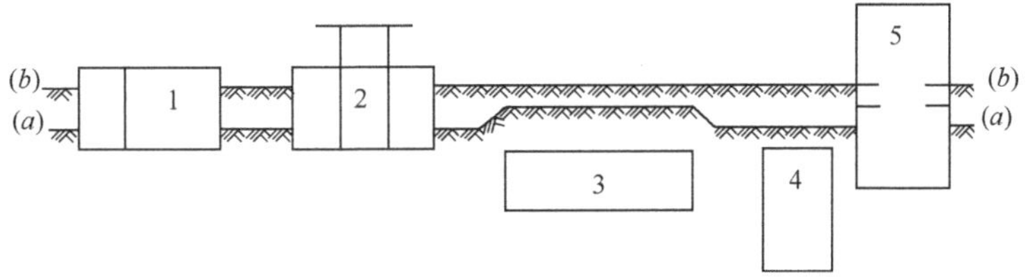

图 16-16　构筑物埋深与地平线的关系

1—絮凝沉淀池；2—滤池；3—清水池；4—吸水井；5—二级泵房

（*a*）—（*a*）浅埋式的地平面线　（*b*）—（*b*）半埋式的地平面线

2. 半埋式

半埋式的主体构筑物（絮凝沉淀池及滤池）入土较深，池口高出地面在 1m 左右，略高于道路，或略有土坡。池体基本在地下，因此清水池、吸水井埋入很深，如图 16-16（*b*）—（*b*）所示。当工艺需要滤池之后尚需后续深度处理时（除有适当地形标高可以利用外），往往在滤池之后用加压泵提升水位，以减少深度处理构筑物的埋深。这类高程布置适用于场地需要大范围填土或换土以及水处理构筑物密集组合布置的场合。图 16-17 为采用预处理、常规水处理和深度处理工艺的水厂高程布置。

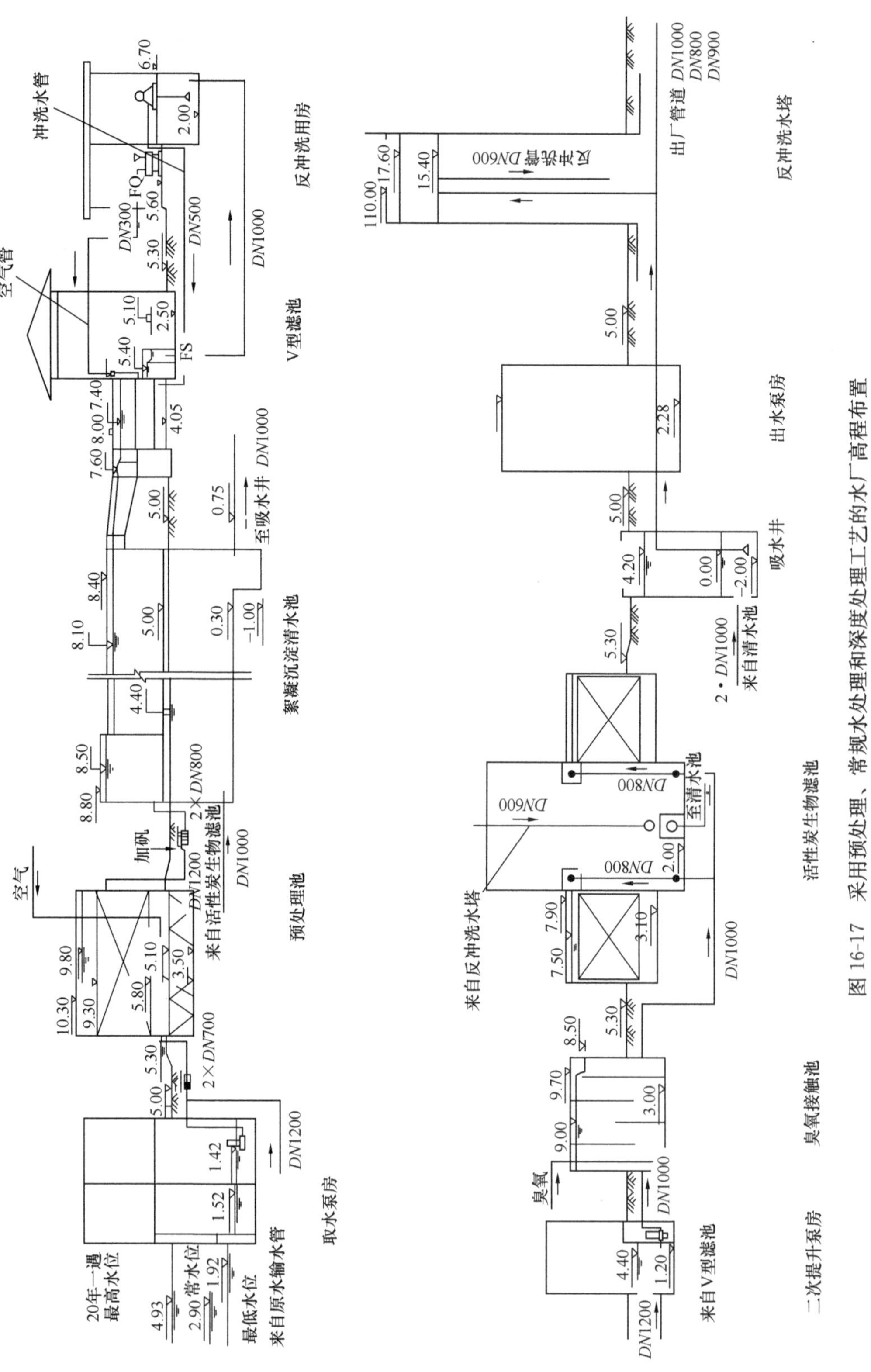

图 16-17 采用预处理、常规水处理和深度处理工艺的水厂高程布置

16.5.4　水厂的土方平衡

水厂整体设计必须考虑厂区的土方平衡。有时限于用地范围和地形情况，很难做到理想的平衡，但在山地布置有石方量时，应认真布置，详细计算，尽可能少开石方。石方爆破作业工期长、费用高。在挖、填平衡的原则上，考虑全厂布局。在计算构筑物基础，大型地下沟槽的挖、填土方时，应注意松土系数的估计。松土系数按不同土壤而异（见《给水排水设计手册》第三册）。

土方平衡计算常用方法有方格网法和横断面法两种。目前以采用方格网法较多，在地形平缓变化不大时可用横断面法。方格网法将厂区地形分成 20m×20m，30m×30m 或 40m×40m 边长正方格上进行，具体计算正方格法和横断面法可参看《给水排水设计手册》第三册。

16.6　净水厂建筑设计

16.6.1　建筑设计内容

净水厂的建筑设计，广义上，应包括以下的内容：

（1）根据选定的厂址条件及净水工艺，综合考虑环境、气候、动力、内外运输及厂区的消防安全和卫生等方面的要求，进行全厂建筑物、构筑物及各类设施的总平面及竖向设计。

（2）进行各类建筑物、构筑物及设施单体的建筑设计，在满足工艺布置的基础上，满足采光、通风、隔声、隔热、消防及净水工艺特有的环境卫生要求等。

（3）综合解决各建（构）筑物单体、总体及厂区环境的艺术处理问题，创造明朗、简洁、大方的现代净水工业建筑的新形象，为净水厂营造良好的生产环境。一个净水厂，其良好的功能和良好的建筑形象是统一的。良好的功能，是保证净水工艺实施的必要条件。良好的建筑形象和美好的工作环境使人心情愉快、精神焕发，有利于促进人们热爱自己岗位、热爱自己的事业，有利于培养人们的工作责任感和创新精神。

本节内容为有关净水厂建筑物和构筑物总体及单体建筑设计方面的一些问题，主要是有关建筑构图方面的问题。

建筑的总体设计一般包括总平面设计和建筑群体的空间组合设计。总平面设计是群体空间组合设计的基础。总平面设计较多地从建筑功能的角度加以考虑，使之满足净水工艺的要求并适应周边的环境；而群体空间组合则是结合总平面设计，在建筑美学原则的指导下研究建筑群体的空间构图，通过建筑群体间高低、错落、疏密、进退和单体的体量、形状等的对比或协调，使群体成为既变化又统一，生动而有特色的完善的建筑空间形象，并和周边的环境相协调，从而体现其艺术价值。实际工作中，这两方面的工作并非孤立的，而是相互关联的。

建筑群体中的各单体间，无论其功能有无联系，为使建筑的群体空间组合具有鲜明的整体感和统一感，要求各单体的构图要素间要有统一、协调和合乎逻辑的关系。同时，在建筑群体中，应注意对某一单体的强调，以构成一定的主从关系。

建筑群体空间组合时，应考虑空间的层次和透视效果。利用各单体间的分割或联系，可以形成对比而求得变化；而相互的渗透可以增强空间的层次感。

地面的处理可对建筑群体的空间组合效果产生影响，因而应重视铺地、绿化、道路等在空间组合中的作用。在进行建筑群体的空间组合设计时，应同时进行铺地、绿化和道路等地面设施的设计。

净水厂所处的环境可分为城市环境和自然环境两大类。城市型环境中的净水厂，一般均直接受城市规划的约束，建筑空间组合趋于紧凑严整，建筑群体的空间组合，应注意与四周原有建筑环境的协调。自然环境中的净水厂则应注意结合地形，采取灵活自由的布局，因地成形，创造构图优美的建筑空间形象，使建筑群体成为自然环境中的一处新景观。

净水厂建筑的总体设计和单体设计两方面密切相关，相辅相成。总体设计是从全局的角度上综合组织建筑内外空间的各种因素，使建筑的内在功能要求与净水工艺流程和地形、道路等周边环境相协调，并使建筑物在体形、体量、轮廓线、色彩等方面符合建筑构图原则，与城市景观形成有机的整体。单体的设计则是在总体设计原则的指导下进行，并受总体布局的约束。总体设计和单体设计间是全局和局部的关系，设计中，应先从总体布局入手，先解决全局性问题，再在此基础上研究单体设计中的各种空间组合。但两者间是相互影响的，只有单体设计趋于成熟时，总体设计方能最后确定。

16.6.2 净水厂建筑的特点

以生产饮用水为目的的净水厂建筑，总体上属于工业建筑的范畴。净水厂中，除了少量的办公楼、食堂乃至值班宿舍等行政管理及生活设施外，其余的一、二级泵房、变配电间、加药间、机修间及仓库等均属直接生产车间或辅助生产车间。此外，尚有大量与净水工艺直接有关的构筑物，如沉淀（澄清）池、滤池、清水池和水塔等，更是纯粹的生产性设施。因此，在净水厂的建筑设计中，应十分注意体现净水厂建筑的工业建筑属性，即使是非生产性建筑，也是如此。虽然随着工业技术的不断发展，净水工艺在不断变化，并且由于结构设计、建筑材料及施工方法的不断改进，新的建筑体系不断出现，工业建筑的形式也在不断演变和丰富。但是，工业建筑仍然有着一些自己固有的特点。一般，工业建筑单体无论在平面上或空间形体上均比较简明规整，建筑群体的布置整齐有序。高强轻质材料的广泛应用，使一些工业建筑的风格愈显简洁流畅；一些定型化构件的多次重复，使一些工业建筑的立面极富韵律感。这些均使工业建筑的形象更富有时代感。简洁流畅的形体令人联想到现代先进的生产工艺和高效率，整齐有序的布置及多次重复的韵律令人与现代工业大规模连续生产的内涵产生联系。净水厂的建筑设计，应注意反映这些工业建筑的共性，使人们一望而知其为生产性建筑，不致误认为是公共建筑或居住建筑。但是，净水厂建筑和一般意义上的工业建筑又有所不同。净水厂中，最主要的建筑形象实际上是水处理构筑物——各式各样的水池和水塔等，其形体要受工艺过程严格的限制；而真正意义上的建筑物则规模小，其布置及形体也在很大程度上受到功能要求的约束，如何体现净水工业建筑的特点，在设计中应特别重视。

净水厂建筑作为工业建筑的一种类型，其净水工艺过程及其产品（饮用水）严格的卫生要求不能不对其建筑风格产生影响。因而在净水厂的设计中，应注意反映其卫生工程的特点，并暗示对水的净化功能及净化的质量，加强人们对水质的信赖。净水厂建筑的特点，可归纳为如下两个主要方面：

(1) 净水厂的水处理工艺没有喧嚣的金属加工车间，也没有炉火通红的热处理车间，作为净水厂主要原料、半成品和成品的水在净化过程中始终在管道、渠道或各类处理构筑物中流动，厂内厂外的地面运输量很小。同时，因为水始终在压力或重力的作用下连续地流动并净化，生产人员的直接操作活动也就大大减少，因而生产人员的数量很少。一个正在运转着的净水厂和其他工厂相比几乎是无热、无声和无尘的。就是净水厂中较大的噪声源——水泵机组，在采取一定的措施后，其对周围环境的影响仍然是比较小的。

(2) 净水厂中，主要的建筑形体是大量的净水构筑物。这些构筑物的特点是体形较大、形态各异而排列整齐，当其突出地面时，可以构成明显的视觉焦点；而当其埋入地下时，地面上则形成较大的空地可供绿化种植，从而大幅度地增加全厂的绿化面积而有利于环境的美化；一些敞口的水池可以形成较大面积的水面。另一方面，净水厂的一些地面建筑物的规模均不大，且易受工艺流程的影响而布置分散。据不完全统计，在一些净水厂中，净水构筑物的占地面积可达总面积的 70%，空间体量可达 65%。

净水厂的这些特点，是影响其建筑设计的重要因素。故在净水厂的建筑设计中，除了应体现其工业建筑的共性外，还应该充分反映净水厂的个性。设计中，应从净水厂建筑物的体形不大而分散，但却有体量较大的净水构筑物，面积较大的绿化，甚至有较大面积的水面等特点出发，结合工艺流程、地形及环境，通过建筑物、构筑物的分区、集中和合并等手段，重视建筑物与地面以上构筑物体形的空间组合，充分发挥道路系统及绿化在建筑群体中的组织、联系与分隔等方面的作用，使建筑物、构筑物单体通过组织有序的布置，营造规整大气而又丰富多变的视觉效果。净水厂建筑设计中，仅考虑建筑物而忽视构筑物的处理不会取得应有的效果。净水厂建（构）筑物的构图、质感、色彩以至细部构造均是反映净水厂共性及个性的重要手段，设计中，均应注意体现净水厂的“洁”与“静”的净水工艺特点。如体形及细部宜简洁、流畅；立面处理宜朴素典雅而不宜过烦琐华丽；色彩宜清新淡雅和谐，不宜过于浓重且对比也不宜过于强烈。生产性建筑物及构筑物使用的材料，除了注意其耐腐蚀性外，应表面光洁而易于清洗。室内外积水易于排除而保持洁净。净水厂建筑也就因为具有这些特点而与其他的工业建筑有所不同。在避免单调平淡的同时，也应避免烦琐、炫耀和华而不实等不适当的倾向。

16.6.3 净水厂建筑的总体设计

净水厂建筑的总体设计，是在厂址范围内，综合考虑净水工艺和建筑艺术等方面的要求，合理地布置全厂的建（构）筑物及道路、绿化等设施。所有的地面设施，在保证其功能的同时，均应考虑其在厂区中的视觉效果。

净水厂建筑的总体设计要点如下。

1. 功能分区

净水厂中的各类设施，在建筑的总体设计中可以按其在工艺过程中的功能作用进行分区，将功能作用相同或相近的设施相对集中地布置在一个功能区内，这不但便于管理和使用，也为各功能区建筑风格的协调统一提供了条件。

一般，净水厂厂区可分为管理设施区、生产设施区、辅助设施区和生活设施区。

(1) 管理设施区，包括办公室、会议室、中央控制室、中央化验室等；

(2) 生产设施区，包括各类净水构筑物及与其关系密切的泵房、变配电间和加药间等；

(3) 辅助设施区，包括机修间、泥木工间和各类仓库、堆场等；

(4) 生活设施区，包括餐厅、厨房、浴室、值班宿舍以及各类活动室等。

为了使用上的方便，生活设施区，特别是其中的餐厅、厨房等常布置在管理区的近侧。对于中小型净水厂，由于定员较少，生活设施与管理设施常常合并在一个区内，甚至合并在一组建筑物内。

2. 建筑单体的合并与组合

净水厂的各类建筑物、构筑物，除了应按其功能进行适当的分区外，对于一些建筑单体，尚可按其在功能方面的相互关系和形体设计要求进行进一步的合并或组合，其目的是在保证各建筑物、构筑物单体功能发挥的同时，尽可能地减少净水厂中各类建筑物及构筑物单体数量多、类型多而布置分散无序的现象，创造既有变化又有统一的建筑单体。合并是将原来功能不同的几个单体建筑合并为一个单体；组合则是将几个单体通过加设连廊、围墙或其他方法联系起来，使其外观近似一个单体。不少净水厂设计中，常将泵机间、高低压变电间、控制室、休息室、卫生间、茶水间乃至小型接待室等合并为一个单体，或将管理设施区和生活设施区的建筑合并为一个综合的单体或进行组合，均取得了良好的使用效果和外观效果。此外，机修车间、泥木工间和仓库等辅助设施区建筑物，一般均是单层单跨建筑物，当单独布置时，往往因其跨度不大，在平面上呈狭长条状而给建筑处理带来困难。对此，可以考虑将这些建筑物合并为单层多跨的建筑单体。当合并困难时，也可考虑加以组合，形成一个联系较为密切的辅助设施的组合体；由单体组合中形成的内院，可用于上述车间材料和成品的临时存放。

3. 净水厂建筑总体的空间构图效果

净水厂建筑的总体形象，是通过对不同形体的各单体在厂区平面和空间的组织构成的，各单体在总图上的位置、体量、形状、质感、色彩等均可对净水厂的总体形象产生影响。因而在净水厂建筑的总体设计中，应对以上各因素进行综合考虑，在功能合理的基础上，研究各单体平面及空间关系，使净水厂建筑的总体具有良好的空间视觉效果。为此，在建筑的总体设计阶段，即应按建筑构图的基本原则，对全厂的建筑物、构筑物及其他地面设施进行布置。

建筑构图的基本原则，不同的文献有不同的论述，对于不同的设计目的，这些原则的运用也有所侧重。一般而言，这些原则包括统一与变化，均衡与稳定，比例与尺度等主要方面。

对于净水厂，在建筑的总体设计阶段，宜注意以下几点：

(1) 净水厂的单体间轴线关系的建立：设计中，在净水厂的单体间应建立一定的轴线关系，轴线的建立可使各单体或单体的各部分得以有序地组织而联系密切。在此基础上，如能利用各单体或单体各部分间形体上的差异，则可以形成构图上的主从关系，对主从关系适度的强调可以改变以往许多净水厂设计中经常存在的布置分散、构图平淡的缺点。

净水厂建筑总体构图中的主从关系，可以通过各单体在位置上的主次、体量的大小及形象上的差异对比而建立。一般应将体量较高或较大的或是建筑形象上具有明显特征的单体置于主轴线上。某水厂在出入口的中轴线上布置了高度较大的冲洗水箱及加药设备用房而使厂区的建筑联系密切，主从关系明显，因而取得了较好的构图效果（图 16-18）。而当主轴上不宜布置单体时，也可以用在主轴上的某一位置布置“对景”的方法强调轴线的存在，以达到构图完整的目的。“对景”可以是一处花坛、一处喷泉、一座雕塑，甚至是一棵独立的乔木等。

图 16-18 主从关系明显的构图效果

(2) 净水厂建筑的总体设计中，特别是重要的视轴上，应注意构图的均衡。均衡是指单体中的各部分间或各单体间的关系符合人们在日常生活中形成的平衡安定的概念。总体设计中，遵守均衡的原则，是为了获得净水厂总体构图上的完整和安定。为了获得均衡的效果，应研究各单体体量间的轻重关系。均衡可以是对称的均衡，也可以是非对称均衡。在净水厂的建筑总体中，因受功能、结构、地形条件等的制约，绝对的对称均衡是较少的，更多的则是非对称均衡，因此，刻意追求绝对的对称均衡是不必要的。非对称均衡的构图，是建筑构图在统一中求变化的手段之一。

(3) 注意单体间的联系与分隔。净水厂中各建筑物、构筑物单体间的联系与分隔，主要取决于使用功能方面的要求，也包括采光、通风、消防等生产安全及卫生环境方面的要求，但也应该包括建立在这些要求基础上的建筑构图方面的要求。针对以往净水厂设计中较普遍存在的建筑单体小、数量多及组织松散的状况，强调联系显得特别重要。

净水厂中各建筑物、构筑物单体间的各种联系设施、廊道和通道，在构图上均可考虑作为加强联系的手段。厂区中的道路系统，本是解决厂区交通运输的手段，但如果需要并且处理得当，也可产生构图上的联系效果。此外，矮墙、台阶、栏杆、天桥、操作平台甚至绿化等，在建筑总体设计中均可考虑作为加强联系或分隔的设施。

(4) 对于丘陵地区的净水厂，总体设计中应根据净水工艺的要求及地形的特点，按建筑构图的基本原则进行建筑物、构筑物单体的布置，充分利用地形的特点及高差，维持各净水构筑物间必要的水位差，从而减少能耗并减少施工过程中的土石方工程量，以降低造价和减少对天然环境的破坏，最大限度地保持原有生态环境及环境的自然美。布置合理的丘陵地区净水厂构图生动，变化丰富，环境优美。图 16-7 所示的绍兴某水厂即是一例。

16.6.4 净水厂各分区的布置要点

1. 管理设施区

本区的建筑物以办公楼为主，作为对内实行管理及对外联系的中心，一般宜布置在厂区的主入口处。办公楼包括办公室、会议室、中心监控室和中心化验室等。除办公楼外，为全厂工作人员服务的一些公共性的生活设施如厨房及食堂（往往兼作全厂的公共活动中心）、浴室和值班宿舍等也常与本区一体布置而设有明显的界线。由于本区一般布置在主入口附近，故常将上述建筑物与附近的门卫、大门等组成厂前区，形成厂区的主要外貌（图 16-19）。有些净水厂，特别是中小型净水厂，管理设施区内的建筑物不多，为能形成比较完整的建筑群体，在有条件时把原不属本区的建筑物如出水泵房及变配电间等也组织到厂前区来。对于一些小型净水厂，还可以把管理区内不同功能的各部分合并为一个综合性的建筑单体而没有明显的厂前区建筑群体。

图 16-19　某净水厂主入口外观

厂前区的布置一般有两种基本形式。第一种形式是将办公楼的主入口布置在进厂道路的轴线上，使厂区主入口正对办公楼主入口，并在办公楼两侧辅以其他建筑物，在厂区主入口处形成较为完整的建筑空间，使办公楼成为视觉的焦点而突出办公楼的形象，其余的分区则布置在这一空间之后（图 16-20、图 16-21）。这种布置避免了在厂门处产生“一目了然”的感觉，可以形成较为完整而良好的街景。采取这一形式布置的净水厂中，更有些将入口主干道穿过办公楼进入生产设施区及其他区域，这种布置方式虽然方便了生产区车辆的直线进出，但大型车辆穿越办公楼时，扬起的尘土、车辆的噪声及振动不可避免地对人们的工作环境及建筑物的结构带来不利的影响。第二种形式是将办公楼等厂前区的建筑物布置在进入主干道路的一侧或两侧。这种布置在厂区主入口处可以有比较开阔的视野，厂区内不同类型的建筑物、构筑物群可以更好地显示净水厂的特点而给人们以更加深刻的印象（图 16-22）。

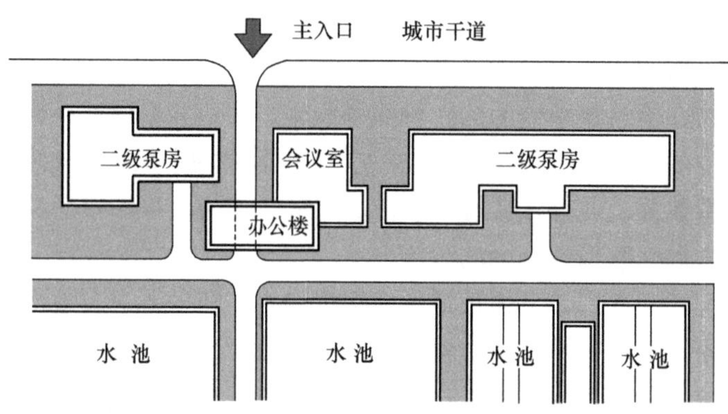

图 16-20　办公楼正对主入口的布置（一）

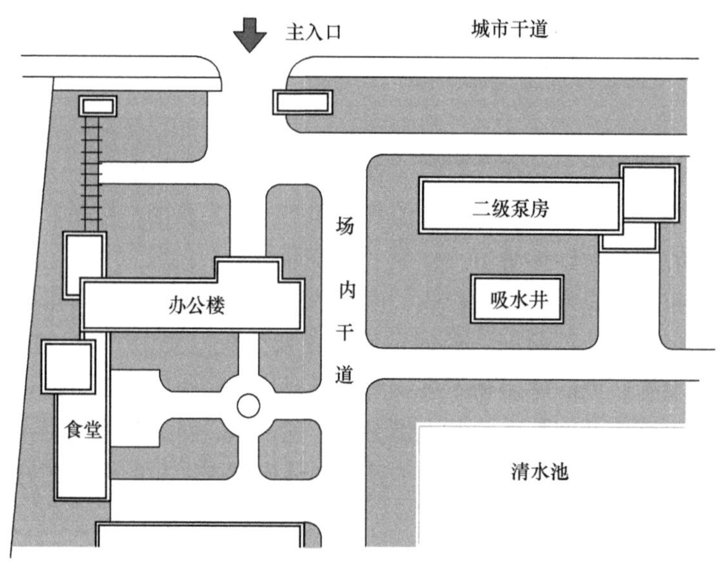

图 16-21　办公楼正对主入口的布置（二）

当厂前区由不同功能性质的建筑物构成时，应注意这些建筑物在体量、尺度及建筑风格等方面的协调。

在这一区内，和办公楼关系密切的是食堂、厨房等生活设施，为了使用上的方便，往往就近布置浴室、锅炉房及值班宿舍等，这些不同功能的建筑间的组合关系是比较复杂的，设计中，宜注意将厨房、锅炉房及浴室等布置在相对隐蔽的部位。对于目前尚采用煤作燃料的地区，这些建筑物最好能形成内院，利用内院作燃料、煤渣及其他杂物的暂时堆放，以保持环境的整洁。对于锅炉房及厨房，尚应注意其在厂区中的方位，将煤烟及油烟的影响减至最小的程度。图 16-23 为一管理设施综合楼的例子。

2. 净水设施区

净水厂的净水设施区，是净水厂中最主要的生产区域。本区的特点是布置有体量较大而体形

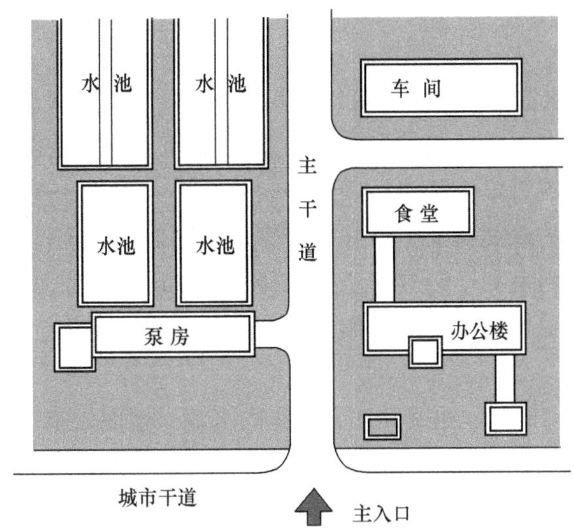

图 16-22　办公楼在主入口侧的布置

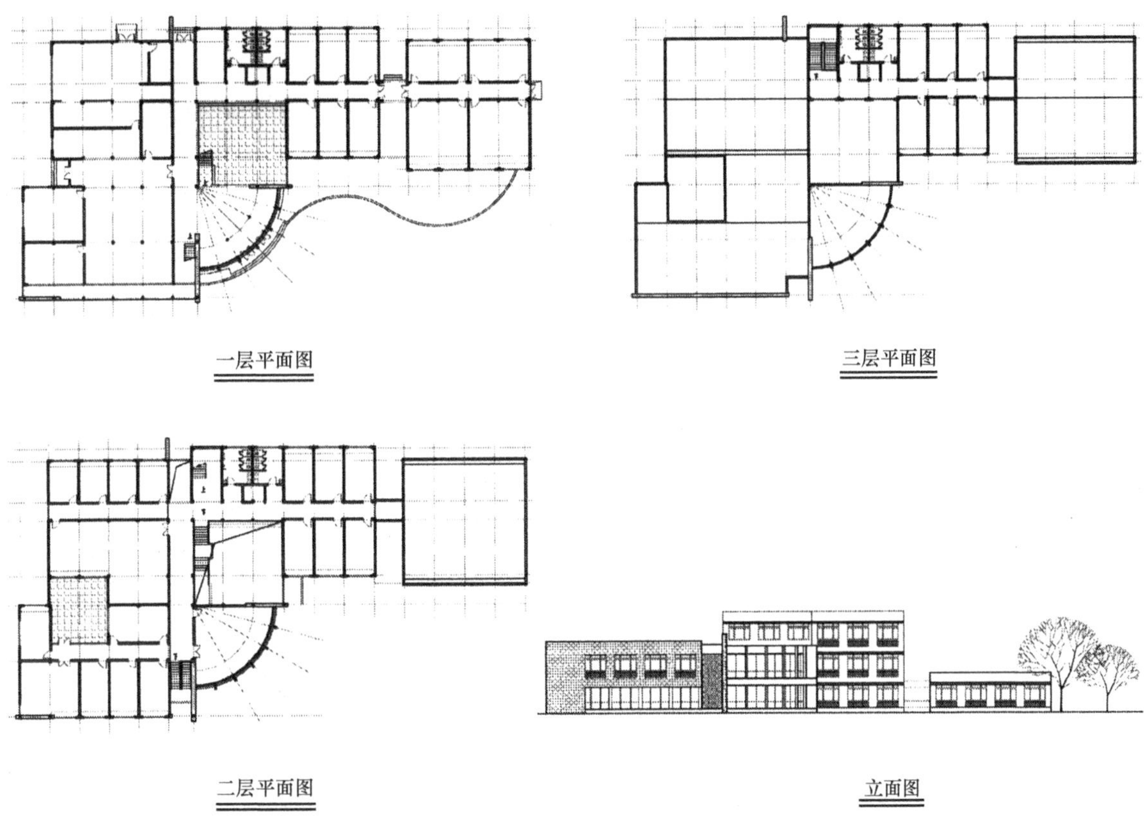

图 16-23　综合楼设计实例

规整的各类水处理构筑物——水池，其中的一些水池有时附有相应的管理、操作或安装设备的附属建筑。在寒冷地区，为了防冻，一些水池的上部还建有大体量的保温设施。这些水池不但体形大，占地多，一般均布置在厂区的中心位置，且因其特有的净水工艺内涵，其外观形象构成了净水厂最具特征的部分。

1）平面布置

各净水构筑物间的间距宜尽可能地小，这样的布置不仅可以节约用地，管理方便，且当这些构筑物为敞开式时，可以造成比较广阔而连续的水面，因而能更加突出地体现净水厂的净水工艺的性质和特点。

2）竖向布置

净水构筑物、主要是水池的竖向布置可以有两种方式，即埋入式和地面式。

埋入式水池指顶部基本上与地面持平或稍许高出地面，池身全部或大部埋入土中的水池。这种布置可使地平面上的视野不受遮挡，厂区空间开阔，大面积的连续水面与周边的建筑物和构筑物交相辉映，净水厂的景观特征突出并便于管理；同时，也因池体埋入土中，大大减少了环境的温、湿度变化，从而有利于结构安全及保持水温。埋入式布置的缺点是土石方开挖工程量大，当地下水位较高时更增加了开挖工作的难度并且需要考虑水池结构的抗浮措施，因而造价也较高。

地面式水池指池顶高出地面，池壁大部分外露的水池。地面式布置的优点是因提高底板埋设的标高而有利于排水管阀的维修，减少基坑土石方开挖工作量及开挖的难度，从而降低造价。但体量庞大的池群高出地面使厂区的空间受到了分隔，对管理及操作也会带来不便，特别是当厂区狭窄时，令人感到闭塞和沉闷。对于地面式水池，为了减少其沉闷感，处理的方法是对水池的外表面进行必要的艺术处理。由于水池是生产性的设施，其外表面的艺术处理宜简洁大气，避免过分的烦琐装饰。为了方便管理，可在池群的顶部放置工作平台或天桥，将池群联系起来，也可将地面式水池或池群处的地坪提高至接近池顶水平，在厂区的这一局部形成土台。土台的四周可为土边坡还是土台阶。当设土台阶时，应用挡墙保持台阶的稳定。同时，无论是土边坡还是土台阶，均可通过种植或其他方法进行美化。用提高厂区局部地坪的方法使地面式水池变为埋入式水池，不但有利于水池的管理，也可使厂区的景观更富于变化。

在净水设施区内，一般均有相配套的二级泵房、变配电室、加药间和排污泵房等，是净水厂中重要的生产性建筑，也是规模较大的地面建筑。由于其形体特征与本区内的水池有较大的差异，在平面布置时，宜使其与其他区的建筑发生联系，甚至布置在其他功能区内。在建筑形体上，也应考虑与厂区内其他建筑群体建筑格调的统一。

3. 辅助设施区

本区的主要建筑物包括修理车间、仓库及管配件堆场、车库、锅炉房以及翻砂场地等，它们的功能特点是在地面上有较大的物料运输量和较大的物料堆放空间，在运转过程中可能产生一定程度的噪声和粉尘而对环境带来影响。因而在设计中，应考虑其进出厂区运输工作的便利，必要时可设专用的大门。这一区域的方位最好也在厂区的下风位置，并与管理设施保持一定的距离，或用围墙、绿化进行分隔，以减少噪声、粉尘等污染源对管理区的影响。

4. 生活设施区

随着净水工艺自动化、信息化水平及生活服务设施社会化程度的不断提高，净水厂管理人员、生产人员及辅助人员的总数在不断下降。一般情况下，净水厂的生活设施仅限于餐厅、厨房、浴室、文娱活动室、健身房及医务室等。除非是特大型净水厂，这些设施大多不单独设置而与管理设施区的设施合并布置。合并布置不但使用方便，造价更省，而且不同功能用房的合并布置往往更有利于创造变化丰富的建筑形体。

以上综合阐述了净水厂各类设施分区的布置要点，但在实际工作中，这些设施的布置不可避免地受到各种因素的影响，如厂区的平面形状、地形和地貌，厂区周边环境及已有的各类设施，主入口的位置，净水流程布置等，因而各功能分区往往没有明显的界线甚至是互相穿插的，在这种情况下，片面强调功能分区将造成总体布局上的不合理而带来使用上的不便。但是，无论在什么情况下，只要不影响工艺过程，将功能或建筑特征相近的建筑物、构筑物分区甚至合并布置，对一个形象良好的净水厂设计是必要的。

16.6.5　净水厂的建筑形体设计

1. 净水厂的建筑形体设计应考虑事项

1）建筑的外部形象应体现建筑物的功能性质

净水厂的建筑物、构筑物中，除了管理设施和生活设施外，均属工业建筑的范畴，这些建筑物的形体，应反映工业建筑物所特有的建筑形体特征。一般而言，其形体宜简明规整，风格宜简洁明快，特别要注意反映现代净水工艺、现代化企业管理及现代建筑技术水平等的内涵，无论是平面、立面还是细部，均应避免不必要的变化及过分繁冗的装饰，对形体或细部的强调应是有重点的。对于净水厂中办公楼、食堂等非工业性建筑，由于规模一般均不大，其形体也宜趋简避繁，风格宜质朴简洁，尺度宜合度，不宜模仿大型公共建筑，追求"气派"，不适当地加大尺度而造成建筑功能的误解和风格上的混乱。

2）建筑的外部形象应能反映使用功能的要求和建筑技术的特点，体现内容与形式的统一

首先，建筑物的使用功能必然在形体的组合及立面的形式有所反映。净水厂中的泵房，一般均由泵机间、变配电间、控制室及其他一些辅助用房组成。泵机间为了布置泵机及便于泵机的安装、检修和日常的管理，均有较大的平面面积及建筑净空，设有起吊设备，墙面上（或屋顶上）有较大的采光和通风面积，因而具有单层工业厂房建筑的典型特征。变配电间的特点是有较宽较高的大门供设备的进出，在侧墙的底部和顶部设有带防护网的百叶窗或排风扇，以利通风、防雨并防止鸟兽的进入而影响安全。门、窗的位置、大小及形式都要受到功能严格的限制，建筑构图的要求往往是第二位的。因而，外观上的相对封闭、强调安全和讲求功能是变配电间一类动力设施的体形特点。控制室则强调工作的环境以保证工作的质量，一般均有良好的朝向及采光和尺度合宜的空间。这些功能不同的三个主要部分的空间组合形成的高低错落的形体，基本上反映了净水厂泵房的功能特点。这三部分的组合形式可以根据实际情况作变化，但这三部分自身的基本形体都是有其固有特征的。在设计中，可在保持其形体基本特征的基础上作变化，以避免千篇一律的感觉。图 16-24 为一泵房形体组合的例子。但如不考虑工艺特点随意改变形体特征，则可造成建筑外观与内容的脱节。如在一些泵机间的设计中，设置了上下两层甚至三层形状完全相同的侧窗，以致在外观上被误认为是一座两层或三层的办公楼，甚至其他什么建筑物，而且这样的处理往往使吊车梁与侧窗的关系处理不当，或是吊车梁以上的净空过高，这些都是不合理的。

其次，建筑材料、结构形式甚至施工方法均可对建筑的外部形象产生影响，设计中，应根据建筑的功能要求及形体要求，选择恰当的建筑材料和结构形式，使建筑的外观形象能反映出所采用的材料及结构的特点。例如，砖混结构要求在建筑物侧墙上有较宽的窗间墙或较宽厚的壁柱，因而其外观形象是相对封闭厚重的；钢筋混凝土框架、排架结构或钢结构建筑则因可在侧墙上开面积较大的门窗，甚至可以外包玻璃幕墙而具有简洁、轻盈、通透的外观形象；采用预制构件的建筑物则因模数的考虑而有较强的韵律感。这些均是建筑内容与形式统一的另一方面。

3）厂区建筑群体风格的协调统一

厂区内建筑物的种类很多，有公共建筑、生产建筑和净水构筑物，功能差异很大，这就带来了建筑形象的多样性。如果没有特殊的要求，把净水厂中的各类建筑物、构筑物设计成一种风格是不必要的，但是使每一类型的建筑具有相同的风格并使群体和谐协调则是可能的，这是净水厂建筑设计要解决的主要问题之一。管理设施区与生活设施区中，以办公楼为主的这些建筑一般合设一处，是厂区内唯一的一组非生产性建筑。由于其功能与厂区其他建筑物的功能有较大的差异，其建筑的形体与其他建筑物形体间的较大差异是很自然的，如果过分强调其与其他生产建筑的协调，则有可能不分需要地加大其单元的面宽（柱距）、进深（跨度）或层高，不适当地加大门、窗等的尺度，可能造成建筑功能不合理，建筑性格失真和建筑造价的增加。相反，办公楼与

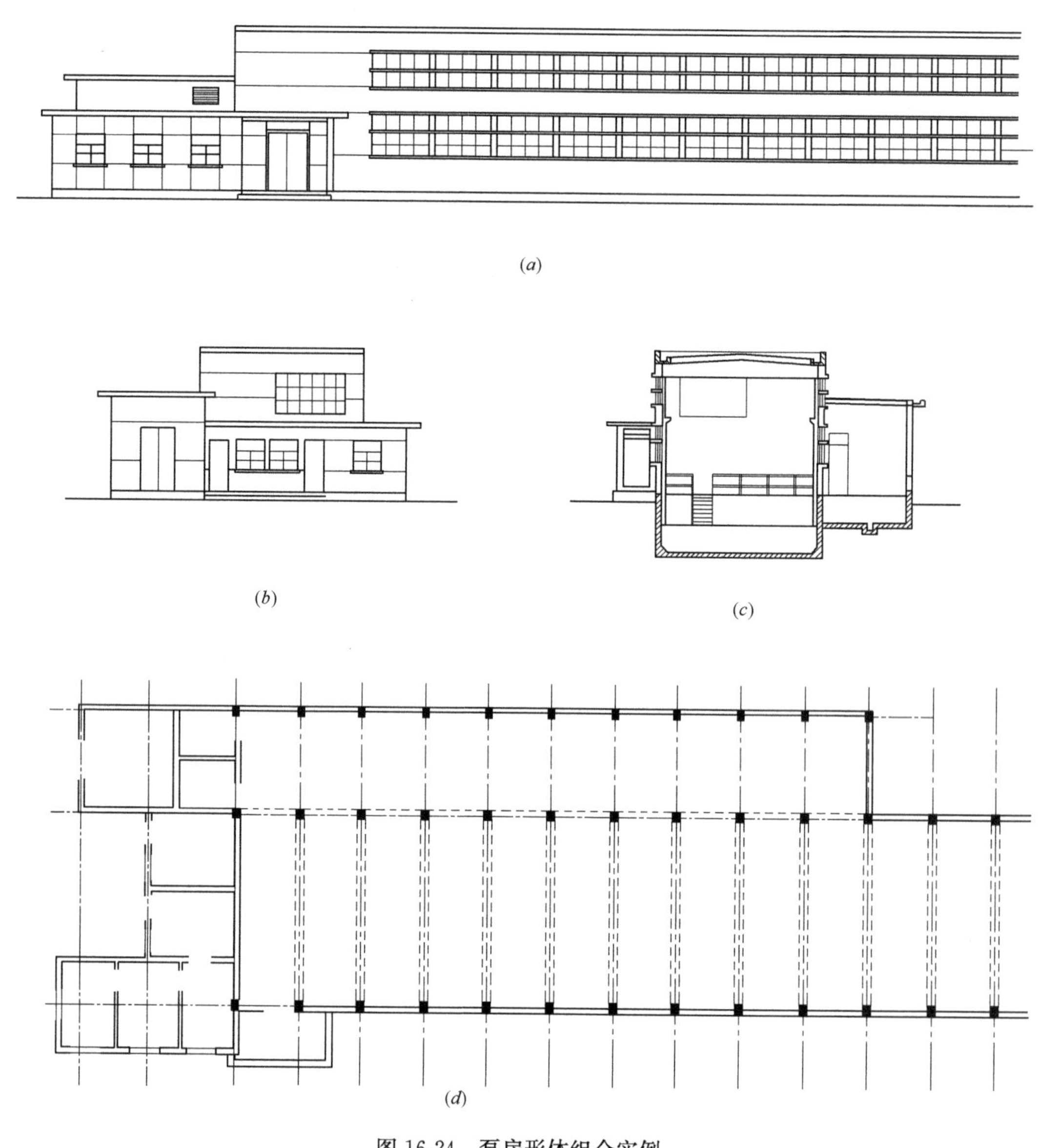

图 16-24 泵房形体组合实例

(*a*) 正立面；(*b*) 侧立面；(*c*) 剖面；(*d*) 平面

其他建筑物的风格存在一定的差异可以突出其在厂区中功能的特殊性，即公共性及形体上的标识性而便于识别。

净水设施区中，主要的建筑单体是成组排列的各类净水构筑物，其特点是有体量大而体形规整的各类水池及一般设于池顶的附属设施，是厂区建筑形象中最具特色的部分，应重视其建筑风格的处理。

辅助设施区中的各类车间、仓库和净水设施区中的泵房等生产性建筑，其建筑形象虽受各自功能的影响，但基本上均具有单层工业厂房的特征。对于净水构筑物和生产性建筑物间，也由于基本功能的差异而不应过分强调其风格上的统一，但净水构筑物间或生产性建筑物间，则应十分重视其风格的协调统一。

2. 净水厂建筑的形体组合与立面处理

1）单体中的形体组合

净水厂中的建筑单体一般均具有一种或一种以上的主要功能，为实现这些功能需要相应的设备布置和工作人员活动的空间，此外，一般尚有各类辅助空间。例如，泵房中除了泵机间、变电间外，尚有相应的控制室、值班室、小型的备品仓库、休息室、更衣室和洗手间等；机修间、电修间、泥木工间、仓库等除了布置主要设备的空间外，一般尚有相应的小型备品仓库、办公室、更衣室及洗手间等；某些形式的澄清池上设有操作室；滤池设有管廊，有些甚至带有冲洗水塔或水箱；至于办公楼，则根据净水厂规模的大小及管理业务的需要，更有种类繁多的各类业务活动的空间。设计中，在这些空间的形体尺寸确定后，应对空间的相互关系进行组织，对各部分形体加以组合，使它们在满足功能要求和造价合理的基础上，符合前述建筑构图的基本要求。

单体中，形体组合在构图方面的主要目的，是要获得均衡稳定、比例与尺度合理，既变化又统一的建筑形体，并为进一步的细部处理提供基础，创造完美的单体建筑形象。上述几方面目的的实现并非孤立的，而是相辅相成、相互影响的。一个单体中，在满足功能要求的前提下，各部分的相互关系一般均不是唯一的，可以在一定的范围作变化。因此，在形体组合中，在各部分形体尺度合理的基础上，应对各部分形体的相互关系按建筑构图的要求进行组织。除了形体以外，各立面上的门、窗的位置和形状，立面上各类装饰的细部、质感，甚至色彩，均可对形体的均衡稳定产生影响，对形体的比例具有调整的作用，故也是对统一或变化进行调节的重要因素。

2）单体中的立面处理

在净水厂的建筑中，为了强调其工业性建筑的属性，一般不宜对建筑的表面作过于烦琐的处理和过多的变化，而是强调其表面的简洁明快，所以，立面的门、窗、雨棚，甚至台阶、坡道等，就成了影响构图效果的重要因素。

净水厂中，既有体量较大而体形简单规整的建筑单体，也有由若干体量及形状均不同的空间组合而成的建筑单体。无论哪一类单体，均应妥善考虑上述门、窗等的形式和布置位置。如果处理不当，对于前一类建筑单体，可能易显单调呆板；对于后一类建筑，则可能易显凌乱。因此，在立面设计时，对于门、窗等的选型与布置除应满足功能要求外，应与墙面的划分协调，使立面均衡稳定，各部分的比例合度，对比恰当，既有变化又有统一。同时，为了突出重点，更可对大门、雨棚和台阶等局部作适度的饰面细部处理作为强调。强调的手段包括体量、形态、质感和色彩方面的强调。对局部作重点的强调可使立面的变化更丰富，对比更强烈。

对于面积较大的墙面，除门、窗的组合需要考虑外，尚应结合墙面上的其他构件，如柱、檐口、窗间墙、窗台线和勒脚等，进行统一的划分与组合，以求得完美的立面构图。墙面划分的方法一般有如下几种：

（1）垂直划分。根据荷载传递的途径及结构构造的特点，在立面上突出作为主要承重构件的柱子、壁柱、加厚的窗间墙等的形体，并作有规律的重复，使立面有较强的垂直方向感，如图 16-25 所示。垂直划分大多以柱距为重复的单位。特别是对于墙面大多为扁而长的单层工业建筑物，垂直划分可以调整墙面的扁平外观，使之显得庄重而挺拔，富有节奏感。

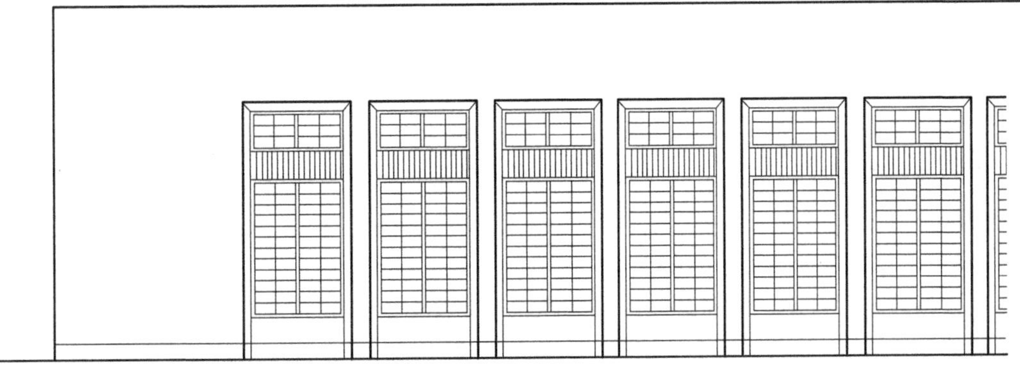

图 16-25　建筑立面的垂直划分

(2) 水平划分。根据建筑物水平构件如连系梁、吊车梁等的位置，设置水平方向的带形窗或通长的窗眉线和窗台线，或采用不同材料的水平分段，或利用檐部和勒脚等水平构件形成的水平线条等手段，形成墙面水平向的划分。墙面的水平划分是根据建筑的采光、通风、遮阳、挡雨及简化构造处理等具体功效的要求进行而不是随心所欲、任意虚构的虚伪装饰。墙面的水平划分具有简洁、舒展而流畅的效果，如图 16-26 所示。

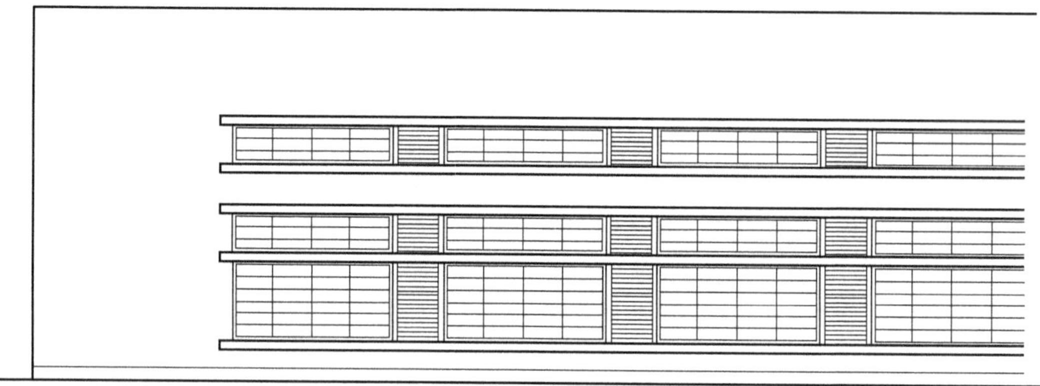

图 16-26 建筑立面的水平划分

(3) 混合划分。指在墙面上垂直划分及水平划分同时存在而以某一划分为主，或是两种划分方式混合运用、相互衬托而没有明显主次关系的划分。混合划分的例子如图 16-27 所示。混合划分中，要处理好垂直与水平的关系，以达到相互渗透而取得变化生动、关系和谐的总体效果。

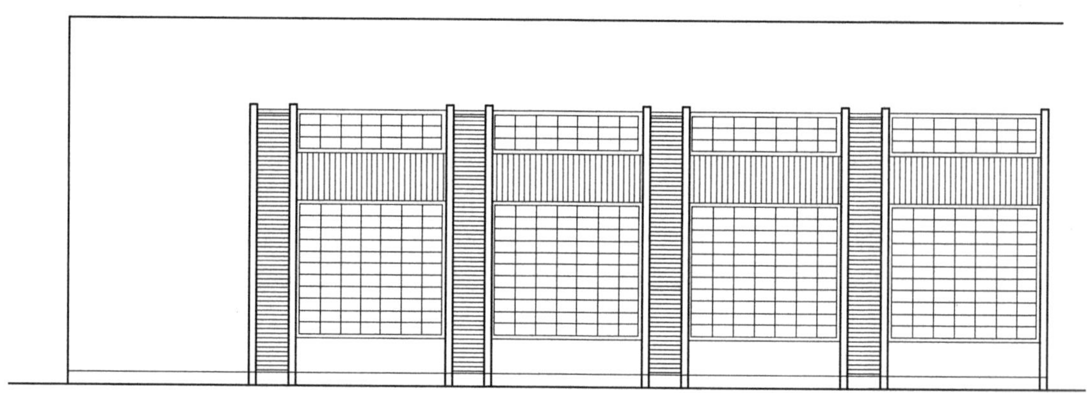

图 16-27 建筑立面的混合划分

对于由形体较大的主厂房与形体较小的辅助用房组合而成的建筑单体，由于功能的不同而造成的几部分间在形体、尺度等方面的差异，应通过立面的处理，使之在构图上有机结合，相互呼应，相互协调，构成一个统一的整体。在具体设计中，在功能允许的前提下，可对各部分的形体进行调整，以适当减少其间的差异；或是在形体大小不同的两部分间用水平线条联系，使小形体成为大形体的一个组成部分；两种方式均可取得较好的统一效果。在净水厂中，泵房、加药间、高压变电间及各类车间，均可能出现大小空间组合的形体，在立面设计中，应根据具体情况，按上述的方法加以处理。

3) 建筑单体间立面处理风格的协调

净水厂的建筑设计中，除了各建筑单体的建筑构图外，应重视全厂区建筑风格的协调问题，特别是功能相同或相近的单体间建筑风格的协调问题。

(1) 净水构筑物。净水构筑物的外观形体，一般均由池体、走道板、天桥、栏杆、扶梯等构成，一些净水构筑物在上部往往带有保温设施、遮阳棚或操作廊等，设计中，对所有的净水构筑物，均应在其风格上作统一的处理，使各构筑物的格调相同而取得整体协调的效果。图 16-28～图 16-31 为一组净水构筑物的设计实例。对属于工业生产性构筑物一般应强调其简洁质朴、安全可靠。一些净水厂的设计中，有的在池体外部加上烦琐的装饰而显得臃肿沉重，有的扶梯及走道板的栏杆采用了精致小巧的古典风格图案而类似于居家住宅，有的则把池顶上的棚罩设计成大型公共场馆的外观，檐柱复杂，气氛庄重，这些均是应避免的。

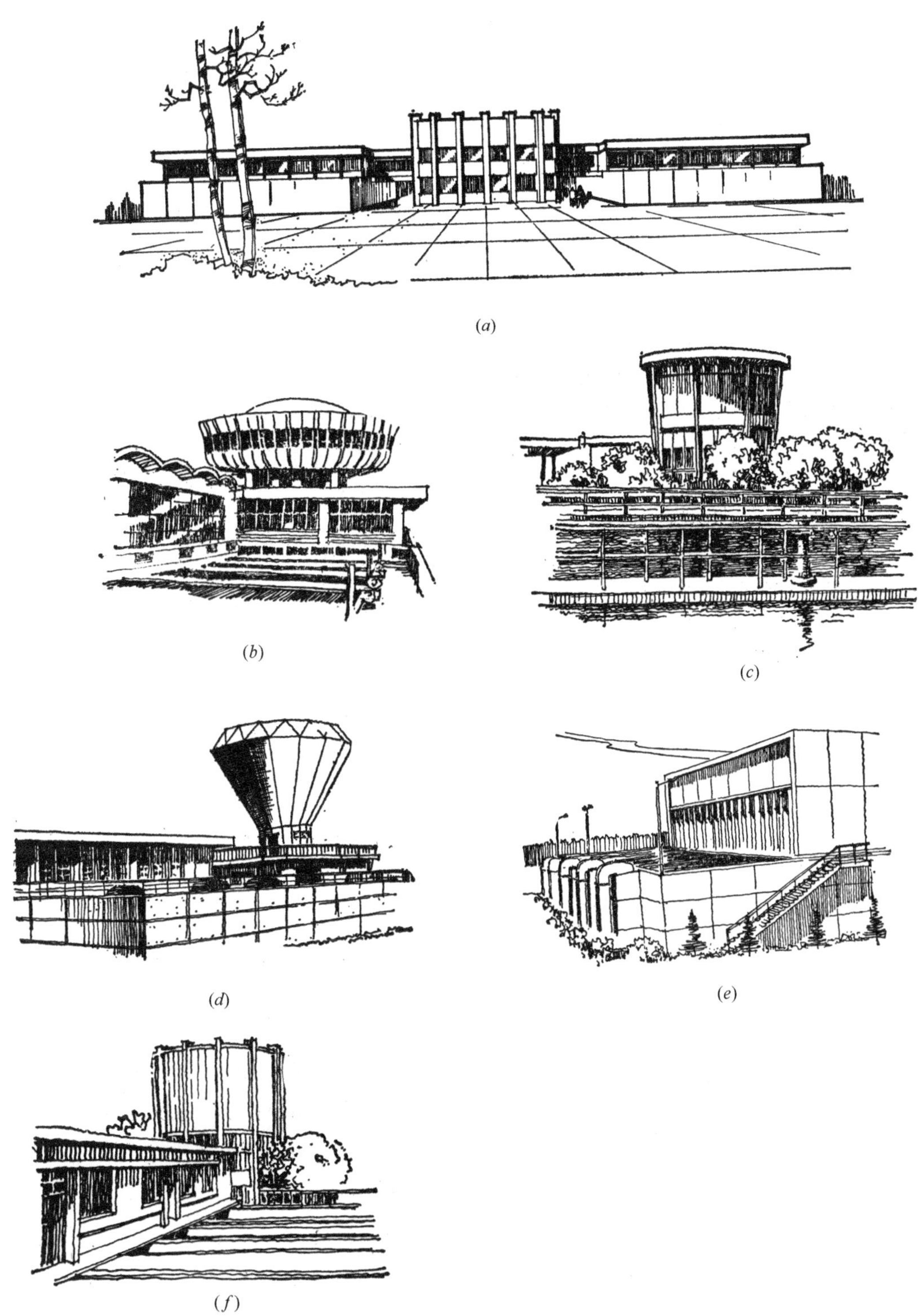

(*a*)

(*b*)

(*c*)

(*d*)

(*e*)

(*f*)

图 16-28　带冲洗水箱的滤池设计实例

图 16-29 带保温设施的滤池设计实例

图 16-30 取水设施设计实例

图 16-31 调节池设计实例

(2) 生产性建筑物。这一类建筑的形体，一般均由形体大而规整，安装主要生产设备的主厂房和形体较小的辅助用房构成。设计中，对所有这些建筑物的主厂房及辅助用房的风格应作协调，檐口、墙面、勒脚、雨棚、门窗等，均应作统一处理。关于门和窗，特别是对于同一类性质用房的门或窗的形制，应统一。当由于功能要求或构图要求而无法完全相同时，应注意使其具有相同的模数，窗可大小不同，但应有尺寸相同的窗格。

16.6.6　净水厂建筑的色彩

净水厂作为重要的市政公用设施，影响面广，与市民的日常生活关系密切，且因其具有洁净、无烟、基本上无噪声和有较大的绿化面积等特点，其建筑形象应成为城市景观的一个组成部分。因此，净水厂除了建筑形体的设计外，应重视形体的色彩处理，合理地运用色彩（包括质感）提高建筑艺术表现力的作用，以取得更好的景观效果。

不同的色彩间可以呈现出对比性或调和性。不同的色彩可以产生不同的重量感、距离感、温度感、胀缩感、软硬感、华丽质朴和兴奋沉静感等心理影响。因此，色彩对艺术表现的影响是多方面的。建筑色彩处理的作用，最通常的是利用色彩间的对比性或调和性与重量感、距离感和温度感等，密切结合建筑形体，完美地贯彻设计的意图。

净水厂建筑色彩处理要点：

(1) 在净水的建筑设计中，可以采用单一色彩，但有时为了获得单一色彩所不能获得的效果，也可使用两种或两种以上的色彩。

当采用两种或两种以上的色彩时，应将色彩分为两组——即基本色调与重点色调。建筑的大部分应采用基本色调，特别是大面积的表面。基本色调构成了建筑的主色调。重点色调则用于小面积需强调的局部。一般，重点色调与基本色调宜构成不同程度的对比关系。对比越强烈，则重点色调的面积应相对越小，否则就影响重点突出的效果。如果为了使色彩的层次更加丰富，在基本色调与重点色调之外，可加入一组辅助色调。辅助色调的面积应注意控制，一般可大于重点色调，便不能大于基本色调。建筑的色调一般不宜多于三组。

(2) 净水厂建筑的基本色调，应适当考虑与背景色调和气候的关系。

一般，净水厂的基本色调宜与背景色调构成一定程度的对比，对比的大小则可按设计意图决定。例如，当背景为土石裸露的土黄色调时，建筑可采用白色、浅绿、淡青色；当背景为深绿色树丛时，建筑可采用白色、乳黄色、浅棕色；当背景为青灰色的群山时，建筑可采用白色、淡黄色、橙黄色等明亮的色彩等。在气候炎热地区，不宜采用低明度的暖色系色彩；在气候寒冷地区，则不宜采用高明度的冷色系色彩。南方日照多，室外温度高，空气透明度大，宜用明朗的浅色调，如白色、淡蓝、淡绿、乳黄等色；北方气候寒冷，日照少，空气透明度小，宜用暖色调，如橙黄、深棕等色。

(3) 净水厂建筑的色彩，应注意与净水厂生产工艺特点的联系。

净水厂的生产工艺具有连续、安静和卫生的特点，由于色彩具有不同的心理效果，色彩的适当运用可使净水厂的工艺特点得以强调，从而使净水厂的外观形象与其功能内涵紧密地联系起来。

一般，纯白色、低彩度的冷色系给人们洁与静的联想。低彩度的绿清新出俗充满生机，低彩度的蓝纯洁无瑕，淡淡的米黄色则给人以温暖柔和的感受。这些色彩作为净水厂建筑的基本色调，可以取得良好的效果，而如果搭配恰当，则更可显示其恬静典雅的气质。但是，任何艺术形象的色彩处理方法均不是唯一的、固定不变的，而是应该根据具体的设计对象的特点，具体的环境和设计意向等综合考虑决定。

(4) 单体立面色彩处理的基本手法，主要是在大墙面上用基本色调的基础上，用重点色调突出入口、檐口和遮阳板等细部，也可用色彩作墙面划分，对勒脚墙、窗间墙等作不同的色彩处理，使墙面在统一的色调中有变化，避免单调。在色彩处理的同时，有时还可利用墙面材料质感的不同所产生的对比或调和效果，使建筑立面的色彩更为丰富。

16.6.7 净水厂的噪声防治

随着对工作环境质量要求的不断提高，设计中，对净水厂的噪声问题应给予足够的重视。

净水厂中的噪声，主要来自泵房中的水泵机组，其他的机修车间、车库等也产生一定的噪声，但其影响不如泵房大。根据实测资料，一台24SH水泵机组产生的噪声为93dB（A）左右，而一般的泵房内，水泵均不止一个机组，总的噪声往往在100dB（A）以上。当噪声到了60dB（A）时，人们的谈话即可受到干扰；80dB（A）时，不仅影响谈话，且会使人感到疲倦，注意力分散；90～150dB（A）时，不仅无法谈话，且容易掩盖危险报警信号，易发生各种事故。因此，应当对噪声进行控制。

根据《工作场所有害因素职业接触 第2部分：物理因素》GBZ 2.2—2007的规定，噪声职业接触限值为：每周工作5d，每天工作8h，稳态噪声限制为85dB（A），非稳态噪声等效声级的限制为85dB（A）；每周工作5d，每天工作时间不等于8h，需要计算8h等效声级，限制为85dB（A）；每周工作不是5d，需要计算40h等效声级，限制为85dB（A）。对于脉冲噪声工作场所，噪声声压级峰值和脉冲次数不应超过表16-7的规定。

工作场所脉冲噪声职业接触限值 **表16-7**

工作日接触脉冲次数 n（次）	声压级峰值 dB（A）
$n \leqslant 100$	140
$100 < n \leqslant 1000$	130
$1000 < n \leqslant 10000$	120

《工业企业设计卫生标准》GBZ 1—2010规定了非噪声工作地点的噪声声级设计要求，见表16-8。

非噪声工作地点噪声声级设计要求 **表16-8**

地点名称	卫生限值［dB（A）］	工效限值［dB（A）］
噪声车间办公室	≤75	≤55
非噪声车间办公室	≤60	
主控室、精密加工室	≤70	

根据净水厂水处理工艺的特点，净水厂的噪声控制可以考虑采取以下的措施：

（1）通过总平面设计，减少噪声的影响。

A. 结合功能分区，将有噪声的生产设施或辅助生产设施与管理设施或生活设施分开布置，有噪声的生产设施尽量集中布置。

B. 有噪声源的设施或厂房周围，宜布置对噪声较不敏感的，对隔声有利的建筑物、构筑物。

C. 充分利用地形、地物隔挡噪声。

D. 如采用以上各项措施后仍未能达到噪声控制标准时，宜设置隔声屏障或在建筑物间保持必要的防护间距。

（2）通过建筑物内部的布置减少噪声的影响。

A. 在满足功能要求的前提下，高噪声设备宜相对集中并尽量布置在车间的一隅。此时如对车间环境仍有明显的影响时，则应考虑隔声等控制措施。

B. 有强烈振动的设备不宜布置于楼板或平台上。

(3) 选用噪声低、振动小的设备并提高设备的安装精度，同时在设备基础上设置减振装置，这是减少噪声最积极的措施。

(4) 对噪声传递的途径进行控制，采用隔声、吸声和消声的方法减少噪声的影响。

A. 隔声。在净水厂中，隔声是用得最普遍的噪声控制措施。以泵房为例，由于泵机间一般噪声较大，大部分另设值班控制室，操作人员无需在泵机间内作长时间逗留。值班控制室应紧邻泵机间，中间设隔声结构，使值班控制室的噪声控制在允许的范围内。隔声结构应设适当面积的门和窗，以便值班人员的进出和对泵机的运行进行监视。

隔声结构种类繁多，常用的有单层砌体墙、双层砌体墙、木龙骨双面板条抹灰、龙骨双面板材等。材料的质地越致密，隔声效果越好。空气夹层也可提高隔声的效果。以普通黏土砖为例，一砖厚双面抹灰墙的隔声量平均为48dB (A)，带有15cm厚空气夹层的双层一砖墙的隔声量平均为64dB (A)；木龙骨双面板条抹灰的隔声量平均为35dB (A)，而木龙骨双面木丝板的隔声量平均为16dB (A)。因此，在一般情况下，采用砖墙或木龙骨板条抹灰均可获得较为良好的隔声效果。此外，还可选用各类空心砌块或各类人工板材构成的单层或双层隔声结构。隔声结构上的门、窗对隔声效果有相当的影响，应予重视。一隔声量为50dB (A) 的砖墙在设置了门窗后，其隔声效果降为30dB (A) 左右。为此，在必要时，门窗可设计成双层或多层结构，多层结构的夹层可以是空气层，也可以是吸声材料。门、窗与墙体的缝隙应严密，用企口、油毡衬垫，或嵌橡胶、塑料条带等一般均可获得良好的隔声效果。

隔声的另一种方法是在机组上加隔声罩。隔声罩一般用于车间内有独立强噪声源的情况。当采用隔声罩时，应根据机组的操作、维修及通风冷却等方面的要求选用相应的类型，如固定密封型、活动密封型、局部开敞型等。不同类型隔声罩的隔声效果可参见表16-9。

隔声罩的降噪量　　　　**表16-9**

隔声罩结构形式	降噪量 [dB (A)]
固定密封型	30～40
活动密封型	15～30
局部开敞型	10～20
带有通风散热消声器的隔声罩	15～25

隔声罩一般可用带阻尼的，厚度为0.5～2mm的钢板或铝板制作。阻尼层厚度不小于金属板厚度的1～3倍。隔声罩内壁面与设备间应留有较大的空间，通常为设备所占空间的1/3以上，且间距不小于100mm。同时，罩的内壁面应敷设吸声层。

B. 吸声。当车间内混响声较强时，可考虑采用吸声降噪处理。但对以直达声为主的噪声，不宜采用吸声措施降噪。吸声处理的降噪量，对一般的车间约为3～5dB (A)，对混响严重的车间则可达6～10dB (A)。

采用吸声降噪时，可根据车间面积及降噪要求对顶棚和墙面同时作吸声处理或仅对顶棚作处理。一般，对降噪要求较高而车间面积较小时，宜对顶棚及墙面同时作吸声处理，对降噪要求虽较高而车间面积较大，特别是空间呈扁平状时，可仅对顶棚作吸声处理。进行吸声设计时，应考虑防火、防潮、防腐、防尘等安全卫生方面的要求，并兼顾采光、照明、通风和装修方面的要求。

常用的吸声降噪方法是使用吸声材料吸声或用吸声构造吸声。

吸声材料一般为多孔性材料，其构造特征是内部有大量的、互相贯通的、从表及里的微孔或间隙。当声波入射时，可引起微孔内空气的振动，产生的摩擦阻力和黏滞阻力使声能不断转化为热能，使声波衰减。材料厚度的增加或背后留有空腔，可改善吸声性能。采用多孔材料时，其表面应尽可能不用或少用粉刷及油漆，以免降低吸声性能。对中高频噪声，一般可采用20～50mm的常规成型吸声板；吸声要求高时，可采用50～80mm厚的超细玻璃棉并加适当的护面层。对宽频带的噪声，可在多孔材料后留50～100mm的空气层，或采用80～150mm厚的吸声层。

吸声材料一般为穿孔板共振吸声，其构造特点是在穿孔板后设空气层，必要时在空腔中加入多孔吸声材料。当声波入射时，孔颈中的空气分子产生振动，由颈壁和空气分子间的摩擦消耗声能，从而产生吸声的效果。对于低频噪声，可采用穿孔板共振吸声结构，孔径通常为3～6mm，穿孔率宜小于5%。

C. 消声。当净水工艺过程采用空气动力机械因而产生过大的噪声时，应采用消声器以降低空气动力机械辐射的空气动力性噪声。此外，尚应根据要求，配合相应的隔声、隔振、阻尼等综合措施，降低机械体辐射的噪声。

16.7 水厂的绿化与道路

16.7.1 水厂绿化

绿化是水厂总平面布置中建筑设计的一个组成部分，应在总平面布置时结合考虑。水厂与其他一般的工业企业不同，应有较高的环境卫生要求，特别是因为许多净水构筑物均露天布置，因此要求最大限度地防止厂区内的尘土飞扬，从而保证厂区空气清新。绿化还能进一步减少噪声干扰，改善小区气候，减少太阳的辐射热，从而改善生产条件。许多净水构筑物的边坡或覆土，常常利用绿化以保持土壤的稳定。厂区的绿化加上适当的美化处理，可以更好地组织建筑群体，加强建筑物的空间立体效果和调和色彩，使厂区面貌更加充满生机，给人以对水厂水质卫生和安全的感觉。

水厂绿化的具体设计施工一般由绿化专业单位承包，但在水厂总平面布置时，水厂设计人员应将绿化地块、轮廓布置和道路构筑物之间的关系，加以确定。为此，水厂专业设计人员应具有绿化设计的基本知识和有关要求。

1. 绿化的组成

水厂的绿化，一般由下列几方面组成：

1）行道树

水厂的行道树是水厂绿化的重点之一，修剪良好的行道树很美观，并可以防止道路上的尘埃向两侧飞扬；在夏季能对人行道起遮阴作用。但是行道树与管道的关系往往十分密切，行道树不应影响地下管道的埋设与修理，因而必须在设计时妥善布置。

在行道树中，对直挺的乔木及低矮的灌木（结合平坦的草皮）应加以很好地组织，研究树型及色彩，使其能营造出良好的空间形体及色彩的对比，很好地衬托建筑物。在水厂的主要道路旁，一般可选种毛白杨、臭椿、悬铃木、槐树及合欢等。在靠近净水构筑物的地方，不宜种植高大的乔木，以免落叶飘入水池而带来清理浮叶的麻烦。此时可改植小乔木或灌木，如侧柏、夹竹桃和大叶黄杨等。

水厂的行道树带宽度可取为1.25～2.0m，可以配植乔木和灌木。树木的株距可取为4～6m。

行道树的位置与建筑物及地下管道的水平间距可参考表16-10，行道树带与人行道和建筑物的布置，则可参看图16-32。

行道树与建筑物、管线距离　　表 16-10

名　称	最小间距（m）		名　称	最小间距（m）	
	至乔木中心	至灌木中心		至乔木中心	至灌木中心
建筑物外墙	3.0～5.0	1.5	电缆	2.0	0.5
高度 2m 以上的围墙	2.0	1.0	消防龙头	1.2	1.2
路灯电杆、架线桩、电线杆	2.0	—	煤气管	1.5	1.5
给水管、闸门井	1.5	—	热力管	2.0	2.0
污水管、雨水管窨井	1.5	—	工业用气管	1.5	1.0

2）绿篱

利用树木的密植，起着分隔和围护作用的绿带称为绿篱。在水厂中，常用绿篱把管理区与生产区以及检修、加药区等区分隔开来。绿篱也常用于分隔车行道与人行道，分隔人行道和绿地等。

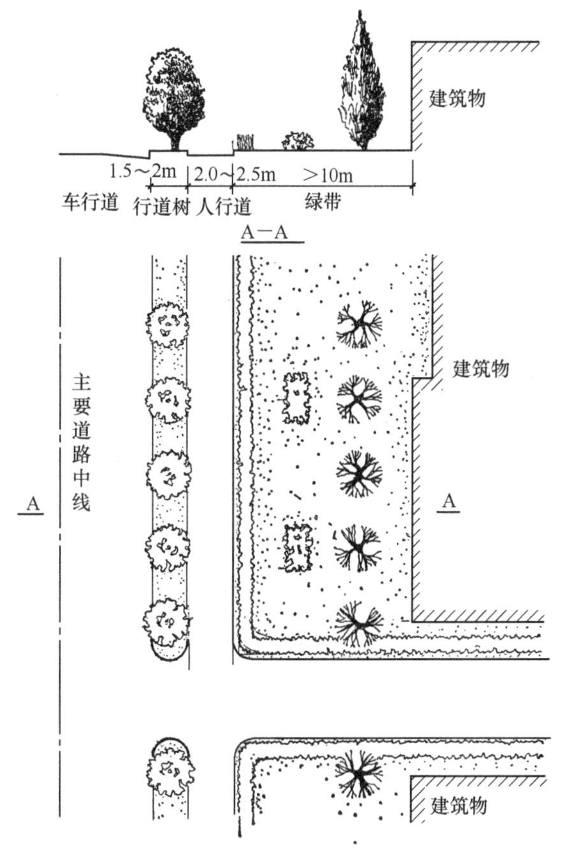

图 16-32　行道树与人行道布置

绿篱一般采用耐修剪的珊瑚树、大叶黄杨、女贞、枸杞和扁柏等树种。绿篱的高度可根据其功能而定。矮绿篱一般高为 0.6～0.8m，高绿篱可达 1.8m 以上。有时，绿篱还可以采用花架，植以藤本植物如紫藤、葡萄、木香以及藤本蔷薇及其变种七姊妹和大香水月季，作为装饰性的垂直绿化。

3）绿带

利用道路与建筑物之间的空地，进行绿带布置是水厂绿化的基本部分。水厂中，如有可能，应保持大片绿化面积，使其连成绿带。国外不少水厂采用了建筑物集中布置而在四周进行大面积绿化的方法，使厂区与邻区有宽阔的隔离绿带，整个水厂建筑物都处在绿带的包围之中，环境非常好。目前国内的水厂一般均因用地较紧，不可能有太多的绿化用地。但在平面布置中，也应尽可能利用空隙地带进行绿带设计。

绿带一般以草皮为主，靠道路一侧一般用矮绿篱围护，靠建筑物一侧可连栽一些灌木（如桧柏一类）以起遮阴作用，在草地中，可以配植条状或点状有色花草。在主干道至少一个侧面，应尽量创造设置绿带的条件。绿带要求有一定的宽度，图 16-33 表示几种绿带的布置形式。

绿带不一定对称布置，绿带地形可随高程起伏，在宽度上也可以有一定的变化。

4）绿地

绿地是平面呈块状的绿化。水厂中，绿地都布置在厂前区及清水池顶部。在食堂及二级泵房的附近，也宜布置绿地。如果绿地布置在厂前区，因为直接影响厂区的外貌，对绿地的设计则提出了比较高的要求。清水池的顶部平坦开阔，为绿地的布置创造了良好的条件，应充分加以利用。此外，在食堂的附近，应考虑布置适当的绿地，供饭后休息观赏。

绿地可由草地、绿篱、花坛及树木（甚至加上其他美化设施如喷水池、假山石等）配组而

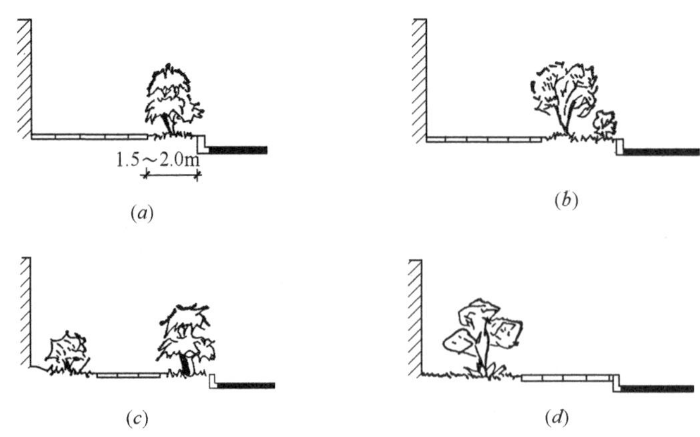

图 16-33　绿带布置形式

成。小块的绿地有时布置成独立花坛；而当面积较大时，则应布置成小花园，花园中可设步行小道；也可将绿地布置为一个景观中心，根据面积，绿地的景观中心可以栽植单株树木或树群。

单株栽植的景观中心应是树干高大、树型开展、姿态优美的孤立树（有时是利用历史悠久的古树），如香樟、榕树、银杏、白皮松、雪松、水杉和悬铃木等，树下配以平整的草皮。这种做法可使养护简单并且可收到良好的效果（图 16-34）。

树群由同种或不同种的多株树木成群栽植而成。不同的树种如能在树型与颜色方面适当选择，将可收到突出的观赏效果。例如，常绿树可与开花树搭配；乔木可与灌木搭配。多种树木搭配时，应以一个树种为主，高低应有变化，避免杂乱和平直呆板（图 16-35）。

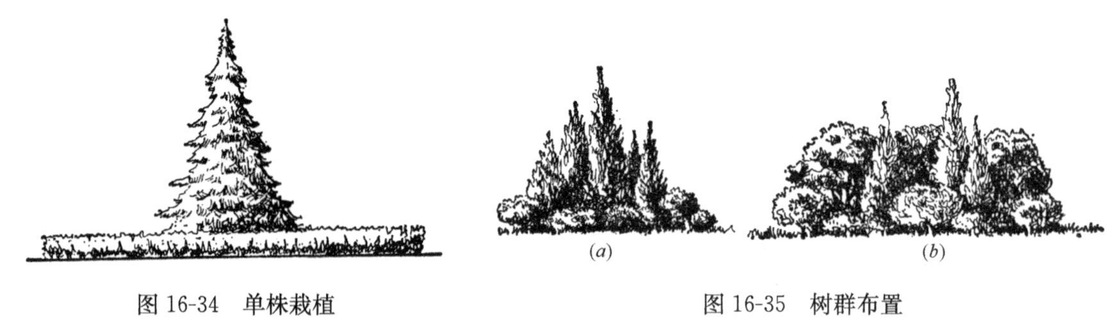

图 16-34　单株栽植

图 16-35　树群布置

花坛是指绿地中，用草地及花木经过规则布置的局部绿化区域。其主要特点是色彩艳丽，形象鲜明突出，美化的效果强烈。

花坛一般选用色彩鲜明协调、高低整齐的花卉进行布置，构成各种几何图案、装饰性花纹或文字。所选的花卉以多年宿根的花卉为主，可单种或多种片状种植。当多种种植时，可延长花期。

花坛的形式可以是规则的几何图形或不规则的图形。大面积的花坛可以布置于中间或周围的观赏道路。水厂厂区一般面积不大，花坛不宜布置过多，位置的选择要适当，在绿化中起画龙点睛的作用并应注意它和周围环境的关系（图 16-36）。水厂中，一般在办公楼、泵房的进入口附近，厂区主要出入口附近或食堂附近，可考虑设置花坛。

花坛的边缘可以种植短绿篱，堆人工或天然石料。有时也可直接在草地中种植花木，不另种短绿篱或堆砌石料。

5）路口绿化

（1）建筑物的前坪——水厂中，重要建筑物如办公楼、二级泵房等和厂门入口处的布置应宽广畅通，绿化布置应作适当的退缩，避免干扰车辆和人流的活动。在主厂道的进口端和主厂道间，不宜设置花坛或绿地，因为在主要道路中的绿地花坛等虽然有屏障作用，但往往造成车辆的

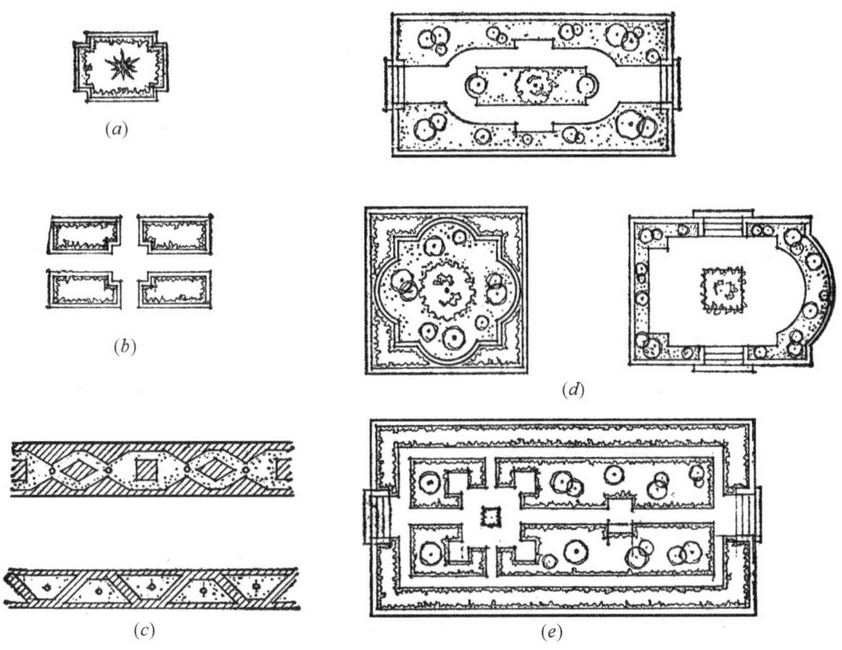

图 16-36　花坛布置

(a) 单块花坛；(b) 组合花坛；(c) 连续花坛布置；(d) 大型花坛；(e) 大前坪的花坛布置

绕行。此时，可将绿化移至建筑物的前坪，以利交通（图 16-37）

(2) 道路交叉口——在道路交叉口，绿地也应略为后退而扩大路口，以满足车辆转弯在宽度和半径方面的要求。道路交叉口可以布置成各种几何图形（图 16-38）。除非在车行道的尽端，否则在路中央一般不宜设绿化。

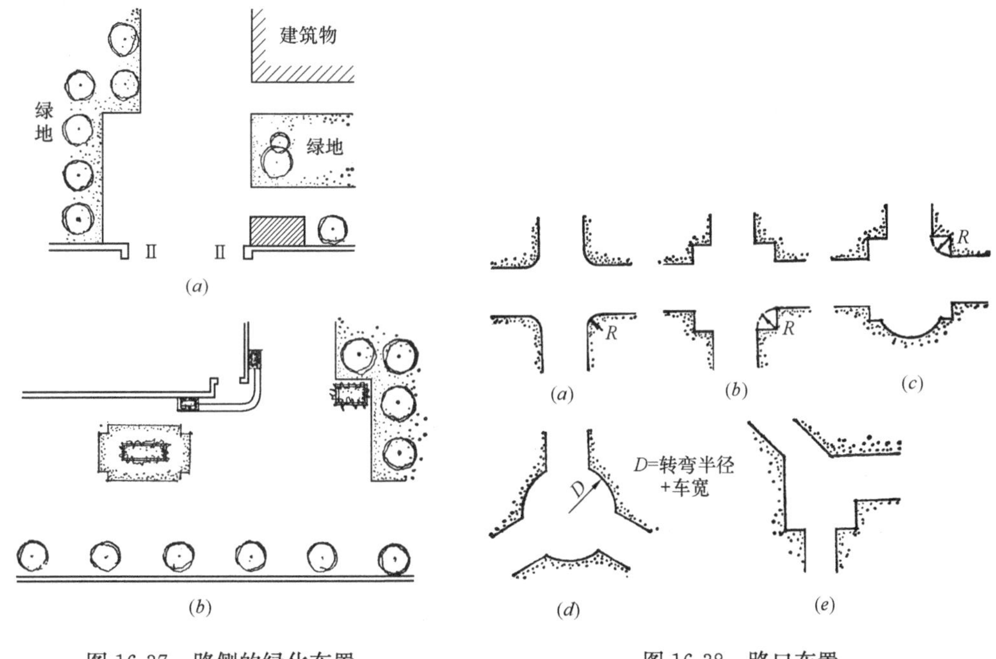

图 16-37　路侧的绿化布置　　　　图 16-38　路口布置

2. 绿化图例

在大型水厂设计中，为了表示绿化布置，可以单独绘制绿化平面图，以便水厂竣工后进行绿化工作并在工程投资中列入所需的费用。

在绿化布置时，乔木、灌木的树种，花坛中的花卉、草木均应因地制宜，参照当地适宜的品种予以选择。其设计的平面图例，可参考如下：

(1) 树木，参见图 16-39；

(2) 绿篱，参见图 16-40；

(3) 绿地（草地）及花卉，参见图 16-41；

(4) 绿地及小路，参见图 16-42；

(5) 花架，参见图 16-43。

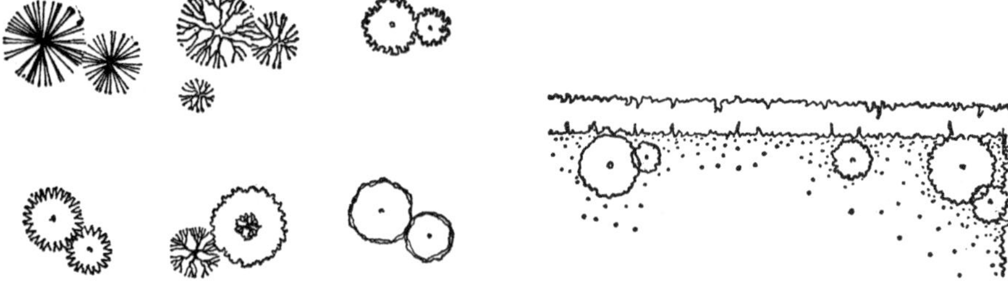

图 16-39　树木图例　　图 16-40　绿篱图例

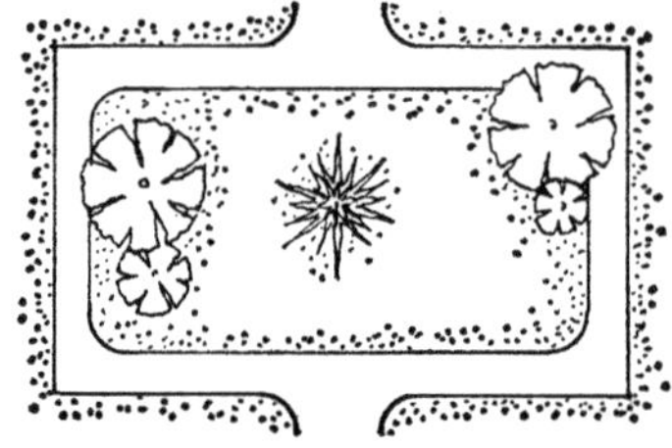

图 16-41　绿地花卉图例

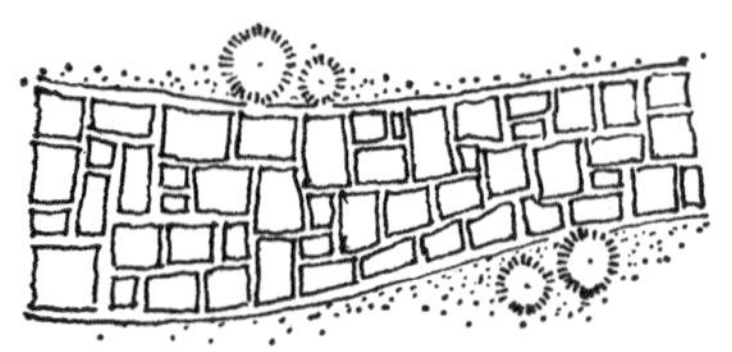

图 16-42　绿地及小路图例

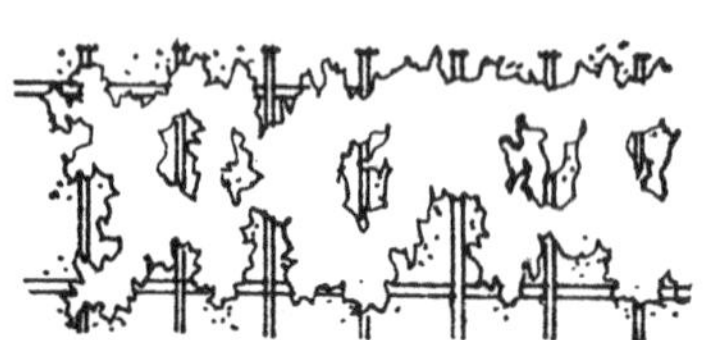

图 16-43　花架图例

绿化的立面图例，可参考如下：

(1) 一般性示例，参见图 16-44；

(2) 分种性示例，参见图 16-45。由于具体的树种难于用图精确表示，在图例下宜加文字说明。

图 16-44　绿化立面

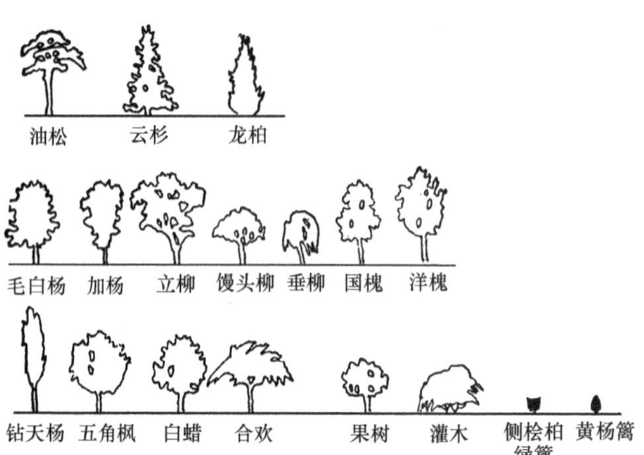

图 16-45　树种立面

3. 建筑小品

水厂中建筑小品与绿化关系十分密切，它包含的面很广，常见的有厂门、围墙、扶梯、花坛、水池以及喷泉、假山等。

建筑小品应很好地加以设计，以加强水厂建筑艺术处理的效果。但水厂毕竟是一个生产企业，与一般的公共建筑应有所区别。在设计中，应善于运用和组织建筑小品，以便取得锦上添花的效果。反之，如果运用不当，则会破坏厂区环境的和谐协调，这是十分重要的。尤其要注意防止体量过大和琐碎繁杂的小品设计。

16.7.2　水厂道路

水厂道路负担着两方面的功能：一是物料的运输，一是工作人员的活动。由于水厂中绝大部分的原料（原水）及成品（净化后的水）均经管道输送，故水厂的道路运输并不频繁，荷载量也不大。但由于水厂地下管线多，故水厂的道路与地下管线的关系密切，同时要求与水厂的绿化相配合。

1. 水厂道路的分类

根据水厂生产的特点，水厂的道路一般可分为三类：

1）主厂道

主厂道是水厂中人员和物料运输的主要道路。主厂道与厂外的入厂道路相连接，一直向厂区内延伸至某一适当的地方。主厂道与厂内的主要建筑物应发生密切的关系。在水厂中，目前主厂道的宽度一般用 4～6m，两侧视总体布置的要求设绿带或人行道等。

2）车行道

车行道为厂区内各主要建筑物或构筑物间的联系道路，生产及生活所需的各种器材物品可通过车行道用车辆运输至指定的地点。水厂的车行道一般为单车道，宽度可为 4m 左右。车行道最好布置成环状，以便车辆回程；当水厂规模较小或无此条件时，应在路的尽端结合建筑物的前坪设置回车场（图 16-46）。

3）步行道

步行道为厂区内车行道的辅助道路，它应满足厂区内工作人员的步行以及小件物料人力搬运的需要。目前水厂厂区内步行道的宽度一般可采用 1.5～2.0m。

2. 水厂道路的断面和路面的设计

在大中型水厂中，车行道一般采用沥青混凝土路面、沥青表面处理路面或混凝土路面，采用沥青路面时养护方便，但一般水厂均不能自行处理；采用混凝土路面时，则应妥善处理路面下水管的修理问题。在预计到可能埋设或修理水管的地方，上面的混凝土路面最好分成较小的块段，以便搬移。步行道较多采用水泥路面。绿地中的小道则可因地制宜，采用原石勾缝或混凝土预制板块铺砌。不论哪一种道路，最好有侧石和排放雨水的设施。

各类道路的断面形式和路面构造以及横坡，可按当地习惯设计。图 16-47 及表 16-11 可供参考。

道路路面横坡表　　　　**表 16-11**

路面种类	道路横坡	路面种类	道路横坡
沥青混凝土路面	1.5%～2.0%	泥结碎石路面	2.0%～3.0%
沥青表面处理	1.5%～2.5%	人行道	2.0%
混凝土路面	1.5%～2.0%		

注：路面结构按照当地市政部门设计标准配定。

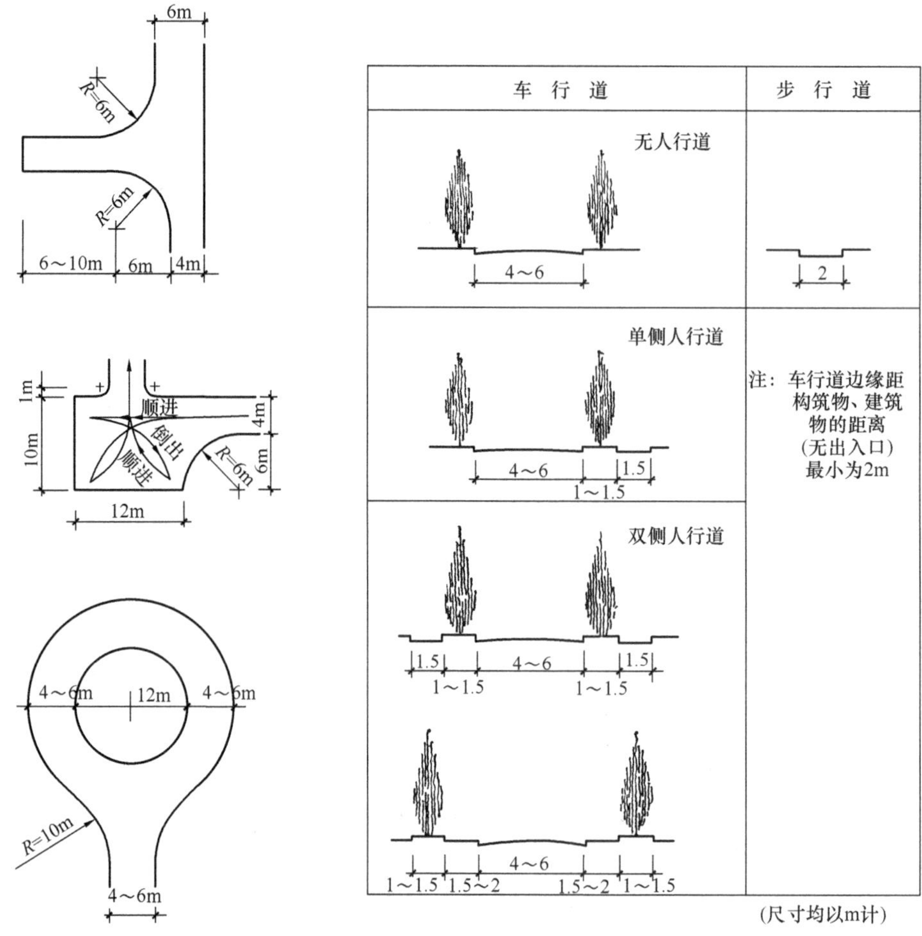

图 16-46 回车场设计　　　　图 16-47 道路断面形式

3. 道路的转弯半径

道路的转弯半径，视行驶车辆的不同而异。水厂道路的转弯半径对载重汽车以 10m 为宜，在特殊情况下可不小于 6m。

4. 道路的坡度

在丘陵地带或山区，由于地形的特点，道路可考虑设纵坡。纵坡的坡度一般应在 6%以下，最大不应超过 8%。

在平坦地区，其纵坡可控制在 1%～2%左右，最小可为 0.4%，以利于雨水的排除。

16.7.3 路灯

水厂厂内道路的路灯，应由电气专业考虑，但作为总平面图的设计者，也应具备有关的基本知识。

1. 路灯的分类

1）庭园式

为了配合水厂的绿化环境，水厂可以考虑采用庭园式路灯。此类路灯的优点是灯型较多，造型优美，与水厂厂区道路不宽的情况相适应，照明光源可以选择节能型荧光灯或 LED 灯等；缺点是照明亮度较差。这类路灯的灯距一般均较近。常见的庭园式路灯如图 16-48（*a*）～（*e*）。

2）公路式

目前最常用的为高压钠柱灯式。这种灯的照明亮度高，但应注意与道路的宽度相适应。常见的类型如图 16-48（*f*）所示，图 16-48（*g*）、（*h*）两种为适应特殊要求时采用。

(a)	(b)	(c)	(d)
型号 ZBB 402 2/200 4/200 容量 2×200 4×200 规格 1300×ϕ300×900 安装方式 Z	型号 ZBG413 1/125 容量 1×125 规格 ϕ560×800 安装方式 Z 灯杆梢径 ϕ100	型号 ZBB418 1/60×2 容量 2×60 规格 ϕ110×1000 安装方式 Z	型号 ZBB419 2/60×2 容量 4×60 规格 ϕ450×1000 安装方式 Z

(e)	(f)	(g)	(h)
型号 ZBB401 2/100 容量 2×100 规格 2000×ϕ350 安装方式 Z 灯杆梢径 ϕ150	型号 ZBN420 1/250(400) 容量 1×250(400) 规格 3820×3540 安装方式 Z 灯杆梢径 ϕ190	型号 ZBN421 1.2/400 容量 1×400 2×400 规格 4000～6000×2660 安装方式 Z 灯杆梢径 ϕ190	型号 ZBG423 1/400 2/400+125 容量 1×400 1×125 +1×400 规格 3400×1760 安装方式 Z 灯杆梢径 ϕ150

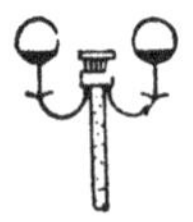

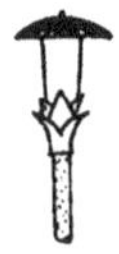

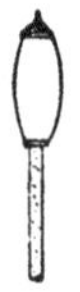

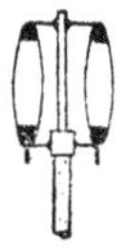

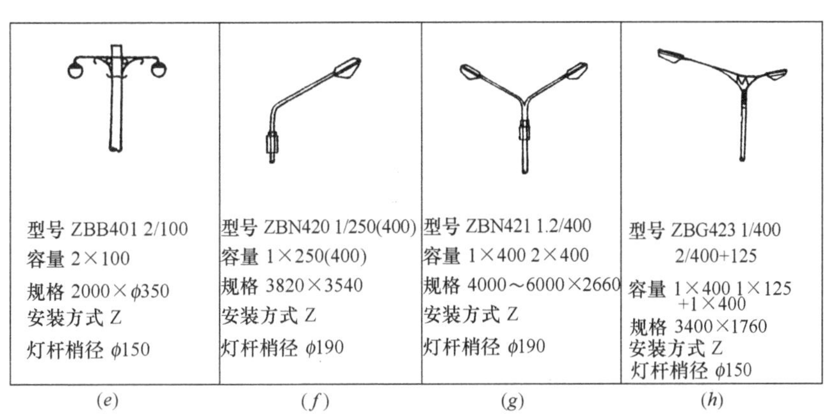

图 16-48　常见路灯类型

（*a*）圆球柱灯；（*b*）锥筒柱灯；（*c*）腰鼓柱灯；（*d*）腰鼓柱灯；（*e*）圆球柱灯；
（*f*）高压钠柱灯；（*g*）高压钠柱灯；（*h*）高汞柱灯

2. 照明标准及路灯布置

（1）水厂厂区道路的照明，最低水平的照度可按 1～5lx（勒克司）计算。

（2）兼顾作业的水厂厂区道路照明段，最低水平的照度可按 20lx 计算。

（3）厂区道路的路灯一般用单侧布置，在小水厂或特别狭窄的地方，也可在建筑物的外墙上布置。当路面或广场的宽度大于道路照明光源安装高度或有特殊要求时，可在道路或广场的两侧对称布置。

（4）杆距。杆距一般不大于 3 倍道路照明光源安装高度。

（5）灯杆。灯杆一般为金属杆成套产品，大中型水厂的路灯线路一般采用电缆，在灯杆底部设有接线盒。

16.8　水厂用地指标和成本计算

16.8.1　水厂用地指标

水厂用地应以实际需要和节约布置为原则。表 16-13 为国内几个不同规模的水厂用地情况，可供参考。

由表 16-12 可见，因各厂的工艺条件不一样，故相差较大。根据建设部、国土资源部《城市生活垃圾处理和给水与污水处理工程项目建设用地指标》规定，用地不应超过表 16-13 的控制面积。

国内几个不同规模的水厂用地情况　　表 16-12

序号	厂　名	规　模（万 m^3/d)	用地指标 [m^2/(m^3·d)]	总用地面积 (m^2)	总用地面积 (亩)
1	烟台水厂	10.0	0.387	38700	58.10
2	汉口二水厂	10.0	0.349	34900	52.40
4	泰安市三合水厂	10.0	0.337	33696	50.54
5	东营市南郊水厂（含膜处理和 20 万 m^3/d 污泥处理）	10.0	0.556	55555	83.83
6	杭州赤山埠水厂	15.0	0.163	24400	36.60
7	桐乡市果园桥水厂（含预处理、深度处理）	15.0	0.370	54930	82.40
8	南京烷基苯水厂	20.0	0.140	28000	42.00
9	衢州市第三水厂	25.0	0.440	70910	106.37
10	杭州清泰水厂（含膜处理、深度处理和拍泥水处理）	30.0	0.231	69308	103.96
11	海宁第三水厂（含预处理、深度处理）	30.0	0.420	126715	190.10
12	银川宁东能源基地水厂（含排泥水处理、深度处理预留用地）	40.0	0.808	323000	484.50
13	嘉兴贯泾港水厂（含预处理、深度处理）	45.0	0.294	132188	198.28
14	东莞市第六水厂（含深度处理）	50.0	0.255	127500	191.27
15	上海南市水厂（含深度处理、排泥水处理）	70.0	0.159	111429	167.14
16	上海金海水厂（含排泥水处理和预留的深度处理用地）	80.0	0.211	168843	253.26
17	上海泰和水厂	120.0	0.322	386992	580.49

净（配）水厂建设用地控制面积（hm^2）　　表 16-13

水厂类型 \ 面积 \ 规模	Ⅰ类（30 万～50 万 m^3/d）	Ⅱ类（10 万～30 万 m^3/d）	Ⅲ类（3 万～10 万 m^3/d）
常规处理水厂	8.40～11.00	3.50～8.40	2.05～3.50
配水厂	4.50～5.00	2.00～4.50	1.50～2.00
预处理＋常规处理水厂	9.30～12.50	3.90～9.30	2.30～3.90
常规处理＋深度处理水厂	9.90～13.00	4.20～9.90	2.50～4.20
预处理＋常规处理＋深度处理水厂	10.80～14.50	4.50～10.80	2.70～4.50

注：①表中的用地面积为水厂围墙内所有设施的用地面积，包括绿化、道路等用地，但未包括高浊度水预沉淀用地。
② 建设规模大的取上限，规模小的取下限，中间规模应采用内插法确定。
③ 建设用地面积为控制的上限，实际使用中不应大于表中的限值。
④ 预处理采用生物预处理形式控制用地面积，其他工艺形式宜适当降低。
⑤ 深度处理采用臭氧生物活性炭工艺控制用地面积，其他工艺形式宜适当降低。
⑥ 表中除配水厂外，净水厂的控制用地面积均包括生产废水及排泥水处理的用地。
⑦ 规模大于Ⅰ类的用地，可参照Ⅰ类规模单位用地指标并适当降低执行；规模小于Ⅲ时，可参照该规模的单位水量用地指标执行。

如作平面分区布置时，其大致占地比例如下：

生产区占地为 40%～50%；

辅助生产占地为 10%；

管理区占地为 5%；

绿化道路占地为 30%～35%。

美国《净水厂设计》第五版曾根据美国水厂用地情况提出了 $A \geqslant Q^{0.7}$ 的水厂最小用地面积的计算式，并绘出了图 16-49 所示的曲线图。A 为水厂用地面积，以英亩（Acres）计，水厂规模以美百万加仑/日（mgd）计，其中，1 英亩＝0.405hm²，1mgd＝3785m³/d。

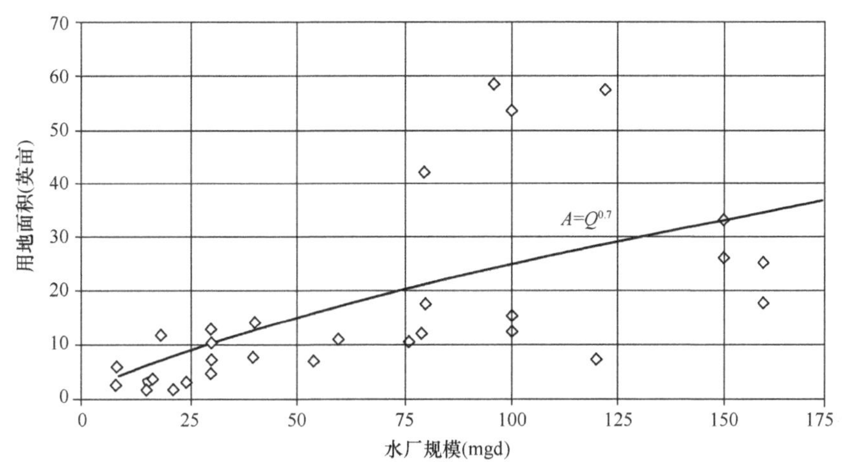

图 16-49　水厂用地曲线图（美国《净水厂设计》第五版资料）

注：1mgd＝3785m³/d

1 英亩（Acres）＝0.405hm²

16.8.2　供水成本计算

水厂供水成本应包括取水、制水（净水）及供配水成本（以元/m³ 计算），理论上为全年经营成本费用除以全年制水量。一般由下列各项构成：

1. 水厂供水成本

1）水资源费 E_1

$$E_1 = 365Qk_1e/k_2 \tag{16-2}$$

式中　Q——最高日供水量（m³/d）；

k_1——考虑水厂自用水的水量增加系数；

k_2——日变化系数；

e——水资源费费率或原水单价（元/m³）。

2）动力费 E_2

以各级泵房电动机的用电为计算基础，厂内其他用电设备按增加 5%考虑。

$$E_2 = 1.05\frac{QHdk_1}{\eta k_2} \tag{16-3}$$

式中　H——工作全扬程，包括一级泵房、二级泵房及增压泵房的全部扬程（m）；

d——电费单价［元/(kW·h)］；

η——水泵和电动机的效率，一般采用 70%～80%。

3）药剂费 E_3

$$E_3 = \frac{365Qk_1}{k_2 \times 10^6}(a_1b_1 + a_2b_2 + a_3b_3 + \cdots) \tag{16-4}$$

式中 a_1、a_2、a_3——各种药剂（包括混凝剂、助凝剂、消毒剂等）的平均投加量（mg/L）；

b_1、b_2、b_3——各种药剂的相应单价（元/t）。

4）工资福利费 E_4

$$E_4 = \text{职工每人每年的平均工资及福利费} \times \text{职工定员} \tag{16-5}$$

5）固定资产基本折旧费 E_5 和大修理费 E_6

$$E_5 = \text{固定资产原值} \times \text{综合基本折旧率} \tag{16-6}$$

$$E_6 = \text{固定资产原值} \times \text{大修理费率} \tag{16-7}$$

6）无形资产和递延资产摊销费 E_7

$$E_7 = \text{无形资产和递延资产值} \times \text{年摊销率} \tag{16-8}$$

7）日常检修维护费 E_8

系指日常的检修和维护等费用（不包括大修理费用）。

$$E_8 = \text{固定资产原值} \times \text{检修维护费率} \tag{16-9}$$

8）管理费用、销售费用和其他费用 E_9

包括管理和销售部门的办公费、取暖费、租赁费、保险费、差旅费、研究试验费、会议费、成本中列支的税金（如房产税、车船使用税等），以及其他不属于以上项目的支出等。

$$E_9 = (E_1 + E_2 + E_3 + E_4 + E_5 + E_6 + E_7 + E_8) \times 15\% \tag{16-10}$$

9）流动资金利息支出 E_{10}

$$E_{10} = (\text{流动资金总额} - \text{自有流动资金}) \times \text{流动资金借款年利率} \tag{16-11}$$

经营期内借款的利息支出也应计入总成本费用。

10）年经营成本 E_c：

$$E_c = E_1 + E_2 + E_3 + E_4 + E_6 + E_8 + E_9 \tag{16-12}$$

11）年总成本 YC

年总成本为上述 1）～10）项费用之总和。即

$$YC = \sum_{j=1}^{10} E_j = E_c + E_5 + E_7 + E_{10} \tag{16-13}$$

12）单位制水成本

$$AC = YC / \sum Q \tag{16-14}$$

式中 $\sum Q = 365Q/k_2$。

2. 供水成本实际计算示例

某市 2008 年度制水量 5332 万 m^3，销售水量 4792 万 m^3，损耗 540 万 m^3，其供水经营总成本具体计算如下：

1）向水库购买原水费用

5332 万 m^3×4150 元/万 m^3＝22127800 元＝2212.78 万元。

2）支付水源费（老标准 0.02 元/m^3，新标准 0.08 元/m^3）

3471 万 m^3×200 元/万 m^3＋1861 万 m^3×800 元/万 m^3＝2183000 元＝218.30 万元。

3）动力费用

全年总耗电力为 9090173kWh，公司综合电价为 0.7003 元/kWh，则：

动力费用为 9090173×0.7003＝636.58 元。

4）药剂费用

消毒剂：液氯 93100kg×3.6482 元/kg＝339647.4 元≈33.96 万元。

混凝剂：聚合氯化铝 284369kg×1.8462 元/kg=525002 元≈52.50 万元。

5）制水职工工资福利费（不包括经营销售及公司管理人员）

支付工资总额：330.06 万元；

福利费、工会经费、职工教育费为 330.06×17.5%=57.76 万元。

6）固定资产折旧

制水设备固定资产值年平均余额为 11852.83 万元，综合折旧率为 6%，合计为 711.17 万元。

7）制水厂运行维护费用

日常修理费用 28.81 万元，车间管理运行费用 82.52 万元，合计为 111.33 万元（按规定不提大修费用，采用按实列支）。

8）管理费用

指公司各级管理部门的人工工资福利费用、办公设施折旧、车辆费用、日常办公费用、业务招待费用、劳动保险费用和有关税费。

全年支出合计：682.79 万元。

9）销售费用

包括自来水销售营业部门的工资福利、供水管线的抢修和维护费用、供水车辆费用、管网资产折旧费用（采用分类计算，管网资产一般折旧率为 7%）和销售税金等费用。

销售费用合计为 2207.07 万元。

10）财务费用

(1) 短期流动资金借款年平均余额×流动资金借款年利率为：

3180 万元×7%=223.24 万元。

(2) 固定资产投资借款年平均余额×长期借款年利率－当年投资借款利息资本化金额为：

11950 万元×7.234%－102 万元（利息资本金额）=774.41 万元。

两项合计为 997.65 万元。

以上 1）～10）项当年供水经营成本合计为 8251.96 万元。

按年售水量 4792 万 m^3 计，单位经营总成本为 1.722 元/m^3（不含增值税）。

第 17 章　净水厂的经济和节能设计

设计是技术和经济结合的产物。净水厂经济设计是研究净水厂设计中的经济问题和探索如何使设计取得最佳节约效果的问题，它的内容十分广泛。净水厂是整个给水系统中的重要一环，它与取水、输水、配水等各工程之间有着密切的联系。优秀的净水厂设计不仅要求水厂设计本身是优秀的，而且应该配合整个给水系统的布局，达到安全可靠、经济合理和节约能源的先进水平。同时，随着科学技术的不断发展，给水工程中新技术、新工艺、新设备的不断涌现，净水厂经济设计的内容也不断地发展和丰富。

本章首先论述设计方案的造价计算和经济比较的基本方法，然后就净水厂的下列问题进行讨论：

（1）净水厂在整个系统布局中的经济选择；

（2）净水厂工艺构筑物的优化设计；

（3）净水厂的节能问题，净水厂运行的过程是耗费能源（电力）的过程，因之在净水厂设计中，节省能源是一个必须重点探讨的问题。

17.1　水厂建设工程造价的确定

净水厂建设一般以独立的工程项目进行建设，市政主管部门和净水厂通过设计单位进行“可行性研究”“初步设计”和“施工图设计”，确定工程建设造价的估算、概算和预算，控制整个水厂工程的造价，每一阶段的基本内容和编制方法概述如下。

17.1.1　可行性研究投资估算的基本要求

（1）可行性研究投资估算的编制，应遵照建设部发布的《市政工程投资估算编制办法》的要求进行编制。

（2）投资估算的编制必须在调查研究的基础上，如实反映工程项目建设规模、标准、工期、建设条件和所需投资，合理确定和控制工程造价。

（3）可行性研究报告的编制单位应对投资估算全面负责。

（4）估算编制人员应搜集有关的基础资料，包括人工工资、材料主要价格、运输和施工条件、各项费用标准、资金筹措、实施计划、水电供应、配套工程、征地拆迁补偿等情况。对于引进技术和设备、中外合作经营的建设项目，估算编制人员应要求外商提供能满足编制投资估算的有关资料，以提高投资估算的质量。

（5）预可行性研究的投资估算，可按照《编制办法》要求的编制深度，并在满足投资决策需要的前提下适当简化。

（6）利用国际金融机构、外国政府和政府金融机构贷款的工程建设项目，其投资估算的编制，除按照《市政工程投资估算编制办法》规定的内容和深度外，还应根据贷款方的评估要求，补充必要的编制内容。

17.1.2　可行性研究投资估算文件的组成

（1）投资估算文件的组成：

A. 估算编制说明。

B. 建设项目总投资估算及使用外汇额度。

C. 主要技术经济指标及投资估算分析。

D. 钢材、水泥、木料和商品混凝土等总需用量。

E. 主要引进设备的内容、数量和费用。

F. 资金筹措、资金总额组成及年度用款安排。

(2) 估算编制说明，应包括以下主要内容：

A. 工程简要概况。

B. 编制依据，包括：

a. 国家和主管部门发布的有关法律、法规、规章、规程等。

b. 部门或地区发布的投资估算指标及建筑、安装工程定额或指标。

c. 工程所在地区建设行政主管部门发布的人工、设备、材料价格、造价指数等。

d. 国外初步询价资料及所采用的外汇汇率。

e. 工程建设其他费用内容及费率标准。

C. 征地拆迁、供电供水、考察咨询等项费用的计算。

D. 其他有关问题的说明。

(3) 总投资估算应按照“可行性研究报告总估算表”（表 17-1）和“可行性研究报告工程建设其他费用计算表”（表 17-2）编制。工程建设项目分有远期和近期时，应分别按子项编制远、近期的工程投资总估算。此外，还要按要求编制使用外汇额度表。

可行性研究报告总估算表　　**表 17-1**

建设项目名称：　　**第　页 共　页**

序号	工程或费用名称	估算金额（万元）					技术经济指标			备　注
		建筑工程	安装工程	设备及工器具购置	其他费用	合　计	单位	数量	单位价值（元）	
1	2	3	4	5	6	7	8	9	10	11

编　制：　　校　核：　　审　核：

可行性研究报告工程建设其他费用计算表　　表 17-2

建设项目名称：　　第　页共　页

序号	费用名称	说明及计算式	金额（元）	备　注

(4) 主要技术经济指标应包括投资、用地及主要材料用量。指标单位按单位生产能力（设计规模）计算。当设计规模有远、近期时，或者土建与安装的规模不同时，应分别计算后再行综合。

各项技术经济指标计算方法按建设部建质［2013］57 号文颁发的《市政公用工程设计文件编制深度规定》中“给水工程技术经济指标计算办法”的要求计算。

(5) 投资估算应作如下分析：

A. 工程投资比例分析；

B. 影响投资的主要因素分析。

(6) 资金筹措方式和资金总额组成及年度用款计划安排。

17.1.3 可行性研究投资估算的编制方法

1. 工程费用的估算

1) 建筑工程费估算的编制

建筑工程费估算可根据单项工程的性质采用以下方法进行编制：

(1) 主要构筑物或单项工程。主要构筑物或单项工程的建筑工程费估算的编制可采用以下方法：

A. 套用估算指标或类似工程造价指标进行编制：按照可行性研究报告所确定的主要构筑物或单项工程的设计规模、工艺参数、建设标准和主要尺寸套用相适应的构筑物估算指标或类似工程的造价指标和经济分析资料。在现阶段，建设部发布的《市政工程投资估算指标》是编制估算的主要依据之一。

B. 套用概算定额或综合预算定额进行编制：当设计的构筑物或单项工程项目缺乏合适的估算指标或同类工程造价指标可套用时，则应根据设计图纸计算主要工程数量套用概算定额或综合预算定额。次要工程项目的费用可根据已往的统计分析资料按主要工程项目费用的百分比估列，但次要工程项目费用一般不应超过主要工程项目费用的 20%。

(2) 辅助生产项目和生活设施的房屋建筑。辅助生产项目和生活设施的房屋建筑工程，可根据工程所在地同类型或相近建设标准工程的面积或体积指标进行编制。

2) 安装工程费估算的编制

安装工程费估算可根据各单项工程的不同情况采用以下方法进行编制：

(1) 套用估算指标或类似工程技术经济指标进行估算：单项构筑物的管配件安装工程可根据构筑物的设计规模和工艺形式套用相应的估算指标或类似工程技术经济指标。

(2) 按概算定额或综合定额进行估算：当单项构筑物或建筑物的安装工程缺乏适应的估算指标或类似工程技术经济指标可套用时，可采用计算主要工程量，按概算定额或综合预算定额进行编制。

工艺设备和机械设备的安装可按每吨设备或每台设备或占设备原价的百分比估算；工艺管道按不同材质、不同规格（包括管件）分别以长度或重量估算。

(3) 按主要设备和主要材料费用的百分比进行估算：工艺设备、机械设备、工艺管道、变配电设备、动力配电和自控仪表的安装费用也可按不同工程性质以主要设备和主要材料费用的百分比进行估算。安装费用占主要设备和主要材料费的百分比可根据有关指标或同类工程的测算资料取定。

3) 设备购置费的计算

《市政工程投资估算指标》内单项构筑物的“设备工器具购置费指标”，往往与设计项目实际选用的设备类型、规格和台数有很大差别，因此一般不能直接套用指标，应按设计方案所确定的主要设备内容逐项计算。

4) 工器具及生产家具购置费的计算

根据《编制办法》规定，可按第一部分工程费用内设备购置费总值的 1%～2%估算。

2. 工程建设其他费用的估算

(1) 工程建设其他费用计列的项目及内容应结合工程项目的实际予以确定。

(2) 工程建设其他费用的取费标准可按以下次序单位所需的取费标准取定：

A. 国家发展改革委员会、住建部。

B. 建设项目主管部、委。

C. 工程所在地的省、自治区、直辖市人民政府或主管部门。

D. 当主管部、委和工程所在地人民政府或主管部门均无明确规定时，则可参照其他部、委或邻近省市规定的取费标准。

(3) 建设用地费：包括土地征用及迁移补偿费和管线搬迁及补偿费等。

(4) 建设管理费：包括建设单位管理费、建设工程监理费。

(5) 建设项目前期工作咨询费。

(6) 研究试验费。

(7) 勘察设计费：指建设单位委托勘察设计单位为建设项目进行勘察、设计等所需费用，由工程勘察费和工程设计费两部分组成。

(8) 环境影响咨询服务费。

(9) 劳动安全卫生评审费。

(10) 场地准备及临时设施费：包括场地准备费和临时设施费。

(11) 工程保险费。

(12) 特殊设备安全监督检验费。

(13) 生产准备费及开办费。

(14) 联合试运转费。

(15) 专利及专有技术使用费。

(16) 招标代理服务费。

(17) 施工图审查费。

(18) 市政公用设施费。

3. 预备费的计算

预备费包括基本预备费和价差预备费两部分。

(1) 基本预备费计算，应以第一部分“工程费用”总额和第二部分“工程建设其他费用”总额之和为基数，乘以基本预备费率。

基本预备费率在可行性研究阶段可取为8%～10%，在初步设计阶段可取为5%～8%，其取值应按工程繁简程度在上述幅度内确定。

(2) 价差预备费计算方法：以编制项目可行性研究报告的年份为基期，估算到项目建成年份为止的设备、材料等价格上涨系数，以第一部分工程费用总额为基数，按建设期分年度用款计划进行价差预备费估算。

4. 税费、建设期利息及铺底流动资金

(1) 固定资产投资方向调节税应根据《中华人民共和国固定资产投资方向调节税暂行条例》及其实施细则、补充规定等文件计算。

(2) 建设期利息应根据资金来源、建设期年限和借款利率分别计算。

建设期其他融资费用如某些债务融资中发生的手续费、承诺费、管理费、信贷保险费等融资费用，一般单独计算并计入建设期利息；在项目前期研究的初期阶段，也可作粗略估算并计入工程建设其他费用；对于不涉及国外贷款的项目，在可行性研究阶段，也可作粗略估算并计入工程建设其他费用。

(3) 铺底流动资金，即自有流动资金，按流动资金总额的30%作为铺底流动资金列入总投资计划。

17.1.4 引进技术和进口设备项目投资估算编制方法

(1) 引进技术和进口设备项目投资估算的编制，一般应以与外商签订的合同或报价的价款为依据。

(2) 引进技术和进口设备的项目费用分国外和国内两部分。

A. 国外部分：

a. 硬件费：指设备、备品备件、材料、专用工具、化学品等，以外币折合成人民币，列入第一部分工程费用。

b. 软件费：指国外设计、技术资料、专利、技术秘密和技术服务等费用，以外币折合成人民币列入第二部分工程建设其他费用。

c. 从属费用：指国外运费、运输保险费，以外币折合成人民币，随货价相应列入第一部分工程费用。

d. 其他费用：指外国工程技术人员来华工资和生活费、出国人员费用，以外币折合成人民币列入第二部分工程建设其他费用。

B. 国内部分：

a. 从属费用：指进口关税、增值税、银行财务费、外贸手续费、引进设备材料国内检验费、工程保险费、海关监管手续费，为便于核调，单独列项，随货价和性质对应列入总估算中第一部分工程费用的设备购置费、安装工程费和其他费用栏。

b. 国内运杂费：指引进设备和材料从到达港口岸、交货铁路车站到建设现场仓库或堆场的运杂费及保管等费用，列入第一部分工程费用的设备购置费、安装工程费。

c. 国内安装费：指引进的设备、材料由国内进行施工而发生的费用，列入第一部分工程费用的安装工程费。

d. 其他费用：包括外国工程技术人员来华费用、出国人员费、银行担保费、图纸资料翻译复制费、调剂外汇额度差价费等，列入总估算第二部分其他费用。

(3) 列入第一部分工程费用中引进设备、材料价格及从属费用的编制办法：

A. 设备、材料价格：指引进的设备、材料和软件的到岸价（CIF），即离岸价（FOB）、国外运输费和运输保险费之和，按人民币计。

B. 国外运输费：软件不计算国外运输费，硬件海运费可按海运费费率 6%估算，陆运费按中国对外贸易运输总公司执行的《国际铁路货物联运办法》等有关规定计算。

C. 运输保险费：软件不计算运输保险费，硬件按下列公式估算：

$$\text{运输保险费} = \text{离岸价(FOB)} \times \text{运保费定额}(1.062) \times \text{保险费费率} \tag{17-1}$$

其中保险费费率按中国人民保险公司有关规定计算。

D. 外贸手续费：按货价的 1.5%估算。

E. 银行财务费：按货价的 0.5%估算。

F. 关税：按到岸价乘以关税税率计算，关税税率按《海关税则规定》执行。

G. 增值税：按下列公式计算。

$$\text{增值税} = (\text{到岸价} + \text{关税}) \times \text{增值税税率} \tag{17-2}$$

增值税税率按《中华人民共和国增值税条例》和《海关税则规定》执行。

上述各计算公式中所列税率、费率，在编制投资估算时应按国家有关部门公布的最新的税率、费率调整。

单独引进软件时，不计算关税，只计增值税。

H. 引进设备材料国内检验费（含商检费），系根据《中华人民共和国进出口商品检验条例》规定检验的项目所发生的费用，可按下式计算：

$$\text{设备材料检验费} = \text{设备材料到岸价} \times (0.5\% \sim 1\%) \tag{17-3}$$

I. 引进项目建设保险费：在工程建成投产前，建设单位向保险公司投保建筑工程险、安装工程险、财产险和机器损坏险等应缴付的保险费，其费率按国家有关规定进行计算。

凡需赔偿外汇的保险业务，需计算保险费的外币金额，并按人民币外汇牌价（卖出价）折成人民币。

(4) 引进项目国内安装费的估算：可按引进项目硬件费的 3.5%～5.0%估算。

(5) 列入第二部分工程建设其他费用中引进项目其他费用的编制办法：

A. 来华人员费用，主要包括来华工程技术人员的现场办公费用、往返现场交通费用、接待费用等。

B. 出国人员费用，包括设计联络、出国考察、联合设计、设备材料采购、设备材料检验和培训等所发生的旅费、生活费等。

C. 引进项目图纸资料翻译复制费、备品备件测绘费。

D. 银行担保费：指引进项目中由国内外金融机构出面提供担保风险和责任所发生的费用，一般按承担保险金额的5‰计取。

17.1.5 初步设计概算编制的基本要求和依据

(1) 工程建设设计概算是初步设计文件的重要组成部分。初步设计、技术简单项目的设计方案均应有概算，采用三阶段设计的技术设计阶段还应编制修正概算。

(2) 概算文件必须完整地反映工程初步设计的内容，实事求是地根据建设条件（包括自然条件、施工条件等可能影响造价的各种因素），正确地按有关的依据性资料进行编制。

(3) 初步设计总概算经主管部门批准，即为该项目工程造价的最高限额，是编制建设项目投资计划，确定和控制建设项目投资的依据，是控制施工图设计和施工图预算的依据，是衡量设计方案经济合理性和选择最佳设计方案的依据，是考核建设项目投资效果的依据。

(4) 概算的编制依据：

A. 批准的建设项目可行性研究报告和主管部门的有关批准意见及规定。

B. 初步设计项目一览表。

C. 各专业工种的设计图纸、文字说明和设备清单。

D. 部门或地区发布的建筑、安装、市政工程等相关定额以及工程所在地的人工、材料、机械及设备价格等。

E. 建设场地的工程地质资料。

F. 工程所在场地的土地征购、租用、青苗、拆迁等赔偿价格和费用以及建设场地的三通一平费用资料。

G. 工程施工条件。

H. 类似工程的概、预算及技术经济指标资料。

1. 概算文件的组成

根据建设部建质［2013］第57号文发布的《市政公用工程设计文件编制深度规定》对“概预算文件组成及深度”的规定，概算文件的组成应包括以下内容；

(1) 封面及扉页。

(2) 概算编制说明，应写明以下内容：

A. 工程概况及其建设规模和建设范围，并明确总概算书所包括的和不包括的工程项目及费用。

B. 资金来源、借贷条件及年度用款计划。

C. 编制的依据。

D. 采用的编制方法及计算原则。

E. 外汇总额度、外汇折算汇率、进口设备报价、关税和增值税及从属费用的计算。

F. 工程投资和费用构成的分析。

G. 有关问题的说明。对于有关概算文件编制中存在的问题及其他需要说明的问题。

(3) 建设项目总概算书由各综合概算及工程建设其他费用概算预备费用、固定资产投资方向调节税、建设期利息和铺底流动资金组成，应包括建设项目从筹建到竣工验收所需的全部建设费用。

(4) 综合概算书是单项工程建设费用的综合性文件，由各专业的单位工程概算书所组成。工程内容简单的项目可以将由一个或几个单项工程组成的枢纽工程汇编成一份综合概算书，也可将综合概算书的内容直接编入总概算书内，而不另单独编制综合概算书。

(5) 单位工程概算书是指一项独立的建（构）筑物中按专业工程计算工程费用的设计概算

文件。

(6) 技术经济指标应按各枢纽工程分别计算投资、用地及主要材料用量等各项指标，计算方法按建设部建质［2013］第 57 号文发布的《市政公用工程设计文件编制深度规定》中“给水工程技术经济指标计算规定”的要求计算。

2. 概算的编制方法

(1) 建筑安装工程：

A. 主要工程项目应按照国家或省、市、自治区等主管部门规定的概算定额和费用标准等文件，根据初步设计图纸及说明书，按照工程所在地的自然条件和施工条件，计算工程数量套用相应的概算定额进行编制。如没有规定的概算定额时，也可按规定的预算定额编制概算，并计算零星项目费。

概算定额的项目划分和包括的工程内容较预算定额有所扩大，按概算定额计算工程量时，应与概算定额每个项目所包括的工程内容和计算规则相适应，避免内容的重复或漏算。

按预算定额编制概算时，零星项目费用可按主要项目总价的百分比计列。

B. 辅助构筑物的建筑工程费用可参照概算指标或类似工程单位建筑体积或有效容积的造价指标进行编制。

C. 构筑物的上部建筑工程、辅助生产项目和生活设施的房屋建筑工程，可根据工程所在地相应的面积或体积指标进行编制。

D. 对于与主体工程配套的其他专业工程，也可采用估算列入总概算。

E. 对于加固改造项目可参照市场价格进行编制。

(2) 设备及其安装工程可根据工程的具体情况及实际条件，套用定额或参照工程概预算测定的安装工程费用指标进行编制。

(3) 工程建设其他费用及预备费的计算：工程建设其他费用及预备费的计算内容和方法与投资估算的编制相仿。初步设计概算的基本预备费率按 5%～8%计算。

17.1.6　施工图预算的编制依据和内容

1. 施工图预算的作用

(1) 施工图预算经审定后，是确定工程预算造价，签订建筑安装工程合同，实行建设单位和施工单位投资包干和办理工程结算的依据。

(2) 实行招标的工程，预算是编制工程标底的基础。

(3) 施工图预算也是施工单位编制计划，加强内部经济核算，控制工程成本的依据。

2. 施工图预算编制的依据

(1) 经批准的初步设计概算书。编制的施工图预算，应与已批准的初步设计概算或修正概算核对，以保证施工图总预算控制在经批准的总概算之内。如某些单位工程施工图预算超过概算时，即应分析原因，如是由于设计造成，则应对设计作必要的修改；当无法控制在总概算内时，应报原审批单位批准。

(2) 各专业设计的施工图和文字说明、工程地质资料。

(3) 工程所在地区现行的预算定额、费用定额和有关费用规定的文件。

(4) 工程所在地区现行的人工材料、施工机械台班的价格。

(5) 现行的设备原价及运杂费率。

(6) 工程所在地区的自然条件和施工条件等可能影响造价的因素。

(7) 经批准的施工组织设计、施工方案和技术措施。

(8) 合同规定中的有关条款。

3. 施工图预算内容

施工图预算文件内容均与概算文件相同。预算文件应包括封面、签署页及目录、编制说明、总预算书、综合预算书、单位工程预算书、主要材料表，以及需要补充的单位估价表。

4. 施工图预算编制方法

(1) 建筑安装工程：编制建筑安装工程预算应根据工程所在地现行的预算定额及规定的各项费用标准和计费顺序，按各专业设计的施工图、工程地质资料、工程所在地的自然条件和施工条件，计算工程数量，编制预算。

(2) 设备费用：编制设备费用预算应按设备原价加运杂费计算。非标设备按非标设备估价办法或设备加工订货价格计算。

(3) 其他费用：编制工程建设其他费用及预备费的计算与估算、概算相同。施工图预算的基本预备费率按3%～5%计算。

17.1.7 净水厂投资估算指标

净水厂投资估算指标系根据建设部2007年发布的《市政工程投资估算指标》(HGZ 47—103—2007) 第三册给水工程中水厂部分进行缩编，是编制水厂工程项目建议书和项目可行性研究报告投资估算的依据，也可作为技术方案比较之参考依据。本章指标适用于城镇水厂的新建、改建和扩建工程，不适用于技术改造工程。

1. 编制说明

(1) 指标内容：本指标为给水厂站综合指标。

A. 净水工艺按处理工艺划分为沉淀净化和过滤净化两种：沉淀净化指原水只经过一次或两次沉淀，过滤净化指原水经过沉淀后过滤或不经过沉淀直接进行过滤和消毒。

B. 给水处理厂综合指标按设计最高日供水量，规模分为六类：①40万 m^3/d以上；②20～40万 m^3/d；③20万 m^3/d以下；④10万 m^3/d以下；⑤5万 m^3/d以下；⑥2.5万 m^3/d以下。

C. 综合指标未考虑湿陷性黄土区、地震设防、永久性冻土和地质情况十分复杂等地区的特殊要求。

D. 综合指标：包括净水厂全部的构筑物和建筑物(但不包括设于净水厂内的一级泵房、污泥处理费用、家属宿舍及其生活设施)。

(2) 工程量计算方法：

A. 给水工程综合指标以设计最高日供水量 (m^3/d) 计算。

B. 指标中只计算主体构筑物面积、体积、容积等数量，附属构筑物的投资、人工、材料消耗量已包括在主体构筑物中。

2. 净水厂工程综合指标

水厂工程造价差异极大，以地面水过滤净化工程为例，表17-3指标仅供参考。

净水厂工程造价综合指标　　表17-3

项　目	单位	地面水净水工程					
		40万 m^3/d以上	20万～40万 m^3/d	20万 m^3/d以下	10万 m^3/d以下	5万 m^3/d以下	2.5万 m^3/d以下
指标基价	元	511.10～592.37	585.18～670.36	670.36～749.83	764.23～854.80	855.77～957.32	950.07～1062.71
建筑安装工程费	元	280.74～324.72	318.78～366.70	366.70～408.40	418.05～465.57	468.07～521.40	519.71～578.81
设备购置费	元	141.80～165.00	165.00～187.50	187.50～211.50	213.75～241.11	239.41～270.04	265.73～299.75
工程建设其他费用	元	50.70～58.77	58.05～66.50	66.50～74.39	75.82～84.80	84.90～94.97	94.25～105.43
基本预备费	元	37.86～43.88	43.35～49.66	49.66～55.54	56.61～63.32	63.39～70.91	70.38～78.72

续表

项目			单位	地面水净水工程					
				40 万 m³/d 以上	20 万～40 万 m³/d	20 万 m³/d 以下	10 万 m³/d 以下	5 万 m³/d 以下	2.5 万 m³/d 以下
建筑安装工程费									
直接费	人工费	人工	工日	0.68～0.81	0.81～0.95	0.95～1.09	1.08～1.24	1.21～1.39	1.35～1.542
		措施费分摊	元	0.95～1.33	1.33～1.39	1.39～1.46	1.68～1.73	1.75～1.86	1.86～2.15
		人工费小计	元	22.05～26.46	26.46～30.87	30.87～35.28	35.19～40.21	39.42～44.99	43.75～50.00
	材料费	钢材	kg	9.187～11.025	11.025～12.6	12.60～14.70	14.36～16.76	16.09～18.77	17.86～20.83
		商品混凝土	m³	0.09～0.11	0.11～0.12	0.12～0.14	0.14～0.16	0.15～0.18	0.17～0.20
		铸铁管及管件	kg	1.85～2.00	2.00～2.30	2.30～2.50	2.62～2.86	2.94～3.19	3.26～3.54
		钢管及管配件	kg	5.00～5.60	5.60～6.40	6.40～6.80	7.30～7.75	8.17～8.68	9.07～9.64
		阀门	kg	0.95～1.10	1.00～1.20	1.20～1.30	1.34～1.48	1.53～1.66	1.69～1.84
		其他材料费	元	36.00～42.00	42.00～48.00	48.00～54.00	54.72～61.56	61.29～68.95	68.03～76.53
		措施费分摊	元	11.40～13.18	12.94～14.40	14.89～16.58	16.97～18.90	19.01～21.17	21.10～23.50
		材料费小计	元	184.19～212.44	207.54～239.40	239.04～265.41	272.51～302.57	305.21～338.88	338.78～376.15
	机械费	机械费	元	24.54～28.04	28.06～31.54	31.54～35.05	35.96～39.95	40.28～44.75	44.71～49.67
		措施费分摊	元	0.66～0.76	0.74～0.86	0.86～0.95	0.98～1.09	1.09～1.22	1.21～1.35
		机械费小计	元	25.20～28.80	28.80～32.40	32.40～36.00	36.94～41.04	41.37～45.97	45.92～51.02
直接费小计			元	231.44～267.70	262.80～302.31	302.31～336.69	344.64～383.82	385.88～429.84	428.45～477.17
综合费用			元	49.35～57.02	55.98～64.39	64.39～71.71	73.41～81.75	82.19～91.56	91.26～101.64
合计			元	280.74～324.72	318.78～366.70	366.70～408.40	418.05～465.57	468.07～521.40	519.71～578.81

3. 其他有关工艺处理构筑物参考指标

净水厂设计中往往需要若干单项构筑物的造价估算作为参考和初步比较，特别是净水工艺构筑物尤为需要。由于各地造价基础资料不同，而且逐年变化因素较多，故较难提供有系列性的单项构筑物造价指标。目前可以参考《市政工程投资估算指标》中给水工程的分项指标。

17.2　设计方案的技术经济比选

17.2.1　方案比较的原则

1. 方案比较的可比条件

为了全面、正确地反映方案比较的可比性，必须使各方案具有下列共同的比较基础。

(1) 满足项目要求和目标上的可比。

(2) 消耗费用上的可比。

(3) 计算指标上的可比。

(4) 时间上的可比。

几种方案的比较，首先必须达到同样的目的，满足相同的需要，否则就不能互相替代、互相比较。净水厂不同方案的比较，必须使各方案在供水水量、水质、水压等主要要求上是同一标准。若有不同，在技术经济比较中要作相应的校正。

就消耗费用和计算指标而言，各个方案采用的计算原则和方法应该统一；所采用的一系列货币指标和实物指标，其含义和范围应该相同、可比；计算投资费用所采用的定额、价格和费率标准也应一致。

各个方案的消耗费用，应从综合的观点或系统的观点出发，考虑其全部消耗：既包括方案本身方面的消耗费用，也包括与方案密切相关的其他方面的消耗费用。当然，计算有关方面的消耗费用是有限度的，主要是计及密切相关的方面，对于间接的影响不能无限地扩展下去。

时间的可比对不同方案的经济比较具有重要意义。各种方案由于技术、经济等条件的限制，在投入人力、物力、财力和发挥效益的时间方面往往有所差别。工程项目建设工期的长短，投资的时间，达到设计能力的时间，服务年限等的不同，方案的经济效果也就不同。所以，方案比较时，必须考察其实现过程中的时间因素。

2. 方案比较的评价标准和指标

城市给水工程是城市的公用事业，涉及面广。因此，方案比选的评价标准应是多方面的，包括政治、社会、技术、经济和环境生态等各个方面。

工程设计首先应从国民经济整体效益出发，符合党和国家的建设方针，符合城市和工业区的总体建设规划；其次，在技术上应满足工程目标，安全可靠，管理方便，运转成本低，环境效益好；第三，充分利用当地的地形、地质等自然条件，合理使用水资源和水体的自净能力，节约用地，节省劳动力和工程造价。

方案比较的技术经济指标，应能全面反映方案的特征，以便从不同角度去分析对比，使评价趋于完善。技术经济指标可分两大类；技术指标和经济指标。技术指标不仅是工程设计和生产运行管理的重要技术条件，也是经济指标的计算基础。因此。选择技术指标和参数时，应同时考虑技术先进和经济合理的原则。

经济指标包括主要指标（即综合指标）和辅助指标两个部分。综合指标是综合反映投资效果的指标，如工程建设投资指标和年经营费用指标。投资指标以货币形式概括工程建设期间的全部劳动消耗，具有综合性和可比性。年经营费用指标表明工程投产后长期的生产成本或运行费用，综合地反映工程的技术水平、工艺完善程度和投资收益情况。这些指标对方案的评价和选择具有决定意义。辅助指标是从不同角度补充说明投资的经济效果，从而更充分更全面地论证主要指标。辅助指标包括劳动力消耗、占用土地、主要材料消耗、主要动力设备以及建设期限等，可根据工程的具体条件选择采用。

1）建设投资指标

按照费用归集形式，建设投资由工程费用（建筑工程费、设备购置费、安装工程费）、工程建设其他费用和预备费（基本预备费和价差预备费）组成。

2）年成本费用指标

净水厂项目的总成本费用采用生产要素估算法进行估算，具体内容包括水资源费、原水费、原材料费、动力费、职工薪酬、固定资产折旧费、修理费、管理费用、销售费用、其他费用和财务费用。

3）占用土地指标

这是贯彻节约用地、尽量少占农田、不占良田的一项重要的比较指标。根据水厂设计的总体布置，分别算出实际占用的农田、山田、荒地等地类，进行相对比较。

4）主要动力设备指标

可按方案中所采用的主要动力设备功率综合计算，并分别列出使用功率和备用功率。

5）劳动力与主要材料消耗指标

可按方案的主要工程量分析工料消耗或参考有关技术经济资料计算。主要材料一般指钢材、水泥（商品混凝土）和木材。

此外，为了分析、考察各方案的财务状况和给国民经济带来的效益，还应计算比较有关的经济评价指标。一般方案比较采用的经济评价指标有净现值、净现值率、内部收益率、年成本、投资回收期等。

3. 方案比较的基本步骤

(1) 明确比选对象和范围：按照预期的目标，确定比选的具体对象和范围。比选对象可以是一个系统，也可以是一个局部系统或一个枢纽工程，在必要的情况下，也可以是一项关键性的单项构筑物。

(2) 确定比选准则：根据预期目标和比选对象提出比选的评价准则，这是一项十分重要的工作，因为方案的选择在很大程度上取决于此。比选准则不宜提得过多，以免使决策者无所适从。

(3) 建立各种可能的技术方案：制订方案，既不应把实际可能的方案遗漏，也不应把实际上不存在或不可能实现的方案作为陪衬，而使方案比较流于形式。

(4) 计算各方案的技术经济指标：根据工程项目的特点和要求，计算各方案的有关技术经济指标，以作为进一步分析对比和综合评价的基础。

(5) 分析方案在技术经济方面的优缺点：必须全面、客观地分析各方案的优缺点、利弊关系及其影响因素，避免主观地、片面地强调某些优点或缺点。对优缺点的分析应实事求是，细致具体。

(6) 进行财务上的比较和论证：对各方案进行财务上的比较是方案比较中极其重要的一步。

(7) 通过对各方案的综合评价，提出优选推荐方案：在上述优缺点分析、技术经济指标计算、财务分析等工作的基础上，结合方案比较评价标准，作出综合评定与决策，以确定最佳方案。

17.2.2　方案的经济评价

1. 经济评价的含义

建设项目经济评价包括财务分析、经济费用效益分析和不确定性分析三个部分，其评价内容，应根据项目性质、项目目标、项目投资者、项目财务主体以及项目对经济与社会的影响程度等选择。

财务分析应以财务生存能力分析为重点，在国家现行财税制度和价格体系条件下，计算项目的财务效益和费用，分析项目的盈利能力和清偿能力，评价项目在财务上的可行性。在财务分析结论能够满足投资决策要求的情况下，可以根据政府主管部门或投资方的要求，确定是否需要作经济费用效益分析。在财务生存能力较弱情况下，应通过经济费用效益分析项目的经济合理性，并通过政府适当补贴或优惠政策维持项目运营。

经济费用效益分析是从资源合理配置的角度，分析项目投资的经济效益和对社会福利所作出的贡献，评价项目的经济合理性。经济费用效益分析是项目投资决策（包括不同角度的分析和评价）的主要内容之一，要求从资源耗费和项目对社会福利所作贡献的角度，评价投资项目的资源配置效率。

项目经济评价所采用的数据大部分来自预测和估算，具有一定程度的不确定性。为分析不确定性因素变化对评价指标的影响，估计项目可能承担的风险，需要进行不确定性分析与经济风险分析。不确定性分析包括盈亏平衡分析和敏感性分析。

2. 经济评价的主要依据

(1)《建设项目经济评价方法与参数》(第三版)。

(2) 水利部以水科教［1994］第 103 号文颁发试行的《市政公用设施建设项目经济评价方法与参数》。

3. 经济评价的基本原则

(1) 必须符合国家、当地经济发展的产业政策和城市建设总体规划。

(2) 经济评价必须注意宏观经济分析和微观经济分析相结合，近期发展和长期发展相结合，采用最佳建设方案。

(3) 经济评价应遵守费用和效益的计算具有可比基础的原则。

(4) 经济评价应使用国家规定的经济参数。

(5) 经济评价必须具备应有的基础条件，保证基础资料来源的可靠性和时间的同期性。

(6) 必须保证项目经济评价的客观性、科学性和公正性。

4. 财务分析的步骤和指标

1) 财务分析的步骤

(1) 在需求分析和工程技术研究的基础上，收集整理财务分析的基础数据资料。

(2) 进行项目的筹资分析和资金运用分析。

(3) 编制财务分析报表。

(4) 通过财务分析报表计算各项评价指标及财务比率，进行各项财务分析。

(5) 进行不确定性分析。

2) 财务分析指标

建设项目财务分析指标是为评价项目财务经济效果而设定的。

财务分析一般包括财务盈利能力分析、财务偿债能力分析和财务生存能力分析。财务盈利能力分析主要指标是项目投资财务内部收益率和项目投资财务净现值，其他指标可根据项目的特点及实际需要，也可计算投资回收期、总投资收益率、项目资本金净利润率等。财务偿债能力分析主要是考察项目计算期内各年的财务状况及偿债能力，通常要计算利息备付率、偿债备付率和资产负债率等指标。

5. 经济费用效益分析

净水厂是给水工程的主体部分，净水厂的经济效益应包含在整个给水系统的效益中。城市给水工程的效益可以分为两类，一是城市供水机构或部门内部的直接效益；二是非城市供水项目执行机构或部门受益的间接效益，如供水能力增加、供水质量改善对提高工业部门的产值、利润的影响，减少受益地区人民的疾病，提高健康水平，美化环境等。

1) 直接效益

给水项目的直接效益是指项目投入营运后的水费收入。

给水项目的经济效益，根据所收集的资料不同，可采用以下方法计算；若能同时采用以下两种或两种以上方法，以最接近实际的计算结果为准。

(1) 等效替代法：按举办最优等效替代工程（扩建或开发新水源，采取节水措施等）所需的年折算费用计算。采用这一方法时，要尽可能选用最优等效的替代工程，同时在费用计算时采用同样的计算标准，以求真实反映客观的经济效益。

(2) 分摊系数法：根据水在工业生产中的地位，以工业净产值乘分摊系数计算。

供水效益的“分摊系数”可有两种含义：一是指供水效益与工业净产值的比值，另一是指供水效益与工业生产的净收益（或税利）的比值。

(3) 缺水损失法：按因满足工业用水后，相应减少农业用水或其他用水，而使农业生产或其他部门遭受的损失计算，这一方法主要用于水资源缺乏又无合理替代措施的地区。

(4) 影子水价法：直接按项目供水量乘影子水价计算。如影子价格中已体现了项目的某些外部费用和效益，则在计算间接费用和间接效益时，不得重复计算该费用和效益。

2) 间接效益

间接效益是指由项目引起而在直接效益中未得到反映的那部分效益。如由于环境条件的改善而减少疾病，增进健康，提高城市卫生水平，从而提高社会劳动生产率，降低医疗费用；对于旅游城市，由于城市环境的改善，使旅游收入提高以及带动经济增长，促进产业升级、产业产值及利润的影响等。

间接效益的计算，可以通过有关成本费用的信息，采用替代成本法、预防性支出法、转换成本法、机会成本法和意愿调查评估法等有效的计算方法，来间接估算项目外部影响产生的效益。

6. 不确定性分析

由于项目分析所关心的问题是关于未来的问题，属于预测性质，分析中所采用的数据大部分来自预测或估算，它们在一定程度上均受未来可变因素，即不确定因素的影响，例如销售量、价格、资金、设备、材料、能源供应情况、配套项目建设进度等，都存在不确定性因素。产生不确定性较为普遍的原因是：通货膨胀、技术改革、生产能力错估以及市场变化等因素。为分析这些不确定因素变化可能对工程项目造成的影响，就有必要进行不确定性分析，以预测项目实施可能承担的风险及确定项目在财务、经济上的可靠性。

不确定性分析包括敏感性分析、盈亏平衡分析和概率分析。盈亏平衡分析只适用于财务分析，敏感性分析和风险分析可同时用于财务分析和经济费用效益分析。

给水建设项目经济评价一般要求进行敏感性分析，并根据项目特点和实际需要，进行盈亏平衡分析。

17.2.3　设计方案比选方法

工程研究过程中，各项经济和技术的决策，包括工程规模、总体方案、管线走向、工艺流程、主要设备选择、原材料和燃料供应方式、厂区和厂址选择、厂区布置和资金筹措等等，均应根据实际情况提出各种可能的方案进行筛选，并对筛选出的几个方案进行经济计算分析，结合其他因素详细论证比较，作出抉择。

在方案比选中，应考虑外部收益和外部费用。

1. 方案比选的原则

(1) 项目排队和方案比选的原则，应通过经济费用效益分析来确定，其计算口径应对应一致。

(2) 方案比选应注意各个方案间的可比性。

(3) 项目排队和方案比选应注意在某些情况下，使用不同评价指标，导致相反结论的可能性。

(4) 方案比选可按各个方案所含的全部因素（相同因素和不同因素），计算各方案的全部经济效益，进行全面的对比；也可仅就不同因素（不计算相同因素）计算相对经济效益，进行局部的对比，但应注意保持各个方案的可比性。

2. 方案比选的评价方法

(1) 按照不同方案所含的全部因素（包括效益和费用两个方面）进行方案比较。可视不同情况和具体条件分别选用差额内部收益率法、净现值法和净年值法。

A. 差额投资内部收益率法：差额投资内部收益率是两个方案各年净现金流量差额的现值之和等于零时的折现率。其表达式为：

财务分析时

$$\sum_{t=1}^{n}[(CI-CO)_2-(CI-CO)_1]_t(1+\Delta FIRR)^{-t}=0 \tag{17-4}$$

式中　$(CI-CO)_2$——投资大的方案的年净现金流量；

$(CI-CO)_1$——投资小的方案的年净现金流量；

$\Delta FIRR$——差额投资财务内部收益率。

经济费用效益分析时

$$\sum_{t=1}^{n}[(B-C)_2-(B-C)_1]_t(1+\Delta EIRR)^{-t}=0 \tag{17-5}$$

式中 $(B-C)_2$——投资大的方案的年净效益流量；

$(B-C)_1$——投资小的方案的年净效益流量；

$\Delta EIRR$——差额投资经济内部收益率。

进行方案比较时，可按上述公式计算差额投资内部收益率，并与财务基准收益率（i_c，财务分析时）或社会折现率（i_s，经济费用效益分析时）进行对比，当 $\Delta FIRR \geqslant i_c$ 或 $\Delta EIRR \geqslant i_s$ 时，以投资大的方案为优；反之，投资小的方案为优。

多个方案进行比较时，应先按投资大小由小到大排序，再依次就相邻方案两两比较，从中选出最优方案。

B. 净现值法：将分别计算的各比较方案的净现值进行比较，以净现值较大的方案为优。

例如：计划在某地建一自来水厂，规模 5 万 m^3/d，有两种方案可供选择。方案甲取用地下水，投资较低而成本费用较高，投资 600 万元，1 年可以竣工，使用寿命 10 年。方案乙为建造大坝拦蓄河水，投资较高，预计 2 年竣工，每年各需 650 万元，使用期 20 年。如果同样要求方案甲使用 20 年，则需在第 11 年增加深井，更换设备，需另行投资 1100 万元，使用寿命仍为 10 年。折现率取 8%，净现值比较列于表 17-4。从比较结果可以看出，在使用年限相同的条件下，方案乙在经济上显然优于方案甲。

净现值比较 **表 17-4**

年份	年供水量（万 m^3）	收益减去成本（万元）		折现系数	净现值（万元）	
		方案甲	方案乙		方案甲	方案乙
1	—	—	−650	0.926	—	−601.9
2	—	−600	−650	0.857	−514.2	−557.1
3	1070	74.9	96.3	0.794	59.5	76.5
4	1300	91.0	117.0	0.735	66.9	86.0
5	1480	103.6	133.2	0.681	70.6	90.7
6	1570	109.9	141.3	0.630	69.2	89.0
7	1650	115.5	148.5	0.583	67.3	86.6
8	1780	115.7	160.2	0.540	62.5	86.5
9	1800	117.0	162.0	0.500	58.5	81.0
10	1820	118.3	163.8	0.463	54.8	75.8
11	1850	111.0	166.5	0.429	47.6	71.4
12	1900	−986	171.0	0.397	−391.4	67.9
13～22	1900	133	171.0	2.665	354.4	455.7
合计					5.7	108.1

注：方案甲第 12 年的收益为 114 万元，投资为 1100 万元，故差额为−986 万元。

折现率的选定，目前尚无具体规定，一般是采用资本的机会成本（Opportunity cost），或高于现行银行贷款的利率。

折现率的大小对净现值分析的结果影响很大，上例中折现率如果改取 10%，则方案甲将优于方案乙（表 17-5），因此一定要选取符合客观经济规律的折现率，才能作出正确的判断。

不同折现率时方案甲、乙净现值的比较 **表 17-5**

折现率		7%	8%	9%	10%
净现值（万元）	方案甲	46.4	5.7	−29.7	−57.5
	方案乙	226.9	108.1	5.3	−82.7

C. 净年值法：将分别计算的各比较方案净现金流量的等额年值（AW）进行比较，以等额年值大于等于 0 且 AW 最大的方案为优。年值法的表达式为：

$$AW = [\sum_{t=1}^{n}(S - I - C' + S_v + W)_t(P/F,i,t)](A/P,i,n) \tag{17-6}$$

或

$$AW = NPV(A/P,i,n) \tag{17-7}$$

式中　S——年销售收入；

I——年全部投资（包括建设投资和流动资金）；

C'——年经营成本；

S_v——计算期末回收的固定资产余值；

W——计算期末回收的流动资金；

$(P/F,\ i,\ t)$——现值系数；

$(A/P,\ i,\ n)$——资金回收系数；

i——社会折现率或财务基准收益率（或设定的折现率）；

n——计算期；

NPV——净现值。

用上述三种方法进行方案比较时，必须注意其使用条件，在无资金约束的条件下，一般可采用差额投资内部收益率法、净现值法或年值法。

(2) 效益相同或效益基本相同但难以具体估算的方案进行比较时，为简化计算，可采用最小费用法，包括费用现值比较法和年费用比较法。

A. 费用现值比较法（简称现值比较法）：计算各比较方案的费用现值（PC）并进行对比，以费用现值较低的方案为优。其表达式为：

$$PC = \sum_{t=1}^{n}(I + C' - S_v - W)_t(P/F,i,t) \tag{17-8}$$

B. 年费用比较法：计算各比较方案的等额年费用（AC）并进行对比，以年费用较低的方案为优。其表达式为：

$$AC = [\sum_{t=1}^{n}(I + C' - S_v - W)_t(P/F,i,t)](A/P,i,n) \tag{17-9}$$

或

$$AC = PC(A/P,i,n) \tag{17-10}$$

(3) 对产品产量（服务）不同、产品价格（服务收费标准）又难以确定的比较方案，当其产品为单一产品或能折合为单一产品时，可采用最低价格（最低收费标准）法，分别计算各比较方案净现值等于零时的产品价格并进行比较，以产品价格较低的方案为优。最低价格（P_{min}）可按下式求得：

$$P_{min} = \frac{\sum_{t=1}^{n}(I + C' - S_v - W)_t(P/F,i,t)}{\sum_{t=1}^{n}Q_t(P/F,i,t)} \tag{17-11}$$

式中　Q_t——第 t 年的产品（或服务）量。

(4) 各比较方案的计算期相同时，可直接选用以上方法进行方案比较。计算期不同的方案进行比较时，宜采用年值法或年费用比较法。如果要采用净现值法、差额投资内部收益率法、费用现值法或最低价格法，则需先对各比较方案的计算期和公式适当处理（以诸方案计算期的最小公倍数或诸方案中最短的计算期作为比较方案的计算期）后再进行比较。

$$PC_1 = \sum_{t=1}^{n}(I_1 + C'_1 - S_{v1} - W_1)_t(P/F,i,t) \tag{17-12}$$

$$PC_2=[\sum_{t=1}^{n}(I_2+C'_2-S_{v2}-W_2)_t(P/F,i,t)](A/P,i,n_2)(P/A,i,n_1) \qquad (17-13)$$

式中　I_1、I_2——分别为第一、二方案的年投资费用；

C'_1、C'_2——分别为第一、二方案的年总经营成本；

S_{v1}、S_{v2}——分别为第一、二方案计算期末回收的固定资产余值；

W_1、W_2——分别为第一、二方案计算期末回收的流动资金；

n_1、n_2——分别为第一、二方案计算期（$n_2>n_1$）；

（P/A，i，n_1）——现值系数；

（P/A，i，n_2）——资金回收系数。

（5）当两个方案产量相同或基本相同时，可采用静态的简便的比较方法，包括静态差额投资收益率（Ra）法或静态差额投资回收期（Pa）法。其计算公式分别为：

$$Ra=\frac{C'_1-C'_2}{I_2-I_1}\times 100\% \qquad (17-14)$$

$$Pa=\frac{I_2-I_1}{C'_1-C'_2} \qquad (17-15)$$

式中　C'_1、C'_2——两个比较方案的年总经营成本；

I_1、I_2——两个比较方案的全部投资。

当两个方案产量不同时，C'_1和C'_2分别为两个比较方案的单位产品经营成本，I_1和I_2分别为两个比较方案的单位产品投资。

静态差额投资收益率大于基准收益率（i_c）或投资回收期短于基准回收期（P_c）时，投资大的方案较为优越。

2. 方案比选的综合评价方法

方案比选的综合评价旨在对每个方案进行全面审查，判别方案综合效果的好坏，并在多方案中选择综合效果最佳的方案。如前所述，综合评价一般应包括政治、国防（安全）、社会、技术、经济、环境生态、自然资源等各个方面。对于不同方案可根据具体情况和要求确定评价的主要方面。

在给水工程方案比选中，需考虑的主要非数量化社会效益的分析内容，一般包括以下各项：

（1）节约及合理利用国家资源（土地、水资源等）；

（2）节约能源；

（3）节约水泥、钢材和木材；

（4）节约劳动力或提供劳动就业的机会；

（5）原有设备的利用程度；

（6）管理运行的方便程度和安全程度；

（7）保证水源水质的卫生防护条件；

（8）对提高人民健康水平的影响；

（9）对环境保护和生态平衡的影响；

（10）对发展地区经济或部门经济的影响；

（11）对远景发展的影响；

（12）技术上的成熟可靠程度及对提高技术水平的影响；

（13）对水利、航运、防洪等方面的影响；

（14）对便于开工及缩短建设期限的影响；

（15）公众可接受的程度；

（16）遭受损失的风险；

(17) 适应变化的灵活性。

非数量化社会效益的比选项目，应根据工程特点及具体条件确定，一般不宜过多否则使人无所适从。

目前，国内外进行方案比选综合评价的方法日益增多，这里仅就近年来在工程设计实践中采用的一些方法择要介绍。

1) 主观判断法

主观判断法（即优缺点比较法）是常用的一种比选方法，即对各候选方案对照事前选定的比选准则（或因素），作出概要评价，分别论述其优缺点，然后根据主观判断，排除一些缺点较多的方案，提出第一或第二推荐方案。此法评议者有较大的选择自由度，容易符合一般概念，但科学性较差，往往由于各评议者所处地位和着眼点的不同，容易强调各自侧重的方面，甚至各执己见而难以集中统一。

2) 多目标权重评分法

多目标权重评分法是多目标决策方法之一。多目标决策方法的实质就是对每个评价标准用评分或百分比所得到的数值，进行相加、相乘、相除，或用最小二乘法以求得综合的单目标数值，然后根据这个数值的大小作为评价依据。其具体的工作程序如下：

(1) 首先确定论证目标，然后把目标分解为若干比选准则。

(2) 对各项准则按其重要程度进行级差量化（加权）处理：级差量化处理的方法较多，一般按判别准则的相对重要性分为五等，加权数按 2^{n+1} 或 $1\sim n$ 的次序列出，见表 17-6 所列。

按重要程度的权数分等　　**表 17-6**

重要程度		极重要	很重要	重要	应考虑	意义不大
加权数	2^{n-1}	16	8	4	2	1
	$1\sim n$	5	4	3	2	1

巴里什（Norman N. Barish）和卡普兰（Seymour Kaplan）两人介绍的确定重要性值的另一方法是：

A. 按每项比选准则的相对重要程度由大而小依次排列，初步评价各项准则的相对重要性值。对最重要的准则定其重要性值为 100，然后按其他目标与最重要目标的相对关系，估计其下降的重要性值。

B. 将第一位的最重要的准则，与列在一起的其他各项准则加在一起进行比较。考虑它是否比所有其他准则加在一起更为重要，或同等重要，或较不重要。

C. 如果确认第一位准则的重要性比其他各项准则加在一起更为重要（或同等重要），则要看其重要性值是否比其他各项准则的重要性值之和更大些（或相等），如果不是这样，则应调整第一位准则的重要性值，使之超过（或等于）其他准则的重要性值之和。

D. 如果认为第一位准则的重要性低于其他各项准则加在一起的重要性，则同样检验其重要性值是否符合这一情况，否则就应降低第一位准则的重要性值，以使其小于其他准则重要性值之和。

E. 在第一位准则考虑确定以后，则对次重要准则进行同样的处理，即对次最重要准则（即其重要性居第二位的准则）与其以下各项准则的重要性值加在一起进行比较，是更为重要，或同等重要，或较不重要。然后重复步骤 C 和 D，调整次最重要准则的重要性值。

F. 重复以上步骤，直至倒数第三位准则与倒数第一、二位重要性值最低的准则比较调整完为止。

在完成上述步骤后，还应对所有的比较进行再检查，以保证后来的调整不推翻原有的关系。

必要时部分的步骤可以重复。

G. 将最后调整好的重要性值加总，分别去除每项目标的重要性值，再乘以 100，即得每一项准则的最终重要性值。各项准则的最终重要性值之和应为 100。

(3) 对各个方案逐项剖析，评价每一方案是否有效地满足这些准则；每个方案对各自的准则有其效果值。为提高评价效果值的精确性和可靠性，可以首先认真建立若干基准点，以便为判断每一准则的效果值提供逻辑的和统一的基础。效果值可按百分制或 5 分制评分。表 17-7 为一般采用的评分法之一例。

按符合准则程度评分 **表 17-7**

完善程度	完 美	很 好	可以通过	勉 强	很 差	不相干
评分	5	4	3	2	1	0

(4) 加权计分，得分最高为推荐方案：权重评分法的优点是全部比选都采用定量计算，可在一定程度上避免主观判断法的主观臆断性。但是，比选准则权重的确定和各方案分数的评定，是能否得出正确抉择的关键性步骤。目前，有的是采取召开专家会议集体分析研讨、各自评分的方式；也有的是采取背靠背地征询意见、多次反馈的特尔斐（Delphi）法。请专家评分的方法，缺点是工作比较复杂；比较结果也有可能不符合常规概念；方案一经评定后决策者很难有回旋余地。因此，国外也有不少人反对采用多目标评分法。

3) 序数评价法

序数评价法的创议者霍尔梅斯（J. C. Holmes）认为，用算术运算来研究“不可计量”的评价准则是不恰当的。譬如，给水工程的供水水质评价准则，无可争辩地要比其他准则重要，但要说这一准则比其他准则重要 2 倍、3 倍，或许多倍，这就误把比喻当作了真实，是对客观现象滥用了数字。因此霍尔梅斯不赞成对具体准则进行数字的描述，而主张采用“比……重要”，“次要于……”，“与之同等重要”的表达方式，通过序列矩阵来进行方案的评价和比选。序数所采用的字码只是表示所要的选择顺序，并不代表计算。

序数评价法的具体步骤是：

(1) 列出该工程项目所需考虑的所有评价准则，然后确定各项评价准则的重要性等级。也就是把各项评价准则按重要性从最大到最小的顺序，依次排列，当两档评价准则之间在重要性方面发现明显差异时，可在两档之间划一道线，该线以上准则的重要性就比下面的准则高一等级。评价准则的分类是评价工作中最费力的工作，通常通过反馈法来调整，可能需要重新排列多次，以使分歧观点逐步取得一致，直至最后被认可。

(2) 对方案的具体评定。即对需要进行评价和比较的方案按照每项准则进行评估，确定比选方案中哪个方案最优、次优，同为第二或第三等等。评估是通过相互间的相对比较来确定，并没有用以衡量的绝对尺度。

评价准则按其重要性的依次排列以及候选方案对照准则的顺序，排列组成一个表示相对关系的矩阵。从矩阵中得出各候选方案相对位置的得数，决标方案应是在最重要准则中居首位最多的方案，如果两个或两个以上的竞争方案在最重要的准则上居第一位的数目相同，也就是“第一相等”，那么就取决于次重要准则上的得数或第二位置上的得数。霍尔梅斯特别强调，在序数法中任何数量的低位置，不能超过或相等于一个高位置。这就好像在奥林匹克运动会中，任何数量的银牌不能高于或等于一块金牌。只有当重要性较高等级的准则不能作出决定时，较低等级的准则才能对决定起影响。

(3) 费用比较。序数法创议者是把准则比较与费用比较隔离起来进行的。准则比较主要着眼于需要获得的目的或目标；而经济比较则是表明达到这种目的所需花费的经济代价。假设某项工程有 4 个设计方案，采用序数法的优选结果依次是 A、B、C、D，而投资费用比较的结果与上述结果恰恰相反，最经济方案依次是 D、C、B、A。D 方案是最经济的，但从其他各方面情况看来，却是令人最不满意的，显然不可能很好地达到预期的要求，坚持用最经济的方案就可能是对财力、人力和时间上的浪费；如果选用 A 方案，那么 A 方案与 D 方案的费用差，就代表了由较好的方案所达到目的的价值。考虑到国内的经济制度和已往进行方案比较的习惯做法，以及城市公用设施项目的特点，准则比较和经济比较不宜完全隔离开来。因为评价准则中通常亦包含有经济方面的因素，诸如占用土地、节能、钢材和木材使用量等评价准则，都具有费用的含义。所以，目的或目标上的考虑与经济上的考虑还是以结合起来统一评价为好。

序数评价法结合了主观判断与科学比选的优点。它只要求将各方案对照比选准则排出优劣次序，而不要求硬将不能定量的东西予以定量化。这样既可使工作得到简化，又能避免在定量化过程中产生的偏见，比较结果较能符合常规概念，在目前亦是一种比较合理的综合比选方法。

4）费用效益法

费用效益法是近于主观判断法的一种比选方法，工作程序与序数评价法相仿，其具体工作步骤是：

（1）明确工程项目的预期目标或目的，写成概要说明。

（2）把上述目标或目的转写成工程的、经济的、社会的及环境的细则。

（3）建立评价准则或效益衡量尺度。

（4）在可行的技术及制度范围内，建立可以达到目标的各种工程方案。

（5）进行各方案的费用计算和效益分析，并对各方案的有利点、不利点以及存在问题陈述说明。

（6）建立各个方案与效益衡量尺度相对照的矩阵。

（7）按照效益衡量尺度的序列分析对比各方案的优缺点。

（8）为在分析研究中获得必要的反馈，选择不定性因素进行敏感性分析。

（9）最后作出评价、写成文件。

5）层次分析法

层次分析法（Analytic Hierarchy Process），又称多层次权重分析决策方法。它是基于系统科学的层次性原理，首先把问题层次化，根据问题的性质和要达到的目标，将复杂的问题分解为不同的组成因素；并按照因素的相互关联影响以及隶属关系，将因素按不同层次聚集组合，形成一个多层次的分析结构模型；最后把系统分析归结成最低层（供决策的方案、措施等）相对于最高层（总目标）的相对重要性权值的确定或相对优劣次序的排序问题。工作程序与多目标权重评分法相仿。

以上介绍的五种综合评价方法各有其特点，亦有其不足，可结合工程具体情况选择采用。应当指出，介绍的这些方法并不意味着就是最好的方法。近年来，许多新评价方法的出现正是说明人们对现行日常所用的评价方法的不甚满意，而希望建立一套更能被人们接受的方法。同时，方法毕竟只是一种手段，正确的决策还在于翔实、可靠的数据资料，科学、细致的分析研究，全面、客观的论证评价。只有这些方面的有机结合，才能选出符合实际的最佳方案。

17.3　供水系统中净水厂的优化和节能

供水系统中的水厂位置和高程选择，是可行性报告中的主要环节，它涉及当前的工程造价和日后运行电耗的综合经济效益，直接关联到制水成本。为此，设计时必须尽可能考虑多方案比较，以便获得经得起历史考验的最佳方案。

17.3.1 城市供水系统中的厂址选择

水厂位置宜选在原水进入城市管网的邻近点。水厂不宜设在市区之中，以免水厂受到发展限制和部分清水返流，造成能量损失。水厂厂址应通过多方案比较，使浑水输水管、输配水管的造价和电耗的总和最低。以图 17-1 为例，同一水源，城市水厂位置有 A 及 B 两处可供选择。

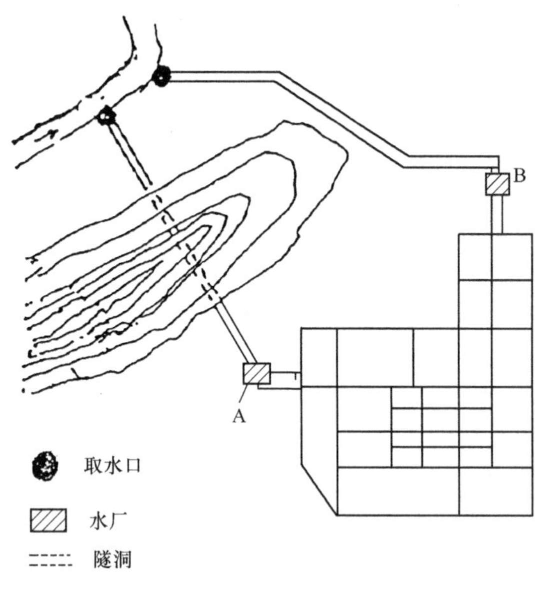

图 17-1 水厂位置选择

1. 工程费用

每一方案包括三大部分：

(1) $C_{1(A)}$、$C_{1(B)}$ 为自取水口到水厂的原水输水管线工程费用（A 方案包括穿山隧洞工程），在确定 C_1 费用时，均应对不同口径、不同管材进行比较后择优选定。

(2) $C_{2(A)}$、$C_{2(B)}$ 为水厂本身造价，按不同厂址需要的地基处理、环境工程和市政设施，计算水厂总工程造价。

(3) $C_{3(A)}$、$C_{3(B)}$ 为水厂至城市管网的输配水工程造价。C_3 包括输水和配水管的造价，应进行多方面的管网优化，使输配水管网的总体造价和耗电费用为最低。

A、B 两方案的总工程造价分别为：

$$\sum C_{(A)} = C_{1(A)} + C_{2(A)} + C_{3(A)}$$

$$\sum C_{(B)} = C_{1(B)} + C_{2(B)} + C_{3(B)}$$

2. 电耗费用

每一方案电耗费用包括两大部分（包括需要的中途增压电耗）：

(1) $E_{1(A)}$、$E_{1(B)}$ 为自取水口到水厂的原水输水电耗费用；

(2) $E_{2(A)}$、$E_{2(B)}$ 为水厂至输配水管网的总耗电费用，包括二级泵站及配水管网中的增压泵房耗电费用。

A、B 两方案的总耗电费用为：

$$\sum E_{(A)} = E_{1(A)} + E_{2(A)}$$

$$\sum E_{(B)} = E_{1(B)} + E_{2(B)}$$

A、B 两方案 10 年及 20 年总耗电费用为 $\sum E_{(A)10}$、$\sum E_{(B)10}$ 或 $\sum E_{(A)20}$、$\sum E_{(B)20}$。

3. 总的水厂厂址费用（根据 10 年或 20 年电费的要求）。

可按本书 17.2 节方案比较基本方法 $\sum C_{(A)} + \sum E_{(A)}$ 和 $\sum C_{(B)} + \sum E_{(B)}$ 及其他条件，确定水厂的合理厂址。

17.3.2 山地水厂的位置选择

我国不少城市都处于山前滩地，于是水源的高程出现两种情况：一种是水源高于城市，另一种是水源低于城市。水源地高于城市时，水厂位置选择应尽可能利用高程，以节约能源。

1. 水源地高于城市

(1) 地形差远大于浑水输水沿途损失、水厂本身水头损失和城市要求的供水压力三者之和时，则可以全自流供水。水厂位置应靠近城市，不设二级泵房，但必须设在高于要求的水力坡降线以上。当富余的压力较大时，可在城市附近用降压调节供水压力，如有可能，宜采用增大水头损失方法，以缩小管线口径，达到充分利用高程的目的，如图 17-2（*a*）所示。

（2）地形差大于浑水输水沿途损失，水厂位置应尽量利用水源地高差，使原水自流进入水厂。水厂位置应尽量靠近城市并在浑水输水的水力坡降线上，勿使因地形差而损失可资利用的水头。水厂设二级泵房以调节出厂供水压力，如图 17-2（*b*）所示。

（3）地形差较小，此时水厂位置需要考虑如下方案：

A. 水厂仍然紧靠城市，而在浑水管线的水力坡降线的位置上设加压泵房，图 17-2（*c*）所示。

B. 水源地设置低压泵房，调节供水压力，而水厂仍设在靠近城市。

2. 水源地低于城市

按常规设计，当水源地距离城市较近时，水厂设在水源地附近，统一管理。如距离较远，则水厂尽可能设在城市附近，如图 17-2（*d*）所示。有些水厂管理人员希望水厂位置设在城市高坡地区，利用自流供水，减少二级泵房环节，但增加了不合理倒流能量损失，是不可取的。如必需时，需作详细的技术经济比较。

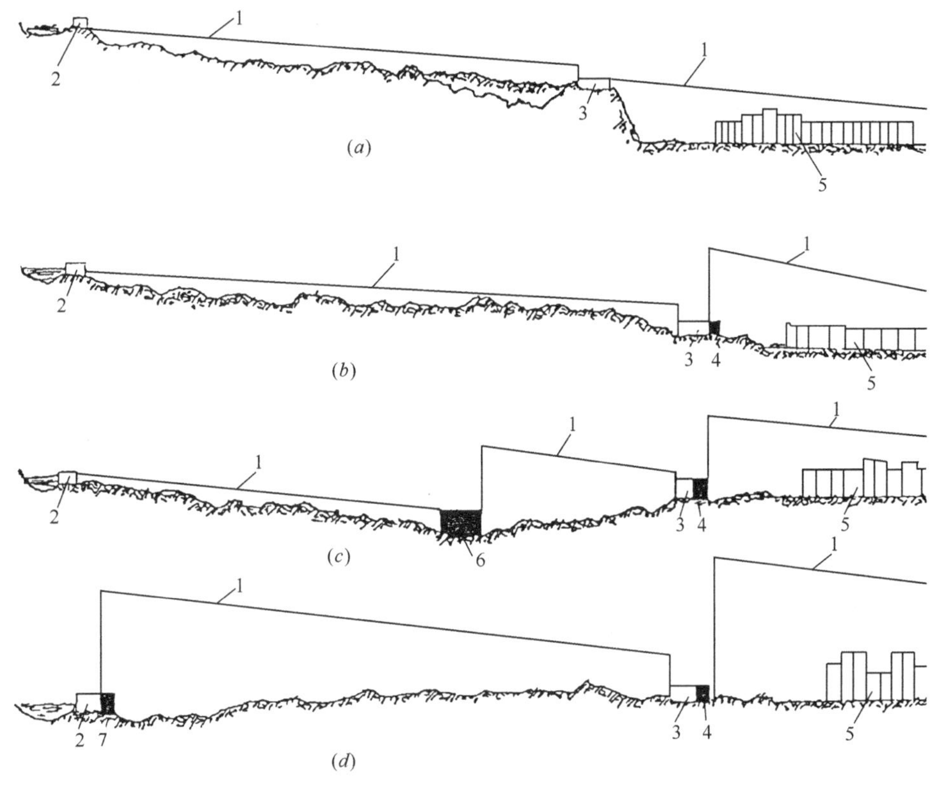

图 17-2　水力坡降和水厂位置选择示意图

1—水力坡降线；2—取水口；3—水厂；4—二级泵房；5—城市；6—增压泵站；7—一级泵房

17.3.3　水库变水位供水的水厂位置选择

由于水库水位一年内有高、低水位，多年调节又有最低水位和最高水位的变化，这些水位的变化和城市要求的供水标高之间存在相互关系。能否利用水库部分高水位以节约供水能耗，是一个十分复杂的问题，但必须加以充分考虑。

一般水库距离城市较远，往往在十几公里至几十公里，所以实际上是个变水位的山地供水问题。水厂位置尽可能设在近城市地区，以减少清水压力管道长度。最理想是水库最低水位能满足城市供水标高和沿途水头损失，则形成图 17-2（a）所示的供水方式，否则设一级泵房在取水口位置，根据不同水位调节水库供水压力，以取得最少电耗，而充分利用能源。

由于水库水位的变化，特别是对非专用水库，外界因素很多，因之必须在水库管理部门的配合下分析和确定所要求的水位（考虑水库蓄水规划发展和远期城市规划），从而核定水厂位置的标高。总之，只要有可能，充分利用水库水位的能源为城市服务。在水厂设计时，多方案论证是必需的。

17.3.4 晚上低峰（谷）制水的节约问题

近年来我国各地由于供电紧张，为了平衡供电高低峰差额，推出了降低低峰时段用电电价的办法。因此水厂设计时能否利用这一措施，将制水用电时段集中在低峰用电时段，以降低制水成本，显然是一个很有意义的问题。由于它涉及地方政策和经济问题，涉及近远期发展，在方案比较时必须对下列问题进行慎重研究和深入分析：

（1）低峰用电的时段和全日用电的电价比（必须取得协议和明确的长期实施的协议保证）；

（2）低峰用电的政策性和价格比的日后可变性；

（3）利用用电低峰制水，使 24h 制水改为 8h（假定）制水，净水构筑物扩大规模投资和增加调节容量对造价的影响，增大过水管渠管径对造价的影响，以及是否有适当的高地蓄水池作为短时期取水蓄存而全日平均输水至水厂的可能。

低峰用电（它不能降低电耗）是一个经济策略问题，但如何在水厂设计中具体应用，则应针对具体条件，因地制宜进行综合技术经济和政策分析。

17.3.5 供电系统节能

供水系统中的增压大多采用水泵增压方式，因而需要消耗大量的电能。节能问题在我国越来越得到重视。净水厂的节能，除了工艺的合理设计和工艺设备选用合适外，电气设计也必须充分注意能耗的节约，包括：

（1）配合工艺设计选择水泵合适的电动机，避免“大马拉小车”引起的额外损耗；

（2）配合工艺设计选择高效节能的调速装置，使水泵在满足水量、扬程的前提下，消耗最少的电能；

（3）合理设计电气系统，减少电压等级以减少电压转换产生的能耗（如 10kV 供电的净水厂高压电动机尽可能采用 10kV 电压等级），低压配电中心应深入用电负荷中心，避免大电流长距离输电；

（4）应选择低损耗的变压器，变压器的容量选择应考虑使变压器大部分时间运行在高效区；

（5）在条件许可的情况下，水泵等负荷宜采用功率因数就地补偿的方式，可使系统保持较高的功率因数，减少系统无功损耗；

（6）主要的电缆宜按照经济电流密度选择截面。

17.4 净水构筑物的优化设计

各项净水构筑物的类型，在其适用范围内通常存在着多种可供选择的方案，而各种构筑物的经济效果，不仅涉及耗药量、水头损失、设备能耗等方面，并且关系到后续构筑物的处理效果。因此在理论上要求在保证水质和水量的条件下，应设计效率高、费用少、能源消耗最少的净水工艺系统。

一般对净水工艺和构筑物类型的选择，较多是根据已建水厂的使用情况或设计人的经验和构筑物本身的造价比较来选定。

17.4.1　净水构筑物类型的优化组合

水厂内各净水构筑物的类型，设计时根据原水水质、生产能力、处理后水质要求、高程布置等条件，通过技术经济比较，进行选择组合。净水系统通常包括药剂混合、絮凝、沉淀（或澄清)、过滤及清水存贮 5 个单元（工段)。每一单元在历史发展过程中都有不少的类型，但经过近年的生产实践，对选择范围的看法基本接近。如近十年来，混合措施趋向于“管道混合”和“机械搅拌混合”，絮凝池趋向于“折板絮凝”、“网格絮凝”、“机械絮凝”，沉淀池趋向于“平流沉淀池”、“斜管（斜板）沉淀池”、“机械搅拌澄清池”及泥渣回流的“高密度沉淀池”，过滤趋向于“V 型滤池”、“常规滤池”、“翻板滤池”等等。混合、絮凝、沉淀一般均以工程造价、年运行费用以及工艺效果的评价、比较选定，在形式上其后续构筑物的组合关系不大。但采用滤池时，设计对滤后最大水头损失的选定，影响清水池最高水位，影响清水池埋深，从而影响二级泵房的地下埋深，影响一系列工程造价和水头损失的能耗，设计时值得比较说明。

当需要组合方案进行比选时，一般计算其工程造价及运行费用，亦即该方案的年成本予以比较。

1. 建设投资

各构筑物的建设投资，因各地情况的不同，差别很大，加之新技术的不断改进，故很难以估价指标比较。建议在初步设计阶段，根据选定方案作比较详细的计算，使方案比选更为确切。

2. 年经营成本

由于目前各类水厂净水构筑物的日常经营成本的统计方法不一致，而且积累的系统资料极少，因此只能按设计要求的运行方法来计算，包括：

(1) 净水构筑物工作过程中水头损失所需的能耗：各种净水构筑物在其工作过程中都需要消耗一定的水头，如动能损失、沉淀池进水、集水系统的损失及滤池的滤阻损失和冲洗能耗等。应按假定各构筑物的水头损失和生产水量折算为电能费用。

(2) 机械设备的能耗费用：机械设备方面包括机械搅拌设备、机械刮泥设备、真空泵以及电动阀门等项内容，按其设备功率和假定的工作时间进行计算。

(3) 混凝剂费用：在混凝沉淀处理工艺的年成本中，混凝剂费用所占比重较大，因此混凝剂加注量的多少是确定混凝沉淀构筑物经济与否的关键因素之一，而加注量的多少除与构筑物类型选择有关外，主要还是取决于当地原水水质、水温等因素。设计时应调查类同水厂水质和构筑物，进行计算。

(4) 修理费：修理费可直接按固定资产原值（扣除所含的建设期利息）的一定百分数计算。

(5) 滤池冲洗水费用：滤池冲洗水费用（包括空气冲洗)。普通大阻力滤池要求的冲洗水头高于其他滤池，由此引起的费用一并计入年经营成本内。

3. 年成本费用

组合系统比较可采用年成本费用法，如无规定可按下列参数：计算年限采用 20 年，折现率假定 5%，因此等额系列资金回收系数 F_{PR} 为：

$$F_{PR}=\frac{0.05\times(1+0.05)^{20}}{(1+0.05)^{20}-1}=0.08024$$

残值不计，故每一方案的年成本费用＝建设投资×0.08024＋年经营成本。

根据高程布置上的要求不同，各组合方案还应补充相应清水池和二级泵房的不同差价。

以上分析比较仅限于净水构筑物系统组合方案比较时应用和比选，但不包括水厂其他方面的因素。

17.4.2 净水构筑物运行参数的优化

净水构筑物选定类型之后，对每一处理单元采用哪些运行参数（即设计参数），以求得最佳组合的运行效果和运行费用，是一个设计优化问题。国内外对此均有研究，如探索在设计现场用试验模型将现场水源进行运行的模拟，以取得针对实际的数据。20 世纪 70 年代苏联学者克利亚奇科（Клячко）曾写了一本水源技术分析小册子，提出用模拟设备分析原水的沉淀性、过滤性等作为设计净水厂参数。上海市政工程设计研究总院（集团）有限公司亦曾设计出流动的原水处理参数模型，同样可在现场实测，作为设计参数。但实际上都未能进行"实践"操作。众所周知，因为原水水质一年四季变化剧烈，试验模型只能取得很少资料，仍然要考虑全面的可能变化。而且过滤模拟，效果较难接近实际，模拟沉淀性能尚有一个相似率问题，以及对絮粒破碎的考虑等，故难以完全反映实际。设计规范的规定，包含了宽容的实用幅度，以应付某些意外的情况，所以近年来在设计上采用的有关参数多直接按照规范规定或国内外设计手册介绍，根据各单项构筑物常规运行最佳经验作为依据，只是当采用新技术净水构筑物时才对运行参数作优化分析。

在生产运行上，净水构筑物各单元之间是一个整体流程，是一个系统工程。每一单元的处理质量，影响下续单元。如我们规定了水厂的滤后出水浊度为 0.1NTU，同时规定了进滤池的沉淀后水浊度为 1.5NTU，那么采用哪一种滤速进行滤池运行最经济呢？滤速低，出水水质好，到达最终过滤水头损失值时间长，但单位时间出水量小，滤池要求反冲洗的时间长，耗费冲洗水量小。如采用高滤速，单位时间的滤水量大，但到达滤池的规定水头最终值时间短。因此，在进出水浊度限定下，采用何种滤速就有了优化问题。实际上，当前水厂管理者还面临一个问题，即在原水浊度一定时，多加混凝剂使沉淀后水浊度降低（如 1NTU），使滤池运行时间长，出水量大，还是在同样原水浊度条件下，少加混凝剂，使沉淀后水浊度偏大（如 2NTU），从而使滤池运转周期短，减少了出水量，但降低了相应的药耗成本。这样，整个净水过程的运行参数，存在一个优化问题。在现行计算机技术的发展下，是一个值得研究的优化问题。近年来国内不少院校都曾有从不同的角度分析的研究报告，是十分可喜的进展。目前水厂普遍的运行方式是分两段控制：第一段是控制沉淀池出水浊度，然后根据不同的原水水质（主要是浊度）进行加药（自动或半自动的）；第二段是控制滤池出水浊度和规定的过滤水头损失。在多年运行经验的指导下，这是常规的控制法。

17.4.3 单项构筑物的设计优化

净水厂的处理构筑物，如混合、沉淀、过滤等，根据工艺要求，除类型组合上和实际运行参数存在设计优化的问题外，还存在着在一定的总面积条件下，分组、分格的优化问题。由于近年来，随着净水厂规模发展，各单项水池的面积或容量亦越来越大。实际上，有些单项构筑物如机械搅拌澄清池、滤池等不是越大越经济的。因为这类构筑物的造价涉及土建与管配件、阀门的相互关系，如果深入分析比较，其中应当具有不少内涵的优化问题，如：

1. 机械搅拌澄清池的个数问题

如果澄清池直径过大，其搅拌机械加工困难，而且水池深度要高，造价增加较大，所以国内外水厂，采用机械搅拌澄清池时都是成群、成组布置，并不是越大越经济，一般认为每组 4 个水池，每组供水量不大于 10 万 m^3/d，每个机械搅拌澄清池的规模约为 2.5 万 m^3/d 较合适。

2. 滤池的分格问题

滤池在总过滤面积决定以后，分成多少格，是最早引起人们注意的优化问题。

早在 1957 年，苏联学者明茨即提出了这一问题，他对滤池经济面积的研究后，导出苏联当时条件下滤池经济个数 N 的计算公式：

$$N = \frac{1}{\alpha}\sqrt{F}$$

式中　F——滤池的总面积（m^2）；

α——系数，普通快滤池及双层滤料滤池的值为 2。

上海市政工程设计研究总院（集团）有限公司曾于 1963 年结合我国的具体条件，推导出同样形式的公式，相应的系数 α 值为 2.5～2.65，详见 1986 年版《净水厂设计》。

随着技术的发展，近年来又先后出现了 V 型滤池、翻板滤池等许多新的滤池形式，这些滤池各有不同的技术设备和适用条件，因此其经济个数和单个滤池面积应根据各种滤池的特点，通过技术经济比较或边际条件分析来确定。

3. 水厂清水池的经济尺寸

同样容积的水厂清水池（或厂外大容量的贮水池），如单从结构设计的角度分析是可以求得经济尺寸的，但净水厂中清水池的深度主要取决于水厂的整个工艺流程，并将影响到其他构筑物的造价，目前一般采用 4m 左右。根据上海市政工程设计研究总院（集团）有限公司 1964 年的分析资料，贮水池经济深度约为 6m 左右，因此在贮水池深度不影响其他构筑物造价的情况下，例如增压泵房的调节池，可考虑适当提高池的深度，以降低工程造价，并可节约用地，而过去往往忽视了这一点。

单项构筑物的设计优化问题，涉及很多内容，由于近年来各项新技术发展很快，各种处理构筑物类型不断更新，设计参数、阀门设备等不断变化，因此如何进行单体构筑物的优化问题亟须在每项工程中加以注意，对单体构筑物作多方案比较，广泛积累资料，不断总结，使水厂精益求精，在高水平设计中力求降低工程造价。